心理学译丛
教材系列

Statistics for Psychology, 5e

心理统计学（第5版）

亚瑟·阿伦
[美] 伊莱恩·阿伦 著
埃利奥特·库珀斯
方双虎 等 译

Arthur Aron
Elaine N. Aron
Elliot J. Coups

中国人民大学出版社
·北京·

心理学译丛·教材系列
出版说明

我国心理学事业近年来取得了长足的发展。在我国经济、文化建设及社会活动的各个领域，心理学的服务性能和指导作用愈发重要。社会对心理学人才的需求愈发迫切，对心理学人才的质量和规格要求也越来越高。为了使我国心理学教学更好地与国际接轨，缩小我国在心理学教学上与国际先进水平的差距，培养具有国际竞争力的高水平心理学人才，中国人民大学出版社特别组织引进"心理学译丛·教材系列"。这套教材是中国人民大学出版社邀请国内心理学界的专家队伍，从国外众多的心理学精品教材中，优中选优，精选而出的。它与我国心理学专业所开设的必修课、选修课相配套，对我国心理学的教学和研究将大有裨益。

入选教材均为欧美等国心理学界有影响的知名学者所著，内容涵盖了心理学各个领域，真实反映了国外心理学领域的理论研究和实践探索水平，因而受到了欧美乃至世界各地的心理学专业师生、心理学从业人员的普遍欢迎。其中大部分教材多次再版，影响深远，历久不衰，成为心理学的经典教材。

本套教材以下特点尤为突出：

● 权威性。本套教材的每一本都是从很多相关版本中反复遴选而确定的。最终确定的版本，其作者在该领域的知名度高，影响力大，而且该版本教材的使用范围广，口碑好。对于每一本教材的译者，我们也进行了反复甄选。

● 系统性。本套教材注重突出教材的系统性，便于读者更好地理解各知识层次的关系，深入把握各章节内容。

● 前沿性。本套教材不断地与时俱进，将心理学研究和实践的新成果和新理论不断地补充进来，及时进行版次更新。

● 操作性。本套教材不仅具备逻辑严密、深入浅出的理论表述、论证，还列举了大量案例、图片、图表，对理论的学习和实践的指导非常详尽、具体、可行。其中多数教材还在章后附有关键词、思考题、练习题、相关参考资料等，便于读者的巩固和提高。

这套教材的出版，当能对我国心理学的教学和研究具有极大的参考价值和借鉴意义。

中国人民大学出版社

致教师

这本书的核心部分是在一个夏天于圣费迪兰德广场附近的一个小公寓里写作完成的，它的提纲是在附近的小咖啡馆以及漫步于布洛涅公园时完成的。它基于我们几十年的教学、研究和写作的经验积淀。我们相信本书与许多传统的统计教科书的差异就相当于巴黎不同于庞贝，然而它对于长期忍受传统的统计学教师群体而言仍然是舒适和令人兴奋的。

我们的方法是在几十年的成功教学中发展起来的——其成功并不仅仅是指学生对于该课程（记住，统计学课程）的评价一直很高，还包括学生在毕业很长时间后回馈我们说："由于您的课程，我在我的研究生同学中光辉熠熠。""即便我不做研究，您的课程在我阅读本领域的文章时仍然给予了很大的帮助。"

本书前四版收到的反馈是巨大的。我们收到了来自世界各地教师（以及学生）的感谢信和电子邮件（本书前几版已被翻译成繁体中文和西班牙文）。当然从《当代心理学》（*Contemporary Psychology*）对本书第 1 版的热烈评论（Bourgeois，1997）一直到近年对本书的评论（Shevlin，2005，in *Psychology Learning and Teaching*），我们也是颇为欣喜的。

在每次修订中，我们试图保留本书受到特别青睐的部分，同时在考虑我们收到的反馈、我们的经验以及该领域的前沿和变化的基础上对教材进行再加工。我们也考虑了新的教学特征以便使本书对于学生而言更易接受。（我们承诺这个第 5 版不会变得陈腐，会像我们的第 1 版一样保持生动和时新。）然而，在转向最新修订版本新在何处之前，我们想要重申下我们在第 1 版开头所谈论的本书如何不同于其他统计教科书。

本书如何明显不同于此前的教科书

尽管本书不同于此前的教科书，但是它同样吸纳了近年的统计教科书中做得比较好的地方：强调直观，弱化数学，以及以直白的语言解释所有东西。但是我们所做的继续在 7 个关键方面超越了当前最好的教科书。

1. 定义的公式被放置于显眼位置，因为它为每个特定程序的逻辑提供了简明的符号总结。我们所有的解释、案例、练习题都是基于这些定义的公式。（在练习题中需要运算的数据量被适当减少以便计算容易处理。）

为什么要这样处理？甚至在 2008 年，统计教科书仍然无法直面技术上的现实。今天重要的不是让学生学会对一系列庞大的数据进行 t 检验的计算——类似 SPSS 之类的程序可以通过几次鼠标点击在顷刻间完成这些。今天重要的是让学生以一种他们能持续意识到他们正在做的事情的潜在逻辑的方法来解决问题。对于总体方差——离均差平方和的平均数——这个概念，可以直接通过定义的公式加以描绘（一旦学生习惯这些符号的话）：方差＝$[\sum(X-M)^2]/N$。重复以该公式解决问题来强化学生对其意义的理解。相反，该公式的传统版本却忽略了它的意义：方差＝$[\sum X^2-(\sum X)^2/N]/N$。重复以该公式解决问题没有任何意义，除了告诉学生$\sum X^2$和$(\sum X)^2$之间的差异。

教授这些陈旧的计算公式是一种时代错误——至少落后了 40 年！研究者如今都通过计算机进行统计工作，因为他们通过定义的公式进行象征性的表达，所以统计软件的使用使得对于统计的基本原理的理解比此前更加重要。学生仍然需要通过手算来解决大量问题从而学习材料。但是他们需要用定义的公式计算问题来加强对概念的理解，而不是用忽略概念的陈旧公式。从林登·约翰逊是美国总统的年代开始，当研究者们不再手工处理大型数据集时，这些计算公式还被当作节约时间的工具。然而，即便如此，他们仍然很少教授工具。（因为没有它们一些教师可能会觉得没有安全感，因而我们仍然提供这些计算公式，它们通常位于页下的脚注中。）

2. 每一种程序都通过文字、数字和图像加以教授。实际上，当我们介绍每个公式的时候，都会附带一个对该公式的文字陈述。（主要的公式及其文字描述见书后。）一般来说，每个样例通过公式、文字（通常是步骤序列）以及简单的图示来呈现程序。练习题要求学生计算出结果，以一个外行人的语言书写简短的解释并且绘制一个示意图（例如，t 检验中的分布）。针对这些练习题的章节材料为学生做了充分的准备。

通过这些不同的方式来表达观点对于学生在头脑中构建一个概念是至关重要的，这是我们反复得到的经验。许多心理学学生认为文字相对于数字而言更加容易理解。实际上，一些学生对数学感到特别焦虑。用文字来书写公式并且提供一个直白的解释给予了一个他们能做到最好的机会。

3. 任何心理统计入门课程的主要目标都是**为学生阅读研究文献奠定基础**。统计程序，比如 t 检验或方差分析在研究文献中的描述方式与学生预期的统计教材中的描述方式是相当不同的。因此在教授统计方法时，本书也会提供一个关于该方法在主流期刊的文章中是如何报告的样例。并且，练习题也囊括了摘自期刊文章中的问题供学生解释。

4. 本书是非常时新的。大多数统计入门教材读起来就好像它们是 20 世纪 50 年代写作的。基础仍然是基础，但是现在统计学家和研究者对这些基础思考得更加深入。今天，基础是通过对效应大小、统计检验力和显著性检验局限性的新评估，对累积结果的元分析、模型的关键作用、差异统计和相关统计潜在的统一性、回归和相关方法的日益突出以及一系列源于计算机在统计分析中的中心作用的新发现得以加强的。我们时常陷入对统计理论及其应用的新思考，而本书也反映了这种情况。例如，我们用整整一章（第 6 章）来介绍效应大小和统计检验力，并在教授每种技术的时候回顾这些主题。

5. 我们利用了学生的动机。我们通过两种方式这样做。首先，我们的案例重点关注了学生感兴趣的话题和人群。第一个案例是来自于一个真实研究的关于统计入门课程的学生在第一个星期对他们所感受到压力的评估。其他的案例聚焦于临床心理学、组织心理学、社会心理学和教育心理学，同时也包含了来自认知、发展和行为心理学以及社会和认知神经科学的丰富案例，从而启迪学生明白使用这些方法的价值所在。（与此同时，我们的案例一直强调统计方法的效用及其作为研究过程中的工具的理念，而不是让学生感到他们所学的只是为了理论本身。）

其次，我们努力让本书极为简洁明了以及对于基本概念的解释更具系统性，从而让学生能够具有更多的成功体验。这样的体验能够提高学生的自信心并促使更深层次的学习。看到那些相当谦逊的学生在掌握了类似负相关的概念或者无法拒绝零假设与零假设得以支持之间的区别后喜形于色，我们备受鼓舞。同时，我们不会一直提醒他们，我们让事情变得多么简单化，正如某些书籍所做的一样。相反，我们在争论部分特别向学生展示了有多少需要他们深入思考的东西，即使是在入门课程中。

6. 我们强调统计方法是一个欣欣向荣的研究领域。我们花费时间描述如显著性检验与置信区间的相对优点之类的东西。除此之外，每个章节都包括了一个或多个关于著名统计学家或令人感兴趣的现象的“信息箱”。其目标在于让学生明白统计方法是为了跳出研究产生的杂乱数字理解其意义的人类成就——明白统计不是自然产生的，不是绝对无误的，不是对试图描述的事件的完美描述，而是通过使用它们的人的缜密思考不断发展的一种表达方式。我们希望这种定位能够帮助他们保持怀疑和谨慎的态度，无论是现在作为学生还是今后作为专业人士。

7. 最后一章探讨了高级方法。但并未详细教授它们。简单地说，我们主要解释了当我们在研究文献中遇到这些统计方法时该如何理解它们。今天大多数研究文献都会用到如协方差分析、多元方差分析、多元建模、中介分析、因素分析或结构方程模型等方法。学生完成了普通的统计入门课程后在理解他们必须阅读的大部分文章从而为发表论文或深入研究课程主题做准备方面仍然存在不足。这一章利用学生刚刚学习的基础知识（以及从主流的研究文献中摘录的扩展内容），使学生对于这些高级方法有一个初步的了解。这一章同时也作为一个参考指南供学生在未来阅读此类文章时参考和使用。

第 5 版新在何处

对于每一版本，我们都以我们的教学经验和我们收到的使用该教材的教师的反馈为基础努力提高写作水平、更新内容并作出相应的调整。

在第 4 版中，我们对相关与回归的教学素材进行了再加工。一方面，我们长久以来拒绝了来自于教师的将这些主题移至 t 检验和方差分析之后的要求，认为将它们作为描述统计才是最好的（在此前的版本中它们正好在平均数和标准差之后）。另一方面，很多教师毫无疑问会继续依照我们先前的顺序进行教授。因此我们确信在这一版本中使用者仍然能够从第 2 章直接过渡到相关与回归（现在是第 11 章和第 12 章），然后再回到第 3 章开始推断统计的探讨。

在这个第 5 版中，我们当然继续关注解释的精简以及通常的内容、案例、信息箱、争论和其他材料的更新，除此之外我们还进行了许多小的调整以便让本书更加有效。我们添加了更多的教学辅助素材，例如在练习题部分前面添加了论文写作要点，同时在页边包含了关键术语的界定。对于某些章节，我们扩展了向学生展示如何实施本章程序的"SPSS 应用"部分。在第 15 章我们也添加了向学生展示如何利用 SPSS 计算偏相关系数、内部一致性信度以及执行协方差分析的"SPSS 应用"部分。在第 15 章中，我们还增加了关于多元建模的内容。

联系我们

我们的目标是尽一切努力帮助你成功学会这门课程。如果你有任何疑问或者建议的话，请给我们发邮件（**Arthur. Aron @ sunysb. edu**）。同样，如果你在某处发现了错误，为了每个人的利益，请即刻告知我们。以前一旦有人提出错误，我们通常能够在即将印刷的教材中修正好。

致谢

首先，我们要向这么多年来我们的学生表示感谢，他们以他们的评价（包括我们哪些地方做得比较好）以及他们对于我们做得不够好的地方的各种建议来回报我们，从而塑造了我们的教学方法。我们也要深深感谢给我们提供观点和鼓励的学生和教师们。

我们仍然要向为本书前四版提供过帮助的人表示感谢。由于他们在《心理统计学》第 5 版的研发过程中殷勤的投入，我们想要感谢阿尔比恩学院的马克·沃尔特、巴尔的摩大学的海尔格·沃尔兹、西东大学的苏珊·诺兰、中田纳西州立大学的迦瓦·金、新墨西哥大学的史蒂文·冈杰斯塔德、北得克萨斯州大学的马克·沃斯维克、伊萨卡学院的安妮·林恩、弥赛亚学院的约翰·贝克托尔德、里贾纳大学的唐纳德·夏普、曼尼托巴大学的特莉-林恩·麦凯，以及宾夕法尼亚州立大学的杰奎琳·毕克瑟尔。我们非常感谢普伦蒂斯·霍尔出版社的李安妮·多尔蒂和杰夫·马绍尔，他们很好地带领我们走过了漫长的修订旅程。同时也要感谢吉尔·特劳特、洛丽·赫萨特和弗雷德·达尔对于这一版本制作的卓越帮助。我们也要特别感谢泰德·惠特利鉴定了本书很多关键性的变化。

亚瑟·阿伦

伊莱恩·阿伦

埃利奥特·库珀斯

版权信息

致学生

这本书的目标是帮助你理解统计。我们强调内涵和概念，而不只是符号和数字。

这方面能发挥你的优势。大多数心理学专业并不青睐数学却非常偏爱理念。基于我们多年的教学经验，我们想要强调：我们从来没有碰到过其他专业的课程能学得很好而这门课程却表现糟糕的学生。（不过，我们承认这门课程要想学得很好，你要比其他课程付出更多的努力。）

在这个导言中，我们探讨一下你为什么要学习这门课程以及你从当中能够获得什么。

为什么学习统计，仅仅是为了践行必修课吗？

1. 明白统计对于阅读心理学研究文献是至关重要的。作为心理学专业的学生，你将要学习的每门课程差不多都会强调研究的结果，而这些结果基本都是以统计学的形式加以表达的。如果你不明白统计学的基本逻辑——如果你不明白行业术语、表格、图形等这些研究结果的核心部分——你对研究的阅读将会停留在表层。（我们也建议你学习如何设计和评价一个好的研究的课程。在这本书中，我们的重点是理解处理一项研究所获得的数据的统计方法。）

2. 明白统计对于从事科学研究是至关重要的。许多心理学专业的学生最后都会决定去上研究生。心理学的研究生学习——即使是临床心理学和咨询心理学以及其他应用领域——都会要求从事研究工作。实际上，学习独立从事研究工作是研究生学习的重点，而做研究基本上离不开统计。这门课程为你从事研究提供了坚实的统计学基础。进一步说，掌握了思考统计的基本逻辑和方法，你可以为学习高级课程做好充分的准备，这些高级课程重点在于分析研究结果的本质。

许多心理学专业同样会为本科生提供从事研究的机会。这本书的重点是理解统计学，而不是统计学应用。你仍然需要学习分析你可能从事的各种研究的结果所需要的基础知识。

3. 明白统计能够发展你的分析和批判性思维。心理学通常对现实世界中的人和事比较感兴趣，但这并不意味着你可以逃避抽象概念。实际上，正如我们所知道的一样，学生对那些人类经验的秘密的经常隐藏之处，即抽象的哲学水平感到十分振奋。然而刚开始的时候，他们对这类抽象经常只是一知半解，将其作为一种标语或口号而不是有用的知识。在所有你将要学习的心理学课程中，这类抽象会为你学习严谨思考、评价信息以及进行高水平的逻辑分析提供很大的帮助。

如何从这门课程中获益最多

我们提供五点建议：

1. 对概念保持专注。将这门课程看成更像是逻辑课而不是数学课。当你在阅读任一章节的部分时，把你的注意力放在理解原理上。当解决习题的时候，思考每一步为什么要这么做。如果你只是简单地记住如何得到正确的数字，你会学到很少对你将来的学习有用的东西——你在这门课程的测验中也不会表现得很好。

2. 在你进入下一部分之前确保你已经理解了每个概念。学习统计是一种循序渐进的过程。每一个新概念都建立在前一个概念上。在每章主要部分的后面有一个简短的“你会做吗？”自我测验。确保你会做它们。你或许会发现在解决练习题和为考试做准备之前回顾“你会做吗?”非常有帮助。如果你在任何时候回答某个问题时存在困难——或者即使你能够回答它但无法真正理解它——那么停下来。阅读这个部分，重新思考并寻求帮助。做你所需要做的一切以尽可能掌握它。在你能够完全有信心已经掌握了这部分之前不要进入下一部分。如果你无法确保，并且你已经做了“你会做吗?”中的题，那么看一看这章后面的案例解析，或者尝试解决后面关于该内容的练习题。练习Ⅰ中问题的答案在本书的末尾给出以便你能够检查你的计算是否准确。

你不得不一遍又一遍地阅读这本书中的素材并不意味着你很愚蠢。大部分学生每章都要阅读好几次。并且相比于其他教科书而言对于统计教材的每次阅读要慢得多。统计学的阅读需要你以清晰、冷静的专注进行钻研并沉浸其中。保证大量的时间进行这种反复的阅读。

3. 坚持。重申一次，统计学的学习是一种循序渐进的过程。如果你的阅读落后了或者你缺课了，那么后面你将上的课会变得毫无意义。它会变得越来越难以掌握。

4. 这门课程前半部分的学习要特别用心。掌握这门课程前面部分的材料尤其重要。统计学中你学习的其他一切东西都是基于你前面所学的知识。然而，学期的开头是学生学习投入最少的。

如果你掌握了这门课程的前半部分——不是仅仅学会了一般的概念，而是真正理解了它们——后半部分的学习将会比较简单。如果你没有掌握前半部分，那么掌握后半部分基本上是不可能的。

5. 互相帮助。没有什么比向学习困难的人解释统计来加强和深化你对统计学的理解更好的方法了。（当然，解释的时候必须要有耐心并且尊重对方。）而对于那些学习上有困难的学生来说，没有什么比向那些刚刚掌握这些内容的学生请教从而攻克这些困难部分更好的方法了。

因此，我们强烈推荐你与一个到三个其他学生组成一个学习小组。如果你的小组包含了那些认为这些内容比较简单和那些不这么认为的学生，这是最好不过了。那些学习统计比较容易的学生会从帮助那些学习有困难的学生中获益很多——后者会对前者的所谓的理解进行很多非难。那些担心困难的学生需要跟那些与之相反的学生一起学习（盲目的人带领盲目的人根本没法学习）。挑选出那些住处与你邻近的小组成员以便于你们很容易就能够聚在一起。

最后一点

无论你信或不信，我们乐于教授统计。我们享有无数次这样奇妙的经历，即那些光彩照人的学生跑过来跟我们说：“教授，这次考试我得了90分，我简直不敢相信！我，在统计考试中得90分！”抑或学生告诉我们：“这实在太有趣了！不要告诉任何人，我真的喜欢……统计，所有的一切！”我们希望在这门课程中，你也会有这种体验。

亚瑟·阿伦

伊莱恩·阿伦

埃利奥特·库珀斯

简要目录

目　录

第 1 章　运用图表来呈现一组数字的秩序/1

第3章 推断统计概述：Z分数、正态曲线、样本与总体、概率/51

第4章 假设检验导论/77

第 5 章 样本平均数的假设检验/98

第 6 章 统计显著性的意义：决策误差、效应大小和统计检验力/124

第7章 t 检验概述：单个样本和相关样本均值/159

第8章 独立样本均值 t 检验/191

第 9 章 方差分析概述/221

第 10 章 析因方差分析/261

第 11 章 相关/303

第 12 章 预测/340

第 13 章 卡方检验/375

第 14 章 当总体分布非正态时的策略：数据转换和等级次序检验/405

第15章 一般线性模型和高级统计方法/428

第 1 章

运用图表来呈现一组数字的秩序

章节概览

统计方法的两个分支
一些基础的概念
频数表
直方图
频数分布的形状
争论：误导图
研究文献中的频数表和直方图
小结
关键词
案例解析
练习题
SPSS 应用

1 欢迎来到心理统计学的课程。我们假想你和其他上过这门课程的学生一样。你之所以选择心理学这个专业或者与之相关的领域，是因为你对人着迷，着迷你周围人的行为表现，或许也对他们以及你自身的内心生活着迷。你们中的某些人倾向于相信科学的分类，而另一些更多地倾向于相信直觉。你们中有些人喜欢数学，有些可能对此不那么感兴趣，甚至讨厌。然而，无论你属于什么风格，我们都欢迎你。我们许诺如果你能给予这本书特别关注（或许比大多数教科书的要求多一点），你肯定能学会统计。本书中所采用的方法曾成功地教育了在你之前的各种风格的学生，包括那些之前学过统计并且表现较差的。有了这本书再加上你老师的帮助，你将会学会统计并且学得很好。

更重要的是，无论你基于何种原因学习心理学或与之相关的领域，我们向你保证这门课程都
2 不会浪费你的时间。如果你愿意的话，学习统计可以帮助你了解其他心理学家的工作，做你自己的研究，磨炼你的推理和直觉。正式地说，**统计**是数学的分支，重点在于组织、分析和对一组数据的诠释。但真正的统计是什么呢？我们将统计视为每个人都拥有的一种源于基本思维过程的工具：你观察到一个事物；你对它是什么意思或是它是由什么引起的感到惊奇；你可以去进一步了解或者做一个直观的猜测；你再次地观察到它，但这次会更具体，你会试图在这个过程中做出一点变化去检验你的直觉，然后面对一个永恒的问题：你的预感可以确定吗？又有什么机会，使你一次又一次地看到这个现象会发生第二次，这样你就可以宣布你对这个世界事物的洞察可能是正确的？

统计是追求真理的一种方法。至少，统计可以告诉你在一定时间一定地点预感正确的可能性。这种对真理或者至少是一种未来的可能性的追求，是心理学、科学乃至人类进化的本质。考虑第一个研究的问题：在下一个春天猛犸象会做什么？如果我吃掉这个树根会发生什么？很容易明白早期那些准确的“研究者”是如何得以生存的。你今天能在这儿，是因为你的祖先将他的大脑用得跟肌肉一样好。有人会在你之后有着同样的兴趣：对于结果谨慎地思考。统计就是做这个的好方法。

心理学家使用统计方法来帮助他们理解在研究中收集的数据的价值。如何设计良好的研究程序本身就是一个主题，但是在本书中我们的重点是统计方法以便使研究中收集的数据富有价值。

心理学家经常使用计算机和统计软件去执行统计程序，例如某些你们在本书中将会学到的。然而，达到对统计的彻底了解的最好途径就是使用双手操作（通过计算器的帮助）。为了缩减你计算的数据量，我们在每一章的案例解析和练习题中都选择了相对较小的样本。我们期望这能让你更加注意统计过程中的基本原则和逻辑，而不是每个实际问题中的数字运算（正如7减3，然后除以2的结果为2一样）。（更多关于本书目标的信息见“致学生”。）话虽如此，我们也认识到在计算机上执行统计程序的重要性，正如当你进行研究时更可能选择的那样。因此，在相关章节的最后，有个部分叫做SPSS应用。SPSS统计软件包广泛地被心理学家和其他行为学和社会学专家学者用于开展统计分析。向你的老师核实在你的学校当中是否可以获取SPSS。

统计方法的两个分支

统计 数学中重点在于组织、分析和对一组数据的诠释的一个分支。
描述统计 总结数据的一个程序，使之更容易让人理解。
推断统计 基于小样本数据的分析来对大样本做出推论的程序。

以下是统计方法的两个主要分支。

1. **描述统计**：心理学家使用描述统计去总结和描绘研究中得到的数据。

2. **推断统计**：心理学家使用推断统计去获取结论并基于研究中的数据做出超越数据本身的推论。例如，推断统计允许研究者用一个研究中的小样本数据去对大样本做出推论。

在本章以及接下来的几章，我们重点探讨描 3
述统计。这个问题就其本身而言是重要的，并且也是为更好地理解推断统计做准备。推断统计是本书剩余部分的重点。

在本章我们向你介绍一些基础的概念，之后你将学习使用图表来描述一组数据。描述统计的目的就是使一组数据更容易理解。正如你将会看到的，图表的作用很大。

一些基础的概念

变量、值和分数

作为一个较大研究的一部分（Aron，Paris，& Aron，1995），研究者在第一个星期发给统计入门课程的学生一份问卷。其中一个问题问的是："你在最近的两星期压力有多大，等级从 0 到 10，0 是没有一点压力，10 是有很大压力？"（你会怎样回答？）在这个研究中，研究者使用一个调查去测试学生的压力等级。研究者研究压力的其他方法包括测量人体血液中与压力有关的激素水平，或使用动物开展控制实验研究。

在这个例子中，压力的等级是**变量**，这个变量的**值**可以从 0 增加到 10，每个人回答的值就是个人的**分数**。如果你的回答是 6，你的分数就是 6；你的分数在这个被称为"压力等级"的变量上拥有一个大小为 6 的值。

更正式的是，一个变量就是一种状态或特性，有着不同的值。简而言之，它是变化的。在我们的例子中，变量是压力等级，它所有的值是从 0 到 10。高度是一个变量，社会阶层是一个变量，创造力测验的分数是一个变量，患者接受的心理治疗类型是一个变量，反应时测验中的速度是一个变量，在特定的一天的缺勤人数是一个变量，等等。

值就是一个数字，如 4，−81，367.12。值是可以分类的，如男性或女性，或者精神病诊断——抑郁症、创伤后应激障碍等。

最后，对于任何一个变量，所研究的每个人都拥有一个特定数字或分数，这就是他在那个变量上的值。正如我们所说的，你在压力变量上的分数可能就是 5，另一个学生的分数可能就是 8。

心理学研究就是关于变量、值和分数的研究（见表 1—1）。正式的定义有点抽象，但在实践中，意义通常是清晰的。

变量 有着不同值的特性。
值 一个分数可能有的数字或类别。
分数 变量上特定个人的值。

测量水平（变量的种类）

心理学家使用的变量大部分类似于上述的压力等级：分数就是个数字，告诉你测量的值是多少。在压力等级例子中，数字越大，压力就越大。 4
这是一个**数值变量**的例子。数值变量也被称作定量变量。

表 1—1 一些基本的术语

术语	定义	例子
变量	有着不同值的状态或特性	压力等级、年龄、性别、宗教
值	数字或类别	0，1，2，3，4，25，85 或女性、天主教
分数	变量上特定个人的值	0，1，2，3，4，25，85 或女性、天主教

数值变量的类型有若干种。在心理学研究中，最重要是以下两种类型之间的区别：等距变量和等级变量。在**等距变量**中，数字与实际要测量的物理量基本等同。例如，平均绩点（GPA）就是一个大致的等距变量，因为 GPA 2.5 与 2.8 之间的差异与 3.0 与 3.3 之间的差异一样（都是 0.3）。大多数心理学家也认为诸如用 0～10 尺度来衡量的压力等级变量也近似等距。因此，例如，4 和 6 之间的压力等级差异与 7 和 9 的差异一样。

一些等距变量是用**比率量表**来测量的。一个等距变量如果有一个绝对的零点，就月比率量表来测量。一个绝对的零点意味着测量的变量的零值完全不存在。大多数计数累计量用的都是比率量表。例如，一个人兄弟姐妹的数量就可以用比率量表来测量，因为零值意味着没

数值变量 变量的值是数字（相反的是名义变量）。也称为定量变量。
等距变量 测量的数据之间有着相等间距的变量。
比率量表 当一个等距变量具备一个绝对的零点时，对于该变量的测量使用比率量表，这个绝对的零点表示测量变量的不存在状态。

有兄弟姐妹。用比率量表来测量，你可以对变量之间的差异进行描述。因此，我们可以说一个有着四个兄弟姐妹的人拥有兄弟姐妹的人数是有着两个兄弟姐妹的人的两倍。然而，心理学中大多数变量不能用比率量表来测量。

离散变量　有特定的值，并且在特定的值之间不能有其他值存在的变量。

连续变量　在两个值之间理论上有着无限多个可能的值的变量。

等级变量　数值变量的值分级，如班级地位或比赛中完成的地方。也称为定序变量。

名义变量　值是类别（也就是，它们是名字而不是数字）的变量。也被称作类别变量。

测量水平　通过测量提供的数据信息的类型，如等距、等级和名义（类别）。

等距变量既可以是离散变量，也可以是连续变量。离散变量有特定的值，并且在特定的值之间不能有其他值存在。在过去12个月中看牙医的次数就是一个**离散变量**。你可能去了0，1，2，3或更多次，但是你不可能去了1.72或2.34次。对于**连续变量**，在两个值之间理论上有着无限多个可能的值。因此，尽管我们常常用一个特定的年龄回答“你多大”，如19或20岁，但你也可以说你是19.26岁。身高、体重和时间是其他连续变量的例子。

另外一种主要的数值变量类型，即**等级变量**，是一种其数值仅仅代表相对顺序的变量。（等级变量也被称为顺序变量。）一位学生在他班级中的成绩排名就是一个例子。在班级中GPA排名第二和第三之间的差异将会有别于第八和第九的差异。

等级变量比等距变量提供的信息更少。那是因为，一个等级与下一个等级之间的差异不能告诉你被测量变量之间确切的差异。然而，心理学家经常使用等级变量，因为它们是唯一容易获取的信息。当人们被要求对事物进行排序时，对于他们而言这有时更加容易并且具有主观性。例如，你按照究竟有多喜欢你的每个朋友进行排序，与在一个量表上估计你对他们的喜欢程度相比，或许更加容易。然而研究者使用它的另一个原因是，要求人们排序从而迫使他们加以区别。例如，如果要求你估计对你的朋友的喜欢程度，程度从1到10，你可能恰巧将他们中的某些人估计在同一水平，但排序会避免这种情况。

另一种在心理学研究中经常使用的变量类型，不是数值变量，而是**名义变量**，它的值是名字或类别。名义这个术语来自概念，它的值是名字。（名义变量也被称为类别变量，因为它们的值是类别。）例如，名义变量性别的值就是男性和女性。一个人在这个变量上的“分数”就是这两个值中的一个。另一个例子是精神病诊断，它的值如重性抑郁症、创伤后应激障碍、精神分裂症和强迫症。

这些不同种类的变量是基于不同**测量水平**的（见表1—2）。研究者有时不得不决定怎样测量一个特定的变量。例如，他们可能使用等距量表、等级量表，或是名义量表。测量水平的选择影响着变量所能应用的统计类型。假设一个研究者正在研究特定类型的脑损伤对于识别物体的影响。研究者可能会采取的一种方法是测量一个受创伤的人一次可以观察到多少不同物体。这是一个等距测量水平的例子。同样，研究者可能会要求人们对能观察到的物体数目进行分级：没有一个（0级），一次只能观察到一个（1级），能观察到一个并且对另一个物体有模糊感（2级），以及正常的视觉感知（3级）。这是一个分级的方法。最后，研究者可能将样本这样分级：一种是完全看不见（B级），一种是能分辨物体的位置，但是不知道看到的物体是什么（L级），一种是能分清对象是什么，但不能对它进行空间定位（I级），也可能是对物体的定位和识别都很清晰，但有其他感知异常情况（O级），以及正常的视觉感知（N级）。这就是一个名义测量水平。

5　**表1—2**　**测量水平**

水平	定义	例子
等距	值之间的差异与被测量事物之间的差异相对应的数值变量	压力水平、年龄
等级	值与被测量的事物的相对位置相对应的数值变量	班级成绩排名、比赛名次
名义	值是类别的变量	性别、区域

在这本书中，像大多数心理学研究中一样，我们主要集中在数值、等距变量（或近似等距变量）上。我们会在第13章讨论名义变量的统计方法，在第14章讨论等级变量的统计方法。

你会做吗?

1. 一个父亲将他的女儿的偏执程度（7个级别，从1到7）界定为2。在这个例子中，(a) 变量是什么，(b) 分数是什么，(c) 值的范围是什么?

2. 数值变量和名义变量有什么不同?

3. 离散变量和连续变量有什么不同?

4. 给出以下每个变量的测量水平：(a) 一个人的国籍（墨西哥、西班牙、埃塞俄比亚、澳大利亚等)，(b) 一个人在标准IQ测验上的分数，(c) 一个人在等候名单上的位置（第一排、第二排等)。

答案

1. (a) 偏执程度，(b) 2，(c) 1到7。

2. 一个数值变量所拥有的值，也就是数字，会告诉你该变量所测量的事物的程度或范围；一个名义变量的值就是不同类别且没有特定的数字顺序。

3. 一个离散变量有着一些特定的值，并且在这些特定的值之间不存在任何值。理论上，一个连续变量在两个值之间有着无限数量的值。

4. (a) 名义，(b) 等距，(c) 等级。 9

信息箱 1—1 诗意统计学的重要琐事

单词 statistics 源自意大利语 statista，意为一个人处理国事（来自意大利语 stato，“state”)。它最初被称为“国家算术”，涉及关于国家的信息指标，尤其是税收的目的和规划战争的可行性。

在古代，需要统计来计算沉船和出现海盗行为的可能性以服务于海上保险，从而鼓励人们进行海上贸易并且航行到更远的地方。对于死亡率和人寿保险的现代研究源于17世纪的万人塚——统计那些在瘟疫中死亡的风华正茂的人。误差理论（第12章）始于天文学，那就是，观星；相关理论（第11章）源于生物学，即对父母和子女差异的观察。概率论（第3章）产生于赌博桌上的紧张气氛。实验分析的理论（第7章到第10章）源于啤酒厂和田野里摇曳的小麦，基于理论的正确预测不仅决定了美味啤酒的存在，也决定了数以千计的农民的生存。测量理论和因素分析（第15章）源于人格心理学，人类个性的特征在这里第一次用数字显现。卡方（第13章）源于社会学，其中通常是一个阶层的问题。

在早期的统计学中，很流行使用新方法来证明上帝的存在。例如，约翰·阿巴斯诺特（John Arbuthnot）发现在1629到1710年之间，男婴的出生率要比女婴高。这被认为是第一次使用统计检验，他证明了男性出生率要比概率期望值高（50%的假定概率)，并且断言这是有计划的，因为对于他们的家庭来说，男性在获得食物的时候会面临更多的危险，他说，只有上帝才能做这样的计划。

1767年，约翰·米歇尔（John Michell）也用概率论来证明上帝的存在。他发现，昴宿星团中的六大亮星如此紧密地聚集在一起的概率为50万分之一。因此，他认为它们的位置都是造物主的杰作。

今天大多数政府都认定统计在“政府算术”中是合法的。例如，美国宪法的第一条就离不开统计调查。统计还帮助美国赢得了革命。约翰·亚当斯（John Adams）通过指出某些重要统计数据而获得了来自荷兰的关键援助：通过当地神职人员的仔细收集，论证了殖民地的人口每18年翻一番，且每年会加入20 000名战斗人员。“这会是我们的英国敌人的情况吗?”亚当斯写道，“哪一个能维持这场战争的持久性?”

类似的统计被美国总统托马斯·杰弗逊（Thomas Jefferson）于1786年使用过。他写道，由于新国家人口的增长，当人口超过每平方英里（1平方英里约合2.59平方千米）10个人时，人们就会“变得不安”，只需要40年，这些人就会占据他们国家所有的“空置土地”。差不多17年后，在经历了路易斯安那购地案后，杰弗逊扩大了美国“空置”土地的规模。

7

频数表

一个例子

频数表 对于某个特定的变量，选择不同数值的被试数的列表。

让我们回到压力等级的例子。回忆在这个研究中，在第一周统计入门课程中，学生回答了这个问题：“你在最近的两个星期有多大的压力，尺度为0到10，0是一点压力都没有，10是有很大压力?”实际的研究的分数来自151名学生。为了易化该案例的学习，我们计划使用151名学生中的30名学生的分数作为代表（如果你想亲身体验，这也会节约你的时间）。这30名学生的分数如下（他们在等级上的尺度为）：8，7，4，10，8，6，8，9，9，7，3，7，6，5，0，9，10，7，7，3，6，7，5，2，1，6，7，10，8，8。

通过这些分数，可以得到整体的趋势，但这不是一种准确的方法。解决方法之一就是制作一张表来显示有多少学生使用了等级表给出的11个值（0，1，2等，直到10）。我们在表1—3中做

表1—3　　学生压力等级频数表

压力等级	频数	百分比
0	1	3.3
1	1	3.3
2	1	3.3
3	2	6.7
4	1	3.3
5	2	6.7
6	4	13.3
7	7	23.3
8	5	16.7
9	3	10.0
10	3	10.0

资料来源：Data based on Aron et al.，1995.

了此事。我们也计算了每个值占总分数个数的百分比。类似这样的表有时候可能提供原始数据的频数，没有百分比，或只有百分比没有原始数据的频数。另外，对于每个值来说，一些频数表包括值的总分数个数和前面所有的值。这被称作累计频数，因为它告诉我们所有分数的个数。如果百分比被使用，累计百分比也会被使用（例如，见本章章后“SPSS应用”部分中的图1—18）。对于每个值都有累计百分比，和包括这个值的分数百分比。对于给定值的累计百分比（或者在该值里面的分数）也被称作百分位数。累计频数和累计百分比可以让你看到一个特定分数在整体分数中的下降趋势。

表1—3被称为**频数表**，因为它显示了每个分数出现得有多频繁（多少次）。频数表可以让数字模式显得更为清晰。在这个例子中，你可以看见大多数学生将他们的压力等级定在7或8，只有少数学生定的等级很低。

怎样制作频数表

制作频数表有四个步骤。

❶ **列一个清单，将每个值从低到高依次排列。**在压力等级结果中，列表的值从最低级0开始，到最高级10。[1] 注意即使0到10之间的某个值未被使用，你仍然要将它包括进去，显示其频数是0。例如，如果没有人选择压力等级2，你仍然要将2的值放进频数表中。

❷ **对你列单上的每个值进行标记，一个接一个。**这可以在图1—1中看出。

❸ **制作一张表显示你列单上每个值使用过的次数。**那就是，将每个值的标记相加。

❹ **计算每个值的分数百分比。**用频数中的值除以分数的总个数，然后再乘以100。你需要进行四舍五入。建议你保留小数点后一位。注意由于进行了舍入，你的百分比不能精确到100%（但它们应该是接近的）。

8

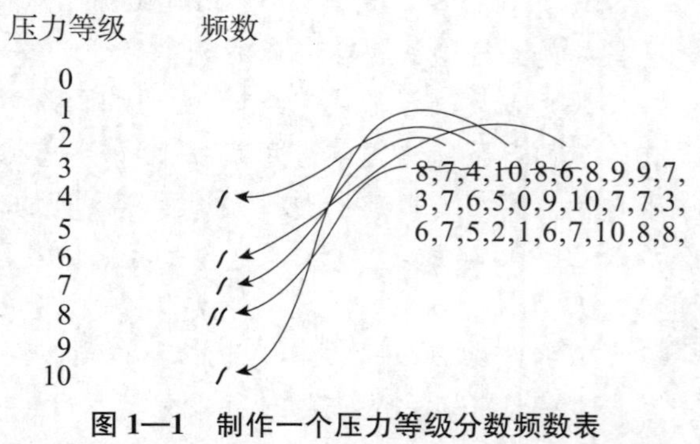

图1—1　制作一个压力等级分数频数表

资料来源：Data based on Aron et al.，1995.

① 大多数研究文章都是遵循我们推荐的程序：在底部从最低到最高。然而，一些统计部门建议应该由最高到最低。

名义变量的频数表

在之前的步骤中，我们都假定你使用的是数值变量，因为这是最常见的情况。然而，你也可以使用一个频数表去显示一个名义变量的每个值的分数（或类别）。例如，研究者（Aron，Aron，& Smollan，1992）询问 208 个学生在他们的一生中与他们最亲近的人是谁。正如表 1—4 所示，33 名学生选择了家庭成员，76 名学生选择了好朋友，92 名学生选择了自己的伴侣，其他 7 名学生选择了其他人。在表 1—4 中，左侧所列出的就是变量的值（类别）。

表 1—4　一个名义变量的频数表：208 名学生在一生中最亲近的人

最亲近的人	频数	百分比
家庭成员	33	15.9
好朋友	76	36.5
伴侣	92	44.2
其他人	7	3.4

资料来源：Data from Aron et al.，1992.

另一个例子

翠西·麦克拉夫林-沃尔普和他的同事（Tracy McLaughlin-Volpe et al.，2001）要求 94 名心理学导论课程的学生在规范的学期制下持续记录一个星期的社会交往情况。当每个参与者的社会交往时间长于 10 分钟时，他就要填写一张卡片。这张卡片上的问题与交谈的各个方面和交谈对象有关。不包括家庭和工作这两种情况，以下是这些学生在一个星期内社会交往的时间为 10 分钟或超过 10 分钟的次数：48，15，33，3，21，19，17，16，44，25，30，3，5，9，35，32，26，13，14，14，47，47，18，11，5，19，24，17，6，25，8，18，29，1，18，22，3，22，29，2，6，10，29，10，29，21，38，41，16，17，8，40，8，10，18，7，4，4，8，11，3，23，10，19，21，13，12，10，4，17，11，21，9，8，7，5，3，22，14，25，4，11，10，18，1，28，27，19，24，35，9，30，8，26。

> **成功小贴士**
>
> 当做到步骤❷时，你应该将每个分数标记在列单上。这可以帮助你在此步骤中避免很常见的错误。

现在，让我们按照四个步骤制作频数表。

❶ 列一个清单，将每个值从低到高依次排列。最低的交往次数是 0。在这个研究中，最高的交往次数可能是任何数目。然而，在这个组中最高的交往次数是 48；所以我们使用 48 作为最高交往值。因此，第一个步骤就是将这些值列在一张表中。（使用几列会好点，这样你就可以将所有的分数放置在一页上了。）

❷ 对你列单上的每个值进行标记，一个接一个。图 1—2 显示了这个步骤的结果。

0 -	17 - ////	34 -
1 - //	18 - 卌	35 - //
2 - /	19 - ////	36 -
3 - 卌	20 -	37 -
4 - ////	21 - ////	38 - /
5 - ///	22 - ///	39 -
6 - //	23 - /	40 - /
7 - //	24 - //	41 - /
8 - 卌/	25 - ///	42 -
9 - ///	26 - //	43 -
10 - 卌/	27 - /	44 - /
11 - ////	28 - /	45 -
12 - /	29 - ////	46 -
13 - //	30 - //	47 - //
14 - ///	31 -	48 - /
15 - /	32 - /	
16 - //	33 - /	

图 1—2　制作一个关于学生一个星期内社会交往次数频数表

资料来源：Data from McLaughlin-Volpe et al.，2001.

❸ 制作一张表显示你列单上每个值使用过的次数。表 1—5 就是结果。

表 1—5　94 名学生一个星期内社会交往次数频数表　*9*

分数	频数	分数	频数	分数	频数
0	0	10	6	20	0
1	2	11	4	21	4
2	1	12	1	22	3
3	5	13	2	23	1
4	4	14	3	24	2
5	3	15	1	25	2
6	2	16	2	26	3
7	2	17	4	27	1
8	6	18	5	28	1
9	3	19	4	29	4

续前表

分数	频数	分数	频数	分数	频数
30	2	37	0	44	1
31	0	38	1	45	0
32	1	39	0	46	0
33	1	40	1	47	2
34	0	41	1	48	1
35	2	42	0		
36	0	43	0		

资料来源：Data from McLaughlin-Volpe et al.，2001.

❹ **计算每个值的分数百分比。**在这个例子中我们不需要这样做，因为它不能帮助我们清楚地看到分数的模式。然而，如果你想检查你对这个步骤的理解，前五个百分比应该是0.0%，2.1%，1.1%，5.3%，4.3%。（这些百分比的频数分别是0，2，1，5，4，保留小数点后一位。）

分组频数表

有时会有许多可能的值，导致一个正常的频数表不能给出直观的分数图。最后一个例子是不是就有点像？解决办法就是对值进行分组，使得在一个的特定范围内都包含这些值。考虑压力等级这个例子。我们不需要使学生的压力值都有一个频数，如等级为8的学生的频数和等级为9的学生的频数，你可以设定一个包含8和9的合并类别。这个合并类别是一些值的一个范围，它包含这两个值。一个这样的合并类别在这被称作**间距**。8和9的特定间距有一个8的频数（8的值有5个分数加9的值有3个分数）。

> **成功小贴士**
>
> 你可以通过对所有频数的相加来检验你的工作。这样相加的和应该等于你所有分数的总个数。

> **间距**　在分组频数表中值的范围。（例如，如果间距大小是10，值的间距可能就是10～19。）
>
> **分组频数表**　每个间距被给予个体数量（频数）的频数表。

一个使用间距的频数表就被称为**分组频数表**。表1—6就是压力等级这个例子的分组频数表。（注意在这个例子中，频数表只有11个不同的值。因此，分组频数表不是必要的。）表1—7是94名学生一星期内社会交往次数的频数表。

分组频数表相对于一般的频数表可以让信息能够被更加直观地理解。当然，分组频数表更加容易理解也是有代价的。你遗失了一些信息：在每个间距中频数的细节。

表1—6　　压力等级分组频数表

压力等级间距	频数	百分比
0～1	2	6.7
2～3	3	10.0
4～5	3	10.0
6～7	11	36.7
8～9	8	26.7
10～11	3	10.0

资料来源：Data based on Aron et al.，1995.

表1—7　　94名学生一个星期内社会交往次数分组频数表

间距	频数	百分比
0～4	12	12.8
5～9	16	17.0
10～14	16	17.0
15～19	16	17.0
20～24	10	10.6
25～29	11	11.7
30～34	4	4.3
35～39	3	3.2
40～44	3	3.2
45～49	3	3.2

资料来源：Data from McLaughlin-Volpe et al.，2001.

若建立了一个分组频数表，使用不同的间距会使结果产生很大的差异。虽然有指南可以对此提供帮助，但是现实中，研究者的计算机都会自动进行处理（见“SPSS应用”部分，怎样使用统计软件创建频数表）。因此，在这本书中我们的重点不是这个。然而，你确实应该亲自制作一下分组频数表，尤其是尝试选择间距大小，直到你想出一个整数（如2，3，4或10），并且创造5到15个间距。当表格实际创建好后，确保开始处的间距与随后的间距是一致的，并且紧紧相连。例如，表1—6使用了6个间距，间距大小是2。间距分别是0～1，2～3，4～5，6～7，8～9，10～11。注意每个间距开始的数字都是2的倍数（0，2，4，6，8，10），后一个间距的开始数字（2，4，6，8，10）就比前一个间距的结尾数字稍微大一 *10*

点（1，3，5，7，9）。表 1—7 使用了 10 个间距，间距大小是 5。间距分别是 0～4，5～9，10～14，15～19 等，最终的间距是 45～49。注意间距的开始数字是 5 的倍数（0，5，10，15 等），每个间距的结尾数字（4，9，14，19 等）稍小于下一个间距的开始数字（5，10，15，20 等）。

你会做吗？

1. 什么是频数表？
2. 为什么研究者想去制作一个频数表？
3. 对以下分数做一个频数表：5，7，4，5，6，5，4。
4. 分组频数表是对什么进行分组？

答案

1. 频数表是一个分数个数（频数）的系统列表。
2. 频数表可以帮助清晰地看出较大分数组的模式。
3.

值	频数	百分比
4	2	28.6
5	3	42.9
6	1	14.3
7	1	14.3

4. 分组频数表就是把相邻值的频数分到各个间距中。

直方图

图是让大量分数更容易被理解的另一种好方法。一张图可能等同于一千个词，但有时也等同于一千个数。一个直接的方法就是针对频数表绘制一张图。关于频数表的一种信息图被称为**直方图**。在直方图中，每个条形的高度就是频数表中每个值的频数。通常，直方图中所有的条形之间都没有空隙。因此直方图看起来有点像摩天大楼。图 1—3a 和 b 显示了基于压力等级例子的两个直方图（一个基于普通频数表，一个基于分组频数表）。图 1—4 显示了学生一个星期内社会交往次数分组频数表的直方图。

直方图　频数分布的条状图，其中沿着横轴，每个条形的高度就是值的频数；条形之间没有空隙，像一座座摩天大楼。

11

❶

压力等级	频数
0	1
1	1
2	1
3	2
4	1
5	2
6	4
7	7
8	5
9	3
10	3

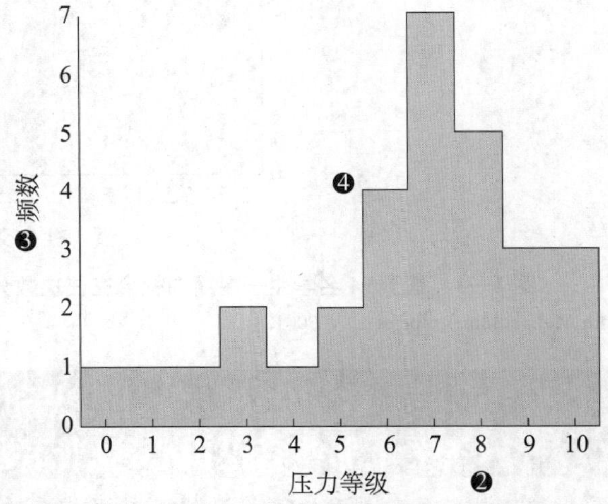

图 1—3a　压力等级例子的两个直方图之一：基于频数表的直方图

资料来源：Data based on Aron et al.，1995.

❶

压力等级间距	频数
0~1	2
2~3	3
4~5	3
6~7	11
8~9	8
10~11	3

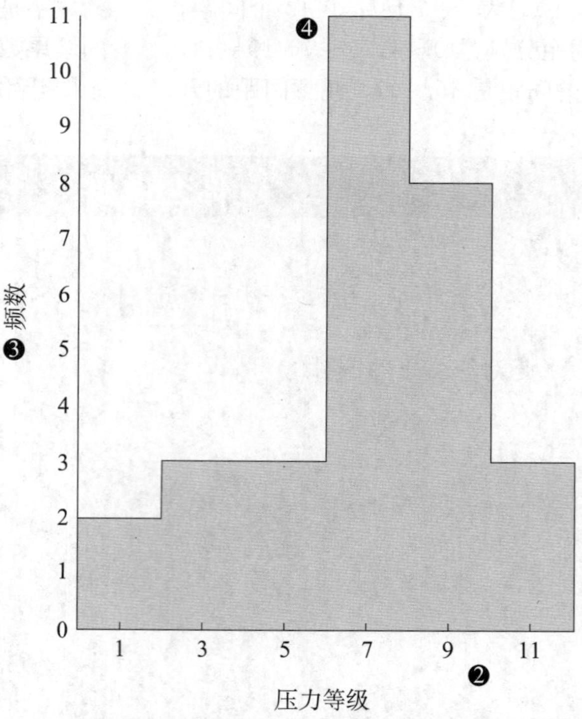

图 1—3b 压力等级例子的两个直方图之二：基于分组频数表的直方图

资料来源：Data based on Aron et al.，1995.

12

间距	频数
0~4	12
5~9	16
10~14	16
15~19	16
20~24	10
25~29	11
30~34	4
35~39	3
40~44	3
45~49	3

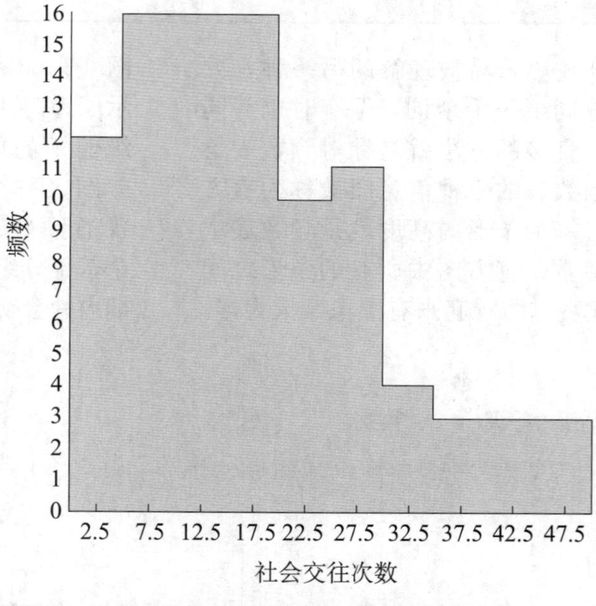

图 1—4 基于 94 名学生一星期内社会交往次数分组频数表的直方图

资料来源：Data from McLaughlin-Volpe et al.，2001.

信息箱 1—2 数学焦虑、统计焦虑和你：一条关于那些真正担心这门课程的人的消息

让我们面对它：你们中有很多人害怕这门课程，甚至有完全的“统计焦虑”（Zeidner，1991）。如果你一看到数字就十分紧张，那我们就需要好好讨论这个问题了。

首先，这门课程是一次让你重新与数字接触的机会。你过去在几何、三角函数、微积分中的表现（或逃避）都不会影响到你理解统计。这是一门非常不同的学科。

其次，如果你仍然担心，你需要确定它的缘由。数学或统计焦虑、考试焦虑、一般焦虑、低自信在学生学习数学课程的困难中扮演了很重要的角色（Cooper & Robinson，1989；Dwinell & Higbee，1991）。

你主要的问题就是数学或统计焦虑吗？一次网络搜索就可以产生成百上千的精彩书籍和网址来帮助你。我们强烈推荐希拉·托比亚斯（Sheila Tobias，1995）的《攻克数学焦虑》（1995）或《超越数学：数学焦虑克服指南》（1987）。托比亚斯，一个以前逃避数学的人，认为你的关注点应该是“数学心理健康”，她将此定义为“当你需要数学的时候，你会去学习它”的意愿（1995，p. 12）。（在统计学这门课程中也是如此吗？）

托比亚斯解释称数学心理健康问题常常在小学就出现了：当你被叫上黑板，但是你的脑子一片空白，并且不能对数学问题做出正确的回答。在这样的经历后自信怎么能保存呢？可能在多次测验下后就会渐渐丢失了自信，但你没有意识到除了极少很熟悉的知识外，其余的对于每个人来说都是困难的。

托比亚斯说精通数学的学生并不一定会比其他人聪明，但是他们真正地了解他们的强项和弱势，此外他们对问题都有着独特的思考方式。他们评判自己的错误并不苛刻。尤其是，他们不会期望对问题马上就能理解。让自己成为一个“慢学习者”并不意味着你不太聪明。它展示了你在数学心理健康方面的成长。

你的问题是考试焦虑吗？参加考试需要我们使用大脑的思维部分，即前额叶皮层。当我们焦虑时，我们会很自然地“降档”，使大脑系统变得更基本、本能化，并且这种影响会摧毁我们的思维能力。焦虑导致唤醒，并且在心理学中最好理解的关系之一就是唤醒和行为表现之间的关系。中等程度的唤醒有利于行为表现，过高或过低就会起反作用。在这个事件中因为有着过高的唤醒，你学习的东西因此变得很难回忆。你的思维开始竞赛，导致更高的焦虑、更高的唤醒等。因为在一次考试中你可能会担心自己“成绩不好并且绝不会考好”，反思在过去你获得差成绩的原因是很重要的。它们更能反映出你考试时的问题，而不是你的能力。 13

有很多方式可以降低焦虑和唤醒，如学深呼吸、短暂放松。你的咨询中心，应该有能帮助你或指导你克服这个问题的一些好的书籍。而且，很多网站都可以帮助你降低焦虑。

对于减轻考试焦虑而言，首当其冲的方法就是要为考试做好充分的准备，那样无论你多么紧张，你都会相信自己不可能失败。开始运用这种策略的最佳时机是本课程的第一次测试。这没有过去的内容需要复习，成功不需要取决于过去的知识，并且首次的成功将会帮助你学好这门课程。（你可能会争取到你的老师或教学助理的支持：带来你已经学过的书的清单，探讨为什么你学得如此费劲，并询问你是否已经错过了什么。）你的准备一定会充分到可笑的地步，不过仅限于为了应对一些考试。经历这些成功之后，你的考试焦虑就会降低。

当然，要创造一个实际的测验环境使之尽可能与真实的测验一样，想方设法做出努力来复制测验环境中影响你最大的部分。如果感觉鲁莽是令你困扰的一部分，那么一旦你认为做好了充分的准备，为自己设定一个时间限制，来解决一些功课问题。尝试让自己写出来的答案全面且清晰。这可能是测验中你觉得慢的一部分。如果出现其他的东西干扰你——当你正聚精会神时有转笔的声音——则在你的课程中与其他人一起做实际的测验，甚至使之成为一个明确的竞赛，看看谁可以先完成。

你的问题是缺乏自信吗？是你生活中的一些事情导致你担心自己或不自信吗？如果是这样，我们建议现在是时候尝试联系你的学校咨询中心了。

最后，你可能是高度敏感的人吗？这是关于焦虑和唤醒的最后一个话题。15%～20%刚出生的人（及所有的高级动物）似乎天生就具有一个气质特征，如历来所认为的害羞、犹豫或内向（Eysenck，1981；Kagan，1994）。但这种害羞或犹豫，似乎实际上可归因于一种对观察的偏爱，是一种关注微妙环境并且进行深层信息加工的能力（Aron，1996；Aron & Aron，1997）。这往往使得高度敏感的人

(HSPs) 凭直觉处理问题，甚至天赋异禀。但是它也意味着他们可能更容易受刺激（如考试）的影响而导致过度唤醒。

你可能想知道你自己是不是一个高度敏感的人（见 http://www.hsperson.com）。如果你是，既要看到这种特质的价值，又要正视其容易导致过度唤醒的倾向。它必定会影响你在考试中的发挥。重要的是你实际知道些什么，尽管可能只有一点点。这种简单的自我接纳行为——你不是不聪明，而是太敏感——或许可以在你试图表达统计知识时减轻你的唤醒程度。

最后，祝你好运。希望你能很好地掌握这门课程，并且将其运用到你的生活中去。

怎样绘制一个直方图

绘图有四个步骤。

成功小贴士

现在自己开始尝试！解答出表1—6中压力等级例子的间距中点。你的答案应该与图1—3b底部的值一样。

❶ 制作一个频数表（或分组频数表）。

❷ 将值放在页面的底部，从左到右，从低到高。 如果你用一个分组频数表绘制直方图，你沿着页面底部放的值就是间距中点。间距的中点就是间距的开始和下一个间距开始之间的中点。因此，在图1—4中，0～4间距的中点就是2.5，因为2.5就是0（间距的开始）和5（下一个间距的开始）之间距离的一半。对于5～9这个间距，中点就是7.5，因为它是5（间距开始）和10（下一个间距开始）之间距离的一半。如此对每个间距进行处理。一直到最后一个间距，找出在一个间距的开始到下一个间距的开始之间的中点。因此，在图1—4中，间距45～49的中点是45（间距开始）和50（下一个间距开始）之间距离的一半，即47.5。 14

❸ 从页面的左边缘开始，由最低到最高频数，为所有值设置一个频数刻度。

❹ 在每个值上都绘制一个条形，以条形高度表示值的频数。 对于每个条形，要确保每一个值都在条形下方的正中间。

若你有一个名义变量，直方图就被称作条形图。因为名义变量的值没有任何特定的顺序，所以在条形之间留有空隙。图1—5显示的条形图是根据表1—4中的频数表绘制的。

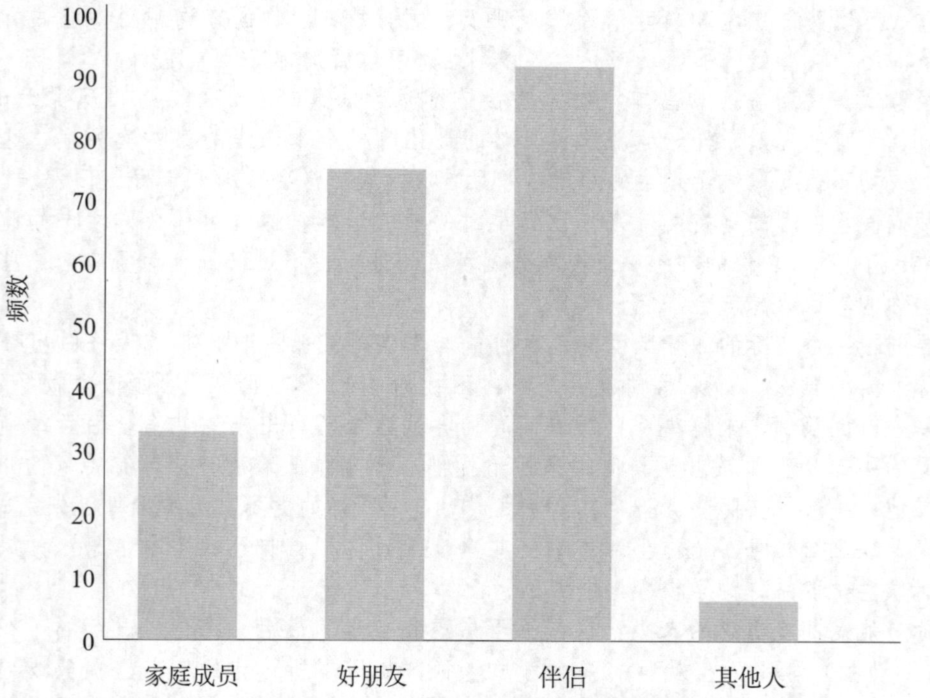

图1—5 关于208名学生一生中最亲近的人的条形图（见表1—4）

资料来源：Data from Aron et al., 1995.

你会做吗?

1. 为什么研究者要绘制频数图?

2. 当用一个频数表绘制直方图时，(a) 沿着底部的是什么? (b) 沿着左页面的是什么? (c) 什么用来表示每个值?

3. 用以下频数表绘制一个直方图:

值	频数
1	3
2	4
3	8
4	5
5	2

答案

1. 研究者绘制频数图是为了可视化地显示频数表中的模式。

2. (a) 沿着底部的是从低到高的值；(b) 沿着左页面的是从 0 到最高的频数；(c) 每个值上面都有个条形，条形的高度就是那个值的频数。

3. 见图 1—6。

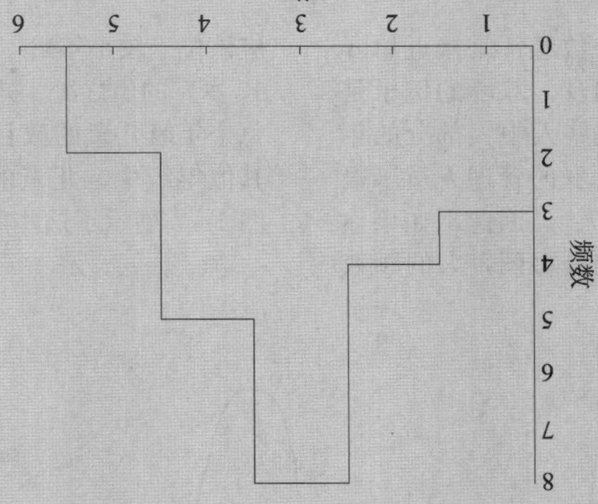

图 1—6　"你会做吗?" 问题 3 的直方图

15

频数分布的形状

频数分布显示了各个值的频数模式。频数表或直方图描述了频数分布，因为它们中的每一个都显示了频数怎样延展，或"分布"的模式或形状。

心理学家也通过语言描述这个形状。描述分布形状在本章的描述统计、下一章以及后面几章中所涉及的推断统计中都非常重要。

单峰和双峰的频数分布

一个问题是分布形状是否只有一个高点：直方图中的一个高"塔"。例如，在压力等级研究中，最高频数值是 7，图形因此只有一个高点。这是一个**单峰分布**。如果分布有两个几乎相等的高点，它就是**双峰分布**。任何一个分布如果有两个或多个高点就被称为**多峰分布**。(严格而言，一个分布

> **频数分布**　各个值的频数模式，通常以频数表、直方图、频数多边形加以描述。
>
> **单峰分布**　某个值的频数明显大于任何其他值的频数分布。

双峰分布 两个相似的值要远远大于其他值的频数分布。

多峰分布 有两个或两个以上具有较高频数的值被其他具有较低频数的值分隔开来的频数分布。双峰分布是具有两个较高频数的值的分布，是多峰分布的一种特殊类型。

矩形分布 所有值的频数都大致相同的分布。

是双峰或多峰只有在它们的高点恰巧相等时才成立。不过，心理学家更多是在非正式地使用这些术语去描述一般形状。）最后，一个所有频数都相同的分布称为**矩形分布**。图1—7显示了这些频数分布的形状的例子。正如你所看到的，图1—7中的图不是直方图，而是线形图，又称为频数多边形，这是将频数表绘制成图的另一种方法。在频数多边形中，点到点的连接形成线的轨迹。每个点的高度显示的就是这个值的分数个数，并产生了一个高峰天际线。

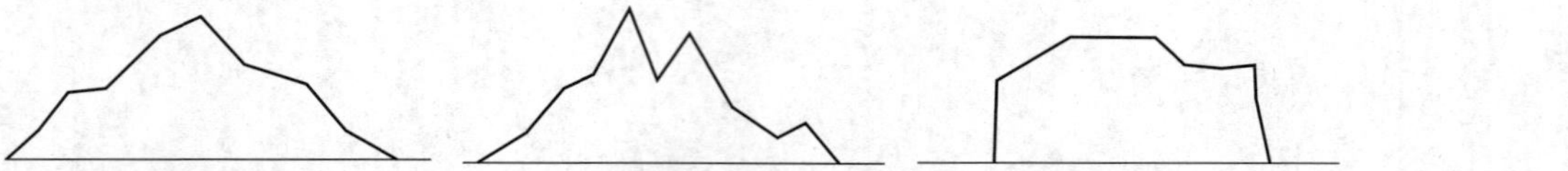

(a) 单峰的　　(b) 近似双峰的　　(c) 近似矩形的

图1—7　单峰、近似双峰和近似矩形的频数多边形

大部分心理学研究中的分数经常是接近单峰分布。双峰和多峰分布偶尔出现。双峰的例子是游乐场中人们年龄的分布，这些人中大部分的年龄是2～4岁，或者是20～40岁的管理人员（很少有5～19岁或40岁以上的人）。因此，如果你绘制一个关于这些年龄的频数分布图，大的频数应该位于较小年龄（2～4岁）和较大年龄（20～40岁）的值之处。矩形分布的例子是一所小学中每个年级儿童的数目；在小学一年级、二年级及其他年级中，儿童的数目应该都是大致相同的。图1—8展示了这些例子。

16

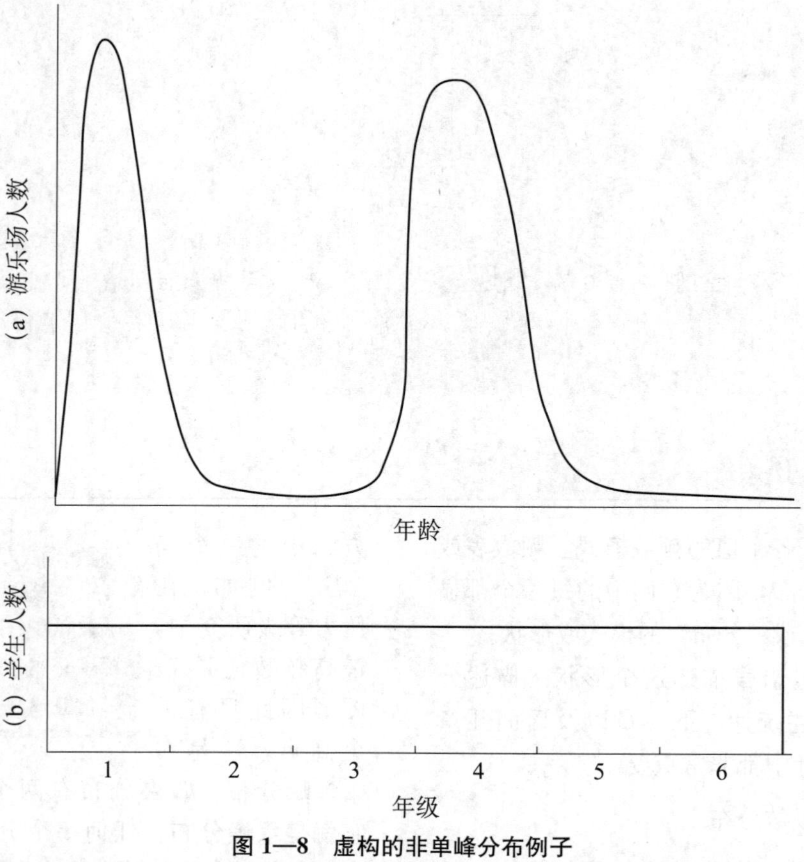

图1—8　虚构的非单峰分布例子

注：(a) 一个展现了游乐场中不同年龄的人的可能频数的双峰分布；(b) 一个展现了小学不同年级学生的可能频数的矩形分布。

对称和偏态分布

再次观察压力等级例子的直方图（图 1—3）。这个分布是不对称的，很多的分数集中于顶端。这是有点不寻常的。我们在心理学中测量的大部分对象，两边的数目是相等的。也就是说，在心理学研究中，很多时候分数都遵循**对称分布**（如果你把一个对称分布从中间对折，这两边看起来是一样的）。

一个明显不对称的分布被称为**偏态分布**。压力等级分布就是一个例子。偏态分布的一边比较长并且延伸出去，有点像一条尾巴。分数较少的一边被认为是偏斜的方向。因此，在压力等级这个例子中，在底端有更少的分数，向左偏斜。然而，在社会交往例子中，顶端有更少的分数，向右偏斜（见图 1—4）。图 1—9 显示了近似对称和偏态分布的例子。

一个分布向右偏斜也被称作正偏态。一个分布向左偏斜也被称作负偏态。

在心理学研究中出现明显的偏态分布主要是因为测量时有过高或过低的限制。例如，一个家庭中的孩子数不可能小于 0。很多分数集中在底端，是因为不可能有更低的分数，这样的结果就被称为**地板效应**。图 1—10a 显示了一个由下限导致的偏态分布。

对称分布　左边和右边互为镜像的分布。

偏态分布　分数集中在中间的一边，发散于另一边，即不对称的分布。

地板效应　很多分数集中在分布的底端（造成了偏斜），因为它不可能有一个更低的分数。

天花板效应　很多的分数集中在分布顶端（造成了偏斜），因为它不可能有一个更高的分数。

17

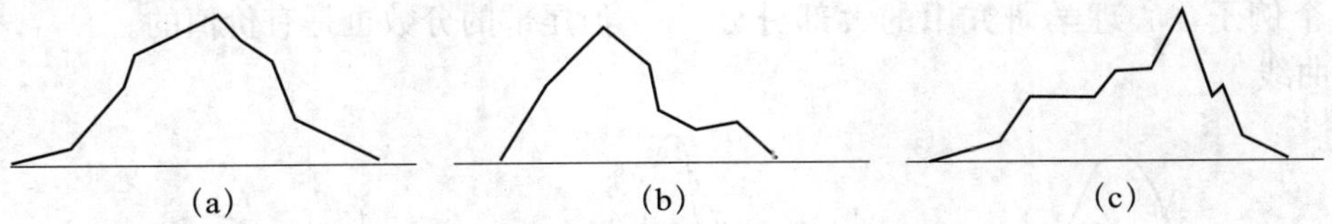

图 1—9　频数多边形的例子

注：(a) 接近于对称；(b) 右偏（正偏态）；(c) 左偏（负偏态）。

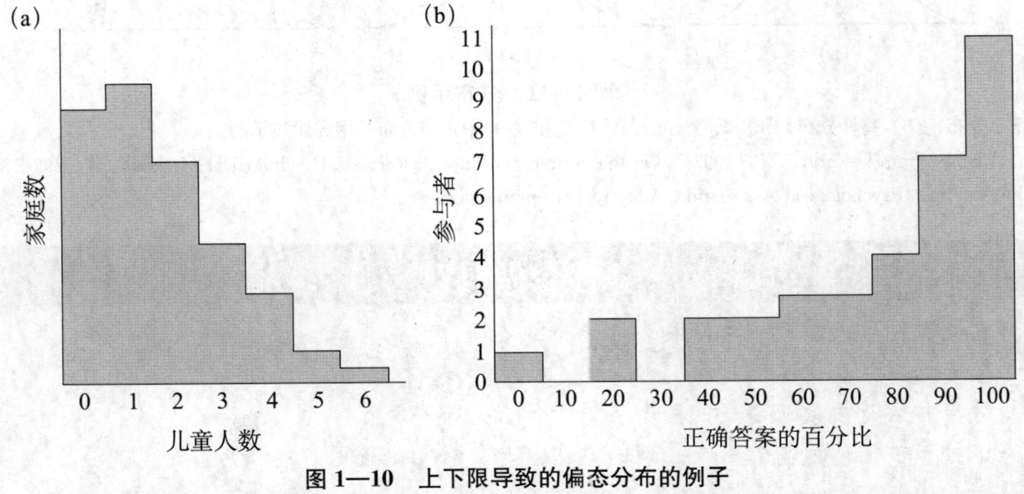

图 1—10　上下限导致的偏态分布的例子

注：(a) 由于地板效应而表现出右偏的一个分布图：虚构的家庭中儿童人数分布。(b) 由于天花板效应而表现出左偏的一个分布图：虚构的成人在乘法表测试中的分数分布。

18　图 1—10b 显示了一个由上限导致的偏态分布。这是成年人在乘法表测试中的分数分布。这个分布过度偏向左边。大多数的分数集中在右边，即顶端（一个完美的分数）。这就是**天花板效应**。压力等级例子也显示了一个温和的天花板效应，因为很多学生都有着很高的压力等级，最大的评级为 10，人们往往不喜欢使用最高评级。

成功小贴士

天花板效应和地板效应有助于你记住偏态的方向，让你知道偏态（skew）这个单词来自于法语，意思是线或尾。因此，偏态的方向是有一长线或尾巴的一方。

正态和峰态分布

心理学家也根据一个分布的中间是高耸还是平坦来描述这个分布。比较的标准就是一条钟形曲线。在心理学研究和自然界中，分布往往与钟形相似，被称为**正态曲线**。我们将会在后面章节详细讨论这种曲线。然而，现在重要的是正态曲线是单峰的，是有着一个平均峰值的对称曲线——在图1—11a中显示的钟形曲线的一种。一般而言，压力等级和社会交往这两个例子中的分布都接近正态曲线——尽管就像我们之前提到的，它们都有点偏态。在我们的经验中，不仅仅是这两个例子，心理学研究中的大部分分布都接近正态曲线。

> **正态曲线**　数学上明确定义的形似钟形且是对称、单峰的频数分布；在自然界观察到的和研究中的分布一般都接近于它。
>
> **峰度**　一个频数分布偏离正态曲线的幅度，取决于它的曲线在中间是否比正态曲线要更见顶或平坦。

峰度就是依据分布的曲线中间是否比正态曲线更高耸或更平坦，衡量它的形状与正态曲线有多大程度差异的指标（DeCarlo，1997）。峰度源自希腊字母kyrtos。图1—11b显示了有着比正态曲线更极端峰值的峰态分布。图1—11c显示了峰态分布的一个极端例子，即一个非常平坦的分布。（矩形分布将会更加极端。）

一个分布如果比正态曲线更高耸或更平坦，那么它趋向于有着一个不一样形状的尾巴。如果是一个非常高耸的曲线，那么集中于这个分布尾部的分数要比正态曲线多（见图1—11b）。如果是一个正态的曲线，它就会在中间收缩并达到高峰，其余部分散开为尾部。在一个非常平坦的曲线中，它尾部的分数要比正态曲线少（见图1—11c）。这就好像曲线的头尾都从两边缩到中间一样。尽管很容易通过分布有多高耸或多平坦来识别峰度，但尾部的分数也是有价值的。

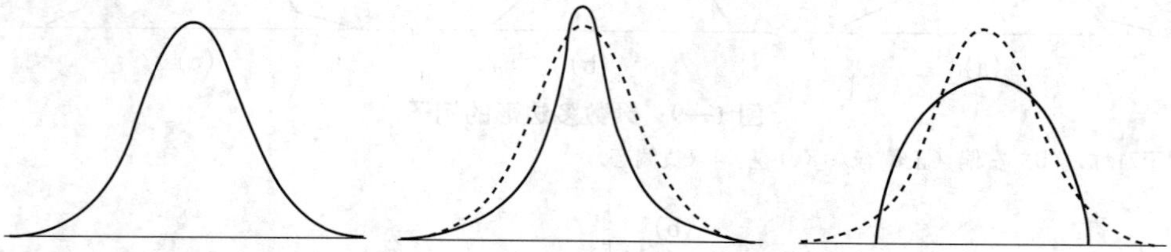

(a)　(b)　(c)

图1—11　分布示例

注：(a) 正态分布；(b) 高峰分布；(c) 低峰分布。在 (b) 和 (c) 中正态分布是用虚线显示的。

资料来源：Adapted from DeCarlo，T.（1997）. On the meaning and use of kurtosis. Psychological Methods，3，292 - 307，Figure 1. Published by the American Psychological Association. Adapted with permission.

你会做吗？

1. 描述在频数图和频数表中单峰和多峰分布的不同。
2. 一个分布向左倾斜意味着什么？
3. 地板效应和天花板效应造成的偏态各属于什么分布种类？
4. 当一个分布被描述为高耸的或平坦的，这是与什么相比较而言的？

答案

1. 单峰分布有一个主要的高点；多峰分布有多于1个的高点。单峰分布有一个具有比其他频数更高的频数的值；多峰分布则有几个比其他频数更高的频数的值。
2. 低值要比高值有着更少的分数。
3. 地板效应造成的偏态是向右的；天花板效应造成的偏态是向左的。
4. 是与正态曲线相比较而言的。

争论：误导图

关于频数表和直方图产生最严重的争论的不是心理学家，而是广大公众。某些公众人物、广告商以及媒体对于这些方法的错误应用似乎使得公众对于统计的可信度产生了怀疑，特别是对于一些统计表和统计图的应用。每个人都听过“统计的谎言”。

当然，人们可以通过统计撒谎，正如很容易用文字去说谎一样，但你可能会对自己识别数字谎言的能力不确定。在这个部分，我们注意到有两种方式会导致频数表和图被滥用，我们将会告诉你怎样识别它们。[这一材料的大部分基于托佛特（Tufte，1983）对这些问题的经典讨论。]

未能使用相等间距

分组频数表或图的一个关键要求就是间距相等。如果它们不相等，表或图可能就会很容易令人误解。托佛特（Tufte，1983）给出了一个来自受人敬仰的（通常是准确的）《纽约时报》的例子，见图1—12。这个图给人的印象是，在1978年支付给旅行社的佣金显著下降。然而，仔细阅读这个图就会发现，第三个条形仅是1978年上半年各航空公司的情况。因此，这里只将半年的情况与前面的每个整年相比。假设1978年的下半年与上半年一样，这个图中的信息实际上是告诉我们，1978年的佣金是增长的而不是下降的。例如，达美航空公司估计1978年全年有72万美元的收入，远远高于1977年的57万美元。

20

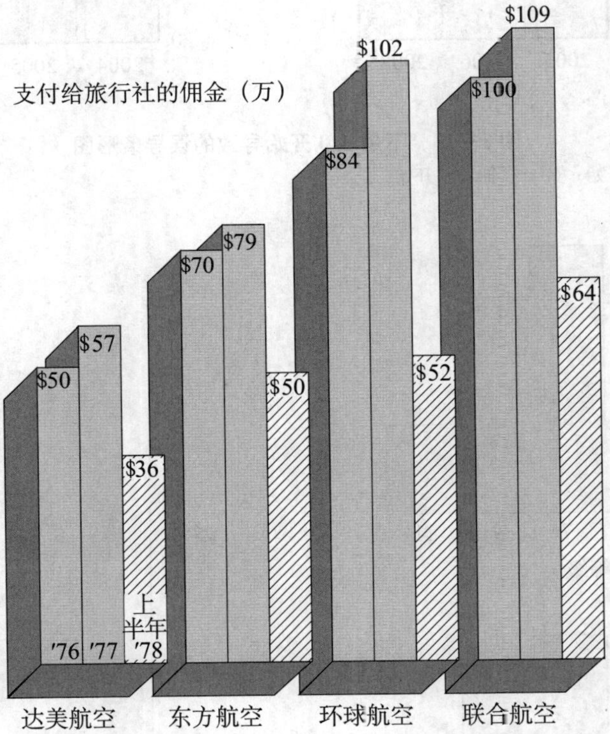

图1—12　间距不相等导致的一个频数分布的误导图

资料来源：“Commission Payments to Travel Agents,” From *The New York Times*, August 8, 1978. © 1978 The New York Times. Used by permission and protected by the Copyright Laws of the United States. The printing, copying, redistribution, or retransmission of the Material without express written permission is prohibited. *www. nytimes. com*

夸张的比例

直方图或条形图的高度（或是频数多边形）经常从0或者刻度中最小的值开始，一直到刻度中最大的值。图1—13a显示了没有遵循这个标准的条形图。这个条形图显示了4年中（从2004年到2007年）一个特定地区房屋的平均价格。通过将纵轴刻度设置为从150 000美元开始（而不是按照惯例为0)，这个图显然夸大了在一段时间内房屋价格的变化。图1—13b显示了纵轴从0开始时同样的结果。你仍然能从图1—13b中看到房屋价格的变化，但是这些数字并不能很好地凸显这种变化。

直方图或条形图的总体比例应尽可能在它高度的1到1.5倍之间，正如图1—14a中压力等级例子中的那样。不过，让我们来看看如果过高或过低会发生什么。正如图1—14b和1—14c中显示的，效果就像一个有趣的哈哈镜：真实的情况被扭曲了。任何特定的形状，在一定意义上是准确的。但是1到1.5倍的比例给了人们一个可以比较的标准，改变这一比例将会误导你的双眼。

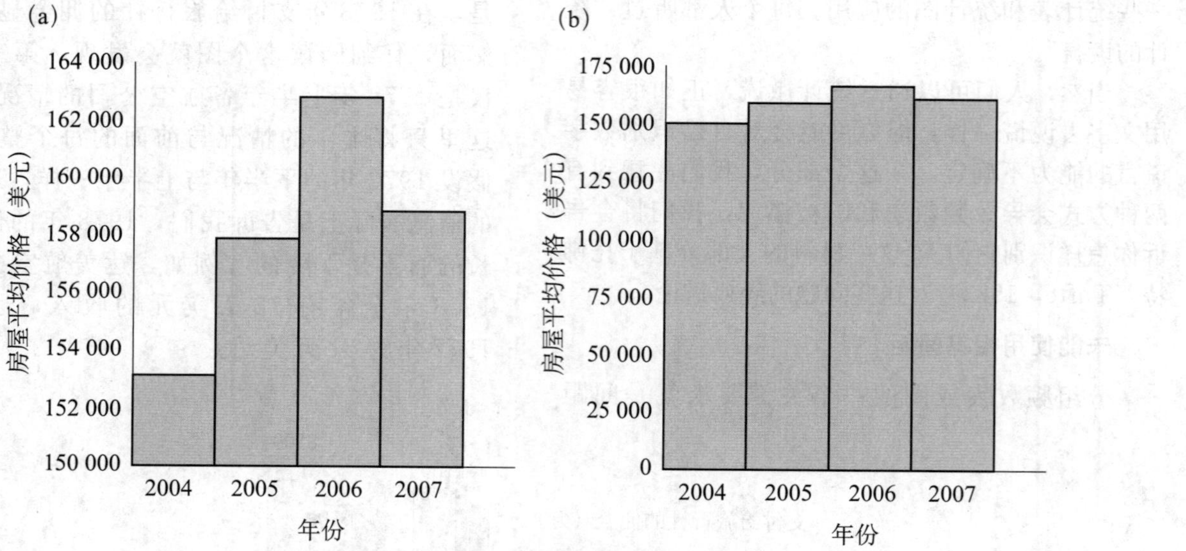

图1—13　不是从0开始导致的误导条形图

注：(a) 纵轴从150 000美元开始；(b) 纵轴从0开始。

21

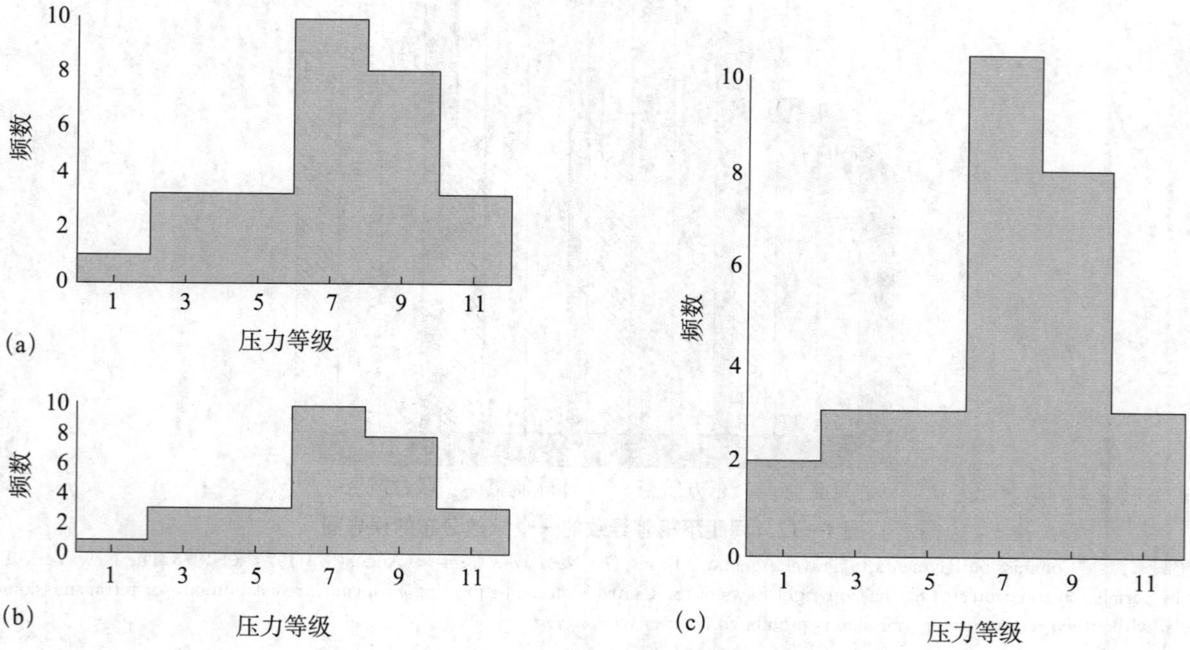

图1—14　学生压力等级直方图的扭曲

资料来源：Data based on Aron et al.，1995.

研究文献中的频数表和直方图

心理学研究者主要使用频数表和直方图作为复杂统计分析中的第一步。它们通常不显示在研究文献中，就算有，也因为非常罕见，往往不以某种方式为标准。它们最有可能出现在调查研究中。例如，瑞斯考卡斯和斯托特（Raskauskas & Stoltz，2007）调查了 84 名青少年对于传统意义上的和电子
22 操纵的欺凌的参与情况。研究者定义电子操纵的欺凌为“……使用电子技术（如文本信息、邮件和诽谤网站）来对同伴进行嘲弄、威胁、骚扰的一种手段”（p. 565）。表 1—8 是一个频数表，显示了青少年中成为传统和电子欺凌受害者或实施者的发生率。此表显示，有接近一半的（48.8%）青少年报告他们是电子欺凌的受害者，其中最常见的电子欺凌媒介是文本消息（32.1%的青少年经历过）。

直方图在研究文献中甚至更为罕见（除了有关统计的文献），但它们也偶尔出现。麦基和他的同事（Maggi et al.，2007）针对加拿大青少年开展了一项年龄的变化与吸烟行为关系的研究。如图 1—15 所示，他们创建了一个直方图——来自一个频数表——来展示他们的研究结果。直方图显示的结果来自他们研究的两个样本（一个用浅色条形显示，一个用深色条形显示）。正如你在图

表 1—8　传统和电子欺凌与受害的发生率（N=84）

受害者和欺凌者类型	N	%
电子受害者	41	48.8
文本消息受害者	27	32.1
网络（网页、聊天室）受害者	13	15.5
图片受害者	8	9.5
传统受害者	60	71.4
身体受害者	38	45.2
戏弄受害者	50	59.5
谣言受害者	32	38.6
其他受害者	30	50.0
电子欺凌者	18	21.4
文本消息欺凌者	18	21.4
网络欺凌者	11	13.1
传统欺凌者	54	64.3
身体欺凌者	29	34.5
戏弄欺凌者	38	45.2
谣言欺凌者	22	26.2
其他欺凌者	35	41.7

资料来源：Raskauskas，J.，& Stoltz，A. D.（2007）. involvement in traditional and electronic bullying among adolescents. *Developmental Psychology*，*43*，564－575. Published by the American Psychological Association. Reprinted with permission.

23

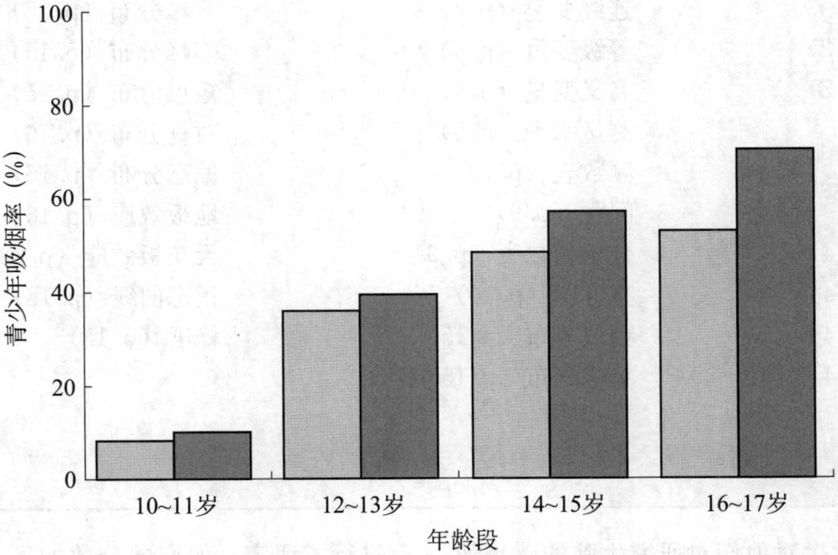

图 1—15　加拿大儿童和青年纵向研究的纵向样本中青少年比例的改变

资料来源：Maggi，S.，Hertzman，C.，& Vaillancourt，T.（2007）. Changes in smoking behaviors from late childhood to adolescence：Insights from the Canadian National Longitudinal Survey of Children and Youth. *Health Psychology*，*26*，232－240. Published by the American Psychological Association. Reprinted with permission.

中看到的，在10岁到11岁之间。不到10%的人报告他们吸过烟，但在16岁到17岁之间超过一半的人说他们吸过烟。正如已经提到的，从某种程度上来说，这样的数据也不准确。在这个例子中，研究者绘制了在条形之间有间隔的直方图，然而它的绘制标准要求条形之间不能有空隙（除非你给一个名义变量绘制一个条形图）。不过，直方图仍然是显示分布的好工具。此外，研究者为了进行一个公平的比较，进而了解不同年龄段的青少年吸烟率之间的差异，他们在纵轴上设置青少年中吸烟的百分比，而不是实际人数。（设置吸烟的青少年人数会导致误解，因为每个年龄段的青少年人数并不相同。）

小结

1. 心理学家使用描述统计去描述和总结研究中的一组数字。

2. 一个值是一个数字或类别；一个变量可以有不同的值；分数就是变量上特定个人的值。

3. 心理学研究中的大多数变量是具有相等间距的数值变量。然而，一些数值变量是按等级排列的（值是等级），一些变量完全不涉及数字（值是类别）。

4. 频数表包括每个可能值及其频数，以及具有该值的分数的百分比。

5. 当有很多不同的值时，分组频数表是非常有用的。它很像一般的频数表，除了具有包含值范围的间距。

6. 分布中频数的模式是以直方图（或条形图）来显示的，每个条形的高度就是特定值的频数。

7. 直方图的一般形状有单峰（有单一的高峰）、双峰（两个高峰）、多峰（包括双峰），或者是矩形（没有高峰）；它可能是对称的，或者是向右偏斜或向左偏斜的（有一条长长的尾巴）；与钟形正态曲线相比，它可能是峰态的（有一个高耸或平坦的分布）。

8. 统计图有时候会因为某些原因而被扭曲，从而使我们误解，如没有使用相等间距或夸大比例。 24

9. 频数表和直方图在研究文献中很少出现。即使它出现，它也经常不遵循标准的形式，或者用频数（百分比）来显示一个名义变量。分布的形状反而更经常地被描述出来。

关键词

统计（p. 2①）
描述统计（p. 2）
推断统计（p. 2）
变量（p. 3）
值（p. 3）
分数（p. 3）
数值变量（p. 4）
等距变量（p. 4）
比率量表（p. 4）
离散变量（p. 4）
连续变量（p. 4）
等级变量（p. 4）
名义变量（p. 4）
测量水平（p. 5）
频数表（p. 7）
间距（p. 9）
分组频数表（p. 9）
直方图（p. 10）
频数分布（p. 15）
单峰分布（p. 15）
双峰分布（p. 15）
多峰分布（p. 15）
矩形分布（p. 15）
对称分布（p. 16）
偏态分布（p. 16）
地板效应（p. 16）
天花板效应（p. 18）
正态曲线（p. 18）
峰度（p. 18）

案例解析

10个一年级学生对他们对研究生院的感兴趣程度［从1（一点也没兴趣）到6（非常感兴趣）］进行了评定。他们的分数如下：2，4，5，5，1，3，6，3，6，6。

① 此类页码为原书页码，即本书边码，下同。——译者注

制作一个频数表

见图 1—16。

绘制一个直方图

见图 1—17。

❸ 对研究生院的兴趣	频数	❹ 百分比	❷
1	1	10	/
2	1	10	/
3	2	20	//
❶ 4	1	10	/
5	2	20	//
6	3	30	///

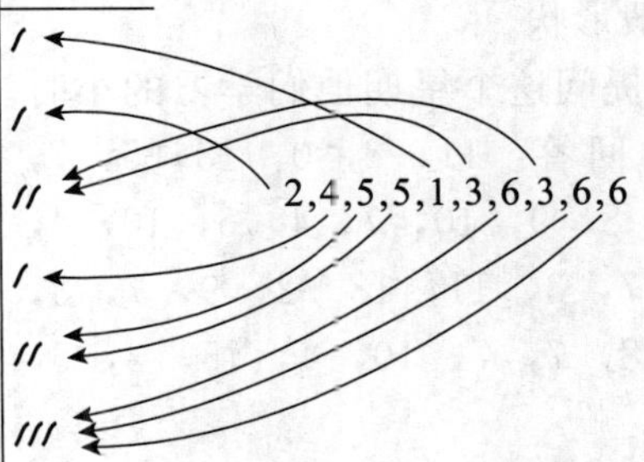

图 1—16　“案例解析”中制作一个频数表的答案

注：❶列一个清单，将每个值从低到高依次排列。❷对你列单上的每个值进行标记，一个接一个。❸制作一张表显示你列单上每个值使用过的次数。❹计算每个值的分数百分比。

25

❶

对研究生院的兴趣	频数
1	1
2	1
3	2
4	1
5	2
6	3

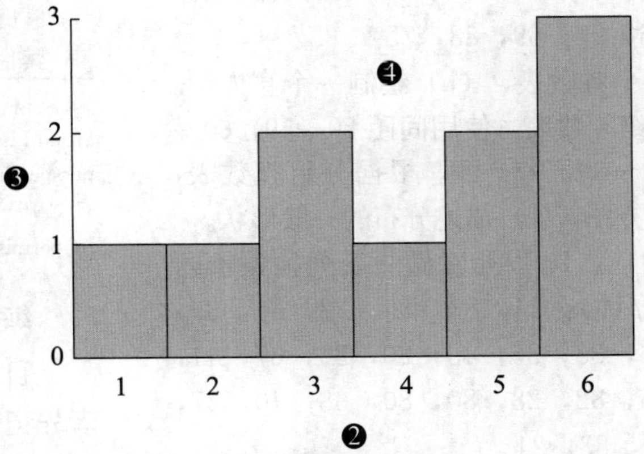

图 1—17　“案例解析”中绘制一个直方图的答案

注：❶制作一个频数表（或分组频数表）。❷将值放在页面的底部，从左到右，从低到高。❸从页面的左边缘开始，由最低到最高频数，为所有值设置一个频数刻度。❹在每个值上都绘制一个条形，以条形高度表示值的频数。

练习题

这些题包括做表和制图。大部分现实生活中的统计问题可以使用特殊的统计软件来完成。即使你有这种软件，也要动手解决这些问题以便牢记方法。学习怎样使用计算机解决像这章的统计问题，参考本章后面“SPSS 应用”部分以及与本书相伴的学习指南和计算机工具书①。

所有数据都是虚构的，除非已经给出实际的引用出处。

练习Ⅰ（练习Ⅰ的答案，见 pp. 673－674）

1. 一个客户对他的职业顾问的满意度为 3［从 1（一点不满意）到 4（非常满意）］。(a) 变量是什么？(b) 可能的值有哪些？(c) 这个客户的分数是多少？

2. 给出以下每个变量的测量水平：(a) 一个人所属的族群，(b) 一只老鼠在实验室迷宫中走

① 本书中文版并未提供相应的学习指南和计算机工具书。——译者注

错方向的次数，(c) 比赛结束时的名次。

3. 在郊区一个特定的地方有20户家庭。每户儿童的数量如下：2，4，2，1，0，3，6，0，1，1，2，3，2，0，1，2，1，0，2，2。

(a) 制作一个频数表，(b) 绘制一个直方图，(c) 描述分布的一般形状。

4. 50名学生被提问这个星期他们学习的小时数。以下是他们的回答：11，2，0，13，5，7，1，8，12，11，7，8，9，10，7，4，6，10，4，7，8，6，7，10，7，3，11，18，2，9，7，3，8，7，3，13，9，8，7，7，10，4，15，3，5，6，9，7，10，6。

26 (a) 制作一个频数表，(b) 制作一个直方图，(c) 描述分布的一般形状。

5. 以下是25名厨师参加全国性大会所做的嗅觉敏感性测试的分数：96，83，59，64，73，74，80，68，87，67，64，92，76，71，68，50，85，75，81，70，76，91，69，83，75。

(a) 制作一个频数表，(b) 绘制一个直方图。(c) 制作一个分组频数表，使用间距50～59，60～69，70～79，80～89，90～99。根据分组频数表，(d) 绘制一个直方图，(e) 描述分布的一般形状。

6. 以下是34个10岁儿童做一系列抽象难题花费的时间（分钟）：24，83，36，22，81，39，60，62，38，66，38，36，45，20，20，67，41，87，41，82，35，82，28，80，80，68，40，27，43，80，31，89，83，24。

(a) 制作一个频数表，(b) 制作一个分组频数表，使用间距20～29，30～39，40～49，50～59，60～69，70～79，80～89。根据分组频数表，(c) 绘制一个直方图，(d) 描述分布的一般形状。

7. 描述下面三个分布的形状。

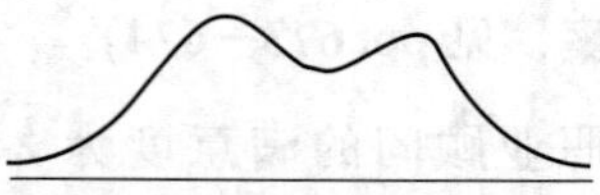

(a)

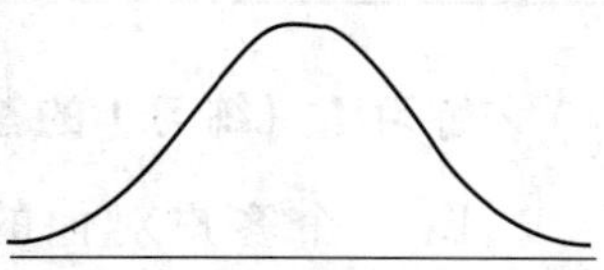

(b)

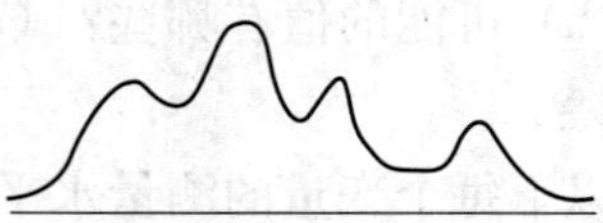

(c)

8. 绘制以下每种类型的分布：(a) 对称，(b) 矩形，(c) 向右偏斜。

9. 向一个从未上过统计课程的人解释：(a) 什么是对称单峰分布？(b) 什么是负偏态单峰分布？（确保在你的解释中涉及“分布”的含义。）

10. 麦基和普拉西克（McKee & Placek，2001）提问了90名大学生在一个时期内他们传递给别人坏消息的情况。表1—9显示了针对给定坏消息类型的结果。(a) 使用这个表作为一个例子，向一个从未上过统计课程的人解释频数表的概念，(b) 解释结果模式的一般含义。

表1—9　针对给定坏消息类型的描述性统计 27

类型	频数	百分比
1. 与家庭的关系	19	21.1
2. 学校	1	1.1
3. 工作	6	6.7
4. 与真实或潜在的男女朋友间的关系	17	18.9
5. 个人健康	1	1.1
6. 经济状况	1	1.1
7. 与朋友间的关系	21	23.3
8. 家庭成员或朋友的健康	23	25.6
9. 其他	1	1.1

资料来源：Mckee，T. L. E.，& Placek，J. T.（2001）. I'm afraid I have something bad to tell you：Breaking bad news from the perspective of the given. *Journal of Applied Social Psychology*，*31*，246－273. Copyright©2001 by Blackwell publishing. Reprinted by permission of Blackwell Publishers Journals.

练习Ⅱ

11. 在一个认知心理学研究中，要求一个参与者先记住50个单词，一段时间后提问他能回忆多少个单词。这个参与者回忆了17个。(a) 变量是什么？(b) 可能值有哪些？(c) 这个参与者的分数是多少？

12. 解释以下每一个变量类型：(a) 等距，(b) 等级，(c) 名义，(d) 比率，(e) 连续。

13. 一个组织心理学家提问了20名公司职员，将他们对于工作的满意度以5分制进行区分，从1（非常不满意）到5（非常满意）。结果如下：3，2，3，4，1，3，3，4，5，2，3，5，2，3，3，4，1，3，2，4。

(a) 制作一个频数表，(b) 绘制一个直方图，(c) 描述分布的一般形状。

14. 一个社会心理学家提问了15名大学生他们在11岁之前有多少次“跌进爱河”。结果如下：2，0，6，0，3，1，0，4，9，0，5，6，1，0，2。

(a) 制作一个频数表，(b) 绘制一个直方图，

（c）描述分布的一般形状。

15. 以下是在一个特定的下午，在限速 35 英里每小时的车道上，40 辆车的时速：30，36，42，36，30，52，36，34，36，33，30，32，35，32，37，34，36，31，35，20，24，46，23，31，32，45，34，37，28，40，34，38，40，52，31，33，15，27，36，40。

（a）制作一个频数表，（b）绘制一个直方图，（c）描述分布的一般形状。

16. 以下是在一个假期的末尾，在本地商场随机采访了 25 个家庭所购买的假期礼物数量：22，18，22，26，19，14，23，27，2，18，28，28，11，16，34，28，13，21，32，17，6，29，23，22，19。

（a）制作一个频数表，（b）绘制一个分组频数表，使用间距 0～4，5～9，10～14，15～19，20～24，25～29，30～34。根据分组频数表，（c）绘制一个直方图，（d）描述分布的一般形状。

28 17. 挑选一本书然后选择一个页码。（选择的一页最少有 30 行；不挑教科书，也不挑有表或图的书籍。）列出每行的字数，并使用这个列表作为你的数据集。（a）制作一个频数表，（b）绘制一个直方图，（c）描述分布的一般形状。（确保给出你所使用的书的书名、作者、出版商、出版年份，以及页码和你的答案。）

18. 向一个从未上过统计课程的人解释分组频数表的概念。

19. 给出这些分布形状的一些例子：（a）单峰，（b）接近矩形，（c）正偏态。不要使用这本书或课堂中给出的例子。

20. 在一份报纸或杂志中找到一个由于使用不等间距或夸大比例造成误导的例子。

21. 劳奈斯（Nownes，2000）调查了美国三个州游说人员所代表的利益集团。其中一个问题涉及利益集团是否存在相互竞争。表 1—10 显示了对这个问题的回答。（a）使用这个表作为一个例子，向一个从未上过统计课程的人解释频数表的概念，（b）解释结果模式的一般意义。

22. 穆拉迪安（Mouradian，2001）调查了筛选出来的两组大学生：（a）“行为组”——报告说在其当前或最近的恋爱中最少使用过一次暴力行为的学生（打人、推搡等）；（b）“对照组”——报告说在最近三段恋爱中没有使用过暴力的学生。在实际的测验中，学生首先阅读一段有关攻击行为的描述，如“向他的同伴扔东西”或“说一些让他同伴困扰的话”。然后要求他们“尽可能多地写出他们可能会对周围人做出上述类型的行为的情况”。表 1—11 展示了男性和女性针对恋人攻击行为的主要解释类别（一个被试使用最多的类别），男性和女性分别设置了“对照组”和“行为组”。（a）使用这个表作为一个例子，向一个从未上过统计课程的人解释频数表的概念，（b）解释结果模式的一般意义。

表 1—10　　成员和其他资源的竞争

问题：对于成员和其他的资源，当一个集团与另一个集团有着相同的目标时，有着多少的竞争？		
回答	百分比	数字
没有竞争	20	118
一些竞争	58	342
很多竞争	22	131
总计	100	591

注：各个州之间差异不显著。有关完整的统计检验，请联系作者。

资料来源：Nownes，A. J.（2001）. Policy conflict and the structure of interest communities. *American Politics Quarterly*，*28*，316. Copyright©2001 by Sage Publications，Ltd. Reprinted by permission of Sage Publications，Thousands Oaks，London，and New Delhi.

表 1—11　　针对恋人攻击行为的主要解释类别的概况 29

	分组							
	女性				男性			
	对照组（n=36）		行为组（n=33）		对照组（n=32）		行为组（n=25）	
类别	f	%	f	%	f	%	f	%
自我防卫	2	6	3	9	3	9	1	4
控制动机	8	22	9	27	9	28	3	12
表达性攻击	4	11	3	9	3	9	8	32
面对/维护自尊	1	3	2	6	2	6	3	12

续前表

	分组							
	女性				男性			
	对照组 (n=36)		行为组 (n=33)		对照组 (n=32)		行为组 (n=25)	
类别	f	%	f	%	f	%	f	%
开脱性解释	5	14	3	9	3	9	3	12
对攻击行为的抵抗或有所行动	12	33	6	18	10	31	7	28
亲社会/可接受的解释	0	0	0	0	0	0	0	0
合并类别	4	11	7	21	2	6	0	0

注：f=频数；%=在一个特定分组解释特定类别的有效百分比。

资料来源：Mouradian，V. E.（2001）. Applying schema theory to intimate aggression：Individual and gender differences in representation of contexts and goals. *Journal of Applied Social Psychology*，*31*，376 - 408. Copyright © 2011 by Blackwell Publishing. Reprinted by permission of Blackwell Publishers Journals.

SPSS 应用

（我们使用 SPSS 15.0 这个版本做分析。以下的步骤和输出窗口可能与其他版本有些稍微的不同。）

创建一个频数表

1. 将你的分布中的分数键入数据窗口的其中一列。
2. 点击 Analyze。
3. 点击 Descriptive statistics。
4. 点击 Frequencies。
5. 点击你想制作的频数表所针对的变量，然后点击箭头。
6. 点击 OK。

基于本章社会交往例子创建一个频数表来练习上述的步骤（相关分数见 7 页）。步骤 5 之后，你的屏幕应该类似于图 1—18。你的输出窗口（当

30

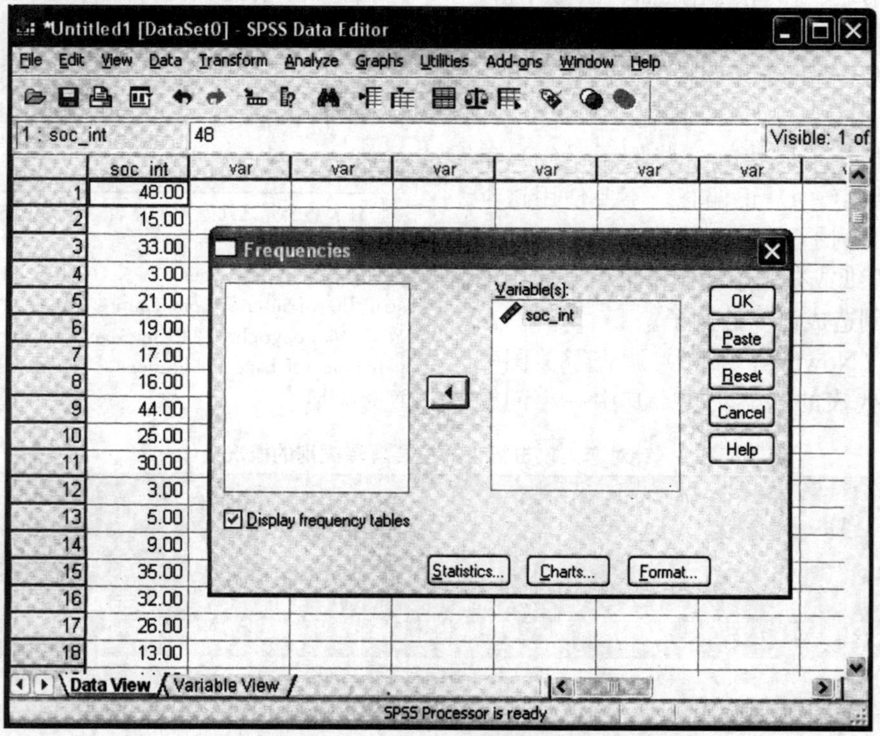

图 1—18　社会交往例子的 SPSS 数据窗口和频数窗口

资料来源：Data from McLaughlin-Volpe et al.，2001.

你在步骤 6 中点击 OK 后）应该类似于图 1—19。正如你所看到的，SPSS 自动显示了带有每个值累计百分比的一列。（注意：也可以运用 SPSS 制作分组频数表，但这不是一个简单的过程，我们就不在这里阐述了。）

绘制一个直方图

1. 将你的分布中的分数输入数据窗口的其中一列。

2. 点击 Analyze。

3. 点击 Descriptive statistics。

4. 点击 Frequencies。

5. 点击你想绘制的直方图所针对的变量，然后点击箭头。

6. 点击 Charts，点击 Histograms，点击 Continue。

7. 可选：可以指示 SPSS 不用输出频数表，点击标记为 Display frequency tables 的框（取消）。

8. 点击 OK。

31

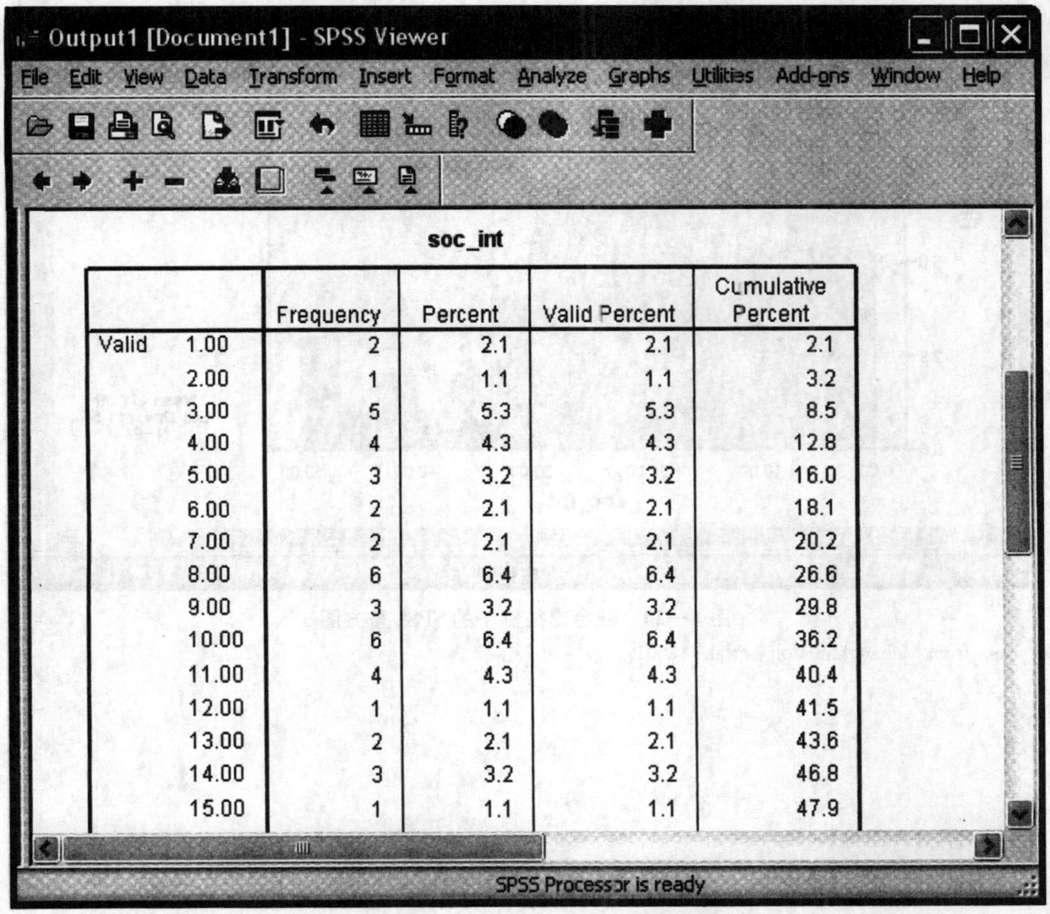

soc_int

		Frequency	Percent	Valid Percent	Cumulative Percent
Valid	1.00	2	2.1	2.1	2.1
	2.00	1	1.1	1.1	3.2
	3.00	5	5.3	5.3	8.5
	4.00	4	4.3	4.3	12.8
	5.00	3	3.2	3.2	16.0
	6.00	2	2.1	2.1	18.1
	7.00	2	2.1	2.1	20.2
	8.00	6	6.4	6.4	26.6
	9.00	3	3.2	3.2	29.8
	10.00	6	6.4	6.4	36.2
	11.00	4	4.3	4.3	40.4
	12.00	1	1.1	1.1	41.5
	13.00	2	2.1	2.1	43.6
	14.00	3	3.2	3.2	46.8
	15.00	1	1.1	1.1	47.9

图 1—19　社会交往例子的 SPSS 频数表

资料来源：Data from McLaughlin-Volpe et al., 2001.

通过实际操作这些步骤绘制一个社会交往例子的直方图（相关分数见 7 页）。你的输出窗口应该类似于图 1—20。注意 SPSS 自动创建了基于一个分组频数表的直方图，它的间距大小是 3（1～3，4～6，7～9，等等）。[如果你希望，你可以改变间距的数字或间距的大小：将鼠标光标放在直方图上，然后双击打开 Chart Editor 窗口；将你的鼠标光标放在直方图的条形上，然后双击打开 Properties 窗口；点击标记为 Binning 的标签；点击 Custom；然后输入你想要的间距数字（标记为 Interval Width）；点击 Apply。]（如果你想要一个非分组直方图，就输入“1”作为间距大小。）

32

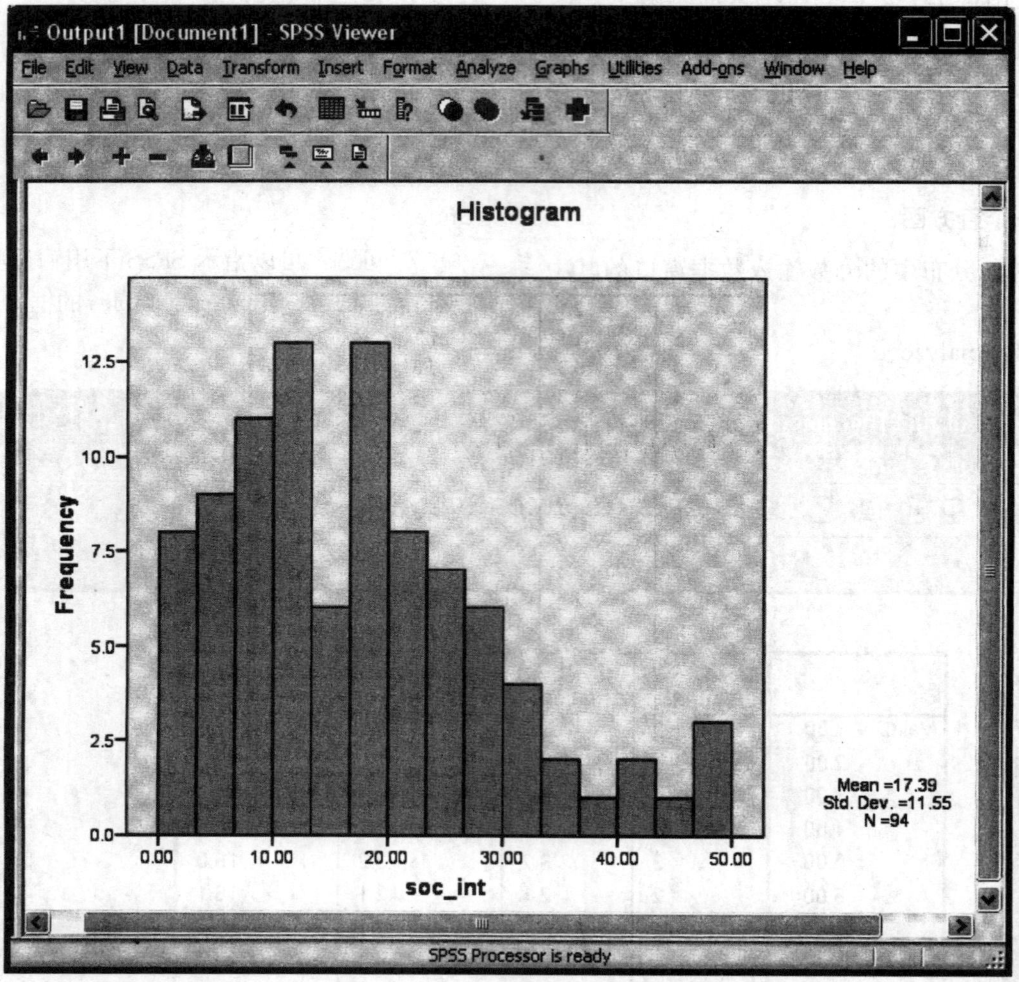

图 1—20　社会交往例子的 SPSS 直方图

资料来源：Data from McLaughlin-Volpe et al.，2001.

第 2 章

集中趋势和变异性

章节概览

33 **成功小贴士**

在本章开始之前，你应该确保你对第一章中的关键词，如变量、分数和值有着充分的了解。

正如我们在第 1 章了解到的，描述统计的目的就是让一组分数可以被理解。我们看到的一些方法，就是通过表和图来理解的。在本章中，我们认为主要的统计方法就是用数字来描述。首先，你可以用一个有代表性的（或典型的）值，如平均数来描述一组分数。一个代表性的值可以给出一组分数的集中趋势。使用代表性的值是一个简单的方式，即用一个简单的数字来描述一组分数（可能会有成百或上千个分数）。我们认为主要的代表性的值是平均数。接着，我们专注于描述一组分数中的数字的离散程度如何。换句话说，我们考虑分数的变异量或变异性。你将学到变异性测量的两种方式，即方差和标准差。

在本章中，你将会第一次学习到统计公式。这些公式不是在这迷惑你。你会看到它们其实是简化了的东西，并且提供了一个非常直接简洁的方式来描述统计程序。无论我们什么时候展示公式，为了帮助你理解这些公式的意思，我们都会用通俗的话语给出解释。

34 集中趋势

一组分数（一个分布）的**集中趋势**涉及这组分数中心的位置。你将会学到三种描述集中趋势的量数：平均数、众数、中位数。每一种集中趋势量数都是使用一个简单的数字来描述一组分数的中心位置。我们先从平均数开始，它是最常用的集中趋势量数。理解平均数是你学好后面章节的一个重要基础。

集中趋势 一组分数最典型或最有代表性的值。

平均数 一组分数的算术平均，即分数的总和除以分数的个数。

平均数

衡量集中趋势最常用的就是普通的平均，即所有分数之和除以分数的个数。在统计学中，这称为**平均数**。一组分数的平均，或平均数是具有代表性的值。

假设有 10 名学生，作为研究的一部分，记录下他们上个星期做梦的总次数。做梦的次数如下：7，8，8，7，3，1，6，9，3，8。

这 10 个分数的平均数是 6（做梦次数总和 60 除以学生人数 10）。意思就是说，在过去的一个星期，每名学生平均做了 6 次梦。这 10 名学生的信息用简单的数字 6 来总结。

你可以把平均数看成是分数分布的一个平衡点。试图想象一个圆木平衡着一块木板，就像跷跷板一样。再想象一堆方块沿着木板排列，一个方块代表分布中的一个分数（就像由方块形成的直方图）。平均数就是木板上的一个点，平衡着两端。图 2—1 以 10 名学生做梦的次数为例很好地展示了这一点。

数学上说，你可以认为平均数是一个点，并且大于平均数的所有分数到该点的总距离与小于平均数的所有分数到该点的总距离相等。以图 2—1 中的做梦次数为例，首先计算大于平均数的所有分数到平均数的总距离。有两个 7，每一个都比 6（平均数）大 1 个单位。有三个 8，每一个都比 6 大两个单位。并且，有一个 9，比 6 大 3 个单位。总距离是 11 个单位（1＋1＋2＋2＋2＋3），它是从平均数到所有大于平均数的分数的距离之和。现在，让我们来看看小于平均数的分数。有两个 3，每一个都比 6（平均数）小 3 个单位。有 1 个 1，比 6 小 5 个单位。从平均数到所有小于平均数的分数的总距离是 11 个单位（3＋3＋5）。因此，你可以看出大于平均数的那一部分距离等于小于平均数那一部分的距离。大于平均数的分数与小于平均数的分数相互抵消了。

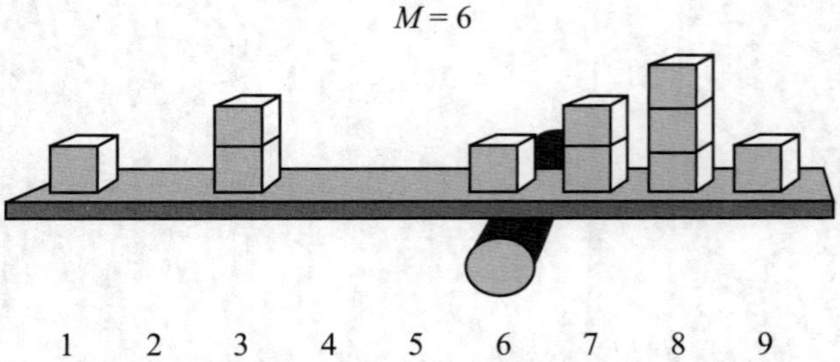

图 2—1 10 名学生在一个星期内做梦次数分布的平均数（以方块在用一块圆木平衡的一个木板上为例证）

一些其他的例子显示在图 2—2 中。注意并没有一个方块正好在平衡点上。就是说，平均数并 35
不是分布中实际的分数。平均数是分数的平均，是平衡点。平均数是一个小数，即使分布中所有分

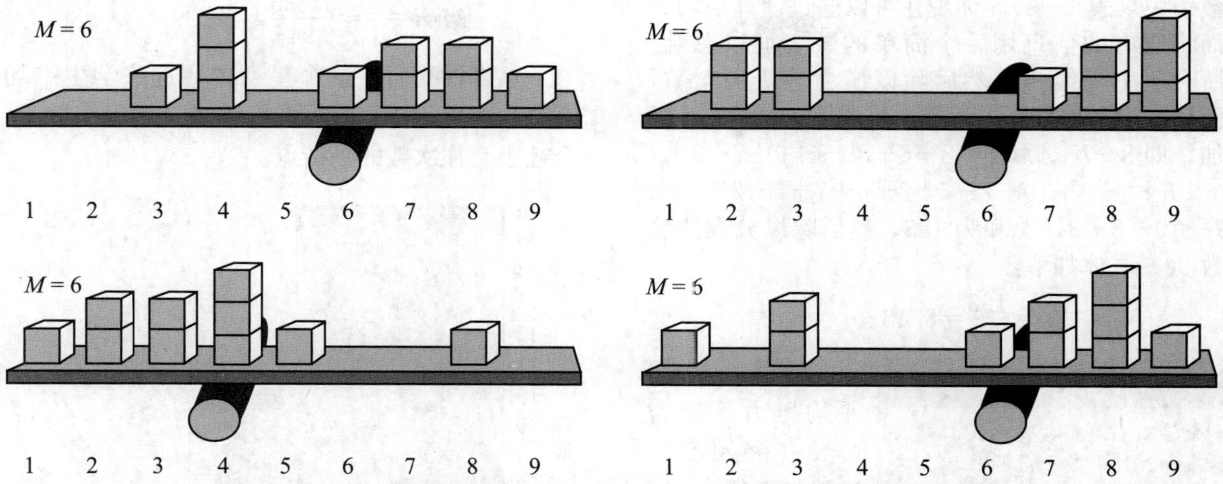

图 2—2　以方块在用一块圆木平衡的木板上为例证的各种分布的平均数

数都是整数（例如，儿童人数的平均数是 2.30）。对于图 2—2 中的每个分布，从平均数到大于平均数的分数的距离等于从平均数到小于平均数的分数的距离。（顺便提一句，实际上，方块在跷跷板上的比喻，只在单纯考虑方块重量而忽略跷跷板的重量时才是合适的。）

> **M**　平均数。
> **Σ**　总和，即表示将所有分数相加的符号。
> **X**　变量 X 在分布中的分数。
> **N**　分布中分数的个数。

计算平均数的公式和统计符号

平均数的计算规则就是将所有分数相加，然后除以分数的个数。以下是计算公式：

$$M=\frac{\sum X}{N} \tag{2-1}$$

> 平均数就是所有分数的总和除以分数的个数的结果。

M 是平均数的符号。另一种符号，$\overline{X}$（“X-bar”）偶尔也会使用。然而，*M* 是心理学研究文献中经常使用的，并被美国心理学会（2001）推荐为规范符号。你会看见 $\overline{X}$ 经常在统计课本和统计文献中出现。实际上，这里对统计符号并没有一个统一的规定。（在这本书中，我们使用的符号一般都是广泛用于心理学研究文献中的。）

> **成功小贴士**
> 每个公式都被认为是一个统计配方，统计符号就是成分。在你使用公式之前，确保知道每个符号代表什么。然后根据公式算出最终的结果。

Σ，希腊字母，是“总和”的符号。它意味着“将以下所有分数相加”。它是统计中最常见的特殊算术符号。

X，表示在分布中变量 *X* 的分数。我们可以选择任何字母。然而，如果只有一个变量，经常称作 *X*。在接下来的章节中，我们使用的公式含有不止一个变量。在这些公式中，我们使用 *X* 之后的字母（通常是 *Y*）或下标（如 X_1 和 X_2）。

$\sum X$ 是“*X* 的总和”。这就告诉你将 *X* 变量在分布中的分数全部相加。假设 *X* 是 10 名学生的做梦次数，$\sum X$ 就是 7＋8＋8＋7＋3＋1＋6＋9＋3＋8，得出 60。

N 代表个数——分布中分数的个数。在我们的例子中，有 10 个分数。因此 *N* 等于 10。[①] 36

总之，公式的意思就是分布中变量 *X* 所有分数的总和除以所有分数的个数 *N*。在做梦次数这个例子中，意味着你用 60 除以 10。具体如下：

$$M=\frac{\sum X}{N}=\frac{60}{10}=6$$

计算平均数的其他例子

思考来自第 1 章的例子，即 30 名学生在他们统计课程第一周的压力等级（基于 Aron et al.，1995）：8，7，4，10，8，6，8，9，9，7，3，7，6，5，0，9，10，7，7，3，6，7，5，2，1，6，7，10，8，8。

在第 1 章中，我们把所有的分数总结到一个

---

① 在比较正式的数学统计著作中，符号要更加复杂。这种复杂会让公式能处理更加复杂的情况。然而，供心理学家使用的统计著作，即便是非常高级的著作，其符号也是比较简单的。这种简化形式在心理学家使用的统计公式中很少会制造模糊之处。

频数表中（表1—3）。你现在可以通过计算平均数从而将所有的信息用一个简单的数字加以总结。将所有压力等级相加然后除以压力等级的个数，从而计算出平均数。那就是，你将30个压力等级相加，即8+7+4+10+8+6+8+9+9+7+3+7+6+5+0+9+10+7+7+3+6+7+5+2+1+6+7+10+8+8，总和为193，然后除以分数的总个数30。具体如下：

$$M=\frac{\sum X}{N}=\frac{193}{30}=6.43$$

> **成功小贴士**
>
> 当一个答案不是整数时，我们建议将答案舍入到小数点后两位。在这个例子中，普通的分数没有使用十进制，因此我们将答案舍入到两位。

这告诉我们平均压力等级为6.43（舍入后）。这显然要比0～10的中间刻度要大。你也可以在图上看到这一点。再将直方图想象为放着一组方块的跷跷板，6.43作为一个点平衡着两端（见图2—3）。这个单一的代表值简化了30个压力分数的信息。

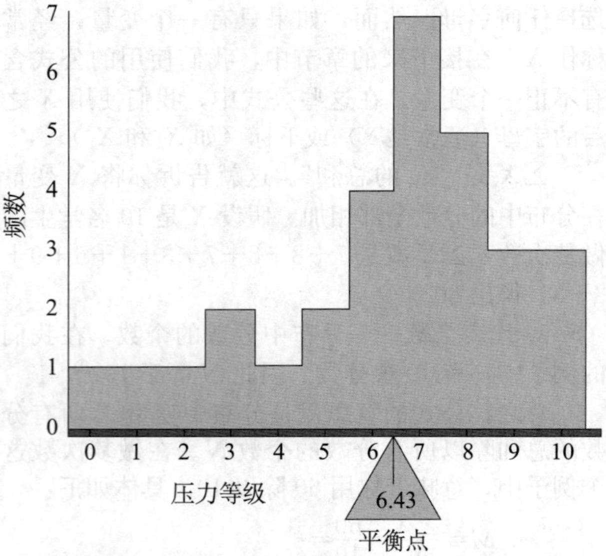

图2—3　以方块在用一个支点平衡的一个木板上来类比30名统计学学生的压力等级平均数

资料来源：Data based on Aron et al.，1995.

37 同样，思考第1章中学生社会交往的例子（McLaughlin-Volpe et al.，2001）。一个星期内94名学生交往的实际次数列表见7页。在第1章中，我们将原始分数总结到一个频数表中（见表1—5）。我们现在可以将相同的94个分数相加，然后除以94得出平均数：

> **众数**　一个分布中频数最大的值。

$$M=\frac{\sum X}{N}=\frac{1\,635}{94}=17.39$$

这告诉我们在这个星期内，这些学生平均社会交往次数为17.39。图2—4显示了17.39是94个社会交往次数的平衡点。

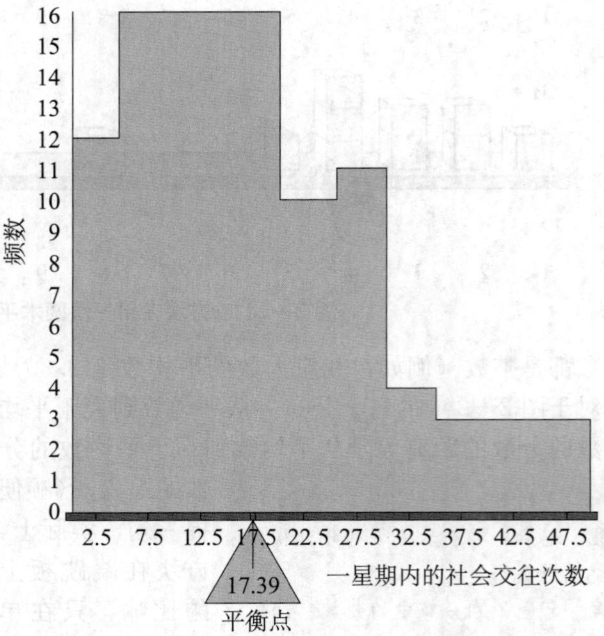

图2—4　以方块在用一个支点平衡的一个木板上来类比一星期内94名大学生社会交往次数的平均数

资料来源：Data from McLaughlin-Volpe et al.，2001.

计算平均数的步骤

计算平均数有两个步骤。

❶ **将所有分数相加。**也就是计算$\sum X$。

❷ **用总和除以分数的个数。**也就是$\sum X$除以N。

众数

众数是表示集中趋势的另一种量数。众数是分布中最常见的一个简单值。在我们做梦次数的例子中，众数是8。这是因为有三名学生做了8次梦，而其他学生做梦的次数没有比它出现得多。用另一种方式理解就是在频数表中，这个值出现的频率最高，或者是频数直方图的顶点或高峰（如图2—5所示）。 38

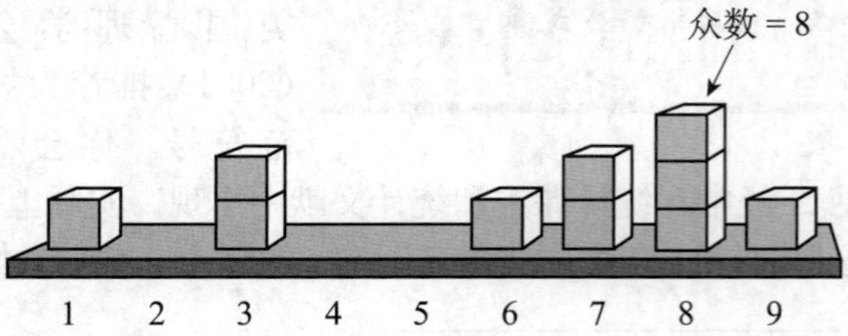

图2—5　众数即一个分布直方图上的最高点（以10名学生一星期内的做梦次数为例）

在一个完美对称的单峰分布中，众数与平均数相等。然而，什么情况下平均数和众数不一样呢？在这种情况下，众数不是一个描述分布分数集中趋势的好量数。实际上，有时研究者会将众数和平均数相比，来显示分布并不完美对称。众数是一个非常差的代表值，因为它不能反映分布的多个方面。例如，你可以改变分布中的一些分数而不影响众数——但平均数不符合这一点，分布中的任意改变都会影响到平均数（见图 2—6）。

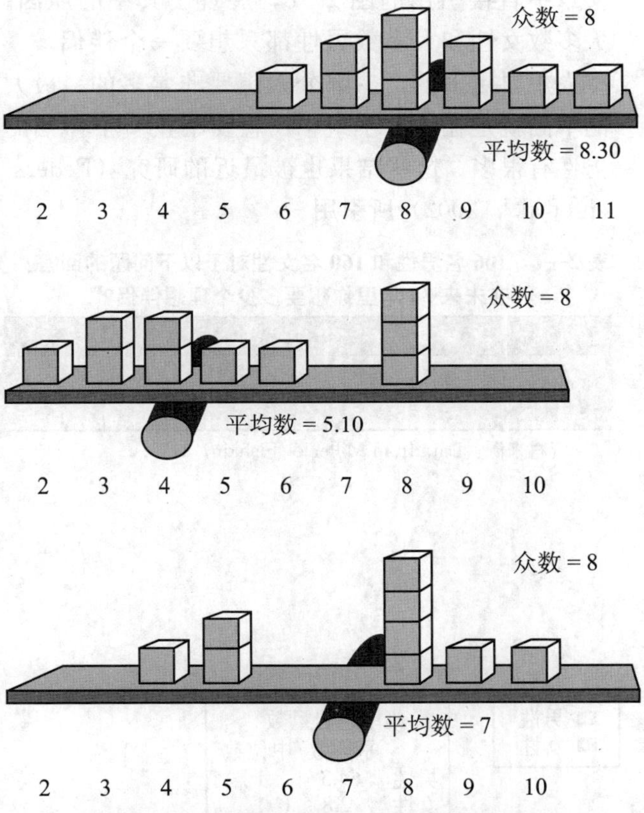

图 2—6　改变一些分数对平均数和众数的影响（以 10 名学生一星期内的做梦次数为例）

39 另一方面，众数是描述名义变量集中趋势常用的量数。例如，如果你知道一个特定群体的宗教信仰，众数就会告诉你什么宗教信仰是最常见的。然而，当涉及心理学研究中最常见的数值变量时，众数很少使用。

中位数

> **成功小贴士**
>
> 当计算中位数时，记住第一个步骤就是将所有分数从低到高依次排列。忘记这个步骤的学生在计算中位数时很容易犯常识性错误。

另一种可以替代平均数的就是**中位数**。如果你将所有分数从低到高依次排列，中间的分数就是中位数。图 2—7 显示了做梦的次数，并从低到高依次排列。在这个例子中，第五和第六个分数（两个分数的中间值）都是 7。无论哪种情况，中位数都是 7。

图 2—7　将分数从低到高依次排列，中位数就是中间的分数（以 10 名学生一星期内的做梦次数为例）

假设你有一组分数，但是中位数在两个不同分数之间。在这种情况下，中位数就是两个分数的平均数。

计算中位数的步骤

找出中位数需要三个步骤。

❶ **将所有分数从低到高依次排列。**

❷ **计算总共有多少分数，中间的分数就是分数的个数加 1 再除以 2。** 例如，有 29 个分数，加 1 除以 2 就得出 15。第 15 个分数就是中间分数。如果有 50 个分数，加 1 除以 2 就得出 25.5。因为分数个数不能为小数，第 25 个和第 26 个分数就是中间的数。

❸ **对中间分数或分数集进行计算。** 如果你有一个中间分数，这就是中位数。如果你有两个中间分数，中位数就是这两个分数的平均数。

比较平均数、众数和中位数

> **中位数**　分布中所有分数从低到高依次排列后的中间分数。

有时候，作为一组分数的代表值，中位数要比平均数（和众数）要好。当分数中有一些极端值的时候，这会影响到平均数，但不会影响到中位数。在心理学研究中反应时是一个常见的例子。当屏幕上出现绿色圆圈时，假设你被要求尽可能快地按下按钮。在绿色圆圈出现五次后，你的反应时（以秒为单位）分别是 0.74，0.86，2.32，0.79，0.81。这五个分数的平均数是 1.104 0，即 $(\sum X)/N = 5.52/5 = 1.104\ 0$。然而，这个平均数被一个非常长的反应时（2.32 秒）所影响。（可能是因为当绿色圆圈出现时你发愣了。）中位数很少受到极端分数的影响。这五个分数的中位数是 0.81——一个非常能代表这组分数的值。因此，使用中位数削弱极端分数影响的时候，它是恰当的。极端的分数也被称作**异常值**。在这个例子中，异常值远远大于其他分数，在其他例子中，异常值可能远远小于其他分数。

异常值 在分布中，对于其他分数来说是极端分数的值（非常大或非常小）。

40 是否使用平均数、众数和中位数在心理学家研究人类择偶时是有着争议的。其中一部分理论家（例如，Buss & Schmitt，1993）认为在人们的一生中，男性应该更倾向于有很多的伴侣，但是女性更愿意只有一个可靠的伴侣。这是因为女性在她的一生中只有很少的孩子，并且如果她的孩子得到良好的照顾的话，她的基因更容易被传承。然而，男性在其一生中可以有很多的孩子。因此，根据这个理论，猎枪法最适合男性，因为如果有很多的伴侣，他们的基因更容易被传承。与这个理论相一致的是，进化心理学家发现男性比女性报告希望有更多的伴侣。

然而，其他理论家（例如，Miller & Fishkin，1997）对这个观点提出了质疑。他们认为女性和男性对于伴侣的数目要求是一样的。这是因为个体寻求强有力的亲密纽带的倾向最有可能是为了度过婴儿期。他们认为这种对于强有力的纽带的渴望，仍然存在于成年人中。这些理论家也对男性和女性希望拥有多少伴侣而进行了提问。当使用平均数时，他们的结果与前面研究者的结果相同：男性平均希望有64.3个伴侣，女性平均希望有2.8个伴侣。然而，如果你再看中位数或众数（见表2—1），结果将会截然不同。从他们的文章中直接引用的图2—8，展现了其中的原因。大多数女性和大多数男性都只想要一个伴侣。一些人想要更多的，少部分人想要非常多的。最大 41
的不同就是在这个小组中，想要不止一个伴侣的男性有很多。这些结果也被最近的研究（Pedersen et al.，2002）所引用。

表2—1 106名男性和160名女性对于以下问题的回答："在未来30年里你想要多少个理想伴侣？"

	平均数	中位数	众数
女性	2.8	1	1
男性	64.3	1	1

资料来源：Data from Miller & Fishkin，1997.

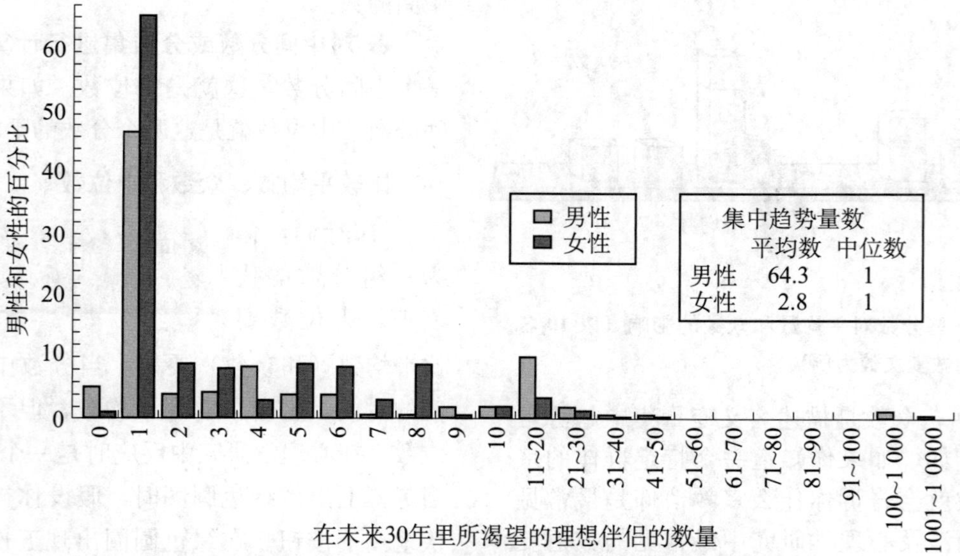

图2—8 在未来30年里男性和女性所渴望的理想伴侣数量的分布

注：对于所有的数据，我们折叠了这个分布的尾部。如果每个类别都代表一个简单的数据，尾巴的平坦会更加明显，分布将会更加倾斜。

资料来源：Miller，L.C.，& Fishkin，S.A.（1997）. On the dynamics of human bonding and reproductive success：Seeking windows on the adapted-for-human-environmental interface. in J. Simpson & D. T. Kenrick（Eds.），*Evolutionary social psychology*（pp. 197－235）. Mahwah，NJ：Erlbaum.

因此哪个理论是正确的呢？你可能会认同其中一个。重点是平均数并不能清晰地代表分布的实际情况。正如这个例子所示，当有一小部分极端分数导致平均数不能代表主要分数的趋向时，中位数就会被使用。图2—9通过展示你在第1章中学到的三个分布类型上平均数、众数、中位数

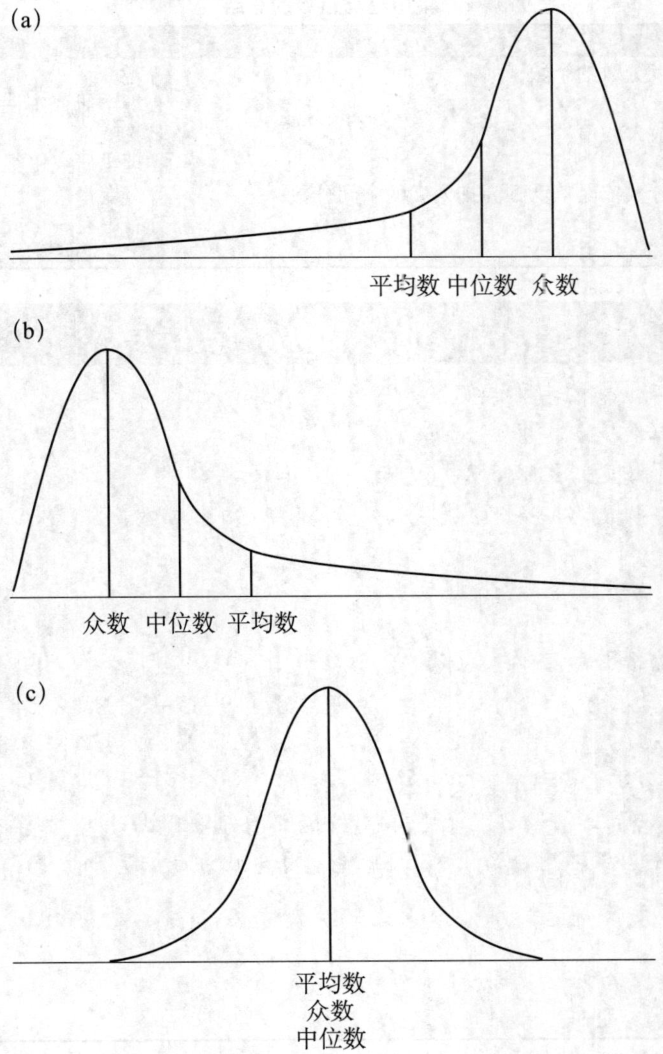

图 2—9　平均数、众数和中位数的位置

注：(a) 分布向左倾斜时；(b) 分布向右倾斜时；(c) 正态曲线中。

的相对位置证明了这个观点。图 2—9a 中的分布是偏向左的（负偏态），其长尾巴指向左边。分布中的众数是分布的最高点，它在分布的最右边。对于中位数所在的位置，有一半分数比它大，一半比它小。正如你所看到的，中位数必须要小于众数。最后，平均数会被分布长尾巴的较低值所影响，并且它的值要比中位数小。图 2—9b 显示了分布向右偏斜（正偏态）时平均数、众数和中位数的相对位置。在这种情况下，平均数的值要比众数或中位数中的任何一个都大，因为平均数被分布的长尾上的非常高的值所影响。并且，众数是分布的最高点，中位数在众数和平均数之间。在图 2—9a 和图 2—9b 中，平均数不是一个很好的代表值，因为它会被分数中的异常值影响。

42 图 2—9c 显示了一个正态曲线。对于任何一个分布，分布中的众数是最高点。对于正态曲线来说，最高点处于分布的中间点上。这个中间点是中位数的值，因为分布中分数的一半低于那个点，又有一半高于那个点。平均数也落在同一个点上，因为正态曲线是一个对称分布，中间点的左边和右边分数的个数是一样的。因此，在正态曲线上，平均数、众数和中位数都是一样的值。

在某些情况下，心理学家使用中位数作为复杂统计方法的一部分。对于等级变量，中位数也经常被作为描述集中趋势的量数。另外，除非有极端分数，心理学家总是使用平均数来作为一组分数的代表值。实际上，正如你将学到的，平均数是其他统计教学的基石。

作为集中趋势量数的平均数、众数和中位数的总结都显示在表 2—2 中。

表 2—2　　集中趋势量数的总结

量数	定义	使用范围
平均数	分数总和除以分数的个数	• 等距变量 • 心理学研究中使用得非常普遍
众数	分布中频数最大的值	• 名义变量 • 心理学研究中很少使用
中位数	分布中所有分数依次从低到高排列后的中间分数	• 等级变量 • 分布中有一个或多个异常值时使用 • 很少在心理学研究中使用

你会做吗?

1. 写出三种集中趋势量数的名称和定义。
2. 写出平均数的计算公式，并且定义每个符号。
3. 计算以下分数的平均数：2，8，3，6，6。
4. 对于以下的分数，找出（a）平均数，（b）众数，（c）中位数：5，3，2，13，2。（d）为什么平均数与中位数不同?

答案

1. 平均数是普通的均值，即分数的总和除以分数的个数。众数就是分布中频率最高的分数。中位数就是中间分数；意思就是，如果你将分数从低到高依次排列，它就是中间的分数。
2. 平均数的计算公式：$M=(\sum X)/N$。M 是平均数，$\sum$ 是“总和”的符号——将所有分数相加，X 是你所相加分数的变量，N 是分数的个数。
3. $M=(\sum X)/N=(2+8+3+6+6)/5=5$。
4. (a) 平均数是5；(b) 众数是2；(c) 中位数是3；(d) 平均数与中位数不同是因为有极端分数(13) 导致平均数高于中位数。

43

变异性

研究者经常需要知道分布中的分数的离散程度如何。这就涉及分布中的变异。例如，假设你被提问：“你的统计课程中学生都有多大年龄?”一个城市的某大学有着很多的返校培训生和兼职学生，他们的平均年龄是29。你可能回答：“这些学生的年龄平均值是29。”然而，这不会告诉你整个细节。如果课堂中的每个学生实际年龄都是29，你就会得出平均值为29。在这种情况下，分布中的分数没有一点偏离。换句话说，在分数中没有变化，或变异。如果你的班级中有一半成员的年龄是19，一半是39，那么你也可能有一个29的平均数。在这种情况下，分布偏离得很厉害；分布中的分数有相当大的变异。

你可以将分布的变异看作与平均数的偏离程度。有着一样的平均数的分布可能会有非常不同的变异；图2—10a显示了三个不同频数分布的直方图（它们有着一样的平均数但是围绕着平均数的变异是大不相同的）。图2—11显示了两个街区房价的分布：一个街区有着不同类型的住房，另一个街区有着相同类型的住房。正如图2—10a所示，在每个街区中平均房价都是一样的。然而，不同类型街区 44
房价的分布要比相同类型街区房价的分布更加离散。这告诉你不同类型街区的房价要比相同类型街区的房价有更大的变异性。此外，平均数不同的分布可能有着相同的偏离平均数的程度。图2—10b显示了平均数不同但是离散程度相同的三个不同分布。因此，当平均数提供了一组分数的代表值时，它不会告诉你这组分数的变异性。下面你将学习衡量一组分数变异性的两种量数：方差和标准差。①

① 本章注重作为离散或变异性指标的方差和标准差。描述一组分数离散程度的另一种量数就是全距——最大的分数减去最小的分数。假设在一个特殊的班级中，学生中年龄最大的是39岁，最小的是19岁，全距就是20（39－19＝20）。心理学研究者很少使用全距，因为它描述离散程度很不精确；它不考虑对分数进行成群的划分。

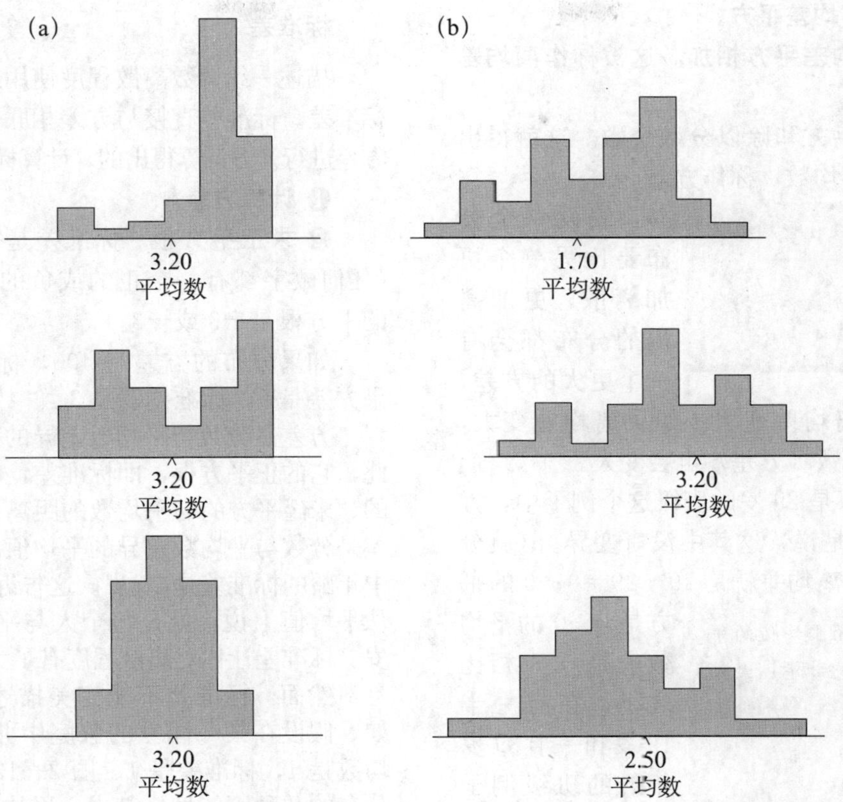

图 2—10　分布的例子

注：(a) 平均数相同但是离散程度不同；(b) 平均数不同但是离散程度相同。

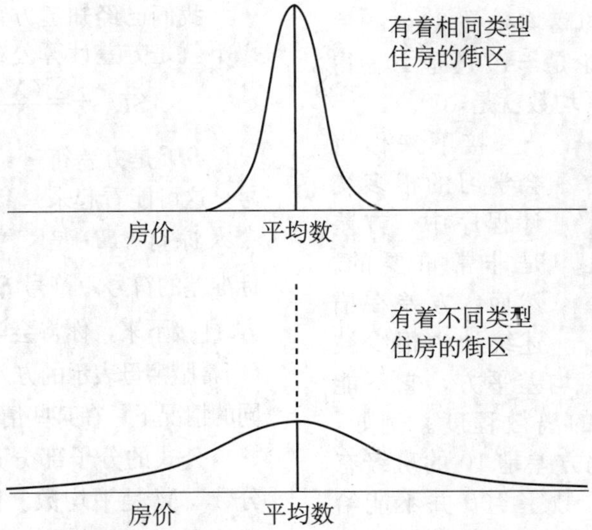

图 2—11　平均数相同但是离散程度不同的两个分布的例子：有着不同类型住房的街区的房价和有着相同类型住房的街区的房价

方差

方差就是一组分数偏离平均数的程度。准确地说，方差是每个分数与平均数差异的平方的平均。

以下是计算方差的四个步骤。

❶ **用每个分数减去平均数**。这给出了每个分数的**离均差**，即分数到平均数的距离。

❷ **将每个离均差平方**（乘以它们自身）。这给

方差　衡量分数离散程度的量数，等于分数与平均数差异的平方的平均值。

离均差　一个分数减去平均数的结果。

出了每个分数的**离均差平方**。

❸ **将所有离均差平方相加。**这被称作**离均差平方和**。

❹ **用离均差平方和除以分数个数。**这就得出了离均差平方的平均数，称作方差。

> **离均差平方** 一个分数和平均数之间差异的平方。
>
> **离均差平方和** 一个分数和平均数之间差异的平方和。

假设一个分布要比另一个更加离散。更加离散的分布都会有一个更大的方差，因为离散会使得离均差变大。如果离均差变大，离均差平方的平均数（方差）也会变大。

45 在每个学生都是29岁的班级这个例子中，方差恰好是0。也就是说，这其中没有变异。（就分数而言，每个人的离均差就是29－29＝0；0的平方是0。0的平均数也是0。）相比之下，在有一半19岁和一半39岁年龄的班级例子中就会有一个相当大的方差，为100。（19岁年龄的每个人的离均差是19－29＝－10；39岁年龄的每个人的离均差是39－29＝10。平方所有的离均差，无论是－10还是10，得出的都是100。因此它们的平均数就是100。）

> **标准差** 离均差平方的平均值的平方根；最常用的描述统计量；大致为分布中数据与平均数差异的平均值。
>
> ***SD*²** 方差。
>
> ***SD*** 标准差。

> **成功小贴士**
>
> 在你接下来要学习的章节中，离均差（离差）平方和是一个很重要的部分，因此你要确保已经清楚怎样去计算它。

接下来你将会学习的很多统计程序中，方差是非常重要的。然而，方差在描述统计中很少被使用。这是因为方差基于离均差平方，它不能让人很容易明白实际分数的离散程度。例如，一个方差是400的班级就比方差是10的班级有着离散更大的分布。然而，数字400并不能给出年龄之间的实际变化，无论它有多接近400。①

标准差

描述一组分数离散程度使用最广泛的量数就是**标准差**。标准差直接与方差相联系，并且是通过将方差进行开方计算得出的。计算标准差有两个步骤。

❶ **计算方差。**

❷ **求正平方根。**标准差是方差的正平方根。（任何数字都有一个正的或负的平方根。例如，9的平方根是＋3或－3。）

如果分布的方差是400，标准差就是20。如果方差是9，标准差就是3。

方差是分数与平均数差异的平方的平均值。因此，它的正平方根，即标准差，就是直接的、普通的、未经平方的与平均数的距离，简单地说，标准差是分数与平均数差异的平均值。例如，一个班级中年龄的标准差是20岁。这告诉你年龄是离散的，从平均值上说，就是每个人与平均数的差异为20岁。标准差让你对离散程度有了大概的了解。②

然而，标准差不能完美描述分布的形状。例如，假设在某一国家的家庭中儿童数目分布的平均数是4，标准差是1。图2—12显示了儿童数目分布的几种可能性，其中，平均数都为4，标准差都为1。

计算方差和标准差的公式

我们已经知道方差就是离均差平方的平均值。以下就是方差计算公式：

$$SD^2=\frac{\sum(X-M)^2}{N} \qquad (2—2)$$

> 方差就是分数与平均数的离差平方和，除以分数的个数。 46

SD*²**是方差符号。这可能看起来令人惊奇。SD***是标准差的符号。符号SD^2强调了方差是标准差的平方。[接下来，你将会学到方差的其他符号，S^2和σ^2（用希腊字母表示的方差符号）。不同的符号要用在不同的情况下，在某些情况下，它的计算还有点不同。]

公式的分子部分是离均差平方和。X是每个分数，M是平均数。因此，$X-M$就是分数减去平均数，得出离差分数。上标符号（^{2}）告诉你要对每个离差分数进行平方。最后，求和符号（$\sum$）

① 为什么统计学家不使用离均差本身，而将所有的离均差变为正的，只是使用它们的平均数？实际上，离均差的平均数（使所有离差为正）有个正式的名称——平均离差或离差平均。这个程序在过去有实际的运用，有一些心理学家指出平均离差是有一点用的（Catanzaro & Taylor，1996）。然而，平均离差在一些更加复杂的统计程序中运用效果并不好。

② 记住标准差并不恰巧是所有分数与平均数之间差异的平均是非常重要的。简单地讲，标准差是离均差平方的平均数的正平方根。就是先平方，再平均，然后给出正平方根，这样得到的结果与简单地平均分数与平均数的离差是有点差异的。与仅仅给出与平均数的平均变异的大概描述相比，这个方法的结果有些技术上的优势（见本页脚注①）。

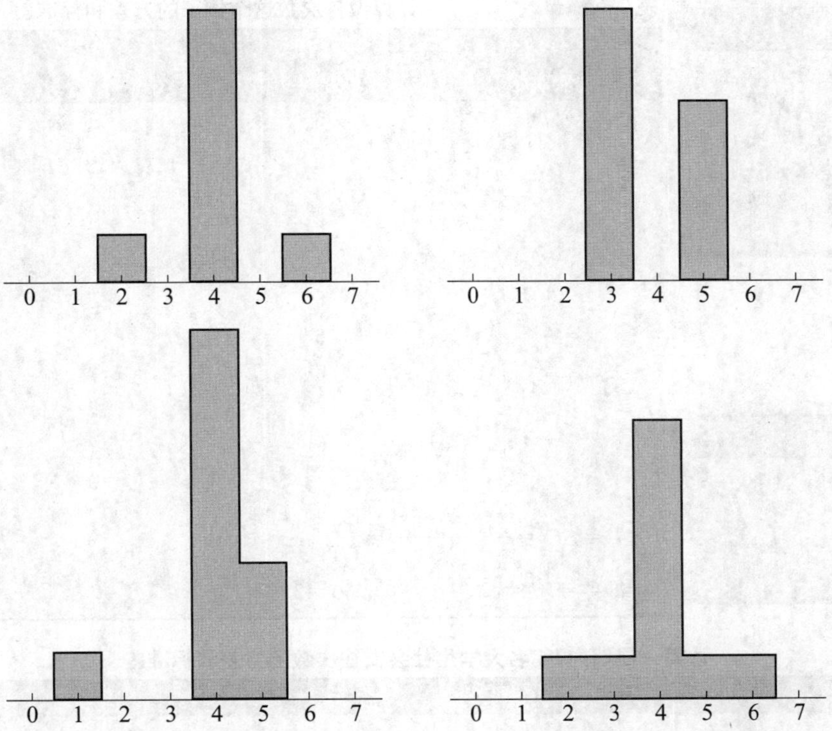

图 2—12　一个国家中家庭大小的一些可能分布，其中平均数为 4，标准差为 1

告诉你要将所有离均差平方相加。

> **平方和（*SS*）**　离均差平方和。

每个分数与平均数之间的离差平方和，称作**平方和**，它也有自己的符号 ***SS***。因此，方差公式中可以使用 *SS* 代替 $\sum(X-M)^2$，即公式表示的是离均差平方和除以分布中分数的个数。

> 方差就是离均差平方和除以分数的个数。

$$SD^2=\frac{SS}{N} \quad (2—3)$$

无论你是使用简洁的符号 *SS* 还是使用离均差平方的完整描
47 述，公式的分母部分都只能是 N——分数的数目。那就是，公式表示的是离均差平方和除以分布中分数的个数。

标准差就是方差的正平方根。因此，如果你已经知道方差，公式就是：

> 标准差就是方差的正平方根。

$$SD=\sqrt{SD^2} \quad (2—4)$$

标准差的公式，从开方符号下你计算的方差开始：

$$SD=\sqrt{\frac{\sum(X-M)^2}{N}} \quad (2—5)$$

> 标准差就是离均差平方和除以分数个数的结果的正平方根。

$$SD=\sqrt{\frac{SS}{N}} \quad (2—6)$$

> 标准差是平方和除以数据个数的结果的正平方根。

计算方差和标准差的例子

表 2—3 显示了做梦次数这个例子的方差和标准差。（该表假设你已经计算出平均数为 6。）通常，对你来说使用计算器计算是很容易的，尤其是带有开方符号的计算器。标准差为 2.57 告诉你，每个人的做梦次数在平均数 6 上下约 2.5 个单位范围内变化。

> **成功小贴士**
>
> 经常核查你的答案。例如，看做梦这个例子的分数，粗略地说，标准差代表与平均数差异的平均值——2.57。然而，如果你的回答是 21.23，意思就是每个人做梦的次数平均要比平均数 6 多 20。看这组分数，这肯定是不正确的。

表 2—4 显示了在一个星期内，学生社会交往次数这个例子的方差和标准差（McLaughlin-Volpe et al.，2001）。（为了节约空间，该表只显示了开始和结束的几个分数。）粗略地讲，这个结果告诉你一个星期内每个学生社会交往次数与平均数 17.39 的差异为 11.49。这也可以用直方图加以展示（见图 2—13）。

> **成功小贴士**
>
> 注意表 2—3 中离均差分数（显示在第三列）相加为 0。离均差分数之和总是为 0（或接近 0，允许误差含入）。因此，核查你的计算过程，将离均差分数相加。如果相加不为 0，再次计算。

表 2—3　计算做梦次数这个例子的方差和标准差

分数（做梦次数）	−	平均数（做梦次数的平均数）	=	离均差	离均差平方
7		6		1	1
8		6		2	4
8		6		2	4
7		6		1	1
3		6		−3	9
1		6		−5	25
6		6		0	0
9		6		3	9
3		6		−3	9
8		6		2	4
				Σ：0	66

方差$=SD^2=\frac{\sum(X-M)^2}{N}=\frac{SS}{N}=\frac{66}{10}=6.60$

标准差$=SD=\sqrt{SD^2}=\sqrt{6.60}=2.57$

> **成功小贴士**
>
> 在计算方差和标准差时，要根据表 2—3 和表 2—4 的步骤进行。这可以帮助你遵循所有步骤并且得出正确答案。

48 **表 2—4　计算一星期内 94 名大学生社会交往次数的方差和标准差**

交往次数	−	交往次数平均数	=	离均差	离均差平方
48		17.39		30.61	936.97
15		17.39		−2.39	5.71
33		17.39		15.61	243.67
3		17.39		−14.39	207.07
21		17.39		3.61	13.03
—		—		—	—
—		—		—	—
—		—		—	—
35		17.39		17.61	310.11
9		17.39		−8.39	70.39
30		17.39		12.61	159.01
8		17.39		−9.39	88.17
26		17.39		8.61	74.13
				Σ：0.00	12 406.44

方差$=SD^2=\frac{\sum(X-M)^2}{N}=\frac{12\,406.44}{94}=131.98$

标准差$=SD=\sqrt{SD^2}=\sqrt{131.98}=11.49$

资料来源：Data from McLaughlin-Volpe et al.，2001.

> **成功小贴士**
>
> 在计算标准差时，常见的错误就是从离均差平方和直接跳到标准差（对离均差平方和求正平方根）。记住，在找到标准差之前，首先计算
> 49 方差（用离均差平方和除以分数的个数 N）。然后求方差的正平方根去找到标准差。

变异性的测量，如方差和标准差，都会被分布中一个或多个异常值（极端值）严重影响。做梦次数这个例子中的分数是 7，8，8，7，3，1，6，9，3，8，我们计算出的标准差是 2.57。现在想象一下有一个额外的人加入研究当中，并且他报告说上周做了 21 次梦。分数的标准差现在就是 4.96，这个分数是没有额外的人加入时的标准差的两倍。

计算公式和定义公式

在实际的研究情景中，心理学家必须经常计算大量分数的方差和标准差，其中包括小或大的分数。在计算机出现之前，这会使得整个程序相

间距	频数
0~4	12
5~9	16
10~14	16
15~19	16
20~24	10
25~29	11
30~32	4
35~39	3
40~44	3
45~49	3

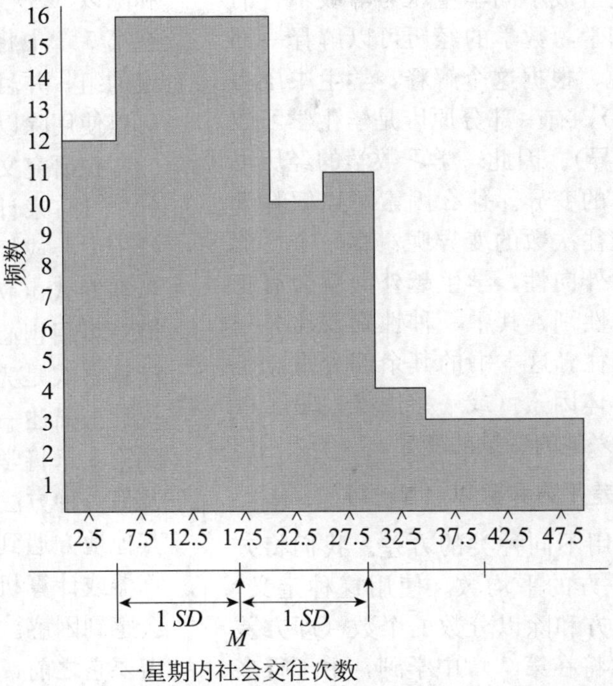

图 2—13　标准差即标注在直方图横轴上的一段距离（以一星期内社会交往次数为例）

资料来源：Data from McLaughlin-Volpe et al.，2001.

当耗时，即便有计算器。为了解决这个问题，在过去的那些日子里，研究者开发了多种简洁的计算方法。这种类型的简洁公式被称作**计算公式**。

目前我们正在讨论的本章中的传统的方差计算公式如下：

$$SD^2=\frac{\sum X^2-[(\sum X)^2/N]}{N} \qquad (2—7)$$

> 方差也可以是分数平方之和减去所有分数之和的平方除以分数个数，然后用整个的差除以分数个数。

$\sum X^2$ 意味着你要将每个分数平方，然后再将它们相加。然而，$(\sum X)^2$ 意味着你首先要将所有分数相加，然后再平方这个和。如果研究者正在手算或使用老旧的计算器计算大量分数的方差，那么尽管这个公式看起来复杂了一些，但实际上它要比你学过的更易使用，因为研究者不用首先找出每个分数的离均差。

然而，这些计算公式主要是有历史意义。当计算机的某些软件不适用计算时，它们就会被研究者在某些罕见的情况下使用。实际上，今天，甚至有很多的计算器可以使用，你只需要将这些分数输入，然后按一下按钮，就会立刻得出方差和标准差的结果。

在这本书中，我们将给出一些计算公式，以帮助你在不能使用统计软件的时候去使用它们来计算。然而，当你们在学习统计的时候，我们绝对不建议你们使用计算公式，即使它们在解决一些实际问题的时候会更方便。计算公式会让你很难理解你计算的是什么。在你学习统计时需要动手计算以弄清问题的唯一原因是加强对其基本逻辑的理解。因此，如果你使用了一个对于基本逻辑来说有着复杂联系的公式，这将会破坏实际问题的整个部分。对于实际问题和本书中所有的例子，我们所给的公式是为了帮助你加强对于计算意义的理解。因此，我们一般给出的公式就被称作**定义公式**。

心理学研究中变异的重要性

> **计算公式**　相当于定义公式的数学方程。易于计算，但不能直接显示式子的意义。
>
> **定义公式**　统计程序的方程，直接显示了式子的意义。

心理学研究中变异是个很重要的主题，因为很多研究都重点解释变异。我们将使用一组例子去展示我们所谓的“解释变异”。正如你所想象的，学习统计时不同的学生会经历不同的压力等级：一些经历了很小的压力；另一些学生，学习统计有着很大的压力。因此在这个例子中，解释

变异就意味着确定造成不同学生压力等级不一的原因。可能学生们学习数学的经历可以解释一部
50 分变异。也就是说，根据这个解释，学生中压力等级的不同（变异），有一部分原因是学生学习数学的经历不同（变异）。因此，学习数学的经历可以解释一部分压力的变异。什么因素可以解释学生在一周内社会交往次数的变异呢？有一个可能的原因就是学生的外向性，学生越外向就会有越多的交往。或者是性别，其中一种性别要比另一种性别有更多的交往。这本书的其余部分重点是评估和测试某一具体因素（或一些因素）是否可以解释一些令人感兴趣的变量的变异。

方差记为离均差平方和除以（$N-1$）

研究者经常使用不同种类的方差。我们将方差定义为离均差平方的平均数。使用这种定义，你可以用离均差平方和除以分数的个数（即方差为 SS/N）。但是你将在第7章中学到，由于很多原因，将方差定义为离均差平方和除以分数个数减去1会更好。换句话说，方差就是离均差平方和除以（$N-1$）[方差为 $SS/(N-1)$]。[正如你在第7章中将要学到的，当你的分数来自一个特定的组，并且你将要估计较大组的方差时，你就可以使用除以（$N-1$）这种方法。]

在研究文献中，方差和标准差经常使用 $SS/(N-1)$ 来计算。同样，当计算器或计算机自动给出方差或标准差时，它们经常使用的也是这种计算方式（例如，见章末“SPSS应用”部分）。但是不用担心，你在本章学习的 SS 除以 N 这种计算方式是完全正确的（SS/N），它是使用描述统计去描述一组分数的变异。这对于你在第3章到第6章将学到的材料也是完全正确的。我们提及另一种方法 [$SS/(N-1)$] 的原因是，当你在其他地方遇到像这样计算方差或标准差，或当计算器或计算机给出一个令你惊讶的结果时，你不会感到困惑。为了简单起见，直到从第7章开始需要它之前，我们都不讨论除以（$N-1$）的这种方法。

你会做吗?

1. (a) 定义方差，(b) 指出方差告诉了你什么，并且这与平均数告诉你的有什么不同。
2. (a) 定义标准差，(b) 描述它与方差的关系，并且 (c) 针对一组分数解释它告诉了你什么。
3. 给出方差公式，并且指出每个符号的意义。
4. 计算以下分数的 (a) 方差和 (b) 标准差：2，4，3，7（$M=4$）。
5. 解释计算公式和定义公式的区别。
51 6. 你在本章中学习到的方差公式和在研究文献中普遍运用的方差公式之间有什么区别？

答案

1. (a) 方差就是每个分数与平均数之间离差平方和的平均值。(b) 方差告诉你分数有多离散（即它们的变异性），平均数告诉你分布的集中趋势。

2. (a) 标准差是离均差平方和的平均数的正平方根。(b) 标准差是方差的正平方根。(c) 标准差告诉你每个分数与平均数的平均差异。

3. $SD^2=[\sum(X-M)^2]/N$。SD^2 是方差，$\sum$ 是所有分数之和，X 是研究变量的分数，M 是分数的平均数，N 是分数的个数。

4. (a) 方差：$SD^2=[\sum(X-M)^2]/N=[(2-4)^2+(4-4)^2+(3-4)^2+(7-4)^2]/4=14/4=3.50$。

(b) 标准差：$SD=\sqrt{SD^2}=\sqrt{3.50}=1.87$。

5. 标准差的定义公式可以直接显示公式计算的意义。计算公式在数学意义上与定义公式相同，但是计算公式不能展现基本含义。计算公式经常在没有计算机或是大量分数需要计算时使用。

6. 本章中的方差公式是用平方和除以数据个数（SS/N）。研究文献中的方差经常使用平方和除以数据个数减1 [$SS/(N-1)$]。

信息箱 2—1　来自统计分析的纯粹快乐

你对正在学习的统计感兴趣，对吗？不是？或许也就一般般。如果你变成一个心理学家，在某些时候你将会形成一个假设，收集数据，然后分析它们。（即使你作为一个心理治疗师或其他精神健康医生制订一个职业计划，你可能最终也会有要测试一下关于你的病人和他们障碍性质的想法。）该假设——你的初始想法——以及你所收集的用于检验该假设的数据对你而言非常重要。你分析数据时会非常兴奋。

考虑一下一些社会心理学家对于我们《社会心理学的核心》（Aron & Aron，1989）这本书的评论。黛博拉·理查德森（Deborah Richardson）研究人际关系，她吐露她最喜欢的部分就是社会心理学家观看计算机分析的统计窗口：

> 这就像一个谜……对我来说，它能带来高度唤醒的积极体验。我经常经历兴奋期。即使数据没有反映出我预想的结果……（我也会产生一个）生理反应……看到数字跳出来令我非常兴奋——它是我实际认为的方式吗？

哈里·瑞斯（Harry Reis），是《人格与社会心理学杂志》曾经的编辑，以相同的方式看待他的职业：

> 迄今为止最有价值的部分是你得到一个新的数据，然后开始分析它，并得出结论，首先你要确认将什么摆在研究的重要位置，然后再是其他的东西……“为什么是那个？”尝试去让它有意义。那种想法来自数据……我喜欢分析数据。

比伯·拉坦（Bibb Latane），一个闻名的心理学家，他的工作就是研究为什么在外人遇到麻烦时， 52
人们不愿意去介入，而是在热切地等待。

> ……呈现出来的第一束微光……（并）使用它们去塑造下一个问题……你需要使用你已经得到的一切……每一点经验和直觉。即便这是最简单的工作，你也能获益良多。你在面对你当前所处理问题的核心，等待真相的到来，就如同与一只老虎同处一室。

比尔·格拉齐亚诺（Bill Graziano），他的工作综合了发展、人格和社会心理学，称分析数据“非常有趣，极为有趣”。在同样的情况中，玛格丽特·克拉克（Margaret Clark），她研究的是情绪和认知，声称“最有趣的事情就是获得数据，然后分析它们”。

所以你看，将统计服务于你的创造力着实是一种享受。

争论：平均数的暴虐

纵观行为和社会科学的研究杂志，你会认为统计方法是它们唯一的工具和语言，但也有反对统计统治的起义。在心理学中我们对这个问题非常熟悉，最意想不到的反对来自行为主义，心理学中最致力于保持科学领域的严谨性的流派。

行为主义反对内心状态的研究，因为内心的活动不能被客观观察。（今天很多心理学家声称可以客观间接地测量心理活动。）行为主义最有名的倡导者，伯尔赫斯·弗雷德里克·斯金纳（B. F. Skinner），非常反对统计学。斯金纳甚至说：“我宁愿看见心理学研究生去上物理化学的课程，也不愿意是统计，哪怕是（除了统计）其他学科，甚至是诗歌、音乐和艺术。”（Evans，1976，p. 93）

斯金纳认为，平均一系列事件的结果会导致信息的丢失。例如，斯金纳（1956）引用了三个小老鼠暴饮暴食的案例——一个自然变胖，一个黄金中毒，一个下丘脑被改变。每只老鼠对学习按压装置获得食物都有一个不同曲线。如果这些学习曲线在统计上被合并，结果可能并不能代表任一只老鼠的饮食习惯。正如斯金纳所说：“这三个个体所包含的信息要比统计方法得出的结果给出的信息更多，然而它们会被许多心理学家猜疑，因为它们只是个例。”（p. 232）

在临床心理学和人格研究中，很多人一直支持对个体进行深入的研究而不是去研究群体。对个体进行深入研究的哲学基础是于第一次世界大战后兴起于欧洲的现象学（Husserl，1970）。这种观点不仅在心理学领域，而且在整个社会科学领域都显得尤为重要。

今天心理学的暴动由定性研究方法学家所主导（例如，McCracken，1988），这种方法在其他行为科学和社会科学中有着非常突出的地位。定性研究方法主要发展于人类学，包括长期访谈或对少数个体的观察。当事件正在发生时，高水平研究者决定哪些重要的信息需要通过更多的问题或观察去记忆、记录和追踪。研究者的思维是主要的工具，因为根据这个方法，只有这种思维才可以在源自回应者的话语的各种事件中发现重要的关系。

很多赞成定性研究方法的人都同意以下几点：首先通过定性研究找出重要类别。然后，基于定
53 量研究方法确定在大样本中它们出现的概率。通常，这些支持者认为定量研究在对某个现象下结论的时候并没有通过自由访谈或者观察来探究人类关于该现象的经验。

最后，卡尔·荣格（Carl Jung），荣格心理学创始人，有时候会谈到“统计情绪”，和它对一个人独特感觉的影响。荣格对统计没有抵触——他经常在他的研究中使用它。他担心的是这种“统计情绪”的文化影响——很像在拥挤的地铁中观察着数以百计的空白面孔，感觉也随之消退，“被遗忘在人群中”。他认为对文化的重大贡献来自人们独特的感觉而不是一般感觉。随着我们越来越多地以统计来描述自身——“90%的30岁以下的男性认为……”——我们往往能做到这一点，即同90%的30岁以下男性所认为的一样。为了消除这种情绪，荣格心理学派分析师玛丽·路易斯·冯·弗朗茨（Marie Louise von Franz，1979）写道：“忠诚的行为对自己的情感而言是必需的。”（pp. Ⅳ-18）这种情感“使你的生活、你的关系和行为别树一帜，并给予它们一个明确的价值”（pp. Ⅳ-18 -Ⅳ-19）。你所心爱的与众人不同。对于你而言，生与死只不过相隔一扇门而已。“本月由于战争死亡的平民有20 964人”的意思是深不可测的恐怖——而不只是一个数字。

简而言之，有很多人会质疑我们这里所讨论的统计立场，他们的声音也应该被考虑到。

信息箱2—2　性别、族群和数学成绩

时常有人认为因为一些人在数学测试上的得分较高，并且其职业也与数学有关，因此他们的基因在数学（或统计）上有优势。另外一些人表示或暗示了在数学方面天生的劣势。这个问题与性别、民族和种族有关，当然在这些争论中也有关于整体智力和数学的不同观点。只有很少的证据可以证明基因的不同（必看的文章，Block，1995），但是刻板印象仍然存在。

这种刻板印象的影响在斯蒂尔和他同事（Steele et al.，1997）的研究中就已经确立，他们做了许多关于“刻板印象威胁”的研究。当关于你所属的一个群体的一个负性刻板印象变得与你相关（因为你所处的情境，如参加一个数学测验），并提供了你该如何行事的解释时，这种现象就会发生。典型的创造刻板印象威胁的实验（Spencer et al.，1999）是女性参加一个困难的数学测试。其中有一半被告知男性一般做得比她们好，一半被告知男女做得都很好。那些被告知女性做得比较差的女性的得分比另一组明显要低。在另一种情况下，她们没有差异。（实际上，在两个独立研究中，当男性被告知没有基因差异时，他们的表现有点差，好像他们失去了自信。）

当对美国黑人进行研究生入学测试时，同样的结果产生了。当他们被告知没有种族差异时，他们的成绩很不错，但是当他们被告知差异已经被发现时，他们做得比较差（Steele，1997）。

刻板印象威胁在拉美裔美国人（Gonzales et al.，2002）和穷人（Croizet & Claire，1998）中也被发现一直存在。许多研究表明，偏见是这些族群之间差异的原因，而不是基因。尽管一些研究者（Rushton & Jensen，2005）一直认为基因有差异，证据仍然充分地证明了，刻板印象威胁在低测验分数中扮演重要的角色（Suzuki & Aronson，2005）。例如，在全世界已经发现，多数族群和少数族群之
54 间在IQ上都有着15分的相同差异，即使这两个群体之间没有基因差异；而一旦某一群体有机会改变，如当他们移民后，差异很快就消失了（Block，1995）。

对于类似女性和美国黑人的群体，他们没有基因上的低劣但在测试中却表现得较差，这是什么原

因呢？一般的解释就是他们有内在的“优越”偏见。斯蒂尔认为问题的原因可能不是内在的，而要视情况而定。当他们知道自己被寄于期望时——当他们经历刻板印象威胁时，这一受污蔑的群体表现得更糟糕。他们要么变得焦虑，要么放弃，并回避问题。

你能做些什么来提高自己？

因此，你认为自己属于被期望在数学上较差的那组吗？（可能是班级中的“数学哑铃”组吗？）在你学习这门课程时，你会怎样脱离刻板印象威胁的阴影？

第一，认真学习统计。不要对它打折扣来保存你的自尊。争取知道这个问题的权利。研读来自美国数学协会会长的这段话：

> 我们这个时代的悖论就是随着数学变得越来越重要，我们似乎只有让自己在这方面变得强大才能从中受益。数学思考的能力——广义的解释——在每个职业中都非常重要。处理数据时的信心、分析理论时的质疑、研究复杂问题时的持久性、交流有关技术问题时的读写能力也被这一新的数学科学赋予实现性艺术的地位。(Steen，1987，p. xviii)

第二，一旦你学习统计成功，认识到你正在被刻板印象威胁影响，并将它看作测验焦虑和工作方式引起的刻板印象（见信息箱1—2）。

第三，尽你最大的能力根绝刻板印象威胁的影响。这需要一些努力。这就是为什么我们要花时间在这里。甚至当我们是低偏见或低刻板印象组成员时，刻板印象的研究显示在我们意识不到的情况下，它们也会被激活（Fiske，1998）。

一些思考

对于女性来说，成绩最好的人确实往往都是男性，但是差异很小，而且成绩最差的人不一定是女性。的确，测验成绩的性别差异正在缩小（National Center for Education Statistics，2001）。托比亚斯（Tobias，1982）引用了大量的研究来说明为什么女性不能在数学测验上表现得非常好。例如，一项识别数学天才的研究发现，很少有父母安排他们的女儿在考试之前请家教，而儿子几乎都有家教。在另一个研究中，数学天才少女的家长甚至不知道他们女儿的能力，然而男孩的家长总是能知晓。一般而言，根据托比亚斯的研究，女孩趋向于避免进入数学成绩好的班级，因为父母、同伴，甚至老师都建议她们不要太追寻数学。确实，妈妈对孩子数学能力的观点很大程度上能预测她们接下来的成绩（Bleeker & Jacobs，2004）。女孩经常能在数学上胜过男孩，然而她们的能力仍然被低估（Heller & Ziegler，1996）。因此，即使女性在数学上获得比以前更多的博士学位，数学还是导致女性辍学率最高的领域就不奇怪了。

我们查看了统计入门课程的分数，发现没有可靠的性别差异。施拉姆（Schram，1996）分析了13个独立的关于大学统计课程成绩的研究，发现一个几乎完全为零的整体平均差异（有倾向于女性的略微差异）。斯蒂尔（Steele，1997）同样发现当美国黑人选择了向大学过渡的课程后，他们的成绩会有明显的提升，而该课程强调他们是百里挑一的，并且被寄予厚望。但是，同样的美国黑人学生在同样的学校参加针对少数族群的补救项目时，他们的分数提升得很有限，并且辍学率比另一组要高。斯蒂尔认为补救项目将这些学生置于微妙的刻板印象威胁之中。

有关刻板印象威胁的认知研究证实，它对依赖于长时记忆的数学问题的影响最严重，它会溢至通常不受刻板印象威胁影响的后续任务之中（Beilock et al.，2007）。

托比亚斯（Tobias，1995）从另一个角度思考，引用了一个研究来比较亚洲和美国学生在国际数学测验上的差异。美国学生被彻底超越，但更重要的是为什么：访谈显示亚洲学生认为数学是人们之间一种平等的能力，成绩上的差异是由学习努力程度导致的。相反，美国学生认为有些学生生来在数学上就有天赋，因此努力学习的重要性就小了。

简单地说，我们的文化信仰就是“数学属于一小部分人”，但这会让你退步。但是，你在这门课程学得很好会让你比其他人更加满足。

55

研究文献中的集中趋势和变异性

平均数和标准差在研究文献中非常常见。然而，众数、中数、方差则偶尔才会被使用。有时平均数和标准差包含在文章的正文中。如我们的做梦次数这个例子，研究者写道："过去一周10名学生做梦次数的平均数是6.00（*SD*=2.57）。"平均数和标准差也被列在表中，尤其当一个研究包括几个组或几个不同的变量时。例如，塞尔温（Selwyn，2007）进行了与性别有关的信息感知和通信技术之间关系的一个研究（如游戏机、DVD播放器、手机）。研究者提问了威尔士的406名大学生，并把男性化或女性化分成8个等级。学生使用7点计分来评估每种技术，从−3（非常女性化）到+3（非常男性化），中间点是0（既不男性化，也不女性化）。表2—5（转自塞尔温的文章）显示了学生将每种技术分级的平均数、标准差和方差。正如表中所示，游戏机被认为更加男性化，固定电话被认为有轻微的女性化。注意，表2—5显示了方差，这是很少出现的情况（经常给出的是标准差）。综上所述，表2—5提供了一个关于该研究描述性结果的有用的总结。在研究的另一部分，塞尔温比较了男性和女性对于计算机和计算的不同方面的男性化和女性化的感知。我们将在第8章中描述这个结果，请一定要注意。

表2—5　每种技术的平均数

	N	平均数	标准差	方差
游戏机	403	1.92	1.00	0.98
DVD播放器	406	0.44	0.85	0.73
个人计算机（PC）	400	0.36	0.82	0.68
数字音频广播（DAB）	399	0.34	0.99	0.98
电视机	406	0.26	0.78	0.62
广播	404	−0.01	0.81	0.65
手机	399	−0.19	0.88	0.77
固定电话	404	−0.77	1.03	1.07

注：平均分数范围从−3（非常女性化）到+3（非常男性化），中间分数为0（既不男性化，也不女性化）。

资料来源：Selwyn，N.（2007）. Hi-tech=guy-tech? An exploration of under graduate students' gendered perceptions of information and communication technologies. *Sex Roles*，*56*，525-536. Copyright © 2007. Reprinted by permission of Springer Science and Business Media.

另一个有趣的例子显示在表2—6中（转引自Norcross et al.，2005）。此表显示了美国心理学博士课程的申请和录取统计，并以心理学的领域和年份（1973，1979，1992，2003）来分类。此表并没有给出标准差，但是给出了平均数和中位数。例如，在2003年，申请咨询心理学博士课程的平均数为71.0，但是中位数只是59。这意味着一些课程有着非常多的申请，属于偏态分布。实 57
际上，你可以在表中看到对于各类课程，无论是申请还是录取，平均数都明显高于中位数。你可能对于心理学各个领域中进入博士课程学习的竞争激烈程度感到惊讶。经验告诉我们，在统计课程中，诸多因素中的其中一个就可以造成非常明显的差异。

56 **表2—6　基于领域和年份的（博士课程）申请和录取统计**

课程	申请												录取			
	N				*M*				*Mdn*				*M*		*Mdn*	
	1973	1979	1992	2003	1973	1979	1992	2003	1973	1979	1992	2003	1992	2003	1992	2003
临床	105	130	225	216	314.4	252.6	191.1	142.0	290	234	168	126	12.0	15.4	8	8
临床神经				20				72.3				37		10.7		6
社区	4	2	5	13	90.5		24.4	23.5	60		23	21	3.2	3.3	2	3
咨询	29	43	62	66	133.4	90.9	120.2	71.0	120	84	110	59	7.3	6.8	6	7
健康			7	13			40.7	71.2			30	56	4.4	6.7	5	4
学校	30	39	56	57	78.5	54.0	31.3	38.7	53	34	32	31	5.4	6.9	5	5

续前表

课程	申请												录取			
	N				*M*				*Mdn*				*M*		*Mdn*	
	1973	1979	1992	2003	1973	1979	1992	2003	1973	1979	1992	2003	1992	2003	1992	2003
其他保健服务的提供				52				83.5				48		9.2		7
认知			47	104			24.6	30.1			22	22	2.6	3.4	2	3
发展	56	72	97	111	54.1	38.9	27.6	25.5	41	30	24	22	2.8	3.4	2	3
教育	23	28	30	35	67.8	39.7	20.0	19.7	34	26	12	13	6.0	4.9	4	4
实验	118	127	78	40	56.2	33.2	31.3	26.7	42	25	26	17	4.4	4.1	3	3
I/O	20	25	49	60	39.9	54.7	66.2	46.9	37	48	70	41	4.9	4.7	4	4
神经科学				53				22.0				16		2.8		2
人格	23	15	10	18	42.5	24.7	12.3	47.8	33	17	6	31	1.0	2.8	1	2
心理生物/生理				18				21.1				17		2.4		2
定量	40	43	76	17	33.2	29.3	20.0	11.2	29	24	20	11	3.9	1.9	2	1
社会	58	72	59	85	48.7	30.9	47.1	43.1	40	24	37	35	3.3	3.2	3	3
其他领域	60	47	288	101	61.6	74.1	26.6	26.0	27	25	15	17	3.3	3.8	2	3
总计	566	645	1 089	1 079	106.1	85.2	69.4	59.6			31	33	5.6	6.7	4	4

注：与学业年份相对应的是 1975—1976，1981—1982，1994 和 2005 年版《毕业生心理学研究》；临床神经＝临床神经心理学；I/O＝工业与组织心理学。

资料来源：Norcross，J. C.，Kohout，J. L.，& Wicherski，M.（2005）. Graduate study in psychology：1971 to 2004. *American Psychologist*，*60*，959 - 975. Published by the American Psychological Association. Reprinted with permission.

小结 57

1. 平均数是分数分布中最常用的一种集中趋势量数。平均数就是普通的平均——分数的总和除以分数的个数。用符号表示，$M=(\sum X)/N$。

2. 较少用来描述分数分布的一种集中趋势量数是众数（最常见的单一的值）和中位数（当所有分数从低到高依次排列时，中间那个分数的值）。

3. 一组分数的变异性可以通过方差和标准差来描述。

4. 方差就是每个分数与平均数相减得出的离均差平方的平均数。用符号表示，$SD^2=[\sum(X-M)^2]/N$。离均差平方和，$\sum(X-M)^2$，也可以用符号 SS 表示。因此 $SD^2=SS/N$。

5. 标准差就是方差的正平方根。用符号表示就是，$SD=\sqrt{SD^2}$。它接近于分数与平均数差异的平均数。

6. 有一小部分心理学家反对统计方法，因为在计算平均数的过程中，会有部分样本丢失。

7. 平均数和标准差在研究文献中的正文或表中会给出。

关键词

集中趋势（p. 34）
平均数（M）（pp. 34，35）
$\sum$（总和）（p. 35）
X（p. 35）
N（分数的个数）（p. 36）
众数（p. 37）
中位数（p. 39）
异常值（p. 39）
方差（SD^2）（p. 44）
离均差（p. 44）
离均差平方（p. 44）
离均差平方和（平方和，SS）（pp. 44，46）
标准差（SD）（p. 45）
SD^2（p. 46）
SD（p. 46）
计算公式（p. 49）
定义公式（p. 49）

案例解析

计算平均数

找出以下分数的平均数：8，6，6，9，6，5，6，2。

答案

你可以使用公式或分步骤来计算平均数。

使用公式：$M=(\sum X)/N=48/8=6$。

分步骤：

❶ **将所有分数相加。** 8＋6＋6＋9＋6＋5＋6＋2＝48。

❷ **用总和除以分数的个数。** 48/8＝6。

58 **找出中位数**

找出以下分数的中位数：1，7，4，2，3，6，2，9，7。

答案

❶ **将所有分数从低到高依次排列。** 1，2，2，3，4，6，7，7，9。

❷ **计算总共有多少分数，中间分数就是分数总数加1再除以2。** 这有9个分数，因此中间分数就是9加1除以2，得出5。中间分数就是第5个分数。

❸ **对中间分数或分数集进行计算。** 第5个分数是4，因此中位数就是4。

计算平方和与方差

找出以下分数的平方和与方差：8，6，6，9，6，5，6，2。（使用的是与前面的例子相同的分数，平均数$M=6$。）

答案

你可以使用公式或分步骤来计算平方和与方差：

$$SS=\sum(X-M)^2=(8-6)^2+(6-6)^2+(6-6)^2+(9-6)^2+(6-6)^2+(5-6)^2+(6-6)^2+(2-6)^2=2^2+0^2+0^2+3^2+0^2+-1^2+0^2+-4^2=4+0+0+0+9+0+1+0+16=30$$

$$SD^2=SS/N=30/8=3.75$$

表2—7显示了计算过程，使用的是以下步骤：

❶ **用每个分数减去平均数。**

❷ **将每个离均差平方。**

❸ **将所有离均差平方相加。** 这会得出平方和（SS）。

❹ **用离均差平方和除以分数个数。** 得出方差SD^2。

表2—7　计算“案例解析”中例子的平方和与方差

数据	平均数	❶ 离均差	❷ 离均差平方
8	6	2	4
6	6	0	0
6	6	0	0
9	6	3	9
6	6	0	0
5	6	−1	1
6	6	0	0
2	6	−4	16
			$\sum=SS=30$ ❸

❹方差＝30/8＝3.75

计算标准差 59

找出以下分数的标准差：8，6，6，9，6，5，6，2。（这些分数与上面计算平均数、平方和、方差时的分数是一样的。$SD^2=3.75$。）

答案

你可以使用公式或分步骤来计算标准差。

使用公式：$SD=\sqrt{SD^2}=\sqrt{3.75}=1.94$。

分步骤：

❶ **计算方差。** 方差由前面计算得出为3.75。

❷ **求正平方根。** 3.75的正平方根是1.94。

关于寻找平均数、方差、标准差的论文写作要点

1. 解释平均数是衡量一组分数的集中趋势的量数。平均数就是普通的平均，即分数的总和除以分数的个数。

2. 解释方差和标准差都是衡量一组分数变异性（或离散程度）的量数。

3. 方差就是每个分数与平均数之间差异的平方的平均数。描述计算方差的步骤。

4. 粗略地讲，标准差就是分数与平均数之间差异的平均数。解释标准差为什么直接与方差相关，并且可以通过求方差的正平方根来计算。

练习题

这些题包含计算。大部分现实生活中的统计问题可以使用特殊的统计软件来完成。即使你有这种软件，也要动手解决这些问题以便牢记方法。学习怎样使用计算机解决像这章的统计问题，参考本章后面“SPSS应用部分”以及与本书相伴的学习指南和计算机工具书。

所有数据都是虚构的，除非已经给出实际的引用出处。

练习Ⅰ（练习Ⅰ的答案，见 pp. 674 - 675）

1. 对于以下分数，找出（a）平均数，（b）中位数，（c）离均差平方和，（d）方差，（e）标准差：32，38，24，28，28，31，35，29，26。

2. 对于以下分数，找出（a）平均数，（b）中位数，（c）离均差平方和，（d）方差，（e）标准差：6，1，4，2，3，4，6，6。

3. 对于以下分数，找出（a）平均数，（b）中位数，（c）离均差平方和，（d）方差，（e）标准差：2.13，6.01，3.33，5.78。

60 4. 以下是加拿大某个城市从 1998 到 2007 年 10 年来节假日当天（通常为 12 月 26 日）中午的温度（摄氏度）：－5，－4，－1，－1，0，－8，－5，－9，－13，－24。向那些从来没有学过统计课程的人解释这些有代表性的温度和变异量。给出三种描述温度和两种描述变异性的方式，解释它们的不同以及你是怎样计算的。（在你看到我们书后面的答案之前，你如果试图写出你的答案，你将会学到更多。）

5. 一个研究者正在研究杏仁核（与情绪有关的大脑的某个区域）。6 个参与者进行了功能性核磁共振成像（fMRI）测试，测量当他们观看暴力图片时，他们的杏仁核的激活程度。激活增加量分别是 0.43，0.32，0.64，0.21，0.29，0.51。计算（a）平均数，（b）6 个激活增加量的标准差。（c）向那些没有学过统计课程的人解释你是怎样计算的并且它们的意义是什么。

6. 描述并解释平均数、众数和中位数在正态曲线上的位置。

7. 一名研究者研究了处于焦虑障碍治疗中的 30 人在两个星期中焦虑发作的次数。研究者在一篇文章中描述了研究的结果：“焦虑障碍的平均发作次数是 6.84（$SD=3.18$）。”向那些从来没有学过统计课程的人解释这些结果。

8. 冈扎加等（Gonzaga et al.，2001）在一项研究中，向情侣提问关于他们有多爱他们的另一半的问题，并且当他们向另一半暴露一些隐私时进行相应的录制。录像后来成了判断各种隶属关系的标准。表 2—8（转引自他们的表 2）展示了一些结果。向那些从没有上过统计课程的人解释关于自我报告的对伴侣的爱以及他们“靠向伴侣”的次数这些结果。

表 2—8　情绪和线索展示的平均等级

指标	女性（$n=60$）		男性（$n=60$）	
	M	***SD***	***M***	***SD***
情绪报告				
自我报告的爱	5.02	2.16	5.11	2.05
伴侣估测的爱	4.85	2.13	4.58	2.20
隶属关系的线索展示				
正面点头	1.28	2.89	1.21	1.91
杜氏微笑	4.45	5.24	5.78	5.59
靠向伴侣	32.27	20.36	31.36	21.08
手势	0.13	0.40	0.25	0.77

注：情绪的评定从 0（完全没有）到 8（极度）。线索展示平均每 60 秒一次。

资料来源：Gonzaga，G. C.，Keltner，D.，Londahl，E. A.，& Smith，M. D.（2001）. Love and the commitment problem in romantic relationships and friendship. *Journal of Personality and Social Psychology*，*81*，247 - 262. Published by the American Psychology Association. Reprinted with Permission.

练习Ⅱ

9.（a）描述并且解释平均数、中位数和众数之间的差异。（b）举一个例子（不是书本也不是你讲义中的）以说明中位数是测量集中趋势的首选量数。

10.（a）描述方差和标准差。（b）解释为什 61
么在描述统计中标准差要比方差使用得更频繁。

11. 对于以下分数，找出（a）平均数，（b）中位数，（c）离均差平方和，（d）方差，（e）标准差：2，2，0，5，1，4，1，3，0，0，1，4，4，0，1，4，3，4，2，1，0。

12. 对于以下分数，找出（a）平均数，（b）中位数，（c）离均差平方和，（d）方差，（e）标准差：1 112，1 245，1 361，1 372，1 472。

13. 对于以下分数，找出（a）平均数，（b）中位数，（c）离均差平方和，（d）方差，（e）标准差：3.0，3.4，2.6，3.3，3.5，3.2。

14. 对于以下分数，找出（a）平均数，（b）中位数，（c）离均差平方和，（d）方差，（e）标准差：8，−5，7，−10，5。

15. 设置三组分数：（a）一组是平均数大于中位数；（b）一组是中位数与平均数一样；（c）一组是众数大于中位数。（每组最少包括5个分数。）

16. 一个心理学家对于使用美国四个州长和四个大公司的首席执行官（CEO）办公桌的面积来衡量政治行为这种方式非常有兴趣。州长办公桌的面积分别是44，36，52和40平方英尺（1平方英尺约合0.09平方米）。几大CEO的分别是32，60，48和36平方英尺。（a）计算它们的平均数和标准差。（b）向一个从未上过统计课程的人解释你做了什么。（c）注意使用平均数和标准差这两种量数的不同，并且推测它们可能的意义，假设它们可以代表大部分州长和大公司CEO的办公桌面积。

17. 一个发展心理学家研究了7个儿童在某一特定年龄已经学会的单词的数量。数量分别是10，12，8，0，3，40，18。计算（a）平均数，（b）中位数，（c）标准差。（d）向一个从未上过统计课程的人解释你做了什么和这些结果的意义。

18. 描述和解释在一个强烈向左偏的分布中平均数、众数和中位数的位置。

19. 你计算了一组分数分布的方差是−4.26。解释为什么你的答案是错误的。

20. 一项研究涉及在过去一年中一个大公司216名职员的出勤情况。作为结果的一部分，研究者报告说："过去一年缺席工作的天数（$M=9.21$，$SD=7.34$）……"向那些从来没有上过统计课程的人解释括号中写的是什么。

21. 佩恩（Payne，2001）给参与者一个计算机化的任务，首先让他们看一张面孔，紧接着呈现一张一把枪或一个工具的图片。这个任务就是出现一个工具时按下一个按钮，出现一把枪时按下另一个按钮。研究中参与者对出现的图片是未知的，面孔的作用是作为一个"启动"（让你可以开始进入思考）；这些面孔一半是黑人面孔，一半是白人面孔。表2—9显示了反应时（决定图片是枪或工具的时间）的平均数和标准差。（在实验2中，参与者被告知要尽可能快。）向一个从未上过统计课程的人解释这个结果。（确保在解释一些特定数字时要与平均数和标准差的原则保持一致。） 62

表2—9　在实验1和2中，确定是枪还是工具的反应时（以秒为单位）的平均数

目标	启动			
	黑人		白人	
	M	*SD*	*M*	*SD*
实验1				
枪	423	64	441	73
工具	454	57	446	60
实验2				
枪	299	28	295	31
工具	307	29	304	29

资料来源：Payne，B. K.（2001）. Prejudice and perception: The role of automatic and controlled processes in misperceiving a weapon. *Journal of Personality and Social Psychology*，*81*，181-192. Published by the American Psychological Association. Reprinted with permission.

SPSS应用

（我们使用SPSS 15.0这个版本做分析。以下的步骤和输出窗口可能与其他版本有些稍微的不同。）

找出平均数、众数和中位数

1. 将你分布中的分数输入数据窗口中的一栏中。

2. 点击Analyze。

3. 点击Descriptive statistics。

4. 点击Frequencies。

5. 点击你想要找出平均数、众数和中位数的变量，然后再点击箭头。

6. 点击Statistics。

7. 点击Mean，点击Median，点击Mode，点击Continue。

8. 可选项：为了指示SPSS不用输出频数表，点击标记为Display frequency tables的框（取消）。

9. 点击OK。

实际操作以上步骤找出本章做梦次数这个例子的平均数、众数和中位数（分数分别是7，8，

8，7，3，1，6，9，3，8)。你的输出窗口应该类似于图 2—14。(如果你指示 SPSS 不输出频数表，你的输出结果中将只有平均数、中位数和众数。)

找出方差和标准差

正如本章前面提到的，很多计算器和计算机软件——包括 SPSS——计算方差和标准差所使用的公式涉及除以（$N-1$）而不是 N。因此，如果你需要从 SPSS 中直接得到方差和标准差（例如，通过 63
点击步骤 7 中的 Variance 和 Std. deviation)，SPSS 提供的答案会和你从本章得到的答案有所不同。①以下的步骤显示了你将怎样使用 SPSS 计算方差和标准差，使用的方式是你从本章中学到的除以 N 的计算公式。使用实际数字很容易学会这些步骤，因此我们将会再次使用做梦次数这个例子。

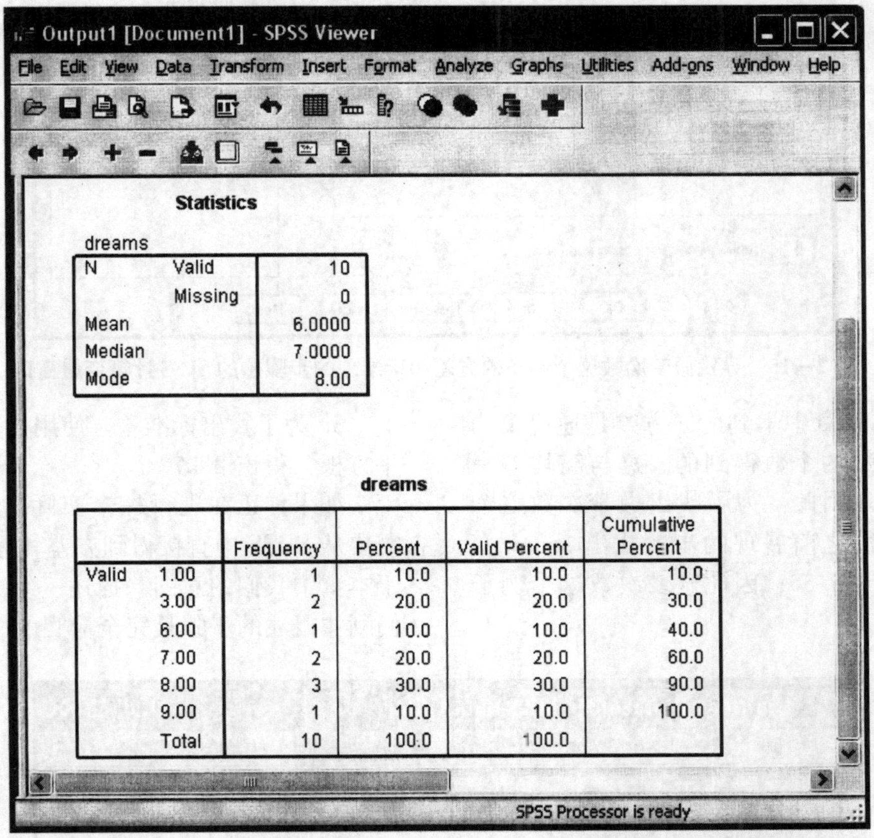

N	Valid	10
	Missing	0
Mean		6.0000
Median		7.0000
Mode		8.00

		Frequency	Percent	Valid Percent	Cumulative Percent
Valid	1.00	1	10.0	10.0	10.0
	3.00	2	20.0	20.0	30.0
	6.00	1	10.0	10.0	40.0
	7.00	2	20.0	20.0	60.0
	8.00	3	30.0	30.0	90.0
	9.00	1	10.0	10.0	100.0
	Total	10	100.0	100.0	

图 2—14　使用 SPSS 寻找做梦次数这个例子的平均数、中位数和众数

1. 将分布中的分数输入数据窗口中（分数分别是 7，8，8，7，3，1，6，9，3，8)。我们称这个变量为"dream"。

2. 通过前面的步骤找出分数的平均数、众数和中位数。梦变量的平均数是 6。

3. 你需要创建一个新变量来显示每个分数的离均差平方。点击 Transform，点击 Compute Variable。你可以叫这个新变量任何一个名字，这
64 里我们称它为"sqdev"(离均差平方)。因此，在 Target Variable 中写上 sqdev。你现在要指示 SPSS 怎样去计算 sqdev。在标记为 Numeric Expression 的框中输入（dreams−6）*（dreams−6)。(星号就是 SPSS 中显示的乘号。）正如你所看到的，这个公式就是用多个分数的离均差乘以它自己得出离均差平方。你的计算变量窗口应该类似于图 2—15。点击 OK。你会看到一个称作 sqdev 的新变量被增加到数据窗口中（见图 2—16)。这个分数就是每个分数与平均数差异的平方。

---

① 注意如果你需要从 SPSS 中得出方差，那么就如我们在本章中计算方差时乘以（$N-1$)（分数的个数减去 1）再除以 N（分数的个数）一样，你可将得出的结果转换成方差。[这个方差就是我们在本章中计算出的＝SPSS 的方差乘以（$N-1$）/N。] 对结果求正平方根得出标准差（使用你在本章中学到的公式)。我们使用了一个稍复杂一点的方法计算方差和标准差是为了让你学到怎样在 SPSS 中创建新变量。

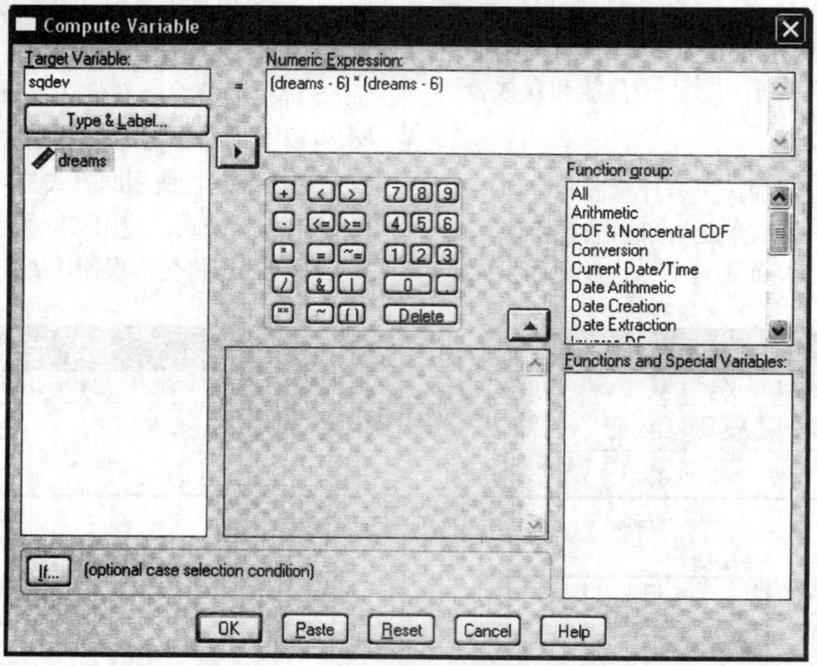

图 2—15　寻找做梦次数这个例子的方差和标准差的步骤❸的 SPSS 计算变量窗口

4. 正如你在本章中学到的，方差是通过离均差平方和除以分数的个数得到的。这与离均差平方的平均数相同。因此，为了找出做梦次数这个例子的方差，遵循之前展现的步骤找出 sqdev 变量的平均数，得出 6.60；因此做梦次数这个例子的方差为 6.60。

5. 为了找出标准差，使用计算器求 6.60 的正平方根，得出 2.57。

如果你正在进行一个实际的研究，你最可能需要从 SPSS 中直接得到方差和标准差。然而，对于本章中我们的意图（描述一组分数的变异），我们刚才概述的步骤是完全恰当的。

65

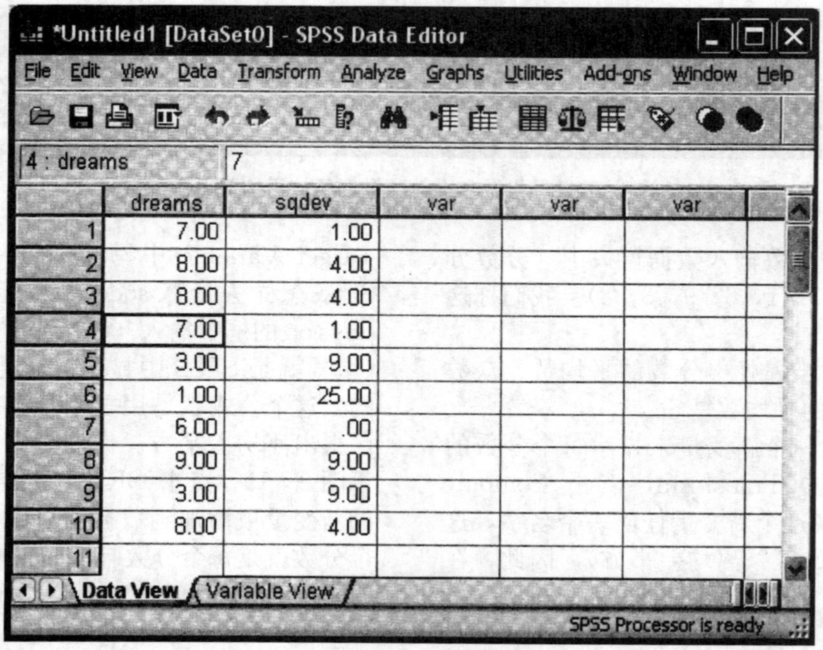

图 2—16　寻找做梦次数这个例子的方差和标准差的步骤❸之后的 SPSS 数据窗口

第 3 章

推断统计概述：Z 分数、正态曲线、样本与总体、概率

章节概览

67

> **成功小贴士**
>
> 在本章开始之前，确保你已经掌握了第1章中关于分布形状的重要知识和第2章中关于平均数和标准差的重点。

一般情况下，心理学家进行一项研究是为了检验理论原则或是一个实用程序的有效性。例如，社会心理学家可能会测量在解决一个困难问题前后心率的变化。该测量随后被用于验证某一理论，该理论预测问题成功解决后心率应该会发生变化。
68 一个应用社会心理学家可能会研究居委会为了节约用水而采取的一个项目的有效性。这个研究是针对一组特定的参与者进行的。但是研究人员使用推断统计得出了更多关于理论原则或正在被研究的程序的一般性结论。这些结论超出了对特定小组的研究。

本章和第4，5，6章都会介绍推断统计。在本章中，我们关注四个主题：Z分数、正态曲线、样本和总体、概率。下一章会用到很多的概念，而本章正是为下一章做铺垫。

Z分数

> **Z分数** 在其分布中，可用来描述高于（或低于，如果它为负）平均数的标准差数目；它是对普通数据进行转换的结果，可以更好地描述数据在分布中的位置。

在第2章中，你学会了怎样运用平均数和围绕着平均数的变异来描述一组分数，在本章中你会学到怎样描述一个特定的分数在整体分数中的位置。那就是，你会学到怎样使用平均数和标准差来创造一个Z分数；Z分数可以用来描述一个分数是低于还是高于平均数。

我们假设某个叫杰罗姆的学生被问道："你算是一个早起的人吗?"杰罗姆在一个7点量表上选择了5，其中1＝非常迟，7＝非常早。现在假设我们不知道其他学生会怎样回答这个问题。在这种情况下，你很难确定相对于其他人来说，杰罗姆是个早起的人还是晚起的人。然而，假设我们知道一般学生的平均数（*M*）是3.40，标准差（*SD*）是1.47。（我们在美国和加拿大的8所不同的大学中抽取了一个大的样本，这些值是实际的平均数和标准差。）通过这些信息，我们可以看出杰罗姆相对于一般学生来说是一个早起的人。我们可以看出杰罗姆的分数在平均数之上（高于平均数1.60个单位，即5－3.40＝1.60），学生基本围绕着平均数变化（即学生大多以标准差1.47左右围绕平均数变化）。这些都显示在图3—1中。

什么是Z分数?

Z分数利用平均数和标准差来描述特定的分数。特别是，Z分数用标准差的数目来指出实际分数是高于平均数或是低于平均数。如果实际分数高于平均数，Z分数就为正。如果实际分数低于平均数，Z分数就为负。标准差现在成为一种尺度，一种测量的单位。

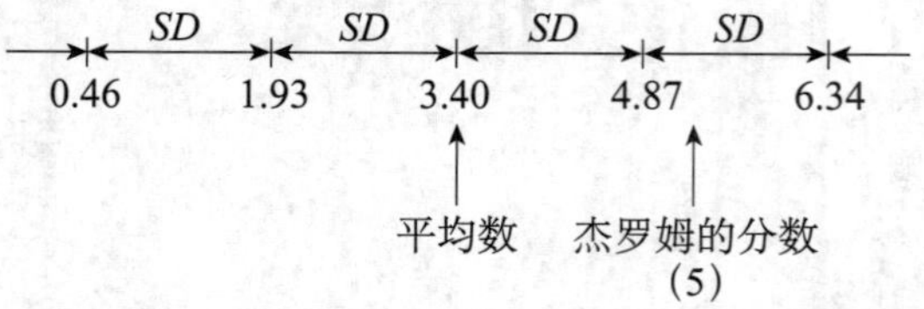

图3—1 在学生早起程度的整体分布中，学生杰罗姆的分数

在我们的例子中，杰罗姆的分数是5，比平均数3.40高1.60个单位，标准差为1.47个单位，因此杰罗姆的分数稍大于1个单位标准差。更准确地说，杰罗姆的Z分数是＋1.09（即他的分数 69
5高于平均数1.09个标准差）。另一个学生米歇尔，他的分数为2，低于平均数1.40个单位，因此，他的分数要比平均数约小1个标准差（Z分数为－0.95）。因此，米歇尔的分数低于平均值，而且低得多。

Z分数有很多实际的运用。正如你随后将在本章中看到的，它们对于展现特定分数在正态曲线上的位置非常有用。

Z分数作为一种尺度

图3—2分别将Z分数和原始分数作为尺度标出在我们的例子中达到什么程度才算早起。**原始**

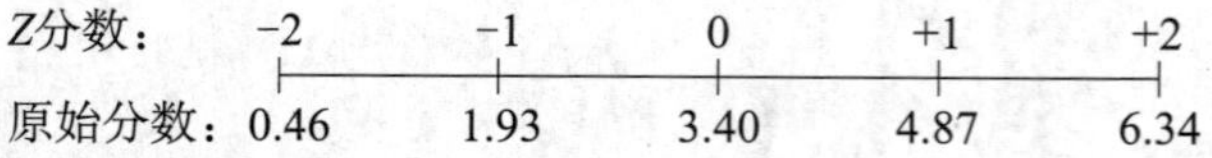

图3—2 将Z分数和原始分数分别作为尺度（以学生早起程度为例）

分数是一个与 Z 分数相对的普通分数。这两种尺度像一把尺子从一边到另一边丈量着分数的位置。

将一个数字转换成 Z 分数就像将用于测量的各种各样的模糊的词转换成每个人都能听懂的词——例如，将英寸转成厘米（1 英寸约合 2.54 厘米）。它是一个非常有用的工具。

假设一个发展心理学家在实验室的情境下观察 3 岁大的儿童大卫与他同龄的儿童一起玩耍。在观察期间，心理学家对大卫与其他儿童的对话进行了计数。在几次观察后，结果是每一个小时的玩耍有 8 次交谈。没有任何标准的比较，很难从这其中得到任何结论。然而，让我们来假设：从过去的研究中我们能知道，儿童交谈次数的平均数为 12，标准差为 4。有了这样的信息，我们就能看出大卫一般情况下交谈次数要比其他儿童少，但不极端。大卫的 Z 分数为 −1（$M=12$，$SD=4$，因此分数 8 小于 M 一个 SD），正如图 3—3 所示。

原始分数　*一般分数（或者分布中被转换为 Z 分数或任意转换之前的分数）。*

假设瑞恩在一个小时内与其他儿童交谈 20 次。瑞恩非常健谈，他的 Z 分数为 +2（见图 3—3）。瑞恩的交谈次数不仅要比平均值高，而且要高于平均值两个标准差。

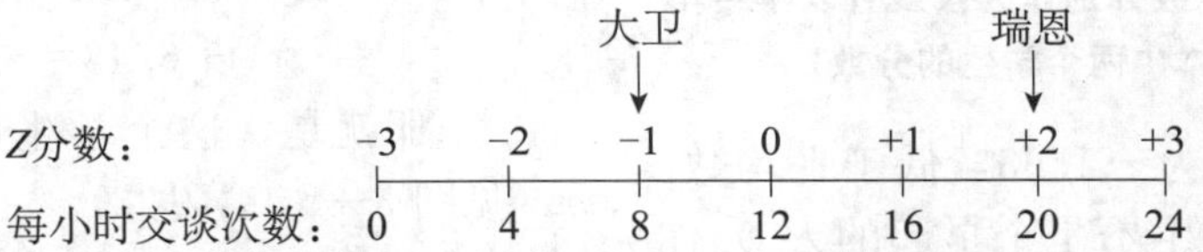

图 3—3　分别用原始分数和 Z 分数来展现的每小时两个儿童的交谈次数

70 **将原始分数转换为 Z 分数的公式**

Z 分数就是原始分数高于或低于平均数的标准差的个数。为了计算 Z 分数，用原始分数减去平均数，得出离均差。然后用离均差除以标准差。公式为：

$$Z=\frac{X-M}{SD} \tag{3—1}$$

Z 分数就是原始分数减去平均数，然后除以标准差。

例如，大卫与其他儿童在一个小时内交谈了 8 次（儿童交谈次数的平均数为 12，标准差为 4），我们对他使用公式，得到：

$$Z=\frac{8-12}{4}=\frac{-4}{4}=-1$$

将原始分数转换为 Z 分数的步骤

❶ **计算离均差：用原始分数减去平均数。**

❷ **计算 Z 分数：用离均差除以标准差。**

使用以上步骤对大卫与其他儿童在一个小时内交谈了 8 次这个例子进行计算。

❶ **计算离均差：用原始分数减去平均数。** $8-12=-4$。

❷ **计算 Z 分数：用离均差除以标准差。** $-4/4=-1$。

将 Z 分数转换为原始分数的公式

将 Z 分数转换为原始分数的过程刚好相反：用标准差乘以 Z 分数，然后加上平均数。公式为：

$$X=(Z)(SD)+M \tag{3—2}$$

原始分数就是 Z 分数乘以标准差，再加上平均数。

假设一个儿童在一小时内与别人交谈次数的例子中 Z 分数为 1.5。那么，这个儿童的分数高于平均数 1.5 个标准差。因为例子中的标准差是 4 个原始分数单位（交谈次数），这个儿童处于高于平均数 6 个原始分数单位的位置上。因此，高于平均数 6 个单位就是 18。使用公式，得到：

$$\begin{aligned}X&=(Z)(SD)+M=(1.5)(4)+12\\&=6+12=18\end{aligned}$$

将 Z 分数转换为原始分数的步骤

❶ **计算离均差：将标准差乘以 Z 分数。**

❷ **计算原始分数：将离均差与平均数相加。**

使用这些步骤计算 Z 分数为 1.5 时的儿童交谈次数这个例子的原始分数。

❶ **计算离均差：将标准差乘以 Z 分数。** $1.5\times4=6$。

❷ **计算原始分数：将离均差与平均数相加。** $6+12=18$。

Z 分数与原始分数相互转换的另一些例子 71

再次考虑本章前面部分的一个例子，即学生的早起程度。使用等级 1（非常迟）到 7（非常早），平均数为 3.40，标准差为 1.47。假设一个学生的原始分数为 6。这个学生的分数高于平均数。使用公式，得到：

$$Z=\frac{X-M}{SD}=\frac{6-3.40}{1.47}=\frac{2.60}{1.47}=1.77$$

那就是，这个学生的原始分数高于平均数1.77个标准差（见图3—4，学生1）。使用7级尺度［从1（非常迟）到7（非常早）］来判断他的早起程度。现在计算原始分数的Z分数。

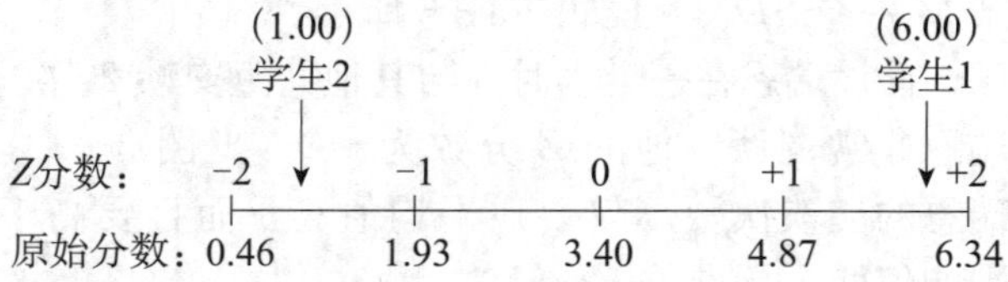

图3—4　将Z分数和原始分数分别作为尺度（以学生早起程度为例，其中展现了样本中两个学生的分数）

另一个学生Z分数为−1.63，低于平均数。（这个学生相对于一般学生不是个早起的人。）你可以通过使用公式找出准确的原始分数：

$$X=(Z)(SD)+M=(-1.63)(1.47)+3.40=-2.40+3.40=1.00$$

那就是，这个学生的原始分数为1.00（见图3—4，学生2）。

让我们再次考虑学生压力等级研究这个例子。30个学生的平均压力等级（使用0～10尺度）为6.43（见图2—3），标准差为2.56。图3—5显示了原始分数和Z分数尺度。假设学生压力的原始分数为10。这个学生的压力高于平均数。使用公式，得到：

$$Z=\frac{X-M}{SD}=\frac{10-6.43}{2.56}=1.39$$

72 这个学生的压力等级高于平均数1.39个标准差（见图3—5，学生1）。在0～10尺度上，在最近两周中你有多大的压力？运用你的原始压力分数计算Z分数。

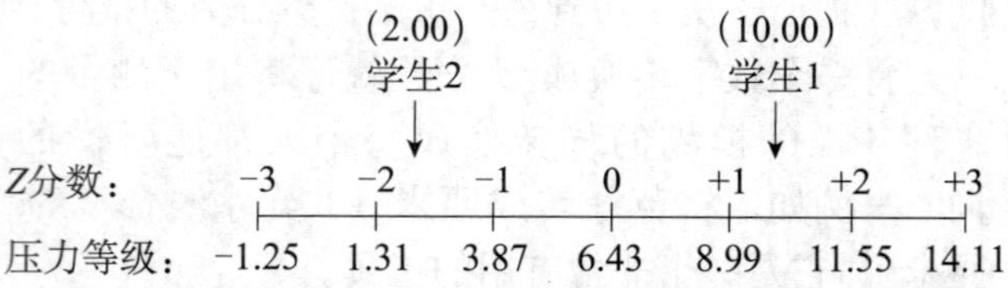

图3—5　将Z分数和原始分数分别作为尺度（以30名统计学学生的压力等级为例，其中展现了样本中两个学生的分数）

资料来源：Data based on Aron et al.，1995.

另一个学生的Z分数为−1.73，压力等级低于平均数。你可通过使用公式找出这个学生的准确原始分数：

$$X=(Z)(SD)+M=(-1.73)(2.56)+6.43=-4.43+6.43=2.00$$

那就是，这个学生的原始压力分数为2.00（见图3—5，学生2）。

Z分数的平均数和标准差

任一Z分数分布中的平均数都是0。这是因为当你将原始分数转换为Z分数时，你用原始分数减去了平均数。因此平均数就从原始分数中减去，使得所有平均数都为0。换句话说，在任一分布中，正Z分数的总和肯定等于负Z分数的总和。因此，当你将它们相加，你会得到0。

任何一个Z分数分布的标准差都为1。这是因为当你将原始分数转换为Z分数时，你会除以标准差。

Z分数有时候被称作标准分数。这有两个原因：Z分数相对于平均数和标准差有着标准值，并且正如我们早先看到的，Z分数提供了测量任一变量的标准尺度。（然而，有时只有当Z分数的分布为正态时，术语标准分数才能使用。）①

你会做吗？

1. Z分数是怎样与一个原始分数联系起来的？
2. 写出将原始分数转换为Z分数的公式，并定义每个符号。
3. 对于一组特定分数，$M=20$，$SD=5$。给出以下分数的Z分数：(a) 30，(b) 15，(c) 20，(d) 22.5。
4. 写出将Z分数转换为原始分数的公式，并定义每个符号。
5. 对于一组特定分数，$M=10$，$SD=2$。给出以下每个Z分数的原始分数：(a) +2，(b) +0.5，(c) 0，(d) −3。
6. 假设一个人整体健康程度的Z分数为+2，幽默程度的Z分数为+1。这个人的健康程度高于他的幽默程度是什么意思？

① 有时候使用的是与Z分数类似的分数，称作T分数，其平均数为50，标准差为10。例如，临床心理学家在一些测验中使用的就是T分数量表。因此，T分数量表中的65就等于1.5的Z分数。

答案

1. Z 分数就是原始分数高于平均数的标准差个数。
2. $Z=(X-M)/SD$。Z 是 Z 分数，X 是原始分数，M 是平均数，SD 是标准差。
3. (a) $Z=(X-M)/SD=(30-20)/5=10/5=2$；(b) -1；(c) 0；(d) 0.5。
4. $X=(Z)(SD)+M$。X 是原始分数，Z 是 Z 分数，SD 是标准差，M 是平均数。
5. (a) $X=(Z)(SD)+M=(2)(2)+10=4+10=14$；(b) 11；(c) 10；(d) 4。
6. 这个人在整体健康上的得分高于平均数很多（通常是人们在整体健康上与平均数的差异），而在幽默上的得分高于平均数相对较少（通常是人们在幽默上与平均数的差异）。

正态曲线 73

正如在第 1 章中提到的，心理学家所研究的很多变量的分布，都是遵循单峰、基本对称的钟形曲线。钟形平滑直方图近似一个精确的、数学上很重要的分布，称作**正态分布**，或者可更简单地称为**正态曲线**。[①] 正态曲线是一个数学（或理论）分布。研究者经常将变量的实际分布（即在研究中他们发现的分布）与正态曲线相比较。他们并不期望他们变量的分布与正态曲线完美契合（因为正态曲线是一个理论分布），但是研究者经常检验他们变量的分布是否近似于正态分布。[在天文学家卡尔·弗雷德里希·高斯（Karl Friedrich Gauss）之后，正态曲线或正态分布也经常被称作高斯曲线。然而，如果这一发现可以归功于任何一个人，那么他真的应该是亚伯拉罕·棣莫弗（Abraham de Moivre）——见信息箱 3—1。] 图 3—6 展示了正态曲线的一个例子。

为什么在自然界中正态曲线如此常见

例如，在不同的测试（每次都是随机呈现的单词）中，一个人能准确地记住的单词的数目。在一些单词记忆的测试中，有些人记得多，有些人少，大部分可能是在中间。那就是，在不同的测试中，一个人能记住的单词数目可能接近正态曲线。假设一个人在这种记忆测试中具有可以识记 7 个单词的基础能力。不过，在任一测试中，实际记住的数目将会受到不同因素的影响——房间的噪声、当时的心情、随机呈现的单词组合与熟悉名字的混淆等。

这些不同因素的影响使得人们所记住的单词数目有时会比 7 多，有时会比 7 少。然而这些影响的结合在测试中也是随机的，因此，在大多数测试中，积极影响和消极影响会相互抵消。在一个测试中，没有积极影响而光有消极影响，并不是太好。因此，一般情况下，人们能记住的数目处于中间，这个数目是在两种影响抵消的情况下发生的。非常高或低的分数都很少见。

正态分布　遵循正态曲线的频数分布。

正态曲线　数学意义上具体的、单峰且对称的钟形频数分布，在自然界和研究中的分布大多接近正态曲线。

这就会造成单峰分布，即大多数分数在中间，较少的分数在两边。这也会造成对称分布，因为单词回忆的数目可能高于或低于中间的分数。单峰对称曲线不一定是一条正态曲线，它可能会太平坦或太尖锐。然而，在数学上长远来看它是能够出现的。如果

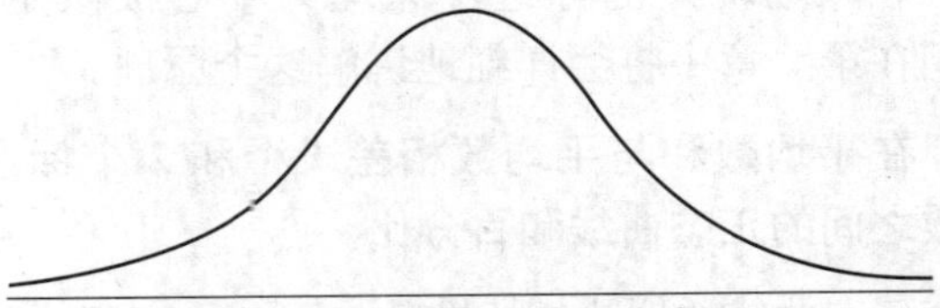

图 3—6　正态曲线

① 正态曲线的公式（当平均数为 0，标准差为 1 时）为：

$$f(x)=\frac{1}{\sqrt{2\pi}}e^{-x^2/2}$$

$f(x)$ 是曲线在点 x 上的高度，π 以及 e 是一般数学常数（分别接近 3.14 和 2.72）。然而，心理学研究者几乎不使用公式，因为它被纳入了统计软件。当需要通过手动计算时，任何关于正态曲线所需要的信息在统计课本中都有提供（例如，附录中的表 A—1）。

74 信息箱 3—1　棣莫弗——发明正态曲线的古怪的陌生人

正态曲线是统计的重心，也是大多数统计理论和程序的基础。如果说是某个人奠定了这个领域的基础的话，他就是亚伯拉罕·棣莫弗。他是法国新教徒，21 岁的时候来到英国，因为在 1685 年法国否认了新教徒的公民自由，他受到宗教迫害。在英国，棣莫弗成为艾萨克·牛顿（Isaac Newton）的朋友，牛顿经常说这样的话："去问棣莫弗先生，他懂的比我多。"然而因为是一个外国人，棣莫弗所取得的名声一直没有英国本土的数学家的名气大，尽管他们对他都非常尊敬。

亚伯拉罕·棣莫弗是概率论方面的专家。1733 年，他写了名为《一系列接近二项式总和的方法》的文章。他的文章从实质上描述了正态曲线。然而，这种描述仅仅是一种规律的形式，棣莫弗从来没有画出曲线图。实际上，他对它不是非常感兴趣。

真正意义上发现正态曲线的人是皮埃尔·拉普拉斯（Pierre Laplace），一个法国居家男人，或卡尔·弗雷德里希·高斯，一个德国人，或是托马斯·辛普森（Thomas Simpson），一个英国人。他们的工作都是关于围绕着平均数的误差分布问题的，即使到现在也只能描述曲线或画出近似于它的曲线。但即使没有画出它，棣莫弗也是首位计算出正态曲线中 1 个、2 个、3 个标准差位置上分数的人，卡尔·皮尔逊（Karl Pearson）（第 13 章的信息箱 13—1 有讨论），后来一位杰出的统计学家，也认为棣莫弗是这个重要概念的发明者。

在英国，棣莫弗作为一个作家和数学家而受人尊敬。他熟悉所有经典，并能背诵他所喜爱的莫里哀（Moliére）的《愤世嫉俗》中的整个剧本。他对祖国法国怀有深厚的感情，但直到他死，法国学术界都将他作为外国科学工作者来看待。在英国，他不能在任何一所大学就职，因为他是外国人。他只剩下贫穷，甚至没能结婚。他早年的工作是流浪的数学老师。后来，他因长期坐在一家咖啡屋中，成了一名赌徒和保险承销商（在统计学没有成形之前，两种职业都同样具有风险性和不确定性），而谁付钱给他，他就会给谁计算赔率。

关于棣莫弗的不正常死亡有几个传说。他采用总是收敛到一定极限的无穷极数做了很多工作。其中一个传说就是棣莫弗直到死之前，每天晚上只睡 15 分钟。另一个版本是他在咖啡馆工作，这使他非常绝望，只能去睡觉，直到他去世。无论如何，他在 80 岁的时候每天只能保持 4 个小时的清醒，尽管他说自己每个小时都保持着清醒。后来他的清醒时间减少到只有每天 1 小时，直到死亡。他 87 岁的时候，在床上躺了 8 天后，再没有起来，在"嗜睡"（睡意）中走向死亡。

资料来源：Pearson，1978；Tankard，1984.

是真正随机的影响，并且结合在一起的不同影响的数目很大，那么它最终将会是一条精确的正态曲线。数理统计上称这种原理为中心极限定理。我们在第 5 章中将会详细地讲解这个原理。

在平均数和与平均数相差 1 个和 2 个标准差分数之间的正态曲线和百分比

正态曲线的形状是标准的。因此，高于或低于任一特定点的分数的百分比是已知的。例如，刚好有 50%的分数低于平均数，因为在任何的对称分
75 布中，都有一半的分数低于平均数。很有意思的是，正如图 3—7 所示，在平均数与高于或低于平均数仅 1 个标准差分数之间的百分比近似于 34%。

考虑一下 IQ 分数。在很多广泛使用的智力测验当中，IQ 的平均数是 100，标准差是 16，IQ 的

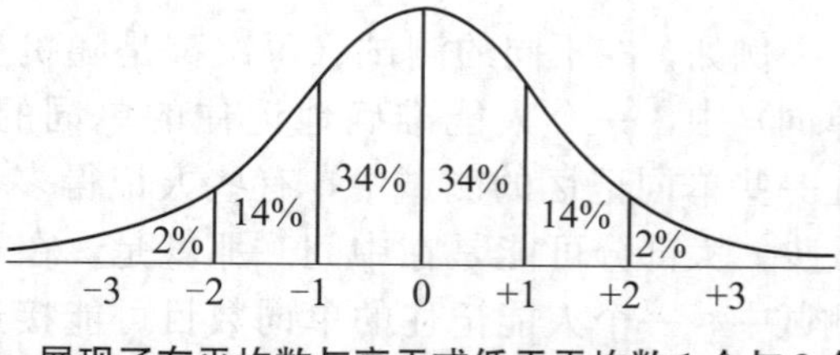

图 3—7　展现了在平均数与高于或低于平均数 1 个与 2 个标准差之间分数的近似百分比的正态曲线

分布近似一个正态曲线（见图 3—8）。正态曲线中平均数与高于平均数 1 个标准差分数之间的百分比，告诉你有 34%的人的 IQ 在 100 与 116 之间，100 为平均数，116 是高于平均数 1 个标准差的那个分数。同样，因为正态曲线是对称的，有 34%的人的 IQ 分数在 100 到 84（这个就是低于平均数 1 个标准差的分数）之间，68%（34%+34%）的

人在84到116之间。

在离平均数1个和2个标准差之间的分数要比在平均数和离平均数1个标准差之间的分数少。有14%的分数在高于平均数1个和2个标准差之间（见图3—7）。（同样，有14%的分数在低于平均数1个和2个标准差之间。）因此，有14%的人的IQ在116（高于平均数1个标准）和132（高于平均数2个标准差）之间。

你将会发现，记住34%和14%这两个数字非常有用。这些数字告诉你高于和低于特定分数的人数百分比，无论你何时知道高于或低于平均数的标准差的分数个数。你可以进行反推，根据百分比计算出一个人的分数高于或低于平均数的标准差个数。假设你被告知有个人的分数在测验顶端的2%。假设测验分数的分布接近正态分布，这个人的分数肯定至少高于平均数2个标准差。这是因为50%的分数都高于平均数，34%的分数在平均数与高于平均数1个标准差分数之间，另外14%在高于平均数1个和2个标准差分数之间，
76 分数的2%（即50%−34%−14%=2%）也就高于平均数2个标准差或更多。

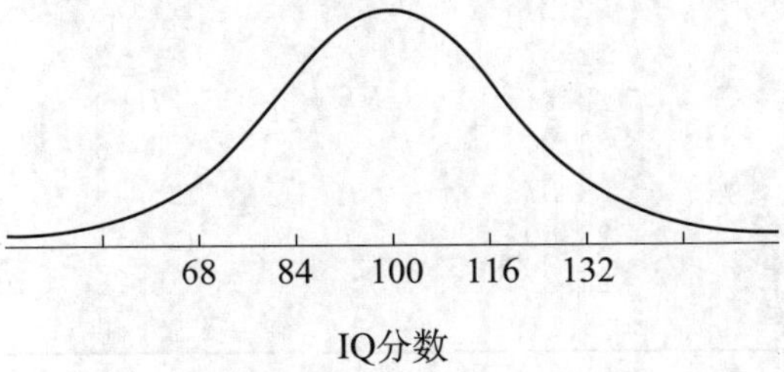

图3—8　很多标准智力测验（平均数为100，标准差为16）的IQ分数分布

同样，假设你正在为一个研究选取动物并要考察它们的视敏度。假设视敏度呈正态分布，你想选取视敏度在中间三分之二（接近68%）的动物。在这种情况下，你将要选取的动物的分数在高于和低于平均数1个标准差之间。（即34%在平均数和高于平均数1个标准差分数之间，另一个34%在平均数和低于平均数1个标准差分数之间。）记住Z分数就是一个分数高于或低于平均数的标准差个数——这正是我们这里所说的。因此，如果你知道动物视敏度的平均数和标准差，你就可以通过低于和高于平均数1个标准差（Z分数为−1和+1）的分数来计算出原始分数（动物视敏度的实际等级）。你可以通过在本章前面学到的关于原始分数和Z分数相互转换的方法来计算，即 $Z=(X-M)/SD$，$X=(Z)(SD)+M$。

正态曲线表和Z分数

在对一组遵循正态分布的分数进行计算时，50%，34%和14%是重要的实用数字。然而，在很多研究中和应用情景中，心理学家需要更精确的信息。因为正态曲线是一个精确的数学曲线，你可以计算出正态曲线上任意两点之间的分数的准确百分比（不仅仅是那些在离平均数1个或2个标准差之间的分数）。例如，68.59%的分数可以在Z分数+0.62和−1.68之间，2.81%的分数可以在Z分数+0.79和+0.89之间，等等。

你可以根据正态曲线的公式并使用数学运算求出这些百分比。然而，你也可以用更加简便的方法（你可能很高兴知道！）：统计学家针对正态曲线做了一个表，它给出了平均数（Z分数为0）和任一Z分数之间分数的百分比（以及在Z分数尾部分数的百分比）。

我们在附录中罗列了**正态曲线表**（表A—1）。表3—1显示了全表的第一部分。表中的第一列列出了Z分数。第二列，标记为“平均数到Z分数的百分比”，给出了平均数和Z分数之间的分数百分比。列顶部的曲线阴影区直观地给出了一个百分比的含义。第三列，标记为“尾部的百分比”，给出了Z分数尾部的分数百分比。顶端曲线中的尾部阴影区显示了在列中百分比的含义。注意这个表列出的只有正的Z分数。这是因为正态曲线是完美对称的。因此，在平均数和+0.98（百分比为33.65%）的Z分数之间的分数百分比与平均数和−0.98（也是33.65%）之间的分数百分比相同，并且+1.77的Z分数尾部（3.84%）与−1.77（3.84%）的Z分数尾部的分数百分比也相同。注意对于每个Z分数来说，“平均数到Z分数的百分比”与“尾部的百分比”之和为50.00。这是因为在正态曲线中50%的分数高于平均数。例如，0.57的Z分数，“平均数到Z分数的百分

> **成功小贴士**
>
> 记住负Z分数就是低于平均数的分数，正Z分数就是高于平均数的分数。

> **正态曲线表**　展现了与正态曲线有关的分数百分比的表格。这个表通常包含：有多少百分比的分数位于平均数和高于平均数的几个标准差之间，有多少百分比的分数高于平均数几个标准差。

比”为 21.57%，“尾部的百分比”为 28.43%，21.57%+28.43%=50.00%。

假设你想知道在平均数和 0.64 的 Z 分数之间分数的百分比。你只需看表中“Z 分数”列的 0.64 和“平均数到 Z 分数的百分比”列，它会告诉你正态曲线中分数的 23.89%在平均数和这个 Z 分数之间。这些值显示在表 3—1 中。 77

表 3—1　　正态曲线区域：平均数到所给出的 Z 分数之间以及所给出的 Z 分数尾部的分数百分比

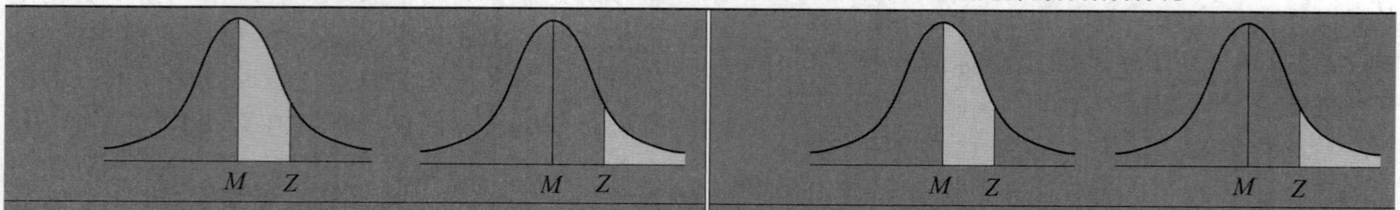

Z 分数	平均数到 Z 分数的百分比	尾部的百分比	Z 分数	平均数到 Z 分数的百分比	尾部的百分比
0.00	0.00	50.00	0.45	17.36	32.64
0.01	0.40	49.60	0.46	17.72	32.28
0.02	0.80	49.20	0.47	18.08	31.92
0.03	1.20	48.80	0.48	18.44	31.56
0.04	1.60	48.40	0.49	18.79	31.21
0.05	1.99	48.01	0.50	19.15	30.85
0.06	2.39	47.61	0.51	19.50	30.50
0.07	2.79	47.21	0.52	19.85	30.15
0.08	3.19	46.81	0.53	20.19	29.81
0.09	3.59	46.41	0.54	20.54	29.46
0.10	3.98	46.02	0.55	20.88	29.12
0.11	4.38	45.62	0.56	21.23	28.77
0.12	4.78	45.22	0.57	21.57	28.43
0.13	5.17	44.83	0.58	21.90	28.10
0.14	5.57	44.43	0.59	22.24	27.76
0.15	5.96	44.04	0.60	22.57	27.43
0.16	6.36	43.64	0.61	22.91	27.09
0.17	6.75	43.25	0.62	23.24	26.76
0.18	7.14	42.86	0.63	23.57	26.43
0.19	7.53	42.47	0.64	23.89	26.11
0.20	7.93	42.07	0.65	24.22	25.78
0.21	8.32	41.68	0.66	24.54	25.46

注：这是表的第一部分，完整的表格见附录中的表 A—1。突出显示的值来自正文中的例子。

> **成功小贴士**
>
> 注意上面这张表，它在一个页面上两次显示了基础性的三列数据。确保寻找到你所需要的那一列。

你也可以逆推这个过程，然后使用表去寻找特定百分比的 Z 分数。例如，30%的九年级学生的创造力得分高于詹尼斯的得分。假设创造力得分遵循正态曲线，你可以计算出她的 Z 分数：如果 30%的学生的得分高于她的得分，那么在尾部，30%的分数高于她的分数。见图 3—9。因此，你可以看表中“尾部的百分比”这一列直到你找出最接近 30%百分比。在这个例子中，最接近的为 30.15%。最后注意百分比的左边“Z 分数”这一列，其中列出了 Z 分数为 0.52（30.15%的值和 0.52 突出显示在表 3—1 中）。因此，詹尼斯创造力得分的 Z 分数是 0.52。如果你知道九年级学生创造力得分的平均数和标准差，你就可以使用一般公式 $X=(Z)(SD)+(M)$，将她的 Z 分数 0.52 转换为原始分数，得到詹尼斯测验中的实际原始分数。 78

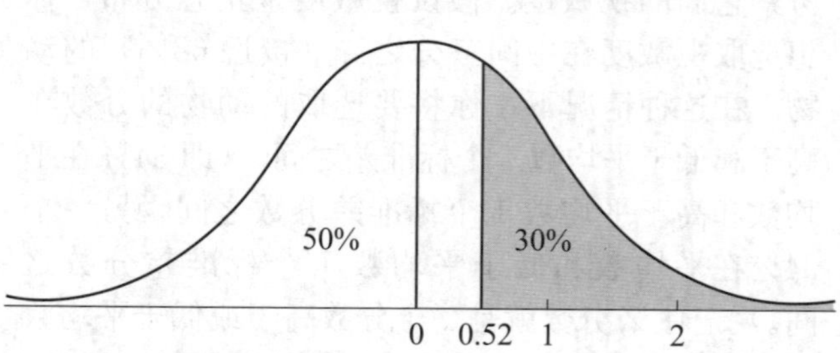

图 3—9　展现了顶端分数的 30%和 Z 分数开始时的区域的创造力得分分布

计算高于或低于特定原始分数的分数百分比，以及使用正态曲线表计算 Z 分数的步骤

以下是计算分数百分比的五个步骤。

❶ 如果你从一个原始分数开始，首先要将它转换为 Z 分数。 使用一般公式，$Z=(X-M)/SD$。

❷ 画正态曲线图，将 Z 分数标在其上，并将你要找的百分比所代表的区域涂上阴影。（当在正态曲线上标记时，确定将它们放在了正确的位置，无论它是正的还是负的 Z 分数。）

❸ 根据 50%—34%—14% 的百分比划分，对阴影区的百分比进行估计。 你不需要非常精确，只需要对两个特定的 Z 值之间的阴影区的范围进行估计。这种粗略估计的步骤不仅能帮助你避免错误（通过核查你的计算），还可以帮助你直观地了解正态曲线是如何形成的。

❹ 使用正态曲线表找出精确的百分比，如果必要，再加上 50%。 注意表 A—1 "Z 分数"列中的 Z 分数，找出"平均数到 Z 分数的百分比"列中或"尾部的百分比"中的百分比。如果你想知道在平均数和 Z 分数之间的分数百分比，或你如果想知道这个 Z 分数在尾部的分数百分比，表中的百分比就是你想要的答案。然而，有时候你需要在表中的百分比上加上 50%。如果 Z 分数为正，你需要知道低于这个 Z 分数的分数的整体百分比，或如果为负，你需要知道高于这个 Z 分数的分数的整体百分比，这时候你需要在表中的百分比上加上 50%。然而，你不需要记住这些规则；绘制一幅针对该问题的图很简单，并且如果你加上 50%，就可以看出从表中得出的百分比是否正确。

❺ 检查你在步骤❸估计出的百分比范围是否包括这一精确的百分比。

示例

这里有两个使用 IQ 分数的例子，$M=100$，$SD=16$。

例 1： 如果一个人的 IQ 为 125，高于此 IQ 的人的百分比是多少？

79

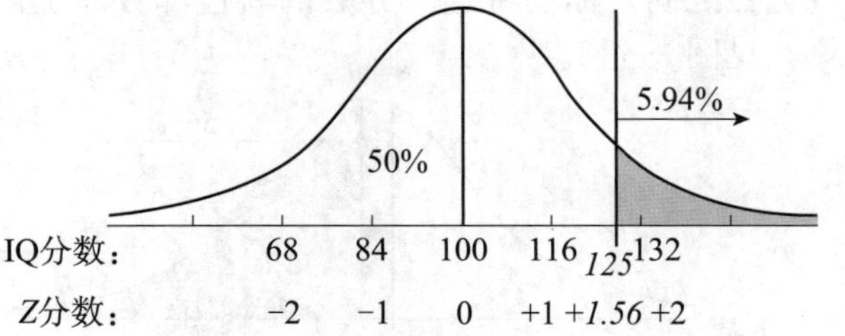

图 3—10　展示了高于 IQ 分数 125（阴影区）的分数百分比的 IQ 分数分布

❶ 如果你从一个原始分数开始，首先要将它转换为 Z 分数。 使用一般公式，$Z=(X-M)/SD$，$Z=(125-100)/16=+1.56$。

❷ 画出正态曲线图，将 Z 分数标在其上，并将你要找的百分比所代表的区域涂上阴影。 见图 3—10（包括稍后会计算出的精确百分比）。

❸ 根据 50%—34%—14% 的百分比划分，对阴影区的百分比进行估计。 如果阴影区从 Z 分数 1 开始，就会有 16% 的分数高于它。如果从 2 开始，那就只有 2% 的分数高于它。因此，对于 1.56 的 Z 分数，高于它的分数就在 16% 到 2% 之间。

❹ 使用正态曲线表找出精确的百分比，如果必要，再加上 50%。 "Z 分数"列中的 1.56 与"尾部的百分比"列中的 5.94 对应。因此，有 5.94% 的人的 IQ 分数高于 125。这是对我们问题的回答。（这里不需要加上 50%。）

❺ 检查你在步骤❸估计出的百分比范围是否包括这一精确的百分比。 我们的结果 5.94% 在我们估计的 16%～2% 之间。

例 2： 如果一个人的 IQ 为 95，高于此 IQ 的人的百分比是多少？

❶ 如果你从一个原始分数开始，首先要将它转换为 Z 分数。 使用一般公式，$Z=(95-100)/16=-0.31$。

❷ 画出正态曲线图，将 Z 分数标在其上，并将你要找的百分比所代表的区域涂上阴影。 见图 3—11（包括稍后会计算出的百分比）。

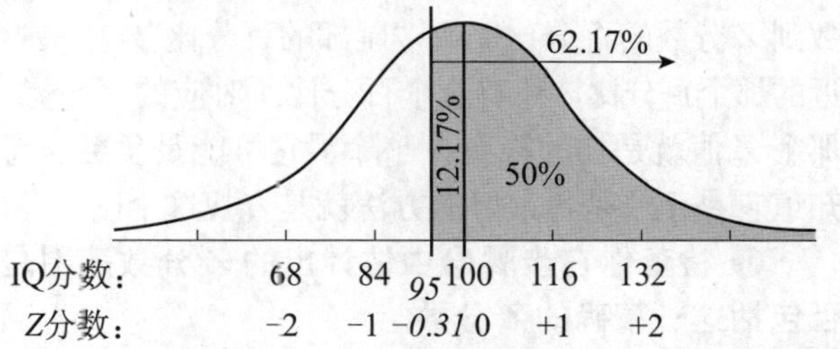

图 3—11　展示了高于 IQ 分数 95（阴影区）的分数百分比的 IQ 分数分布

❸ 根据 50%—34%—14% 的百分比划分，对阴影区的百分比进行估计。 你应该知道 34% 的分数在平均数到 −1 的 Z 分数之间。当然，曲线中 50% 的分数高于平均数。因此，−0.31 的 Z 分数在 50% 到 84% 之间。 80

❹ 使用正态曲线表找出精确的百分比，如果必要，再加上 50%。 这个表显示了 12.17% 的分数在平均数和 0.31 的 Z 分数之间。因此高于 −0.31 的

Z 分数的百分比是 Z 分数和平均数之间的百分比 12.17%再加上 50%，也就是 62.17%。

❺ 检查你在步骤❸估计出的百分比范围是否包括这一精确的百分比。我们的结果 62.17%，在我们估计的 50%～84%之间。

使用正态曲线表中的百分比来计算 Z 分数和原始分数

用百分比来计算 Z 分数或原始分数与用 Z 分数或原始分数来计算百分比是类似的。然而，当计算精确的百分比时，你要逆推这个过程。在将 Z 分数转换为原始分数时的任何必要变化都要在后面部分完成。

以下是五个步骤。

❶ 画出正态曲线图，并且根据 50%—34%—14%的百分比划分将你的百分比大概涂上阴影。

❷ 对阴影区的 Z 分数进行粗略估计。

❸ 使用正态曲线表（如果必要的话，在你找出这个 Z 分数之前用你的百分比减去 50%）找出精确的 Z 分数。通过图，计算出阴影区的百分比或平均数和阴影区终点之间的百分比。例如，如果你的百分比是底端的 35%，那么阴影区尾部的百分比就是 35%。计算平均数和阴影区终点之间的百分比有时候需要用问题中的百分比减去 50%。例如，如果你的百分比是顶端的 72%，那么平均数和阴影区终点之间的百分比就是 22%（72%－50%＝22%）。

一旦你有了百分比，就找出正态曲线表（“平均数到 Z 分数的百分比”或“尾部的百分比”）中最接近的那个百分比，还有这个百分比所对应的 Z 分数。那个 Z 值就是你的答案——除了它可能是负数。想知道它是正或是负最好的方法就是查找这个图。

❹ 检查你在步骤❷中估计出的 Z 分数范围是否包括这一精确的 Z 分数。

❺ 如果你想找到一个原始分数，将 Z 分数转换为它。使用一般公式，$X=(Z)(SD)+M$。

示例

以下为三个示例。我们再次使用 IQ 分数的例子，$M=100$，$SD=16$。

例 1：一个人的 IQ 分数为多少时才能进入顶端的 5%？

❶ 画出正态曲线图，并且根据 50%—34%—14%的百分比划分将你的百分比大概涂上阴影。我们需要顶端的 5%。因此，阴影区的左分界应该位于高于 1 个 SD 的位置（这有 16%的分数高于 1 个 SD）。然而，不能在高于 2 个 SD 的地方开始，因 81
为高于 2 个 SD 的所有分数最多也就占 2%。但是 5%相对于 16%来说，与 2%更接近。因此，你需要从 2 个 SD 稍左边一点开始涂上阴影。见图 3—12。

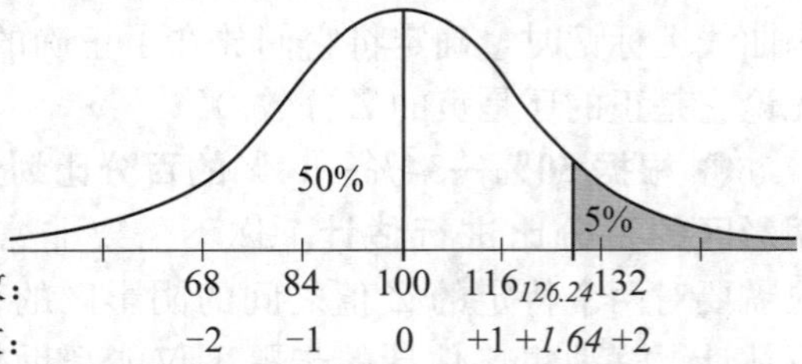

图 3—12　寻找顶端 5%分数开始处的 Z 分数和 IQ 原始分数

❷ 对阴影区的 Z 分数进行粗略估计。Z 分数在＋1 到＋2 之间。

❸ 使用正态曲线表（如果必要的话，在你找出这个 Z 分数之前用你的百分比减去 50%）找出精确的 Z 分数。我们希望是顶端的 5%，因此我们使用正态曲线表中的“尾部的百分比”这一列。这列中最接近百分比 5%的就是 5.05%（或者你可以用 4.95%）。它与“Z 分数”这列的 1.64 的 Z 分数相对应。

❹ 检查你在步骤❷中估计出的 Z 分数范围是否包括这一精确的 Z 分数。正如我们估计的，1.64 在＋1 和＋2 之间（接近于 2）。

❺ 如果你想找到一个原始分数，将 Z 分数转换为它。使用一般公式，$X=(Z)(SD)+M=(1.64)(16)+100=126.24$。要想进入顶端的 5%，IQ 分数最小是 126.24。

例 2：一个人的 IQ 分数为多少时才能进入顶端的 55%？

❶ 画出正态曲线图，并且根据 50%—34%—14%的百分比划分将你的百分比大概涂上阴影。你需要的是 55%。其中 50%的分数高于平均数。因此，阴影区要从低于平均数的地方开始。34%的分数在平均数和低于平均数 1 个 SD 的分数之间，因此这个分数在平均数和低于平均数 1 个 SD 的分数之间。你要将这个分数的右边部分涂上阴影。见图 3—13。

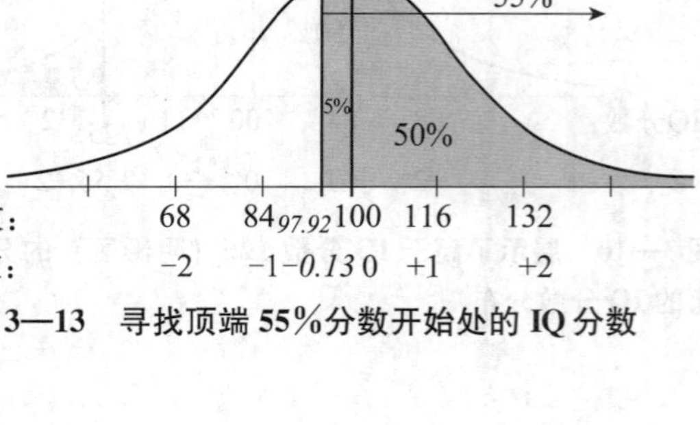

图 3—13　寻找顶端 55%分数开始处的 IQ 分数

82 **❷ 对阴影区的 Z 分数进行粗略估计。**这个分数一定在 0 到−1 之间。

❸ 使用正态曲线表（如果必要的话，在你找出这个 Z 分数之前用你的百分比减去 50%）找出精确的 Z 分数。在顶端的 55%意味着有 5%的人的 IQ 在这个 IQ 和平均数之间（即 55%−50%＝5%）。在正态曲线表中，"平均数到 Z 分数的百分比"这一列中最接近 5%的百分比是 5.17%，对应的 Z 分数为 0.13。由于你的分数低于平均数，所以它就是−0.13。

❹ 检查你在步骤❷中估计出的 Z 分数范围是否包括这一精确的 Z 分数。正如我们估计的，−0.13在 0 到−1 之间。

❺ 如果你想找到一个原始分数，将 Z 分数转换为它。使用一般公式，$X=(-0.13)(16)+100=97.92$。因此，在顶端55%的IQ 分数，至少需要 IQ 分数为 97.92，甚至更高。

例 3：多大范围的 IQ 分数才能包括 95%的人？

这类问题——找出中间百分比——可能会显得奇怪。然而，在程序中使用时，这是一种很常见的情况，你将在后面章节学习到。

思考这类问题，是为了找出两端百分比之间对应的分数。因此，在这个例子中，你要试着寻找底端 2.5%和顶端 2.5%之间的分数（总共为 100%，取其中的 95%）。

❶ 画出正态曲线的图，并且根据 50%—34%—14%的百分比划分将你的百分比大概涂上阴影。让我们从顶端的 2.5%开始。这个点要高于 1 个 SD（16%的分数要高于 1 个 SD）。然而，它不能从高于 2 个 SD 的地方开始，因为总共只有 2%的分数高于 2 个 SD。但是，2.5%非常接近 2%。因此，顶端 2.5%将从 2 个 SD 左边的点开始。同样，底端 2.5%将从−2 个 SD 右边的点开始。接下来，我们要在曲线上对两个尾部区域涂上阴影：一个从高于−2 个 SD 的地方开始，另一个从低于+2 个 SD 的地方开始。见图 3—14。

❷ 对阴影区的 Z 分数进行粗略估计。从图中可以看出，阴影区中高于平均数的 Z 分数低于+2。同样，低于平均数的 Z 分数高于−2。

❸ 使用正态曲线表（如果必要的话，在你找出这个 Z 分数之前用你的百分比减去 50%）找出精确的 Z 分数。顶端的 2.5%意味着 2.5%的 IQ 分数在顶端的尾部。在正态曲线表中，"尾部的百分比"列中最接近 2.5%的是 2.50%，与 Z 分数+1.96对应。正态曲线是对称的。因此，底端尾 83
部的 Z 分数就是−1.96。

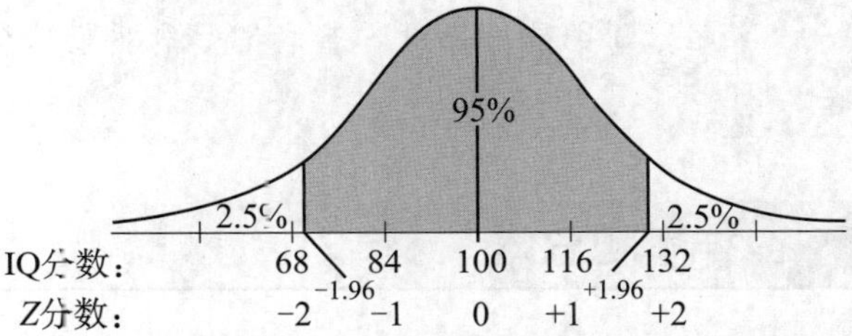

图 3—14　寻找中间 95%的分数开始和结束处的 IQ 分数

❹ 检查你在步骤❷中估计出的 Z 分数范围是否包括这一精确的 Z 分数。正如我们估计的，+1.96 在+1 和+2 之间，并且非常接近＋2，−1.96 在−1 到−2 之间，并且非常接近−2。

❺ 如果你想找出原始分数，将 Z 分数转换为它。使用一般公式，对于顶端，$X=(1.96)(16)+100=131.36$。对于底端，$X=(-1.96)(16)+100=68.64$。因此，IQ 分数中间的 95%在 68.64 到 131.36 之间。

你会做吗？

1. 为什么正态曲线（或是一个对称且单峰的曲线）在自然界如此普遍？

2. 不使用正态曲线表，大概多少百分比的分数在正态曲线上是（a）高于平均数，（b）在平均数和高于平均数 1 个 SD 的分数之间，（c）在高于平均数 1 个和 2 个 SD 的分数之间，（d）低于平均数，（e）在平均数和低于平均数 1 个 SD 的分数之间，（f）在低于平均数 1 个和 2 个 SD 的分数之间？

3. 不使用正态曲线表，大概多少百分比的分数在正态曲线上处于（a）平均数和高于平均数 2 个 SD 的分数之间，（b）高于平均数 1 个 SD 的分数之下，（c）低于平均数 2 个 SD 的分数之上？

4. 不使用正态曲线表，个体的 Z 分数是多少时才能进入正态曲线顶端的（a）50%，（b）16%，（c）84%，（d）2%？

5. 使用正态曲线表，找出多少百分比的分数在（a）平均数和2.14的Z分数之间，（b）高于2.14的Z分数，（c）低于2.14的Z分数？

6. 使用正态曲线表，如果（a）20%的分数高于你的分数，（b）80%的分数低于你的分数，你所拥有的Z分数是多少？

答案

1. 它之所以常见是因为任何特定的分数都是很多影响随机结合的结果，其中一些能使它变大，一些能使它变小。因此，这些影响平均之后就能达到平衡，极端的就相对较少，因为只有增长或消退的影响是不大可能出现的。

2. (a) 高于平均数：50%；(b) 在平均数和高于平均数1个SD的分数之间：34%；(c) 在高于平均数1个和2个SD的分数之间：14%；(d) 低于平均数：50%；(e) 在平均数和低于平均数1个SD的分数之间：34%；(f) 在低于平均数1个和2个SD的分数之间：14%。

3. (a) 平均数和高于平均数2个SD的分数之间：48%；(b) 高于平均数1个SD的分数之下：84%；(c) 低于平均数2个SD的分数之上：98%。

4. (a) 50%：0；(b) 16%：1；(c) 84%：−1；(d) 2%：2。

5. (a) 在平均数和2.14的Z分数之间：48.38%；(b) 高于2.14的Z分数：1.62%；(c) 低于2.14的Z分数：98.38%。

6. (a) 20%的分数高于你的分数：0.84；(b) 80%的分数低于你的分数：0.84。

样本和总体

我们接下来将通过一个例子来向你介绍一些重要的概念。假设你烹饪一锅豆子，并且尝了一勺看它们是否做好了。在这个例子中，一锅豆子就是**总体**。这一勺就是**样本**，总体的一部分就是
84 你实际得到的信息，如图3—15a所示。图3—15b和图3—15c附加显示了样本和总体关系的方式。

在心理学研究中，我们主要研究的样本不是豆子而是用来推断一个较大的组别（总体）的个体。一个样本或许由50名加拿大女性参加一个特定实验的分数组成，而总体或许是所有加拿大女性的分数。在一项民意调查中，从一个特定地区被要求投票的人中选出1 000名。这1 000人的民意就是样本。民意调查专家将结果推广到的那个国家中较大投票群体的民意，即是总体（见图3—16）。

总体　研究人员试图将研究结果推广到的一个人群；在对特定一组人（样本）的研究基础上可以推广到的一个更大的人群。

样本　被研究的特定一组人的分数；通常在一个更大的总体中作为分数的代表。

为什么心理学家用样本代替总体来研究

如果你想知道一些关于总体的信息，如果你

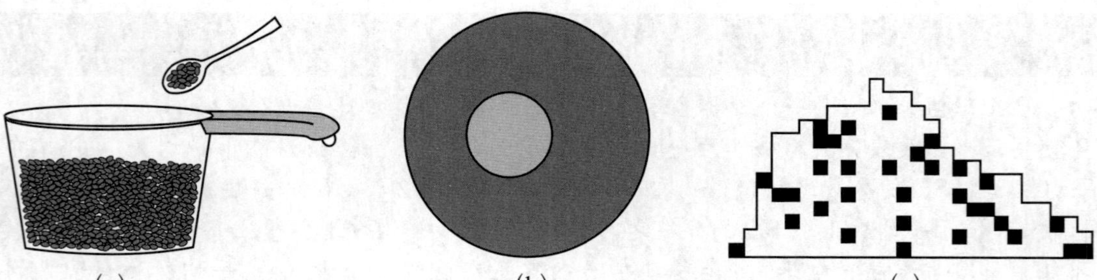

图3—15　总体和样本

注：(a) 整锅的豆子是总体，一勺的豆子是样本；(b) 整个大圆是总体，中间的小圆是样本；(c) 直方图是总体，特定的阴影区是样本。

可以研究整个总体而不是从中抽取的样本，你的结果将会最准确。然而，在很多研究情况中，这是不实际的。更重要的是，研究的重点通常是对超出你研究的事件做出概括和预测。如果我们对三种特定的车的耗油量进行检测，我们不会称它为科学研究——除非你是希望说些关于这些型号的车的一般耗油量。换句话说，一个研究者可能会以 20 个学生作为被试来进行一个关于人们如何通过短时记忆来储存单词的实验。但是这个实验的目的不是找出这特定的 20 名学生在控制情境下对实验的反应，而是弄清在一般情况下，人类短时记忆的单词容量。

几乎所有的心理学研究的策略都是研究能代表一般总体（或是一些特定的组别）的个体样本。更现实的是，研究者总是试图用任何系统的方式来抽取与一般总体相同的人进行研究，这对于研究主题而言非常重要。

样本是研究的对象，总体是未知的，研究者基于样本来推断总体情况。你在本书中学到的大多数就是基于样本的信息来对总体情况做出推断。 85

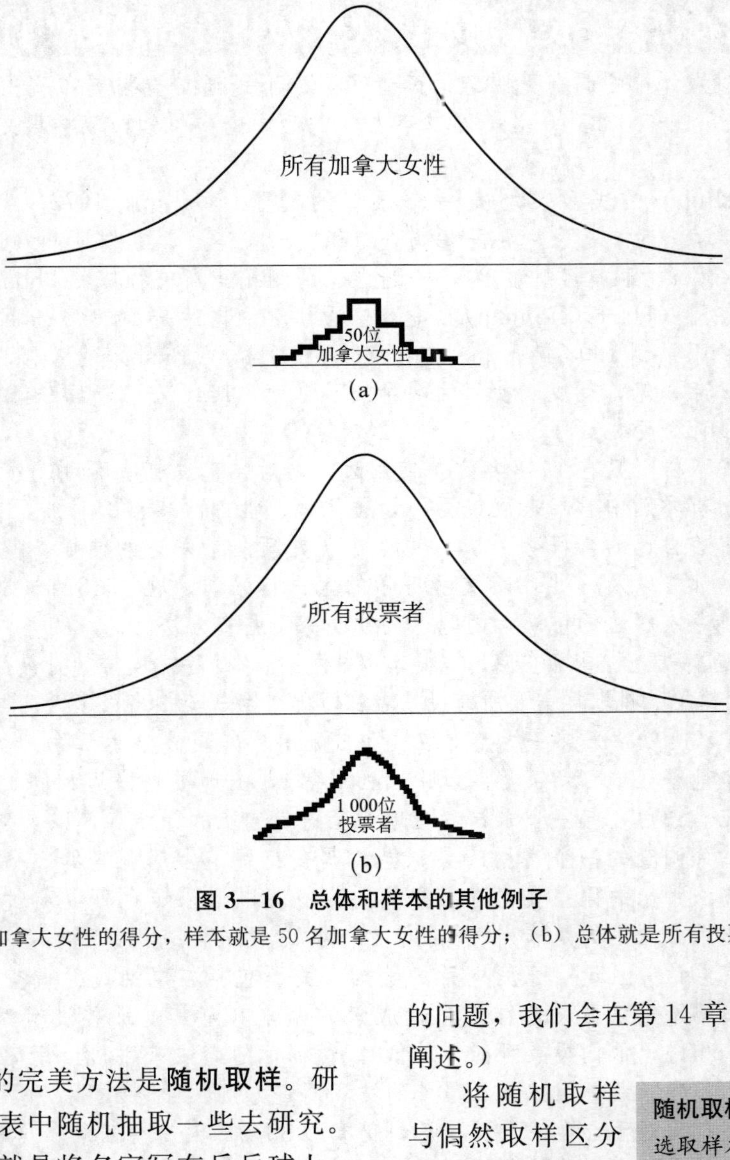

图 3—16　总体和样本的其他例子

注：(a) 总体就是所有加拿大女性的得分，样本就是 50 名加拿大女性的得分；(b) 总体就是所有投票者的民意，样本就是选取的 1 000 人的民意。

取样的方法

通常，抽取样本的完美方法是**随机取样**。研究者从完整的总体列表中随机抽取一些去研究。随机取样的一个例子就是将名字写在乒乓球上，然后将球放入一个大的料斗中，再摇动它，然后一个蒙住眼睛的人去选取你所需要的个数。（实际上，大多数研究者使用计算机生成的随机数列。计算机或一个人怎样创造一个随机数列是一个有趣的问题，我们会在第 14 章的信息箱 14—1 中进行阐述。）

将随机取样与偶然取样区分开很重要；例如，选取恰好处于列表中第一个的人。当使用偶然取样，很容易挑选到一

随机取样　使用真正的随机程序来选取样本的方法（通常意味着在总体中每个个体都有着相同的被选取到的概率）；研究者首先从总体的完整列表开始，然后随机选取他们需要研究的数目。

86 些与总体有着很大差异的样本。考虑一个对你统计老师的态度的调查。假设你只将问卷给予坐在你周围的同学。这样一个研究会被学生选择所坐的地方以及一些可能与你的研究有关的东西影响——如学生有多喜欢这个老师或课程。因此，相对于随机抽取的样本，通过询问坐在你身边的学生得出的结果很像你自己的看法。

不幸的是，研究一个真实的随机样本往往是不切实际的。实际上，大多时候，研究的对象都是那些适合或希望参加的人。最好的情况是，研究者试图使研究的样本在任何已知的抽样方法系统中都具有代表性。例如，假设在一个研究中，对于不同年龄组有着不同的解释。在这种情况下，研究者可能试图在研究中纳入所有年龄组。同样，研究者会谨慎地仅仅描述研究过的年龄组的结论。

取样方法是一个复杂的主题，详细的讨论可见信息箱3—2。

信息箱3—2　调查研究、民意测验，以及1948年昂贵的“自由取样”

是时候让你成为对媒体中的调查更明智的读者了。以下是通常被精美印刷出来的公共调查结果的声明：“由6月4日和5日在对1 000名美国成年人的电话调查中得知，取样误差为±3%。”这样的声明是什么意思？

盖洛普公司（Gallup）的民意测验是一个很好的例子（Gallup，1972；也可见 http://www.gallup.com）。1948年，当时有三家主要民意调查组织——盖洛普、克罗斯利（Crossley，隶属赫斯特出版公司）和罗珀（Roper，隶属《财富》）——错误地预测托马斯·杜威（Thomas Dewey）会在总统选举上大胜哈里·杜鲁门（Harry Truman）。盖洛普的预测依据的是50 000份问卷，罗珀依据的则是15 000份问卷。相比之下预测1998年乔治·布什（George H. W. Bush）的胜利，盖洛普仅仅只是用了4 089份采访。自1952年以来，调查者使用的问卷从不超过8 144份——但却有着很小的误差，没有完全的错误。究竟发生了什么变化？

我们所称的“匹配取样”只在1948年之前使用过，之后再也没有使用过。分配固定数量的采访者，并进行严格的匹配在所有类别中看起来很重要，如居住地、性别、年龄、种族，以及经济地位。然而，在这些类别中，采访者随自己的喜好去采访。共和党人更倾向于采访的便捷，他们可能通过电话或拜访固定的地址对周围的邻居以及一些住着更好房子的人进行采访。在1948年，选举的票数非常接近，共和党人的偏见产生了令人尴尬的错误，因此永久地改变了调查方法。

自1948年以来，所有调查机构都在使用“概率取样”。简单的随机取样就是最原始的概率法，但是美国总统选举这个调查的简单随机取样需要所有投票者都写上名字——很多很多人。要在不同的分散的地点找到每个参加投票的人，所以“分层多级整群取样”被采用。美国被分为7个地区，从大城市到乡村；这些地区又被分为7个地理区域（新英格兰、中大西洋等），土地被划分为相同大小的区域，选取的概率与总体的比例相对应。最后，给一个采访者在地图上随机选取的开始点，以及需要遵循的一个方向。

实际上，电话是如今调查的一个常用工具。电话调查花费是上门调查的三分之一。自从大多数人
87 有了电话以后，这个方法带来的偏差要比在杜鲁门时期少。电话采访也可以通过计算机随机拨打号码完成，不像电话簿，这个方法用的是非列表号码。然而，美国的调查组织通常不呼叫手机号码，因此，一个使用手机接听所有电话并且没有家庭电话的美国家庭不包括在电话民意调查中。大多数调查组织认为，现在的手机使用率不足以在民意结果中造成大的偏差（尤其是那些没有家庭电话的个体认为，与那些有家庭电话的人相比，他们投票可能性较低）。然而，随着未来手机使用率的提高，这对民意调查的影响会是个重要的问题。调查组织需要另外的民意调查方法，可能使用互联网和邮件。

无论是通过电话还是面对面，在三次调查后，仍有约35%的人没有回复。这也形成了另一个偏差，要处理关于一个人花多长时间在家这个问题，由于通常在家的时间较少，这个原因可以解释没有回复的现象，来弥补一下缺陷。

现在你已经知道一些关于民意调查的知识，但是我们还遗留下两个重要的问题未解答：为什么民意调查中只要有1 000人就可以描述所有美国的成年人？术语“取样误差”是什么意思？要回答这些问题，你必须等到第5章（信息箱5—1）。

样本和总体的统计术语

一个总体的平均数、方差、标准差都称作**总体参数**。总体参数通常是未知的，只能通过你从总体中抽取的样本来进行估计。你不能品尝所有的豆子，而只能品尝一勺。“豆子已经熟了”是对整锅豆子的推断。

总体参数通常显示为希腊字母（例如，μ）。总体平均数的符号是 $\boldsymbol{\mu}$，读作 mu。总体方差的符号为 $\boldsymbol{\sigma}^2$，标准差的符号是小写希腊字母 $\boldsymbol{\sigma}$，读作 sigma。通常你不会看到这些符号，除非学习统计。这是因为研究者很少知道总体参数。

在样本中，你计算出的平均数、方差和标准差被称作**样本统计量**。样本统计量从已知的信息中计算得出。事实上，我们一直在学习如何计算它们并且在第 2 章中用罗马字母来表示：M，SD^2 和 SD。平均数、方差和标准差的总体参数和样本统计量符号在表 3—2 有总结。

总体参数（希腊字母）和样本统计量（罗马字母）使用不同的符号类型可以说是一种习惯，因此不必担心这很棘手。弄懂你正在学习的统计
88 概念，如平均数、方差和标准差，对于总体和样本来说是相同的才是最重要的。例如你学到的标准差，它提供了衡量分布中测量分数变异的方法——无论我们讨论的是样本还是总体。（对于总体，你会在本章的后面学习到与计算样本方差和标准差不同的方式，但是概念没变。）我们对总体参数和样本统计量会使用不同的符号。这非常重要，因为有些公式你将会在接下来的章节中遇到并且使用。

总体参数　总体的平均数、标准差等；通常未知，通过样本中的信息来估计。

$\boldsymbol{\mu}$　总体平均数。

$\boldsymbol{\sigma}^2$　总体方差。

$\boldsymbol{\sigma}$　总体标准差。

样本统计量　描述统计量，如从研究样本分数中计算得出的平均数或标准差。

表 3—2　　总体参数和样本统计量

	总体参数（通常未知）	样本统计量（在已知数据中计算）
基础：	总体的分数	样本的分数
符号：		
平均数	μ	M
标准差	σ	SD
方差	σ^2	SD^2

你会做吗？

1. 解释研究中总体和样本的差异。
2. 为什么心理学家通常研究样本而不是总体？
3. 解释随机取样和偶然取样的差异。
4. 解释总体参数和样本统计量的差异。
5. 给出以下总体参数的符号：(a) 平均数，(b) 标准差。
6. 为什么总体参数和样本统计量使用不同符号（希腊字母与罗马字母）？

答案

1. 总体是研究结果试图推广到的整个组别。样本是实际研究中特定的、较小的个体组别。
2. 心理学家通常研究样本而不是总体，因为在大多数情况下研究总体不切实际。
3. 在随机取样中，样本从总体中使用随机的方法抽取，因此每个个体在样本中都有相同的概率被抽到。在偶然取样中，研究者选取个体是看它是否适用或易于研究。
4. 总体参数是关于总体的（如总体中所有分数的平均数），样本统计量是关于特定样本的（如样本中个体的平均数）。
5. (a) 平均数：μ；(b) 标准差：σ。
6. 总体参数和样本统计量使用不同的符号是为了弄清某个符号到底是指总体还是样本。

概率

心理学研究的目的是检验一个理论的真实性或一个程序的有效性。但是，在任何一种科学研究中，真实性和有效性看起来都具有或多或少的不确定性；它不能给出确定的信息。概率在科学中非常重要。尤其是在推断统计中，心理学家使用它是希望能从研究结果中得出有关理论或应用程序的结论。

概率被数学家和哲学家研究了数百年。甚至在今天，这一主题还充满着争议。然而，幸运的是，你只需要弄懂一点关于它的关键概念，你就可以在本章学习使用它进行推断统计。这些关键概念不会非常难；实际上，一些学生发现它们非常直观。

89 **概率的解释**

在统计中，我们通常将**概率**定义为一个特定结果的期望相对频次。**结果**是实验的结果（否则任何一种情况下结果都不能提前知道，如所抛硬币的正反或明天是否会下雨）。频次是事件发生的次数，相对频次就是事件实际发生的次数与所有可能发生次数的比例；意思就是，相对频次是事件发生的比例。（一个硬币在12次上抛中，有8次正面，相对频次就是8/12，或2/3。）**期望相对频次**是你重复试验很多次后，从长远看期望所得到的结果。（在抛硬币这个事件中，从长远看你的期望值是1/2。）这被称作**概率的长期相对频次解释**。

> **概率** 一个结果的期望相对频次；成功结果占所有结果的比例。
>
> **结果** 讨论任一事件（如抛硬币正面朝上或明天下雨）发生概率的术语。
>
> **期望相对频次** 成功结果的数目除以总结果的数目。
>
> **概率的长期相对频次解释** 可将此概率理解为实验重复很多次你所得到的特定结果的比例。
>
> **概率的主观解释** 此概率就是某人对于特定结果的主观臆测值。

我们也使用概率来表达事件会发生的可能性。这被称作**概率的主观解释**。假设你估计你喜欢的餐厅晚上开业的概率为95%。你可以使用相对频次的解释。这意味着如果你连续很多次去检查这个餐厅是否营业，你会发现营业的可能性为95%。然而，你的意思可能更主观：在刻度0到100%之间，你有95%的信心估计餐厅会营业。换一种方式说，根据95%的概率，你感觉餐厅肯定会营业。

然而，这个解释不会影响概率怎样计算。我们提到这些解释是因为我们想给出术语概率更深层次的含义，它是整个统计学中很重要的一个概念。

计算概率

概率通常通过可能成功结果的比例来计算——可能成功结果的个数除以可能结果的总数，即：

$$\text{概率}=\frac{\text{可能成功结果}}{\text{所有可能结果}}$$

考虑一下当上抛硬币时，得到正面的概率。在两种结果中这是一个可能成功的结果（得到正面）。得到概率为1/2，或0.5。在掷骰子时，得到2的概率（或其他六面任何一面）是1/6或0.17。这是因为在六种可能的结果中只有一种是成功的结果。掷骰子得到3或3以下的概率为3/6，或0.5。在六种可能的结果中有三种可能成功的结果（1，2，3）。

信息箱3—3　帕斯卡在赌桌上开启概率论，然后与上帝打赌

在英格兰，统计的使用是为了追踪死亡率，然后证明上帝的存在（见第1章，信息箱1—1），法国和意大利则在赌桌上发展了统计。尤其是“点问题”——在游戏中断以后，分配赌注。如果事先计划好确定的游戏次数，那么每个玩家走的时候将给出多少百分比的赌注呢？

问题最早在1494年由卢卡·帕乔利（Luca Pacioli）讨论，他是达·芬奇（Leonardo da Vinci）的一个朋友。但是直到1654年，当德米尔（Chevalier de Méré）骑士将它告知布莱士·帕斯卡（Blaise
90 Pascal）时，这一问题也未解决。帕斯卡是一个法国神童，参加过很多著名的数学会议，并且在15岁时证明了一个非常重要的几何定理。皮埃尔·德·费马（Pierre de Fermat），另一个法国著名数学家，与帕斯卡一同解决了点问题，并开创了概率和正态曲线领域的工作。（更多关于点问题的信息，包括它的解决方案，见 http：//mathforum. org/isaac/ problems/prob1. html。）

在解决这个问题后不久，作为统计学家的帕斯卡成了虔诚的宗教徒。一次，他坐马车经过一座桥时，马匹突然发狂，导致他溺水，最后由于马车之间的肩带（马和车之间的带子）而幸存。他将该事件作为一个警告并由此放弃了他的数学工作而喜欢上了写作，后来详细阐述了“帕斯卡定理”：游戏的价值就是奖品的价值乘以赢的概率；因此，即便上帝存在的概率较低，我们也应该孤注一掷地认为上帝是存在的，因为奖品的价值是无穷大的，而不相信上帝存在的价值只不过是有限的俗世乐趣。

资料来源：Tankard，1984.

现在来考虑一个稍微有点复杂的例子。假设一个班级有 200 个人，其中有 30 人是女生。如果你要从这个班级抽取样本，那么抽取到女生的概率就是 30/200，或 0.15。这是因为在 200 个可能的结果中有 30 个可能成功的结果（抽到女生）。

计算概率的步骤

计算概率有三个步骤。

❶ 确定可能成功结果的数目。

❷ 确定所有可能结果的数目。

❸ 用可能成功结果的数目（步骤❶）除以所有可能结果的数目（步骤❷）。

让我们按这些步骤来计算掷骰子时得到 3 或 3 以下数字的概率。

❶ 确定可能成功结果的数目。这有三种结果：1，2，3。

❷ 确定所有可能结果的数目。这有六个可能的结果：1，2，3，4，5，6。

❸ 用可能成功结果的数目（步骤❶）除以所有可能结果的数目（步骤❷）。3/6=0.5。

概率的范围

概率是一个比例，即可能成功结果的数目与所有可能结果数目的比例。一个比例不能小于 0 或高于 1。在术语百分比中，比例范围从 0 到 100%。不可能发生的事件的概率为 0，肯定能发生的事件的概率为 1。注意当一个事件的概率为 0 时，这个事件就是完全没可能发生。但是当一个事件的概率很低时，如 5%或 1%，这个事件就是不太可能发生，但不是不可能发生。

表示概率的符号

概率的符号通常为字母 p。实际概率数字通常以小数表示，有时也使用分数或百分比。50—50 的概率通常写为 $p=0.5$，但也可以写为 $p=1/2$ 或 $p=50\%$。概率被写为小于一些数字也很常见，
91 这时使用“<”这个符号。例如，$p<0.05$ 意味着“概率小于 0.05”。

概率规则

正如已经提到的，我们的讨论只涉及概率的表面。这个主题的其中之一就是我们不考虑计算多种结果概率的规则。例如，上抛一个硬币两次，两次都得正面的概率是多少？这被称为概率规则，它们在统计的诸多方面的数学基础中非常重要。然而，你不需要知道这些概率规则来理解我们本书中的内容。同样，这些规则在心理学研究结果的分析中很少直接使用。不过，在研究文献中你可能偶尔看到过这种程序。因此，在本章结尾的“前沿课题”部分会描述到众所周知的概率规则。

概率、Z 分数和正态分布

到目前为止，我们主要讨论了特定事件可能发生或可能不发生的概率。我们也可以讨论可能发生或可能不发生的事件的范围。掷骰子得到 3 或 3 以下数字就是一个例子（它的范围为 1，2，3）。另一个例子是在一个城市街道中，取样个体的年龄在 30 到 40 岁之间的概率。

> **成功小贴士**
>
> 将比例转换为百分比，需要乘以 100。因此，0.13 的百分比等于 0.13×100 =13%。将百分比转换为比例，要除以 100。因此 3%的比例就是 3/100=0.03。

如果你认为概率就是分数的比例，那么概率就适用于频数分布（见第 1 章）。图 3—17 显示的频数分布中，总人数 50 人中有 3 人得分为 9 或 10。如果你从 50 人中随机选取个体，选取的个体得分为 9 或 10 的概率是 3（可能成功的结果）比 50（所有可能结果）。因此，$p=3/50=0.06$。

你也可以将正态分布看成概率分布。一个正态曲线中，任意两个 Z 分数之间的分数百分比是已知的。任意两个 Z 分数之间的分数百分比与在这两个 Z 分数之间选取到某一分数的概率是相等的。正如你在本章前面看到的，正态曲线中接近 34%的分数在平均数和离平均数 1 个标准差的分

数之间。你不应该因此惊讶于一个分数在平均数和+1的Z分数之间的概率为0.34（即$p=0.34$）。

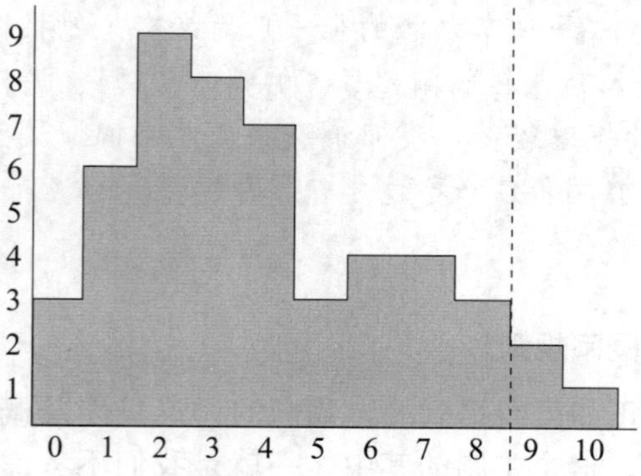

图3—17 50人的频数分布（显示为一个直方图），其中随机抽取一个人的分数为9或10的概率p为0.06（3/50）

92 在本章正态曲线部分先前的IQ例子中，我们计算出正态曲线中95%的分数在+1.96的Z分数和−1.96的Z分数之间（见图3—14）。因此，如果你从一个服从正态曲线的分布中随机选取一个分数，那么选取到的分数在+1.96的Z分数和−1.96的Z分数之间的概率为0.95（即95%的概率）。这是一个非常高的概率。在这样一个分布中，选取到高于Z分数+1.96或低于Z分数−1.96的分数的概率为0.05（即5%的概率）。这是一个非常低的概率。它能很直观地帮助我们思考。如果你回头看图3—14，高于Z分数+1.96或低于Z分数−1.96的分数处于图的尾部。某一分数处于正态曲线尾部的概率是你将要在下一章学习到的内容。

概率、样本和总体

概率与样本和总体相关。你将会在第4章和第5章学习到更多，这里我们将给出一个例子，让你知道在样本和总体中概率这个概念的意义。想象你被告知含有一个个体的样本在一个量表中的得分为4。然而，你不知道这个人是来自男性还是女性的总体。你被告知一个女性总体在测量上的得分呈正态分布，平均数为10，标准差为3。你认为这个样本来自这个女性总体的概率有多大？从你的正态曲线知识得知（见图3—7），在一个平均数为10、标准差为3的正态分布中，会有很少的得分与4一样低。因此这个个体来自这个女性总体的概率很小。现在，假设这个样本的得分为9。那么在这个事件中，这个样本来自这个女性总体的概率就非常大，因为在这个总体中有很多人得分为9。这种推论给假设检验的程序提供了一个引导，也是这本书其余部分的重点。

你会做吗？

1. 一个事件的概率被定义为一个特定结果的期望相对频次。解释（a）相对频次和（b）结果的意思。
2. 列出并阐述两种概率解释的含义。
3. 假设在一个罐中你有400枚硬币，它们中的40枚已存放了超过9年之久。你将它们掺杂在一起，然后取出一枚。(a) 取出一枚存放超过9年的硬币的概率为多少？(b) 可能成功结果的数目是多少？(c) 所有可能结果的数目是多少？
4. 假设人们在一个特定人格测验上的得分呈正态分布，且平均数为50，标准差为10。如果你用完全随机的方式选取样本，那么你所选取的某个人在这个测验上得分超过60的概率为多少？
5. $p<0.01$是什么意思？

93

答案

1. (a) 相对频次就是事件实际发生次数与它可能发生次数的比例。(b) 结果就是一个实验的结果——在事先不知道的情况下。
2. (a) 概率的长期相对频次解释就是如果情况重复了很多次，概率就是我们期望发生的事件的次数的比例（相当于它发生得有多频繁）。(b) 概率的主观解释即概率就是我们判断事件将要发生的自信程度（通过刻度0到100%来表示）。
3. (a) 得到一枚存在超过9年的硬币的概率为40/400=0.10。(b) 可能成功结果的数目为40。(c) 所有可能结果的数目为400。
4. 在测验中挑选一个得分超过60的概率为$p=0.16$（分数的16%高于平均数1个标准差）。
5. 概率小于0.01。

争论：正态曲线真是正态的吗？非随机样本的使用

按理说正态曲线是正态的，但本章中我们介绍的这个主题仍然有相当大的争议。在该部分，我们主要思考关于正态曲线和非随机样本的争议。

正态曲线真是正态的吗？

我们说在这个世界中，真正的分布都是近似的正态曲线。分布有多接近正态曲线非常重要，不仅仅是因为正态曲线可以让 Z 分数更加有用。正如你将在本章的后面学到的，心理学家使用的主要统计方法是从总体中抽取遵循正态分布的样本。研究者从不知道总体分布的真实形状；如果他们想使用一般的方法，他们不得不假定它为正态，因为大多数总体是正态的。然而在心理学中有一个长期的争议，就是总体到底有多接近正态分布。主流观点是，随着心理测量学的发展，钟形分布“几乎可以被确定”（Walberg et al.，1984，p. 107）。或者，正如霍普金斯和格拉斯（Hopkins & Glass，1978）提出的，在所有学科中，经多次测量发现都非常接近这个曲线，人们就可以认为“上帝喜欢正态曲线!”。

另一方面，对于大自然是否真的那么有规律一直有争议。米切里（Micceri，1989）指出，心理学中很多测量并不服从“自然中”的正态分布。他的研究包括成就和能力测验［如学业评估测验（SAT）和研究生入学考试（GRE）］以及人格测验（如明尼苏达多项人格测验，MMPI）。米切里研究了 440 个心理学和教育学测量得分的分布，
94 那是一个非常大的样本。所有他研究的测量的样本都超过 190 名个体，多数超过 1 000 个（有 14.3%的样本在 5 000 到 10 293 之间）。然而大的样本没有什么帮助。他研究的所有测量没有一个通过所有检查而服从一个正态分布（大多数是偏态、峰态，并且“凹凸不平”）。少数测量的分布接近正态曲线。有些变化是不可预测的：“分布研究展示了几乎每一种可以想象的混合类型”（p. 162），尽管与测验的某些类型有共通之处。米切里讨论了很多导致这种非正态的明显原因，如天花板或地板效应（见第 1 章）。

这些测量的分布如此远离正态有多重要呢？米切里称，答案是未知的。在知道更多的信息之前，心理学家普遍的看法无疑是将继续支持传统的统计方法，它们基于正态总体分布的假定的基本数学运算。

在面对诸如米切里的发现时，为什么会表现得无动于衷呢？那是因为在大多数使用标准方法的情况下，甚至当不符合一个正态总体分布的形式时，其给出的结果依然很准确（例如，Sawilowsky & Blair，1992）。在本书的大多数例子中，我们使用的都是大多数人所使用的标准方法。但是你应该也要注意少数心理学家的不同意见。一些统计学家青睐的技术（不依赖于总体正态假定）呈现在第 14 章。这些技术包括非参数统计的使用，它并不假定总体分布的形状。

弗兰西斯·高尔顿（Francis Galton，1889），统计方法的主要开拓者之一（见第 11 章，信息箱 11—1），也谈到了正态曲线：“据我所知，没有什么比它更能打动人了……如果希腊人知道它的话，（它）就会被他们人格化，然后神化。在野性的混乱中，它以宁静和完美的自我隐藏统治着世界。”（p. 66）具有讽刺意味的是，在心理学中它可能是正确的，至少，它很纯洁和简朴，即使没有接近于完美的真实生活模仿者。

使用非随机样本

你在本书中学习到的大多数程序都是假定样本是来自总体的随机样本。然而，正如我们指出的，在大多数心理学研究中，样本是非随机的，通常是那些便于参加实验的个体。很多研究是以大学生、志愿者、便利的动物等为对象。

一些心理学家很关注这个问题，并且提出研究人员需要使用不同的统计方法，对研究中实际使用到的个体种类进行归纳。[1]例如，这些心理学

① 弗里克（Frick，1998）认为在大多数情况下，心理学研究者根本不用考虑样本和总体。他认为研究者应该思考的是自己从事的实验流程本身。某实验以一组被试检验了实验的某些流程。然后，研究者评估了实验的结果是由其他偶然因素导致的可能性。例如，研究者检查了实验中控制组和非控制组之间的差异。弗里克声称这种思考方式非常接近研究者实际工作时的想法，并且认为它在微妙的逻辑推论统计程序方面有着各种不同的优势。

家认为，如果你的样本服从一个特定的非正态分布，你应该假定你只能推论到与特定非正态分布相同的总体。我们会在第14章讲解更多关于这个建议的解决方案。

与心理学家相比，社会学家更多地关注他们研究的样本的代表性。在社会学期刊（或社会学取向的社会心理学期刊）中发表的研究更容易使用正规的随机取样方法和大的样本，至少在他们的文章中会关注这个议题。

95 为什么心理学家如此喜欢使用非随机样本？主要的原因就是心理学家对于变量之间的关系感兴趣。如果在一个总体中，实验的效应改变了 X，导致了 Y 的变化，这种关系应该也能在其他总体中保持。即使总体之间实际的 Y 水平不同，这种关系也应该被认可。假设一个研究者进行了一个实验，来测试观察单词次数和对单词记忆程度之间的关系。进一步假设本研究由心理学本科生完成，结果为，观察次数越多，记忆的单词数目越多。其他总体实际记住的单词数目可能会与心理学本科生的有所不同。例如，象棋大师（他可能有着发达的记忆力）可能会回忆出更多的单词；有的个体可能只会回忆出较少的单词。然而，即使在这些组别中，我们仍然认为观察单词的次数越多，记住的也就越多。那就是，观察次数与单词回忆之间的关系可能在每个总体中都一样。

在社会学中，样本的代表性非常重要。这是因为社会学家更加关注在特定的社会中，某一变量的真实的平均数和变异性。因此，社会学家可能会对一个特定国家的总体中民众对待老年人的平均态度感兴趣。考虑到这种意图，怎样取样就显得极为重要。

研究文献中的 Z 分数、正态曲线、样本和总体、概率

你需要理解我们在本章中讨论的主题，以便学习接下来的内容。然而，本章的主题在研究文献中很少提到（除非关于研究方法或统计的文献）。尽管在高级统计程序的步骤中，Z 分数非常重要，但是它们很少在研究文献中直接报告。当研究者正在描述在一个特定变量上分数的模式时，有时你会看到正态曲线被提到。（我们会在第14章中讲解更多来自已发表文章中的一些例子，并且考虑分数不遵循正态分布的情况。）

研究文献中有时会简单地提及取样的方法。例如，维斯瓦纳斯和他的同事（Viswanath et al.，2006）使用了来自美国国家癌症研究所（NCI）健康信息国家趋势调查（HINTS）的数据，来检验在不同社会经济和族群条件下，个体关于癌症知识的差异。他们对他们研究的方法进行了如下描述：

> 这个研究中的数据来自 NCI HINTS，并根据美国所有工作电话的随机数字拨号进行取样。在每个家庭中随机抽取一个成年人，对于超过三个成年人的家庭使用近期生日法抽取……通过高级信件和每个家庭两美元的鼓励来提高反应率。（p. 4）

研究者尽可能地报告了实际参加这项研究的个体比例。这被称作反应率。维斯瓦纳斯和他的同事（2006）指出，“最终样本容量为6 369，反应率为55%”（p. 4）。

研究者有时也会根据他们所拥有的关于总体 96
的信息来检查样本是否与总体相似。例如，舒斯特和他的同事（Schuster et al.，2001）在2001年“9·11”恐怖袭击之后对美国人进行了应激反应调查。在这个研究中，研究者将他们的样本与2001年人口普查数据相比较，报告称“样本更能代表女性、非西班牙裔白人，以及高学历和高收入人群”（p. 1507）。舒斯特和他的同事继续指出，该群体的代表性“基于随机数字拨号选取的典型样本”（pp. 1507－1508）。

然而，调查研究甚至可能不会使用如此严格的方法，而是依靠杂乱无章的方法来获得样本。例如，在压力和伴侣虐待之间的关系研究中（Heyman et al.，2001），研究者描述了他们选取研究参与者的方法，如下：“通过报纸刊登广告招募了74对不同关系水平的夫妇。”（p. 336）在这类研究中，因为没有所有虐待者的名单，所以很难获得一个虐待者的随机样本。这就很可能要进行一个非常大规模的随机取样，而这个大规模取样得到的样本中可能包括一个虐待者的随机样本。实际上，该研究的作者对于这一问题有着清晰的认识。在文章的末尾，当讨论到“对于结果的解

释需要注意的事项”时，他们提到在下最后的结论前，“我们的研究必须用一个代表性样本进行重新验证”。

最后，概率很少在研究文献中讨论，除非具有统计显著性，我们会在下一章讨论这个主题。在你看到的几乎所有文献中，结果将会被多种方法描述，来判断是否具有统计显著性，如“$p<0.C5$”或“$p<0.01$”。p 指的是概率，但这是什么的概率？这是我们在下一章的统计显著性中的主要议题。

前沿课题：概率规则和条件概率

这个“前沿课题”部分提供了概率的额外信息，主要关注概率规则和条件概率。概率规则是我们在要比我们所提到的例子更加复杂的情况下计算概率的程序。本章研究了两个广泛使用的概率规则，并且解释了在概率的讨论中条件概率的概念。

加法规则

当有两个或多种相互排斥的结果时，加法规则（也称为“或”规则）就会被使用。“相互排斥”的意思是，如果一个结果发生，其他的就不会发生。例如，硬币的正面和反面就是相互排斥的结果，因为结果只会出现一个，不会全部出现。在相互排斥的结果中，得到任意一个结果的概率是个别概率的总和。因此，在抛硬币时，得到正面（0.5）或反面（也是 0.5）的概率是 1。同样，掷一个骰子，得到 3（1/6）或 5（1/6）的概率就是 1/3（1/6+1/6）。如果你的大学中有 30%的人为高年级学生，25%的人为低年级学生，那么你从中随机抽取到高年级学生或低年级学生的概率就是 55%。

97 虽然我们之前没有使用过加法规则这个术语，但其实在本章许多的例子中我们已经使用了这个规则。例如，计算掷骰子时得到 3 或 3 以下数字的概率是 0.5。

乘法规则

不过，乘法规则（也称为“和”规则）是全新的。你可以使用乘法规则来计算得到两个独立结果的概率。独立结果就是得到其中一个不会影响另一个的那些结果。例如，第一次抛硬币得到的结果与第二次抛硬币得到的结果是独立的。得到两个独立结果的概率为个别概率的乘积（相乘的结果）。例如，在第一次抛硬币时，得到正面的概率为 0.5。第二次抛，得到正面的概率（不管你第一次抛的结果如何）依然是 0.5。因此，两次都是正面的概率为 0.25（0.5 乘以 0.5）。在两次掷骰子中，得到 5 的概率为 1/36——第一次掷得到 5 的概率乘以第二次掷得到 5 的概率。同样，在每道题都有四个可能答案的考试中，两道题全对的概率为 1/16——答对一道题的概率（1/4）乘以答对另一道题的概率（1/4）。列举更多的例子，假设你有 20%的概率可以进入一所研究生院，30%的概率可以进入另一所研究生院。那么，得到同时进入两所研究生院资格的概率只有 6%（即 20%×30%=6%）。

条件概率

还有几种其他的概率规则，它们合并了加法和乘法规则。这些其他规则的大多数与所谓条件概率有关。条件概率是假设某些其他结果将会发生时，其中一个结果的概率。也就是，其中一个结果的概率（条件性地）取决于其他结果的概率。因此，假设学院 A 有 50%的女性，学院 B 有 60%的女性。如果你在其中随机取样，选取女性的概率为多少？如果你知道这个个体来自学院 A，概率为 50%。也就是，附加条件为她来自学院 A，那么抽得一个女性的概率就是 50%。

小结

1. Z 分数就是原始分数高于或低于平均数的标准差个数。

2. 心理学研究中，很多变量上的分数遵循钟形、对称和单峰分布，我们称之为正态曲线。因为这个曲线的形状遵循一个确切的数学定理，在正态曲线任意两点之间有着特定百分比的分数。

3. 正态曲线中一个有用的规则就是 50%的分数在平均数之上，34%的分数在平均数和高于平均数1个标准差的分数之间，14%的分数在高于平均数1个和2个标准差的分数之间。

98 4. 一个正态曲线表会给出在平均数和任意特定 Z 分数之间的分数百分比，以及任何 Z 分数尾部中的分数百分比。使用这个表，知道这个曲线是对称的并且50%的分数高于平均数，你就可以计算高于或低于任意特定 Z 分数的分数百分比。你也可以使用表去计算特定分数百分比开始或结束之处的 Z 分数。

5. 样本是研究的个体或群体——通常是不能完全被研究的较大群体或总体的代表。理想情况下，从总体中取样要使用严格的随机程序。平均数（M）、方差（SD^2）、标准差（SD）等被称为样本统计量。当指一个总体时，样本统计量又被称为总体参数，用希腊字母表示——μ 是平均数，σ^2 是方差，σ 是标准差。

6. 大多数心理学研究者认为概率就是一个事件发生的期望相对频次。然而，也有一些研究者将概率看作对该事件将会发生的主观确信程度。概率是通过可能成功的结果与总的结果的比例来计算的。用 p 表示，数值范围从0（不可能事件）到1（确定事件）。正态曲线提供了了解某一分数落在特定数值范围内的概率的方式。

7. 本章中的有些主题仍然有着争议。一个是正态分布是否可以代表心理学研究中的变量分数的总体分布形态。另一个是，一些研究者曾质疑在典型的心理学研究中标准统计方法的使用，他们认为在研究中很难做到严格的随机取样。

8. 研究文献中很少讨论 Z 分数、正态曲线（除非一个变量不遵循正态曲线），或概率（除非与统计显著性有关联）。取样的程序，尤其当研究是一个调查时，有时会被描述一下，并且一个样本的代表性也会被讨论到。

9. 前沿课题：在有两个或多个相互排斥结果的情况下，概率的计算遵循加法规则，总的概率就是个体概率的总和。计算两个（或多个）独立结果的概率时，遵循的则是乘法规则（概率通过乘法计算）。条件概率是假设一些其他特定结果将会发生的情况下，一个结果发生的概率。

关键词

Z 分数（p. 68）	样本（p. 83）	样本统计量（p. 87）
原始分数（p. 69）	随机取样（p. 85）	概率（p）（p. 89）
正态分布（p. 73）	总体参数（p. 87）	结果（p. 89）
正态曲线（p. 73）	μ（总体平均数）（p. 87）	理论相对频次（p. 89）
正态曲线表（p. 76）	σ^2（总体方差）（p. 87）	概率的长期相对频次解释（p. 89）
总体（p. 83）	σ（总体标准差）（p. 87）	概率的主观解释（p. 89）

99

案例解析

将原始分数转换为 Z 分数

一个分布的平均数为80，标准差为20。找出65的原始分数的对应 Z 分数。

答案

你可以使用公式或分步骤将原始分数转换为 Z 分数。

使用公式：$Z=(X-M)/SD=(65-80)/20=-15/20=-0.75$。

分步骤：

❶ **计算离均差：用原始分数减去平均数。** $65-80=-15$。

❷ **计算 Z 分数：用离均差除以标准差。** $-15/20=0.75$。

将 Z 分数转换为原始分数

一个分布的平均数为200，标准差为50。某个体的 Z 分数为1.26。该个体的原始分数是多少？

答案

你可以使用公式或分步骤将 Z 分数转换为原始分数。

使用公式：$X=(Z)(SD)+M=(1.26)(50)+200=63+200=263$。

分步骤：

❶ **计算离均差：将标准差乘以 Z 分数。** 1.26×50＝63。

❷ **计算原始分数：将离均差与平均数相加。** 63＋200＝263。

关于 Z 分数的论文写作要点

1. 如果问题需要，解释平均数、方差和标准差（使用第 2 章提到的论文写作要点）。

2. 通过描述特定分数在整体分数中的位置的方式来说明 Z 分数的基本概念。特别是，Z 分数展现了一个分数高于或低于平均数的标准差个数。

3. 解释用原始分数计算 Z 分数的步骤。

4. 提及在相同尺度的不同变量上将原始分数转换为 Z 分数，使得变量间的分数更容易比较。

计算高于或低于特定原始分数或 Z 分数的百分比

假设在一个暴力敏感度测验中，已知平均数为 20，标准差为 3，分数服从正态分布。分数高于 24 的人的百分比为多少？

答案

❶ **如果你从一个原始分数开始，首先要将它转换为 Z 分数。**使用一般公式，$Z=(X-M)/SD$，$Z=(24-20)/3=1.33$。

100 ❷ **画出正态曲线图，将 Z 分数标在其上，并将你要找的百分比所代表的区域涂上阴影。**如图 3—18 所示。

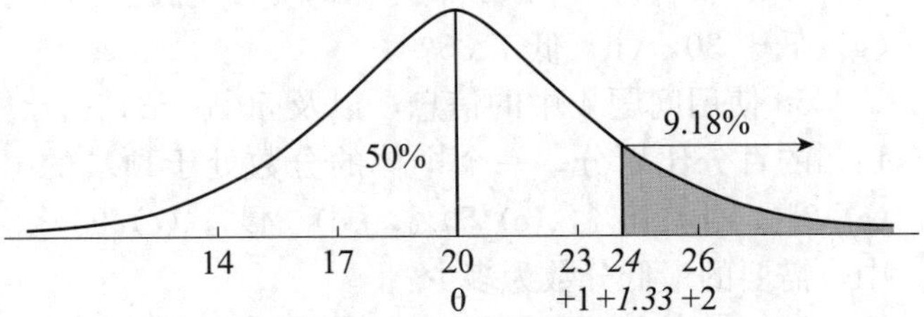

图 3—18　展现了高于分数 24 的分数百分比（阴影区）的暴力敏感度分布

❸ **根据 50%—34%—14%的百分比划分，对阴影区的百分比进行估计。**如果阴影区从 Z 分数 1 开始，它将包括 16%。如果从 Z 分数 2 开始，它将包括 2%。因此 Z 分数为 1.33 时，它可能会在 16%到 2%之间。

❹ **使用正态曲线表找出精确的百分比，如果必要，再加上 50%。**在表 A—1（见附录）中，“Z 分数”列中的 1.33 对应“尾部的百分比”中的 9.18%。这就是我们问题的答案：在暴力敏感度测验中，有 9.18%的人的分数高于 24。（这里不需要加上 50%。）

❺ **检查你在步骤❸估计出的百分比范围是否包括这一精确的百分比。**我们的结果 9.18%在 16%到 2%之间。

注意：如果问题涉及的 Z 分数为 0，1，2（或－1 或－2），你可以不使用正态曲线表，而是使用 50%—34%—14%的百分比划分来进行计算（尽管你仍然需要画图，以及在适当的区域涂上阴影）。

用百分比计算 Z 分数和原始分数

考虑同样的情况：在一个暴力敏感度测验中，已知平均数为 20，标准差为 3，分数服从正态分布。一个个体需要多少分数才能处于顶端的 75%？

答案

❶ **画出正态曲线图，并且根据 50%—34%—14%的百分比划分将你的百分比大概涂上阴影。**阴影区的起点应该位于平均数和低于平均数 1 个 *SD* 的分数之间。（50%的分数高于平均数，84%的分数低于平均数 1 个 *SD*）。如图 3—19 所示。

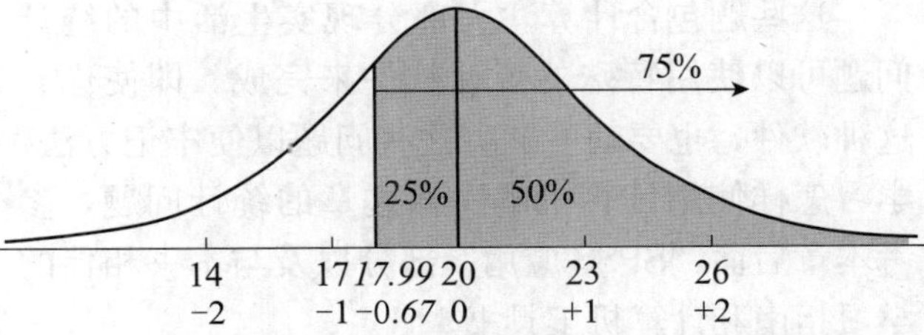

图 3—19　寻找暴力敏感度在顶端 75%开始处的原始分数

❷ **对阴影区的 Z 分数进行粗略估计。**Z 分数在 0 到－1 之间。

❸ **使用正态曲线表（如果必要的话，在你找出这个 Z 分数之前用你的百分比减去 50%）找出精确的 Z 分数。**因为有 50%的分数高于平均数，对于顶端的 75%，你还需要将 25%的低于平均数的分数考虑进来（即 75%－50%＝25%）。查找正态曲线表中“平均数到 Z 分数的百分比”列，离 25%最接近的数是 24.86，对应的 Z 分数为 0.67。 101
因为我们对低于平均数的 Z 分数感兴趣，因此答案就是－0.67。

❹ **检查你在步骤❷中估计出的 Z 分数范围是否包括这一精确的 Z 分数。**－0.67 是在 0 到－1 之间。

❺ **如果你想找到一个原始分数，将 Z 分数转换为它。**使用公式 $X=(Z)(SD)+M$，$X=(-0.67)(3)+20=-2.01+20=17.99$。那就是，要进入顶端的 75%，一个个体需要的分数至

少为18。

注意：如果问题指示你不使用正态曲线表，你可以使用50%－34%－14%的百分比划分来进行计算（尽管你仍然需要画图，以及在适当的区域涂上阴影）。

关于从Z分数计算百分比以及从百分比计算Z分数的论文写作要点

1. 注意正态曲线是数学（或理论）上的分布，描述它的形状（确保包含一个正态曲线图），并且提及自然界和研究中的很多变量都几乎遵循正态曲线。

2. 如果问题需要，解释平均数和标准差（使用第2章提到的论文写作要点）。

3. 描述正态曲线和分数（在平均数和任意Z分数之间）百分比之间的联系。确保包含对正态曲线表的描述，并展示如何使用它。

4. 简短地描述用Z分数计算百分比的步骤。确保绘制的正态曲线图有着适当的数字和阴影区（例如，平均数、高于/低于平均数1个和2个标准差的分数，百分比或Z分数已确定的阴影区）。

寻找概率

一个糖果盘中有着四种水果味的糖果：20个苹果味的，20个草莓味的，5个樱桃味的，5个葡萄味的。如果你闭上眼睛，随机取出一个糖果，那么取出樱桃味或葡萄味糖果的概率是多少？

答案 *102*

❶ **确定可能成功结果的数目。**有10种可能成功结果——5个樱桃味的，5个葡萄味的。

❷ **确定所有可能结果的数目。**有50种可能结果：20＋20＋5＋5＝50。

❸ **用可能成功结果的数目（步骤❶）除以所有可能结果的数目（步骤❷）。**10/50＝0.2。因此，取出一个樱桃味或葡萄味糖果的概率为0.2。

练习题

这些题包含计算。大部分现实生活中的统计问题可以使用特殊的统计软件来完成。即使你有这种软件，也要动手解决这些问题以便牢记方法。学习怎样使用计算机解决像这章的统计问题，参考本章后面“SPSS应用”部分以及与本书相伴的学习指南和计算机工具书。

所有数据都是虚构的，除非已经给出实际的引用出处。

练习Ⅰ（练习Ⅰ的答案，见p. 675）

1. 在一个焦虑测量中，平均数为79，标准差为12。那么以下原始分数的Z分数为多少？(a) 91，(b) 68，(c) 103。

2. 在智力测验中，正确的原始项目的平均数目为231，标准差为41。IQ为(a) 107，(b) 83，(c) 100的个体在测验上的Z分数为多少？接着，使用Z分数找出原始分数。注意IQ分数的平均数为100，标准差为16。

3. 在离婚6个月后，前妻和前夫每人各参与了一个衡量离婚适应情况的测验。前妻的分数为63，前夫的分数为59。在这个测验中，离婚女性的平均分数为60（*SD*＝6），离婚男性的平均分数为55（*SD*＝4）。相对于其他离婚的同性来说，两人中哪一个适应得更好？向一个从未上过统计课程的人解释你的答案。

4. 假设在一个衡量人们对环境问题关注程度的测验中，城市居民的平均数为40，标准差为5。假设这些关注分数服从正态分布。使用50%－34%－14%的百分比划分，以下个体分数的百分比为多少：(a) 高于40，(b) 高于45，(c) 高于30，(d) 高于35，(e) 低于40，(f) 低于45，(g) 低于30，(h) 低于35？

5. 使用问题4中的信息，以及50%－34%－14%的百分比划分，一个个体的分数处于顶端的(a) 2%，(b) 16%，(c) 50%，(d) 84%，(e) 98%中，需要的最低分数为多少？

6. 一个心理学家使用了特殊的测量来研究眼睛疲劳程度，她要求学生在计算机上操作一小时后再接受测验。在这个测量上，她发现分布遵循正态曲线。使用正态曲线表，有着以下Z分数的学生的百分比为多少：(a) 低于1.5，(b) 高于1.5，(c) 低于－1.5，(d) 高于－1.5，(e) 高于2.10，(f) 低于2.10，(g) 高于0.45，(h) 低于－1.78，(i) 高于1.68？

7. 在上一个问题中，对于眼睛疲劳测验，平均数为15，标准差为5。使用正态曲线表，有着以下分数的学生的百分比为多少：(a) 高于16，(b) 高于17，(c) 高于18，(d) 低于18，(e) 低于14？

8. 在问题6和7的眼睛疲劳度例子中，使用 *103*

正态曲线表，一个个体在眼睛疲劳度上的分数处于（a）顶端的 40%，（b）顶端的 30%，（c）顶端的 20%，需要的最低分数为多少？

9. 使用正态曲线表，给出在平均数和（a）0.58，（b）0.59，（c）1.46，（d）1.56，（e）−0.58 的 Z 分数之间的分数百分比。

10. 考虑一个服从正态分布的协调测试，平均数为 50，标准差为 10。（a）个体的得分处于顶端的 5%，需要的最低分数为多少？（b）向一个从未上过统计课程的人解释你的答案。

11. 奥尔特曼等（Altman et al.，1997）开展了一个美国人对烟农态度的电话调查。在文章的方法部分，他们解释受访者“从全国范围电话列表中随机抽取而得”（p. 117）。向一个从未上过统计课程的人解释研究方法的意义和它的重要性。

12. 某公司中以下数目的个体在去年从人事部门得到过特殊的援助：

药物/酒精	10
家庭危机辅导	20
其他	20
总和	50

如果你要从去年的记录中随机抽取一些人，抽出一个属于以下类别的人的概率为多少：（a）药物/酒精，（b）家庭，（c）药物/酒精或家庭，（d）除了“其他”的任一种类，（e）三种类别中的任一种？（f）向一个从未上过统计课程的人解释你的答案。

练习Ⅱ

13. 在一个艺术能力的测量中，新西兰的大学生的平均分数为 150，标准差为 25。给出与以下大学生分数相对应的 Z 分数：(a) 100，(b) 120，(c) 140，(d) 160。给出与以下 Z 分数相对应的个体原始得分：(e) −1，(f) −0.8，(g) −0.2，(h) +1.38。

14. 在一个标准听力测量中，平均分数为 300，标准差为 20。给出与以下个体得分相对应的 Z 分数：(a) 340，(b) 310，(c) 260。给出与以下 Z 分数相对应的个体原始得分：(d) 2.4，(e) 1.5，(f) 0，(g) −4.5。

15. 某个体在一个口头能力测验中的得分为 81，在一个定量能力测验中的得分为 6.4。对于口头能力测验，一般人群的平均数是 50，标准差为 20；对于定量能力测验，一般人群的平均数为 0，标准差为 5。这个个体较强的能力是口头还是定量？向一个从未上过统计课程的人解释你的答案。

16. 在生理上从一种突然的噪声恢复的时间服从正态分布，平均数为 80 秒，标准差为 10。使用 50%—34%—14%的百分比划分，（a）高于 100，（b）低于 100，（c）高于 90，（d）低于 90，（e）高于 80，（f）低于 80，（g）高于 70，（h）低于 70，（i）高于 60，（j）低于 60 的分数的大致百分比为多少？

17. 使用问题 16 中的信息，以及 50%— 104
34%—14%的百分比划分，一个个体处于底端的（a）2%，（b）16%，（c）50%，（d）84%，（e）98%中，需要的最长恢复时间为多少？

18. 假设在一个特定创造力测验中，建筑师的得分服从正态分布。使用正态曲线表，与以下 Z 分数相对应的分数百分比为多少：（a）高于 0.10，（b）低于 0.10，（c）高于 0.20，（d）低于 0.20，（e）高于 1.10，（f）低于 1.10，（g）高于−0.10，（h）低于−0.10？

19. 在问题 18 的例子中，使用正态曲线表，建筑师创造力得分处于（a）顶端的 50%，（b）顶端的 40%，（c）顶端的 60%，（d）顶端的 30%，（e）顶端的 20%中，需要的最小 Z 分数是多少？

20. 在问题 18 的例子中，假设平均数为 300，标准差为 25。使用正态曲线表，（a）建筑师中间的 50%，（b）建筑师中间的 90%，（c）建筑师中间的 99%，相应的顶端和底端的得分分别为多少？

21. 假设你正在为一个大型工业机器设计仪表盘。使用机器时要求个体所处的位置到它的距离达到 2 英尺（1 英尺约合 0.3 米）。对于成年女性来说，所处位置与机器的平均距离为 2.8 英尺，标准差为 0.5。对于成年男性来说，平均距离为 3.1 英尺，标准差为 0.6。女性和男性所处位置与机器的距离都服从正态分布。如果设计被接受，（a）女性不能使用这个仪表盘的概率为多少？（b）男性不能使用这个仪表盘的概率为多少？（c）向一个从未上过统计课程的人解释你的答案。

22. 假设你想进行一项关于心理学研究生对于临床心理学中精神分析疗法态度的研究。其中一种方法就是与每个你认识的心理学研究生接触，并且让他们填写问卷。（a）这种取样方法叫什么？（b）这种方法的主要局限是什么？

23. 一项关于人们怎样计划未来与他们的生活满意度之间的关系的大型研究，通过“随机拨号程序”来招募参与者。这些程序中的电话号码是通过计算机随机生成的。向一个从未上过统计课程的人解释：(a) 为什么这种取样方法可能被使用？(b) 如果不是每个人都愿意接受采访，为什么这种方法会有问题？

24. 假设你将要进行一项有关校园游客的调查。你肯定希望你的调查尽可能地有代表性。(a) 你将怎样进行取样？(b) 为什么这是你最好的方法？

25. 你正在对 800 名大学生、50 名教职工以及 150 名管理人员进行一项调查。这 1 000 个人的电话都列在校园电话簿中。假设你要分割电话簿，并对随机得到的一个号码进行拨打。那么对方是 (a) 学生，(b) 教职工，(c) 管理人员，(d) 教职工或管理人员，(e) 除了管理人员外的任意一个的概率是多少？(f) 向一个从未上过统计课程的人解释你的答案。

26. 你申请了 20 个研究生项目，其中 10 个是临床心理学，5 个是咨询心理学，5 个为社会工作。你从家中得到了一条信息，这条信息中只提到你收到了来自其中一个项目的一封信，但没有明说是哪一个项目。那么，是 (a) 临床心理学项目，(b) 咨询心理学项目，(c) 除了社会工作外的任意项目的概率为多少？(d) 向一个从未上过统计课程的人解释你的答案。

105 SPSS 应用

（我们使用 SPSS 15.0 这个版本做分析。以下的步骤和输出窗口可能与其他版本有些稍微的不同。）

将原始分数转换为 Z 分数

使用实际数字来能让学习这些步骤变得更容易，因此我们将使用来自第 2 章的做梦次数这个例子。

1. 将你的分布中的分数输入数据窗口的其中一列（分数为 7，8，8，7，3，1，6，9，3，8）。我们将这个变量称作"dreams"。

2. 找出这些分数的平均数和标准差。你已经在第 2 章的"SPSS 应用部分"学过怎样去计算它们（见 48 页）。平均数为 6，标准差为 2.57。

3. 你现在要创造一个新变量，并显示每个原始分数的 Z 分数。点击 Transform，点击 Compute Variable。你可以给新变量起任意名字，但是我们称它为"zdreams"。因此，在标记为 Target Variable 的框中写上 zdreams。在标记为 Numeric Expression 的框中，写上（dreams－6）/2.57。正如你所看到的，运用这个公式求出了离均差（通过原始分数减去平均数所得），然后用离均差除以标准差。点击 OK。新变量 zdreams 的分数就是变量 dreams 的 Z 分数。① 你的数据窗口现在应该类似于图 3—20。

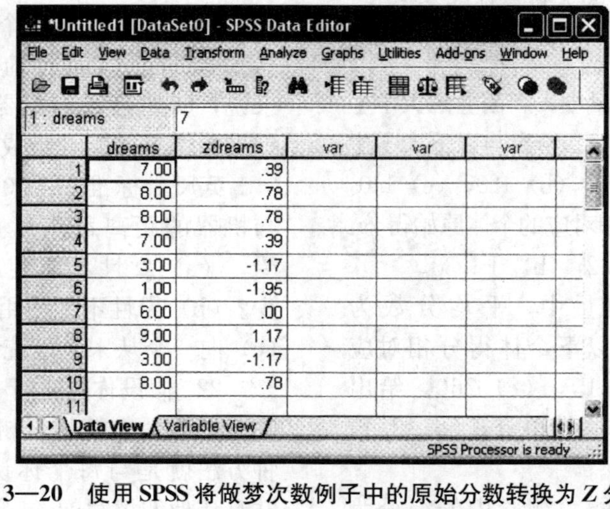

图 3—20　使用 SPSS 将做梦次数例子中的原始分数转换为 Z 分数

① 你也可以从 SPSS 中直接得到 Z 分数。然而，SPSS 是用"除以（N－1）这个公式"来计算标准差的（见第 2 章和第 6 章）。因此，用 SPSS 计算得出的 Z 分数会与你学习到的用公式计算得出的有所不同。以下是直接使用 SPSS 计算 Z 分数的步骤：(1) 将你的分布中的分数输入数据窗口的其中一列。(2) 点击 Analyze，点击 Descriptive statistics，点击 Descriptives。(3) 点击你想要找到的 Z 分数的变量，然后点击箭头。(4) 点击标记为 Save standardized values as variables 的框（这是检查框）。(5) 点击 OK。一个新的变量就被增加到了数据窗口中。这个变量的值是你的变量的 Z 分数 [基于除以（N－1）这个公式]。（你可以忽视输出窗口，它在默认情况下会显示关于你的变量的描述统计情况。）

第 4 章

假设检验导论

章节概览

107 在这一章中，我们将会介绍**假设检验**这一至关重要的主题。**假设**就是在研究中要进行检验的预测。这种预测可能是基于先前研究结果的非正式观察（作为在临床或应用情景下的一种可能的实践创新），或者是一种正在被研究的更宽泛的理论。你可以把**理论**看成是一套原理，旨在解释一个重要的心理学过程。一种理论通常可以提出多种可供在调查研究中进行检验的特定假设。

本章的重点是关于假设检验的研究结果分析的基本逻辑。假设检验的中心议题是上一章中我们讨论的样本和总体之间的重要差异：假设检验是决定基于样本研究的结果能否支持将假设推广到总体的系统程序。由于假设检验在心理学和其相关领域的研究中经常被使用，所以在这本书剩下的章节中它是一个中心议题。

许多学生发现这门课程最困难的部分就是对这一章和接下来两章的基本逻辑的掌握。这一章特别要求你动一动脑筋。即使第一遍你可以跟上所有的内容，你仍然要明智地将这章彻底重温一遍。假设检验要求你掌握一些零散的概念，因此 108
在这章中你可以同时学到好几个新概念。然而，一旦你了解了这章和接下来两章的实质内容，你的大脑就会习惯于这种类型的思维方式，这门课程接下来的内容学起来也更加容易。

与此同时，我们尽可能地保持假设检验导论的简明，并且希望后面几章也能如此。例如，现实生活的心理学研究中就包含着许多个体样本。然而，为了使你在同一时间不得不学的东西减少到最少，这章所举的例子都是关于单个独立样本的研究。为了做到这一点，我们用了一些特别的例子。请试着记住你现在正在为将来学习第7章打基础，为你在实际研究中应用假设检验而准备。

假设检验的一个范例

假设检验　根据取样结果，对一项研究的结果（从样本得出的结论）是否支持一种特殊理论或是实践中的新方法（被认为是应用于总体）作出接受或拒绝的程序。

假设　调查研究测试中得出的预测，通常以非正式的观察、先前的调查和理论为基础。

理论　一套试图解释一种或多种事实、事物之间的关系以及各种事件的原理；心理学家经常用从这些研究调查中得出的理论来推测一些特定的假说。

这是我们第一个关于假设检验导论的必要单个案例，我们尽可能地保持它的正确可靠性。一个大型的研究课题通常都会持续好几年。在这个课题中，新出生的婴儿被给予特殊的维生素并且在他们今后生活的头两年，这个研究小组一直对他们的发展进行追踪研究。到目前为止，维生素没有加快婴儿的发展。图4—1显示的是这些婴儿和所有其他婴儿开始走路的年龄段。婴儿开始走路的平均年龄是14个月（$\mu=14$），标准差是3个月（$\sigma=3$），并且年龄遵循正态曲线。根据正态曲线百分比，你可以判断出来，8个月之前就开始走路的婴儿连2%都不到；这些婴儿低于平均数的2个标准差还不止。[心理学家发现对于欧洲婴儿来说，这个虚拟分布十分接近真实的分布情况，尽管真实的分布情况有稍微的右偏（Hindley et al.，1966）。]

在所有研究这个课题的研究者中，有一个人提出了一个想法。如果给婴儿吃的维生素的纯度可以更高的话，可能它的效果会显著提高：吃了高纯度维生素的婴儿应该比其他婴儿更早开始走路。（我们假定提纯的过程中不会使维生素变得有害。）然而，对于每一份剂量来说用这种方法提纯维生素是极其昂贵的；因此这个研究小组决定尝试另一种做法，一剂的纯度恰好适合一个婴儿使用。在这个课题中，一个新出生的婴儿被随机选择来服用高纯度版本的维生素，然后研究者追踪这个婴儿的发展两年。什么样的结果会让研究者 109
得出“高纯度维生素让婴儿更早地开始学习走路”这个结论呢？

这就是一个假设检验问题。关于精制的维生素从大体上是否能够让婴儿更早地走路，研究者们想得出一个一般性的结论。这个结论适用于一般的婴儿（即婴儿总体），然而，这个结论却以一个样本研究结果为基础。在这个例子中，这个样本只包含了一个婴儿。

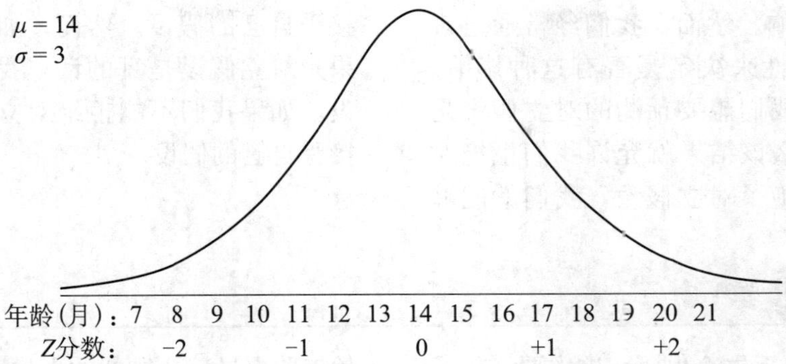

图 4—1 婴儿开始走路时间（虚构的数据）的分布图

假设检验的核心逻辑

研究者处理任何假设检验问题都会采用一种标准方法。还是用上述例子，它在之后的内容都将用到，首先考虑婴儿的总体（就是那些没有被给予特殊纯度维生素的婴儿）。在这个总体中，一个婴儿在 8 个月大或是更早时候开始学走路的概率低于 20%。（如图 4—1 所示，开始走路的平均年龄是 14 个月并且标准差是 3 个月。）这样，在 8 个月或更早时候开始走路的婴儿就很可能不在这样的婴儿整体中。但是在我们的研究中一个随机选择出来的婴儿样本在 8 个月开始走路又怎么样呢？如果这种特殊纯度的维生素对这个特殊婴儿开始走路的年龄没有任何影响（这就意味着这个婴儿开始走路的年龄应该同那些没有吃维生素的婴儿的年龄相仿），那么我们随机选择出来的特殊婴儿开始走路的时间会在 8 个月是非常不可能的（低于 2%的概率）。因此，如果在我们的研究中这个婴儿开始走路的时间是在 8 个月，那样就允许我们拒绝这个假设：特殊纯度的维生素没有效果。如果我们拒绝了这个假设，即特殊纯度的维生素没有效果，那么我们就必须接受这个假设：特殊纯度的维生素有效果。

同样的推论，如果婴儿在 8 个月开始走路，我们就能够拒绝这个假设：该婴儿不是来自于平均 14 个月开始走路的婴儿总体中的。我们因此可以这样下结论：被给予特殊纯度维生素的婴儿开始走路的平均年龄早于 14 个月。在这个研究中，对于婴儿走路年龄提早我们给出的解释是特殊纯度的维生素加速了婴儿的发展。

在这个示例中，研究者们首先明确了他们在研究中可能会出现的问题，就是特殊提纯过程中有无影响性，预先把这个摆出来说，研究者才能继续进行他们的研究，在这个例子上进行的研究意味着给这个随机选择出来的婴儿吃特殊纯度的维生素并且来观察婴儿多早开始走路。我们假设这个研究结果是这个婴儿早于 8 个月开始走路，然后研究者这栏总结，这种特殊纯度的维生素没有产生影响是不可能的，也就是说它产生了效果。

> **成功小贴士**
>
> 这一节，假设检验的核心逻辑，对我们在这本书中其他要掌握的所有知识来说是很重要的。因此，你可能需要花一定的时间来阅读它。你应该确定的是在学习后面几章之前你已经理解了假设检验的逻辑。

这种类型的检验，用你预测的相反观点来反证，不直接进行推论，在心理学中是推论统计的核心要点。它有些类似于双重否定。这种方法的逻辑就是如果某种情况真的没有差异的话，那么我们就要有足够的信息来判断得出一个特殊实验结果的可能性。在这个提纯维生素的例子中，研究者们知道如果经过特殊提纯的维生素没有任何效果的话，婴儿在不同年龄开始走路的可能性。婴儿在各个年龄阶段开始走路的可能性已经通过对婴儿总体的研究知晓了——也就是没有服用经过特殊提纯的维生素的婴儿。如果经过特殊提纯的维生素没有效果的话，婴儿开始走路的年龄不管有没有吃过特殊提纯的维生素都是一样的。因而，图 4—1 所显示的分布情况，就是根据婴儿总体开始走路的时间来定的。

在这个问题上如果不用这种复杂曲折的方法， 110
在大多数情况下你就不能科学地检验那些假设。在几乎所有心理学研究中，我们都是从问题中得出结论：“如果我们假设的对立观点是正确的话，那么我们得出这个研究结果的可能性有多大？”即我们经常预测某种影响。然而，我们经常通过观察这种影响的不可能性来决定是否有这种影响。如果我们不可能得到我们想要预测的对立假设是为真的研究结果，那么该结果就允许我们拒绝对立假设。如果我们拒绝了对立假设，我们就能够接受自己的假设。然而，如果我们得到的研究结果是对立假设是真的话，我们就不能拒绝对立假设。如果我们不能拒绝对立假设，我们就不能够接受自己的假设。

假设检验的步骤

让我们再来回顾一下这个例子，这次要详细了解每一步骤。通过这种方式，我们来掌握假设检验这一专业术语。最重要的是，我们介绍的假设检验的5个步骤在这本书接下来内容的学习中都可以用到。

步骤❶：重申有关总体的研究假设和零假设问题

我们的研究者关心的是维生素对婴儿总体的影响（不仅仅是这个特殊的婴儿），即研究样本的目的是了解总体。因此，根据总体来重申这个研究问题是非常有用的。在我们的例子中，我们来考虑婴儿的两个总体。

总体1：服用特殊提纯维生素的婴儿。

总体2：一般的婴儿（即没有服用特殊提纯维生素的婴儿）。

总体1包括的婴儿均接受实验处理（特殊提纯的维生素）。在我们的例子中，我们利用仅有一个婴儿的单个样本得出了一个结论，就是处于总体1的婴儿开始走路的年龄。总体2是已经了解的一般的婴儿，它作为一种对照的基准。

研究假设　假设检验中对两个总体之间关系进行预测的陈述（通常是对总体平均数之间差异的预测）。

零假设　总体之间关系的陈述，是研究假设的对立假设，它描述的是总体之间没有差异（或者是同预测的存在相反的差异）；这一人为假设的建立是为了检测其作为假设检验的一部分是否会被拒绝。

我们研究小组的预测是总体1的婴儿（服用特殊提纯维生素的婴儿），平均开始走路的时间早于总体2的婴儿（一般的没有服用特殊提纯维生素的婴儿），这个预测是根据研究者关于这些维生素如何起作用的理论来定的，像这样关于两个总体之间差异性的预测就叫作**研究假设**。用更正式的说法来说，这个预测就是总体1的平均数低于（接受特殊维生素的婴儿开始走路更早）总体2的平均数，用符号来表示，这个例子的研究假设为$\mu_1<\mu_2$。

这个研究假设的对立假设是用这种方法预测的总体之间没有差异。在这个设想下，总体1的婴儿（那些服用了特殊提纯维生素的婴儿）开始走路的时间并不早于总体2的婴儿（一般婴儿——那些没有服用特殊提纯维生素的婴儿），即这个预测是总体1和总体2的婴儿开始走路的年龄没有差异。通常，他们在相同的年龄开始走路。有一个陈述是这样的，两个总体之间没有差异，是这个研究假设最关键的对立面。这叫作**零假设**。它之所以有这个名字是因为它陈述的情形是两个总体之间没有差异（差异为"零"）。用符号来表 111
示，零假设为$\mu_1=\mu_2$。[①]

研究假设和零假设是完全相对立的：如果一方为真，另一方就为假。实际上，研究假设有时候叫做备择假设——对于零假设来说，它们只能二中选一。这个术语有点儿讽刺。作为研究者，我们更多地关心的是研究假设。但是当操作假设检验的步骤时，我们采取这种迂回的方法来看是否我们可以拒绝零假设，以至于我们能够决定选择它的对立假设（研究假设）。

步骤❷：决定比较分布的特征

回忆一下假设检验的全面逻辑，如果零假设为真，就要计算出能够得到这个特殊的结果的概率。为此，你需要知道如果零假设为真的话，情形将变成什么样。在我们的例子中，我们开始明白总体2，即一般的婴儿（见图4—1）的关键信息，我们从正态曲线得知，$\mu=14$，并且$\sigma=3$，如果零假设是真的话，总体1和总体2就一样；在我们的例子中，这意味着总体1和总体2都是呈正态

① 我们会过于简单化以便让最初的学习更容易。研究假设是一个总体比另一个总体走得更早，$\mu_1<\mu_2$。因此，为了更加精确，它的对立观点是另一组开始走路在相同时间或者更迟。也就是说，这个例子中的研究假设的相反观点包括没有差异和我们预测的方向相反的观点中有一处差异。用符号来表示，如果我们的研究假设是$\mu_1<\mu_2$，那它的对立观点就是$\mu_1\geqslant\mu_2$（这个符号"$\geqslant$"意味着"大于或等于"）。我们在后面的章节中会在细节方面讨论该问题。

分布，$\mu=14$ 且 $\sigma=3$。

在假设检验的过程中，如果你的样本是来自于零假设为真这一分布的总体，你就希望能够得出你能得到的（即一个婴儿非常早就开始走路）样本分数的概率。因而，在这本书中，我们称这种分布为**比较分布**。（比较分布有时称为抽样分布——我们在第 5 章讨论的概念。）也就是说，在假设检验过程中，你把实际的样本分数同比较分布相比较。

在我们的维生素例子中，零假设就是在开始走路的年龄这一问题上，服用特殊提纯维生素的婴儿（总体 1）和一般的，即没有服用特殊提纯维生素的婴儿（总体 2）之间没有差异。如果零假设为真，比较分布就相当于总体 2 的分布，因为这个总体代表了零假设为真的条件下婴儿开始走路的年龄。在以后几章中，你将学习有关比较分布的几种不同类型，但是同样的法则可应用于所有的例子中：比较分布就是在零假设为真的条件下，表示总体情况的分布。

步骤❸：根据比较分布上的样本临界值来决定是否应该拒绝零假设

理想情况下，在进行一个研究之前，研究者会设置一个与他们的结果相比较的指标：他们需要多大的样本分数才能拒绝零假设，就是说，这个样本分数究竟需要多极端以至于在零假设为真的条件下不可能得到该极端分数。这就是**临界值**。（临界值也称为临界点。）

思考一下我们的提纯维生素的例子，在这个例子中，零假设是开始走路年龄不管婴儿是否吃了特殊提纯的维生素均不受影响，研究者可能会这样决定，如果零假设是真的，一个随机选择出来的婴儿在 8 个月前开始走路就不可能了，根据
112 正态分布，低于平均数（8 个月开始走路）2 个或更多标准差，这种情况下该假设发生的概率则低于 2%，因此，根据比较分布，研究者设置临界值甚至比做这个研究还早。他们预先决定如果他们的研究结果是婴儿在 8 个月开始走路，那么他们将拒绝零假设。

但是如果婴儿直到 8 个月之后才开始走路又怎么办呢？如果出现这样的情况，研究者就不能够拒绝零假设。

比较分布 应用于假设检验中的分布。如果零假设为真，那么它显示的是总体情况。它是你根据样本结果比较分数后得出的分布。

临界值 假设检验中的一种分数，在比较分布上显示，如果样本分数达到或超过这个值，你就拒绝零假设。也称作临界点。

当需要拒绝零假设的时候，我们要预先设置一个极端的样本分数，这时研究者就用到 Z 分数和百分比。在我们的提纯维生素的例子中，研究者可能决定如果结果低于 2%，他们就拒绝零假设，正态曲线的底端为 2%则意味着 Z 分数为 -2 或者更低。因此，研究者就设置 -2 作为他们的 Z 分数临界点在比较分布中来决定这个结果，即数值足够极端来拒绝零假设。因此，如果实际样本 Z 分数是 -2 或者更低，研究者就拒绝零假设。然而，如果实际样本 Z 分数高于 -2，研究者就不拒绝零假设。

假定研究者想要更加谨慎地拒绝零假设。他们可能拒绝零假设仅仅当他们得到的结果发生的概率为 1%或者更低。他们可能接着计算出以 1%为 Z 分数的临界值，利用正态曲线表，得出正态曲线上的分数低于 1%。你需要的 Z 分数为 -2.33 或更小。（在我们的例子中，Z 分数为 -2.33 意味着 7 个月大）。在图 4—2 中，我们将比较分布中 1% 的部分设为阴影，这个部分的样本被看成是极端值，来自分布中这样的值将会被拒绝。现在，对研究者来说，除非实际样本 Z 分数为 -2.33 或更低，也就是说如果它落在图 4—2 的阴影处，才会拒绝零假设，如果样本 Z 分数落在图 4—2 的阴影区之外，研究者就不会拒绝零假设。

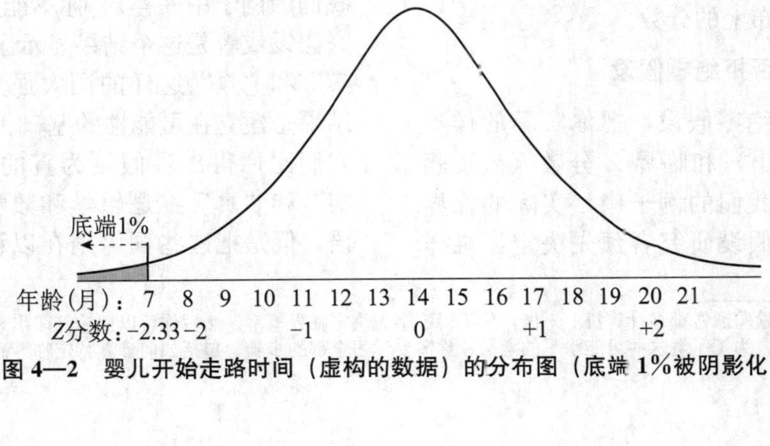

图 4—2 婴儿开始走路时间（虚构的数据）的分布图（底端 1%被阴影化）

通常来说，心理学研究者在比较分布上用 5% 的可能性作为界限，如果零假设为真，则这个分数至少足够极端。也就是说，如果获得样本分数极端值的可能性（如果零假设为真）低于 5%，研究者就拒绝零假设。这个可能性通常写作 $p<0.05$。然而，在一些研究领域，或者当研究者格外谨慎时，
113 他们用 1%来做界限（$p<0.01$）。[①] 这叫作**常规显著性水平**。它们被描述为 0.05 显著性水平和 0.01 显著性水平。我们也把它们叫作 5%显著性水平和 1%显著性水平。（在第 6 章中我们会讨论更多的细节来决定显著性水平的使用情况。）当一个样本分数足够极端以至研究者能够拒绝零假设，这个结果就被称作具有**统计显著性**（或简称显著）。

步骤❹：决定比较分布上你的样本分数

下一步就是要进行这个研究从而得出你的样本的实际结果。一旦你是从样本中得出结果，你就要根据比较分布上的总体平均数和标准差计算出样本原始分数的 Z 分数。

> **常规显著性水平（$p<0.05$，$p<0.01$）** 广泛被用于心理学中的显著性水平。
>
> **统计显著性** 如果实际中的样本研究显示出一个总体同一般性总体之间没有差异，那么这个研究结果得出的结论就很靠不住，这个假设检验的结果就是零假设被拒绝。

> **成功小贴士**
>
> 如果你不能确定用哪个总体参数符号（μ、σ），可以重温表 3—2。

假定研究者做了这个研究并且服用特殊提纯维生素的婴儿在 6 个月开始走路。我们根据比较分布的结果可以看出平均数为 14 个月，标准差为 3 个月，即：$\mu=14$ 且 $\sigma=3$。因而，一个 6 个月开始走路的婴儿要比总体的平均数低 8 个月。这就导致该婴儿比总体平均数低约 2.67 个标准差。这个比较分布上的婴儿样本的 Z 分数是 -2.67 [即 $Z=(6-14)/3=-2.67$]。图 4—3 显示的是我们的样本婴儿在比较分布上的分数。

步骤❺：决定是否拒绝零假设

为了决定是否拒绝零假设，把你实际的样本 Z 分数（从步骤❹得出）和临界 Z 分数（从步骤❸得出）相比较。在我们的例子中，实际的临界值是 -2.67。让我们假设研究者预先决定如果样本 Z 分数低于 -2 则拒绝零假设。由于 -2.67 低于 -2，研究者将拒绝零假设。

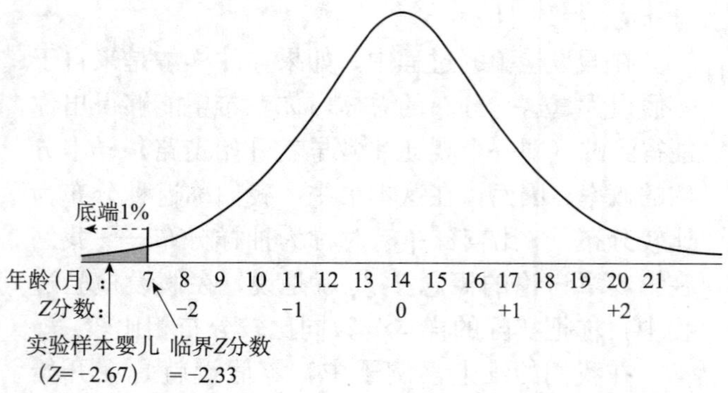

图 4—3　婴儿开始走路时间（虚构的数据）的分布图（同时展现了处于底端 1%的部分和作为研究样本的单个婴儿）

或者，假设研究者使用 1%的显著性水平。所需要的拒绝零假设的 Z 分数就要为 -2.33 或更 114
低。但是重申一遍，随机选择的婴儿的实际 Z 分数是 -2.67（比 -2.33 更极端的分数）。因此，即使用更加谨慎的临界值，仍然会拒绝零假设。这种情形在图 4—3 中被给出，就像你在图中所看到的那样，这个分布的底端 1%的地方被阴影化了。我们建议你一直画这样的分布图，并确保把分布图中比临界值更加极端（即离尾部更远）的分数部分阴影化。如果你的实际样本 Z 分数落在了阴影区域，你能够拒绝零假设。由于这个例子中的样本 Z 分数（-2.67）落在了阴影尾侧区域，所以研究者可以拒绝零假设。

如果研究者拒绝了零假设，研究假设就得到了支持。在这个例子中，研究小组可以总结称他们的研究结果支持了研究假设，即吃了特殊提纯维生素的婴儿比一般的婴儿更早走路。

拒绝或接受零假设的意义

在你从假设检验过程得出的结论中要强调非常重要的两点。第一，当你拒绝零假设的时候，所有你陈述内容的结果都要支持研究假设（就像我们的例子中一样）。你不能说这个结果证实了研究假设或者是这个结果显示了研究假设为真。“证实”和“真”这样的词太强烈，因为实验研究的结果是建立在可能性的基础上。特别要指出的是，它们比你得出零假设为真的可能性还要低。“证实”和“真”在逻辑学和数学上都是很好用的术语，但是把这些词语用在以科学研究得出的结论

① 实际上，由于假设检验通常都在计算机上来做，你不得不事先决定临界概率。然后你可以比较打印出来的概率，看它是否比你预先设置的临界概率低。然而，为了了解这些可能水平的意义，你需要学习全部的步骤，包括如何计算特定临界概率的 Z 分数。

中就显得不够专业了。（说假设的时候用“真”是非常正确的——例如，“如果这个假设为真，那么……”——但是在说一个实际结果得出的结论时就不能用这个词了。）当你拒绝零假设的时候你应该说这个结果具有统计显著性。你也可以说这个结果“支持”或为研究假设“提供了证据”。

第二，当一个结果不够极端来拒绝零假设时，你不能够说这个结果支持了零假设，你仅仅能说这个结果不具有统计显著性。

一个结果强度不足以拒绝零假设就意味着这个结果是无效的。这个结果拒绝零假设可能不够极端，但是零假设可能依旧是错的（且研究假设为真）。假设在我们的例子中特殊提纯的维生素的效果仅有一点点但确实是有的。在那种情况下，我们可能找到一个服用特殊提纯维生素的婴儿比一般婴儿开始走路的时间提早了很多。因此，即使它是错误的，我们也不能够拒绝零假设。（在第 6 章决策误差部分我们能够学到更多关于这种情形的知识。）

显示零假设是真的就意味着两个总体之间绝对没有差异。总体之间总是存在差异，只不过这种差异过小以至于某一研究难以检测到。因此，当一个结果不够极端，从而不足以来拒绝零假设的时候，这个结果就被说成是无效的。然而，有时候，如果研究使用了大样本和精确的测量程序，建立起来的证据可能更能支持零假设的某些方面——
在总体之间有非常小的差异。（在这一章的后面和 115
第 6 章中我们还会更多地说到这个重要的问题。）表 4—1 总结了假设检验的基本逻辑，也包括服用特殊提纯维生素的婴儿的案例中的逻辑。

表 4—1　假设检验的基本逻辑（以服用特殊提纯维生素对婴儿开始走路时间的影响为例）

	基本逻辑		婴儿示例
研究焦点	被研究的样本		观察服用特殊提纯维生素的婴儿开始走路的年龄
问题	一般总体的样本具有代表性吗？		这个婴儿开始走路的年龄在婴儿的总体中具有代表性吗？
回答	极不可能 ↓	可能 ↓	极不可能 ↓
结论	样本很可能不是来自一般总体；它很可能来自一个完全不同的总体	极不可靠的	这个婴儿极不可能来自一般婴儿总体，因为他开始走路的年龄比一般婴儿低很多。因此，服用了特殊提纯维生素的婴儿开始走路的年龄很有可能比一般婴儿要早

假设检验步骤小结

这里是关于假设检验五个步骤的小结。

❶ 重申有关总体的研究假设和零假设问题。

❷ 决定比较分布的特征。

❸ 根据比较分布上的样本分数临界值来决定是否应该拒绝零假设。

❹ 决定比较分布上你的样本分数。

❺ 决定是否拒绝零假设。

第二个示例

这儿是另一个虚构的例子。两个人格心理学家正在验证一个幸福源于积极体验的理论。这些研究者讨论的是如果人们遇上了一些幸运的事，他们就会变得非常快乐并且持续快乐 6 个月之久。研究者计划了下述的实验：从北美成人公众中随机选出一个人并且给他 1 000 万美元。6 个月之后，测量这个人的幸福感。我们已经知道（在这个虚构的例子中）北美成人公众总体的幸福感分布情况，并且这个在图 4—4 中已经给出。通过测验得到，幸福指数平均为 70，标准差为 10，接近正态分布。

心理学家们现在执行假设检验程序。在研究 116
者能够非常自信地拒绝零假设之前，即在收到这么多钱后人们无法持续幸福达 6 个月之久，他们需要考虑一个人究竟要有多幸福才能做出该拒绝。如果研究者的结果显示了高度的幸福感，心理学家就拒绝零假设并且得出结论：获得 1 000 万美元很有可能会使人们的幸福感维持 6 个月。但是如果结果并不很极端，研究者就会做如下总结：并没有充足的证据来拒绝零假设，这个实验结果无效。

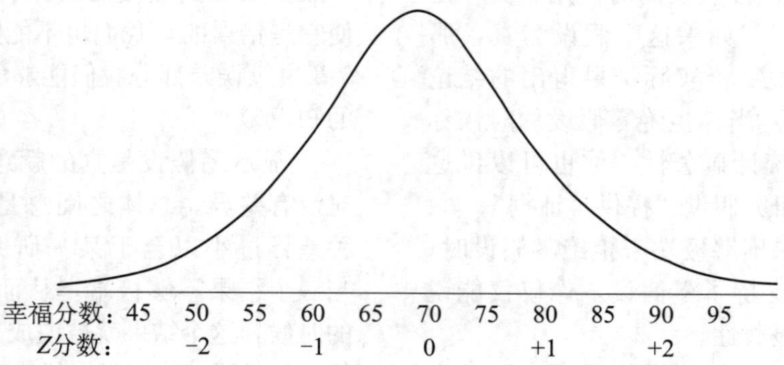

图 4—4　幸福分数（虚构的数据）的分布图

现在让我们细想一下假设检验过程在这个例子中的每个细节，以下是五个步骤。

❶ **重申有关总体的研究假设和零假设问题。**有两个总体，如下。

总体 1：6 个月前获得 1 000 万美元的人。

总体 2：一般总体（由 6 个月前没有得到 1 000 万美元的人构成）。

基于他们的幸福感理论，人格心理学家预测总体 1 的人比总体 2 的人要更快乐：用符号表示，$\mu_1 > \mu_2$。零假设是总体 1 的人（获得 1 000 万美元的人）并不比总体 2 的人（没有获得 1 000 万美元的一般人）更加快乐。

❷ **决定比较分布的特征。**比较分布是在零假设为真的情况下表示总体情况的分布。如果零假设为真，总体 1 和总体 2 的分布情况就一样。我们知道总体 2 的分布情况（它是 $\mu=70$ 且 $\sigma=10$ 的正态分布），因此我们能够把它作为比较分布来使用。

❸ **根据比较分布上的样本分数临界值来决定是否应该拒绝零假设。**什么样的结果足够极端让我们拒绝零假设？在这个例子中，假想研究者预先决定如下：在零假设为真的情况下，如果结果发生的概率低于5%，那么要拒绝零假设就极不可能。我们知道比较分布是一个正态曲线。因此，我们可以从正态曲线表中计算出顶端 5%的分数大
117 概从 Z 分数为 1.64 开始。因此，研究者为拒绝零假设的结果在比较分布上设置的样本 Z 分数的临界值为 1.64。（比较分布的平均数为 70，标准差为 10。因此，如果样本的结果在 86.4 或高于 86.4，就要拒绝零假设。）

❹ **决定比较分布上你的样本分数。**现在看这个结果：在给了随机选择的人 1 000 万美元 6 个月之后，现在对这个非常富有的研究参与者做了一个幸福感测试。这个人的得分是 80 分。正如你在图 4—4 中所看到的那样，80 分可以在比较分布上找到相应的 Z 分数$+1$。

❺ **决定是否拒绝零假设。**样本个体的 Z 分数是$+1$。研究者设置最小 Z 分数$+1.64$ 来拒绝零假设。因此，样本分数不够极端来拒绝零假设。这个实验是无效的；研究者会说这个结果“不具备统计显著性”。图 4—5 将比较分布上顶端 5%的地方画为阴影，这个部分是接受了 1 000 万美元的样本参与者。

你可能有兴趣了解布里克曼等（Brickman et al.，1978）基于同样的问题而执行的一项更精心的研究。他们把彩票赢家作为例子，研究一个人身上突然发生了一项积极事件的影响。他们的结果同我们虚拟的例子相似：那些赢得彩票的人并不会比那些没有赢得彩票的人高兴 6 个月之久。与此同时，另一组研究经历一个偶然事故而高位截瘫的人群，得出他们 6 个月之后不会比其他人不快乐。这些研究者得出结论：如果一个重大事件可以对幸福指数有持续影响，那这个事件很有可能不是一个大事件。这个结论与近期许多研究的发现相一致（例如，Suh et al.，1996）。确实，在最近几年，大量研究都在检测可以提高人们幸福水平的因素。如果你有兴趣了解更多的有关这方面的话题，我们强烈推荐一篇由迪纳和他的同事（Diener et al.，2006）所写的文章，以及社会心理学家丹尼尔·吉尔伯特（Daniel Gilbert，2006）所著的关于雇用更好的销售员的书：《幸福的绊脚石》。

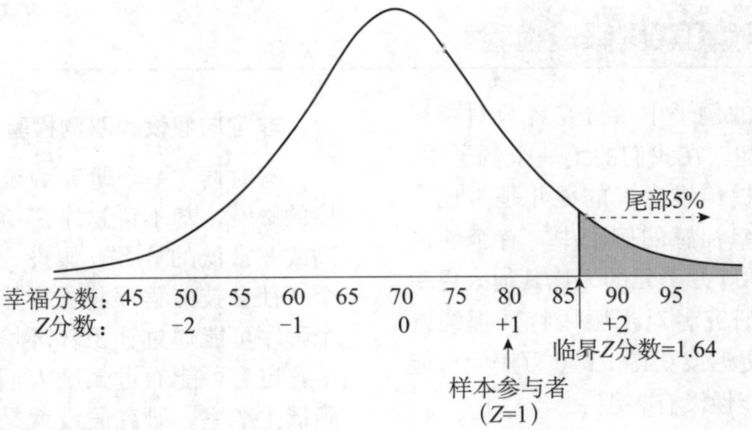

图 4—5　顶端 5%被阴影化并展示了样本参与者位置（虚构的数据）的幸福分数分布图

你会做吗? 118

1. 一个实验室里的老鼠样本被给予一定的实验处理，打算让它们比其他老鼠更快地学习走迷津。请陈述（a）零假设和（b）研究假设。

2. （a）什么是比较分布？（b）它在假设检验中扮演什么角色？

3. 什么是临界值？

4. 为什么说假设检验包含双重否定原理？

5. 在下面的情况下你能够得出什么结论：（a）结果足够极端让你拒绝零假设和（b）结果不够极端不能拒绝零假设？

6. 一个增强友善心的训练程序在从一般大众中随机选择出来的个体上进行测试。在一般大众（没有接受训练程序的人）中，友谊测量的平均数是 30 且标准差为 4。研究者想在 5%的显著水平上检测他们的假设。在参加了这个训练程序之后，这个个体参加了友谊测试且得到 40 分。研究者可以得到什么结论？

答案

1. （a）那些经过实验处理学习走迷津的老鼠总体所得出的分数同一般老鼠总体得出的分数是一样的。（b）接受实验处理学习走迷津的老鼠总体比没有经过实验处理的老鼠总体学习走迷津要快。

2. （a）比较分布就是对你的研究结果进行比较的分布。（b）在假设检验中，比较分布就是当零假设为真时描述情形的分布。为了决定是否要拒绝零假设，你要核查在比较分布上你的样本分数有多极端——如果你的样本来自于比较分布，得到一个样本分数的极端值有多大可能。

3. 临界值就是如果样本 Z 分数比它在比较分布上更加极端则拒绝零假设的那个 Z 分数。

4. 我们说假设检验包含双重否定原理因为我们对研究假设感兴趣，但是我们检验它是否为真是通过看我们能否拒绝它的对立面，零假设。

5. （a）结果足够极端让你拒绝零假设，研究假设就得到了支持；这个结果具有统计显著性。（b）当结果不是很极端，结果就不具有统计显著性，那么这个结果就是无效的。

6. 训练程序可以提高友善心。（比较样本的临界样本 Z 分数是 1.64。实际样本 Z 分数为 2.50，更加极端——离单侧更远——相比临界 Z 分数来说。因此，拒绝零假设；支持研究假设；结果具有统计显著性。）

119 单侧假设检验和双侧假设检验

目前为止在我们的例子中，研究者只对结果的仅仅一个方向感兴趣。在我们的第一个例子中，研究者检验服用特殊提纯维生素的婴儿是否比一般婴儿走路更早。在幸福感的例子中，有个性的心理学家预测获得 1 000 万美元的人比其他人更幸福。在这些研究中的研究者对于服用特殊提纯维生素将导致婴儿走路更迟或获得 1 000 万美元可能会变得更不愉快的可能性没有兴趣。

定向假设和单侧检验

定向假设　预测总体之间差异有一个特定方向的研究假设——例如，预测研究样本的平均数比一般总体的高。

单侧检验　对定向假设进行假设检验的程序；比较分布上拒绝零假设的情形所在的区域全都在分布的一边。

非定向假设　不预测研究样本和一般总体差异有特定方向的研究假设。

双侧检验　对非定向假设进行假设检验的程序；比较分布上拒绝零假设的情形所在的区域在分布的两边。

提纯维生素和幸福感研究都是检验**定向假设**的例子。这些研究都致力于影响的一个特定方向。当一个研究者制定了一个定向假设，在某种意义上，零假设也是定向的。假定研究假设是获得 1 000 万美元将使一个人比一般人更快乐，零假设就是金钱没有效果或者使人减少快乐。[用符号来表示，如果研究假设是 $\mu_1>\mu_2$，则零假设就是 $\mu_1\leqslant\mu_2$（“$\leqslant$”是小于或等于的符号）。] 因此，在图 4—5 中，为了拒绝零假设，样本不得不在比较分布的一侧有分数：比较分布的高处极端或尾侧（在这个例子中是顶端 5%）。（当用定向假设来拒绝零假设时，另一侧的分数同中间的分数是一样的；即，这样的分数不能允许你去拒绝零假设。）由于这个原因，对定向假设的检验就叫作**单侧检验**。单侧检验可以用于任一方向的一侧。在幸福感研究的例子中，预测影响的一侧是顶端。在婴儿研究的例子中，预测影响的一侧是底端（也就是说，被检验的预测是服用特殊提纯维生素的婴儿开始走路的时间特别早）。

非定向假设和双侧检验

有时候，一个研究假设陈述的是一个实验程序的影响，却不说这个影响是否会产生一个非常高或非常低的分数。假设一个组织心理学家对一个新社会技能程序将怎样影响生产率感兴趣。这个程序可能通过让工作环境更加愉悦来提高生产率，也有可能通过鼓励人们社交而忽视工作从而降低生产率。研究假设就是社会技术程序影响生产率水平；零假设是该程序不提高也不降低生产率。用符号来表示，研究假设是 $\mu_1\neq\mu_2$（“$\neq$”是不等于的符号），零假设为 $\mu_1=\mu_2$。

当一个研究假设预测一个影响却不预测这个影响的方向，就叫作**非定向假设**。为了检验一个非定向假设的显著性，你不得不考虑在比较分布上任一边样本极端的可能性。因此，这就叫**双侧检验**。

双侧检验下的临界值 120

双侧检验中有一个特殊的复杂情况。你不得不划分两侧之间的显著百分率。例如，显著性水平为 5%，除非在比较分布的顶端 2.5%或者是底端 2.5%，如此极端的情况下才能拒绝零假设。这样就保证了总体上的显著性水平为 5%。

注意，如果采用双侧检验，5%显著性水平临界 Z 分数为 +1.96 和 −1.96。对于在 5%显著性水平上的单侧检验来说，界限并不是如此极端：仅仅是 +1.64 或 −1.64。但是用单侧检验，仅仅能考虑到分布的一边。这些情况在图 4—6a 中给出。

用 1%的显著性水平，一个双侧检验（每一侧为 0.5%）的临界值为 +2.58 和 −2.58，此时单侧检验临界值为 +2.33 或 −2.33。这种情况在图 4—6b中给出。对于单侧和双侧检验在 0.05 和 0.01 显著性水平上的 Z 分数临界值在表 4—2 中也给出了总结。

表 4—2　采用 0.05 和 0.01 显著性水平的单侧和双侧临界 Z 分数

		检验类型	
		单侧检验	双侧检验
显著性水平	0.05	−1.64 或 1.64	−1.96 和 1.96
	0.01	−2.33 或 2.33	−2.58 和 2.58

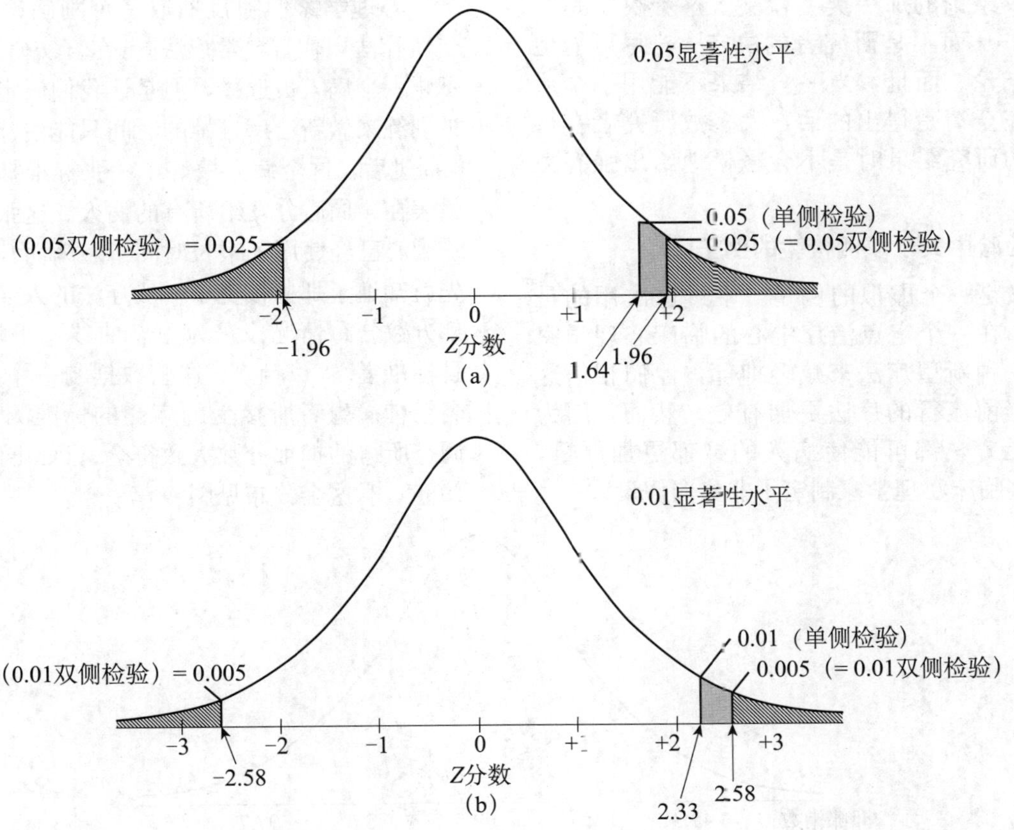

图 4—6　单侧检验和双侧检验的显著性水平临界值

注：(a) 0.05 显著性水平；(b) 0.01 显著性水平。在这些例子中单侧检验假定预测的是高分数，并且你可以用单侧检验来对处于底端的分数进行预测。

121 **什么时候使用单侧检验或双侧检验**

如果研究者预先决定使用单侧检验，与需要双侧检验相比样本的 Z 分数就不需要如此极端的显著性水平了。然而这要付出代价。如果要预测的结果对于对立方向来说足够极端——无论有多极端——结果都不能被认为是具有统计显著性。

原则上，当你有一个清晰的定向假设时，你就要准备使用单侧检验，且若你有一个清楚的非定向假设时就要准备使用双侧检验。实践中，决定并不这么简单。甚至当一个理论清楚地预测一个特定的结果时，这个实际的结果可能会得出与你的期望相反的结论。有时候，这个相反的结论可能比你期望的更有意思。(例如，要是真的像有关许愿精灵和鱼的所有美丽故事一样，许个愿就能得到 1 000 万美金并且每个人的愿望都能得到满足的话，岂不是会让每个人都苦不堪言?）当使用单侧检验时，我们就会面临不得不忽视一些可能重要的结果的风险。

由于这些原因，甚至当一个定向假设已经确立好的时候，研究者们还会争论是否应该使用单侧检验。为了安全起见，许多研究者在定向和非定向假设中都采用双侧检验。如果双侧检验是有效的，研究者就根据这个结果来确定方向且思考在那个方向上的研究显著性。在实践中，总是采用双侧检验是一个保守策略，因为临界分数对于双侧检验来说更加极端，大多数双侧检验很少能够给出显著性结果。因而，如果你采用双侧检验得到了一个显著性结果，那么对于这个结论你就会非常确信。实际上，在大多数心理学研究论文中，一般情况下都假定为双侧检验，除非研究者特别说明采用的是单侧检验。

然而在实践中，我们的经验是大多数研究结果要不就是无论用单侧检验还是双侧检验都能得出显著性的极端值，要不就是结果不够极端，用哪一种检验都无法得到显著性。但是当一个结果不能确定时会发生什么呢？现在研究者关于使用单侧检验还是双侧检验的决定会带来很大差异。在这种情况下，研究者尽力采用可以得出最精确和最无争议结论的那一类型检验。这个决定是为了让事实——而不是研究者的决定——尽可能地决定研究结论。而且，当一个结果不能用一个或其他方法完全清楚得出的话，大多数研究者在得不到更多的研究结果时是不会轻松地给出强有力的结论的。

假设检验中关于双侧检验的例子

这儿又是一个虚拟的例子，不过这次用的是双侧检验。在一个定点治疗中心的临床心理学家们开发了一种新型疗法来减轻抑郁，他们相信这
122 种疗法比当前流行的疗法更加有效。然而，因为采用任何治疗，都可能使病人的抑郁更加严重，因此，这些临床心理学家制定了非定向假设。

心理学家们随机抽取一个刚确诊的病人来接受新疗法以代替寻常疗法。（在真实研究中，当然，不止一个病人被选择，但是让我们假定只有一个人被训练来做新治疗且她的时间只能治疗一个病人。）4 周过后，这个病人填好了一张标准抑郁量表，该量表在 4 周后分发给所有的病人。这张量表在该治疗中心已经使用了很长时间了。因而，心理学家预先就知道了那些接受了一般疗法的人 4 周之后的抑郁分数分布情况：它为正态曲线，平均数为 69.5 且标准差为 14.1。［这些数据与一个关于 75 000 名精神病患者所接受的广泛的标准测试的全国性调查所得的抑郁分数大致符合（Dahlstrom et al.，1986）。］这个分布见图 4—7。

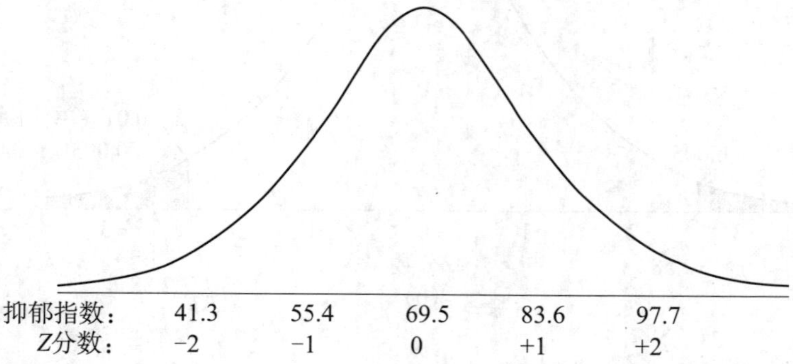

图 4—7　确诊为抑郁性精神病的患者在接受标准治疗后的 4 个星期的抑郁分数（虚构的数据）分布图

这些临床心理学家接着执行假设检验的五个步骤。

❶**重申有关总体的研究假设和零假设问题。**有两个要关注的总体，如下。

总体 1：诊断为抑郁并接受新疗法的人。

总体 2：诊断为抑郁的一般人（那些接受寻常治疗的人）。

研究假设是确认 4 周后，当对抑郁症进行测量的时候，接受新疗法的患者（总体 1）在平均分数上将与接受寻常疗法的患者（总体 2）有很大不同。

> **成功小贴士**
>
> 记住研究假设和零假设一定总是完全对立的。研究者具体指明研究假设，然后确定与之相配的零假设。

用符号来表示，研究假设为 $\mu_1 \neq \mu_2$。研究假设的对立观点为零假设，是接受了新疗法的患者与接受寻常疗法的患者具有同样的平均抑郁水平。（也就是说，4 周后测量的抑郁水平，总体 1 和总体 2 拥有同样的平均数。）用符号表示，零假设为 $\mu_1 = \mu_2$。

❷**决定比较分布的特征。**如果零假设为真，总体 1 和总体 2 的分布就一样。我们了解总体 2 123
的分布（是在图 4—7 给出的那一个）。因此，我们可以利用总体 2 作为我们的比较分布。要注意，它遵循正态分布，$\mu=69.5$ 且 $\sigma=14.1$。

❸**根据比较分布上的样本分数临界值来决定是否应该拒绝零假设。**临床心理学家选择 5%的显著性水平。他们制定了一个非定向假设因此就要用双侧检验。所以，除非患者的抑郁指数在比较分布上不是顶端 2.5%就是底端 2.5%，他们才能够拒绝零假设。就 Z 分数而言，这些临界值为 +1.96 和 −1.96（见图 4—6 和表 4—2）。

❹**决定比较分布上你的样本分数。**确认抑郁症 4 周后，接受了新疗法的患者被测量。这个患者在抑郁量表上的分数为 41，在比较分布上的 Z 分数为 −2.02。也就是说，$Z=(X-M)/SD=(41-69.5)/14.1=-2.02$。图 4—8 显示的是这个研究中总体 2 的分布，顶端和底端 2.5%的区域

都为阴影，样本病人的抑郁分数也被给出。

❺决定是否拒绝零假设。—2.02 的 Z 分数比 —1.96 的 Z 分数稍微极端一点，在比较分布中比 2.5% 开始的区域还要低点。注意图 4—8 中 —2.02的 Z 分数落在了比较分布的左侧的阴影区域，如果该病人是从与总体 2 没有区别的总体中选取的话，那么出现—2.02 的 Z 分数这个极端的结果就不大可能会发生。因此，临床心理学家拒绝零假设。这个结果是统计显著性的，并且它支持研究假设，即接受新疗法的抑郁症病人与接受一般疗法的抑郁症患者有着不同的抑郁水平。

成功小贴士

当执行假设检验的五个步骤时，总要画一个类似图 4—8 那样的图。确保其包括了临界分数和与其相对立的一侧或两侧的阴影部分。如果样本分数落入了阴影区域，你就能够拒绝零假设并表明结果具有统计显著性。如果样本分数没有落在阴影区域里面，你就不能拒绝零假设。

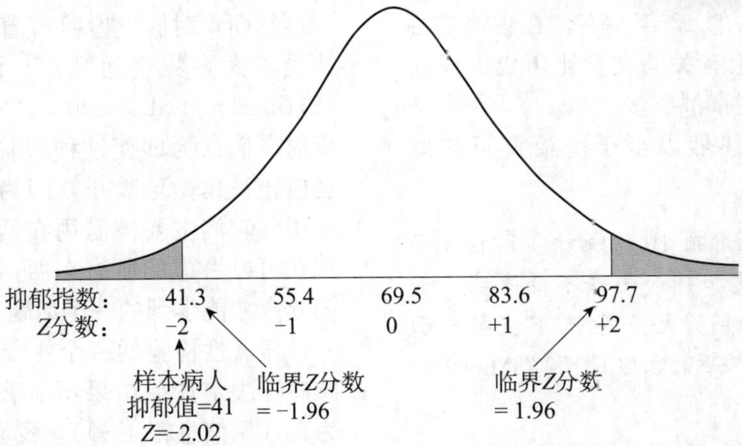

图 4—8　抑郁指数的顶端和底端 2.5%被阴影化并展现了接受新疗法的样本患者的抑郁指数（虚构的数据）分布图

你会做吗？ 124

1. 什么是非定向假设检验？
2. 什么是双侧检验？
3. 为什么检验非定向假设时要用双侧检验？
4. 当你的理论预测出了一个结果的特定方向，使用单侧检验的好处是什么？
5. 当你的理论预测出了一个结果的特定方向时，为什么会用双侧检验？
6. 一个研究者预测让人饥饿会影响他们在协调测试上的行为。一个随机抽取的人在做标准协调测试前被要求 24 小时不吃东西且测得了 400 分。对于这个年龄段和性别的普通人来说，测试在正常条件下进行，协调分数正常分布为平均数 500 且标准差为 40。使用 0.01 的显著性水平，这个研究者会得出什么结论？

答案

1. 非定向假设检验是一种你不能预测出差异的特定方向的假设检验。
2. 双侧检验就是所有的临界百分数在比较分布上的两侧被区分开。双侧检验被用作检验非定向假设的显著性。
3. 当检验一个非定向假设时你使用双侧检验因为任一方向上的极端结果都可以支持研究假设。
4. 单侧检验的临界值并不是非常极端；因此，如果你的结果是在预测的方向中显现出来，它就更显著。临界值并不极端因为整个的百分数（如 5%）被放在一侧来代替分开在两侧。
5. 它让你计算任一方向极端结果的显著性；如果你使用单侧检验并且这个结果支持的是预测的对立方，这就不能称作是具有统计显著性。
6. 临界值是+2.58 和—2.58。样本个人的 Z 分数是（400—500）/40=—2.5。结果并不显著；这个研究是无效果的。

争论：显著性检验应该被禁止吗?

在最近几年，关于显著性检验本身有一个重要的争议：有一个规模小但很有发言权的心理学家群体展开了一个商讨大会要完全禁止显著性检验！这是一个牵连甚广的极端提议，因为至少半个世纪过去了，几乎所有的心理学调查研究都会用显著性检验。在过去的12年左右，在主流的心理学期刊中与这个争论有关的文章比历史上任何与统计相关的问题的文章都要多。

这个讨论是如此热烈以至于一篇文章如此开头：

> 一群激进主义者把10位统计学家和6名期刊编辑作为人质扣押……并不是事实。美国心理学会一致约定并大声高呼："支持全面禁止假设检验！""停止零假设！"（Abelson，1997，p. 12）

125 显然多年来最重要的争议就是统计在心理学中的运用，我们至少在三个不同的领域讨论过这个话题。在这一章中我们致力于假设检验的一些基本难题。在第5章和第6章，我们讨论其他话题，它们仍涉及你在这些章中学到的关于假设检验的某些方面的知识。

在讨论这个争议之前，你应该确认你没有白学假设检验的知识。将来无论发生什么，你绝对要知道在过去几乎所有公开发表的研究论文都要用到假设检验。而且，不管这个争议十几年来有多激烈，还是很少能看见不用显著性检验的新论文。因此，在不久的将来会发生任何的转变都是无法预料的。最后，即使假设检验被完全舍弃，替代的选择（你将在第5章和第6章里学到一些程序）还是要求我们能理解几乎所有的逻辑和程序。

那么这个大争议具体是什么呢？一些争议涉及逻辑的某几点。例如，一个争议涉及当一个无效的假设无论如何都未必为真时，考虑能不能拒绝零假设究竟有没有意义。另一个争议关于根据总体和样本建立的假设检验，因为在大多数的实验中，我们所使用的样本并不是在任何确定的总体中随机选择出来的。我们在第3章中已经讨论了一些涉及该争议的要点。最后，还有一个逻辑上的问题，即如果与零假设相关的数据前后不一致，那么是否可以把这个看作支持研究假设的证据。这个争议变得越来越专业化，但是我们的观点是，考虑近来的一些争议，心理学研究者使用假设检验这种方法是合情合理的（Balluerka et al.，2005；Iacobucci，2005；Nickerson，2000）。

然而，对假设检验有着极大不满的人也已经接受了大多数普通观点，认识到它们被误用了（Balluerka et al.，2005）。实际上，显著性检验的反对者们认为即使这种检验没有其他问题，它们也应该被稍微地禁止，因为它们经常且糟糕地被滥用。它们主要被滥用在两个方面：一个是我们现在可以考虑的所有东西；另一个是你必须等到第6章才能学到的一个话题。

显著性检验的一个主要误用问题是研究者们倾向于决定如果结果不显著，那么零假设就显示为真（见信息箱4—1）。我们还要强调一点，当我们不能够拒绝零假设时，结果仅仅就是无效的。拒绝失败则零假设为真，这个错误的结论是十分严重的，因为重要的理论和方法被认为是错误的仅仅是因为一个特殊的研究不能得出强有力的证据。你在第6章中可以很容易地看到一个真的研究假设并不显现出显著性，因为研究被试太少了或者测量方法不精确。事实上，赫特（Hunter，1997）认为，60%的心理学研究中，即使研究假设确定为真，我们几乎得出的都是非显著性的结果。

那么应该做什么呢？普遍的舆论认为我们应该保持使用显著性检验，但是最好教导我们的学生不要误用它们（因而在本书中特别强调这点）。我们不应该倒洗澡水的同时把孩子也倒掉了。为了解决这些争议，美国心理学会成立了一个由著名心理学家组成的委员会，他们在统计学方面的知识都相当卓越。这个委员会经历了一个两年的阶段，发布了初步的报告，并且考虑相当数量研究者的反应。最后，他们强烈谴责我们一直在讨论的假设检验的各种滥用，但是依据每个研究者 126
的决定他们也讨论了它的使用。他们在报告中这样总结：

> 在心理学期刊中一些人希望这个特别小组投票建议对显著性检验的使用进行完全禁

止。尽管这能够消除一些滥用情况，但是委员会认为有足够的反例（例如，Abelson，1997）来证明可以忍耐。（Wilkinson & Task Force on Statistical Inference，1999，pp. 602 - 603）

巴鲁卡和他的同事们（Balluerka et al.，2005）回顾了那些支持和反对显著性检验的言论。他们的结论中，我们赞成的是："……严格的研究活动要求要在适宜的情境中使用显著性检验，无法进行显著性检验却可以提供某些方面的信息的其他方法的运用，加之对于一系列建议的坚持，从而促进了心理学研究中对显著性检验的合理应用。"（p. 55）

信息箱 4—1 雅各布·寇恩——最后的纽约人：有趣、固执、杰出和仁慈

纽约人以雅各布·寇恩（Jacob Cohen）而自豪，他独立地为行为学家和社会学家引入了一些非常重要的统计工具。他从不担心这些工具的普及性，独自冲击当前关于显著性检验的争论，他喜欢用开玩笑来稳固自己的地位，如称自己为"不朽的牧师"。关于显著性结果加星号的问题，他说这种信仰一定是"与犹太教和基督教共有的起源有关，因为它与最有力量的圣像的六角星有着某种相似"（1990，p. 1307）。

雅各布于 1947 年进入纽约大学（NYU）学习临床心理学并且 3 年后取得了硕士学位和博士学位。然后他在退伍军人管理局工作，这是一个相当平凡的角色，他对各种实践性的论题做研究，直到 1959 年回到 NYU。在那儿他成为一个著名的专业人员，因为他对于统计学拥有富有创造力的和不落俗套的观点。令人惊讶的是，他做出的贡献中所有用到的教学知识都没有超过高中线性代数。

但是缺乏正规训练可能是雅各布·寇恩的一大优势，因为他着重查看数据并且仔细思考它们，并不仅仅是实行一种标准化分析。尤其是，他认为标准化方法并没有很好的效果，特别是对于心理学中的一些"推测性"的领域如临床心理学、人格心理学和社会心理学。他的许多观点被认为是心理学的重大突破而受到欢迎。20 世纪 90 年代起，他真正开始推动对显著性检验的胡乱使用这一议题。但是他仍然用幽默来戏弄行为学家和社会学家，因为他们以专横的"是或不是"决定零假设检验来看待内在问题，这是很失败的。例如，他喜欢提醒每个人显著性检验源自罗纳德·费希尔（Ronald Fisher）先生在农学上的工作（见信息箱 9—1），后者用"是或不是"来决定一些事件如庄稼是否需要肥料。他指出行为学家和社会学家"在肥料领域做不出什么成就"（Cohen，1990，p. 1307）！他确实不喜欢一个事实，就是费希尔风格的决定方式不仅仅被用在决定博士论文、研究基金、出版物和商品宣传的命运上，还有"现在是否要一个孩子"（1990，p. 1307）。而且更严重的是，他指责显著性检验"专横不讲道理的专制导致了细微的不同程度的数据捏造，在遗漏的例子中可以看出粗略的改动数据'一定是'错误的"（p. 1307）。

寇恩在许多社会活动中很活跃，尤其是在学校消除种族隔离以及警察部门为消除种族歧视而战斗中。他谨慎热情地对待他做的每件事。他深深地爱着他的事业。但是他患上了严重的抑郁症，抑郁症在他人生中的四次发作让他丧失了能力。

你有任何困惑吗？你接受过比高中线性代数更多的数学知识吗？这些不能阻止你为科学做出贡献。

研究文献中的假设检验 127

通常来说，发表的研究文献中的假设检验使用的是假设检验里各种特殊方法中的一种，这将在后面的章节中学到。对于关注的每一个结果，研究者通常首先标出这个结果是否具有统计显著性。（注意，在后面例子中的第一条就是研究者将没有必要使用单词"显著性"；因此要注意其他指示语，例如记述变量减少或增加上的分数，或者该分数同其他变量上的分数有什么联系。）然后，研究者在计算结果可能性的时候通常给出与这些特殊方法有关的符号，这些结果是出现在如果零假设为真的情况下，如 t，F，r，χ^2（见第 7 章到第 13 章）。最后，会有一个显著性水平的标示，如 $p<0.05$ 或者 $p<0.01$。（研究者通常也会提供其他信息，如样本分数的平均数和标准差。）

例如，在一个关于好竞争的拼字游戏玩家的研究中，哈尔彭和瓦伊（Halpen & Wai，2007）记述道：“与预期相反，能够被正确定义的单词数量与该玩家官方授予的拼字游戏级别呈显著性相关，r（21）＝0.45，$p<0.05$，显示出中度相关（Cohen & Cohen，1983），即越高级别的玩家能够准确定义出更多的单词。”关于这方面在之后的章节中你还会学到很多，但是现在关键一点是要明白这个结果“$p<0.05$”的真正含义。这意味着如果零假设为真，那么这个结果的可能性就低于0.05（5%）。

当一个结果接近却没有达到已选中的显著性水平时，无论如何它都可能作为“接近显著性趋势”或“有近似显著性”来报告，当一个结果甚至都不够极端来拒绝零假设的时候，它都可能作为“不显著”来报告，或者以缩写形式“ns”来表示。最后，无论一个结果是否显著，对于研究者来说，一般情况下 p 水平都要给出，如 $p=0.03$ 或者 $p=0.27$（这些假设检验的结果在计算机输出信息中被给出）。这里报告的是以比较分析分布上的比例为基础，它比你以样本和正态曲线表中得出的 Z 分数样本分数信息更加极端。

研究者通常会注明他或她使用的是不是单侧检验。在读研究文献时，如果没有额外说明的话，我们就假定研究者使用的是双侧检验。即使研究都预先选择好了显著性水平，如0.05，研究者也会标出那个结果达到了更精确的标准。因此，在同样的论文中，你可能看到一些结果标注为“$p<0.05$”，也有的为“$p<0.01$”，还有一些为“$p<0.001$”。

最后，研究者在一个结果呈现表中以星号（星星）来表现假设检验的结果。在这样的表中，结果上带有星号意味着它是显著的，反之没有显著性就不带星号。例如，表4—3展现的是博纳特和他同事（Bohnert et al.，2007）的部分研究结果，该研究主要通过男女大学生在他们大学生活第一年之前的夏季（时期1）和10个月之后（时期2）来比较在他们身上表现出来的社会适应的不同方面。这张表给出了平均数、标准差，统计的符号——“t（83）”是这个特殊假设检验程序中的详述过程，被用在这项研究中称为 t 检验，你将在第7章和第8章中学到。现在最重要的事就是查看这些星号（就是一直附带着的标注在表格底部的）。这些星号会告诉你各种对照上的显著性水平。例如，在时期1女性（$M=2.82$）比男性（$M=2.49$）有更高水平的友谊品质；因此，对于这个结果，在这一排的末端就有3个星号，这个在底部的标示则告诉你如果零假设为真，那么获得这种巨大差异性的概率则低于千分之一（0.001）。在时期1 128
中，男性（$M=39.30$）比女性（$M=34.78$）更显得孤独，但是你可以看到在时期2中孤独没有显著的性别差异（平均数分别是37.88和34.71，在这一行没有一个星号表明在这个研究中没有足够的差异来显示显著性）。在时期2之中，女性（$M=3.21$）再一次显示出比男性（$M=2.84$）拥有更高水平的友谊品质；这些星号表明这个差异在0.001（千分之一）水平上具有显著性。

表4—3　性别变量上的平均数和标准差

	总计 ($n=85$)		男性 ($n=31$)		女性 ($n=54$)		
	M	SD	M	SD	M	SD	t（83）
青春期（时期1）							
友谊品质	2.70	0.40	2.49	0.46	2.82	0.32	13.98***
孤独感	36.39	8.71	39.30	9.98	34.78	7.56	5.47*
成年初期（时期2）							
友谊品质	3.10	0.48	2.84	0.57	3.21	0.38	11.31***
孤独感	35.84	9.98	37.88	11.38	34.71	9.21	1.76
活动：强度	8.09	8.27	10.00	10.19	7.18	7.18	0.98
活动：广度	1.71	1.06	1.84	1.18	1.65	1.01	0.51

* $p<0.05$，** $p<0.01$，*** $p<0.001$.

资料来源：Bohnert，A. M.，Aikins，J. W.，& Edidin，J.（2007）. The role of organized activities in facilitating social adaption across the transition to college. *Journal of Adolescent Research*，*22*，189－208. Sage Publications，Ltd. Reprinted by permission of Sage Publications，Thousands Oaks，London，and New Delhi.

在显著性检验报告的结果中，研究者很少直接地讨论研究假设或者零假设，也不会详细地形容过程当中的任一步骤。他们假定心理学研究报告的读者能够很好地理解这里所有的内容。

小结

1. 假设检验考虑的是即便实验程序没有效果的情况下，研究的结果发生的概率。如果这个概率较低的话，那么实验程序无效的假设就会被推翻，反过来也就是支持了实验程序背后的假设。

2. 对结果的预期是研究假设，没有效果的假设情形是零假设。

3. 当一个结果（即样本分数）非常极端，零假设为真的情况是不大可能的，此时研究者拒绝零假设就意味着支持研究假设。如果结果并不极端，研究者就不会拒绝零假设，这个研究也是无效果的。

4. 心理学家通常认为如果一个结果太极端，低于 5%（即显著性水平为 $p<0.05$），那么在零假设为真的情况下，这个结果是可以产生的。心理学家有时也会使用更直接的 1%（$p<0.01$ 的显著性水平）或者甚至是 0.1%（$p<0.001$ 的显著性水平）作为临界值。

129 5. 临界百分比是一个结果极端性的可能性，该结果是在定向或单侧检验中的预测定向里产生的。大多数的临界百分比是在非定向或双侧检验中任一方向中呈现极端性的可能性。

6. 假设检验的五个步骤：

❶ 重申有关总体的研究假设和零假设问题。

❷ 决定比较分布的特征。

❸ 根据比较分布上的样本分数临界值来决定是否应该拒绝零假设。

❹ 决定比较分布上你的样本分数。

❺ 决定是否拒绝零假设。

7. 关于显著性检验有很多争论，包括基本逻辑的评论，尤其是对它们的误用。研究者对显著性检验误用的一个主要方面是通过解释而不是拒绝零假设来证明零假设为真。

8. 研究论文通常通过以结果有无显著性和给出临界值概率（通常为 5%或 1%）为基础来作出决定，报告假设检验的结果。

关键词

假设检验（p. 107）
假设（p. 107）
理论（p. 107）
研究假设（p. 110）
零假设（p. 110）
比较分布（p. 111）
临界值（p. 111）
常规显著性水平（$p<0.05$，$p<0.01$）（p. 113）
统计显著性（p. 113）
定向假设（p. 119）
单侧检验（p. 119）
非定向假设（p. 119）
双侧检验（p. 119）

案例解析

一个随机选择的个体，在经过实验处理之后，在特殊测量中得分 27。在这项测试中的一般人的得分会有一个平均数为 19、标准差为 4 的正态分布。研究者预测结果，但是没有预测结果的特定方向。使用 5%的显著性水平，你应该有什么样的结论？要清楚地解决这个问题就要利用假设检验的 5 个步骤并且要用一个草图来阐明你的回答，要显示出比较分布、临界点（或临界值）和这个分布图上的样本的分数。

答案

❶ 重申有关总体的研究假设和零假设问题。 这里有两个需要关注的总体，如下。

总体 1： 接受实验程序的人。

总体 2： 一般人（即没有接受实验程序的人）。

研究假设是：总体 1 的得分在特定测量上比总体 2 的得分要有很大不同。零假设是：两个总体在测量上没有差异。

130 ❷ **决定比较分布的特征：** $\mu=19$，$\sigma=4$，正态分布。

❸ **根据比较分布上的样本分数临界值来决定是否应该拒绝零假设。** 对于 5%水平上的双侧检验来说（每侧为 2.5%），临界 Z 分数为＋1.96 和－1.96（见图 4—6 或表 4—2）。

❹ **决定比较分布上你的样本分数。** $Z=(27-9)/4=2$。

❺ **决定是否拒绝零假设。** Z 分数为 2 比临界 Z 分数为±1.96 更极端。拒绝零假设；结果呈显著性。实验程序影响着这个测量上的得分。该示意图在图 4—9 中显示出来。

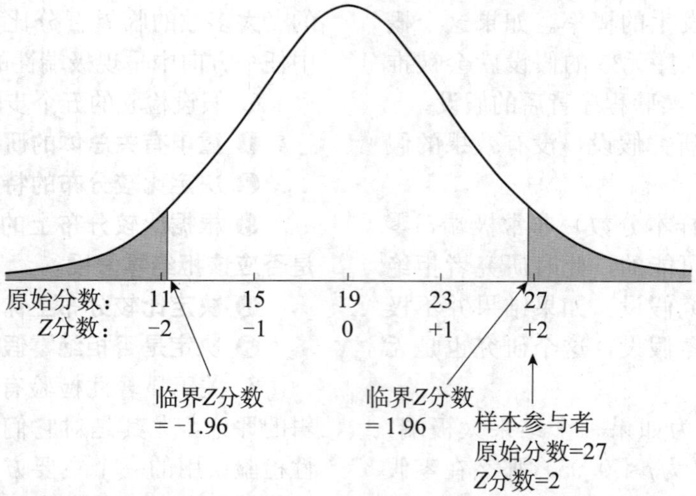

图 4—9　展现了比较分布、临界值（每一侧中被阴影化的 2.5%区域）与样本分数的"案例解析"的分布图

关于涉及一个参与者的单个样本和一个已知总体的假设检验问题的论文写作要点

1. 描述假设检验的核心逻辑。一定要解释如研究假设和零假设这样的术语，而且当研究结果足够有力可以拒绝零假设的时候，还要解释能够支持研究假设的概念。

2. 解释比较分布的概念。一定要提到如果零假设为真的话，这个分布就要展现出总体的情况。还要标注到比较分布的关键特征，它的平均数、标准差和形态。

3. 描述逻辑和决定（用正态曲线）比较分布上临界样本分数的过程，在这个比较分布上你应该拒绝零假设。 131

4. 描述怎样计算比较分布上的样本分数。

5. 解释假设检验过程中的步骤❸和步骤❹中得出的分数怎样比较和为什么要比较。解释看作特殊研究的分布结果的意义和要检验的零假设的意义。

练习题

这些题包含计算。大部分现实生活中的统计问题可以使用特殊的统计软件来完成。即使你有这种软件，也要动手解决这些问题以便牢记方法。

所有数据都是虚构的，除非已经给出实际的引用出处。

练习Ⅰ（练习Ⅰ的答案，见 pp. 675－677）

1. 用你的语言给下列术语下定义：(a) 假设检验程序，(b) 0.05 显著性水平，(c) 双侧检验。

2. 当一个结果不够极端来拒绝零假设的时候，解释为什么说你的结果支持零假设是错误的。

3. 对于以下的每一条，(a) 说出哪两个总体可以比较，(b) 陈述研究假设，(c) 陈述零假设，(d) 说出你应该使用单侧检验还是双侧检验并解释为什么。

ⅰ. 父母是图书管理员的加拿大儿童在阅读能力上所得的分数比一般加拿大儿童高吗?

ⅱ. 一个特定城市居民的收入水平不同于所有居住在该区域的人们的收入水平吗?

ⅲ. 经历过地震的人们或多或少比一般民众更具自信吗?

4. 根据以下每个研究给出的信息，决定是否拒绝零假设。对于每一项研究，给出（a）零假设被拒绝的比较分布上的 Z 分数临界值（或临界点），（b）比较分布上样本分数的 Z 分数和（c）你的结论。假定所有的总体都是正态分布。

132

	总体				
研究	μ	σ	样本分数	p	单侧/双侧检验
A	10	2	14	0.05	单侧（顶端预测）
B	10	2	14	0.05	双侧
C	10	2	14	0.01	单侧（顶端预测）
D	10	2	14	0.01	双侧
E	10	4	14	0.05	单侧（顶端预测）

5. 根据下面每个研究所给出的信息，决定是否拒绝零假设。对于每一条，给出（a）零假设被拒绝的比较分布上的 Z 分数临界值（或临界点），（b）样本分数在比较分布上的 Z 分数和（c）你的结论。假定所有的总体都是正态分布。

	总体				
研究	μ	σ	样本分数	p	单侧/双侧检验
A	70	4	74	0.05	单侧（顶端预测）
B	70	1	74	0.01	双侧
C	70	2	76	0.01	双侧
D	72	2	77	0.01	双侧
E	72	2	68	0.05	单侧（顶端预测）

6. 一位研究味觉和嗅觉感知的心理学家进行了许多实验，实验中每个学生都会面对 20 种食物（杏、巧克力、樱桃、咖啡、大蒜等等）。她将每种食物都榨成汁然后将液体滴在学生的舌头上。根据她以前的研究，她知道对于大学里的所有学生来说，20 种食物学生能够准确辨认出来的平均数是 14，标准差是 4，分数的分布是正态曲线。心理学家想要知道人们在该项任务上的准确率与嗅觉之间的联系是否要强于与味觉之间的联系。换句话说，她想要验证当人们只能尝液体时的准确率与人们既能尝液体又能闻液体的气味时的准确率相比较是否较差。（注意：这是一个定向假设），因此，她设置了特殊的程序让人在整个任务的过程中禁止使用嗅觉。然后这个心理学家尝试着把这个方法用在了一个随机选择的学生身上。这个学生只能够准确判断 5 种。（a）使用 0.05 显著性水平，心理学家应该得出什么结论？清楚地解决这个问题要使用假设检验的 5 个步骤并且用一个草图来阐明你的回答，要显示出比较分布、临界点（或临界值）和这个分布图上的样本的分数。（b）然后将你的回答解释给一个从未学过统计课程的人听（但是这个人要熟悉平均数、标准差和 Z 分数）。

7. 一个心理学家一直在研究接受特殊形式外科手术的人。这个心理学家认为如果在手术后的 48 个小时内病人的朋友和家人与他们待在一间病房内，那么这个病人会从手术中更加迅速地康复。已经知道这种手术的康复时间遵循正态分布，平均数为 12 天，标准差为 5 天。手术后的时期朋友和家人在一间屋子里这种方法被尝试着用在一个随机选择的病人身上。这个病人在 18 天内康复。（a）用 0.01 的显著性水平，这个研究者应该得出什么结论？清楚地解决这个问题要使用假设检验的 5 个步骤并且用一个草图来阐明你的回答，要显示出比较分布、临界点（或临界值）和分布图上样本中的这个分数。（b）然后将你的回答解释给一个从未学过统计课程的人听（但是这个人要熟悉平均数、标准差和 Z 分数）。

8. 警察主管考虑在他们的城市中经历过一次自然灾害对该城市的人们的善行会产生什么样的影响。研究者研究这个期望有一个积极的观点（因为有很多英雄主义行为和乐于助人行为），但是一个更加消极的观点也是有可能的（因为抢劫和诈骗）。已经了解的是，使用 1 到 10 量表［从 1（极度消极的观点）到 10（极度积极的观点）］，一般警察局局长对他们城市中人们善行的观点呈正态分布，平均数为 6.5，标准差为 2.1。一个孤立 133
的城市刚刚发生了一次大地震，之后研究者很快地就能把该观点的调查表交给这个城市的警察局局长。这个局长的得分是 8.2。（a）用 0.05 的显著性水平，研究者应该得出什么结论？清楚地解决这个问题要使用假设检验的 5 个步骤并且用一个草图来阐明你的回答，要显示出比较分布、临界点（或临界值）和分布图上样本中的这个分数。（b）然后将你的回答解释给一个从未学过统计课程的人听（但是这个人要熟悉平均数、标准差和 Z 分数）。

9. 罗宾斯和约翰（Robins & John，1997）完成了一个关于自恋（自我喜爱）的研究，比较在自恋问卷上得分高者和得分低者。（一个项目举例："如果我统治了世界它将变得更好。"）他们也有其他的问卷，其中的一个项目是在典型的一天里参与者照镜子的次数。在他们结果的那一段中，研究者标注道："……正如预想的那样，报告指出高度自恋个体比低自恋个体照镜子更加频繁（Ms=5.7对4.8）……$p<0.05$。”（p. 39）将这个结果解释给一个从未学过统计课程的人听，用假设检验和统计显著性的一般逻辑来解释结果的意义。

10. 雷伯和科托夫斯基（Reber & Kotovsky，1997）在解决一个问题的研究中，描述了他们的一个结果与被完全控制条件下的一个特殊参与组相比较，结果如下：“这一组平均花179步来解决这个谜题，而剩下的受控制的参与者平均花74步。$t(19)=3.31$，$p<0.01$。”（p. 183）将这个结果解释给一个从未学过统计课程的人听，用假设检验和统计显著性的一般逻辑来解释结果的意义。

练习Ⅱ

11. 列出假设检验的5个步骤，并且解释每一步的过程和逻辑。

12. 当一个结果呈显著性，解释为什么说结果“证明了”研究假设是错误的。

13. 对于以下每一条，(a) 陈述要比较的两个总体，(b) 陈述研究假设，(c) 陈述零假设，(d) 说出并解释你应该使用单侧检验还是双侧检验。

ⅰ. 在一个实验中，人们被告知通过集中注意细节来解决一个问题。得到这个说明的人与没有得到特殊说明的人相比，解决问题的速度会不同吗？

ⅱ. 基于一份以10点量表为研究工具的关于女性地位的人类学报告，总体的平均数和标准差都是已知的。一个不平常的家庭布置可以发现一种新的文化。女性的地位在这种文化中能被评估出来。有不寻常家庭布置的文化比一般文化更能证明女性的地位吗？

ⅲ. 住在大城市的人们的发展与压力条件比一般的人们有更多的相关吗？

14. 根据下面每个研究所给出的信息，决定是否拒绝零假设。对于每一条，给出 (a) 零假设被拒绝的比较分布上的 Z 分数临界（或临界点），(b) 样本分数在比较分布上的 Z 分数和 (c) 你的结论。假定所有的总体都是正态分布。

134

	总体				
研究	μ	σ	样本分数	p	单侧/双侧检验
A	5	1	7	0.05	单侧（顶端预测）
B	5	1	7	0.05	双侧
C	5	1	7	0.01	单侧（顶端预测）
D	5	1	7	0.01	双侧

15. 根据下面每个研究所给出的信息，决定是否拒绝零假设。对于每一条，给出 (a) 零假设被拒绝的比较分布上的 Z 分数临界值（或临界点），(b) 样本分数在比较分布上的 Z 分数和 (c) 你的结论。假定所有的总体都是正态分布。

	总体				
研究	μ	σ	样本分数	p	单侧/双侧检验
A	100.0	10.0	80	0.05	单侧（底端预测）
B	100.0	20.0	80	0.01	双侧
C	74.3	11.8	80	0.01	双侧
D	16.9	1.2	80	0.01	单侧（底端预测）
E	88.1	12.7	80	0.05	双侧

16. 一个研究者想检测一种特定的声音是否会使老鼠在学习任务中做得更差。已知一只普通的老鼠可以学会准确地走一个特定的迷津要18次试验，标准差为6。（学会走迷津的试验次数是正态分布的。）这个研究者现在试着在这个迷津中用一只普通老鼠，但是带上声音。这只老鼠花了38次试验才学会走迷津。(a) 使用0.05显著性水平，心理学家应该得出什么结论？清楚地解决这个问题要使用假设检验的5个步骤并且用一个草图来阐明你的回答，要显示出比较分布、临界点（或临界值）和这个分布图上的样本的分数。(b) 然后将你的回答解释给一个从未学过统计课程的人听（但是这个人要熟悉平均数、标准差和 Z 分数）。

17. 一个家庭心理学家开发了一个精心制作的训练程序来减少同有青春期子女的女性结婚的无子女男性的压力。从以前的研究中得知，同他的新妻子和孩子在一起之后的一个月，他的压力水平为85，标准差为15，且压力水平呈正态分布。这个训练被用在一个随机挑选的男人身上，这个男人是从一个特定的城市里前几个月已经同有青春期子女的女性结婚的众多男人中选出来的。在接受了这个训练程序后，该男子的压力水平为60。(a) 使用0.05显著性水平，心理学家应该得出什么结论？清楚地解决这个问题要使用假设检验的5个步骤并且用一个草图来阐明你的回答，要显示出比较分布、临界点（或临界值）和这个分布图上的样本的分数。(b) 然后将你的回答解释给一个从未学过统计课程的人听（但是这个人要熟悉平均数、标准差和 Z 分数）。

18. 一个研究者预测解决数学问题时听音乐 135

会使大脑的一块特定区域更加活跃。为了检测这个猜想，当一个研究参与者听音乐和解决数学问题的时候，对她的大脑进行扫描，大脑兴奋区域有 58%的部分产生了显著变化。从许多先前的有关解决数学问题的方法但不是听音乐来看，已知大脑区域的显著变化是正态分布，平均数为 35，标准差为 10。(a) 用 0.01 的显著性水平，这个研究者应该得出什么结论？清楚地解决这个问题要使用假设检验的 5 个步骤并且用一个草图来阐明你的回答，要显示出比较分布、临界点（或临界值）和这个分布图上的样本的分数。(b) 然后将你的回答解释给一个从未学过统计课程的人听（但是这个人要熟悉平均数、标准差和 Z 分数）。

19. 作为一个大型研究的一部分，派库康尼斯（Pecukonis，1990）测量了自我发展（完全成熟的测试）和能力，来看看在一个可供住宿的治疗中心里的 24 名具有攻击性的青春期女孩与别人相处时的共情程度。这些女孩被分到高度自我发展和低度自我发展两个组，把这两个组的共情程度（"认知共情程度"）分布相比较。在他的结论那一段，派库康尼斯报告道："自我发展程度较高的被试的认知共情程度的平均数是 22.1，与之相比，自我发展程度较低的被试的认知共情程度的平均数为 16.3，$p<0.005$。"（p. 68）将这个结果解释给一个从未学过统计课程的人听，用假设检验和统计显著性的一般逻辑来解释结果的意义。

20. 在一篇关于反烟运动的论文中，西格尔和比纳（Siegel & Biener，1997）讨论了关于烟草使用看法调查的结果，调查在马萨诸塞州于 1993 年到 1995 年间进行；表 4—4 显示了这个调查结果。 136
只看第一行（每日抽烟大于 25 支的百分比）。将这个结果解释给一个从未学过统计课程的人听，用假设检验和统计显著性的一般逻辑来解释结果的意义。

表 4—4　烟草使用变化、吸二手烟（ETS）和对烟草控制政策的公众态度（马萨诸塞，1993—1995）的选择性指标

	1993	1995
成人吸烟行为		
每日抽烟大于 25 支的百分比	24	10*
每日抽烟小于 15 支的百分比	31	49*
醒着时每 30 分钟抽一次的百分比	54	41
吸二手烟（ETS）		
工作者报告免费抽烟场所的百分比	53	65*
前一周工作时吸二手烟的小时数	4.2	2.3*
在家中吸烟被禁止的百分比	41	51*
对烟草控制政策的态度		
支持在烟草上作标记来进一步控制的百分比		
支持收烟草税的百分比	78	81
相信 ETS 是有害的百分比	90	84
支持禁止在贩卖机上销售香烟的百分比	54	64*
支持禁止通过烟草公司来支持运动和文化项目的百分比	59	53*

*$p<0.05$.

资料来源：Siegel，M.，& Biener，L.（1997）. Evaluating the impact of statewide anti-tobacco Campaigns：The Massachusetts and California tobacco control programs. *Journal of Social Issues*，*53*，147－168. Copyright © 1997 by Blackwell Publishing. Reprinted by permission of Blackwell Publishers Journals.

第 5 章

样本平均数的假设检验

章节概览

137 在第 4 章中，我们介绍了假设检验的基本逻辑。作为案例分析的研究，它的样本只有一个被试。然而，正如我们所说的那样，在实际的例子当中，心理学研究中大多数都是一个样本包含着许多个体。在这一章中，我们以你迄今为止所学的知识为基础，然后考虑样本不止一个个体的假设检验。例如，一个社会心理学家感兴趣于人们对人格的看法对他们关于外貌吸引力的感知的潜在影响。这个研究者的理论预测是这样的：如果你被告知一个人有积极的人格品质（如仁慈、热情、幽默、聪颖），那么你就会比那些没有被告知这些人格品质的人觉得这个人更具有吸引力。从先前的大量的研究（没有提到人格品质）中，这个研究者为每个特定的人的照片的吸引力评估分 138 数设立了总体的平均数和标准差。这个研究者随后招募了一个有 64 个个体的样本来对照片中人的吸引力进行评估。然而，在对照片评估之前，每个个体被告知他们即将评估的照片中的那些人有许多积极的人格品质。在这一章中，你将学习如何在这个例子表现出来的情形中检验假设，这种情况里的总体有已知的平均数和标准差并且样本包含不止一个个体。大体上，这要求对一种新型样本的细节进行检验，称作“均值分布”。（在这章中我们之后还要回到这个例子上来。）

均值分布

通常包含多个个体的样本情形下的假设检验，恰恰同你在第 4 章所学的一样——是一个重要的例外。当你的样本中超过一个人时，步骤❷——决定比较分布的特征中就会有一个特别的问题产生。到目前为止，我们的每一个例子的比较分布都是个体分数的分布（如婴儿开始走路年龄的总体）。个体分数的分布是合理的比较分布，因为我们使用的例子是一个个体的样本。也就是说，我们处理的样本分数形式（在一个个体中得到的分数）和比较分布（个体分数的分布）之间是协调一致的。

现在，考虑我们有一个包含 64 个个体的样本这样的情形（正如吸引力评估的例子）。你现在有一组包括 64 个个体的分数（在这个研究中的 64 个人对吸引力评估）。正如你回想到了第 2 章中的内容，平均数是一组分数中非常有用和最具代表性的值。因此，当你的样本中不止一个个体的话，你所在意的分数就是这一组分数的平均数。在这个例子中，你要将注意力集中在这 64 个个体分数的平均数上。如果你要把这个包含 64 个个体分数的样本平均数同包含所有个体分数的总体分布相比较，这就是一个错配——这就像把苹果和橘子进行配对。相反，当你对这个有 64 个分数的样本平均数感兴趣的时候，你需要一个比较分布，那是 64 个分数样本平均数的分布。我们称这样的比较分布为**均值分布**。因此，均值分布图上的分数是平均数，不是个体的分数。

均值分布是许多具有同样规模的样本的平均数的分布，每个样本都是随机地以从具有相同个体的总体中抽取出来的。（统计学家也称这种平均数分布为平均数的抽样分布。然而在本书中，我们用“均值分布”这个术语使你明白我们讨论的是平均数的总体，而不是样本或者某种样本分布。）

> **均值分布**　总体中给出一定规模样本的平均数的分布（也称平均数的抽样分布）；当假设检验涉及的样本中不止一个个体时，比较分布即为均值分布。

当一个样本里个体个数超过一个的时候，均值分布是合理的比较分布。因此，在大多数的研究情形中，对于假设检验的步骤❷——决定比较分布的特征来说，决定均值分布的特征是非常必要的。

构建均值分布

为了帮助了解均值分布的理念，我们考虑你如何在包含许多个体分数的一般总体分布中构建这样的一个分布。假设我们个体分数的总体由各个年级水平的中学生组成，这些学生为一个特定区域的 90 000 名初中生和高中生。进一步假设（为了保 139 持案例的简单）从 1 年级到 9 年级，每个年级都有精确的 10 000 人。这个总体的分布是一个矩形图，平均数为 5，方差为 6.67，标准差为 2.58（见图 5—1）。

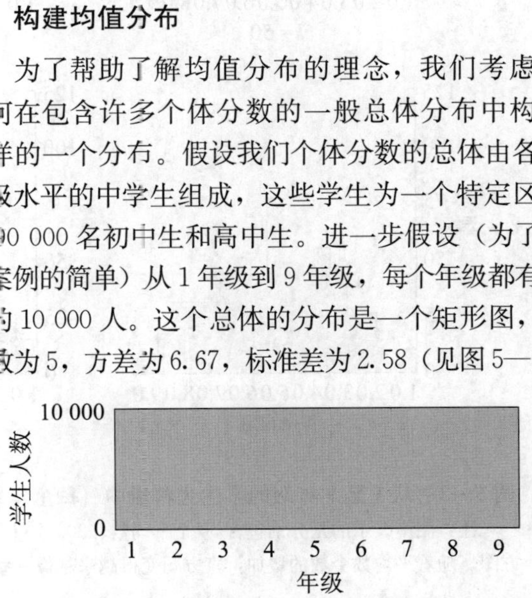

图 5—1　90 000 名学生的年级水平（虚构的数据）分布图

接下来，假设你在每个乒乓球上写下每个孩子的年级水平，然后把所有的90 000个球放进一个大桶。在这个桶里，10 000个球上标着“1”，10 000个球上标着“2”且以此类推。你在桶里搅动球，然后从里面拿出两个。你拿出的是包含两个球的随机样本。假设一个球上写的是“2”，另一个球上写的是“9”。这两个孩子的年级水平样本的平均年级水平是5.5，即“2”和“9”的平均数。现在你把球放回去，混合所有的球，再选两个出来。也许这一次你拿了两个“4”，算出你的第二个样本的平均数是4。然后你再试一次；这一次你得到了“2”和“7”，算出你的平均数为4.5。目前你有3个平均数：5.5，4，4.5。

这三个数字中的每一个都是两个学生年级水平样本的平均数。并且这3个平均数作为它本身的小分布是正确的。这一小的均值分布的平均数是4.67（5.5，4，4.5的总和，除以3）。这个均值分布的方差是0.39（5.5，4，4.5的方差）。均值分布的标准差是0.62（0.39的正平方根）。这3个平均数分布的直方图显示在图5—2中。

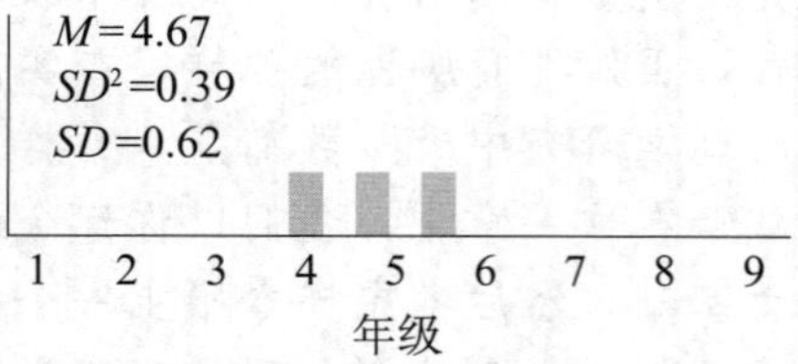

图5—2　两组小学生年级水平的三个随机选出的样本的平均数的分布图［两组小学生年级水平中的每一组都来自于90 000名小学生年级水平总体（虚构的数据）］

假设你继续选择两个球的样本，然后计算出每对球上数字的平均数。平均数的直方图会继续增多。图5—3显示的是从50个平均数样本到1 000个平均数样本的均值分布（每个平均数都是由两个随机选择的小球的样本得出来的）。（实际上，我们做的图5—3显示出来的直方图是利用计算机做出的随机选择而不是用90 000个乒乓球和一个巨大的桶。）

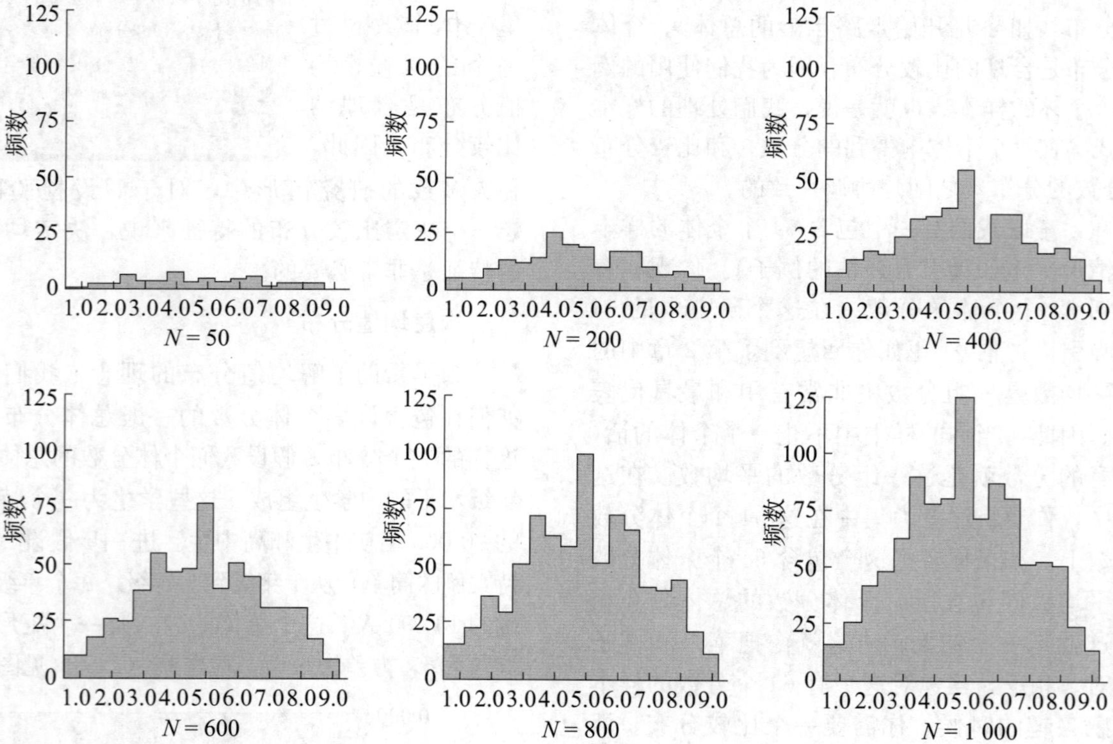

图5—3　从1至9年级的学生大群组中（每个年级的学生数量相等）随机选出的两个年级水平的平均数的直方图

注：图中显示的是分别包含50个平均数、200个平均数、400个平均数、600个平均数、800个平均数和1 000个平均数的直方图。随着平均数个数的增加，直方图变得越来越像一条正态曲线。

成功小贴士

在进入后面几章之前，确定你完全了解了均值分布的概念（而且要了解当一个样本包含不止一个个体时，为什么比较分布是正确的）。在学习这章的时候你可能要花双倍的时间来完全了解这种关键性概念。

正如你想象的那样，我们刚刚形容的方法并不是决定均值分布特征的实际方法。然而，幸运的是，你可以利用一些简单的法则直接得出均值分布的特征，甚至可以不用一个样本。你仅仅需要的信息是（a）包含个体的总体分布特征和（b）每个样本中的分数的数量。（现在你不用担心如何知道包含个体的总体的特征了。）这种构建均值分布的复杂方法就是我们刚刚探讨的方法，并且你很快就会学习到的简明的方法会给出同样的结果。我们让你思考这种复杂方法的过程因为它会帮助你理解均值分布的原理。

140 **决定均值分布的特征**

回忆假设检验中的步骤❷，决定比较分布的特征。你需要决定的比较分布的三个关键特征有：

1. 它的平均数。

2. 它的离散程度（你可以用方差和标准差来测量）。

3. 它的形态。

在我们的例子中构建的均值分布有 3 点需要注意，如图 5—3 所示：

1. 均值分布的平均数与包含众多个体的总体的平均数是一样的（两个都是 5）。

2. 均值分布的离散程度比个体构成的总体分布的离散程度更小。

3. 均值分布的形态近似正态分布。

均值分布的平均数 来自一个总体的且给定容量的样本均值分布的平均值；同个体总体的平均数相等。

前两点对于平均数和离散程度的结论，对于所有的均值分布来说都是成立的。第三点，关于形态，对于大多数均值分布来说是成立的。实际上，这三点结论，阐释了三种你可以用以得到均值分布的平均数、离散程度（即方差和标准差）和形态的基本法则，而不用在塑料球上标号以及无尽地取样。现在让我们详细地分析一下这三条法则。第一条是针对**均值分布的平均数**的。

141 **法则 1：均值分布的平均数与包含众多个体的总体的平均数是一样的。**用公式表示：

$$\mu_M=\mu \qquad (5—1)$$

均值分布的平均数与包含众多个体的总体的平均数是一样的。

μ_M 是均值分布的平均数（使用希腊字母是因为均值分布也是总体的一种）。μ 是包含众多个体的总体的平均数。

每一个样本都是以从包含众多个体的总体中随机选择出来的个体为基础的。因此，样本的平均数比起包含众多个体的总体平均数来说时高时低。然而，因为选择过程是随机的且我们选取了很多样本。最后，较高的平均数和较低的平均数就完美地抵消了。

μ_M 均值分布的平均数。

均值分布的方差 总体的方差除以每个样本中分数的个数。

在图 5—3 中，由于均值分布的样本平均数的数量增加，均值分布的平均数变得同总体的平均数越来越相似，在这个例子里就是 5。可以用数学的方式来证明，如果你用一组庞大数量的样本，这些样本的均值分布的平均数将被确切证实同总体分布的平均数是一样的。

第二条法则是关于离散程度的。法则 2a 是针对**均值分布的方差**的。

法则 2a：均值分布的方差是总体的方差除以每个样本中的个体数量。

均值分布的离散程度比个体构成的总体分布的离散程度更小。如果你用的是包含两个分数的样本，不大可能两个分数都是极端的。此外，对于有一个极端平均数的特殊随机样本来说，这两个极端的分数在同一方向上（都非常高或都非常低）都会变得极端。因而，每个样本中不止一个分数会对这样的样本平均数有一个适度的影响。在任何一个样本中，极端值都会由于一个中间分数或是对立方向上的一个极端值而倾向于保持平衡。这使得每个样本平均数趋向于中间趋势而离极端值越来越远。由于极端值越来越少，平均数的方差比由众多个体组成的总体的方差小。

再一次考虑我们乒乓球的例子。总体中包含的很多样本标注着 1 和 9，分布得相当公平。也就是说，如果你选取包含单个分数的样本，那么你有九分之一次得到 1，同样有九分之一次得到 9。如果你一次取两个球作为样本，你得到平均数为“1”的样本（即两个球都标着“1”）或者平均数为“9”的样本（两个球都标着“9”）就不会那么频繁。拿到两个球的中间值比如“5”这样的平均数的可能性就会更高。（这是因为一些组合会给出这样的结果——1和9，2和8，3和7，4和6，或者两个都是5）。

在每一个样本中个体越多，样本的平均数离散程度越小。这是因为，每一个样本中的分数越多，在任一特殊样本中的极端值，就可以通过中间分数或者其他方向上的极端值来保持均衡。就我们例子中的乒乓球而言，当我们一次取两个球作为样本的时候，我们很少会得到平均数为1的情况。如果我们一次取三个球，那么得到一个平均数为1的样本就更不可能了（所有的球都必须标记为1），而更可能得到中间值作为平均数。

一次取两个球作样本，均值分布的方差算出来是3.34。这是总体的方差6.67的一半。如果我
142 们以一次取三个球的样本构建均值分布，均值分布的方差就会是2.22。这是包含多个个体的总体方差的三分之一。要是每个样本我们随机选择5个球，则均值分布的方差是包含多个个体的总体方差的五分之一。

这些例子有一条普遍的法则——对于均值分布来说的法则2a，均值分布的方差是总体的方差除以每个样本中的个体数量。这条法则适用于所有的情形并且可以用数学方法来证明。

均值分布的方差就是总体的方差除以每个样本的个数。

用公式表示法则2a：

$$\sigma_M^2=\frac{\sigma^2}{N} \tag{5—2}$$

$\boldsymbol{\sigma_M^2}$是均值分布的方差（使用希腊字母是因为均值分布也是总体的一种）。σ^2是包含多个个体的总体的方差，N是每个样本中所包含的个体的数量。

成功小贴士

在计算均值分布的方差时（σ_M），要确保是总体方差（σ_M）除以每个样本中的个体数量。在许多例子中，你被告知了总体标准差（σ_M），你首先要平方才能发现总体方差（σ_M）；然后你可以使用公式（5—2）来找到均值分布的方差（σ_M）。

在我们所举的例子中，单个的孩子年级水平的总体的方差是6.67，并且每个样本中有两个孩子的年级水平。因而，可得出：

$$\sigma_M^2=\frac{\sigma^2}{N}=\frac{6.67}{2}=3.34$$

举一个不同的例子，假设有一个总体的方差是400，并且你想知道包含25个个体的均值分布的方差：

$$\sigma_M^2=\frac{\sigma^2}{N}=\frac{400}{25}=16$$

第二条法则也告诉了我们**均值分布的标准差**。

法则2b：均值分布的标准差是均值分布的方差的正平方根。用公式来表示：

均值分布的标准差是均值分布方差的正平方根，并且也是总体方差除以每个样本中个体数量的结果的正平方根。

$$\sigma_M=\sqrt{\sigma_M^2}=\sqrt{\frac{\sigma^2}{N}} \tag{5—3}$$

$\boldsymbol{\sigma_M}$是均值分布的标准差。①

均值分布的标准差本身也有一个特殊的名称，**平均数的标准误（*SEM*）**，或者简单地说**标准误（*SE*）**。（为此，σ_M也代表标准误。）它有这样的名称是因为它告诉你用以评估包含多个个体的总体平均数，有多少样本的平均数明显“出错了”。也就是说，它告诉了你在均值分布中有多少不同的平均数偏离了总体平均数。在后面的章节中我们会更多地谈到标准误。

$\boldsymbol{\sigma_M^2}$　均值分布的方差。

均值分布的标准差　均值分布方差的正平方根，也称平均数标准误（*SEM*）和标准误（*SE*）。

$\boldsymbol{\sigma_M}$　均值分布的标准差。

平均数的标准误（*SEM*）　同均值分布的标准差一样，也称标准误（*SE*）。

标准误（SE）　同均值分布的标准差一样，也称平均数标准误（*SEM*）。

最后，均值分布的特征的第三条法则致力于寻找它的形态。

法则3：在以下条件下均值分布的形态近似正态分布：（a）每个样本包含30个或更多个体；（b）总体分布是正态分布。无论总体分布是什么形态，均值分布都趋向于单峰的和对称的。在年
级水平的例子中，总体分布是矩形的。（在每一个 143
值上都有相等的数字。）然而，包含着1 000个样本平均数的分布的形态（见图5—3）是一个大致的“钟”的形状——单峰的和对称的。若我们有很

① 计算均值分布标准差的公式可以写作$\sigma_M=\frac{\sigma}{\sqrt{N}}$。我们更愿意用公式（5—3），因为它可以提供一个基本逻辑的解释，即均值分布的方差是总体的方差除以每个样本中个体的数量。

多甚至超过了1 000个样本，那这个形态就会更加清晰地显示出单峰态和对称性。

均值分布趋向于单峰态是因为极端值对于保持平衡有着与我们在讨论方差时注意到的相似的规律：中间位置的平均数更有可能，极端平均数不大可能。均值分布趋向于对称是因为非对称（偏态）是由极端值导致的。极端值更少了，非对称也更少了。在我们的年级水平的例子中，我们建立的均值分布显现出如此清楚的对称性是因为个体年级水平的总体分布是对称的。个体的总体分布偏向一边，均值分布也会倾斜，但是并不厉害。

每个样本中的个体越多，均值分布就越接近正态曲线。尽管均值分布鲜有一个确切的正态曲线，但是包含30个或更多个体的样本（甚至是一个非正态总体），均值分布就会更接近于正态曲线，并且正态曲线表里的百分比也十分精确。①（也就是说，样本量大于30具有更胜一筹的近似值，但是对于大多数实践研究假设来说，样本量为30就足够了。）最后，无论什么时候，只要包含众多个体的总体分布是正态的，不管每个样本中的个体数量是多少，均值分布都是正态的。

对于决定均值分布的特征的法则和公式的小结

法则1：均值分布的平均数与包含众多个体的总体的平均数是一样的。

$$\mu_M = \mu$$

法则2a：均值分布的方差是总体的方差除以每个样本中的个体数量。

$$\sigma_M^2 = \frac{\sigma^2}{N}$$

法则2b：均值分布的标准差是均值分布的方差的正平方根。

$$\sigma_M = \sqrt{\sigma_M^2} = \sqrt{\frac{\sigma^2}{N}}$$

法则3：在以下条件下均值分布的形态近似正态分布：(a) 每个样本包含30个或更多的个体；(b) 总体分布是正态分布。图5—4展示了这三条法则。

这三条法则是以我们在第三章中提到的数理统计的基本原则：中心极限定理为基础的。中心极限定理的一个著名要点就是它提供了拥有任何形态分布的总体的均值分布的关键特征（中心趋势、变异性和形态）。 144

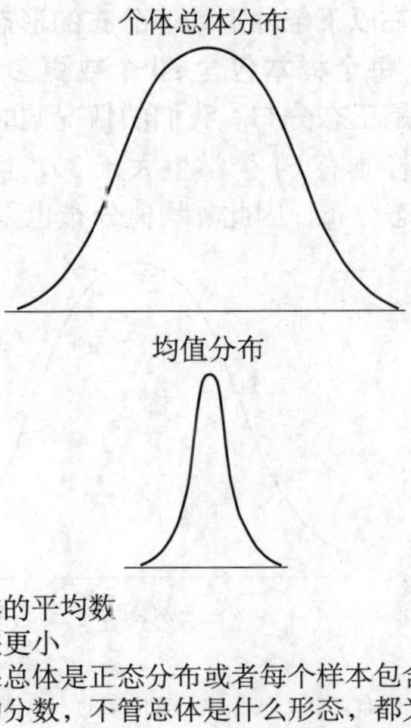

图5—4　个体总体分布（上面的曲线）和均值分布（下面的曲线）的比较

决定均值分布特征的示例

重新回顾一下本章开头举的那个例子，学生评估一张照片里的人的吸引力。思考一下对照片里的人进行评估的学生得分的总体（当学生没有被告知照片里的人的性格特征的时候）。假设这个分布近似正态分布，平均数为200，标准差为48，那么这个包含64个学生的样本的均值分布的特征是怎样的呢？

法则1：均值分布的平均数与包含众多个体的总体的平均数是一样的。这个总体的平均数是200，所以均值分布的平均数也是200，即$\mu_M = \mu = 200$。

法则2a：均值分布的方差是总体的方差除以每个样本中的个体数量。总体的标准差是48，所以总体的方差就是48^2，即2 304。均值分布的方差因此

① 我们忽视了一个事实，就是在大多数真实生活的分布中，正态曲线是一个平滑的理论分布，分数仅仅是在特殊值上。例如一个孩子处在一个特殊的水平上，却不是在这个水平的一部分上。因此，我们示范的均值分布和正态曲线的一个区别就是正态曲线是平滑的。然而，在心理学研究中，即使我们的测量处于特殊值上，我们通常也会假定测量的潜在事情是连续不断的。

在第3章中我们已经考虑过均值分布趋向于正态曲线的逻辑。尽管我们还没有讨论均值分布，我们仍然用这个逻辑来解释为什么在实际中有如此多事件的分布呈正态曲线。在那一章中，我们解释作为保持平衡的各种影响，为的是通过靠近中心的分数和其他极端值上的分数，了解到平均影响。现在我们用均值分布的术语来得到同样的分数。想想实际中任何一个个体分数的分布，在这种情形下，每一个分数实际上都是对一个个体随机设置影响后的平均数。思考一下水晶重量的分布图。每一颗水晶的重量是所有不同力量的平均值作用在水晶上使其具有的一种特定重量。

就是 2 304 除以 64（样本的容量）。这个结果算出来是 36。也就是，$\sigma_M^2=\sigma^2/N=2\,304/64=36$。

145 **法则 2b：均值分布的标准差是均值分布的方差的正平方根。**这个均值分布的标准差是 36 的正平方根，就是 6。即 $\sigma_M=\sqrt{\sigma_M^2}=\sqrt{36}=6$。

法则 3：在以下条件下均值分布的形态近似正态分布：（a）每个样本包含 30 个或更多的个体；（b）总体分布是正态分布。我们的情况同时符合这两个条件——样本有 64 个学生大于 30，且个体构成的总体是正态分布。因此，均值分布也是正态曲线。（即使两个条件只有一个符合也已经足够。）

三种分布的回顾

我们已经研究过了三种分布：（1）个体总体分布；（2）从总体中选出来的一个特定样本的分布；（3）均值分布。图 5—5 以图示的方法来表现三种分布，表 5—1 是对它们的描述。

> **成功小贴士**
>
> 在你学习后面章节之前要确保你能完全掌握表 5—1 中显示的不同分布的含义。为了检查你是否理解，盖住表中的一部分然后尽力回忆起隐藏的信息。

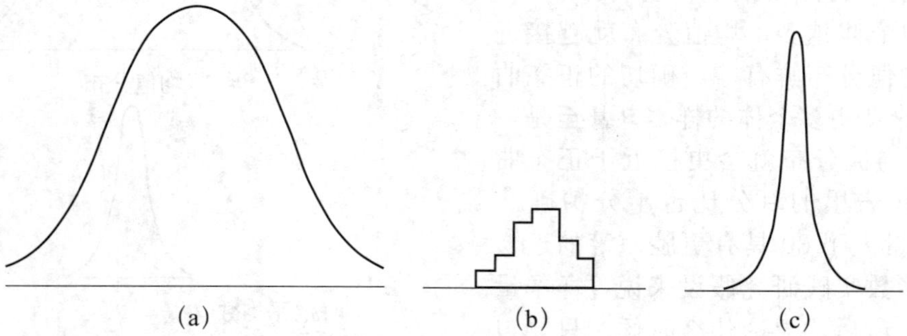

图 5—5　分布图的三种类型

注：（a）总体分布；（b）从总体中选出来的一个特定样本的分布；（c）均值分布。

表 5—1　三种类型分布的比较

	总体分布	特定样本分布	均值分布
内容	总体中所有样本的分数	一个单个样本中的个体的分数	从总体中随机选出的样本的平均数
形态	可以是任何形态，通常为正态	可以是任何形态	如果每个样本中的个体数≥30 或者总体是正态分布，则近似正态
平均数	μ	$M=(\sum X)/N$	$\mu_M=\mu$
方差	σ^2	$SD^2=[\sum(X-M)^2]/N$	$\sigma_M^2=\sigma^2/N$
标准差	σ	$SD=\sqrt{SD^2}$	$\sigma_M=\sqrt{\sigma_M^2}$

146

你会做吗？

1. 什么是均值分布？

2. 阐释你如何通过采用每个包含 4 个个体的大样本来创建均值分布。

3. （a）为什么均值分布的平均数同总体的平均数是相同的？（b）为什么均值分布的方差比总体分布的方差小？

4. 写下均值分布的方差分式，然后解释每一个符号。

5. （a）什么是标准误？（b）为什么它会有这个名称？

6. 一个总体呈正态曲线，平均数为 60，标准差为 10。这个总体里的每个样本都有 4 个个体，那么这个总体的均值分布的特征是什么？

5. （a）标准误是均值分布的标准差。（b）它有这样的名称是因为它告诉你有多少代表性（标准地）的样本平均数不同于总体的平均数，并且这些数量的样本的平均数作为总体平均数的估量是错误的。

6. 包含 4 个个体的样本的均值分布的特征如下：$\mu_M=\mu=60$；$\sigma_M^2=\sigma^2/N=10^2/4=25$；$\sigma_M=5$；形态为正态。

答案

1. 均值分布就是从总体中随机选出大量的拥有相同容量的样本的平均数的分布。

2. 从总体中选出随机的包含 4 个个体的样本并算出它的平均数。多次进行这样的操作，创建这些平均数的分布。

3. (a) 用随机抽取的样本，它们的平均数有的比总体的平均数高，有的比其低；这些应该保持均衡。(b) 比起选择一个极端分数，你选择一个具有极端平均数的样本分数的可能性会降低。这是因为任何随机样本中，在同一方向上基本不可能获得太多极端值；通过中间分数或者相反方向上的极端值极端分数会趋向对称。因此，由于极端值更少了且中间分数更多了，方差就小了。

4. 均值分布的方差的公式是$\sigma_M^2=\sigma^2/N$。σ_M^2是均值分布的方差；σ^2是总体的方差；N是你样本中个体的数量。

均值分布的假设检验：Z 检验

现在我们准备学习当研究的样本量多于一个的情况下的假设检验。你将学习的假设检验程序叫做 Z 检验。

作为假设检验中的比较分布的均值分布

在通常的研究情形中，心理学家研究的样本里都不止一个个体。在这样的情形中，均值分布就是比较分布。这种分布的特征需要在假设检验过程中的步骤❷里来决定。均值分布就是在假设零假设为真的情况下，用以与你的样本的平均数相比较的分布，从而来查看你选取带有一个极端的平均数的样本的可能性。 147

信息箱 5—1 更多民意调查抽样和研究中的误差

如果你回想一下信息箱 3—3 中关于盖洛普民意调查的内容，你就会回忆起我们留下了关于民意调查的结果的两个重要问题没有回答。比如，“6 月 4 日和 5 日抽取的 1 000 名美国成人的电话民意调查中得到的抽样误差是±3%”。第一，你可能想要知道如此小的数量，比如 1 000（但是鲜有这么少的），怎么可以用来预测全部美国人的观点。第二，在学习了这章关于均值分布的标准差的知识之后，在一个不是随机选取的而是通过应用于民意调查的复杂可能性方法选取的样本的情况下，你可能想要知道抽样误差究竟什么意思。

关于样本规模，你从这章可以知道大样本容量，比如 1 000，大大地减小了均值分布的标准差。也就是说，曲线变得高而窄，所有的分数都聚集在总体平均数周围。任何那样容量的样本的平均数都很接近总体平均数。

当一个样本仅仅是一个非常大规模的总体的一小部分时，这个样本的绝对容量就是准确度的唯一决定因素。绝对容量决定着测量和选取的随机误差的影响。减少偏差或者系统误差很重要，只有通过仔细地规划才可以做到。

“抽样误差”这个专业术语基于抽样程序应用的过往经验得以证明。它呈现在针对不同样本容量（通常低于 1 000，因为那种情况下错误比较明显）的表格之中。

因此参与民意调查的人的数量并不是很重要（假定至少有 1 000 人），但是抽样和评估误差的方法却非常重要，它们通常不会被详细地报告，但是对于判断结果是否可靠却非常必要。从事该调查的组织的名声或许是最好的指标。如果抽样和评估误差的手段并未提供，那么一定要谨慎。更多关于民意调查如何实施的信息，请去网站 http://media.gallup.com/PDF/FAQ/HowArePolls.pdf 查找（注意：抽样误差在网站上更多的表示为“边缘误差”）。

计算均值分布上的样本平均数的 Z 分数

若假设检验包括的样本不止一个，那么在计算比较分布上的样本位置时，会出现一些混乱。在这种情形下，你要找到在均值分布上你的样本平均数的 Z 分数。（之前，你一直找的是包含多个单个个体的总体的分布上的单个个体的 Z 分数。）这种把样本平均数转到 Z 分数的方法同把原始分数转到 Z 分数的一般方法是一样的。然而，你必须得小心不要把它们弄混淆了，因为包括的平均数不止一个，记住你对待样本平均数要同单个分数一样，这点很重要。将原始分数转化为 Z 分数的一般公式（见第3章）是 $Z=(X-M)/SD$。在当前的情形下，你实际要用的是以下的公式：

$$Z=\frac{M-\mu_M}{\sigma_M} \qquad (5—4)$$

均值分布上的样本平均数的 Z 分数是样本平均数减去均值分布的平均数，再除以均值分布的标准差。

举一个例子，假设你样本的平均数是18并且均值分布的平均数是10，标准差为4。样本平均数的 Z 分数就是+2。用公式计算如下：

$$Z=\frac{M-\mu_M}{\sigma_M}=\frac{18-10}{4}=\frac{8}{4}=2$$

这些在图5—6中显示出来。

148 这种你将在本章中学到的假设检验方法叫作 **Z 检验**，因为你要算出样本平均数的 Z 分数。

示例

让我们再次回到那个社会心理学家感兴趣的例子上吧，这个例子就是被告知一个人具有积极的性格特征，能否提升一个人外貌吸引力的评估分数。心理学家要求64个随机选择出来的学生对照片里的特定的人进行吸引力评估。之前为了评估一个人的吸引力，每个学生都被告知这个人具有积极的人格品质（仁慈、热情、幽默、聪慧）。在一个从0（最低的吸引力）到400（最高的吸引力）的量表上，由64个学生给出的吸引力评估的平均数是220。从先前的研究中得知，这个心理学家知道对照片里的人的吸引力评估（在没有提到这个人具有积极的人格品质的时候）的平均数是200，标准差是48，并且它们是一个近似正态分布。这个分布在图5—7a①中显示出来。

成功小贴士

正如在第4章中的那样，总体2是比较分布的总体，这种分布在零假设为真的情况下显示的是总体的情形。

现在，让我们跟着在第4章学到的假设检验的5个步骤，来进行 Z 检验：

Z 检验 假设检验的一种方法，该方法中，有一个单个样本且总体的方差是已知的。

❶ **重申有关总体的研究假设和零假设问题。**有两个总体，如下。

总体1：被告知这个人有积极人格品质的学生。

总体2：一般学生（没有被告知任何有关这个人的人格品质信息的学生）。

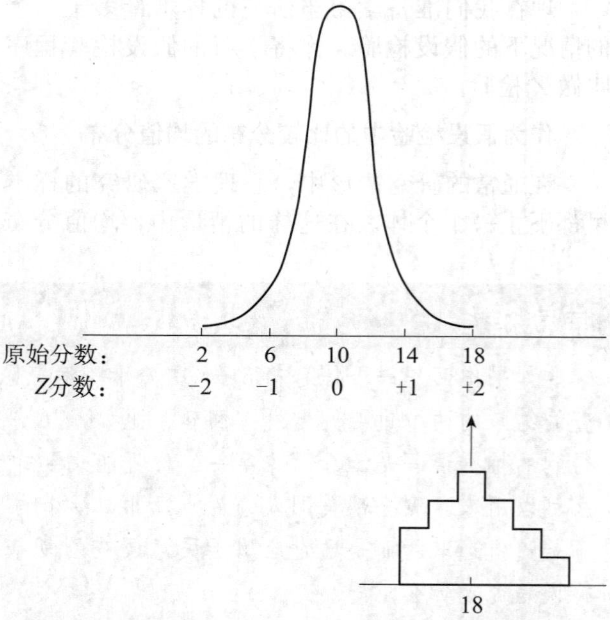

图5—6 均值分布上的一个特定样本平均数的 Z 分数

研究假设是被告知这个人有积极人格品质的学 149
生对这个人所做出的平均吸引力评估分数高于那些没有被告知这个人有积极人格品质的学生：$\mu_1>\mu_2$。零假设是总体1的分数在平均数上不会高于总体2的分数：$\mu_1\leqslant\mu_2$。注意一下这两个都是定向假设。这个研究者想知道如果被告知这个人有积极的人格特质是否会增加吸引力评估分数；对立方向上的结果不会支持研究者正在检验的理论。

① 如果研究者有另一组学生，没有被告知任何有关该人的人格品质的信息，然后他们被随机安排评估该人的吸引力，在这种情况下，这种虚拟的研究会做得更好。依靠对一个已知学生总体吸引力的评估是有一点碰运气的，因为实验中的情况会变成什么样不同于普通的学生评估某个人吸引力的情形。然而，在这个例子和本章的其他例子中，我们用的情形是有一个单独的样本和一个“已知的”总体。第7章开始的时候，我们把假设检验的步骤扩展到更加真实的研究情形中，包括涉及多组参与者的情形和总体的特征未知的情形。

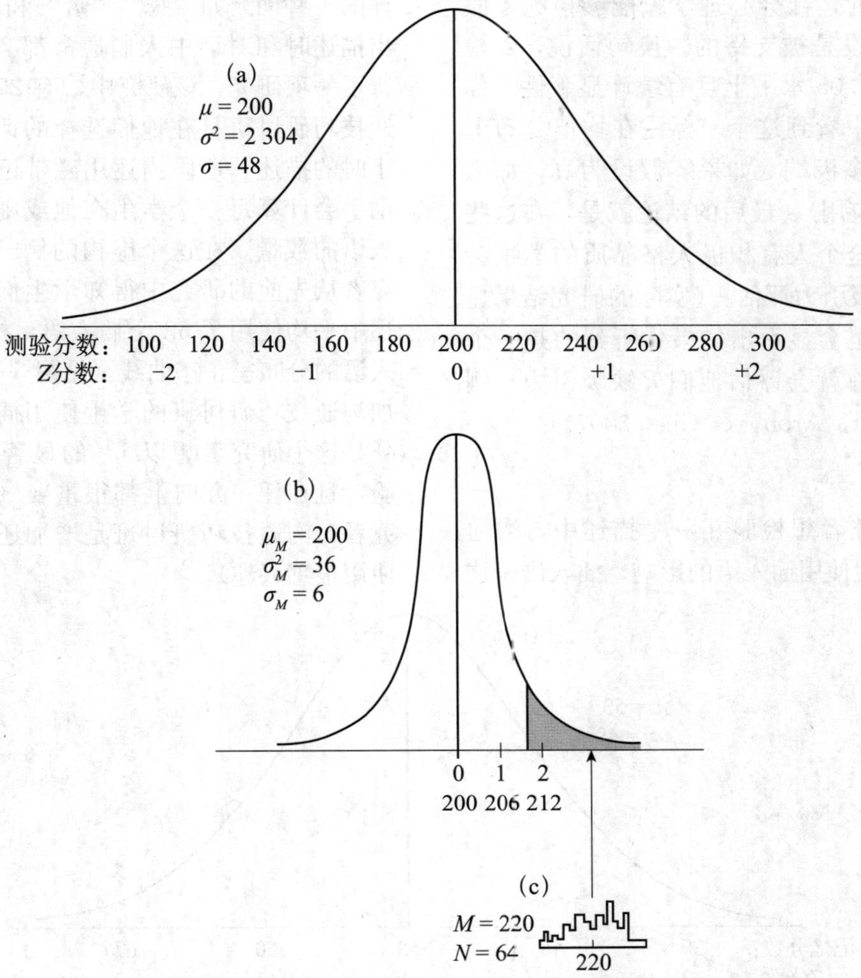

图 5—7　积极人格品质和吸引力评估的虚构研究的分布图

注：(a) 个体总体分布；(b) 均值分布（比较分布）；(c) 样本分布在均值分布中，阴影区域是拒绝区域。如果研究样本的平均数被证明是在那个区域中，零假设就要被拒绝。

150 ❷ **决定比较分布的特征。** 这个研究的结果是包含 64 个个体的样本的平均数（这个案例中的学生）。这样，比较分布就是每个包含 64 个个体的样本的均值分布。这个比较分布的平均数为 200（与总体平均数一样）。也就是说，正如我们早些在这章中看到的，$\mu_M = 200$。它的方差是总体的方差除以样本中的个体数量。总体的方差 σ^2 是 2 304（总体标准差 48 的平方）；样本容量是 64。因而，均值分布的方差 σ_M^2 是 2 304/64，即 36。均值分布的标准差，σ_M，是 36 的正平方根，即 6。最后，因为这个样本中超过了 30 个个体，均值分布的形态就是近似正态分布。图 5—7b 显示的就是这种均值分布。

❸ **根据比较分布上的样本临界值来决定是否应该拒绝零假设。** 让我们假定研究者决定使用的是标准为 5%的显著性水平。正如我们在步骤❶中标注的那样，研究者一直在做定向的预测。因此，如果结果是在比较分布的顶端 5%处，研究者就要拒绝零假设。比较分布（均值分布）是一个正态曲线。因此，顶端的 5%可以在正态曲线表中找到。它开始于＋1.64 的 Z 分数。这个顶端的 5%在图 5—7b 的阴影区域显示出来。

❹ **计算比较分布上你的样本分数。**（虚构）研究的结果是被告知这个人具有积极的人格品质的 64 个学生给出的平均吸引力评估分数是 220。（这个样本的分布在图 5—7c 中给出。）平均数为 220 是高于均值分布平均数 3.3 个标准差的平均数：

$$Z=\frac{M-\mu_M}{\sigma_M}=\frac{220-200}{6}=\frac{20}{6}=3.33$$

❺ **决定是否拒绝零假设。** 我们设置的拒绝零假设的最小 Z 分数是＋1.64。样本平均数的 Z 分

数是＋3.33，因此，社会心理学家能够拒绝零假设且得出研究假设是被支持的。换句话说，Z 检验的结果在 $p<0.05$ 水平上且有统计显著性。你可以在图5—7b中看到这个。标注在均值分布上的样本平均数有多极端（如果零假设为真，那么这个分布就可以应用）。最后的结论就是，在这些学生中，被告知这个人有积极人格品质的学生会增加对这个人的吸引力评估。（实际的研究结果显示出这种影响，也会显示出如果你听到的是一个人的负面信息，你就会评估他们欠缺吸引力；例如，Lewandowski，Aron，& Gee，2007。）

第二个示例

假设一个研究者想检验在一个描述中，沟通技巧研讨班对学生使用插入语的影响。插入语是这样的一些词，如“嗯”“哈”和“你知道”，当给出描述时和对话中人们通常都会用到。研究者进行了一项研究，该研究中，有25个学生参加了沟通技巧研讨班且在他们选择的话题中给出了半个小时的描述。这段描述用磁带记录并且之后研究助手会计算每一个学生在他或她的描述中使用插入语的数量。在这个虚构的例子中，我们假设研究者从先前的研究中得知学生们在半个小时的描述中平均使用了53个插入语，标准差为7，且插入语的分布呈正态曲线（见图5—8a）。这25个参加沟通技巧研讨班的学生使用插入语的平均数是48。这个研究者想以1%的显著性水平实施 Z 检验，且在任一方向上都很重要（也就是说，该研究者对沟通技巧研讨班是增加还是减少插入语的使用很感兴趣）。 151

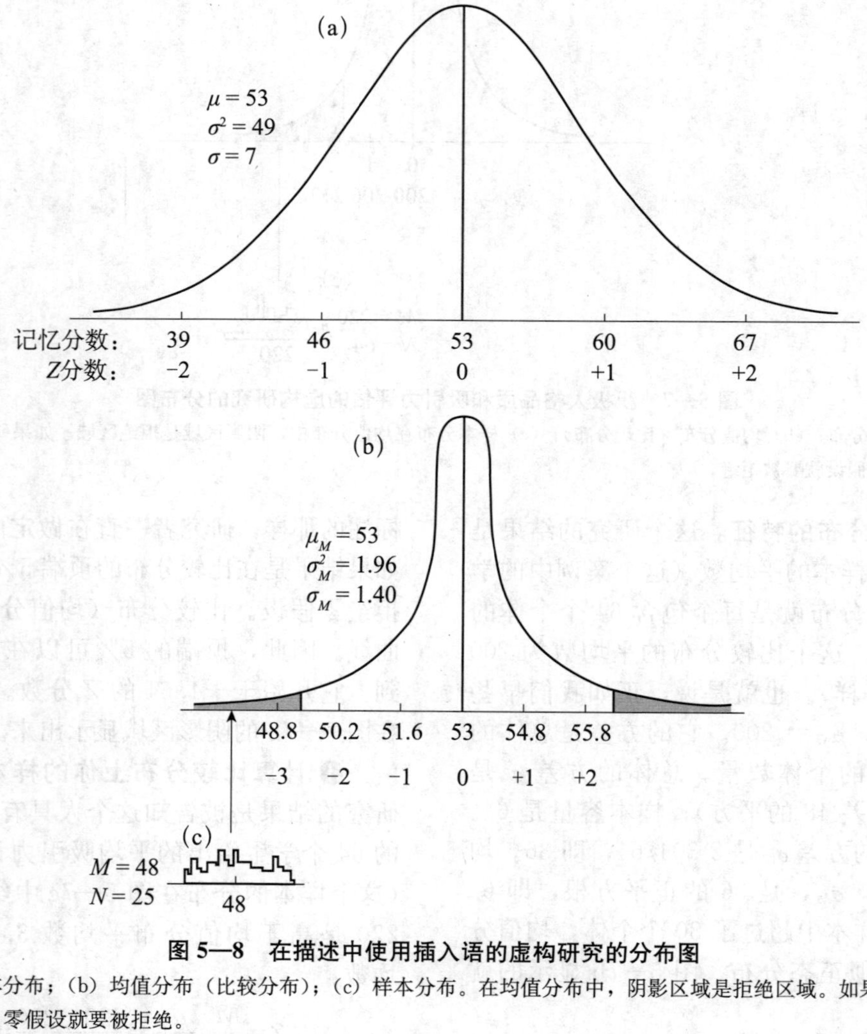

图5—8 在描述中使用插入语的虚构研究的分布图

注：(a) 个体总体分布；(b) 均值分布（比较分布）；(c) 样本分布。在均值分布中，阴影区域是拒绝区域。如果研究样本的平均数被证明是在那块区域中，零假设就要被拒绝。

❶ **重申研究总体的研究假设和零假设问题。** 有两个总体，如下。

总体1： 参加沟通技巧研讨班的学生。

总体2： 一般学生（没有参加沟通技巧研讨班

的学生）。

研究假设是在描述中，参加沟通技巧研讨班
152 的学生使用插入语的数量不同于一般学生：$\mu_1 \neq \mu_2$。零假设是总体 1 的分数在平均数上同总体 2 是一样的：$\mu_1 = \mu_2$。

❷ **决定比较分布的特征。**这里的比较分布是一个均值分布。它的平均数是 53（同总体平均数一样）。它的方差是总体方差除以 25，25 是样本中的个体数量：$\sigma_M^2 = \sigma^2/N = 7^2/25 = 49/25 = 1.96$；$\sigma_M = \sqrt{1.96} = 1.40$。它的形态是正态的，因为总体插入语分数是正态分布。（图 5—8b 显示的是比较分布。）

❸ **根据比较分布上的样本临界值来决定是否应该拒绝零假设。**这是一个在 1%显著性水平上的双侧检验（该研究者对任一方向上的影响都感兴趣）。根据正态曲线表上的顶端和底端的 0.5%，临界值是 +2.57 和 −2.57（见图 5—8b 里很小的那块阴影区域）。

❹ **计算比较分布上你的样本分数。**样本平均数是 48（见图 5—8c）。在比较分布上算出 Z 分数为 −3.57：$Z = (M - \sigma_M) / \sigma_M = (48 - 53) / 1.40 = -5/1.40 = -3.57$。

❺ **决定是否拒绝零假设。**样本平均数的 Z 分数是 −3.57，它比临界值 ±2.57 还要极端。因此，研究者拒绝零假设且得出研究假设是得到支持的。换句话说，Z 检验的结果在 $p < 0.01$ 水平上呈统计显著性。你可以在图 5—8b 中看到，标注在均值分布上样本平均数有多极端（如果零假设为真，那么分布就可以应用）。最后的结论就是在描述中学生使用插入语的数量在参加沟通技巧研讨班后逐步减少。

当你在下一次给出描述时，要求你的朋友记下你使用插入语（如“嗯”“哈”和“你知道”）的次数，或者用磁带录下描述，然后计下你自己的插入语。插入语能够分散听者的注意力且可能对描述质量有影响。交际专家建议用短暂的停顿（那能让你集中思绪）来代替插入语。

你会做吗？

1. 具有超过一个个体的样本的假设检验与只有一个个体的样本的假设检验有什么不同？

2. 你是如何找到均值分布上样本平均数的 Z 分数的？

3. 一个研究者预测观看一部特定的电影会改变人们对于酒精的态度。研究者们随机选出 36 个人，给他们看这部电影，然后给他们一份态度问卷。这 36 个人的态度测验的平均分数是 70。一般人的态度测验平均分数为 75，标准差为 12。使用假设检验的 5 个步骤和 5%的显著水平，实施 Z 检验来看看观看这部电影是否能够改变人们对酒精的态度。

答案

1. 在样本超过一个人的假设检验中，比较分布是均值分布。

2. 你使用基本公式把原始分数转换为 Z 分数，但是要用均值分布的平均数和标准差。公式是 $Z = (M - \mu_M)/\sigma_M$。

3. ❶ **重申有关总体的研究假设和零假设问题。**有两个总体，如下。

总体 1：观看电影的人。

总体 2：一般人（没有观看电影的人）。

研究假设是观看电影的总体的平均态度不同于一般人构成的总体的平均态度：$\mu_1 \neq \mu_2$。零假设是两个总体具有相同的平均态度分数：$\mu_1 = \mu_2$。

❷ **决定比较分布的特征。**$\mu_M = \mu = 75$；$\sigma_M^2 = \sigma^2/N = 12^2/36 = 144/36 = 4$；$\sigma_M = 2$；形态呈正态。

❸ **根据比较分布上的样本临界值来决定是否应该拒绝零假设。**5%显著水平上的双侧临界值为 +1.96 和 −1.96。

❹ **计算比较分布上你的样本分数。**$Z = (M - \mu_M)/\sigma_M = (70 - 75)/2 = -2.50$。

❺ **决定是否拒绝零假设。**样本平均数的 Z 分数是 −2.50，比 −1.96 更极端；拒绝零假设。看电影能够改变态度。 153

争论：边缘显著

一个关于显著检验的长期存在的争论是，当一个结果在通常的0.05的显著性水平上时，不能形成临界值但是却非常接近（如 $p<0.10$）。这通常称作“边缘显著”“接近显著性”或者“近似显著性趋势”。20年之前，这个争论在群发给社会心理学家和人格心理学家的电子信函中引起了一阵关注。这场讨论开始于这份由托德·纳尔逊（Todd Nelson，加州州立大学斯坦尼斯洛斯分校）寄出的问卷：

> 纵观我的哲学博士培养的过程……有一个比较普遍的说法就是把介于0.05和0.10之间的 p 值作为“边缘显著性”。在所有的主流社会心理学期刊……和我的老师之中这是一个非常普通的术语。
>
> （不久前的）一天，一个论点反对了我的坚持，当有其他的论题委员会成员强烈反对术语“边缘显著性”出现在学生论文“结果”那一部分中的时候，我惊呆了……他们都说他们“从未”听过这个术语（!）。
>
> 为了确定我还在行星地球上，我咨询查找了“边缘显著性”，发现一些注明作者为统计学家的论文还在0.05～0.10范围内用例子讨论结果……
>
> 你（曾）听说过这个术语吗？你用它和教授它吗？如果是，为什么？如果不是，你反对的是什么？

大概立即就有超过100个回答！首先，很快能明确使用那些类似“边缘显著性”的称谓确实在心理学的很多领域是一个普遍惯例。正如弗兰克·罗夏沃（Frank LoSchiavo，俄亥俄大学）说的：“听起来其他委员会的成员就像没有生活在地球上一样。”

154 尽管它或许相当普遍，可很多人却认为它并不是一个好概念，这一点也变得愈发清晰。查尔斯·斯汤戈（Charles Stangor，马里兰大学）称之为“完全伪造的观念而不是雪茄……曾经使我们这些穷科学家在结果接近时感觉更好”。崔西亚·尤拉克（Tricia Yurak，罗文大学）称之为“我不会用的捏造术语”，“即使我得到了一个0.07的 p 值，我也会把它报告成没有显著性”。理查德·让（Richard St .Jean，爱德华王子岛大学）回忆道：“我的一位教授说过称其发现的是一个边缘显著性就像称一个女人为边缘孕妇！准则就是一个完全或不完全的决定……”大卫·沃什本（David Washburn，佐治亚州立大学）阐释了这个原理：“一个人预先决定或者通过会议称 $p<0.05$ 影响为‘显著性’……像边缘显著性这样的术语是反事实的——就像说你做了很多你没有做的事。”就像一些电子邮件标明的那样，这个争论在切特·英斯科（Chet Insko，2003；北加州大学）的一篇论文中给出了对某些细节的详细说明：

> ……零假设的检验是依靠传统的双价值原理。因此，一边是拒绝零假设或不拒绝，且对于零假设的拒绝就允许接受了与零假设有逻辑矛盾的研究假设。这里关键性的一点就是演绎逻辑具有双重价值。例如，苏格拉底是或不是终有一死……一个逻辑学家就不会这样想，如，总结称苏格拉底在死亡边缘。由于零假设检验以逻辑为根据，只有双重价值的差异能够体现出来，并且，当然，需要一个单个的切分点来把显著性检验统计从非显著性检验统计中区别出来。(p. 1331)

然而，这些回答中的大多数观点是由沃伦·索因盖特（Warren Thorngate，卡尔顿大学）发表的：“……坚持0.05或没有！哲学的人们不是需要再教育就是要送去治疗。”菲比·埃尔斯沃斯（Phoebe Ellsworth，密歇根大学）补充道：“即便这样做也不能保持较高的水准，因为0.05和0.06之间有一道鸿沟，所以这样做十分愚蠢。”这里的0.05的点是任意选取的。确实，由罗斯诺和罗森塔尔（Rosnow & Rosenthal，1989）合写的一篇有影响力的论文引证了许多论断：“……可以确定上帝像喜欢0.05一样喜欢0.06。”（p. 1277）另外，很多标注都说到强调影响的规模和研究的力度非常重要，这个问题我们将会在下一章考虑。同样，一些提及的如“接近显著性结果”可能在相关结果清楚地有显著性的时候尤其合适（例如，一项关于压力影响的研究在用问卷测量时是显著的且在用生理测量时也是接近显著性的）。最后，在心理学不同的特殊领域很少有人强调报告这种不确定结果的可接受性。

研究文献中关于样本平均数的假设检验（Z检验）和标准误

正如我们已经说明了好几次的，在心理学中，研究中有已知的总体平均数和标准差是很罕见的。因此，在一篇研究论文中你不会经常见到 Z 检验的。我们要求你去了解这样的情形主要是为了在更普遍的研究情形中为理解假设检验打好基础。现在 Z 检验将会继续被使用，以后也是。

这儿有一个例子。作为一个更大研究的一部分，怀斯曼（Wiseman，1997）对以色列的一组大学生做了一次孤独感测验。作为考察结果的第一步，怀斯曼核查了孤独感测试的平均分数，发现同已知的罗素和其同事们（Russell，1980）早
155 期所做的美国大学生的大型研究的总体分布没有显著性差异。怀斯曼报告称：

> ……当前以色列样本的平均孤独分数同罗素等（Russell et al.，1980）的男性大学生样本（以色列人：M=38.74，SD=9.30；罗素的：M=37.06，SD=10.91；Z=1.09，NS）和女性大学生样本（以色列人：M=36.39，SD=8.87；罗素的：M=36.06，SD=10.11；Z=0.25，NS）相似。（p.291）

在这个例子中，研究者给出了样本研究（以色列组）和总体（罗素的数据）的标准差。然而，在计算每个 Z 分数的步骤中（均值分布上的样本分数），研究者使用的仅仅是总体的标准差。也要注意研究者用差异的非显著性来支持样本平均数“类似于”总体平均数。然而，研究者非常小心没有陈述结果表示的是“没有差异”。

在这章中我们已经涉及了很多话题，但你最有可能在研究论文中看到的一个话题就是均值分布的标准差，它用来描述可能期望的给出一定规模总体中的样本平均数的变异量。在这种情形中，它通常叫做标准误（SE）或者平均数的标准误（SEM）。标准误在研究论文中的典型表现就是一个条形图中的那些条形的顶部（有时候是下面）有一些线，这些线称作误差条。例如，斯坦科维奇和同事们（Stankiewicz et al.，2006）研究了人类知觉和记忆中的缺陷（和其他因素）对人们在室内空间找通路的能力有多大影响。其中一个实验，8个学生用一台计算机的键盘通过计算机显示器在给出的走廊和门厅的虚拟室内空间来回移动。研究者估计学生在空间中移动的效率，效率范围在0（极端无效）到1（极其有效）之间。研究者们比较在学生有空间视野限制和他们有一个清晰的（或者不受限）空间视野时空间移动的效率。他们的结果，在图5—9中给出，包括误差条。

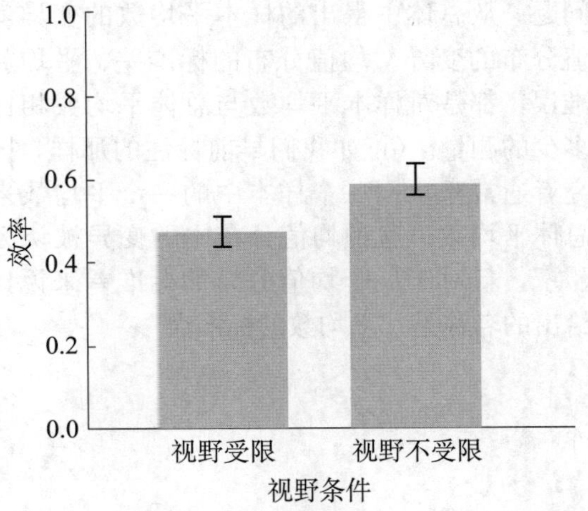

图5—9　视野受限和不受限条件下的平均移动效率

注：在视野受限条件下，视觉信息一直到下一个交叉口都是有效的（更远的细节呈现出“雾状”的模糊）。在不受限条件下，视觉信息到走廊尽头都是有效的。误差条代表的是平均数的1个标准差。

资料来源：Stankiewicz，B. J.，Legge，G. E.，Mansfield，J. S.，& Schlicht，E. J.（2006）. Lost in virtual space：Studies in human and ideal spatial navigation *Journal of Experimental Psychology：Human Perception and Performance*，*32*，688－704. Copyright © 2006 by the American Psychological Association.

图中的误差条在心理学研究文献中很常见，尤其是知觉和认知神经科学这种更具有实验性质的领域。 156

前沿课题：估计值、标准误和置信区间

假设检验是我们这本书的重点。然而，在心理学中，有另一个与均值分布有关的统计问题也很重要：根据样本中的分数来估计总体平均数。从传统观点来看，这在调查研究中非常重要。最

近几年，它在实验研究中变得也很重要（例如，Wilkinson & Task Force on Statistical Inference，1999）并且可以作为替代方法为假设检验服务。

估计未知的总体平均数

当总体平均数未知，对总体平均数最好的估计值就是样本平均数。在学生被告知一个人的积极人格品质时，由64个学生构成的样本给出的该人吸引力平均数是220。因此，220就是对被告知一个人积极人格品质的学生们构成的未知总体给出的吸引力评估的平均数的最好估计值。

用样本平均数作为总体平均数的估计值究竟有多精确呢？解决这个问题就必须解决“从总体中抽取的样本的平均数如何变化”这一问题。幸运的是当考虑均值分布时，我们就已经思考了这个问题。从总体中得出的样本平均数的变异就是均值分布的变异。均值分布的标准差、平均数的标准误，都是对样本平均数与总体平均数相比变异多少的测量。（正如我们早前标注的那样，因为研究者通常喜欢用一个样本中的一个平均数来估计总体平均数，这种均值分布中的变异被认为是“误差”，且对于一个均值分布的标准差来说，我们给出的名称是“平均数的标准误”。）

在我们所举的例子中，我们对那些被告知一个人的积极人格品质的学生构成的总体平均数的估计是220，它的精确度就是标准误，我们之前算出来是6。

合理的平均数可能包括总体平均数的范围

你也可以估计合理的可能包括总体平均数的平均数范围。考虑到我们估计的220有一个标准误为6。现在如下：假设你从我们的均值分布中得到了一个平均数；有34%的可能性该平均数在220（均值分布的平均数）和226（220之上的一个标准误）之间。这是因为均值分布是一个正态曲线。因此，标准误是在曲线上的一个标准差，正态曲线中的34%是在平均数和比平均数多一个标准差之间。根据这个推论，我们可以计算出另一个34%应该在220和214（比220低一个标准差）之间。把这些放在一起，如果我们的样本都是从这个总体中随机抽取的，那么我们有68%的自信认为214到226这段区域应该包含总体平均数（见图5—10a）。

这是一个**置信区间**（通常缩写为CI）。我们称它为“68%的置信区间”。置信区间的上限和下限称作**置信界限**。在这个例子中，68%置信区间的置信界限就是214和226（见图5—10a）。 157

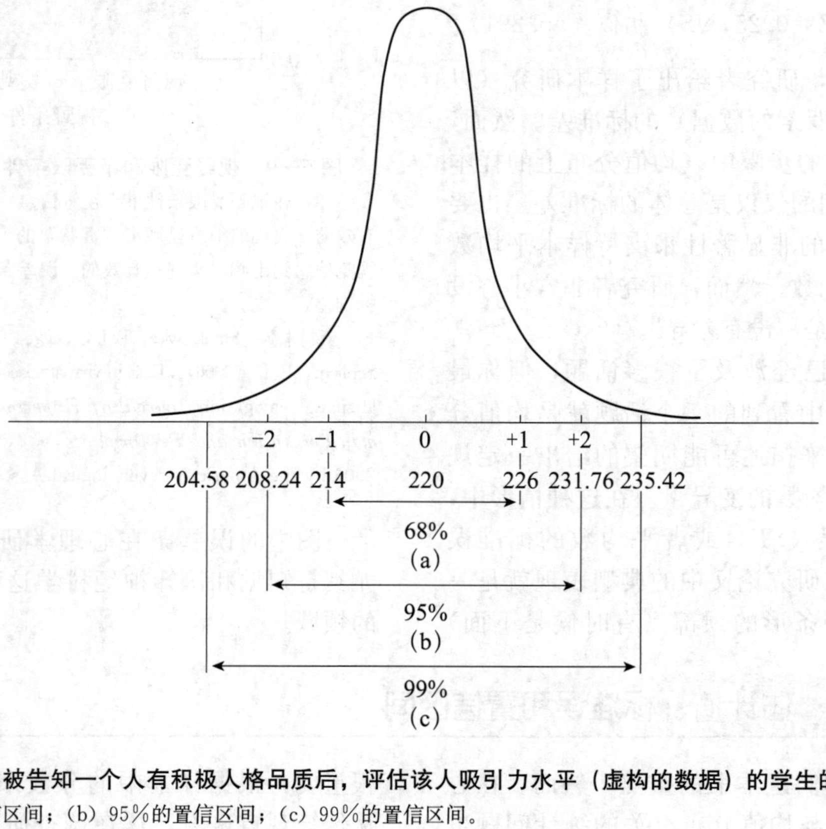

图5—10　被告知一个人有积极人格品质后，评估该人吸引力水平（虚构的数据）的学生的置信区间

注：(a) 68%的置信区间；(b) 95%的置信区间；(c) 99%的置信区间。

让我们重温一下这个逻辑：根据样本平均数的知识，我们尽量去估计样本所来自的总体的平数。我们对总体平均数最好的估计不得不依赖我们的样本平均数。我们无法知道估计值有多好。如果从总体中得出的样本平均数变化很多，那么我们就不会那么自信。我们的估计接近真正的总体平均数。如果样本平均数很有可能完全靠近真正的总体平均数，我们就能够假设我们的估计非常接近。为了得到准确的估计，我们可以用正态曲线的知识来估计合理的可能包括总体平均数的平均数范围。这种对于平均数范围的估计就叫做一个置信区间。

> **置信区间**（CI）　大致来说很可能包括真正的总体平均数的分数范围（即较高和较低值之间的分数）；更加准确地说，即从中能得到你的样本平均数的概率很高的可能均值范围。
>
> **置信界限**　一个置信区间的上限和下限。

95%和99%的置信区间

通常来说，你希望自己的估计超过68%的自信，因此，当计算置信区间的时候，心理学家通常用95%或者甚至是99%的置信区间。这些都是
158 根据均值分布上的包含中间的95%或中间的99%的区域来算的。对于**95%的置信区间**来说，你想让正态曲线上的每一边上的平均数和Z分数之间的区域都包括47.5%（47.5%加上47.5%为95%）的分数。正态曲线表显示的Z分数是1.96。因此，按照Z分数，95%的置信区间就是均值分布上的−1.96到1.96。对于吸引力评估这个例子，把Z分数转变为原始分数就是208.24到231.76的区间（见图5—10b）。也就是说，对于置信界限的下限来说，（−1.96）（6）+220=−11.76+220=208.24；对于置信界限的上限来说，（1.96）（6）+220=11.76+220=231.76。总而言之，根据被告知人有积极人格品质的64个学生组成的样本，你可以有95%的自信认为对于这样的学生，其真实的总体平均数是在208.24和231.76之间（见图5—10b）。

> **95%的置信区间**　大致来说，该置信区间就是有95%的概率总体平均数会落入这个区间之内。
>
> **99%的置信区间**　大致来说，该置信区间就是有99%的概率总体平均数会落入这个区间之内。

对于**99%的置信区间**，你使用的Z分数是正态曲线中间的99%（这部分包含平均数上面的和下面的49.5%）。这得出的是Z分数为±2.57。把这个转化为原始分数，99%的置信区间就是从204.58到235.42（见图5—10c）。

注意在图5—10里，自信越强，置信区间就越宽。在我们的例子中，你有68%的自信真正的总体平均数在214和226之间；但是你有95%的自信它在208.24与231.76之间，且有99%的自信它在204.58与235.42之间。这是普遍的规则。它让你懂得你需要一个更广范围的可能性来确保你是对的。

计算置信界限的步骤

计算置信界限有两个步骤。这些步骤假定均值分布近似于正态分布。

❶ **计算标准误。**即，用通常的方法找出均值分布的标准差：

$$\sigma_M=\sqrt{\sigma_M^2}=\sqrt{\frac{\sigma^2}{N}}$$

❷ **对于95%的置信区间，计算出样本平均数上下1.96个标准差的原始分数；对于99%的置信区间，计算出样本平均数上下2.57个标准差的原始分数。**为了计算这些原始分数，首先把1.96和2.57与标准误相乘，然后上限就是把它加上平均数，下限就是减去平均数。

从全部的计算过程来看，一旦你了解了标准误，95%置信区间的上限就等同于样本平均数加上1.96与平均数标准误的乘积：上限$=M+(1.96)(\sigma_M)$。下限就是样本平均数减去1.96与标准误的乘积：下限$=M-(1.96)(\sigma_M)$。对于99%的置信区间来说，上限的计算就是：$M+(2.57)(\sigma_M)$；99%的置信区间的下限就是$M-(2.57)(\sigma_M)$。

例子　让我们从这一章前面插入语的例子来找99%的置信区间。回想一下，在那个例子中，一般学生总体使用插入语的数量（即没有参加沟通技巧研讨班的学生）呈正态分布，平均数为53且标准差为7。参加了沟通技巧研讨班的25个学生平均用了48个插入语。

❶ **计算标准误。** 159

$$\sigma_M=\sqrt{\frac{\sigma^2}{N}}=\sqrt{\frac{7^2}{25}}=\sqrt{1.96}=1.40$$

❷ **对于95%的置信区间，计算出样本平均数上下1.96个标准差的原始分数；对于99%的置信区间，计算出样本平均数上下2.57个标准差的原

始分数。如果你选择99%的置信区间。那么，首先用2.57乘以1.40得到3.60，这是置信界限离平均数有多远。对于上限，把这个差距再加上样本平均数：48＋3.60＝51.60。从全部的计算过程来看，上限＝M＋(2.57)(σ_M＝48＋(2.57)(1.40)＝51.60。对于下限来说，从样本平均数48中减去3.60（它是2.57乘以1.40得到的），得出44.40。按照全部的计算过程来看，下限＝M－（2.57）（1.40）＝44.40。

> **成功小贴士**
>
> 注意，你正在计算的置信区间是以你的样本平均数为基础的，而不是以已知的总体平均数为基础的。因此，在当前的例子中，你计算的置信区间的平均数为48，这是由25个参加研讨班的学生使用插入语的平均数字。一般学生使用插入语的平均数字是已知的（53）；因此没有必要根据那个平均数来计算任何类型的置信区间。

因此，根据这包含25个学生的样本，你可以有99%的自信认为从44.40到51.60这个区间包括了正确的总体平均数。

置信区间的逻辑

如果你能理解之前的解释，那么对于现实情境中计算置信区间就足够了。基本上，置信区间能告诉你确信包括正确总体平均数的平均数范围。然而，如果你想更深切地思考这种情形，这儿有一个精妙的理论，它是关于先前说的那些数字是什么意思的。（见下面两个“前沿课题”部分。）

严格来说，我们要考虑的就是计算出95%的置信区间。我们把它作为平均数的范围来计算，就是真正的总体平均数有95%的可能性会成为我们样本中的平均数。然而，我们真正想知道的是具有95%的可能性包括真正总体平均数的范围是多少。这一点我们是不知道的。也就是说，我们正在计算的是一件事，真正想知道的是另一件事。再读一下这一段并思考一下。很容易就错过了这种精妙性且造成逻辑上的明显歪曲。

大部分研究者以传统方式处理这种复杂情形的方法恰恰忽视了这种精妙之处。那些更老练的搞统计的研究者很享受这种情形，通过强调我们实际中说的我们有95%的自信正确的平均数落在这个范围内。也就是说，通过这种说法，我们承认我们正在做的的确有一点落后，但是它就是我们能做到的最好的了！“置信度”更加靠近我们在第3章中讨论的对可能性的主观解释。事实上，“置信度”是比可能性更模糊一点的术语。不过，它并不是完全模棱两可。我们所做的有一个牢固的基础。

这儿是怎么样理解这个问题：假设在我们的吸引力评估的例子中，真正的平均数确实是220。正如我们曾经看到的，给出的95%的置信区间是208.24到231.76，同图5—11a中显示的那样。我们不知道真正的总体平均数是多少。但是假定

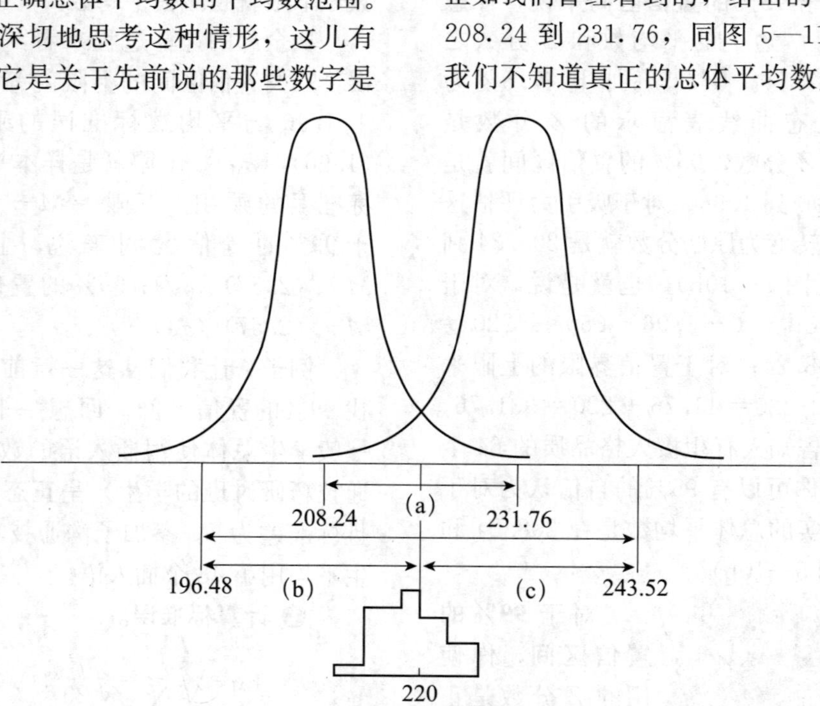

图5—11　置信区间的逻辑示例

注：(a) 被告知一个人具有积极人格品质后，再对该人进行的吸引力评估（虚构的数据）的平均数为220的学生样本的95%的置信区间；(b) 包括95%的样本平均数，以均值分布为根据，展现了$\mu_{Mb}=M=220$的95%的置信区间的下限的分数范围；(c) 包括95%的样本平均数，以均值分布为根据，展现了$\mu_{Mc}=M=220$的95%的置信区间的上限的分数范围。

真正的总体平均数是 208.24，总体均值分布中的样本平均数包含的 95％的范围就是 196.48 到 220.00，同图 5—11b 中显示的一样。（你可以根据计算置信界限的两个步骤自己算出这个结果。）同样，对于平均数为 231.76 的总体来说，包含总体均值分布 95％的样本平均数的范围就是 220.00 到 243.52，同图 5—11c 中显示的一样。

160 这显示的是一种普遍的规则：对于 95％的置信区间来说，置信界限的下限是最低可能性的总体平均数，它有 95％的可能性包含在我们的样本平均数中；置信界限的上限是最高可能性的总体平均数，它有 95％的可能性包含在我们的样本平均数中。

这种错综复杂的逻辑有一点像假设检验之后的双重否定。这不是偶然，从样本到总体的推论使用的都是同样的知识。

置信区间和假设检验

置信区间和假设检验联结的实际含义是你可以用置信区间来进行假设检验。如果置信区间不包括零假设分布的平均数，结果就是显著的。例如，在吸引力评估研究中，被告知那个人具有积极人格品质的学生的置信区间就是从 208.24 到 231.76。然而，没有被告知那个人具有积极人格品质的一个总体的平均数为 200，这个总体平均数是在置信区间的范围之外的。因此，如果你有 95％的自信真实的范围在 208.24 到 231.76 之间，而对于那些没有告知那个人具有积极人格特质的总体的平均数不在这个范围之内，你有 95％的可能相信总体同你样本来源的总体不是同一个。

另一种理解这种理念的方法是，置信界限指向的是一个更加极端的真实的总体，不包括在样本平均数的 95％中。对于那些没有被告知人具有积极人格品质的那个总体的平均数来说，平均数是 200。161
如果这对于被告知人具有积极人格品质的群体来说也是真实的平均数的话，95％的可能性不会产生同我们获得的这个具有同样水平的样本平均数。

你会做吗?

1. (a) 什么是对总体平均数的最好估计？(b) 为什么？

2. (a) 用来预测总体平均数估计值的准确性是什么？(b) 为什么？

3. 什么是 95％的置信区间？

4. 一个研究者预测观看特定的电影会改变人们对酒精的态度。研究者然后随机选出 36 个人，给他们看一部电影，然后给他们一份态度问卷。这 36 个人的态度测试的平均分数是 70。一般总体（没有看电影的人）在这份测试上的平均得分是 75，标准差是 12。(a) 找出看电影的人们的最佳平均数估计值和 (b) 它的 95％的置信区间。(c) 把这个结果与同样情形中的结论相比较，就是在均值分布的假设检验的“你会做吗?”这个专栏中的那个例子。

5. (a) 为什么说“95％的置信区间就是一部分区域有 95％的可能性能找出真正的总体平均数”这句话是错的？(b) 我们的 95％的自信的根本理论原则是什么？

4. (a) 最佳的估计是样本平均数：70。

(b) 标准误（σ_M）是 $\sqrt{\sigma^2/N}=\sqrt{144/36}=2$。置信界限的下限＝M－（1.96)($\sigma_M$)＝70－（1.96)(2)＝70－3.92＝66.08；置信界限的上限＝M＋（1.96)(σ_M)＝70＋（1.96)(2)＝70＋3.92＝73.92。95％的置信区间就是从 66.08 到 73.92。

(c) 95％的置信区间不包括一般总体的平均数为 75。这样，你就可以拒绝认为两个总体相同的零假设。当把这个例子应用于假设检验时是同样的结论。

5. (a) 说“95％的置信区间就是一部分区域有 95％的可能性能找出真正的总体平均数”这句话是错误的，因为你并不知道真正的总体平均数为多少，因此你没有办法来确信是以什么为基础来计算 95％的可能性的。

(b) 置信界限的下限是这样一个点，即比那一点再低的样本平均数就没有 95％的可能性包括总体平均数了；同样，置信界限的上限是这样一个点，即比那一点再高的样本平均数就没有 95％的可能性包括总体平均数了。

答案

1. (a) 对总体平均数最好的估计就是样本平均数。(b) 它更有可能从具有相同平均数的总体中得来而不是任意一个其他总体。
2. (a) 标准误（或者是均值分布的标准差）被用来预测总体平均数估计的准确性。(b) 标准误（或者是均值分布的标准差）大致上是均值分布平均数波动的平均数值。
3. 值的范围表明你有95%的自信认为它包括总体平均数，它是以一个样本中的分数为根据来估计的。

162

前沿课题的争论：置信区间与显著性检验

你可以回忆起很多年来在显著性检验方面心理学家一直在乐此不疲地辩论。争论中的主要论点是建议心理学家应该用置信区间代替显著性检验。

那些支持用置信区间来代替显著性检验的人（例如，Cohen，1994；Hunter，1997；Schmidt，1996）列举了一些置信区间的主要优势。第一，就像我们之前提到的那样，置信区间不仅包含了显著性检验中的关键信息[①]，还给出了附加信息——对值的范围的估计使你有足够的自信包括真正的总体平均数。第二个优点是他们把注意力放在影响的评估面而不是假设检验。一些研究者认为科学的目的在于提供对影响的量化估计（和那些评估的精确性），而非是否有影响。

当结果并不显著的时候，置信区间是尤其有用的（Frick，1995）。这是因为知道了置信区间给了你一个信念，在有效的情况下让你可以找到真正平均数。如果结果不显著并且全部的置信区间都接近没有效果，你可以很自信地认为即使有一定的效果，也可能很小。然而，如果结果不显著且置信区间没有效果，包含的平均数也会没有效果，它将会告诉我们研究是真正无效的：可能有一点或者没有任何效果，但是也有可能有一个实质的影响。

第三个由置信区间优于显著性检验的支持者提出的优点是研究者几乎没可能误用它们。如同我们在第4章提到的那样，显著检验使用中一个普遍的错误就是断定一个非显著性结果平均数没有效果。有了置信区间，就很难犯这种错误了。

正是有了这些不同的优点，最新的《美国心理学会出版手册》（2001）声称“置信区间的使用是……强烈推荐的”（p. 22）。

然而，要在各种各样的心理学论文中找到置信区间仍然相当不常见。在某种程度上，这很可能是由于传统和大多数心理学家一直接受着显著性检验且一直使用着它们。

其他的研究者（例如，Abelson，1997；Harris，1997；Nickerson，2000）强调了不放弃显著性检验而支持置信区间的两个原因。第一，对于一些先进的统计程序来说，有可能做显著性检验但是不能计算出置信区间。第二，正像显著性检验可能犯错误一样，用置信区间也有可能犯其他各种类型的错误——尤其是因为大多数研究心理学家缺乏使用它们的经验。

无论有关置信区间争论的结果是什么，了解它们是很有价值的，当你读研究文献时，你就会偶然闯入它们的世界中，并且你在将来会经常看到它们。换句话说，它们现在只是偶尔出现，并且没有迹象表明它们有可能不久在任何时间代替显著性检验。对于这个原因（并且为了控制有效学习的材料量），我们给置信区间一个前沿的课题并且不打算在这本书随后的章节中再强调它们，主要讨论的是在不同类型研究情形中的显著性检验。

163

前沿课题：研究文献中的置信区间

正如我们提到的那样，有时候在研究文献的报告中，置信区间（通常缩写成CI），不是很标准。例如，思考一下，克里斯塔基斯和法沃勒（Christakis & Fowler，2007）的研究。他们对

① 认为置信区间超过显著性检验的支持者争辩说我们应该忽视将假设检验联结在一起。这就是最根本地反对显著性检验。也就是说，这些心理学家认为我们应该把全部精力放在估计量上，且任何类型的显著性检验都应该是不相关的。在第6章，我们将会通过辩论来讨论它们的基本逻辑和存在的地位。

12 000 多个 32 岁以上的人进行研究，来调查人们变得过度肥胖的概率是否与他们的朋友和家庭里有人过度肥胖有关。他们报告“如果他有一朋友在给出的区间内属于过度肥胖，那么他有 57%（95%置信区间，6 到 123）的概率变得过度肥胖”（p. 370）。这就意味着我们有 95%的自信确定肥胖症增长风险在 6%到 123%之间。另一个例子中，组织心理学家可能解释说，在一个特殊工厂工作，每周加班的平均时间是 3.7 小时，95%的置信区间是 2.5 到 4.9。这就告诉你准确的加班时间平均数很有可能在 2.5 到 4.9 小时之间的某处。

有一个捷径非常有帮助。许多研究者发现，在阅读给出标准误而不是置信区间的研究文献时，在两个方向上（确切的是 1.96 个 *SEs*）95%的置信区间近似 2 个标准误且在两个方向上（确切的是 2.57 个 *SEs*）99%的置信区间近似 2.5 个标准误。

小结

1. 当研究的样本包含多个个体时，假设检验过程中的比较分布是均值分布。可以认为结果来自于（a）采用一个非常大容量的样本，相同数量的分数是从个体构成的总体中随机选出来的，且（b）绘制一个这些样本的均值分布图。

2. 均值分布有与相应的总体一样的平均数。然而，它有一个更小方差因为样本平均数不大可能比个体的分数更加极端。（在任一样本中，极端分数会由于另一方向上的极端分数和中间分数保持平衡。）均值分布的方差是总体的方差除以每个样本中个体的数量。它的标准差是它的方差的正平方根。均值分布的形态近似于正态曲线，如果（a）该样本包含 30 个或更多个体或者（b）由个体构成的总体遵循正态曲线。

3. 有一个包含了多个个体的单一样本和一个已知总体的假设检验叫做 *Z* 检验，且它按照第 4 章中假设检验的方法来进行（这里的研究把单个个体同总体相比较）。主要的例外是假设检验中的比较分布是含有多个个体的单一样本，并且均值分布的总体未知。

4. 还有一些关于术语使用的争议，如边缘显著性、接近显著性和近似显著性趋势，这些术语用来描述结果靠近显著性临界值的情况。对这些术语的讨论说明假设检验是一个“全”或“无”的决定。然而，其他的研究者提倡更加灵活的应用并且指出 0.05 和 0.01 的显著性水平是专横的习俗。

164 5. 在这章中（*Z* 检验）对假设检验这种类型的描述很少用在研究实践中；你可以把它作为垫脚石来学习。均值分布的标准差（标准误）普遍用来描述平均数的预期变异，尤其在条形图里，标准误可能是每根条状长度上面（有时候是下面）的一条线。

6. 前沿课题：在总体平均数未知的情况下，样本平均数是总体平均数的最好估计，估计的准确性是均值分布的标准差（作为标准误也是已知的），它告诉了你平均数变化的大致数量。根据均值分布，你能够计算出包括总体平均数的可能平均数的范围。如果我们假定均值分布呈正态曲线，95%的置信区间包括的范围从低于样本平均数 1.96 个标准差（置信界限的下限）到高于样本平均数 1.96 个标准差（置信界限的上限）。严格地说，围绕着样本平均数的是一个 95%的置信区间的范围，其下限是最低的总体平均数，有 95%的可能性包括于样本平均数中，上限就是最高的总体近似平均数。99%置信区间包括的范围从低于样本平均数 2.57 个标准差（置信界限的下限）到高于样本平均数 2.57 个标准差（置信界限的上限）。

7. 前沿课题：关于显著性检验一直在一个方面存在争论，就是研究者是否应该用置信区间来代替它们。置信区间的支持者们争辩说它们可以提供附加的信息，致力于估计和减少对显著性检验的一般误用。最近这些年在心理学研究文献中置信区间变得越来越普遍，但是它们仍然是相对不常见的，这在某种程度上是由于传统和不熟悉。另外，依赖置信区间的对手们争辩说它们不能用在某些先进的程序中，估计并不是唯一的目的，并且它们有它们自己的缺点。当置信区间被报告在研究文献中的时候，它通常缩写成 CI。

关键词

均值分布（p. 138）　均值分布的平均数（p. 140）　μ_M（p. 141）

均值分布的方差（p. 141）
σ_M^2（p. 142）
均值分布的标准差（p. 142）
σ_M（p. 142）
平均数的标准误（*SEM*）（p. 142）
标准误（*SE*）（p. 142）
Z 检验（p. 148）
置信区间（CI）（p. 157）
置信界限（p. 157）
95%的置信区间（p. 158）
99%的置信区间（p. 158）

案例解析

计算均值分布的标准差

找出一个总体的均值分布的标准差，$\sigma=13$，样本容量为20。

165 答案

利用均值分布特征的法则2a和2b：**均值分布的方差是总体的方差除以每个样本中的个体数量。均值分布的标准差是均值分布的方差的正平方根。**总体的方差是169（即13的平方是169）；用它除以20得出的均值分布的方差是8.45。它的正平方根是2.91，是均值分布的标准差。

用公式表述，如下：

$$\sigma_M=\sqrt{\frac{\sigma^2}{N}}=\sqrt{\frac{13^2}{20}}=\sqrt{\frac{169}{20}}=\sqrt{8.45}=2.91$$

包含多个个体的样本的假设检验：*Z* 检验

一个容量为75的样本给出一个实验处理且在一个特定的测验上平均数为16。在这个测验上一般总体的平均数为15，标准差为5。用假设检验的5个步骤来执行 *Z* 检验（采用0.05显著性水平上的双侧检验），并绘制分布图。

答案 167

❶ **重申有关总体的研究假设和零假设问题。**有两个总体，如下。

总体1：被给予实验处理的那些人。

总体2：一般总体（没有被给予实验处理的人）。

研究假设是给予实验处理的总体在特定的测验上的平均数不同于一般总体上人们（没有给出实验处理）的平均数：$\mu_1\neq\mu_2$。零假设是在这个测验上两个总体具有相同的平均分数：$\mu_1=\mu_2$。

❷ **决定比较分布的特征。**$\mu_M=\mu=15$；$\sigma_M=\sqrt{\frac{\sigma^2}{N}}=\sqrt{\frac{5^2}{75}}=\sqrt{0.33}=0.57$；形态是正态（样本容量远远大于30）。

❸ **根据比较分布上的样本临界值来决定是否应该拒绝零假设。**采用0.05的显著性水平，双侧临界值是+1.96和−1.96。

❹ **计算比较分布上你的样本分数。**使用公式，$Z=(M-\mu_M)/\sigma_M$，$Z=(16-15)/0.57=1/0.57=1.75$。

❺ **决定是否拒绝零假设。**样本的 *Z* 分数为1.75，不比临界值±1.96更加极端；不拒绝零假设。结果无效，分布情况显示在图5—12中。

关于涉及包含多个个体和一个已知总体的假设检验问题（*Z* 检验）的论文写作要点 166

1. 描述这种情形中假设检验的核心逻辑。一定要阐明这种情形中研究假设和零假设的意义，在此，我们致力于样本平均数的研究且把它同已知的总体平均数相比较。当研究结论允许拒绝零假设的时候，阐释能够支持研究假设的观点。

2. 阐明比较分布的概念，一定要提到，样本包含多个个体，比较分布是均值分布，因为从这个研究中得出的信息就是一个样本的平均数。要提到均值分布有同总体一样的平均数因为没有原
因随机选择的样本最后会有不同的平均数；均值 167
分布有一个更小的方差（总体的方差除以每个样本中的个体个数）因为获得极端平均数比获得极端的个体的机会更加困难，且样本越大，获得极端平均值的可能性就更小。

3. 描述根据比较样本上的临界值来决定（用正态曲线）是否拒绝零假设的逻辑和过程。

4. 阐明为什么与如何计算比较分布上的样本平均数的 *Z* 分数。

5. 阐明如何与为什么要比较假设检验中步骤❸和步骤❹得出的分数。解释被看作特殊研究和被检验的零假设之间的比较结果的意义。

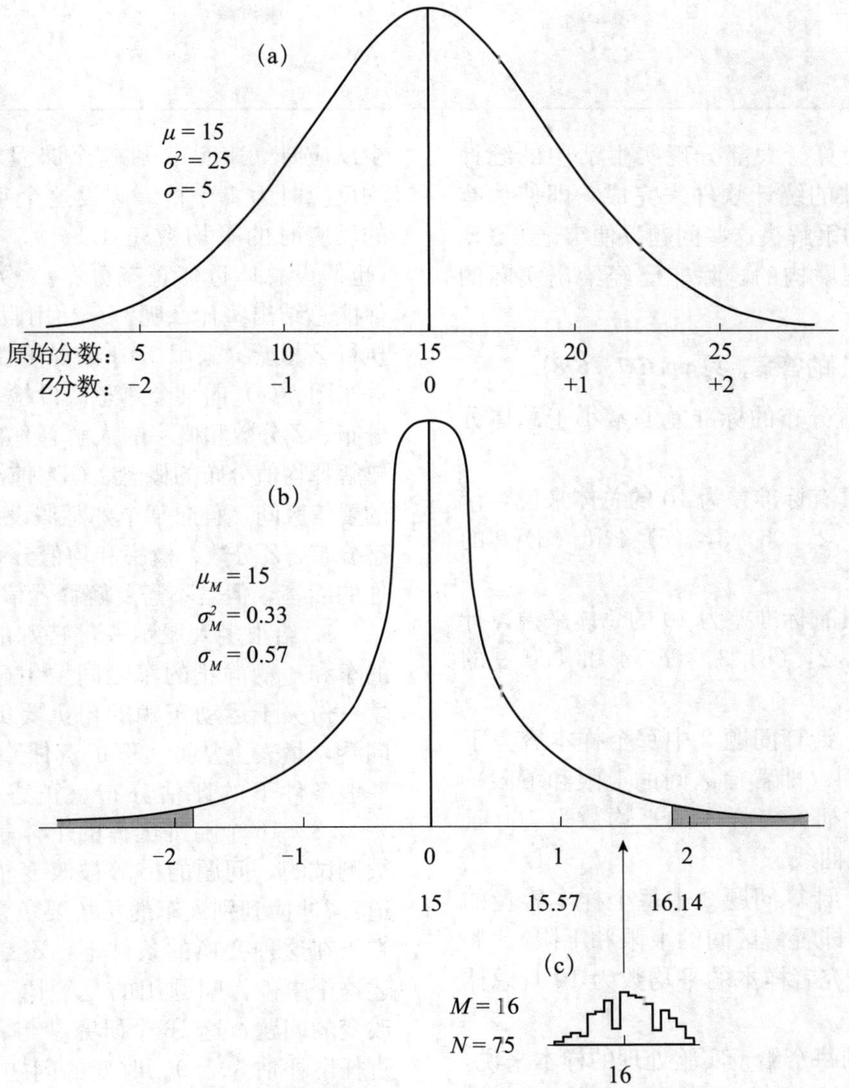

图 5—12　“案例解析”中假设检验问题的答案

注：(a) 个体总体分布；(b) 均值分布（比较分布）；(c) 样本分布。

前沿课题：找出置信区间

从刚刚描述的研究中的样本平均数中找到 99%的置信区间。

答案

❶ **计算标准误。** 标准误是均值分布的标准差。在前面的问题中，得到它是 0.57。

❷ **对于 95%的置信区间，计算出样本平均数上下 1.96 个标准差的原始分数；对于 99%的置信区间，计算出样本平均数上下 2.57 个标准差的原始分数。** 对于 99%的置信区间，上限 $= M +(2.57)(\sigma_M) = 16 + (2.57)(0.57) = 16 + 1.46 = 17.46$；下限 $= M - (2.57)(\sigma_M) = 16 - (2.57)(0.57) = 16 - 1.46 = 14.54$。因此，99%的置信区间就是从 14.54 到 17.46。

前沿课题：关于找出置信区间的论文写作要点

1. 阐明一个置信区间是对群组研究（总体 1）可能包含的真正总体平均数的范围的估计（根据你的样本平均数和均值分布的标准差）。一定要提到 95%（或 99%）的置信区间是你有 95%（或者 99%）的自信包括真正总体平均数的范围。

2. 阐明计算置信区间的第一步是估计总体平均数（最好的估计是样本的平均数），然后计算均值分布的标准差。

3. 接下来是到你想要的置信区间的 Z 分数的问题。

4. 描述如何把 Z 分数转换成原始分数来发现置信区间。

练习题

这些题包含计算。大部分现实生活中的统计问题可以使用特殊的统计软件来完成。即使你有这种软件，也要动手解决这些问题以便牢记方法。

所有数据都是虚构的，除非已经给出实际的引用出处。

168 **练习Ⅰ（练习Ⅰ的答案，见 pp. 677－678）**

1. 为什么均值分布的标准差通常小于总体分布的标准差？

2. 对于一个具有标准差为10的总体来说，计算样本容量为（a）2，（b）3，（c）4和（d）9的均值分布的标准差。

3. 对于一个具有标准差为20的总体来说，计算样本容量为（a）2，（b）3，（c）4和（d）9的均值分布的标准差。

4. 前沿课题：计算问题2中每个样本容量下的95%的置信区间（即置信区间的上限和下限）。假设每个例子中的研究者样本的平均数为100且总体已知是呈正态曲线。

5. 前沿课题：计算问题3中每个样本容量的99%的置信区间（即置信区间的上限和下限）。假设每个例子中的研究者样本的平均数为10且总体已知是呈正态曲线。

6. 对于下面的每个给予实验处理的样本来说，检验它们是否不同于一般的总体：（a）样本容量为10，平均数为44。（b）样本容量为1，平均数为48。一般总体的平均数为40，标准差为6，呈正态曲线。对于每个样本，用假设检验的5个步骤来执行Z检验（采用0.05显著性水平上的双侧检验），并绘制分布图。（c）前沿课题：计算（a）部分和（b）部分的95%的置信区间。

7. 对于下面的每个给予实验处理的样本来说，检验它们的得分是否显著高于一般总体：（a）一个样本容量为100，平均数为82。（b）一个样本容量为10，平均数为84。一般总体的平均数为81，标准差为8，呈正态曲线。对于每个样本，用假设检验的5个步骤执行Z检验（采用0.01显著性水平上的单侧检验），并绘制分布图。（c）前沿课题：计算（a）部分和（b）部分的99%的置信区间。

8. 从一般女性总体中随机选择25个年龄在70到80岁的女性，让她们参加一个特殊训练来减少反应时（速度）。在这个课程之后，这些女性平均反应时为1.5秒。假设这个年龄组的一般女性的反应时的平均数是1.8秒，标准差是0.5秒。（也假设总体近似正态分布。）关于该课程的效果你能总结出些什么呢？（a）用假设检验的5个步骤执行Z检验（采用0.01的显著性水平）。（b）绘制分布图。（c）向某个熟悉假设检验一般逻辑、正态分布、Z分数和概率的人解释你的回答，但是不需要解释均值分布的概念。（d）前沿课题：计算99%的置信区间，且向某个熟悉假设检验一般逻辑、正态分布、Z分数、概率和均值分布的概念的人解释你的回答，但是不需要解释置信区间。

9. 给很多人展示一部特殊的电影：一辆运动的车和一辆静止的车之间发生碰撞。每个人接着填一份关于运动车辆的司机要负多大可能责任的问卷，量表上从0（不负责任）到10（负全责）。一般条件下的评估分布呈正态曲线，$\mu=5.5$且 169
$\sigma=0.8$。16个随机选择的个体是在另一种条件下被测试的，问题的措辞被改变了，他们被这样问道："冲撞到别人车的司机要负多大责任？"（区别在于在这种变换的条件下，不是用中立的方法描述这个事件，问题用的是短语"冲撞到"。）使用改变的问题，这16个研究参与者给出的平均"负责任"评估为5.9。改变的问题会使对"负责任"的评估显著增长吗？（a）用假设检验的5个步骤执行Z检验（采用0.05的显著性水平）。（b）绘制分布图。（c）向一个从未学过统计学的人解释你的回答。（d）前沿课题：计算95%的置信区间。

10. 李和他的同事（Lee et al.，2000）检验了一个关于面部知觉的特征角色理论。在他们的研究中，在计算机屏幕上迅速显示出48个男性名人的脸，看参与者能否辨认出来。三分之一的脸以漫画的形式表现出来，面部特征经过电子修改以至于显著的特征被夸张了；三分之一以真实形式表现出来，面部没有一点儿修改；还有三分之一以非漫画的形式表现出来，面部有轻微修改，使其看上去像名人脸部的综合体。参与者的判断正确的平均分数在图5—13中显示出来。向一个懂得统计学相关知识，如平均数、标准差和方差的人解释该图中的误差条。

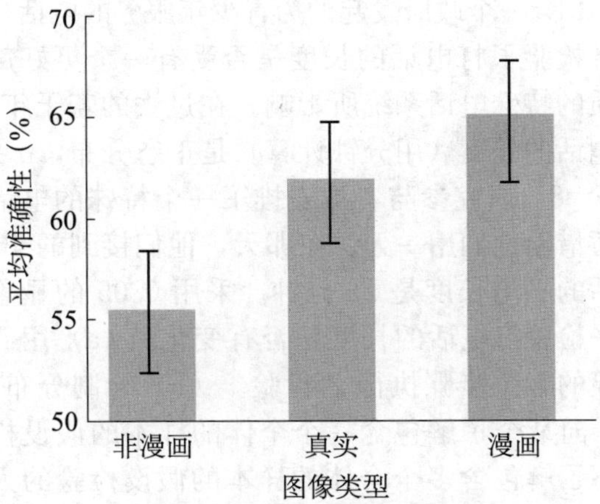

图5—13　不同图像类型下的分辨准确性（图中还展现了标准误差条）

资料来源：Lee，K.，Byatt，G.，& Rhodes，G.（2000）. Caricature effects，distinctiveness，and identification：Testing the face-space framework. *Psychological Science*，*11*，381. Copyright © 2000 by Blackwell Publishing. Reprinted by permission of Blackwell Publishers Journals.

11. 前沿课题：安德森和同事（Anderson et al.，2000）研究了美国成人中感染 HIV 的概率，且报告了发现的其中之一，如下："根据 NHIS（全美健康访谈研究）的反馈，到1995年，有39.7%的成人（95%CI=38.8%，40.5%）至少被检测过一次……"（p.1090）向一个了解包含多个个体的样本平均数的假设检验却从未听说过置信区间的人解释什么是"（95%CI=38.8%，40.5%）"。

170 **练习Ⅱ**

12. 在什么样的条件下有理由假设均值分布呈正态曲线？

13. 预测下面每种情形中的均值分布的平均数和标准差。

	总　体		样本容量
	平均数	方差	N
(a)	100	40	10
(b)	100	30	10
(c)	100	20	10
(d)	100	10	10
(e)	50	10	10
(f)	100	40	20
(g)	100	10	20

14. 计算标准差为20的总体的均值分布的标准差，其样本容量分别为（a）10，（b）11，（c）100和（d）101。

15. 前沿课题：计算问题13中每个部分的95%的置信区间（即置信界限的上限和下限）。假设每个例子中研究者的样本的平均数为80且总体已知是正态曲线。

16. 前沿课题：计算问题14中每一部分的99%的置信区间（即置信界限的上限和下限）。假设在每个例子中研究者的样本的平均数为50且总体已知是正态曲线。

17. 对于下面每个研究，样本都被给予了一个实验处理且研究者把结果同一般总体做对比。（假设所有的总体是正态分布。）对于每一个，用假设检验的5个步骤执行 Z 检验（采用双侧检验）并绘制分布图。前沿课题：计算每项研究的95%的置信区间。

	总　体		样本容量	样本平均数	显著性水平
	μ	σ	N		
(a)	36	8	16	38	0.05
(b)	36	6	16	38	0.05
(c)	36	4	16	38	0.05
(d)	36	4	16	38	0.01
(e)	34	4	16	38	0.01

18. 对于下面每个研究，每个样本都被给予了一个实验处理且研究者把结果同一般总体做对比。对于每一个，用假设检验的5个步骤执行 Z 检验（采用0.01显著性水平上的双侧检验），并绘制分布图。前沿课题：计算每项研究中的99%的置信区间。

171

	总　体		样本容量	样本平均数
	μ	σ	N	
(a)	10	2	50	12
(b)	10	2	100	12
(c)	12	4	50	12
(d)	14	4	100	12

19. 一个研究者对人们在极端疲劳时是否能够准确分辨出情绪感兴趣。已经知道，使用一种特殊方法的测验，对一般总体的人们（那些不极端疲劳的人）的准确评估呈正态分布，平均数为82，方差为20。然而，在当前的研究中，研究者安排了50个前一晚没有睡觉的人接受检验。对于这50个个体的平均准确度为78。采用0.05的显著性水平，研究者应该得出什么结论呢？（a）用假设检

验的 5 个步骤，执行 Z 检验。（b）绘制分布图。（c）向某个了解包含一个个体的样本的假设检验却不了解包含多个个体的样本的假设检验的人解释你的回答。（d）前沿课题：计算 95%的置信区间且向某个熟悉假设检验的一般逻辑、正态曲线、Z 分数、概率和均值分布的概念却从未听说过置信区间的人解释你的回答。

20. 一个心理学家对人们每个月报告做单独一个人的梦的个数的影响条件感兴趣。我们假设在广泛的先前的研究中，已知每个月做这种梦的数量的一般总体呈正态分布，$\mu=5$ 且 $\sigma=4$。研究者想要检验一种预测，就是最近经历过创伤性事件的人们做这种梦的数量更多。因此，这个心理学家研究了 36 个最近经历过创伤性事件的个体，让他们坚持记录自己的梦。他们做独自一人的梦的平均数是 8。你能否得出结论：那些最近经历过创伤性事件的人比起一般的人在做独自一人的梦上有显著的不同？（a）用假设检验的 5 个步骤来执行 Z 检验（采用 0.05 的显著性水平）。（b）绘制分布图。（c）向一个从未上过统计课程的人解释你的回答。（d）前沿课题：计算 95%的置信区间。

21. 一个政府发起的为青少年服务的电话咨询服务检验了打电话的长度是否受有一个更好声音品质的特殊电话系统所影响。在过去的若干年中，打电话的长度（用分钟计算）是正态分布，$\mu=18$ 且 $\sigma=8$。研究参与者被安排了一个特殊的电话系统暂借给他们用一天。在那天，他们接到的 46 个电话的平均长度是 21 分钟。采用 0.05 的显著性水平检验打电话的长度是否有变化。（a）用假设检验的 5 个步骤执行 Z 检验。（b）绘制分布图。（c）向某个了解包含一个个体的样本的假设检验却不了解包含多个个体的样本的假设检验的人解释你的回答。（d）前沿课题：计算 95%的置信区间。

22. 李和同事（Li et al.，2001）对老年人 172
（60 到 75 岁）和年轻人（20 到 30 岁）在某些任务变得更加困难时记忆所受到的影响进行了比较。图 5—14 中显示了他们的一些结果。在图的说明中他们标注了“误差条表示±1 个 *SEM*”（平均数的标准误）。解释该陈述的意义，用其中的一个误差条作为例子，对象为懂得平均数和标准差却不了解其他统计知识的人。

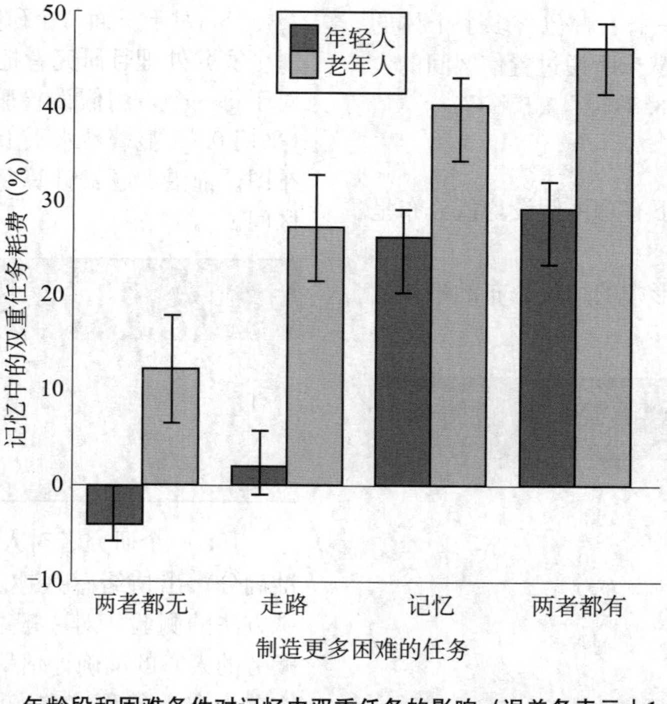

图 5—14　年龄段和困难条件对记忆中双重任务的影响（误差条表示±1 个 *SEM*）

资料来源：Li，K. Z. H.，Lindenberger，U.，Freund，A. M.，& Baltes，P. B.（2001）. Walking while memorizing：Age-related differences in compensatory behavior. *Psychological Science*，12，230－237. Copyright © 2001 by Blackwell Publishing. Reprinted by permission of Blackwell Publishers Journals.

23. 前沿课题：皮尔纳和同事（Perna et al.，2003）检测一个压力管理干预能否减少大学运动员的受伤与病痛。在他们的研究中，34 个大学运动员被随机分为两组。(1) 压力管理干预组：在季前赛训练的时候，这个组接受一个认知行为压力管理（CBSM）干预；(2) 控制组：这个组不接受干预。在赛季结束的时候，对于每个运动员，研究者记录他们访问健康中心的数量（包括访问运动训练室）和每个赛季他们受伤和生病的数量。结果在图 5—15 中显示出来。在图的标题中，研究者标注了"平均数（+*SE*）"。这告诉你每个条形图顶部的线表示的是标准误。用其中一个误差条作为例子解释这是什么意思，对象是一个懂得平均数和标准差却不了解统计学其他知识的人。

173 24. 把一张纸撕成 90 张小纸条，然后分成 10 组，每组纸条写上"1"到"9"。把这些纸条放进一个大碗里，混合它们。(a) 取出一张纸条，写下上面的号码并把它放回去。[1]这样做 20 次。绘制一个直方图，计算出结果的平均数和方差。你应该会得到一个近似矩形的分布图。(b) 拿出两张纸条，计算它们的平均数，写下来并把它们放回去。重复这种过程 20 次。绘制条形图，然后计算出均值分布的平均数和方差。这个方差应该是所有总体分数的分布的方差的一半。(c) 再一次重复这种过程，这一次一次性取 3 张纸条。再一次，绘制一个条形图并算出均值分布的平均数和方差。这三张纸条的均值分布每一个的方差应该是总体分数的分布的方差的三分之一。也可注意到随着样本容量的增长，你的分布要更靠近正态分布。(你以一个正态分布的纸条的分布开始，不管每个样本上的数字是多少，你的均值分布都要非常接近正态。)

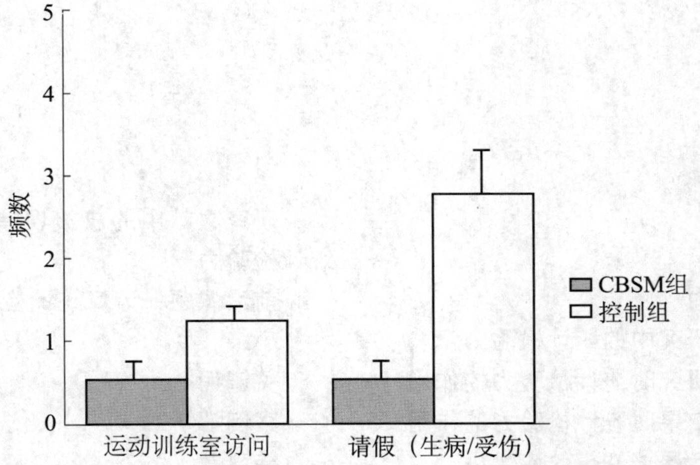

图 5—15　从赛季末的研究中所得出的去运动训练室和健康中心办公室做认知行为压力管理（CBSM）（$n=18$）的人的累积受伤或生病天数的平均数（+*SE*）与控制组（$n=16$）的累积受伤或生病天数的平均数（+*SE*）

资料来源：Perna，F. M.，Antoni，M. H.，Baum，A.，Gordon，P.，& Schneiderman，N.（2003）. Cognitive behavior stress management effects on injury and illness among competitive athletes：A randomized clinical trial. *Annals of Behavioral Medicine*，*25*，66-73. Copyright © Lawrence Erlbaum Associates，Inc. Reprinted with permission.

① 严格来说，当抽取两张纸条的样本时，应该一次性完成抽取，写下来，再把它们放回去，然后抽下面一组，写下来，放回去。你应该想到把这两个分数合并为一个样本，你要计算出平均数。这同样适用于容量为 3 张纸条的样本。这叫做替代取样。然而，在这个碗里有 90 张纸条，一次抽两到三张纸条且放回去，对这种练习来说，足够接近近似值，并且会节省你的时间。

第 6 章

统计显著性的意义：决策误差、效应大小和统计检验力

章节概览

175 统计显著性在心理学研究中是极其重要的，但是有经验的研究者和这些研究的读者都明白，对一个研究结果的叙述比 $p<0.05$ 或者 ns（不显著）更重要。这一章就要帮你在弄懂显著性的意思这个问题上变得更老练和富有经验。获得这种经验意味着要学习三种相互联系的问题：决策误差、效应大小和统计检验力。

决策误差

在弄懂统计显著性是什么意思的问题上有一个至关重要的话题，就是在假设检验过程中存在着各种可能的误差。我们在这儿考虑的这些误差的类型，就是不管你计算时所有的步骤有多准确，
176 你从假设检验中得出的结论仍旧是不准确的。这与计算错误和程序使用的错误无关。也就是说，**决策误差**是一种正确程序导致错误决策的情形。

> **决策误差** 涉及真实情境（但未知）的假设检验的不正确结论，例如假设为真的时候却判定它为错误的。
>
> **Ⅰ型错误** 事实上零假设为真时却拒绝它；在实际中研究假设不正确的情况下得到了一个具有统计显著性的结果。

决策误差有可能出现在假设检验中是因为你是根据样本的信息，来作出有关总体的推断的。假设检验的整个过程是以概率为基础的，它建立的目的就是使决策误差尽可能地小。例如，在零假设为真的情况下，倘若样本平均数足够极端到有非常小的可能性（即少于 5%），我们就会得到这样一个极端的样本，此时我们决定拒绝零假设。但是可能性极小并不同于没有可能性！因此，无论你的想法有多完美，决策误差总是可能存在的。

以下是假设检验的两种决策误差：Ⅰ型错误和Ⅱ型错误。

Ⅰ型错误

事实上当零假设为真的时候，如果你拒绝零假设，你就会犯 **Ⅰ型错误**。或者，按照研究假设的说法，当你推断出研究课题支持研究假设，但事实上该研究假设是错误的，此时你就犯了Ⅰ型错误。

假定你在进行一项研究，你把显著性临界值设在一个非常宽泛的水平，像 20%。这意味着不需要有一个非常极端的结果来拒绝零假设。如果你做了许多这样的研究，你就要经常考虑（大概 20%的次数）你不能够支持时的研究假设。也就是说，你有 20%的概率犯Ⅰ型错误。

甚至你把可能性设置在常见的 0.05 或 0.01 水平，有些时候（5%或 1%的次数）你仍然会犯Ⅰ型错误。再思考一下给抑郁症患者新型治疗方法的例子。假定新疗法并不比一般疗法更有效果。然而，在为研究随机挑选只包含一名抑郁症患者的一个样本时，临床心理学家可能会挑一个患者，他的抑郁情况对新疗法和一般疗法都会有很好的相同的反馈。像这样随机选择一个患者样本是不大可能的。但是如此极端的样本是有可能的。这是应该发生的，临床心理学家会拒绝零假设并且得出新疗法不同于一般疗法。他们决定拒绝零假设是错误的——一种Ⅰ型错误。当然，研究者不会知道他们犯了这种类型的决策错误。让研究者放心的是他们从假设检验的核心逻辑里知道做出这样一个决策错误的可能性是很低的（如果你用的是 0.05 的显著性水平就低于 5%）。

还有，Ⅰ型错误会发生的事实对心理学家来说是相当重要的，他们可能会构建完整的理论和研究方案却不提及实际应用，根据假设检验得出的结论实际上是错误的。因为这些错误如此重要，我们称之为Ⅰ型。

就像我们提到的那样，研究者不能够说出他们什么时候会犯Ⅰ型错误。然而，他们会尽力完成研究让自己犯Ⅰ型错误的概率尽可能减少。

犯Ⅰ型错误的概率有多少？它同你设置的显著性水平一样。如果你设置的显著性水平为 $p<0.05$，在零假设为真的情况下，你就可以 177
说你有低于 5%（0.05）的可能性得到你要的结果来拒绝零假设。即使零假设确实为真，你们也被允许上升到 5%的概率得到你的结果，来拒绝零假设。也就是说，你有 5%的概率犯Ⅰ型错误。

显著性水平就是犯Ⅰ型错误的概率，被称作

阿尔法（希腊字母 α）。阿尔法越低，犯Ⅰ型错误的概率越小。不想冒风险的研究者就会把阿尔法设置为低于 0.05，例如 $p<0.001$。用这种方法，对于假设检验来说，研究的结果要足够极端来拒绝零假设了。

用 0.001 的显著性水平就像为避免犯Ⅰ型错误买了保险。然而，就像我们买保险，保护制度越好，收费越高。把显著性水平设置在一个非常极端的水平上是要付出代价的。我们后面再回到代价上。

Ⅱ型错误

如果你设置一个非常极端的显著性水平，如 $p<0.001$，你就会犯另一类型的错误：你可能在进行一项研究，实际上，研究假设为真，但是算出来的结果不够极端来拒绝零假设。因此，你的决策误差就是实际上零假设是错误的，你也不拒绝零假设。按照研究假设的说法来看，你这种决策误差发生在假设检验步骤引导你决定这项研究的结果是无效的时候，此时，在实际上，研究假设为真。这叫做**Ⅱ型错误**。犯Ⅱ型错误的可能性称作**贝塔**（希腊字母 β）。（不要把这个贝塔和第12章中将会学到的标准化回归系数弄混，那个也称贝塔。）

再次考虑一下我们的抑郁症疗法的例子。假设，事实上新疗法在治疗抑郁症上比普通疗法好。然而，在进行研究的过程中，根据这些样本患者得出的结果还不够极端来允许你拒绝零假设。也许你随机选择的拿来试验新疗法的样本患者对新疗法或普通疗法都没有反馈。这种结果就不会显著。这样，决定不拒绝零假设，且因此拒绝得出结论，就将会是一个Ⅱ型错误。

Ⅱ型错误尤其影响那些对实际应用领域感兴趣的心理学家。这是因为一个Ⅱ型错误意味有价值的实际程序不能被利用。

同Ⅰ型错误一样，你不知道自己什么时候犯了Ⅱ型错误。但是研究者在进行研究时尽量减少犯这种错误的概率。为不犯Ⅱ型错误买保险的一个方法是设置一个非常宽泛的显著性水平，像 $p<0.10$ 或者甚至是 $p<0.20$。用这种方法，即使研究只产生非常小的影响，这种影响都有非常好的显著概率。这种保险策略也是要付出代价的。

Ⅰ型错误和Ⅱ型错误的关系

当要设置显著性水平的时候，保证不犯其中一种决策误差的策略就会增长犯另一种错误的概率。不犯Ⅰ型错误的保险策略（如设置显著性水平为 0.001）就要承担增加犯Ⅱ型错误概率的代价。（这是因为如用 0.001 这样的显著性水平，即使研究假设为真，结果不得不有十足的强度才能让你拒绝零假设。）不犯Ⅱ型错误的保险策略（设置显著性水平为 0.20）就要承担增长犯Ⅰ型错误概率的代价。（这是因为，用如 0.20 这样的显著性水平，即使零假设为真，仅仅是通过在做研究前随机选取一个比一般总体更高或更低的样本也可以相当容易地得到一个显著性结果。） *178*

这两个抵触的有关的错误之间的平衡通常由折中的方法来解决——因此就选择了标准为 5%（$p<0.05$）水平和 1%（$p<0.01$）显著性水平。

> **阿尔法（α）** 犯Ⅰ型错误的概率；等同于显著性水平。
>
> **Ⅱ型错误** 实际上零假设是错误的却没有被拒绝；实际上研究假设为真却不能得到一个统计显著性的结果。
>
> **贝塔（β）** 犯Ⅱ型错误的概率。

假设检验可能出现的结果的小结

假设检验中会出现的可能正确或错误结论的所有结果都被展现在表 6—1 中。根据这张表的顶端我们看到关于零假设或研究假设是否确实为真有两种可能性。（记住，实际上你从来都不会明白这点。）

在另一边，我们可以看到，在假设检验完成后，你要决定研究假设是否被支持（拒绝零假设）或是决定结果有没有效（不拒绝零假设）。表 6—1 显示的是在任何假设检验情形中都会有两种正确的和两种错误的结果。

> **成功小贴士**
>
> Ⅰ型错误和Ⅱ型错误非常容易混淆。要确保在继续这章前你能理解每种错误类型（并且要了解它们之间的区别）。

你会做吗？

1. 什么是决策误差？

2. (a) 什么是Ⅰ型错误？(b) 为什么它有可能发生？(c) 它发生的可能性有多大？(d) 它的可能性叫什么？

3. (a) 什么是Ⅱ型错误？(b) 为什么它有可能发生？(c) 它的可能性叫什么？

4. 如果你设置了一个宽泛的阿尔法水平（为 0.25），对 (a) Ⅰ型错误和 (b) Ⅱ型错误的可能性有什么影响？

5. 如果你设置了一个极端的阿尔法水平（为 0.001），对 (a) Ⅰ型错误和 (b) Ⅱ型错误的可能性有什么影响？

答案

1. 决策误差是一种从假设检验中得出的不符合实际的结论。

2. (a) 当零假设实际为真时（研究假设实际是错误的），拒绝零假设（且因此支持研究假设），为Ⅰ型错误。(b) 在零假设为真的情况下，样本的结果足够极端以至于你不大可能得到那样的结果，此时，你拒绝零假设。然而，即使不大可能，零假设为真仍然是有可能的。(c) Ⅰ型错误的可能性就是显著性水平（如 0.05）。(d) 该可能性称作阿尔法。

3. (a) 当零假设实际是错误的（研究假设实际为真），接受零假设（因此不支持研究假设），为Ⅱ型错误。(b) 在零假设为真的情况下，当样本结果足够极端使你不大可能得到那个结果时，你拒绝零假设。然而，零假设是错误的，但是样本可能不够极端来拒绝零假设。(c) Ⅱ型错误的可能性叫做贝塔。

4. (a) 可能性高；(b) 可能性低。

5. (a) 可能性低；(b) 可能性高。

表 6—1　**假设检验中可能的正确和不正确决策**　179

		真实情境（实际是未知的）	
		零假设真	研究假设真
使用假设检验程序的结论	支持研究假设（拒绝零假设）	（Ⅰ型）错误 α	正确的决策
	研究是无效的（不拒绝零假设）	正确的决策	（Ⅱ型）错误 β

效应大小

再一次考虑第 5 章中我们的例子，在告知一个人具有积极的人格品质之后，让人们评估该人的吸引力。在这个例子的假设检验中（Z 检验），我们比较两个总体。

总体 1： 被告知某人具有积极人格品质的学生。

总体 2： 一般学生（没有被告知任何有关人格品质信息的人）。

研究假设是对照片中的人的吸引力进行评估的总体 1 平均值高于总体 2。对于总体 2，已知平均数为 200。在这个例子中，我们称研究者发现，被告知某人具有积极人格品质并对他进行吸引力评估的 64 个学生组成的样本的平均估计值是 220。根据假设检验的步骤，我们拒绝零假设，即两个总体相同。这是因为它很极端，我们不大可能从总体 2 这样的总体中获得一个高达 220 的分数（见图 6—1，同之前那一章的图 5—7 相同）。因此，我们可以得出“具有统计显著性”的结论。在这个例子中，对总体1的平均数最好的估计就是样本平均数，为220。因此，我们可以估计到，告知学生某人具有积极人格品质导致他们对该人吸引力的评估分数平均提升20分。

现在再看一下图6—1。假设样本分数只有210，这就会得到一个Z分数1.67［即（210－200）/6＝1.67］，那就比这个例子中的临界1.64更加极端，因此这个结果还是显著的。然而，在这种情形中我们可以估计到，告知学生某人具有积极人格品质导致他们对该人吸引力的评估分数平均仅提升10分。

注意这两个结果都是显著的，但是在一个例子中的效应比另一个例子大了两倍。关键是我们知道其统计显著性并不能对其效应的大小给出大量的信息。显著性告诉我们该实验的结果应该确保我们相信有一个效应存在（那不是“因为概率”）。但是显著性并不能告诉我们这种非概率效应有多大。

180

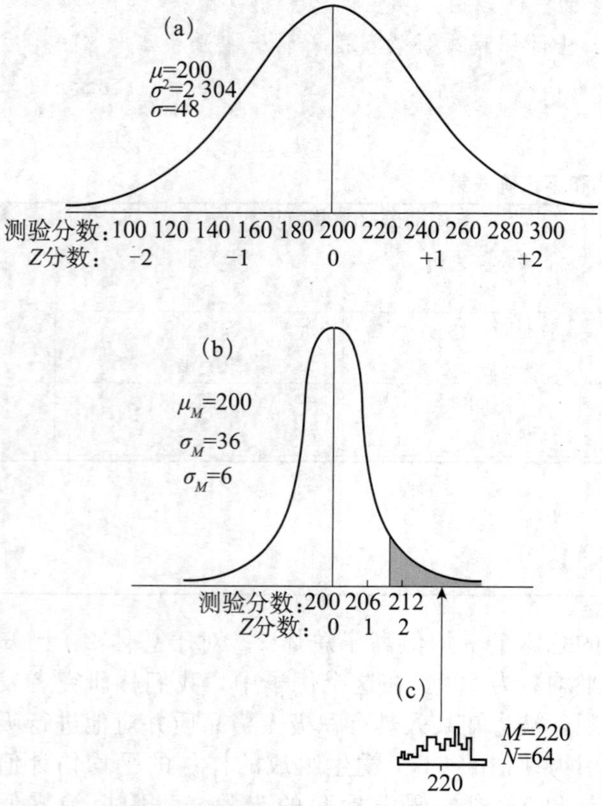

图6—1　积极人格品质和吸引力评估的虚构研究的分布图之一

注：(a) 个体总体分布；(b) 总体2（比较分布）的均值分布；(c) 样本分布。在均值分布中，阴影区域是拒绝区域。如果研究的样本平均数被证明是在那块区域中，零假设就要被拒绝。

换句话说，**效应大小**是测量总体平均数之间差异的工具。你可以把效应大小想成在一个特殊干预之后有多少东西改变了。效应大小指出两个总体的范围是不重叠的，也就是说，它们被分开有多少是由于实验程序造成的。在吸引力评估的例子中，总体2（已知的总体）的平均数为200；根据我们的原始样本平均数220，我们预测总体1（那些被告知某人具有积极人格品质的人）的平均数为220。图6—2中左侧的曲线是总体2的分布（包含众多个体的分数），右侧的曲线是总体1的分布。现在看看图6—3。再一次，左侧的曲线是总体2且同图6—2中的是一样的。然而，这一次总体1的右边曲线是根据一个样本（这个样本表明某个人具有积极的人格品质）的平 181
均数210来预测的。这里，你可以看到效应大小更小了且两个总体重叠的部分更多。

> **效应大小**　不同总体之间差异的标准化测量（没有重叠的部分）。在不同的平均数之间，效应大小是随着差异的增多而增大的。

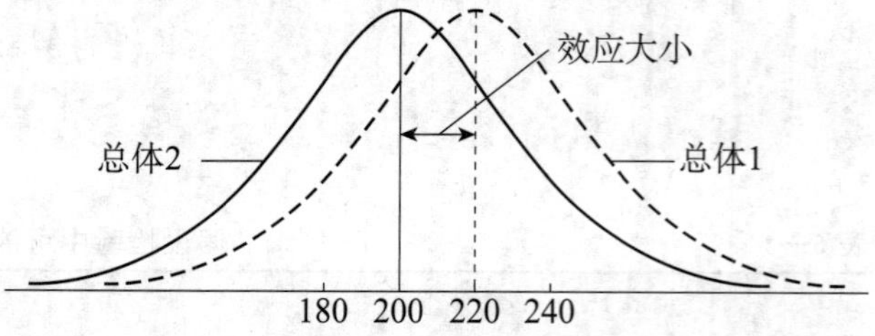

图6—2　积极人格品质和吸引力评估的虚构研究的分布图之二

注：右边的曲线为总体1，即那些被告知该人有积极人格品质的学生。左边的曲线为总体2，即没有被告知任何有关该人人格信息的学生。总体1的平均数是根据最初在第5章中描述的样本平均数220来预测的，假定它的标准差48与已知的总体2中的标准差是一样的。

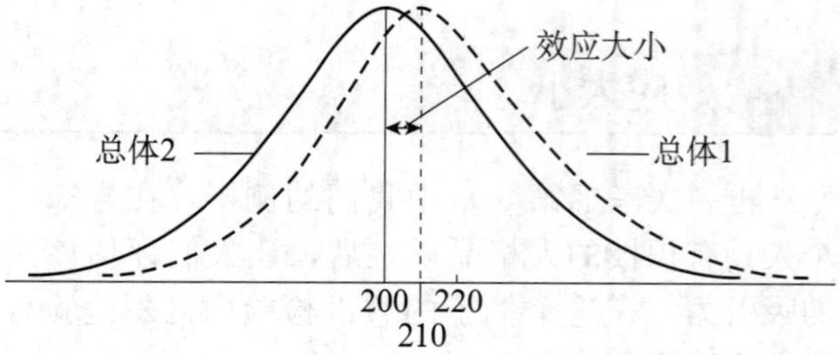

图6—3　积极人格品质和吸引力评估的虚构研究的分布图之三

注：右边的曲线为总体1，即那些被告知该人具有积极人格品质的学生。左边的曲线为总体2，即没有被告知任何有关该人人格信息的学生。总体1的平均数是根据样本平均数210来预测的，假定它的标准差48与已知的总体2的标准差是一样的。

我们通常想知道的不仅仅是结果是否显著，还有效应有多大。正如我们之后会讨论的，一个效应在统计显著性上很好但在实际显著性上却不怎么样。（也就是说，假定在吸引力测量上只有 10 个点的增长不会被认为是重要的。）并且，我们可能想把该程序的结果同过去研究中的其他程序的结果相比较。由于这些原因，最新版本的《美国心理学会出版手册》（APA，2001）——如何发表心理学研究结果的公认标准——申明："为了使读者能够完全明白你的研究结果的重要性，算入一些效应大小的指数是非常重要的……"（p. 25）因此，无论什么时候
182 你使用假设检验的步骤，你都应该计算效应大小。你可以把它想成我们的标准化的假设检验程序的步骤❻：计算效应大小。正如你将在本章后面的内容所看到的，效应大小在另外两个非常重要的统计话题：元分析和统计检验力中扮演了非常重要的角色。

计算效应大小

你刚刚学到效应大小是衡量两个总体平均数之间差异的工具。在图 6—2 中，效应大小是作为总体 1 平均数和总体 2 平均数之间的差异来显示的，是 20（即 220－200＝20）。这种效应大小 20 称作原始分数的效应大小，因为效应大小是按照量表上的原始分数给出的（在这个例子中是对吸引力的测量，低至 0，高至 400）。但是如果你想把这个效应大小同用另一种不同方法测量吸引力的相似研究的结果作对比该怎么办呢？这个类似的研究采用的是 1 到 10 点的量表，且研究者报告的预测总体 2 的平均数是 5，总体 1 的平均数是 6，且总体标准差为 2。该项研究中的原始分数效应大小为 1（即 6－5＝1）。我们如何把原始分数效应大小 1 同我们初始研究中原始分数效应大小 20 相比较呢？这个问题的解决方法就是标准化效应大小——用每项研究中的原始分数效应大小除以它的各自总体标准差。

> **成功小贴士**
>
> 注意你现在所做的大体上同 Z 分数的计算是一致的。并且，当计算 Z 分数的时候，你可以像比较苹果和橘子一样通过不同的平均数与标准差来比较不同测量方法得到的结果。

在初始的吸引力评估例子中，总体标准差（包含众多个体的）是 48。因此，一个效应大小为 20 的原始分数给出的标准化效应大小是 20/48，是 0.42。也就是说，知道积极人格品质的影响是增加了吸引力评估的 0.42 个标准差。在这个相似的研究中（总体标准差为 2）原始分数效应大小为 1 的标准化效应大小 1/2＝0.50。因此在这项研究中，影响就是增加了评估的 0.50（一半）个标准差。因此，在这个示例中，我们原始例子中的效应大小要小于相似研究中的效应大小。通常来说，当心理学家更倾向于用像我们正在讨论的这种情形中的效应大小的时候，他们的意思就是标准化效应大小。

用公式来陈述：

$$d = \frac{\mu_1 - \mu_2}{\sigma} \tag{6-1}$$

在这个公式中，d（又称为寇恩的 d）是效应大小的符号。（在后面的章节中，你会学到其他的相对于不同假设检验的情形中效应大小的测量方法。）μ_1 是总体 1 的平均数（接受实验操作的总体的平均数）；μ_2 是总体 2 的平均数（已知总体，比较分布的基础）；σ 是总体标准差。

> 标准化效应大小是总体平均数之间的差异除以总体标准差。

注意，在计算效应大小的时候，你并不用 σ_M，这个均值分布的标准差，而是用大小。σ，包含众多个体的总体的标准差。也要注意你仅仅是涉及了一个总体的标准差。这是因为在假设检验中你通常假设两个总体具有相同的标准差。（我们将在后面的章节中讨论得更多。）

> **d**　效应大小。

再想一下图 6—1 显示的吸引力评估的例子。总体 1 的平均数是 220，总体 2 的平均数是 200，标准差是 48。（在假设检验情形中你并不知道总体 1 的平均数；因此你实际上使用的是一个估计平均数；因此，你实际计算的是估计效应大小。）使用这些数字：

$$d = (\mu_1 - \mu_2)/\sigma = (220-200)\ /48$$
$$= 20/48 = 0.42$$

对于样本平均数为 210 的例子来说，我们预测总体 1 的平均数是 210。即： 183

$$d = (\mu_1 - \mu_2)/\sigma = (210-200)\ /48$$
$$= 10/48 = 0.21$$

然而，假定程序实际上减少了分数，以至于

给予特殊说明的人的平均数为170：

$$d=(\mu_1-\mu_2)/\sigma=(170-200)/48$$
$$=-30/48=-0.63$$

负号意味着效应是一个减少量。

效应大小惯例

你需要考虑什么样的效应才是一个“大效应”，什么样的效应是一个“小效应”。雅各布·寇恩（Jacob Cohen，1988，1992），你曾在第4章信息箱4—1中学到的一个著名的心理学家，可以帮助解决这个问题。寇恩根据一般心理学研究中发现的效应提出了**效应大小惯例**。特别是，寇恩建议，对于这一章中我们正在思考的这种情形，我们应该思考如0.20这样的小的效应大小。若d为0.20，这些总体有85%的范围重叠。例如，15和16岁女孩的平均身高差异（见图6—4a），这个0.20的小的效应大小，大概是标准差2.1英寸中的半英寸差异。寇恩把中等的效应大小设为0.50，意味着有67%的范围重叠。这是14到18岁女孩的平均身高差异（见图6—4b）。最后，寇恩定义大的效应大小为0.80。这只有53%的部分重叠了。这是13到18岁女孩的平均身高差异（见图6—4c）。这三种效应大小惯例在表6—2中总结
184 出来。（注意到这些效应大小惯例在积极和消极的效应大小中都适用。因此，−0.20是一个小的效应大小，−0.50是一个中等的效应大小，且−0.80是一个大的效应大小。）

表6—2 有关平均数差异的寇恩效应大小惯例的小结

言语描述	效应大小（d）
小	0.20
中等	0.50
大	0.80

效应大小惯例 根据心理学研究中的典型研究所确定的关于小的、中等的、大效应大小的标准化法则，也因寇恩惯例被人熟知。

再想一下另一个例子。正如这本书早前提到的，许多IQ测试的标准差用的都是16分。具有一个小的效应大小的实验程序会让IQ增加3.2分。（经历过实验程序的总体的平均数与没有除以总体标准差16的总体的平均数之间的3.2个IQ分数的差异在于给出了一个0.20的效应大小。也就是说，$d=3.2/16=0.20$。）具有一个中等效应大小的实验程序会为IQ增长8分。具有一个大的效应大小的实验程序会为IQ增长12.8分。

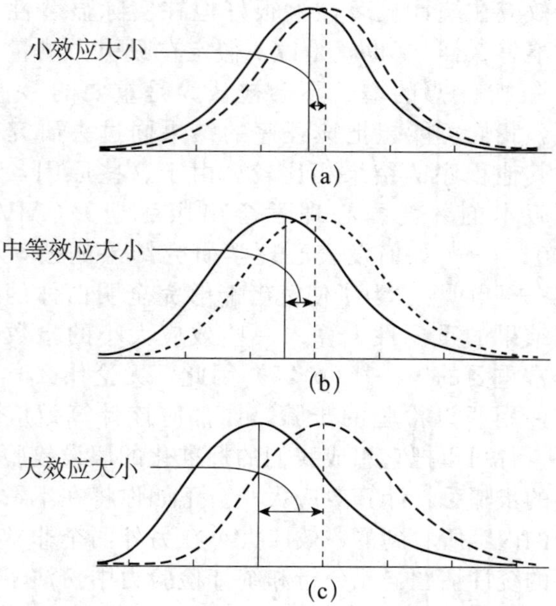

图6—4 展现了效应大小的寇恩惯例的个体总体分布的配对比较

注：(a) 小效应大小（$d=0.20$）；(b) 中等效应大小（$d=0.50$）；(c) 大效应大小（$d=0.80$）。

寇恩针对效应大小所确定的惯例为判断心理学中的经典研究的重要性提供了一个标准。

元分析

元分析是统计学中一个重要的发展方向，它对心理学，尤其是临床和社会心理学，和许多其他科学领域，如教育学和组织行为学方面都有着深刻的影响，这项程序把不同研究的结果联系在一起，甚至这些结果采用的是不同的测量方法。当结果联结在一起，最关键的事就是效应大小。举一个例子，一个社会心理学家可能会对跨种族的友谊对偏见的影响感兴趣，关于这个话题有大量研究。使用元分析，该社会心理学家就会把这些研究的结果结合在一起。这将会提供一个全面的效应大小。它也会告诉我们对于不同国家或者倾向于不同种族群体在偏见问题上的效应大小有何不同。（对于这样一个元分析的例子，见Pettigrew & Tropp，2006。对于另一个这样元分析的例子，见信息箱6—1。）一个教育心理学家可能会对不同教学方式对学生的教育成就的影响感兴趣。

元分析 把不同研究中得出的效应大小结合在一起的统计方法。

沃尔伯格和拉伊（Walberg & Lai，1999）对这个话题展开了一项庞大的元分析研究，为 275 种教学方法和条件提供了效应大小的预测。所选的一般教学方法的效应大小显示在表 6—3 中。正如你在这个表中看到的，许多方法由中等效应大小联系在一起且几种是由重大的（或非常大的）效应大小联系在一起。

信息箱 6—1 放松和冥想的效应大小：一个悠闲的元分析

在 20 世纪 70 年代和 80 年代，有关冥想和放松的研究结果一直是相当富有争议的主题。艾普利、艾布拉姆斯和谢尔（Eppley，Abrams，& Shear，1989）决定系统化地来看待元分析的结果，该元分析研究各种放松技巧对特质焦虑的影响（即持续焦虑而非暂时状态）。艾普利和同事们选择特质焦虑来作元分析，是因为它是一个能够涉及许多其他心理健康问题的明确话题，并且它本身从一个测验到另一个测验具有相当的一致性。

采用一般的程序，研究者为研究搜寻科学文献——不仅仅是研究期刊，还有书籍和未出版的博士论文。找出所有有关的研究论文是元分析最困难部分中的一环。

为了找到"要点"，这些研究者比较了四个对冥想和放松的研究比较广泛的每一个方法的效应大小。结果是 35 个关于超感冥想（TM）研究的平均效应大小是 0.70（意味着练习过冥想程序的人和控制组的人，他们在焦虑得分上的平均差异是 0.70 个标准差）。这种效应大小比其他所有类型的 44 个关于冥想的研究 0.28 的平均效应大小显著得多，比 30 个关于"渐行性放松"（一种临床心理学家广泛使用的方法） 185
研究的 0.38 的平均效应大小显著，也比 37 个关于其他放松形式研究的 0.40 的平均效应大小显著。

观察研究被试的不同总体，他们发现被筛选的高焦虑人群对效应大小会做出更大的贡献，并且观察罪犯总体和青年总体从 TM 中似乎得到的更多。指导者技能和参与者期待、参与者是自愿进入还是被随机分配到不同条件中、实验者倾向（当任何明显的前 TM 研究者的实验研究被淘汰时，该 TM 的结果实际上更加显著）、对焦虑的不同测量方法和研究设计，对效应大小有一点或者没有影响。

研究者认为 TM 取得优异表现的原因之一可能是与集中注意力有关的技术产生了一个显著的较小的效应，但是 TM 对于教授所谓的"毫不费力、无需意识参与的"方法却尤为重视。此外，TM 使用了梵文的咒语（一种特殊的声音），据说这种咒语历史悠久并且由指导者为每位学生来选择。那些随机选择梵文或者让学生亲自选择英文词语的方法所产生的结果都不是很好。

无论原因是什么，作者总结道："乐观的理由是至少有一些通用的能够有效地减少特质焦虑的治疗手段。"（p. 973）因此如果你动不动因为统计考试这样的小事而担忧，就思考一下这些结论吧。

表 6—3 精选出来的一般教学方法的效应大小

教学要素	
暗示	1.25
强化	1.17
矫正反馈	0.94
保证	0.88
控制学习	0.73
计算机辅助教学	
针对小学生	1.05
针对残疾学生	0.66
教授	
直接教学	0.71
合作教学	0.55
教学技术	
教师批注家庭作业	0.83
分级的家庭作业	0.78
频繁的测验	0.49
预测试	0.48
附加问题	0.40
分数设置	0.40
分配家庭作业	0.28
图解讲授	0.75

资料来源：Adapted from Walberg，H. J.，& Lai，J. S.（1999）. Meta-analytic effects for policy. In G. J. Cizek（Ed.）. *Handbook of Educational Policy*（pp. 419 - 453）. San Digeo，CA. Academic Press. Copyright © 1999 by Elsevier. Reprinted by permission of Elsevier.

回顾基于某一特定课题使用元分析的方法进行的综合研究是对传统的"叙事性"文献回顾的替代。通过对传统的回顾，描述和估计每项研究，然后尝试提取出一些综合的结论。心理学中第一个正式的元分析，致力于心理疗法的作用，在30多年前公布出来（Smith & Glass，1977）。自那之后，元分析逐渐成为一种渐增的、广受欢迎的统计程序。为了了解元分析的普及程度，我们使用被心理学家广泛使用的研究数据库（称作PsycINFO），从1993年至2006年每三年为一周期来搜索心理学研究文献中与元分析相关的文献。正如你从表6—4中能够看到的，关于元分析的文献（研究论文、书籍、书籍专章和学位论文）的数量在每三年一周期中持续增长。

表6—4　1977年至2006年间，每三年作为一个周期，每个周期心理学研究文献中与元分析有关的文献的数量 186

出版年代	文献数量
1977—1979	17
1980—1982	86
1983—1985	277
1986—1988	398
1989—1991	550
1992—1994	652
1995—1997	806
1998—2000	850
2001—2003	1 176
2004—2006	1 588

资料来源：PsycINFO.

你会做吗？

1. 效应大小要增添到多少刚好可以知道一个结果是否有显著性？

2. 为什么研究者经常使用标准化效应大小？

3. 写下我们一直在研究的情形中的效应大小的公式，且解释其中的每一个符号。

4. 在一个标准化检验中，已知的总体的平均数为500，标准差为100。那些接受了一个实验处理的平均数为540。效应大小是多少？

5. (a) 为什么效应大小规范很有用？(b) 效应大小规范 d 是什么？

6. (a) 元分析是什么？(b) 效应大小在元分析中扮演了什么样的角色？

答案

1. 一个显著性的结果勉强刚够显著性的大小或者比成为显著性的必要大小大得多。因此，了解了效应大小会告诉你效应大小有多大。

2. 标准化效果量用可比较不同的测量方法得出研究结果。

3. 效应大小的公式是 $d=(\mu_1-\mu_2)/\sigma$。d是效应大小；μ_1 是总体1的平均数（接受了实验操纵的总体的平均数）；μ_2 是总体2的平均数（已知的总体，比较分布的根据）；σ 是总体的标准差。 187

4. 效应大小 $d=(\mu_1-\mu_2)/\sigma=(500-400)/100=0.40$。

5. (a) 效应大小规范允许你将一项研究的效应大小同心理学研究中典型的发现相比较。(b) d 的效应大小规范是：小的＝0.20，中等的＝0.50，大的＝0.80。

6. (a) 元分析是把不同研究的结果联合在一起的系统化程序。(b) 元分析通常提出跨研究的平均效应大小并且比较研究中不同子群的效应大小。

统计检验力

检验力是达到你目标的能力。一个研究者进行一项研究的一个目的是得到一个显著的结果——但是只有在研究假设确实为真的情况下。一项调查研究的**统计检验力**是研究假设为真的情况下，研究能够产生统计显著性结果的概率。如果研究假设是错误的，你就不要想得到显著性的结果。（那就是一个Ⅰ型错误，正如本章中先前学到的。）然而，记住，即使研究假设为真，一项研究也不会必然给出一个显著性的结果；从总体中偶然选出来的

统计检验力　在研究假设为真的情况下，研究给出一个显著性结果的概率。

样本可能显示出不够极端来拒绝零假设。

基于某些原因，统计检验力显得十分重要。正如你在本章后面要学到的，当计划一项研究时计算检验力会帮助你决定你需要多少被试。正如你在本章中后面要学到的，在你阅读研究文献时，懂得检验力是极其重要的，尤其是弄懂结果不显著或者结果统计显著但实际不显著时。

再一次想一下我们的关于被告知某人具有积极人格品质的学生评估该人吸引力的例子。回想一下我们比较的两个总体。

总体 1：被告知某人具有积极人格品质的学生。

总体 2：一般学生（没有被告知任何有关某人积极人格品质信息的人）。

也回忆一下研究假设，即总体 1 给出比总体 2 更高的吸引力评估。

图 6—5 给出的曲线显示出总体 2 的均值分布。（注意：当讨论效应大小的时候，我们展示了总体的图形，如图 6—2 和图 6—3；现在我们回过头来专注于均值分布。）这条曲线是比较分布，就是在零假设为真的情况下你所期望的两个总体的均值分布。该均值分布的平均数是 200 且它的标准差是 6。在第 5 章中我们发现使用的是 5%的显著性水平，单侧检验，你所需要的样本的 Z 分数至少为 1.64 才能拒绝零假设。使用把 Z 分数转化为原始分数的公式，结果算出来原始分数为 209.84；即 (1.64)(6) +200=209.84。因此，我们把分布中比原始分数 209.84（分布上的 Z 分数为 1.64）较高的一侧阴影化。作为你的研究结果，样本的平均数如果落在该区域，那么你就可以拒绝零假设。这块区域标记为“阿尔法”，因为阿尔法是一种显著性水平（在这个例子中是 5%，或者 $p<0.05$）的名称。

> **成功小贴士**
>
> 如果你还是不能分清Ⅰ型错误和Ⅱ型错误，那么再花些时间来重温本章先前提到的决策误差部分。有一个简单的提示：实际中研究假设是错误的，如果假设检验的程序导致你决定一项研究来支持研究假设，那么你就犯了Ⅰ型错误。实际中研究假设是正确的，如果假设检验的程序导致你决定一项研究无效，那么你就犯了Ⅱ型错误。

假定研究者预测告知学生有关某个人的积极 188
人格品质，会使他们对该人的吸引力评估分数增至 208。（这比没有提到某个人人格的总体平均数 200 增加了 8 分）。如果该预测是正确的，研究假设就为真，总体 1（被告知某人具有积极人格品质的学生的总体）的平均数确实比总体 2 的平均数更大。关于这种假设性的预测情形的总体 1 的均值分布显示在图 6—6 的上面部分。注意那个分布有一个 208 的平均数。

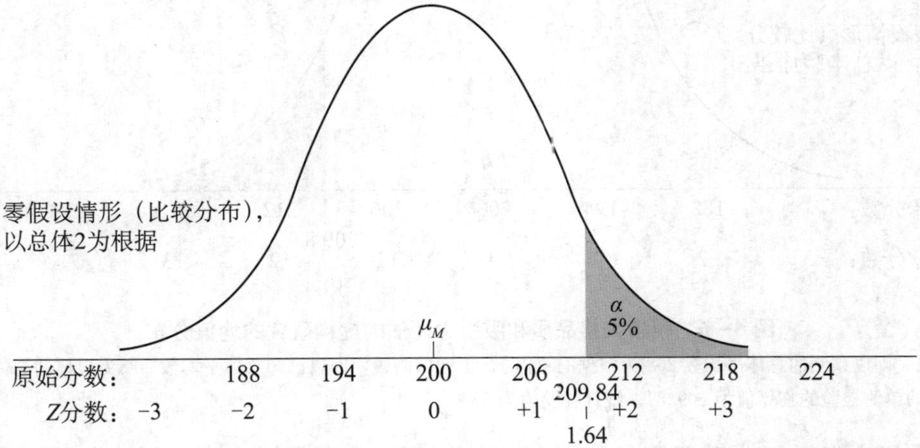

图 6—5 积极人格品质和吸引力评估的虚构研究中总体 2（没有被告知任何有关该人人格品质信息的学生）的均值分布（比较分布）

注：显著临界分数（209.84）显示的是 $p<0.05$，单侧。

现在看一下图 6—6 下面部分显示的曲线。这条曲线正好同图 6—5 显示的一条曲线相同：比较分布，即总体 2 的均值分布。注意总体 1（上面的曲线）的均值分布抵消了总体 2（下面的曲线）均值分布的右边部分。这是因为研究者预测总体 1 的平均数（平均数为 208）高于总体 2（我们知道是 200）的平均数。（如果总体 1 的平均数预测的是低于总体 2 的平均数，则总体 1 会抵消左边的部分。）如果零假设为真，则真实的总体 1 分布情况就同以总体 2 为根据的分布是一样的。因此，总体 1 的分布将直接排在总体 2 分布的上面，并且不会同右边部分（或左边部分）抵消。

回忆一下在这个例子中拒绝零假设的临界分数 209.84。为此，总体 2 的均值分布阴影拒绝区域（显示在图 6—6 中下面的曲线）开始于 209.84。我们也可以为总体 1 的均值分布创建一块拒绝区域。该拒绝区域也将始于 209.84（见图 6—6 上面曲线的阴影区域）。要记住，在这个例子中，如果我们从一个具有 208 的平均数（且标准差为 48）的学生总体中随机挑选 64 个学生，那么总体 1 的均值分布代表的就是我们将会得到的可能的样本平均数。

189

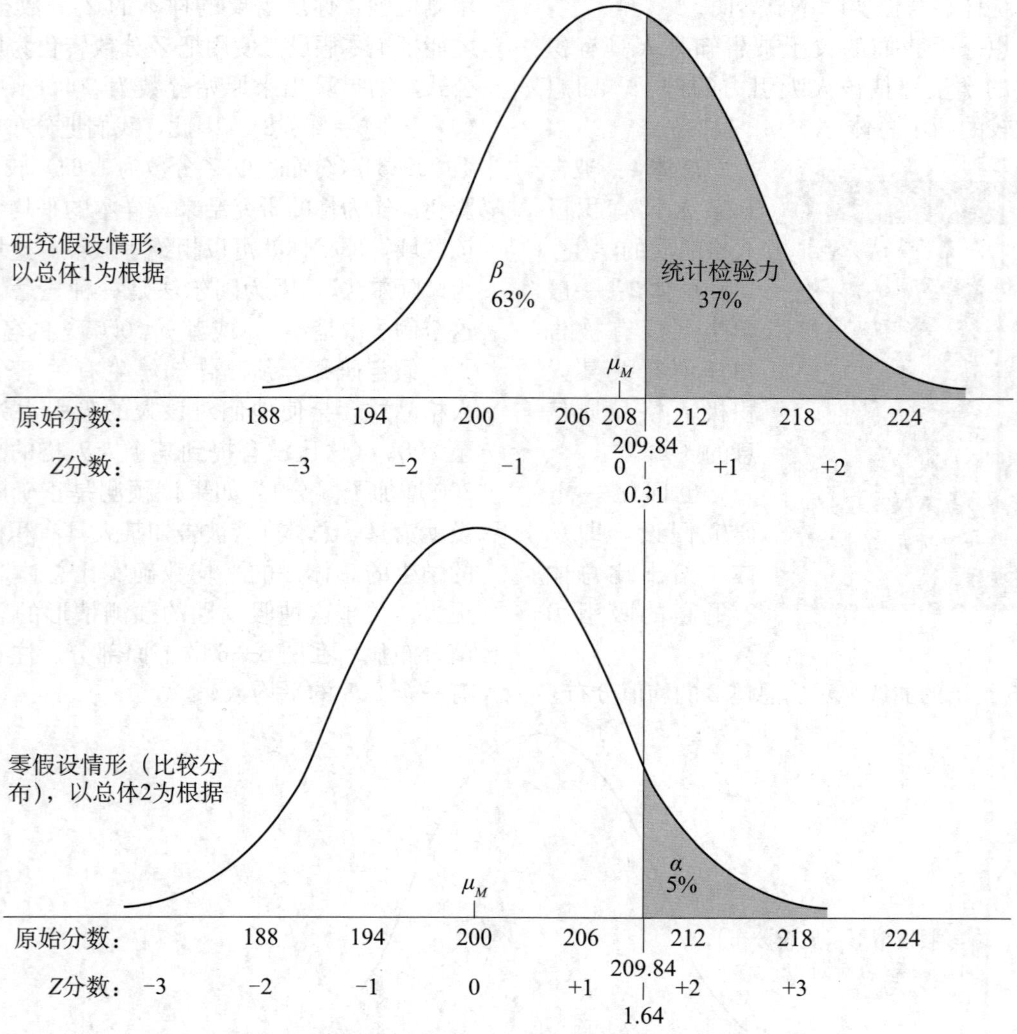

图 6—6　积极人格品质和吸引力评估的虚构研究的均值分布

注：上面的曲线，即以预测的总体平均数 208 为根据的总体 1。下面的曲线，即以已知总体平均数 200 为根据的总体 2（比较分布）。采用 0.05 显著性水平的单侧检验的临界值为 209.84。统计检验力为 37%。

现在，假定研究者进行这项研究。研究者随机挑选了一个有 64 个学生的样本，告诉他们某个特定的人具有积极的人格品质，然后要求他们对那个人进行吸引力评估。研究者找出了该项研究中由 64 个学生组成的样本给出的吸引力评估的平均数。而且假定该样本的平均数出现在分布中的阴影区域（也就是说，平均数为 209.84 或者更高）。如果那种情况发生的话，研究者就要拒绝零假设。图 6—6 给我们显示的就是总体 1 的均值分布的大部分平均数（假定它的平均数为 208）都不够大来拒绝零假设。上面的分布中低于一半的部分被阴影化。换句话说，如果研究假设为真，作为研究者的预测，样本研究就是从该总体 1 的均值分布中随机选出的一个样本。然而，从该分布中随机选出的样本的平均数将会在阴影部分的拒绝区域的概率低于50%。

190　回顾一下，一项研究的统计检验力是在研究假设为真的情况下，该研究能够产生一个统计显著性结果的能力。由于在这个例子中我们假定研究假设为真，所以在上面的分布图中的阴影区域代表的就是该项研究的统计检验力。它显示了这种情形（显示在图6—6中）的检验力仅仅为37%。因此，假设研究者的预测是正确的，研究者只有37%的概率认为包含64个学生的样本会有一个平均数足够高从而使结果具有统计显著性。

统计检验力表　一种在假设检验过程中展示一项研究的不同效应大小和样本容量的统计检验力的表格。

假设这个包含64个学生的特定样本研究的平均数为203。由于你需要的平均数至少为209.84才能拒绝零假设，所以这项研究的结果不会具有统计显著性，更不用说研究假设为真了。这就是你如何犯Ⅱ型错误的过程。

成功小贴士

记住统计检验力是一种概率或者百分比，效应大小（你在本章中学过的假设检验情形中）是测量两个总体平均数之间差距的。

研究者可能从总体1选出一个样本，其平均数远远足够达到拒绝区域的右边的阴影部分（即有一个足够高的吸引力评估的平均数），这是完全有可能的。然而，我们可以给出一个创建样本的方法，有一个更大的研究概率不会显示其有显著性，即使我们知道研究假设为真。（当然，再次声明，研究者不会知道这个。）当研究像这个例子中即使研究假设为真，但显著概率仅仅很小，我们称这项研究具有“低检验力”。

就像你在该章中先前学到的，如果你在实际研究假设为真的情况下不能得出一个显著性的结果，那么你就犯了Ⅱ型错误。你学到的“贝塔”就是犯Ⅱ型错误的可能性——当研究假设为真，不能得到显著性结果的可能性。注意检验力，如果研究假设为真，得到显著性结果的可能性刚巧是贝塔的相反面。因此，贝塔＋检验力＝100%，这意味着“贝塔”就是100%－检验力。在这个例子中，检验力是37%。因此，这个例子中的贝塔是63%（即100%－37%＝63%）（见图6—6）。

决定统计检验力

一项研究中的统计检验力是能够计算的，在像吸引力评估这个例子中出现的情形中（当你有一个已知的总体和一个单个的样本），计算统计检验就是计算图6—6中上面的分布图中的阴影部分的比例（对于更多的细节，见本章后面的“前沿课题”部分）。研究者要面对的研究情形（包括那些我们将在后面的章节中讨论的）通常比我们当前的例子更加复杂，且计算检验力更加复杂麻烦。因此，研究者通常并不自己计算统计检验力，而是依赖于其他途径。

研究者能够用一个统计检验力软件包来决定检验力。网上也有可使用的检验力计算器，当使用一个统计检验力软件包或者在线统计检验力计算器时，研究者会输入这个研究中不同方面的值（例如已知的总体平均数、预测的总体平均数、总体标准差、样本容量、显著性水平和该检验是单侧还是双侧），并且计算是自动生成的。

最后，研究者可以运用特殊的表格找出一项研究的统计检验力，这种表格叫作**统计检验力表**。[这样的表格是由寇恩（Cohen，1988）、克莱姆和蒂曼（Kraemer & Thiemann，1987）和其他一些人共同制作的。] 在后面几章中，你所学习的每一个方法，我们都会提供基本的统计检验力表并探讨怎么使用它们。附录中的表A—5就是这些表的索引。

你会做吗？　191

1.（a）什么是统计检验力？（b）它同获得一个显著性的可能性有什么不同？（c）如果研究假设是错误的，那么获得一个显著性结果的可能性是多少？

2. 给出为什么统计检验力是重要的两个原因。

3.（a）检验力和贝塔的关系是什么？（b）贝塔怎么计算？

4.（a）说出研究者通常决定统计检验力的三种方法。（b）为什么研究者要使用这些方法而不是自己动手来计算统计检验力？

答案

1.（a）统计检验力是在研究假设为真的条件下获得显著性结果的可能性。（b）它是在研究假设为真的情况下的可能性。（c）如果研究假设是错误的，获得一个显著性结果的可能性就是阿尔法，显著性水平（即犯Ⅰ型错误的可能性）。

2. 统计检验力很重要因为（ⅰ）它帮助你决定你在研究中计划需要多少被试，且（ⅱ）了解统计检验力能够帮你弄懂结果不显著或者结论具有显著性却不特别显著的意思。

3.（a）贝塔，研究假设为真的情况下，不能够得到显著性结果的可能性，是检验力的对立面，检验力是在研究假设为真的情况下能够得到显著性结果的可能性。（b）贝塔是100%减去统计检验力。

4.（a）研究者通常用来决定检验力的三种方法是（ⅰ）统计检验力软件包，（ⅱ）网络统计检验力计算器和（ⅲ）统计检验力表格。（b）在通常的假设检验情形中，用手计算统计检验力是非常复杂的。

什么决定研究中的统计检验力？

了解统计检验力大概是什么是非常重要的。了解一项研究中影响统计检验力的因素，了解你筹划一项研究时怎么用检验力，弄懂你在阅读某项研究时，明白检验力尤其重要。

一项研究中的统计检验力依赖两个主要因素：(1) 研究假设预测的效应有多大（效应大小）；(2) 该项研究中有多少被试（样本容量）。检验力也受所选择的显著性水平影响，即使用的是单侧检验还是双侧检验和假设检验程序采用的方法类型。

效应大小

图6—6显示的是我们的吸引力评估例子中的情形，在例子中，研究者有理由预测被告知某人具有积极人格品质的学生（总体1，上面的曲线）将比没有被告知任何有关某人人格的学生（总体2，下面的曲线）在平均得分上高出8个点。图6—7显示的是同样的研究情形中研究者有理由期望总体1比总体2的平均得分高出16个点。把图6—7和图6—6进行比较，在图6—7显示的情形中你更有可能得到一个显著性结果。实际上，我们早就在图6—6的情形中标注过，研究者有理由预测平均数仅仅有208，统计检验力为37%，
192 然而，在图6—7的情形中，研究者预测平均数为216的依据，显示出检验力为85%。在任何研究中，你的理论或者先前研究称你所预期的两个总体的差异越大，在研究中你获得一个显著性结果的概率就越大。因此如果你预测的平均差异越大，你根据预测计算出的统计检验力就越大。（因此，如果你根据一个大得不切实际的预测去计算统计检验力，那么你就是在研究的统计检验力上愚弄你自己。）

两个总体平均数之间的差异，我们在早前的效应大小部分见过了。因此，效应大小越大，统计检验力越大，图6—6中研究者预测总体1有一个208的平均数，其效应大小为0.17。即$d=(\mu_1-\mu_2)/\sigma=$（208－200）/48＝8/48＝0.17。图6—7
中，研究者预测总体1的平均数为216，其效应大 193
小为0.33。即$d=(\mu_1-\mu_2)/\sigma=$（216－200）/48＝0.33。

然而，效应大小也受总体标准差的影响。标准差越小，效应大小越大，按照效应大小公式来看，这是因为，如果你除以一个更小的数字，结果就会更大。按照实际分布来看，这是因为，如果两种分布图分布得越窄，它们重叠得就越少。图6—8显示的是以同样例子为基础的两种均值分布。然而，这一次我们改变了例子以至于总体标
准差恰好为它原来的一半。在这种描述中，预测 194
的平均数是最初的208。然而，两种均值分布都非常狭窄。因此，在上部曲线和下部曲线（比较分布）之间重叠的部分就更少了。结果就是检验力为85%，比图6—6中显示的原始情形检验力为37%高得多。这儿的观点是总体标准差变得越小，统计检验力就越大。

总体说来，这些例子阐述的一般法则是两个分布图重叠得越小，一项研究得出显著性结果的可能性就越大。两个分布图可能彼此只有一点地方重叠是因为它们的平均数之间差异很大（见图6—7）或者因为它们拥有如此小的标准差，以至于它们有一个相当小的平均数差异使它们没有太多的重叠部分（见图6—8），这条法则在图6—9中更加明显地总结出来。

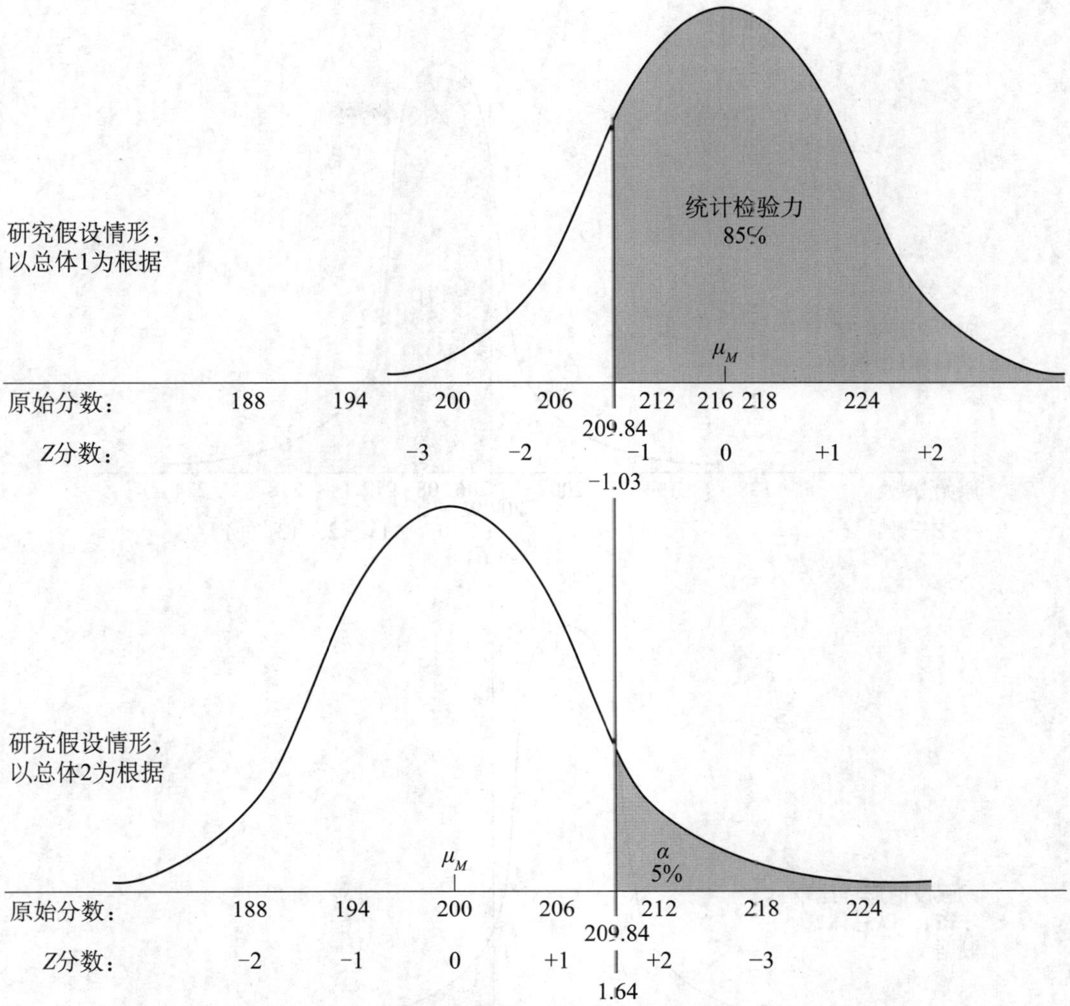

图 6—7 积极人格品质和吸引力评估的虚构研究的均值分布图之一

注：上面的曲线，即以预测的总体平均数 216 为根据的总体 1。下面的曲线，即以已知的总体平均数 200 为根据总体 2（比较分布）。采用 0.05 显著性水平的单侧检验的显著临界值为 209.84。统计检验力为 85%。而图 6—6 中的预测的总体平均数为 208 且统计检验力为 37%。

注意：这两种因素——平均数差异和总体标准差——实际上都是用来计算效应大小的。也就是说，效应大小是两种平均数的差异除以总体标
195 准差：$d=(\mu_1-\mu_2)/\sigma$。因此，两种总体平均数之间的预测的差异越大（即 $\mu_1-\mu_2$ 越大），效应大小将越大；且两个总体内的标准差越小（即 σ^2 越小，因此，σ 就越小），效应大小将越大。并且效应大小越大，统计检验力就越大。

在进行一项研究前计算统计检验力，两个总体平均数之间的差异就是已知总体平均数（总体 2）和研究预测的给予实验操纵的总体（总体 1）之间的差异。这种预测是以精确的理论、该类型研究的过去经验，或者有用的极小差异为基础的。到目前为止我们所考虑的情形中，总体的标准差和其他你需要月来计算效应大小的数字，都是事先知道的。

决定预测效应大小中的统计检验力

有时候，研究者不是预测一个特定的平均数，而是预测一个效应大小。尤其是当第一次研究某些东西的时候，研究者用寇恩惯例来作预测。也就是说，他们可能只有一个相当模糊的所预期的效应的概念，因此如果他们预期有一个小的效应，例如，他们就会使用一个 0.20 的预测效应大小。

无论用什么方法，一旦研究者预测了一个效应大小，他们就要采用他们预测的效应大小来计算预测的平均数（使用统计检验力软件包、在线统计检验力计算器，或者是一张统计检验力表，

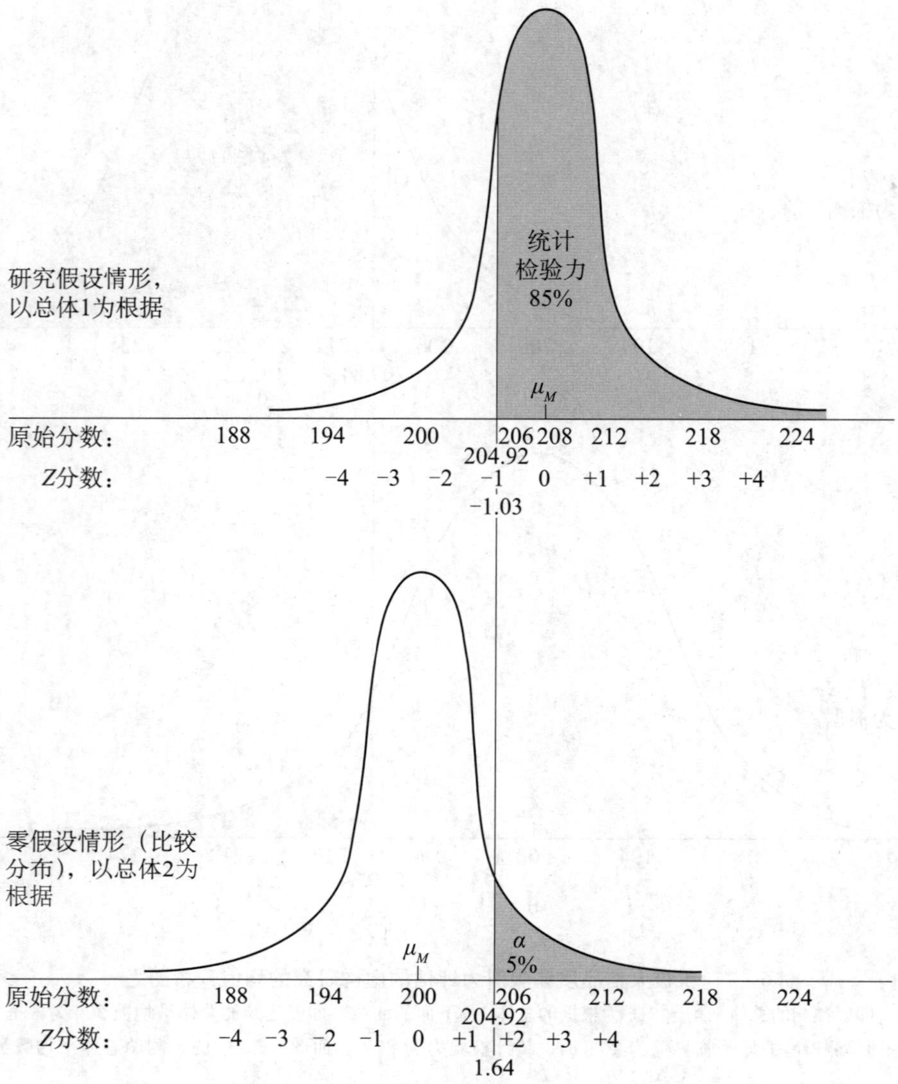

图 6—8　积极人格品质和吸引力评估的虚构研究的均值分布图之二

注：上面的曲线，即以预测的总体平均数 208 为根据的总体 1。下面的曲线，即以已知的总体平均数 200 为根据的总体 2（比较分布）。在这个例子中，总体标准差的大小是先前有关这个例子的图中所显示的一半。采用 0.05 显著性水平的单侧检验的显著临界值为 204.92。统计检验力为 85%。而图 6—6 具有初始的总标准差且统计检验力为 37%。

或者使用本章后面“前沿课题”部分的计算方法）。想一下我们的例子中已知的总体（总体 2）的平均数为 200，标准差为 48。假设研究者预测的效应大小为 0.20（一种小的效应大小）。在这种情形中，除以 48 之后，得出 0.20。也就是说，平均数差异增加了 0.20 个标准差。在这个例子中，48 的 0.20 是 9.60。这样，预测的平均数比已知的平均数高 9.60。在该例子中，已知的平均数为 200；因此根据效应大小 0.20 预测的平均数就将为 209.60。

用一个公式来陈述该法则如下：

$$预测的\ \mu_1 = \mu_2 + (d)(\sigma) \qquad (6-2)$$

> 将要应用实验程序的总体的预测平均数是已知的总体平均数加上预测的效应大小乘以已知总体标准差得出的结果。

当预测效应大小为 0.20（小的效应大小）时，预测的 $\mu_1 = \mu_2 + (d)(\sigma) = 200 + (0.20)(48) = 200 + 9.60 = 209.60$。

当预测效应大小为 0.50（中等的效应大小）时，预测的 $\mu_1 = \mu_2 + (d)(\sigma) = 200 + (0.50)(48) = 200 + 24.00 = 224.00$。

图 6—10 显示的是我们的吸引力评估的例子，

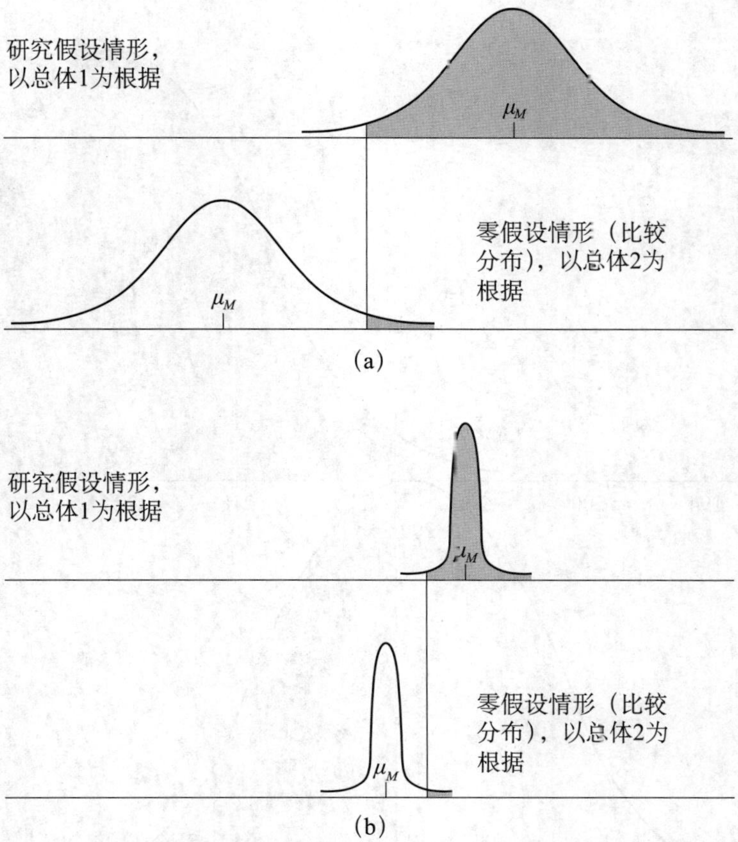

图 6—9　预测的平均数和比较分布的平均数可能只有一点儿重叠（且因此该研究将有一个高统计检验力），因为（a）这两种平均数非常不同或者（b）总体标准差非常小

是小的（中间的曲线）和中等的（上面的曲线）预测效应大小的分布图，伴有每种情形中的统计检验力。

样本容量

除了效应大小，另一个对检验力产生主要影响的是研究中样本的被试的数量，即样本容量。基本上，研究中的被试越多，统计检验力就越大。

196 样本容量影响统计检验力因为样本容量越大，均值分布的标准差就会变得越小。这些分布的标准差越小，它们就会越窄。并且如果它们越窄，它们重合的部分就会越少。图 6—11 显示的是我们的吸引力评估例子中研究包含 100 个学生，而不是最初示例中 64 个学生的情形，它有 208 的预测平均数和 48 的总体标准差。现在的统计检验力是 51%（64 个学生的时候是 37%）。如果该研究的参与者是 500 个，那么它的统计检验力是 99%（见图 6—12）。

不要弄混了。均值分布可能是因为两个截然不同的原因变得狭窄（且因此重叠部分越少，统计检验力越大）。 197 一个原因是总体可能有一个小的标准差，这与效应大小有关。另一个原因是样本容量大。这两个原因是完全不一样的。样本容量与效应大小毫无关系。效应大小和样本容量都影响统计检验力。然而，就像我们不久看到的，这两个对统计检验力不同的影响导致了当你在筹划研究时，在增加统计检验力上采用了完全不同类型的实践步骤。

根据给出的统计检验力计算所需的样本容量

当筹划一个研究时，研究者考虑检验力的主要原因是帮助决定研究中需要多少被试。样本容量对检验力有一个非常重要的影响。因此，研究者想要该研究有相当高的统计检验力，就必须确 198 保研究中有足够的被试。（通常，如果研究假设为真，研究者在进行的研究的统计检验力很低以至于他们不大有可能会得到一个显著性的结果。见信息箱 6—2。）

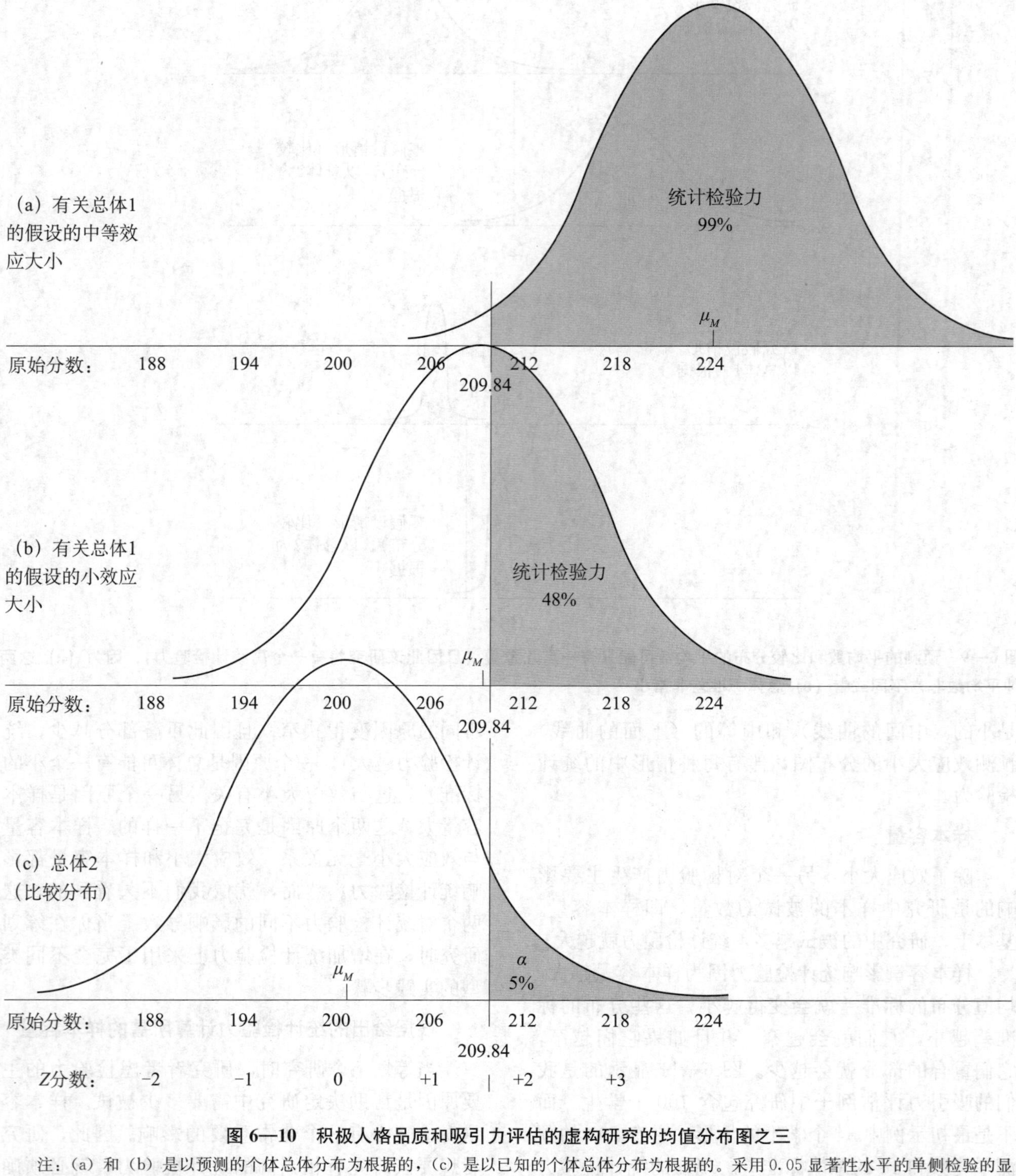

图 6—10　积极人格品质和吸引力评估的虚构研究的均值分布图之三

注：（a）和（b）是以预测的个体总体分布为根据的，（c）是以已知的个体总体分布为根据的。采用 0.05 显著性水平的单侧检验的显著临界值为 209.84。在这个例子中，（a）是具有中等效应大小（$d=0.50$，统计检验力＝99%）的预测分布，（b）是具有小效应大小（$d=0.20$，统计检验力＝48%）的预测分布。

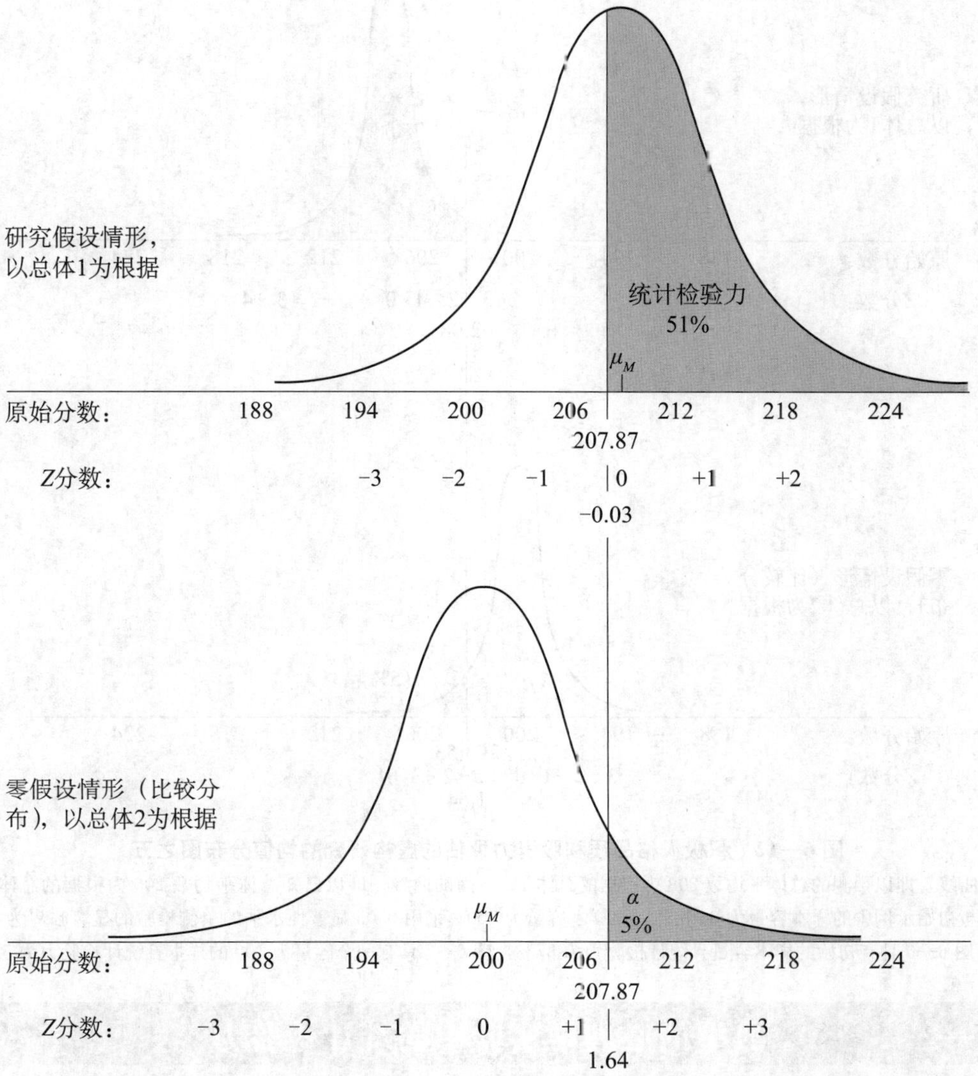

图 6—11　积极人格品质和吸引力评估的虚构研究的均值分布图之四

注：上面的曲线，即以预测的总体平均数 208 为根据的总体 1。下面的曲线，即以已知总体平均数 200 为根据的总体 2（比较分布）。在这个例子中，与初始示例中样本容量为 64 相比，该样本容量为 100。采用 0.05 显著性水平的单侧检验的显著临界值为 207.87。统计检验力为 51%。而图 6—6 具有初始的样本容量且统计检验力为 37%。

研究者能够通过在自己的头脑中运用计算统计检验力的步骤来计算需要的被试数量，你以你所希望的检验力水平——80%——开始，然后计算为了得到那种检验力水平你所需要的被试。假设我们吸引力评估例子中研究者一直在筹划研究并且想计算出样本需要多少学生。让我们假定根据先前的研究有这样一种情形，研究者预测平均数差异为 8 且有一个已知的标准差为 48。在这个案例中，它证明了研究者将需要 222 个学生，才能有 80%的统计检验力。在这里我们不会探究计算的细节。（然而，如果在本章后面你读到了“前沿课题”那部分，你可能想要尝试着自己算出这个结果。如果你能够得到同我们所做的相同的答案，那么以 80%的统计检验力开始并随着那些步骤回头算所需的被试的数量。）

在实践中，研究者使用统计检验力软件包、在线统计检验力计算器，或者统计检验力表来告诉你在一项研究中你需要多少被试，才会有一个高水平的检验力并能给出一个确定的预期的效应大小。我们会为接下来的章节中你将学到的每一种主要的假设检验方法提供简化版本的统计检验力表。

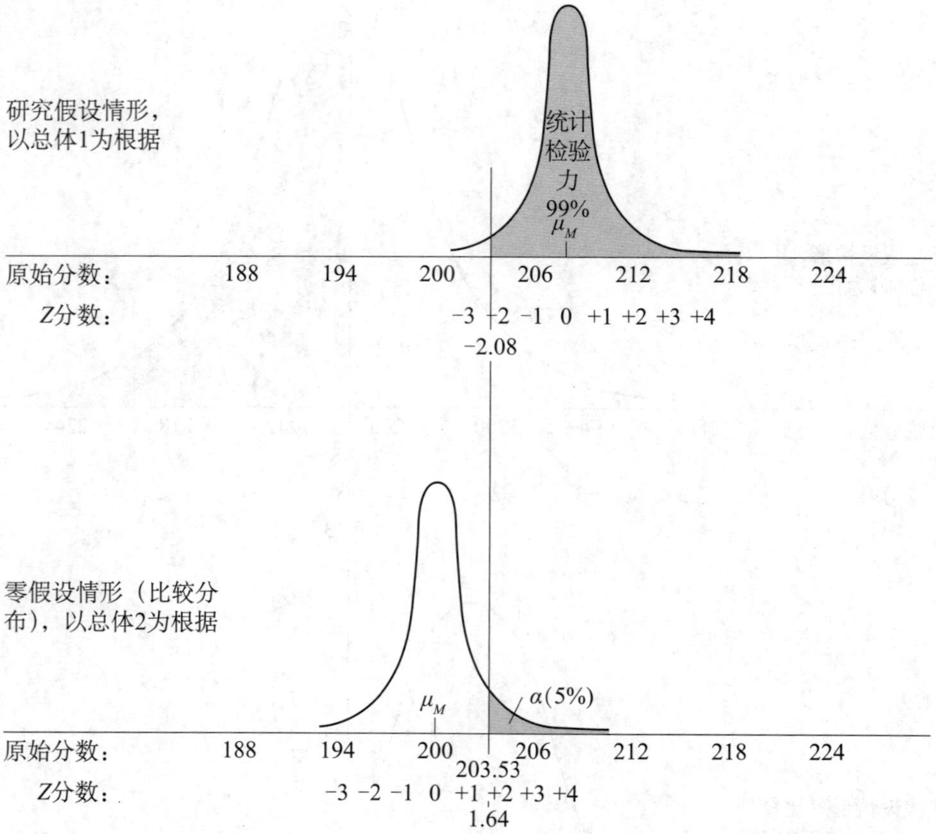

图 6—12　积极人格品质和吸引力评估的虚构研究的均值分布图之五

注：上面的曲线，即以预测的总体平均数 208 为根据的总体 1。下面的曲线，即以已知总体平均数 200 为根据的总体 2（比较分布）。在这个例子中，与初始示例中的样本容量为 64 相比，该样本容量为 500。采用 0.05 显著性水平的单侧检验的显著临界为 203.53。统计检验力为 99%。而图 6—6 具有初始的样本容量且统计检验力为 37%，图 6—7 具有一个容量为 100 的样本且统计检验力为 51%。

信息箱 6—2　典型的心理学实验中的统计检验力

199 40 多年前，雅各布·寇恩（Jacob Cohen，1962），一位在统计方面有专门研究的心理学家（见信息箱 4—1），在《变态和社会心理学杂志》上发表了一篇现在众所周知的有关研究中统计检验力分析的文章。他观察到人们关心的要点很多都是关于显著性或者是否会犯Ⅰ型错误的问题的（那就是零假设被错误地拒绝了并且某些效应是从实际中不存在的结果中假设出来的）。但是基本上都没有关注犯Ⅱ型错误的概率（那就是零假设是错误的，反而没有被拒绝并且一个实际的效应因为无效的结果被忽视了——确实，通常被当作不存在来对待）。统计检验力甚至在他正在讨论的研究中都没提到。

寇恩计算这些论文中结果的统计检验力。由于包含了许多并不熟悉的内容领域，他将统计检验力置于效应大小的三种假设，即小、中等、大，来加以观察。如果是小的，他发现发表的研究只能有 1/6 的概率测出显著性效应，因为它们的样本容量很小。没有一个能够超过 50—50 的概率。如果在某个总体中他假定了一个中等的效应大小，那么该研究至少比 50—50 的概率大才能检测这种效应。1/4 的概率仍然小于 1/3。只有假设研究有一个大的效应大小我们才能设计出一个良好的概率来拒绝零假设。正如寇恩（Cohen，1962）说的：“这一代的研究者很适合从事于重复那些原本使用了不适当的样本容量的有趣的研究工作。”（p. 153）

这些“失败了”的实验（实际上其假设从来就不适合检验）表明，损失的大量信息再一次从未得到探索。并且，这种损失仅仅是因为没有关注检验力——大多数通常是由于通过对效应大小、显著性水平和检验力、最适用于检验假设的样本容量的考虑而导致的计算失败。

在 1969 年，寇恩发表了社会科学方面分析统计检验力的手册，并于 1988 年发行修订本。还有，在 1989 年发表的一篇论文中，塞德迈尔和吉戈伦萨（Sedlmeier & Gigerenzer）注意到寇恩的告诫在此期间没有任何效果。实际上，那些年寇恩曾研究的期刊中（现在是《变态心理学杂志》）关于统计检验力的研究明显减少了，并且统计检验力较低仍然未曾受到关注。64 个实验中仅仅有两个讨论了统计检验力，而且这两个研究并未估计统计检验力。同时，在那种发行物发表的 11%的研究中，不显著被认为是对零假设的肯定，也许是要试图遵从我们在第 4 章信息箱 4—1 中提出的传统的告诫。甚至，塞德迈尔和吉戈伦萨还发现在这些特殊研究中的中等程度的统计检验力仅仅为 25%。当然，在研究结果支持零假设的情况下，如果我们能够考虑一些有价值的信息（见信息箱 4—1），那么仅仅在统计检验力足够高的情况下（如果研究假设实际上为真的话），还能够有证明研究假设为真的可能性。

很多特定期刊和研究领域中的研究关于统计检验力的分析都建议大部分研究进行的时候用较低的统计检验力［例如，毕兹尤和格雷夫（Bezeau & Grave）2001 年关于 3 种临床神经心理学期刊的研究、克拉克和卡特斯（Clark & Carters）1997 年发表在《英国心理学杂志》上的研究、伍兹（Woods）等人 2006 年关于帕金森病中丘脑核深处的大脑刺激的认知影响的研究］。然而，这种趋势可能不会蔓延到所有心理学研究领域中。例如，默多克和罗西（Maddock & Rossi，2001）报告了一项发表在 3 本与健康心理学相关的期刊上的研究，通常，大的效应大小和中等的效应大小都有足够的检验力来辨别。马克斯维尔（Maxwell，2004）认为这种可能部分是由于许多健康心理学的研究是由政府资助的，这样，研究者就要提出一个可准许的计划，包含对计划研究的统计检验力的分析。

还有，许多研究者认为统计检验力屡次的失败是有一些不可思议的。通常情况下，它意味着研究者全面考虑他们的所有工作却没有效果。这一概率与他们探究的发现是对立的，即使它是真的。但是在《美国心理学家》上标题为“我学到的事（目前为止）”的一篇论文中，雅各布·寇恩（Jacob Cohen，1990）泰然自若地回顾了过去几十年：

> 我没有绝望。我还记得戈赛（W. S. Gosset），那个家伙在一家啤酒厂工作，还作为“学生”谦恭地出现在已出版的期刊中，在我们进入第一次世界大战之前的十年就发表了 t 检验，并且等到战后该检验才进入了心理统计学课本中。
>
> 这些事情是很耗时的。因此，如果你发表了一些你认为确实是很好的东西，并且一年、十年、二十年过去了却还是很难引起任何人的关注，就记住 t 检验吧，用心记住它。（p. 1311）

200

影响统计检验力的其他因素

除了效应大小和样本容量，另外三种因素，也影响着统计检验力。

1. 显著性水平（阿尔法）。 显著性水平越不极端（如 $p<0.10$ 或 $p<0.20$）意味着检验力越大。越极端的显著性水平（如 $p<0.01$ 或 $p<0.001$）意味着检验力越小。越不极端的显著性水平结果越有更大的检验力是因为落在更低处曲线的阴影拒绝区域更大。因此，落在上部曲线的阴影区域更多。越极端的显著性水平结果越有更小的统计检验力是因为落在更低处曲线的阴影拒绝区域更小。假设在我们的吸引力评估例子中我们使用 0.01 的显著性水平来代替。统计检验力将从 37%落到仅仅为 16%

201 （见图 6—13）。在思想上要忍受由于使用一个不够极端的显著性水平（例如 $p<0.10$ 或者 $p<0.20$）而造成犯 I 型错误的概率增长是非常重要的。同时，使用一个极端的显著性水平（例如 $p<0.01$ 或 $p<0.001$ 也会增长犯 II 型错误的概率。

2. 单侧检验与双侧检验。 使用一个双侧检验比任何单侧检验更难得到显著性。因此，如果保持其他所有因素一样，使用双侧检验的检验力就小于使用单侧检验的检验力。假设在我们的吸引力评估的例子中我们采用双侧检验而不是单侧检验（但是仍然使用 5%的显著性水平）。正如图 6—14 显示的，统计检验力只有 26%（同原始单侧版本中的 37%相比）。

3. 假设检验程序的类型。 有时候研究者为一项特殊的研究会选择不止一种的假设检验手段来使用。到目前为止在这本书中我们还没有考虑过这样的情况，但是在第 14 章中我们将要这样做。

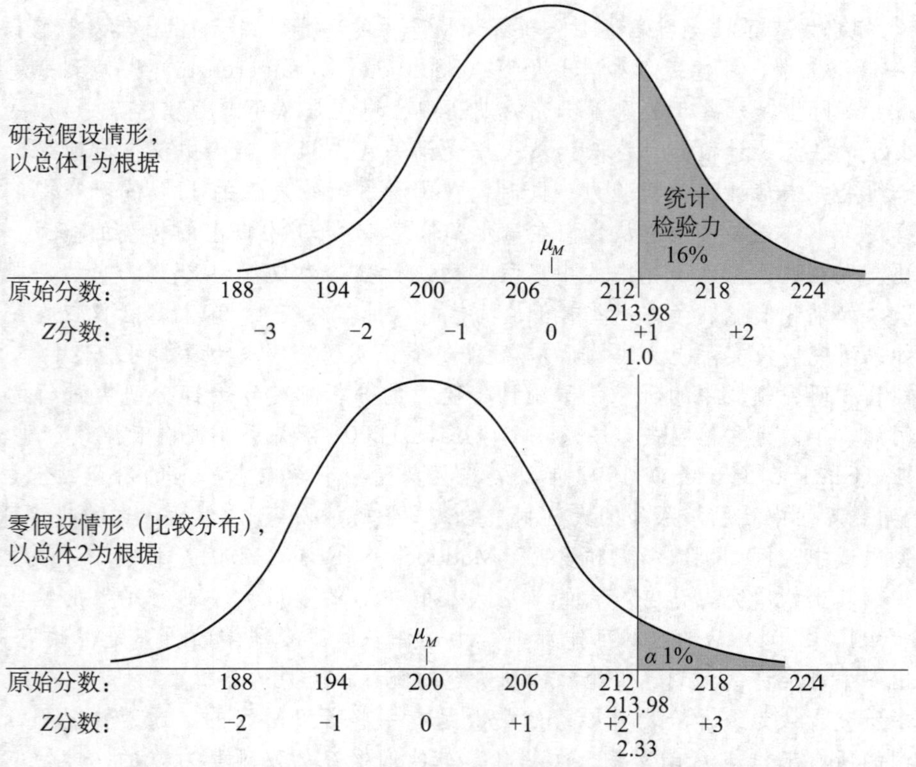

图 6—13　积极人格品质和吸引力评估的虚构研究的均值分布图之六

注：上面的曲线，即以预测的总体平均数 208 为根据的总体 1。下面的曲线，即以已知的总体平均数 200 为根据的总体 2（比较分布）。采用 0.05 显著性水平的单侧检验的显著临界值为 213.98。统计检验力为 16%。而图 6—6 采用的是 0.05 显著性水平的单侧检验且统计检验力为 37%。

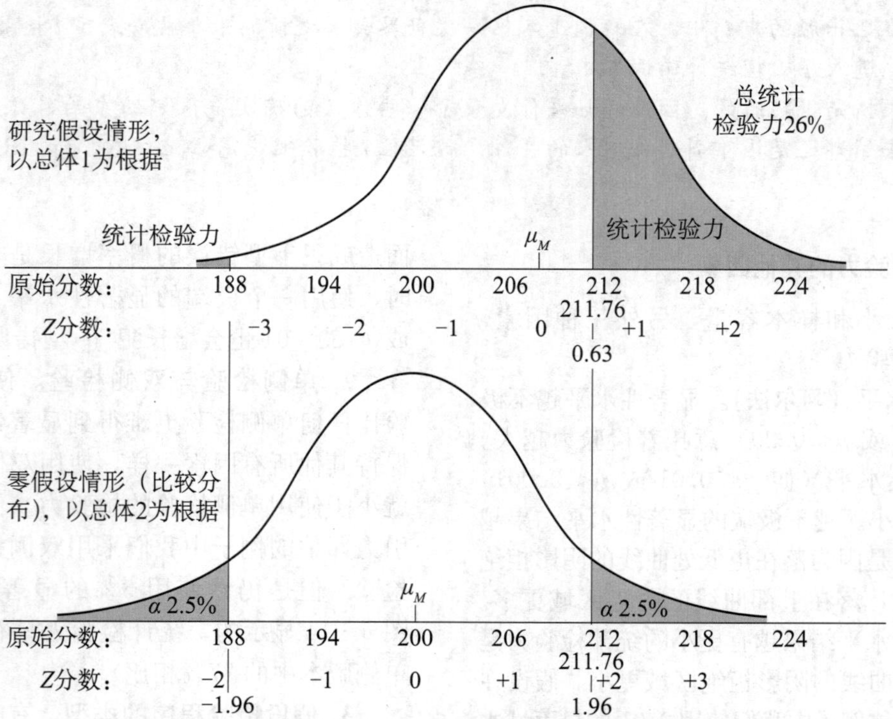

图 6—14　积极人格品质和吸引力评估的虚构研究的均值分布图之七

注：上面的曲线，即以预测的总体平均数 208 为根据的总体 1。下面的曲线，即以已知的总体平均数 200 为根据的总体 2（比较分布）。采用 0.05 显著性水平的双侧检验的显著临界值为 211.76。统计检验力为 26%。而图 6—6 采用的是 0.05 显著性水平的单侧检验且统计检验力为 37%。

202 **统计检验力影响因素小结**

表 6—5 总结了研究中的不同因素对统计检验力的影响。

表 6—5　影响统计检验力的因素

研究特征	增强检验力	减弱检验力
效应大小（d） [$d=(\mu_1-\mu_2)/\sigma$] 效应大小联合了下面两种特征：	大的 d	小的 d
在两个总体平均数之间预测的差异 （$\mu_1-\mu_2$）	大的差异	小的差异
总体标准差（σ）	小（σ）	大（σ）
样本容量（N）	大的 N	小的 N
显著性水平（α）	宽泛的、高的 α （如 0.05 或 0.10）	极端的、低的 α （如 0.01 或 0.001）
单侧检验与双侧检验	单侧	双侧
采用的假设检验方法的类型	多样的	多样的

你会做吗?

1.（a）哪两个因素决定效应大小？对于每个因素[（b）和（c）]，解释它是怎么和为什么会影响统计检验力的。

2. 在一个包含标准化检验的研究计划中，总体已知有一个 500 的平均数和一个 100 的标准差。研究者预测他们计划的实验程序将会产生一个大的效应（也就是说，他们预测效应大小为 0.80）。该实验程序将给出的预测的总体平均数为多少？

3. 样本容量（a）如何和（b）为什么会影响统计检验力？

4. 显著性水平（a）如何和（b）为什么会影响统计检验力？

5. 单侧检验与双侧检验（a）如何和（b）为什么会影响统计检验力？

答案

1.（a）两个决定效应大小的因素是（i）已知总体和预测总体之间平均数的差异和（ii）总体标准差。

（b）两个平均数之间的差异越大，效应大小就越大，且检验力越大。这是因为它迫使两个均值分布相隔很远并因此它们重叠的部分很少；因此预测分布中的区域比已知总体的临界值更加极端。

（c）总体标准差越小，效应大小变得越大且统计检验力越大。这是因为它使得均值分布更加狭窄并因此有更少的部分重叠；因此，预测分布中的区域比已知的分布中的临界值更加极端。

2. 该实验程序给出的预测的总体平均数为 $\mu_1=\mu_2+(d)(\sigma)$ =500+（0.80）（100）=580。

3.（a）样本容量越大，统计检验力越大。（b）这是因为一个更大的样本容量能使均值分布更加狭窄（因为均值分布的标准差是总体方差除以样本容量所得结果的平方根）。 203

4.（a）显著性水平越宽泛（例如，0.10 与 0.05），统计检验力就更大。（b）这是因为它使已知分布中的临界值变得不极端了；因此其相应的区域就比预测的均值分布的临界值更加极端。

5.（a）一项研究采用单侧检验（对于预测方向的结果来说）比用双侧检验，其统计检验力更大。（b）这是因为采用单侧检验，已知分布中的预测方向上的临界值就变得不极端了；因此其相应的区域就比预测的均值分布中的临界值更加极端。采用双侧检验就是在相对的一边增加一个临界值，但是至今为止其都落在分布之外并且它对检验力只有一丁点儿影响。

计划一项研究时统计检验力的作用

在计划一项研究时决定检验力是非常重要的。如果你做的研究中的检验力很低，即使研究假设为真，该研究仍然可能不会给出具有统计显著性的结果。因此，作为当前的计划，完成该项研究所要的时间和花费可能都不大值得。因此一旦发现一项研究计划的统计检验力很低，研究者就要寻找实际的方法来将统计检验力增加到一个可接受的水平。

什么是可接受的统计检验力水平？一个广泛使用的法则就是一项研究应该有 80％的检验力才值得做（参见 Cohen，1988）。80％的检验力意味着在研究假设为真的条件下，该研究有 80％（十分之八）的概率会产生一个统计显著性的结果。显然，检验力越大越好。然而，更大检验力的代价很大，如研究更多的人，通常达到 80％的检验力所需的代价会超出你力所能及的范围。

你如何增长一项研究计划的检验力呢？原则上，你可以通过改变表 6—5 中总结的任何因素做到。让我们逐一考虑。

1. 通过增加总体平均数之间的预测的差异来增加效应大小。你不能随意地预测一个更大的效应。你的预测必须有一个根据。因此，为了增加预测的差异，你执行研究所采用的方法必须使它有理由能期待一个更大的效应。再想一下我们例子中的那个实验，有关告诉学生某个人具有积极人格品质对评估那个人吸引力时的影响。一种能够增加期望的平均数差异的方法可能是采用一种更加严谨的实验程序（如告诉学生某个人具有很多积极的人格品质且没有一点负面的人格品质）。这种提高实验程序影响力的方法有一个弊端，这个弊端就是你所应用的实验程序可能并不是你在研究中想要应用的。它有时候也会很麻烦且耗费大。在一些研究中，另一种增加预期平均数差异的方法是把命令做得更加详尽，这就要花费更多的时间来解释它们，
204 也许还要给出时间来练习且以后也是如此。

2. 通过减少总体标准差来增加效应大小。你至少能够用两种方法减少一项计划研究中的总体标准差。一种方法是使研究的总体所包含的方差小于最初计划的那个。举个例子，在一个研究中，一个测验上有 5 个年级学生的成绩，你可能只会使用一个特殊的郊区学校系统。缺点就是你得出的结果只适用于有更多限制的总体。

另一个减少总体标准差的方法是使用更加标准化的检验条件和更精确的测量用具。例如，在一个受控制的实验室条件下进行检测通常在结果众多得分中会有更小的方差（意味着一个更小的标准差）。同样，使用清晰措辞的测量和测验也会减小方差。在实际应用中，这是一个增加检验力首选的方法，但是通常这种研究已经很苛刻了。

3. 增加样本容量。最简单直接地增强检验力的方法就是研究更多的人。当然，如果你研究的是通过创办互联网公司幸运地成为亿万富翁的人，那么有多少人合适可用就要有一点限制了，并且，使用一个更大容量的样本会使调查研究增加更多的时间和费用。尽管如此，在大多数的研究情形中，增加样本容量仍是改变计划助长检验力的一个主要途径。

4. 使用不极端的显著性水平（如 $p<0.10$ 或 $p<0.20$）。通常，你采用的显著性水平至少要够极端使其有理由保证不犯Ⅰ型错误。一般来说，在心理学研究中，这要 $p<0.05$。通常情况下，我们不建议使用一个不极端的显著性水平来增强检验力，因为这会增加犯Ⅰ型错误的概率。

5. 使用单侧检验。无论你是用单侧检验还是双侧检验都要根据要研究的假设的核心逻辑。有了显著性水平，你就很少有机会选择这个因素了。

6. 采用一种更敏感的假设检验程序。如果选择的都是合适的那是非常美好的。我们在第 14 章中考虑了该种类型的一些选择。然而，通常，研究者一开始就会使用可用的最敏感的程序；因此它的帮助也不大。

表 6—6 总结了研究能够增加计划研究检验力的一些实际方法。

表 6—6　能增加计划研究的检验力的实际方法的小结

研究特征	提升检验力的实际方法	缺点
预测的总体平均数之间的差异（$\mu_1-\mu_2$）	增加实验程序的严谨性	可能没有可行性或曲解了研究的意义
标准差（σ）	采用更相近的总体	可能没什么效果；降低了普遍性
	采用更标准化、可控制的检验条件或更精确的测量方法	不能始终有可行性
样本容量（N）	使用更大的样本容量	不能始终有可行性；花费很大
显著性水平（α）	使用更加宽泛的显著性水平（如 0.10）	增加犯Ⅰ型错误的概率（α）
单侧检验还是双侧检验	使用单侧检验	可能不适合该研究的核心逻辑
假设检验程序的类型	采用更敏感的程序	可能没有可适用的和合适的

解释研究结果时统计检验力的作用

205

在描述研究结果的结论时，弄懂统计检验力和它受哪些因素影响是非常重要的。

当一个结果有统计显著性：统计显著性与实际显著性

你曾经学过，一项研究若是效应大小越大就越有可能得出统计显著性的结果。一项研究拥有一个非常小的效应大小也有可能得出显著性：当一个研究具有高检验力这种情况的发生是由于其他的因素，尤其是有一个大的样本容量。试想一个样本包含 10 000 个成年人，他们完成了一项新的基础网络咨询程序的设计来增强他们的幸福水平。在该程序完成的最后时刻，同一般成年人的平均幸福指数 100（$\sigma=10$）相比，他们的平均幸福指数为 100.6。这个结果在 0.001 水平上呈显著性。因此研究者们有信心新程序会增加人们的幸福水平。但是效应大小是极小的 0.06。这意味着该新程序仅仅能增长非常小数量的幸福指数。这样的一个小增长不太可能在人们的生活中造成引人注意的差异，因此研究者们可能会总结到该程序的影响有统计显著性但是只有一点实际显著性。

临床心理学家要经常区分一个结果的统计显著性和临床显著性。后面的短语意味着在疗效方面要有足够大的差异。钱伯斯和赫仑（Chambless & Hollon，1998）十分简洁地陈述了该问题："如果一种治疗方法对开业医生来说非常有用但是它在治疗效果方面却没有足够的显著性，则它们仍然需要足够大的疗效来使其具有临床意义性。"（p. 11）

这儿有一则报告，在判断一个研究结果时有两个问题。第一，结果有统计显著性吗？如果有的话，你可以考虑这儿将会有一个实际的效应。下一个问题是是否效应大小足够大使得结果有用或者令人关注。这第二个问题，如果该研究有实际含义，就尤其重要。（有时候，某个研究中的检验纯粹是理论性的问题，它可能刚刚足以有信心在一个特定方向上有效果。在讨论该争论上我们之后会说得更多。）

如果样本小，你就要假设有一个统计显著性的结果，这也是很有实际重要性的。另一方面，如果样本容量非常大，你一定要直接考虑效应大小，因为很有可能效应大小太小而没有用了。正如贝克曼（Bakeman，2006）简明注释道："……统计显著性不应该过度地压迫我们。毕竟，如果样本容量足够大，甚至大多数不重要的效应都获得统计显著性。"（pp. 136－137）

我们刚刚说的可能是个悖论。大部分人会假定研究中的人越多，它的结果就越重要。从某种意义上说，颠倒才是真理。其他的条件都是一样的，如果本项研究仅有不多的被试，却得到了显著性，那么显著性一定是归因于一个大的效应大小。一项包含很多人并得出统计显著性的研究可能有也可能没有一个大的效应大小。这就是为什么美国心理学会（2001）强烈要求在描述研究论文的研究结果时要总结效应大小。

206

也要注意把两个研究的显著性水平相比较来看哪一个拥有的结果更重要通常不是一个好主意。例如，一项研究有非常小数量的被试，它在 0.05 水平上呈显著性，可能有一个大的效应大小。同时一项研究有大量的被试，在 0.001 水平上有显著性，也极有可能有一个小的效应大小。

显著性水平会告诉你一些东西。它会告诉你有多大的自信能够拒绝零假设。p 水平越极端（越小），就越能支持效应大小是非零的（Frick，1996）。然而，p 水平越极端（越小）效应越大的情况并不是毫无意义的。如果两个研究在其他每个方面都是相同的，一个更加极端（更小）的 p 水平意味着一个更大的效应。但是如果这两个研究不同，尤其是它们在样本容量上不同，p 水平在它与效应大小的联系上就含糊不清了。一个小的 p 水平归于一个大的效应大小，但是它也可以归于一个大的样本容量。因此，p 水平会告诉你支持非零效应的强度，但是它不会告诉你非零效应的具体大小。

所有这里面最重要的课程就是统计显著性里的术语"显著性"，它有着非常特殊的意义。它意味着你能够有相当的自信相信有一些真实的效应。但是它不意味着效应在实际含义中有显著性，这很重要或值得注意。

结果不具有统计显著性时检验力的作用

我们在第4章中看到一个结果没有统计显著性就是无效的。然而，通常情况下，我们真正想总结的是两个总体之间有一点或者没有显著性。我们曾经那样做了吗？

考虑一下检验力和非显著性结果的关系。假设你执行的一项研究有着低检验力并且得不到一个显著性的结果。在这种情形中，结果是完全无效的。得不到一个显著性的结果的情况可能会发生，是因为研究假设是错误的或者是因为研究的检验力太小了（例如，因为被试太少了）。

另一方面，假设你执行的一个研究有着高检验力但你却没有得到一个显著性结果。在这种情形中，看上去研究假设不大可能为真。这种情况下（有高检验力），一个非显著性的结果在反对研究假设上是一个相当有力的论据。但这并不意味着所有研究假设的描述都是错误的。例如，有可能研究假设为真且总体间只有非常轻微的不同（而且你计算检验力是以预测的大差异为基础的）。

总之，一项带有低检验力的研究得出的无显著性结果确实是无效的。然而，一项带有高检验力的研究得出非显著性的结果，意味着研究假设是错的，或者计算检验力时效应小于预测情况。

估计研究结果时对检验力作用的小结

表6—7总结了在阐明研究结果时显著性和样本容量的作用。

207 **表6—7** **解释研究结果时显著性和样本容量的作用**

结果的统计显著性	样本容量	结论
是	小	重要的结果
是	大	可能有或没有实际重要性
否	小	无效的
否	大	研究假设很有可能是错误的

你会做吗？

1. (a) 增加计划研究中效应大小的两种基本方法是什么？对于每一种[(b)和(c)]，它是怎么做的，且缺点是什么？

2. 增加一项计划研究中的检验力通常最容易的方法是什么？

3. 使用(a)一种更宽泛的显著性水平或(b)单侧检验而不是双侧检验来增加计划研究中的检验力的缺点是什么？

4. 为什么统计显著性与实际中的重要性不一样？

5. 你比较两个研究，其中一个显著性水平为 $p<0.01$，另一个显著性水平为 $p<0.05$。(a) 你从这两个研究里能总结出什么？(b) 你不能从这两个研究中得出什么结论？

6. 当一个结果呈显著性的时候，如果该项研究(a)有一个非常大的样本容量或(b)一个非常小的样本容量，关于效应大小你能总结出什么？

7. 当一个结果不显著，如果该项研究有(a)一个非常大的样本容量或(b)一个非常小的样本容量，关于研究假设的真实性问题你能得出什么结论？

4. 一个统计显著性结果意味着你能够有信心认为这个效应不会碰巧发生；然而，并不意味着它是一个大的或实质的效应。

5. (a) 我们有更多的自信认为第一个研究的结果不是归于侥幸。(b) 我们不能总结出哪一个具有更大的效应大小。

6. (a) 给出一个非常大的样本容量，效应大小会小或者大。(b) 给出一个非常小的样本容量，效应大小很有可能是大的。

7. (a) 研究假设很有可能不是真的（或者有比预期更小的效应大小）。(b) 你知道的关于研究假设真实性的信息会很少。

答案

1. (a) 最基本的增加计划研究效应大小的两个方法是：(i) 增加总体平均数之间的预测差异和 (ii) 减少总体标准差。

(b) 你可能通过使实验程序更有影响来增加预期的差异。其缺点就是它可能会改变你实际希望用以研究程序的意义并且它可能没什么可行性。 208

(c) 你可以通过采用相似的总体（它的缺点就是不允许你把你的结果应用到更多的一般总体上）和使用更多的标准化程序或者更多精确的测量工具（可能不可行）来减小总体标准差。

2. 通常来说，增加计划研究检验力的最简单的方法就是增加样本容量。

3. (a) 通过采用一种更宽泛的显著性水平来增加计划研究的检验力会增加犯Ⅰ型错误的可能性。

(b) 用单侧检验而不用双侧检验可能不适合研究的核心原理；并且如果结果得出来是和预测相反的话，原则上来说，它就会被认为是没有显著性的。

争论：统计显著性与效应大小

在第 4 章中我们讨论了一个不断发展的、激烈的有关显著性检验价值问题的争论，包括它们经常被误用的一些问题。我们谈到显著性检验在两个主要方法上经常被误用，受到了心理学家极大的关注。它们中的一个就是非显著性的结果未加思考地被解释成如显示的那样实际上没有任何影响。根据这一章来看，你应该能够清楚地明白为什么这个错误是一个问题：非显著性的结果不是归于太小或没有真正的效应就是仅仅归于实验中的低检验力。

在第 4 章中，我们说过我们将推迟讨论那些经常被误用的其他的显著性检验方法，直到后面一章中再涉及有关信息。这些信息就是效应大小，并且我们现在处在考核这个问题的位置上。当一个显著性结果被不假思考地描述成一个“重要的”结果，这种误用就会发生；也就是说，显著性被一个大的效应大小弄得模糊不清了。

不确切地说，统计显著性就是我们碰巧获得自己结果模式的可能性。就像弗里克（Frick，1996）提出的，显著性就是证明我们支持非零效应的强度。如果我们的结果在 0.05 的水平上是显著的，那就是一个相当好的证据；如果它在 0.01 的水平上是显著的，那就是一个更好的证据了（同样见于第 5 章边缘显著性争论部分）。

然而，就像我们在这章中看到的，一个显著性的结果从意味着一个大的效应大小或是有实际重要性上来看可能不那么重要。例如，如果样本容量是大的，一个有着非常小的效应大小的结果能在 $p<0.001$ 上呈统计显著性。在这种情况下，我们能够很有自信地说有真实的效应而不是没有。但是这种真实的非零效应的规模仍然非常小。我们可以总结到我们有一个确实的但轻微的影响。类似地，如果样本容量足够小，带有庞大效应大小的结果可能一点儿也不具有统计显著性。在这种情形中，我们对于效应大小的最好的评价就是大的效应。但是我们没有自信确定这种效应真的就有；真正的效应可能非常小或者甚至是在对立的方向上。

若干个研究者已经注意到术语“显著的”是造成一些模糊情况的原因。费德勒（Fidler，2005）和同事们称：“临床和统计显著性的混淆通常是在模棱两可的语言中表现出来的：研究者们用‘显著的’或‘非显著的’来形容他们的结果，却不区分他们说的是统计性的还是实质性的。”（p. 137）一种解决办法可能就是改变术语“统计显著性”，但是在不久的任何时间这不大可能发生。因此，当阅读或是进行一项心理学研究时，你要记住用于心理学中特殊方法里的术语“显著性”和用于一般言语中的“显著性”之间的区别，这 209
是非常重要的，就像我们在第 4 章注释到的那样，大多数心理学家不把误用看作放弃显著性检验的一种原因。反而，他们认为，我们应该做更多的努力来避免这种误用。

然而，这并不是该事件的终结。那些反对显著性检验中的很多人讨论到，即使完全可用，显著性检验仍然未达到那一点。心理学的根本是什么呢，他们讨论出来的结果是效应大小。它并不是关于一个结果是否非零。我们已经在第 5 章

“前沿课题”部分看到了这个讨论的描述，研究者建议采用置信区间来代替显著性检验。那个建议的全部描述是研究者应该确确实实地报告效应大小（理想状况下，置信区间以效应大小为中心展开）。

强调效应大小的支持者有理由认为效应大小能够提供信息与其他研究进行比较，并且为独立的研究累积信息，使它成为一个领域进展方面的研究。效应大小是元分析中至关重要的要素，并且效应大小支持者中的很多人把元分析视为心理学未来的浪潮。

然而，那些反对论者支持显著性检验（并且反对单独使用效应大小）。有一个反对论的观点是，当样本容量小的时候，一项研究仍然有可能碰巧得出一个大的效应大小。因此，如果我们对采用小样本的特殊研究得出的结果感兴趣，显著性检验可以保证不让这样的研究得出的结果太严重。同样，有时一个非常小的效应大小仍然很重要。在这样的情形中，了解得到的结果是否应该真实而不是归于侥幸是至关重要的。还有，反对论者中很多人认为我们过分强调了显著性。大多数人认为显著性应该被一直报告但是在讨论结果时效应大小也应该给以更多的重视。

这有另一个观点：在一些状况下，效应大小实际上是具有误导性的，而且我们需要依靠显著性检验。例如，乔（Chow，1988，1996），他找出了实际应用方向和理论方向研究的区别。在应用性研究中，心理学家想要知道一个特殊程序实际有多少影响力或者两个特殊分组中的实际差异有多大。在这些情况下，乔认为，效应大小是个好法子。然而，在做理论性研究时，乔认为情况就十分不一样了。在这种情形中，他说，效应大小是不相关的甚至是骗人的。

考虑一下关于熟悉度对识记信息的影响的实验。这样一项研究的要点是检测熟悉度对信息加工影响的根本方法。一个特定的研究会给人们展现一些他们熟悉的或不熟悉的词语，看他们分辨出这些词语要花多少毫秒。这样一项研究的效应大小告诉我们很少的信息来帮助解释该研究的结果。它依靠的是研究怎么进行的所有细节种类，如熟悉或不熟悉的词语是怎么样的，这些词语表现的特殊途径是什么，等等。乔说，这个研究中的重要几点，是（a）区分熟悉和不熟悉词语差异的预测是以理论为根据的，（b）结果与预测的（由统计显著性显示出来）一致性和（c）理论是因此受到支持的。

不只是在认知心理学中研究以这种方式为基本理论。一些其他研究中的例子也是以此理论为根本的，包括人际吸引动机的实验性研究，神经过程是怎么受化学变化影响的，婴儿是怎么发展语言的，或者记忆对待情绪性事件和非情绪性事件有什么不同。

实际上，当前的关于显著性检验使用和效应大小使用的平衡态势可能恰好是人们期待的状态。 *210*
在心理学应用领域，关于效应大小的强调一直在增长。但是在更多的心理学理论领域，明确提及效应大小的情况很不普遍。这种观点不仅流行于心理学领域的统计学家中，甚至流行于理论研究中。当未来的研究者在设计他们自己的研究时，这些信息对于他们在计算统计检验力上提供的帮助，以及其他的有益性或许能抵消掉由于提倡效应大小所造成的可能的损失。更为重要的是，这些信息对于那些将该研究的结果与其他相关研究结合起来进行元分析的人而言也是大有帮助。

研究文献中的决策误差、效应大小和统计检验力

决策误差很少在研究文献里提到。如果研究没有得出统计显著性的结果并且检验力也低，那么就有可能提到它们。在这种情形中，研究者也许会提到缺少显著性结果可能会出现Ⅱ型错误。由于大多数的学术期刊通常都避免出版这类研究，所以你就很少能看见这样的讨论了。然而，效应大小被提到的次数在论文中普遍在增长。例如，莫尔豪斯和托布勒（Morehouse & Tobler，2000）为“具有高风险的、多问题的、住在市中心的美国黑人和拉美裔年轻人”制订了一个干预计划，研究其效应。作者记录道：“把接受5～30个小时干预（高剂量组，数量＝101）的年轻人同接受了1～4个小时（低剂量组，数量＝31）的年轻人相比较……根据使用（酒精和药物）的减少量，两组之间的差异是相当显著的。当高剂量组和低剂量组相比较的时候，从中获得的组间差异的效应

大小为0.68。”（他们关于这项研究的措辞有一点混乱；他们在这里使用的“剂量”是干预的数量，而不是任何人所服用的药物的数量！）0.68的效应大小意味着得到5～30个小时干预的组比仅仅得到1～4个小时干预的组高了0.68个标准差。这对于大的效应大小来说是中等情况。

效应大小在元分析中被报告是很普遍的，它是把不同论文中的结果进行联合并比较。我们已经给出了这样的元分析研究中的若干例子，包括信息箱6—1中的一个。作为这些研究实际上如何根据效应大小描述结果的例子，思考一下罗伯茨、沃尔顿和韦希特鲍尔（Roberts，Walton，& Viechtbauer，2006）进行的元分析。他们回顾了92项调查研究（其中一些为若干不同的样本提供的结果）来检测人们的性格特征在一生中是否会改变。该元分析中检测的一个性格特征是经验开放性。高经验开放性的人倾向于是好奇的、富于想象力的；他们享受新奇的体验和想法。表6—8显示的是对经验开放性的元分析结果。特别是，该表显示了不同年龄段（从10岁到18岁，从18岁到22岁，以此类推）经验开放性的改变程度。对于每个年龄组，表6—8显示了研究的样本容量，即研究被试的数量，以及标准化效应大小。（该表的最后两列显示的是超出我们元分析讨论的信息。）从这个表中你可以看到经验开放性的改变程度最大的年龄段为18到22岁。罗伯茨和同事们在他们的论文正文中注释称这种改变代表经验开放性的增加。根据寇恩惯例，这种改变代表的是小到中等的效应大小，效应大小 $d=0.37$。 211

表6—8　对一生中经验开放性的平均改变水平的总体估计

年龄（岁）	K	N	d	CI	Q_h
10～18	13	2 911	0.23	0.00，0.48	37.2*
18～22	37	3 998	0.37*	0.18，0.56	76.6*
22～30	12	702	−0.01	−0.14，0.12	27.8*
30～40	11	541	0.07	−0.06，0.21	6.8
40～50	12	2 660	−0.01	−0.07，0.04	10.6
50～60	6	317	0.11	−0.16，0.39	21.1*
60～70	8	507	−0.19*	−0.37，−0.02	11.3
70+	8	458	−0.08	−0.16，0.01	5.1

注：K=样本容量；d=标准化的平均数差异；CI=95%固定效应的置信区间；Q_h=异质性统计。

* $p<0.05$.

资料来源：Roberts，B. W.，Walton，K. E.，& Viechtbauer，W.（2006）. Patterns of mean-level change in personality traits across the life course：A meta-analysis of longitudinal studies. *Psychological Bulletin*，*132*，1-25. Published by the American Psychological Association. Reprinted with permission.

在计划一项研究时你主要考虑的是统计检验力。（举个例子，检验力，在为研究授予提案要求资金时和写论文提案时通常都是一个主要的话题。）就研究论文而言，检验力有时候在一篇文章的最后部分提到，在该部分作者会讨论结果的意义，或讨论其他研究的结果。在另一种情形中，倾向于强调非显著性结果的意义。同时，当检验力被讨论的时候，它可能解释一些细节问题，因为近年来只有心理学家才开始关注统计检验力的知识。

例如，德嫩伯格（Denenberg，1999），在讨论他自己的研究的基础时，对于莫迪、肯尼迪和布瑞迪（Mody，Kennedy，& Brady，1997）所做的没有发现显著性结果的先前研究做出了如下的相关评论。

> 他们面临的最严重的问题是不得不接受零假设……我们可以从统计检验力的角度看待这个问题……在某人考虑缺乏显著性可能被作为解释 H_0（零假设）为真之前，至少需要80%的统计检验力。为了完成一个检验力的分析，详细说明一个期望的平均数差异、阿尔法水平和将要使用的是单侧检验还是双侧检验是非常必要的。在0.80（80%）的统计检验力条件下，就可以决定需要的样本容量是多少。一旦这些条件都满足了，如果实验还是不能得出一个显著性的差异，就可以作如下陈述：“我们已经设计了一个有80%可能性发现显著性差异的实验，如果这在总体中存在。因为我们没有发现显著性效应，我们认为它基本不可能存在。即使它存在，它的贡献也很小……”

212 莫迪等从未讨论过检验力，在他们所有的实验中，他们将没有发现显著性效应解释为零假设有效的证据……因为这项实验中的被试较为分散，所以 n（样本容量）被减少到每组10个人。在这样的条件下，不要期望能发现一个显著性差异，除非实验变量非常有力。换句话说，用小的 n（样本容量）工作时拒绝零假设更困难。仅有的能够从这个研究中得出的有意义的结论是对于缺乏发现这一结果没有有意义的解释。(pp. 380－381)

前沿课题：计算统计检验力

在这一节中，你将学习如何亲手计算该研究情形中的统计检验力：比较分布的平均数和标准差已知，且接受实验程序的总体的预测平均数也知道。学习如何手算检验力将大大加深你对这个重要话题的理解。

再想一下图6—6显示的吸引力评估的例子。没有被告知任何关于某个人具有积极人格品质的总体（总体1）的平均数为200且标准差为48（方差为2 304）。研究者研究的样本为64个学生。为此，我们算出均值分布的标准差为6；也就是说，$\sigma_M=\sqrt{\frac{\sigma^2}{N}}=\sqrt{\frac{2\,304}{64}}=6$。我们已经假定研究者预测告知学生某个人具有积极人格品质将会提升平均吸引力评估到208。

你更早的时候学过，研究的检验力是由图6—6中上部的曲线，即总体1的均值分布的阴影区域表现出来的。因此，计算阴影区域的曲线的百分比将会告诉你该研究的检验力。回忆总体2（图6—6中下面的分布）的均值分布的临界 Z 分数为1.64。其对应的原始临界分数是209.84。现在，这个原始临界分数209.84在分布上对应的 Z 分数为0.31；即 $Z=(M-\mu_M)/\sigma_M=(209.84-208)/6=0.31$。

正态曲线表（附录中的表A—1）显示了正态曲线一侧38%的区域超过了 Z 分数0.31。换句话说，总体1的均值分布的预测平均数的38%都超过了 Z 分数0.31（因此平均数的38%超过了原始分数209.84）。因此，该研究的统计检验力就是38%。（显示在表中的实际百分比为37.83%，但是我们围绕检验力去取最接近的取整的百分比。）回忆一下我们更早时候告诉你的该研究的检验力为37%。发生这种37%和37.83%之间的差异是由于取整误差。

注意计算检验力的方法与研究的实际结果无关。它是以预测为根据的。事实上，研究者通常在做研究之前就计算检验力了。

计算统计检验力的步骤

在我们的情形中（单个样本的平均数同已知总体相比较），计算检验力有四个步骤。

❶**收集需要的信息：总体2的均值分布（比较分布）的平均数和标准差与总体1的均值分布（给予实验程序的总体）的预测平均数。**总体2的均值分布的平均数是200且标准差为6。总体1的均值分布的预测平均数为208。

> **成功小贴士** 213
>
> 在计算检验力的时候，为两个分布绘制图解是非常有帮助的，就像图6—6那样。

❷**计算比较分布上的临界值的原始分数来拒绝零假设。**对于5%的显著性水平，单侧，Z 分数临界值是+1.64。+1.64的 Z 分数的原始分数为209.84。因此，在图6—6下面的曲线（比较分布）中，我们将209.84的右边区域阴影化。这就是阿尔法区域。

❸**计算同一点的 Z 分数，但是要计算的分数在接受实验程序的总体（总体1）的均值分布上。**在这个分布上（根据总体的预测分数），原始分数209.84同 Z 分数0.31一样；也就是说，$Z=(M-\mu_M)/\sigma_M=(209.84-208)/6=0.31$。因此，图6—6上面的曲线中，我们把0.31的右边区域阴影化。该阴影区域显示的是研究的检验力，在该区域中，一个实际样本的平均数将为研究产生出具有统计显著性的结果。

❹**使用正态曲线表，计算得到一个比 Z 分数更极端的分数的概率**[①]。正态曲线表显示了一侧区域中的38%超过了 Z 分数0.31。这个研究的统计检验力就是38%。（贝塔就是100%－38%＝62%。）

---

① 这种计算检验力的方法（是这本书涉及的计算检验力的唯一方法）假设均值分布是正态分布。

你会做吗？

在一个研究计划中，总体已知平均数为 500 且标准差为 100。研究者将对 60 个人进行实验处理并预测这 60 个人的平均数是 540。他们将采用 0.05 的显著性水平。(a) 计算这项研究的检验力且 (b) 画出所有分布的草图。(c) 该研究中的贝塔是多少？

答案

(a) ❶**收集需要的信息。**比较分布的平均数是 500。接受实验程序的总体的预测平均数是 540。均值分布的标准差 σ_M 为 $\sqrt{\sigma^2/N} = \sqrt{100^2/60} = 12.91$。

❷**计算比较分布上的临界值的原始分数来拒绝零假设。**+1.64 的 Z 分数（采用 0.05 的显著性水平）给出的原始分数为 521.17。

❸**计算同一点的 Z 分数，但是要计算的分数在接受实验程序的总体（总体 1）的均值分布上。**这个分布上的原始分数 521.17 的 Z 分数是 −1.46。

❹**使用正态曲线表，计算得到一个比 Z 分数更极端的分数的概率。**检验力 =93%（即平均数和 −1.46 的 Z 分数之间的 43%，加上平均数上的 50%）。

(b) 所有的分布显示在图 6—15 中。

214 (c) 贝塔为 7%，即 100%−93%=7%。

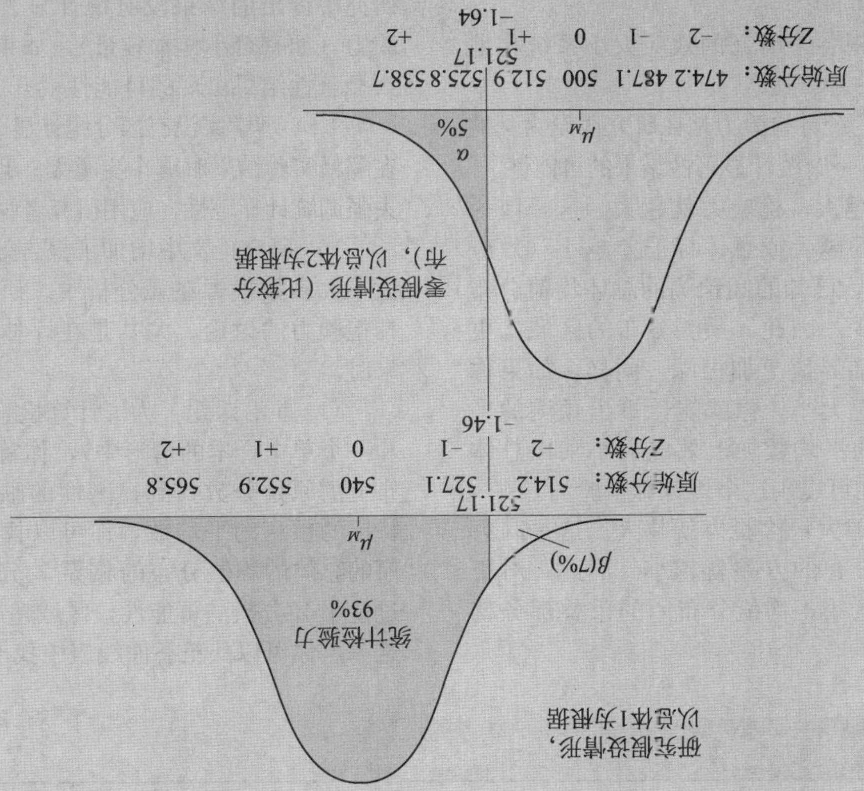

图 6—15　“你会做吗？”问题的均值分布图

注：上面的曲线：预测的。下面的曲线：已知的。

小结

1. 假设检验中有两种可能的决策误差。Ⅰ型错误是研究者拒绝零假设，但零假设实际为真。Ⅱ型错误是研究者不拒绝零假设，但零假设实际是错误的。

2. 效应大小是测量总体平均数之间差异的工具。在本章中你学到了这种假设检验中的一些知识，你可以把效应大小想作经过特殊干预之后多少东西改变了。一个广泛使用的效应大小的标准化测量，寇恩的 d，是总体平均数之间的差异除以总体标准差得出的结果。寇恩的效应大小惯例把小的效应定作 0.20，中等的效应定作 0.50，大的效应大小定作 0.80。

3. 元分析是把各个研究的效应大小系统化地进行联合比较的一种方法。

4. 一项研究的统计检验力是在研究假设为真的情况下，能够获得一个统计显著性结果的可能性。

5. 效应大小越大，检验力就越大。这是因为平均数之间的差异越大或总体标准差越小（效应大小的两个要素），已知的和预测的总体均值分布的重叠部分就越少。因此，预测分布的区域比更大的已知分布的临界值更加极端。同样，如果你知道和预测了效应大小，你就能计算出预测的平均数；它是已知的平均数加上效应大小乘以总体标准差的结果。你可以用这个再计算检验力。

6. 样本容量越大，检验力就越大。这是因为样本越大，均值分布的方差就越小。因此，对于一个给出的效应大小，均值分布间的重叠部分就少了。

7. 检验力也受显著性水平（越极端，如 0.01，检验力越低）的影响，受使用的是单侧检验还是 *215*
双侧检验（双侧检验的检验力更低）的影响，并且受使用的假设检验类型（在一个特殊的情形中可以有方法的选择）的影响。

8. 一个研究的统计显著性结果有着高检验力（如有着一个大样本容量）可能没有实际的作用。研究中得出的结果没有统计显著性，它有着低检验力（如有着小样本容量），如果检验力增强，那么显著性结果出现的可能性就开启了。

9. 心理学家没有区分统计显著性或是效应大小在解释实验结果时哪个更重要；理论心理学家看上去强调统计显著性，应用研究者强调效应大小。

10. 研究论文中增加了报告效应大小，且效应大小大多数报告在元分析中。研究论文有时候包括检验力的讨论，尤其是在评估没有显著性的结果时。

11. 前沿课题：为了计算检验力（在已知总体和一个单个样本的情形中），你首先要根据比较分布上的原始分数找到显著性的临界点。根据一个特定的预测的平均数，你可以找到被给予实验程序的总体的均值分布的临界 Z 分数。检验力是超过这个 Z 分数的可能性，区域超过了这个 Z 分数，这一点你可以从正态曲线表中找出来。

关键词

决策误差（p. 176）
Ⅰ型错误（p. 176）
阿尔法（α）（p. 177）
Ⅱ型错误（p. 177）
贝塔（β）（p. 177）
效应大小（d）（p. 180）
d（p. 182）
效应大小惯例（p. 183）
元分析（p. 184）
统计检验力（p. 187）
统计检验力表（p. 190）

案例解析

下面的每个问题是以一个正态分布的已知总体为根据的，$\mu=40$，且 $\sigma=10$。

计算效应大小

给予实验处理的样本的平均数为 37。效应大小是多少？这是近似于小的、中等的，还是大的效应呢？

答案

$d=(\mu_1-\mu_2)/\sigma=(37-40)/10=-3/10=-0.30$；近似于小的效应。

从一个效应大小中找出预测平均数

研究者预测了一个小的负的效应大小。预测平均数是多少？

答案 *216*

一个小的负的效应大小是 -0.20。预测的 $\mu_1=\mu_2+(d)(\sigma)=40+(-0.20)(10)=40+(-2)=38$。

关于涉及包含多个个体的样本和一个已知总体的研究的统计检验力和效应大小的论文写作要点

1. 如果研究假设为真，解释检验力的概念，把其作为得到显著性结果的可能性。确保要提到一个实验研究最小的可接受的检验力水平是 80%。在你说明研究结果时（不管这项研究是显著的还是不显著的）解释检验力起到的作用，考虑显著性水平和相关可能效应大小的样本容量。

2. 解释效应大小的概念，把其作为分布间的重叠程度，这种重叠是平均差异和总体标准差的函数（还要很明确地描述它是怎么计算的和为什么用那种方法计算）。如果问题有要求，详述效应大小惯例。

3. 阐释效应大小和检验力的关系。

前沿课题：计算统计检验力

研究者打算开展一项样本为 25 的新研究，并预测，当给出一个新的实验处理的时候，这个组的平均数将为 49。研究者打算采用 0.01 的显著水平（单侧）。这项计划研究的检验力是多少？这项研究中的贝塔是多少？绘制一个分布图，图中要显示出阿尔法、贝塔和检验力的区域。

答案

❶ **收集需要的信息：总体 2 的均值分布（比较分布）的平均数和标准差与总体 1 的均值分布（给予实验程序的总体）的预测平均数。**比较分布的平均数是 40。接受实验程序的总体的均值分布的预测平均数是 49。均值分布的标准差 $\sigma_M = \sqrt{10^2/25} = \sqrt{100/25} = \sqrt{4} = 2$。

❷ **计算比较分布上的临界值的原始分数来拒绝零假设。**＋2.33 的 Z 分数（采用 0.01 的显著性水平）给出的原始分数为 40＋（2.33）（2）＝44.66。

❸ **计算同一点的 Z 分数，但是要计算的分数在接受实验程序的总体（总体 1）的均值分布上。**分布上的原始分数 44.66 将给出的实验处理 Z 分数是（44.66－49）/2＝－4.34/2＝－2.17。

❹ **使用正态曲线表，计算得到一个比 Z 分数更极端的分数的概率。**根据正态曲线表，平均数和 Z 分数 2.17 之间的区域是 48.5%。由于－2.17 低于平均数，且有另一个 50%高于平均数，检验力＝98.5%，我们取为 99%。

分布显示在图 6—16 中。

贝塔是 100%－检验力。因此，贝塔＝100%－99%＝1%。 217

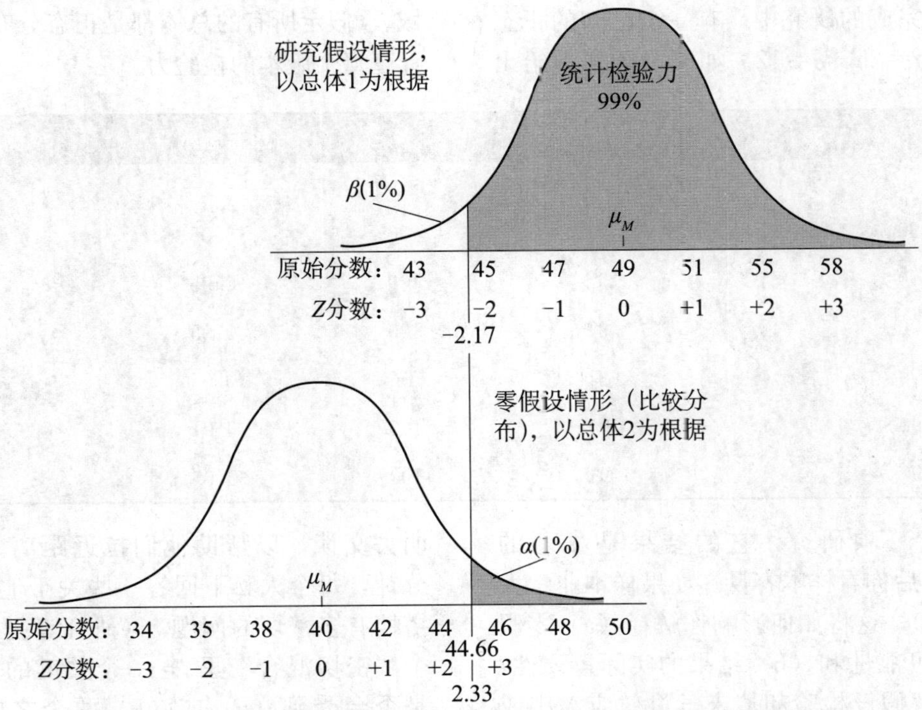

图 6—16　“案例解析”中计算统计检验力问题的均值分布图

注：上面的曲线：预测的。下面的曲线：已知的。

练习题

这些题包含计算。大部分现实生活中的统计问题可以使用特殊的统计软件来完成。即使你有这种软件，也要动手解决这些问题以便牢记方法。

所有数据都是虚构的，除非已经给出实际的引用出处。

练习Ⅰ（练习Ⅰ的答案，见 pp. 678－681）

1. 定义阿尔法和贝塔。

2. 对于下面的每个研究，为四个正确的和不正确的决策制作一张表，并解释每一张的意思。每张表设计的要同表6—1一样，但是要把可能的结果都放进框中，使用研究中包含的变量名称。

（a）增加休息时间的量能否改善学校儿童课堂上的行为的研究。

218 （b）有关色盲的个体能否比大型的总体更好地分辨出灰度的研究。

（c）一项研究把曾经受过心理治疗的个体同普通大众相比较，看看他们对于其他人的烦扰是否比普通总体具有更大的忍耐性。

3. 在一个完成的研究中，有一个已知的正态分布的总体，$\mu=25$，$\sigma=12$。如果一个样本给出的实验程序的平均数为（a）19，（b）22，（c）25，（d）30和（e）35，估计的效应大小为多少？对于每一部分，指出效应大小是近似小的、中等的，还是大的。

4. 在一个计划研究中，有一个已知的正态分布的总体，$\mu=50$，$\sigma=5$。如果研究者预测给出的一个实验处理的平均数为（a）50，（b）52，（c）54，（d）56和（e）47，预测的效应大小（d）为多少？对于每个部分，也要指出效应是近似小的、中等的，还是大的。

5. 在一个计划研究中，有一个已知的正态分布的总体，$\mu=15$，$\sigma=2$。如果研究者预测（a）一个小的正的效应大小，（b）一个中等的负的效应大小，（c）一个大的正的效应大小，（d）一个效应大小 $d=0.35$ 和（e）效应大小 $d=-1.50$，分别预测平均数是多少？

6. 下表是有关一个计划实验若干可能版本的信息。计算每一个的效应大小；绘制所涉及的分布图，图中要显示出阿尔法、贝塔和检验力的区域。（假定所有的总体都是正态分布。）前沿课题：计算每个版本的检验力。

	总体		预测平均数	N	显著性水平	单侧或双侧检验
	μ	σ				
(a)	90	4	91	100	0.05	单侧
(b)	90	4	92	100	0.05	单侧
(c)	90	2	91	100	0.05	单侧
(d)	90	4	91	16	0.05	单侧
(e)	90	4	91	100	0.01	单侧
(f)	90	4	91	100	0.05	双侧

7. 你在读一项研究，它的结果是显著的（$p<0.05$）。然后你看样本容量。如果样本非常大（而不是非常小），这将如何影响你解释（a）零假设实际为真的可能性和（b）结果的实际重要性？（c）向一个了解假设检验却从未学过效应大小或检验力的人解释你的结果。

8. 阿伦和同事们（Aron et al.，1997）把陌生人配成对，并要求他们按照一系列设计好的说明去交谈，以帮助他们拉近距离。在最后的45分钟，每个人私下回答一些关于他们现在觉得和搭档有多密切的问题。（研究者把答案汇总到一个“密切混合”里。）一个关键的问题是亲密度是否会受到（a）或（b）两个之中某一个的影响。（a）基于陌生人的态度来对他们进行配对；（b）被试认为他们已经与那些喜欢他们的人配对了。两者所希望的结果都是“在亲密度混合中没有显著性差异”（p. 367）。研究者继续证明提出的结果对于亲密度上的这些变量有一点实际的影响：

219 得到显著性效应的这个研究有大概 90％的检验力……对于这两个可操纵的变量来说，如果实际上有该种类型的大的效应的话（$d=0.8$）。确实，检验力有 90％，得到这个结论至少有一个接近显著性的（$p<0.10$）中等的效应大小（$d=0.5$）。因此，如果实际上远远大于小的效应，那么我们不大可能得到当前的结果……（p. 367）

向一个了解假设检验却从未学过效应大小或检验力的人解释这个结果。

9. 下面的每一项是如何影响一个计划研究的统计检验力的？

（a）一个更大的总体平均数之间的预测差异。

（b）一个更大的总体标准差。

（c）一个更大的样本容量。

（d）使用一个更极端的显著性水平（如用 0.01 代替 0.05）。

（e）使用双侧检验代替单侧检验。

10. 列出两种在考虑检验力时有用的情况，指出每一种的用处是什么。

11. 前沿课题：根据一个有关创造力的特殊理论，一个心理学家预测，艺术家比一般群体更能成为风险承担者。一般群体在心理学家计划使用的风险承担问卷上得分为正态分布，平均数为 50，标准差为 12。心理学家预期艺术家在该问卷上的平均得分为 55。心理学家打算研究 36 个艺术家并在 0.05 的水平上检验这个假设。（a）该研究的统计检验力是多少？（b）绘制所涉及的分布图，图中要显示出阿尔法、贝塔和检验力的区域。（c）向一个了解假设检验样本平均数但从未学过统计检验力的人解释你的答案。

12. 前沿课题：在一个记忆测验中，单词以随机的顺序被学习，已知人们能够回忆起单词数量的平均数为 11，标准差为 4，并呈正态分布。一个认知心理学家，为了检验一个理论，修改了那个测验，将单词展现的方法改为有相关意义的单词展示在一起。这位认知心理学家预测，在这些条件下，人们将回忆起很多的单词从而会有一个更大的效应大小。她计划用 20 个人的样本检验这个理论，采用 0.01 的显著性水平，双侧检验。（a）该研究的统计检验力是多少？（b）绘制所涉及的分布图，图中要显示出阿尔法、贝塔和检验力的区域。（c）向一个了解假设检验样本平均数但从未学过效应大小或统计检验力的人解释你的答案。

练习Ⅱ

13. 对于下面的每个研究，为四个可能的正确的和不正确的决策制作一张表。并解释每一张的意思。（每张表设计得要同表 6—1 一样，但是要把可能的结果都放进框中，使用研究中包含的变量名称。）

（a）有关早产儿开始辨别人脸的时间是否比一般婴儿迟的研究。

（b）有关在他们学校接受预防艾滋病课程的高中生是否比其他高中生更有可能进行安全的性行为的研究。

（c）有关如果信息在分散注意力的色彩中表现出来，那么抽象概念的记忆是否会减少的研究。

14. 在一个完成的研究中，有一个已知的正态分布的总体，$\mu=122$，$\sigma=8$。如果一个样本给出的实验程序的平均数为（a）100，（b）110，（c）120，（d）130 和（e）140，估计的效应大小为多少？对于每一部分，指出效应大小是近似小的、中等的，还是大的。 220

15. 在一个计划研究中，有一个已知的正态分布的总体，$\mu=0$，$\sigma=10$。如果研究者预测给出的一个实验处理的平均数为（a）-8，（b）-5，（c）-2，（d）0 和（e）10，预测的效应大小（d）为多少？对于每个部分，也要指出效应是近似小的、中等的，还是大的。

16. 在一个计划研究中，有一个已知的正态分布的总体，$\mu=17.5$，$\sigma=3.2$。如果研究者预测（a）一个小的正的效应大小，（b）一个中等的负的效应大小，（c）一个大的正的效应大小，（d）一个效应大小 $d=0.40$ 和（e）效应大小 $d=3$，分别预测平均数是多少？

17. 下表是有关一个计划实验若干可能版本的信息，每一个都有独立样本。计算每一个的效应大小；绘制所涉及的分布图，图中要显示出阿尔法、贝塔和检验力的区域。（假定所有的总体都是正态分布。）前沿课题：计算每个版本的检验力。

	总体		预测平均数	N	显著性水平	单侧或双侧检验
	μ	σ				
(a)	0	0.5	0.1	50	0.05	单侧
(b)	0	0.5	0.5	50	0.05	单侧
(c)	0	0.5	1.0	50	0.05	单侧
(d)	0	0.5	0.5	100	0.05	单侧
(e)	0	0.5	0.5	200	0.05	单侧
(f)	0	0.5	0.5	400	0.05	单侧

18. 你读的一个研究几乎没能在 0.05 的水平上显著，也就是说结果并不显著。然后你看样本容量。如果样本非常大（而不是非常小），这将如何影响你解释（a）零假设实际为真的可能性和（b）零假设实际为错误的可能性？（c）向一个了解假设检验却从未学过检验力的人解释你的答案。

19. 卡斯比和同事们（Caspi et al.，1997）分析一个采用大规模量表的纵向研究的结果，该样本的儿童出生在 1972 年左右的新西兰达尼丁市。作为他们研究中的一部分，研究者比较了他们样本在 21 岁时的 94 个酒精依赖者（完全的酒鬼）和 863 个不依赖酒精的人。研究者按照他们 18 岁和 21 岁时的人格测验得分比较这两组。在标注了所有结果的显著性后，他们报告了如下结果：

> 21 岁的酒精依赖年轻人的得分在传统主义（$d=0.49$）、伤害回避（$d=0.44$）、控制力（$d=0.64$）和社会亲和力（$d=0.40$）方面低于 18 岁时，在攻击力（$d=0.86$）、异化度（$d=0.66$）和压力反应（$d=0.50$）方面高于 18 岁时。

向一个了解假设检验却从未学过效应大小或检验力的人解释这些结果，包括为什么对于研究者来说在研究中给出效应大小尤其重要。

20. 你正在计划一项研究，你计算出来的统计
221 检验力十分低。举例说明六项增强检验力的方法。

21. 前沿课题：一个心理学家正在计划一项有关注意力测验中动机对行为的影响的研究。在这个测验中，被试尽量在快速呈现的连续字母中鉴别出目标字母。研究者从丰富的经验中得知，在普通的实验条件下，参加这项测验的学生总体鉴别出关键字母的平均数是 71，标准差是 10，分布近似正态。心理学家预测，如果被试每正确辨别出一个字母就给一美元，那么正确辨别出的数量就增加到 74。心理学家打算在这些条件下对 20 个被试进行测验，采用 0.05 的水平。（a）该研究的统计检验力是多少？（b）绘制所涉及的分布图，图中要显示出阿尔法、贝塔和检验力的区域。（c）向一个了解假设检验样本平均数但从未学过统计检验力的人解释你的答案。

22. 前沿课题：一位组织心理学家推测，如果采用一种新的激励方案，那么装配工人的工作满意度会有相应的提高。（也就是说，他预测了一个中等大小的效应水平。）在一个标准工作满意度的量表中，这个公司所有的装配工人的得分分布是正态的，$\mu=82$ 且 $\sigma=7$。该心理学家打算把这个新的鼓励方案提供给随机挑选出的 25 个装配工人。（a）该研究的统计检验力是多少（采用 0.01 的显著性水平）？（b）绘制所涉及的分布图，图中要显示出阿尔法、贝塔和检验力的区域。（c）向一个了解假设检验样本平均数但从未学过效应大小或统计检验力的人解释你的答案。

第 7 章

t 检验概述：单个样本和相关样本均值

章节概览

222 在此，你可能觉得你已经掌握了所有的假设检验。然而让人吃惊的是：你所知道的对于帮助你成为一个研究者而言是远远不够的。这是为什么呢？当然，到目前为止我们所描述的假设检验程序对于你即将要学习的是完全必要的。然而，这些程序涉及的是一个组的分数和已知总体的比较。在实际调查研究中你常常需要对两个或者更多组的分数进行相互比较，而没有任何直接关于总体的信息。比如说，你可能有一组被试中每个人的两个分数，如在焦虑测试中，被试在心理治疗前后的分数，或者在记忆试验中对于熟悉单词和不熟悉单词的回忆量。或许你有两组被试中每
223 个人的一个分数，比如在睡眠不足对问题解决的影响这一研究中的实验组和控制组分数，或10岁女孩和10岁男孩在自尊测试中的分数。

这些研究的情况在心理学中是非常常见的，在心理学中通常只能从样本中获取信息，而对样本来源的总体却一无所知。特别是，研究者并不知道总体中的方差，而它是假设检验过程中的步骤❷中的主要成分（决定了比较分布特征）。

在这一章中，我们首先来了解一下在不知道总体方差的情况下，是如何通过一个特殊的情形来解决问题的：对单一样本均数和知道均数但不知道方差的总体进行比较。在描述完如何解决不知道总体方差情况问题后，我们接着考虑对总体一无所知的情况——我们只知道若干被试中每个人的两个分数这样一种情况。

在这一章中你所学到的那些不知道总体方差的假设检验程序都是 **t 检验**的例子。因为 t 检验的规则最初是由威廉·希利·戈赛（William S. Gosset）创造的，而威廉的研究文章都是以“学生”之名匿名发表的，所以 t 检验通常又被叫作“学生的 t 检验”（见信息箱7—1）。

单个样本 t 检验

先来举个例子。假设你的学校校报报道的一个非正式调查显示，你学校的学生平均每周共学习17个小时。然而你觉得在你宿舍楼里的学生的学习时间超过这个数值。所以你从你们宿舍楼随机选了16个学生并且询问他们每天学习多少小时。（在此我们假设他们都诚实且准确地进行了回答。）你得出的结论是在你的宿舍楼里的学生平均一周内共学习21个小时。你是否能肯定在你宿舍楼里的学生每天学习的时间要比全校学生平均每天学习的时间多呢？还是你的结果与全校学生平均每天学习的时间非常接近，那4个小时的差异仅仅只是因为你选样纯粹是偶然，你选的那16个学生恰恰是你宿舍楼里最用功的人呢？

t 检验　总体方差未知的假设检验程序；它将一个样本的 t 分数和称为 t 分布的比较分布相比较。

单个样本 t 检验　将一个单一样本均数和一个知道均数但不知道方差的总体相比较的假设检验程序。

在这个例子中，你有这个样本中每个人的分数，你想把这个样本的均数和知道均数不知道方差的总体进行比较。这种情况的假设检验就叫作**单个样本 t 检验**。（这也可以叫作一个样本 t 检验。）单个样本中 t 检验的操作方式和在第5章中学过的 Z 检验是一样的。在第5章的学习中，你有样本中每个人的分数（比如告诉一组中的64个学生一个人具有积极人格品质之后，再评价此人的吸引力）且你想把这个样本的均数和总体作比较（该情况下，学生的总体并不知道此人的人格品质）。然而，在之前第5章的学习中，我们是知道要与样本做比较的总体的均数和方差的。我们现在要讨论的就是除了总体的方差不知道外其他条件都相同的情况。这里提出了两个重要的新窍门，它们影响着你实行假设检验过程中的两个步骤。

第一个重要的新窍门在步骤❷中。因为总体方差不知道，你就不得不对它进行估计。因此你学习的第一个新窍门就是如何估计一个未知的总体方差。另一个重要的新窍门影响着步骤❷和❸。当已经估计出总体方差后比较分布的形状并不是呈正态曲线，所以第二个新窍门是考虑比较分布的形状（对于步骤❷来说）和我们如何使用一个 224
特殊的表格（步骤❸）在一个略微有差异的分布形状中发现临界值。

让我们回到之前的学习例子中。假设检验过程中的步骤❶是假设检验中对总体的一个重述。有两个总体，如下。

总体1：在你宿舍楼中的学生。

总体2：在你学校中的学生。

研究假设是总体 1 的学生要比总体 2 的学生学习的时间多；零假设是总体 1 的学生学习的时间不比总体 2 的学生多。这样，这个问题就跟第 5 章中说的那些情况是一样的了。

步骤❷是决定比较分布特征的。在这个例子中，它的平均数是 17，也就是调查的你们学校学生平均学习时间（总体 2）。

信息箱 7—1　化名"学生"的威廉·希利·戈赛：不仅是一个数学家，还是一个实践者

威廉·希利·戈赛 1899 年在牛津大学获得了数学和化学学位。在这一年中，位于爱尔兰都柏林的基尼尔斯啤酒厂正在寻找一些年轻的科学家进行一个前所未有的啤酒制造实验。他接受了这份工作，并且不久之后就埋头于啤酒花和酒缸之间了。

他们研究的问题就是如何提高啤酒的产量。和戈赛一样，这些科学家希望能够让啤酒的产量更稳定，并且他们都对找到产生次品的原因特别感兴趣。通常一个科学家会说："进行实验！"但是像啤酒厂商这样的人不会浪费资金在实验上，实验需要耗费大量的酒桶，在知道他们的啤酒花酿不出酒后，没有哪一个啤酒厂会这样尝试。因此，戈赛致力于这样一种可能性：只要对几组中每个品种进行实验就能确定会生产出差啤酒的大麦品种。但现在的问题是他不能确定现有大麦品种的稳定性——可能有些地区种植着相同品种但长势更好。(这听起来是不是很熟悉呢？黔驴技穷的戈赛就像现在的心理学家一样，对他的总体方差毫无办法。)

接着戈赛便开始实验，但是当时只有他懂。在他酿酒厂的同事眼里，他是个数学专家而不是一个合格的酿酒者。在他的统计方面的同事，主要是伦敦大学生物计量实验室的同事眼里，他仅仅只是一个酿酒的，完全不是一个合格的数学家。

因此戈赛发现了 t 分布且发明了比原来简单的 t 检验（比起大部分的统计学来说），它适用于小样本和整个总体差异不详的情况。然而，基尼尔斯酒厂不同意将这样的科学研究发表出来，因为其中含有基尼尔斯酿酒的秘方。直到今日，很多科学家将 t 分布叫成"学生的分布"，因为戈赛以"学生"之名匿名发表了那些论文。他的一些统计学同事知道"学生"是谁后，并没有对其有多少关注，把他的调查当成侦探记录。酒厂也是在他死后才发现他的研究的重要性，而这时他的同事也对他肃然起敬了。

尽管他成就卓越，但他常常在他的信中写"只有一些粗略的想法""真正起作用的完全是数学家们"或者诸如此类的。据人们对他的回忆，他是一个有想法的、和蔼的、谦卑的、顾及他人感受的人。戈赛的友善和大方伴随了他一生并且他的想法对于很多学生和年轻的同事取得重要突破都帮助很大。

想要对威廉·戈赛有更多的了解，请登录 http://www-history. mcs. st-andrews. ac. uk/Biogra phies/Gosset. html。

资料来源：Peters，1987；Salsburg，2001；Stigler，1986；Tankard，1984.

225 步骤❷的下一步就是找到均值分布的方差。你现在就面临着这样一个问题。在本书前面，你通常是知道总体方差的。通过该方差，你可以计算均值分布的方差。然而，现在这个例子里，在校学生（总体 2 中的学生）学习的时间的方差在报道中并没有提到。所以你给报社发了邮件询问。不幸的是，编辑并未计算方差，并且原始的调查结果也找不到了。那我们该怎么办呢？

t 检验的基本原理：通过样本分数来估计总体的方差

如果你不知道总体中个体的差异，在已知样本中个体的分数后，你可以来估计它。

在假设检验的逻辑中，你所研究的人群被认定为从一个特殊总体中随机抽取的一个样本。因此，这个样本的方差应该反映总体的方差。如果这个总体分数存在很大的差异，那么从这个总体

中随机抽取的样本的分数也应该存在很大的差异。如果这个总体中差异很小，那么从总体中抽取的样本分数差异也应该很小。所以，应该可以通过样本中分数的差异来对总体的分数分布做一个粗略的估计。也就是说，你所计算的样本分数的方差应该和总体分数的方差近似（见图7—1）。

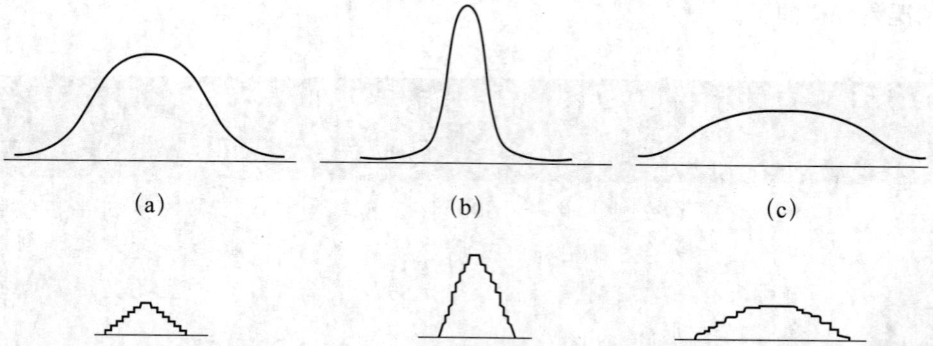

图7—1　样本的变异（下面的分布曲线）与其所取自的总体的变异（上面的分布曲线）是相似的

有偏估计　很可能系统性地高估或者低估总体参数值的一种总体参数估计。比如，SD^2 就是总体方差的有偏估计（通常是系统性地低估）。

然而这还是有一点小问题的。这个样本的方差会略小于总体的方差。因为样本的方差对总体方差来说是一个**有偏估计**[1]。有偏估计的存在是因为，样本方差始终会对总体真实的方差有一个低估。（比如，总体方差是180，一个有20个分数的样本的方差可能只有171。）如果我
226 们能使用总体方差的有偏估计进行研究的话，那么我们的研究结果肯定会出现误差的。因此我们需要确定一个总体方差的无偏估计值。

总体方差的无偏估计（S^2）　基于样本分数且已被矫正从而具有同等可能性地高估或低估真实总体方差的一种总体方差估计；可以将所选的样本的离均差平方和的值除以样本分数数量减1，取代直接除以样本分数数量，以此来进行矫正。

幸运的是，你能够通过略微地改变方差的计算公式来获得一个**总体方差的无偏估计**。一般的方差公式是，离均差平方和除以分数的数量。改变的公式的分子仍然是离均差平方和，但是分母却换成了分数数量减1了。除以一个略小的数值可以使结果变大。除以分数数量减1，可以获得一个足够大的方差，以保证总体方差的无偏性。（这样一个无偏估计是我们对总体方差的最好估计。然而，我们获得的还是一个估计值，它并不是总体真正的方差。但是我们能够确定我们对总体方差的无偏估计是过高了还是过低了。这就是为什么要获得无偏估计的原因。）

我们要求的总体方差的无偏估计用到的符号是 S^2。下面就是一般的方差公式，但是现在分母换成（$N-1$）了：

$$S^2=\frac{\sum(X-M)^2}{N-1}=\frac{SS}{N-1} \qquad (7—1)$$

$$S=\sqrt{S^2} \qquad (7—2)$$

总体方差估计值是离均差平方和除以样本分数数量减1。

总体标准差估计值是总体方差估计值的正平方根。

让我们回到学习时间的例子中并且从样本的16个分数中找到总体方差的估计值。首先你要计算离均差平方和。（每一个分数减去平均数后平方，将取得的值都相加。）假设我们这个例子中算出的结果是694（$SS=694$）。要取得总体方差的估计值，要用离均差平方和除以分数的数量减去1；在例子中也就是，694除以（16－1）；694除以15等于46.27。用公式表示也就是：

$$S^2=\frac{\sum(X-M)^2}{N-1}=\frac{SS}{N-1}=\frac{694}{16-1}$$

$$=\frac{694}{15}=46.27$$

学习到这，你将看到一些不同类型的标准差和方差（比如说有样本的、有总体的和无偏估计

[1] 样本的方差比总体的小是因为样本方差是通过样本均数的离差得来的。样本均数是这些数字中最优的平衡点。事实上，来自样本均数的离差要比其他数字的离差小。样本均数通常情况下跟总体均数不是很接近。因此，来自样本均数的离差要比来自总体的样本均数的离差小。

的）；每种类型都有不同的代表符号。为了让你更直观地了解，表 7—1 显示的是对标准差和方差不同类型的总结。

表 7—1　　不同类型的标准差和方差总结

统计术语	符号
样本标准差	SD
总体标准差	σ
总体标准差估计值	S
样本方差	SD^2
总体方差	σ^2
总体方差估计值	S^2

自由度（df）　当对总体参数进行估计时自由变化分数的数量；通常作为估计运算的一部分——比如要从单个样本中运算出总体方差的估计值时，自由度就是样本分数的数量减 1。

自由度

为了得到总体方差的估计值，作为分母（分数的数量减 1）的数值有个特殊的名字，叫作**自由度**。之所以叫作自由度是因为样本分数的数量是“自由”的。这一理念是，要求出方差，你得先知道均数。如果你知道了均数和样本中除了某一个之外所有的分数，你就能通过一个小计算找到一个你不知道的数值。因此，一旦知道了均值，样本中的某一个分数的值也就随之确定了。所以在这种情况中，自由度就是分数的数量减 1。公式为：

$$df=N-1 \tag{7—3}$$

自由度就是样本分数的数量减 1。

df 就是自由度的意思。

227 在我们的例子中，$df=16-1=15$。（在后面的章节中，某些情况下的自由度会有很大的不同。因为在某些情况下，自由改变的分数的数量是不一样的。在这章中，所有的情况下自由度都是$df=N-1$。）

在总体方差估计的公式中常常用 df 来代替 $N-1$：

$$S^2=\frac{\sum (X-M)^2}{df}=\frac{SS}{df} \tag{7—4}$$

均值分布的标准差

总体方差的估计值就是离均差平方和除以自由度。

一旦你算出总体方差的估计值，你就可以运用第 5 章中学到的方法找到比较分布的标准差。同之前一样，当你的样本不止一个的时候，比较分布就成了均值分布，而且均值分布的方差就是总体中个体方差除以样本容量。你已经能够估计出总体的方差了。事实上，你也可以通过将总体方差估计值除以样本容量来获得均值分布方差的估计值。均值分布的标准差就是均值分布方差的正平方根，公式如下：

$$S_M^2=\frac{S^2}{N} \tag{7—5}$$

$$S_M=\sqrt{S_M^2} \tag{7—6}$$

均值分布的方差是总体方差的估计值除以样本分数的数量。

注意，与总体方差估计值相比，均值分布的方差和标准差都用 S 代替 σ。

均值分布的标准差是均值分布方差的正平方根。

在我们的例子中，样本容量是 16 并且我们计算出了总体方差的估计值是 46.27。均值分布的方差通过上述公式计算结果是 2.89。就是 46.27 除以 16 等于 2.89。标准差为 2.89 的正平方根，结果为 1.70。公式如下：

$$S_M^2=\frac{S^2}{N}=\frac{46.27}{16}=2.89$$

$$S_M=\sqrt{S_M^2}=\sqrt{2.89}=1.70$$

当使用总体方差估计时的比较分布的形态：*t* 分布

成功小贴士

确保你已经完全明白 S^2 和 S_M^2 的区别。这些术语看起来很相似，但是它们是不同的。S^2 和 S_M^2 是总体方差的估计值。S_M^2 是均值分布方差的估计值（基于总体方差估计值 S^2 求出）。

正如第 5 章所学到的，当总体分布呈正态曲线时，均数分布的曲线也呈正态。然而，当你用总体方差的估计值做假设检验的时候情况就不同了。当你用总体方差估计值的时候，你很少能得到真实信息并且很容易出错。数学上的效果就是可能得到稍微极端的均值而非正态曲线。进一步讲就是，你的样本越小，它的 228
走势越大，这是因为在样本越小的情况下，对总体方差进行估计依据的信息就越少。

t 分布 数学上被定义的用来进行 t 检验的比较分布。

这也就是为什么当你用方差估计值进行假设检验的时候，你的比较曲线不是正态曲线。这样一个和正态曲线略微有些差别的曲线就叫作 **t 分布**。

事实上，还有一个 t 分布家族的说法。它们的形状根据你对总体方差估计时的自由度而变化。然而，对于任何一个特殊的自由度来说，t 分布只有一个。

通常情况下，用肉眼看上去 t 分布跟正态曲线很像，都是呈钟状的、匀称的，并且是单峰状的。t 分布向两端延伸的形状表明变化性更大（也就是说，两极的分数更受忽视）。图 7—2 就是 t 分布和正态曲线的比较。

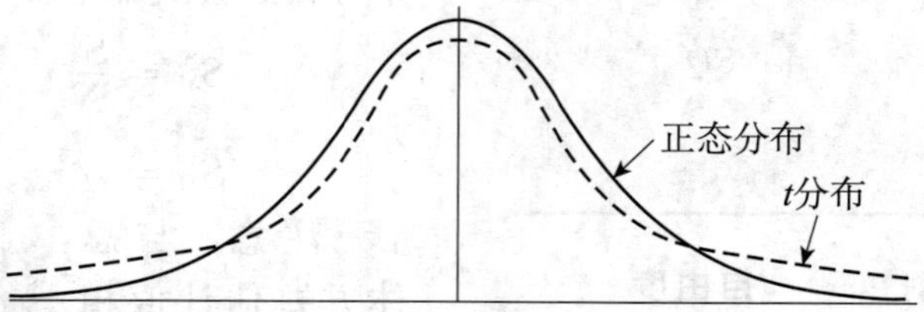

图 7—2　t 分布（虚线）和正态曲线（实线）的比较

这个在形状上略微不同的曲线影响着你需要什么样的一个临界值，来拒绝零假设。通常情况下，要拒绝零假设，你的样本的均数在比较分布均数的临界值区间内，要达到 5%。然而，如果比较分布在尾部的均数比正态曲线要大，那么在 5% 这个点上就会更偏离比较分布了。结果就是当样本足够大时，t 分布和正态曲线之间几乎就没什么区别了。

在能够被用来估计总体方差的信息中，t 分布和正态曲线在多大程度上不同，取决于自由度。当自由度很小的时候，t 分布和正态曲线的差别就很大（因为你的总体方差的估计值基于一个小样本）。比如说，对于一个正态曲线，你可能会拒绝 1.64 在单侧检验 0.05 水平上是个临界值。在一个自由度为 7（样本容量为 8）的 t 分布中，1.895 就是单侧检验在 0.05 水平上的一个临界值。如果你有个大样本，样本容量为 25（自由度为 24），那么临界值就是 1.711，这个临界值就十分接近正态曲线了。如果你的样本无限大，那么 t 分布和正态曲线就是一样的了。（因为，当你的样本无限大时，你的样本就已经是全部的总体了！）但是也只有当样本容量为 30 或者更大时，t 分布才能看成是正态曲线。

一会儿你就能学到如何用 t 分布来找到临界值了，但是先让我们简单地回顾一下在你宿舍楼学生每周学习的时间这个例子。你最终可以通过步骤❷得到你想要的关于比较分布特征的所有信息。你已经知道在这个例子中的均数分布的均数是 17 小时和标准差 1.70，并且现在我们还能知道它的比较分布形状是自由度为 15 的 t 分布。① 229

拒绝零假设的临界值：使用 t 分布表

t 分布表 针对不同自由度、显著性水平和单侧或双侧检验的 t 分布上的临界值的表格。

在假设检验中步骤❸是用来确定拒绝零假设的临界值的。对于不同的自由度来说，它的 t 分布也是不一样的。然而，为了避免一页一页地在表格中找每一种可能的 t 分布，你可以使用一个简化了的只给出最终临界值点的表格。我们已经在附录中给出了 **t 分布表**（表 A—2）。和正态曲线表一样，t 分布表只给出正的 t 分数。如果你在做单侧检验，那么你需要确定你的临界值是正的 t 分数还是负的。如果你的单侧检验检验出总体 1 的均数大于总体 2 的均数的话，那么临界的 t 分数就是一个正的。反之，如果你的单侧检验检验出总体 1 的均数小于总体 2 的均数，那么临界的 t 分数就是一个负的。

① 统计学家在比较分布和均值分布的情况中制造了一些细微的差别。（我们要避免简化真正复杂的数据。）正如我们在第 5 章中介绍的，通常的假设检验的步骤可以描述为：将 Z 分数 $[Z=(M-\mu)/\sigma_M]$ 和你样本的均数比较，然后将这个 Z 分数和来自正态曲线表的 Z 分数的临界值比较。我们将均值分布看作是比较分布。统计学家可能会说其实你做的是样本均数计算所得出的 Z 分数和 Z 分数分布间的比较。同理，对于 t 检验来说，统计学家把它看作是 t 分数的计算过程 $t=(M-\mu)/S_M$ 以及计算出的 t 分数和 t 分布表中的临界值的比较。事实上，根据统计学家的逻辑，比较分布是 t 分数的比较，而不是均值的比较。

在学习时间这个例子中，你就是做了一个单侧检验。（你要验证你宿舍楼的学生是否要比全校学生学习的时间要长。）你可能想要用 5%的显著性水平进行检验，因为Ⅰ型错误（错误地拒绝零假设）不是很重要。你有 16 个测试者，在对总体方差进行估计时，自由度是 15。

表 7—2 是附录 A—2 中 t 分布表的一部分。找到在单侧检验显著性水平为 0.05 一列并且搜索自由度为 15 的那一行，就能看到临界值为 1.753。在这个例子里，你要检验的是你宿舍楼的学生（总体 1）的学习时间是不是要比全校学生（总体 2）的学习时间长。换句话说，你要检验你宿舍楼的学生的 t 分数是否比全校学生高。也就是说临界的 t 分数是一个正数。实际上，如 230
果你的样本均数为 1.753 或者比较分布上的均数高于更多的标准差，就可以拒绝零假设。（如果你已知总体方差，那么你可以在正态曲线表中找到临界值。在正态曲线上需要拒绝零假设的 Z 分数为 1.645。）

使用 t 分布表的另一个要点：在附录里整张 t 分布表中，自由度 1 到 30，然后是 35，40，45，接着一直到 100 都在每排中可以找到。假设你的研究中自由度在其中两个数值之间，为了保险起见，你应该选择那个比你算出的自由度要小的最接近数值。比如说，算出自由度是 43，那么你应该选择自由度为 40 的临界值。

表 7—2　　自由度为 1 到 17 的 t 分布的临界值（突出显示的为学习时间例子中的临界值）

	单侧检验			双侧检验		
df	0.10	0.05	0.01	0.10	0.05	0.01
1	3.078	6.314	31.821	6.314	12.706	63.657
2	1.886	2.920	6.965	2.920	4.303	9.925
3	1.638	2.535	4.541	2.353	3.182	5.841
4	1.533	2.132	3.747	2.132	2.776	4.604
5	1.476	2.015	3.365	2.015	2.571	4.032
6	1.440	1.943	3.143	1.943	2.447	3.708
7	1.415	1.895	2.998	1.895	2.365	3.500
8	1.397	1.860	2.897	1.860	2.306	3.356
9	1.383	1.833	2.822	1.833	2.262	3.250
10	1.372	1.813	2.764	1.813	2.228	3.170
11	1.364	1.796	2.718	1.796	2.201	3.106
12	1.356	1.783	2.681	1.783	2.179	3.055
13	1.350	1.771	2.651	1.771	2.161	3.013
14	1.345	1.762	2.625	1.762	2.145	2.977
15	1.341	1.753	2.603	1.753	2.132	2.947
16	1.337	1.746	2.584	1.746	2.120	2.921
17	1.334	1.740	2.567	1.740	2.110	2.898

在比较分布中样本均值的分数：t 分数

假设检验的步骤❹描述了比较分布中样本均值的分数。也就是第 5 章中从比较分布中找 Z 分数，因为你样本均值的标准差是从比较分布的均值中求得的。如果你的比较分布是个 t 分布的话，也是一样的。唯一的区别就是，因为它是一个 t 分布，所以所得分数叫 **t 分数**，而不叫 Z 分数。公式如下：

$$t=\frac{M-\mu}{S_M} \tag{7—7}$$

t 分数是样本均值减去总体均值，再除以均值分布的标准差。

在你之前的例子中，样本均值 21 中的 4 小时是来自均值分布中的均值，它到平均数有 2.35 个标准差（4 小时除以标准差 1.70 小时）[①]，得出 t 分数为 2.35。公式如下：

$$t=\frac{M-\mu}{S_M}=\frac{21-17}{1.70}=\frac{4}{1.70}=2.35$$

判断是否要拒绝零假设

假设检验中的步骤❺就是判断是否该拒绝零假设。这一步骤在 t 检验中与我们在先前章节中的假设检验情况是一样的。在上述例子里 t 分数的临界值为 1.753，而你样本得到的 t 分数为 2.35。由此得出结论：拒绝零假设。你宿舍楼里的学生学习时间比全校学生的要多这一研究假设得到了支持。

图 7—3 显示了这个例子的分布图。

总体方差未知情况下假设检验的总结

t 分数 *在 t 分布中，到平均数的标准差个数（类似于 Z 分数，但现在是在 t 分布中）。*

表 7—3 是对假设检验的过程中单个样本 t 检验和第 5 章的 Z 检验做的一个比较。它们的区别在于，之前在第 5 章中用 Z 检验是知道总体均值和方差的，而现在只知道总体均值，不知道总体方差的情况下要用 t 检验。

231

单个样本 t 检验的另一个例子

考虑另一个虚构案例。假设研究者要研究一个小村落在经历过毁灭性的洪涝之后的心理影响。研究者对洪涝之后人们的希望感（或无望感）尤其感兴趣。研究者从这个村落随机选了 10 个人做了一份小问卷。最主要的问题就是问幸存者的希望感怎么样，问卷设计了从“极度失望”（1）到“没感觉”（4）到“充满希望”（7）这样的 7 点量表。研究者想看看，在洪涝幸存者的希望感等级是否在“没感觉”这个点上下波动。

表 7—3　总体方差未知的单个样本均值的假设检验（单个样本 t 检验）和总体方差已知的单个样本均值的假设检验（Z 检验）的比较

假设检验步骤	与总体方差已知情况的区别
❶ 重申有关总体的研究假设和零假设问题。	相同
❷ 决定比较分布的特征：	
总体均数	相同
总体方差	样本中估计得出
样本均值分布的标准差	相同（但根据总体方差估计值得出）
比较分布的形状	用自由度＝$N-1$ 的 t 分布
❸ 决定显著性的临界值。	用 t 分布表
❹ 计算比较分布上你的样本分数。	相同（但是叫作 t 分数）
❺ 决定是否拒绝零假设。	相同

① 与我们在第 5 章中所学到的术语一样，当符号 μ 代表抽样分布的均值时，在计算过程中应该用 μ_M，在第 5 章中我们用 μ_M 这个术语来强调总体平均数和抽样分布平均数概念的不同，但是 μ 和 μ_M 本质是一样的。事实上，我们应该让术语在这里和后面的章节中尽可能明确，我们将抽样分布的均值叫作 μ。（如果更正式一点，我们会把样本 2 叫作 μ_2 或 μ_{M_2}，因为我们指的是总体 2 的均值。）

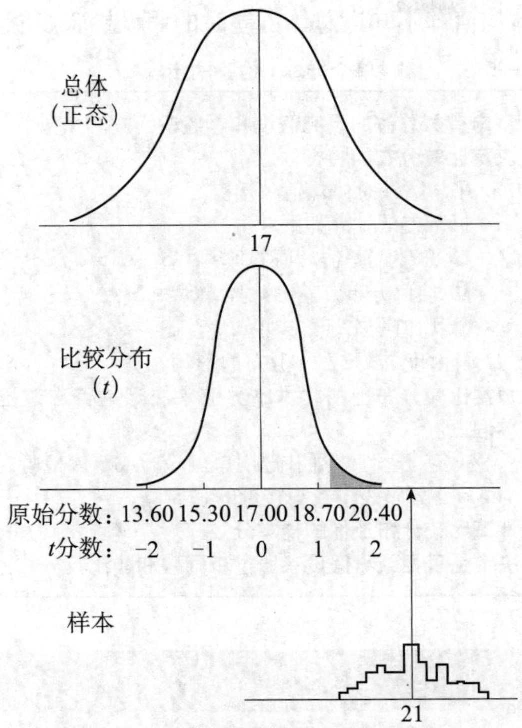

图 7—3　学习时间例子中的分布图

232 表 7—4 是单个样本 t 检验的结果和过程。图 7—4 展示了分布图。下面是假设检验的步骤。

❶ **重申有关总体的研究假设和零假设问题。** 有两个总体，如下。

表 7—4　对 10 个洪涝幸存者希望感评级研究（虚构的数据）的单个样本 t 检验的结果和计算

等级（X）	离均差（$X-M$）	离均差平方（$X-M$）^{2}
5	0.30	0.09
3	−1.70	2.89
6	1.30	1.69
2	−2.70	7.29
7	2.30	5.29
6	1.30	1.69
7	−2.30	5.29
4	−0.70	0.49
2	−2.70	7.29
5	0.30	0.09
Σ：47		32.10

$M=(\sum X)/N=47/10=4.70$。
$df=N-1=10-1=9$。
$\mu=4.00$。
$S^2=SS/df=32.10/(10-1)=32.10/9=3.57$。
$S_M^2=S^2/N=3.57/10=0.36$。
$S_M=\sqrt{S_M^2}=\sqrt{0.36}=0.60$。
t 分数在 0.01 显著性水平上，自由度为 9 的双侧检验中的临界值为 ±3.250。
实际样本 t 值 $=(M-\mu)/S_M=(4.70-4.00)/0.60=0.70/0.60=1.17$。
结论：接受零假设。

总体 1： 经历过洪涝的人。

总体 2： 既不抱有希望也不失望的人。

研究假设是两个总体的打分不同。零假设是两个总体打分相同。

> **成功小贴士**
>
> 注意：要得到均数分布的方差，你常常要用总体方差除以样本容量。要确定总体是不是估计出来的，只有在总体方差需要估计的情况下才要除以样本数量减 1。只有在总体需要估计的时候才用到自由度。

❷ **决定比较分布的特征。** 如果零假设被接受，那么两个总体的均值都为 4。两个总体的方差都不知道，所以要从样本中进行估计。在表 7—4 中已经得出，在样本均值中样本分数的离均差平方和是 32.10。也就是说，总体方差估计值为 32.10 除以自由度 9（10—1），结果为 3.57。

在均值分布中，4 是一个均值（和总体均数相同）。它的方差为总体方差估计值除以样本容量（3.57 除以 10 结果是 0.36）。标准差估计值是 0.60。分布形状是自由度为 9 的 t 分布曲线。

233

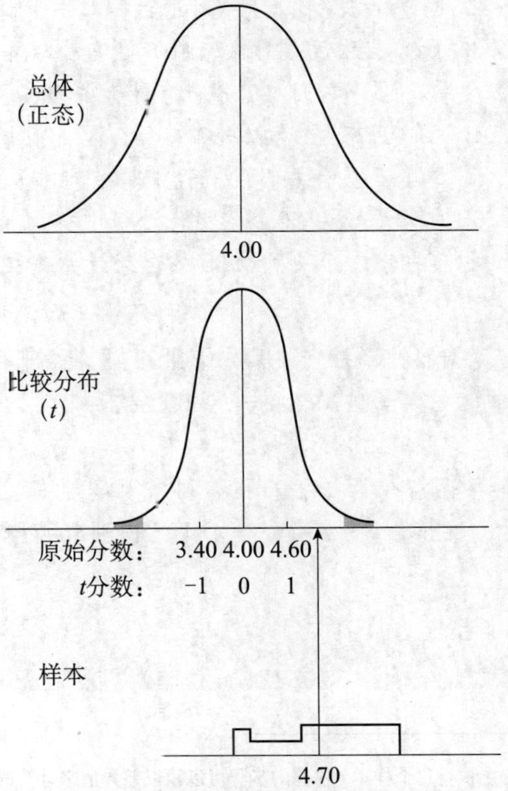

图 7—4　洪涝幸存者希望感例子的分布图

❸ **根据比较分布上的样本临界值来决定是否应该拒绝零假设。** 研究者希望对可能错误总结洪涝的影响保持谨慎，因此他用的显著性水平是 0.01。研究假设是没有方向的（也就是说，与平

均数4的差异并没有规定明确的方向；任一结果都会引起兴趣）；所以研究者用了双侧检验。研究者在表7—2（或者附录中的表A—2）找到双侧检验然后自由度为9的临界值。可以找到临界值为3.250。所以拒绝零假设，在比较分布中，样本分数必须大于等于3.250或者小于等于−3.250。

❹ **计算比较分布上你的样本分数。**样本均数4.70和来自零假设的均数4.00差了0.70。所以得出 $t=1.17$（0.70/0.60=1.17）。

❺ **决定是否拒绝零假设。**t 分数为1.17并不比±3.250极端。所以研究者无法拒绝零假设。这个研究是无效的。（如果研究者的样本很大，那么结果可能就不一样了。）

单个样本 t 检验步骤的小结

表7—5总结了当你的分数来自单个样本且知道总体均值却不知道总体方差时的假设检验步骤。①

表7—5　单个样本 t 检验的步骤 234

❶ **重申有关总体的研究假设和零假设问题。**
❷ **决定比较分布的特征。**
　a. 平均数和总体均值一样。
　b. 标准差的计算如下：
　　Ⓐ 总体方差估计值的计算：$S^2=SS/df$。
　　Ⓑ 均值分布方差的计算：$S_M^2=S^2/N$。
　　Ⓒ 均值分布标准差的计算：$S_M=\sqrt{S_M^2}$。
　c. 自由度 $N-1$ 的 t 分布的形状。
❸ **根据比较分布上的样本临界值来决定是否应该拒绝零假设。**
　a. 决定显著性水平和选用单侧检验或双侧检验。
　b. 在 t 分布表中找最接近的临界值。
❹ **计算比较分布上你的样本分数：**$t=(M-\mu)/S_M$。
❺ **决定是否拒绝零假设：**通过步骤❸和❹比较分数。

你会做吗?

1. 在什么情况下样本方差会对总体方差造成有偏估计？也就是说，样本在多大程度上代表了总体？

2. 普通的方差计算公式和通过样本分数估计总体方差的公式（总体方差的无偏估计）有什么区别？

3. (a) 自由度是什么？(b) 在单个样本 t 检验中你如何计算自由度？(c) 它们与总体方差估计有什么关系？(d) 它们与 t 分布有什么关系？

4. (a) 正态曲线和 t 分布有什么区别？(b) 自由度是如何影响它的？(c) 不同的假设检验有什么影响？ 235

5. 举出三点有关假设检验中单个样本 t 检验和 Z 检验（在第5章中学到的）的不同。

6. 总体均数为23。在实验过程中样本量为4，分数分别为：20，22，22，20。检验假设过程中得出了更低的分数，采用0.05的显著性水平。(a) 使用假设检验的步骤并 (b) 绘制分布图。

Ⓒ 均值分布的标准差的计算：

$$S_M=\sqrt{S_M^2}=\sqrt{0.33}=0.57$$

c. 比较分布的形状是自由度为3的 t 分布。

❸ **根据比较分布上的样本分数临界值来决定是否应该拒绝零假设。**根据表A—2，在采用0.05显著性水平的单侧检验中，自由度为3的临界值是−2.353。t 分数的临界值之所以是负数，是因为研究假设是该程序会产生一个较低的分数。

❹ **计算比较分布上你的样本分数：**$t=(M-\mu)/S_M=(21-23)/0.57=-2/0.57=-3.51$。

❺ **决定是否拒绝零假设。**−3.51的 t 分数比−2.353更极端。所以拒绝零假设；研究假设成立。

(b) 分布图见图7—5。

---

① 执行单个样本 t 检验的步骤可以跟以差异值来计算的 t 值相联系。出于学习的目的，你应该使用在这章中所讨论的步骤。在现实的研究情景中，所有的计算通常都是通过计算机来实现的（见本章"SPSS应用"部分）。如果你曾经在实际调查研究中手动做过单个样本 t 检验的话（或者只有一个手动计算器），你就会发现下面这个公式的有用性：

$$t=\frac{M-\mu}{\sqrt{\frac{\sum X^2-[(\sum X)^2/N]}{(N-1)(N)}}}$$

对于单个样本 t 检验的 t 分数计算，分子是总体均值与样本均值的差，分母是样本分数平方和与样本分数和的平方的均值的差的正平方根，再除以样本个数与样本个数减1的积。

答案

1. 样本方差一般比总体方差小。

2. 一般的公式中分母是被试者数量（*N*）；在总体方差估计的公式中，分母是被试者数量减 1（即 $N-1$）。

3.（a）自由度即自由变化的分数的个数。（b）单个样本 *t* 检验的自由度是样本数量减 1。（c）在总体方差估计中，估计值是离均差平方和除以自由度。（d）不同自由度的 *t* 分布彼此间具有轻微的差异。

4.（a）*t* 分布的尾部比正态曲线更大；因为在临界区域的值更多。（b）自由度越大，分布形状就越接近正态曲线（包括曲线尾部）。（c）*t* 分布显著性的临界区域比正态曲线更极端。

5. 在 *t* 检验中你（a）通过样本分数估计了总体方差（事先未知）；（b）在 *t* 分布表中根据自由度，找临界值（而不是通过正态曲线表）；（c）*t* 分布中得出的样本分数（不是正态曲线中）是 *t* 分数（而不是 *Z* 分数）。 236

6.（a）假设检验的步骤：

❶ **重申有关总体的研究假设和零假设问题。** 有两个总体，如下。

总体 1： 参与实验的人。

总体 2： 一般人。

研究假设是所得总体 1 的分数低于总体 2 的分数。

零假设是所得总体 1 的分数不低于总体 2 的分数。

❷ **决定比较分布的特征。**

a. 均值分布的平均数是 23。

b. 方差计算如下：

Ⓐ 计算总体方差。你首先需要样本均值，$(20+22+22+20)/4=84/4=21$。总体方差估计值为 $S^2=SS/(N-1)=[(20-21)^2+(22-21)^2+(22-21)^2+(20-21)^2]/(4-1)=[(-1)^2+1^2+1^2+(-1)^2]/3=(1+1+1+1)/3=4/3=1.33$。

Ⓑ 均值分布的方差的计算：$S_M^2=S^2/N=1.33/4=0.33$。

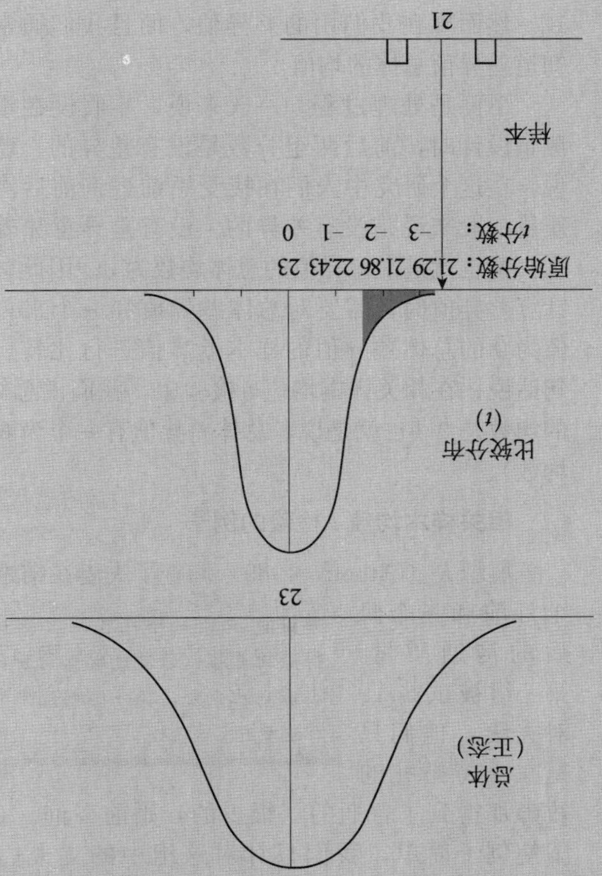

图 7—5　“你会做吗?”问题 6b 的分布图

相关样本均值 *t* 检验

之前你所学到的（单个样本 *t* 检验）是在知道总体均值不知道总体方差，并且你有单个样本的分数的情况下的解决方法。在很多研究中，你常常是不知道总体均值的，而且，在大多数的研究中你通常有两组分数。不知道总体均值，有两组分数这样的情况是很常见的。

本章接下来就集中介绍有两组被试分数的研究。这种研究情况叫作**重复测量设计**（也叫作被

> **重复测量设计** 研究中每个被试要接受两次以上处理的研究策略，也叫被试内设计。

试内设计）。这种情况通常见于对同一个人在受到心理或社会干预前后状态的测量。比如，有个研究者想要测量男性在接受婚前咨询前后的沟通质量。

> **相关样本均值 t 检验** 每个被试有两组分数并且总体方差未知的假设检验程序；它使用来自同组被试的差异值或者变更值来检验假设的显著性。

假设检验过程中每一个被试都接受了两次测量（也就是我们进行重复测量设计的情况）称为**相关样本均值 t 检验**。这里称为“相关样本均值”是因为每组均值的分数（比如，一组被试前测和后测的成绩）是相互关联的并且都是来自同一组被试的。（在第 8 章中，我们讨论的是比较两组不同被试的成绩，研究分析这种情况需要使用独立样本均值 t 检验。）

相关样本均值 t 检验跟单个样本 t 检验的过程类似，除了（a）需要用到差异值和（b）要假定（差异值的）总体均值为 0。我们现在就讨论下这两种新的问题。

差异值

在重复测量设计中，你的样本中每个人都有两个分数，而不是一个。然后你要做的是拿每个人的两个分数得出一个新分数！你得这样处理得到**差异值**：对每个人的两个分数，将其中一个减
237 去另一个。如果前测后测有差异，这差数就叫作变更值。

让我们回到人们在接受婚前咨询前后的沟通质量变化这个例子上。研究者将咨询沟通后的分数减去之前的分数。这样就得到了每个人处理后与处理前分数的差数。当两个数为前测和后测的分数，我们通常用后测分数减去前测分数，所得的就是变更值。

一旦你研究中有每个被试的差异值，你就要用差异值做假设检验。这样你的研究就相当于只有单个样本了（前后不同的数值将产生差值）。

差异值的总体均值为 0

在这本书中，这样的情况我们说了这么多，你可以将已知的总体均值和样本均值比较。比如说，在学习时间的调查中，你知道了总体均数是 17。然而现在我们用的差异值，而且我们通常不知道差异值总体的均值。

下面是处理过程。一般来说，零假设在重复测量设计时，前后两组分数是没有差异的。比如说，在这个研究中人们在接受婚前咨询前后沟通质量一般来说是没有差异的。没有差异意味着什么？这也就是说差异值的总体均数为 0。因此，当计算差异值时，需要对总体差异值和一个来自均值为 0 的总体差异值的样本差异值进行比较。换句话说，在相关样本均值 t 检验中，我们说总体 2 的均数是 0（也就是说，总体差异值有一个为 0 的均数）。

相关样本均值 t 检验的例子

> **差异值** 同一个人在两次测试中得分的差异；通常是后测的分数减去前测的分数，在一些测试中也叫作变更值。

奥瑟夫（Olthoff，1989）调查了夫妻在结婚三个月前和三个月后的沟通质量。第一组被试共 19 对夫妻，他们只是在主持婚礼的牧师那得到了普通的（很少的）婚前咨询。（为了使例子简单，我们只针对这组中的丈夫们集中进行研究。妻子们的分数是相似的，尽管有些差异较大，但是这会让学习 t 检验的过程变得复杂很多。）

19 位丈夫的分数都罗列在表 7—6 中，下面的是他们的 t 分数。（分布图在图 7—6 中。）开始分析的重要的一列是差异值。比如说，第一个丈夫在婚前沟通质量为 126，婚后沟通质量是 115，之间的差异值是−11。（我们是将婚后的分数减去婚前的分数，所以得出的结果不是正的就是负的，至于这位丈夫则是负的。）差异值的均数是−12.05。也就是说，平均下来，19 个丈夫的沟通质量减少了 12 个点。

这样的一个减少量是否显著呢？换句话说，一个来自总体差异值的随机样本中，他们差异值的均数为 0 的可能性有多大？

表 7—6　　19 个丈夫在接受婚前咨询前后沟通质量分数的 t 检验 238

丈夫	沟通质量 前	沟通质量 后	差异值（婚后一婚前）	离均差（差异值一均数）	离均差平方
A	126	115	−11	1.05	1.10
B	133	125	−8	4.05	16.40
C	126	96	−30	−17.95	322.20
D	115	115	0	12.05	145.20
E	108	119	11	23.05	531.30
F	109	82	−27	−14.95	223.50
G	124	93	−31	−18.95	359.10
H	98	109	11	23.05	531.30
I	95	72	−23	−10.95	119.90
J	120	104	−16	−3.95	15.60
K	118	107	−11	1.05	1.10
L	126	118	−8	4.05	16.40
M	121	102	−19	−6.95	48.30
N	116	115	−1	11.05	122.10
O	94	83	−11	1.05	1.10
P	105	87	−18	−5.95	34.40
Q	123	121	−2	10.05	101.00
R	125	100	−25	−12.95	167.70
S	128	118	−10	2.05	4.20
Σ：	2 210	1 981	−229		2 762.90

差异值的计算：

$M=-229/19=-12.05$。

$\mu=0$（假设有一个无变更的比较基线）。

$S^2=SS/df=2\ 762.90/(19-1)=153.49$。

$S_M^2=S^2/N=153.49/19=8.08$。

$S_M=\sqrt{S_M^2}=\sqrt{8.08}=2.84$。

t 分数在 0.05 显著性水平上，自由度为 18 的双侧检验中的临界值为 ± 2.101。

$t=(M-\mu)/S_M=(-12.05-0)/2.84=-4.24$。

结论：拒绝零假设。

资料来源：Data from Olthoff，1989.

❶ 重申有关总体的研究假设和零假设问题。 有两个总体，如下。

总体 1： 婚前接受普通咨询的丈夫。

总体 2： 婚前婚后沟通质量得分不变的丈夫。（也就是婚前婚后沟通质量得分均数为 0 的丈夫总体。）

成功小贴士

与之前几章中的一样，总体 2 为零假设为真的总体。

研究假设是总体 1 的均数差异值（婚后沟通
239 质量分数减去婚前沟通质量分数）和总体 2 的均数差异值（0）是不一样的。也就是说，研究的假设是那些接受婚前普通咨询的丈夫们，像奥瑟夫研究的那样，婚前和婚后沟通质量发生了变化。零假设是两个总体——接受过普通咨询的丈夫婚前婚后沟通质量分数是一样的。

注意，你没有总体 2 中丈夫们真实的信息。该项研究中的丈夫是总体 1 丈夫中的样本。为了进行假设检验，你要将总体 2 看作是一种无关紧要的比较组。也就是，为了达到研究目的，你设置了对照组，如果对婚前婚后进行测验，他们的得分应该是一样的。

239

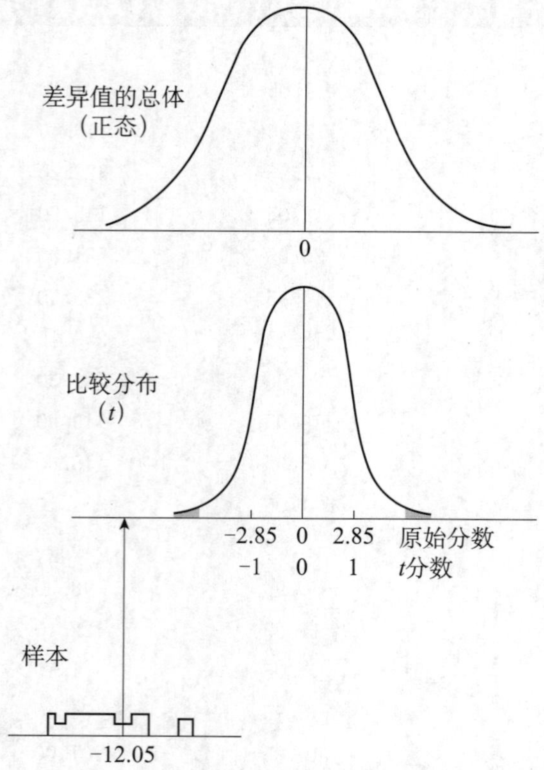

图 7—6　奥瑟夫（1989）研究案例的相关样本均值 t 检验的分布图

❷ **决定比较分布的特征。** 如果零假设是真实的，那么总体均数的差异值应该为0。总体差异值的方差可以通过样本差异值估计出来。正如表7—6所示，来自均值的差异值的离均差平方和为2 762.90。19位被试中，自由度为18。将离均差平方和除以自由度，所得出的总体差异值的方差估计值为153.49。

> **成功小贴士**
>
> 你现在想要处理一些更复杂的案例，比如说差异值的样本均值分布的标准差。尽管这些计算很复杂，但是它们之间还是有规律可循的。理解它们的最好办法就是把它们拆分开来看。比如说，你会发现这些术语跟单个样本 t 检验中的术语类似，只不过多了一个差异值概念。增加了差异值这个概念是因为所有的相关样本均值 t 检验都是通过差异值来计算的。

差异值总体的均数与均值分布（来自于差异值总体）的均数一样都是0。差异值的均值分布的方差是差异值的总体方差估计值（153.49）除以样本容量（19），算出结果为8.08。那么差异值的均值分布的标准差

240 就为2.84，由8.08开根号得出。因为奥瑟夫用的是总体方差的估计值，所以比较分布是一个 t 分布。差异值的总体方差估计值是根据自由度为18而算出的；所以这个比较分布是自由度为18的 t 分布。

❸ **根据比较分布上的样本分数临界值来决定是否应该拒绝零假设。** 奥瑟夫使用双侧检验是为了满足沟通质量分数的增加或者减少的情况。在表A—2中，找到显著性水平为0.05、自由度为18的 t 分数为±2.101。

> **成功小贴士**
>
> 在相关样本均值 t 检验中，假设检验的步骤❷要比之前复杂得多。可以很容易地把这个步骤的目的简化。假设检验的步骤❸是决定比较分布的特征的。在相关样本均值 t 检验中，比较分布就是差异值的样本均值的分布。这个分布最关键的特征就是它的均数（被假设为0）、它的标准差和它的形状（以样本容量减1为自由度的 t 分布）。

❹ **计算比较分布上你的样本分数。** 奥瑟夫的样本均值差异值为−12.05。也就是说，该均值在差异值的均值分布上比平均数0低12.05个点。差异值的均值分布的标准差是2.84。因此，差异值的均数−12.05，低于差异值的均值分布的均数4.24个标准差。所以奥瑟夫的样本差异值的 t 分数为−4.24。

❺ **决定是否拒绝零假设。** 样本均值的差异值的 t 值是−4.24，比±2.101更极端。因此，你可以拒绝零假设：奥瑟夫样本中的被试婚后沟通质量分数跟婚前沟通质量分数不同（低于）。

奥瑟夫真正的研究比这个还要复杂。你可能也很感兴趣于在他的研究中所发现的妻子的分数在婚后同样会减少这个问题。如果用同样的被试，但是经主持过婚礼的牧师特殊的沟通技能训练过后（不仅仅是普通咨询），婚前和婚后沟通质量就没有明显的变化了。事实上，研究结果很大程度上表明了通常情况下婚后的快乐程度随着时间的流逝而下降（VanLaningham et al.，2001）。并且很多研究者也在研究中说明了婚前沟通训练过程的重要性。比如说，最近在美国的一项对3 344名成年人的调查中发现，婚前接受沟通技能训练，婚后的满意程度明显要高很多，婚姻冲突较少，而且离婚率也低于31％（Stanley et al.，2006）。而且研究进一步表明，那些接受过大学教育的人

效果更好。

相关样本均值 t 检验的小结

表 7—7 总结了相关样本 t 检验的步骤。[①]

另一个相关样本均值 t 检验的例子

下面是另外一个例子。一个研究小组探究了与人们浪漫的爱情相关的脑机制（Aron et al.，2005）。他们探究的问题之一是浪漫爱情是否与尾状区有关（尾状区是当人们赢钱、被注射可卡因以及受到其他此类“刺激”时会被激活的一种脑结构）。研究者招募了那些近期陷入爱河的人作为被试。（参与该研究的被试在他们清醒时有 80%的时间都在思念他们的伴侣。）被试携带一张爱人的照片以及一张与其爱人年龄相同、性别相同的陌生人的照片。然后被试进入 fMRI 机器中，他们的大脑会被扫描——他们会被轮流呈现两张照片：30 秒陌生人的照片，30 秒他们爱人的照片，30 秒陌生人的照片，如此反复。

241 **表 7—7　　相关样本均值 t 检验的步骤**

❶ **重申有关总体的研究假设和零假设问题。**

❷ **决定比较分布的特征。**

a. 将每个人的两个分数转换成差异值。余下的步骤都将用到差异值。

b. 算出差异值的均数。

c. 假设差异值的样本均值分布的均数为 0：$\mu=0$。

d. 差异值的样本均值分布的标准差计算如下。

Ⓐ 计算差异值的总体方差估计值：$S^2=SS/df$。

Ⓑ 计算差异值的样本均值分布的方差：$S_M^2=S^2$。

Ⓒ 计算差异值的样本均值分布的标准差：$S_M=\sqrt{S_M^2}$。

e. 形状是自由度为 $N-1$ 的 t 分布。

❸ **根据比较分布上的样本分数临界值来决定是否应该拒绝零假设。**

a. 判断显著性水平和决定采用单侧还是双侧检验。

b. 在 t 分布表中查找临界值。

❹ **计算比较分布上你的样本分数：**$t=(M-\mu)/S_M$。

❺ **决定是否拒绝零假设：**通过步骤❸和❹比较分数。

表 7—8 呈现了两种类型的图像中大脑中的尾状区活动（即 fMRI 扫描值）的情况。（为了示范，我们简化了例子，我们在这只用 10 个被试，而真实的研究中有 17 个。）这张表也说明了差异值的计算和其他相关样本均值 t 检验的计算。图 7—7 是分布图。下面是假设检验的步骤。

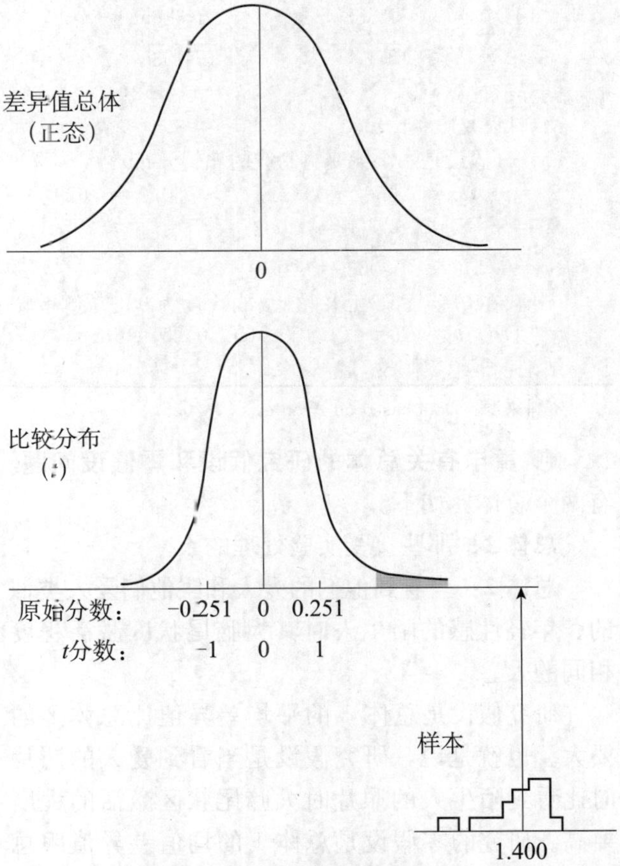

图 7—7　浪漫爱情和大脑尾状区激活研究的 t 检验分布图

---

① 执行相关样本均值 t 检验的步骤可以跟以差异值来计算的 t 值相联系。出于学习的目的，你应该使用在这章中所讨论的步骤。在现实的研究情景中，所有的计算通常都是通过计算机来实现的（见本章“SPSS 应用”部分）。然而，如果你曾经在实际调查研究中手动做过相关样本均值 t 检验的话（或者只有一个手动计算器），你就会发现下面这个公式的有用性：

$$t=\frac{(\sum D)N}{\sqrt{\frac{\sum D^2-[(\sum D)^2/N]}{(N-1)(N)}}}$$

表 7—8　　浪漫爱情和大脑尾状区激活研究的 t 检验

学生	大脑激活		差异值	离均差	离均差平方
	爱人照片	陌生人照片	（爱人—陌生人）	（差异值—M）	
1	1 487.8	1 487.2	0.6	−0.800	0.640
2	1 329.4	1 328.1	1.3	−0.100	0.010
3	1 407.9	1 405.9	2.0	0.600	0.360
4	1 236.1	1 234.0	2.1	0.700	0.490
5	1 299.8	1 298.2	1.6	0.200	0.040
6	1 447.2	1 444.7	2.5	1.100	1.210
7	1 354.1	1 354.3	−0.2	−1.600	2.560
8	1 204.6	1 203.7	0.9	−0.500	0.250
9	1 322.3	1 320.8	1.5	0.100	0.010
10	1 388.5	1 386.8	1.7	0.300	0.090
Σ：	13 477.7	13 463.7	14.0		5.660

差异值计算：

M=14.0/10=1.400。

$\mu=0$（假设是一个无变更基线的比较分布）。

$S^2=SS/df=5.660/(10-1)=5.660/9=0.629$。

$S_M^2=S^2/N=0.629/10=0.063$。

$S_M=\sqrt{S_M^2}=\sqrt{0.063}=0.251$。

t 分数在 0.05 显著性水平上，自由度为 9 的单侧检验中的临界值为 1.833。

$t=(M-u)/S_M=(1.400-0)/0.251=5.58$。

结论：拒绝零假设。

资料来源：Data based on Aron et al.，2005.

242 **❶ 重申有关总体的研究假设和零假设问题。** 有两个总体，如下。

总体 1：那些接受实验处理的人。

总体 2：当看到他们的爱人和跟他们爱人类似的、年轻性感的陌生人时其大脑尾状区激活程度相同的人。

研究假设是总体 1 的平均差异值比总体 2 的要大。也就是说，研究假设是当看到爱人的照片时比看到陌生人的照片时大脑尾状区激活的程度要高。研究的零假设是总体 1 的均值差异值跟总体 2 的一样。说得具体点就是，当被试看到自己爱人照片的时候受刺激的尾状区在脑中的激活跟看到陌生人照片的时候一样，没多大区别。

❷ 决定比较分布的特征。

a. 求出每个人的两个分数之间的差数。这个过程在表 7—8 中表明了。接下来的步骤中都将用到这些差异值。

243 b. 计算差异值的均值。差异值之和（14.0）除以差数的数量（10），结果为 1.400。所以 $M=1.400$。

c. 假设差异值样本均值分布的均数为 0：$\mu=0$。

d. 差异值样本均值分布的标准差计算如下。

Ⓐ 计算差异值的总体方差估计值：$S^2=SS/df=5.660/(10-1)=5.660/9=0.629$。

Ⓑ 计算差异值样本均值分布的方差：$S_M^2=S^2/N=0.629/10=0.063$。

Ⓒ 计算差异值样本均值分布的标准差：$S_M=\sqrt{S_M^2}=\sqrt{0.063}=0.251$。

e. 形状是自由度为 $N-1$ 的 t 分布。因此，比较分布是自由度为 9 的 t 分布——因为是通过总体方差估计值来计算的，所以它是一个 t 分布。因为在总体方差估计中自由度为 9，因此在这里自由度也为 9。

❸ 根据比较分布上的样本分数临界值来决定是否应该拒绝零假设。

a. 我们将使用 0.05 的显著性水平。因为研究者只对特殊的差异感兴趣，所以用单侧检验。

b. 在表 A—2 中找到自由度为 9、显著性水平为 0.05 的 t 值为 1.833。在表 7—8 中，差异值是看到自己爱人的照片后脑活动的分数减去看到陌生人后脑活动的分数。事实上，研究的假设是一个正的差异值，均数的临界值是+1.833。

❹ **计算比较分布上你的样本分数。**$t=(M-\mu)/S_M=(1.400-0)/0.251=5.58$。样本均数的差异值 1.400 比在差异值样本均数分布上的为 0 的均数要高 5.58 个标准差。

❺ **决定是否拒绝零假设。**t 分数为 5.58，大于临界值 1.833。因此可以拒绝零假设。当你看到爱人照片的时候尾状区域在脑中的活动要比看到陌生人照片时活跃得多。而且这个研究不仅限于北美洲人。最近，这项研究又被人重复了，而且得出了一个完全相同的结果，研究的被试是刚刚堕入爱河的北京的中国学生（Xu et al.，2007）。

分数来自配对研究被试的相关样本均值 t 检验

相关样本均值 t 检验也被叫作配对样本 t 检验、相关均值 t 检验、匹配样本 t 检验和匹配 t 检验。这些名称都源于这类 t 检验要比较两组相关的分数。在这章里相关均值 t 检验的例子是要将两组分数配对，因为每个人在每组中都要得出一个分数值（比如，前测和后测的成绩）。然而，你也可以对成对的研究被试得分采用相关样本均值 t 检验，将每一个配对看成是一个被试的分数，并且计算每一个配对的差异值。比如，假如你有一个 30 对已婚夫妇的样本并且你想要检验妻子是否始终要比丈夫多做家务。你要计算出每一对夫妻的一个差异值，也就是妻子每周做家务的时间减去丈夫每周做家务的时间。还有一种由实验者配对的情况。例如，研究者可能会将被试配对后一起解决难题任务。在每一对中，假设一个是领导，另一个为随从。在研究最后，被试私下要填写一份关于他们在这个互动过程中愉悦程度的问卷。这个研究的分析过程就是，计算出每一对中领导的愉悦程度减去随从的愉悦程度的差值。 244

Z 检验、单个样本 t 检验和相关样本均值 t 检验的回顾

在第 5 章中你已经学到了 Z 检验，并且在这一章中，你也学到了单个样本 t 检验和相关样本均值 t 检验。表 7—9 罗列出了 Z 检验、单个样本 t 检验和相关样本均值 t 检验的回顾和比较。

表 7—9　Z 检验、单个样本 t 检验和相关样本均值 t 检验的回顾

特征	检验类型		
	Z 检验	单个样本 t 检验	相关样本均值 t 检验
已知总体方差	已知	未知	未知
已知总体均数	已知	已知	未知
每个被试分数的数量	1	1	2
比较分布的形状	Z 分布	t 分布	t 分布
自由度的计算	不适用	$df=N-1$	$df=N-1$
公式	$Z=(M-\mu_M)/\sigma_M$	$t=(M-\mu)/S_M$	$t=(M-\mu)/S_M$

你会做吗?

1. 描述在什么情况下你会使用相关样本均值 t 检验。
2. 当你在做相关样本均值 t 检验的时候，你需要对你每个被试的两个分数做些什么？
3. 在相关样本均值 t 检验中，(a) 对于“已知”样本（总体 2）通常需要做点什么？(b) 为什么？
4. 给出 5 个接受前测和后测的被试，他们的分数如下表。使用 0.05 的显著性水平，假设检验发现，两个分数间没有差异。(a) 使用假设检验的步骤并 (b) 绘制所涉及的分布图。

被试	前测	后测
1	20	30
2	30	50
3	20	10
4	40	30
5	30	40

5. 使用 Z 检验和单个样本 t 检验会对研究造成什么不同？ 245
6. 使用单个样本 t 检验和相关样本均值 t 检验会对研究造成什么不同？

246

答案

1. 相关样本均值 t 检验用于当你在做假设检验且每个被试者都有两个分数（比如前测和后测），总体方差未知的情况中。对已经配对过的被试者相互比较的研究中也会用到。

2. 将每个被试者的一个分数减去另一个分数得出一个差值。这些所得数将被接下来的 t 检验用到。

3. (a)“已知”总体（总体 2）的均数为 0。(b) 将样本跟一个没有差异的总体进行比较。

4. (a) 假设检验步骤（见表 7—10）：

❶ 重申有关总体的研究假设和零假设问题。

总体 1： 接受实验前测后测的人。

总体 2： 前测后测分数一致的人。

表 7—10　“你会做吗？”问题 4 的计算

被试	分数		差异值	离差	离均差平方
	前测	后测	后测一前测	差异值一均数	
1	20	30	10	6	36
2	30	50	20	16	256
3	20	10	−10	−14	196
4	40	30	−10	−14	196
5	30	40	10	6	36
$\sum$:	140	160	20		720

差值计算：

$M=20/5=4.00$

$\mu=0$

$S^2=SS/df=720/(5-1)=180$

$S_M^2=S^2/N=180/5=36$

$S_M=\sqrt{S_M^2}=\sqrt{36}=6$

$t=(M-\mu)/S_M=(4-0)/6=0.67$

结论：接受零假设。

研究假设是总体 1 均数的变更值跟总体 2 的不同，零假设是总体 1 均数的变更值跟总体 2 的相同。

❷ 决定比较分布的特征。 差异值的样本均值分布的均数为 0；差异值的样本均值分布的标准差为 6；是一个自由度为 4 的 t 分布。

❸ 根据比较分布上的样本分数临界值来决定是否应该拒绝零假设。 采用 0.05 显著性水平的双侧检验的样本分数临界值为 ±2.776。

❹ 计算比较分布上你的样本分数。 $t=(4-0)/6=0.67$。

❺ 决定是否拒绝零假设。 样本的 t 分数 0.67，不比临界值 ±2.776 更极端。因此，接受零假设。

(b) 分布图见图 7—8。

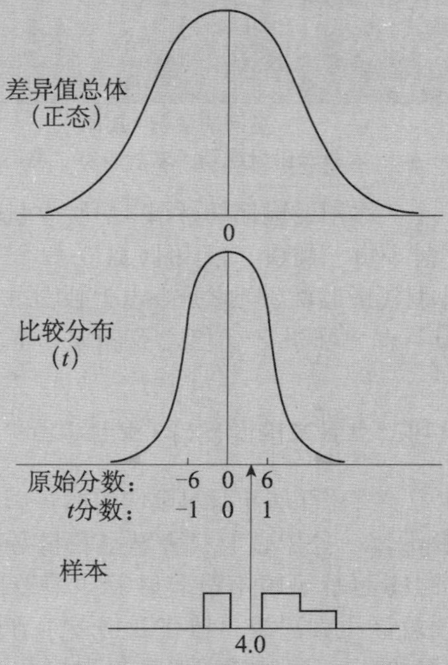

图 7—8　“你会做吗？”问题 4 的分布图

5. 正如表 7—9 所示，总体方差已知还是未知决定了你是使用 Z 检验还是使用单个样本 t 检验。当总体方差已知，你可以用 Z 检验，若总体方差未知，则需要用单个样本 t 检验。

6. 如表 7—9，总体均数是否已知和样本分数是一个还是两个决定了是使用单个样本 t 检验还是相关样本均值 t 检验。当总体均数已知，并且样本只有一个分数的时候，用单个样本 t 检验；当总体均数未知，样本中每个被试者有两个分数的时候，要使用相关样本均值 t 检验。

单个样本 t 检验和相关样本均值 t 检验的假定 247

正如我们所学的，当你使用总体方差估计时，分布曲线就是一个 t 分布。然而，也只有总体符合正态分布，比较分布才能算是一个 t 分布。否则的话，比较分布将变成其他的（通常是未知的）形状。

假定 诸如在特殊的假设检验过程中需要总体呈正态分布的条件；用来决定临界值的表格的精确性的数学基础的一部分。

稳健性 某个特殊的假设检验程序合理适用的程度，即使假定条件不满足。

因此，严格来说，一个正态分布的总体，是 t 检验逻辑上的和数学计算上的必需条件。在假设检验中，这样的要求又被叫作**假定**。那么，总体成正态分布即为 t 检验的一个假定。这个假定的作用是如果总体不呈正态，那么比较分布的形状将不确定，并且在 t 分布表上所找到的临界值也会是错误的。

不幸的是，当你在做 t 检验的时候，总体是否呈正态分布是不知道的。因为你在做 t 检验的时候，往往只有样本的分数。然而，幸运的是正如我们在第 3 章中学到的那样，在心理学中分布曲线通常是十分接近正态曲线的。（这对差异值分布也是一样的。）因此，数学家发现，当总体分布偏离了正态曲线，你也有理由去做 t 检验。换句话说，t 检验被认为是对总体正态分布假定违背的一种缓和。统计学家如何去证明 t 检验的这种**稳健性**是一个热门的话题，在第 8 章中也将提到。

唯一普遍的情况就是当你在做单侧检验或者总体分布偏态时（一侧比另一侧要长），相关样本均值 t 检验很可能得到一个非常扭曲的结果。因此，你在做单侧检验时要注意，如果样本的差异值分布偏得厉害，意味着它的总体也偏得厉害。

相关样本均值 t 检验的效应大小和统计检验力

如同在第 6 章中所学到的那样，你可以计算出一个相关样本均值 t 检验研究中的效应大小。[①] t 分数是总体间均值的差异除以总体标准差：$d=(\mu_1-\mu_2)/\sigma$。当进行相关样本均值 t 检验使用这一公式的时候，μ_1 是总体差异值的预测均值，μ_2（未知的总体均数）为 0，σ 通常被看成是差异值总体的标准差。相关样本均值 t 检验的效应大小跟我们在第 6 章中学到的是一样的：效应大小为 0.20 是小效应，0.50 为中等效应，0.80 为大效应。

来看一个例子。一个运动心理学家策划了一个在比赛前后对待队友的态度问题的研究。她将这份关于态度的问卷使用了两次，一次在比赛前一次在比赛后。假设具有某种意义的赛前赛后的最小差异为 4。同时，基于相关的研究，研究者计算出了这个态度问卷中差异值的标准差为 8。因此，$\mu_1=4$，$\sigma=8$。代入测量效应大小的公式中，$d=(\mu_1-\mu_2)/\sigma=(4-0)/8=0.5$。按照效应大小检验的方法，她计划的研究有个中等效应。

在一个研究过后，想要估计效应大小，使用样本差异值的平均数作为对 μ_1 的估计，并且要用到 S（总体的差异值）作为对 σ 的估计。 248

回顾一下我们第一个相关样本均值 t 检验的例子中，对丈夫婚后沟通质量变化的研究。在这个研究中，差异值的均数是 -12.05。差异值总体的标准差估计值为 12.41。那么，我们就可以计算出差异值的估计方差（S^2）为 153.49；$\sqrt{S^2}=12.39$。因此，估计出的效应大小的值为 $d=(\mu_1-\mu_2)/\sigma=(M-0)/S=(-12.05-0)/12.39=-0.97$。可以看出这是个大效应。（这里的负号意味着这个大效应是减少的效应。）

统计检验力

相关样本均值 t 检验的统计检验力可以通过查询统计检验力表、使用统计检验力软件包或者也可以通过在线统计检验力计算器测量计算。表 7—11

① 单个样本 t 检验在实际研究中应用非常少，因此我们在书中没有讨论单个样本 t 检验的效应大小及统计检验力。然而，单个样本 t 检验的效应大小的计算可以使用在第 6 章中学过的方法（类似于相关样本均值 t 检验的效应大小计算），也就是总体均值之差除以总体的标准差：$d=(\mu_1-\mu_2)/\sigma$。当在单个样本 t 检验中用到这个公式的时候，μ_1 是总体 1（你正在研究的样本总体）的期望均值，μ_2 是已知的总体均值，σ 是总体的标准差。单个样本 t 检验的效应大小的惯例跟我们在第 6 章中学过的是一样的：小效应为 0.20，中等效应为 0.50，大效应为 0.80。

列出了采用0.05显著性水平的单侧和双侧检验时小、中、大效应大小情况下的统计检验力的值。在运动心理研究的例子中，研究者希望可以获得一个中等效应值（$d=0.50$）。如果她想要在显著性水平为0.05上进行双侧检验，并且有20个被试对研究结果进行分析的话，那么她的研究结果的统计检验力为0.59。这说明如果研究假设是正确的，而且有一个中等效应，那么研究结果有59%的可能性证明研究的显著性。

在阅读一篇发表的研究而其研究结果不显著时，统计检验力表（表7—11）也是很有用的。假设在一个相关样本均值t检验中得到了一个不显著的结果。这个研究的检验是在0.05显著性水平上的双侧检验，并且有10个被试。你是否能够说明在所有的总体中就没有什么差异呢？大概是行不通的。即使假设有一个中等效应，表7—11中也只能找到仅仅32%的概率证明研究是显著的。

成功小贴士

回顾第6章，统计检验力可以被表示为概率（如0.71）或一个百分比（如71%）。统计检验力在表7—11中以概率被罗列出来（在后面几章中也会出现统计检验力表）。

表7—11　采用0.05显著性水平的相关样本均值t检验的研究的近似统计检验力

样本差异值（N）	效应大小		
	小效应（$d=0.20$）	中等效应（$d=0.50$）	大效应（$d=0.80$）
单侧检验			
10	0.15	0.46	0.78
20	0.22	0.71	0.96
30	0.29	0.86	*
40	0.35	0.93	*
50	0.40	0.97	*
100	0.63	*	*
双侧检验			
10	0.09	0.32	0.66
20	0.14	0.59	0.93
30	0.19	0.77	0.99
40	0.24	0.88	*
50	0.29	0.94	*
100	0.55	*	*

* 接近于1。

249 让我们再看当显著性不明显时的一个例子。研究使用的还是显著性水平为0.05的双侧检验。这个研究有100个被试。表7—11告诉你如果对总体有一个真实的小效应，那么有55%的可能性说明研究是显著的。如果是中等效应的话，那么研究结果100%可以说明研究的显著性。因此，如果在有100个被试的研究中，我们几乎可以认为研究的结果在总体中没有差异。

为了让表7—11更加清晰明了，我们只给出了统计检验力数值只有一点差异的被试数量（10，20，30，40，50，100）。这已经足以应付当你需要对研究报告结果做测量的各种情况了。[①]

计划样本容量

表7—12给出了统计检验力为80%时研究计划需要的大概的被试数量。（80%是研究者通常需要的最小的统计检验力，这样才能使得研究有意义。）假如你想要做一个研究，使用0.05显著性水平上的双侧检验，并且预期有大效应。列表里显示你得需要有14名被试，才能使得统计检验力达到80%。另一方面，如果你做同样的研究，但是需要一个小的效应，那你就需要有196名被试

① 寇恩（Cohen，1988，pp.28－39）提供了在被试数量、效应大小等级和显著性水平上的更加详细的表。如果你使用他的表，需要注意d的意思是关于独立样本t检验的（在第8章中我们将会讨论到）。相关样本t检验中要使用到这些表的时候，效应大小首先要乘以1.4。比如说，如果你的效应大小是0.30，你想要使用寇恩的表，那么你应该认为你的效应大小为0.42（$0.30\times1.4=0.42$）。与我们常用的表不相同的是，寇恩描述的显著性水平是用字母a（相当于"α水平"）来表示的，并附有1或者2的下标，代表的是单侧或是双侧检验。比如说，表中查到的结果是"$a_1=0.05$"，意思是$p<0.05$，单侧检验。

才能让统计检验力达到 80%。[①]

表 7—12　采用 0.05 显著性水平的相关样本均值 t 检验并达到 80%的统计检验力需要的近似被试数量

	效应大小		
	小效应 (d=0.20)	中等效应 (d=0.50)	大效应 (d=0.80)
单侧检验	156	26	12
双侧检验	196	33	14

你会做吗？

1. (a) 假设检验中的假定是什么？(b) 描述相关样本均值 t 检验中的假定。(c) 违背假定的影响是什么？(d) 相关样本均值 t 检验的稳健性是什么意思？(e) 什么情况下才不稳健？

2. 如果一个正态曲线的假定被否定了，你如何去发现？

3. (a) 写出效应大小的计算公式；(b) 描述所有的相关样本均值 t 检验中的术语；(c) 描述在一个比较研究中，计算相关样本均值 t 检验效应大小的所有术语。

4. 你希望进行这样一个研究：总体差异值的均数为 40，总体标准差为 80，并且希望是在显著性水平为 0.05 的双侧检验中进行相关样本均值 t 检验。(a) 什么是预测效应大小？(b) 如果在这项研究中有 20 个被试者，那么该研究的统计检验力是多少？(c) 如果想要统计检验力达到 80%，那么需要多少被试者？

答案

1. (a) 假定是假设检验中为了让结果准确很有必要的一个条件。(b) 总体中的每个被试者的差异值被假定为呈正态分布。(c) 在 t 分布表中的显著性水平的临界值不精确。(d) 除非跟假定相差很大，否则的话临界值还是很精确的。(e) 当你在做单侧检验并且总体分布呈偏态时，相关样本均值 t 检验不稳健。

2. 看样本差异值的分布是不是明显有别于正态曲线。

3. (a) $d=(\mu_1-\mu_2)/\sigma$。(b) d 是效应大小；μ_1 是总体差异值的预测均数；μ_2 是已知总体的均数，这个均数通常是 0；σ 是总体差异值的标准差。(c) 要估计 μ_1 需要通过 M，样本差异值均数；μ_2 为 0；计算 σ 要通过 S，总体差异值标准差的估计值。

4. (a) 预测效应大小：$d=(\mu_1-\mu_2)/\sigma=(40-0)/80=0.50$。(b) 统计检验力为 0.71。(c) 统计检验力达到 80%的被试者数量：26。 250

争论：重复测量设计的优缺点

关于 t 检验的主要争议是不得不将它们的优缺点与其他替代选择（我们在第 14 章将要讨论的选择）相比。然而，有一部分我们需要先拿出来加以讨论比较：关于研究中的前测和后测设计（在相关样本均值 t 检验中最多）。

在研究过程中使用差异值（重复测量设计）往往比其他的同类设计的均数得到的效应要大。因为在研究中被试者要接受两次处理（两种不同的情境中），所以往往可以得到较高的统计检验力。特别是，这类研究比将被试分为两组，每组接受一种处理所得到的统计检验力要大（一组接受一种处理，另一组接受另一种处理）。事实上，用到差异值的研究中比那些更多被试的研究的统计检验力要大，因为那些更多的被试只接受一种实验处理。

为什么重复测量设计有更高的统计检验力呢？

① 寇恩（Cohen，1988，pp. 28－39）提供的更详细的表中，给出了统计检验力等级除 30%（和效应大小除 0.20、0.50 和 0.80，以及其他显著性水平）时所需要的被试数量。关于寇恩表的使用参见上一页脚注①。

因为差异值的标准差通常是很小的。（这一标准差是计算效应大小时当作分母的。）这样就得到了一个大的效应，也就提高了统计检验力。被试间的差异并不是整个分析中差异的一部分。可以回顾一下我们之前举的一个例子，看下表7—8关于浪漫爱情和脑成像的研究。观察一下，我们就能发
251 现每个被试分数（fMRI扫描激活值）差异很大。第一个被试的分数是1 487，第二个是1 328，等等。每个人的激活水平都不一样。但是两种情况下的差异的相关度却不高。就如我们看到的这个例子这样，是因为差异值都是被试和他们自己在比较，因此他们间的差异很小。发明 t 检验的威廉·希利·戈赛（见信息箱7－1）在一项关于牛奶的实验中获得了更高的统计检验力，信息箱7—2对此进行了叙述。

从另一方面说，在实验中设置了前测和后测，但是在这个过程中没有控制组的话，也是一个较差的研究设计（Cook & Campbell，1979）。如果这个研究存在显著性差异的话，那么这个差异又会存在许多替代解释。比如说，可能参加实验的被试成熟或者有所长进，或者可能在实验过程中发生其他事情而中途退出，或者因为没有什么报酬中途退出。也可能是最初检验本身发生了改变。

但是无论如何请注意，在对被试测验的研究上，无论干预是在测验之前还是之后，研究参与者在这两种条件下进行测验的难度几乎相差无异，比如说看一个自己喜欢的人的照片，和一个陌生人的照片，一半被试先看自己喜欢的人的照片，另一半被试先看陌生人照片。另一个例子是在同样安静和吵闹的环境中研究手—眼协调性。每个外科医生都可以完成在安静环境和吵闹环境下手眼协调的测试。理想情况中，做两次测验所造成的熟悉和疲劳感对实验的影响，跟将外科医生分成两组，一组先在吵闹的环境中测试，另一组先在安静的环境中测试是一样的。

信息箱7—2　使用差异值的统计检验力的研究

1930年，在苏格兰进行了一项关于健康的大型研究，这个研究有20 000个学生参加。这个研究的目的主要是考察与控制组儿童相比较被安排每天喝牛奶的儿童组的成长。研究结果显示，天天喝牛奶的孩子身体更加健康。

然而，威廉·希利·戈赛，这一时代的统计学家和 t 检验的创始人（见信息箱7—1），被实验的控制条件吓到了。这个实验花费了7 500美元，这在1930年是一笔很大的开销了，最主要的还是研究居然是错误的！这样的研究在过去非常热门，因为研究者觉得使用大量的被试才能更加接近自然。戈赛却和他们相反，作为一个酿酒师，他只能通过使用极少的实验对大麦进行研究分析——实验所用的酒桶实在是太昂贵了。而且他常常因为使用小样本而被那些所谓的"真正的统计学家"嘲笑。但是戈赛认为被试数量不可能足够大到遵从严格的随机分配。在这个研究中，老师可以按照自己的喜好去选择长得可爱的和那些看上去会更加聪明的孩子去喝牛奶。

然而，如果说上述十分精彩，那么接下来则更加有趣。戈赛论证了研究者可能会获得相同的结果，假如研究者以50对双胞胎作为被试，然后抛硬币决定每对双胞胎中的哪一个参加喝牛奶这个组（坚持这样做）的话。当然，你将用到的统计方法就是我们本章介绍的相关样本均值 t 检验。

如今，我们在第6章中介绍的关于统计检验力分析研究的发展，都是来自于戈赛。而现在研究者会很惊奇地发现，只需要一些少量的被试，就能通过对差异值的分析而进行重复测量设计研究了。（在这个例子中，每一对双胞胎被看作一个"被试"。）正如戈赛所说的，研究过程中使用相关样本均值 t 检验更加理智。

资料来源：Peters，1987；Tankard，1984.

252
研究文献中的单个样本 t 检验和相关样本均值 t 检验

在 t 检验的研究报告中通常要包含有自由度、t 分数和显著性水平。比如说，"$t(24)=2.80$，$p<0.05$"说明你的研究使用的是 t 检验，且在0.05显著性水平上，自由度为24的 t 分数是

2.80。单侧检验还是双侧检验也应该有所注明。(如果不向读者说明的话，那就代表是个双侧检验。）通常均数和某些标准差在每个检验中都是给出的。也有少数将差异值的标准差写入报告中。

比如说在宿舍楼里的学生学习时间的例子。在研究报告中，应该这么陈述：“我宿舍楼的学生学习时间的平均数是 21 小时（$SD=6.80$）。基于单个样本 t 检验，样本跟总体的均数存在显著性差异，t（15）$=2.35$，$p<0.05$，单侧检验。”之前我们所举的洪涝的幸存者心理问题的研究应该这样报告：“我们样本中的洪涝幸存者所报告的希望感（$M=4.70$，$SD=1.89$）与量表的中点值不存在显著性差异，t（9）$=1.17$。”

正如我们之前注意到的，心理学家只是偶尔地使用下单个样本 t 检验。我们介绍它主要是为了给介绍应用更为广泛的相关样本均值 t 检验做铺垫。不过，我们有时会在研究报告中看到单个样本 t 检验。比如说，作为一个大型研究的一部分，绍普罗尼和他的同事（Soproni et al.，2001）让宠物狗对八个为一组的刺激序列进行反应，实验中狗主人会盯着两个碗中装着狗粮的那个，而研究者考察的是宠物狗能否准确找到装着狗粮的碗。(研究者把狗主人对于目标的直视作为刺激。）对每只宠物狗，其准确率只有原先预计的 50%的一半。以下是他们研究报告的一部分：“经过一系列研究，狗完成的情况低于目标预定值：单个样本 t 检验，t（13）$=5.3$，$p<0.01$……”(p.124)

我们已经说过了，相关样本均值 t 检验常常会被用到。奥瑟夫（Olthoff，1989）对丈夫婚后沟通质量研究的报告如下：“结婚后的沟通质量明显有所下降，从婚前平均 116.32 下降到婚后 104.26，t（18）$=-4.24$，$p<0.05$。”

另一个例子是拉绍蒂和韦伯斯特（Rashotte & Webster，2005）所做的关于对男性和女性能力的期望评分调查。在这个研究中，研究者给 174 名大学生看男性和女性的照片。学生通过观看照片上的人，来评估这个人的一般能力（涵盖这个人的智力、动手能力、各方面才能等等）。对于每一个被试，这些评估都是建立在对照片上女性和男性地位上的一种感觉。之后，研究者对这些女性对象和男性对象所给出的地位做了比较。直到每一个被试都对女性对象和男性对象同时给出评估之后，研究者使用了相关样本均值 t 检验对被试所给出的评估做了比较。表 7—13 就是研究的结果。标题“所有被试（$N=174$）”给出的是 174 个被 253
试的 t 检验的结果，表明对男性对象的评分明显高于对女性对象的评分（$t=3.46$，$p<0.001$）。在表中能看出，研究者同时还进行了另外两组 t 检验，来检验这一效应在女性被试和男性被试之中是否同样存在。结果显示，女性被试和男性被试一样都会对男性对象高估。

表 7—13　　地位量表：对男女目标的平均一般期望（和 *SE*）

被试	均值（*SE*）		女性对象减去男性对象的差值	t 分数（单侧 p 值）
	女性对象	男性对象		
所有被试（$N=174$）	5.60（0.06）	5.85（0.07）	0.25	3.46（<0.001）
女性被试（$N=111$）	5.62（0.07）	5.84（0.081）	0.22	2.62（<0.05）
男性被试（$N=63$）	5.57（0.10）	5.86（0.11）	0.29	2.26（<0.05）

资料来源：Rashotte，L. S.，& Webster，M.，Jr.（2005）. Gender status beliefs. *Social Science Research*，34，618－633. Copyright © 2005 by permission of Elsevier.

小结

1. 你通过标准的步骤检验了这个甚至不知道总体方差情况下的假设。然而，在这种情况下，你需要利用样本分数估计出总体方差，计算公式为离均差平方和除以自由度（$df=N-1$）。

2. 当总体方差已经估出后，均值的比较分布为一个 t 分布（其界限范围在一个 t 分布中给出）。t 分布的尾部比正态分布的尾部稍稍长了一些（弧度由自由度多少决定）。同时，在这个情况中，样本与比较分布的均数相差的标准差个数叫作 t 分数。

3. 当样本均值需要同一个已知均数、未知方差的总体进行比较时，你需要使用单个样本 t 检验。

4. 在研究中当每个被试有两个分数时，你需要使用相关样本均值 t 检验，比如说前测和后测或者在两种实验条件中的分数。相关样本均值 t 检验也被用在对配对被试分数检验中。在这个 t 检验中，你需要计算出每个被试的差异值或者变更值，然后进行在之前小结 1 和 2 中描述的假设检验五个步骤并且要设立一个总体 2，均值为 0 的差异值总体（没有差异）。

5. t 检验的假定就是总体分布呈正态曲线。然而，就算总体分布不是正态，其结果通常还是非常精确的。

6. 相关样本均值 t 检验研究的效应大小由差异值的均数除以差异值的标准差计算而来。你可以通过使用统计检验力软件包、网络统计检验力计算器，或者特殊的表格来查阅统计检验力和每个特殊的统计检验力水平所需的样本容量。

7. 使用差异值计算统计检验力通常要比同样样本数量的研究设计的统计检验力要高。然而，在这个没有控制组的研究过程中，加入了前测后测的单组检验，要考虑到一切观察变化的解释。

8. 在发表的论文中 t 检验要使用标准格式。比如：“t（24）＝2.80，p＜0.05。”

254 ## 关键词

t 检验（p. 223）
单个样本 t 检验（p. 223）
有偏估计（p. 225）
总体方差的无偏估计（S^2）(p. 226)
自由度（df）(p. 226)
t 分布（p. 228）
t 分布表（p. 229）
t 分数（p. 230）
重复测量设计（p. 236）
相关样本均值 t 检验（p. 236）
差异值（p. 237）
假定（p. 247）
稳健性（p. 247）

案例解析

单个样本 t 检验

对接受实验程序的 8 个被试进行测验。他们的分数分别是 14，8，6，5，13，10，10，6。没有接受实验程序的总体通常认为他们的得分为 6。在显著性水平为 0.05，双侧检验下，接受实验程序的被试是否会有差异呢？（a）使用假设检验的五个步骤，并（b）绘制分布图。

答案

（a）假设检验步骤：

❶ **重申有关总体的研究假设和零假设问题。**有两个总体，如下。

总体 1：接受实验程序的人。

总体 2：一般总体。

研究假设是总体 1 与总体 2 的分数有差异。零假设是总体 1 的分数跟总体 2 的分数一样。

❷ **决定比较分布的特征。**均值分布的平均数是 6（已知总体均数）。为了计算总体方差估计值，你首先需要计算样本均数，也就是（14＋8＋6＋5＋13＋10＋10＋6）/8＝72/8＝9。总体方差估计值为 $S^2=SS/df=78/7=11.14$；均值分布的方差是 $S_M^2=S^2/N=11.14/8=1.39$。均值分布的标准差为 $S_M=\sqrt{S_M^2}=\sqrt{1.39}=1.18$。它的形状是自由度为 7 的 t 分布。

❸ **根据比较分布上的样本分数临界值来决定是否应该拒绝零假设。**从表 A—2 中看出，自由度为 7、显著性水平为 0.05 的双侧检验中，临界值为＋2.365 和－2.365。

❹ **计算比较分布上你的样本分数。**$t=(M-\mu)/S_M=(9-6)/1.18=2.54$。

❺ **决定是否拒绝零假设。**2.54 比临界值 ±2.356 更极端。因此，拒绝零假设；研究假设成立。实验程序确实产生了差异。

（b）分布图见图7—9。

255

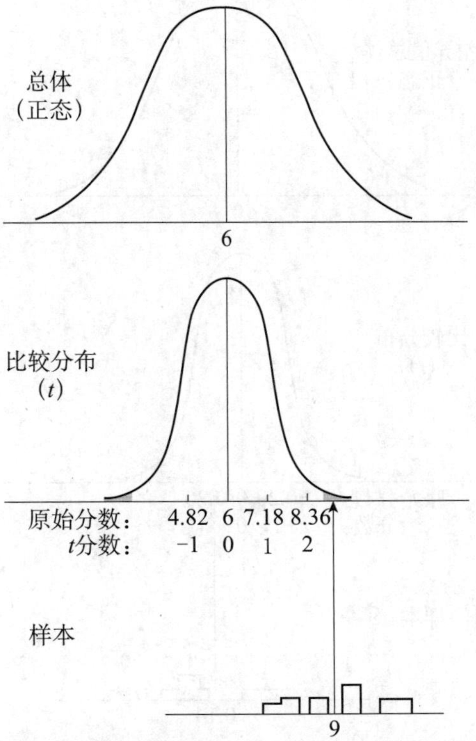

图7—9 “案例解析”中单个样本 t 检验的分布图答案

相关样本均值 t 检验

研究者给10个人做了一个前测后测的实验。研究结果如下：

参与者	前测	后测
1	10.4	10.8
2	12.6	12.1
3	11.2	12.1
4	10.9	11.4
5	14.3	13.9
6	13.2	13.5
7	9.7	10.9
8	11.5	11.5
9	10.8	10.4
10	13.1	12.5

假设检验发现，在0.05显著性水平上，分数增加了。（a）使用假设检验的五个步骤，并（b）绘制分布图。

答案

（a）表7—14是研究的结果，包括了差异值的计算和所有相关样本均值 t 检验的计算。下面是假设检验步骤。

表7—14 “案例解析”中相关样本均值 t 检验的计算答案

被试	分数		差异值	离均差	离均差平方	256
			后测—前测	差异值—均数		
	前测	后测				
1	10.4	10.8	0.4	0.260	0.068	
2	12.6	12.1	−0.5	−0.640	0.410	
3	11.2	12.1	0.9	0.760	0.578	
4	10.9	11.4	0.5	0.360	0.130	
5	14.3	13.9	−0.4	−0.540	0.292	
6	13.2	13.5	0.3	0.160	0.026	
7	9.7	10.9	1.2	1.060	1.124	
8	11.5	11.5	0.0	−0.140	0.020	
9	10.8	10.4	−0.4	−0.540	0.292	
10	13.1	12.5	−0.6	−0.740	0.548	
Σ：	117.7	119.1	1.4		3.488	

差异值：

$M=1.4/10=0.140$。

$\mu=0$。

$S^2=SS/df=3.488/(10-1)=3.488/9=0.388$。

$S_M^2=S^2/N=0.388/10=0.039$。

$S_M=\sqrt{S_M^2}=\sqrt{0.039}=0.197$。

t 分数在0.05显著性水平上，自由度为9的单侧检验中的临界值为1.833。

$t=(M-u)/S_M=(0.140-0)/0.197=0.71$。

结论：接受零假设。

❶ 重申有关总体的研究假设和零假设问题。有两个总体，如下。

总体 1：接受实验程序的人。

总体 2：前测后测没有区别的人。

研究假设是总体 1 的均数的差异值比总体 2 的要大。零假设是总体 1 的均数的差异值跟总体 2 的相同。

❷ 决定比较分布的特征。总体均值无差异。差异值的总体方差 S^2 在表 7—14 中可以看到，为 0.388。同样，在表 7—14 中可以看到，差异值的均值分布标准差 S_M 是 0.197。因此，比较分布的均数为 0，标准差为 0.197。这是个自由度为 9 的 t 分布。

❸ 根据比较分布上的样本临界值来决定是否应该拒绝零假设。显著性水平为 0.05，单侧检验，自由度为 9，临界值为 1.833。（临界值为正数，也就是说研究假设是总体 1 的均值要大于总体 2 的均值。）

257 **❹ 计算比较分布上你的样本分数。**样本均值的变更值 0.140 高于均值分布的平均数 0 的 0.71 个标准差。即 $t = (M - u)/S_M = (0.140 - 0)/0.197 = 0.71$。

❺ 决定是否拒绝零假设。样本的 t 分数 0.71 要小于临界值 1.833。因此，你不能拒绝零假设。研究无结果。

（b）分布图见图 7—10。

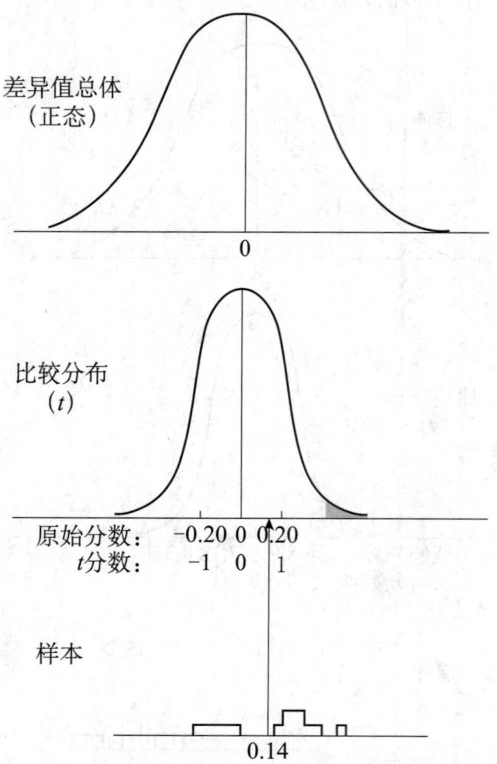

图 7—10 "案例解析"中相关样本均值 t 检验的分布图答案

关于单个样本 t 检验的论文写作要点

1. 描述这种情况下的假设检验的核心。需要确定的是在假设检验中只有当你有样本中每个个体的分数，并且你想要将这个样本中的分数同知道均数不知道方差的总体进行比较时才使用单个样本 t 检验，并且需要确定在这种情况中研究假设和零假设的意义。

2. 概括从样本中估计出总体方差的逻辑步骤。解释总体方差有偏和无偏估计并且描述估计总体方差的公式和解释为什么这个公式跟普通的方差公式不一样。

3. 描述使用单一样本 t 检验的比较分布（t 分
258 布），并指出它如何和为什么不同于正态曲线。解释 t 分布为什么可以当作比较分布使用。

4. 描述决定比较分布上的样本分数临界值从而可以拒绝零假设的逻辑和过程。

5. 说明为什么和如何计算在比较分布中样本均值的 t 分数。

6. 解释如何并且为什么来自假设检验步骤❸和步骤❹的分数要被比较。解释这个被检验的特殊研究和零假设比较结果的意义。

关于相关样本均值 t 检验的论文写作要点

1. 说明在这种情景下假设检验的逻辑核心。确定在假设检验中当你有每个样本个体的两个分数时使用相关样本均值 t 检验。确定解释在这个情况下研究假设和零假设的意义。解释差异值计算的逻辑和过程。

2. 解释为什么要使用 0 作为比较分布的均数。

3. 概括来自样本分数的总体估计方差的差异值的逻辑。解释总体方差的有偏和无偏估计的想法，并且描述总体方差估计的计算过程。描述如何计算均值分布标准差的差异值的公式。

4. 描述使用相关样本均值 t 检验的比较分布（t 分布）。解释为什么 t 分布可以当作比较分布使用。

5. 描述决定比较分布上的样本分数临界值从而可以拒绝零假设的逻辑和过程。

6. 说明为什么和如何计算在比较分布中样本均值的 t 分数。

7. 解释如何并且为什么要比较由假设检验步

骤❸和步骤❹得出的分数。参照特定研究和被检验的零假设解释这一比较的结果的意义。

练习题

这些题包含计算。大部分现实生活中的统计问题可以使用特殊的统计软件来完成。即使你有这种软件，也要动手解决这些问题以便牢记方法。学习怎样使用计算机解决像这章的统计问题，参考本章后面“SPSS 应用”部分以及与本书相伴的学习指南和计算机工具书。

所有数据都是虚构的，除非已经给出实际的引用出处。

练习Ⅰ（练习Ⅰ的答案，见 pp. 681－683）

1. 在下面每个研究中，单个样本的均数跟不知道方差的总体的已知均数进行比较。对每个研究，判断研究结果是否显著。（注意说明你所有的计算结果。）

	样本容量（N）	总体均数（μ）	总体方差估计值（S^2）	样本均数（M）	单/双侧	显著性水平（α）	259
(a)	64	12.40	9.00	11.00	单侧（底端预测）	0.05	
(b)	49	1 006.35	317.91	1 009.72	双侧	0.01	
(c)	400	52.00	7.02	52.41	单侧（顶端预测）	0.01	

2. 假设一个正在参加竞选的警长候选人在一个农村社区声称，她的应案时间平均不到 30 分钟，这被认为是当前的警长的平均响应时间。由于过去并没有相关记载，因此这样一个应案时间的标准差是不能够确定的。感谢这次选举，她被选为警长，并且她的详细数据记录如今也保留着。在第一个月的应案时间分别为 26，30，28，29，25，28，32，35，24，23 分钟。

在 0.05 显著性水平上，能否检验出她想要的结果呢？(a) 使用假设检验的步骤。(b) 绘制分布图。(c) 向一个从未上过统计课程的人解释你的答案。

3. 一个研究者检验了 5 个看过某特定政治广告的人。这些人接受了一个关于该主题的测试，通常情况下被试（没看过这个宣传的）能答对 40 个问题。这些人最后的成绩分别为 48，41，40，51，50。

在 0.05 的显著性水平上进行双侧检验，是否看过政治广告的人最后的得分要高一点呢？(a) 使用假设检验的步骤。(b) 绘制分布图。(c) 向一个熟悉 Z 检验但不熟悉 t 检验的人解释你的答案。

4. 在下列研究中使用不同的样本分数，通过相关样本均值 t 检验来检验其显著性。

	样本中差异值的数量	样本中差异值的均数	差异值的总体方差估计值	单/双侧	显著性水平
(a)	20	1.7	8.29	单侧（顶端预测）	0.05
(b)	164	2.3	414.53	双侧	0.05
(c)	15	−2.2	4.00	单侧（底端预测）	0.01

5. 2007 年 8 月，在加州中央谷的四个城市举行了一个减少乱扔垃圾的活动。街头的垃圾量在该计划启动前的 7 月和下一年的 7 月（该计划执行一年后）分别进行了测量。标准（每块街区每天收集垃圾的平均磅数）结果如下：

城市	2007 年 7 月	2008 年 7 月
弗勒斯诺	9	2
默塞德	10	4
贝克斯菲尔德	8	9
斯托克顿	9	1

在 0.01 显著性水平上，是否在这段时间里乱 260
扔垃圾有显著减少呢？(a) 使用假设检验的五个步骤。(b) 绘制分布图。(c) 向一个理解均数、标准差和方差但不懂其他统计知识的人解释你的答案。

6. 一个研究者想评估接受了荷尔蒙治疗的 5 个病人在测试之前和之后血液中特殊荷尔蒙的水平。5 个被试的得分如下：

被试	前测	后测
A	0.20	0.18
B	0.16	0.16

续前表

被试	前测	后测
C	0.24	0.23
D	0.22	0.19
E	0.17	0.16

在0.05显著性水平上，这种荷尔蒙的水平是否有显著变化呢？(a) 使用假设检验的步骤。(b) 绘制分布图。(c) 向一个理解单个样本 t 检验但不熟悉相关样本均值 t 检验的人解释你的答案。

7. 对如下研究分别估计它们的效应大小，分析是小效应、中等效应还是大效应。

	均数变更值	S
(a)	20	32
(b)	5	10
(c)	0.1	0.4
(d)	100	500

8. 通过相关样本均值 t 检验，计算出如下研究的统计检验力是多少（使用0.05的显著性水平）。

	效应大小	N	单/双侧
(a)	小	20	单侧
(b)	中等	20	单侧
(c)	中等	30	单侧
(d)	中等	30	双侧
(e)	大	30	双侧

9. 要使得下列相关样本均值 t 检验 p 值小于0.05，需要多少被试才能达到80%的统计检验力？ 261

	预测效应大小	单/双侧
(a)	中等	双侧
(b)	大	单侧
(c)	小	单侧

10. 韦勒和韦勒（Weller & Weller，1997）进行了一项关于女性月经周期的研究，发现那些居住在一起的女人（诸如姐妹）的月经周期有逐渐同步的趋势。至于统计分析，他们将测量到的那些居住在一起的姐妹们的同步分数与推测可能由于偶然性导致的同步分数进行比较（分数较低表明同步较高）。他们得出的一个重要结果是他们样本的30个姐妹的同步分数是6.32，而推测可能由于偶然性导致的同步分数为7.76；之后他们给出了这个差异的 t 分数2.27和0.011的显著性水平。向一个熟悉总体方差的假设检验但不熟悉单个样本 t 检验的人解释这个结果。

11. 一个心理学家进行了一项关于不同灯光环境下知觉错觉的研究。20个被试分别在两种不同的灯光下进行了测试。实验者报告："在明光环境下错觉效应的均数为6.72，在昏暗环境下该均数为6.85，没有显著性差异，$t(19)=1.62$。"向一个从未上过统计课程的人解释你的答案。通过分布图来进行解释。

12. 一项研究对100个大一学生入校时和学期末的人格特征进行了测试。研究者报告的结果如下表所示：

人格量表	秋季		春季		差异值	
	M	SD	M	SD	M	SD
焦虑	16.82	4.21	15.32	3.84	1.50**	1.85
抑郁	89.32	8.39	86.24	8.91	3.08**	4.23
内向性	59.89	6.87	60.12	7.11	−0.23	2.22
神经质	38.11	5.39	37.22	6.02	0.89*	4.21

$^{*}p<0.05$，$^{**}p<0.01$.

(a) 聚焦于差异值，计算出每个人格量表的 t 值。（假定其中的 SD 就是我们所说的 S，总体标准差的无偏估计。）

(b) 向一个从未上过统计课程的人解释这张表的意义。

练习Ⅱ

13. 在下面每个研究中，单个样本的均数跟不知道方差的总体的已知均数进行比较。对每个研究，判断研究结果是否显著。（注意说明你所有的计算结果。）

	样本容量（N）	总体均数（μ）	总体标准差估计值（S）	样本均数（M）	单/双侧	显著性水平（α）
(a)	16	100.31	2.00	100.98	单侧（顶端预测）	0.05
(b)	16	0.47	4.00	0.00	双侧	0.05
(c)	16	68.90	9.00	34.00	单侧（底端预测）	0.01

262 14. 进化论强调说人类的进化是为了适应他们的物质环境。有一个理论假设说人们自觉地遵循睡觉与觉醒的 24 小时周期——甚至当他们没有处于自然的光照模式中时也是如此。为了检验这个猜测，8 个有偿的志愿者分别被带到了一个没有外界灯光，并且没有钟表或者其他可以计时的东西的房间。他们可以自由地开关灯。在这个房间里一个月后，所有志愿者都趋向于形成了一个稳定的周期。在研究最后，他们的周期分别是：25，27，25，23，24，25，26，25。

在 0.05 显著性水平上，我们如何才能确定 24 小时就是一个自然周期呢？（也就是说，在这些条件下平均周期会显著不同于 24 小时吗？）(a) 使用假设检验的步骤。(b) 绘制分布图。(c) 向一个从未上过统计课程的人解释你的答案。

15. 已知某国家大学四年级学生在校期间平均谈恋爱的次数是 2.20。一组由 5 个四年级学生组成的样本（他们来自这个国家，但是他们整个大学生涯是在美国度过的）被问及他们在校期间谈了多少次恋爱。次数分别是 2，3，5，5，2。在 0.05 显著性水平上，他们在美国谈恋爱的次数是否跟在他们原先的国家是一样的呢？(a) 使用假设检验的步骤。(b) 绘制分布图。(c) 向一个熟悉 Z 检验（见第 5 章）但是不熟悉单个样本 t 检验的人解释你的答案。

16. 对于使用差异值的如下每一个研究，使用相关样本均值 t 检验考察其显著性。

	样本中差异值数量	差异值均数	差异值方差	单/双侧	显著性水平（α）
(a)	10	3.8	50	单侧（顶端）	0.05
(b)	100	3.8	50	单侧（顶端）	0.05
(c)	100	1.9	50	单侧（顶端）	0.05
(d)	100	1.9	50	双侧	0.05
(e)	100	1.9	25	双侧	0.05

17. 4 个有高胆固醇的被试参与了一项研究：通过一种特殊的饮食，可以避免高胆固醇，同时还能提供身体必需的能量。他们饮食前后的胆固醇水平如下：

参与者	前测	后测
J. K	287	255
L. M. M	305	269
A. K.	243	245
R. O. S.	309	247

在 0.05 显著性水平上，胆固醇水平是否有一个显著的改变呢？(a) 使用假设检验的步骤。(b) 绘制分布图。(c) 向一个从未上过统计课程的人解释你的答案。

263 18. 5 个被法院指控超速的人参加了一个研讨会。一个特殊的装置被安置在他们的车上来记录他们在参加这个研讨会的前后两周中的车速。这些人的最高车速在研讨会前后如下：

在 0.05 显著性水平上，我们能否肯定这些人的车速会变慢呢？(a) 使用假设检验的步骤。(b) 绘制分布图。(c) 向一个理解已知总体假设检验但是不了解 t 检验的人解释你的答案。

参与者	前测	后测
L. B.	65	58
J. K.	62	65
R. C.	60	56
R. T.	70	66
J. M.	68	60

19. 6 个被试在两个 10 分钟的实验阶段内被要求坐好并闭上眼睛，然后对耗氧量进行了测量。在第一个阶段他们听到了一个刺激的冒险故事。在第二个阶段他们听到了舒缓的音乐。

参与者	故事	音乐
1	6.12	5.39
2	7.25	6.72
3	5.70	5.42
4	6.40	6.16
5	5.82	5.96
6	6.24	6.08

基于以上结果，在听音乐的时候耗氧量是否

要少呢？使用0.01的显著性水平。(a) 使用假设检验的步骤。(b) 绘制分布图。(c) 向一个理解均数、标准差和方差但不了解其他统计学知识的人解释你的答案。

20. 5个大二学生在接受了基本语法教学前后，都被要求做了某个英语测试。他们的分数如下：

学生	前测	后测
A	20	18
B	18	22
C	17	15
D	16	17
E	12	9

264 接受教学之后的学生的成绩是否有明显的提高呢？使用0.05的显著性水平。(a) 使用假设检验的步骤。(b) 绘制分布图。(c) 向一个理解均数、标准差和方差但不了解其他统计学知识的人解释你的答案。

21. 判断如下的计划研究的效应大小是小效应、中等效应还是大效应。

	预测均值变更值	σ
(a)	8	30
(b)	8	10
(c)	16	30
(d)	16	10

22. 通过相关样本均值 t 检验的方法计算出下列研究的统计检验力（使用0.05的显著性水平）。

	效应大小	N	单/双侧
(a)	小	50	双侧
(b)	中等	50	双侧
(c)	大	50	双侧
(d)	小	10	双侧
(e)	小	40	双侧
(f)	小	100	双侧
(g)	小	100	单侧

23. 要使得下列相关样本均值 t 检验的统计检验力达到80%（p 值小于0.05），需要多少被试？

	预测效应大小	单/双侧
(a)	小	双侧
(b)	中等	单侧
(c)	大	单侧

24. 一项研究比较了两个十年里员工们在10个车间里的工会活动。研究者报告说："工会活动明显增加，$t(9)=3.28$，$p<0.01$。"向一个从未上过统计课程的人解释这一结果，确保在解释的过程中使用分布图。

25. 霍尔登和同事（Holden et al.，1997）比较了母亲报告的在第一个孩子出生后的3年内对体罚孩子的态度。"母亲报告的态度明显有所改变，$t(107)=10.32$，$p<0.001$……"（p. 485）（改变体现在对孩子体罚后她们会感到更内疚。）向一个熟悉单个样本 t 检验但是不熟悉相关样本均值 t 检验的人解释这一结果。

26. 表7—15［复制自拉尔森等（Larson et al.，2001）研究中的表4］是100个印度中产阶级家庭中的父亲工作和居家的各种表现。选出三行你最感兴趣的数据，向一个理解均数、方差和 Z 分数但不了解其他统计学知识的人解释这一结果。

265 **表7—15　父亲在工作环境和家庭环境之中的平均心理状况的比较（$N=100$）**

量表	范围	环境		工作 vs. 家庭
		工作	家庭	
重要性	0～9	5.98	5.06	6.86***
注意力	0～9	6.15	5.13	7.96***
挑战	0～9	4.11	2.41	11.49***
选择	0～9	4.28	4.74	−3.38***
做其他事的愿望	0～9	1.50	1.44	0.61
忙碌	0～3	1.80	1.39	3.21**
社交焦虑	0～3	0.81	0.64	3.17**
情感	1～7	4.84	4.98	−2.64**
社交氛围	1～7	5.64	5.95	4.17***

注：第三列是 t 值，$df=90$。

$^{**}p<0.01$，$^{***}p<0.001$。

资料来源：Larson，R.，Dworkin，J.，& Verma，S.（2001）. Men's work and family lives in India：The daily organization of time and emotions. *Journal of Family Psychology*，*15*，206－224. Copyright © 2001 by the American Psychological Association.

SPSS 应用

（我们使用 SPSS 15.0 这个版本做分析。以下的步骤和输出窗口可能与其他版本有些稍微的不同。）

单个样本 t 检验

1. 将分数录入数据窗口。
2. 点击 Analyze。
3. 点击 Compare means。
4. 点击 One-sample T test（这是 SPSS 中单个样本 t 检验的名称）。
5. 点击你想要得出 t 分数的变量，然后点击箭头。
6. 在“Test Value”一栏中输入总体均数。
7. 点击 OK。

我们将采用这一章中关于 10 人经历洪涝后的希望感的例子，来练习这些步骤。这个样本的分数、总体均数和研究的计算都在表 7—4 中。你的 SPSS 计算输出窗口应该类似于图 7—11。第一张表提供了关于变量的信息：分数的数量（“N”）、分数的均值（“Mean”）、总体标准差估计值 S（“Std. Deviation”）和均值分布的标准差 S_M（“Std. Error Mean”）。检查该表中的值（允许误差舍入）跟表 7—4 中是否一致。

266

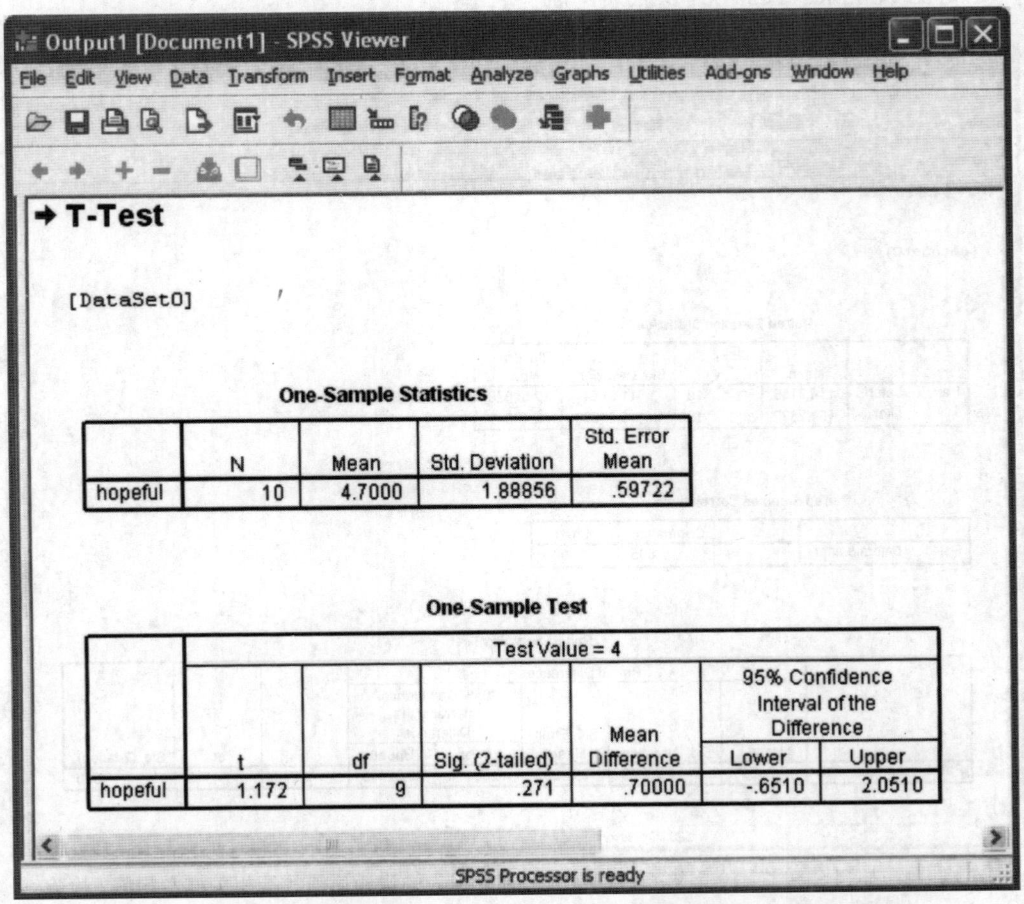

One-Sample Statistics

	N	Mean	Std. Deviation	Std. Error Mean
hopeful	10	4.7000	1.88856	.59722

One-Sample Test

	Test Value = 4					
					95% Confidence Interval of the Difference	
	t	df	Sig. (2-tailed)	Mean Difference	Lower	Upper
hopeful	1.172	9	.271	.70000	-.6510	2.0510

图 7—11　使用 SPSS 对 10 个洪涝幸存者希望感的评级执行单个样本 t 检验

SPSS 输出结果窗口显示的第二张表是 t 检验的结果。将 t 值和自由度和表 7—4 中的值进行比较。双侧 t 检验和显著性水平在 SPSS 中为“Sig. (2-tailed)”列。在这个研究中，研究者使用的是 0.01 的显著性水平。SPSS 所给出的显著性水平 (0.271) 不比 0.01 更极端，这意味着研究者不能拒绝零假设，这个研究无效。

相关样本均值 t 检验

1. 在数据窗口第一列键入一种分数（比如“前测”分数），然后在第二列键入第二种（比如

“后测”分数），直到每列的数据都键入数据窗口。

2. 点击 Analyze。

3. 点击 Compare means。

4. 点击 Paired-Samples T test（这是 SPSS 中相关样本均值 t 检验的名称）。

5. 点击第一个变量（一个非常重要的变量）。
267 点击第二个变量（也是非常重要的变量）。点击箭头。两个变量将在“Paired Variables”中出现。

6. 点击 OK。

我们将采用奥瑟夫（Olthoff，1989）的关于19个男人在接受普通婚前咨询前后的沟通质量的研究作为相关样本均值 t 检验的练习。这个研究的计算结果罗列在表7—6中。你的 SPSS 输出窗口应该类似于图7—12。关键的信息显示在第三张表中（标记为“Paired Samples Test”）。这张表的后三列给出了 t 分数（4.240）、自由度（18）和双侧检验的显著性水平（这里是0.000）。显著性水平的数值非常低，即使精确到小数点后三位，它仍然小于0.001。由于这里的显著性水平数值明显低于我们在研究初设置的0.05，所以你可以拒绝零假设。通过观察第一张表中前测以及后测的平均数，你可以发现丈夫的婚后的沟通质量（均值为104.263 2）低于婚前的沟通质量（均值为
116.315 8）。至于表7—6中的 t 值为负，而 SPSS 268
输出的 t 值却是正的，你不需要太担心。出现这种情况主要是由于表7—6中差异值是用后测减去前测计算出的。这两种计算差异值的方法在数理上都是正确的，并且无论哪种情况，其最终的结论都是相同的。

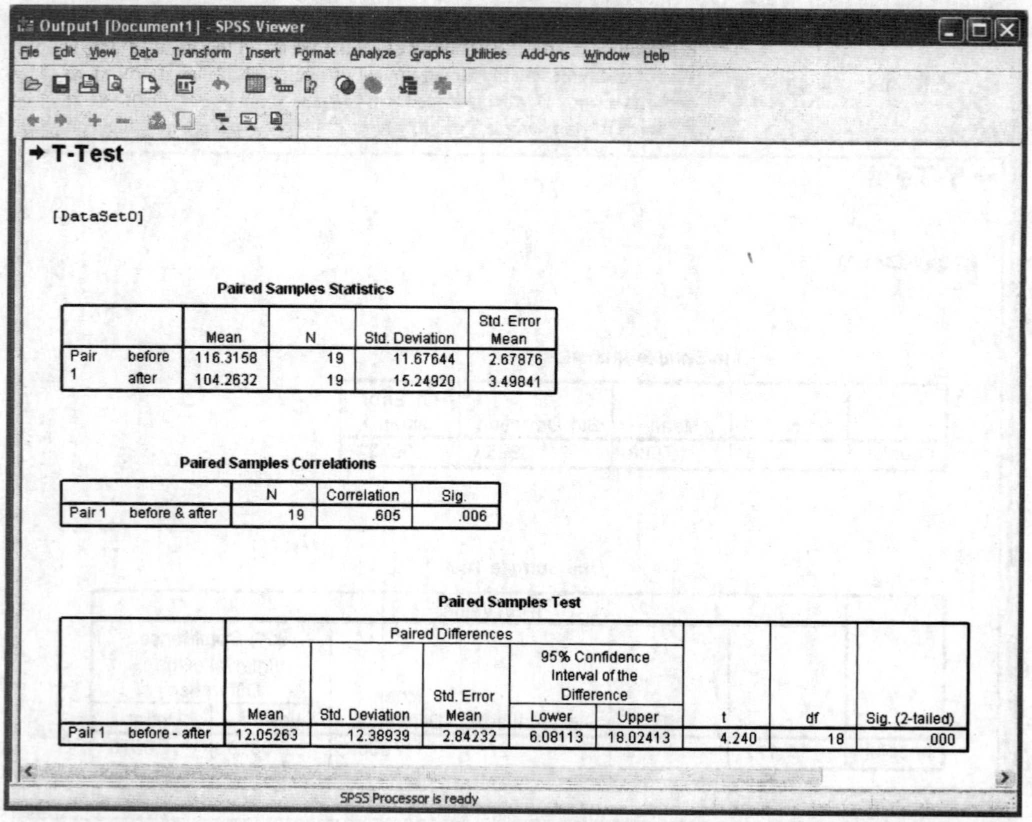

Paired Samples Statistics

		Mean	N	Std. Deviation	Std. Error Mean
Pair 1	before	116.3158	19	11.67644	2.67876
	after	104.2632	19	15.24920	3.49841

Paired Samples Correlations

		N	Correlation	Sig.
Pair 1	before & after	19	.605	.006

Paired Samples Test

		Paired Differences					t	df	Sig. (2-tailed)
					95% Confidence Interval of the Difference				
		Mean	Std. Deviation	Std. Error Mean	Lower	Upper			
Pair 1	before - after	12.05263	12.38939	2.84232	6.08113	18.02413	4.240	18	.000

图7—12 使用 SPSS 对19个接受普通婚前咨询的男人的沟通质量执行相关样本均值 t 检验

第 8 章

独立样本均值 t 检验

章节概览

- 均值差分布
- 独立样本均值 t 检验的假设检验
- 独立样本均值 t 检验的假定
- 独立样本均值 t 检验的效应大小和统计检验力
- 回顾及比较三种 t 检验
- 争论：多次 t 检验存在的问题
- 研究文献中的独立样本均值 t 检验
- 前沿课题：栏本容量不相等时独立样本均值 t 检验的统计检验力
- 小结
- 关键词
- 案例解析
- 练习题
- SPSS 应用

270 在前面一章中，你学会了使用相关样本均值 t 检验来比较来自一组被试的两列分数（比如同一个人在接受婚前咨询前后的沟通质量）。

在这章中，你将学会如何比较两组分别来自两个完全独立的被试组的分数。这在心理学研究中是十分常见的情况。比如说，研究需要对实验组和控制组被试成绩进行比较（或者是男性组和女性组）。这是一个 t 检验，因为你不知道总体的方差（所以必须估计得出它们）。这两组分数是相互独立的，因此你在这章中学到的叫作**独立样本均值 t 检验**。

> **独立样本均值 t 检验** 有两组相互独立的被试接受测试，并且总体方差未知的假设检验程序。

让我们来看一个例子。一个研究团队对于书
271 写生活中与创伤事件相关联的思考和感受对身体健康的影响感兴趣。这种书写叫做表达性书写。假设研究者选择大学生作为被试，并且随机分配被试进入一个表达性书写组和一个控制组。表达性书写组的学生被要求写 4 篇 20 分钟的短文，内容是连续 4 天关于他们生活中的创伤性经历。控制组的学生也被要求写 4 篇 20 分钟左右的短文，内容是连续 4 天关于他们当天的计划。一个月后，研究者要求学生评估他们的整体身体健康水平［等级从 0（非常不健康）到 100（非常健康）］。由于表性达书写组和控制组包含了不同的学生，独立样本均值 t 检验很适合表达性书写对身体健康影响的研究。在这章中我们稍后再回顾这个例子。但是首先，你将学习独立样本均值 t 检验的逻辑，包括一个新的分布类型（叫做均值差分布）。

均值差分布

在前面的章节中，你已经学会了相关样本均值 t 检验的逻辑及计算。在前一章中，同样的被试有一对分数，也就是每个人有两个分数。这需要你去计算每个人分数的差值。你之后的假设检验步骤中需要用到这些差异值进行计算。在这个假设检验过程中比较分布是差异值的均值分布。

这章中你面对的情况是，一组人的分数跟另外一组人的分数进行比较。所以没有类似于你以前做的，同样一组人中，每个人有两个配对的分数。因此，用差异值是毫无意义的，在这章中你不能在假设检验过程中使用差异值。但是，当这两组的分数是不同的人的成绩时，所能比较的是一组分数的均值和另一组分数的均值。

所以独立样本均值 t 检验主要就是集中于两个组间的均值差异。假设检验过程跟你学过的相同。由于现在主要研究的是均值间的差异，因此比较分布是**均值差分布**。

均值差的分布，在某种意义上也就是除去群体中的个体的两个步骤：第一，来自每一个总体中的均值分布；第二，在所有的来自这些均值分布中的每一对配对均值间存在着一个分布的差异。

这样一个均值分布的差异来自于以下几点：(a) 给第一组的总体随机选择一个来自均值分布的均值，(b) 给第二组的总体随机选择一个来自均值分布的均值，然后 (c) 前后相减。（也就是，来自第一个均值分布中的均值减去来自第二个均值分布中的均值。）这样就能从两个选择出来的均值中得出一个差数。然后重复这个过程。这样就得出了第二个差数。继续重复这样的过程，就可以得出所有均值的差数。你使用这样的一个复杂烦琐的方法是无法准确地得出所有均值的差数的。但是，这个方法清晰地说明了分布是如何形成的。

> **成功小贴士**
>
> 相关样本均值 t 检验和独立样本均值 t 检验的比较分布名称有一些相似：差异值均值分布和均值差分布。因此，很容易将这些比较分布弄混。为了清晰地记住它们，要弄懂 t 检验的逻辑。相关样本均值 t 检验涉及的是差异值，所以它的比较分布是差异值均值分布。独立样本均值 t 检验涉及的是均值差，所以它的比较分布是均值差分布。

> **均值差分布** 配对样本的均值的差异的分布，对于每一对均值，一个来自于第一个总体，另一个来自于第二个总体；它是独立样本均值 t 检验的比较分布。

逻辑 272

图 8—1 显示了所有的均值差分布的逻辑形状。在图最顶端是两个总体分布。我们不知道这些总体分布的特征，但是我们知道如果零假设是真的，那么两个总体的均数应该是一样的。也就

273

是说，零假设是$\mu_1=\mu_2$。我们也可以通过样本的信息来估计这些总体的方差（这些估计出的方差记作 S_1^2 和 S_2^2）。

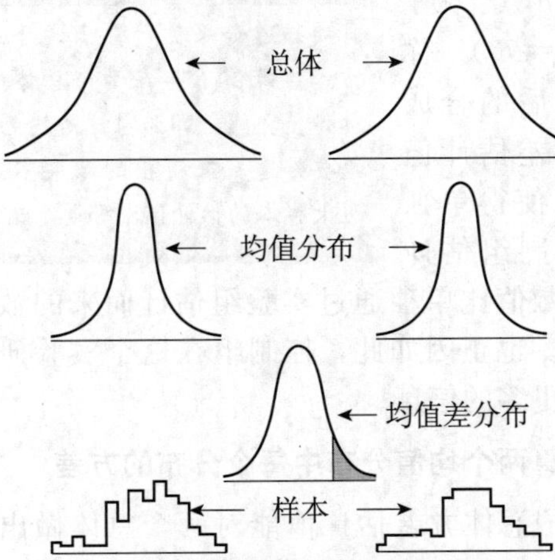

图 8—1　均值差分布的逻辑图

在每个总体分布下面的是该总体的均值分布。通过总体的方差估计值和已知的样本容量，你可以计算出通常情况下每个均值分布的方差。（就是总体方差的估计值除以来自于该总体的我们当前正在研究的样本的容量。）

在两个均值分布下面的，并且也是由此得出的是重要的均值差分布。这个分布的方差完全是依靠总体方差的估计值得出的。因此，我们可以把它看作是一个 t 分布。独立样本 t 检验的目的是为了判断两个样本的均值差是否比均值差分布临界值更极端。两个样本的实际情况都在图的底部（直方图）。

记住，整个过程只是一个设想。它仅仅存在于我们的思考中，帮助我们以实际实验的结果为依据做出判断和决策。这里唯一可以确定的只有两个样本的分数。你从这些样本分数中估计出总体的方差。而两个均值分布的方差完全都是依靠总体方差估计值（和样本容量）计算而来的。并且，你很快就能看到，均值差分布的特征是建立在这两个均值分布之上的。

不过，这个过程却是非常有证明力的。因为这个过程包含了数学中的统计检验学和逻辑学。这可以帮助我们将最简单的知识应用到特殊的学习研究中。

通过对基本逻辑的概述，现在我们看一下这六个重要的细节：(1) 均值差分布的均数；(2) 总体方差估计值；(3) 两个均值分布的方差；(4) 均值差分布的方差和标准差；(5) 均值差分布的形状；(6) 正在比较的两个均数间差值的 t 分数。

均值差分布的均数

在独立样本均值 t 检验中，你需要考虑两个总体：比如说，实验组和控制组。在实际操作中，两个总体的均数是不知道的。你知道如果零假设是真的，那么这两个总体就有同样的均值。同时，如果这两个总体拥有相同的均数，那么两个均值的分布也有相同的均数。（这是因为每个均值分布和他们总体中每个个体都拥有相同的均值。）最后，如果你的随机样本是来自两个同样的均值分布的话，那么这些随机样本的均值差分布将最终保持平衡。上述研究的结果：不管在怎样特殊的研究中，如果零假设是正确的，你就能知道均值差分布的均数是 0。

估计总体方差

在第 7 章中，你学到了通过样本的分数来估计出总体的方差。也就是离均差平方和除以自由度（样本个数减 1）。对于独立样本均值 t 检验来说，我们就有理由假设来自两个样本的总体，它们的方差相同（在统计学术语中，我们叫作方差齐性）。（如果零假设成立，它们也有相同的均值。但是，零假设是否成立，取决于两个总体是否有相同的方差。）因此，当你以任一样本分数估计方差时，你得到的是对于同一数值的两个独立的估计值。在实际操作中，两个估计值是不可能完全相同的。既然它们是对同一个数值的估计值，那么最好的办法就是算出两个估计值的平均数，以此来得到一个统一的估计值。这叫作**合成总体方差估计值**（S^2_{Pooled}）。

> **合成总体方差估计值**（S^2_{Pooled}）　独立样本均值 t 检验中对两个样本的总体方差估计值的加权平均（每一个估计值的权重都是通过所有样本的自由度除以自由度总和形成的比例得到的）。

然而，在进行平均的时候，你还需要考虑两个样本容量可能不同的情况。如果一个样本容量比另一个要大的话，那么可以得到更为精确的估计值（由于它依据更多的信息）。但是如果两个样本容量大小相等，你只需计算它的普通均值。另一种情况，如果样本容量大小不一样，你在做平均的时候就要给予大样本更大的比重。也就是，你需要进行**加权平均**。

> **加权平均**　在独立样本均值 t 检验中计算合成方差估计值时，被平均的分数对总体具有不同的影响的一种平均。

同样，为了精确，在实际操作中，每个样本所需要提供的不是样本分数的数量，而是自由度（样本分数数量减 1）。因此，加权平均数需要通过每个样本的自由度来计算。要找到加权平均数，你需要将每个样本的自由度除以自由度总和再乘以来自样本的总体方差估计值。最后，你将两个结果相加，那就是你的加权后的合成估计值。公式如下：

$$S^2_{\text{Pooled}}=\frac{df_1}{df_{\text{Total}}}\ (S_1^2)\ +\frac{df_2}{df_{\text{Total}}}\ (S_2^2) \tag{8—1}$$

> 合成估计值是由第一个样本的自由度除以自由度总和，乘以第一个总体的方差估计值，然后加上第二个样本的自由度除以自由度总和，乘以第二个总体的方差估计值得出的。

在这个公式中，S^2_{Pooled} 是合成总体方差估计值。df_1 是来自总体 1 样本的自由度，df_2 是来自总体 2 样本的自由度。df_{Total} 是自由度的总和（$df_{\text{Total}}=df_1+df_2$）。$S_1^2$ 是根据总体 1 样本分数估计而来的总体方差；S_2^2 是根据总体 2 样本分数估计而来的
274 总体方差。

让我们看个例子，一个由 11 个被试组成的实验组的总体方差估计值是 60，而在 31 个被试组成的控制组中总体方差估计值是 80。总体方差估计值在实验组中的自由度是 10（11 减 1），而控制组的自由度是 30（31 减 1）。在这个例子中，综上所得自由度总和是 40（10 加 30）。因此，实验组对总体方差估计提供的信息是四分之一（10/40＝1/4），而控制组提供的信息为四分之三（30/40＝3/4）。

接着将总体方差估计值乘以实验组的 1/4，为 15（也就是 60×1/4＝15），并且乘以控制组的 3/4，为 60（也就是 80×3/4＝60）。将两者相加，得出总体估计值，15 加上 60 为 75。公式为：

$$S^2_{\text{Pooled}}=\frac{df_1}{df_{\text{Total}}}\ (S_1^2)\ +\frac{df_2}{df_{\text{Total}}}\ (S_2^2)$$

$$=\frac{10}{40}\ (60)\ +\frac{30}{40}\ (80)$$

$$=\frac{1}{4}(60)\ +\frac{3}{4}(80)\ =15+60$$

$$=75$$

注意，在这个过程中没有得出跟最初平均（没有加权）后一样的结果。

> **成功小贴士**
>
> 你要知道如果你计算出的合成总体方差估计值不是在两个总体方差的估计值之间，那么它就是错的。（你也要知道如果得出的结果不是更接近大样本的估计值，那也是错的。）

最初平均后的结果是 70（［60＋80］/2＝70）。你加权过后的合成总体方差估计值是 75，使得单独通过控制组估计而来的数值比单独通过实验组估计而来的数值更加接近。也正因如此，控制组在这个实验研究中提供了更多的信息。

计算两个均值分布中每个分布的方差

合成总体方差估计值能对两个总体做出最好的估计。（记住，在独立样本均值 t 检验中，你得假设两个总体方差相同。）然而，尽管两个总体方差相同，如果样本容量不同的话，那么均值分布的方差就不会相同。

> 第一个总体的均值分布方差是合成总体方差估计值除以第一个总体中样本的被试数量。

这是因为均值分布的方差是由总体方差除以样本容量得来的。公式如下：

$$S^2_{M_1}=\frac{S^2_{\text{Pooled}}}{N_1} \tag{8—2}$$

$$S^2_{M_2}=\frac{S^2_{\text{Pooled}}}{N_2} \tag{8—3}$$ 275

> 第二个总体的均值分布方差是合成总体方差估计值除以第二个总体中样本的被试数量。

再让我们看一个例子，该研究包括由 11 个被试组成的实验组和 31 个被试组成的控制组。我们计算得知合成总体方差估计值为 75。对于实验组，均值分布的方差为 75/11，也就是 6.82。对于控制组，均值分布的方差为 75/31，即 2.42。公式如下：

> **成功小贴士**
>
> 记住在你计算方差估计值的时候要除以自由度。但是当你计算单个均值分布的估计值时，你要除以实际样本容量。

$$S^2_{M_1}=\frac{S^2_{\text{Pooled}}}{N_1}=\frac{75}{11}=6.82$$

$$S^2_{M_2}=\frac{S^2_{\text{Pooled}}}{N_2}=\frac{75}{11}=2.42$$

均值差分布的方差和标准差

均值差分布的方差（$S^2_{Difference}$）是总体 1 均值分布的方差加上总体 2 均值分布的方差。（这是因为，对于总体方差来说，它是由每两个数差值的方差构成的。类似于从一个活动目标中减去一个活动数字。）公式构建如下：

$$S^2_{Difference}=S^2_{M_1}+S^2_{M_2} \qquad (8—4)$$

> 均值差分布的方差是由第一个总体均值分布的方差加上第二个总体均值分布的方差计算得来的。

均值差分布的标准差（$S_{Difference}$）是对均值差分布的方差进行开方得出的：

$$S_{Difference}=\sqrt{S^2_{Difference}} \qquad (8—5)$$

> 均值差分布的标准差是均值差分布的方差的正平方根。

在例子中我们已经考虑到了，实验组的均值分布的方差是 6.82，控制组的均值分布的方差是 2.42；因此均值差分布的方差也就是 6.82 加上 2.41，为 9.24。那么均值差分布的标准差就是 9.24 开方，结果是 3.04。代入公式为：

> **均值差分布的方差（$S^2_{Difference}$）**被计算出来作为一个独立样本均值 t 检验的部分的数字之一；它等于与两个样本的每一个相联系的均值分布的方差之和。

$$S^2_{Difference}=S^2_{M_1}+S^2_{M_2}=6.82+2.42=9.24$$

$$S_{Difference}=\sqrt{S^2_{Difference}}=\sqrt{9.24}=3.04$$

计算均值差分布的标准差的步骤

> **均值差分布的标准差（$S_{Difference}$）**独立样本均值 t 检验中均值差分布的方差的正平方根。

Ⓐ 计算每个样本的总体方差估计值。也就是计算每个总体的估计值，公式为 $S^2=SS/(N-1)$。

276 **Ⓑ 计算合成总体方差估计值：**

$$S^2_{Pooled}=\frac{df_1}{df_{Total}}(S^2_1)+\frac{df_2}{df_{Total}}(S^2_2)$$

（$df_1=N_1-1$，$df_2=N_2-1$；$df_{Total}=df_1+df_2$）

Ⓒ 计算每个均值分布的方差：$S^2_{M_1}=S^2_{Pooled}/N_1$，$S^2_{M_2}=S^2_{Pooled}/N_2$。

Ⓓ 计算均值差分布的方差：$S^2_{Difference}=S^2_{M_1}+S^2_{M_2}$。

Ⓔ 计算均值差分布的标准差：$S_{Difference}=\sqrt{S^2_{Difference}}$。

均值差分布的形状

均值差的分布是建立在总体方差估计值上的。因此，均值差分布（比较分布）是一个 t 分布。均值差分布的方差是通过两个样本的总体方差估计值来计算的。因此，均值差分布的自由度就是两个样本自由度的总和。公式如下：

$$df_{Total}=df_1+df_2 \qquad (8—6)$$

> 独立样本均值 t 检验中的自由度总和为第一个样本的自由度加上第二个样本的自由度。

在我们先前讨论的那个由 11 个被试组成的实验组和 31 个被试组成的控制组中，我们已经提到过自由度为 40（$11-1=10$；$31-1=30$；$10+30=40$）。要体现 t 分数的显著性，你就要找到自由度为 40 的临界值。假设你选取了显著性为 0.05 的单侧检验。在附录中（表 A—2）t 分布表在自由度为 40 时显示的临界值是 1.684。也就是说，要使结果显著，均值差的标准差至少是 1.684，高于均值差分布中的均值 0。

两个均值差的 t 分数

这是 t 分数假设检验的步骤：首先，计算出两个样本间均数的差值。（也就是用一个样本的均数减去另一个样本的均数）。然后，计算出这个差值在均数差分布的哪个位置上。通过这个差值除以这个分布的标准差得到。公式如下：

$$t=\frac{M_1-M_2}{S_{Difference}} \qquad (8—7)$$

> t 分数是两个样本间均值的差值除以均值差分布的标准差。

在我们的案例中，假设第一个样本的均数是 198，第二个样本均数是 190。两个样本均数间的差值是 8（$198-190=8$）。之前我们计算得知的均值差分布的标准差是 3.04。这样 t 分数即为 2.63（$8/3.04=2.63$）。换句话说，这个例子中两个样本均值差的 t 分数 2.63 要高于均值差分布的均数。公式如下：

$$t=\frac{M_1-M_2}{S_{Difference}}=\frac{198-190}{3.04}=\frac{8}{3.04}=2.63$$

277

你会做吗？

1.（a）在什么时候需要进行独立样本均值 t 检验？（b）这与进行相关样本均值 t 检验有什么不同？

2.（a）在独立样本均值 t 检验中比较分布是什么？（b）解释在计算两个样本分数的比较分布方差估计值时的逻辑思路。（c）用分布图来解释你的答案。（d）为什么这个比较分布的均数是 0？

3. 写出计算以下几个值的公式：（a）合成总体方差估计值；（b）第一个总体的均值分布的方差；（c）均值差分布的方差；（d）独立样本均值 t 检验中的 t 分数。（e）对公式中的符号进行定义。

4. 解释：（a）为什么在独立样本均值 t 检验中使用单个的合成总体方差估计值？（b）为什么及（c）如何对估计值进行加权？

5. 用指定方法来比较两个样本的均数。第一个样本有 21 个被试，总体方差估计值为 100；第二个样本有 31 个被试者，总体方差估计值是 200。（a）均值差分布的标准差是多少？（b）它的均值又是多少？（c）它的形状是什么样子的？（d）用分布图阐明答案。

（b）均数：0；（c）形状：自由度为 50 的 t 分布；（d）见图 8—1（可参照图 8—2 作例子）。

$S_{\text{Difference}}=\sqrt{12.78}=3.57$

$S^2_{\text{Difference}}=7.62+5.16=12.78$

$S^2_{M_1}=160/21=7.62$；$S^2_{M_2}=160/31=5.16$

$S^2_{\text{Pooled}}=(20/50)(100)+(30/50)(200)=40+120=160$

5.（a）均值差分布的标准差：

（c）加权是将每个样本的估计值乘以该样本的自由度，然后除以总自由度。

（b）我们对大样本的估计值进行加权，是因为大样本提供了更多的信息，也能够让结果更加精确。

4.（a）你先假设两个总体的方差相同；因此，对两个样本进行估计也应该得出同一个数字。

（e）S^2_{Pooled} 合成总体方差估计值；df_1 和 df_2 分别是第一个和第二个样本总体的自由度；df_{Total} 是自由度总和；S_1^2 和 S_2^2 分别是第一个和第二个总体的方差估计值；$S^2_{M_1}$ 是第一个总体均值分布的方差；N_1 是第一个样本被试者数量；$S^2_{\text{Difference}}$ 是均值差分布的方差；t 是独立样本均值 t 检验的 t 分数；M_1 和 M_2 是第一个总体和第二个总体样本的均数；$S_{\text{Difference}}$ 是均值差分布的标准差。 278

（d）独立样本均数的 t 分数：

$$t=\frac{M_1-M_2}{S_{\text{Difference}}}$$

$$S^2_{\text{Difference}}=S^2_{M_1}+S^2_{M_2}$$

（c）均值差分布的方差：

$$S^2_{M_1}=\frac{S^2_{\text{Pooled}}}{N_1}$$

（b）第一个总体的均数分布的方差：

$$S^2_{\text{Pooled}}=\frac{df_1}{df_{\text{Total}}}(S_1^2)+\frac{df_2}{df_{\text{Total}}}(S_2^2)$$

3.（a）合成总体方差估计值：

（d）这个分布的均数应该是 0，因为如果零假设成立，那么两个总体就拥有相同的均数了。所以，均值差应该趋向为 0。

（c）你的草图应该跟图 8—1 相似。

答案

1. (a) 当两个样本的分数来自不同的个体并且不知道总体方差的时候，你需要进行独立样本均值 t 检验。

(b) 在独立样本均值 t 检验中，两个分数来自于不同的个体。

2. (a) 独立样本均值 t 检验的比较分布是均值差分布。

(b) 通过每个样本的分数来估计出总体的方差。既然你假定两个总体的方差相同，那么你就可以结合两个估计值了（给估测自由度大的样本均值更大的权重）。通过合成总体方差估计值，你就能用合成总体方差除以每个样本的容量，计算出每个样本总体的均值分布的方差了。最后，由于你感兴趣的是均值差，你建立了均值差的比较分布。这个比较分布的方差跟两个均值分布的方差的总和相同。（因为均值差分布是由配对均数构成的，两个均值分布的方差共同组成比较分布的方差。）

独立样本均值 t 检验的假设检验

在假设检验五个步骤里，对独立样本均值 t 检验来说有三个新的问题：(1) 比较分布现在是均值差分布（这影响了步骤❷）；(2) 在 t 分布表中临界值的自由度是基于两个样本的（这影响了步骤❸）；(3) 在比较分布上，样本的分数都是依据你的两个样本均数差值得来的（这影响了步骤❹）。

独立样本均值 t 检验的例子

279 让我们回到本章开始介绍的那个实例中来。20 个学生被要求参加这个研究。10 个学生被随机分配为实验组，要求写下他们对人生中创伤最大事件的想法和感受。还有 10 个学生成为控制组，要求他们写当天的计划。一个月过后，所有的学生对他们自己身体健康状况进行评价：0 分＝非常不健康，100 分＝非常健康。

t 检验的相关计算及 t 分数见表 8—1。图 8—2 是分布图。现在让我们开始使用假设检验的五个步骤。

❶重申有关总体的研究假设和零假设问题。 有两个总体，如下。

总体 1：参与表达性书写的学生。

总体 2：参与中立主题书写的学生（他们的当天计划）。

成功小贴士

与之前几章中的一样，总体 2 为零假设为真的总体。

研究者对识别表达性书写的积极或消极健康影响感兴趣。因此，研究假设是总体 1 中学生的健康状况将与总体 2 中的不同：$\mu_1 \neq \mu_2$。零假设为总体 1 中学生的健康状况跟总体 2 的相同：$\mu_1 = \mu_2$。

❷决定比较分布的特征。 比较分布是一个均值差的分布。(a) 它的均数为 0（在独立样本均值 t 检验中它总是 0，因为我们感兴趣的就是两个样本是否有差异）。

表 8—1　关于表达性书写对身体健康影响的虚构研究的独立样本均值 t 检验

表达性书写组			控制书写组		
分数	离均差（分数－均值）	离均差平方	分数	离均差（分数－均值）	离均差平方
77	−2	4	87	19	361
88	9	81	77	9	81
77	−2	4	71	3	9
90	11	121	70	2	4
68	−11	121	63	−5	25
74	−5	25	50	−18	324
62	−17	289	58	−10	100
93	14	196	63	−5	25

续前表

表达性书写组			控制书写组		
分数	离均差（分数－均值）	离均差平方	分数	离均差（分数－均值）	离均差平方
82	3	9	76	8	64
79	0	0	65	−3	9
Σ：790		850	680		1 002

$M_1=79.00$；$S_1^2=850/9=94.44$；$M_2=68.00$；$S_1^2=1\ 002/9=111.33$

$N_1=10$；$df_1=N_1-1=9$；$N_2=10$；$df_2=N_2-1=9$

$df_{\text{Total}}=df_1+df_2=9+9=18$

$S_{\text{Pooled}}^2=\frac{df_1}{df_{\text{Total}}}(S_1^2)+\frac{df_2}{df_{\text{Total}}}(S_2^2)=\frac{9}{18}(111.33)=47.22+55.67=102.89$

$S_{M_1}^2=S_{\text{Pooled}}^2/N_1=102.89/10=10.29$

$S_{M_2}^2=S_{\text{Pooled}}^2/N_2=102.89/10=10.29$

$S_{\text{Difference}}^2=S_{M_1}^2+S_{M_2}^2=10.29+10.29=20.58$

$S_{\text{Difference}}^2=\sqrt{S_{\text{Difference}}^2}=\sqrt{20.58}=4.54$

t 分数在 0.05 显著性水平上，自由度为 18 的双侧检验中的临界值为 ± 2.101

$t=(M_1-M_2)/S_{\text{Difference}}=(79.00-68.00)/4.54=2.42$

结论：拒绝零假设。

280

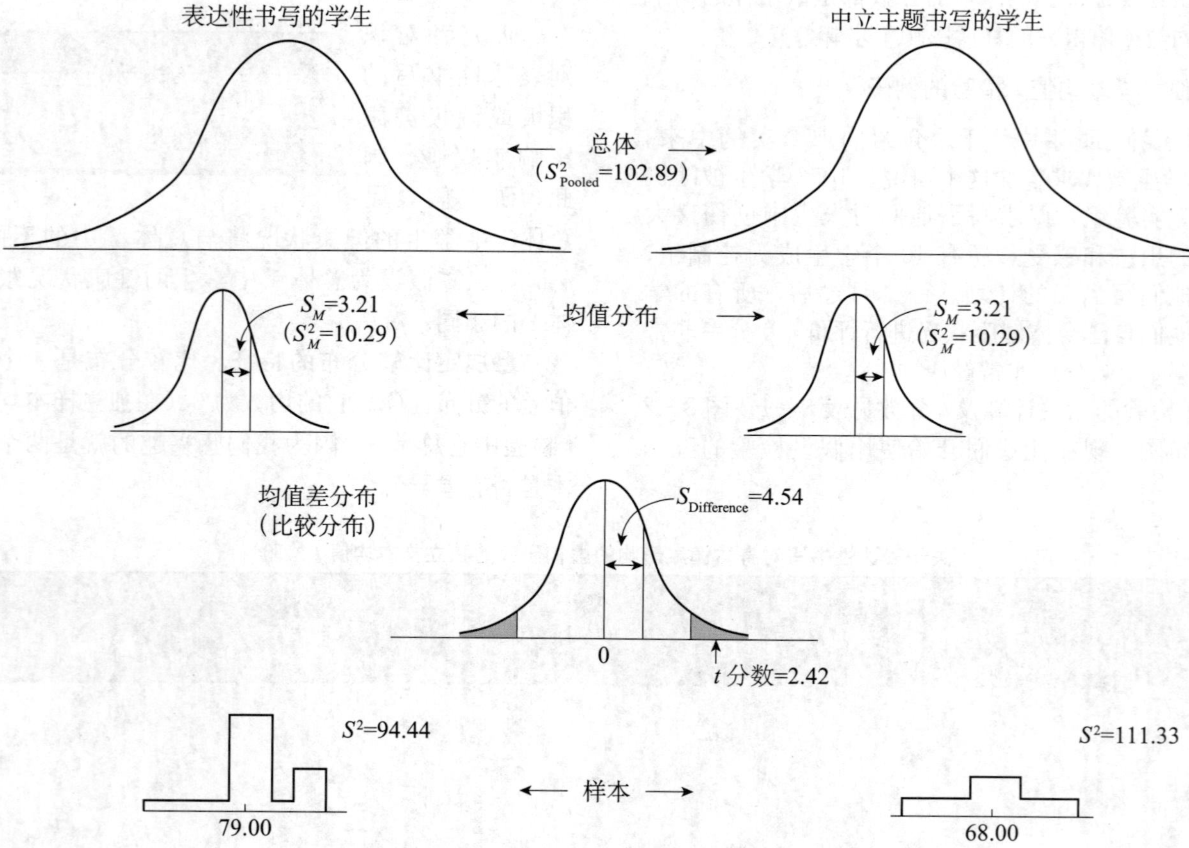

图 8—2　表达性书写例子独立样本均值 t 检验的分布图

（b）注意它的标准差：

Ⓐ 计算每个样本的总体方差估计值。如表 8—1 所示，S_1^2 是 94.44，S_2^2 是 111.33。

成功小贴士

注意在这个例子中，$S_{M_1}^2$ 和 $S_{M_2}^2$ 是相等的。这是因为在两个组中有相同的样本容量（即 N_1 和 N_2 相等）。当两个组样本容量不一样时，$S_{M_1}^2$ 和 $S_{M_2}^2$ 的值将会不同。

Ⓑ 计算合成总体方差估计值：如表 8—1 所示，S_{Pooled}^2 最后计算结果是 102.89。

Ⓒ 计算每个均值分布的方差：S_{Pooled}^2 除以每个样本的容量，结果如表 8—1 所示，$S_{M_1}^2=10.29$，$S_{M_2}^2=10.29$。

Ⓓ 计算均值差分布的方差：将两个样本均值分布的方差相加，结果如表 8—1 所示，$S_{\text{Difference}}^2=20.58$。

Ⓔ 计算均值差分布的标准差：$S_{\text{Difference}}=\sqrt{S_{\text{Difference}}^2}=\sqrt{20.58}=4.54$。

281 （c）这个比较分布的形状是总自由度为 18 的 t 分布。

❸根据比较分布上的样本分数临界值来决定是否应该拒绝零假设。要采用双侧检验，因为研究者想检验两个方面的影响。如附录中的 t 分布表所示，临界值在 0.05 的显著性水平上为 ±2.101。

❹计算比较分布上你的样本分数。t 分数是两个样本均值间的差值除以均值差分布的标准差。最后计算结果是 2.42。

❺决定是否拒绝零假设。两个样本均值差的 t 分数为 2.42，比 t 分数的临界值 2.101 要大。你可以拒绝零假设。参与表达性书写组的学生的身体健康水平要好于那些写中立主题的学生这一研究假设得到了支持。

尽管在这个研究中，数据都是虚构的，但是结论是那些实际研究得出的。实际研究得出结论说，书写自我健康报告对自我有积极影响，而且还对幸福感有帮助（例如，Pennebaker & Beall，1986；Warner et al.，2006；Frattaroli，2006）。

独立样本均值 t 检验步骤的小结

表 8—2 总结了独立样本均值 t 检验的步骤。[①]

表 8—2　独立样本均值 t 检验的步骤

❶ 重述有关总体的研究假设和零假设问题。

❷ 决定比较分布的特征。

a. 它的均值为 0。

b. 计算它的标准差。

Ⓐ 计算每个样本的总体方差估计值。对每个总体，$S^2=SS/(N-1)$。

Ⓑ 计算合成总体方差估计值：

$$S_{\text{Pooled}}^2=\frac{df_1}{df_{\text{Total}}}(S_1^2)+\frac{df_2}{df_{\text{Total}}}(S_2^2)$$

$(df_1=N_1-1，df_2=N_2-1；df_{\text{Total}}=df_1+df_2)$

Ⓒ 计算每个均值分布的方差：

$S_{M_1}^2=S_{\text{Pooled}}^2/N_1$，$S_{M_2}^2=S_{\text{Pooled}}^2/N_2$

Ⓓ 计算均值差分布的方差：

$S_{\text{Difference}}^2=S_{M_1}^2+S_{M_2}^2$

① 在显示的研究情境中，独立样本均值 t 检验的计算通常都是由计算机来完成的（见本章“SPSS 应用”）。然而，如果你想自己笔算出独立样本均值 t 检验的结果的话，需要用到下列公式：

$$t=\frac{M_1-M_2}{\sqrt{\frac{(N_1-1)(S_1^2)+(N_2-1)(S_2^2)}{N_1+N_2-2}\left(\frac{1}{N_1}+\frac{1}{N_2}\right)}}$$

独立样本均值 t 检验的 t 分数是将两个样本的均值相减，然后除以下面这个数值的正平方根：样本 1 的数量减 1 后乘以总体 1 的方差估计值，加上样本 2 的数量减 1 后乘以总体 2 的方差估计值，然后将结果除以样本 1 的个数加样本 2 的个数减去 2，所得结果再乘上，1 除以样本 1 的数量加上 1 除以样本 2 的数量。

Ⓔ **计算均值差分布的标准差：**

$S_{Difference}=\sqrt{S^2_{Difference}}$

c. 判断它的形状：它将是自由度为总自由度的 t 分布。

❸ **根据比较分布上的样本分数临界值来决定是否应该拒绝零假设。**

a. **决定自由度（df_{Total}）、显著性水平、单侧还是双侧检验。**

b. **在 t 分布表中找到最接近的值。如果没有找到相应的自由度，那就用表中最接近的。**

❹ **计算比较分布上你的样本分数：**

$t=(M_1-M_2)/S_{Difference}$

❺ **决定是否拒绝零假设：**比较步骤❸和步骤❹的分数。

282

独立样本均值 t 检验的另外一个例子

巴伦苏埃拉（Valenzuela，1997）比较了被领养的营养良好的和营养不良的那些可怜孩子。其中一个举措就是通过一份标准调查问卷来评定一个母亲对她孩子照顾的等级分级（通过在家中观察）。在43个营养良好的孩子的母亲中，平均照顾质量是33.10，并且总体方差估计值为201.64。在42个长期营养不良的孩子的母亲中，对孩子平均照顾质量为27.00，总体方差估计值是134.56。

两种情况的 t 检验结果的比较见表8—3。相关的分布见图8—3，下面我们通过假设检验的五个步骤来说明。

❶ **重申有关总体的研究假设和零假设问题。**有两个总体，如下。

总体1：营养良好的领养孩子的母亲。

总体2：营养不良的领养孩子的母亲。

研究假设是总体1中的母亲的得分跟总体2中母亲的得分不同。巴伦苏埃拉预测总体1的分数将高于总体2。然而，在实际研究中，通常像这样的问题，她都使用双侧显著性检验。因此，研究假设是总体1中母亲的得分跟总体2的不同：$\mu_1\neq\mu_2$。零假设是总体1中母亲的得分跟总体2的相同：$\mu_1=\mu_2$。

❷ **决定比较分布的特征。**（a）均值等于0。（b）计算它的标准差（见表8—3对每一个步骤的计算）：

Ⓐ **计算每个样本的总体方差估计值。**结果为：$S_1^2=201.64$，$S_2^2=134.56$。

Ⓑ **计算合成总体方差估计值：**结果是168.77。

表8—3　对营养良好的孩子与营养不良的孩子的母亲照顾质量研究的独立样本均值 t 检验

营养良好的孩子：

$N_1=43$；$df_1=N_1-1=42$；$M_1=33.10$；$S_1^2=201.64$

营养不良的孩子：

$N_2=42$；$df_2=N_2-1=41$；$M_2=27.00$；$S_2^2=134.56$

$df_{Total}=df_1+df_2=42+41=83$

$S^2_{Pooled}=\frac{df_1}{df_{Total}}(S_1^2)+\frac{df_2}{df_{Total}}(S_2^2)=\frac{42}{83}(201.64)+\frac{41}{83}(134.56)=102.84+65.93=168.77$

$S^2_{M_1}=S^2_{Pooled}/N_1=168.77/43=3.92$

$S^2_{M_2}=S^2_{Pooled}/N_2=168.77/42=4.02$

$S^2_{Difference}=S^2_{M_1}+S^2_{M_2}=3.92+4.02=7.94$

$S_{Difference}=\sqrt{S^2_{Difference}}=\sqrt{7.94}=2.82$

t 分数在0.05显著性水平上，自由度为83的双侧检验中的临界值为±1.990

$t=(M_1-M_2)/S_{Difference}=(33.10-27.00)/2.82=6.10/2.82=2.16$

结论：拒绝零假设；研究假设成立。

资料来源：Data from Valenzuela，1997.

283

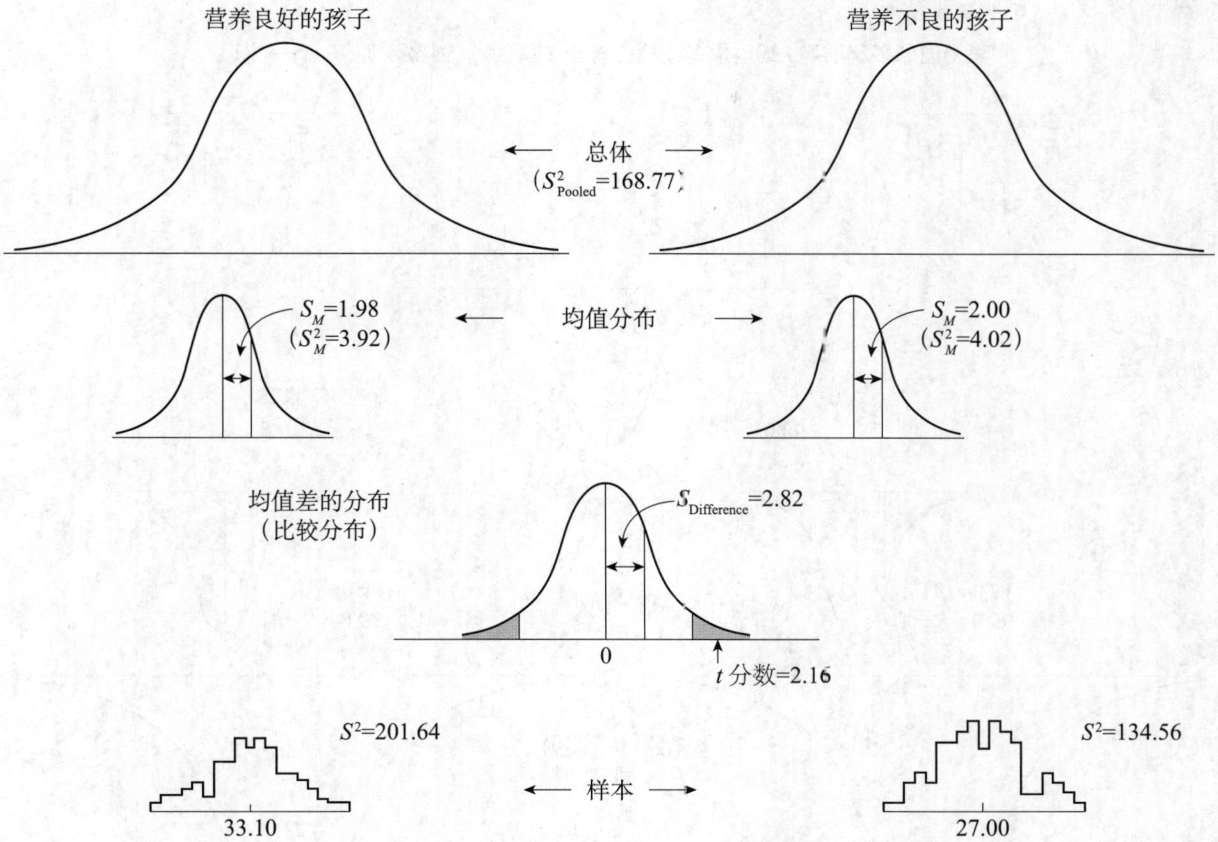

图 8—3 营养良好孩子的母亲和营养不良孩子的母亲得分的独立样本均值 t 检验分布图

资料来源：Data from Valenzuela，1997.

❸ **计算均值分布的方差**：$S^2_{M_1}=3.92$，$S^2_{M_2}=4.02$。

❹ **计算均值差分布的方差**：将两个样本均值分布的方差相加为 $S^2_{Difference}=7.94$。

❺ **计算均值差分布的标准差**：$S_{Difference}=\sqrt{S^2_{Difference}}=\sqrt{7.94}=2.82$。

(c) 这个例子的比较分布的形状是总自由度为 83 的 t 分布。

❸ **根据比较分布上的样本分数临界值来决定是否应该拒绝零假设**。这个研究的临界值是在总自由度为 83、显著性水平为 0.05 的双侧检验（因为研究假设是非定向的）中得出的。附录中 t 分布表（表 A—2）中没有自由度为 83 的相关数据。因此，你需要找比 83 低的自由度，也就是 80。这样就能找到自由度为 80 时的临界值为 +1.990 和 −1.990。

❹ **计算比较分布上你的样本分数**。t 分数是两个样本均值间的差值除以均值差分布的标准差。t 分数的计算结果是 2.16。($t=6.10/2.82=2.16$。) 284

❺ **决定是否拒绝零假设**。t 分数 2.16 大于临界值 ±1.990。因此，可以拒绝零假设。营养良好孩子的母亲比起那些营养不良孩子的母亲，给予了孩子更多的照顾这一研究假设得到了支持。

你会做吗？

1. 根据 (a) 步骤❷，(b) 步骤❸和 (c) 步骤❹来说明独立样本均值 t 检验和相关样本均值 t 检验在假设检验中的区别。

2. 在 0.05 显著性水平上，独立样本均值 t 检验实验组的分数比控制组的分数预期的要低。在由 26 个被试组成的实验组中，$M=5$，$S^2=10$；在由 36 个被试组成的控制组中，$M=8$，$S^2=12$。(*a*) 使用假设检验的步骤。（b）绘制分布图。

❶ **重述有关总体的研究假设和零假设问题。**有两个总体，如下。

总体 1：给予实验程序的人。

总体 2：给予实验程序的人。

研究假设为总体 1 的均值要比总体 2 的小：$\mu_1<\mu_2$。零假设是总体 1 的均值不比总体 2 的小：$\mu_1\geqslant\mu_2$。

❷ **决定比较分布的特征。**

（a）均值等于 0。

（b）计算它的标准差。

Ⓐ **计算每个样本的总体方差估计值**：$S_1^2=10$，$S_2^2=12$。

Ⓑ **计算合成总体方差估计值**：$S^2_{\text{Pooled}}=(25/60)(10)+(35/60)(12)=4.17+7.00=11.17$。

Ⓒ **计算均值分布的方差**：$S^2_{M_1}=11.17/26=0.43$，$S^2_{M_2}=11.17/36=0.31$。

Ⓓ **计算均值差分布的方差**：$S^2_{\text{Difference}}=0.43+0.31=0.74$。

Ⓔ **计算均值差分布的标准差**：$S_{\text{Difference}}=\sqrt{S^2_{\text{Difference}}}=\sqrt{70.74}=0.86$。

（c）比较分布的形状是总自由度为 60 的 t 分布。

❸ **根据比较分布上的样本分数临界值来决定是否应该拒绝零假设。**这个研究的 t 临界值 -1.671 是在总自由度为 60、显著性水平为 5% 的单侧检验中得出的。（临界值是负数，是因为研究假设是总体 1 的均数比总体 2 的小。）

❹ **计算比较分布上你的样本分数。**$t=(M_1-M_2)/S_{\text{Difference}}=(5-8)/0.86=-3.49$。

❺ **决定是否拒绝零假设。**t 分数 -3.49 大于临界值 -1.671。因此，可以拒绝零假设。

（b）分布图在图 8—4 中。

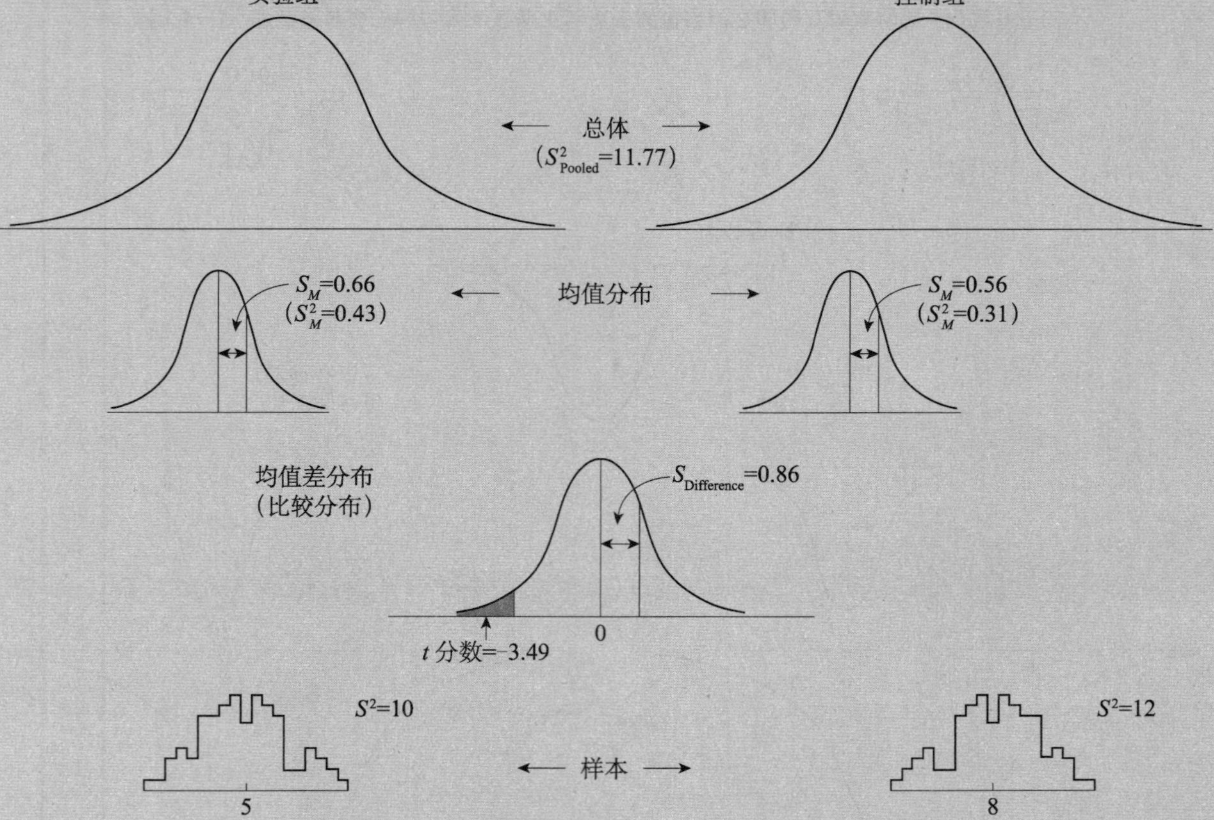

图 8—4 “你会做吗？”问题 2 中关于独立样本均值 t 检验的分布图答案

答案

1. (a) 独立样本均值 t 检验的比较分布是均值差的分布。

(b) 独立样本均值 t 检验的自由度是两个样本自由度的和。

(c) 独立样本均值 t 检验的 t 分数跟均值差有关（均值差除以均值差分布的标准差）。

2. (a) 假设检验的步骤：

独立样本均值 t 检验的假定 286

独立样本均值 t 检验的第一个假定和其他 t 检验相同：每一个总体的分布都假定遵从正态分布。在实际研究中，唯一的问题就是你是否有理由相信你的两个总体呈现偏态分布，并且是两个相反方向的分布。t 检验就能很好地解释当你的总体分布甚至完全偏离正态分布形状时的情况。

在独立样本均值 t 检验中，你还需要假定两个总体拥有相同的方差。（正如你在前面章节中所学的，这个假设被叫作方差齐性。）但是现在，在实际研究中，t 检验能够得出十分精确的结果，哪怕当总体方差差异很大，尤其是两个样本的被试分数的数量相同或者几乎相等的情况下。（我们如何知道 t 检验可以适度违反其假设呢？见信息箱 8—1。）

信息箱 8—1　蒙特卡罗方法：当数学开始只是一个实验，而统计学仍然依靠运气的时候

蒙特卡罗（以著名的摩纳哥的赌城命名）方法也是在最近几年才被认可的。这是 20 世纪 40 年代中期由于科学技术的发展和电子计算机的发明而被提出的一种以概率统计理论为指导的非常重要的数值计算方法。它是一种使用随机数（或更常见的伪随机数）来解决很多计算问题的方法。例如 1777 年，布丰（Buffon）提出用投针实验的方法求圆周率。这被认为是蒙特卡罗方法的起源。蒙特卡罗方法一度对早期数学家和统计学家研究像赌博概率类的问题的影响很大。（我们可以在第 3 章的信息箱 3—3 中回忆下帕斯卡和点问题。）

蒙特卡罗方法被统计学家大量使用是在计算机发明后才开始的。这是因为蒙特卡罗方法可以使得在均数检验中得出更多的可能性。另外，蒙特卡罗方法首先是在核武器的试验与研制中得到应用的，因为当中子束分散时粒子的轨迹是非常复杂的，光靠数学原理随意地运用方程式是行不通的。但是由于蒙特卡罗方法能够比较逼真地描述事物的特点及物理实验过程，所以也只有物理学能够理解——或者至少是倾向于这个方法。

你是否记得在高中化学和物理课上提到的布朗运动？这就是蒙特卡罗方法研习的一个很好的例子。其中的原子粒子是无限数量的，几乎是完全随机的物质。事实上，布朗运动的轨迹就像是一个醉汉喝醉后缥缈的步伐一样。无论何时，醉汉都可能朝任意方向行走。但是如果把醉汉（或粒子）限制在一个虚构的网格中的话，问题就简化了。

把城市道路网图像化。再往下思考，在城市里只有一条路的话，那么那个醉汉只能沿着这条路走（就像所有的粒子都被限制）。在这条限制的小路上，醉汉还是很自由的。这个例子的重点是说明随机概率到底有多少——所有的运动和所有的最终结果。因此可以通行的道路是很多的。

随机行走的例子主要告诉我们的是蒙特卡罗方法的主要特征：它们需要使用随机的数字来进行。关于对它们的解释，可见第 14 章的信息箱 14—1。

现在，让我们回到让我们感兴趣的地方：通过使用蒙特卡罗方法来校对违背统计检验假定可能的 287
结果。比如，用计算机设置两个相同均数的总体，但是其他参数是由统计学家提供的，以至于违背了一些重要的假定。比如可能总体呈偏态分布或者两个总体的方差不同。

样本是从两个非常规的总体（计算机设置的）中随机抽取的。在基于总体假设的条件下，通过 t 检验对这些样本的均值进行比较。我们选择了差不多10 000个这样的样本，并对此进行了 t 检验。那么这里的问题就是："这10 000个被试分数在显著性水平为0.05时的 t 检验结果是多少?"事实上，研究的结果可能是5%，10 000个中的50个。但是10%（1 000）的时候在显著性水平为0.05时结果又如何呢？0.01又是多少呢？如果这些结果出现了，那么对这些特殊 t 检验假定的违背就不能成立了。但是，实际上，通过这种方法大部分违背 t 检验假定的情况下是不能得出非常大的 p 值的（除非非常极端的情况）。

蒙特卡罗方法对统计学家来说是个大发明，但是跟任何事一样，都有缺陷存在。其中的一个问题就是总体能够违背假定的情况几乎都被它们的变化所限制了。甚至计算机都有关于它们的限制；蒙特卡罗研究使用那些变异集的代表数值来运行。一个更加显著的问题是比起先前研究过的（见第3章关于正态曲线的争论），一些变异的研究和真实的世界表现出来的并不一致。最后，当我们决定是否在特殊的情况下使用一个特殊的统计方法的时候，我们对样本来源的总体毫无所知。是如同蒙特卡罗方法所说，还是有所差别？只有当系统的大小与例子的平均自由程度可以相比较时，蒙特卡罗方法计算的结果才令人较为满意。但对大型系统或小概率事件的计算问题，计算结果往往比真实值偏低。我们只能希望，在增大样本后，统计数值是可以作为依据安全使用的。

不管如何，蒙特卡罗研究在计算机高度发达后会是一个比较完美的例子。谢尔德（Shreider，1996）提道：

> 计算机的出现和发展引起了数学领域的变革。过去，一个随机调查一旦完成了，就意味着描述性分析结束了，而现在通过对随机过程的模拟我们可以很方便地解决某些数据分析上的问题。(p. vii)

换句话说，数学帮助我们分析实验，而实验也帮助我们分析数学。

然而，t 检验会给出错误的结果，如果（a）样本提供的分数使得总体偏离正态，（b）方差不相同，或者（c）这两个问题都有的话。在这些情况下，就要选择其他方法替代普通的 t 检验过程，其中一些方法在第14章中会学到。

许多计算机对独立样本均值 t 检验最后会得出两种结果。一种是计算的结果基于总体方差齐性。这种方法是标准计算，也就是你在这章中学到的。还有一种结果使用了一种特殊的替代程序，这种程序将总体方差不同的情况考虑其中。（但是仍然假设总体方差呈正态。）关于这两种结果的案例呈现在章末的"SPSS应用"部分（见图8—8）。当然了，我们在大部分的情况下还是可以假定总体方差齐性。因此，研究者常常使用标准方法。使用特殊的替代程序也有它的优点，那就是你不用担心总体方差是否相等了。而它的缺点就是，如果你假定的总体方差相等的话，这种方法的统计检验力就小了。换句话说，如果你能够做出总体方差相同这样的假定的话，就不要使用特殊的方法。

288

独立样本均值 t 检验的效应大小和统计检验力

效应大小

独立样本均值 t 检验效应大小的计算跟我们之前学的方法相同：

$$d=\frac{\mu_1-\mu_2}{\sigma} \qquad (8—8)$$

效应大小是总体均值间的差值除以总体的标准差。

因为所有的情况我们都已经考虑了，所以寇恩惯例（Cohen，1988）对独立样本均值 t 检验同样适用：0.20是小效应，0.50是中等效应，0.80是大效应。

假设一个环境心理学家正在一个空气污染水平较高的城市进行研究工作。这个心理学家计划通过一个可以在一小时内完成的富有创造性的测试来研究问题数量。这个研究在两种状态下比较了其绩效。在实验组，每个被试都带一个特殊的空气净化器进行实验。而在控制组的被试是不携带空气净化器的。研究者预期控制组的被试得分跟以前做这样实验的人的分数相同，均数都是 21。但是研究预期在实验组中的成绩将更好，均数要到 29。从先前的研究中可以得知的是这个研究的标准差是 10。因此，$\mu_1=29$，$\mu_2=21$，$\sigma=10$。通过计算，$d=(\mu_1-\mu_2)/\sigma=(29-21)/10=0.80$，是一个大效应。

当你完成研究，得出研究结果的时候，通过样本均数差除以合成总体标准差估计值（合成总体方差估计值开平方）来估计效应大小。用样本的均数是因为样本均数能更好地估计总体均数，而使用合成总体方差估计值是因为能最好地估计出标准差 σ。公式为：

$$d\text{ 估计值}=\frac{M_1-M_2}{S_{\text{Pooled}}} \qquad (8—9)$$

效应大小估计值是样本均数间的差值除以合成总体标准差估计值。

我们再来看下巴伦苏埃拉（Valenzuela，1997）关于领养孩子的母亲照顾质量的研究。样本中营养良好孩子的母亲得分的均值为 33.10，而样本中营养不良孩子母亲的得分的均值是 27.00。我们计算的合成总体方差估计值为 168.77，因此标准差是 12.99。均数间的差值是 6.10，除以 12.99，其效应大小为 0.47，为中等效应。公式为：

$$d\text{ 估计值}=\frac{M_1-M_2}{S_{\text{Pooled}}}=\frac{33.10-27.00}{12.99}=\frac{6.10}{12.99}=0.47$$

统计检验力

独立样本均值 t 检验的统计检验力可以使用统计检验力表、统计检验力软件包，或者一个在线统计检验力计算器得到。表 8—4 中的统计检验力表给出了在 0.05 显著性水平上，小效应、中等效应，大效应及单侧或者双侧检验的近似统计检验力。[①] 再回到环境心理学家的那个研究中来，研究者期望可以得到一个大效应（$d=0.80$）。假设研究计划对 10 个被试使用 0.05 显著性水平上的单侧检验。基于表 8—4，我们可以找到这个研究的统计检验力为 0.53。这意味着，如果研究假设成立，并且有一个大效应的话，那么研究结果只有 53%的可能为显著。 289

现在我们来看看已完成的研究例子。假设有一独立样本均值 t 检验的研究，显著性水平是 0.05，双侧检验，研究结果是不显著。在每个组中都有 40 个被试。你能否肯定总体间就没有差异呢？这样的结论看起来就有点不恰当了。表 8—4 中表明统计检验力为 0.14 是小效应。如果有这么一个小效应存在于总体中的话，那么这个研究结果就不显著了。同样，我们也可以推断，如果总体确实存在差异，那么这种差异也不会很大。表 8—4 中表明统计检验力 0.94 为大效应。如果存在这么一个大效应的话，就可以肯定研究结果是显著的。

表 8—4　采用 0.05 显著性水平的独立样本均值 t 检验的近似统计检验力

每组中被试数量	效应大小		
	小效应（0.20）	中等效应（0.50）	大效应（0.80）
单侧检验			
10	0.11	0.29	0.53
20	0.15	0.46	0.80
30	0.19	0.61	0.92
40	0.22	0.72	0.97
50	0.26	0.80	0.99
100	0.41	0.97	*
双侧检验			
10	0.07	0.18	0.39
20	0.09	0.33	0.69
30	0.12	0.47	0.86
40	0.14	0.60	0.94
50	0.17	0.70	0.98
100	0.29	0.94	*

* 接近于 1。

① 寇恩（Cohen，1988，pp. 28－39）提供了更多详细说明被试数量、效应大小等级和显著性水平的细节表。要注意的是寇恩描述的显著性水平是用字母 a 表示的，用 1 和 2 来表示单侧检验还是双侧检验。比如，“$a_1=0.05$”意思是 $p<0.05$，单侧检验。

计划样本容量

表8—5给出的是在0.05显著性水平上，统计检验力为80%的小效应、中等效应、大效应及单侧检验和双侧检验情况下要使统计检验力达到80%你需要的大概样本容量。[①] 假设制定了一个预期中等效应大小的研究，并且该研究使用的是0.05显著性水平的单侧检验。基于表8—5，你需要每一组有50个被试（总共100个）才能达到80%的统计检验力。然而，如果你使用同样的显著性水平但想要一个大效应的结果，那么你只需要每个组有20个被试就可以了（总共40个）。

290 **表8—5　采用0.05显著性水平的独立样本均值 t 检验的统计检验力为80%时所需要的被试数量**

	效应大小		
	小效应（0.20）	中等效应（0.50）	大效应（0.80）
单侧检验	310	50	20
双侧检验	393	64	26

你会做吗？

1. 列举独立样本均值 t 检验的两个假定。对于每个假定，给出会违背假定的情况。
2. 我们为什么要假定总体方差相等？
3. 研究总体1均数预计为17，总体2均数预计为25，并且总体标准差是20，其效应大小是多少？
4. 在一显著性水平是5%的双侧独立样本均值 t 检验中，研究者预计有一个大效应，每组都有20个被试者，这个研究的统计检验力是多少？
5. 在一个独立样本均值 t 检验的研究中，显著性水平为5%，单侧检验，期望的效应大小为小效应，要统计检验力达到80%，每个组需要被试者的个数是多少？

答案

1. 第一个假定是两个总体呈正态分布；这是不是一个主要问题取决于你是否有理由认为两个样本完全呈不同方向的偏态分布。第二个假定两个总体的方差相等；这是不是一个主要问题取决于你是否认为两个样本方差差异很大并且样本容量也不同。
2. 假定总体方差相同是因为你需要合成总体方差估计值。如果两个总体的方差不等，那么合成总体方差估计值便没有意义。
3. 效应大小 $d=(17-25)/20=-8/20=-0.40$。
4. 统计检验力是0.69。
5. 你需要310个被试者。

回顾及比较三种 t 检验

你现在已经学了三种类型的 t 检验：在第7章中，你学了单个样本 t 检验和相关样本均值 t 检验，而在本章中你学习了独立样本均值 t 检验。表8—6回顾并比较了这三种类型的 t 检验。

正如你在表8—6中所看到的，在这三种 t 检验中总体方差都是未知的，并且它们的比较分布

① 寇恩（Cohen，1988，pp. 54－55）提供了更加全面的表，包括统计检验力达到80%，效应大小除0.20，0.50，0.80以外，以及其他显著性水平上所需被试的数量。如果你只是要一个粗略的近似值，邓拉普和迈尔斯（Dunlap & Myers，1997）发展出了一个确定进行独立样本均值 t 检验所需被试数量的捷径。统计检验力是50%的情况中，每组中所需被试数量大概是 $8/d^2+1$。统计检验力是80%～90%的被试数量是 $16/d^2+2$。

291

成功小贴士

建议你多花一些时间仔细地浏览表 8—6。通过遮住表格一部分内容来回忆它们，检查你是否真正理解了这三种 t 检验。如果你还不能很好地回忆这些信息，那么一定要对这一章及第 7 章相关内容进行复习。

形状都是 t 分布。单个样本 t 检验是用来比较单个样本均值与已知的总体均值的假设检验程序。在心理学大部分研究中是不知道总体均数的。如果总体均数未知，你想要知道当每个被试有两个分数（如前测和后测）或者配对被试的分数之间是否有差异的时候，相关样本均值 t 检验是一个合适的 t 检验。独立样本均值 t 检验适用于当你需要对一组被试得分的均数（实验组）同另外一组被试得分的均数（控制组）进行比较。

表 8—6　三种类型 t 检验的回顾

t 检验的特征	t 检验的类型		
	单个样本	相关样本均值	独立样本均值
总体方差已知	不知	不知	不知
总体均值已知	知道	不知	不知
每个被试的分数数量	1	2	1
差值计算	不需要	需要	不需要
比较分布的形状	t 分布	t 分布	t 分布
自由度计算公式	$df=N-1$	$df=N-1$	$df_{Total}=df_1+df_2$ $(df_1=N_1-1;\ df_2=N_2-1)$
t 分数的计算公式	$t=(M-\mu)/S_M$	$t=(M-\mu)/S_M$	$t=(M_1-M_2)/S_{Difference}$

争论：多次 t 检验存在的问题

一个长期存在的争议被叫作“多次 t 检验”问题。这是一个存在于所有类型的假设检验中的问题，而不仅仅是 t 检验。然而，我们现在介绍这个问题是因为传统上该问题就在这一背景下提出的。

假设你有一个大型样本需要进行 t 检验。举个例子，你可能会比较两组各自的 17 个不同测量，如在回忆任务中不同的记忆指标、各种智力测验分量表的分数或观察到的婴儿之间互动的不同方面。当你在同样的研究中用了几个 t 检验后，研究结果的显著性就改变了，5%的显著性水平被提高了。如果你做了 100 个独立的比较，那么平均 5 个就能改变显著性水平。也就是说哪怕样本之间没有明显差异，每增加 5 个也能使 t 检验变成显著。

这个基本的问题是没有争议的。每个人都同意在涵盖一个大样本的研究中存在这个问题。并且每个人都同意，在这个研究中，如果只有一些结果是显著的话，那么这些差异应该谨慎看待。这里的争议是究竟应该怎么谨慎以及这个“一些”究竟是多少。其中一个解释为：在大部分的案例中，许多比较并不是独立的；一个结果的显著性的改变与另外一个结果的显著性相关。

这里有个例子。一个研究比较了一组律师和一组医生的 100 种人格特质。现在我们假设研究者只是对被试进行 100 次 t 检验。如果这 100 次 t 检验是相互独立的，那么我们就能预期平均每 5 次 t 检验就会改变显著性水平。事实上，t 分布表可以很精确地告诉我们任何特定次数的 t 检验结果显著的概率。然而，问题是实际上这 100 次 t 检验并不是相互独立的。许多不同的人格特质或许是关联的：如果医生和律师在魄力上有区别，那么他们可能在自信上也有所区别。因此，某些比较组合可能或多或少地影响显著性水平改变的结果，所以 100 次中的 5 次 t 检验可能就不是你所预期的那种变化了。 292

还有一种复杂的情况：在大部分的案例中，差值这一变量比其他的变量更加重要。它的一些比较可能直接检验一个理论或者是某些实际操作过程中的影响；其他比较可能更多的是“带有探索性”的。

以下是另一个例子。这是一个使用脑成像程序（如 fMRI）的实验，其中一个典型研究中的分析如下所示：在 10 到 15 分钟内，每几秒对被试的大脑进行扫描。在这期间，这个人可能在看一种图片，这些图片上的人在微笑，而在其他时候，看另一种图片，这些图片上的人在皱眉。在大脑的每一个区域内，fMRI记录其每2到3秒的激活状况。对于大脑内每一个区域来说，在你看微笑图片的时候可能有60个区域被激活，当你在看皱眉图片时，也可能有60个区域被激活。因此，对于每个区域，你都能够做一个独立样本均值t检验。事实上，这就是这类研究的研究目的。（我们可以回顾一下在第7章中所举的例子。）然而，存在的问题就是大脑的各个区域太多了。（在fMRI研究中，每个小区域都只有1/4立方英寸大或者更小。）因此你需要做数以万计的t检验，并且你还得期望它们中的一些是显著的。一些大脑区域可能会表现出不同程度的活动，整个的情形是一个更为复杂的问题。另外，还有一种情况更复杂，那就是大脑内两个以上相互邻近的小区域同时出现了不同程度的显著性。

在这些各种各样的案例中，有各种不同的解决方案。在第9章中，当我们考虑研究中需要比较两组以上分数时，我们将介绍其中一种（Bonferroni矫正）。然而，这仍然是统计学方法发展需要攻克的一个问题。[在第7章的案例中，阿伦等（Aron et al.，2005）使用了一种备受争议的方法；他们对这一研究结果很有自信——但是，这一方法的使用，也导致他们错过了发现更多差异出现的原因的机会。] 如今，在神经成像的论文中，这个问题已经是备受关注的话题了（例如，Nancy & Cordes，2007；Nichols & Hayasaka，2003）。

研究文献中的独立样本均值t检验

独立样本均值t检验在研究报告中通常要给出两个样本的均数（有时候是标准差），加上所有类型的t检验中的报告方式——比如，$t(38)=4.72$，$p<0.01$（括号内的数字是自由度）。表达性书写对健康的影响可以报告如下："表达性书写
293 组的自评健康平均水平为79.00（$SD=9.72$），控制组平均水平是68.00（$SD=10.55$）；$t(18)=2.42$，$p<0.05$，双侧检验。"

以下是另外一个例子。道奇和考夫曼（Dodge & Kaufman，2007）对大学生膳食补充品使用进行了研究。现在对他们研究的结果进行预测："男性比女性更可能报告使用膳食补充品以提高健康状况，$t(61)=4.03$，$p<0.01$；而女性比男性更有可能报告使用膳食补充品来帮助减肥，$t(61)=-2.74$，$p<0.01$。"（p. 515）

表8—7是一个研究的某些t检验的结果展示。该表取自于吉本斯和他的同事（Gibbons et al.，2006）所进行的一项研究。该研究调查了危地马拉152个大学生对于大男子主义的态度（强烈的男性自豪感）、对于女性的态度以及对于领养的态度。如表8—7所示，研究者进行了三次独立样本均值t检验来观测男女同学在这些态度上是否存在差异。在对量表进行赋值后，高分意味着对于大男子主义持更加积极的态度、更加平等的性别观（对此我们使用青少年女性态度问卷进行测量，表8—7中简写为AWSA），以及对领养的积极态度。该表的第一行显示男性（均值1.32）与女性（均值1.17）相比对大男子主义持更加积极的态度。均值比较的t分数为4.77，且$p<0.001$，在统计上是显著的。除此之外，表8—7还表明了女性与男性相比对女性和领养的态度都更加积极。（每个±号后面的数值都是特定群体的标准差。）

表8—7　男女在对大男子主义、女性及领养的态度上得分的均值与标准差

	女性（$n=64$）	男性（$n=88$）	t	p
对大男子主义的态度	1.17±0.15	1.32±0.20	4.77	<0.001
对女性的态度（AWSA）	3.26±0.31	2.98±0.35	5.00	<0.001
对领养的态度	3.10±0.39	2.85±0.41	3.07	<0.01

资料来源：Gibbons，J. L.，Wilson，S. L.，& Rufener，C. A.（2006）. Gender attitudes mediate gender differences in attitudes towards adoption in Guatemala. *Sex Roles*，*54*，139－145. Copyright © 2006. Reprinted by permission of Springer Science and Business Media.

前沿课题：样本容量不相等时独立样本均值 t 检验的统计检验力

对于给定被试总数的一项研究而言，当被试被分成两个等组后统计检验力会达到最大。让我们回顾一下之前章节中那个例子，有 42 个被试，其中 11 个分到实验组，还有 31 个分到控制组。这个研究的统计检验力要小很多，除非研究者将 42 个被试平均分到两个组中，也就是每个组 21 个人。

当两个样本容量不等时，计算统计检验力有一个问题。（当你使用统计检验力软件包和网络统计检验力计算器计算统计检验力的时候，需要指
294 定样本容量。）像大多数统计检验力表，表 8—4 假定每对比较组的数量相同。当两个样本中被试数量不等时你又该怎么做呢？这就需要提到权重了，通过权重，**调和平均数**能够确保这两个样本的样本容量等价。关于调和平均数的起源有很多种说法，但是其中可能性最大的就是源于古希腊时代（约公元前 350 年）同音乐与和声相关的故事。调和平均数的计算公式为：

> **调和平均数**　受到小数量不相称影响的特殊平均数；当对两个容量不同的样本进行独立样本均值 t 检验，且需考虑权重时，调和平均数能够使每个样本的容量等价。

$$调和平均数=\frac{(2)\ (N_1)\ (N_2)}{N_1+N_2} \qquad (8—10)$$

在我们那个有 11 个被试的实验组和 31 个被试的控制组的例子中，调和平均数为 16.24：

> 调和平均数是 2 乘以样本 1 的容量和样本 2 的容量，然后除以样本 1 容量和样本 2 容量的和。

$$
\begin{aligned}
调和平均数&=\frac{(2)\ (N_1)\ (N_2)}{N_1+N_2}\\
&=\frac{(2)\ (11)\ (31)}{11+31}=\frac{682}{42}\\
&=16.24
\end{aligned}
$$

因此，尽管你总共有 42 个被试，但是，研究中真正有效的是每组拥有 16 个被试的两个同等样本容量的被试组。（这也意味着，如果一个研究有 32 个被试，平均分到两个样本中所得到的统计检验力相同。）

你会做吗？

在 0.05 显著性水平上的一个双侧独立样本均值 t 检验中，研究希望得到一个大效应，并且一个样本容量是 6，另外一个样本容量是 34，这个研究的统计检验力是多少？

答案

调和平均数=(2)(6)(34)/(6+34)=408/40=10.20。这个研究的统计检验力与每个组都有 10 个被试者的研究的统计检验力相同，都等于 0.39（见表 8—4）。

小结

1. 独立样本均值 t 检验是用来对两个完全分开的组中被试分数的假设检验。独立样本均值 t 检验的比较分布是样本间均值差的分布。这个分布我们可以通过两个步骤来建立：每个样本总体都有一个均值分布，接着，从这两个均值分布中选取的每对均值间的差异会产生一个新的分布。

2. 均值差分布的均数是 0，并且它的自由度是两个样本自由度的总和。它的标准差计算步骤如下：

Ⓐ 计算每个样本的总体方差估计值。

Ⓑ 计算合成总体方差估计值。

Ⓒ 计算每个均值分布的方差。

Ⓓ 计算均值差分布的方差。

Ⓔ 计算均值差分布的标准差。

3. 独立样本均值 t 检验的假定是两个总体呈 295
正态，并且方差相同。然而，当真实情况与假定不同时，t 检验还是可以给出很精确的结果的。

4. 独立样本均值 t 检验的效应大小的算法是均值差除以总体的标准差。还可以使用表格（见

表8—4)、统计检验力软件包，或者是网络统计检验力计算器得到。

5. 当你在同一个研究中得出很多显著性的结果时，比如使用一系列 t 检验对两个组的不同测量进行了比较，那么任何一个在0.05显著性水平上的比较其实际上的显著性水平都会大于0.05。对于这个问题仍然存在争议，尽管大部分人认为这样的结果需要谨慎考虑。

6. 在独立样本均值 t 检验的研究报告中应该包含两个组的均数、自由度、t 分数和显著性水平。研究报告表应该对显著性的差异进行说明。

7. 前沿课题：样本容量相同时统计检验力最大，如果不同，需要查统计检验力表对调和平均数进行计算。

关键词

独立样本均值 t 检验（p. 270）
均值差分布（p. 271）
合成总体方差估计值（S^2_{Pooled}）（p. 273）
加权平均（p. 273）
均值差分布的方差（$S^2_{\text{Difference}}$）（p. 275）
均值差分布的标准差（$S_{\text{Difference}}$）（p. 275）
调和平均数（p. 294）

案例解析

计算均值差分布的标准差

计算这个研究的 $S_{\text{Difference}}$：$N_1=40$，$S_1^2=15$；$N_2=60$，$S_2^2=12$。

答案

Ⓐ 计算每个样本的总体方差估计值：

$S_1^2=15$；$S_2^2=12$。

Ⓑ 计算合成总体方差估计值：

$df_1 = N_1 - 1 = 40 - 1 = 39$；$df_2 = N_2 - 1 = 60 - 1 = 59$；

$df_{\text{Total}} = df_1 + df_2 = 39 + 59 = 98$

$$S^2_{\text{Pooled}} = \frac{df_1}{df_{\text{Total}}}(S_1^2) + \frac{df_2}{df_{\text{Total}}}(S_2^2) = (39/98)(15) + (59/98)(12) = 13.19$$

Ⓒ 计算每个均值分布的方差：

$S^2_{M_1} = S^2_{\text{Pooled}}/N_1 = 13.19/40 = 0.33$

$S^2_{M_2} = S^2_{\text{Pooled}}/N_2 = 13.19/60 = 0.22$

Ⓓ 计算均值差分布的方差： 296

$S^2_{\text{Difference}} = S^2_{M_1} + S^2_{M_2} = 0.33 + 0.22 = 0.55$

Ⓔ 计算均值差分布的标准差：

$S_{\text{Difference}} = \sqrt{S^2_{\text{Difference}}} = \sqrt{0.55} = 0.74$

独立样本均值 t 检验的假设检验

一个研究者随机选择了7名被试进入实验组，另7名被试进入控制组。在研究的最后，对14名被试进行测验。实验组被试的分数是6，4，9，7，7，3，6。控制组被试的分数是6，1，5，3，1，1，4。使用0.05显著性水平上的双侧独立样本均值 t 检验。使用假设检验的五个步骤并绘制分布图。

答案

计算结果见表8—8；分布图见图8—5。下面是假设检验的五个步骤。

❶ 重述有关总体的研究假设和零假设问题。 有两个总体，如下。

表8—8　对“案例解析”中案例的独立样本均值 t 检验

实验组			控制组		
分数	离均差	离均差平方和	分数	离均差	离均差平方和
6	0	0	6	3	9
4	−2	4	1	−2	4
9	3	9	5	2	4
7	1	1	3	0	0

续前表

实验组			控制组		
分数	离均差	离均差平方和	分数	离均差	离均差平方和
7	1	1	1	−2	4
3	−3	9	1	−2	4
6	0	0	4	1	1
Σ：42	0	24	21	0	26

$M_1=6$；$S_1^2=24/6=4.00$；$M_2=3$；$S_2^2=26/6=4.33$。

$N_1=7$；$df_1=N_1-1=6$；$N_2=7$；$df_2=N_2-1=6$。

$df_{\text{Total}}=df_1+df_2=6+6=12$。

$S_{\text{Pooled}}^2=\dfrac{df_1}{df_{\text{Total}}}(S_1^2)+\dfrac{df_2}{df_{\text{Total}}}(S_2^2)=\dfrac{6}{12}(4)+\dfrac{6}{12}(4.33)=0.5(4)+0.5(4.33)=2.00+2.17=4.17$。

$S_{M_1}^2=S_{\text{Pooled}}^2/N_1=4.17/7=0.60$。

$S_{M_2}^2=S_{\text{Pooled}}^2/N_2=4.17/7=0.60$。

$S_{\text{Difference}}^2=S_{M_1}^2+S_{M_2}^2=0.60+0.60=1.20$。

$S_{\text{Difference}}=\sqrt{S_{\text{Difference}}^2}=\sqrt{1.20}=1.10$。

t 分数在 0.05 显著性水平上，自由度为 12 的双侧检验中的临界值为± 2.179。

$t=(M_1-M_2)/S_{\text{Difference}}=(6.00-3.00)/1.10=3.00/1.10=2.73$。

结论：拒绝零假设；研究假设成立。

297

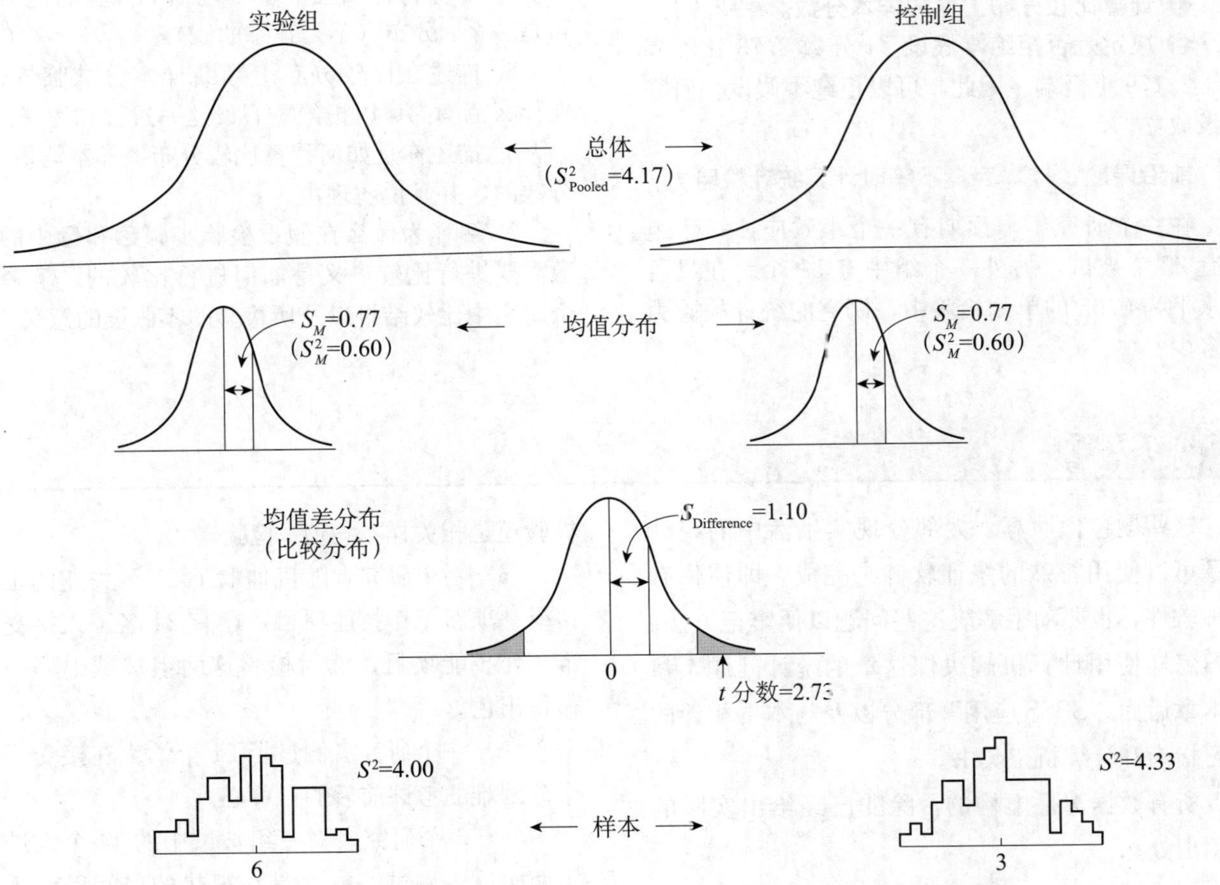

图 8—5　使用独立样本均值 t 检验对“案例解析”例子进行假设检验的分布图

总体 1：接受实验程序的人。

总体 2：接受控制程序的人。

研究假设为两个总体均值不等：$\mu_1 \neq \mu_2$。零假设为两个总体的均值相等：$\mu_1 = \mu_2$。

❷ 决定比较分布的特征。

（a）均值差分布的均数为 0。（b）注意它的标准差：

🅐 计算每个样本的总体方差估计值：$S_1^2 = 4.00$，$S_2^2 = 4.33$。

🅑 计算合成总体方差估计值：$S_{\text{Pooled}}^2 = 4.17$。

🅒 计算均值分布的方差：$S_{M_1}^2 = 0.60$，$S_{M_2}^2 = 0.60$。

🅓 计算均值差分布的方差：$S_{\text{Difference}}^2 = 1.20$。

298 **🅔 计算均值差分布的标准差**：$S_{\text{Difference}} = 1.10$。

（c）比较分布是自由度为 12 的一个 t 分布。

❸ 根据比较分布上的样本分数临界值来决定是否应该拒绝零假设。在总自由度为 12、显著性水平为 5%的双侧检验中得出的临界值为 +2.179 和 −2.179。

❹ 计算比较分布上你的样本分数。$t = 2.73$。

❺ 决定是否拒绝零假设。t 分数 2.73 比临界值 ±2.179 更极端。因此，可以拒绝零假设。研究假设成立。

前沿课题：样本容量不等时计算统计检验力

在一个研究中，预期有一个小效应，一个组中有 22 个被试，另外一个组中有 51 个。在显著性水平为 0.05 的单侧检验中，研究的统计检验力是多少？

答案

$$\text{调和平均数} = \frac{(2)(N_1)(N_2)}{N_1 + N_2} = \frac{(2)(22)(51)}{22+51} = \frac{2\,244}{73} = 30.7$$

从表 8—4 中可知，单侧检验，且每组有 30 个被试的统计检验力是 0.19。

关于独立样本均值 t 检验的论文写作要点

1. 描述在研究情景下的假设检验的逻辑。确定这个独立样本均值 t 检验是在你有两个完全独立的被试成绩的情况下才进行的假设检验。并且确定交代了研究假设和零假设的意义。

2. 解释使用独立样本均值 t 检验的比较分布（均值差分布）的逻辑。解释你为什么要用 0 作为它们的均数。

3. 略述总体方差估计值和两个均值分布方差计算的逻辑。描述如何计算均值差分布的标准差。

4. 解释为什么独立样本均值 t 检验的比较分布是一个 t 分布（不是正态曲线）。

5. 描述在比较分布上判断样本分数临界值，在什么范围内可以拒绝零假设这一过程和逻辑。

6. 描述你是如何计算比较分布上样本均值的 t 分数的，并且说明理由。

7. 解释为什么在假设检验步骤❸和❹中的分数需要进行比较，又是如何进行比较的。解释这个研究中比较结果以及所检验的零假设的意义。

练习题

这些题包含计算。大部分现实生活中的统计问题可以使用特殊的统计软件来完成。即使你有这种软件，也要动手解决这些问题以便牢记方法。学习怎样使用计算机解决像这章的统计问题，参
299 考本章后面“SPSS 应用”部分以及与本书相伴的学习指南和计算机工具书。

所有数据都是虚构的，除非已经给出实际的引用出处。

练习Ⅰ（练习Ⅰ的答案，见 pp. 683－685）

1. 对下面的研究，判断是使用独立样本均值 t 检验还是相关样本均值 t 检验。

（a）一个研究者随机抽取了 25 名失业的工人接受一项新工作技能项目，还有 24 名工人接受标准工作技能项目，然后检验这两组被试中哪一组做得出色。

（b）一个研究者测量了 21 个学生在接受一次十分困难的考试前后的自尊心。

（c）一个研究者对一组被试中的 14 个人进行了两次反应测试，一次是在很热的房间里，还有一次是在常温的房间里。

2. 计算一下这个研究的 $S_{\text{Difference}}$：

	N_1	S_1^2	N_2	S_2^2
(a)	20	1	20	2
(b)	20	1	40	2
(c)	40	1	20	2
(d)	40	1	40	2
(e)	40	1	40	4

3. 判断下面的研究在 0.05 显著性水平上是否有统计显著性（双侧检验）。

	实验组			控制组		
	N	M	S^2	N	M	S^2
(a)	30	12.0	2.4	30	11.1	2.8
(b)	20	12.0	2.4	40	11.1	2.8
(c)	30	12.0	2.2	30	11.1	3.0

4. 一位研究大众传播的社会心理学家进行了某研究，随机分配 82 个志愿者进入两个实验小组。61 个被试仅仅只能从电视上得到他们要的新闻，另外的 21 个能从网络上得到他们要的新闻。（研究者为什么不让被试平均分配到这两种情况中去，是有奥秘的！）一个月之后，所有的被试都被测试了一些政治问题。研究者没有预测过哪个新闻来源可以使人们更有见识。因为研究者只是预测它们之间存在差异。研究结果如下。电视组：$M=24$，$S^2=4$；网络组：$M=26$，$S^2=6$。在 0.01 显著性水平上，这位社会心理学家能得到什么结果？(a) 使用假设检验的步骤，(b) 绘制分布图，(c) 向熟悉单个样本 t 检验，但是不懂独立样本均值 t 检验的人解释你的答案。

5. 一位教育学家对当学生阅读时，故事中使
300 用学生自己的名字是否会影响其注意广度感兴趣。6 个孩子被随机分配到日常状况下来阅读一则故事（使用类似迪克和简这些常见的名字）。另外 5 个孩子阅读的是同样版本的故事，不同的是故事中某个孩子的名字用阅读者的名字进行了替代。研究者对每个被试阅读故事的时间进行了认真测量。结果如下表所示。在 0.05 的显著性水平上，这两组孩子的阅读时间是否存在差异？(a) 使用假设检验的五个步骤，(b) 绘制分布图，(c) 向一个从未上过统计课程的人解释你的答案。

普通故事		有自己名字的故事	
学生	阅读时间	学生	阅读时间
A	2	G	4
B	5	H	16
C	7	I	11
D	9	J	9
E	6	K	8
F	7		

6. 一位发展心理学家比较了 4 岁孩子和 8 岁孩子对故事的推理能力。5 个 4 岁孩子的分数是 7，6，2，3，8。3 个 8 岁孩子测试的得分是 9，2，5。在 0.05 显著性水平上，比较他们的得分，是否年长的孩子要好一些呢？(a) 使用假设检验的五个步骤，(b) 绘制分布图，(c) 向一个熟悉单个样本 t 检验但不熟悉独立样本均值 t 检验的人解释你的答案。

7. 计算问题 (a) 4，(b) 5 和 (c) 6 的效应大小估计值。(d) 对那些知道独立样本均值 t 检验，但是不知道效应大小的人解释你在计算 (a) 时的每一个步骤。

8. 计算以下采用独立样本均值 t 检验的研究的近似统计检验力大小：

	每组被试的数量	单侧或者双侧检验	效应大小
(a)	30	单侧	小效应（0.20）
(b)	100	双侧	大效应（0.80）
(c)	40	单侧	中等效应（0.50）
(d)	40	单侧	大效应（0.80）

9. 前沿课题：对于下列每一个研究，使用 0.05 显著性水平上的单侧独立样本均值 t 检验，且预测有小的效应大小，那么它们的统计检验力分别是多少？

	N_1	N_2
(a)	3	57
(b)	10	50
(c)	20	40
(d)	30	30

10. 假设以下研究每组中的被试数量相同，在 0.05 显著性水平上，统计检验力要达到 80%所需要的被试数量是多少？（确保给出被试的总数，而不仅仅是每个组中被试的数量。）

301

	预测			单侧或双侧
	μ_1	μ_2	σ	
(a)	107.0	149.0	84.0	单侧
(b)	22.5	16.2	31.5	双侧
(c)	14.0	12.0	2.5	单侧
(d)	480.0	520.0	50.0	双侧

11. 范·阿肯和阿森多夫（Van Aken & Asendorpf，1997）对 139 名 12 岁的德国孩子进行了研究。所有孩子都完成了一份自我价值问卷，并且被询问他们希望从他们父亲、母亲和同学那里得到的支持。研究者将自我价值的得分和不同类型的支持进行了等级分类。研究者的报告如下："低自我价值感的孩子在母亲那得到的支持很低［t（137）＝4.52，$p<0.001$，$d=0.78$］，并且从父亲那得到的支持也比较低［t（137）＝4.03，$p<0.001$，$d=0.69$］……一个自我价值感低的孩子从同学那得到的支持也很低［t（137）＝2.04，$p<0.05$，$d=0.35$］。"（a）向一个从未上过统计学课程的人解释你的答案。（b）确保包括对效应大小和统计检验力的讨论。（在计算统计检验力的时候你需要假定两个组的样本容量相同。）

12. 加拉格尔·汤普森和她的同事（Gallagher-Thompson et al.，2001）对 27 个丈夫患有老年痴呆的妻子和 27 个丈夫不患有老年痴呆的妻子进行了调查比较。这两组妻子的其他方面如年龄、结婚年数和社会地位方面都相似。表 8—9（他们研究报告的第一张表）中显示了他们的研究结果。请留意老年抑郁量表（表中第一行）和共享量表（表中最后一行），向一个熟悉单个样本 t 检验但不熟悉独立样本均值 t 检验的人解释你的答案。

表 8—9　对丈夫给予照顾和不给予照顾的妻子在一些社会心理变量上的比较

	给予照顾的妻子（$n=27$）			没有给予照顾的妻子（$n=27$）				
	M	SD	范围	M	SD	范围	t	p
老年抑郁量表[a]	9.42	6.59	1～25	2.37	2.54	0～8	5.14	0.000 1
压力知觉量表[b]	22.29	8.34	6～36	15.33	6.36	7～30	3.44	0.001
希望问卷[c]								
代理	11.88	1.63	9～16	13.23	1.39	10～16	3.20	0.002
心理弹性	11.89	0.91	10～14	13.08	1.60	10～16	3.31	0.002
总和	23.77	2.03	21～29	26.31	2.56	22～31	3.97	0.000 1
共享量表[d]								
亲密度	3.51	0.81	0.33～4	3.70	0.41	2.67～4	−1.02	0.315
互惠性	2.25	1.19	0.17～4	3.25	0.55	1.67～4	−3.68	0.001
愉悦分享	2.65	1.00	0～4	3.52	0.61	1.75～4	−3.66	0.001
价值观分享	3.15	0.89	0～4	3.46	0.45	2.4～4	−1.51	0.138

注：参考完整的测量结果，可知本表中高分表明测量的概念较多。

[a]最大分数是 30。

[b]最大分数是 56。

[c]每一个分量表中的四个问题，总分最大是 32。

[d]每个分量表的最大均数是 4。

资料来源：Gallagher-Thompson，D.，Dal Canto，P. G.，Jacob，T.，& Tompson，L. W.（2001）. A comparison of marital interaction patterns between couples in which the husband does or does not have Alzheimer's disease. *The Journals of Gerontology Series B：Psychology Sciences and Social Sciences*，*56*，5140－5150.

练习Ⅱ

302 13. 对两个研究的例子（不是来自书本上或你的讲义上的）进行独立样本均值 t 检验。

14. 对下列研究，判断是使用相关样本均值 t 检验还是独立样本均值 t 检验：

(a) 一个研究者对 40 个大学生的身高进行了测量，这 40 个大学生都是家庭的长子，其中 15 个来自大家庭，25 个来自小家庭。

(b) 一个研究者对 250 个被试在进行为期一天的考试焦虑辅导之前以及在辅导之后的数学考试成绩分别进行了观测。

(c) 一个研究者对 15 个服用特殊药物的被试的心率和 48 个没有服用此药的被试的心率进行了比较。

15. 计算下列研究的均值差分布的标准差：

	N_1	S_1^2	N_2	S_2^2
(a)	30	5	20	4
(b)	30	5	30	4
(c)	30	5	50	4
(d)	20	5	30	4
(e)	30	5	20	2

16. 在 0.05 显著性水平上（双侧检验），判断下列实验存在的差异是否有统计显著性。

	实验组			控制组		
	N	M	S^2	N	M	S^2
(a)	10	604	60	10	607	50
(b)	40	604	60	40	607	50
(c)	10	604	20	40	607	16

17. 一个心理学家认为人在刚吃完大餐后的听力更出色。实验将 6 个被试随机分配去吃大餐或简单的饮食。在吃完后对他们的听力进行测试。听力得分（分数越高听力越好）见下表。在 0.05 显著性水平上，研究结果是否能支持心理学家的观点呢？(a) 使用假设检验的步骤，(b) 绘制分布图，(c) 向一个从未上过统计课程的人解释你的答案。

大餐组		简单饮食组	
被试	听力得分	被试	听力得分 303
A	22	D	19
B	25	E	23
C	25	F	21

18. 有 20 个学生被随机分配到一个实验组接受教学项目。在控制组中的 30 个学生没有接受这一教学项目。6 个月之后，对两组学生进行测试。在测试中，实验组得分均数为 38（总体标准差估计值是 3），控制组得分均数为 35（总体标准差估计值是 5）。在 0.05 显著性水平上，研究者能得出什么结论？(a) 使用假设检验的步骤，(b) 绘制分布图，(c) 向一个熟悉单个样本 t 检验但不熟悉独立样本均值 t 检验的人解释你的答案。

19. 一项关于颜色对释放焦虑的影响的研究对在淡黄色纸上和深绿色纸上完成焦虑测试的被试分数进行了比较。5 个在淡黄色纸上完成测试的被试得分为 17，19，28，21，18。4 个在深绿色纸上完成测试的被试得分为 20，26，17，24。在 0.05 显著性水平上的单侧检验中（预测是淡黄色纸的焦虑得分较低），研究者能得到什么结论呢？(a) 使用假设检验的步骤，(b) 绘制分布图，(c) 向一个熟悉单个样本 t 检验但不熟悉独立样本均值 t 检验的人解释你的答案。

20. 计算问题 (a) 16，(b) 17 和 (c) 18 的效应大小估计值。(d) 向一个熟悉独立样本均值 t 检验但不熟悉效应大小的人解释 (a) 的计算步骤。

21. 计算下列采用独立样本均值 t 检验的研究的近似统计检验力大小：

	每组人数	单侧或双侧检验	效应大小
(a)	60	单侧	小效应 (0.20)
(b)	60	双侧	大效应 (0.80)
(c)	10	双侧	中等效应 (0.50)
(d)	100	双侧	大效应 (0.50)

22. 前沿课题：以下所有研究都采用显著性水平为 0.05，且预期有一个中等效应的双侧独立样

本均值 t 检验，那么其近似统计检验力分别是多少？

	N_1	N_2
(a)	90	17
(b)	50	50
(c)	6	34
(d)	20	20

23. 在 0.05 显著性水平上，且每组被试的数
304 量相等的以下研究中，统计检验力达到 80%所需要被试的数量是多少？（确保给出被试的总数，而不仅仅是每个组中被试的数量。）

	预测			单侧或
	μ_1	μ_2	σ	双侧
(a)	10	15	25	单侧
(b)	10	30	25	单侧
(c)	10	30	40	单侧
(d)	10	15	25	双侧

24. 埃斯库德罗和他的同事（Escudero et al.，1997）在他们的实验室录下了 30 对夫妻对婚姻问题的讨论。录像被用以对夫妻之间沟通交流的各个方面进行系统的评估，例如专横以及他们所表达的积极或消极情绪。他们的研究主要是为了对那些关系有问题的和没有问题的夫妻进行比较。18 对夫妻之间关系出现问题的被试分为一组，并且接受了婚姻诊所的帮助，这被称作诊所组。12 对通过广告招募的没有问题的夫妻构成非诊所组。表 8—10 显示的是他们研究的部分结果。（你可以忽略箭头以及加减号，它们与研究者如何评估这种交互有关。同样，你也可以忽略表注中的“反正弦转换”，我们将在第 14 章中对此进行介绍。）(a) 向一个从未上过统计课程的人解释你的答案，主要从专横和顺从方面解释。(b) 前沿课题：对效应大小及统计检验力进行讨论。

表 8—10　诊所组和非诊所组夫妻在关系控制及非言语表达上基率的差异（括号中的数为标准差）

	夫妻特征		组间差
	诊所组均数	非诊所组均数	t
专横（↑）	0.452 (107)	0.307 (0.152)	3.06*
平等（→）	0.305 (0.061)	0.438 (0.065)	5.77**
顺从（↑）	0.183 (0.097)	0.226 (0.111)	1.12
双重编码	0.050 (0.028)	0.024 (0.017)	2.92*
积极情绪（+）	0.127 (0.090)	0.280 (0.173)	3.22*
消极情绪（−）	0.509 (0.192)	0.127 (0.133)	5.38**
中性情绪（0）	0.344 (0.110)	0.582 (0.089)	6.44**
双重编码（+/−）	0.019 (0.028)	0.008 (0.017)	2.96*

注：为了便于组间比较，每一组在关系控制以及非言语表达的比例上都进行了反正弦转换。

* $p<0.01$，** $p<0.001$ ($df=28$)。

资料来源：Escudero, V., Rogers, L. E., & Gutierrez, E. (1997). Patterns of relational control and nonverbal affect in clinic and nonclinic couples. *Journal of Social and Personal Relationships*, *14*, 5-29. Copyright © 1997 by Sage Publications, Ltd. Reprinted by permission of Sage Publications, Thousand Oaks, London, and New Delhi.

305 25. 杰克逊和他的同事（Jackson et al.，2001）对大学生进行了网络使用情况的问卷调查。表 8—11 是他们对男性和女性进行比较的结果。(a) 选择一个显著的和一个不显著的调查结果，并且对那些知道单个样本 t 检验，但是不知道独立样本均值 t 检验的人解释这些结果。(b) 前沿课题：对效应大小及统计检验力进行讨论（注意男性组和女性组的样本容量在表格下面已经给出了）。

表 8—11　**互联网使用和潜在调节变量的性别差异**

	男性[a]	女性[b]	t 值	df	p 值
E-mail 的使用	4.16 (0.66)	4.30 (0.57)	2.81	626	0.005
网页的使用	3.57 (0.67)	3.30 (0.67)	−4.84	627	0.000
所有网络的使用	3.86 (0.58)	3.80 (0.53)	−1.44	627	0.130
计算机焦虑	1.67 (0.56)	1.80 (0.57)	4.03	612	0.000
计算机自我效能感	3.89 (0.52)	3.71 (0.62)	−3.49	608	0.001
孤独感	2.06 (0.64)	1.96 (0.64)	−1.88	607	0.061
抑郁	1.22 (0.32)	1.28 (0.34)	2.36	609	0.019
E-mail 隐私	4.04 (0.78)	4.10 (0.69)	−0.97	609	0.516
E-mail 信赖	3.50 (0.77)	3.46 (0.75)	−0.65	610	0.516
网络隐私	4.06 (0.74)	4.09 (0.71)	0.62	623	0.534
网络信赖	3.14 (0.73)	3.12 (0.73)	−0.28	624	0.780
网络搜寻成功	4.05 (0.85)	4.13 (0.81)	1.12	568	0.262
计算机技能的重要性	2.54 (1.03)	2.31 (0.90)	−2.57	477	0.011
计算机引发健康问题	2.67 (1.00)	3.00 (1.08)	3.36	476	0.001
计算机技能性别刻板印象	3.45 (1.15)	4.33 (0.96)	−8.95	476	0.000
计算机技能种族/民族刻板印象	3.63 (1.17)	3.99 (1.07)	3.40	477	0.001
计算机正在取代这个世界	3.08 (1.19)	2.87 (1.08)	−1.89	476	0.059

注：在对于态度项目，1＝强烈同意，2＝强烈反对。对于性别，1＝男性，2＝女性。括号内的数字是标准差。

[a]$n=227$.

[b]$n=403$.

资料来源：Jackson，L. A.，Ervin，K. S.，Gardner，P. D.，& Schmitt，N.（2004）. Gender and the Internet Women communicating and men searching. *Sex Roles*，*44*，363 - 379. Copyright © 2004. Reprinted by permission of Springer Science and Business Media.

SPSS 应用

（我们使用 SPSS 15.0 这个版本做分析。以下的步骤和输出窗口可能与其他版本有些稍微的不同。）

独立样本均值 t 检验

在这一学习过程中使用一些实际的数据会事半功倍，所以我们使用了这章中的表达性书写例子的数据。例子的数据见表 8—1。

306 1. 将数据都输入 SPSS 中。SPSS 假定在一行中的所有分数都来自于一个被试。在这个例子中，每个被试只能出现在两个组中的一个组里（分别是表达性书写组和控制书写组）。因此，为了在 SPSS 中确定每个被试在哪个组中，你需要键入类似于图 8—6 中的数字。在第一列中（标记为“group”），我们用“1”来代表表达性书写组并且用“2”来代表控制书写组。每个人的健康分数键入第二列中。（在上一章相关样本均值 t 检验中，你的 SPSS 的数据是前测分数和后测分数，因此两个分数来自同一个被试，所以都键入一行中。而在这个例子中，每个被试只有一个分数。因此， 307
你需要用到两列，一列是分数，还有一列是不同的实验组。也就是说，你有一个分数列和一个组别列。）

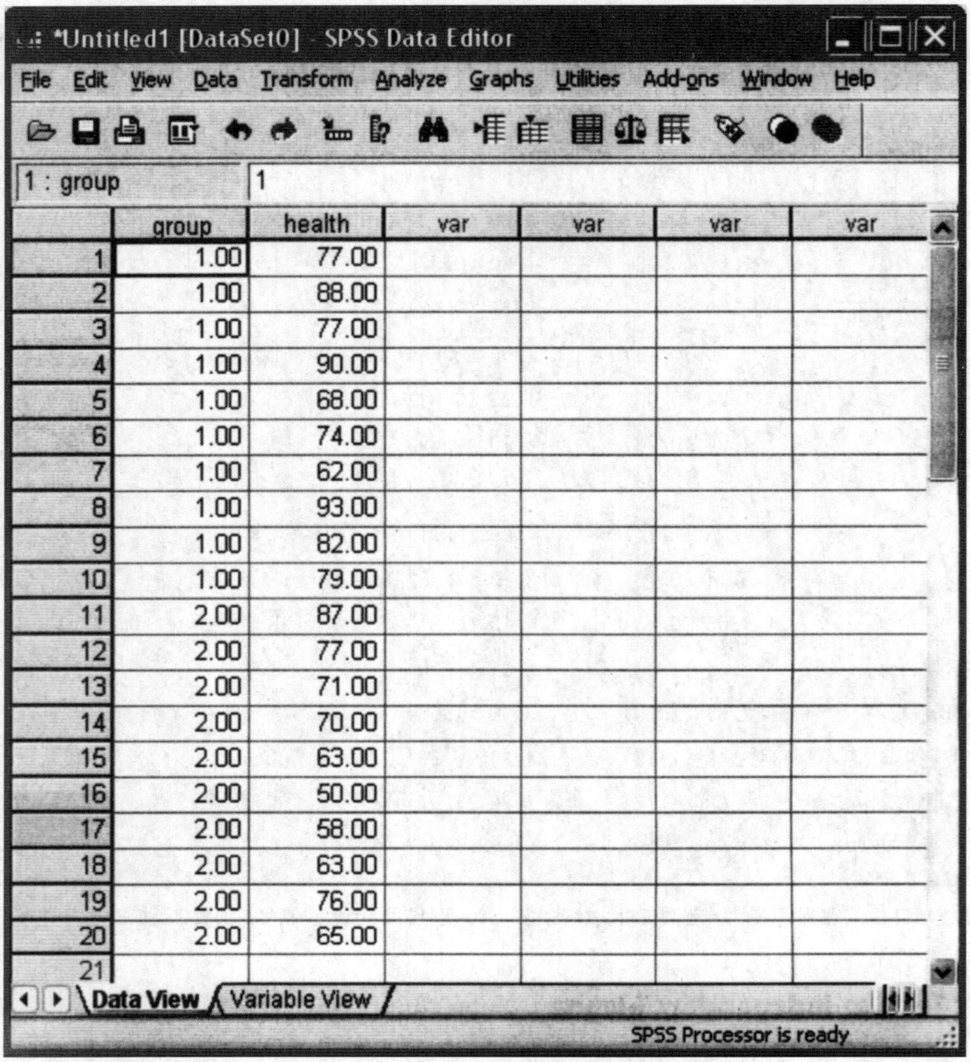

	group	health	var	var	var	var
1	1.00	77.00				
2	1.00	88.00				
3	1.00	77.00				
4	1.00	90.00				
5	1.00	68.00				
6	1.00	74.00				
7	1.00	62.00				
8	1.00	93.00				
9	1.00	82.00				
10	1.00	79.00				
11	2.00	87.00				
12	2.00	77.00				
13	2.00	71.00				
14	2.00	70.00				
15	2.00	63.00				
16	2.00	50.00				
17	2.00	58.00				
18	2.00	63.00				
19	2.00	76.00				
20	2.00	65.00				
21						

图 8—6 表达性书写例子的 SPSS 数据编辑窗口

注：20 个学生被随机分配到表达性书写组或控制书写组。

2. 点击 Analyze。

3. 点击 Compare means。

4. 点击 Independent-Sample T test（这是 SPSS 中独立样本均值 t 检验的名称）。

5. 点击“health”这个变量，然后点击箭头将其放入“Test Variable（s）”框中。这是告知 SPSS 对“health”这个变量进行 t 检验。

6. 点击“group”这个变量，然后点击箭头将其放入“Grouping Vaiable”框中。这是告知 SPSS“group”这个变量表示的是哪个被试该位于哪个组。点击 Define Groups。这是告知 SPSS 你所用以标记每个组的数值。在 Group 1 中输入 1，Group 2 中输入 2。现在你的屏幕所显示的应该与图 8—7 类似。点击 Continue。

7. 点击 OK。你的 SPSS 的输出窗口应该跟图 8—8 类似。

SPSS 输出框中的第一张表呈现的是两个变量的信息。第 1 列是组变量的等级（1 和 2，代表表达性书写组和控制书写组）。第 2，3，4 列给出的是被试数量（N）、均数（M）和每组的总体标准差估计值（S）。第 5 列是“Std. error mean”，即均值分布的标准差 S_M。注意，这里的均值分布的标准误是基于每个总体方差估计值，而不是合成总体方差估计值；所以对于每组而言它们是不同的，在书中它们是方差的正平方根。（表 8—1 是这个例子的计算过程。）

SPSS 输出窗口中的第二张表呈现的是独立样本均值 t 检验的结果。在 t 检验结果前面，SPSS 显示的是“Levene Test for Equality of Variances”，即检验两个总体的方差是否相等。这个检验主要

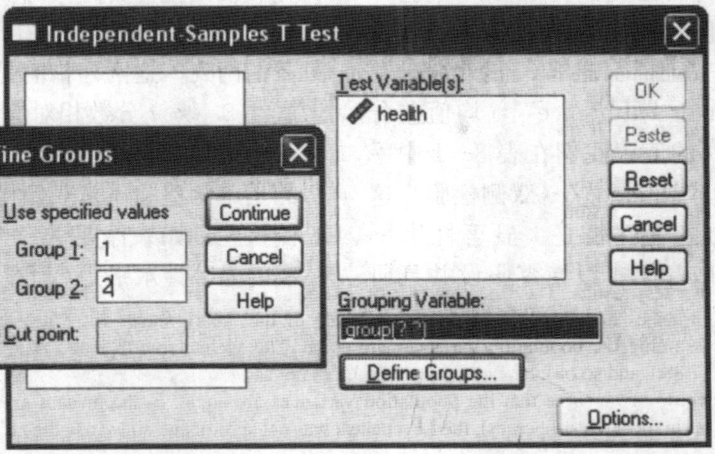

图 8—7 表达性书写例子的 SPSS 独立样本均值 t 检验窗口

308

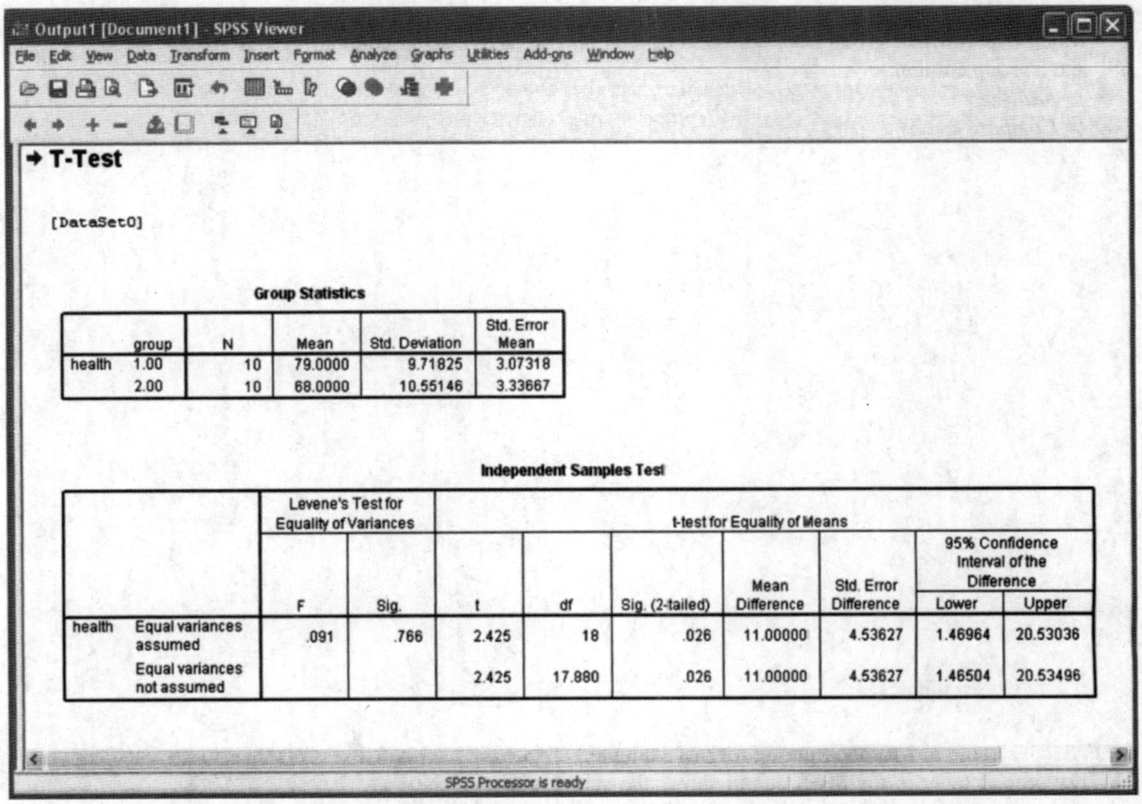

Group Statistics

	group	N	Mean	Std. Deviation	Std. Error Mean
health	1.00	10	79.0000	9.71825	3.07318
	2.00	10	68.0000	10.55146	3.33667

Independent Samples Test

		Levene's Test for Equality of Variances		t-test for Equality of Means					95% Confidence Interval of the Difference	
		F	Sig.	t	df	Sig. (2-tailed)	Mean Difference	Std. Error Difference	Lower	Upper
health	Equal variances assumed	.091	.766	2.425	18	.026	11.00000	4.53627	1.46964	20.53036
	Equal variances not assumed			2.425	17.880	.026	11.00000	4.53627	1.46504	20.53496

图 8—8 表达性书写例子的独立样本均值 t 检验的 SPSS 输出窗口

是核对你是否可以假定两个总体方差相等（叫作“方差齐性”）。如果这个检验的结果是显著的（也就是“Sig.”这一列的数值小于 0.05），那么该假定就存在问题了。然而，在这个例子中，结果显然是不显著的（0.766 远大于 0.05），因而，我们没有理由去怀疑总体方差相等这一假定。因此，我们就能够对从 t 检验中得出的结论的正确性倍感自信。

t 检验的结果显示在“t”列中，注意这有两行 t 检验的结果。标记为“Equal variances assumed”（在表的左边）的第一行（$t=2.425$，$df=18$）显示的是假定总体方差相等的 t 检验结果。标记为“Equal variances not assumed”的第二行（$t=2.425$，$df=17.880$）显示的是不假定总体方差相

等的 t 检验结果。在前面已提到，Levene 检验不显著；所以我们使用假定总体方差相等的那个 t 检
309 验结果。注意图 8—8 中"t"（样本 t 分数）、"df"（自由度）和"Std. Error Difference"（均值差分布的标准差，$S_{Diference}$）的值跟我们在表 8—1 中手算的是相同的。"Sig.（2-tailed）"（双侧检验）这一列是样本 t 分数的显著性水平。显著性水平 0.026 小于 0.05，意味着你能拒绝零假设并且研究假设成立。（你可以忽略该表的最后两列，也就是"95% Confidence Interval of the Difference"下的两列。这两列指的是那些在 t 分布中与顶端和底端 2.5% t 分数相对应的原始分数；见第 5 章中对于置信区间的讨论。）注意，SPSS 不知道你做的是单侧检验还是双侧检验。所以 SPSS 默认是双侧检验。如果你要做一个单侧检验，那么最后真实的显著性水平是 SPSS 给出的一半。

第 9 章
方差分析概述

章节概览

310 **成功小贴士**

这章假设你已经知道了假设检验和 t 检验（总体方差估计和均值分布）的逻辑。所以确保你已经明白第4，5，7，8章中的内容才能学习这一章的内容。

在第8章中，我们学的是独立样本均值 t 检验，它是比较来自完全独立的两个被试组分数的程序（如实验组和控制组）。在本章中，我们将学到一个对超过两个组的分数进行比较的程序，这里每个组的被试也是完全独立的。

我们用一个例子来说明。辛迪·哈赞和菲利普·谢夫（Cindy Hazan & Philip Shaver，1987）计划在丹佛一个发行量比较大的报纸，即《落基山新闻》上刊登一个邮寄调查。调查问题在表9—1中显示，用来测量依附类型。（你又是如何回答这些问题的?）那些选第一个的是“安全型”，选第二个的是“躲避型”，选第三个的是“焦虑型”。这些依附类型被认为
311 是与早期抚养者有密切关系的行为和思维习惯，它主要源于人们的早期经验（Mikulincer & Shaver，2007）。（当然，这么一个简单的条目对于这么大的一个调查只是一个粗略的测量方法，而不能测量任何一个特定的人。）读者还针对爱情的各方面进行了回答，包括嫉妒程度。哈赞和谢夫随后就比较了三种不同的依附类型的被试的嫉妒程度。

在独立样本均值 t 检验中，哈赞和谢夫需要对依附类型下的各对嫉妒均值分别进行比较。然而，他们感兴趣的是这三种依附类型之间的差异。在统计学中，需要对两组以上的被试进行检验的过程就叫作**方差分析**，缩写为 **ANOVA**。（你也可以对只有两组被试的研究运用方差分析，但是其结果与简单的 t 检验相同。）

在这一章中，我们介绍的是方差分析，重点是拥有相同的分数数量的各个组的比较。在这章的前沿课题中，我们描述了一种更灵活的方法，这个方法可以对有不同数量的分数的各个组进行方差分析。在第10章中，我们将讨论对不止一个维度的不同组的排列。例如，在一个分析中，我们可能需要同时考虑性别和依附类型，也就是有6个组（女性安全型、男性安全型、女性躲避型等），这个矩阵就有性别和依附类型两个维度。这种情况叫作析因方差分析。为了强调析因方差分析的不同，你在这章中学到的方差分析会被叫作单因素方差分析。（如果对此感到困惑，不要担心。我们将会讲得很细并且在第10章中有系统的介绍。我们现在只需要知道这个名词就行了，当你看到这个术语的时候不至于很茫然。）

表9—1　哈赞和谢夫（1987）报纸调查问题

下列哪个选项最符合你?（只选1项）
[ ] 我可以和别人相处得很好，依赖他们和让他们依赖都使我感到愉悦。我从不担心某人会和我来往或者太过于接近我。
[ ] 跟其他人接近让我感觉不舒服；我很难完全相信别人，也很难允许我自己去依赖别人。任何人的接近都会让我紧张，对我来说融洽的情侣关系会要求更亲密一些。
[ ] 我发现其他人跟我接近都很勉强。我常常担心我的家人不是真的喜欢我或者不希望跟我生活在一起。我非常想跟别人结婚，但是这种欲望常常把别人吓跑。

资料来源：Hazan & Shaver，1987，p. 515.

方差分析的基本逻辑

方差分析的零假设基于将要进行比较的多个总体都有相同的均数。比如说，在依附类型例子中，零假设就是安全型被试的总体、躲避型被试的总体和焦虑型被试的总体都有相同程度的嫉妒。而研究假设是这三种类型的总体的嫉妒程度不同。

方差分析（ANOVA）　针对具有三个或三个以上分组的研究的假设检验程序。

方差分析中的假设检验是如果零假设成立，那么你样本的均数是否跟你的预期差别很大。令人惊讶的是，这个问题竟然通过分析“方差”来加以回答（因此称为“方差分析”）。关于其他原因，你关注方差是因为当你想要知道均数如何不同时，你实际上是在询问均数间的方差。 312

因此，要学习方差分析的逻辑，我们需要考虑方差。我们将通过对总体方差估计的两种不同方法的讨论来开始我们的学习。就像你将看到的，方差分析是对用两种不同方法估计总体方差的结果的比较。

通过每一个样本内的差异估计总体方差

方差分析过程，跟 t 检验一样，你是不知道真正的总体方差的，然而，在 t 检验中，你可以通过样本分数对总体方差进行估计。同样，与 t 检验一样，你假定在方差分析中所有总体的方差相同。这允许你平均来自每个样本的估计值从而产生一个单一的合成估计值，我们叫它**组内总体方差估计（值）**。这个估计的平均数完全是通过每个样本间的分数来计算的。

最需要记住的事情，就是这个组内估计无关零假设的真伪性。这个估计出来的结果，无论总体均数是否相等（零假设的真伪），结论都是一样的。这是因为计算的重点仅仅只是每个总体内的差异。因此，总体均值的情况对它的影响不大。

组内总体方差估计（值）　基于所研究的每一个实际分组内分数的变异对个体总体方差的估计。

如果每个样本内分数的差异与零假设的真伪性无关的话，那什么是决定组内差异水平的标准呢？答案是随机因素（就是研究者不知道的因素）使得不同的被试在一个样本中拥有不同的分数。这些随机因素包括不同被试在相同或不同情景下的不同的回答，还可能有一些与变量测量相关的实验误差。因此，我们能够把组内总体方差估计看作是基于随机因素（或者是未知因素）造成的不同被试在同一个研究中得出不同分数的估计。

通过样本均数间的差异估计总体方差

还有第二种方法来估计总体方差。每个样本的均数都是反映自身情况的一个数值。有几个样本，就有几个数值，而且这些数值中也会存在一些差异。利用这些均数间存在的差异就是计算总体方差估计的另外一个办法。这个过程比较复杂，所以必须仔细阅读接下来的两个部分。

当零假设成立时　我们首先考虑的是零假设成立的情况。记住，我们通常假定总体方差是相同的（而且都呈正态）。因此，如果零假设成立，那么所有的总体参数都相同，包括均数、方差和形状。

313

然而，即便总体是等价的（也就是即便零假设成立的时候），各样本之间还是存在一些差异。那么究竟样本均数差异如何呢？这个就取决于每个总体内部的差异了。如果说一个总体内各分数差异很小的话，那么来自于这个总体的样本的均数差异也就很小。当零假设成立时，样本均数间的差异会受到与影响每一样本内部分数差异的相同随机因素的影响。

那么如果几个总体相同（总体均值相同）但总体内部分数差异却很大又该怎么办呢？在这种情况下，如果你从每个总体都抽一个做样本的话，那么这些样本之间很可能会相差极大。所以，这些样本均值的方差将会很大。以上重点就是几个等量总体内部的差异越大，那么从这些总体随机选择出来的样本均值之间的差异就越大。

假定你研究的 6 个孩子的样本分别来自于三个大操场（样本总体）。如果每个操场上的孩子都在 7 到 8 岁之间，那么你的三个样本的均数也应该是 7 到 8 岁之间。因此，那些均值不会存在太大的差异。然而，如果说每个操场上的孩子的年龄是 3 到 12 岁之间的话，那么你的三个样本的均数可能就会差异很大了。也就是说样本均值间的差异直接与样本总体间的差异相关。每个总体间的差异越大，那么从这些总体中选择出的样本的均数间的差异就越大。

这一原理在图 9—1 中有说明。在左边的三个等价的总体差异较小，在右边的三个总体差异较大。在三个总体的集合中，尽管总体的均值（三角图标）是相同的，但是来自于这些总体的样本的均数（×）却不然。重点在于，来自于小差异总体的样本差异也会很小，来自于大差异总体的样本间差异也会很大。

我们现在明白了那些来自于等价总体的样本均值间的差异直接与总体中样本分数间的差异相关。这就产生了一个很重要，可能会让人惊奇的含义：每个总体的方差通过样本均数的方差来估计得出是可能的。

这样的一个估计被我们叫作**组间总体方差估计（值）**。（之所以这么叫是因为它是通过样本均数间的方差来完成的，也就是“组间”。）你将在这章中学习如何计算。

组间总体方差估计（值）　基于所研究的各分组间的变异对个体总体的方差的估计。

到目前为止，我们所考虑的逻辑都是基于零假设成立的情况，因此总体均值之间没有差异。在这种情况下，组内总体方差估计值的差异（表现为样本均值的差异）受随机因素的影响，这随机因素造成了不同的被试在同一个样本中得出不同的分数。现在让我们考虑下如果零假设不成立而研究假设成立的时候会发生什么。

当零假设不成立时 如果零假设不成立（研究原假设成立），总体方差就不等。这种情况下，来自这些总体的样本均数间的差异仍然是由随机
314 因素引起的，这个随机因素引起了总体内的差异。所以总体内部差异很大的话，那么来自于这些总体的样本均数间的差异也会很大。然而，在研究假设成立这种情况下，样本均数间的差异同样是由总体均数间的差异造成的。你可以把这个总体均值间的差异看作是处理效应的结果——那就是各组（如实验组）接受不同的处理会造成各组有不同的均数。因此，研究假设成立时，样本均数间差异的出现有两种情况：（1）各个总体内部的差异（随机因素）；（2）总体均数之间的差异（也就是处理效应）。图9—2左边显示的是均值相等的总体（三角图标）和来自这些总体的样本的均数（×）。（图9—1两边是同样的情况。）图9—2右边显示的是三个不同均值的总体（三角图标）和来自这些总体的样本的均数（×）。（这也是我们才讨论的情况。）注意看，在图9—2的右边，样本均值间很分散。即使是在总体差异相同的情况下，图9—2的两侧也是这样的。而出现在图9—2右侧的差异是总体均值不同造成的。

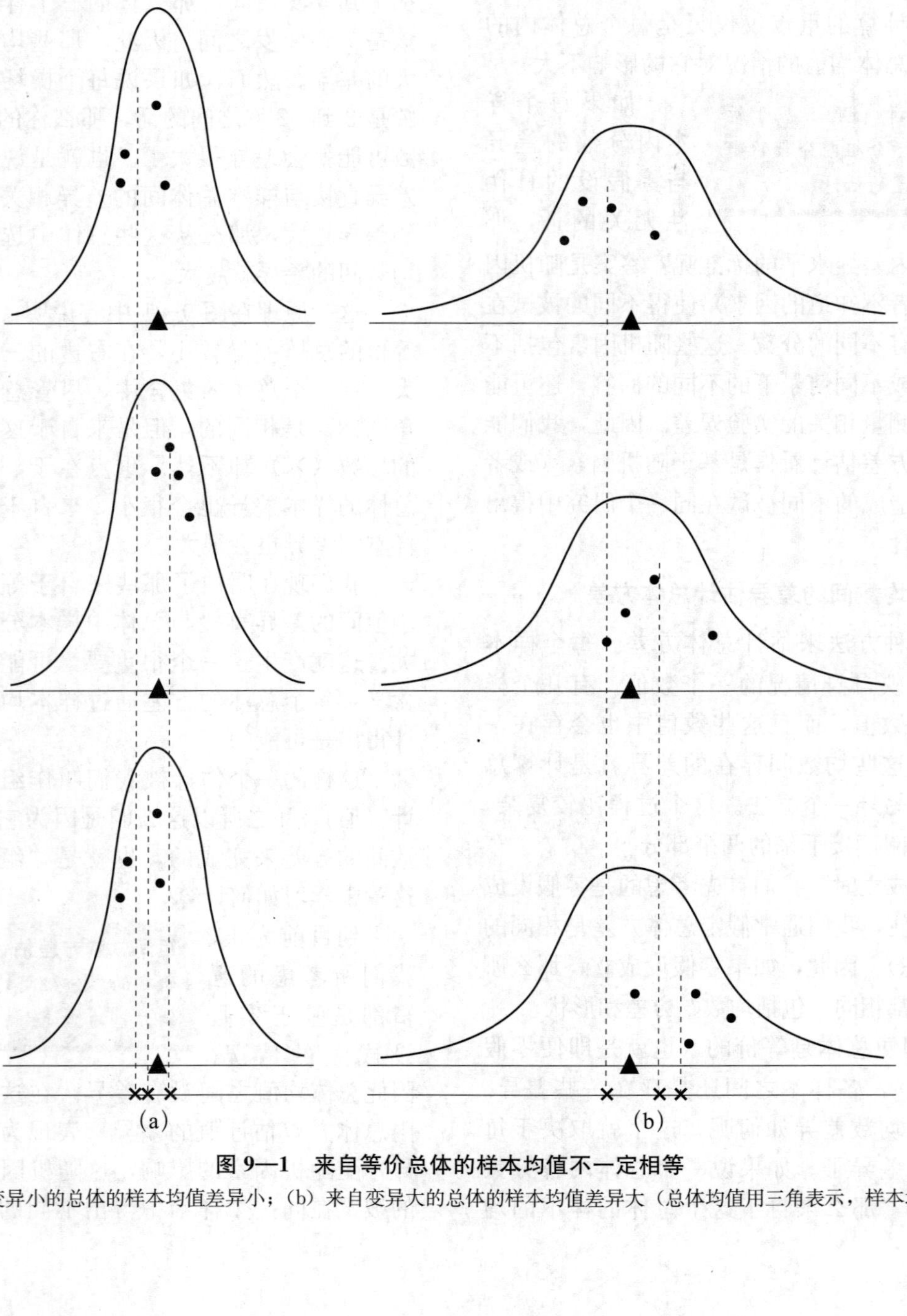

图9—1 来自等价总体的样本均值不一定相等

注：(a) 来自变异小的总体的样本均值差异小；(b) 来自变异大的总体的样本均值差异大（总体均值用三角表示，样本均值用×表示）。

315

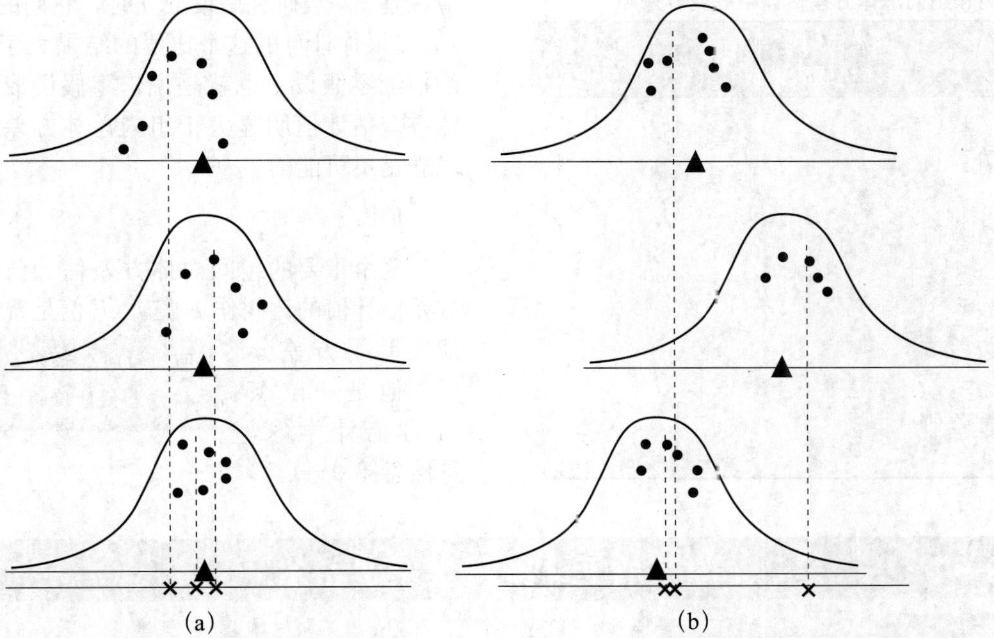

图 9—2　(a) 来自均值相等总体的样本的均值比 (b) 来自均值不等总体的样本的均值差异小

注：总体均值用三角表示，样本均值用×表示。

> **成功小贴士**
>
> 你或许需要再读一遍这一部分内容，确保你已经理解了。

总的来说，组间总体方差估计值是基于样本均值间的差异来计算的。如果零假设成立，那么这个估计给出现在总体内部的变异指出了一个明确的原因（那就是，差异是由于随机因素造成的）。但是如果零假设不成立，那么对总体方差进行估计这个方法将同时受到总体内的差异（随机因素造成的）和总体均值间差异（处理效应造成的）的影响。总体内差异的估计是不精确的，因为它还受到总体之间差异的影响。这两种情况之间的差别有一个很重要的隐藏信息。这也是方差分析之所以成为判
316 断总体均值间是否存在差异的假设检验方法之一的原因。

组内总体方差估计和组间总体方差估计的比较

表 9—2 总结了零假设成立与研究假设成立两种情况下，组内总体方差估计和组间总体方差估计的情况。当零假设成立时，组内总体方差估计和组间总体方差估计都基于同样的因素（那就是，组内总体的随机差异）。确实，它们都是对同一总体方差的估计。因此，当零假设成立时的两种估计结果应该是相同的（仅仅只是估计值相同）。当零假设成立的时候，这里还有一种方式表现了组内和组间总体方差估计的相似性：在这种情况下，组内和组间总体方差估计的比应该是 1 比 1。比如说，组内总体方差估计值是 107.5，那么组间总体方差估计值也应该是 107.5，从而使它们的比是 1。（比是一个数除以另一个数；也就是 107.5/107.5＝1。）

而如果零假设不成立，差别就很大了。如表 9—2 所示，研究假设成立时，组间总体方差估计受两种差异的影响：(a) 每个总体中的分数的差异（随机因素造成的）；(b) 各个总体均值间的差异（处理效应造成的）。即使当研究假设成立的时候，组内总体方差估计仍然只受到总体内部差异的影响。因此，当研究假设成立时，组间总体方差估计值要比组内总体方差估计值大。在这种情况下，组内和组间总体方差估计的比值就要大于 1 了。比如说，组间总体方差估计值是 638.9，组内总体方差估计值是 107.5，它们的比就是 5.94。在这个例子里，组间总体方差估计值几乎是组内总体方差估计值的 6 倍。

这是方差分析的核心原则：当零假设成立时，组内总体方差估计值与组间总体方差估计值的比

> **成功小贴士**
>
> 表 9—2 总结了方差分析的逻辑。在不参考书本的情况下，通过尝试对表 9—2 进行解释来检验一下你对这一逻辑的理解。你需要写下你的答案并且在课堂上和其他人讨论。

表 9—2　组内和组间总体方差估计中的变异来源

	总体内变异（随机因素造成）	总体间变异（处理效应造成）
零假设成立		
组内总体方差估计影响	√	
组间总体方差估计影响	√	
研究假设成立		
组内总体方差估计影响	√	
组间总体方差估计影响	√	√

应该是 1；当研究假设成立时，它们的比值要大于 1。如果你计算的这个比值的结果大于 1 的话，就能拒绝零假设。也就是说，零假设成立和组间总体方差估计值明显大于组内总体方差估计值同时成立是不可能的。

F 值

这个重要的组间总体方差估计值与组内总体方差估计值的比叫作 ***F* 值**。（*F* 值是费希尔发明的，他发明了方差分析。他是一位杰出的统计学家，见信息箱 9—1。）

F 值　组间总体方差估计值与组内总体方差估计值的比。

317 **信息箱 9—1　陨落的天才统计学家费希尔**

罗纳德·费希尔（Ronald A. Fisher）是与威廉·戈塞（见第 7 章，信息箱 7—1）、卡尔·皮尔逊（见第 13 章，信息箱 13—1）同时代的人，他可能是这一时期最杰出、最耀眼的英国统计学家。他在一生中写了 300 篇论文和 7 本书，他发明了许多当代领域的重要概念：方差、方差分析、显著性水平、零假设和几乎所有我们研究设计中用到的概念，包括重要的随机取样。

小罗纳德生于 1890 年，他对数学非常着迷。在他 3 岁时，当他爬上他的椅子吃早餐时，他问他的保姆："1/2 的一半是多少？"保姆告诉他是 1/4，他又问："那 1/4 的一半又是多少？"然后他又问 1/8 的一半是多少。在又一个回答之后，他思考了一会说："那么我猜 1/16（a sixteeth）的一半肯定是 a thirty-toof。"哈哈，这就是他童年时候的故事。

长大后，他除了爱情几乎什么都有所接触。一些人把这个归因于他的母亲，一个冷血没有情感的母亲。但是不管是什么原因，纵观他的一生，他还是卷入了纷争之中，跟他最好的朋友，也是在研究中最好的伙伴的纷争。

他的读者们也日趋对他感到同情；不是因为他绝望的言语，而是他的观点很少有重要的假定和证据。戈塞说当费希尔开始用"显著"写文章的时候，就意味着他在两个小时的艰辛的工作之前就已经在头脑中知道为什么观点是显著的了。

的确，他对所有人都缺乏共情。同高尔顿一样，费希尔对优生学也感兴趣，支持任何可能提高上层等级人群以及高级技工人才出生率的方法。他不仅认为避孕是非常愚蠢的——猜想那些不想使用它的人很少使用它——而且为杀婴罪提供辩护，认为其是有利于进化的手段。然而，他进行繁殖实验的机会仅仅局限于自己的孩子、土豆以及小麦。

尽管费希尔成了伦敦大学学院的高尔顿优生学教授，但是他最有影响的观点是在 1931 年至 1936 年的夏天他被邀请进入埃姆斯的艾奥瓦州学院（据说在那他为了抵御高温把手表整天都放在冰箱里）期间产生的。在埃姆斯，乔治·斯内德克（George Snedecor）深受费希尔的影响。乔治是美国的数学教授，致力于农业问题。斯内德克写的一本关于农业的统计学书大量借鉴了费希尔的想法。这本书普及了费希尔关于统计和研究设计的问题，并且在第二次出版时卖了 100 000 本。

你能在下列网址中了解到更多关于费希尔的信息：http：//www-groups. dcs. st-and. ac. uk/～history/Biographies/Fisher. html。

资料来源：Peters，1987；Salsburg，2001；Stigler，1986；Tankard，1984.

F 分布和 F 分布表

我们已经说过，如果组间和组内总体方差估计值的比显著大于 1，你就能够拒绝零假设。那么下一个问题是："究竟要比 1 大多少呢？"

318 统计学家已经发明了 **F 分布**和 F 值的表格。对于任何情况，你只需要查下 **F 分布表**就可以知道在 0.05 显著性水平上，F 值要多少就能拒绝零假设了。（这章的后面我们将学到 F 分布表。）

下面是一个 F 值的例子，让我们回到先前那个依附类型的研究中。关于嫉妒的研究结果如下：组间总体方差估计值是 23.27，组内总体方差估计值是 0.53。（后面将学到具体的计算过程。）组间总体方差估计值与组内总体方差估计值的比（23.27/0.53）是 43.91；也就是 $F=43.91$。这个 F 值大于 1。而在 0.05 显著性水平上，F 值用来拒绝零假设所需值是 3.01。因此，研究结果完全可以拒绝零假设，并且可以肯定，这三种类型中嫉妒的次数是不同的。（安全型的嫉妒平均次数为 2.17，躲避型的为 2.57，焦虑型的为 2.88。）

一个类比

有些学生发现了一个类比，以此来帮助我们学习方差分析。这个类比就是工程师说的信噪比。比如说，你是否能够清楚地听到手机中的语音取决于信号在噪声中的强度。而方差分析中的 F 值，样本间均数间的差异就类似于这个信号，也就是你需要的信息。样本内的差异就像是噪声。当样本间的差异明显大于样本内的差异时，我们就可以认为那有一个显著的影响。

> **F 分布**　数学上定义的曲线，即运用于方差分析中的比较分布。
>
> **F 分布表**　F 分布上的临界分数表。

> **成功小贴士**
>
> 以下"你会做吗？"中的问题与答案对方差分析的逻辑进行了一个有用的概括。确保你在看了它们（文中相关的部分）几次之后已经完全明白了。

你会做吗？

1. 什么时候需要用到方差分析？

2. (a) 组内方差估计的依据是什么？ (b) 零假设成立或者不成立时，它又会受到什么影响？(c) 为什么会受影响？

3. (a) 组间方差估计的依据是什么？ (b) 零假设成立或者不成立时，它又会受到什么影响？(c) 为什么会受影响？

4. 哪两种差异的来源能够归于组间方差估计？

5. (a) 什么是 F 值？(b) 为什么当零假设成立时 F 值为 1？(c) 为什么当零假设不成立时，F 值大于 1？

答案

1. 方差分析：当你需要比较的样本均数来自两个以上总体的时候，就需要用到方差分析。

2. (a) 组内方差估计基于每个样本之间分数的差异。(b) 并不受影响。(c) 零假设是否成立都基于总体均值是否相同。因为每个总体内的差异不会影响到总体均值是否相同，因此，组内方差估计不受零假设成立与否的影响。

3. (a) 组间方差估计是基于样本均数间的差异。(b) 当零假设不成立时将很大。(c) 零假设成立与否是跟总体均值是否相同有关的。当零假设不成立时，总体的均值就不同。因为当零假设不成立，总体均值不等的时候，总体均值间的差异就会很大，因此组间方差估计就会很大。

4. 两种能够归于组间方差估计差异来源的是：(ⅰ) 每个总体中分数的差异（也就是随机因素造成的差异）；(ⅱ) 总体均值间的差异（也就是处理效应造成的差异）。 319

5. (a) F 值是组间方差估计与组内方差估计的比值。(b) 两种估计都是基于同一个差异来源——每个总体内分数的差异（也就是随机因素造成的差异）。(c) 同时组间方差估计还会受到总体均值间的差异的影响（也就是处理效应造成的差异），而组内方差估计则不受此影响。因此，当零假设不成立（而且总体均值不等）的时候，组间方差估计会比组内方差估计大很多。

方差分析的执行

我们已经讨论了关于方差分析的逻辑，现在将通过一个例子来详细说明。（虚构一个研究来让数字简单些。）

假定一个社会心理学家准备研究前期经历是否会影响陪审团判断犯人罪行。研究者招募了15名曾经当过陪审团成员（但是没有参与过一次审讯）的志愿者。研究者给他们看了一个4小时的审讯，这是一个被控告开空头支票的妇女。在看这个录像之前，所有的志愿者都被提供了这个被控告妇女的背景，包括年龄、社会地位、教育水平和一些其他信息。发给每个被试的信息基本是一样的，只有一处存在差异。在5名被试的纸条上最后一条说这个妇女在被控告有不良信用之前还有很多次这样的记录，我们叫这个组为犯罪记录组。还有5名被试的纸条上最后一条说这个妇女以前从未有过这样的记录，我们叫这组为清白记录组。而最后5名被试的纸上并没有提起这个妇女以前的情况，我们叫无信息组。

随机分配这些被试到各个组。在看完这个审讯的录像后，15名被试都被要求做一个10点量表，这10点是从完全清白（1）到完全有罪（10）。这个虚构的研究结果在表9—3中显示。正如你所见，三个组的均数不同（8，4，5）。而且三个组之间的差异也很大。这三个组的总体方差估计值分别是4.5，5.0，6.5。

你需要计算下列数字，以此来检验关于三个总体存在差异的假设：（a）基于每个样本中分数的差异的总体方差估计值；（b）基于组间均数差异的总体方差估计值；（c）两者的比值，即F值。（另外，你需要在F分布表中找到显著的F临界值。）

组内总体方差估计值的计算

你可以用以前学过的总体方差估计的方法对每一个组（也就是每一个样本）的总体方差进行估计。首先，你要计算离均差平方和。也就是将每个分数减去相应组的均数，然后平方，并且将这些平方后的值相加。其次，你要用离均差平方和除以每个组的自由度。（自由度是每个组的数量减1。）比如说，如表9—3所示，表中给出了犯罪记录组分数的总体方差估计值为4.5，清白记录组为5.0，无信息组为6.5。

表9—3　犯罪记录研究（虚构的数据）的结果

320

犯罪记录组			清白记录组			无信息组		
评分	离均差	离均差平方和	评分	离均差	离均差平方和	评分	离均差	离均差平方和
10	2	4	5	1	1	4	−1	1
7	−1	1	1	−3	9	6	1	1
5	−3	9	3	−1	1	9	4	16
10	2	4	7	3	9	3	−2	4
8	0	0	4	0	0	3	−2	4
Σ：40	0	18	20	0	20	25	0	26
M=40/5=8			M=20/5=4			M=25/5=5		
S^2=18/4=4.5			S^2=20/4=5.0			S^2=16/4=6.5		

接着，在方差分析中，类似于t检验，我们要假定总体方差相同，以及基于每个样本的分数得出的估计值都是对同一个真实的总体方差进行的估计。样本容量在这个例子中是相等的，所以对每一个小组的估计都是基于同等的信息量。因此（与t检验不同的是），你可以用直接平均来合成这些总体方差估计值。这里给出的基于组内差异的总体方差估计值为5.33（具体计算是将4.5，5.0，6.5相加，结果是16，然后除以3）。

总之，这两个步骤为：

Ⓐ 通过每个组的分数计算总体方差估计值。

Ⓑ 平均这些方差估计值。基于每个组内差异的总体方差估计是组内总体方差估计值，它的符号是S^2_{Within}或MS_{Within}。MS_{Within}是组内均方的简称。

术语均方是方差的另外一个学名，因为方差也就是离均差平方和的平均数。（S_{Within} 或者 MS_{Within} 有时也被叫作误差方差，符号为S^2_{Error}或者是 MS_{Error}。）

S^2_{Within} 或 MS_{Within}　组内总体方差估计值。

321 公式为：

$$S^2_{Within}\text{或}MS_{Within}=\frac{S_1^2+S_2^2+\cdots S^2_{Last}}{N_{Groups}} \quad (9-1)$$

组内总体方差估计值是总体方差估计值的总和除以组的数量。

在这个公式中，S_1^2 是基于第一组的总体方差估计值（来自总体 1 的组），S_2^2是基于第二组的总体方差估计值，S^2_{Last}是基于最后一组分数的总体方差估计值。（省略号的意思是你需要将所有组的总体方差估计值都列出来。）N_{Groups}是组的数量。

用这个公式计算的话，我们得到的是：

$$S^2_{Within}=\frac{S_1^2+S_2^2+\cdots S^2_{Last}}{N_{Groups}}$$

$$=\frac{4.5+5.0+6.5}{3}=\frac{16}{3}=5.33$$

组间总体方差估计值的计算

总平均数（GM）　无视分组情况下所有分数的平均值，当每个组的容量一样时，它就等于组均值的平均数。

组间总体方差估计值的计算包括两个步骤（尽管与组内总体方差估计值相当不同）。首先从样本均数估计均值分布的方差；其次，基于均值分布的方差计算出总体的方差。下面是这两个步骤更详细的解释。

Ⓐ 估计均值分布的方差：将小样本均值与总的均值（所有分数的均值）之差平方后相加，再除以组的数量减 1。

你可以认为你的样本均值是来自于均值分布的。使用样本分数来估计总体方差是符合标准步骤的。在这种情况下，你可以将样本的均值看作是原始分数，把均值分布看作是这些原始分数所来自的总体。这些都能归结为以下几个步骤：首先计算离均差平方和（你计算出样本均值的均值，然后计算每个样本均值与该均值的离均差，将这些离均差平方之后相加）；然后，将这个离均差平方和除以自由度，这个自由度也就是均值的数量减 1。公式为（当样本容量相同的情况下）：

$$S_M^2=\frac{\sum(M-GM)^2}{df_{Between}} \quad (9-2)$$

均值分布的方差估计值是每个样本均值减去总平均数后的离差平方和除以组间总体方差估计的自由度。

在这个公式中，S_M^2是均值分布方差估计值（依据研究中的样本平均数）。M 是每个样本的均值。GM 是**总平均数**，即你所有分数的总均值，也是你均数的均值。$df_{Between}$是组间总体方差估计的自由度，即组的数量减 1。公式为：

$$df_{Between}=N_{Groups}-1 \quad (9-3)$$

组间总体方差估计的自由度是组的数量减 1。

在犯罪记录研究中，三个均值分别是 8，4，5。S_M^2的计算见表 9—4。

322

表 9－4　犯罪记录研究中（虚构的数据）基于三个实验组的均值分布的方差估计

样本均数	与总均数的离差	与总均数的离差平方
(M)	(M－GM)	(M－GM)^2
4	－1.67	2.79
8	2.33	5.43
5	－0.67	0.45
Σ 17	－0.01	8.67

$GM=(\sum M)/N_{Groups}=17/3=5.67$

$S_M^2=\sum(M-GM)^2/df_{Between}=8.67/2=4.34$

资料来源：Hazan, C., & Shaver, P. (1987). Romantic love conceptualized as an attachment process. *Journal of Personality and Social Psychology*, 52, 515. Published by the American Psychological Association. Reprinted with permission.

Ⓑ 计算由个人分数构成的总体的方差估计值：均值分布的方差乘以每个样本内分数的数量。

我们之前在步骤Ⓐ计算的是均值分布的方差估计值。基于此我们想要估计均值分布赖以生存的总体（个体分数的分布）的方差。我们在第 5 章中学到均值分布的方差要比总体方差小，这是因为均值不太可能比个体分数极端（因为任何一个样本不可能同时在一端有很多极端值）。在第 5 章你已经学过均值分布的方差是个体分数分布的方差除以每个样本分数的数量。

现在我们要将第 5 章中学到的东西反过来做。在第 5 章中，均值分布的方差是通过个体分数分布的方差除以样本容量来计算的。现在要计算的个体分数分布的方差就是要用均值分布的方差乘以样本容量（见表 9—5）。也就是说，想要得出个体分数总体分布的方差需要将均值分布的方差估计值乘以每个组的样本容量。相加的结果就是组间总体方差估计值。计算公式如下（每组样本容量相等）：

$$S^2_{\text{Between}} \text{ 或 } MS_{\text{Between}} = S^2_M\ (n) \qquad (9-4)$$

> 组间总体方差估计值是均值分布的方差估计值乘上每组分数的数量。

这个公式中，S^2_{Between} 或 MS_{Between} 是基于均值间差异的总体方差估计值（组间总体方差估计值）。n 是每个样本中被试的数量。

> S^2_{Between} 或 MS_{Between}　组间总体方差估计值。

让我们回到之前的那个案例中，我们每个样本中都有 5 名被试并且均值分布的方差估计值是
323 4.34。在这个案例中，用 4.34 乘以 5 就得出组间总体方差估计值 21.70。代入公式为：

$$S^2_{\text{Between}} \text{ 或 } MS_{\text{Between}} = S^2_M\ (n) = (4.34)(5) = 21.70$$

表 9—5　从个体分布的方差计算均值分布的方差和从均值分布的方差计算个体分布的方差的比较

从个体分布到均值分布：$S^2_M = S^2/n$
从均值分布到个体分布：$S^2 = (S^2_M)(n)$

F 值的计算

F 值就是组间总体方差估计值与组内总体方差估计值之比。公式为：

$$F = \frac{S^2_{\text{Between}}}{S^2_{\text{Within}}} \text{ 或 } \frac{MS_{\text{Between}}}{MS_{\text{Within}}} \qquad (9-5)$$

> F 值就是组间总体方差估计值（或组间离均差平方）除以组内总体方差估计值（或组内离均差平方）。

在我们的例子中，组间方差与组内方差之比是 21.70 比 5.33。代入公式计算结果，F 值等于 4.07。公式为：

$$F = \frac{S^2_{\text{Between}}}{S^2_{\text{Within}}} \text{ 或 } \frac{MS_{\text{Between}}}{MS_{\text{Within}}} = \frac{21.70}{5.33} = 4.07$$

F 分布

这并不代表你已经做完了。你还要找出 F 值的临界值来拒绝零假设，这需要 F 值的分布，然后用公式计算出 F 值的临界值。

> **成功小贴士**
>
> 一个很常见的错误就是将这个比值的分子与分母颠倒了。一个很好的记忆方法就是拿"黑"（black）和"白"（white）的英文首字母对应于组间除以组内。

在实际操作中，仅仅只需查看 F 分布表就能找到相应的临界值（或者通过计算机计算得出）。但要知道 F 分布表上的数字是怎么来的，需要去理解什么是 F 分布。最简单的办法就是亲手计算一个。

首先要有三个等价的总体。然后从这三个总体中分别随机选择 5 个分数。接着，基于这三个样本，计算出 F 值。（就是利用这三个样本的分数计算出组间总体方差估计值和组内总体方差估计值，然后用组间总体方差估计值除以组内总体方差估计值。）假设我们这个研究的 F 值是 1.36。现在你重新选择三个样本，且每个样本有 5 个分数，还是计算 F 值。可能这次你的 F 值计算结果是 0.93。如果你重复多次这样的过程，你就可以得到所有的 F 值。用这样的方法计算得出所有可能存在的 F 值的分布就是 F 分布。图 9—3 是一个 F 分布的例子。（现实中存在很多种 F 分布，而且每种 F 分布的形状都略有差异。具体形状依赖于你所选择样本的数量及每个样本中分数的数量。一般情况下的形状如该图所示。）

事实上，没有人会用这种方法去绘制 F 分布图。这是数学上的分布，可以通过一个公式找到精确的特征。统计学家同样能够证明，如果你有足够的耐心，通过随机选择样本及多次计算这些样本的 F 值，也可以得到同样的结果。

正如你在图 9—3 中所看到的，F 分布并不对称，而是在右侧有一个很长的尾巴。因为 F 分布是方差比值的分布，所以它是一个正偏态分布。方差总是一个正数。（方差是几个离均差的平均，任何数平方后都是一个正数。）而一个正数比上另外一个正数永远不会得到小于 0 的结果。因而没

324

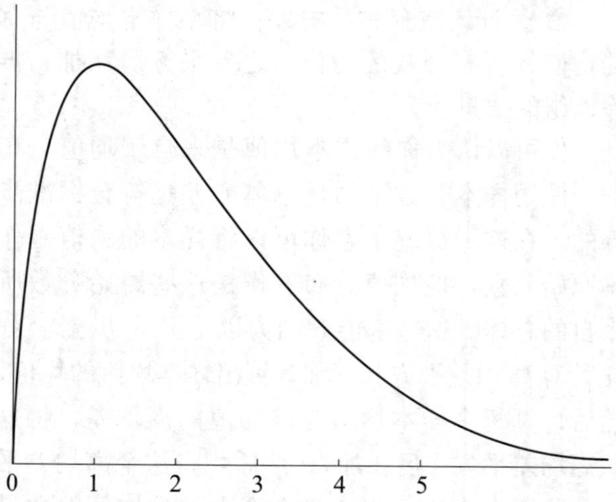

图 9—3　一个 *F* 分布

有任何因素可以阻止这一数值成为一个非常大的数值。因此，F 值不可能小于0，且能够达到很高的值。[①]（大多数 F 值分布于1附近，但是它们向正坐标方向延伸得更多，即它们有更多延伸空间的地方。）

组间（或分子）自由度（$df_{Between}$） 在方差分析中计算组间总体方差估计值（F 值的分子）时所用到的自由度，也就是组的数量减1。

F 分布表

F 分布表比 t 分布表更加复杂一点。这是因为 F 分布表同时基于组内总体方差估计和组间总体方差估计的自由度。也就是说，你在查表的时候需要通过两个自由度才能找出相应的临界值。其中一个是**组间自由度**。这也叫作分子自由度。这是在你计算组间总体方差估计值的时候所用到的自由度，是 F 值的分子。如公式9—3所示，组间总体方差估计的自由度就是组的数量减1（$df_{Between}=N_{Groups}-1$）。

组内（或分母）自由度（df_{Within}） 在方差分析中计算组内总体方差估计值（F 值的分母）时所用到的自由度，也就是每个组的分数的数量减1，然后将这些值相加的结果。

还有一个自由度是**组内自由度**，也叫作分母自由度。这是当你计算每个样本的组内总体方差估计值时所用到的来自每个样本的自由度的总和，是 F 值的分母。

组内总体方差估计的自由度是在计算每个样本的总体方差估计值时所用到的自由度的总和。

公式为：

$$df_{Within}=df_1+df_2+\cdots+df_{Last} \qquad (9-6)$$

在犯罪记录研究的例子中，组间自由度是2（3个组减1）。代入公式为：

$$df_{Between}=N_{Groups}-1=3-1=2$$

组内自由度是12。这是因为每个组的自由度 325
是4，并且有3个组。所以自由度总和是12。代入公式为：

$$\begin{aligned}df_{Within}&=df_1+df_2+\cdots+df_{Last}\\&=(5-1)+(5-1)+(5-1)\\&=4+4+4=12\end{aligned}$$

你应该在 F 分布中找自由度为"2和12"的临界值。如表9—6所示，在显著性水平为5%上，F 值要为3.89才能够拒绝零假设。（完整的 F 分布表见附录表A—3。）

表9—6 **为 *F* 分布所选择的临界值（突出显示的是犯罪记录研究中的值）**

分母自由度	显著性水平	分子自由度					
		1	2	3	4	5	6
10	0.01	10.05	7.56	6.55	6.00	5.64	5.39
	0.05	4.97	4.10	3.71	3.48	3.33	3.22
	0.10	3.29	2.93	2.73	2.61	2.52	2.46
11	0.01	9.65	7.21	6.22	5.67	5.32	5.07
	0.05	4.85	3.98	3.59	3.36	3.20	3.10
	0.10	3.23	2.86	2.66	2.54	2.45	2.39
12	0.01	9.33	6.93	5.95	5.41	5.07	4.82
	0.05	4.75	3.89	3.49	3.26	3.11	3.00
	0.10	3.18	2.81	2.61	2.48	2.40	2.33
13	0.01	9.07	6.70	5.74	5.21	4.86	4.62
	0.05	4.67	3.81	3.41	3.18	3.03	2.92
	0.10	3.14	2.76	2.56	2.43	2.35	2.28

注：全表见附录A—3。

① 在一些特殊的情况下，F 值大于或者小于1都是有可能的。组间和组内总体方差估计值仅仅只是一个估计值，甚至在零假设完全成立的时候也是可以改变的。如果 F 值大于1，你可以拒绝总体的均值都相等这个零假设。但是 F 值小于1呢？这是确确实实会发生的一种情况。当研究中出现了这种情况，就意味着组间的差异比起预期由偶然因素造成的组间差异要小。

你会做吗？

每个问题的（c）部分，需要使用下列三个样本中的分数：样本A的分数是5和7（M=6），样本B的分数是6和10（M=8），样本C的分数是8和9（M=8.5）。

1.（a）写出组内总体方差估计的计算公式并（b）解释每个符号的意义。（c）通过上述数据计算组内总体方差估计值。

2.（a）写出在方差分析中的均值分布的方差估计值的计算公式并（b）解释每个符号的意义。（c）计算这些分数的均值分布的方差。

3.（a）写出基于均值分布的方差的组间总体方差估计值的计算公式并（b）解释每个符号的意义。（c）计算这些分数的组间总体方差估计值。

4.（a）写出F值的计算公式并（b）解释每个符号的意义。（c）计算这些分数的F值。

326 5.（a）写出组内和组间自由度的计算公式并（b）解释每个符号的意义。（c）计算这些分数的组内和组间自由度。

6.（a）什么是F分布？（b）为什么峰度向右偏？（c）这些分数在显著性水平为5%上的F值是多少？

答案

1.（a）组内总体方差估计值的计算公式：

$$S^2_{Within}=(S^2_1+S^2_2+\cdots S^2_{Last})/N_{Groups}$$

（b）S^2_{Within}是组内总体方差估计值，S^2_1是基于第一组分数的总体方差估计值，S^2_2是基于第二组分数的总体方差估计值，S^2_{Last}是基于最后一组分数的总体方差估计值，中间省略的是方差分析中其他组分数的总体方差估计值，N_{Groups}是组的数量。

（c）组内总体方差估计值的计算：

$$S^2_1=[(5-6)^2+(7-6)^2]/(2-1)=2$$

$$S^2_2=[(6-8)^2+(10-8)^2]/(2-1)=8$$

$$S^2_3=[(8-8.5)^2+(9-8.5)^2]/(2-1)=0.5$$

$$S^2_{Within}=(S^2_1+S^2_2+\cdots+S^2_{Last})/N_{Groups}=(2+8+0.5)/3=3.5$$

2.（a）$S^2_M=\Sigma(M-GM)^2/df_{Between}$。

（b）S^2_M是均值分布的方差估计值（是基于你所研究的样本均值的估计值）；M是你每个样本的均值；GM是总均值；$df_{Between}$是组间方差估计的自由度，即组的数量减1。

327 （c）总均值（GM）是（6+8+8.5）/3=7.5。

$$S^2_M=\Sigma(M-GM)^2/df_{Between}=[(6-7.5)^2+(8-7.5)^2+(8.5-7.5)^2]/(3-1)=1.75$$

3.（a）$S^2_{Between}=(S^2_M)(n)$。

（b）$S^2_{Between}$是组间总体方差估计值；S^2_M是均值分布的方差估计值；n是每个样本中被试者的数量。其目的是得到一个基于组内均值差异的总体分布的方差。S^2_M是基于样本均数的来自于所有总体的均值分布的方差估计值。从均值分布的方差到个体分布的方差要乘以每个样本的容量。这是因为均值分布的方差通常要比个体分布的方差小，实际关系为均值分布的方差是个体分布的方差除以样本容量，因此在这你可以反过来用这个步骤。

（c）$S^2_{Between}=(S^2_M)(n)=(1.75)(2)=3.5$。

4.（a）$F=S^2_{Between}/S^2_{Within}$。

（b）F是F值；$S^2_{Between}$是组间总体方差估计值；S^2_{Within}是组内总体方差估计值。

（c）$F=S^2_{Between}/S^2_{Within}=3.5/3.5=1.0$。

5.（a）$df_{Between}=N_{Groups}-1$，$df_{Within}=df_1+df_2+\cdots+df_{Last}$。

（b）$df_{Between}$是组间自由度，N_{Groups}是组的数量，df_{Within}是组内自由度，df_1是基于样本1分数的总体方差估计的自由度，df_2是基于样本2分数的总体方差估计的自由度，df_{Last}是基于最后一个样本分数的总体方差估计的自由度，中间省略的是分析中其余样本分数的总体方差估计的自由度。

（c）$df_{Between}=N_{Groups}-1=3-1=2$，$df_{Within}=df_1+df_2+\cdots+df_{Last}=1+1+1=3$。

6.（a）你可以把F分布预期为随机的。（b）对于F值来说，因为它们是两个方差的比值，而两个正数的比值通常都是正数。因此，分数在左侧就聚集在一起，而在右侧就分散开来。（c）F临界值在0.05显著性水平上为9.55。

方差分析的假设检验

下面是犯罪记录研究假设检验的五个步骤。涉及的分布图见图 9—4。

❶ **重申有关总体的研究假设和零假设问题。** 有三个总体，如下。

总体 1：被告知被告具有犯罪记录的陪审员。

总体 2：被告知被告没有犯罪记录的陪审员。

总体 3：没有被告知关于被告的过往犯罪信息的陪审员。

零假设是三个总体均值相等（$\mu_1=\mu_2=\mu_3$）。研究假设是这三个总体的均值不等。

❷ **决定比较分布的特征。** 比较分布是一个自由度是 2 和 12 的 F 分布。

❸ **根据比较分布上的样本分数临界值来决定是否应该拒绝零假设。** 使用 F 分布表，在 0.05 显著性水平上的 F 临界值是 3.89。

❹ **计算比较分布中你的样本分数。** 在方差分析中，比较分布是一个 F 分布，样本的分数在这个分布上就是一个 F 值。在例子中，F 值是 4.07。

❺ **决定是否拒绝零假设。** 在例子中，F 值比在 0.05 显著性水平上的临界值 3.89 更极端。因此，研究者可以拒绝三个总体均值相等这个零假设。研究假设是三个总体均值不等：在这个研究中，被试对罪犯的犯罪记录了解的不同情况（或没有了解）会使得他们最后的判罚出现差异。 328

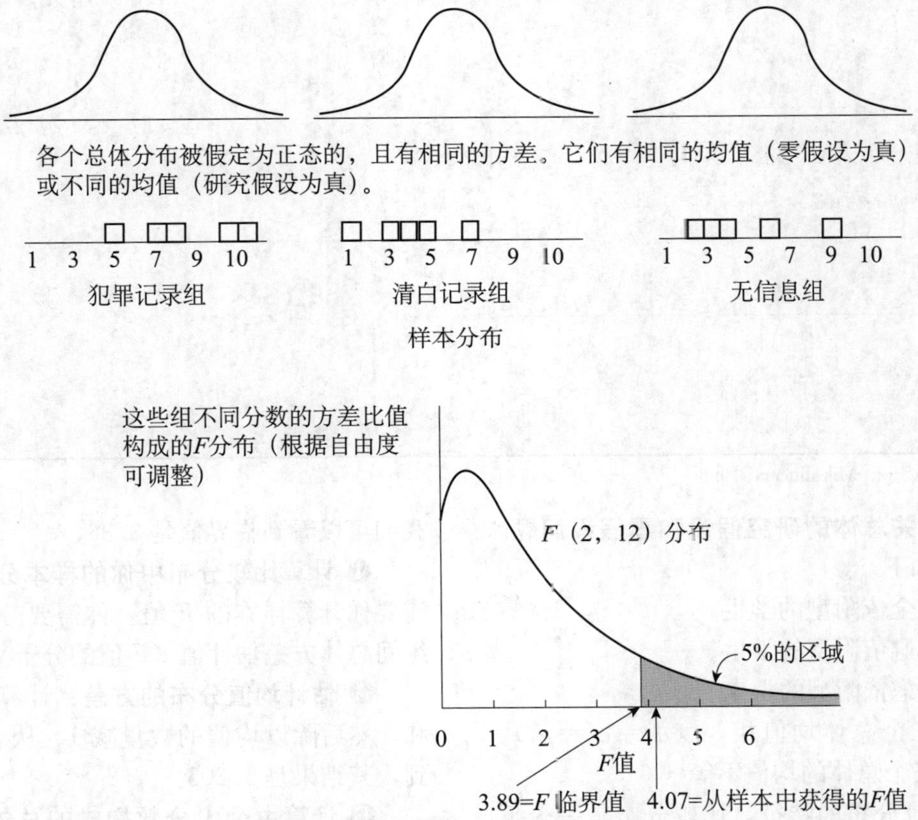

图 9—4　犯罪记录研究（虚构的数据）中涉及的分布图

你也许会对罪犯早期的犯罪记录可能会影响判罚这一实际的研究结果感兴趣。关于这个研究的所有结论似乎跟我们虚构的类似。对这类研究的回顾，可参见戴恩和怀特曼（Dane & Wrightsman，1982）。（这部分的研究示例见 Greeme & Dodge，1995。）

另外一个例子

米库林赛（Mikulincer，1998）在以色列使用了我们之前章节中讨论过的相同依附类型分类（见表 9—1）进行了一系列的研究。他所研究的其中一项包含 30 个大学生（每种依附类型 10 人），他们之间都是存在情侣关系的。作为研究的一部分，要求这些被试学生每天晚上都写下他们的情侣在白天是否做过伤害他们信任的事情。被试会写下一些诸如答应的约会迟到或者“忘记”告诉被试一个很重要的计划。基于方差分析的研究结果呈现在表 9—7 中。涉及的分布图见图 9—5。假设检验步骤如下。

329 **表 9—7　三种依附类型的被试报告的他们的情侣在三周内伤害他们信任的事件数量**

	依附类型		
	安全型	躲避型	焦虑型
n	10	10	10
M	2.10	3.70	4.20
S	1.66	1.89	1.93
S^2	2.76	3.57	3.72

F 分布：

$df_{\text{Between}}=N_{\text{Groups}}-1=3-1=2$。

$df_{\text{Within}}=df_1+df_2+\cdots+df_{\text{Last}}=(10-1)+(10-1)+(10-1)=9+9+9=27$。

采用 0.05 显著性水平，$df=2，27$，在 F 分布表中找到的 F 临界值是 3.36。

组间总体方差估计：

三个均值的 S^2 的计算。

	M	离均差	离均差平方
安全型	2.10	−1.23	1.51
躲避型	3.70	0.37	0.14
焦虑型	4.20	0.87	0.76
	Σ：10.00		$\Sigma(M-GM)^2$：2.41
	GM：3.33		

$S_M^2=\Sigma(M-GM)^2/df_{\text{Between}}=2.41/2=1.205$。

$S_{\text{Between}}^2=(S_M^2)(n)=(1.205)(10)=12.05$。

组内总体方差估计：

S_{Within}^2 或 $MS_{\text{within}}=\dfrac{S_1^2+S_2^2+\cdots+S_{\text{Last}}^2}{N_{\text{groups}}}=\dfrac{2.76+3.57+3.72}{3}=\dfrac{10.05}{3}=3.35$。

$F=\dfrac{S_{\text{Between}}^2}{S_{\text{Within}}^2}$ 或 $\dfrac{MS_{\text{Between}}}{MS_{\text{Within}}}=\dfrac{12.05}{3.35}=3.60$。

结论：拒绝零假设。

资料来源：Data from Mikulincer，1998.

❶ **重申有关总体的研究假设和零假设问题。**有三个总体，如下。

总体 1：安全依附型的学生。

总体 2：躲避依附型的学生。

总体 3：焦虑依附型的学生。

零假设是三个总体均值相等（$\mu_1=\mu_2=\mu_3$）。研究假设是这三个总体的均值不等。

❷ **判断比较分布的特征。**比较分布是一个 F 分布。其自由度的计算如下：组间总体方差估计是基于三个组的，所以其自由度是 2。组内总体方差估计是基于每个组的自由度的（10 个被试），所以其自由度是 27。

❸ **根据比较分布上的样本分数临界值来决定是否应该拒绝零假设。**使用附录表 A—3，查到自由度是 2 的那一列，然后找到我们的分母自由度是 27 的那一行的交界值。在 0.05 显著性水平上，我们可以看到临界值是 3.36。 330

❹ **计算比较分布中你的样本分数。**这个步骤需要你计算样本的 F 值。你需要分两个步骤找到组间总体方差估计值（F 值的分子）。

Ⓐ **估计均值分布的方差**：计算出离均差平方和，然后除以均值的数量减 1。从表 9—7 可以看到，其结果是 1.205。

Ⓑ **计算由个人分数构成的总体方差估计值**：将均值分布的方差乘以每个组内分数的数量。在表 9—7 可以看到，其结果是 12.05。

你可以通过这两个步骤找到组内总体方差估计值（F 值的分母）。

Ⓐ **通过每个组的分数计算总体方差估计值**：如表 9—7 所示，总体方差估计值分别是 2.76，3.57，3.72。

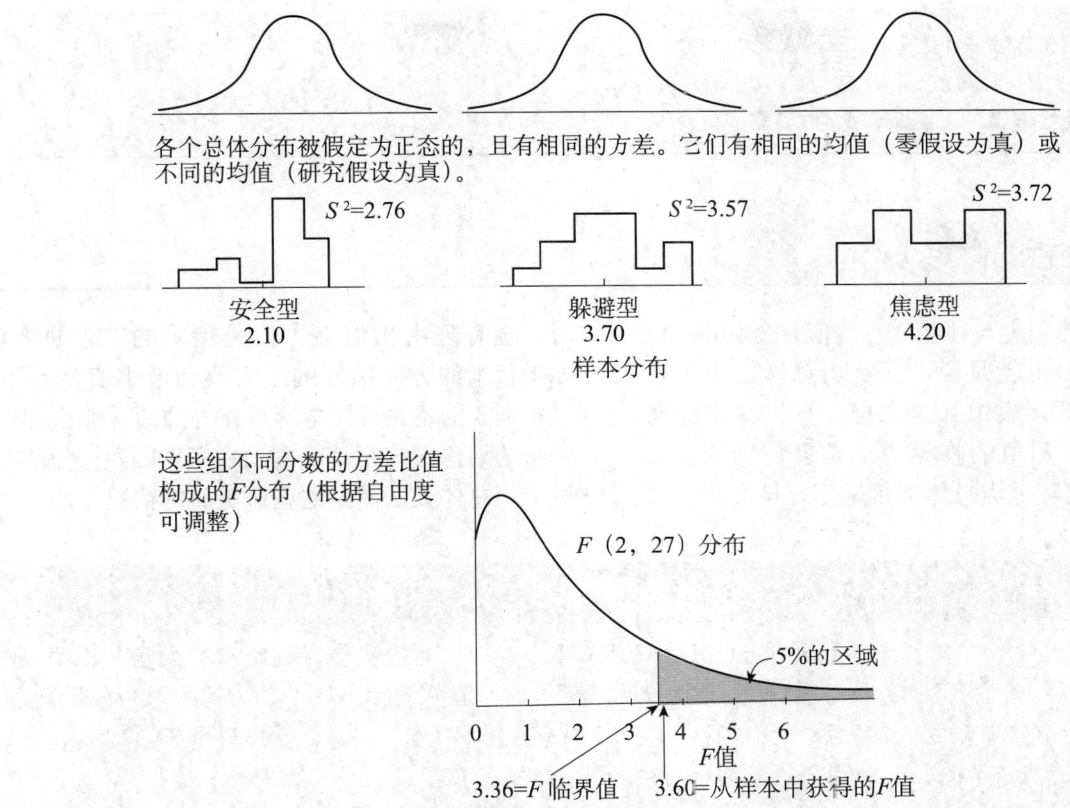

图 9—5　依附类型例子涉及的分布图

资料来源：Data from Mikulincer，1998.

❸ **平均这些方差估计值**：平均 2.76，3.57，3.72，得到 3.35。

F 值就是组间总体方差估计值除以组内总体方差估计值，结果是 3.60（即 12.05/3.35＝3.60）。

❺ **决定是否拒绝零假设。** *F* 值 3.60 在 0.05 显著性水平上要比临界值 3.36 极端。因此，米库
331 林赛（Mikulincer，1998）拒绝了零假设。他能够得出，三种依附类型的学生对他们的情侣在三周内伤害他们信任事件的报告是不同的，这一结论也与米库林赛基于依附理论的假设是一致的。

方差分析的假设检验小结

表 9—8 总结了我们在这章中讨论的方差分析的假设检验步骤。

表 9—8　　方差分析的步骤（当样本容量相等时）

❶ **重申有关总体的研究假设和零假设问题。**

❷ **判断比较分布的特征。**

a. 比较分布是一个 *F* 分布。

b. 组间（分子）自由度是组的数量减 1：$df_{\text{Between}}=N_{\text{Groups}}-1$。

c. 组内（分母）自由度是每个组自由度（组容量减 1）的总和：$df_{\text{Within}}=df_1+df_2+\cdots+df_{\text{Last}}$。

❸ **根据比较分布上的样本分数临界值来决定是否应该拒绝零假设。**

a. 决定显著性水平。

b. 通过步骤❷计算得出的自由度在 *F* 分布表中找到临界值。

❹ **计算比较分布中你的样本分数。** 这将会是一个 *F* 值。

a. 计算组间总体方差估计值（S^2_{Between}或 MS_{Between}）。

计算每个组的均值。

Ⓐ **估计均值分布的方差**：$S^2_M=\sum(M-GM)^2/df_{\text{Between}}$。

Ⓑ **计算由个人分数构成的总体方差估计值**：S^2_{Between}或 $MS_{\text{Between}}=(S^2_M)(n)$。

b. 计算组内总体方差估计值（S^2_{Within}或 MS_{within}）。

Ⓐ **通过每个组的分数计算总体方差估计值**：对于每个组，$S^2=\sum(X-M)^2/(n-1)=SS/df$。

❸ **平均这些方差估计值**：S^2_{Within} 或 $MS_{\text{within}} = (S^2_1 + S^2_2 + \cdots + S^2_{\text{Last}}) / N_{\text{Groups}}$。

c. 计算 F 值：$F = S^2_{\text{Between}} / S^2_{\text{Within}}$ 或者 $F = MS_{\text{Between}} / MS_{\text{Within}}$。

❺ **决定是否拒绝零假设。**比较步骤❸和步骤❹的值。

方差分析的假定

方差分析的假定与独立样本均值 t 检验的假定几乎完全相同。也就是说，只有当总体是正态且方差相同的时候，表中（或来自计算机输出的精确显著性水平）F 值的临界值才是最精确的。如在 t 检验中，实际上当总体不是呈正态且方差不等时，也有理由相信临界值是精确的。总的来说，如果每组的方差估计的最大值和最小值相差不超 332
过 4 到 5 倍，并且样本容量相等的话，那么使用 F 分布的结论应该是精确的。在第 14 章中我们还将讨论当总体无法满足这些假定时的情况。

你会做吗？

1. 一个研究比较了对三个实验处理 A，B，C 的效应。对 16 个被试分别进行三种处理，然后用标准衡量他们的完成情况。标准测量下的研究结果如下。处理 A 组：$M=20$，$S^2=7$。处理 B 组：$M=22$，$S^2=9$；处理 C 组：$M=18$，$S^2=7$。在 0.01 显著性水平上，三个实验处理是否会对这些组的总体间的表现造成差异？(a) 使用假设检验步骤并 (b) 绘制分布图。
2. 给出两个方差分析的主要假定。
3. 我们为什么需要假定方差相等？
4. 违反方差相等时可能会导致结果不精确的一般规则是什么？

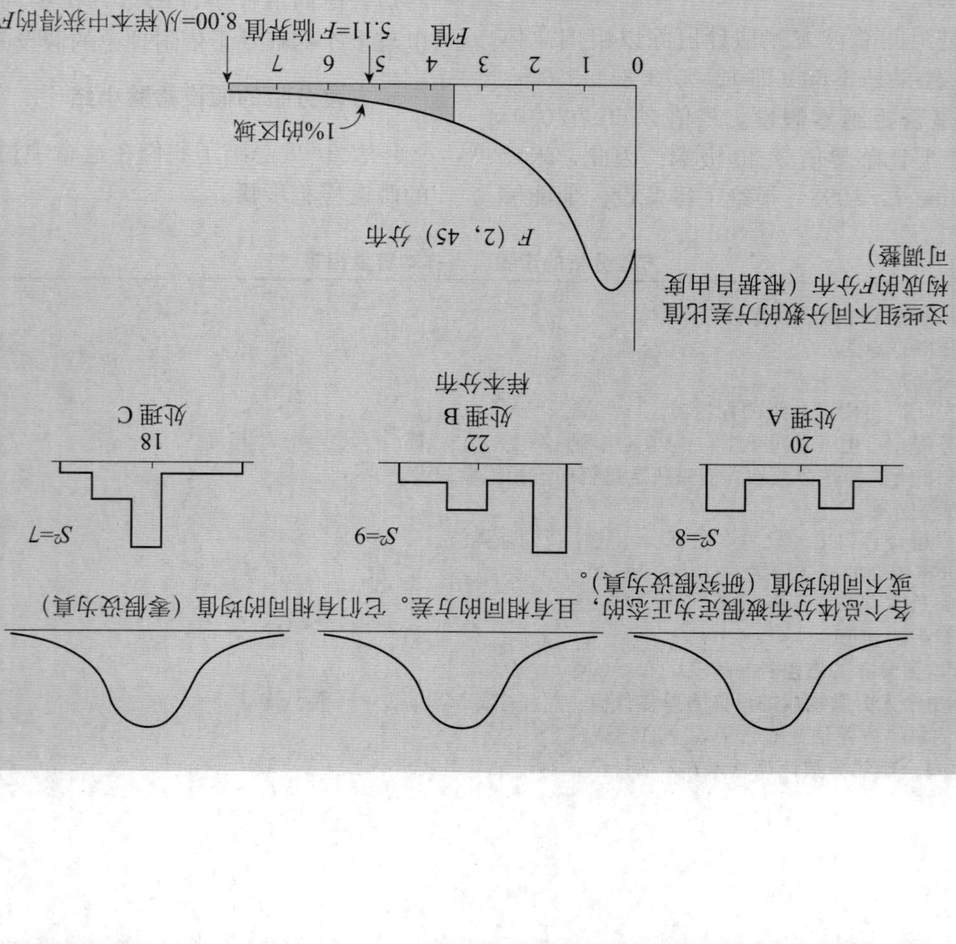

图9—6 “你会做吗？”问题1的分布图

333

答案

1.（a）假设检验步骤：

❶ **重申有关总体的研究假设和零假设问题。**有三个总体，如下。

总体 1：给予实验处理 A 的人。

总体 2：给予实验处理 B 的人。

总体 3：给予实验处理 C 的人。

零假设是三个总体均值相等（$\mu_1=\mu_2=\mu_3$）。研究假设是这三个总体的均值不等。

❷ **判断比较分布的特征。**比较分布是 F 分布。其自由度计算如下：基于三个组的组间方差估计的自由度是 2。基于这三个组每个组 15 的自由度（16 个被试者）的组内方差估计的自由度是 45。

❸ **根据比较分布上的样本分数临界值来决定是否应该拒绝零假设。**通过附录中的表 A—3 找到在 0.01 显著性水平上，$df=2$，45，临界值是 5.11。

❹ **计算比较分布中你的样本分数。**

（a）计算组间总体方差估计值（$S^2_{Between}$）：首先，计算每个组的均值。每个组的均值分别是 20，22，18。

Ⓐ **估计均值分布的方差：**计算出离均差平方和，然后除以均值的数量减 1：$S^2_M=[(20-20)^2+(22-20)^2+(18-20)^2]/(3-1)=(0+4+4)/2=4$。

Ⓑ **计算由个人分数构成的总体方差估计值：**均值分布的方差估计值乘以每个组的分数的数量。$S^2_{Between}=(4)(16)=64$。

（b）计算组内总体方差估计值（S^2_{Within}）：

Ⓐ **通过每个组的分数计算总体方差估计值：**处理 A 组，$S^2=8$；处理 B 组，$S^2=9$；处理 C 组，$S^2=7$。

Ⓑ **平均这些方差估计值：**$S^2_{Within}=(8+9+7)/3=8$。

F 值就是组间方差估计值除以组内方差估计值：$F=64/8=8.00$。

❺ **决定是否拒绝零假设。**F 值 8.00 在 0.01 显著性水平上要比临界值 5.11 极端。因此，拒绝零假设，研究假设成立；不同的处理会对标准绩效测量产生不同的影响。

（b）分布图见图 9—6。

2. 总体被假定为正态且方差相等。

3. 我们需要假定方差相等是为了证明从每个样本的方差估计来计算总体的组内方差估计是合理的。

4. 当方差估计的最大值和最小值之间相差超过 4 到 5 倍的时候，方差估计的结果可能会不精确。

计划比较 334

如果你在方差分析时拒绝了零假设，这就意味着总体的均值不等。然而，不清楚的是总体均值的差异是怎么造成的。比如说，在犯罪记录的研究中，犯罪记录组的陪审团判罚有罪的比例是最大的（$M=8$）；无信息组的陪审团判罚有罪的比例排第二位（$M=5$）；清白记录组的陪审团的比例最低（$M=4$）。从方差分析中，我们可以看出这些组的三个总体的均值是不等的。（也就是总体的方差分析是显著的。）然而，我们不知道哪个总体均值比其他的有更显著的差异。

在实践中，大部分研究的情境都超过两个组，我们真正想知道的不是全部的、综合的组间的差异，而是一些更特别的比较。比如说，在犯罪记录的研究中，研究者在研究开始就预测犯罪记录组评估罪犯有罪的可能性要比清白记录组和无信息组高。事实上，研究者在研究前做的这些预测也就是所谓的**计划比较**（之所以称为“比较”是因为重点在于对比特定组的结果）。

计划比较　在研究前已经计划好的对特定均值的比较，也叫作计划对比。

研究者使用计划比较是为了考虑一些备受关注的、特殊的组间差异，要么是直接基于某个理论，要么是跟实际应用有关。计划比较有时也被叫作先验比较，因为这是在研究前就计划好的。它们还被叫作计划对比，因为是对特定组的结果进行比较。最后，它通用的名字可能你在大部分的比较中都见过，叫作线性比较。

计划比较的计算

对一对特定组均值的比较程序，是对你以前总体所学知识的一个延伸：计算组间总体方差估计值、组内总体方差估计值和 F 值。

组内总体方差估计跟所有的方差分析一样。这是因为，无论你需要比较的特定组有哪些，你都需要假定所有组是来自于有相同方差的总体的。因此，你对该方差的最佳估计就是要利用所有分组的信息，即每个样本的总体方差估计值的平均数。

然而在计划比较中，组间总体方差估计跟整体方差分析中的不同。这是因为在计划比较中你只对特定组的均值差异感兴趣。尤其是，在两个组均值间的计划比较中，你需要利用通常的两个步骤来计算组间总体方差估计值，但是仅仅使用你感兴趣的两个均值。①

一旦你有了两个方差估计值需要进行计划比较，通过通常的方式计算 F 值，并且同 F 分布表中基于两个估计值的自由度所找到的临界值进行比较，这里的自由度一个是跟所有分析中一样的组内自由度 df_{Within}，另一个是通常情况下为1的组间自由度 df_{Between}（因为估计值基于两个均值，2－1＝1）。

一个例子

考虑犯罪记录组（M＝8）和无信息组（M＝5）的计划比较。

335 对组内总体方差估计的计划比较与来自整体分析中的组内估计在通常情况下是类似的：在犯罪记录案例中，S^2_{Within} 等于5.33。

对于组间总体方差估计来说，你要用通常的两个步骤来计算，但是只取需要进行比较的两个均值。

Ⓐ 估计均值分布的方差： 计算出离均差平方和，然后除以均值的数量减1。这两个均值的总均数是6.5［即（8＋5）/2＝6.5］且自由度为1（当只对两个均数进行比较时），也就是2－1＝1。因此，可得到：

$$S^2_M = \sum (M-GM)^2/df_{\text{Between}}$$
$$=[(8-6.5)^2+(5-6.5)^2]/1$$
$$=[1.5^2+(-1.5^2)]/1$$
$$=2.25+2.25=4.5$$

Ⓑ 计算由个人分数构成的总体方差估计值： 均值分布的方差估计值乘以每个样本的数量。在这个研究中每个组有5个分数。因此，

$$S^2_{\text{Between}}=(S^2_M)(n)=(4.5)(5)=22.5$$

因此，对于这个计划比较，$F= S^2_{\text{Between}}/ S^2_{\text{Within}}=22.5/5.33=4.22$。在0.05显著性水平上，$df=1, 2$，临界值是4.75。结论是计划比较不显著。你可以得到这三个均值是完全不同的，但是你不能得出犯罪记录组要比无信息组更容易判罚一个人有罪。

另一个例子

那么犯罪记录组和清白记录组（M＝4）之间的计划比较又是什么样的呢？

Ⓐ 估计均值分布的方差： 计算出离均差平方和，然后除以均值数量减1。这两个均值的总均数是（8＋4）/2＝6.0且自由度为1（当只对两个均数进行比较时），也就是2－1＝1。因此，可得到：

$$S^2_M = \sum (M-GM)^2/df_{\text{Between}}$$
$$=[(8-6.0)^2+(4-6.0)^2]/1$$
$$=[2.0^2+(-2.0^2)]/1$$
$$=4.0+4.0=8.0$$

Ⓑ 计算由个人分数构成的总体方差估计值： 均值分布的方差估计值乘以每个样本的数量。因此，可得到：

$$S^2_{\text{Between}}=(S^2_M)(n)=(8)(5)=40.0$$

再次，组内总体方差估计值跟我们之前计算的是一样的，也就是5.33。

因此，$F= S^2_{\text{Between}}/ S^2_{\text{Within}}=40.0/5.33=7.50$。$F$ 值7.50要比临界值4.75极端，这两个均值的

---

① 为什么 t 检验只用作两个组的比较呢？如果你使用一个简单的 t 检验，你的合成总体方差估计就只是基于两个组。因此，在计算总体方差时你将会忽略其他组的分数。一种解决方法是用通常的方法在每一步中使用简单的 t 检验，除了用到合成总体方差估计值的地方，你要用组内总体方差估计值来代替。同样，你在使用自由度来判断显著性临界值的时候，用到的也是总的组内总体方差估计值。事实上，这个 t 检验的过程和我们描述过的一种 F 检验的方法相比，在数学上是等效的，并且不管结果是否显著，它们都是一样的。（见第15章关于方差分析与 t 检验更一般的讨论。）我们在这里强调 F 检验，是因为就这一章而言 F 检验更加直接。

计划比较是显著的。由此，你可以得知犯罪记录组的被试要比清白记录组的被试更容易判罚一个人有罪。

336 **Bonferroni 矫正**

当你在进行一些计划比较时，有一个问题。在 0.05 显著性水平上，如果你的零假设成立的话，那么你只有 5%的可能获得一个显著性的结果。然而，多重比较下，如果你使用 0.05 的临界值，且零假设成立时你就有超过 5%的可能获得一个显著的结果。

> **Bonferroni 矫正**　总的 α 百分比除以比较的次数以获得更加严格的显著性水平的多重比较程序。

原因是：如果你在做多个比较，每个比较都是在 0.05 显著性水平上的，那么最后结果就会出现超过 5%的可能，得出显著性的结果。(类似于抛硬币。你每次抛一个硬币，正面的可能都是 50%。但是如果你抛 5 个硬币的话，那么之中至少有一个出现正面的概率就要大于 50%了。）事实上，如果你做了两个比较，每个都是在 0.05 显著性水平上的，那么其中一个是显著性结果的可能就是 10%了（零假设成立的情况下）。如果你做了三个计划比较的话，就有 15%的可能了。

一个被广泛用来处理计划比较的方法就是 **Bonferroni 矫正**。Bonferroni 矫正的主要想法就是让你在每个计划比较中使用更加严格的显著性水平。结果是任一比较被错认为显著的总体概率降低。比如说，如果对两个计划比较中的每个都使用 0.025 的显著性水平的话，那么犯Ⅰ类错误的概率应该是控制在 0.05 以下的。如果是三个比较的话，那么应该使用的显著性水平是 0.017（0.05/3=0.017）。

通常情况下规定使用的 Bonferroni 矫正临界值是真实的显著性水平除以计划比较的数量。也就是，如果你要在 0.01 的显著性水平上检验你的假设，并且要做三个计划比较，那么在做每个计划比较的时候要用 0.003 3 作为显著性水平。也就是 0.01/3=0.003 3。

如果你是在计算机上做分析的话，那么它能得出精确的显著性水平，如 p 是 0.037 或者 0.005 4，而不仅仅是在 0.05 或者 0.01 两者中取一个作为显著性水平。然而，如果你使用表格的话，那么只有 0.01 和 0.05 两种选择。因此，尽管大部分的研究者是使用计算机来进行分析的，但是这种情况下却出现了一些惯例并且沿用至今。简单地说，尤其是，当计划比较矫正的临界值是 0.017 甚至是 0.025 时，研究者通常会使用 0.01 的显著性水平。同样，如果有两个计划比较（甚至是三个）的话，通常情况下研究者不会做出任何的矫正。

你会做吗?

1. (a) 什么是计划比较？(b) 研究者为什么要做计划比较？
2. 计算区别于整体方差分析的两个特定组的计划比较的过程是怎么样的？
3. 在一个有三个组的研究中，有 25 个被试，且 S^2_{Within} 是 100。研究者对一个均值是 10 的组和一个均值是 16 的组做了一个计划比较。研究结果是否显著？(使用 0.05 的显著性水平。)
4. (a) 为什么研究者在做计划比较时需要 Bonferroni 矫正？(b) Bonferroni 矫正的原理是什么？
5. 如果一个研究在 0.05 的显著性水平上要做 4 个计划比较，那么 Bonferroni 矫正后的显著性水平是多少？

Ⓑ计算由个人分数构成的总体方差估计值：

$S^2_{Between}=(18)(25)=450$。

组内估计值的计算没有变化，是 100。

$F=450/100=4.5$。

自由度是 1，72 的临界值是 3.98。可以拒绝零假设。你的计划比较是显著的。

4. (a) 超过 1 个比较，最后显著性结果就会比开始使用的显著性水平高。

(b) 用你想要得到的显著性水平除以比较的次数。这样，就把它们可能出现的误差考虑进去了。

5. Bonferroni 矫正的显著性水平是 0.05/4=0.012 5。 337

答案

1. (a) 计划比较是在整体方差分析中针对两个组进行的比较，且它们是研究者在研究开始前就基于某个理论或者实际问题而计划好的。

(b) 研究者做计划比较是因为比起均值间所有的差异，对某个理论或者实际问题更感兴趣。

2. 对两个特定组的计划比较的计算过程跟整体方差分析是一样的，除了你在做组间估计时只需要使用这两个特定组的均值。

3. 结果是显著的。对组间总体方差估计值的计划比较如下。

❹**估计均值分布的方差：**

$GM=(10+16)/2=13$；$df_{\text{Between}}=2-1=1$。

$S_M^2=[(10-13)^2+(16-13)^2]/1=18$。

事后检验

正如我们知道的，在方差分析中拒绝零假设就意味着总体的均值是不等的，但是却无法得知总体均值的差异具体是什么。如刚才所学的计划比较，通常是研究者基于某个理论或者是实际问题而选择的特殊比较。然而有的时候，研究需要做进一步的探索，比如说，对不同均值配对比较，以此来探究哪些具有显著差异，哪些没有显著差异。（我们叫它成对比较，因为你可以对所有可能配对均值进行比较。）也就是，在研究做完后，研究者希望通过结果看出哪个组跟其他组有差异。这叫作**事后检验**，因为它们是在研究结束之后才进行的。

事后检验 不是提前指定的多重比较，即在方差分析后作为进一步探索分析的部分所执行的程序。

在事后检验中，当计算任一呈现显著的比较的总体概率时，所有可能的比较都需要考虑到。对事后检验使用 Bonferroni 矫正是安全的，从某种意义上来说这样你就不会偶然得到很多显著性的结果了。但是在事后检验中需要考虑很多的比较，总的显著性水平除以一个数字的话，Bonferroni 矫正使每个比较都显著就不太可能了。比如说，有 4 个组，那就可能存在 6 对比较；所以使用 Bonferroni 矫正，总显著性水平是 0.05 的话，你就需要在 0.083 的显著性水平上对每个比较进行检验。如果有 5 个组，就存在 10 种配对；那么每个比较的显著性水平就只有 0.005 了。以此类推。因此，对于每个比较的统计检验力就非常小了。

338

当然了，你可以这样想：“我刚才检验的配对均数间的差异是最大的，所以比较的数量就不会那么大了。”不幸的是，这种想法是行不通的。除非你事前不计划对配对均数进行比较，当做事后探索分析时，你得考虑每个配对都必须是最大的那一个。所以说除非你在事前做了特殊的预期，并且有一个理论支撑或者对那些预期有实际上的依据——这样或许会存在无数可能的配对。

基于此，统计学家就发明了各式各样的方法用于进行探索性分析。这些过程都是为了让犯Ⅰ类错误的概率控制在 0.05 的水平上，同时还能不减少统计检验力。你可能会在其他文章中了解到一些直接用他们的名字来命名的方法；**Scheffé 检验**和 Tukey 检验就是被广泛使用的，Neuman-Keuls 和 Duncan 程序也是非常出名的。这些过程在不同的条件下仍然存在很多争议。

Scheffé 检验

Scheffé 检验 计算事后检验（考虑到所有可能存在的比较）显著性的方法。

在事后检验中，Scheffé 方法是非常便捷的。我们这么说是因为当你做相关的简单比较和非常复杂的比较时只有这个方法能够通用。然而跟 Tukey 检验和其他方法比较，Scheffé 检验的缺点就备受争议了。那就是，Scheffé 检验对任何事后检验得到显著结果的可能要比 Bonferroni 矫正高，但是却远远不如 Tukey 检验和其他任何一个事后检验。

要使用 Scheffé 方法，你需要用通常的办法计算 F 值。但是之后你要用 F 值除以总研究的自由度 df_{Between}（组的数量减 1）。然后你要用这个很小的 F 值与研究中的总临界值比较。

下面是一个例子。回忆之前犯罪记录组和清白记录组的比较，我们计算的 F 值是 4.22。在研究中 df_{Between} 是 2（有 3 个组），对 Scheffé 检验来说，你的 F 值就只有 $4.22/2=2.11$。然后用这个 Scheffé 检验的 F 值 2.11 同临界值 3.89 进行比较。因此，使用 Scheffé 检验的结果不显著。

你会做吗?

1. (a) 什么是事后检验?(b) 研究者为什么要这么做?

2. (a) 为什么研究者不使用 Bonferroni 矫正进行事后检验?

(b) 对于 Bonferroni 矫正来说，Scheffé 检验和 Tukey 检验的优点是什么?

3. 在事后检验中，Scheffé 检验的 (a) 优点和 (b) 缺点是什么?

4. 我们如何进行 Scheffé 检验?

5. 假设在一个研究中，你有 4 个组，每个组内 50 个被试者，你需要做一个特殊比较，你计算的 F 339
值是 12.60。使用 Scheffé 检验，看看在 0.05 显著性水平上，是否能得到显著的结果?

答案

1. (a) 事后检验是在方差分析计算完之后进行的比较，诸如两个组间的比较，而且，研究前没有计划。

(b) 研究者这么做是为了探索那些提前计划好的比较的数据所来自的总体之间的关系模式。

2. (a) 在任何一个后续分析中，存在许多事后检验，如果你使用 Bonferroni 矫正，你修正的显著性水平会变得很小以至于最后很难得到显著性的结果。

(b) Scheffé 检验、Tukey 检验和其他类似的检验的作用是，当在做多重事后检验的时候对许多比较做了矫正，它们会让最后出现显著性结果的可能性不那么低。

3. (a) 你能够对任何数量的比较，包括复杂的比较使用 Scheffé 检验。

(b) Scheffé 检验更为保守；每个比较结果是显著的可能性更小了。

4. 用通常的方式计算 F 值，但是需要将这个 F 值除以总研究的自由度 df_{Between} 并且使用总研究的 F 临界值。

5. 总研究的自由度 $df_{\text{Between}}=4-1=3$；$df_{\text{Within}}=49+49+49+49=196$。Scheffé 矫正的 F 值 $=12.60/3=4.20$。整个研究在 0.05 显著性水平上的临界值是 2.70（$df=3$，196；接近表中的 3，100）。因此，即使使用 Scheffé 检验，这个比较还是显著的。

方差分析的效应大小及统计检验力

解释方差的比例（R^2）　组间变异占总体变异的比例。

方差分析的效应大小比 t 检验要复杂。在 t 检验中，你用两个均值的差除以标准差。而在方差分析中，你有两个以上的均值；因此当两个均值等同时，差异就不是很明显了——此为在效应大小计算时的分子。[①] 因此，在这节中我们将讨论一个计算效应大小十分不同的方法，即**解释方差的比例（R^2）**。

准确地说，R^2 是组间方差与基于所有分数和总均值计算得到的总方差的比值。[换句话说，你考虑的是测量变量的差异（如内疚等级）有多少可以被组间差异（如实验条件）解释。] 计算公式如下：

$$R^2=\frac{(S^2_{\text{Between}})(df_{\text{Between}})}{(S^2_{\text{Between}})(df_{\text{Between}})+(S^2_{\text{Within}})(df_{\text{Within}})} \tag{9-7}$$

① 均值之间的差值的方差分析与均值之间的变异的方差分析是等效的。事实上，寇恩（Cohen，1988）使用了均值分布的标准差。他把均值分布的标准差（估计值 S_M）除以个体的标准差（估计值 S_{Within}），得出的 f 叫作方差分析的效应大小。但是这个效应大小的测量通常用在研究报告中，并且没有我们在这里讨论的方法使用广泛。

> R^2 是组间总体方差估计值乘以组间自由度，然后除以组间总体方差估计值与组间自由度的乘积和组内总体方差估计值与组内自由度的乘积之和。

公式中包括组间自由度和组内自由度是为了将研究所使用的被试数量以及组别的数量考虑在内。

再让我们回忆下犯罪记录这个例子，在这个例子中，$S^2_{Between}=21.70$，$df_{Between}=2$，$S^2_{Within}=5.33$，
340 $df_{Within}=12$。因此，组间方差与总方差的比值就是 (21.70) (2) / [(21.70) (2) + (5.33) (12)]，结果是 0.40。代入公式，如下：

$$R^2=\frac{(S^2_{Between})(df_{Between})}{(S^2_{Between})(df_{Between})+(S^2_{Within})(df_{Within})}$$
$$=\frac{(21.70)(2)}{(21.70)(2)+(5.33)(12)}=\frac{43.40}{107.36}$$
$$=0.40$$

但是如果组内和组间总体方差估计值无法获取，并且这在实际研究中经常发生，应该怎么处理呢？其实还是可以直接通过 F 值和自由度计算出 R^2 的。公式如下：

$$R^2=\frac{(F)(df_{Between})}{(F)(df_{Between})+(df_{Within})} \quad (9\text{—}8)$$

比如在犯罪记录这个例子中：

$$R^2=\frac{(F)(df_{Between})}{(F)(df_{Between})+(df_{Within})}$$
$$=\frac{(4.07)(2)}{(4.07)(2)+12}=\frac{8.14}{20.14}=0.40$$

> R^2 是就是 F 值乘以组间自由度，然后除以 F 值与组间自由度的乘积和组内自由度之和。

你也应当知道，除了 R^2，这个效应大小的另一个名字是 $\boldsymbol{\eta^2}$，即**依塔的平方**，也叫作相关比。

R^2 是衡量效应大小最常用的指标，因为这个指标和它的名字一样直接。[进一步，研究者们在回归（见第 12 章）中将会更熟悉地使用 R^2 和它的正平方根 R，后者是一种相关系数，对于很多研究者（见第 11 章）是非常熟悉的。]

R^2 的最小值是 0，最大值是 1。然而在实际方差分析中，大部分心理学研究中的 R^2 值都高达 0.20。寇恩（Cohen，1988）约定 R^2 值 0.01 是小效应，0.06 是中等效应，0.14 为大效应。

统计检验力

表 9—9 显示的是 0. 05 显著性水平上，小样本、中等样本以及大样本的近似统计检验力；样本容量分别为每组 10 人、20 人、30 人、40 人、50 人以及 100 人；组数分别是 3 个组、4 个组以及 5 个组。①

设想一个由 5 个组且每个组有 10 个被试组成的研究，并且研究的预期是个大效应（0.14）。在 0.05 显著性水平上，研究的统计检验力是 0.56。因此，即使研究假设是成立的并且具有一个大效应，也仅仅只有 56% 的可能性得出显著的结果。

> **依塔的平方（$\boldsymbol{\eta^2}$）** 方差分析效应大小 R^2 的另一种叫法，也叫作相关比。

正如我们在前面章节中学到的，当解释一个不显著的结果的实际含义时，决定检验力特别重要。比如说，假设你已经知道一个有 4 个组且每个组有 30 个被试的研究，在 0.05 显著性水平上其结果不显著。表 9—9 显示，对一个小效应来说统计检验力只有 0.13。这也就是说即使在总体中存在一个小效应，这个研究的结果也不太可能是显著的。但是该表中的统计检验力为 0.96，是个大效应。这表明如果总体中存在这么大的效应，那么几乎可以确保研究的结果是显著的。

341 **表 9—9　在 0.05 显著性水平上采用方差分析的研究的近似统计检验力表**

每组被试数量（n）	效应大小		
	小（$R^2=0.01$）	中等（$R^2=0.06$）	大（$R^2=0.14$）
三个组（$df_{Between}=2$）			
10	0.07	0.20	0.45
20	0.09	0.38	0.78

① 寇恩（Cohen，1988，pp. 289－354）又提供了更加详细的表。当使用这些表的时候，要注意的是在表的最顶端、u 值是 $df_{Between}$ 的意思，也就是组的数量减 1，而不是我们表 9—9 中用到的组的数量这么简单。

续前表

每组被试数量（n）	效应大小		
	小（$R^2=0.01$）	中等（$R^2=0.06$）	大（$R^2=0.14$）
三个组（$df_{\text{Between}=2}$）			
30	0.12	0.55	0.93
40	0.15	0.68	0.98
50	0.18	0.79	0.99
100	0.32	0.98	*
四个组（$df_{\text{Between}}=3$）			
10	0.07	0.21	0.51
20	0.10	0.43	0.85
30	0.13	0.61	0.96
40	0.16	0.76	0.99
50	0.19	0.85	*
100	0.36	0.99	*
五个组（$df_{\text{Between}}=4$）			
10	0.07	0.23	0.56
20	0.10	0.47	0.90
30	0.13	0.67	0.98
40	0.17	0.81	*
50	0.21	0.90	*
100	0.40	*	*

* 接近于 1。

计划样本容量

表 9—10 给出的是在 0.05 显著性水平上，分别具有大、中等、小效应时，有三、四、五个组的研究的统计检验力达到 80%时分别需要的被试数量。①

比如，假定你正在计划一个有 4 个组的研究，并且期望有一个小效应。要想达到 80%的统计检验力，那么每个组要有 274 名被试，一共是1 096 名。然而，假定你将改变研究计划以求得到一个大效应，那么只需要每个组中有 18 名被试，一共 72 个就够了。 342

表 9—10　在 0.05 显著性水平上，分别具有大、中等、小效应时，有三、四、五个组的研究的统计检验力达到 80%时分别需要的被试数量

	效应大小		
	小（$R^2=0.01$）	中等（$R^2=0.06$）	大（$R^2=0.14$）
三个组（$df_{\text{Between}}=2$）	322	52	21
四个组（$df_{\text{Between}}=3$）	274	45	18
五个组（$df_{\text{Between}}=4$）	240	39	16

① 寇恩（Cohen，1988，pp. 381－389）提供了更加详细的表。具体可参见上一页脚注。

你会做吗？

1.（a）为什么方差分析的效应大小的计算与 t 检验的计算方法非常不同？（b）解释为什么 R^2 可以用来计算方差分析的效应大小。

2.（a）使用 $S^2_{Between}$ 和 S^2_{Within} 写出方差分析的效应大小的计算公式；（b）定义每个符号；（c）写出 R^2 的另外一个符号；（d）计算一个研究的效应大小，其中 $S^2_{Between}=12.22$，$S^2_{Within}=7.20$，$df_{Between}=2$，$df_{Within}=8$。

3.（a）写出在计算方差分析的效应大小时，只有 F 值和自由度的计算公式；（b）定义每个符号；（c）计算有3个组，每个组有18名被试者，F 值是4.50的研究的效应大小。

4. 一个研究中有4个组，每个组有接近40名被试者，在0.05显著性水平上且估计有一个大效应，问这个研究的统计检验力是多少？

5. 在一个研究中有5个组，在0.05显著性水平上，预期有一个中等效应，要使统计检验力达到80%，每个组需要多少个被试者？

答案

1.（a）对 t 检验来说，你只需要针对两个均值间的差异就行了；与方差分析没有什么共同点。（b）你计算的是组间差异占分数间总差异的比例。

2.（a）方差分析中的效应大小的计算公式是：$R^2=(S^2_{Between})(df_{Between})/[(S^2_{Between})(df_{Between})+(S^2_{Within})(df_{Within})]$。（b）$R^2$ 是方差所占比例；$S^2_{Between}$ 是组间总体方差估计值；$df_{Between}$ 是组间自由度；S^2_{Within} 是组内总体方差估计值；df_{Within} 是组内自由度。（c）η^2。（d）效应大小：0.30。

3.（a）$R^2=(F)(df_{Between})/[(F)(df_{Between})+(df_{Within})]$。（b）$R^2$ 是方差所占比例；F 是研究中的 F 比值；$df_{Between}$ 是组间自由度；df_{Within} 是组内自由度。（c）效应大小：$df_{Between}=3-1=2$；$df_{Within}=17+17+17=51$。$R^2=(F)(df_{Between})/[(F)(df_{Between})+(df_{Within})]=(4.5)(2)/[(4.5)(2)+(51)]=9/[9+51]=9/60=0.15$。

4. 研究中的统计检验力是0.99。

5. 每组所需被试者数量是39。

343 ## 争论：混合多式检验与计划比较

方差分析通常是用来比较3个或3个以上的组的。（如果你需要对两个组进行比较的话可以使用 t 检验。）然而，根据我们先前介绍的推论来看，罗斯诺和罗森塔尔（Rosnow & Rosenthal，1989）认为这种发散或混合多式检验并不是十分有用的。他们认为，在所有这些对三个或者三个以上组的检验中，"我们检验的问题完全不是我们所要的"（p. 1281）。那什么问题是我们真正感兴趣的呢？我们只对那些特定的比较感兴趣，诸如两个特定组的比较。

罗斯诺和罗森塔尔（Rosnow & Rosenthal，1989；也可见 Furr & Rosenthal，2003）建议，在做方差分析的时候，我们只需要分析计划比较。这些能够代替整体 F 检验（也就是发散或者混合多式 F 检验）判断你可不可以拒绝总体均值相等这个零假设。也就是，我们使用计划比较就可以完成整体 F 检验。因此这是一个革命性的想法。

考虑一个例子。奥巴赫和他的同事（Orbach et al.，1997）研究了在精神病院里有过自杀的病人（那些尝试过自杀的个体）、诊断相似但没有尝试过自杀的病人和一个由社区志愿者组成的控制组。研究目的是检验有过自杀的病人对身体疼痛是否具有更高的耐性。理论的设想是有过自杀的个体的高痛阈更容易导致其采取一些令人痛苦的行为，比如自杀。研究者实施了标准痛阈和其他感觉测验并且对三个组进行了一系列的问卷调查。下面是他们研究里的描述：

> 为了检验研究假设，我们计划了两个线性比较……第一个线性比较即自杀性对比，比较的是自杀组和两个非自杀组。第二个线性比较对象是两个非自杀组……我们没有做混合多式 F 检验是因为我们进行了计划比较来检验假设。因为多重比较需要临界值 α 为 0.01，来避免犯Ⅰ类错误……
>
> 自杀性对比在以下测量中是显著的：热感觉阈值，$F(1, 95)=21.64$，$p<0.01$；疼痛阈值，$F(1, 95)=23.65$，$p<0.01$；疼痛耐性，$F(1, 95)=6.55$，$p<0.01$；最大耐性，$F(1, 95)=16.05$。在自杀组和非自杀组间没有显著的差异。对均值的考察……支持我们的主要假设：自杀组比起非自杀组和控制组有更高的感觉和疼痛阈值、更高的疼痛耐性和更高的最大耐性。有趣的是，接下来的比较并没有发现精神病住院病人和控制组被试在五种疼痛测量上存在显著的差异。(p. 648)

奥巴赫和他的同事的这个研究听取了罗斯诺和罗森塔尔的建议，做了计划比较而不是整体方差分析。但是，尽管这个想法已经被提出了约 20 年，仍然没有被广泛接受，依旧存在争议。这种情况类似于我们在第 4 章中讨论的单侧检验和双侧检验的问题。如果我们接受了罗斯诺和罗森塔尔提出的采用具有高度针对性的计划比较的建议，批评者就认为我们失去了发现意想不到的差异的 344
机会，而且我们对研究者的发现投入了太多的控制因素（违背了自然的原则）。

研究文献中的方差分析

在方差分析（本章中讨论的）的研究报告中，通常要给出 F 值、自由度和显著性水平。比如，“$F(3, 68)=5.21$，$p<0.01$”。各组的均值通常也会在表中给出，即使只有一些组，只有一个或者部分测量，均值也只能在文章的普通文本中出现。通常情况下，还有一些进一步的分析，诸如计划比较。

再次回到犯罪记录研究中，我们可以描述方差分析的结果如下：“犯罪记录组、清白记录组、无信息组的均值分别是 8.0，4.0，5.0。它们存在显著差异，$F(2,12)=4.07$，$p<0.05$。我们还有两个计划比较：犯罪记录组与无信息组的比较，$F(1,12)=4.22$，$p<0.10$；犯罪记录组和清白记录组的比较，$F(2,12)=7.50$，$p<0.05$。第一个比较是显著的，但是通过 Bonferroni 矫正后，显著性结果可能就不再是在 0.10 的水平了。”

注意研究者在报告计划比较时用 t 检验也是很常见的。这不是普通的独立样本均值 t 检验，而是比较特别的 t 检验，相当于我们数学描述的方法——仅从意义上来说，结果是一样的（见 238 页脚注）。

研究者在对事后检验结果进行报告时，通常是针对所有的配对均数进行的。最好的办法就是在表中用小写字母来代替均数。通常情况下，均数用同一个字母代表的说明没有显著的差异，而用不同字母代表的说明存在差异。比如说，表 9—11 呈现的就是哈赞和谢夫（Hazan & Shaver，1987）的研究中爱情体验测量的结果。看下第一行（快乐结 345
果）。躲避型组和焦虑型组之间没有明显的差异，因此可以用相同的字母（a）。但是安全型组和其他两个组都有明显的区别，因此用不同的字母（b）。在嫉妒那一行，三个组之间都存在差异。

当你在读事后检验结果时，你将会看到使用不同名字的程序。比如说，表 9—11 明确提到结果依据的是 Scheffé 检验。

表 9—11　关于三种依附类型（报纸样本）的爱情分量表

量表名称	躲避型	焦虑型	安全型	$F(2, 571)$
快乐	3.19_{a}	3.31_{a}	3.51_{b}	14.21^{***}
友谊	3.18_{a}	3.19_{a}	3.50_{b}	22.96^{***}
信任	3.11_{a}	3.13_{a}	3.43_{b}	16.21^{***}
亲密关系的担忧	2.30_{a}	2.15_{a}	1.88_{b}	22.65^{***}
接纳	2.86_{a}	3.03_{b}	3.01_{b}	4.66^{**}
情绪极端	2.75_{a}	3.05_{b}	2.36_{c}	27.54^{***}

续前表

量表名称	躲避型	焦虑型	安全型	F (2, 571)
嫉妒	2.57_a	2.88_b	2.17_c	43.91^{***}
强迫性执着	3.01_a	3.29_b	3.01_a	9.47^{***}
性吸引	3.27_a	3.43_b	3.27_a	4.08^{*}
渴望联合	2.81_a	3.25_b	2.69_a	22.67^{***}
渴望报答	3.24_a	3.55_b	3.22_a	14.90^{***}
一见钟情	2.91_a	3.17_b	2.97_a	6.00^{***}

注：每一行的量表的均值的差异基于 0.05 显著性水平上的 Scheffé 检验。

$^{*}p<0.05$，$^{**}p<0.01$，$^{***}p<0.001$.

资料来源：Hazan，C.，& Shaver，P.（1987）. Romantic love conceptualized as an attachment process. *Journal of Personality and Social Psychology*，*52*，511 - 524. Published by the American Psychological Association. Reprinted with Permission.

前沿课题：方差分析的结构模型

这一章节介绍的是方差分析的一些基本逻辑。基于你已经理解的基础之上，现在我们简单介绍另外一个等效数学方法来理解方差分析。这叫作**结构模型**。你将在本章中学到其核心逻辑。并且，结构模型为计算两个总体方差估计值提供了更加简便的方法。理解结构模型可以让你更深刻地理解方差分析的逻辑，而且还能帮助你理解由计算机输出的方差分析结果的排列方式。同样，结构模型这个方法还能处理每个组内个体数量不等时的这一情况。最后，结构模型是一个要依靠基础数学的方法，通过这个方法可以勘探到那些你需要在更高级的统计课程中才能学到的东西。

分割离均差

结构模型都是关于离均差的。在开始前，总均数那有一个离均差。在这一章的犯罪记录案例中（见表 9—3 和表 9—4），15 个分数的总均数是 85/15=5.67。

结构模型 将每个分数与总均数的离差分割成两个部分：组内差异和组间差异。它是另一种理解方差分析的方法。

计算出与总均数的离差只是开始。然后你要将这个离均差分成两个部分：（a）组内离均差；（b）总均值与各组均值的离差。在犯罪记录研究中，一个被试判罚有罪的评分是 10，所有被试判罚有罪的总均值是 5.67。那么这个被试的总离均差量就是 4.33(10－5.67＝4.33)。而犯罪记录组的均值是 8。因此，这个被试的组内离均差为 2(10－8＝2)，总均值与被试所在组均值的离差为 2.33(8－5.67＝2.33)。这里将两个离均差（2 和 2.33）相加得到总离均差 4.33。如图 9—7 所示。我们建议你好好学习这张图，以便于更好地理解。

346

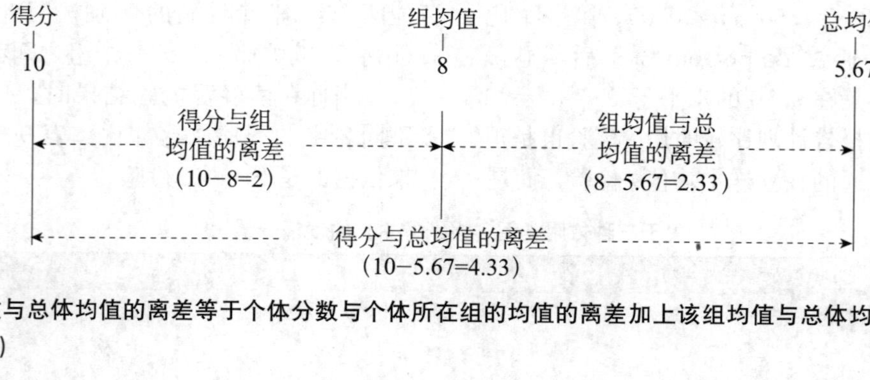

图 9—7　个体分数与总体均值的离差等于个体分数与个体所在组的均值的离差加上该组均值与总体均值的离差（以虚构的犯罪记录研究为例）

将离均差平方相加

接下来的步骤是将每个离均差平方后相加。这就得出了每个类型的离差量的离均差平方和。与总均值的离差平方和等于（a）组内分数的离均差平方和加上（b）每个分数所在组的均值与总均值的离差平方和。这个规则可以用公式表述为：

$$\sum(M-GM)$$
$$=\sum(X-M)^2+\sum(M-GM)^2 \text{ 或}$$
$$SS_{Total}=SS_{Within}+SS_{Between} \quad (9-9)$$

> 每个分数与总均值的离差平方和是组内离均差平方和加上组间离均差平方和。

在该公式中，$\sum(X-GM)^2$ 或 $\boldsymbol{SS_{Total}}$ 是每个分数与总均值的离差平方和，完全忽视一个分数的所在组。$\sum(X-M)^2$ 或 $\boldsymbol{SS_{Within}}$ 是每一分数与该分数所在组均数的离差平方和，考虑到了所有被试。$\sum(M-GM)^2$ 或 $\boldsymbol{SS_{Between}}$ 是组间离均差平方和——再一次考虑到了所有被试。

> $\boldsymbol{SS_{Total}}$　完全忽视分数所在组时所有分数的离均差平方和。
> $\boldsymbol{SS_{Within}}$　每个分数与所在组平均数的离差平方和。
> $\boldsymbol{SS_{Between}}$　每个组的均值与总均值的离差平方和。

这条规则只适用于离均差平方和。至于每个个体的分数，其离均差是可以相加的，但是离均差平方是不可以的。

从离均差平方和到总体方差估计值

现在我们就开始用这些离均差平方和来计算出我们方差分析中所需要的总体方差估计值。要计算所需要的总体方差估计值我们要用离均差平方和除以相应的自由度。组间总体方差估计值（$S^2_{Between}$ 或 $MS_{Between}$）就是组均值与总均值的平均离差平方和（$SS_{Between}$）除以其相应的自由度（$df_{Between}$，组数减 1）。公式为：

$$S^2_{Between}=\frac{\sum(M-GM)^2}{df_{Between}} \text{ 或}$$
$$MS_{Between}=\frac{SS_{Between}}{df_{Between}} \quad (9-10)$$

组内总体方差估计值（S^2_{Within} 或 MS_{Within}）是每个分数与组均值的离差平方和（SS_{Within}）除以总自由度（df_{Within}；所有组自由度的总和——第一组的得分数减 1，加上第二组的得分数减 1，以此类推）。公式如下：

> 组间总体方差估计值是组间离均差平方和除以组间总体方差估计的自由度。

$$S^2_{Within}=\frac{\sum(X-M)^2}{df_{Within}} \text{ 或}$$
$$MS_{Within}=\frac{SS_{Within}}{df_{Within}} \quad (9-11)$$

注意我们已经忽略了每个分数与总均值的离差平方和（SS_{Total}）。平方和是检验计算正确与否的有效办法。回忆 $SS_{Total}=SS_{Within}+SS_{Between}$。图 9—8 再次表明离均差可以被分割为两个部分，但是这次强调的是离均差与总体方差估计存在某种关系。

> 组内总体方差估计值是组内离均差平方和除以组内总体方差估计的自由度。

347

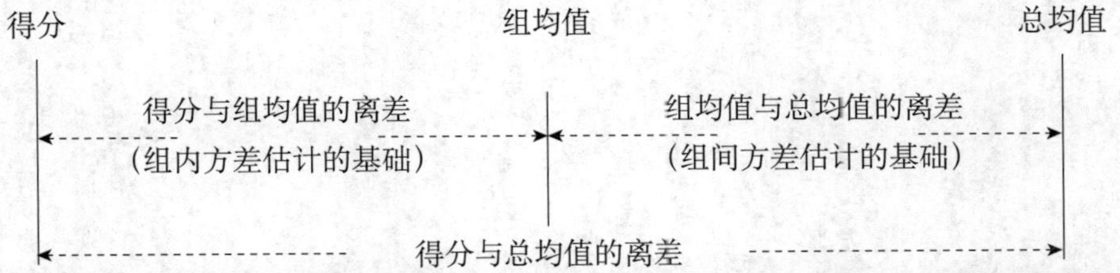

图 9—8　得分与组均值的离差是组内总体方差估计的基础，组均值与总均值的组间离差是组间总体方差估计的基础

结构模型方法与你之前所学方法的关系

我们刚才所述的用结构模型来计算组内总体方差估计值与组间总体方差估计值的方法与之前我们在本章中所学到的最后的结果是一样的（如果你很享受代数的方法，你也许可以考虑选择你正好学过的更早的公式）。然而，它们的计算程序却差别很大。在结构模型方法中，当在计算组内总体方差估计值的时候你不再需要将每个组的方差估计值计算出来，也不需要再平均它们。同样，在组间总体方差估计值的计算中，使用结构模型的方法你就不需要乘以每个样本分数的数量了。最重要的是，不管你使用哪种方法，最后的组内总体方差估计值和组间总体方差估计值，以及 F 值和最后所有的结果都是一样的。

在方差分析的深层次的逻辑中，结构模型中的方差分析与你之前在本章中学习的东西在基本逻辑上是相同的，只不过存在一些差异。这些差异是相当重要的。你在前面章节中学到的方法强调全部组，比较组间差异的方差和组内差异的方差。而结构模型强调的则是个体的分数。它是对组内离差和组间离差的比较。在本章前面介绍的方法关注的是总体方差估计，而结构模型方法关注的是分数与总体均值之间差异的组成部分。

一个例子

表9—12显示了用结构模型方法对犯罪记录例子进行方差分析的过程。这个表展示了三种类型的离均差和每个分数的离均差平方。比如说，第一个被试，从总均数得出的离均差是4.33（得分10减去总均数5.67得出）。这里的离均差平方是18.75。每组分数与组的均值的离差是2；这里 349
的离差平方就是4。最后，总均值与组的均值的离

348 **表9—12　采用结构模型方法对犯罪记录研究的方差分析（与表9—3和表9—4进行比较）**

犯罪记录组						
X	$X-GM$		$X-M$		$M-GM$	
	离均差	离均差平方	离均差	离均差平方	离均差	离均差平方
10	4.33	18.75	2	4	2.33	5.43
7	1.33	1.77	−1	1	2.33	5.43
5	−0.67	0.45	−3	9	2.33	5.43
10	4.33	18.75	2	4	2.33	5.43
8	2.33	5.43	0	0	2.33	5.43
40		45.15		18		27.15
$M=40/5=8$						

清白记录组						
X	$X-GM$		$X-M$		$M-GM$	
	离均差	离均差平方	离均差	离均差平方	离均差	离均差平方
5	−0.67	0.45	1	1	−1.67	2.79
1	−4.67	21.81	−3	9	−1.67	2.79
3	−2.67	7.13	−1	1	−1.67	2.79
7	1.33	1.77	3	9	−1.67	2.79
4	−1.67	2.79	0	0	−1.67	2.79
20		33.95		20		13.95
$M=20/5=4$						

无信息组						
X	$X-GM$		$X-M$		$M-GM$	
	离均差	离均差平方	离均差	离均差平方	离均差	离均差平方
4	−1.67	2.79	−1	1	−0.67	0.45
6	0.33	0.11	1	1	−0.67	0.45
9	3.33	11.09	4	16	−0.67	0.45
3	−2.67	7.13	−2	4	−0.67	0.45
3	−2.67	7.13	−2	4	−0.67	0.45
25		28.25		26		2.25
$M=25/5=5$						

离均差平方和：

$\sum(X-GM)^2$ 或 $SS_{Total}=45.15+33.95+28.25=107.35$

$\sum(X-M)^2$ 或 $SS_{Within}=18+20+26=64$

$\sum(M-GM)^2$ 或 $SS_{Between}=27.15+13.95+2.25=43.35$

核查（$SS_{Total}=SS_{Within}+SS_{Between}$）：$SS_{Total}=107.35$；$SS_{Within}+SS_{Between}=64+43.35=107.35$

自由度：

$df_{Total}=N-1=15-1=14$

$df_{Within}=df_1+df_2+\cdots+df_{Last}=(5-1)+(5-1)+(5-1)=4+4+4=12$

$df_{Between}=N_{Groups}-1=3-1=2$

核查（$df_{Total}=df_{Within}+df_{Between}$）：$14=12+2$

总体方差估计：

S^2_{Within} 或 $MS_{within}=SS_{Within}/df_{Within}=64/12=5.33$

$S^2_{Between}$ 或 $MS_{Between}=SS_{Between}/df_{Between}=43.35/2=21.68$

F 值：$F=S^2_{Between}/S^2_{Within}(MS_{Between}/MS_{Within})=21.68/5.33=4.07$

差是 2.33；离均差平方是 5.43。注意组内均值与总均值的离差与这个组所有的分数与总均值的离差是相同的（在这个例中，是 2.33）。在表的每列后还有每个类型的离均差平方和。

表 9—12 最后是方差分析的计算过程。首先，你分别计算了三个离均差平方和（SS_{Total}，SS_{Within}，SS_{Between}）。下一个步骤就是核查其正确性。你可以利用总离均差平方和等于另外两种离均差平方和之和这样一个法则。

表格下面显示的是自由度的计算，这个与本章之前介绍的是相同的。然后，表格计算了两个重要的总体方差估计值。你是通过将离均差平方和除以其相应的自由度而得出的。最后，表格显示了 F 值的通常的算法——组间总体方差估计值除以组内总体方差估计值。这些结果中的自由度、方差估计值和 F 值都与我们本章之前计算的结果相同（在舍入误差范围内）。

方差分析表

方差分析表展示的是方差分析的结果，是基于结构模型计算而来的。这些类型的表能够由计算机程序自动得出，并包含大部分方差分析的结果（例如，见本章后面的图 9—11）。一个标准的方差分析表有 5 列。表 9—13 显示的是犯罪记录研究的方差分析结果。

方差分析表　使用结构模型计算方差分析，且可以显示几个主要成分的表格。

标准的方差分析表中的第一列是“来源”；这一列是方差估计值或者是离均差［“组间”“组内”和“总变异”］的类型。下一列通常是用“SS”（平方和）标记的；这是罗列出不同的离均差平方和。第三列是“df”（每种类型的自由度）。第四列是“MS”（均方），即离均差平方和除以自由度，也就是方差估计值。MS 通常情况下和 S^2 是同一个意思。然而，在方差分析表中通常用到的是 MS。最后一列是“F”，F 值（在计算机输出窗口中可能存在附加的列，列出了 p 值和可能的效应大小或置信区间）。表格的每一行涉及一个方差估计值。第一行是组间总体方差估计值。通常在“组间”一行下面，还有的时候你会看到“模型”或者是“处理”这样的叫法。第二行是组内总体方差估计值，有时候被标记为“误差”。最后一行是总的离均差平方和。注意，计算机计算结果中有时排列的顺序会有所不同，有时候会省略离均差平方和或者均方，但二者不会同时被省略。

表 9—13　犯罪记录研究（虚构的数据）的方差分析表

来源	SS	df	MS	F
组间	43.35	2	21.68	4.07
组内	64	12	5.33	
总变异	107.35	14		

方差分析中使用结构模型方法的小结 350

表 9—14 是方差分析中结构模型方法使用步骤的小结。注意与你先前章节中的步骤相比只有步骤❹中的分步骤 b 到分步骤 g 是有区别的（与表 9—8 做对比）。表 9—15 显示的是方差分析过程中所有出现的经常要使用的符号。接下来就是将数字代入与方差分析表类型相同的各种公式中。①

表 9—14　采用结构模型方法进行方差分析的假设检验步骤（组容量相等或不等）

❶ **重申有关总体的研究假设和零假设问题。**

❷ **决定比较分布的特征。**

a. 比较分布是一个 F 分布。

b. 组间自由度（分子）是组的数量减 1：$df_{\text{Between}}=N_{\text{Groups}}-1$。

c. 组内自由度（分母）是每个组的自由度（组容量减 1）的总和：$df_{\text{Within}}=df_1+\mathrm{df}_2+\cdots+df_{\text{Last}}$。

d. 核查总自由度（总自由度是被试数减 1）是否为组间自由度加上组内自由度。

---

① 以下是利用结构模型计算方差分析的计算公式。你要通过我们在“前沿课题”中所讨仑的来使用这个方法。在一个实际的研究中，所有的计算都是通过计算机实现的（见本章“SPSS 应用”部分）。然而如果你曾经被迫在实际研究中需要用笔算（或用计算器）做单因素方差分析，或想要自己笔算的话，那么以下公式会对你很有帮助：

$$SS_{\text{Total}}=\sum X^2-\frac{(\sum X)^2}{N}$$

$$SS_{\text{Between}}=\frac{(\sum X_1)^2}{n_1}+\frac{(\sum X_2)^2}{n_2}+\cdots+\frac{(\sum X_{\text{Last}})^2}{n_{\text{Last}}}-\frac{(\sum X)^2}{N}$$

$$SS_{\text{Within}}=SS_{\text{Total}}-SS_{\text{Between}}$$

❸ 根据比较分布上的样本分数临界值来决定是否应该拒绝零假设。

a. 决定显著性水平。

b. 通过步骤❷计算得出的自由度在 F 分布表中找到临界值。

❹ 计算比较分布中你的样本分数。

a. 计算每个组的均数和所有分数的总均值。

b. 计算以下每个分数的离均差：

ⅰ. 每个分数与总均值的离差（$X-GM$）。

ⅱ. 每个组的分数与该组的均值的离差（$X-M$）。

ⅲ. 每个组的均值与总均值的离差（$M-GM$）。

c. 将这些离均差平方。

d. 将这三类离均差平方和（SS_{Total}，SS_{Within}，$SS_{Between}$）相加。

e. 核查你的计算结果是否符合 $SS_{Within}+SS_{Between}=SS_{Total}$。

f. 计算组间总体方差估计值：$SS_{Between}/df_{Between}$。

g. 计算组内总体方差估计值：SS_{Within}/df_{Within}。

h. 计算 F 值：$F=S^2_{Between}/S^2_{Within}$。

❺ 决定是否拒绝零假设：比较步骤❸和步骤❹得到的值。

成功小贴士

遮住表 9—15 的部分并且回忆遮挡部分的内容，以此来检验你对方差分析中的结构模型方法的掌握程度。

表 9—15　展现了计算方差分析时用到的符号与公式的方差分析表

方差分析表中每个部分的相关符号				
来源	*SS*	*df*	*MS*	*F*
组间	$SS_{Between}$	$df_{Between}$	$MS_{Between}$或（$S^2_{Between}$）	F
组内	SS_{Within}	df_{Within}	MS_{Within}或（S^2_{Within}）	
总变异	SS_{Total}	df_{Total}		

方差分析表中每个部分的计算公式				
来源	*SS*	*df*	*MS*	*F*
组间	$\sum(M-GM)^2$	$N_{Groups}-1$	$SS_{Between}/df_{Between}$	$MS_{Between}/MS_{Within}$
组内	$\sum(X-M)^2$	$df_1+df_2+\cdots+df_{Last}$	SS_{Within}/df_{Within}	
总变异	$\sum(X-GM)^2$	$N-1$		

351

小结

1. 方差分析（ANOVA）是对超过两个样本的均值间差异的假设检验。步骤是对两个总体方差估计值进行比较。其中一个是组内总体方差估计值，它是样本中每个方差估计值的平均值。还有一个是组间总体方差估计值，它基于样本平均数间的变异。

2. F 值是组间总体方差估计值除以组内总体方差估计值。零假设为所有来自总体的样本拥有相同的均值。如果零假设成立，F 值为 1。那是因为这个时候的两个总体方差估计都基于每个总体内的变异（随机因素造成的变异）。如果研究假设成立，则表明来自总体的样本的均值不等，F 值要大于 1。那是因为这时候的组间总体方差估计同时受到总体内（随机因素）和组间变异（处理效应）的影响。但是组内总体方差估计仍然只受每个总体内变异的影响。

3. 当样本容量相等时，组内总体方差估计也就是将每个样本的总体方差估计值进行简单的平均。组间总体方差估计值的计算要通过两个步骤来实现。第一，你要将基于你样本均数的均值分布的方差估计值计算出来（这是要使用样本得分中常用的估计总体方差的公式来计算的）。第二，你要将这个估计值乘上每个组被试的数量。这个步骤是让你将均值分布的方差当作个体分数分布的方差。

4. 当零假设成立时，F 值的分布可以认为是向右偏的一个分布。F 分布表中的显著临界值是根据每个总体方差估计的自由度给出的：组间自由度（分子）是组别数减去 1，组内自由度（分母）是所有样本的自由度总和。

5. 方差分析的假定与 t 检验的类似。总体必须呈正态分布，方差相等。跟 t 检验类似的是，方差分析也可以适度违反这些假定。

6. 方差分析的所有结果通常遵循计划比较，基于理论或者实际需求来检验那些配对均值间的差异。这些比较使用的都是较为常见的方差分析手段，但是组间总体方差估计则是基于两个比较的均值之间的差异。

352 7. 当计划比较的个数超过两个时，研究者通常会使用显著性水平上的 Bonferroni 矫正（用所有期望出现的显著性水平除以需要比较的次数）来避免得到一些有争议的显著结果。

8. 在方差分析中可能还需要做探索性分析，即事后检验。这样的比较能保证所得的显著性结果不是由于大量的比较之后偶然得出的。还有一些不如 Bonferroni 矫正的方法可以处理这样的问题。其中之一就是 Scheffé 检验，你可以对每个感兴趣的比较进行常规的计算，然后用 F 值除以来自所有方差分析的组间自由度。

9. R^2 也叫作“依塔的平方”（η^2），用来检验方差分析的效应大小。R^2 的计算公式是 $R^2=(S^2_{Between})(df_{Between})/[(S^2_{Between})(df_{Between})+(S^2_{Within})(df_{Within})]$。统计检验力则依赖于效应大小、研究中被试数量、显著性水平和组的数量。

10. 一些专家建议，与其分散使用方差分析，在某些均值间进行整体的比较，研究者不如提前进行特定的计划比较，直接用以解决特定的理论和实际问题。

11. 方差分析的研究报告的结果有标准的模式，比如 $F(3, 68)=5.21$，$p<0.01$。计划比较的研究报告也是这样的（有的时候使用特定的 t 检验来代替方差分析）。事后检验的研究通常在研究表中用小写的字母来表示不同的均值。

12. 前沿课题：还有一种方差分析的计算的捷径就是结构模型。在结构模型方法中，每个分数与总均值的离差要被分为两个部分：（a）分数所在组均值与该分数的离差；（b）组均值与总均值的离差。对这些离均差进行平方、相加后除以其相应的自由度所得出的组内总体方差估计值与组间总体方差估计值与我们之前所学过的方差分析标准计算方法得出的结果是一样的。然而，结构模型方法要更加简单并且适用于样本容量不等的情况。计算机在执行结构模型方法时，结果往往在方差分析表中显示，这个表中的每一列分别是来源（组间、组内及总变异）、离均差平方和（SS）、自由度（df）、总体方差估计值（MS，等于 SS/df）和 F 值（等于 $MS_{Between}/MS_{Within}$）。

关键词

方差分析（ANOVA）（p. 311）
组内总体方差估计（值）
（S^2_{Within} 或 MS_{Within}）（p. 312）
组间总体方差估计（值）
（$S^2_{Between}$ 或 $MS_{Between}$）（p. 313）
F 值（p. 317）
F 分布（p. 318）
F 分布表（p. 318）
S^2_{Within} 或 MS_{Within}（p. 320）
总平均数（GM）（p. 321）
$S^2_{Between}$ 或 $MS_{Between}$（p. 322）
组内（或分母）自由度（df_{Within}）（p. 324）
组间（或分子）自由度（$df_{Between}$）（p. 324）
计划比较（p. 334）
Bonferroni 矫正（p. 336）
事后检验（p. 337）
Scheffé 检验（p. 338）
解释方差的比例（R^2）（p. 339）
依塔的平方（η^2）（p. 340）
结构模型（p. 345）
SS_{Total}，SS_{Within}，$SS_{Between}$（p. 346）
方差分析表（p. 349）

353 ## 案例解析

整体方差分析

在一个对四个处理的效应进行比较的实验中，每个处理有 20 个被试并且假设每个被试都完成了标准的测量。标准测量的研究结果如下。处理 1：$M=15$，$S^2=20$；处理 2：$M=12$，$S^2=25$；处理 3：$M=18$，$S^2=14$；处理 4：$M=15$，$S^2=27$。如果使用 0.05 的显著性水平，各处理间是否存在差异？使用假设检验的五个步骤并且绘制分布图。

答案

分布图见图 9—9。

❶ **重申有关总体的研究假设和零假设问题。** 有 4 个总体，如下。

总体 1：接受实验处理 1 的人。

总体 2：接受实验处理 2 的人。

总体 3：接受实验处理 3 的人。

总体 4：接受实验处理 4 的人。

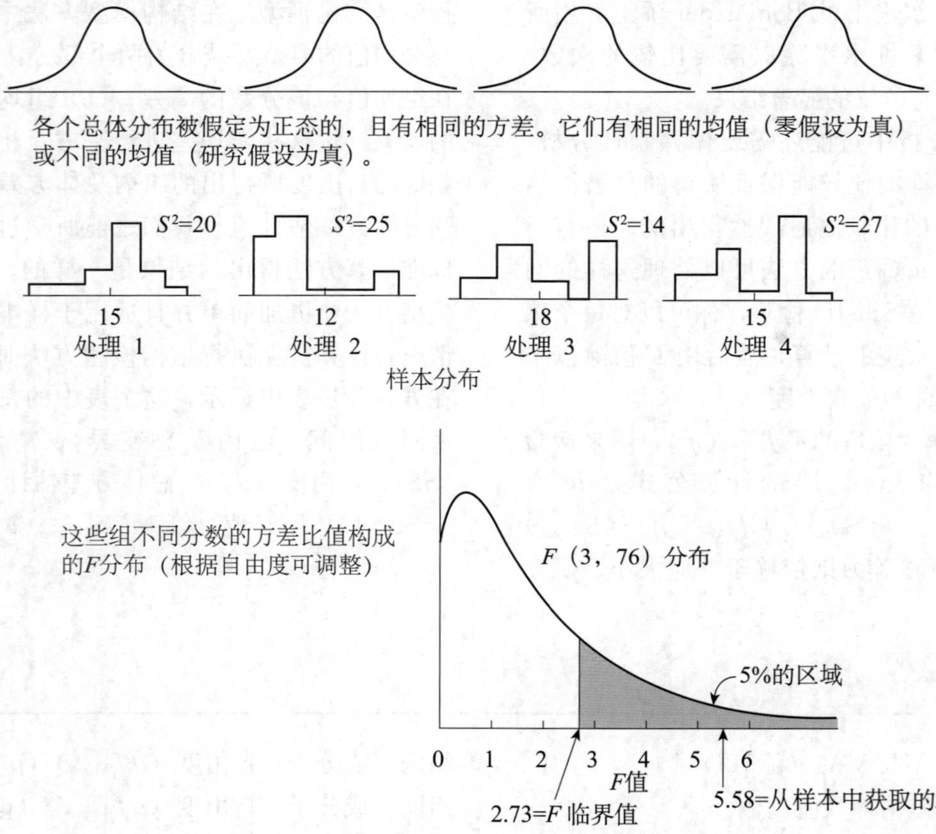

图 9—9 “案例解析”中整体方差分析涉及的分布图

354 零假设是这四个总体的均值相等（$\mu_1=\mu_2=\mu_3=\mu_4$）。研究假设是这四个总体均值不等。

❷ **判断比较分布的特征。** 比较分布是一个 F 分布。$df_{\text{Between}}=N_{\text{Groups}}-1=4-1=3$；$df_{\text{Within}}=df_1+df_2+\cdots+df_{\text{Last}}=19+19+19+19=76$。

❸ **根据比较分布上的样本分数临界值来决定是否应该拒绝零假设。** 在附录表 A—3 中找到在 0.05 显著性水平上，自由度是 3，75（最接近的是 3，76）的 F 临界值为 2.73。

❹ **计算比较分布中你的样本分数。**

a. 计算组间总体方差估计值（S^2_{Between}）：计算每个组的均值。分别是 15，12，18，15。

Ⓐ **估计均值分布的方差：** 先计算出样本均值与总均值的离均差平方，然后除以均值数量减 1：

$$GM=(15+12+18+15)/4=15$$

$$\begin{aligned}S^2_M&=\sum(M-GM)^2/df_{\text{Between}}\\&=[(15-15)^2+(12-15)^2+(18-15)^2+(15-15)^2]/(4-1)\\&=6\end{aligned}$$

🅑 计算由个人分数构成的总体方差估计值：均值分布的方差估计值乘以每个组分数的数量。

$$S^2_{\text{Between}}=(S^2_M)(n)(6)(20)=120$$

b. 计算组内总体方差估计值（S^2_{Within}）：

🅐 通过每个组的分数计算总体方差估计值：处理 1 组，$S^2=20$；处理 2 组，$S^2=25$；处理 3 组，$S^2=14$；处理 4 组，$S^2=27$。

🅑 平均这些方差估计值：

$$S^2_{\text{Within}}=(20+25+14+27)/4=21.5$$

$$F=S^2_{\text{Between}}/S^2_{\text{Within}}=120/21.5=5.58$$

❺ 决定是否拒绝零假设。F 值是 5.58，大于 0.05 水平上的 F 临界值 2.73。因此拒绝零假设，研究假设成立。在标准绩效测量中，不同的实验处理会造成不同的影响。

计划比较

对处理 2 和处理 3 进行计划比较，使用 0.01 的显著性水平。

答案

🅐 估计均值分布的方差：先计算出样本均值与总均值的离均差平方，然后除以均值数量减 1。这两个均值的总均值是（12＋18）/2＝15，组间自由度＝组别数－1＝2－1＝1。

355 $$S^2_M=\sum(M-GM)^2/df_{\text{Between}}$$
$$=[(12-15)^2+(18-15)^2]/1$$
$$=[(-3)^2+3^2]/1=(9+9)/1=18$$

🅑 计算由个人分数构成的总体方差估计值：均值分布的方差估计值乘以每个组分数的数量。

$$S^2_{\text{Between}}=(S^2_M)(n)=(18)(20)=360$$
$$S^2_{\text{Within}}=(20+25+14+27)/4=21.5$$
$$F=S^2_{\text{Between}}/S^2_{\text{Within}}=360/21.5=16.74$$

在 0.05 显著性水平上，自由度是 1，75（在表中最接近的是 1，76）的 F 临界值是 3.97。

拒绝零假设；比较结果是显著的。

Bonferroni 矫正

在整体 0.05 显著性水平上，对 6 个计划比较进行 Bonferroni 矫正后，每个比较的显著性水平是多少？

答案

Bonferroni 矫正的显著性水平＝0.05/6＝0.008 3。

使用 Scheffé 检验进行事后检验

一个研究有 5 个组，每个组有 10 个被试。使用 Scheffé 检验，通过计算机计算出的 F 值 11.21 在 0.01 显著性水平上是不是显著的？

答案

$df_{\text{Between}}=5-1=4$，$df_{\text{Within}}=9+9+9+9+9=45$。Scheffé 检验中 F 值是 11.21/4＝2.80。整个研究的临界值在 0.01 显著性水平上是 3.77。因此这个比较是不显著的。

方差分析效应大小的计算

计算“案例解析”中方差分析的效应大小。

答案

$$R^2=(S^2_{\text{Between}})(df_{\text{Between}})/[(S^2_{\text{Between}})(df_{\text{Between}})+(S^2_{\text{Within}})(df_{\text{Within}})]=(120)(3)/[(120)(3)+(21.5)(76)]=(360)/[(360)+(1\,634)]=0.18$$

前沿课题：用结构模型计算方差分析

一家酒精治疗中心的一位研究者对治疗方法 A，B，C 的客户满意度进行了研究。研究者随机选择了 10 个客户接受这些治疗方法：4 个客户接受治疗方法 A，3 个客户接受治疗方法 B，还有 3
个接受治疗方法 C。两周以后，研究者在 1（低满 356
意度）到 20（高满意度）的一个量表上分别检验接受不同治疗方法的客户的满意度。治疗方法 A 的得分是 8，13，10，9。治疗方法 B 的得分是 7，3，8。治疗方法 C 的得分是 6，4，2。使用假设检验的步骤并且用结构模型的方法计算方差分析（在 0.05 的显著性水平上）。（尽管我们在之前学习结构模型的章节中有被试分配相同的例子，但你可以使用同样的方法来计算样本容量不等的情形。只是需要记住的是计算出总均值，GM，也就是所有分数的平均数。）

答案

表 9—16 显示的是计算过程和方差分析表。

❶ 重申有关总体的研究假设和零假设问题。有三个总体，如下。

总体 1：接受处理 1 的被试。

总体 2：接受处理 2 的被试。

总体 3：接受处理 3 的被试。

零假设是这三个总体的均值相等（$\mu_1=\mu_2=\mu_3$）。研究假设是三个总体的均值不等。

❷ 决定比较分布的特征。这个分布是 F 分布；从表 9—16 可以看出，$df=2，7$。

表 9—16　　酒精治疗研究（虚构的数据）的方差分析计算和方差分析表

治疗方法 A							治疗方法 B							治疗方法 C						
X	*X*−*GM*		*X*−*M*		*M*−*GM*		*X*	*X*−*GM*		*X*−*M*		*M*−*GM*		*X*	*X*−*GM*		*X*−*M*		*M*−*GM*	
	Dev	Dev^2	Dev	Dev^2	Dev	Dev^2		Dev	Dev^2	Dev	Dev^2	Dev	Dev^2		Dev	Dev^2	Dev	Dev^2	Dev	Dev^2
8	1	1	−2	4	3	9	7	0	0	1	1	−1	1	6	−1	1	2	4	−3	9
13	6	36	3	9	3	9	3	−4	16	−3	9	−1	1	4	−3	9	0	0	−3	9
10	3	9	0	0	3	9	8	1	1	2	4	−1	1	2	−5	25	−2	4	−3	9
9	2	4	−1	1	3	9														
40		50		14		36	18		17		14		3	12		35		8		27
M=40/4=10							M=18/3=6							M=12/3=4						

注：Dev 是离均差的意思，Dev^2 是离均差平方的意思。

$GM=(40+18+12)/10=70/10=7$。

$df_{Total}=N-1=10-1=9$。

$df_{Within}=df_1+df_2+\cdots+df_{Last}=(4-1)+(3-1)+(3-1)=3+2+2=7$。

$df_{Between}=N_{Groups}-1=3-1=2$。

在 0.05 显著性水平上，自由度为 2，7，F 临界值=4.74。

$SS_{Total}=50+17+35=102$。

$SS_{Between}=14+14+8=36$。

$SS_{Within}=36+3+27=66$。

方差分析表：

来源	*SS*	*df*	*MS*	*F*
组间	66	2	33	6.42
组内	36	7	5.14	
总变异	102	9		

结论：拒绝零假设。

357 **❸ 根据比较分布上的样本分数临界值来决定是否应该拒绝零假设。**在附录表 A—3 中找到在 0.05 显著性水平上，自由度是 2，7 的 F 临界值为 4.74。

❹ 计算比较分布中你的样本分数。由表 9—16 中的计算得知，$F=6.42$。

❺ 决定是否拒绝零假设。F 值 6.42 比 0.05 水平上的 F 临界值 4.74 更极端。因此拒绝零假设。如果这些是真实的数据，研究者能够得知不同的治疗方法对于客户的满意度会产生不同的影响。

关于单因素方差分析的论文写作要点

1. 当你有三个或者三个以上完全独立的被试组的分数时，你可以用假设检验的步骤来解释说明单因素方差分析。确保解释了研究假设和零假设的意义。

2. 在这种情景中描述假设检验的基本逻辑。确定关注了方差分析中所包含的两种总体方差估计值计算结果的比较。其中一个总体方差估计值（组内估计值）基于每个样本内的变异，另外一个总体方差估计值（组间估计值）基于样本均值间的变异。确保详细地描述了这些估计值的意义（包括它们是如何计算的，为什么用那种方法计算，以及零假设是否为真时的影响），解释如何和为什么使用这些总体方差估计值来计算 F 值。

3. 解释用在单因素方差分析的比较分布（F 分布）的逻辑。

4. 描述样本 F 分数的临界值在多大范围里可以拒绝零假设的逻辑和过程。

5. 解释如何和为什么需要将假设检验过程的步骤❸和步骤❹的分数进行比较。考虑研究的特殊目的和对零假设的检验来解释这个比较结果的意义。

练习题

这些题包含计算。大部分现实生活中的统计问题可以使用特殊的统计软件来完成。即使你有这种软件，也要动手解决这些问题以便牢记方法。学习怎样使用计算机解决像这章的统计问题，参考本章后面“SPSS应用”部分以及与本书相伴的学习指南和计算机工具书。

所有数据都是虚构的，除非已经给出实际的引用出处。

练习Ⅰ（练习Ⅰ的答案，见 pp. 685－688）

1. 下列每个研究中，每个组都由独立被试组成，请判断是否能够拒绝零假设。使用 0.05 的显著性水平。注意研究（b）提供的是 S，而不是 S^2。

(a)	第一组	第二组	第三组
358 n	10	10	10
M	7.4	6.8	6.8
S^2	0.82	0.90	0.80

(b)	第一组	第二组	第三组	第四组
n	25	25	25	25
M	94	101	124	105
S	24	28	31	25

2. 对于下列研究（a）和（b），判断是否能够拒绝零假设，每个组都来自等价总体。使用 0.01 的显著性水平。（c）计算每个研究的效应大小。（d）前沿课题：对于研究（a）的方差分析，用结构模型的方法计算。

(a)	第一组	第二组	第三组
	8	6	4
	8	6	4
	7	5	3
	9	7	5
(b)	**第一组**	**第二组**	**第三组**
	12	10	8
	4	2	0
	12	10	8
	4	2	0

3. 一家私立精神病院的心理学家想要了解不同诊断类型的病人在住院时间上是否存在显著的差异。下表列出了四个病人在三个主要诊断类型上的分数：

诊断类型		
情感障碍	认知障碍	药物相关条件
7	12	8
6	8	10
5	9	12
6	11	10

（a）使用 0.05 的显著性水平并且使用假设检验的五个步骤，不同诊断类型间的住院时间长度是否存在显著差异？（b）绘制分布图。（c）计算研究的效应大小。（d）对那些精通独立样本均值 t 检验，但是不熟悉方差分析的人解释你对问题（a）的回答。（e）检验情感障碍和药物相关条件、（f）认知障碍和药物相关条件的计划比较的显著性（采用 0.05 的水平且不进行 Bonferroni 矫正）。（g）向一个理解方差分析但不知道计划比较的人解释你对问题（e）和（f）的回答。

4. 一个对暗恋（喜欢某个人，但那个人不知 359
道你喜欢他）强度的研究，比较了三个组：50 个正在经历暗恋的被试，他们经历的强度的均数＝3.5，$S^2=5.2$；50 个曾经经历过暗恋的被试，并且描述了暗恋经历的回忆，$M=3.2$，$S^2=5.8$；还有 50 个没有经历过暗恋的被试，但是描述了他们认为有暗恋对象后可能的感觉，$M=3.8$，$S^2=4.8$。在 0.05 显著性水平上，判断组间差异的显著性。（a）使用假设检验的五个步骤，（b）绘制分布图，（c）计算研究的效应大小，（d）向一个从未上过统计课程的人解释问题（a）的答案。

5. 一个研究者研究了基因对学习的影响。研究比较了携带 4 种不同种类基因的老鼠完成迷宫的情况，每种类型的老鼠有 8 只。4 种类型老鼠的迷宫完成情况如下：

种类	均值	S
J	41	3.5
M	38	4.6
Q	14	3.8
W	37	4.9

使用 0.01 的显著性水平，判断 4 种老鼠的迷宫完成情况是否有差异。（a）使用假设检验的五个步骤，（b）绘制分布图，（c）计算研究的效应大小，（d）向一个熟悉已知总体的假设检验但不熟悉 t 检验或者方差分析的人解释（a）的答案。（e）在整体 0.05 显著性水平上（采用 Bonferroni 矫正检验 5 种比较里的每一种），检验种类 J 和种类 M，（f）种类 J 和种类 Q，（g）种类 J 和种类 W，（h）种类 Q 和种类 M，（i）种类 Q 和种类 W 的计划比较的显著性。（j）向一个理解方差分析但不知道计划比较和 Bonferroni 矫正的人解释问题（e）和（i）的答案。

6. 下列研究中 Bonferroni 矫正后的显著性水

平分别是多少？

情景	(a)	(b)	(c)	(d)
总显著性水平	0.05	0.05	0.01	0.01
计划比较数量	2	4	3	5

7. 下列研究中，使用 Scheffé 检验的方法检验 F 值为 17.21 的比较是否显著。

	组的数量	每组中被试数量	显著性水平
(a)	5	10	0.05
(b)	6	10	0.05
(c)	5	20	0.05
(d)	5	10	0.01

360 8. 使用 $p<0.05$ 的方差分析，下列研究中的统计检验力分别是多少？

	预期效应大小	组的数量	每组中被试数量
(a)	小效应	3	20
(b)	小效应	3	30
(c)	小效应	4	20
(d)	中等效应	3	20

9. 下列计划研究中每个组需要多少被试才能使得研究的统计检验力达到 80%？使用 $p<0.05$ 的方差分析。

	预期效应大小	组的数量
(a)	小效应	3
(b)	大效应	3
(c)	小效应	4
(d)	中等效应	3

10. 格里罗和他的同事（Grilo et al.，1997）是临床心理学家，他们对于抑郁和药物滥用人格障碍之间的关系非常感兴趣。所谓人格障碍是一种逾越个体差异合理范围的持久的问题品质或行为。研究者采访评估了精神科的青少年，并且发现存在三种诊断：（1）主要是抑郁；（2）主要是药物滥用；（3）既有抑郁又有药物滥用。障碍的均值如下：主要是抑郁 $M=1.0$，药物滥用 $M=0.7$，两者都有 $M=1.9$。研究者报告如下："三个研究组在人格障碍的诊断的平均数上有差异，$F(2,112)=10.18$，$p<0.0001$。" 对那些了解已知总体的假设检验但是不知道 t 检验或者方差分析的人解释上述研究结果。

11. 研究者想要了解根据不同类型的监狱设施的变化，囚犯是否需要进行精神病防治。研究者在加拿大一个特定的省随机抽取了来自三种主要监狱类型的 40 人并且实施了测试来判断他们是否需要进行精神病防治。在描述结论的时候，研究者报告了每个组的均值且写道："三种不同类型的监狱系统中囚犯对精神病防治的需求存在明显的差异，$F(2, 117)=5.62$，$p<0.01$。类型 1 和类型 2 的计划比较是显著的，$F(1,117)=4.03$，$p<0.05$。" 向一个从未上过统计课程的人解释这个结果。

12. 基于表 9—11 中哈赞和谢夫（1987）的研究，对于任一变量而言，（a）回避组与其他两个组之间存在显著的差异，（b）焦虑组不同于其他两个组，（c）安全组与其他两个组之间存在显著的差异，（d）这三个组之间都存在差异。（e）向一个理解方差分析但不知道事后检验的人解释这张表的含义，同时需要注意该表注释中的"基于 Scheffé 检验"。

13. 哪种类型的英语单词更长：名词、动词，还是形容词？找一本至少 400 页的书（不是本书）并且随机翻到一页，将这页的页码罗列在这段的最后。看书直到你看到一个名词。注意这个名词的长度（字母的数量）。一直这样做直到找出 10 个名词。重复上述步骤找出 10 个动词和 10 个形容词。使用 0.05 的显著性水平，（a）通过方差分析来比较这三种类型的单词，并（b）对名词和动词进行计划比较。（确保给出了书的详细信息：作者、书名、出版时间、出版单位、出版地。） 361

73，320，179，323，219，176，167，102，228，352，4，335，118，12，333，123，38，49，399，17，188，264，342，89，13，77，378，223，92，77，152，34，214，75，83，198，210

练习Ⅱ

14. 对于下列研究，你是否能够拒绝这些组来自于等价总体这一零假设？使用 0.05 的显著性水平。

(a)	第一组	第二组	第三组
N	5	5	5
M	10	12	14
S^2	4	6	5

(b)	第一组	第二组	第三组
N	10	10	10
M	10	12	14
S^2	4	6	5

15. 对于下列研究（a）和（b），你是否能够拒绝这些组来自于等价总体这一零假设？使用

0.01 的显著性水平。(c) 计算每个研究的效应大小。(d) 前沿课题：使用结构模型的方法计算研究 (a) 的方差分析。

(a)	第一组	第二组	第三组
	1	1	8
	2	2	7
	1	1	8
	2	2	7

(b)	第一组	第二组	第三组
	1	4	8
	2	5	7
	1	4	8
	2	5	7

16. 一个组织心理学家对于在一个公司不同部门工作的员工对公司的不同态度感兴趣。对开发部工作的三个人的调查结果是 10，12 和 11；对市场部的三个人的调查结果是 6，6，8；对会计部的三个人的调查结果是 7，4，4；对生产部的三个人
362 的调查结果是 14，16，13。(分数越高态度越积极。) 在 0.05 的显著性水平上，公司不同部门的员工对公司的态度是否有显著的差异呢？(a) 使用假设检验的五个步骤，(b) 绘制分布图，(c) 计算研究的效应大小，(d) 向一个理解独立样本均值 t 检验但是不知道方差分析的人解释 (a) 的答案。(e) 在整体 0.05 显著性水平上检验开发部和生产部，(f) 市场部与生产部，(g) 会计部和生产部，(h) 开发部和市场部和 (i) 开发部和会计部的计划比较。(j) 向那些知道方差分析但是不知道计划比较或者 Bonferroni 矫正的人解释 (e) 到 (i) 的答案。(k) 前沿课题：使用结构模型的方法对该研究进行方差分析。

17. 不同大学的学生在交际上是否有差异呢？在一个地区的三所大学中随机抽取 25 个学生并且要求他们报告每天用在和其他学生交际上的时间。X 大学的学生的平均交际时间为 5 小时，总体方差估计值为 2 小时；Y 大学，$M=4$，$S^2=1.5$；Z 大学，$M=6$，$S^2=2.5$。你能得到什么结果呢？使用 0.05 的显著性水平。(a) 使用假设检验的五个步骤，(b) 计算该研究的效应大小，(c) 向一个从未上过统计课程的人解释 (a) 和 (b) 的答案。

18. 一个心理学家对艺术偏好进行了研究，他将 45 名被试随机分配在三种情况中的一种之中，并让他们看一系列抽象画。15 名被试处于著名条件中，并相信这些抽象画都出自名人之手；他们对这些抽象画的喜爱程度的均值是 6.5 ($S=$ 3.5)。15 名被试处于好评条件中，相信这些画虽然不是出自名人之手，但也是一些很出色的专业艺术家所作；他们的均值是 8.5 ($S=4.2$)。15 名被试处于控制条件中，没有被告知关于这些画的其他信息；他们的均值是 3.1 ($S=2.9$)。这些被告知这些抽象画的不同信息的被试对画的喜爱是否有差异呢？使用 0.05 的显著性水平。(a) 使用假设检验的五个步骤，(b) 绘制分布图，(c) 计算该研究的效应大小，(d) 向一个熟悉独立样本均值 t 检验但不熟悉方差分析的人解释 (a) 的答案。(e) 检验著名条件和控制条件，(f) 好评条件和控制条件的计划比较的显著性 (采用 0.05 的显著性水平但不使用 Bonferroni 矫正)。(g) 向一个熟悉方差分析但不熟悉计划比较的人解释 (e) 和 (f) 的答案。

19. 对于下列研究，Bonferroni 矫正后的显著性水平分别是多少？

情景	(a)	(b)	(c)	(d)
整体显著性水平	0.01	0.01	0.05	0.05
计划比较的数量	4	2	4	3

20. 对于下列研究，研究者计算出的 F 值为 8.12，使用 Scheffé 方法来检验这些比较中是否有显著的。

	组的数量	每组中被试数量	显著性水平
(a)	4	30	0.05
(b)	5	80	0.05
(c)	4	5	0.05
(d)	8	30	0.01

363

21. 对于下列研究使用 $p<0.05$ 的方差分析，每个研究的统计检验力是多少？

	预期效应大小	组的数量	每组中被试数量
(a)	小效应	4	50
(b)	中等效应	4	50
(c)	大效应	4	50
(d)	中等效应	5	50

22. 对于下列研究使用 $p<0.05$ 的方差分析，每组中要有多少被试才能使得研究的统计检验力达到 80%？

	预期效应大小	组的数量
(a)	小效应	5
(b)	中等效应	5
(c)	大效应	5
(d)	中等效应	3

23. 一项研究对 60 名被试进行了人格测试。但是根据的不是被试看待自己的方式；随机选择的 15 名被试是根据他们认为他们母亲如何看待他们的方式进行测试的（也就是，被试的母亲会怎么描述被试自己），15 名是根据他们的父亲进行测试的，15 名是根据他们最好的朋友进行测试的，还有 15 名是根据最了解他们的教授进行测试的。主要结果如表 9—17 所示。向一个从未上过统计课程的人解释这些结果。

表 9—17　每个实验条件下（虚构的数据）主要人格量表的均数

量表	母亲	父亲	朋友	教授	$F(3, 56)$
相似性	24	21	12	16	4.21**
外向性	14	13	15	13	2.05
成熟	15	15	22	19	3.11*
自信	38	42	27	32	3.58*

* $p<0.05$，** $p<0.01$。

24. 罗莎莉·弗里德（Rosalie Friend，2001），一个教育心理学家，比较了三种写作授课的方法。学生被随机分配到三种不同的实验条件中，即用不同的方法写一篇摘要。在两天的授课后，被试
364 写一篇摘要。其中一种计分方式采用的是特别详细的信息的百分比，通常是原始材料的信息。以下是研究者对其中的一种发现的描述：

> 写摘要的方法对重要信息包含情况的影响是显著的，$F(2, 144)=4.103\ 2$，$p<0.019$。均值（带有标准差）如下：论点重复，59.6%（17.9）；概括，59.8%（15.2）；反思，50.2%（18.0）。（p.14）

（a）向一个从未接触过统计的人解释这些结果。（b）用前面描述的数据计算出该研究的效应大小。

25. 米勒（Miller，1997）让 147 名女学生观看杂志广告的幻灯片，除此之外还有一些魅力男人的照片。被试在观看广告时和观看完这些广告后均接受了生理唤醒（皮肤电传导）的测试；她们被要求评估广告上人物的吸引力和她们有多么喜欢他。作为方差分析的一部分，米勒将从不进行约会的女性、偶尔跟人约会的女性和经常约会的女性的结果进行了比较。表 9—18 就是米勒的研究结果。[（a），（b）和（c）] 描述每一个变量的结果模式。（d）向一个理解方差分析但是不熟悉事后检验的人解释，表注中的基于“Duncan 多重全距检定”在一般情况下是什么意思（也就是说，你不需要解释这种特殊的检验方法，但是你需要解释为什么要使用这种检验及其目的是什么）。

表 9—18　关系状态的影响

相关测试	关系状态		
	无约会	偶尔约会	经常约会
皮肤电传导	19.5_b	19.1_b	15.8_a
见到目标人物的渴望	14.6_b	15.3_b	11.2_a
目标人物的吸引力	15.6_b	17.1_b	13.8_a

注：分数越高唤醒度越高，越渴望见到目标人物，越感到有魅力；后面两条项目的可能的范围是 1～19。对于每一行，Duncan 多重全距检定表明，下标不同的均值有显著的差异（$p<0.05$）。

资料来源：Miller, R. S. (1997). Inattentive and contented: Relationship commitment and attention to alternatives. *Journal of Personality and Social Psychology*, *73*, 758-766. Published by the American Psychological Association. Reprinted with permission.

SPSS 应用

（我们使用 SPSS 15.0 这个版本做分析。以下的步骤和输出窗口可能与其他版本有些稍微的不同。）

采用实际的数字学习这些步骤会更容易，所以我们将使用犯罪记录这个例子来说明。具体例子中的数据见表 9—3。

365 **单因素方差分析的计算**

1. 将数据键入 SPSS。SPSS 中每一行的数据都是来自一个人。在这个例子中，每个人都只在三个组（犯罪记录组、清白记录组、无信息组）中一个里面。因此，把这些组里的每个人编入 SPSS，具体的数字见图 9—10。在第一列（标记为“group”）中，我们使用数字“1”代表这个人在犯罪记录组，“2”代表这个人在清白记录组，“3”代表这个人在无信息组。

2. 点击 Analyze。

3. 点击 Compare means。

4. 点击 One-Way ANOVA。

5. 点击标记为“guilt”的变量，然后点击箭头将其放入“Dependent List”框中。这是为了让SPSS在方差分析中计算“guilt”这个变量上的得分。

6. 点击标记为“group”的变量，然后点击
366 箭头将其放入“Factor”框中。这告知 SPSS 区分出标记为“group”的变量是每个被试所在的组。

7. 点击 Options。点击 Descriptive。让 SPSS 软件提供每个组的描述性统计表（如平均数和标准差）。点击 Continue。（步骤 7 是备选的，但是我们总是要记录下任何假设检验情形下的描述性统计情况。）

8. 点击 OK。你的 SPSS 的输出窗口应该类似于图 9—11。

输出窗口中的第一张表显示的是每个组中“guilt”分数的描述性统计（个体的数量、平均数、总体标准差估计值和其他的统计量）。

第二张表显示的是单因素方差分析的实际结果。第一列列出的是总体方差估计的类型（组间
和组内）。第二列列出的是组间和组内的离均差平 367
方和。这些在本章之前的“前沿课题”中有所说明，但是如果你没有阅读那一部分的话可以忽略这一列。第三列是“df”，即自由度。对于组间来说，是 df_{Between}；组内是 df_{Within}。第四列是“Mean Square”，给出了总体方差估计值（S^2_{Between} 和 S^2_{Within}），其中第一个代表组间总体方差估计值，第二个代表组内总体方差估计值。下一列是方差分析的 F

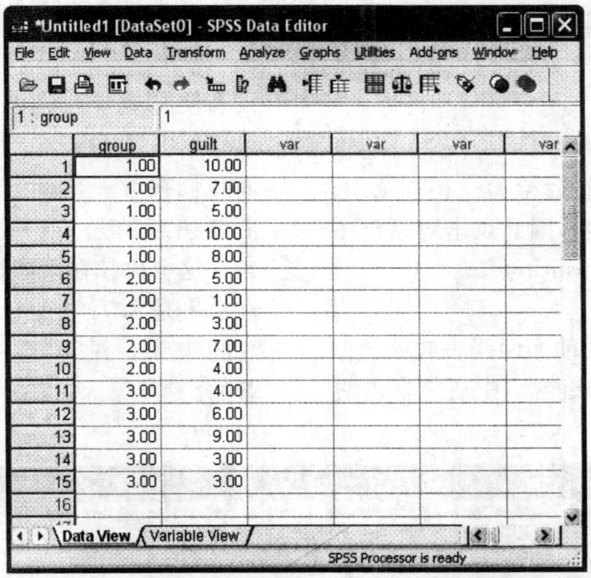

	group	guilt	var	var	var	var
1	1.00	10.00				
2	1.00	7.00				
3	1.00	5.00				
4	1.00	10.00				
5	1.00	8.00				
6	2.00	5.00				
7	2.00	1.00				
8	2.00	3.00				
9	2.00	7.00				
10	2.00	4.00				
11	3.00	4.00				
12	3.00	6.00				
13	3.00	9.00				
14	3.00	3.00				
15	3.00	3.00				
16						

图 9—10　针对犯罪记录例子的 SPSS 数据编辑窗口

注：15 个个体按照后悔程度进行排序然后被随机分配到三个小组中的一组，这三个组所给予的关于嫌疑人过往犯罪记录的信息是不同的。

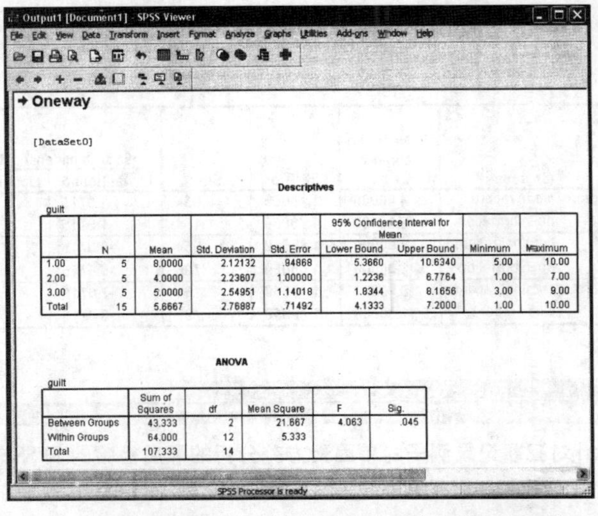

Descriptives

guilt

	N	Mean	Std. Deviation	Std. Error	95% Confidence Interval for Mean		Minimum	Maximum
					Lower Bound	Upper Bound		
1.00	5	8.0000	2.12132	.94868	5.3660	10.6340	5.00	10.00
2.00	5	4.0000	2.23607	1.00000	1.2236	6.7764	1.00	7.00
3.00	5	5.0000	2.54951	1.14018	1.8344	8.1656	3.00	9.00
Total	15	5.6667	2.76887	.71492	4.1333	7.2000	1.00	10.00

ANOVA

guilt

	Sum of Squares	df	Mean Square	F	Sig.
Between Groups	43.333	2	21.667	4.063	.045
Within Groups	64.000	12	5.333		
Total	107.333	14			

图 9—11　针对犯罪记录例子的单因素方差分析的 SPSS 输出窗口

值。在允许存在误差的前提下，“df”“Mean Square”“F”（和“ Sum of Squares ”）的值都与本章前面报告的一致。最后一列是“Sig.”，是 F 值的显著性水平。显著性水平 0.045 要比我们的临界值 0.05 小。因此你可以拒绝零假设并且研究假设成立（即结果具有统计显著性）。

单因素方差分析的事后检验

我们还是用犯罪记录研究的单因素方差分析的例子来说明。注意，在继续下列步骤之前，我们要打开 SPSS 的“Variable View”窗口并且将“guilt”这个变量的标记值（在“Values”这一列）键入（1=“criminal record”；2=“clean record”；3=“no information”）。这么做会使阅读 SPSS 事后检验的输出结果更加容易。

首先，按照以上步骤 1 到 7 执行单因素方差分析。

8. 点击 Post Hoc。你将看到一个弹出的窗口，会出现很多不同种类的事后检验。在这章中，我们主要讲的是 Scheffé 检验，因此点击对话框中的 Scheffé（选中）。再点击 Continue。

9. 点击 OK。

你的 SPSS 输出窗口中的前面两张表应该类似于图 9—11，且你的 SPSS 输出窗口中还将多出两张新的表；第一张表标记为“Post Hoc Tests”，是最重要的并且显示在图 9—12 中。这张表是研究组（犯罪记录组、清白记录组和无信息组）所有可能的比较的结果。我们先看第一行的数字，也就是犯罪记录组和清白记录组的比较。数值 4 在“Mean Difference”一列，说明的是这些组的均值差异是 4。“Sig.”一列告诉你差异大小的确切显著性水平。0.054 这个值要大于我们的标准临界值 0.05，也就是说犯罪记录组和清白记录组之间没有显著的差异（出于当前的目的，你不需要考虑标记为“Std. Error”或“95% Confidence Interval”这两列）。第二行的数字显示的是犯罪记录组和无信息组之间比较的结果。你能在“Mean Difference”一列看到这两组间的均值差是 3；显著性水平 0.164 要大于标准临界值 0.05，没有明显差异。你可以忽略第三行的数字，因为第三行是清白记录组和犯罪记录组之间的比较，而我们在第一行就已经知道其结果了。剩下唯一需要注意的是清白记录组和无信息组之间的比较。这个比较在第四行。其均值差是−1 并且显著性水平是 0.795，因此也没有显著的差异。因此，总的来说，没有哪一个 Scheffé 事后检验是显著的。

368

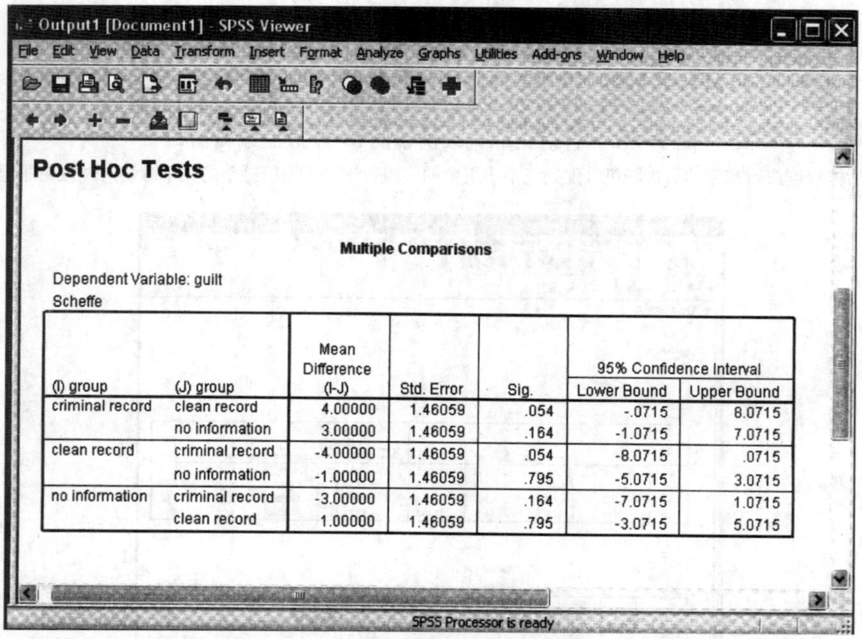

Multiple Comparisons

Dependent Variable: guilt
Scheffe

(I) group	(J) group	Mean Difference (I-J)	Std. Error	Sig.	95% Confidence Interval Lower Bound	95% Confidence Interval Upper Bound
criminal record	clean record	4.00000	1.46059	.054	-.0715	8.0715
	no information	3.00000	1.46059	.164	-1.0715	7.0715
clean record	criminal record	-4.00000	1.46059	.054	-8.0715	.0715
	no information	-1.00000	1.46059	.795	-5.0715	3.0715
no information	criminal record	-3.00000	1.46059	.164	-7.0715	1.0715
	clean record	1.00000	1.46059	.795	-3.0715	5.0715

图 9—12　针对犯罪记录例子的单因素方差分析的事后检验的 SPSS 输出窗口

第 10 章
析因方差分析

章节概览

370 **析因方差分析** 有关析因研究设计的方差分析。

析因研究设计 以两个或两个以上的变量为研究对象，探求各因素的主效应和变量间的交互作用的一种研究方法。

析因方差分析是你在第9章所学到的方法的一种扩展。这种称为**析因研究设计**的方法为分析研究结果提供了一种灵活有效的手段。正如你将在这章所学到的，在析因研究设计中，通过对变量进行组合来同时观测两个或两个以上变量的效应。析因研究设计被广泛运用在心理学中。

我们首先要深入考察被用在这种类型研究中的研究方法的本质。然后，讨论析因方差分析的缘由和基本逻辑，讨论方差分析的若干扩展问题。在“前沿课题”部分中，我们会介绍析因方差分析的计算过程。析因方差分析的统计检验力和效应大小同样会出现在“前沿课题”部分。

成功小贴士

在开始这章前，你需要掌握以下内容：对于这章的第一部分，你需要阅读和理解第1章至第9章；对于本章“前沿课题”部分，你也需要掌握第9章“前沿课题”资料中有 371
关方差分析结构模型的内容。

析因设计的基本逻辑和交互作用

一个例子

E. 阿伦和 A. 阿伦（E. Aron & A. Aron，1997）提出在“感官敏感性”这种基本的遗传倾向上是存在差异的，并且这种差异已经在四分之一的人群以及许多动物中得以证实。具有高敏感度特质的人处理信息时尤其彻底。表10—1给出了高敏感度人群量表中的6个子项。如果你在这些项目中的大部分上得了高分，你可能就是这25%的被称作“高敏感度”的人中的一员。

表10—1　从高敏感度人群量表中选出的项目

1. 如果你当前有一大堆事要处理，你会觉得不高兴吗？
2. 在繁忙的日子里，你会想退缩躺到床上，到一个黑暗的房间里，到任一让你能够拥有隐私的场所，还是到能让你缓解压力的地方？
3. 你能够轻易对某些事物如明亮的灯光、强烈的气味、粗糙的针织物，或者诱惑的服饰产生强烈的情感吗？
4. 当你只有很短的时间却要完成大量任务时会感到慌张吗？
5. 生活中的改变会让你振作吗？
6. 强烈的刺激，如响亮的噪声和混乱的场景，会让你觉得厌烦吗？

注：量表上每一条回答是从1“一点也没有”到7“极其”。

资料来源：Aron，E.，& Aron，A.（1997）. Sensory-processing sensitivity and its relation to introversion and emotionality. *Journal of Personality and Social Psychology*，73，345－368. Published by the American Psychological Association. Reprinted with Permission.

根据这种模型，高敏感度的人在成功和失败时比其他人更易受到影响。这是因为他们处理所有的感觉经验时更加彻底。因此得出的一个说法是高敏感度的人在他们成功时感到特别良好且在他们失败时感到格外不好。为了检验这个预言，E. 阿伦、A·阿伦和戴维斯（E. Aron，A. Aron，& Davies，2005，Study 4）进行了一项实验。在这项实验中，学生们首先完成了表10—1中的敏感度问题。（这使得研究者在分析结果时能把他们分为高敏感度者和非高敏感度者。）之后，作为态度和其他主题一系列测试的一部分，每个人被给予定时测验来检测他们的“应用推理能力”，这对大部分学生来讲是很重要的。在他们不知情的情况下，一半人采用了极其容易的版本，另一半人采用了非常困难的版本以致一些问题没能答对。这些调查表被分派给间隔座位上的每个人（随机决定该程序从每行中的哪个座位开始）；因此如果你拿到的是测验的困难版本，那么你另一边的人拿的就是容易版本且你很可能意识到他们奋笔疾书很快就会完成。换句话说，如果你拿的是容易版本，你就很可能意识到你很容易完成，而其他在你周围的人依然在做着你所推断的同一份测验。

一完成测验，每个人都要被问一些关于自身情绪体验的问题，如在刚才有多抑郁、焦虑和悲伤。（情绪项目是隐藏在其他问题中的。）对这些 372
情绪项目的反应计算平均数后就是对整个消极情绪的测量。

总之，该研究指出了影响消极情绪的两个不同因素：（1）一个人是高敏感度还是非高敏感度；（2）一个人采用的是容易任务（即让他们感受到成功）还是困难任务（即让他们感受到失败）。

阿伦和同事们做了两项研究，一个是把高敏感度和非高敏感度的个体相比较，一个是把采用容易任务的人和采用困难任务的人相比较。然而，他们把敏感度和难易程度的效应放在了同一个研究中。采用这种方案把被试分为 4 组（见表 10—2）：(1) 采用容易任务的非高敏感度者；(2) 采用容易任务的高敏感度者；(3) 采用困难任务的非高敏感度者；(4)采用困难任务的高敏感度者。

表 10—2 阿伦和同事们（2005）使用的析因研究设计

		任务难度	
		容易	困难
敏感度	非高	a	c
	高	b	d

析因研究设计的界定

E. 阿伦和同事们的研究是析因研究设计的一个典型例子。正如你在本章开头所学到的，通过对变量进行组合来同时观测两个或两个以上变量的效应。在这个例子中，敏感度有两个水平（非高和高），任务难度也有两个水平（容易和困难）。这形成了四个可能的组合，且研究者在研究中把它们都利用到了。

与对每个变量进行分割的研究相比，析因研究设计有一个主要的优点：高效。利用析因设计，你可以同时研究两个变量，不需要两倍的被试。在这个例子中，阿伦和同事们可以采用一组单独的被试来研究消极情绪上敏感度和任务难度的作用。(这两个“研究”彼此不会交错，因为对于每个比较的每个部分而言，在另一种条件下每个部分的被试数量都是相等的。)

交互作用

然而，析因研究设计有一个更重要的优点。析因研究设计会让你学到两个或两个以上变量联合在一起的作用。在这个例子中，敏感度和任务难度可能就以一种简单的相加的方法影响着消极情绪。相加意味着它们联合起来的影响是它们分别影响的总和；如果一个变量的影响很大，另一个变量的影响也很大，那么整体的影响就是它们各自影响的总和。例如，假设高敏感度使你更可能经历一种消极情绪，同样，假设困难的测验更有可能使你经历一种消极情绪。如果这两个作用相加，那么高敏感度测验困难组的被试就最有可能经历消极情绪；那些非高敏感度又进行容易任务的被试将极少有可能经历消极情绪；处于另外两种条件下的被试将会有中等程度的可能性经历消极情绪。

也可能一个变量产生作用，另一个不产生作用。或者可能两个变量都不产生作用。在相加的情形中，当只有一个变量产生作用或都不产生作用时，那么把两个变量联合起来也不会得出任何有意义的额外信息。

然而，也有可能两个变量的联合体改变了结果。实际上，更早之前，阿伦和同事们就预测高敏感度的作用在困难任务条件下反应尤其强烈。 373
在变量混合的条件下产生特殊的作用称作**交互作用**。交互作用是指某一变量（区分组别）在另一区分组别的测量变量的不同水平上产生的影响是不同的。

交互作用 析因方差分析中，变量的组合会产生一个效应，而这个效应无法通过两个变量各自的效应来加以预测的情况，即某个变量在另一个变量（区分组）的不同水平上其效应是不同的情况。

在阿伦和同事们的研究中，存在着交互作用。见表 10—3。结果是高敏感度/测试困难组的学生具有最强的消极情绪（记住，数字越大意味着情绪越消极），高敏感度/容易任务组的学生具有最弱的消极情绪。其他两组（非高敏感度的组）的消极情绪水平相似且在高敏感度的两组之间。这些结果显示任务难度（在消极情绪上）的作用是不同于敏感度水平的：对于非高敏感度的学生，采用困难任务（2.56）的比采用容易任务（2.43）的在消极情绪水平上稍微高点；但是对于高敏感度的学生来说，采用困难任务（3.01）的比采用容易任务（2.19）的在消极情绪水平上高出许多。

表 10—3 阿伦和同事们（2005）研究中的消极情绪的平均水平

		任务难度	
		容易	困难
敏感度	非高	2.43	2.56
	高	2.19	3.01

假设研究者采用两个独立的研究对敏感度和任务难度的影响进行考察。在敏感度的研究（假定每一组的学生数量相等）中，他们提出敏感度对消极情绪只有一点影响（如果有的话）：非高敏

感度学生的平均消极情绪水平为 2.50（2.43 和 2.56 的平均）且高敏感度的学生是 2.60（2.19 和 3.01 的平均）。在任务难度（再一次假定每一组的学生数量相等）的研究中，他们提出采用容易任务的学生比采用困难任务的学生经历更低的消极情绪水平：采用容易任务学生的平均消极情绪水平是 2.31（2.43 和 2.19 的平均），且采用困难任务的学生是 2.79（2.56 和 3.01 的平均）。因此，按照这两个独立研究的方法，研究者完全错失了一个最重要的结果。这个最重要的结果和两个因素的结合是分不开的。

一些术语

双因素析因研究设计　方差分析的析因研究设计，该分析中的两个变量中每一个都可以分开组群。

双因素方差分析　关于双因素析因研究设计的方差分析。

分组变量　方差分析中能够区分组的变量。

单因素方差分析　仅有一个分组变量的方差分析。

主效应　在方差分析的析因设计中，存在于一个分组变量上各组间的差异；对各组间变量而言，是组间变量各个水平平均数之间的差异。

阿伦和同事们的研究使用的是**双因素析因研究设计**。它将通过**双因素方差分析**来分析结果，因为它考虑到了区别分组的两个变量的效应。这些变量称作**分组变量**。通过对照，第 9 章出现的示例（如依附类型研究或犯罪记录研究）使用的是**单因素方差分析**。这样的分析称作单因素因为它们考虑的是唯一一个分组变量（例如一个人的依附类型或者有关被告的犯罪记录信息的种类）。

在双因素方差分析中，每个分组变量或者“因素”（图解中的每个维度）都是一个可能的**主效应**。对于组间变量而言，如果其两个水平的平均数之间差异显著，那就意味着存在主效应。这与以分组变量联合为基础的交互作用是完全不同的。阿伦和同事们的双因素的研究中，存在两个主效应和一个交互作用的可能性。这两个可能的主效应一个是针对敏感度的，一个是针对任务难度的。交互作用的可能是敏感度和任务难度的结合。在一个双因素方差分析中你总是在检验两个可能的主效应和一个可能的交互作用。

析因设计中每一个分组联合称作一个**单元**。 374
每个单元上的平均得分就是**单元平均数**。在阿伦和同事们的研究中，有四个单元，因此就有四个单元平均数，每一个对应着敏感度和任务难度水平的结合。也就是说，一个单元是非敏感度和容易任务（如表 10—3 中显示的，它的单元平均数是 2.43），一个单元是高敏感度和容易任务（2.19），一个单元是非高敏感度和困难任务（2.56），一个单元是高敏感度和困难任务（3.01）。

单元　在一个析因设计中，能够区分组的变量水平的特殊结合体。

单元平均数　方差分析的析因设计中，能够区分组的变量水平的特殊结合体的平均数。

边际均值　方差分析的析因设计中，在一个分组变量的特殊水平上的所有被试的平均分数。

单独一个分组变量的平均数称作**边际均值**。例如，在阿伦和同事们的研究中，每一个分组变量有两个边际均值。对于敏感度，一个边际均值针对所有非高敏感度（正如我们之前看到的，2.50）的学生，另一个针对所有高敏感度（2.60）的学生。对于任务难度的分组变量，一个边际均值针对所有采用容易任务（2.31）的学生，另一个边际均值针对所有采用困难测试（2.79）的学生。（因为我们的兴趣主要在交互作用上，所以在我们的表中不显示出这些边际均值。）

为了观察主效应，你可以把注意力集中在每个分组变量的边际均值上。为了观察交互作用，你可以把注意力集中在每个单元平均数模式上。

一些研究在同一时间调查三个或三个以上分组变量的作用。例如，阿伦和同事们也研究他们的结果是否在男人和女人上有区别。为了做到这一点，他们把四个单元的每一个再分成两个子群：女人和男人。这样就会创造出八个单元结合：非高敏感度/容易任务/女性、非高敏感度/容易任务/男性、非高敏感度/困难任务/女性，以此类推。这些单元的完整系列显示在图 10—1 中。这样的分析将考察同一时间三个分组变量的影响：敏感度、任务难度和性别。这三个维度构成了这个研究中的图解。因此，这是一个三因素析因设计的例子。你可以做四因素甚至更高的析因设计的研究，尽管你绘起图来可能不那么容易。然而，大多数的心理学研究被限制在双因素且偶尔使用三因素析因设计。

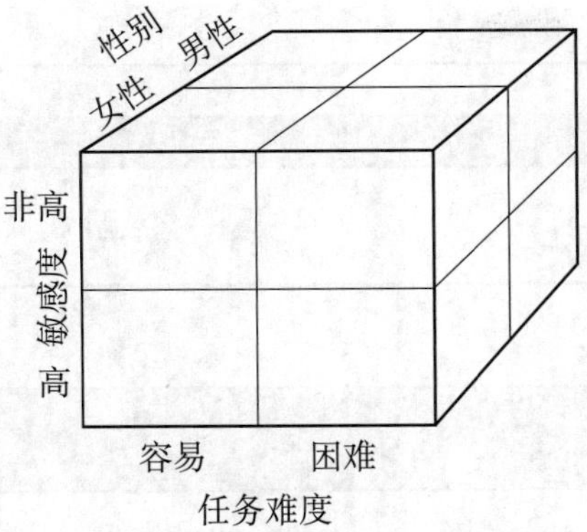

图 10—1 阿伦和同事们（2005）的研究中可能的三因素析因研究设计

析因研究设计通常根据研究中的分组变量的数量和每个分组变量中的水平数量来形容。因此，例如，第一个分组变量有两个水平（如低和高）且第二个分组变量有三个水平（如小、中、大），就要考虑这个研究中两个分组变量的作用。这称为 2×3 析因设计——2 是第一个分组变量的水平数量，3 是第二个分组变量的水平数量。举另一个例子，一个研究有三个分组变量，第一个分组变量有 2 个水平，另外两个分组变量每个都有 3 个水平。这称作 2×3×3 设计。 375

你会做吗？

1. (a) 什么是析因研究设计？[(b) 和 (c)] 给出相比于做两个独立研究，析因研究设计的两个优点。

2. 在一个析因设计中，(a) 什么是主效应？(b) 什么是交互作用？

3. 下表是一项研究中被试的评估平均数，被试所评估的是不同条件下绘画作品的独创性。对于每个平均数，指出它的分组，以及它是一个单元均值还是边际均值。

	现当代时期	文艺复兴时期	所有时期
风景画	6.5	5.5	6
肖像画	3.5	2.5	3
所有绘画	5	4	

4. 在下面的每个研究中，被试在一个协作任务上的成绩是在不同条件下或者是与不同组比较从而得到的。对于每一个研究，制作研究设计的图解并且指出它是单因素、双因素还是三因素设计：(a) 一个研究中的人们被分配给高压力组条件或是低压力组条件，并且在每一个条件下，一半人独自工作，一半人在一个屋子里同其他人一起工作；(b) 把主修物理学、化学或工程学的学生相比较；(c) 一项研究比较人们在热房间和冷房间里做一项测试，每个房间里一半的人用右手做测试另一半人用左手做测试，并且除了这些不同的温度/手的组合，处理条件还有一半蒙住眼睛一半不蒙住。

5. 解释说明一项研究使用的是 2×4 研究设计是什么意思。

(c) 三因素。

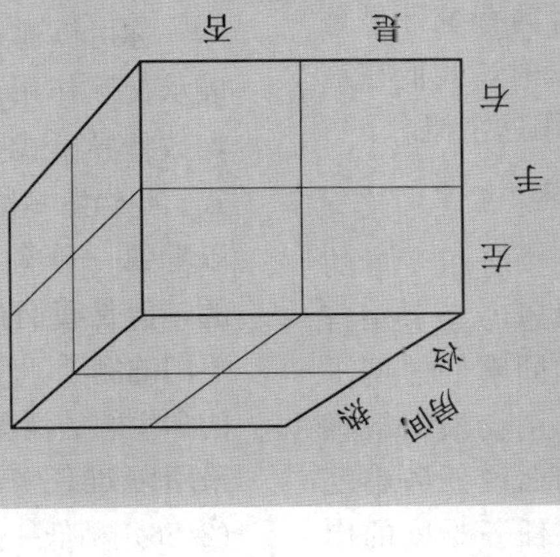

5. 一项研究使用的是 2×4 研究设计是指它有两个分组变量，一个有两个水平且一个有四个水平。

376

答案

1. (a) 析因研究设计是以两个或两个以上的变量为研究对象，探求各因素的主效应和变量间的交互作用的一种研究设计。

(b) 析因研究设计更有效。例如，你可以同一时间研究两个分组变量的作用却仅仅有一组单独的被试。

(c) 析因研究设计可以看出是否有交互作用。

2. (a) 析因研究设计中的主效应是其中一个分组变量中的效应，并忽视了其他分组变量的结果模式（或者是一个特别的分组变量的不同水平的边际均值的差异）。

3. 6.5 = 现当代时期/风景画组的单元平均数；5.5 = 文艺复兴时期/风景画组的单元平均数；6 = 风景画组的边际均值；3.5 = 现当代时期/肖像画组的单元平均数；2.5 = 文艺复兴时期/肖像画组的组平均数；3 = 肖像画组的边际均值；5 = 现当代组的边际均值；4 = 文艺复兴时期组的边际均值。

4. (a) 双因素。

任务	压力	
	高	低
独自		
与其他人一起		

(b) 单因素。

物理	化学	工程学

了解和阐释交互作用

了解交互作用是非常重要的。在许多研究中交互作用是研究的关键点。正如我们看到的，交互作用是一个分组变量在另一个分组变量的水平上产生的作用。你能够在三种方式上考虑和描述交互作用：用语言、用数字，或者用图解。说明一下，在交互作用这节讨论的例子中，如果它们有统计显著性，我们会探讨交互作用或主效应的模型的区别。（事实上，你将会执行假设检验步骤来检验特定的模式是否足够强从而具有统计显著性。）当你学习这种完全抽象的概念时，我们在这里会一直采用这种方法关注交互作用这个概念。

377

用语言和数字来识别交互作用

当一个分组变量的效应在另一个分组变量的不同水平之间存在差异时，你可以思考一下用言语来描述这种交互作用。在阿伦和同事们的例子中，任务难度（容易与困难）的作用会根据敏感度水平（非高与高）而变化。换句话说任务难度的作用是以敏感度水平为根据的（任务难度的作用对于高敏感度的个人与非高敏感度的个人是不一样的）。

（你可以通过首先关注其他分组变量来讨论交互作用。因此你可以说敏感度的作用是根据任务难度的水平来变化的，或者说敏感度的作用是以任务难度水平为根据的。你可以在其他分组变量的视角上描述交互作用，交互作用是对称的。）

你可以通过观察单元平均数的模式来用数字表示交互作用。如果有交互作用，一行的单元平均数差异模式不同于另一行的单元平均数差异模式。（再说一次，所有的这些都是对称的：你也可以看到一列单元平均数相较于另一列也是有差异的，但是我们在这儿只关注行。）想一下阿伦和同事们的例子。在非高敏感度那一行，采用容易任务的学生们的消极情绪的单元平均数（2.43）仅仅比采用困难任务的学生们负面情绪的单元平均数（2.56）稍低一点，只有−0.13的差异（即2.43−

2.56＝－0.13)。现在看高敏感度这一行。在这一行，采用容易任务的学生们的消极情绪的单元平均数（2.19）大大低于采用困难任务的学生们的消极情绪的单元平均数（3.01）。这个－0.82 的差异一点都不同于非高敏感度那一行－0.13 的差异；这样的不同的单元平均数的差异模式指出了一个交互作用。

一些例子

表 10—4 给出了年龄和教育（分组变量）与收入（测量变量）关系的虚拟双因素研究的六个可能结果的单元平均数和边际均值。分组变量年龄有两个水平［年轻，如 25 到 34 岁；年老，如 35 到 44 岁］，且分组变量教育也有两个水平（高中与大学）。因此，该项研究使用的是 2×2 研究设计。这些虚拟的结果是夸大了的以便使交互作用和主效应更加清晰。在你看到这六个可能的结果之前，花点时间思考一下你可能期望（且希望！）看到什么类型的结果。例如，你期望看到具有大学学历的人的收入是低于还是高于仅有高中学历的人呢？存在交互作用吗（自从我们关注了交互作用）？你认为教育的作用（大学与高中）会因为年龄（年轻与年老）而有不同吗？让我们先看一下六个可能的结果，然后我们将告诉你实际研究案例中的结果是什么样的。

结果 A　有交互作用。注意“年轻”那一行，教育没有产生差异，但是在“年老”那一行，大学的单元平均数远远高于高中的单元平均数。单因素是说对于年轻那组，教育同收入没有关系；但是对于年老那组，具有大学学历的人的收入远远高于低学历的人。同样有两个主效应：总的来 378
说，年老的人挣得比年轻的人多，并且具有大学学历的人挣得比仅有高中学历的人多。

表 10—4　　年龄和教育与收入关系研究结果的可能平均数（以 1 000 美元为单位）

年龄	结果 A			结果 B			结果 C		
	高中	大学	全部	高中	大学	全部	高中	大学	全部
年轻	40	40	40	60	40	50	20	60	40
年老	40	60	50	40	60	50	40	80	60
全部	40	50		50	50		30	70	

年龄	结果 D			结果 E			结果 F		
	高中	大学	全部	高中	大学	全部	高中	大学	全部
年轻	20	20	20	40	60	50	30	45	37.5
年老	120	120	120	40	80	60	35	60	47.5
全部	70	70		40	70		32.5	52.5	

成功小贴士

记住，你要通过看单元平均数模式来分辨是否有交互作用。如果一行的单元平均数模式不同于另一行的单元平均数模式，那么就存在交互作用。

结果 B　有交互作用。这是因为，在“年轻”那一行，高中学历的平均收入高于大学学历的平均收入，但是在“年老”那一行高中学历的平均收入更低。用语言来表述，在年轻人中，仅有高中学历的人能够挣更多的钱（也许是因为他们进入工作场所更早或者他们所做的工作类型处在一个更高的水平）；但是在年老的人中，具有大学学历的人能够挣更多的钱。（结果 B 中没有主效应，因为两行的边际均值是一样的并且两列的边际均值也是一样的。）

结果 C　没有交互作用。在“年轻”那一行，高中学历的平均数比大学学历的平均数低 40，且与“年老”那一行相同。不管年轻或年老，具有大学学历的人都能够挣到 40 000 美元以上。（年龄和教育同样有主效应。）

成功小贴士

你要通过看边际均值来分辨是否有主效应。表 10—4 和表 10—5 的边际均值是“全部”列和行里的平均数。如果分组变量不同水平的边际均值不一样，那么对于特定的分组变量就存在一个主效应。

结果 D　没有交互作用。两行之间的收入模式没有差异。忽视教育，年老的人能够挣 100 000 美元以上。（年龄上有主效应，但是教育上没有主效应。）

结果 E　有交互作用。在“年轻”那一行，大学学历的平均数比高中学历的平均数高20，但是在“年老”那一行，大学学历的平均数比高中学历的平均数高40。因此在年轻人中，大学学历的人挣得多一点；但是，在年老的人中，大学学历的人挣得更加多。（年龄和教育都有主效应。）

结果F 有交互作用。“年轻”那一行的高中学历和大学学历的平均数之间的差异小于“年老”那一行。同结果E相比，对于大学学历的人来说，收入随着年龄的增长高于仅仅只有高中学历的人。（年龄和教育都有主效应。）

根据美国人口普查局1997到1999年的统计，美国的实际情形接近于结果F（Day & Newberg-
379 er，2002）。在所有的年龄组中，具有大学学历的人比仅仅有高中学历的人挣得更多，但是这种区别在年老那组更加明显。[你可能有兴趣知道，在典型的工作生涯里，具有大学学历的美国人所挣的钱平均来说是那些仅有高中学历的人的1.8倍（Day & Newberger，2002）。然而，牢记人们是否有大学学历也与他们父母的社会阶层和其他可能像教育那样影响收入的因素有关是非常重要的。]

更多的例子

表10—5显示的是其他虚拟研究的可能结果。在这个虚拟的实验中，两个操作变量是任务难度（有两个水平：容易与困难）和生理唤醒水平（有三个水平：低、中、高）。（这项研究使用的是2×3研究设计。）该研究中的生理唤醒是指被试在感知做得好的重要性时的焦虑程度。被测量的变量是被试在一系列算术任务上的成绩。让我们来考虑每个可能的结果模式。

表10—5 关于任务难度和唤醒水平作用的实验（虚构的数据）的一些可能结果

任务	结果A				结果B				结果C			
	唤醒				唤醒				唤醒			
	低	中	高	全部	低	中	高	全部	低	中	高	全部
容易	10	10	10	10	10	20	30	20	10	20	30	20
困难	20	20	20	20	10	20	30	20	20	30	40	30
全部	15	15	15		10	20	30		15	25	35	
任务	结果D				结果E				结果F			
	唤醒				唤醒				唤醒			
	低	中	高	全部	低	中	高	全部	低	中	高	全部
容易	10	20	30	20	10	20	10	13.3	10	20	30	20
困难	10	20	60	30	20	10	20	16.7	30	20	10	20
全部	10	20	45		15	15	15		20	20	20	

结果A 没有交互作用。“容易”那一行的单元平均数模式与“困难”那一行的单元平均数模式一样。在每一行，单元平均数对于每种唤醒水平都是一样的。（存在一个主效应：任务难度影响成绩，唤醒水平却不会。）

结果B 没有交互作用。“容易”那一行的单元平均数从低到中且从中到高以10为间距增加。“困难”那一行的单元平均数也是一样。（再说一下，仅仅存在一个主效应：唤醒水平影响成绩，任务难度却不会。）

结果C 没有交互作用。“容易”那一行的单元平均数从低到中且从中到高以10为间距增加。“困难”那一行的单元平均数也是一样。（在这个例子中，有两个主效应：唤醒水平影响成绩且任务难度也影响成绩。）

结果D 有交互作用。“容易”那一行的单元
平均数模式从低到中增加了10且从中到高又增加 380
了10。这种模式与“困难”那一行的单元平均数模式不一样，后者从低到中也是以10为间距增加，但是从中到高却是以40为间距增加。因此，在所有的例子中，在容易和困难任务上的成绩倾向于随着更高的唤醒水平而改善。然而，在困难任务中高唤醒水平与中等唤醒水平相比，其影响要比在容易任务中更大。（存在两个主效应：唤醒水平影响成绩且任务难度也影响成绩。）

结果E 有交互作用。“容易”那一行的单元平均数模式以10递增又以10递减。这与“困难”那一行是十分不同的，后者的模式是递减了10又递增了10。对于容易的任务，在中等唤醒下的成绩是最好的，但是，对于困难的任务，在中等唤

醒下的成绩却更糟糕。(仅仅存在一个主效应：任务难度影响成绩，唤醒水平却不会。)

结果 F　有交互作用。在容易任务中，唤醒水平逐渐变高时，单元平均数是递增的；而在困难任务中，唤醒水平逐渐变高时，单元平均数是递减的。对于容易的任务，唤醒水平越高，成绩越好；对于困难的任务，唤醒水平会干扰成绩。(没有任何主效应。)(结果 F 十分接近心理学上已确立的发现，称作耶克斯—多德森定律。)

用图解法来识别交互作用

另外一个了解交互作用的普遍方法是绘制单元平均数模式。这通常是绘制条形图，尽管线形图有时候也会用到。图 10—2 中的条形图显示的是阿伦和同事们的研究结果。图 10—3 是一个线形图，显示的是与图 10—2 中的条形图一样的结果。(尽管我们在研究文献中的析因方差分析这部分会重温使用条形图和线形图这一问题，但是对于后面的例子我们将使用条形图。)图 10—4 和图 10—5 显示的是我们从表 10—3 和表 10—4 中各自得出的虚拟结果的条形图。

在这样的图解中要注意一件事：无论什么时候存在一个交互作用，图中一部分条形模式都是不同于该图中其他部分的模式的。因此，在图 10—2 中，非高敏感度模式只有一点的增加，但是高敏感度模式就有很大的增加。这些条形的模式不同正好可以表明从一行到另一行的单元平均数之间的差异模式是不同的。在一个线形图中，如图 10—3，你可以辨别出有交互作用，因为线之间不是平行的；至于条形图，显示的是从一行到另一行有着不同的单元平均数模式。

思考一下基于年龄和教育的案例，如图 10—4 所示。首先看一下结果 C 和 D。在结果 C 中，年轻和年老条形具有同样的模式：都是以 40 为增加幅度。在结果 D 中，都是齐平的。在结果 C 和 D 中，年轻和年老条形具有相同的模式。这些都是没有交互作用的例子。其他所有的具有交互作用的例子，具有的条形模式不同于年轻和年老组。例如，在结果 A 中，两个年轻条形是齐平的，但是年老条形显示出有递增。在结果 B 中，年轻条形显示从高中到大学有递减，但是年老条形显示从高中到大学有递增。在结果 E 和 F 中，年轻和年老条形显示有增加，但是年轻条形显示出的差距小于年老条形。

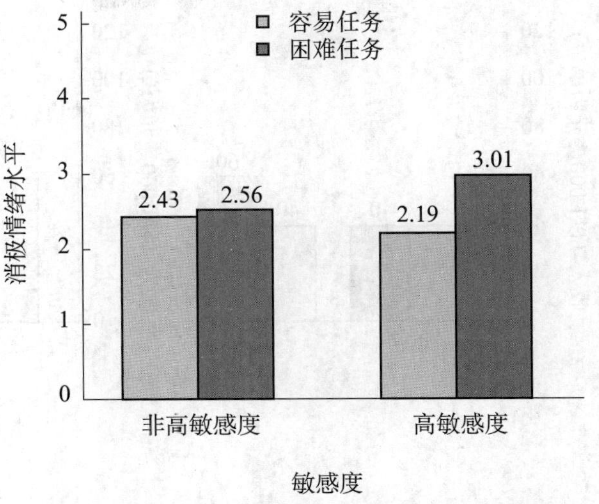

图 10—2　敏感度(非高与高)和任务难度(容易与困难)影响消极情绪水平的条形图

资料来源：Based on Aron, E., Aron, A., & Davies, K. M. (2005). Adult shyness: The interaction of temporal sensitivity and an adverse childhood environment. *Personality and Social Psychology Bulletin*, *31*, 1-17. Copyright © 2005 by Sage Publications, Ltd. Reprinted by permission of Sage Publications, Thousands Oaks, London, and New Delhi.

381

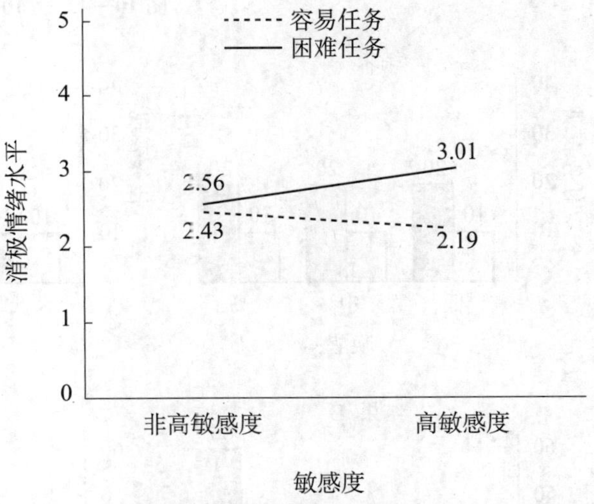

图 10—3　敏感度(非高与高)和任务难度(容易与困难)影响消极情绪水平的线形图

资料来源：Based on Aron, E., Aron, A., & Davies, K. M. (2005). Adult shyness: The interaction of temporal sensitivity and an adverse childhood environment. *Personality and Social Psychology Bulletin*, *31*, 1-17. Copyright © 2000 by Society for Personality and Social Psychology, Inc. Reprinted by Permission of Sage Publications, Inc.

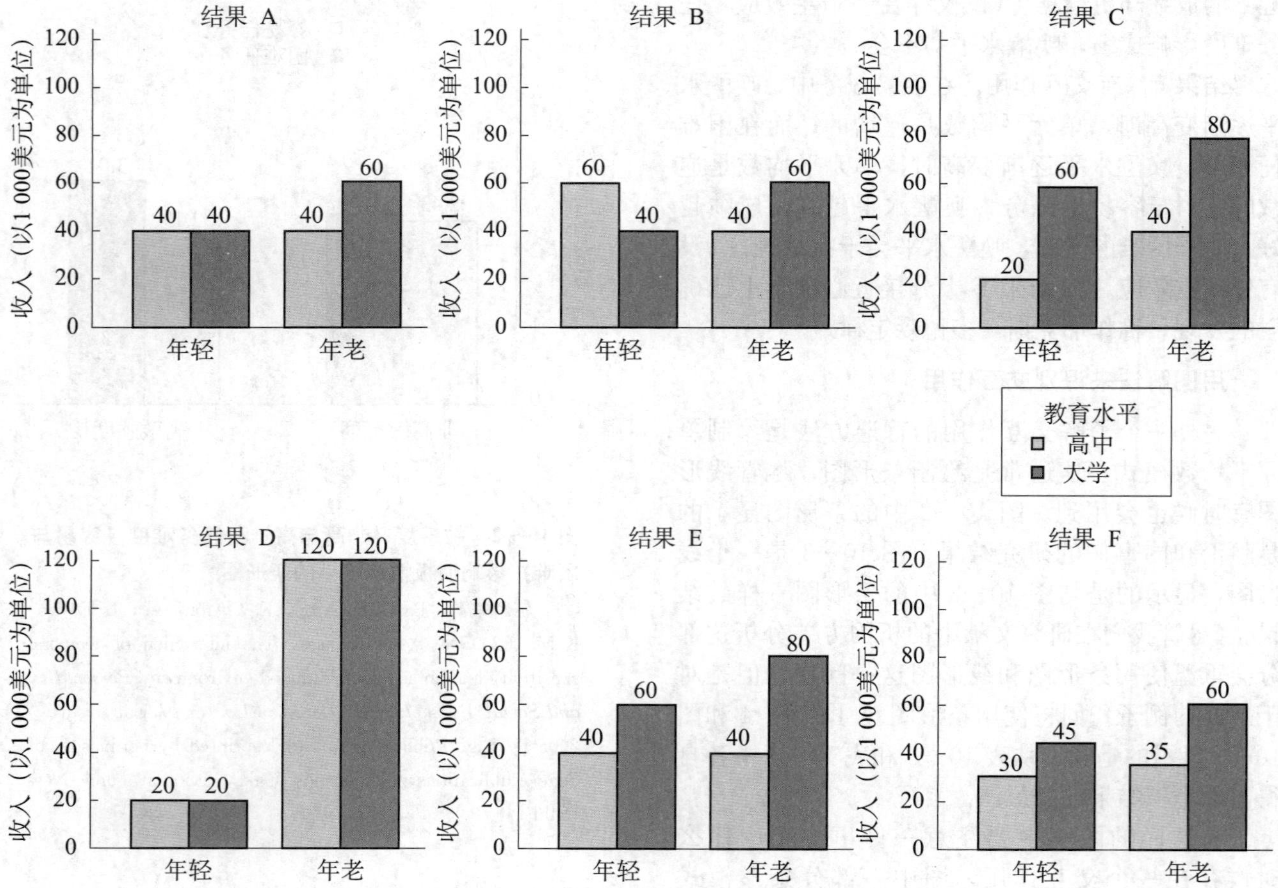

图 10—4　表 10—4 中虚构结果的条形图

382

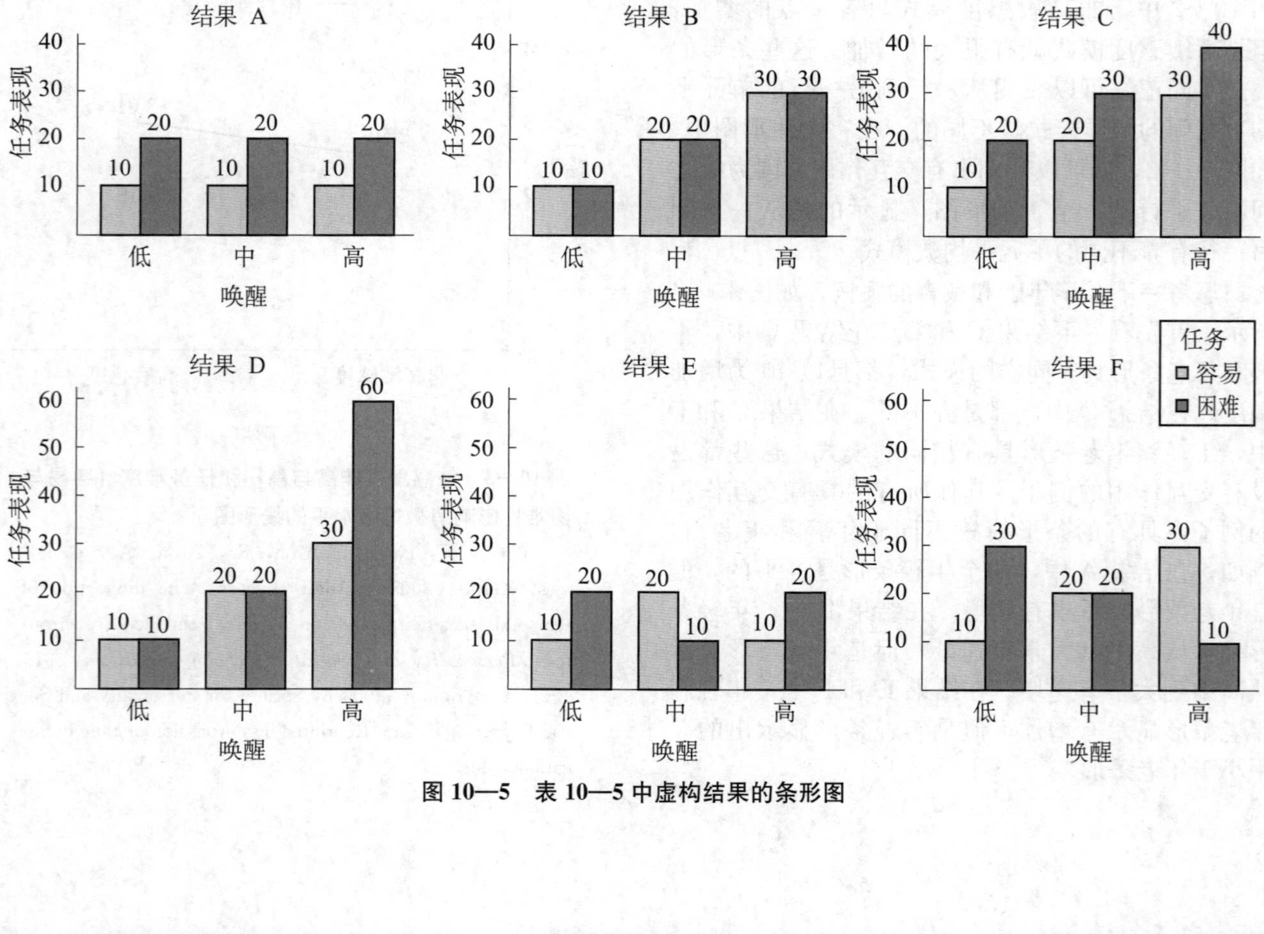

图 10—5　表 10—5 中虚构结果的条形图

思考一下图 10—5。结果 A，B 和 C 显示出没有交互作用；在每个结果中，低、中和高等的唤
383 醒水平的条形模式是一样的。结果 D 显示的是一个交互作用。你可以从图中看到这些：低唤醒中的条形是齐平的且中唤醒中的条形是齐平的；但是对于高唤醒的条形，从容易到困难的任务有增加。结果 E 的交互作用对于低和高唤醒都有增加，但是对于中唤醒却降低了。通过结果 F 的交互作用能够看出对于低唤醒是增加，对于中唤醒是齐平且对于高唤醒是降低。

图 10—6 展示了与图 10—5 不同的一种绘制表 10—5 中结果的方法。在这儿我们根据困难和容易任务绘制了条形图。低、中和高唤醒水平的容易任务条形相继挨着且低、中和高唤醒的困难任务条形也是相继挨着的。这种交替的绘制方法在意义上是完全相同的且会得到相同的结论。例如，在结果 A 中，三个困难任务的条形是齐平的且三个容易任务的条形是齐平的。在结果 B 和 C 中，也没有交互作用，三个容易任务条形与三个困难任务的条形一样，具有同样的增加幅度。然而，思考一下结果 D，存在一个交互作用。容易任务的条形模式不同于困难任务的条形模式。困难任务条形中，从中到高唤醒的升幅大于容易任务条形中的。

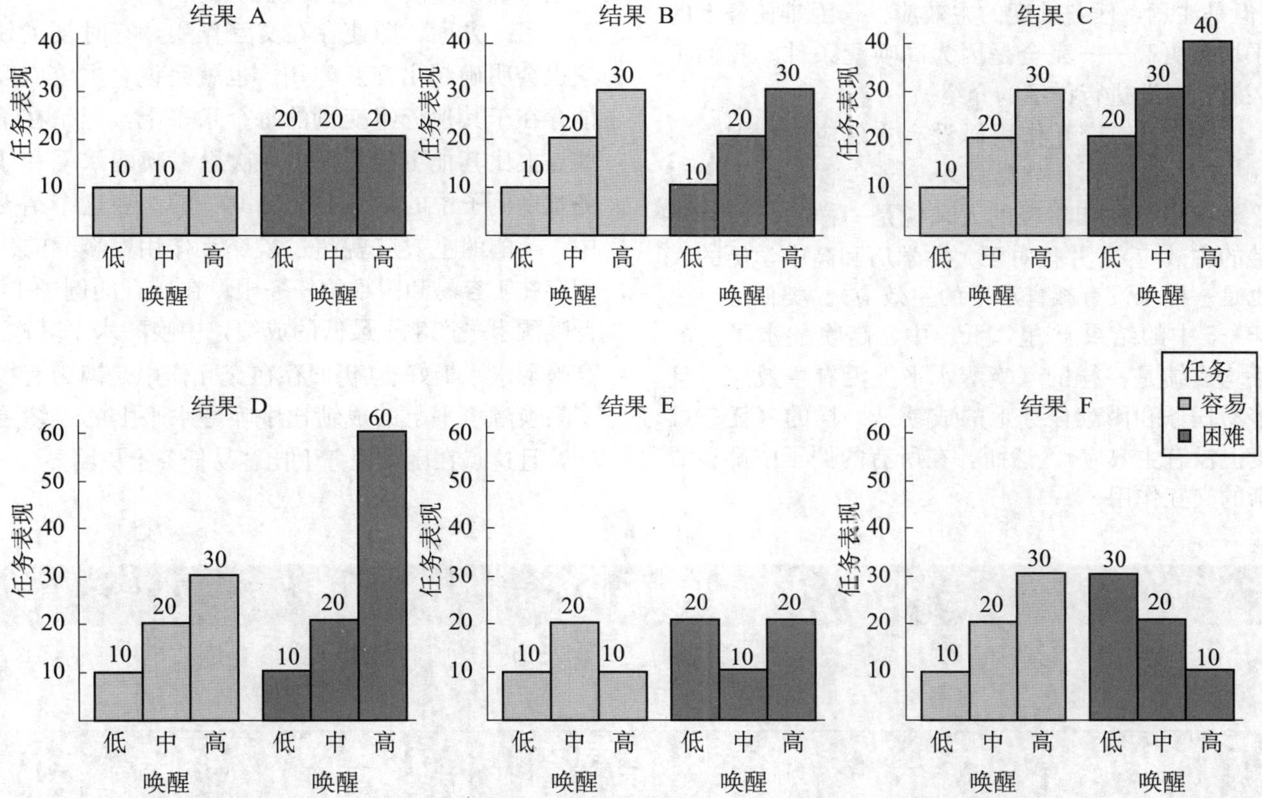

图 10—6　表 10—5 中虚构结果的另一种条形图（同图 10—5 相比较）

你也可以从这些图解中看到主效应。在图 10—4 中，年龄的主效应显示出年轻的条形全部高于或低于年老的条形。例如，在结果 C 中，年老的条形明显高于年轻的条形。那么该研究中并未
384 组合到一起的变量，即教育的主效应如何呢？基于这些条形图，你需要观测整体的趋势是上升还是下降。例如，在结果 C 中，也存在一个教育的主效应，因为从高中学历到大学学历条形的一般模式都是增长的，且在年轻的和年长的条形中也是如此。结果 D 显示的是年龄的主效应（年长的条形高于年轻的条形）。但是结果 D 不能显示出教育的主效应；年长的和年轻的条形模式都是齐平的。图 10—5 中的结果 A 显示出的是任务难度的主效应而没有唤醒水平的主效应。这是因为条形的平均高度对于低、中、高的唤醒水平来说是同样的，并且在每个唤醒水平里，条形从容易到困难都是增长的。

交互作用和主效应的关系

一项研究能够具有任何的主效应和交互作用的联合体。例如，你可以同时拥有主效应和交互作用，就像表10—4中结果F的模式一样。在这个结果中，正如你看到的，年长的学生挣得更多（年龄的主效应），大学学历的学生挣得更多（教育水平的主效应），有大学学历的学生在年龄越大时挣得更多（交互作用）。同样，表10—5中的结果D中，人们在困难任务上的平均成绩更好（任务难度的主效应）且在更高唤醒水平上的成绩也更好（唤醒水平的主效应），但是任务难度的作用仅仅在高唤醒水平上才显示出来（交互作用）。（但是注意，任务难度的主效应——困难任务上的平均数更高——完全是因为高唤醒条件。我们不久就会对此进行详细的介绍。）

也存在有交互作用而没有主效应的情况。表10—4中的结果B就是一个例子。收入的平均水平对于年长的和年轻的人来说是一样的（没有年龄的主效应），并且对于大学学历和高中学历的人也是一样（没有教育水平的主效应）。类似地，表10—5中的结果F里，低、中、高唤醒水平上的平均成绩是一样的（唤醒水平上没有主效应）且容易任务和困难任务上的成绩是一样的（任务难度上没有主效应）。然而，在所有的例子中都有清晰的交互作用。

一个主效应连同一个交互作用，只有一个主效应，或者没有主效应或交互作用，这些都是有可能存在的。

当不存在交互作用时，一个主效应就具有简单易懂的意义。然而，当交互作用同主效应都存在时，事情就更复杂了。思考一下唤醒水平和任务难度例子里的结果D（表10—5）。存在两个主效应和一个交互作用。但是正如先前我们提到的，任务难度的主效应完全是因为高唤醒困难任务单元。它将误导我们认为真正的作用是因为唤醒水平的作用而完全与困难任务和容易任务无关。当作用的方向与其他分组变量的一些水平相反时，你尤其应该谨慎考虑主效应的意义。

另一方面，即使存在交互作用，有时候主效应也会明确超出交互作用。也就是说，主效应可能存在于其他分组变量的每个水平上，但是在某些点上比其他更强烈。再一次思考唤醒水平和任务难度例子中的结果D（表10—5）。在这个结果中，唤醒的主效应就超过了交互作用。唤醒的作用存在于容易和困难的任务中；在所有的例子中，低唤醒水平产生了最低的成绩，中唤醒水平其次，高唤醒水平最好。（仍旧存在交互作用是因为有很多高唤醒水平上的成绩比中唤醒水平上的成绩更好，且这点在困难任务上比容易任务上更明显。）

385

你会做吗？

问题1到3是以如下的虚拟研究结果为根据的，即例子的生动性和长度（分组变量）对可回忆起的例子数量（测量变量）的影响。

例子的长度	生动性		全部
	低	高	
短	5	7	6
长	3	1	2
全部	4	4	

1. 用语言描述结果的模式。
2. 用数字解释模式。
3. ［（a）和（b）］为这些结果绘制两个条形图。
4. 对于双因素研究设计，什么是主效应和交互作用的可能结合体？
5. 当同时存在一个主效应和一个交互作用时，（a）在什么情况下，对于主效应的解释，你必须谨小慎微？（b）在什么情况下，对于主效应的影响，你仍然坚信？

答案

1. 简短的例子回忆得更好，存在主效应，生动性没有主效应，且当两种例子都是非常强烈时，简短的例子比冗长的例子具有更大的优势，存在着交互作用。

386

2. 主效应：人们能平均回忆起六个简短的例子但是仅仅能回忆起两个长例子。生动性不存在主效应，因为平均来看，无论例子的生动性是高还是低，人们都能回忆起四个例子。交互作用：对于简短的例子来说，人们回忆起的高生动性的例子比低生动性的多两个；但是对于冗长的例子，他们回忆起高生动性的例子比低生动性的少两个。

3. 见图 10—7。

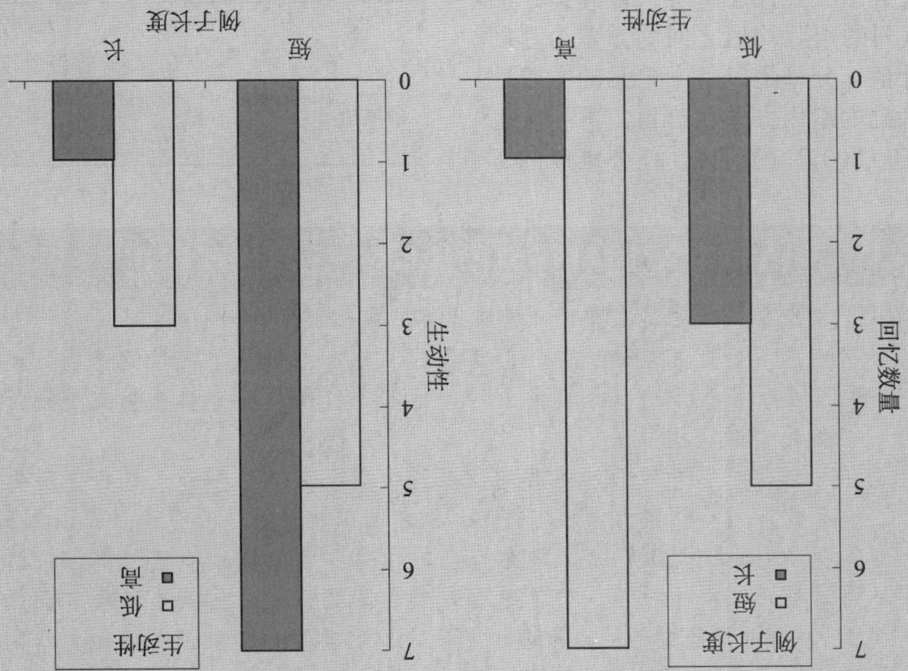

图 10—7　“你会做吗?”问题 3 的答案

4. 所有可能的结合：没有主效应或交互作用；仅有一个主效应；仅有交互作用；有两个主效应却没有交互作用；有一个交互作用和一个主效应；有一个交互作用和两个主效应。

5. (a) 当另外一个分组变量只有一个水平或者一个变量在另一个分组变量不同水平上其变化的方向发生了反转时，对于主效应的解释，你需要谨小慎微。

(b) 当主效应仍然存在并且其在另外一个分组变量不同水平上变化的方向相同时，你应该坚信主效应的影响。

双因素方差分析的基本逻辑

双因素析因研究的分析结果的统计过程称作双因素方差分析。基本逻辑同你在第 9 章学到的一样。在任何方差分析中，你计算 F 值，把 F 值与总体方差估计值相比较，而后者是通过组间总体方差估计和组内总体方差估计得到的。

双因素方差分析中的三个 F 值

在一个双因素方差分析中，存在三个 F 值：一个是分布在列上的分组变量（列主效应），一个是分布在行上的分组变量（行主效应），一个是交互作用上的。在任务难度和敏感度的例子中，任务难度的主效应有一个 F 值，敏感度的主效应有一个 F 值，且任务难度和敏感度的交互作用又有一个 F 值。

这三个 F 值的每一个分子是组间总体方差在

特定主效应或交互作用相比较的基础上估计出来的。所有的三个 F 值的组内方差估计值都是一样的；总体方差的平均估计值是从每个组里的分数中得出的。因为这种组内方差估计值是以每一单元的估计值为基础的，它也被称作单元内方差估计值。

列、行主效应中 F 值的逻辑

如下所示是了解主效应如何进行分析的一种方法。考虑列上分组变量的主效应。计算如下的 F 值：分子是以列的边际均值之间的方差为基础的组间方差估计值。分母是以每个单元的方差估计值的平均为基础的组内方差估计值。再一次思考阿伦和同事们（2005）的研究。任务难度的 F 值（列分组变量，同我们所制作的表——见表10—6）计算如下。分子，即组间方差估计值，是以容易任务的边际均值和困难任务的边际均值之间的差异为基础的。分母，即组内方差估计值，是以四个单元中的每一个总体方差估计值的平均为根据的。

表 10—6　阿伦和同事们（2005）研究中的消极情绪的平均水平

		任务难度	
		容易	困难
敏感度	非高	2.43	2.56
	高	2.19	3.01

387 **信息箱 10—1　人格和境遇对行为的影响：一个交互作用**

在某种意义上，对统计的研究是在塑造一种看世界的风格。

不管心理学研究者是否会把方差分析和他们想到的其他方法做一个清晰的比较，他们都有可能把方差分析的一个简明扼要的模型作为其原理的向导。他们不仅仅是在分析数据或是设计研究时，且很有可能在把方差分析做隐喻时这样做。

统计是如何影响心理学家思考他们的主题的？抛开数据，这里以一个人格研究历史上的重要例子为证。在20世纪60年代，人格领域由于沃尔特・米歇尔的工作永远地改变了（Walter Mischel，1968；一个知情者的描述，见 Mischel，2007）。米歇尔证明，作为一条法则，境遇（例如，路灯变红，或是一个穿着讲究的人寻求帮助）对于一个人会怎么做，其预测要好于任何人格特质（例如，人是天生谨慎的或是天生利他的）。那些严阵以待的人格理论学家，他们典型地接受过心理动力学的训练，要为了为他们自己辩护，与米歇尔定义的游戏法则做抗争：行为中有多少变化可以真正地被他们的人格测量方法来预测？也就是说，人格理论家不得不以统计学的方法来考虑它们。

这种挑战的一个结果从某方面来说称作“交互作用论”（例如，Endler & Magnusson，1967）。它是这样一种观点，即对行为最好的预测是人格和境遇的交互作用。你可以立刻猜猜什么样的统计方法有它的影响。（你正在本章学习它！）

例如，根据交互作用论，焦虑的人格特质以及参加 SAT 的境遇几乎都无法很好地预测一个人在参加 SAT 的时候有焦虑倾向。这里的重点就是一个人的行为会一直受到个体内部的处境和他在改变境遇时的知觉的影响。[实际上，即使是沃尔特・米歇尔（2004）也是后来才提出这种理论的。]

让我们密切注意一个经历过某些境遇的焦虑的人。当他从一个参加测试的环境转到一个黑暗的、空旷的停车场中，他可能感受到更多——或更少的——焦虑，这同样是基于他人格中的焦虑特质与他对这种新境遇的感知之间的交互作用。同样，当他通过高速开车回家，打开车库的门，进入一个空荡荡的房间时也会发生类似的情况。

根据交互作用论，这个人并不是一个被动的构成体，而是一个“在交互作用过程中有意识地活动主体”（Endler & Magnusson，1967，p. 968）。

交互作用里某个人最重要的一方面是这个人如何看待这种境遇。交互作用里境遇这部分最重要的是它对这个人的意义。[注意，我们在这一章使用的阿伦等（2005）研究的例子是人格（敏感度）和境遇（面对一项容易的任务或困难的任务）交互作用的一个当前版本。] 交互作用论现在表现出来的一些形式从大体上来说，对于解释人们做什么和想什么在人格心理学中一直是很重要的，这一点毋庸置疑。

例如，一个人是"百灵鸟型"还是"夜猫子型"（人格特质）在预测一个人的警觉性时与该人的工作日程存在交互作用（Cavallera & Giudici，2008）。[现在证实交互作用论甚至可能是解释日常人们理解其他人典型行为的一种方法（Kammrath et al.，2005）。也就是说，人类可能是直觉型的统计学家！]

统计对理论的这种影响几乎遍及心理学历史上的每个领域。确实，在最近若干年中，统计发展的影响对于思维来说变得尤其重要，它作为一种新观念在统计方法上不断发展（例如多水平模型；见第15章），且同心理学家更多地把文化、遗传和神经突触全都考虑进去来预测行为一样，它也作为一种新的机遇出现。在某种意义上，我们可以说统计学的开拓者现在不仅仅能决定心理学研究的复杂程度，还能将其本身的深度理论化。他们通过心理学家的实际思维模式变动来达到这种目的，因此他们能明确和指导我们对心理学的理解。

388 行主效应的程序也是一个同样的概念。你采用组间方差估计值来计算它是以两个行边际均值之间的差异为基础的。（在阿伦和同事们的研究设计中，行边际均值是所有非高敏感度被试和所有高敏感度被试的平均数。）

图 10—8a 显示的是列组间方差估计值，是以第一列（阴影区）中得分的平均数和第二列（非阴影区）中得分的平均数之间的差异为基础的。图 10—8b 显示的是行组间估计值，是以顶部一行（阴影区）中得分的平均数和底部一行（非阴影区）中得分的平均数之间的差异为基础的。而图 10—8c 显示的是以每个单元里的得分方差为基础的组内方差估计值（适用于所有的 F 值）。

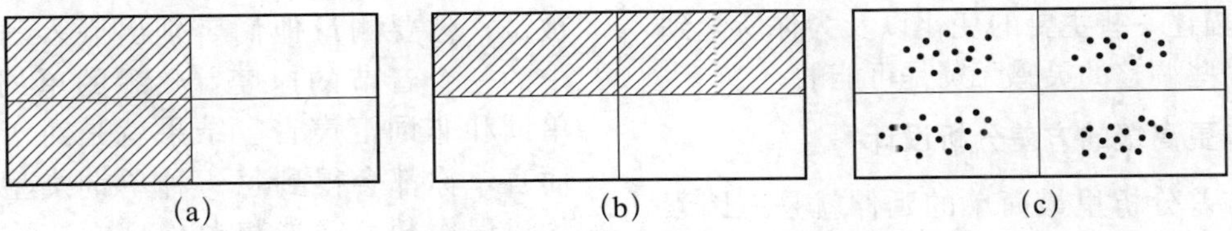

图 10—8　帮你了解双因素析因方差分析的一张图

注：(a) 列组间方差估计值是以第一列（阴影区）和第二列（非阴影区）中被试平均数的差异为基础的；(b) 行组间方差估计值是以第一行（阴影区）和第二行（非阴影区）中被试平均数的差异为基础的；(c) 组内方差估计值是以每个单元里的得分方变异为基础的。

交互作用中 F 值的逻辑

交互作用的 F 值逻辑更加复杂。一种说法是把交互逻辑当作考虑过行和列主效应之后的联合体。思考一个有两个分组变量的研究，每个变量都有两个水平。（如你早前所学的，这叫做 2×2 研究设计。）在这个研究中，主效应被分成行和列上的四个单元。但是其也有可能按其他种类分成不同的单元。图 10—9，以阿伦和同事们（2005）的研究为根据，显示了四个单元结合成两个组后剩下的一个可能组织方式：(a) 两个单元组成的一个组由左上单元（非高敏感度/容易任务）与右下单元（高敏感度/困难任务）一起构成；(b) 另一个两个单元组成的组由左下单元（高敏感度/容易任务）和右上单元（非高敏感度/困难任务）一起构成。交互作用的组间方差估计值可以通过这两个组平均数之间的变化计算出来。（在这个例子中，这两个组都是呈对角线状。）

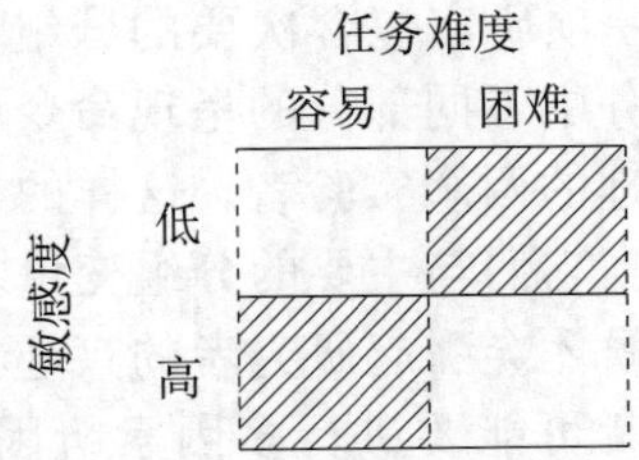

图 10—9　阿伦和同事们（2005）在研究中通过阴影单元得分（容易任务和高敏感度；困难任务和非高敏感度）与非阴影单元得分（容易任务和非高敏感度；困难任务和高敏感度）的对照展现出的交互作用

对于 2×2 的设计，成对的单元只有一种组织 389
方式，这并没有把行和列的组织情况算在内：这种分组的模式（对角线型的）显示在图 10—9 的例子中。但是这种情形并不像双因素设计那么简单，比如一个 2×3 的研究（一项研究的第一个变量有两个水平且第二个变量有三个水平，例如我们早前思考的任务难度和唤醒水平的研究）。在这样的一个研究中，有不止一种方式来分组，并且所有的情况都要计算在内。因此，在处理其他情况时，计算交互作用的组间方差估计值就要比2×2设计困难得多。幸运的是，它证明了在采用第9章“前沿课题”部分里展示的结构模型方法时，计算交互作用的组间方差估计值是更加直接简单的。因此，在本章之后的“前沿课题”部分中，我们会采用结构模型方法来描绘实际的析因方差分析。（但当只是非常普通的2×2情形时，我们刚才实际描绘的过程才会进行得十分良好并且简单。）

析因方差分析的假定

析因方差分析的假定同单因素方差分析是一样的。然而，在一个析因方差分析中，总体正态性和方差相等是应用于每个单元的总体的必要条件。

方差分析的延伸和特定的案例

方差分析是一个非常通用的方法。在这本导论书中，我们不可能深入研究统计过程中运用所有可能性的细节。（这些在大多数心理学中级统计课本，以及所谓的“实验设计”课本中都会涉及。）然而，描述一些主要的变化以及为你所学到的内容提供一些调整的灵感无疑是可能的。

三因素和更高级的方差分析设计

双因素方差分析里最简单的延伸就是三因素设计研究（其中有三个分组变量）或甚至是四因素和更高级的设计。这样的研究的基本逻辑同我们在这章中所描述的是一样的，除了存在另外的主效应和交互作用。

有时候一项研究包含次要的分组变量，比如一个实验任务中不同部分的呈现命令或者对每个被试进行处理的两个实验者。这样的二级分组变量通常只有当它们与主要的分组变量之间存在交互作用的时候才会引起研究者的兴趣。在这种情
390 况下，研究者可能要进行多因素析因方差分析。如果二级分组变量与主要的分组变量之间不存在显著的交互作用，此时就不用管这些二级的分组变量了，而是继续进行分析。该设计就会成为一个更加易操作的双因素或三因素方差分析。这个结果分析就是说那些被忽略的变量被瓦解了。

重复测量方差分析

在这章和第9章所有的情形中，不同的单元都是以不同的个体得分为依据的。然而，有时候，一个研究者会在若干不同的情况中测量同样的个体。（在一个仅有两个水平的唯一分组变量的研究中，例如处理前后的一些水平，你可以采用第7章描述的相关样本均值 t 检验。但是如果存在多于两个水平或者存在另一个分组变量，你不得不使用方差分析。）思考一项研究，对于每一个被试，你要测量他们辨别出嵌入三种单词类型中的一个音节的速度：熟悉的单词、不熟悉的单词和非词汇声音。结果就是对于每一个被试而言，你都会得到每一种单词类型中他们的平均错误次数。或者想象你现在正在进行一项心理疗法疗效的研究，分别在接受这种疗法之前、刚接受完这种疗法，以及接受这种疗法三个月后测量他们的抑郁指数。这些例子里的每一个，你会有三组得分，但是在每个例子中，这三组得分都来源于同样的人。这些研究就是重复测量设计的示例。

重复测量设计是用**重复测量方差分析**来分析的。它有这个名字是因为同样的被试被重复测量。这种类型的设计和分析也叫做“被试内设计”或者“被试内方差分析”，因为这种比较是在不同的被试之内而不是之间来进行的。（美国心理学会建议采用“参与者”这个术语而不是“被试”。）

> **重复测量方差分析** 重复测量设计的方差分析，这种设计条件下，每个人接受不止一次测试，因而对同一个人，分组变量的水平就是不同的时间和测试类型。

有时候一个重测变量穿插于一个包含普通被试间变量的相同研究中。例如，在疗法研究中，可能存在一个不接受治疗的控制组，但是同时却接受三种检测。这就是一个2（治疗组与控制

组）×3（之前、之后、3 个月后）的混合设计，其中，第一个变量是普通的被试间类型，第二个变量是重测类型。存在两个重测因素或者更复杂的结合也是有可能的。

你会做吗？

1. 在一个双因素方差分析中，行主效应 F 值的分子是什么？
2. 在一个 2×2 的方差分析中，交互作用 F 值的分子是什么？
3. 在一个双因素方差分析中，(a) 每个主效应和 (b) 交互作用 F 值的分母是什么？
4. 析因方差分析的假定是什么？
5. (a) 当一项研究报告称"结果由于施测顺序而作废"是什么意思？(b) 重复测量方差分析不同于普遍的被试间方差分析的是什么？(c) 什么是混合设计？ 391

答案

1. 主效应 F 值的分子是以两行平均数之间的差异为基础的总体方差估计值。
2. 交互作用 F 值的分子是以两个对角线上的平均数之间的差异为基础的总体方差估计值。
3. (a) 每个主效应 F 值的分母是组内总体方差估计值。(b) 交互作用 F 值的分母也是组内总体方差估计值。
4. 与每个单元相关的总体呈正态分布且所有的单元都具有相同的方差。
5. (a) 分析中忽略了被试的测验顺序问题。(b) 在重复测量方差分析中，每个被试在每个组都会有一个分数；通常来说，被试间方差分析中，每个被试只会在一个组中有分数。(c) 一个因素是重测因子且一个因素是被试间变量。

争论：二分数值变量

假设一个发展心理学家测量了一组儿童的焦虑水平和社交技能。该心理学家接下来在一个游戏小组中观察儿童的行为，主要是观察他们的攻击性。为了考察这个研究的结果，研究者按儿童的焦虑得分把他们分成两组（高焦虑一组和低焦虑一组），然后把他们按社交技能分成两组（高社交技能一组和低社交技能一组）。这些结合的结果分成了四组：高焦虑/高社交技能、高焦虑/低社交技能，以此类推。用这种方法分配儿童，然后研究者进行一项双因素（2×2）析因方差分析，包括分组变量焦虑（高与低）和社交技能（高与低）。用这种分析，研究者能够看出是否存在攻击性上的焦虑主效应、攻击性上的社交技能主效应，或者攻击性上的焦虑和社交技能的交互作用。

这要注意的是研究者按焦虑和社交技能把儿童分别分成两组，首先考虑焦虑。在这个研究中，焦虑是一个数值型的定量变量，是一种连续型的测量。然而，研究者忽略了所有的优良等级且仅仅一分为二，即高焦虑组和低焦虑组。这导致了高焦虑组的每个人接受的处理拥有相同的焦虑（高）水平，并且低焦虑组的每个人接受的处理拥有相同的焦虑（低）水平。

> **二分法** 把一个变量的得分分成两组，也称作"中值分割"。

这种分类方法叫做**二分法**——一分为二，或者说分成两组。由于二分之后结果通常都低于和高于中间水平，这也叫作得分的"中值分割"。在这个例子中，研究者也对社交技能进行二分（中值分割）。

二分数值变量的优点是你可以进行析因方差分析，此时它高效以及能够考察交互作用。并且， 392
大多数心理学家都很熟悉析因方差分析。许多心理学家不熟悉不需要二分却可以完成相同的任务的替代程序。（这些案例中的替代程序主要是以多重回归为基础的，见第 12 章和第 15 章。）

二分法的一个主要缺陷是当你缩小得分的范围到仅有高分和低分时，你就会丢失部分信息，这就缺少精确性了。欧文和弗罗曼（Owen & Froman，2005）清晰地概述了这个问题："利用中值分割，一个比中位数稍高的分数同一个比平均数高出 3 个标准差的分数一样都被放进同一分类中。这并没有积极的意义或者并不是对数据的良好使用。”（p. 499）有一个结论是使用二分法时的效应大小和统计检验力低于使用原始分数时（MacCallum et al.，2002；Taylor et al.，2006）。寇恩（Cohen，1983）计算出统计检验力和效应大小的缩小在20%和66%之间！他认为，这就等同于“丢弃了样本的三分之一到三分之二”（p. 253）。

另一方面，许多研究者把他们的变量二分，声称效应是“保守的”——这可能会增加犯Ⅱ型错误（当零假设错误时，没有拒绝零假设）的概率，它不会增加犯Ⅰ型错误（当零假设为真时，拒绝零假设）的概率。换句话说，二分法降低了精确度以致要得到显著性的结果变得更难，而不是容易。

然而，甚至有假设认为对一个单一变量进行二分其效果并不好，对此仍然存在着诸多问题。一个值得关注的问题是现在的分析过分保守以至于难以发现真实的结果（你会犯Ⅱ型错误）并且真正的效应大小会被低估。这仍然会存在一个不精确性。一般而言，二分法是保守的。但是在任何情况下，二分法的不准确性可能会发生，从而支持研究者的假设，使得原本并不显著的差异显著以及原本较大的效应变成一个较小的效应。

确实，马克斯维尔和德莱尼（Maxwell & Delaney，1993）已经证实，当双因素析因设计中的变量都被二分后（例如我们案例中的焦虑和社交技能），其效应并不会自动地减小。一般而言，在心理学的众多研究中，对两个变量进行二分不仅不会导致效应的减小反而会导致效应增大。根据马克斯维尔和德莱尼的说法，在你采用双因素方差分析且每个变量都被二分时，你尤其应该怀疑研究结果。

然而，当二分法适当时，若干情况就被限制了。例如，麦卡勒姆和同事们（MacCallum et al.，2002）注意到当存在清楚的和令人信服的证据表明被二分的两组确实体现出不同类型的人的时候，二分就是适当的。回忆阿伦和同事们（2005）的例子，研究者二分敏感度测量上的得分，创建了一组非高敏感度的个体和一组高敏感度的个体。在他们的论文中，阿伦和同事们从多种来源中引用了证据，包括婴儿和动物的敏感度研究，表明敏感度作为二分变量来考虑要好于连续变量。也就是从本质上来说，人们不是非高敏感度就是高敏感度，以及伴随量表所产生的变化只是因为任务并没有完美的精确度。

尽管二分法存在一些共同的问题，但二分（甚至双因素方差分析里的两个变量都是）在心理学研究中仍然是十分普遍的。不过在我们的印象里，那已经过时了。

393 研究文献中的析因方差分析

在一个析因方差分析中，研究者通常会给出一份描述外加一张表。这份描述给出了 F 值和每个主效应与交互作用的相关信息。这张表给出了单元平均数且有时候给出了边际均值。如果存在一个显著的交互作用，也可能存在一张图解。

范·普鲁杰和同事们（Van Prooijen et al.，2004）进行了一系列的研究，致力于考察归属感（一个人感到是融入了一个组织还是脱离了一个组织）和能够表达他们决定的观点的影响。研究者调查一个人做决定过程满意度（也以“程序满意”被人熟知）上的两个变量的作用。被试都是荷兰大学生，他们被要求把自己想象成一项计划工作组的成员之一。然后他们被告知该组中的一个成员不得不被一项假设性的计划所隔绝。一些学生被告知他们不会被选择为隔绝（包容状态），一些学生被告知他们是被选中的要从计划中隔绝出去的人（隔绝状态），最后一些学生被告知不清楚他们是否要被隔绝出去（未知状态）。（因此，归属感分组变量有三个水平：包容、隔绝和未知。）接着，每个学生被告知他能不能表达关于接受该组经济补贴的想法（即表达状态和不表达状态）。（因此，程序分组变量——如研究者所称的——有两个水平：表达和不表达。）研究者是通过要求学生评价当他们在受到他们组其他人员以同种方式对待时他们的满意度如何来测量过程的满意度的。以下是他们对结果的报告：

> 程序满意度量表上的一个3×2的方差分析（ANOVA）显示，程序［$F(1, 136)=94.28$，$p<0.01$，$\eta^2=0.41$］和组织归属感的主效应［$F(2, 136)=3.70$，$p<0.03$，$\eta^2=$

0.05] 都显著。更重要的……是这种分析也得到了预测的交互作用，$F(2, 136)=3.46$，$p<0.04$，$\eta^2=0.05$。单元平均数和标准差显示在表（10—7）中……结果……表明，有组织归属感且处于表达状态下的被试与无组织归属感且处于不表达状态下的被试相比，其过程满意度评价更积极。(p. 70)

注意范·普鲁杰和同事们（2004）提供了每个主效应和交互作用的效应大小。效应大小表示为依塔的平方，η^2，它还有另一个名称叫作 R^2（你在第 9 章中学过的）。在本章后面的"前沿课题"部分，我们会描述如何计算析因方差分析的 R^2。注意表 10—7，研究者采用下标字母（$_a$，$_b$，$_c$）来显示平均数的多重比较结果。

表 10—7　被试的程序满意度评价的平均数和标准差

程序	组织归属感					
	包容		隔绝		未知	
	M	*SD*	*M*	*SD*	*M*	*SD*
表达	4.86_a	1.82	3.31_b	1.83	4.46_a	1.95
不表达	1.89_c	1.14	1.81_c	0.84	1.69_c	0.83

注：测量在 7 点量表上进行，值越高表明程序满意度的评价越积极。使用带有下标的平均数是为了进行平均数之间的多重比较（$p<0.05$）。

资料来源：van Prooijen, J. W., van den Bos, K., & Wilke, H. A. M. (2004). Group belongingness and Procedural justice: Social inclusion and exclusion by peers affects the psychology of voice. *Journal of Personality and Social Psychology*, *87*, 66-79. Published by the American Psychological Association. Reprinted with permission.

正如我们在本章前面部分提到的，研究者有时候采用一种线形图来表现交互作用。考虑一个例子。甘普和库里克（Gump & Kulik, 1997）检验了一个关于促进人际友好关系的条件的理论。特别是，当一个人处于威胁之下并且另一个人面对同样的威胁时，他们预测该人更有可能同另一个人形成友好关系。在他们的研究中，被试被随机地分配为预期痛苦经历过程或非预期痛苦经历过程。这是威胁操作分组变量（高与低）。在所有的条件下房间里都存在另一个被试。被试中的一半被告知这另一个被试处在相同的实验里且因此会面对一个相似的威胁或非威胁情境；对于另一半，另一个被试被假定为在一个完全不同

394 的实验里进行部分讨论并且因此不预期会有相同的威胁或非威胁情形。这是相似情形的操作分组变量（相似与不相似）。由于被试通过耳机被告知威胁，实验者观察每个被试花多少次看他的同伴。结果如下：

> 在这个分析中，被试威胁和情境因素存在一个显著的交互作用，$F(1, 77)=5.57$，$p=0.02$。不存在其他显著的作用。从图（10—10）可以很清楚地看出，与不相似情境中的被试相比，高威胁被试会花更多时间观察一个被相信是面对同样威胁的人，然而这样的不同却不发生在低威胁被试身上。(p. 309)

甘普和库里克所呈现的图示类型与普通的条形图相比在表达交互作用的生动性上更具优势。然而，最近的几年中，像这样的线形图逐渐变少，

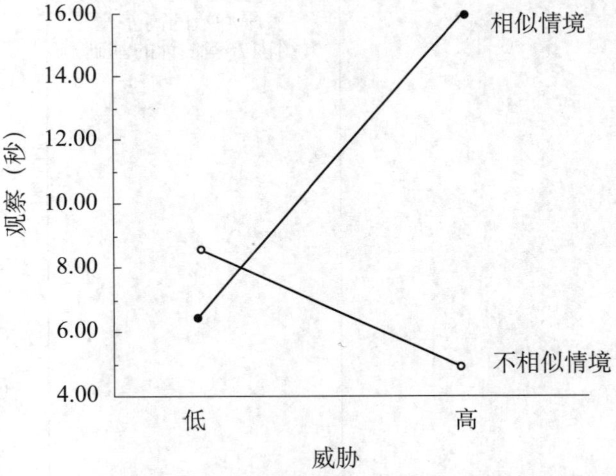

图 10—10　威胁和情境相似度对观察同伴所花时间的影响

资料来源：Gump, B. B., & Kulik, J. A. (1997). Stress, affiliation, and emotional contagion. *Journal of Personality and Social Psychology*, *72*, 305-319. Published by the American Psychological Association. Reprinted with permission.

因为它们存在认为线条蕴含着连续作用的稍许误导。然而，我们只能得到关于两个极端点的信息。395
例如，在甘普和库里克的研究中，存在一个高威胁状态和一个低威胁状态。这些线条给出了效果，

就是每个相似状态的模式从低威胁到高威胁都是连续的。假定研究者已经拥有了一个中间威胁状态。这种状态的结果可能不会处在当前的图中应在的线性位置。相反，条形图方法就不会表明中间水平的任何信息，它仅仅显示出要检验的变量的每个水平上的结果。

前沿课题：计算双因素方差分析

成功小贴士

在阅读本节“前沿课题”之前，确保你已经掌握了第9章中“前沿课题”中的内容。

正如我们早前注意到的，为了计算一个2×2设计上的析因方差分析的交互作用，采用第9章“前沿课题”里你学过的结构模型方法会更容易。研究者采用结构模型方法来完成全部的析因方差分析而不是采用混合方法。因此，在本节中，我们首先要考虑的是结构模型方法，将它应用于析因方差分析，然后深入研究如何计算完全的析因方差分析的细节。正如你不久将会看到的，这个“前沿课题”部分是直接在第9章“前沿课题”中方差分析的结构模型上建立起来的。

双因素方差分析的结构模型

成功小贴士

确保非常仔细地研究图10—11。这是理解和记住双因素方差分析的结构模型的最好的方法。

从结构模型的视角来看，每个分数与总体均值的离差，能够分成若干部分。在一个双因素分析中，所有的离差可分为四个部分（见图10—11）：

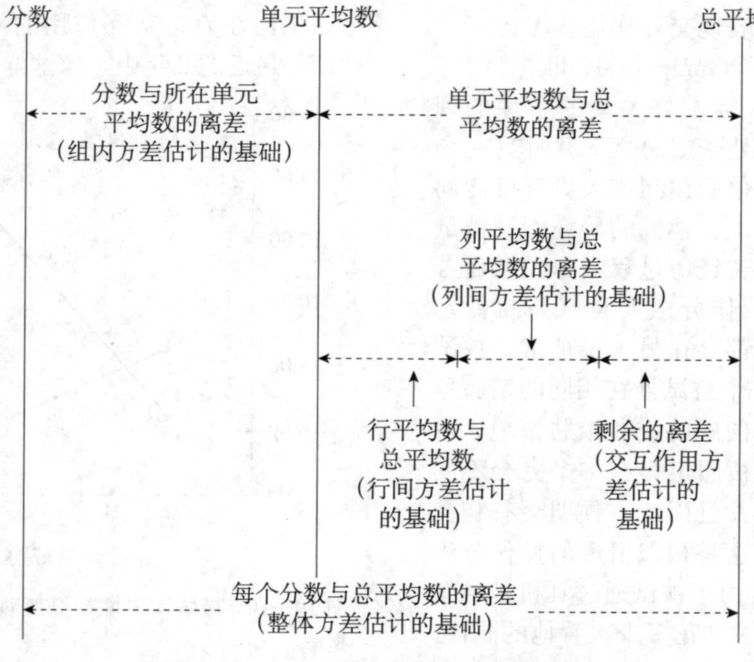

图10—11　拆分每个分数与总平均数的离差

1. 分数与所在单元平均数的离差（用于组内总体方差估计）。

396

2. 行平均数与总平均数的离差（用于那些分成行的分组变量的主效应的组间总体方差估计）。

3. 列平均数与总平均数的离差（用于那些分成列的分组变量的主效应的组间总体方差估计）。

4. 扣除所有离差中的其他三个离差，剩余的离差都来源于总平均数（用于交互作用的组间估计）。

双因素方差分析的步骤

采用结构模型计算方差分析时，F值计算如下：

Ⓐ 计算每一单元、每一行和每一列的平均数，以及所有得分的总平均数。

Ⓑ 计算每种类型的所有离均差。

Ⓒ 计算每个离均差的平方。这就给出了平方后的离均差。

Ⓓ 合计每种类型上的离均差平方。这就给出了离均差平方和。

Ⓔ 用每个离均差平方和除以其相应的自由度。这就给出了方差估计值。

Ⓕ 用组间方差估计值除以组内方差估计值。这就给出了 F 值。

用公式来表述，平方和如下：

$$SS_{\text{Rows}}=\sum(M_{\text{Row}}-GM)^2 \qquad (10\text{—}1)$$

> 行的离均差平方和是每个分数所在行的平均数与总体平均数的离差平方和。

$$SS_{\text{Columns}}=\sum(M_{\text{Column}}-GM)^2 \qquad (10\text{—}2)$$

> 列的离均差平方和是每个分数所在列的平均数与总平均数的离差平方和。

$$SS_{\text{Interaction}}=\sum[(X-GM)-(X-M)-(M_{\text{Row}}-GM)-(M_{\text{Column}}-GM)]^2 \qquad (10\text{—}3)$$

> 交互作用的离均差平方和是每个分数与总体平均数的离差，减去该分数与其所在单元的平均数的离差，减去该分数所在行的平均数与总体平均数的离差，减去该分数所在列的平均数与总体平均数的离差的平方和。

397

$$SS_{\text{Within}}=\sum(X-M)^2 \qquad (10\text{—}4)$$

> 组内（单元内）离均差平方和是每个分数与其所在单元的平均数的离差平方和。

$$SS_{\text{Total}}=\sum(X-GM)^2 \qquad (10\text{—}5)$$

> 总离均差平方和是每个分数与总体平均数的离差平方和。

在这些公式中，SS_{Rows}，SS_{Columns}，$SS_{\text{Interaction}}$，SS_{Within}是行、列、交互作用和组内离均差平方的总和。总和标志（$\sum$）告诉你要合计所有的分数（不仅仅是全部的行或列或单元）。GM 是总平均数；X 是得分。M_{Row} 和 M_{Column} 是行或列的得分平均数；M 是单元得分平均数。

同单因素方差分析一样，这里也是不同单个的平方和相加等于总体平方和。（你可以采用这种方法来检验你的运算。）用公式来表述，如下：

$$SS_{\text{Total}}=SS_{\text{Rows}}+SS_{\text{Columns}}+SS_{\text{Interaction}}+SS_{\text{Within}} \qquad (10\text{—}6)$$

> 总离均差平方和是行的离均差平方和，加上列的离均差平方和，加上交互作用的离均差平方和，加上组内（单元内）离均差平方和。

总体方差估计的公式是采用结构模型方法计算单因素方差分析的示例，用平方和除以自由度：

$$S^2_{\text{Rows}} \text{ 或 } MS_{\text{Rows}}=\frac{SS_{\text{Rows}}}{df_{\text{Rows}}} \qquad (10\text{—}7)$$

> 当总体方差估计值以行之间的差异为根据时，它是行的离均差平方和除以行的自由度。

$$S^2_{\text{Columns}} \text{ 或 } MS_{\text{Columns}}=\frac{SS_{\text{Columns}}}{df_{\text{Columns}}} \qquad (10\text{—}8)$$

> 当总体方差估计值以列之间的差异为根据时，它是列的离均差平方和除以列的自由度。

$$S^2_{\text{Interaction}} \text{ 或 } MS_{\text{Interaction}}=\frac{SS_{\text{Interaction}}}{df_{\text{Interaction}}} \qquad (10\text{—}9)$$

> 当总体方差估计值以交互作用的差异为根据时，它是交互作用的离均差平方和除以交互作用的自由度。

$$S^2_{\text{Within}} \text{ 或 } MS_{\text{Within}}=\frac{SS_{\text{Within}}}{df_{\text{Within}}} \qquad (10\text{—}10)$$

> 当总体方差估计值以组内（单元内）的差异为根据时，它是组内（单元内）的离均差平方和除以组内的自由度。

F 值是不同效应的总体方差估计值，每个除 398
以组内总体方差估计值：

$$F_{\text{Rows}}=\frac{S^2_{\text{Rows}}}{S^2_{\text{Within}}} \text{ 或 } \frac{MS_{\text{Rows}}}{MS_{\text{Within}}} \qquad (10\text{—}11)$$

> 行主效应的 F 值是以行之间的差异为基础的总体方差估计值除以以组内（单元内）差异为基础的总体方差估计值。

$$F_{\text{Column}}=\frac{S^2_{\text{Columns}}}{S^2_{\text{Within}}}\text{或}\frac{MS_{\text{Columns}}}{MS_{\text{Within}}} \qquad (10—12)$$

列主效应的 F 值是以列之间的差异为基础的总体方差估计值除以以组内（单元内）差异为基础的总体方差估计值。

$$F_{\text{Interaction}}=\frac{S^2_{\text{Interaction}}}{S^2_{\text{Within}}}\text{或}\frac{MS_{\text{Interaction}}}{MS_{\text{Within}}} \qquad (10—13)$$

交互作用的 F 值是以交互作用差异为基础的总体方差估计值除以以组内（单元内）差异为基础的总体方差估计值。

双因素方差分析中的自由度

主效应上的组间方差估计的自由度　每个主效应的自由度（每个组间方差估计值）是分组变量的水平数减 1。例如，如果一个分组变量有两个水平，如在阿伦和同事们（2005）的研究里的每个主效应，这些主效应的每一个只有一个自由度。在唤醒水平和任务难度的例子中，我们早前考虑过，列分组变量（唤醒水平）主效应有三个水平。因此，这个分组变量的主效应就有两个自由度。

用公式来表述，如下：

$$df_{\text{Rows}}=N_{\text{Rows}}-1 \qquad (10—14)$$

行主效应的自由度是行的数目减 1。

$$df_{\text{Columns}}=N_{\text{Columns}}-1 \qquad (10—15)$$

列主效应的自由度是列的数目减 1。

交互作用方差估计的自由度　交互作用方差估计的自由度是所有单元的数目减去全部主效应的自由度数目，再减去 1。在阿伦和同事们（2005）的研究里，有四个单元且每个主效应的自由度都为 1。这余下两个自由度减去 1，剩下的一个自由度就是交互作用的。在唤醒水平和任务难度的例子中，有六个单元。列主效应有两个自由度且行主效应有一个自由度（容易与困难）。这就
399 余下了三个自由度。当它们被扣掉之后，还有交互作用的两个自由度。

用公式来表述，如下：

$$df_{\text{Interaction}}=N_{\text{Cells}}-df_{\text{Rows}}-df_{\text{Columns}}-1 \qquad (10—16)$$

交互作用的自由度是单元的数目减去行主效应的自由度，减去列主效应的自由度再减去 1。

将此公式应用于阿伦和同事们的研究中：

$$df_{\text{Interaction}}=N_{\text{Cells}}-df_{\text{Rows}}-df_{\text{Columns}}-1=4-1-1-1=1$$

将此公式应用于唤醒水平和任务难度例子中：

$$df_{\text{Interaction}}=N_{\text{Cells}}-df_{\text{Rows}}-df_{\text{Columns}}-1=6-1-2-1=2$$

组内总体方差估计的自由度　通常，组内自由度是所有组的自由度总和（在这个例子中，所有的单元）。对于每个单元，你用得分的数目减去 1，然后加上你从所有单元里得到的。用公式来表述，如下：

$$df_{\text{Within}}=df_1+df_2+\cdots\cdots+df_{\text{Last}} \qquad (10—17)$$

组内（单元内）总体方差估计的自由度是所有单元的自由度总和。

在这个公式里，df_1，df_2，……，df_{Last} 是每一单元的自由度（单元中得分的数目减 1）。

总自由度　通常来说，总自由度是得分数目减 1。用公式来表述，如下：

$$df_{\text{Total}}=N-1 \qquad (10—18)$$

总自由度是得分数目减 1。

你也可以通过总计所有个体的自由度来计算总自由度（相对于列、行、交互作用和组内）。这为你计算自由度提供了一个核查依据。用公式来表述，如下：

$$df_{\text{Total}}=df_{\text{Rows}}+df_{\text{Columns}}+df_{\text{Interaction}}+df_{\text{Within}} \qquad (10—19)$$

总自由度是行主效应的自由度，加上列主效应的自由度，加上交互作用的自由度，加上组内（单元内）总体方差估计的自由度。

双因素方差分析表

双因素分析的方差分析表类似于第 9 章中的表（你处理单因素方差分析的地方）。然而，双因素方差分析中，对于每种组间效应而言，在方差

分析表中都存在一个排列（即列主效应、行主效应和交互作用）。表 10—8显示的是该设计。

400 **表 10—8 一个双因素方差分析的方差分析表的展示**

来源	*SS*	*df*	*MS*	*F*
组间：				
列	SS_{Columns}	df_{Columns}	MS_{Columns}	F_{Column}
行	SS_{Rows}	df_{Rows}	MS_{Rows}	F_{Rows}
交互作用	$SS_{\text{Interaction}}$	$df_{\text{Interaction}}$	$MS_{\text{Interaction}}$	$F_{\text{Interaction}}$
组内	SS_{Within}	df_{Within}	MS_{Within}	
总变异	SS_{Total}	df_{Total}		

示例 让我们回到阿伦和同事们（2005）的例子，该例子里的学生，不是有高敏感度就是有非高敏感度，采用的不是容易任务就是困难任务。该研究是一个 2×2 的析因设计，分组变量为敏感度和任务难度。测量变量是学生的消极情绪水平。原始的研究中有 160 个学生，但是为了保持计算的简单性，我们会补充分数来给出相同的单元和边际均值，不过每个单元只有五个学生。单元平均数和边际均值显示在表 10—9 中。分数和所有离均差的计算显示在表 10—10 中。表 10—11 显示

表 10—9 消极情绪水平的单元和边际均值

		任务难度		
		容易	困难	
敏感度	非高	2.43	2.56	2.50
	高	2.19	3.01	2.60
		2.31	2.79	

资料来源：Data from E. Aron et al.，2005.

401 **表 10—10 基于阿伦和同事们（2005）研究中的虚构数据的得分、离均差平方与离均差平方和**

容易任务						困难任务					
X	$(X-GM)^2$	$(X-M)^2$	$(M_{\text{Row}}-GM)^2$	$(M_{\text{Column}}-GM)^2$	INT^2	*X*	$(X-GM)^2$	$(X-M)^2$	$(M_{\text{Row}}-GM)^2$	$(M_{\text{Column}}-GM)^2$	INT^2
非高敏感度											
2.63	0.01	0.04	0.00	0.06	0.03	2.69	0.02	0.02	0.00	0.06	0.03
2.53	0.00	0.01	0.00	0.06	0.03	2.31	0.02	0.06	0.00	0.06	0.03
2.25	0.09	0.03	0.00	0.06	0.03	2.45	0.01	0.01	0.00	0.06	0.03
2.22	0.11	0.04	0.00	0.06	0.03	2.80	0.06	0.06	0.00	0.06	0.03
2.52	0.00	0.01	0.00	0.06	0.03	2.55	0.00	0.00	0.00	0.06	0.03
12.15	0.21	0.13	0.00	0.30	0.15	12.80	0.15	0.15	0.00	0.30	0.15
高敏感度											
2.06	0.24	0.02	0.00	0.06	0.03	3.21	0.44	0.04	0.00	0.06	0.03
2.32	0.05	0.02	0.00	0.06	0.03	3.21	0.44	0.04	0.00	0.06	0.03
2.04	0.26	0.02	0.00	0.06	0.03	2.77	0.05	0.06	0.00	0.06	0.03
2.31	0.06	0.01	0.00	0.06	0.03	2.83	0.08	0.03	0.00	0.06	0.03
2.22	0.11	0.00	0.00	0.06	0.03	3.03	0.23	0.00	0.00	0.06	0.03
10.95	0.72	0.07	0.00	0.30	0.15	15.05	1.24	0.17	0.00	0.30	0.15

GM=总平均数（所有分数的平均数）

M=得分的单元平均数

M_{Row}=得分的行平均数

M_{Column}=得分的列平均数

INT=得分的交互作用剩余离均差

采用非高敏感度/容易任务组的分数计算离均差的示例：

$(X-GM)^2=(2.63-2.55)^2=0.08^2=0.01$

$(X-M)^2=(2.63-2.43)^2=0.20^2=0.04$

$(M_{\text{Row}}-GM)^2=(2.50-2.55)^2=(-0.05)^2=0.00$

$(M_{\text{Column}}-GM)^2=(2.31-2.55)^2=(-0.24)^2=0.06$

$INT^2=[(X-GM)-(X-M)-(M_{\text{Row}}-GM)-(M_{\text{Column}}-GM)]^2$

$=[(0.08)-(0.20)-(-0.05)-(-0.24)]^2=(0.08-0.20+0.05+0.24)^2=0.17^2=0.03$

$SS_{\text{Total}}=0.21+0.15+0.72+1.24=2.32$

$SS_{\text{Within}}=0.13+0.15+0.07+0.17=0.52$

$SS_{\text{Rows}}=0.00+0.00+0.00+0.00=0.00$

$SS_{\text{Columns}}=0.30+0.30+0.30+0.30=1.20$

$SS_{\text{Interaction}}=0.15+0.15+0.15+0.15=0.60$

准确度核查：$SS_{\text{Total}}=2.32$，$SS_{\text{Within}}+SS_{\text{Rows}}+SS_{\text{Columns}}+SS_{\text{Interaction}}=0.52+0.00+1.20+0.60=2.32$

的是临界 F 值和方差分析表。图 10—2（见章前）描绘的是结果。我们可以根据如下的一般假设检验步骤来探究这个例子。

❶ **针对每个主效应和交互作用，重申有关总体的研究假设和零假设问题。**存在四个总体，如下。

总体 1，1：非高敏感度和采用容易任务的人。

总体 1，2：非高敏感度和采用困难任务的人。

总体 2，1：高敏感度和采用容易任务的人。

总体 2，2：高敏感度和采用困难任务的人。

表 10—11　阿伦和同事们（2005）研究（虚构的数据）中的析因方差分析

敏感度主效应所需的 F 值（$df=1，16；p<0.05$）$=4.49$。
任务难度主效应所需的 F 值（$df=1，16；p<0.05$）$=4.49$。
交互作用所需的 F 值（$df=1，16；p<0.05$）$=4.49$。

来源	SS	df	MS	F	决定
敏感度	0.00	1	0.00	0.00	不拒绝零假设
任务难度	1.20	1	1.20	40.00	拒绝零假设
敏感度×任务难度	0.60	1	0.60	20.00	拒绝零假设
组内	0.52	16	0.03		

第一个零假设是，非高敏感度的个体组成的联合总体（总体 1，1 和 1，2）与高敏感度个体组成的联合总体（总体 2，1 和 2，2）具有相同的消极情绪水平。这是检验敏感度（非高敏感度与高敏感度）主效应的零假设。研究假设是，非高敏感度和高敏感度个体组成的总体具有不同的平均数。

第二个零假设是，采用容易任务的个体组成的联合总体（总体 1，1 和 2，1）与采用困难任务的个体组成的联合总体（总体 1，2 和 2，2）具有相同的消极情绪水平。这是检验任务难度（容易与困难）主效应的零假设。研究假设是，采用容易和困难任务的个体组成的总体具有不同的平均数。

第三个零假设是，非高敏感度个体组成的两个总体之间的消极情绪水平差异（总体 1，1 减去总体 1，2）与高敏感度个体组成的两个总体平均数之间的差异（总体 2，1 减去总体 2，2）相同。这是检验交互作用的零假设。（同样我们也可以这样说，意义上没有改变，容易任务上的两个总体之间的差异等同于困难任务上的两个总体之间的差异。）研究假设是这些差异不会相同。

❷ **决定比较分布的特征。**这三个比较分布都将会是 F 分布。自由度的分母是每个单元上的自由度（单元中得分的数目减去 1）总和。在这个例
402 子中，这四个单元中的每一个都有五个被试。这使得每个单元有四个自由度，总共有 16 个组内自由度。敏感度主效应在比较分布上的分子具有一个自由度（两行减去 1）；任务难度主效应的分子也有一个自由度；并且交互作用自由度的分子还是 1（它是单元的数目 4，减去列的自由度，减去行的自由度，减去 1）。

> **成功小贴士**
>
> 三个分子自由度加上分母自由度的总和为 19 可以作为对自由度运算准确性的验证（即 1+1+1+16=19）。这与用被试数量减去 1 所得到的总自由度是相同的（即 20－1=19）。

❸ **根据比较分布上的样本分数临界值来决定是否应该拒绝零假设。**采用 0.05 的显著性水平，表 A－3（在附录里）给出了自由度为 1 和 16 的临界值为 4.49。在这个例子中，对于主效应和交互作用，自由度和显著性水平是一样的，因此所有三个的临界值是一样的（见表 10—11）。

❹ **计算比较分布上你的样本分数。**这要求计算三个 F 值。

Ⓐ **计算每一单元、每一行和每一列的平均数，以及所有得分的总平均数。**单元平均数、行平均数和列平均数都显示在表 10—9 中。所有得分的总平均数（所有得分的总和，除以所有的得分数目）是 2.55。

> **成功小贴士**
>
> 当计算交互作用的离均差时，要详细记录好该离均差是哪个减去哪个得到的，并且记住该离均差是未经平方的，而不是平方后的离均差。

Ⓑ **计算每种类型的所有离均差。**为了节省空间，表 10—10 仅仅显示了离均差平方。然而，根

据离均差平方表，我们显示了如何计算第一个分数的离均差。例如，总平均数中的第一个分数的离差是 2.63 减去 2.55。

Ⓒ 计算每个离均差的平方。 所有的这些离均差平方显示在表 10—10 中。例如，总平均数中的第一个分数的离差为 0.08，平方后为 0.1。

Ⓓ 合计每种类型上的离均差平方。 例如，对于总平均数中的离差平方和，第一组的总和（非高敏感度/容易任务）是 0.21，第二组是 0.15，第三组是 0.72，第四组是 1.24。这些总计为 2.32。也就是说，$SS_{\text{Total}}=2.32$。记住将不同的离均差平方和（SS_{Within}，SS_{Rows}，SS_{Columns}，$SS_{\text{Interaction}}$）加起来。

但是在一个单个的被试内部，不同的离均差平方不能总计达到总平均数中得分的所有离均差平方。表 10—10 也显示了准确度的核查：总平均数的离差平方和等于其他四种离差平方和的总和（允许误差舍入）。

Ⓔ 用每个离均差平方和除以其相应的自由度。 这显示在表 10—11 中。例如，任务难度（列）上的总体方差估计值结果是 1.20，即平方和 1.20 除以自由度 1。

Ⓕ 用组间方差估计值除以组内方差估计值。 这给出了 F 值且显示在表 10—11 中。例如，任务难度的 F 值结果是 40.00，即行间总体方差估计值 1.20 除以组内总体方差估计值 0.03。

❺ 决定是否拒绝零假设。 任务难度主效应的 F 值 40.00 远远大于临界值 4.49。因此，你要拒绝采用容易任务和采用困难任务的个体形成的总体具有相同的平均消极情绪水平这一零假设。也就是说，任务难度的作用是显著的。敏感度主效应的 F 值 0.00 达不到必要的临界值 4.49。最后， 403
交互作用的 F 值 20.00 超过了 4.49；因此交互作用是显著的。

正如可以从表 10—9（和图 10—2）中的单元平均数看出的，任务难度的主效应取决于采用困难任务的个体比采用容易任务的个体具有一个更高的消极情绪水平。交互作用取决于以敏感度水平为根据的消极情绪上任务难度的不同作用。采用困难任务的非高敏感度学生的消极情绪水平稍高于采用容易任务的非高敏感度学生；但是采用困难任务的高敏感度学生的消极情绪水平远远高于采用容易任务的高敏感度学生。你可以看到如何使用方差分析来考虑变量中有趣的交互作用。

双因素方差分析过程的小结

表 10—12 总结了假设检验步骤，表 10—13 显示了方差分析表和双因素方差分析的公式。[①]

---

① 在研究者使用计算机之前的日子里，也存在着计算平方和的公式。在处理一个真实的每单元带有大量分数的研究结果时，这些公式会让亲手（或用手动计算器）计算变得更加容易。当你解决本书中的实际问题时，我们强烈要求你使用表 10—11 和表 10—12 里明确的公式和程序。这些定义公式会增强潜在的规则成为你试着学习的主要东西。不过，你应该已经很需要它们了，以下是计算公式：

$$SS_{\text{Total}}=\Sigma X^2-\frac{(\Sigma X)^2}{N}$$

$$SS_{\text{Between}}=\frac{(\Sigma X_1)^2}{n}+\frac{(\Sigma X_2)^2}{n}+\cdots+\frac{(\Sigma X_{\text{Last}})^2}{n}-\frac{(\Sigma X)^2}{N}$$

$$SS_{\text{Within}}=SS_{\text{Total}}-SS_{\text{Between}}$$

$$SS_{\text{Rows}}=\frac{(\Sigma X_{\text{Row}_1})^2}{n_{\text{Row}}}+\frac{(\Sigma X_{\text{Row}_2})^2}{n_{\text{Row}}}+\cdots+\frac{(\Sigma X_{\text{Last}})^2}{n_{\text{Row}}}-\frac{(\Sigma X)^2}{N}$$

$$SS_{\text{Columns}}=\frac{(\Sigma X_{\text{Column}_1})^2}{n_{\text{Column}}}+\frac{(\Sigma X_{\text{Column}_2})^2}{n_{\text{Column}}}+\cdots+\frac{(\Sigma X_{\text{Column}_{\text{Last}}})^2}{n_{\text{Column}}}-\frac{(\Sigma X)^2}{N}$$

$$SS_{\text{Interaction}}=SS_{\text{Between}}-SS_{\text{Rows}}-SS_{\text{Columns}}$$

在这些公式中，ΣX^2 是每个平方后得分的总和，$(\Sigma X)^2$ 是所有得分总和的平方；N 是全部得分的数量；$(\Sigma X_1)^2$，$(\Sigma X_2)^2$，…，$(\Sigma X_{\text{Last}})^2$ 是每组中所有得分总和的平方；n 是每组被试的数量；$(\Sigma X_{\text{Row}_1})^2$，$(\Sigma X_{\text{Row}_2})^2$，…，$(\Sigma X_{\text{Last}})^2$ 是每行中所有得分总和的平方；n_{Row} 是每行中被试的数量；$(\Sigma X_{\text{Column}_1})^2$，$(\Sigma X_{\text{Column}_2})^2$，…，$(\Sigma X_{\text{Column}_{\text{Last}}})^2$ 是每列中所有得分总和的平方；n_{Column} 是每列中被试的数量。

表 10—12　　双因素方差分析中的假设检验步骤

❶ **针对每个主效应和交互作用，重申有关总体的研究假设和零假设问题。**

❷ **决定比较分布的特征。**

a. 列主效应上的 F 分布的自由度分子是列的数目减去 1：$df_{Columns}=N_{Columns}-1$。

b. 行主效应上的 F 分布的自由度分子是行的数目减去 1：$df_{Rows}=N_{Rows}-1$。

c. 交互作用上的 F 分布的自由度分子是单元的数目减去列自由度，减去行自由度，减去 1：$df_{Interaction}=N_{Cells}-df_{Columns}-df_{Rows}-1$。

d. 比较分布成为 F 分布，其自由度分母等同于每一单元上的自由度（每一单元得分的数目减去 1）总和：$df_{Within}=df_1+df_2+\cdots+df_{Last}$。

e. 通过确定总自由度来核查你的计算的准确度：
$df_{Total}=N-1=df_{Within}+df_{Columns}+df_{Row}+df_{Interaction}$。

❸ **根据比较分布上的样本分数临界值来决定是否应该拒绝零假设。**

a. 决定期望的显著性水平。

b. 查阅 F 分布表（附录中的表 A—3）中的适当的临界值。

❹ **计算比较分布上你的样本分数。**

Ⓐ **计算每一单元、每一行和每一列的平均数，以及所有得分的总平均数。**

Ⓑ **计算每种类型的所有离均差。**

ⅰ. 与总平均数的离均差：$X-GM$。

ⅱ. 与单元平均数的离差：$X-M$。

ⅲ. 行平均数与总平均数的离差：$M_{Row}-GM$。

ⅳ. 列平均数与总平均数的离差：$M_{Column}-GM$。

ⅴ. 与总平均数的离差减去其他所有的离均差：交互作用的离均差＝$(X-GM)-(X-M)-(M_{Row}-GM)-(M_{Column}-GM)$。

Ⓒ **计算每个离均差的平方。**这给出了离均差的平方。

Ⓓ **合计每种类型上的离均差平方。**这给出了离均差平方和：SS_{Total}，SS_{Within}，$SS_{Columns}$，SS_{Rows}，$SS_{Interaction}$。

Ⓔ **用离均差平方和除以其相应的自由度。**这给出了方差估计值。即，$MS_{Columns}$ 或 $S=SS_{Columns}/df_{Columns}$；$MS_{Rows}$ 或 $S=SS_{Rows}/df_{Rows}$；$MS_{Interaction}$ 或 $S=SS_{Interaction}/df_{Interaction}$。

Ⓕ **用组间方差估计值除以组内方差估计值。**这给出了 F 值：$F_{Columns}=S^2_{Columns}/S^2_{Within}$ 或 $MS_{Columns}/MS_{Within}$；$F_{Rows}=S^2_{Rows}/S^2_{Within}$ 或 MS_{Rows}/MS_{Within}；$F_{Interaction}=S^2_{Interaction}/S^2_{Within}$ 或 $MS_{Interaction}/MS_{Within}$。

❺ **决定是否拒绝零假设。**比较步骤❸ 和步骤❹ 里的分数。

404 **表 10—13　　双因素方差分析中的方差分析表和公式**

方差分析表：

来源	SS	df	MS	F
组间：				
列	$SS_{Columns}$	$df_{Columns}$	$MS_{Columns}$（或 $S^2_{Columns}$）	$F_{Columns}$
行	SS_{Rows}	df_{Rows}	MS_{Rows}（或 S^2_{Rows}）	F_{Rows}
交互作用	$SS_{Interaction}$	$df_{Interaction}$	$MS_{Interaction}$（或 $S^2_{Interaction}$）	$F_{Interaction}$
组内	SS_{Within}	df_{Within}	MS_{Within}（或 S^2_{Within}）	
总变异	SS_{Total}	df_{Total}		

方差分析表中每部分的公式：

来源	SS	df	MS	F
组间：				
列	$\sum(M_{Column}-GM)^2$	$N_{Columns}-1$	$SS_{Columns}/df_{Columns}$	$MS_{Columns}/MS_{Within}$
行	$\sum(M_{Row}-GM)^2$	$N_{Rows}-1$	SS_{Rows}/df_{Rows}	MS_{Rows}/MS_{Within}
交互作用	$\sum[(X-GM)-(X-M)-(M_{Rows}-GM)-(M_{Column}-GM)]^2$	$N_{Cells}-df_{Rows}-df_{Columns}-1$	$SS_{Interaction}/df_{Interaction}$	$MS_{Interaction}/MS_{Within}$
组内	$\sum(X-M)^2$	$df_1+df_2+\cdots+df_{Last}$	SS_{Within}/df_{Within}	
总变异	$\sum(X-GM)^2$	$N-1$		

基本符号的定义：

Σ＝所有分数（不是所有的单元）的合适数目总和

M＝单元得分的平均数

M_{Row}＝行得分的平均数

M_{Column}＝列得分的平均数

GM＝所有得分的总平均数

N_{Cells}＝单元的数目

N_{Rows}＝行的数目

$N_{Columns}$＝列的数目

X＝每个得分

N＝研究中所有得分的数目

你会做吗？

1. 列出双因素析因方差分析中计算 F 值的步骤。

2. 写下计算行的平方和的公式并且给每个符号下定义。

3. 写下计算交互作用的平方和的公式并且给每个符号下定义。

4. 写下计算交互作用自由度的公式并且给每个符号下定义。

5. 以下是被试 A 到被试 H（总共 8 个人；每组两个被试）参与的虚拟研究的得分，该研究是在之前的“你会做吗？”中提到的问题，即例子的生动性和长度对回忆起例子数目的影响。找出三个 F 值 405
（且在 $p<0.05$ 上检验它们的显著性）。

被试	生动性条件	长度条件	回忆起的数目
A	低	短	6
B	低	短	4
C	高	短	9
D	高	短	5
E	低	长	2
F	低	长	4
G	高	长	1
H	高	长	1

5. 主要的计算都显示在表 10—14 中。对于长度的作用，$F=10.67$；显著。对于生动性的作用，$F=0$；不显著。对于交互作用，$F=2.67$；不显著。

表 10—14　“你会做吗？”问题 5 的计算

生动性主效应所需的 F 值（$df=1, 4$；$p<0.05$）$=7.71$。
长度主效应所需的 F 值（$df=1, 4$；$p<0.05$）$=7.71$。
交互作用所需的 F 值（$df=1, 4$；$p<0.05$）$=7.71$。

低生动性						高生动性					
X	$(X-GM)^2$	$(X-M)^2$	$(M_{Row}-GM)^2$	$(M_{Column}-GM)^2$	INT^2	X	$(X-GM)^2$	$(X-M)^2$	$(M_{Row}-GM)^2$	$(M_{Column}-GM)^2$	INT^2
短											
6	4	1	4	0	1	9	25	4	4	0	1
4	0	1	4	0	1	5	1	4	4	0	1
	4	2	8	0	2		26	8	8	0	2
长											
2	4	1	4	0	1	1	9	0	4	0	1
4	0	1	4	0	1	1	9	0	4	0	1
	4	2	8	0	2		18	0	8	0	2

$SS_{Total}=4+26+4+18=52$

$SS_{Within}=2+8+2+0=12$

$SS_{Rrows}=8+8+8+8=32$

$SS_{Columns}=0+0+0+0=0$

$SS_{Interaction}=2+2+2+2=8$

准确度核查：$SS_{Total}=SS_{Within}+SS_{Rows}+SS_{Columns}+SS_{Interaction}=12+32+0+8=52$

来源	SS	df	MS	F	决定
长度（行）	32	1	32	10.67	拒绝零假设
生动性（列）	0	1	0	0	不拒绝零假设
交互作用（长度×生动性）	8	1	8	2.67	不拒绝零假设
组内	12	4	3		

406

答案

1. **Ⓐ 计算每一单元、每一行和每一列的平均数，以及所有得分的总平均数。**
   Ⓑ 计算每种类型的所有离均差。
   Ⓒ 计算每个离均差的平方。
   Ⓓ 合计每种类型上的离均差平方。
   Ⓔ 用离单元差平方和除以其相应的自由度。
   Ⓕ 用组间方差估计值除以组内方差估计值。

2. 行平方和的公式：$SS_{Rows}=\sum(M_{Row}-GM)^2$。

SS_{Rows}是行的离差量平方和，$\sum$告诉你们要合计所有的分数，M_{Row}是行得分的平均数，GM是总平均数（所有得分的平均数）。

3. 交互作用平方和的公式：$SS_{Interaction}=\sum[(X-GM)-(X-M)-(M_{Row}-GM)-(M_{Column}-GM)]^2$。

$SS_{Interaction}$是交互作用的平方和，$\sum$告诉你们要合计所有的分数，X是每个得分，GM是总平均数（所有得分的平均数），M是一个单元得分的平均数，M_{Row}和M_{Column}分别是行得分和列得分的平均数。

4. 交互作用自由度的公式：$df_{Interaction}=N_{Cells}-df_{Rows}-df_{Columns}-1$。

$df_{Interaction}$是交互作用的自由度，N_{Cells}是单元的数目，$df_{Columns}$是列的自由度（列的数目−1），df_{Rows}是行的自由度（行的数目−1）。

前沿课题：析因方差分析中的统计检验力和效应大小

你采用与单因素方差分析中相同的方法（见第9章）来计算析因方差分析中的统计检验力和效应大小，但是你需要计算每个主效应和交互作用中统计检验力和效应大小。

效应大小

你可以通过代表解释方差比例的R^2（也称作依塔的平方，用η^2来表示）来计算主效应以及交互作用的效应大小。在第9章单因素方差分析中，我们将解释方差的比例描述为所有分数与总平均数之间的变异总和的一部分，也就是组间平均数之间的变异。在单因素方差分析中，$R^2=[(S^2_{Between})(df_{Between})]/[(S^2_{Between})(df_{Between})+(S^2_{Within})(df_{Within})]$。如今，考虑到双因素方差分析中存在列主效应的情况，我们能够把等式里的分子用$S^2_{Columns}$替换$S^2_{Between}$，用$df_{Columns}$替换$df_{Between}$。$S^2_{Columns}$（总平均数中列平均数的离差平方和）是由将组别划分为列的组间变量的效应计算而来的。

407

然而，分母部分又是什么状况呢？这一部分的方差比例所解释的方差又是什么呢？在双因素方差分析中，每个分数与总体平均数的离差平方和如今分为三个部分，即列主效应、行主效应和交互作用。但是行主效应与列主效应所解释的方差比例是不重合的，列主效应所解释的离差平方和并不包括行主效应或交互作用所解释的离差平方和。因此，我们能够把等式里的分母用$S^2_{Columns}$替换$S^2_{Between}$，用$df_{Columns}$替换$df_{Between}$。公式如下：

$$R^2_{Columns}=\frac{(S^2_{Columns})(df_{Columns})}{(S^2_{Columns})(df_{Columns})+(S^2_{Within})(df_{Within})} \tag{10—20}$$

同样的逻辑适用于行主效应和交互作用。用公式来表述，如下：

> 列间变异解释的方差比例是列的F值乘以它的自由度，再除以列的F值乘以其自由度加上组内（单元内）的F值乘以自由度得出来的结果。

$$R^2_{\text{Rows}}=\frac{(S^2_{\text{Rows}})(df_{\text{Rows}})}{(S^2_{\text{Rows}})(df_{\text{Rows}})+(S^2_{\text{Within}})(df_{\text{Within}})} \quad (10—21)$$

行间变异解释的方差比例是行间变异与行自由度的乘积，除以行间变异与行自由度的乘积和组内变异与组内自由度的乘积之和。

$$R^2_{\text{Interaction}}=\frac{(S^2_{\text{Interaction}})(df_{\text{Interaction}})}{(S^2_{\text{Interaction}})(df_{\text{Interaction}})+(S^2_{\text{Within}})(df_{\text{Within}})} \quad (10—22)$$

交互作用解释的方差比例是交互作用的变异与交互作用的自由度的乘积，除以交互作用的变异与交互作用的自由度的乘积和组内变异与组内自由度的乘积之和。

严格来说，每一个效应解释的变异比例都是部分的，其原因在于它们都是在排除其他效应的情况之下进行的。（我们在第 15 章偏相关的部分里会谈得更多。）

408 在阿伦和同事们（2005）研究的例子中，R^2 计算如下：

R^2_{Columns}（任务难度）＝

$$\frac{(S^2_{\text{Columns}})(df_{\text{Columns}})}{(S^2_{\text{Columns}})(df_{\text{Columns}})+(S^2_{\text{Within}})(df_{\text{Within}})}=$$

$$\frac{(1.20)(1)}{(1.20)(1)+(0.03)(16)}=0.71$$

R^2_{Rows}（敏感度）＝

$$\frac{(S^2_{\text{Rows}})(df_{\text{Rows}})}{(S^2_{\text{Rows}})(df_{\text{Rows}})+(S^2_{\text{Within}})(df_{\text{Within}})}=$$

$$\frac{(0.00)(1)}{(0.00)(1)+(0.03)(16)}=0.00$$

$R^2_{\text{Interaction}}$（交互作用）＝

$$\frac{(S^2_{\text{Interaction}})(df_{\text{Interaction}})}{(S^2_{\text{Interaction}})(df_{\text{Interaction}})+(S^2_{\text{Within}})(df_{\text{Within}})}=$$

$$\frac{(0.60)(1)}{(0.60)(1)+(0.03)(16)}=0.56$$

根据方差分析里关于 R^2 的寇恩惯例（0.01，小效应大小；0.06，中等效应大小；0.14，大效应大小），对于任务难度有一个巨大的效应大小——一个高 R^2 并且对于交互作用有一个相当大的效应大小。在统计上不显著的效应的效应大小较低。（在实际的研究中，效应大小可能更低。案例中，任务难度以及交互作用的效应大小较大是因为我们使分数之间的差异比实际研究中分数之间的差异小很多。我们这么做是为了让你能够更加清晰地认识到这些模式。）

统计检验力

在析因方差分析中，每个效应的检验力受到全部设计的影响。例如，包括三个水平的一个列效应如果有一个两水平的行效应，那么它的统计检验力与当其有一个三水平的行效应时的统计检验力是不同的。出于简便，我们提出的统计检验力的计算仅仅针对三个最普遍的双因素分析情形：2×2 设计的所有效应、2×3 设计的双水平（两行或两列）主效应和 2×3 设计的三水平（三行或三列）主效应。（2×3 设计的交互作用检验力与三水平主效应的检验力相同。）

表 10—15 显示的是 0.05 显著性水平上小效应大小、中等效应大小和大效应大小这些情形中的近似检验力，其相对应的单位容量为 10，20，30，40，50，100。①

考虑一个计划好的每单元有 30 个被试的 2×2 研究上行主效应（采用 0.05 的显著性水平）预期的中等效应大小（$R^2=0.06$）。这个计划好的研究的行主效应有一个 0.78 的统计检验力，这意味着，如果这个行主效应的研究假设实际为真并且具有一个中等的效应大小，那么这个研究证实出显著性的概率大概为 78%。

或者考虑一个公开研究的例子，这项研究有一个非显著性的交互作用的结果，每单元有 20 个被试，采用 2×3 的方差分析。根据表格，一个小的效应大小的统计检验力只有 0.14。这就意味着，即使有这样的一个小的作用存在于总体中，这项研究几乎不会得出显著性。相比之下，该表显示的大的效应大小的统计检验力为 0.98。这就意味着，如果一个大的交互作用存在于总体中，那么在这个研究中，它就确定会有显著性。

① 寇恩（Cohen，1988，pp. 389 - 354）提供了更详细的表。然而，使用这些析因设计的表要求一些初步的计算，如寇恩在其著作 364～379 页中解释的那样。

409 **表 10—15 在 0.05 显著性水平上进行假设检验并采用 2×2 或 2×3 的方差分析的研究的近似检验力**

每单元的数目	效应大小		
	小 ($R^2=0.01$)	中等 ($R^2=0.06$)	大 ($R^2=0.14$)
2×2 分析的所有效应：			
10	0.09	0.33	0.68
20	0.13	0.60	0.94
30	0.19	0.78	0.99
40	0.24	0.89	*
50	0.29	0.94	*
100	0.52	*	*
2×3 分析的双水平主效应：			
10	0.11	0.46	0.84
20	0.18	0.77	0.99
30	0.26	0.92	*
40	0.34	0.97	*
50	0.41	0.99	*
100	0.70	*	*
2×3 分析的三水平主效应和交互作用：			
10	0.09	0.36	0.76
20	0.14	0.67	0.98
30	0.21	0.86	*
40	0.27	0.94	*
50	0.32	0.98	*
100	0.59	*	*

* 接近于 1。

计划样本容量

源自统计检验力表[①]的表 10—16 给出了 0.05 显著性水平上效应大小分别为小、中等、大时达到 80%的统计检验力所需要的近似被试量。

假设你正在计划一个 2×3 的方差分析，其中你预测，一个三水平变量的主效应会有一个大的效应大小，并且其他的主效应和交互作用会有一个中等的效应大小。对于 80%的统计检验力（在 0.05 的显著性水平上），三水平的主效应每单元需要 11 个被试，双水平的主效应每单元需要 22 个被试，交互作用每单元需要 27 个被试。当然，你同时要进行全部的研究。因此，每单元你至少需要 27 个被试（除非你选择冒交互作用会有一个低检验力的风险）。这就意味着要招募 162 个被试（2×3 的设计，6 个单元，每单元需 27 个）。

表 10—16 在 0.05 显著性水平上进行假设检验，统计检验力为 80%，并采用 2×2 或 2×3 的方差分析的研究中每单元所需被试的近似数量（假设样本容量相等） 410

	效应大小		
	小 ($R^2=0.01$)	中等 ($R^2=0.06$)	大 ($R^2=0.14$)
2×2：总效应	197	33	14
2×3：双水平主效应	132	22	9
三水平主效应和交互作用	162	27	11

你会做吗？

1. (a) 写下双因素方差分析中行效应大小的公式；(b) 给每个符号下定义；(c) 计算一项研究的效应大小，其中 S^2_{Rows} 为 9.45，S^2_{Within} 为 3.67，df_{Rows} 为 1，且 df_{Within} 为 36。

2. (a) 一个 2×3 的方差分析，研究者预测其有中等效应大小，且每单元将近 40 个被试，在 0.05 的显著性水平上接受检验，其双水平主效应的统计检验力为多少？(b) 一个 2×2 事先研究，采用 0.05 的显著性水平，预测有中等效应大小，统计检验力为 80%，那么每单元所需的被试是多少？

答案

1. (a) 双因素方差分析中行主效应：

$$R^2_{\text{Rows}}=\frac{(S^2_{\text{Rows}})(df_{\text{Rows}})}{(S^2_{\text{Rows}})(df_{\text{Rows}})+(S^2_{\text{Within}})(df_{\text{Within}})}$$

(b) R^2_{Rows} 是行间变异解释的方差部分，S^2_{Rows} 是行的总体方差估计值，df_{Rows} 是行的自由度（行的数目减 1），S^2_{Within} 是组内总体方差估计值，df_{Within} 是组内自由度（每单元得分的数目减 1，合计所有的单元）。

(c) $R^2_{\text{Rows}}=(9.45)(1)/[(9.45)(1)+(3.67)(36)]=9.45/141.57=0.07$。

2. (a) 统计检验力：97。(b) 被试数目：33。

① 寇恩（Cohen，1988，pp. 381－389）提供了更详细的表。如果你要使用这些表，一定要阅读寇恩著作 396～403 页的内容。

小结

1. 在析因研究设计中，被试被分配到研究旨在考察其效应的分组变量所构成的组合当中。在这种设计下，你可以研究两个分组变量的效应，却不需要两倍的被试量。同时，这种设计还使得你可以研究这两个分组变量之间的交互作用。

2. 交互作用是指一个分组变量的影响依据另一个分组变量的水平在变化。主效应是忽略其他分组变量效应的情况下，某个分组变量所产生的
411 效应。交互作用和主效应可以通过语言、数字以及图像来表述（通常是以条形图的方式来表述，条形的高度代表所测变量的分数）。当主效应和交互作用同时存在时，在下结论的时候对于主效应你要谨小慎微。

3. 在一个双因素方差分析中，组间变量方差估计值有三种类型：一个是区分行的分组变量的变异，一个是区分列的分组变量的变异，一个是行和列变量的交互作用。由于组内方差估计值是以每单元的估计值为基础的，因此它也称作单元内方差估计值。

4. 除了对于总体正态的要求以及每个分组所代表的总体的方差相等之外，析因方差分析的假定与单因素方差分析的假定是相同的。

5. 析因方差分析不仅能够应用于双因素设计而且能够应用于重复测量研究。

6. 对于方差分析中是否可以对连续变量进行二分是一个长期存在的争议。这种方法现在应用得越来越少，利用好每个变量的所有观测值被认为是一种更好的方法。

7. 析因方差分析的结果通常包括对结果的图解描述，尤其是当交互作用显著时。这些经常是条形图，但是有时候包括线形图。

8. 前沿课题：双因素方差分析的计算采用的是结构模型方法的扩展版本。组内估计值是以每个得分与单元平均数的离差为基础的。行效应是以行平均数与总平均数之间的离差为基础的；列主效应是以列平均数与总平均数之间的离差为基础的。交互作用是以从总平均数（从单元平均数、行平均数和列平均数中得出的离差）中扣掉所有的其他离差后剩余的总平均数中的离差为基础的。为了得到实际的总体方差估计值，不同的离差（单元内、行、列和交互作用）要平方，求和，再除以它们的自由度。行、列和交互作用的 F 值，是这些中的每个总体方差估计值除以组内（单元内）方差估计值。

9. 前沿课题：在析因方差分析中，对于每个主效应和交互作用的效应大小以及统计检验力要分开计算。R^2 是一个特定效应的变异与该效应的自由度的乘积除以这个特定效应的变异同其自由度的乘积与组内变异同组内自由度的乘积之和。

关键词

412
析因方差分析（p. 370）
析因研究设计（p. 370）
交互作用（p. 373）
双因素析因研究设计（p. 373）
双因素方差分析（p. 373）
分组变量（p. 373）
单因素方差分析（p. 373）
主效应（p. 373）
单元（p. 374）
单元平均数（p. 374）
边际均值（p. 374）
重复测量方差分析（p. 390）
二分法（p. 391）

案例解析

识别和阐释主效应和交互作用

下面每个平均数表显示了采用双因素析因研究设计的虚拟研究的结果，假设任何差异都具有统计显著性，那么对于每个表，（a）指出能够发现的所有效应（主效应和交互作用），（b）描述平均数模式的含义（即任何主效应或交互作用或当

其不存在的情况）。

1. 测量变量：幸福水平。

		压力		全部
		低	高	
年龄	年轻	8	4	6
	年老	8	4	6
	全部	8	4	6

2. 测量变量：抑郁症状。

		心理治疗		全部
		没有	有	
药物治疗	没有	9	6	7.5
	有	6	2	4
	全部	7.5	4	5.75

答案

1. (a) 压力有主效应，年龄没有主效应，没有交互作用；(b) 高压力的人群幸福水平更低，但是年轻和年老人群的幸福水平没有差异，并且压力和年龄的每个结合具有你所希望知道的每个变量的幸福水平。

2. (a) 心理治疗和药物治疗都有主效应，还存在交互作用；(b) 接受心理治疗的人和采用药物治疗的人被发现具有更少的抑郁症状，并且同时接受心理治疗和药物治疗的人的症状尤其少。

条形图和双因素方差分析的计算

在一个 3×2 的实验中，变量 A 有三个水平（1，2，3），变量 B 有两个水平（1，2）。四个被试被随机分配到变量 A 和 B 的结合里然后观察被测变量。24 个被试的得分如下：

413

	变量 B 水平 1	变量 B 水平 2
变量 A 水平 1	25	19
	20	24
	23	21
	24	20
变量 A 水平 2	22	24
	19	18
	22	22
	21	20
变量 A 水平 3	16	18
	19	21
	13	16
	16	17

(a) 制作单元和边际均值的表。(b) 绘制单元平均数的条形图。(c) 前沿课题：主效应或交互作用存在任何显著性（采用 0.05 的显著性水平）吗？

答案

(a)

		变量 B 水平 1	变量 B 水平 2	全部
变量 A	水平 1	23	21	22
	水平 2	21	21	21
	水平 3	16	18	17
	全部	20	20	20

(b) 见图 10—12。

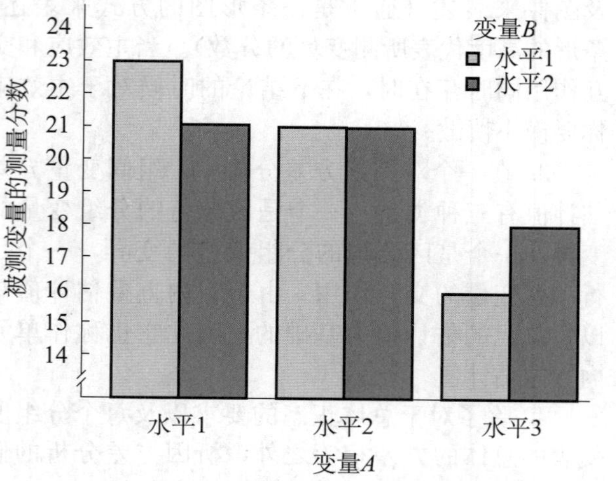

图 10—12 "案例解析"例子中的条形图

(c) 表 10—17 显示的是计算过程和结论。

关于双因素方差分析论文写作的要点

1. 当研究采用双因素析因设计时，解释用于假设检验的双因素方差分析；采用这样的设计，使得被试被分配到所要研究其效应的变量的组合所构成的分组之中。

2. 描述这种情况中假设检验的核心逻辑。一定要解释术语主效应和交互作用的含义。并且，描述在双因素方差分析中受检验的三个 F 值，包括每个 F 值是怎么算出来的。

3. 描述双因素方差分析的假定。

4. 前沿课题：描述方差分析的结构模型，包括每个得分与总平均数的全部离差是如何分成若干成分的。阐释用于双因素方差分析中的比较分布的逻辑。描述每个应该拒绝的零假设上决定临界样本 F 分数的逻辑和过程。解释假设检验的步骤❸和步骤❹中是如何以及为何对分数进行比较的。就一个特定的研究，解释其零假设以及这些比较结果的意义。

表 10—17　　对“案例分析”中例子的双因素方差分析　　414

变量 B 主效应所需的 F 值（$df=1，18；p<0.05$）$=4.41$。
变量 A 主效应所需的 F 值（$df=2，18；p<0.05$）$=3.56$。
交互作用所需的 F 值（$df=2，18；p<0.05$）$=3.56$。

变量 B 水平 1						变量 B 水平 2					
X	$(X-GM)^2$	$(X-M)^2$	$(M_{Row}-GM)^2$	$(M_{Column}-GM)^2$	INT^2	X	$(X-GM)^2$	$(X-M)^2$	$(M_{Row}-GM)^2$	$(M_{Column}-GM)^2$	INT^2
变量 A 水平 1											
25	25	4	4	0	1	19	1	4	4	0	1
20	0	9	4	0	1	24	16	9	4	0	1
23	9	0	4	0	1	21	1	0	4	0	1
24	16	1	4	0	1	20	0	1	4	0	1
	50	14	16	0	4		18	14	16	0	4
变量 A 水平 2											
22	4	1	1	0	0	24	16	9	1	0	0
19	1	4	1	0	0	18	4	9	1	0	0
22	4	1	1	0	0	22	4	1	1	0	0
21	1	0	1	0	0	20	0	1	1	0	0
	10	6	4	0	0		24	20	4	0	0
变量 A 水平 3											
16	16	0	9	0	1	18	4	0	9	0	1
19	1	9	9	0	1	21	1	9	9	0	1
13	49	9	9	0	1	16	16	4	9	0	1
16	16	0	9	0	1	17	9	[illegible]	9	0	1
	82	18	36	0	4		30	14	36	0	4

M=得分的单元平均数
M_{Row}=得分的行平均数
M_{Column}=得分的列平均数
INT=得分的交互作用剩余离均差
采用变量 A 水平 1/变量 B 水平 1 组的分数计算离均差的示例：
$(X-GM)^2=(25-20)^2=5^2=25$
$(X-M)^2=(25-23)^2=2^2=4$
$(M_{Row}-GM)^2=(22-20)^2=2^2=4$
$(M_{Column}-GM)^2=(20-20)^2=0^2=0$
$INT^2=[(X-GM)-(X-M)-(M_{Row}-GM)-(M_{Column}-GM)]^2=(5-2-2-0)^2=12=1$
$SS_{Total}=50+18+10+24+82+30=214$
$SS_{Within}=14+14+6+20+18+14=86$
$SS_{Columns}=0+0+0+0+0+0=0$
$SS_{Rows}=16+16+4+4+36+36=112$
$SS_{Interaction}=4+4+0+0+4+4=16$
准确度核查：$SS_{Total}=214$；$SS_{Within}+SS_{Rows}+SS_{Columns}+SS_{Interaction}=86+0+112+16=214$

来源	SS	df	MS	F	决定
变量 B（列）	0	1	0	0.0	不拒绝零假设
变量 A（行）	112	2	56	11.7	拒绝零假设
交互作用（列×行）	16	2	8	1.7	不拒绝零假设
组内	86	18	4.8		

资料来源：Brockner，J.，Ackerman，G.，Greenberg，J.，Gelfand，M.J.，Francesco，A.M.，Chen，Z.X.，Leung，K.，Bierbraner，G.，Gomez，C.，Kirkman，B.L.，& Shapiro，D.（2001）. Culture and procedural justice：The influenced of power distance on reactions to voice. *Journal of Experimental Social Psychology*，*37*，300－315. Copyright © 2001 with permission from Elsevier.

练习题 415

这些题包含计算。大部分现实生活中的统计问题可以使用特殊的统计软件来完成。即使你有这种软件，也要动手解决这些问题以便牢记方法。学习怎样使用计算机解决像这章的统计问题，参考本章后面“SPSS应用”部分以及与本书相伴的学习指南和计算机工具书。

所有数据都是虚构的，除非已经给出实际的引用出处。

练习Ⅰ（练习Ⅰ的答案，见 pp. 688-690）

1. 下面的每一个平均数表，显示的是采用析因设计研究的结果。假定任何差异都有统计显著性，那么对于每个表，[（a）和（b）] 绘制两个条形图以显示结果（一张图根据一个变量来分条形组，另一张图根据另一个变量来分条形组）；（c）指出任何被发现的效应（主效应和交互作用）；（d）用语言描述平均数模式（即任何主效应或交互作用或当其不存在的情况）的含义。

（ⅰ）测量变量：收入（以1 000美元为单位）。

		年龄	
		年轻	年老
阶层	低	20	35
	高	25	100

（ⅱ）测量变量：GPA。

		专业	
		科学	艺术
大学	社区	2.1	2.8
	文科	2.8	2.1

（ⅲ）测量变量：每月缺席天数。

416

		性别	
		女性	男性
组	练习	2.0	2.5
	控制	3.1	3.6

2. 下面的每一个平均数表，显示的都是采用析因设计研究的结果。假定任何差异都有统计显著性，那么对于每个表，[（a）和（b）] 绘制两个条形图以显示结果（一张图根据一个变量来分条形组，另一张图根据另一个变量来分条形组），（c）指出任何被发现的效应（主效应和交互作用），（d）用语言描述平均数模式（即任何主效应或交互作用或当其不存在的情况）的含义。

（ⅰ）测量变量：对话长度。

		话题	
		非私人的	私人的
关系	朋友	16	20
	父母	10	6

（ⅱ）测量变量：餐馆质量评分。

		城市		
		纽约	芝加哥	温哥华
价格	贵	9	5	7
	中等	6	4	6
	便宜	4	3	5

（ⅲ）测量变量：风味级别。

		咖啡品牌		
		X	Y	Z
类型	正常	7	4	6
	低咖啡因	5	2	6

3. 一个运动心理学家研究了一种激励项目对三种不同运动的运动员受伤情况的影响。下表显示的是设计。对于如下每个可能的结果模式，绘制一个单元平均数模式，计算边际均值，并绘制这些结果的条形图（假定任何差异都有统计显著性）：（a）运动类型有主效应且其他主效应或交互作用不存在；（b）项目有主效应且其他主效应或交互作用不存在；（c）主效应都有但是交互作用不存在；（d）项目有主效应且交互作用存在，但是运动类型不存在主效应；（e）主效应和交互作用都存在。

测量变量：10周内每人受伤的次数。

		运动类型		
		棒球	足球	篮球
项目	有激励项目			
	无激励项目			

4. 昆达和奥利森（Kunda & Oleson，1997） 417
研究了反面信息对于刻板印象的影响，以了解那些与你由于刻板印象所产生的期望相反的人。他们预测极端的反面信息可能具有一种回旋镖效应——使得刻板印象更加强烈。研究使用问卷来筛选被试，该问卷要求被试评估他们公共关系（PR）代理人的外向性：极端刻板印象组的被试认为他们的公共关系代理人极度外向，中等刻板印象组的被试认为他们的公共关系代理人中等外向。在实际研究中，向某些被试呈现某个非常内向的公共关系代理人的描述信息，这是不合常理的一种状况。对于其他的被试并未呈现特定的描述，以作为控制条件。最后，向所有的被试询问他们对于公共关系代理人的认知。昆达和奥利森报告的结果如下：

2（先前的刻板印象）×2（条件）的方差分析产生了一个显著的交互作用，$F(1, 42)=5.69$，$p<0.05$，表明目标对于被试刻板印象的影响依赖于他们先前的刻板印象。如图（10—13）所示，拥有极端刻板印象的被试在向他们呈现目标极度内向的描述信息后，与控制条件下相比他们甚至认为公共关系代理人更加外向……（一种）回旋镖效应……对于中等刻板印象组的观察发现了一个不同的模式：在对他们呈现相同的目标信息时，他们的刻板印象并没有受到影响……方差分析同样显示了先前刻板印象的巨大影响，$F(1, 42)=38.94$，$p<0.0001$，表明带有极端刻板印象的被试与带有中等刻板印象的被试相比继续认为公共关系代理人更加外向。研究中的实验条件也存在边际效应，$F(1, 42)=2.89$，$p<0.10$，造成这种效应完全是因为具有极端刻板印象的被试的存在。(p. 974)

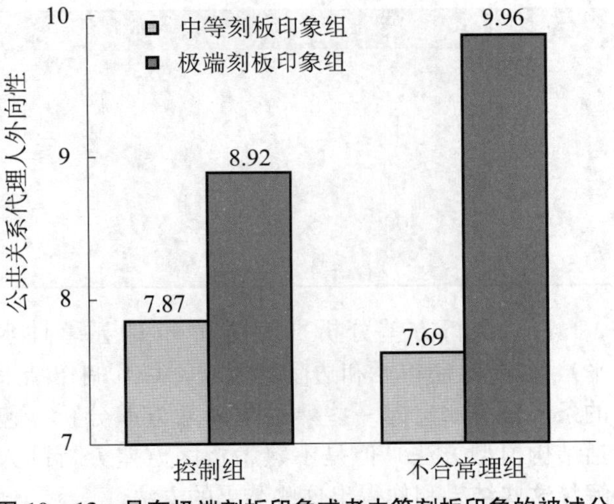

图 10—13　具有极端刻板印象或者中等刻板印象的被试分别在呈现公共关系代理人极度内向这一目标信息或者未呈现目标信息条件下对于公共关系代理人外向性评估的平均数

注：分数越高表明公共关系代理人越外向。

资料来源：Kunda，Z.，& Oleson，K.C.（1997）. When exceptions prove the rule: However extremity of deviance determines the impact of defiant examples on stereotypes. *Journal of Personality and Social Psychology*，*72*，965 - 979. Published by the American Psychological Association. Reprinted with permission.

向一个从未学过统计学课程的人简略地描述
418 这些结果的意义。（不要探究计算的细节，仅仅考虑平均数模式的基本逻辑、显著性结果和阐明非显著性结果的议题。）

5. 山岸和梅莱拉（Yamagishi & Melara，2001）研究了人们从背景中区分视觉图像的能力。被试被给予区别于背景的图像，这些图像不是只有色度（色彩）就是只有光度（亮度）。并且，他们通过模糊图像的轮廓（边缘的形状）或者图像的表层来使得对于图像的辨别更加困难。关键的测量是"与基线的敏感度差异"，研究者将其缩写为 Δd_a。以下是他们结果的一个摘录［注意 MS_e 指的是误差均方，同 MS_{Within}，总体方差估计值是以组内变异（单元内变异）为基础的］。

只有一个因素的主效应显著，即任务，$F(1, 3)=373.35$，$MS_e=0.01$，$p<0.01$。与亮度任务（$\Delta d_a=-0.37$）相比，色度任务（$\Delta d_a=-0.86$）中观察到了更多的失败。在模糊与任务之间的交互作用中发现了一个关键效应。图（10—14）呈现了该交互作用，它是非常显著的，$F(1, 3)=178.77$，$MS_e=0.02$，

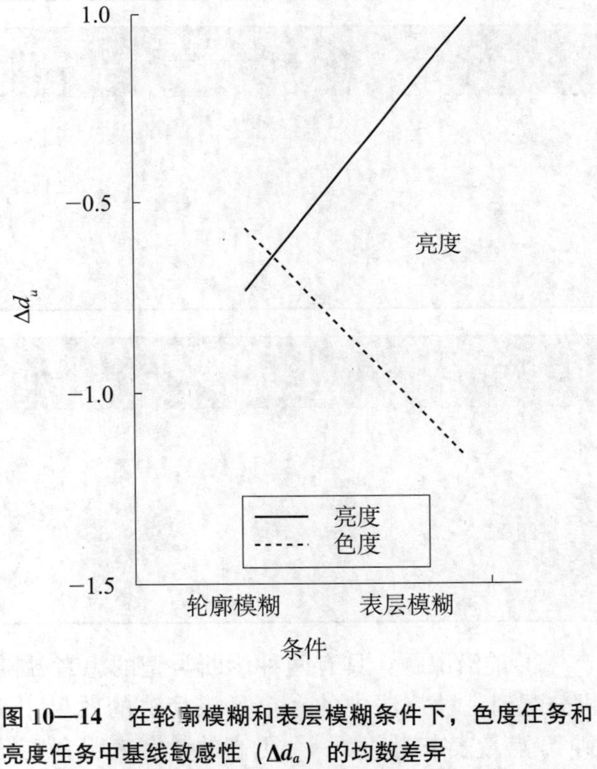

图 10—14　在轮廓模糊和表层模糊条件下，色度任务和亮度任务中基线敏感性（Δd_a）的均数差异

注：模糊和任务之间的交互作用体现在被试在亮度任务中的表现更多地受到轮廓模糊的阻碍，而色度任务中则更多地受到表层模糊的阻碍。

资料来源：Yamagishi，N.，& Melara，R.D.（2001）. Informational primacy of visual dimensions: Specialized roles for luminance and chromaticity in figure-ground perception. *Perception and Psychophysics*，*63*，824 - 846. Reprinted with permission.

419 $p<0.01$。如你所视，亮度任务中图像的识别受到了轮廓模糊的阻碍，但并没有受到表层模糊的阻碍。另外，色度任务中，对于图像的识别受到了两种模糊形式的阻碍。然而，表层模糊的呈现要比轮廓模糊的呈现困难两倍。(p. 831)

向一个懂得单因素方差分析却完全不熟悉析因设计或双因素方差分析的人描述这些结果的意义。

6. 前沿课题：对于如下的每个数据集，执行方差分析，包括制作单元和边际均值表并绘制单元平均数的条形图。使用0.05的显著性水平。

(a)	实验条件	
	A	B
组1	0	3
	1	2
	1	3
组2	3	0
	2	1
	3	1

(b)	实验条件	
	A	B
组1	0	0
	1	1
	1	1
组2	3	3
	2	2
	3	3

(c)	实验条件	
	A	B
组1	0	3
	1	2
	1	3
组2	0	3
	1	2
	1	3

7. 前沿课题：具有两种诊断类型的患者被随机分配到三种疗法中的一个且该疗法的效果用1到15点量表来测量（一个更高的数字表明有更好的效果）。每单元有两个患者。根据如下结果，(a) 执行方差分析（使用0.05的显著性水平），(b) 制作单元和边际均值表，(c) 绘制结果的条形图，(d) 用言语描述这些结果（指出哪些效应具有显著性并在显著效应的基础上，怎样理解单元平均数模式）。

| | 疗法A | 疗法B | 疗法C | 420
|---|---|---|---|
| 诊断Ⅰ | 6 | 3 | 2 |
| | 2 | 1 | 4 |
| 诊断Ⅱ | 11 | 7 | 8 |
| | 9 | 9 | 10 |

8. 前沿课题：一个研究法律系统的心理学家进行了一项研究，考察被告的讨人喜欢程度和紧张程度对愿意宣告被告有罪的作用。每个被试阅读同样的从实际审判中得出的文字记录，该份文字记录中一个男性被告的有罪或无罪状况十分模棱两可。所有的被试还要观看一段假定该被告站在目击者的角度的简短录像。然而，男演员在录像中扮演角色的方法对于不同的被试是不一样的，包括讨人喜欢和不讨人喜欢与紧张和不紧张共四种可能性。在观看了录像之后，被试评价被告无罪的可能性（在一个量表中，从1到10，代表非常不可能到非常可能）。研究里前面12个被试的结果如下所示：

	讨人喜欢	不讨人喜欢
紧张	7	3
	8	4
	6	2
不紧张	3	7
	3	5
	3	9

(a) 执行方差分析（使用0.05的显著性水平），(b) 绘制单元和边际均值表，(c) 制作结果的条形图。(d) 向一些熟悉单因素方差分析（包括结构模型方法）但是不熟悉析因方差分析的人解释这些结果和你得出这些结果的方法。

9. 前沿课题：计算问题 (a) 6a，(b) 6b，(c) 6c，(d) 7，(e) 8中每个主效应和交互作用的效应大小。

10. 前沿课题：以下采用 $p<0.05$ 水平的方差分析的计划研究中效应的统计检验力是多少？

	预测的效应大小	整体设计	效应的水平数	每单元的被试数
(a)	小	2×2	2	30
(b)	小	2×2	2	50
(c)	小	2×3	2	30
(d)	小	2×3	3	30
(e)	中等	2×2	2	30

11. 前沿课题：如下的每个设计好的研究，采用 $p<0.05$ 水平的方差分析，统计检验力为 80%，那么每单元需要多少被试？

421

	预测的效应大小	设计	效应
(a)	小	2×2	主效应
(b)	小	2×2	交互作用
(c)	中等	2×2	主效应
(d)	小	2×3	双水平主效应
(e)	小	2×3	三水平主效应
(f)	小	2×3	交互作用

练习Ⅱ

12. 下面的平均数表，显示的是采用析因设计研究的结果。假定任何差异都有统计显著性，那么对于每个表，[(a) 和 (b)] 绘制两张条形图以显示结果（一张图根据一个变量来分条形组，另一张图根据另一个变量来分条形组），(c) 指出所有被发现的效应（主效应和交互作用），(d) 用语言描述平均数模式（即任何主效应或交互作用或当其不存在的情况）的含义。

(ⅰ) 测量变量：对其他人成功的嫉妒程度。

他人的地位	成功程度：大	成功程度：小
朋友	8	5
陌生人	1	4

(ⅱ) 测量变量：活动中可观察到的约束。

情形	游戏活动：堆积木	游戏活动：盛装打扮
单独一人	4.5	2.5
有玩伴	2.5	4.5

(ⅲ) 测量变量：注意力强度。

芭蕾舞者的类型	项目：胡桃夹子	项目：现代舞
正式舞者	20	15
临时舞者	15	15
新手	10	5

13. 下面的每一个平均数表，显示的是采用析因设计研究的结果。假定任何差异都有统计显著性，那么对于每个表，[(a) 和 (b)] 绘制两张条形图显示结果（一张图根据一个变量来分条形组，另一张图根据另一个变量来分条形组），(c) 指出任何被发现的效应（主效应和交互作用），(d) 用语言描述平均数模式（即任何主效应或交互作用或当其不存在的情况）的含义。 422

(ⅰ) 测量变量：记忆任务中大脑右额的神经激活。

呈现的次数	要记的项目：单词	要记的项目：图片
一次	45	68
两次	30	30

(ⅱ) 测量变量：美国总统的认可等级。

等级	地域：西部	东部	中西部	南部
中等	70	45	55	50
低等	50	25	35	30

(ⅲ) 测量变量：教育的满意度。

得到本科学位之后的时间	性别：女	性别：男
1 个月	3	3
1 年	4	4
5 年	9	9

14. 在一个研究里，以英语为母语的被试被要求在半个小时内阅读他们不懂的三种语言中的一段文字。他们在读这段文字之前，有的被告知这段的中心思想，有的仅仅被告知第一句话的意义，有的没有被告知任何内容。研究者向他们呈现某些单词的翻译，然后测量其他的单词有多少他们可以正确地翻译出来。下面的表显示出该设计。对于下面可能的结果模式中的每一个，整理单元平均数，计算边际均值，并绘制结果的条形图：(a) 语言有主效应，没有其他主效应或交互作用；(b) 知识的意义有主效应，没有其他主效应或交互作用；(c) 主效应都有但是没有交互作用；(d) 语言有主效应，有交互作用，但是知识的意义并没有主效应；(e) 主效应和交互作用都有。

测量变量　被试能够正确翻译出没有呈现意义的单词的数量。

知识的意义	语言：荷兰语	罗马尼亚语	瑞典语
一段			
一句			
没有			

15. 布鲁克纳和同事们（Brockner et al.，2001）研究了关于适当的权力差别的文化价值观对管理者做出重大决定时雇员有何感受的影响。他们的被试是中国商贸专业的学生（该种文化里权力差别被认为是适当的且正常的，一种“高权力差距”的文化）和美国商贸专业的学生（一种“低权力差距”的文化）。学生们被要求想象他们在一家公司工作并且恰恰都处于一个新的管理者指导下，然后他们被分配给三种条件中的一种：（1）新管理者并不赞成接纳他们的意见（低表达条件）；（2）新管理者赞成接纳他们的意见（高表达条件）；（3）没有给出有关管理者风格的信息（控制条件）。然后他们让学生回答他们对组织的承诺有多坚定。以下是研究者报告的结果：

> 双因素方差分析（ANOVA）表明，表达主效应显著，$F(2, 245) = 26.30$，$p<0.001$。如预料到的一样，低表达条件下（$M=2.93$）的被试与高表达条件下（$M=3.58$）的被试相比，其反应较为消极。控制条件下的平均评价（$M=3.34$）在两个极端之间。更重要的是，文化和表达之间的交互作用也是显著的，$F(2, 245)=4.11$，$p<0.02$……正如在表（10—18）里看到的，在“低权力差距”文化（美国）里，表达效应比在“高权力差距”文化（中国）里更加显著。(p. 304)

表 10—18　文化和表达水平对组织承诺影响的平均水平

	表达水平		控制条件
	低	高	
美国（低权力差距）	2.63 (0.72)	3.57 (0.56)	3.17 (0.66)
中国（高权力差距）	3.27 (0.68)	3.60 (0.43)	3.52 (0.55)

注：分数范围为1到5，分数越高反映出组织承诺越强。标准差在括号里。

资料来源：Brockner, J., Ackerman, G., Greenberg, J., Gelfand, M.J., Francesco, A.M., Chen, Z.X., Leung, K., Bierbrauer, G., Gomez, C., Kirkman, B.L., & Shapiro, D. (2001). Culture and procedural justice: The influence of power distance on reactions to voice. *Journal of Experimental Social Psychology*, *37*, 300-315. Copyright © 2001 with permission from Elsevier.

向一个从未学过统计学课程的人简略地描述这些结果的意义。（不要探究计算的细节，仅仅考虑平均数模式的基本逻辑、显著性结果和阐明非显著性结果的问题。）

16. 辛克莱和昆达（Sinclair & Kunda，2000）检验了一种观点：如果你想到了某个人的好（例如，因为他跟你说了积极的事情），那么当评价他的时候，你很少受一般刻板印象的影响。在研究中，被试填写了一张有关他们的社会技能的问卷，然后男性或女性“培训中的管理者”给他们意见反馈，其中被试中的一半给予积极的反馈，而另一半给予消极的反馈，最后，被试对管理者的技能进行评估。所要研究的问题是当人们得到积极 424
的反馈时对于女性技能较低的刻板印象是否会得到削弱。结果如下：

> 针对被试对管理者技能的评估进行2（反馈）×2（管理者性别）的方差分析。提供积极反馈的管理者与提供消极反馈的相比，被试对其技能的评估较高，$F(1, 46) = 19.44$，$p<0.0001$。然而，如图（10—15）所示，这种效应是由于交互作用造成的，$F(1, 46) = 4.71$，$p<0.05$……(pp. 1335-1336)

向一个懂得单因素方差分析却完全不熟悉析因设计或双因素方差分析的人描述这些结果的意义。

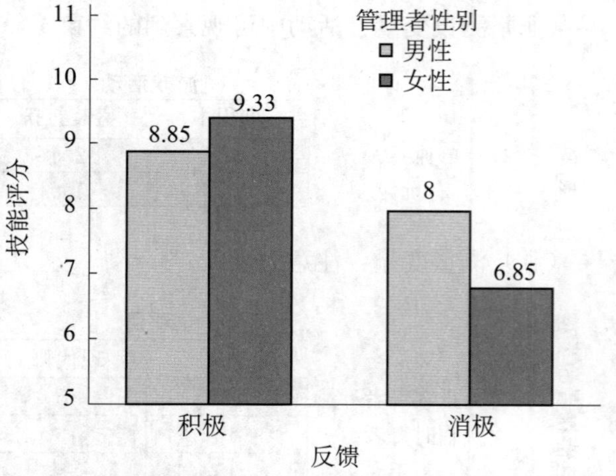

图 10—15　基于反馈偏好和管理者性别，被试对管理者技能的评估

资料来源：Sinclair, L., & Kunda, Z. (2000). Motivated stereotyping of women: She's fine if she praised me but incompetent if she criticized me. *Personality and Social Psychology Bulletin*, *26*, 1329-1342. Copyright © 2000 by Society for Personality and Social Psychology, Inc. Reprinted by permission of Sage Publications, Inc.

423 17. 前沿课题：对于如下的每个数据集，执行方差分析，包括制作单元和边际均值表，并绘制单元平均数的条形图。采用 0.05 的显著性水平。

(a)	组	
	Ⅰ	Ⅱ
实验条件 A	8	8
	6	6
实验条件 B	3	3
	1	1

(b)	组	
	Ⅰ	Ⅱ
实验条件 A	9	9
	5	5
实验条件 B	4	4
	0	0

18. 前沿课题：一个发展心理学家研究了一个突然的噪声的响度对不同遗传气质的婴儿的影响。这些婴儿要么听到一个突然的响亮的噪声，要么听到一个突然的温和的噪声，然后观察婴儿的惊吓反应。惊吓反应分数如下所示：

	突然的噪声	
	响亮的	温和的
气质 K	14	7
	10	5
	9	9
气质 R	3	8
	8	8
	7	2

425 (a) 制作单元和边际均值表，(b) 绘制它们的条形图，(c) 执行假设检验五步骤（采用 0.05 的显著性水平），(d) 用语言描述这些结果（指出哪个效应是显著的和在这些显著效应的基础上，如何理解单元平均数模式）。

19. 前沿课题：在某个特定的高中，录制的三种教学方案分别试用到英语、历史和数学教学中。然后，研究者测量被试学习的知识量。每单元有两个学生。根据以下结果，(a) 制作单元和边际均值表，(b) 绘制它们的条形图，(c) 执行假设检验五步骤（采用 0.05 的显著性水平），(d) 向一个熟悉单因素方差分析（包括结构模型方法）却不熟悉析因方差分析的人解释这些结果和你得到它们的方法。

	英语	历史	数学
方案类型 A	3	15	2
	3	14	3
方案类型 B	6	18	6
	8	10	5
方案类型 C	1	13	2
	3	4	0

20. 前沿课题：计算问题 (a) 17a，(b) 17b，(c) 18 和 (d) 19 中每个主效应和交互作用的效应大小。

21. 前沿课题：以下采用 0.05 显著性水平的方 426
差分析的计划研究中效应大小的统计检验力是多少？

	预测的效应大小	整体设计	效应的水平数	每单元的被试数
(a)	小	2×2	2	10
(b)	中等	2×2	2	10
(c)	大	2×2	2	10
(d)	中等	2×3	3	10
(e)	中等	2×3	3	20
(f)	中等	2×2	交互作用	20

22. 前沿课题：如下每个计划研究，采用 0.05 显著性水平的方差分析，统计检验力为 80%，那么每单元你需要多少被试？

	预测的效应大小	设计	效应
(a)	中等	2×2	主效应
(b)	大	2×2	主效应
(c)	中等	2×2	交互作用
(d)	中等	2×3	三水平主效应
(e)	大	2×3	三水平主效应
(f)	中等	2×3	交互作用

SPSS 应用

（我们使用 SPSS 15.0 这个版本做分析。以下的步骤和输出窗口可能与其他版本有些稍微的不同。）

计算双因素方差分析

使用真实的数据来学习这些步骤比较容易，因此我们将使用生动性（低与高）和例子长度

（短与长）对于例子回忆数目的影响的研究。这个案例的数据呈现在前文的“你会做吗?”的问题5中，而对于它的计算则呈现在表10—14中。

1. 把分数输入SPSS里。SPSS假定一行里所有的分数都来自于同一个人。在这个例子里，每个人仅仅在四个单元里的其中一个里。而且，我们希望通过分组变量来告知SPSS每个分数的意义。因此，你应该像图10—16中显示的那样输入数字。在第一列（标记为“vivid”），我们采用数字“1”来表示一个人处于低生动性的条件下，采用“2”表示一个人处于高生动性的条件下。也就是说，第一列针对的是第一个分组变量（这个案例中为生动性），而且我们可以任意地使用1或2来表示一个人在这个分组变量上处于哪个水平（我们可以采用任意两个数字，但是1和2是最简便的）。在第二列（标记为“length”）中，我们采用数字“1”表示一个人处于较短长度的条件下，采用“2”表示一个人处于较长长度的条件下。在第三列（标记为“recall”）中，我们输入被测变量上每个人的分数（也就是说，每个人回忆起例 427
子的数目）。

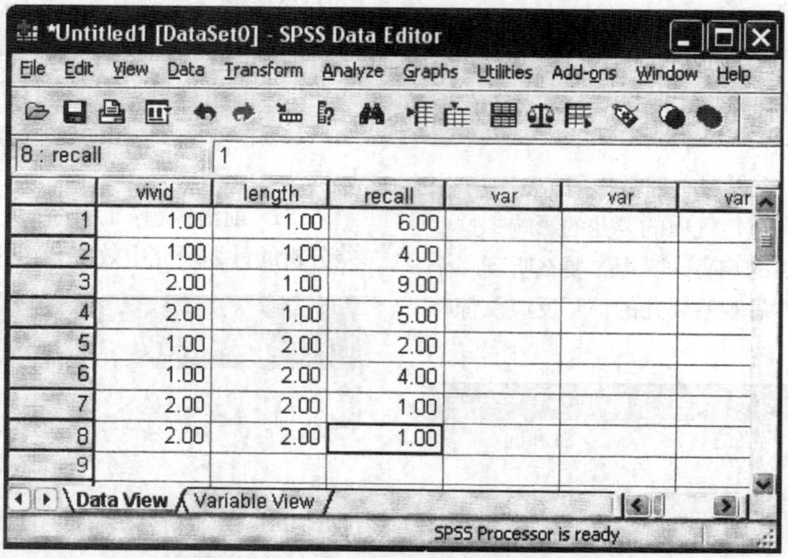

图10—16　例子生动性和长度对于回忆起的例子数目的影响的虚构研究的SPSS数据编辑窗口

2. 点击Analyze。

3. 点击General Linear Model。

4. 点击Univariabe。

5. 点击标记为“recall”的变量，然后点击箭头将其放入“Dependent Variable”框中。这是告知SPSS应该执行“recall”变量上分数的方差分析。（“Dependent Variable”是被测变量的另一个名称。）

6. 点击标记为“length”的变量，然后点击箭头将其放入“Fixed Factor（s）”框中。这是告知SPSS称为“length”的分组变量显示了人们看的这些例子是长还是短。[通常在一个析因方差分析中，“Fixed Factor（s）”是所用的分组变量种类的另一个名称。]

7. 点击标记为“vivid”的变量，然后点击箭头将其放入“Fixed Factor（s）”框中。这是告知SPSS称为“vivid”的分组变量显示了人们看的这些例子是具有低生动性还是高生动性。

8. 点击Options。点击标记为“Descriptive Statistics”的框。这是告知SPSS要为每单元提供描述性统计（平均数、标准差，等等）。点击Continue。（步骤8是可选择的，但是我们强烈建议对任何假设检验情形做描述性统计。）

9. 点击OK。你的SPSS输出窗口应该类似于图10—17。

SPSS输出中的第一张表（不是图10—17里显示的）给出了两个分组变量（“length”和“vivid”）中每个水平上个体的数目。仔细观察确保分析真 428
的利用了你输入的被试量和变量数！第二张表（标记为“Descriptive Statistics”）为每单元中的“recall”分数提供描述性统计（平均数、总体标准差的估计值和被试量）。当从方差分析中解释显著性结果时，了解每单元的平均值是很重要的。这张表也提供了每行、每列的边际均值和总平均数。这些显示在“Total”部分中。

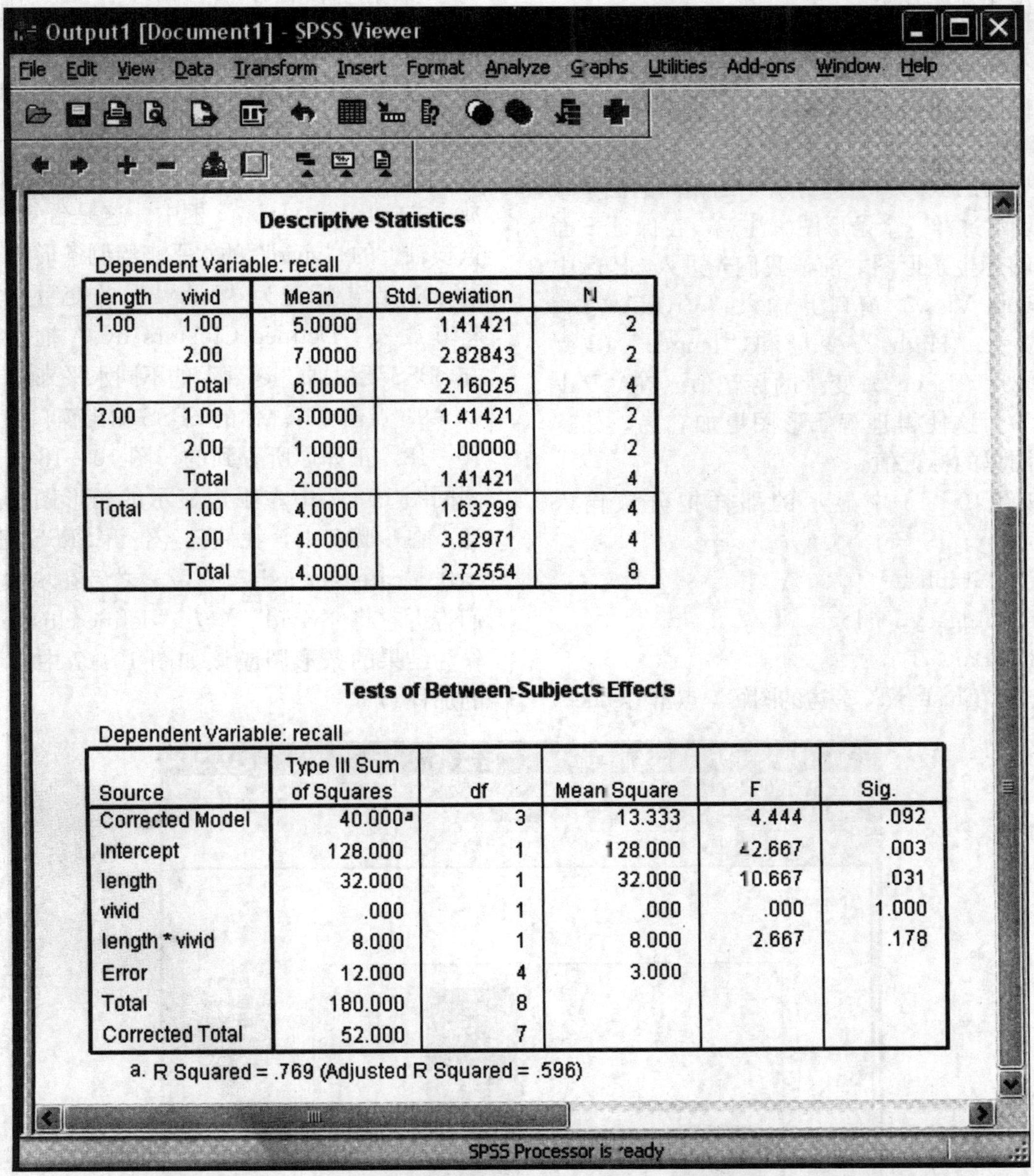

Descriptive Statistics

Dependent Variable: recall

length	vivid	Mean	Std. Deviation	N
1.00	1.00	5.0000	1.41421	2
	2.00	7.0000	2.82843	2
	Total	6.0000	2.16025	4
2.00	1.00	3.0000	1.41421	2
	2.00	1.0000	.00000	2
	Total	2.0000	1.41421	4
Total	1.00	4.0000	1.63299	4
	2.00	4.0000	3.82971	4
	Total	4.0000	2.72554	8

Tests of Between-Subjects Effects

Dependent Variable: recall

Source	Type III Sum of Squares	df	Mean Square	F	Sig.
Corrected Model	40.000[a]	3	13.333	4.444	.092
Intercept	128.000	1	128.000	42.667	.003
length	32.000	1	32.000	10.667	.031
vivid	.000	1	.000	.000	1.000
length * vivid	8.000	1	8.000	2.667	.178
Error	12.000	4	3.000		
Total	180.000	8			
Corrected Total	52.000	7			

a. R Squared = .769 (Adjusted R Squared = .596)

图 10—17　例子生动性和长度对于回忆起的例子数目的影响的虚构研究的双因素方差分析的 SPSS 数输出窗口

429 SPSS 输出里的第三张表（标记为“Tests of Between-Subjects Effects”）显示了双因素方差分析的实际结果。你可以忽略显示在行里标记为“Corrected Model”“Intercept”和“Corrected Total”的结果。第一列（“Source”）列出了总体方差估计的类型，包括“length”和“vivid”的效应、交互作用（“length * vivid”）、组内估计（“Error”）。第二列列出了平方和：这些在本章之前“前沿课题”中描述过，如果你没读过那就要回顾一下了。第三列，“df”，给出了自由度的每个类型；“Mean Squre”，给出了每个主效应（长度、生动性）、交互作用和组内（或“Error”）的总体方差估计值。下一列给出了每个主效应和交互作用的 F 值。“df”“Mean Squre”和“F”（及“Sum of Squres”）的值与那些显示在表 10—14 中的一致，该表中的数据我们是依据“前沿课题”中的程序手算的。最后一列，“Sig.”，显示了每个 F 值的准确的显著性水平。“length”效应的显著性水平 0.031 小于这个例子中的 0.05 临界值，这意味着你可以拒绝零假设并支持研究假设（也就是说，结果具有统计显著性）。对于“vivid”效应，1.000 的显著性水平高于我们的 0.05 临界值，这意味着你不能拒绝零假设。交互作用的显著性水平 0.178 也高于我们的 0.05 临界值，这意味着你同样不能拒绝零假设。

绘制双因素方差分析结果的条形图

正如你早前在本章中学到的，绘制条形图对于双因素方差分析的结果形象化通常是有帮助的。我们将使用先前的双因素方差分析中的相同的例子来显示如何创建这样一个条形图。注意，在保证下面的步骤能够产生条形图之前，我们先进入SPSS中的“Variable View”窗口并输入“Vivid”（1＝“Low”；2＝“High”）变量和“length”（1＝“Short”；2＝“Long”）变量的标记值（在“Values”列里）。这使得理解条形图更加容易，如这些显示在图里的标记值。

1. 如图10—16中显示的那样把分数输入SPSS。
2. 点击Graphs。
3. 点击Legacy Dialogs。
4. 点击Bar。
5. 点击“Clustered”旁边的图解，点击Define。
6. 点击标记为Other statistic（例如，mean）的圆圈，点击标记为“recall”的变量并点击箭头将其放入“Variable:”框中。这是告知SPSS将“recall”分组变量作为纵轴。
7. 点击标记为“vivid”的变量并点击箭头将其放入“Category Axis:”框中。这是告知SPSS要根据横轴上的“vivid”的水平来绘制条形图。
8. 点击标记为“length”的变量并点击箭头将其放入“Defined Clusters by:”框中。这是告 430
知SPSS要根据“lengh”的不同水平来绘制条形图。
9. 点击OK。你的SPSS输出窗口应该类似图10—18。正如你所看到的，图10—18显示的条形图同图10—7中左手边显示的条形图一样。（注意，在步骤7中，我们已经告诉SPSS把“lengh”当作“category axis”变量。之后在步骤8中，我们告诉它将“vivid”作为“define clusters”变量。作为结果的条形图应该如图10—7中右手边显示的那样。）

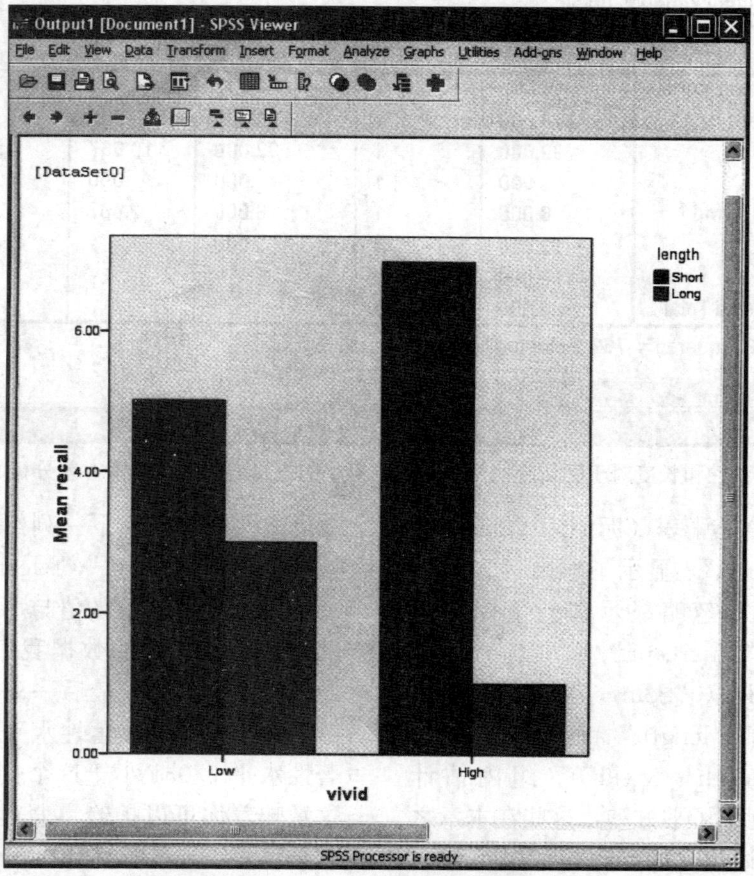

图10—18 例子生动性和长度对于回忆起的例子数目的影响的虚构研究中的条形图的SPSS输出窗口

第 11 章

相　关

章节概览

432 这一章是关于通过统计的程序去让你评判两组分数之间的关系的。为了让你明白我们的意思，请考虑一些现实世界中的普通例子。在学生中，高中成绩和大学成绩有一定的关系。但它不是完美的关系，一般说来高中学习成绩好的学生都趋向于大学学习成绩也好。同样，父母的身高和他们孩子成年后的身高也有一定的关系。身高高的父母生出的孩子趋向于比身高矮的父母生出的孩子要高。虽然这种关系也不是完美的，但总的格局是明确的。现在让我们详细观察一个例子。

加利福尼亚州的圣克鲁斯县113个已婚者，在当地的报纸上回答了与他们婚姻有关的一份问卷。[这是一个大规模研究报告的一部分，来自阿伦和他的同事们（Aron et al.，2000)。] 作为问卷的一部分，他们回答了下面一个问题：“你与你
433 的另一半共事有多兴奋?”使用一个量度，从1（一点都不兴奋）到5（极度兴奋）。这个问卷还包括婚姻满意度的标准量度（例如包括这样的条目：“一般而言，你是否经常觉得你和伴侣之间的事情进展顺利?”)。

研究者感兴趣的是与婚姻的另一半共事的兴奋度和婚姻满意度之间的关系。换句话说，他们想评判两组分数之间的关系：与另一半共事的兴奋度组的分数和婚姻满意度组的分数。如图11—1所示，两组分数之间的关系被该图很清晰地展示出来。横轴是人们对问题“你与你的另一半共事有多兴奋?”的回答，纵轴是人们婚姻满意度的分数。每个人在两个变量上的分数都显示为一个点。

> **成功小贴士**
>
> 如果你已经掌握了第1章和第2章的大部分内容，你就可以学习这一章的大部分材料了；但是如果你在阅读这章之前还没有学习过第3到7章，那么你就不应该试图去阅读这章的最后一部分，即关于相关系数的显著性和效应大小的内容。

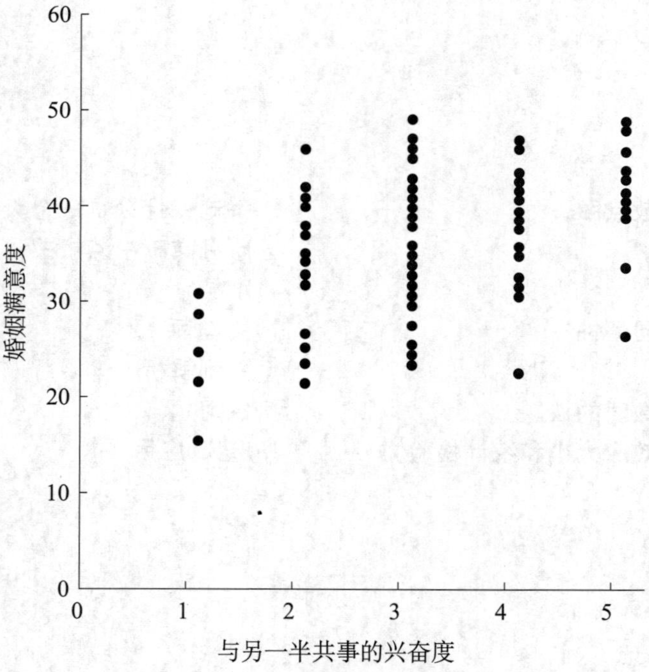

图11—1 113个已婚者与另一半共事的兴奋度与他们婚姻满意度的相关

资料来源：Data from Aron et al.，2000.

整体格局是，点从左低到右高。这就是，变量“与另一半共事的兴奋度”的低分数更多的时候与变量“婚姻满意度”的低分数相对应，高分数与高分数相对应。因此，一般来说，这个图表明人们与另一半共事越兴奋，那么他们对于婚姻的满意度就越高。尽管这个模式并不是一对一的，但你还是能看出一个大体的趋势。这个趋势就是一个变量的高分数一般都会对应着另一个变量的高分数，低分数对应着低分数，中等分数对应着中等分数。这是**相关**的一个例子。

> **相关** 两个变量分数之间的关系。

相关描述的是两个变量之间的关系。更准确地说，相关这一普通的测量方法描述的是两个等距变量之间的关系。正如你在第1章中所学的，

等距变量之间的差额对应于被测量事物的差异。434（大多数心理学家认为从 1 到 10 的等级尺度很接近等距尺度。）生活中有数不尽的关于相关的例子：对于儿童来说，在他们的年龄和协调能力之间是存在相关的；在学生中间，他们学习的时间和所学到的东西存在着相关；在市场中，我们经常假设在价格和质量之间存在着相关——高价格的商品对应着高质量，低价格对应着低质量。

> **成功小贴士**
>
> 如果你对关于什么是等距变量有任何疑问，就应该回顾第 1 章关于变量部分的内容。

本章将探讨相关，包括怎样用图形来描述它及其种类、怎样计算相关系数（用一个数值来描述相关的程度）及其统计显著性、如何解释相关系数及其效应大小和统计检验力。

图解相关：散点图

图 11—1 展示了兴奋度和婚姻满意度之间的相关，并且也是**散点图**的一个例子。散点图让你一眼就能看出两个变量之间的关系模式。

怎样去绘制一个散点图

绘制散点图需要三个步骤。

❶ 绘制轴线并决定变量归属于哪条轴线。变量属于哪条轴线经常是随意的。然而，有些时候研究者将其中一个变量界定为预测者或是另外一个变量的原因。在这种情况下，做预测或原因的变量作为横轴，被预测或为结果的变量作为纵轴。在图 11—1 里，我们将兴奋度置于横轴，将婚姻满意度置于纵轴。这是因为这个研究是基于这样一个理论：兴奋度越高，他们的婚姻满意度也越高。（当我们在本章后面讨论因果关系时以及在第 12 章讨论预测时，我们将会更多地对此加以探讨。）

> **成功小贴士**
>
> 如果你使用绘图纸，那么绘制散点图是非常容易的。

❷ 确定每个变量值的范围，并且将它们标记在轴线上。轴线上的数字需要从低到高排列，并从两轴相交的地方开始。每条轴线最低数值应该是 0。每条轴的最高值应该是你的测量所能达到的程度。当没有明显的最高值，就应该使值达到你研究中人们所能得到的高分。应该注意的是，散点图的纵轴和横轴一般具有相同的长度（是 1∶1 的比率）。

> **散点图**　显示两个变量间的关系的图，即横轴上的变量值和纵轴上的变量值；二维空间里的每个分数都是以一点来表示的。

❸ 将点标记在成对分数的相交处。找出横轴上第一个分数所处的位置。接下来，将它升高到纵轴上第一个分数所处的位置。然后标记一个清晰的点。将这个过程继续运用于剩下的分数。有时相同的分数会出现两次（或更多次）。这意味着这个点需要标记在相同的位置上。当这种情况发生时，你可以将第二个点标记在尽可能离第一个点近的位置上——相互接触，如果可能——但得标记清楚同一个位置有两个点。另外，你可以将数字 2 标于那个位置。435

一个例子

假设一个研究者正在研究睡眠和心情之间的关系。作为一个初步测试，研究者在早晨的研讨会上问了 6 个学生两个问题：

1. 你昨晚睡了几个小时？

2. 你现在感觉有多快乐［从级别 0（一点都不快乐）到 8（非常快乐）］？

（虚构的）结果见表 11—1。（实际上，该类研究通常需要一个大的样本量。为了学习上简单点，我们举的这个例子只用了 6 个学生的分数。实际上，我们已经做了这个研究的真实版本。真实研究的结果与我们在这里展示的结果很相似，只是我们在这里展示的结果更加分明、便于学习。）

表 11—1　前一晚的睡眠小时数和心情快乐程度的例子（虚构的数据）

睡眠小时数	心情快乐程度
7	4
5	2
8	7
6	2
6	3
10	6

❶ 绘制轴线并决定变量归属于哪条轴线。因

为在这个研究中，睡眠是在心情之前，最有意义的就是将睡眠小时数当作一种预测。因此，就像图 11—2a 显示的，我们将睡眠小时数放在横轴上，将心情快乐程度放在纵轴上。

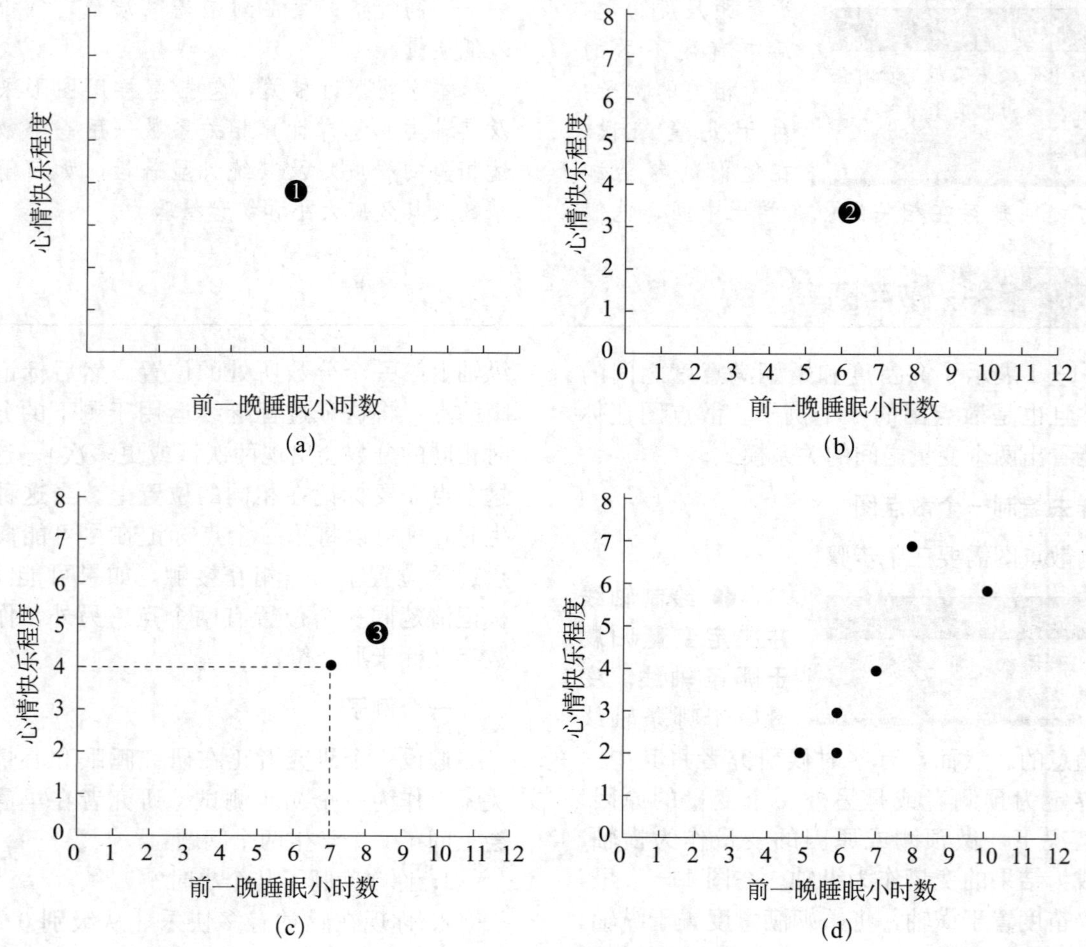

图 11—2　绘制一个散点图的步骤

注：(a) ❶绘制轴线并决定变量归属于哪条轴线。预测变量（前一晚睡眠小时数）放在横轴上，另一个（心情快乐程度）放在纵轴上。(b) ❷确定每个变量值的范围，并且将它们标记在轴线上。(c) ❸针对第一个学生，将点标记在成对分数的相交处。(d) ❹继续：对剩下的成对分数进行标记。

436 **❷ 确定每个变量值的范围，并且将它们标记在轴线上。**对于横轴，我们一般从 0 开始。我们并不知道最大值，但我们可以假设学生睡眠时间很少超过 12 小时。纵轴从 0 到 8，最高和最低的分数取决于他们关于心情问题的回答。可见图 11—2b。

❸ 将点标记在成对分数的相交处。第一个学生，他前一晚的睡眠小时数是 7。平移到横轴上 7 的位置。第一个学生心情快乐的评级是 4，因此在纵轴上将点向上移动到 4 的位置。在这个相交的点上做一个标记，就像图 11—2c 显示的。针对其他 5 位学生做同样的事。结果看起来应该类似于图 11—2d。

你会做吗？

1. 一个散点图显示了什么？它由哪些东西构成？

2. (a) 在什么类型的研究中，某个变量可以预测另一个变量，并且在这两个变量中，哪一个位于横轴，(b) 哪一个位于纵轴？

3. 根据以下 4 个人的分数绘制一个散点图，每个人两个变量，X 和 Y。X 是一个预测变量，它的值的范围是从 0 到 6；Y 是一个被预测的变量，它的值的范围是从 0 到 7。

人	X	Y	人	X	Y
A	3	4	C	1	2
B	6	7	D	4	6

答案

1. 散点图是这样一个图，它显示了两个变量之间的关系。一条轴线对应一个变量，另一条轴线对应另一个变量。图上的点是每个人两种分数的相交处。每个点都标记在横轴变量分数正上方与纵轴分数平移后的相交处。
2. (a) 作为预测变量的放在横轴上。(b) 作为被预测变量的放在纵轴上。
3. 见图 11—3。 437

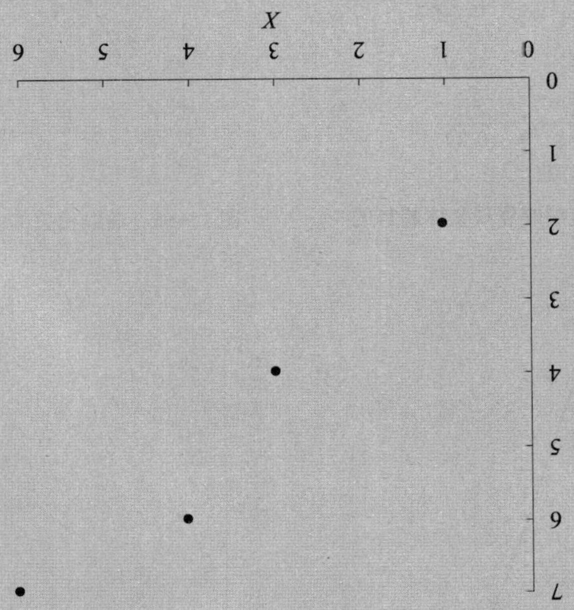

图 11—3 “你会做吗？”问题 3 分数的散点图

相关的模式

线性相关和曲线相关

到目前为止的每个例子中，散点图的模式都几乎接近于一条直线。因此，每一个都是**线性相关**的例子。在心情和睡眠的散点图研究中（图 11—2d），你可以绘制一条直线来显示这些点的整体趋势，正如我们在图 11—4 中做过的那样。注意并不是所有的分数都正好落在这条直线上，这条直线只是描述了分数的整体趋势。（在第 12 章中你就会学到绘制这样一条直线的简洁方法。）

> **线性相关** 显示在一个散点图上的点大致遵循一条直线时两个变量间的关系。

然而，有的时候两个变量之间的关系不是完全遵循一条直线，而是更复杂的**曲线相关**模式。举个例子，一个人的友善水平和被其他人当作潜在恋人的期望程度之间的关系。有证据表明，在到达一个点之前，越高的友善水平越能增强一个人被当作潜在恋人的期望。然而，超过了这个点之后，更高的友善水平已经不能促进这个期望了（Li et al.，2002）。这种特殊的曲线模式在图 11—5 中有显示。注意你不能使用一条直线来描述这种模式。一些其他曲线相关的例子在图 11—6 中有所显示。

> **曲线相关** 显示在一个散点图上的点遵循非直线的系统模式时两个变量间的关系。

438

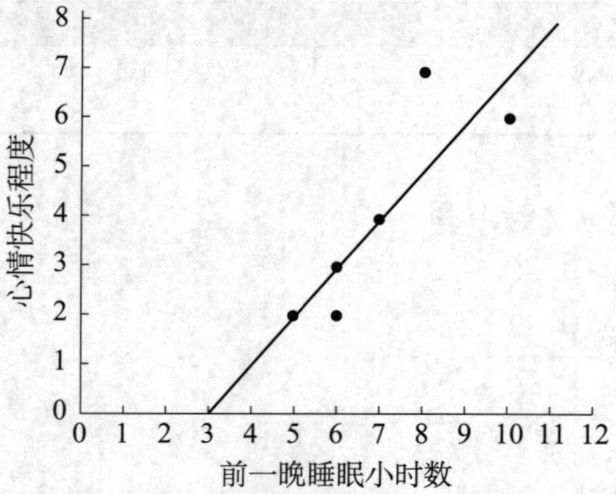

图 11—4　取自图 11—2d 并用一条直线来展现整体趋势的散点图

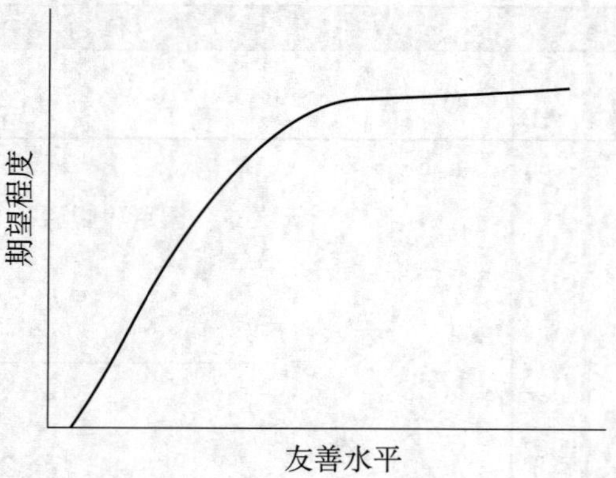

图 11—5　曲线相关的例子之一：期望程度和友善水平

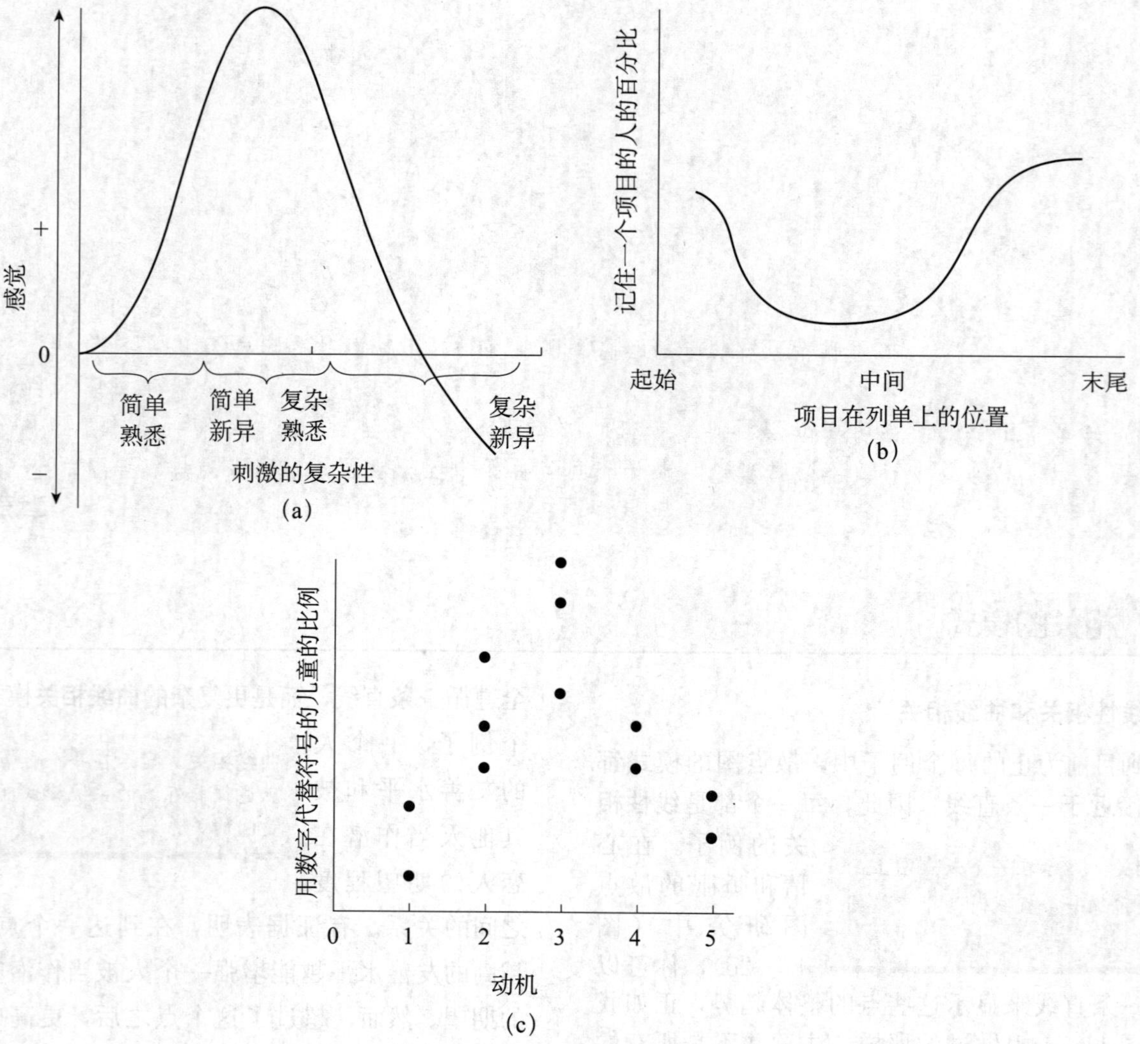

图 11—6　曲线相关的例子之二

注：(a) 我们的感觉和刺激的复杂性；(b) 记住一个项目的人的百分比和该项目在列单上的位置；(c) 用数字代替符号的儿童的比例及其动机。

439 计算相关的惯用方式（在本章中你不久将要学到的）会给出直线相关的程度。如果这种关联的实际模式是曲线相关，用惯用方式计算的相关会显示很小或者不相关。因此，去看散点图辨别这些复杂的关系非常重要，而不是只用惯用的方式自动计算相关去假定它们的关系只有直线。

零相关

也有可能两个变量相互之间没有联系。举个例子，如果你做了一个关于收入和鞋码关系的研究，你的结果可能会如图 11—7 显示的那样。点分布在图的各个地方，并且它不是直线或者其他的什么，这就没有任何一个趋势可以合理地代表它。它仅仅只是**零相关**。

> **零相关**　两个变量之间没有系统的关系。

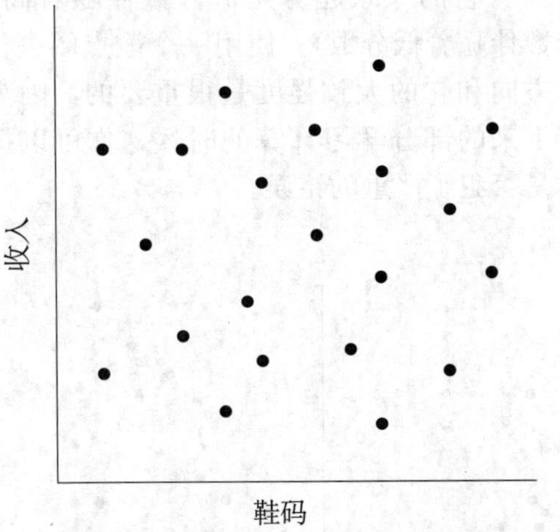

图 11—7　两个彼此没有关联的变量：收入和鞋码（虚构的数据）

正的和负的线性相关

到目前为止的线性相关例子中，像兴奋度和婚姻满意度，高分数伴随着高分数，低分数伴随着低分数，中等分数伴随着中等分数。这被称为**正相关**。（在几何学中，“正”的一个原因是当这条直线呈上升向右边延伸时，它的斜率是正的。注意在图 11—4 中，心情快乐程度和睡眠小时数之间的直线就是上升延伸到右边的，它就是正相关。）

> **正相关**　两个变量之间的关系是高分数伴随着高分数，中等分数伴随着中等分数，低分数伴随着低分数；在散点图上的点大致遵循一条从左到右向上延伸的直线。

然而，有时候高分数是伴随着低分数的。这被称为**负相关**。举个例子，在对婚姻的报纸调查中，研究人员还询问了他与另一半关系中的厌倦状况。毫无疑问，一个人越是感到厌倦，他对婚姻的满意度就越低。也就是说，一个变量的低分数将伴随着另一个变量的高分数。类似的是，一个人越不感到厌倦，婚姻满意度就越高。这在图 11—8 中有显示，我们也用了一条直线来强调这种整体的趋势。你可以看见这条直线是从左到右持续下降的。

> **负相关**　两个变量之间的关系是高分数伴随着低分数，中等分数伴随着中等分数，低分数伴随着高分数；在散点图上的点大致遵循一条从左到右向下延伸的直线。

另一个负相关的例子来自组织心理学。这个领域有一个普遍的发现就是旷工和对工作的满意度呈负相关（例如，Mirvis & Lawler，1977）：工作满意度越高，旷工程度越低。换句话说，工作满意度越低，旷工程度就越高。关于这一课题的研究所呈现出来的模式在世界各地都适用（例如，Punnett et al.，2007），而且同样的模式在大学课堂也被发现了：学生的满意度越高，就会越少旷课（Yorges et al.，2007）。 440

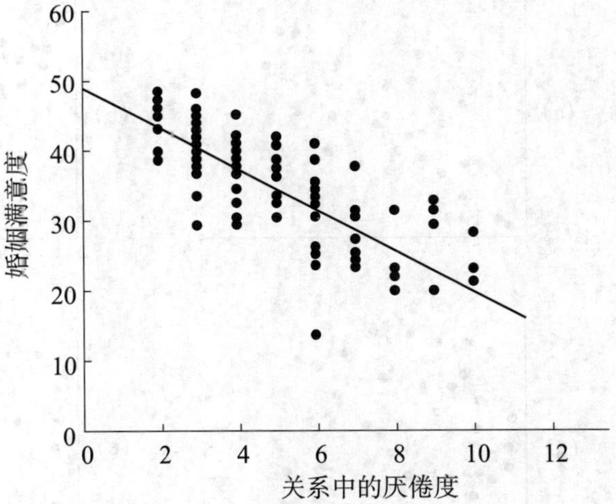

图 11—8　用一条直线来展现两个变量之间的负相关趋势的散点图

注：双方越对彼此感到厌倦，他们的婚姻满意度就越低。

资料来源：Data from Aron et al.，2000.

相关的强度

我们所说的相关强度的意思是两个变量之间的特殊关系有多么清晰。举例来说，当高分数伴随着高分数，中等分数伴随着中等分数，低分数伴随着低分数时，我们就认为这是一个正的线性相关。这种相关的强度（或程度），就是高分数伴随着的高分数有多少，以此类推。同样，负的线性相关就是一个变量的高分数伴随着另一个变量的低分数有多少，等等。就散点图而言，如果落点接近于呈一条直线（这条直线倾斜上升或下降取决于这一线性相关是正还是负的），这时的相关就“大”（或“强”）。一个完美的线性相关是它所有的落点都准确无误地落在一条直线上。当你不能说出这有相关，那么这时的相关就“小”（或“弱”）；这些落点就不在一条直线上。如果落点的模式是在小和大的相关之间，它的相关就是“中等”（也称作“中度”）。

确定相关模式的重要性

在接下来的内容中，你学习的程序是计算线性相关的方向和它的强度。正如我们刚才所说，解决这个问题的最好办法就是首先绘制一个散点图，然后去确定它的相关模式。如果它是曲线，你就不能去计算它的线性相关。这是非常重要的，
441 因为此时计算线性相关将会误导真正的相关。（例如，你可能得出这样的结论：它们相关很小或不相关。实际上它们有很强的相关，只是不是线性的。）你应该假定这个相关是线性的，除非这个散点图显示的是一个曲线相关。我们这样说，是因为当线性相关小的时候，落点将会远离直线。这种情况下，很难去想象散点图上显示的点呈一条直线。

如果相关近似线性的话，那么去判断这个散点图的分布也同样重要。这就是要注意线性相关的方向（正或负），并且对相关的强度做一个大致的猜测。不同相关方向和强度在图 11—9 中有所显示。例如，图 11—9 的散点图（a）显示了一个大的正相关，因为落点相对靠近一条直线，也就
是低分数伴随着低分数，高分数伴随着高分数。442
然而散点图（d）显示了中等程度的（落点离一条直线很远，但是又不是完全脱离，是一个小相关）负相关（它的大致趋势是低分数伴随着高分数，高分数伴随着低分数）。使用一个散点图去检查相关的方向和它的大致强度是很重要的，因为当你在接下来的部分学习计算的时候，你可以据此检查你是否犯了严重的错误。

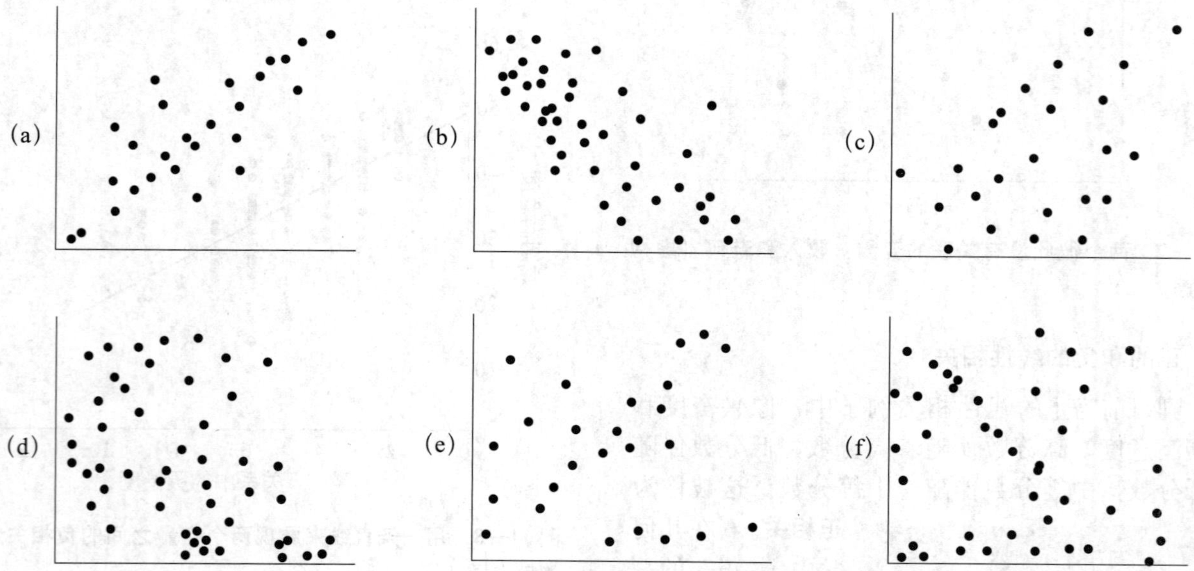

图 11—9　不同相关程度的散点图例子

你会做吗?

1. 就散点图的表现形式而言，线性相关和曲线相关有什么不同？

2. 两个变量没有相关是什么意思？

3. 正线性相关和负线性相关之间有什么不同？（a）就散点图模式回答这个问题。（b）这些模式告诉你这两个变量之间是什么关系？

4. 对于在图 11—10 中显示的各个散点图，说出它们的模式是否近似线性、曲线，或者不相关。如果这个模式是线性的话，还要说出它是正还是负的，并且它的相关是大、是中等还是小。

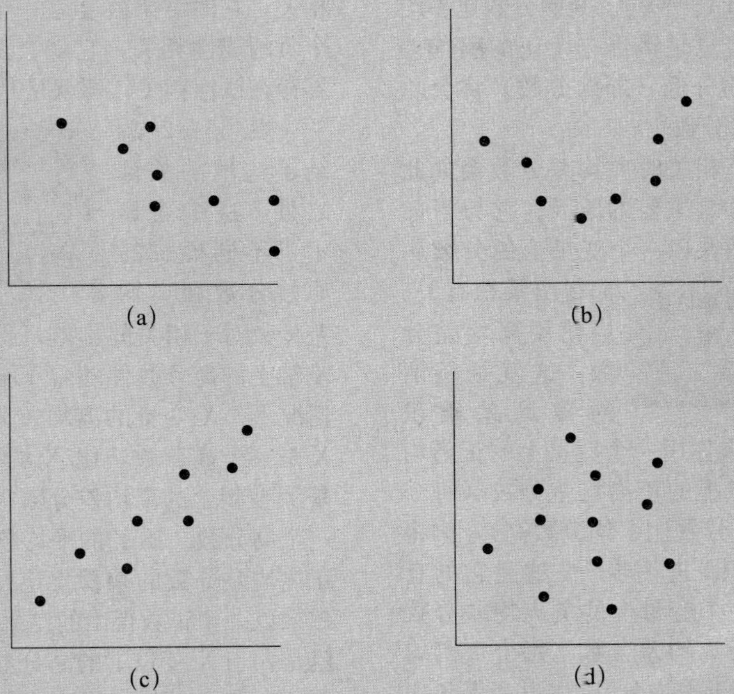

图 11—10　“你会做吗?”问题 4 的散点图

5. 为什么在计算出精确相关之前在散点图上辨认出相关的模式是非常重要的？给出两种理由。

答案

1. 在线性相关中，落点的模式大致是一条直线（尽管当相关性小时，落点会广泛地分布于这条直线的周围）；在曲线相关中，它的落点有一个清晰的系统模式，不是呈一条直线。

2. 当两个变量没有关系时，它们就不相关。

3. (a) 对于正线性相关，在散点图中，这条直线大致地描述了落点是从左到右向上延伸的模式；在负线性相关中，这条直线呈从左到右向下延伸的模式。(b) 在正线性相关中，它的基本模式是一个变量的高分数伴随着另一个变量的高分数，中等分数伴随着中等分数，低分数伴随着低分数；在负线性相关中，一个变量的高分数伴随着另一个变量的低分数，中等分数伴随着中等分数，低分数伴随着高分数。

4. 图 11—10：(a) 线性，负，大；(b) 曲线；(c) 线性，正，大；(d) 零相关。

5. 辨别出散点图中的相关模式是否为线性可以告诉你是否可以使用标准程序去计算线性相关。如果是线性的，在做计算去检查你的结果之前，辨别出相关的方向和它大致的强度。 443

相关系数

看一个散点图，它会给你两个变量之间大致关系的概念，但它不是一个非常精确的方法。你需要用一个数字去给予它精确的相关（就它的方向和强度而言）。

计算相关的逻辑

一个线性相关（当它是正相关时）意味着高分数伴随着高分数，低分数伴随着低分数。因此，在计算相关时你需要做的第一件事就是用一致的方式去衡量高分是什么，低分是什么。一个有效的解决方式就是使用离均差——原始分数减去平均数（离均差＝$X-M_X$和$Y-M_Y$）。原始分数比平均分高（即高分数）将会总是得出一个正的离均差分数，原始分数比平均分低（即低分数）将会总是得出一个负的离均差分数。

至于为什么在计算相关时离均差分数会如此有用，有一个附带的非常重要的原因。它与当你用另一个变量上的分数乘以一个变量上的分数从而得出乘积有关。当使用离均差分数，这就是所谓的**离均差乘积**（或“离差乘积”）。如果你用一个变量上的正离均差分数乘以另一个变量上的正离均差分数（每个正离均差分数代表原始分数比平均分数高），你将会总是得到一个正乘积。进一步——这是它的有趣之处——如果你用一个变量上的负离均差分数乘以另一个变量上的负离均差分数（每个负离均差分数代表原始分数低于平均分），你也会得到一个正乘积。

离均差乘积 一个变量上的离均差分数乘以另一个变量上的离均差分数的结果。

444 因此，如果一个变量上的高分数伴随着另一个变量上的高分数，一个低分数伴随着另一个低分数，离均差分数乘积将会总是正的。考虑整体的分数分布，假定你将每个人一个变量上的离均差分数乘以另一个变量上的离均差分数。这样的结果就是当高分数伴随着高分数，低分数伴随着低分数，它们的乘积就会是正的。如果你将研究中的这些离均差乘积相加，由于它们全是正的，你最终将获得一个大的正数。

另一方面，负相关是高分数伴随着低分数，低分数伴随着高分数。就离均差分数而言，这意味着正的伴随着负的，负的伴随着正的。将它们相乘，得出的全是负的离均差乘积。如果你将这些负的乘积相加，你会得到一个大的负数。

最后，假定不存在线性相关。在这种情况下，一些人在一个变量上的高分数会伴随着另一个变量上的高分数（且低分数伴随着低分数），得到正的离均差乘积。对于另一些人来说，一个变量上的高分数伴随着另一个变量上的低分数（且低分数将伴随着高分数），得到负的乘积。将这些研究中的乘积相加，会得出正乘积和负乘积相互抵消的情况，给出一个结果是0。

在每种情况里，我们都会将所有分数变为离均差分数，把它们两个离均差分数相乘，再将它们的所有离均差乘积相加。如果是一个正的线性相关，它的结果就会是一个大的正数；如果是一个负的线性相关，它就会是一个大的负数；如果不存在线性相关，那就是0。

表11—2总结了这里的关键之处。这个表显示了不同模式的原始分数和离均差分数对于相关的影响。例如，第一个显示的是X轴上的高分数伴随着Y轴上的高分数。在这种情况下，X变量的离均差分数是正数（因为此时X是一个高分数，比X的平均数要高），相似的是Y变量上的离均差分数也是个正数（因为Y是一个高分数，比Y的平均数要高）。因此，这两个正离均差分数的乘积肯定是个正数（因为一个正数乘以一个正数得出的结果总是正数）。总的结果就是，当X变量上的高分数伴随着Y变量上的高分数，这两对分数将会得出正相关关系。这个表 445
显示了正离均差乘积会得出正相关的判断，负离均差乘积会得出负相关的判断，离均差乘积是0（或接近于0）会得出零相关的判断。

成功小贴士

遮住表11—2，试着去回忆隐藏的信息，从而检查你对于相关的理解。

表11—2 对原始分数和离均差分数之间不同模式的相关的影响

分数对		离均差分数		离均差乘积	对相关的影响
X	Y	$X-M_X$	$Y-M_Y$	$(X-M_X)(Y-M_Y)$	
高	高	＋	＋	＋	正相关
低	低	－	－	＋	正相关
高	低	＋	－	－	负相关
低	高	－	＋	－	负相关
中	任何	0	＋，－或0	0	相关接近于0
任何	中	＋，－或0	0	0	相关接近于0

注：＋表示正数，－表示负数。

然而，你还遗留下了计算出一个正或者负相关精确强度的问题。这个数字越大（即离0越远），相关就越强。但是多大是大，多大不是很大？你不能单独基于离均差乘积的总和做出判断，它是随着越多人的乘积相加而变大的。例如，一个100人的研究会拥有比一个只有25个人研究更大的离均差乘积之和。如果分数在更大的一个规模上，那么乘积的和也会变大。例如，一个研究中两个变量上的分数有很大的变异，所以比起从 0 到 10，从 0 到 50 的范围就会拥有一个更大的离均差乘积（并且也会拥有更大的总和）。这是你将更大的分数相乘的结果。

这一切的结果显示离均差乘积的总和用符号（＋或－）来告诉你相关的方向。而且它越大（忽视它的符号），它正或负的强度就越大。但是很难从离均差乘积之和中知道相关有多强，这是因为研究中的人数和每个变量分数的变异量都会影响离均差乘积之和的大小。

找出相关的精确程度的方法就是用离均差乘积之和除以一个数，这个数是为了矫正研究中的人数和每个变量上分数的变异。事实证明，这个数字基于每个变量的离均差平方和。这是因为研究中人数越多，就会有越多的离均差平方被相加，并且因为每个变量分数的变异越大，离均差平方和也就越大。因此，为了矫正我们乘积的总和，我们会使用一个拥有两个特性的矫正值：

1. 随着人数的增加，它会变得更大。
2. 随着每个变量上分数变异的增大，它会变得更大。

这个矫正值的两个特性意味着它有两个非常重要的目的：它矫正了研究中的人数和每个变量上分数的不同变异。

这个矫正值的确切数字是当你得到每个变量的离均差平方和（*SS* 或当计算出变异后你计算出的平方和），将两个平方和相乘后，再得出的正平方根：$\sqrt{(SS_X)(SS_Y)}$。我们将简略地给出公式。

那么，你将会如何使用这个数字去做出矫正？做法就是用离均差乘积之和除以这个矫正值。离均差乘积之和除以这个矫正值的结果是不会超过＋1 的，因为＋1 是一个完美的正线性相关。它也不会低于－1，因为－1 是一个完美的负线性相关。在没有线性相关的情况下，结果是 0。

对于一个不完美的正线性相关来说（很难找到一个完美的相关），用离均差乘积之和除以矫正值的结果是一个在 0 到＋1 之间的数字。换另一种方式，如果图上的落点是从左到右向上延伸，但是它们并不是落在一条直线上，其结果就会在 0 到＋1 之间。这条规则同样适用于负相关：在 0 到－1 之间。因此，全面地说，一个相关在－1 到＋1 之间变化。

成功小贴士 446

如果你计算出的相关系数大于＋1 或小于－1，就意味着你在计算时犯了错误。

解释相关系数

用离均差分数乘积之和除以这个矫正值所得的结果被称作**相关系数**。它也被称为皮尔逊相关系数（或者称为皮尔逊积差相关系数，这是非常传统的叫法）。它以卡尔·皮尔逊（Karl Pearson，你将会在信息箱 13—1 里见到）命名。皮尔逊与弗朗西斯·高尔顿（Francis Galton，可见这章中的信息箱 11—1）在发展相关系数中一同扮演了重要的角色。相关系数用字母 *r* 表示，是“回归”（regression）的字母缩写，是与回归联系很紧密的一个概念（见第 12 章）。

相关系数（*r*） 衡量两个变量之间的线性相关程度，且范围从－1（一个完美的负线性相关）经过 0（零相关）到＋1（一个完美的正线性相关）的系数。

信息箱 11—1 高尔顿：天才绅士

弗朗西斯·高尔顿因发明了相关统计而闻名于世。（卡尔·皮尔逊，我们第 13 章的主角，制定出了公式，但是皮尔逊是高尔顿的学生并且将所有荣誉献给了老师。）统计在这个时候（19 世纪左右）的英国只是一个很小的领域。实际上，大多数科学门类也只是稍大一点的领域。高尔顿的表兄查尔斯·达尔文（Charles Darwin）对他的影响巨大。

高尔顿是一个典型的怪人，也是独立且富有学识的绅士科学家。除了他的统计工作，他还拥有医学学位，曾探险非洲，发明了水下阅读的眼镜，以视觉立体地图做实验，而且他还涉猎气象学和人类学，写有关于从星星上接受信号的一篇文章。

高尔顿还是一个有计算强迫症的人。他有一些计算臭名昭著。曾经在出席一个讲座时，他计算了一个观众每分钟坐立不安的次数，以寻找单调的客观物质的变化。当请艺术家为自己绘像时，他计算了艺术家每小时的笔触，得出结论认为每幅肖像平均需要 20 000 下笔触。当在英国不同的小镇的街道上散步时，他通过手指按压他口袋里的仪器来登记好的、中等的、不好的，从而把女性居民的美丽程度记录下来。

然而，高尔顿最强烈的兴趣在于对家庭里的天才、罪犯和其他类型的人的统计。他想知道每种类型的人是怎样产生的，从而科学地通过鼓励政府加强优生来促进人类的进步——为智力、适当的道德行为和其他的品质进行选择性育种。当然，这都是优生学家的任务（优生学已经被普遍抹黑）。这种相关概念就直接来自这个领域里他的一次简单工作，即关于孩子身高和他们父母身高的关系的研究。

起初，高尔顿明确地测量“一件事伴随着另一件事”的趋势的方法似乎同样可以证明一些事情的原因。例如，如果可以用数字显示大多数最聪明的人来自英国的名门家庭，而且大多数文盲来自贫穷家庭，则似乎可以证明智力是由某些基因的遗传导致的（假如你的偏见导致忽视了教育机会的不同）。但是，现在这个研究只能证明，如果你是英国名门家庭的一员，历史将会为你编织一个极好的案例让你明白曲解相关的意义是多么容易。

你可以在以下网站了解到更多关于高尔顿的生平：http：//www-history. mcs. st-andrews. ac. uk/Biographies/Galton. html。

资料来源：Peters，1987；Salsburg，2001；Tankard，1984.

447 相关系数的符号（＋或－）告诉你两个变量之间线性相关（一个正相关或一个负相关）的方向。相关系数的实际值——从低的 0 到高的 1，忽视相关系数的符号——告诉你线性相关的强度。因此，相关系数＋0.85 比相关系数＋0.42 具有更大的线性相关。同样，相关系数－0.90 比＋0.85 具有更大的线性相关（因为 0.90 大于 0.85）。用另一种方式去考虑这个就是，在散点图中，落点越接近一条直线，线性相关就越大。图 11—11 显示了来自图 11—9 的散点图，每个散点图上都显示了相关系数。确保每个散点图上的相关系数与 448
散点图上你所期望的落点模式大致一样。

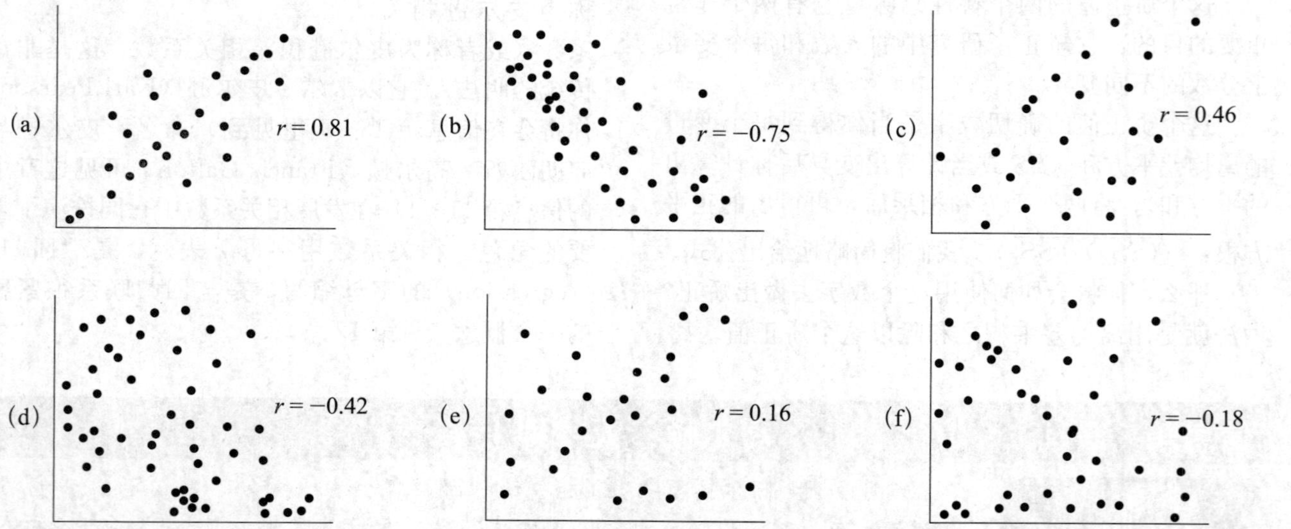

图 11—11　散点图和不同线性相关程度的相关系数的例子

相关系数的公式

正如我们所看到的，相关系数就是离均差乘积之和除以一个矫正值，这个矫正值考虑到了人数和每个变量上的变异。公式为：

$$r=\frac{\sum[(X-M_X)(Y-M_Y)]}{\sqrt{(SS_X)(SS_Y)}} \quad (11—1)$$

> 相关系数就是研究中所有人两个变量离均差乘积的总和除以每个人在 X 和 Y 两个变量上离均差平方和相乘以后的正平方根。

r 是相关系数。$X-M_X$ 是每个人在 X 变量上的离均差分数，$Y-M_Y$ 是每个人在 Y 变量上的离均差分数；$(X-M_X)(Y-M_Y)$ 是每个人的离均差乘积；$\sum[(X-M_X)(Y-M_Y)]$

是研究中每个人离均差乘积之和。SS_X 是 X 变量上的离均差平方和，SS_Y 是 Y 变量上的离均差平方和。[①]

计算相关系数的步骤

以下是计算相关系数的步骤。

> **成功小贴士**
>
> 当将原始分数变为离均差分数时，如果你将一个变量和另一个变量全部变为离均差分数，这是非常容易的（你会很少犯错误）。当然，当你计算完每个变量的离均差分数时，如果想要确定你的结果是否正确，那就将它们相加，它们加起来应该为 0（允许误差舍入）。

❶ 将每个变量的分数变为离均差分数。计算出每个变量的平均数。然后将原始分数与其所属变量的平均数相减。（这是你刚才一直在做的方差计算的一部分。）

❷ 计算出每对分数的离均差分数乘积。也就是说，对于每对分数来说，用一个变量的离均差分数乘以另一个变量的离均差分数。

❸ 将所有离均差分数乘积相加。

❹ 对于每个变量，将它们的离均差分数平方。

❺ 将每个变量的离均差平方相加。

❻ 将离均差平方和相乘，然后求它们的正平方根。这就是矫正值。

❼ 用通过步骤❸得到的离均差分数乘积之和除以通过步骤❻得到的矫正值。

一个例子

让我们尝试把这些步骤运用到睡眠和心情的例子中。

❶ 将每个变量的分数变为离均差分数。从前一晚睡眠小时数开始，平均数是 7（42 除以 6 个学生）。第一个学生的睡眠小时数的离均差分数就是 7－7＝0。我们计算出每个变量剩余的离均差分数，并且将它们显示在表 11—3 的 $X-M_X$ 和 $Y-M_Y$ 这两列里。

❷ 计算出每对分数的离均差分数乘积。对于第一个学生，0 乘以 0 得出 0。所有学生的离均差分数乘积都显示在表 11—3 的最后一列里。

表 11—3　**计算睡眠和心情的相关系数（虚构的数据）**　449

睡眠小时数（X）			心情快乐程度（Y）			
离均差❶		离均差平方❹	离均差❶		离均差平方❹	离均差分数乘积❷
X	$X-M_X$	$(X-M_X)^2$	Y	$Y-M_Y$	$(Y-M_Y)^2$	$(X-M_X)(Y-M_Y)$
7	0	0	4	0	0	0
5	−2	4	2	−2	4	4
8	1	1	7	3	9	3
6	−1	1	2	−2	4	2
6	−1	1	3	−1	1	1
10	3	9	6	2	4	6
$\Sigma=42$		$\Sigma=SS_X=16$❺	$\Sigma=24$		$\Sigma=SS_Y=22$❺	$\Sigma=16$❸
$M=7$			$M=4$			

$$r=\frac{\sum[(X-M_X)(Y-M_Y)]}{\sqrt{(SS_X)(SS_Y)}}=\frac{16}{\sqrt{(16)(22)}}=\frac{16}{\sqrt{352}}=\frac{16}{18.76 \text{❻}}=0.85\text{❼}$$

❸ 将所有离均差分数乘积相加。将所有离均差分数乘积相加，表 11—3 显示，和是 16。

❹ 对于每一个变量，将它们的离均差分数平方。对于第一个学生，睡眠变量的离均差平方是 0 乘以 0，得出的还是 0。所有学生睡眠变量的离均差平方显示在表 11—3 的 $(X-M_X)^2$ 列。所有学

---

① 这也有个计算机版本的公式，它在数学上是等价的，因此给出了同样的结果：

$$r=\frac{N\sum(XY)-(\sum X)(\sum Y)}{\sqrt{N\sum X^2-(\sum X)^2}\sqrt{N\sum Y^2-(\sum Y)^2}}$$

当研究的样本量很大且你要进行手动计算时，这个公式更易于使用；这是因为你不需要首先计算出所有的离均差分数。然而，研究者很少使用这种计算公式，因为实际的计算是通过计算机来完成的。作为一个学习统计的学生，使用定义公式（11—1）是非常好的。这是因为用定义公式解决问题可以加强你对相关系数的理解。在这章的所有例子中我们使用的都是定义公式，而且建议你在做本章练习题时也使用它。

生的心情快乐程度的离均差平方显示在表 11—3 的 $(Y-M_Y)^2$ 列。

❺ 将每个变量的离均差平方相加。正如表 11—3 显示的那样，睡眠变量的离均差平方和是 16，心情变量的离均差平方和是 22。

❻ 将离均差平方和相乘，然后求它们的正平方根。16 乘以 22 是 352，352 的正平方根就是 18.76。

❼ 用通过步骤❸得到的离均差分数乘积之和除以通过步骤❻得到的矫正值。16 除以 18.76 得出结果 0.85。这就是相关系数。（请注意，相关系数通常舍入到小数点后两位。）

用相关系数的公式来表示：

$$r=\frac{\sum[(X-M_X)(Y-M_Y)]}{\sqrt{(SS_x)(SS_y)}}=\frac{16}{18.76}$$

$$=0.85$$

因为这个相关系数是正的且接近于最高可能的值 1，所以这是一个非常大的正线性相关。

另一个例子

假定一个记忆研究者做一个实验去检验一个理论，该理论预测观察一个单词的次数会增加这个单词被记起来的概率。一个研究被试被随机指派去观察一个包含 10 个单词的清单一次，一个研究被试观察这个清单两次，以此类推，直到一个人观察清单 8 次为止。这总共需要 8 个被试，观察的次数也分为 8 个等级。研究者记录每个被试 450
能记住 10 个单词中的几个。结果显示在表 11—4 中。（这种类型的实际研究可能会显示一种模式，即在更高的观察次数下，回忆的提升更小。）计算相关系数的步骤显示在表 11—5 中。

表 11—4　观察单词的次数对于单词回忆数量的影响（虚构的数据）

观察次数	单词回忆数量
1	3
2	2
3	6
4	4
5	5
6	5
7	6
8	9

表 11—5　计算观察单词的次数与单词回忆数量的相关系数

观察次数 (X)			单词回忆数量 (Y)			
离均差❶		离均差平方❹	离均差❶		离均差平方❹	离均差分数乘积❷
X	$X-M_X$	$(X-M_X)^2$	Y	$Y-M_Y$	$(Y-M_Y)^2$	$(X-M_X)(Y-M_Y)$
1	−3.5	12.25	3	−2	4	7.0
2	−2.5	6.25	2	−3	9	7.5
3	−1.5	2.25	6	1	1	−1.5
4	−0.5	0.25	4	−1	1	0.5
5	0.5	0.25	5	0	0	0
6	1.5	2.25	5	0	0	0
7	2.5	6.25	6	1	1	2.5
8	3.5	12.25	9	4	16	14
$\Sigma=36$		$\Sigma=SS_X=42$❺	$\Sigma=40$		$\Sigma=SS_Y=32$❺	$\Sigma=30$❸
$M=4.5$			$M=5$			

$$r=\frac{\sum[(X-M_X)(Y-M_Y)]}{\sqrt{(SS_X)(SS_Y)}}=\frac{30}{\sqrt{(42)(32)}}=\frac{16}{\sqrt{1\,344}}=\frac{30}{30.66❻}=0.82❼$$

❶ 将每个变量的分数变为离均差分数。观察次数的平均数是 4.5。因此，第一个观察分数 1 对应的离均差分数是 1−4.5＝−3.5。将同样的程序用于其他的分数并得出离均差分数（显示在表 11—5 的 $X-M_X$ 和 $Y-M_Y$ 这两列里）。

❷ 计算出每对分数的离均差分数乘积。对于第一个人，−3.5 乘以−2 得出 7。所有分数的离均差分数乘积显示在表 11—5 的最后一列里。

❸ 将所有离均差分数乘积相加。将所有离均差分数乘积相加，如表 11—5 所示，得出 30。

❹ 对于每个变量，将它们的离均差分数平方。对于第一个人，观察次数变量的离均差平方是 −3.5 乘以 −3.5，得出 12.25。所有分数的离均差平方显示在表 11—5 的 $(X-M_X)^2$ 和 $(Y-M_Y)^2$

这两列里。

❺ **将每个变量的离均差平方相加。**如表11—5所示，观察次数变量的离均差平方和是 42，单词回忆变量的离均差平方和是 32。

❻ **将离均差平方和相乘，然后求它们的正平方根。**42 乘以 32 得出 1 344，1 344 的正平方根是 36.66。

❼ **用通过步骤❸得到的离均差分数乘积之和除以通过步骤❻得到的矫正值。**30 除以 36.66 得出 0.82。这就是相关系数。

用相关系数公式来表示： 451

$$r=\frac{\sum[(X-M_X)(Y-M_Y)]}{\sqrt{(SS_X)(SS_Y)}}=\frac{30}{36.66}$$

$$=0.82$$

因为这个相关系数是正的且接近最高可能的值 1，这是一个非常大的正线性相关。

你会做吗?

1. 为什么在计算相关系数时第一步是将每个变量的分数变为离均差分数?
2. 解释为什么在相关系数的计算公式里用离均差分数乘积之和作为分子。
3. 当计算相关系数时，为什么用离均差分数乘积之和除以矫正值?
4. 写出相关系数的公式，并且给每个符号定义。
5. 计算下面 3 个人在两个变量 X 和 Y 上测验得分的相关系数。

人	X	Y
K	5	10
L	4	10
M	3	13

3. 用离均差分数乘积之和除以矫正值是因为研究中的人数越多，每个变量分数的变异就会越大，离均差分数乘积之和也就会越大，即使相关程度是一样的。用离均差分数乘积之和除以矫正值（X 变量的平方和乘以 Y 变量的平方和，再求出它们和的正平方根）可以矫正这个问题。 452

4. 相关系数的公式：$r=\frac{\sum[(X-M_X)(Y-M_Y)]}{\sqrt{(SS_X)(SS_Y)}}$。$r$ 是相关系数，$\sum$是总和的符号——将所有分数相加（在这个公式中，你将所有离均差分数乘积相加），$X-M_X$ 是 X 变量上每个人的离均差分数，$Y-M_Y$ 是 Y 变量上每个人的离均差分数，SS_X 是 X 变量的离均差平方和，SS_Y 是 Y 变量的离均差平方和。

5. 表 11—6 显示，$r=-0.87$。

表 11—6　计算“你会做吗?”问题 5 的相关系数

观察次数（X）			单词回忆数量（Y）			
离均差❶		离均差平方❹	离均差❶		离均差平方❹	离均差分数乘积❷
X	$X-M_X$	$(X-M_X)^2$	Y	$Y-M_Y$	$(Y-M_Y)^2$	$(X-M_X)(Y-M_Y)$
5	1	1	10	−1	1	−1
4	0	0	10	−1	1	0
3	−1	1	13	2	4	−2
$\sum=12$		$\sum=SS_X=2$❺	$\sum=33$		$\sum=SS_Y=6$❺	$\sum=-3$❸
$M=4$			$M=11$			

$$r=\frac{\sum[(X-M_X)(Y-M_Y)]}{\sqrt{(SS_X)(SS_Y)}}=\frac{-3}{\sqrt{(2)(6)}}=\frac{-3}{\sqrt{12}}=\frac{-3}{3.46❻}=-0.87❼$$

答案

1. 我们将每个变量的分数变为离均差分数是因为离均差分数直接显示了什么是高分数，什么是低分数。

2. 当两个变量的离均差分数都是正的（它的分数高于平均数）或都是负的（分数低于平均数），那么在每一种情况下离均差分数乘积就是正的。在高分数伴随着高分数，低分数伴随着低分数的整体分布中，离均差分数乘积之和给出了一个大的正数（表明两个变量之间呈正相关）。然而，当一个离均差分数是正的（分数高于平均数），另一个离均差分数是负的（分数低于平均数），离均差分数乘积就是负的。在高分数伴随着低分数（低分数伴随着高分数）的整体分布中，离均差分数乘积之和给出了一个大的负数（表明两个变量呈负相关）。然而，当没有线性相关，离均差分数乘积之和将会接近于0，因为离均差分数乘积的正数和负数将会相互抵消。

相关系数的显著性

成功小贴士

如果你还没有学习第3至第7章，你很难弄清楚这部分的内容。

相关系数是一个描述统计量，如同平均数或标准差。相关系数描述了两个变量之间的线性关系。然而，除了描述两者的关系外，我们还想检验它是否显著。在相关的情况下，问题通常是它是否显著不同于0。也就是说，在一个相关的假设检验中，零假设就是两个变量所在总体之间的真实关系是不存在相关（$r=0$）。[①]

整体的逻辑很像我们在之前的章节里讨论的各种 t 检验和方差分析。假设对于一个特定的总体，我们有两个变量（X 和 Y）的分布。再进一步假设在这个总体中，两个变量之间不相关。那么散点图看起来可能像图11—12所显示的。因此，如果你要考虑在这散点图上一个随机个体的点，这个点可能是 $X=4$，$Y=2$。对于另一个随机个体来说，它可能是 $X=2$，$Y=1$。对于第三个

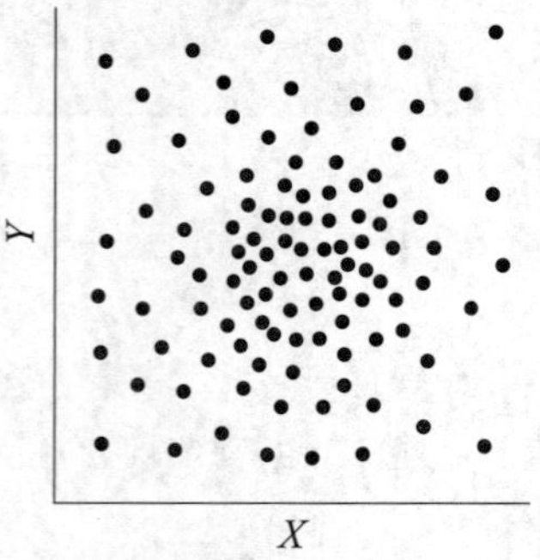

图11—12　对于变量 X 和 Y 之间不存在关系的总体，有关这两个变量的散点图

人，可能是 $X=3$，$Y=5$。这三个人的相关系数 $r=0.24$。如果你考虑另外三个人，并且计算出他们的相关系数，结果可能是 $r=-0.12$。假定该总体中不存在相关，并且你做了很多次这种相关计算，那么你最后会得到一个相关接近于0的分布。就像图11—13所示，它的均值会是0，并且在最大值1和最小值−1的两个方向上延伸。 453

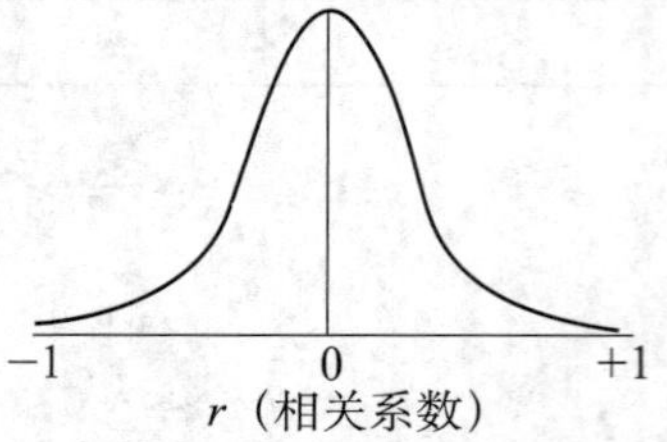

图11—13　源自变量 X 和 Y 之间不存在相关的总体的多个样本（$N=3$）相关系数的分布

实际上计算出相关系数这样一个分布的显著性临界值是可能的，就像我们在 F 分布例子中所做的那样。然后你可以将你的实际的 r 值与临界值做比较，看看它是否显著。然而，我们并不需要引进一个新的分布。事实上我们将计算一个基于相关系数的一个数字，它将遵循 t 分布。这个数字可以用下面的公式进行计算：

$$t=\frac{r}{\sqrt{(1-r^2)\ /\ (N-2)}} \qquad (11—2)$$

相关系数的 t 分数就是一个相关系数除以1减去相关系数平方与这个研究中的样本量减2的商的正平方根。

注意在公式中，如果 $r=0$，那么 $t=0$。这是因为0除以任何

① 正如我们在第3章所见，统计学家经常使用希腊字母来表示一个总体参数。相关的总体参数用 ρ（rho）表示。然而，为了便于学习（而且为了避免与下一章我们将要讨论到的概念混淆），我们在计算例子中的相关和样本中的相关时，用的都是一般字母 r。

数得出的肯定是 0。也要注意 r 越大，t 也越大。

如果你从零相关分布中随机抽取三个人的分数，你可以计算这个 t 值。例如，我们刚刚考虑过的第一个三个人的例子，其相关系数是 0.24。因此，$t=\frac{0.24}{\sqrt{(1-0.24^2)/(3-2)}}=0.25$。如果你采用大量的这种包含三个人的样本，并计算出相关和相应的 t 值，你最终会得到一个 t 分数分布。而
454 且重点是，你可以使用标准 t 分布表临界值，将实际的相关研究中所计算出的 t 分数与其相比较。

通常，不同的自由度对应着不同的 t 分布。在相关的 t 检验情况里，df 就是样本人数减去 2。（减去 2 是因为整个计算涉及两个不同的平均数，X 的平均数和 Y 的平均数。）公式如下：

$$df=N-2 \quad (11—3)$$

相关 t 检验的自由度为样本中的人数减去 2。

最后，根据你的相关是正的还是负的，注意 t 值是正的还是负的。因此，正如一般的 t 检验，相关的 t 检验也可能是单侧或是双侧。单侧检验意味着研究者预期了相关的符号（+或−）。然而，实际上即使一个研究者预期了某个相关方向，相关的检验常常也还是采用双侧。

一个例子

在睡眠和心情的研究例子中，让我们假定研究者预测在睡眠小时数和第二天的心情快乐程度之间存在一个相关，并采用 0.05 显著性水平的双侧检验。

❶ **重申有关总体的研究假设和零假设问题。** 有两个总体，如下。

总体 1：类似于这个研究中的被试的那些人。

总体 2：前一晚的睡眠小时数和第二天的心情快乐程度呈零相关的那些人。

零假设就是两个总体之间拥有同样的相关，研究假设是两个总体之间没有同样的相关。

❷ **决定比较分布的特征。** 这个比较分布是 $df=4$ 的 t 分布。（即 $df=N-2=6-2=4$。）

❸ **根据比较分布上的样本分数临界值来决定是否应该拒绝零假设。** t 分布表（附录中的表 A—2）显示了采用 0.05 显著性水平的双侧检验，自由度为 4 时的临界 t 分数是 2.776 和−2.776。

❹ **决定比较分布中你的样本分数。** 我们计算出相关系数 $r=0.85$。运用公式计算，我们得出：

$$t=\frac{r}{\sqrt{(1-r^2)/(N-2)}}=\frac{0.85}{\sqrt{(1-0.85^2)/(6-2)}}=\frac{0.85}{\sqrt{0.0694}}=3.23$$

❺ **决定是否拒绝零假设。** 我们的样本相关 t 分数 3.23 比临界 t 分数 2.776 更极端。因此我们可以拒绝零假设，并且研究假设成立。

相关系数显著性检验的假定

相关系数显著性检验的假定类似于独立样本均值 t 检验和方差分析。在这种情况下，你不得不假定每组的总体都服从正态分布，并且与其他组的总体拥有相等的方差。运用相关时你不得不假定： 455

1. 每个变量（X 和 Y）的总体都要服从一个正态分布。 实际上你也要假定两个变量之间的关系也要遵循一个正态曲线。这就是所谓的双变量正态分布。然而，实际上我们通常通过检查样本中我们的每个变量是否大致为正态，从而来检查是否符合要求。

2. 在其他变量的每个点上，每个变量的分布都是等同的。 例如，在散点图中，如果低端处比高端处有更多的变异（反之亦然），这就说明存在问题。实际上，你应该对你研究中的散点图加以审视，看它的落点是否在低端或高端处（或都是）更加分散。只要中部的点很多，但又没有两端的点分散，这就不能说明假定有问题。

如同你所学过的 t 检验和方差分析一样，除了极端情况，相关系数显著性的 t 检验对于其假定的违背也是相当明显的。

你会做吗？

1. 在相关系数的假设检验中，什么是零假设？
2. 写出相关系数显著性检验的公式，并定义每个符号。
3. 使用假设检验的五个步骤去确定在一个样本量为 60 的研究中，如果采用 0.05 水平的双侧检验，那么−0.31 的相关系数是否显著。
4. 对于相关系数的显著性检验，它的假定是什么？

答案

1. 在相关系数的假设检验中，通常的零假设是在总体中两个变量之间的真实关系是零相关（$r=0$）。

2. 相关系数的显著性检验公式：$t=\frac{r}{\sqrt{(1-r^2)\ /\ (N-2)}}$。$t$是相关系数显著性检验的统计量，$r$是相关系数，$N$是研究中的样本量。

3. ❶ **重申有关总体的研究假设和零假设问题。**

有两个总体，如下。

总体1：类似于这个研究中的被试的那些人。

总体2：两个变量之间呈零相关的那些人。

零假设就是两个总体之间拥有同样的相关，研究假设是两个总体之间没有同样的相关。

❷ **决定比较分布的特征。**这个比较分布是一个$df=58$的t分布。（也就是，$df=N-2=60-2=58$。）

❸ **根据比较分布上的样本分数临界值来决定是否应该拒绝零假设。**t分布表（附录中的表A—2） 456
显示了采用0.05显著性水平的双侧检验，自由度为58的临界分数是2.004和−2.004。（我们使用$df=55$时的临界值，它是表中小于58的df中最接近58的df）。

❹ **决定比较分布中你的样本分数。**我们计算出相关系数$r=-0.31$。运用公式计算，我们得出：

$$t=\frac{r}{\sqrt{(1-r^2)\ /\ (N-2)}}=\frac{-0.31}{\sqrt{(1-(0.31^2)\ /\ (60-2)}}=\frac{-0.31}{0.125}=-2.48$$

❺ **决定是否拒绝零假设。**我们样本相关的t分数是−2.48，比−2.004的临界值更极端。因此我们可以拒绝零假设，并且研究假设成立。

4. 每个变量的总体（以及它们之间的关系）遵循一个正态分布，而且在其他变量的每个点上，每个变量的分布都是等同的。

相关和因果

因果方向 原因作用的路径；如果是X引起Y，就认为是从X到Y的因果方向。

如果两个变量之间有着显著的线性关系，我们通常假定存在着什么东西把它们联系在了一起。然而，你可能不知道**因果方向**（什么引起或导致了什么），仅仅知道两个变量之间是相关的。

三种可能的因果方向

考虑我们本章开始提及的例子，即在兴奋度和婚姻满意度之间的相关。对于这两个变量，有三种可能的因果方向：

1. 与另一半共事时的高兴奋度引起了高婚姻满意度。

2. 高婚姻满意度引起了高兴奋度。

3. 在工作中少一些压力（相反的是更多的压力），使人们在他们的婚姻中更幸福，也给了他们更多的时间和精力与他们的另一半做令人兴奋的事。

这三种可能的因果方向显示在图11—14a中。

原则是，对于两个变量X和Y之间的任何相关，至少有三种可能的因果方向：

1. X可能引起Y。

2. Y可能引起X。

3. 有第三个因素可能同时引起X和Y。

这三种关系见图11—14b。

两个变量的相关，也有可能有多个方向的因 457
果关系。

排除一些可能的因果方向

基于对事物有更多了解的情况下，有时你可以排除这三个可能方向中的一个或更多。例如，前一晚睡眠小时数和第二天的心情快乐程度之间的相关不能归结于第二天的心情快乐程度引起了前一晚更长的睡眠时间（因果关系不能在时间上回溯）。但是我们仍然不知道是不是前一晚的睡眠

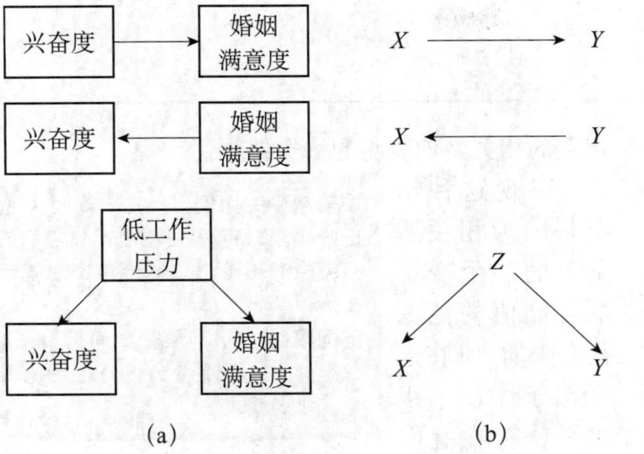

图 11—14 三种可能的因果方向（用箭头表示）

注：(a) 兴奋度和婚姻满意度例子中的相关；(b) 针对任何两个变量 X 和 Y 的一般原则。

情况引起了心情变化或有第三个因素存在，如心情的整体趋势是快乐的，人们就睡得好，而且在任何特定的一天都很快乐。

另一种我们能够排除任一因果方向的方法是进行一个真实的实验。在真实的实验中，将参与者随机地分配在一个变量的特定水平上，然后对另一个变量进行测量。研究中这方面的一个例子是参与者被随机分配到（即通过掷硬币的方式）对一张列单上的单词进行不同次数的观察的处理中，然后记录他们所能回忆的单词数量。观察的次数和单词回忆的数量之间相关系数为 0.82。在这种情况下，任何因果方向都是从操作变量（观察次数）到被测变量（单词回忆数量）。单词回忆的数量不可能对观察次数产生影响，因为观察首先出现。而且第三变量也不可能对观察次数和单词回忆数量产生影响，因为观察次数是随机决定的。

相关统计程序与相关研究方法

在心理学的研究当中，相关和因果关系的讨论经常被相关这一词的两种使用所混淆。有时这个词是作为统计程序的名称，即相关系数（这章中我们已经讨论过）。在其他时候，相关被 458
用于描述一种研究设计。**相关研究设计**是除了真实实验外的任何研究设计。相关研究设计中不一定采用相关系数进行统计分析，一些实验研究设计适宜以相关系数进行分析。因此，混淆就会产生。我们建议你学习一门有关或多门有关研究方法的课程，来更多地了解在心理学研究中使用的研究设计。

> **相关研究设计** 除了真实实验外的任何研究设计。

你会做吗?

1. 如果焦虑和抑郁是相关的，那么哪三种可能的因果方向可以解释这种相关？
2. 如果大学成绩和高中成绩是相关的，那么哪些因果方向能或不能被排除？
3. 一个研究者随机分配参与者去吃 0 或者 4 块饼干，然后问他们感觉饱了没。吃的饼干的数量和感觉饱是高度相关的。哪些因果方向能或不能被排除？
4. 作为一种统计程序的相关和一种相关研究设计的相关之间有什么不同？

答案

1. 抑郁会导致一个人的焦虑；焦虑也可以导致一个人的抑郁；一些第三变量（如遗传或童年创伤的某些部分）可能同时导致焦虑和抑郁。
2. 大学成绩不能预测高中成绩（因果关系不能回溯），但是高中成绩可以预测大学成绩（也许知道你在高中时期做得好会给你更多的自信），而且一些第三变量（如一般的学业能力）可以预测学生在高中和大学都做得很好。
3. 吃更多的饼干会让参与者感觉吃饱。吃饱的感觉不能让参与者吃更多的饼干，因为吃多少饼干是随机决定的。第三变量不能导致这两者，因为吃多少饼干是随机决定的。
4. 相关统计程序涉及使用公式计算相关系数，不管如何做研究。相关研究设计是除了真实实验外的任何研究设计。

解释相关系数时的议题

在解释相关系数时有一些微妙的议题。

相关系数和误差减少的比例或解释方差的比例

一个相关系数告诉了你线性相关的方向和强度。越大的 r（值远离于 0）意味着越高的相关。也就是说，相比于 0.30 的 r，0.60 的 r 时的相关
459 要更高。然而，大部分研究者认为，0.60 的 r 不只是 0.30 的两倍。为了对相关进行相互比较，大部分研究者会将相关平方（即使用 r^2 代替 r）。它被称为**误差减少的比例**（也可以称为解释方差的比例），关于原因你将会在第 12 章的“前沿课题”部分学习到。

例如，0.30 的相关的平方就是 0.09，0.60 的相关的平方就是 0.36。因此，一个 0.60 的相关实际上是 0.30 的相关的 4 倍（即 0.36 是 0.09 的 4 倍）。

范围限制

假定一个教育心理学家要研究年级水平与地理知识的关系。如果这个研究者研究的学生来自学校的所有年级范围，结果可能就像图 11—15a 中的散点图显示的那样。那就是，研究者可能会发现一个大的正相关。但是假定研究者研究的学生只来自前三个年级。散点图（见图 11—15b）将会显示一个更小的相关（不断增长的趋势与更多的其他事物有关）。然而，如果研究者得出的结论认为对于全年级来说年级水平只是与地理知识有一点点的相关，他就将犯一个错误。

出现这种情况是因为相关所基于的一个变量的可能值的范围是有限的。（在这个例子中，年级水平就存在有限的范围。）它可能会误导我们认为相关好像适用于整个变量值的范围。这种情况就是**范围限制**。

> **误差减少的比例**（r^2）　在对关系进行比较时所使用的对两个变量之间关系的测量，又称为解释方差的比例。
>
> **范围限制**　计算变量之间的相关，但是其中一个变量的值的适用范围是有限的情况。

在解释相关时，很容易犯这种错误。（即使在已经发表的文章中，你有时也会发现。）考虑另一个例子。企业有时候尝试去判断它们的聘用测验是否跟成功聘用了适应工作的人相关。通常，它们会发现相关非常小。它们没有考虑到它们只是聘用了那些测验做得好的人。工作成功的研究只包含了高得分人群。这个例子在图 11—16 中有所显示。

还有一个例子就是试图证明智力与其他变量 460
相关，但被试仅仅使用大学生的研究。这里的问题是大学生并不包括很多低智力水平或低于平均智力水平的学生。因此，研究者可能会发现存在一个低相关。但是如果研究者做一个相同的研究，这个研究包括所有智力水平范围的人们，结果可能就会是一个高相关。

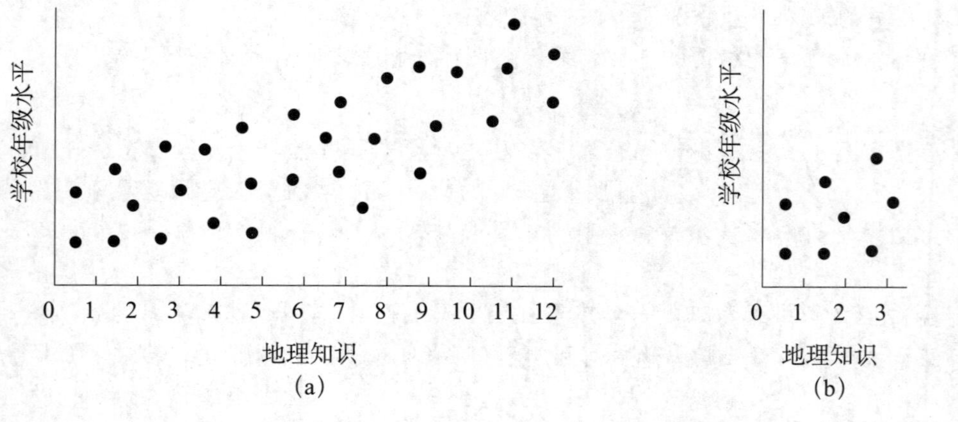

图 11—15　范围限制的例子之一

注：(a) 当整个范围被展现时（学校年级水平和地理知识）；(b) 当范围被限制时（前三个年级）（虚构的数据）。

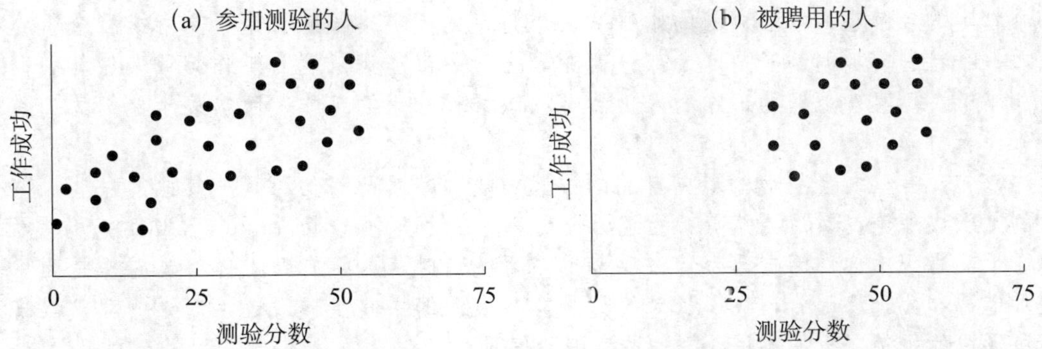

图 11—16 范围限制的例子之二

注：(a) 当整个范围被展现时（所有人参加测验）；(b) 当范围被限制时（仅仅是这些被聘用的人参加测验）（虚构的数据）。

信息箱 11—2 虚假相关：当你清楚地明白如果它是大的，它就是胖的——你就完全错了

相关的概念并不是真正由统计学家发明的。它是人类最基本的思维过程之一。第一批人类必须成天带着相关的想法——至少是那些存活着的。“每次下雪，我们捕猎的动物都会消失，有雪的地方就没有动物。当雪再次来临，如果我们跟随着动物，我们就不会饿死。”

实际上，相关就是人类思维的作用，以至于我们似乎能够看到比实际存在的相关更多的相关——就像阿兹特克人，认为好的收成与人的牺牲具有相关性（让我们期望他们是错的），以及就像接下来社会心理学中虚假相关的例子（Hamilton，1981；Hamilton & Gifford，1976；Johnson & Mullen，1994）。

虚假相关是对两个变量之间关系强度的高估的描述（这个术语在过去也有其他的含义）。很快，你可能想到关于种族、民族、年龄和性别的一些有害的虚假相关。虚假相关的一个来源就是将两个不常见因而相当值得注意的事情联系了起来。假设群体 B 小于群体 A，并且在这两组中各有三分之一的人做出了不常见但不受待见的行为。在这种情况下，研究显示，B 组的成员尽管较少，但实际上将会比群体 A 由于不受待见行为而受到的指责要多。这是真的，即使一个特定的行为被群体 A 的一个成员触犯的机会更大，因为群体 A 有更多的成员。这里的问题是，不常见的行为被同时储存在了记忆中。不常见组的成员和不常见行为的发生形成了一个虚假相关。一个清晰的结论是，我们对一个少数群体成员不寻常行为的记忆要比对多数群体的一个成员的不寻常行为的记忆要牢固得多。

基于“成对的独特性”（两个不寻常的事件在我们的大脑中联结在了一起）的虚假相关之所以发生，可能是因为当我们第一次遇到独特的经历时，我们对此思考得更多、加工得更深，以至于后来它们在记忆中变得更易提取（Johnson & Mullen，1994）。例如，如果我们遇到那些我们不能经常见到的少数群体成员，或是那些我们很少看到或听到的消极行为，我们真的会对它们加以思考。如果它们成对出现，我们就会同时研究它们并且它们会更快地回到记忆当中。我们似乎不需要意识的参与就可以继续加工与群体、人们以及他们的行为相关的信息。有时基于这样的方式，或者我们做出一个判断的时候，我们过度地将不寻常的群体或人们与不寻常的（消极的）行为联系在一起（McConnell et al.，1994）。关于群体或人们的信息越少，这种效应就越强，好像在模棱两可的情况下我们更加努力试图去搞清楚我们看到的东西的意义（Berndsen et al.，2001）。 461

的确，观察展现出某些不寻常行为的一个少数群体的单一事例，即“一枪虚假相关”足以引发这种效应（Risen et al.，2007）。

然而，大部分虚假相关之所以产生仅仅是因为偏见。偏见是内隐的，我们会被这种错误的理论所束缚。例如，我们预计对于以下两个社会特质之间存在关联的支持要比我们实际看到的要多得多：驾驶

技能和一个特定的年龄组；学业成就的水平和一个特定的族群；某些言论、穿着或社会行为和一些地区的居民。一个特别有趣的例子是，大部分商业人士认为工作满意度和工作绩效紧密相关，但实际上这个相关相当低。不喜欢他们的工作的人仍然可以做好每一天的工作；而热衷于他们的工作的人却可能做起事来无精打采。

顺便说一句，有些人会冲动地形成自己的内隐理论，并对此笃信不疑；其他的一些人似乎根据他们所记住的来形成理论，然后再随着新的经历来改变他们的理论（McConnell，2001）。你是哪种？

关键在于：当下次你询问自己为什么要努力学习统计时，这将有助于你将其看作是为了使日常思维过程更加道德和公正。因此，我们认为统计是非常浪漫的：它能够用数字的光芒冲破黑暗和那些讨厌的错误所形成的枷锁，也能够用数据的诚实消除偏见。

测量的不可靠性

假定睡眠小时数和第二天的心情快乐程度有一个非常高的相关。不过，也假定在一个特定的研究中，研究者询问人们在三个星期之前的一个特定夜晚的睡眠小时数和他第二天的心情快乐程度。这个研究有很多的问题，其中一个就是睡眠小时数和心情快乐程度的测量将会非常不准确。例如，一个人回忆起的他三个星期前那个特定夜晚的睡眠小时数可能非常不接近他实际睡眠的小时数。因此，虽然在睡眠小时数和心情快乐程度之间的实际相关是高的，但在特定研究中的相关可能相当低，仅仅是因为在分数中有很多的“随机噪声”（随机的不准确性）。

可以用另一种方式去理解这个问题：根据散点图上的落点与一条直线有多近来思考一个相关。落点不大致呈一条直线的一个原因就是不准确的测量。

考虑另一个例子。身高和社会权力在很多研究中被发现有中度相关。然而，如果一些人想去做这个研究，并使用弹性卷尺去测量每个人的身高，这个相关将会很低。其他一些测量不够准确的例子包括项目很难去理解（或是不同的人理解不同）的人格问卷、需要一些主观判断的行为（如儿童玩耍行为）的评估，或被诸如周围磁场的东西所影响的生理测量。

在心理学研究中我们的测量经常不够准确或可信（这个想法在第15章中会有更详细的讨论）。结果就是任何两个变量之间的相关低于你做出了完美测量时的相关。

462 由测量的不可靠性导致的相关降低被称为“衰减”。更多高级统计学和心理测量学书籍描述了“衰减矫正”公式，它能在某些情况下使用。然而，在大部分心理学研究当中，这种程序的使用相对较少。

需要记住的是，在研究当中所使用的测量并不是完全准确的，研究中的相关常常低估了两个变量之间的真实相关（如果有一个完美测量的话，相关将会被发现）。

异常值的影响

如果每对分数都是不同寻常的组合，相关的强度和方向就会被两个变量上的一个或多个个体分数大幅度扭曲。例如，假定在睡眠和心情的例子中，一个额外的人加入了研究，这个人没有睡觉（0小时睡眠）但在第二天却极度快乐（心情快乐程度为8）。（可能这个人正在经历一个躁狂的阶段！）我们将这种情况显示在图11—17的散点图中。结果显示，在没有这个额外的人的时候存在的一个大的正相关（$r=0.85$），现在却变成了一个小的中等程度的负相关（$r=-0.18$）！

> **成功小贴士**
>
> 如果你觉得你需要一些额外的练习来计算相关系数，将这个额外的个体的分数添加到表11—1中，并且验证相关的确是现在的 $r=-0.18$。

就像我们在第2章中提到的，一个极端的分数被称为**异常值**（他们处于一般分数范围之外，有点像“亡命之徒”）。在大部分的统计分析中，异常值是一个问题，我们将在第14章对此进行更多的讨论。然而，现在主要的问题是：如果散点图显示了一个或多个异常组合，你需要意识到这些个体对于相关有很大的影响。

> **异常值** 相对于分布中的其他分数来说为一个极端值（非常高或非常低）的分数。

如果存在着一些曲线性该怎么办？斯皮尔曼等级相关 463

正如我们所看到的，相关系数描述了两个变量之间线性关系的方向和强度。它告诉了我们在散点图上的点是怎样汇成一条直线的：高分数伴随着高分数，低分数伴随着低分数（一个正相关）或者是低分数伴随着高分数，高分数伴随着低分数（一个负相关）。然而有时候，正如我们在本章之前看到的，这些点可能遵循一个精确的模式，但这个模式是曲线性的。例如，考虑图11—6b。在这个例子中，高分数伴随着高分数，中等分数伴随着低分数，低分数伴随着高分数。这是一个U的形状。存在一些可以计算落点遵循这样一个曲线的程度的方法；这些方法在高级教科书里会提及（例如，Cohen et al.，2003）。

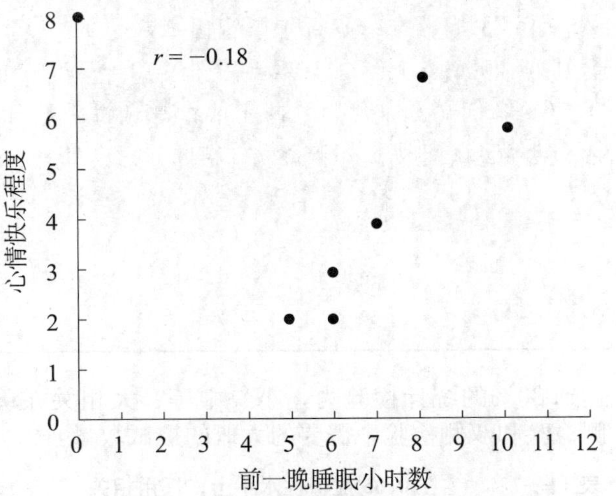

图11—17 睡眠和心情例子的散点图（见表11—1和图11—2d）

注：图中插入了一个额外的人的异常值（睡眠0小时和心情快乐程度8）。相比于之前没有额外的人时的$r=0.85$，现在的相关$r=-0.18$。

斯皮尔曼等级相关系数 等级次序分数的相关系数。

然而，有时正如图11—5所示，高分数伴随着高分数，低分数伴随着低分数，但是模式仍然不是线性的。在这种特殊的情况下，我们可以在一定程度上将线拉直，然后使用一般的相关。一种方法就是将所有分数排序。也就是，对于每个变量，将它们从最低到最高排序（从最低分数1开始，直到所有分数都被排序）。这就使得模式更符合线性。实际上，我们现在就可以用常用的方式去计算相关系数，但是要使用排序后的分数代替原始分数。用这种方式计算出的相关系数被称为**斯皮尔曼等级相关系数**。[它在20世纪20年代被查尔斯·斯皮尔曼（Charles Spearman）发明，他是英国一个著名的心理学家，发明了很多统计程序去帮助解决工作中遇到的难题，这些难题涉及自然界和人类智力测量。]

我们会在第14章讨论怎样将分数排序，而且会在下文中再次考虑斯皮尔曼等级相关。然而，我们现在提到它是因为在一些心理学领域中，通常的做法是使用斯皮尔曼等级相关代替一般的相关，即使落点没有显示为曲线。一些研究者更喜欢使用斯皮尔曼等级相关，因为即使原始分数没有基于真实的等距测量（正如我们在第1章中讨论的），它也可以正确地发挥作用。最后，很多研究者喜欢使用斯皮尔曼等级相关是因为它很少被异常值所影响。

你会做吗？

1.（a）当比较两个相关系数的大小时，心理学家会使用什么数字？（b）这些数字叫作什么？（c）0.80的相关要比0.20的相关大多少？

2.（a）什么是范围限制？（b）它对相关系数有什么影响？

3.（a）什么是测量的不可靠性？（b）它对相关系数有什么影响？

4.（a）在以下分数设置中，哪一个是异常的分数结合？（b）当涉及相关时，为什么异常值是一个潜在问题？

X	*Y*
10	41
8	35
12	46
9	37
2	70

5. 为什么一个研究者可能会选择使用斯皮尔曼等级相关而不是一般的相关？请给出三个理由。

464

答案

1. (a) 当心理学家对比两个相关系数的大小时，他们使用相关系数的平方。(b) 相关系数的平方被称为误差减小的比例（或解释方差的比例）。(c) 0.80的相关是0.20的相关的16倍（$r=0.80$，$r^2=0.64$；$r=0.20$，$r^2=0.04$；0.64是0.04的16倍）。

2. (a) 范围限制是指这样一种情况，即在相关中，基于某个群体而得到的关于某个变量的分数并不囊括对更一般的群体进行研究所得分数的范围。(b) 相比于更多的人被包括在这个研究中时（假设在一般人群中存在一个相关），这种效应会大幅度降低相关程度。

3. (a) 测量的不可靠性是指用于测量一个特定变量的程序不完全准确时的情形。(b) 这会导致所得到的相关小于在应用精准测量时所得到的相关（假设应用精准测量时，相关是存在的）。

4. (a) 分数的异常结合是最后一对分数（$X=2$，$Y=70$）。虽然其他4对分数表明变量X和Y之间存在一个正相关，但是最后一对分数是X变量上的一个非常低的分数和Y变量上的一个非常高的分数。(b) 异常值对于相关的影响要比其他分数结合所产生的影响大得多。

5. 首先，斯皮尔曼等级相关可被用于当散点图显示两个变量之间的关系遵循一条曲线时的情形。其次，斯皮尔曼等级相关计算可被用于原始分数不是基于等距测量的情形。最后，斯皮尔曼等级相关比一般的相关更少被异常值所影响。

相关系数的效应大小和统计检验力

成功小贴士

如果你没有学习过第3至7章，不要阅读这个部分。

相关系数本身就是一个效应大小的测量。（因此，在睡眠和心情的研究中，效应大小就是$r=0.85$。）寇恩（Cohen，1988）所确定的有关相关系数的惯例是：0.10是一个小的效应大小，0.30是一个中等的效应大小，0.50是一个大的效应大小。

一个相关的统计检验力可以使用一个统计检验力表、一个统计检验力软件包，或一个在线统计检验力计算器来决定。表11—7给出了采用0.05显著性水平时小、中等、大相关的统计检验力，并且还区分了单侧和双侧。① 例如，一个预期有中等效应大小（$r=0.30$）的研究的检验力是0.57（小于最小0.80的最低标准），使用的是双侧检验，有50个参与者。这意味着即使研究假设实际上是正确的，而且有一个中等程度的效应大小（即总体中两个变量的相关为$r=0.30$），研究中也只有57%的机会产生显著相关。

计划样本量

表11—8给出了在0.05显著性水平上，为了达到80%的统计检验力，小、中等、大相关在单侧检验和双侧检验中需要的大概的被试数量。② 465

表11—7　在0.05显著性水平上，采用相关系数（r）假设检验的研究的近似检验力

		效应大小		
		小 ($r=0.10$)	中等 ($r=0.30$)	大 ($r=0.50$)
双侧				
N：	10	0.06	0.13	0.33
	20	0.07	0.25	0.64
	30	0.08	0.37	0.83
	40	0.09	0.48	0.92
	50	0.11	0.57	0.97
	100	0.17	0.86	*
单侧				
N：	10	0.08	0.22	0.46
	20	0.11	0.37	0.75
	30	0.13	0.50	0.90
	40	0.15	0.60	0.96
	50	0.17	0.69	0.98
	100	0.26	0.92	*

* 接近于1。

① 更完整的表见Cohen，1988，pp. 84-95。

② 更完整的表见Cohen，1988，pp. 101-102。

表 11—8 一项采用 0.05 显著性水平的相关系数（r）假设检验的研究为了达到 80%的检验力所需要的近似样本量

	效应大小		
	小（$r=0.10$）	中等（$r=0.30$）	大（$r=0.50$）
双侧	783	85	28
单侧	617	68	22

你会做吗？

1. 有关相关系数的效应大小的惯例是什么？

2. 在一项包含 50 个参与者的事先研究中，采用 0.05 显著性水平的相关双侧检验，并预测有一个大的效应大小，其统计检验力是多少？

3. 在一项事先研究中，采用 0.05 显著性水平的相关双侧检验，并预测有小的效应大小，那么要想得到 80%的统计检验力，你需要多少参与者？

答案

1. 有关相关系数的效应大小的惯例是：$r=0.10$，小效应大小；$r=0.30$，中等效应大小；$r=0.50$，大效应大小。

2. 统计检验力是 0.97。

3. 需要 783 名参与者。

争论：什么是一个大的相关？ 466

一个关于相关系数正在持续的争论是："什么是一个大 r?"在心理学的传统中，一个大的相关就是 0.50 或在它之上，一个中等相关就是 0.30，一个小的相关就是 0.10（Cohen，1988）。实际上，在很多心理学领域，很少能发现大于 0.40 的相关。甚至当我们确信是 X 引起了 Y 时，X 也不会是 Y 的唯一原因。例如，高共事兴奋度可能使起人们在他们的婚姻中感到快乐。[实际上，我们做过的一个真正实验支持了这个因果方向（Aron et al.，2000）。] 然而，兴奋度仍然只是众多影响婚姻满意度因素中的其中一个。这些其他的因素都不是我们相关的一部分。没有一个相关能展现整个始末。小的相关也可能是由心理学中很多测量的低可靠性导致的。

一个一直以来要注意的问题是，即使具有统计显著性，小的相关也不是非常重要的。（如果研究的参与者非常多，小的相关可能就会产生统计显著性。）

并且，即使是经验丰富的心理学家也倾向于把某些特定大小的相关认为是两个变量之间的关系更加紧密，但实际上可能并非如此。萨塞克斯大学的迈克尔·奥克斯（Michael Oakes，1982）给 30 个心理学家两列数字，见表 11—9。然后他要求他们去估计 r（不做任何计算）。你的猜测是什么？英国研究者（与来自世界各地的心理学家一样，他们也接受过良好的统计学训练）的直觉范围是 -0.20 至 $+0.60$，平均数为 0.24。你可以计算出这两列数字之间真实的相关性。你会发现是 0.50！也就是说，心理学家认为 0.5 的相关系数在抽象意义上要比他们实际观察到的相关系数的相关程度更高（即 $r=0.50$ 看起来仅仅是 0.24）。

表 11—9 呈现给 30 位心理学家以便其对 r 进行估计的表格

X	Y
1	1
2	10
3	2
4	9
5	5
6	4
7	6
8	3
9	11
10	8
11	7
12	12

资料来源：Based on Oakes，1982.

奥克斯（Oakes，1982）给另外30个研究者一份表格，但表中仅仅只有X列有数字，要求他们在Y列里填上数字，结果出现了0.50的相关（再次仅仅使用直觉而不做任何计算）。当奥克斯从他们的回答中计算出真实的相关，这些相关的平均数是0.68。换句话说，再一次，甚至有经验的研究者都会认为他们用这种方法得出的相关系数要比真实的更加有力。

相反，其他心理学家认为小的相关从理论上来说是非常重要的。它们拥有的实际的微弱影响可能会随着时间慢慢累积（Prentice & Miller，1992）。

为了证明小相关的实际重要性，罗斯诺和罗森塔尔（Rosnow & Rosenthal，1989）给出了当前非常著名的一个研究的例子（Steering Committee of the Physicians' Health Study Research Group，1988），研究中医生要么每天使用阿司匹林，要么不使用。这项研究考察的是他们每天是否使用阿司匹林与心脏病发作的相关。结果显示，使用阿司匹林与心脏病发作的相关是-0.034。[①] 这意味着在人们心脏病发作的情况下，使用阿司匹林只能解释0.1%的变异（$r^2=0.034\times0.034=0.001$，即0.1%）。因此使用阿司匹林只是导致人们心脏病发作的一个小因素，99.9%的心脏病发作是由其他因素（饮食、锻炼、基因因素等等）所致。然而，罗斯诺和罗森塔尔指出"仅仅-0.034"的相关意味着参与该研究的超过20 000名医生中，有72名在病人心脏病发作时未对其使用阿司匹林。（实际上，该群体中还有13例未使用阿司匹林而死于心脏病发作的。）当然，这种心脏病发作之间的差异主要是由于我们的关注点不同。

另一个关于小相关重要性的争论强调的是研究方法。普伦蒂斯和米勒（Prentice & Miller，1992）如此解释： 467

> 即使在最不可能的情况下，它也显示了它的影响，它可以与显示一个大变异的解释一样令人印象深刻。（或者在一些情况下，可能更加令人印象深刻。）（p. 163）

他们给出了一些研究的例子来说明在法院审理案件过程中，吸引力和有罪或者无罪判决的相关（例如，Sigall & Ostrove，1975）。这个观点就是"合法的判决不应该受外来因素如吸引力的影响"。因此，只要研究显示吸引力与合法的判决之间存在即便很轻微的相关，一般而言，我们就会认为吸引力对于社会判断的影响是非常重要的。

最后，你应该注意关于寇恩（Cohen，1988）所确定的相关系数惯例的广泛使用的争论（0.10是一个小的效应，0.30是一个中等的效应，0.50是一个大的效应）。在提出估计效应大小的惯例，如相关系数（r）时，寇恩自己注解道："……这些惯例贯穿了整个限定条件，如果可能，不去使用它们。值的选择也不再比我们的直觉更加可信。它们作为一种惯例来呈现，因为在忽略效应大小重要性的研究浪潮中它们是需要的。"（p. 532）因此，一些研究者强烈建议，研究中的效应大小不应该跟寇恩惯例相比，但是可以与过去相似的研究中发表的效应大小相比（Thompson，2007）。

研究文献中的相关

散点图偶尔出现在研究文献中。例如，甘普和他的同事（Gump et al.，2007）实施了一个关于儿童血液中的铅含量和他们家庭的社会经济地位关系的研究。参与者是122名儿童，他们参与了环境毒物对发展影响的研究。在两岁和3岁之间，血液样本来自每一个儿童（得到父母的许可），每个样本中的铅含量是由实验室检验出来的。每个孩子家庭的社会经济地位是根据他们父母的职业和教育水平得到的。在图11—18中，甘普等（Gump et al.，2007）采用了一个散点图来描述儿童血液中铅含量和家庭社会经济地位之间的关系。这儿有一个清晰的负线性趋势，研究人员指出："……家庭社会经济地位的提高与血液中铅含量的下降存在联系。"（p. 300）散点图显示来自高社会经济水平家庭的儿童的血液中铅含量很低。当然，这是一个相关的结果；它并不意味着家庭社会经济地位直接影

① 为了计算心脏病发作和使用阿司匹林之间的相关，你需要将两个变量数字化。例如，你可以将心脏病发作定为1，心脏病没有发作定为0；同样，你可以将使用阿司匹林组定为1，控制组定为0。无论你使用的是哪两个数字，在你得出离均差分数和使用矫正值后，它们的结果都一样。你所使用的两个数字唯一的差异是，数字较高的那个变量将会决定这种相关是正的还是负的。

响儿童血液中的铅含量。可能有一些其他因素可以解释这种联系，如一个人的教育水平。

相关系数在研究文献中很常见，在文章和表中同样常见。本章开始时提及的例子的结果可以描述如下：在兴奋度和婚姻满意度之间，存在一个正相关（$r=0.51$）。通常，相关的统计显著性也会被报告；在这个例子中，它会是 $r=0.51$，$p<0.05$。

468 **相关矩阵** 研究文章中报告多个变量相关系数的常见方式；表中的变量名称从上到下排列，同时它们之间的相关也随之显示出来。

当涉及几个变量时，相关表很常见。通常，该表中每个变量从左开始列出，也可以自上而下列出。每对变量的相关显示在表内。这被称为**相关矩阵**。

表 11—10 是一个来自对 114 位专家级拼字游戏玩家的研究的相关矩阵（Halpern & Wai，2007）。（你可能记得在第 4 章我们第一次提到这个研究。）研究者问这些专家级的拼字游戏玩家一 469
系列关于他们拼字游戏的问题，包括他们从什么年龄开始玩、什么年龄开始竞技、一年玩几天和一天玩几个小时、他们已经实战了多少年。这些专家级的拼字游戏玩家也向研究者提供了他们的官方拼字级别。表 11—10 显示了在这些研究测量当中的相关。

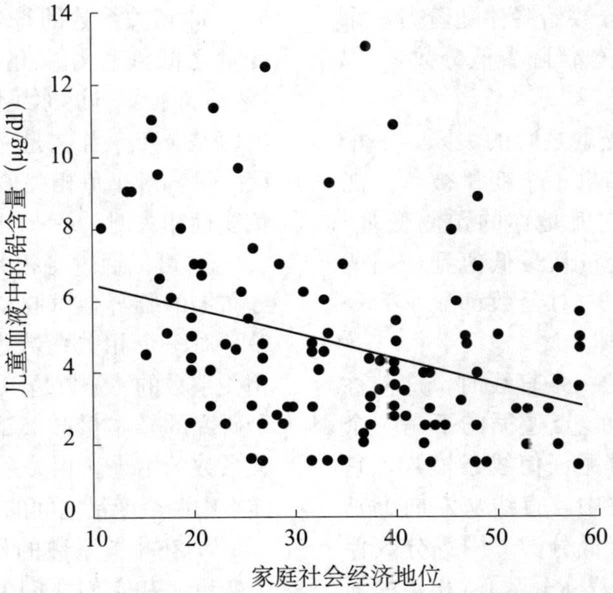

图 11—18 影响儿童血液中铅含量的一个因素：儿童家庭的社会经济地位（Hollingshead 指数）

资料来源：Gump，B. B.，Reihman，J.，Stewart，P.，Lonky，E.，Darvill，T.，& Matthews，K. A.（2007）. Blood lead（Pb）levels：A potential environmental mechanism explaining the relation between socioeconomic status and cardiovascular reactivity in children. Health Psychology，*26*，296 – 304. Published by the American Psychological Association. Reprinted with permission.

表 11—10 **与官方拼字游戏级别的相关（仅针对专家）**

变量	1	2	3	4	5	6	7	8	9
1. 官方拼字级别	—	−0.178	0.116	−0.173	−0.202*	0.021	−0.128	0.227*	0.224*
2. 性别		—	0.318*	0.094	0.265*	0.104	−0.181	0.220*	0.242*
3. 当前年龄			—	0.167	0.727**	0.088	−0.094	0.769**	0.515**
4. 开始玩拼字的年龄				—	0.355*	0.233*	0.094	−0.501**	0.058
5. 开始竞技的年龄					—	0.096	0.112	0.386*	0.121
6. 一年中玩拼字的天数						—	0.050	−0.093	−0.196
7. 一天中玩拼字的小时数							—	−0.134	0.377*
8. 实战的年数								—	0.492**
9. 玩的总计小时数（年数×小时数）									—

* $p<0.05$，** $p<0.01$.

资料来源：Halpern，D. F.，& Wai，J.（2007）. The world of competitive Scrabble：Novice and expert differences in visiospatial and verbal abilities. *Journal of Experimental Psychology：Applied*，*13*，79 – 94. Published by the American Psychological Association. Reprinted with permission.

这个例子显示了相关矩阵布局方式的几个典型特征。第一，注意一个变量与它自身的相关没有给出。在这个例子中，用一条短线代替了；有时它们仅仅是空白的。也要注意只有上三角被填入了相关。这是因为下三角明显包含了同样的信息。例如，官方拼字级别与当前年龄的相关（是0.116）和当前年龄与官方拼字级别的相关是一样的。另一个节省页面空间的快捷方式是：变量的名字只被列在表的一侧，它们的编号被放在顶部。

看这个例子，在其他结果中，你可以看出在官方拼字级别和一个人开始这个游戏的竞技年龄之间有一个小到中等的负相关。在官方拼字级别和实战年数之间也有一个小到中等的相关。在一些相关系数之后的星号——* 和 ** ——告诉了你这些相关具有统计显著性。表底部的注告诉了你与星号对应的显著性水平。

小结

1. 当两个变量以一个清晰的模式相互关联时（例如，当一个变量上的高分数始终伴随着另一个变量上的高分数，同时低分数伴随着低分数），那么这两个变量就是相关的。

2. 散点图显示了两个变量之间的关系。一个变量从最低值到最高值（如果一个变量被认为能够预测另外的变量，那么它就是你的预测变量）被标记在横轴上。另一个变量从最低值到最高值被标记在纵轴上。每个人的一对分数都显示为一个点。

3. 当散点图上的点遵循一条直线时，这被称为线性相关。在曲线相关中，点遵循的不是一个简单的直线模式。当点不遵循任何线条模式，它们就不相关。在正线性相关中，直线从左向上延伸到右（因此低分数伴随着低分数，中等分数伴随着中等分数，高分数伴随着高分数）。相关的强度代表了两个变量之间清晰的关系模式。

4. 相关系数（r）给出了两个等距变量之间的精确线性相关。相关系数是离均差分数乘积之和（$X-M_X$ 和 $Y-M_Y$）除以一个矫正值的结果，这个矫正值考虑到了研究中的人数和每个变量上的变异。这个矫正值是一个变量的离均差平方（SS_X）与另一个变量离均差平方（SS_X）的乘积的正平方根。当存在着一个大的正线性相关时，
470 相关系数是一个很大的正数。这是因为正离均差分数乘以正离均差分数，负的乘以负的（得出的全部都是正离均差分数乘积）。当存在一个大的负线性相关时，相关系数就是负的。这是因为负离均差分数乘以正离均差分数，正的乘以负的（得出的全部都是负离均差乘积）。当没有线性相关，相关系数就为0。这是因为正的有时乘以正的，有时乘以负的（反之亦然），所以正和负离均差分数乘积相互抵消了。

5. 相关系数的符号（＋或－）告诉了你两个变量之间线性相关的方向。相关系数的实际值（忽略符号）告诉你线性相关的强度。最大正相关的值是＋1。当这是一个完美的正线性相关时，$r=+1$。最小负相关值是－1。当这是一个完美的负线性相关时，$r=-1$。

6. 可以通过将相关系数变为 t 分数，并使用 t 分布上的临界值（自由度等于研究中的人数减去2），对一个相关系数进行统计显著性检验。一个相关系数的 t 分数是1减去相关系数平方，除以这个研究的样本量减2的结果的正平方根，再除相关系数的结果。相关系数假设检验的零假设就是在样本中两个变量之间的实际关系是零相关（$r=0$）。

7. 在相关系数的显著性检验中，需要假定每个变量（和它们之间的关系）的总体遵循一个正态分布，并且每个变量在其他变量上的每个点，都呈等同的分布。

8. 相关不能告诉你因果方向。两个变量 X 和 Y 相关，意味着可能是 X 引起了 Y，Y 引起了 X，或者是第三个因素引起了 X 和 Y。

9. 依据相关系数的平方（r^2）进行线性相关程度的比较被认为是最准确的，它又被称为误差减少的比例或解释方差的比例。

10. 如果在一个研究中得到的分数是在一个限定的范围内（与一般人群相比）或如果这个分数来自不可靠的测量，那么相关系数会低于（接近于0）真实相关。

11. 相关的方向和强度会受到被称为异常值的分数组合的严重影响。

12. 斯皮尔曼等级相关是一个基于等级次序分数的特殊相关。当散点图显示两个变量之间存在

一个曲线关系时，它就会被使用。斯皮尔曼等级相关很少受异常值影响，并且即使原始分数没有基于等距测量，它也能正确地发挥作用。

13. 相关系数本身是一个效应大小的测量。有关相关系数的统计检验力以及达到 80%的统计检验力所需要的样本量可以通过统计检验力表、统计检验力软件包或者在线统计检验力计算器来确定。

14. 研究显示，心理学家倾向于认为任意特定的相关系数所反映的相关性要比两个变量之间实际的相关性高。然而，当在看起来不可能的条件下，某个研究显示这种相关性仍然存在时，那么即便是较小的相关仍然具有相当重要的意义。

15. 在研究文献中相关的结果通常用 r 值显示（通常也有显著性水平）或在特殊的表中（相关矩阵）显示几个变量之间的相关。

471

关键词

相关（p. 433）
散点图（p. 434）
线性相关（p. 437）
曲线相关（p. 437）
零相关（p. 439）
正相关（p. 439）
负相关（p. 439）
离均差乘积（p. 443）
相关系数（p. 446）
因果方向（p. 456）
相关研究设计（p. 458）
误差减少的比例（p. 459）
范围限制（p. 459）
异常值（p. 462）
斯皮尔曼等级相关系数（p. 463）
相关矩阵（p. 468）

案例解析

绘制一个散点图并描述相关的一般模式

基于五所小学的班级规模和平均成就测验分数如下表，绘制一个散点图并且以语言来描述相关的一般模式。

小学	班级规模	测验分数
主街	25	80
卡萨特	14	98
哈兰德	33	50
谢迪·戈罗夫	28	82
杰弗逊	20	90

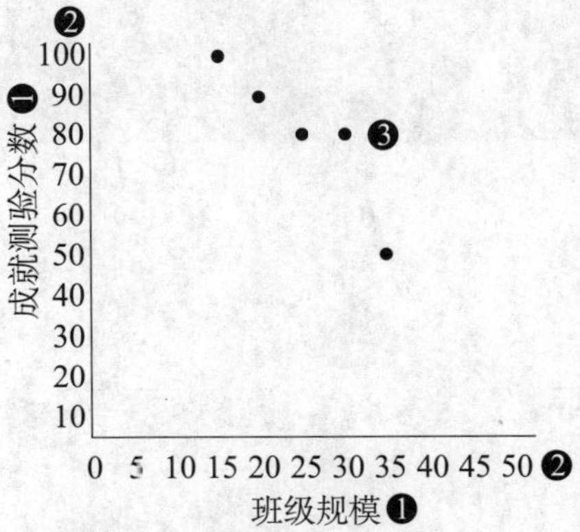

图 11—19　"案例解析"例子中分数的散点图

注：❶绘制轴线并决定变量归属于哪条轴线。❷确定每个变量值的范围，并将它们标记在轴线上。❸将点标记在成对分数的相交处。

答案

解决问题的步骤如下。图 11—19 显示了散点图并且标记了每个步骤。

❶ 绘制轴线并决定变量归属于哪条轴线。将班级规模当作成就测验分数的预测变量比起反过来看更合理。因此，你可以沿着底部绘制一条班级规模的轴线。（然而，在这个问题中，预测没有被明确的规定；因此其他预测方向也是可能的。所以，将其他变量放在其他轴上也是可以接受的。）

❷ 确定每个变量值的范围，并将它们标记在轴线上。我们会假定成就测验分数是从 0 到 100。
472 我们并不知道最大班级规模；所以我们猜测是 50。（这一问题中，变量的范围没有给出；因此任何合理的范围都可以接受，只要它包括在实际研究当中的分数值。）

❸ 将点标记在成对分数的相交处。例如，对于主街小学，你需要在横轴 25 和纵轴 80 的相交处标记一个点。

一般模式大致是线性。它的方向是负的（从左到右向下延伸，越大的班级规模伴随着越小的成就测验分数，反之亦然）。这是一个相当大的相关，因为落点几乎全部遵循一条直线；它应该接近于−1。用语言来描述就是，它是一个大的、线性的、负的相关。

计算相关系数

计算前面的例子中班级规模和成就测验分数的相关系数。

答案

你可以使用公式或分步骤来计算相关。基本的计算显示在表11—11中，并且标记了每个步骤。

使用公式：

$$r=\frac{\sum[(X-M_X)(Y-M_Y)]}{\sqrt{(SS_X)(SS_Y)}}$$

$$=\frac{-482}{533.10}=-0.90$$

分步骤：

❶ 将每个变量的分数变为离均差分数。班级规模的平均数是24。因此，第一个班级的离均差分数是25−24=1。使用同样的程序对其他分数进行计算，得到的离均差分数见表11—11中的$X-M_X$和$Y-M_Y$列。

❷ 计算出每对分数的离均差分数乘积。对于第一所学校，1乘以0得到0。所有离均差乘积显示在表11—11中最后一列里。

❸ 将所有离均差分数乘积相加。将所有离均 473
差分数乘积相加，见表11—11，得到−482的总和。

❹ 对于每个变量，将它们的离均差分数平方。对于第一所学校，班级规模的离均差平方是1乘以1，得到1。所有分数的离均差平方显示在表11—11的$(X-M_X)^2$和$(Y-M_Y)^2$这两列中。

❺ 将每个变量的离均差平方相加。在表11—11中，班级规模变量的离均差平方和是214，成就测验分数变量的离均差平方和是1 328。

❻ 将离均差平方和相乘，然后求它们的正平方根。214乘以1 328得出284 192，284 192的正平方根是533.10。

❼ 用通过步骤❸得到的离均差分数乘积之和除以通过步骤❻得到的矫正值。−482除以533.10得到−0.90。这就是相关系数。

表11—11　计算"案例解析"例子中班级规模和成就测验分数的相关系数

班级规模（X）			成就测验分数（Y）			
离均差❶		离均差平方❹	离均差❶		离均差平方❹	离均差分数乘积❷
X	$X-M_X$	$(X-M_X)^2$	Y	$Y-M_Y$	$(Y-M_Y)^2$	$(X-M_X)(Y-M_Y)$
25	1	1	80	0	0	0
14	−10	100	98	18	324	−180
33	9	81	50	−30	900	−270
28	4	16	82	2	4	8
20	−4	16	90	10	100	−40
$\sum=120$		$\sum=SS_X=214$❺	$\sum=400$		$\sum=SS_Y=1\,328$❺	$\sum=-482$❸
$M=24$			$M=80$			

$$r=\frac{\sum[(X-M_X)(Y-M_Y)]}{\sqrt{(SS_X)(SS_Y)}}=\frac{-482}{\sqrt{(214)(1\,328)}}=\frac{-482}{533.10❻}=0.90❼$$

计算相关系数的显著性

计算先前例子中班级规模和成就测验分数之间的相关是否具有统计显著性（采用0.05的显著性水平，双侧）。

答案

❶ 重申有关总体的研究假设和零假设问题。

有两个总体，如下。

总体1：类似于这个研究中的学校的那些学校。

总体2：两个变量之间呈零相关的那些学校。

零假设就是两个总体之间有着同样的相关，

474 研究假设就是两个总体之间没有同样的相关。

❷ 决定比较分布的特征。这个比较分布是一个$df=3$的t分布。（即$df=N-2=5-2=3$。）

❸ 根据比较分布上的样本分数临界值来决定是否应该拒绝零假设。t分布表（附录中的表A—2）显示，在0.05水平上，采用自由度为58的双侧检验，t分数的临界值是3.182和−3.182。

❹ 决定比较分布中你的样本分数。研究中的相关系数是−0.90。运用公式得出：

$$t=\frac{r}{\sqrt{(1-r^2)/(N-2)}}$$

$$=\frac{-0.90}{\sqrt{[1-(0.90^2)]/(3)}}$$

$$=\frac{-0.90}{\sqrt{0.0633}}=-3.58$$

❺ **决定是否拒绝零假设。**我们样本相关的 t 分数是 -3.58，要比 t 分数的临界值 -3.182 更极端。因此，我们可以拒绝零假设，接受研究假设。

关于相关系数的逻辑与计算的论文写作要点

1. 如果问题要求绘制一个散点图，解释怎样和为什么你要绘制散点图来显示两个变量之间的关系。解释相关这个术语的意思。提及显示在散点图上的相关类别（例如，线性，正或负，小、中等或大）。

2. 解释一个相关系数告诉你关于两个变量之间线性相关的方向和强度。

3. 提炼和解释计算相关系数的步骤。确保提及第一步包括将每个变量的分数变为离均差分数。描述怎样计算离均差分数。解释为什么当相关为正或是负的时候，离均差分数也将随之变为正或负。给出两个理由说明为什么使用矫正值去矫正离均差乘积之和是必要的。描述怎样计算矫正值，并且它是怎样矫正离均差乘积之和的。解释就线性相关的方向和强度而言，相关系数的值的意义是什么。

4. 一定要讨论你的特定结果的相关的方向和强度，并讨论相关是否具有统计显著性。

练习题

这些题包含计算。大部分现实生活中的统计问题可以使用特殊的统计软件来完成。即使你有这种软件，也要动手解决这些问题以便牢记方法。学习怎样使用计算机解决像这章的统计问题，参
475 考本章后面“SPSS 应用”部分以及与本书相伴的学习指南和计算机工具书。

所有数据都是虚构的，除非已经给出实际的引用出处。

练习Ⅰ（练习Ⅰ的答案，见 pp. 690－692）

1. 对于以下每个散点图，指出这个模式是不是线性的、曲线性的，还是不存在相关；如果它是线性的，说明它是正相关还是负相关，以及相关的大致强度（大、中等、小）。

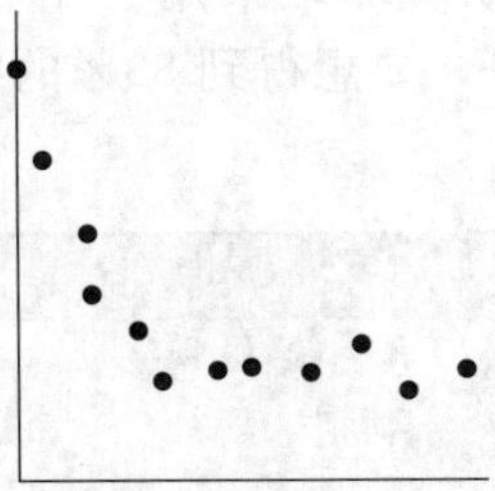

(a)

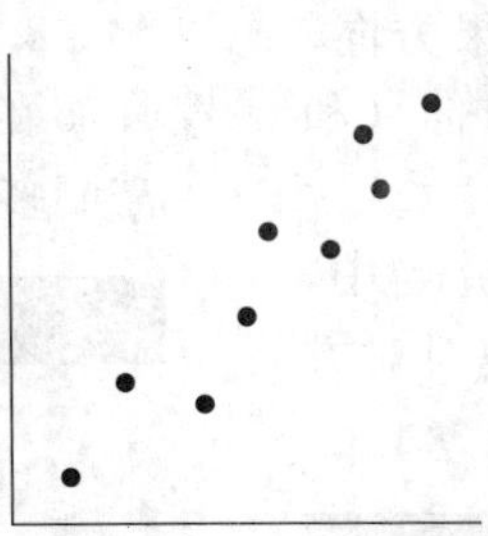

(b)

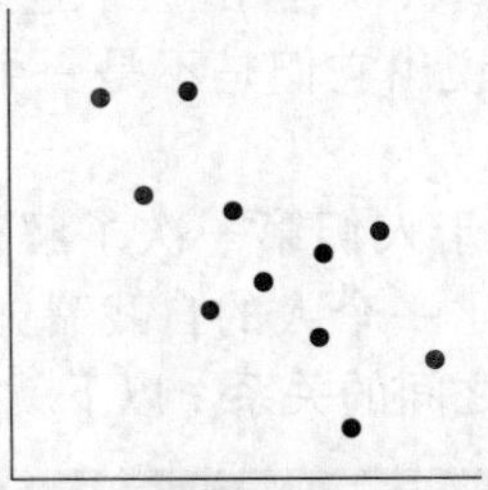

(c)

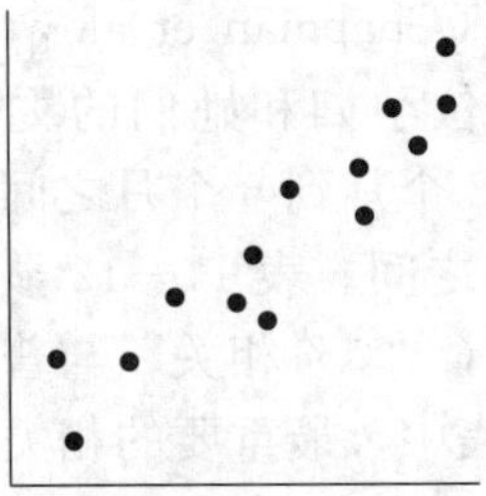

(d)

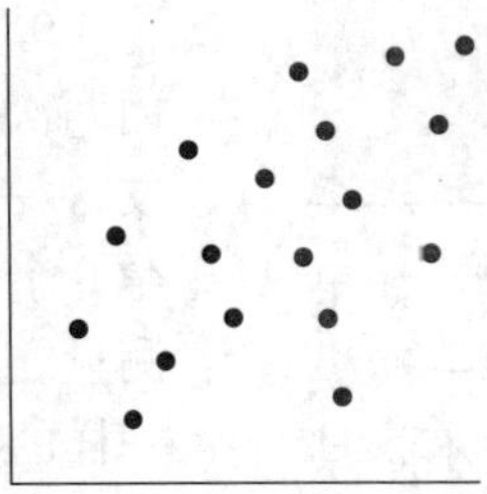

(e)

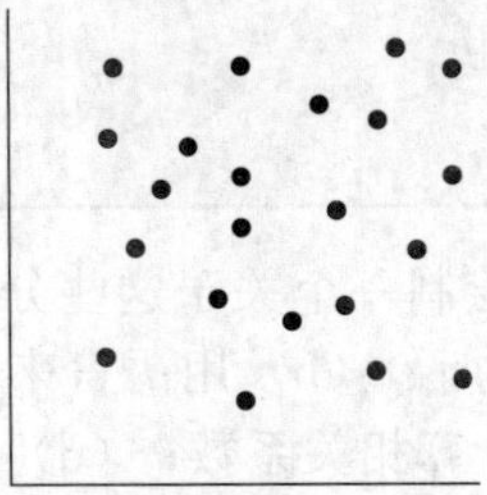

(f)

476 2. 一位研究人员研究了在心理治疗中治疗者的共情程度和病人对治疗的满意度之间的关系。作为一项初步研究，4 对病人和治疗者参与了其中。以下就是结果：

对数	治疗者的共情程度	病人的满意度
1	70	4
2	94	5
3	36	2
4	48	1

（a）绘制一个关于这些分数的散点图；如果存在相关的话，（b）用语言来描述相关的一般模式；（c）计算相关系数；（d）计算相关是不是具有统计显著性（采用0.05的显著性水平，双侧）；（e）向一个从来没有听说过相关但是理解均数、离均差分数和假设检验的人解释你的计算过程的逻辑；（f）给出三个逻辑上的因果方向，并根据变量说出它们是不是一个合理的方向（和为什么）。

3. 一个教师问5个学生他们要花多少小时来为一次考试做准备。以下是学习的小时数和学生的成绩：

学习小时数	测验分数
0	52
10	95
6	83
8	71
6	64

（a）绘制一个关于这些分数的散点图；如果存在相关的话，（b）用语言来描述相关的一般模式；（c）计算相关系数；（d）计算相关是不是具有统计显著性（采用0.05的显著性水平，双侧）；（e）向一个从来没有听说过相关但是理解均数、离均差分数和假设检验的人解释你的计算过程的逻辑；（f）给出三个逻辑上的因果方向，并根据变量说出它们是不是一个合理的方向（和为什么）。

4. 在关于人们第一次了解彼此的研究当中，研究者检验了一个人的自我暴露程度和他对对方的喜欢程度之间的关系。以下就是结果：

自我暴露程度	喜欢程度
8	7
7	9
10	6
3	7
1	4

（a）绘制一个关于这些分数的散点图；如果
477 存在相关的话，（b）用语言来描述相关的一般模式；（c）计算相关系数；（d）计算相关是不是具有统计显著性（采用0.05的显著性水平，双侧）。

5. 在下表中，数据集B是数据集A的轻微修改版，这样一直持续到数据集D。对于每个数据集，（a）绘制一个关于这些分数的散点图；如果存相关的话，（b）用语言来描述相关的一般模式；（c）计算相关系数；（d）计算相关是不是具有统计显著性（采用0.05的显著性水平，双侧）。

数据集A		数据集B		数据集C		数据集D	
X	*Y*	*X*	*Y*	*X*	*Y*	*X*	*Y*
1	1	1	1	1	5	1	1
2	2	2	2	2	2	2	4
3	3	3	3	3	3	3	3
4	4	4	5	4	4	4	2
5	5	5	4	5	1	5	5

6. 对于下列每种情况，说明为什么相关系数可能是实际相关的扭曲估计（以及你预期会是什么类型的扭曲）：

（a）两份人格问卷测量的分数是相关的。

（b）在众多的百万富翁中，生活条件的舒适和快乐是相关的。

7. 在以下的研究中，采用一个相关系数和0.05的显著性水平，它们的统计检验力是多少？

	效应大小（r）	N	单/双侧
(a)	0.10	50	双侧
(b)	0.30	100	单侧
(c)	0.50	30	双侧
(d)	0.30	40	单侧
(e)	0.10	100	双侧

8. 在以下的研究中，采用一个相关系数和0.05的显著性水平，要想得到80%的统计检验力需要多少参与者？

	效应大小（r）	单/双侧
(a)	0.50	双侧
(b)	0.30	单侧
(c)	0.10	双侧

9. 查普曼等（Chapman et al.，1997）在市内两次采访了68位孕妇和她们的丈夫（或男朋友），一次在怀孕3个月到6个月之间，一次在怀孕6个月到9个月之间。表11—12显示了这几种测量之间的相关。（“零阶相关”与普通的相关是一样的。）在这个表中，最重要的相关存在于以下这些变量之间：女性报告的压力、男性报告另一半的压力、女性在第一和第二次采访时对她们另一半支持的感知、女性在第一次和第二次采访时的抑郁。

向一个从未上过统计课程的人解释这些结果。 478
特别是，（a）使用例子中的一个相关解释相关系数是什么意思；（b）研究表格，就变量之间相关的强弱，评论结果的模式。（c）使用一个具体的相关作为例子，评论基于这些数据得出因果方向结论的局限性（注意至少有一个合理的因果方向，并解释它为什么是合理的）。

表 11—12　　**所研究变量的零阶相关**

变量	1	2	3	4	5	6	7	8	9
1. 女性报告的压力	—								
2. 男性报告另一半的压力	0.17	—							
3. 另一半的支持 1	−0.28*	−0.18	—						
4. 另一半的支持 2	−0.27*	−0.18	0.44***	—					
5. 抑郁 1	0.23*	0.10	−0.34**	−0.17	—				
6. 抑郁 2	0.50***	0.14	−0.42***	−0.41***	0.55***	—			
7. 女性的年龄	0.06	0.16	0.04	−0.24*	−0.35*	−0.09	—		
8. 女性的族群	−0.19	−0.09	−0.16	−0.14	0.11	0.13	−0.02	—	
9. 女性的婚姻地位	−0.18	0.01	0.12	0.24*	−0.04	−0.20	0.05	−0.34**	—
10. 婚姻中男女平等	0.19	0.13	−0.11	−0.17	0.10	0.16	0.26*	0.31*	−0.12

* $p<0.05$，** $p<0.01$，*** $p<0.001$.

资料来源：Chapman，H. A.，Hobfoll，S. E.，& Ritter，C.（1997）. Partners' stress underestimations lead to women's distress：A study of pregnant inner-city women. *Journal of Personality and Social Psychology*，*73*，418－425. Published by the American Psychological Association. Reprinted with permission.

练习 Ⅱ

10. 对于以下每个散点图，指出这个模式是不是线性的、曲线性的，还是不存在相关；如果它是线性的，说明它是正相关还是负相关，以及相关的大致强度（大、中等、小）。

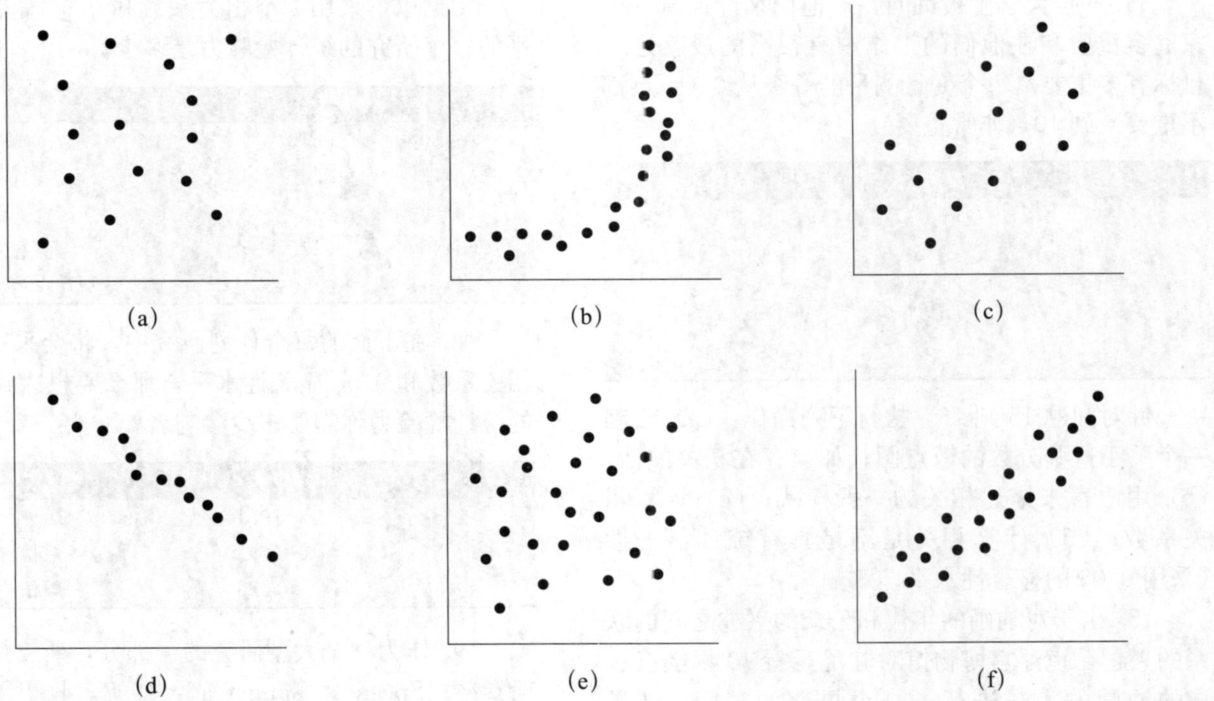

479

11. 针对以下情形绘制由 10 个点构成的散点图：（a）完美的正线性相关；（b）大但是不完美的正线性相关；（c）小的正线性相关；（d）大但是不完美的负线性相关；（e）不相关；（f）曲线相关。

针对问题 12 到 14，执行下列操作：（a）绘制关于这些分数的散点图；如果存在相关的话，（b）用语言来描述相关的一般模式；（c）计算相关系数；（d）计算相关是不是具有统计显著性（采用 0.05 的显著性水平，双侧）；（e）向一个从来没有听说过相关但是理解均数、离均差分数和假设检验的人解释你的计算过程的逻辑；（f）给出三个逻辑上的因果方向，并根据变量说出它们是不是一个合理的方向（和为什么）。

12. 4 名研究参与者进行了一项灵巧测试（高分数意味着更加灵巧）和一项焦虑测试（高分数意味着更加焦虑）。得分如下：

参与者	灵巧	焦虑
1	1	10
2	1	8
3	2	4
4	4	−2

13. 4 个儿童被近距离监视了几周以测量他们看了多少暴力电视节目和他们对玩伴做出暴力行为的数量。结果如下：

480

儿童编号	每周观看暴力电视节目时间（小时）	对玩伴做出暴力或攻击行为的数量
G3368	14	9
R8904	8	6
C9890	6	1
L8722	12	8

14. 5 位大学生被询问，对他们来说拥有一个家庭多重要和在他们的工作中有很高的成就这一目标有多重要。每个变量测量的等级从 0（一点都不重要）到 10（非常重要）。

学生	家庭目标	工作目标
A	7	5
B	6	4
C	8	2
D	3	9
E	4	1

针对问题 15 到 16，执行下列操作：(a) 绘制一个关于这些分数的散点图；如果存在相关的话，(b) 用语言来描述相关的一般模式；(c) 计算相关系数；(d) 计算相关是不是具有统计显著性（采用 0.05 的显著性水平，双侧）。

15. 出于对油画的年代和公众的兴趣之间的联系的兴趣，卢浮宫博物馆对驻足观看 10 幅随机选取的油画的人数进行了一个星期的观察。结果如下：

续前表

油画名称	大约年代（年前）(X)	驻足观看的人数 (Y)
《埋葬基督》	465	68
《三月的圣凯瑟琳》	515	71
《浴女》	240	123
《梳妆》	107	112
《巴尔达萨雷伯爵像》	376	48
《英格兰国王查理一世》	355	84
《克里斯平和斯卡平》	140	66
《阳光下的裸女》	115	148
《阳台》	112	71
《马戏团》	99	91

16. 一位发展心理学家研究了人们在他们 80 岁的时候，非常亲近的朋友人数和他们整体健康的联系。以下就是 6 位研究参与者的分数：

研究参与者	朋友人数 (X)	整体健康 (Y)
A	2	41
B	4	72
C	0	37
D	3	84
E	2	52
F	1	49

17. 以下采用一个相关系数和 0.05 显著性水平的每个研究的统计检验力是多少？ 481

	效应大小 (r)	N	单/双侧
(a)	0.10	30	单侧
(b)	0.30	40	双侧
(c)	0.50	50	双侧
(d)	0.30	100	双侧
(e)	0.10	20	单侧

18. 在下面的每个计划研究中，将会采用一个相关系数和 0.05 显著性水平，那么要想达到 80% 的统计检验力你需要多少参与者？

	效应大小 (r)	单/双侧
(a)	0.10	单侧
(b)	0.30	双侧
(c)	0.50	单侧

19. 作为一个大型研究的一部分，斯皮德和孔斯泰兹（Speed & Gangstead，1997）收集了兄弟会成员对于 66 个兄弟会男性一系列特性的评估和提名。下面的一段是他们结果的一部分：

……男人的浪漫程度和几个特性相关：穿着得体（$r=0.48$），有魅力（$r=0.47$），性格外向（$r=0.47$），充满自信（$r=0.44$），崇尚潮流（$r=0.38$），谈吐有趣（$r=0.37$），自我满意（$r=0.32$），独立自主（$r=0.28$）。然而，男人在金钱上成功的潜力跟浪漫程度不存在显著相关（$r=0.10$）。(p. 931)

向一个从未上过统计课程的人解释这些结果。特别是：(a) 使用例子中的一个相关解释相关系数是什么意思；(b) 用一般方式解释“显著”和“不显著”是什么意思，至少指出一个具体的例子；(c) 将因果方向考虑在内，来推断结果的意义。

20. 盖博和路特斯（Gable & Lutz，2000）研究了 65 个 3 到 10 岁的儿童，还有他们的父母。研究的结果之一是“父母控制孩子的饮食和孩子参加课外活动的积极性呈现出一个负相关（$r=0.34$；$p<0.01$）”(p. 296)。另一个结果是“父母对儿童营养的适当理念越少，他们的孩子每天看电视的时间就会越多（$r=0.36$；$p<0.01$）”(p. 296)。向一个从未上过统计课程的人解释这些结果。确保每个结果可能的因果方向。

21. 表 11—13 来自一个研究，在该研究中，鲍尔温和他的同事们（Baldwin et al.，2006）考察了 194 个大学生的羞愧、内疚和自我效能之间的联系。自我效能是指人们在尝试各种事情时对于自己获得成功的能力的信念。（例如，学生们表示他们非常同意这类言论：“当我做一个计划时，我确定我能做好它。”）表 11—13 显示了问卷测量的羞愧、内疚、一般自我效能、社会自我效能和 482
总的自我效能（一般自我效能加上社会自我效能）之间的相关。

向一个从未上过统计课程的人解释这些结果。特别是：(a) 使用例子中的一个相关解释相关系数是什么意思；(b) 研究表格，就变量之间的相关强弱，评论结果的模式；(c) 使用一个具体的相关作为例子，评论基于这些数据得出因果方向结论的局限性（注意至少有一个合理的因果方向，并且解释它为什么是合理的）。

表 11—13　羞愧、内疚和自我效能各分量表之间的相关

	1	2	3	4	5
1. 羞愧					
2. 内疚	0.34**				
3. 一般自我效能	−0.29**	0.12			
4. 社会自我效能	−0.18*	−0.06	0.47**		
5. 总的自我效能	−0.29**	0.07	0.94**	0.74**	

注：对于所有相关，n 在 184 到 190 之间。

* $p<0.01$，** $p<0.001$.

资料来源：Baldwin，K. M.，Baldwin，J. R.，& Ewald，T. (2006). The relationship among shame，guilt，and self-efficacy. *American Journal of Psychotherapy*，*60*，1-21. Copyright © 2006 by The Association for the Advancement of Psychotherapy. Reprinted by permission of the publisher.

22. 从你的班级随机抽出 8 个人。执行以下步骤：(a) 针对每个人姓名中名和姓的字母的数目之间的关系，绘制一个散点图；(b) 计算每个人的名和姓中的字母数目之间的相关系数；(c) 计算这个相关是不是具有统计显著性（使用 0.05 的显著性水平，双侧）；(d) 用语言描述结果；(e) 对于你的结果提出一个可能的解释。

SPSS 应用

（我们使用 SPSS 15.0 这个版本做分析。以下的步骤和输出窗口可能与其他版本有些稍微的不同。）

在下面的步骤中，对于散点图和相关系数，我们将会使用睡眠和心情关系的研究作为例子。这个研究的分数显示在表 11—1 中，散点图显示在图 11—2 中，有关相关系数及其显著性的计算显示在表 11—3 中。

绘制一个散点图

1. 将分数输入 SPSS，如图 11—20 所示。

2. 点击 Graphs。

3. 点击 Legacy/Dialogs，点击 Scatter/Dot。 483
一个对话框会出现，允许你选择不同类型的散点图。你想要的是“Simple Scatter”。这是默认的散点图类型；因此你只需要点击 Define。

4. 点击“mood”这个变量，然后点击箭头将其放入“Y axis”框中。这是告知 SPSS“mood”变量的分数应该对应着散点图上的纵轴（或 Y 轴）。点击“sleep”这个变量，然后点击箭头将其放入“X axis”框中，这是告知 SPSS“sleep”变量的分数应该对应着散点图上的横轴（或 X 轴）。

5. 点击 OK。你的 SPSS 的输出窗口应该类似于图 11—21。

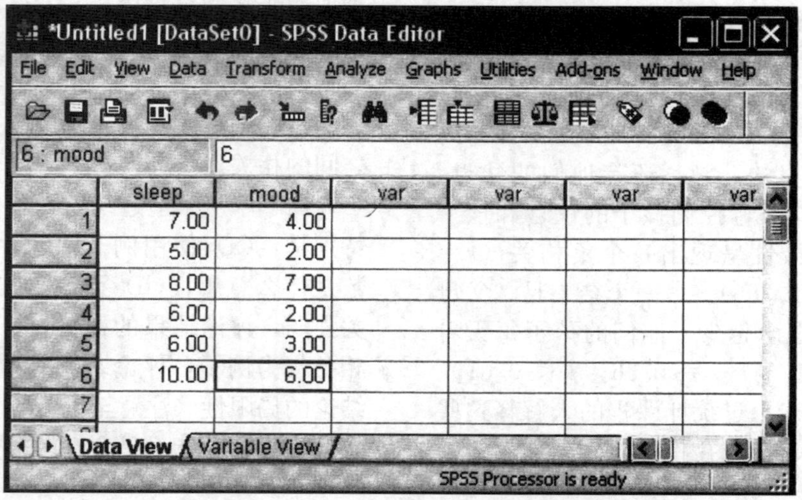

图 11—20　睡眠和心情关系的虚构研究的 SPSS 数据编辑窗口

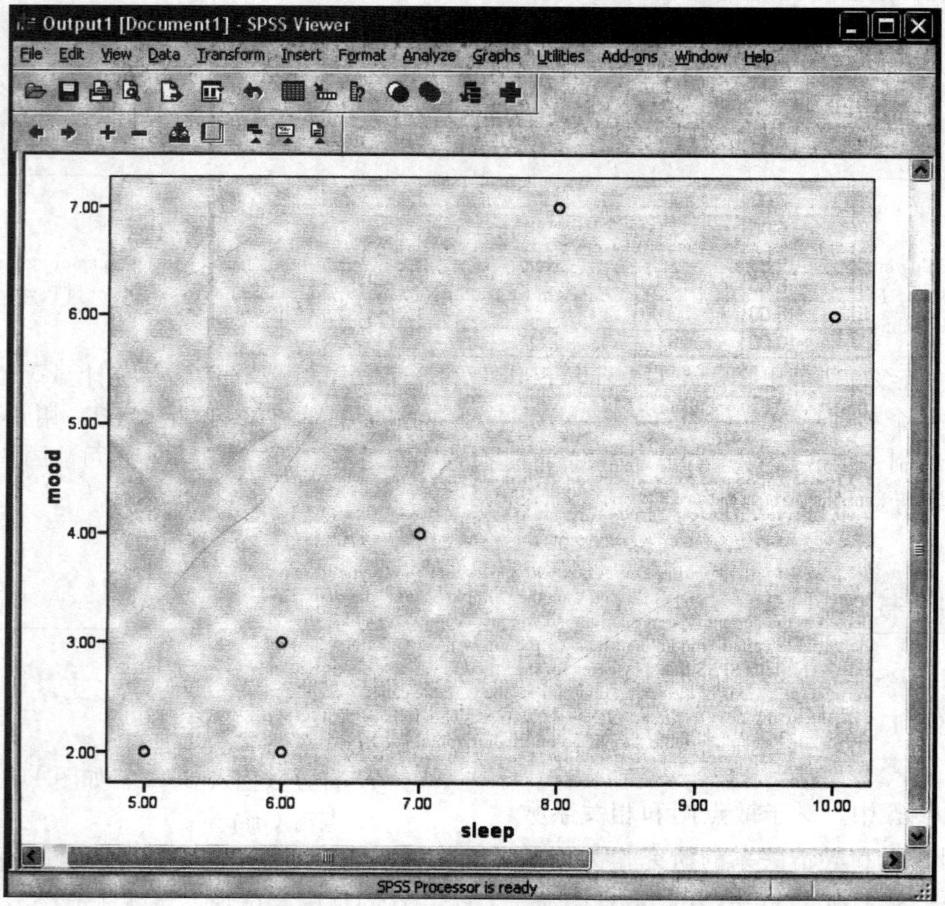

图 11—21　展现了睡眠和心情关系（虚构的数据）的一个 SPSS 散点图

找出相关系数

1. 将分数输入 SPSS，如图 11—20 所示。

2. 点击 Analyze。

3. 点击 Correlate。

4. 点击 Bivariate。

5. 点击“mood”这个变量，然后点击箭头将其放入“Variables”框中。点击“sleep”这个变量，然后点击箭头将其放入“Variables”框中。这是告知 SPSS 软件去计算“mood”和“sleep”这两个变量之间的相关系数。（如果你想找出每个变量之间的相关，你就要将它们都放入“Variables”框中。）注意在默认情况下，SPSS 会执行皮尔逊相关（你在本章已经学习过这种类型的相关），给出采用双侧检验时的显著性水平，并且标记采用 0.05 水平的具有统计显著性的相关。（点击“Spearman”一旁的框，它是一个特殊的相关类型——斯皮尔曼等级相关，我们在这章之前简单地讨论过。）

484 6. 点击 OK。你的 SPSS 输出窗口应该类似于图 11—22。

图 11—22 中的表显示了一个小的相关矩阵（只有两个变量）。（如果你不只对两个变量之间的相关感兴趣——在心理学研究中是经常发生的——SPSS 将会输出一个大的相关矩阵。）相关矩阵显示了相关系数（“Pearson Correlation”）、相关系数的显著性水平［“Sig.（2-tailed)”］、相关分析的人数（“N”）。注意相关矩阵中有两个单元格显示的相关系数正好是 1。你可以忽视这些单元格；它们仅仅显示每个变量都完美地跟自身相关。（在大的相关矩阵中，从左上角到右下角的对角线上的所有单元格显示的相关系数都是 1。）你也要注意，剩下的两个单元格提供了相同的信息。这是因为这张表显示了睡眠和心情的相关，也显示了心情和睡眠的相关（当然，这是同一相关。）
因此你可以看其中任何一个。（在大的相关矩阵 485
中，你只需要看从左上角到右下角的对角线上方或下方的所有相关即可。）相关系数是 0.853（在研究文献中通常舍入到小数点后两位）。0.031 的显著性水平小于我们的 0.05 的临界点，意味着它具有统计显著性。0.853 后面的星号（*）也表明它具有统计显著性（在 0.05 显著性水平上，如表注所示）。

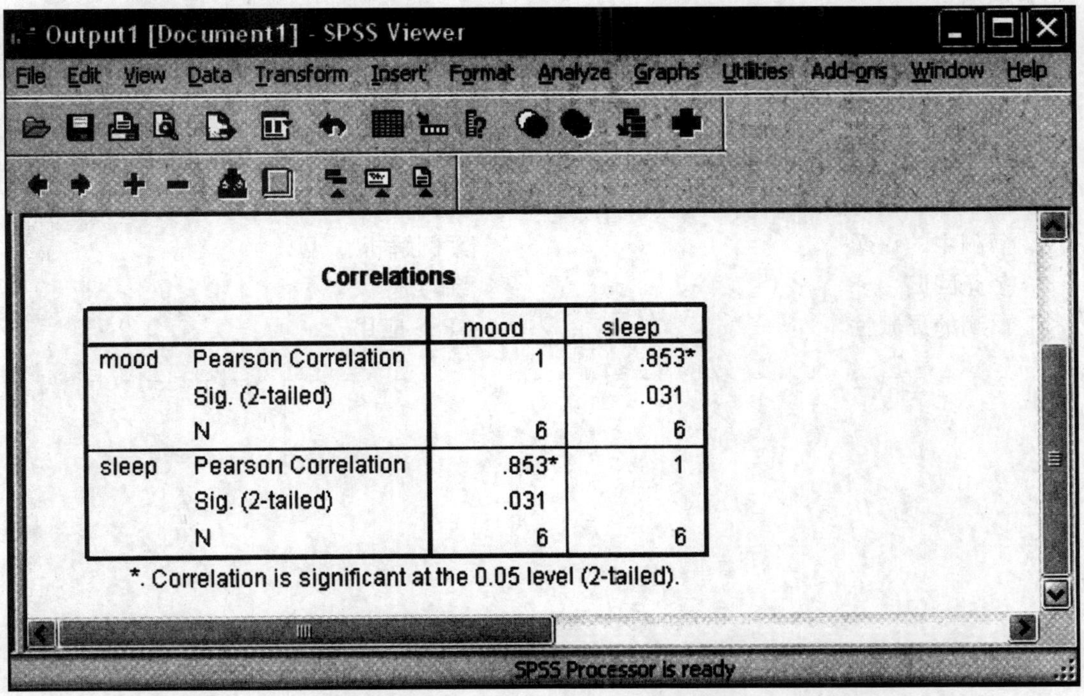

Correlations

		mood	sleep
mood	Pearson Correlation	1	.853*
	Sig. (2-tailed)		.031
	N	6	6
sleep	Pearson Correlation	.853*	1
	Sig. (2-tailed)	.031	
	N	6	6

*. Correlation is significant at the 0.05 level (2-tailed).

图 11—22 睡眠和心情相关性（虚构的数据）的 SPSS 输出窗口

第 12 章

预 测

章节概览

487 在这一章中，以你在第 11 章中学到的为基础，我们考虑一种统计方法主要的实际应用：进行预测。不同类型的心理学家都被呼吁对诸如当一个求职者被录用时他可能的表现、多少钱的阅读项目可以帮助一个特殊的三年级学生、一个特定的病人有多大可能自杀，或者一个假释犯人有多大可能去犯暴力的罪行之类的事情进行有根据的（准确的）猜测。统计预测在帮助心理学家理解各种因素是如何影响感兴趣的结果中有着很大的作用。例如，一个结婚的人身上的某个因素可以预测他婚后是否开心和婚姻存续时间是否可以超过 10 年；儿童时期的一个因素可以预测成年后的焦虑和抑郁；学习东西的环境可以预测以后对其回忆的影响；从朋友和家庭得到的不同种类的支持可以预测一
488 个人能多快从所爱的人死亡这件事中恢复过来。最后，学习统计预测的复杂性加深了你对其他统计主题的认识，并且为学习更高深的统计课程做了准备。

成功小贴士

确保在阅读这章之前，你已经完全掌握了第 11 章中关于相关的内容。

本章的主要部分在于以另一个变量的信息为基础，如 SAT 分数，对某一变量进行预测，如预测大学 GPA，并对该程序和逻辑进行详细的探讨。然后我们简要地介绍一下基于两个或更多变量信息（如 SAT 分数和高中 GPA）对一个变量（如大学 GPA）进行预测的程序。最后，作为一个前沿课题，我们将讨论如何评估我们使用这些程序做出预测的准确性。

当你学习这些新的课题时，你将发现它们与我们在上一章学习的相关内容紧密地联系在一起。这是因为如果两个变量相关，就意味着你能从一个变量预测另一个变量。因此如果前一晚的睡眠和第二天的心情相关，这就意味着在一定程度上，我们可以从前一晚一个人的睡眠小时数预测他在第二天的心情快乐程度。但是如果两个变量不相关，我们就可以知道一个变量不能帮助你预测另一个。因此如果鞋码和收入之间是零相关，那么一个人的鞋码就不能帮助你预测他的收入。随后，我们会再次提及相关和预测之间的关系。但是在回顾相关之前，让我们转向预测。

预测变量（*X*）和效标变量（*Y*）

预测变量（通常用 *X* 表示） 在预测中，经常用于预测另一个变量上的个体分数的变量。

效标变量（通常用 *Y* 表示） 在预测中，被预测的那个变量。

相关和预测看起来不同的地方之一是：相关对于变量之间的从属关系意义不大。但是通过预测，我们可以确定哪个变量是用来预测的，哪个变量是被预测的。用来预测的变量就被称为**预测变量**，被预测的变量就被称为**效标变量**。在公式中预测变量经常被标记为 *X*，效标变量经常被标记为 *Y*。也就是，*X* 预测 *Y*。在我们刚刚考虑的例子中，SAT 分数是预测变量或 *X*，大学 GPA 是效标变量或 *Y*（见表 12—1）。

线性预测法则

假定在一个特定的大学，我们想从学生的 SAT 分数来预测他们的 GPA。我们可以通过忽略 SAT 分数来预测大学 GPA，并且仅仅预测每个人的大学 GPA 的平均水平。但是这样我们就无法利用已知的 SAT 分数了。另一种可能性就是我们使用这所学校学生 SAT 分数和 GPA 的信息，来创立一个关于我们要预测的 GPA 的每一
489 个可能 SAT 分数的复杂规则。例如，假定在过去的几年中，在这个学校中，SAT 达到 580 分的学生的平均 GPA 是 2.72，进校时 SAT 达到 590 分的学生的平均 GPA 为 2.76，SAT 为 600 分的学生的平均 GPA 是 2.74，以此类推。我们可以使用这些数字来建立一个规则，对于将来入学时 SAT 为 580 分的学生，我们可以预测他们毕业时的 GPA 是 2.72，对于 SAT 拥有 590 分的学生，我们可以预测他们毕业时的 GPA 是 2.76，以此类推。这将是个相当好的规则，可能会使精确预测变得合理起来。然而，这种规则的问题就是它

相当复杂。同时，只有一部分学生具有 SAT 分数，并且这些 SAT 分数对于学生而言可能也不是特别准确。

表 12—1 **预测变量和效标变量**

	用来预测的变量	被预测的变量
	预测变量	效标变量
符号	X	Y
例子	SAT 分数	大学 GPA

理想情况下我们希望一个预测规则不仅仅比这个复杂规则要简单，而且不是取决于每个预测的少数情况。心理学家青睐的一个解决方法是这样形式的一种规则：“为了预测一个人 Y 上的分数，从一些基础的分数开始，我们叫它 a，然后加上一个特殊预测值（我们叫它 b）和这个人 X 上的分数的乘积。”对于我们 SAT 分数和 GPA 的例子，这个规则就是：“为了预测一个人的平均 GPA，从 0.3 开始，加上 0.004 和这个人 SAT 分数的乘积。”即基础分（a）是 0.3 且特殊预测值（b）是 0.004。因此，如果一个人的 SAT 分数是 600，我们预测一个人的毕业 GPA 就是 2.7。也就是，0.3 的基础分加上特殊预测值 0.004 和 600 的乘积，即 0.3 加上 2.4，等于 2.7。对于一个 SAT 为 700 分的学生来说，我们预测他的毕业 GPA 为 3.1［即 0.3+（0.004×700）=3.1］。

这就是**线性预测法则**（或者线性预测模型）的例子。我们会在接下来的部分了解到它为什么被称为“线性”。现在你已经足够注意到，这儿的“线性”与我们在上一章学到的相关是等同的：低分数伴随着低分数，高分数伴随着高分数（或是低分数伴随着高分数，高分数伴随着低分数）。在我们的 SAT 分数和大学 GPA 例子中，预测变量（SAT 分数）的低分数预测了效标变量（大学 GPA）的低分数，预测变量的高分数预测了效标变量的高分数。

> **线性预测法则** 做预测的公式，即基于一个人在一个或多个预测变量的分数，来预测该人在效标变量上的分数的公式。
>
> **回归常数（a）** 在线性预测法则中，被加进预测中的特殊固定值。

在线性预测法则中，基础数字或者 a 的正式名称是**回归常数**或常数。之所以称它为“常数”，是因为当我们做预测的时候，它经常作为一个固定值被使用。回归是统计学家做预测时用的另一个名称；这就是它为什么被称为回归常数。与一个人预测变量上的分数相乘的数字，b，被称作**回归系数**。在这章的后面部分，你将会学到怎样计算 a 和 b 的值，并且你将会使用它们去绘制一个图来展示线性预测法则，但是现在我们的重点是一个变量（预测变量）预测另一个变量（效标变量）的逻辑。

所有线性预测法则使用的是以下这个公式：

$$\hat{Y}=a+(b)(X) \tag{12—1}$$

> 一个人效标变量上的分数等于回归常数加上回归系数与那个人在预测变量上的分数的乘积。

在这个公式中，$\hat{Y}$ 是效标变量上要预测的个人分数，a 是回归常数，b 是回归系数，X 是预测变量上的个人分数。Y 上方的符号表示“要预测的值”，并且被称为一个帽子（因此，$\hat{Y}$ 就是“Y 的帽子”）。

一个例子

在使用 SAT 分数预测大学 GPA 的例子中，回归常数（a）是 0.3，回归系数（b）是 0.004。 490
因此，为了预测一个人的 GPA，你需要用 0.3 加上 0.004 乘以 SAT 分数。按照线性预测法则的公式，可得到：

$$\hat{Y}=a+(b)(X)=0.3+(0.004)(X)$$

或者按照变量的名字，可得到：

$$被预测的\ GPA=0.3+(0.004)(SAT\ 分数)$$

运用这个公式去预测 SAT 分数为 700 的 GPA，可得到：

$$\begin{aligned}被预测的\ GPA&=0.3+(0.004)(700)\\&=0.3+2.80=3.10\end{aligned}$$

你可能有兴趣知道，研究一再表明 SAT 分数（和高中的 GPA）可以预测大学生的 GPA（例如，Schmitt et al.，2007）。你可以想象（可能根据个人的经验获知），SAT 分数不是预测大学生 GPA 的唯一因素。

另一个例子

回忆我们在第 11 章中考虑过的例子，即 6 个学生的睡眠和第二天的心情之间的关系。在这个例子中，睡眠小时数是预测变量（X），心情快乐程度是效标变量（Y）。这个例子中的回归常数（a）是－3，回归系数（b）是 1。（你将在后面的部分学习如何计算 a 和 b 的值。）因此，为了预测一个人的心情快乐程度，你需要将－3 加上睡眠小时数和 1 的乘积。按照线性预测法则公式，可得到：

$$\hat{Y}=a+(b)(X)=-3+(1)(X)$$

或者按照变量的名字，可得到：

预测的心情＝－3＋（1）（睡眠小时数）

使用这个公式去预测睡眠 9 个小时后第二天的心情快乐程度，可得到：

预测的心情＝－3＋（1）（9）

＝－3＋9＝6

表 12—2 采用线性预测法则公式展示了睡眠小时数（从 0 到 16）预测的心情快乐程度。在表 12—2 中，有一点需要特别注意，在实际预测的情况下，用一个远远高于或低于你在研究中用以计算原始相关值的预测变量分数去预测，不是一个好主意。你在这个例子中可以看出，当一个人的睡眠时间很少，你预测的心情快乐程度是负的，但这是不可能的（等级是从 0 到 8）；当一个人睡眠时间很长，你预测的心情快乐程度就会高于范围的上限。（实际上，它甚至没有意义；睡眠 16 小时可能不会让你快乐。）这就是为什么一个预测规则中的预测变量应该与在原始相关中的值范围是一样的，预测规则是以这个为基础的。

表 12—2　在 0 到 16 小时的睡眠时间范围内，对睡眠和心情这一虚构例子使用线性预测法则公式 491

使用线性预测法则：$\hat{Y}=a+(b)(X)$ 预测的心情 ＝－3＋(1)(睡眠小时数)	
0 小时睡眠	－3 ＝ －3 ＋ (1) (0)
1 小时睡眠	－2 ＝ －3 ＋ (1) (1)
2 小时睡眠	－1 ＝ －3 ＋ (1) (2)
3 小时睡眠	0 ＝ －3 ＋ (1) (3)
4 小时睡眠	1 ＝ －3 ＋ (1) (4)
5 小时睡眠	2 ＝ －3 ＋ (1) (5)
6 小时睡眠	3 ＝ －3 ＋ (1) (6)
7 小时睡眠	4 ＝ －3 ＋ (1) (7)
8 小时睡眠	5 ＝ －3 ＋ (1) (8)
9 小时睡眠	6 ＝ －3 ＋ (1) (9)
10 小时睡眠	7 ＝ －3 ＋ (1) (10)
11 小时睡眠	8 ＝ －3 ＋ (1) (11)
12 小时睡眠	9 ＝ －3 ＋ (1) (12)
13 小时睡眠	10 ＝ －3 ＋ (1) (13)
14 小时睡眠	11 ＝ －3 ＋ (1) (14)
15 小时睡眠	12 ＝ －3 ＋ (1) (15)
16 小时睡眠	13 ＝ －3 ＋ (1) (16)

你会做吗?

1. 填空：用来预测的变量被称为________变量，被预测的变量被称为________变量。

2. 什么是线性预测法则?

3. 写出线性预测法则的公式，并且界定每个符号的意义。

4. 在一个特定的预测法则中，a＝－1.23，b＝6.11。如果预测变量上的分数分别是（a）2.00，（b）4.87，（c）－1.92，那效标变量上的预测分数是多少?

5. 为什么必须在与被研究的人群相同的分数范围内使用线性预测法则进行预测?

答案

1. 用来预测的变量被称为预测变量，被预测的变量被称为效标变量。

2. 为了预测一个效标变量（Y）的个人分数，用一个特定的回归常数加上特定的回归系数乘以预测变量（X）上个人分数的乘积。

3. 线性预测法则的公式：$\hat{Y}=a+(b)(X)$。$\hat{Y}$ 是效标变量（Y）上的预测分数，a 是回归常数，b 是回归系数，X 是预测变量上（X）的分数。

4. 预测分数：(a) $\hat{Y}=a+(b)(X)$，$\hat{Y}=-1.23+(6.11)(2.00)=10.99$；(b) $-1.23+(6.11)(4.87)=28.53$；(c) $-1.23+(6.11)(-1.92)=-12.96$。

5. 使用预测变量范围以外的分数可能会得到不切实际（或者甚至是不可能）的效标变量的预测分数。

492 ## 回归线

你可以想象线性预测法则作为一条线显示在图上，横轴是预测变量（X）的值，纵轴是效标变量（$\hat{Y}$）的预测分数。（这个图类似于你在第11章学习过的散点图。）这条线被称为**回归线**，并且展示了预测变量的值和效标变量的值之间的关系。

图12—1显示了SAT分数（预测变量）和大学GPA（效标变量）这个例子的回归线。通过这条回归线，你可以发现GPA是可以被任何SAT分数预测出来的。虚线显示了SAT为700分时的预测。从计算得知，SAT为700分时预测的GPA比3.0多一点点，这个结果与我们之前使用线性预测法则公式得出的预测值3.1是一致的。因此，就像你所看到的，回归线是线性预测法则公式的一个形象表示。

回归线 一张诸如散点图的图上的线，它显示了效标变量的预测值和预测变量的值之间的关系，并且作为对线性预测法则公式的一个形象表示。

前一晚的睡眠（预测变量）和第二天的心情（效标变量）这个例子的回归线如图12—2所示。虚线显示了睡眠9小时时的预测心情快乐程度为6，这个值与我们使用线性预测法则公式得出的结果是一致的。

回归线的斜率

回归线的倾斜程度，称为**斜率**，即它每平移一个单位，这条直线所上升或下降的幅度。在图12—1的例子中，SAT分数每提升一个点直线在GPA的刻度上提升了0.004。实际上，直线的斜率就是b，回归系数。（我们一般不会说当SAT分数增长一个点，即从600到601，GPA增长0.004个点，而是认为SAT分数增长100点引起GPA增长0.4个点这种说法可能更好一些。）

斜率 在一张图中表示预测变量分数和效标变量分数之间关系的一条直线的倾斜程度，即它每平移一个单位，它所上升或下降的幅度。

493 在图12—2显示的关于睡眠和心情的例子中，回归系数的值，b是1。因此，每增加1小时睡眠，直线在心情的刻度上就上升1个单位。

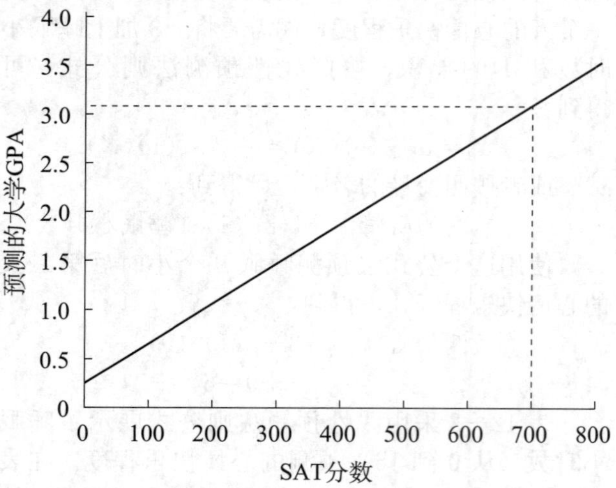

图12—1 SAT分数和大学GPA例子的回归线［以一个人SAT分数为700时所预测的大学GPA（虚构的数据）为例］

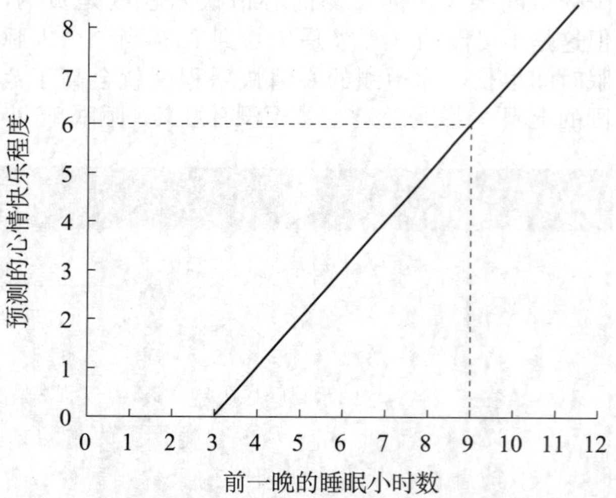

图12—2 睡眠和心情例子的回归线［以一个人睡眠时间达到9小时后所预测的第二天的心情快乐程度（虚构的数据）为例］

回归线的截距

回归线上穿过（或"截断"）纵轴的点被称为**截距**（有时称作"Y轴截距"）。（这里假定你已经绘制了纵轴，它就在横轴的值0上。）当预测变量（X）的分数为0，截距就是效标变量（$\hat{Y}$）上

截距 回归线上穿过纵轴的一点，即回归常数（a）。

的预测分数。也就是说，截距等同于回归常数。这是因为回归常数是你一直要加上的数字——一个基础数字。最好的基础数字是预测变量上的分数 0 所预测的结果分数。在图 12—1 中，直线穿过纵轴上的 0.3 处。也就是说，当一个人的 SAT 分数是 0，预测的大学 GPA 就是 0.3。实际上，直线的截距就是 a，它就是回归常数。另一种思考方式则是依据线性预测法则公式，即 $\hat{Y}=a+(b)(X)$。如果 X 是 0，那无论 b 值是多少，当你将 X 乘以它，你都会得出 0。因此，如果 b 乘以 X 的结果是 0，那么公式就只剩下左边的部分，即 $\hat{Y}=a+0$。它就是，如果 X 是 0，$\hat{Y}=a$。

对于睡眠和心情的例子，回归常数 a 是 −3。如果你在图 12—2 中将回归线延长，它会穿过纵轴上的 −3 处。

怎样绘制回归线

第一步是建立并标记轴线——与你在第 11 章中学到的绘制散点图的步骤一样。回归线是一条直线并因此展示了线性预测。所以，为了绘制回归线，你得计算任意两点的位置，然后
494 绘制一条直线穿过它们。总的来说，有四个步骤：

❶ 绘制散点图，并且标记轴线。记得将预测变量放于横轴。

❷ 计算在一个低预测变量值的情况下，效标变量上的预测值，并将这一点标记在图上。使用你之前学到的线性预测法则公式进行预测：$\hat{Y}=a+(b)(X)$。

❸ 重复上一步骤，但这次针对的是高预测变量值。所选的预测变量值最好比步骤❷中的高多一点。因为这样做能使两个点离得相对较远，你绘制的直线就会更加准确。

❹ 绘制一条经过这两个点的直线。这就是回归线。

绘制回归线的一个例子

以下是怎样绘制 SAT 分数和大学 GPA 这个例子的回归线的步骤。（也见图 12—3。）

❶ 绘制散点图，并且标记轴线。注意我们将 Y 轴标记为“被预测的”大学 GPA，回归线展示了预测变量（X）的实际分数和效标变量（$\hat{Y}$）的预测分数之间的关系。

❷ 计算在一个低预测变量值的情况下，效标变量上的预测值，并将这一点标记在图上。回忆我们之前以 SAT 分数来预测大学 GPA 的线性预测法则公式，$\hat{Y}=0.3+(0.004)(X)$。因此，SAT 分数为 200 时（一个很低的 SAT 分数），预测的大学 GPA 就是 $0.3+(0.004)(200)$，得到 1.1。接着，将这一点（$X=200$，$\hat{Y}=1.1$）标记在图上，如图 12—3 所示。

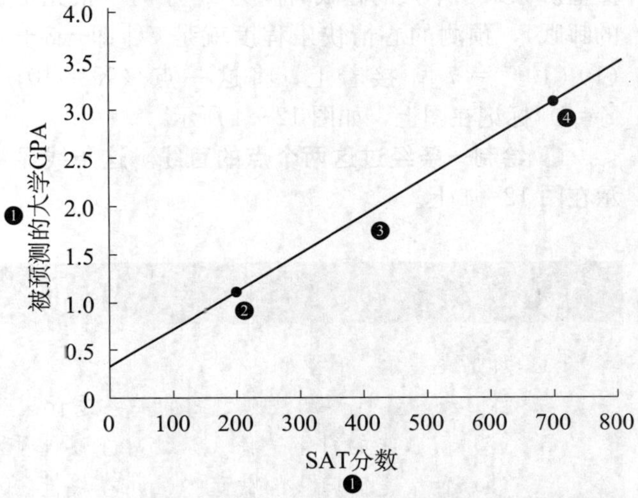

图 12—3　绘制 SAT 分数和大学 GPA 例子的回归线的步骤

注：❶绘制散点图，并且标记轴线。❷计算在一个低预测变量值的情况下，效标变量上的预测值，并将这一点标记在图上。❸重复上一步骤，但这次针对的是高预测变量值。❹绘制一条经过这两个点的直线。

成功小贴士 495

通过找出第三个点来检查你所绘直线的准确性，它应该也会落在这条直线上。

❸ 重复上一步骤，但这次针对的是高预测变量值。正如我们之前看到的，如果一个人的 SAT 分数是 700（一个很高的 SAT 分数），预测的大学 GPA 就是 3.1［即 $0.3+(0.004)(700)=3.1$］。接着，将这一点（$X=700$，$\hat{Y}=3.1$）标记在图上，如图 12—3 所示。

❹ 绘制一条经过这两个点的直线。这条线显示在图 12—3 上。

绘制回归线的另一个例子

以下是怎样绘制睡眠和心情这个例子的回归

线的步骤。（也见图 12—4。）

❶ **绘制散点图，并且标记轴线。**

❷ **计算一个在低预测变量值的情况下，效标变量上的预测值，并将这一点标记在图上。**回忆我们之前以睡眠小时数来预测心情快乐程度的线性预测法则公式，$\hat{Y}=-3+(1)(X)$。因此，3 小时睡眠（很少的睡眠）的情况下，预测的心情快乐程度是 $-3+(1)(3)$，得到 0。接着，将这一点（$X=3$，$\hat{Y}=0$）标记在图上，如图 12—4 所示。

❸ **重复上一步骤，但这次针对的是高预测变量值。**如果一个人的睡眠时间为 10 小时（很充足的睡眠），预测的心情快乐程度就是 7 [即 $-3+(1)(10)=7$]。接着上，将这一点（$X=10$，$\hat{Y}=7$）标记在图上，如图 12—4 所示。

❹ **绘制一条经过这两个点的直线。**这条线显示在图 12—4 上。

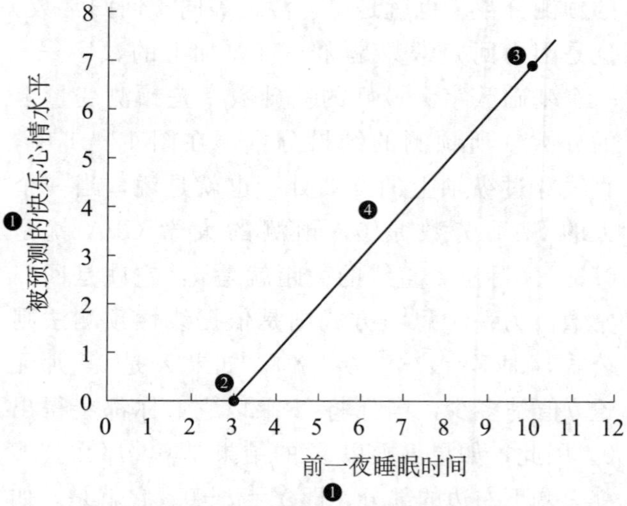

图 12—4　绘制睡眠和心情这个例子的回归线的步骤

注：❶绘制散点图，并且标记轴线。❷计算一个在低预测变量值的情况下，效标变量上的预测值，并将这一点标记在图上。❸重复上一步骤，但这次针对的是高预测变量值。❹绘制一条经过这两个点的直线。

496

你会做吗?

1. 回归线展示了什么？
2. 回归线和线性预测法则之间的关系是什么？
3. (a) 回归线的斜率是什么？(b) 在线性预测法则中，它等于什么？
4. (a) 什么是回归线的截距？(b) 在线性预测法则中，它等于什么？
5. 针对 X 和 $\hat{Y}$ 绘制一条回归线，其中 $a=4$，$b=1.33$。(X 轴值的范围是 0 到 12，Y 轴值的范围是 0 到 20。)

4. (a) 回归线的截距就是回归线上穿过纵轴的点（假定纵轴在横轴的值 0 上）。(b) 在线性预测法则中，它等于 a，回归常数。

5. 见图 12—5。

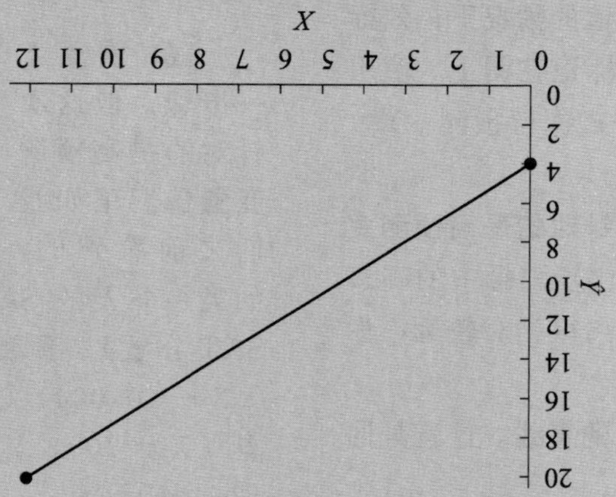

图 12—5　"你会做吗?"问题 5 的回归线

答案

1. 回归线展示了预测变量（X）和效标变量（$\hat{Y}$）上预测值的关系。
2. 回归线是线性预测法则的形象表示。
3. (a) 回归线的斜率是指它每平移一个单位，这条直线所上升或下降的幅度。(b) 在线性预测法则中，它等于b，回归系数。

寻找最佳的线性预测法则

在任何确定的情况下，我们怎样找出合适的线性预测法则、正确的回归常数 a 和回归系数 b 呢？无论我们是将它作为语言上的一个法则、一个公式，还是图上的一条回归线，我们都要知道这两个数字。图 12—6 显示了睡眠和心情例子中 6 个学生的散点图。四条不同的回
497 归线（每条都显示了一个不同的线性法则）如图所示。图中的这些点显示了 6 个学生的实际分数，并且这些线条显示了用睡眠预测心情的不同预测法则。因此这条线与实际的结果（这些点）越匹配，它作为一个预测法则就越准确。在现实中，只有一个最佳的线性法则，但是出于学习上的考虑，想象一下你有 4 个法则可以挑选。在图 12—6 中，对于用睡眠来预测心情，哪一个法则最准确呢？

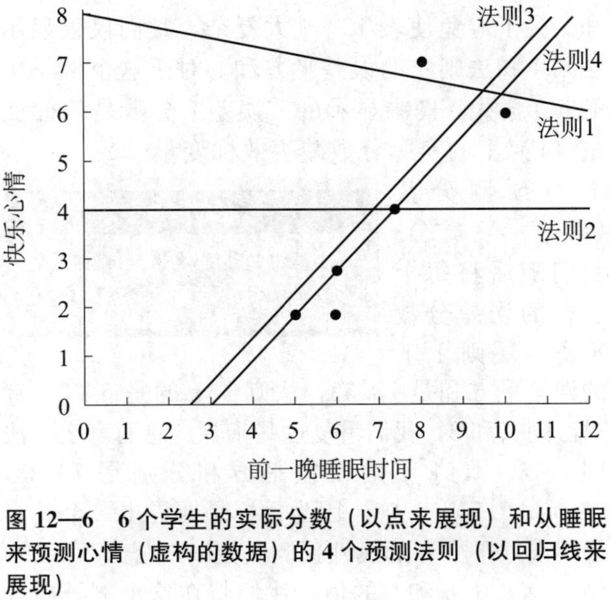

图 12—6　6 个学生的实际分数（以点来展现）和从睡眠来预测心情（虚构的数据）的 4 个预测法则（以回归线来展现）

假定我们使用法则 1 作为我们的预测法则。于是，可得到 $\hat{Y}=8-(0.18)(X)$。例如，如果我们使用这个法则来预测睡眠时间为 6 小时的一个人的心情快乐程度，我们预测到的就会是 6.92［即 $8-(0.18)(6)=6.92$］，这与研究中睡眠时间达到 6 小时的两个人的实际分数有很大距离（一个是 2，另一个是 3）。实际上，你可以在图上看出，基于法则 1 做出的预测与实际的心情快乐程度有很大差距。法则 2 的预测是 $\hat{Y}=4+(0)(X)$，更简单地说是 $\hat{Y}=4$。（因为在这个例子中 Y 值的平均数是 4，这一法则所预测的值总是 Y 的平均数。）如果我们使用这一法则，我们对一个睡眠时间为 6 小时的人进行预测会是合理的：预测的心情快乐程度是 4，与真实分数高度吻合。但是如果我们对一个睡眠时间为 5 小时或 8 小时的人进行预测，使用这条预测法则就得不到很好的效果了。总而言之，法则 3 在预测实际心情快乐程度时做得很不错（它与大部分点接近），但是法则 4 预测得更好。

表 12—3 总结了在这个例子中，4 个法则是怎样预测这 6 个学生的实际心情快乐程度的。这张表显示了睡眠小时数（X）、实际心情快乐程度（Y）和使用这 4 个预测法则预测的心情快乐程度（$\hat{Y}$）。这张表显示了使用法则 3 和 4 预测的心情效标变量（$\hat{Y}$）的值要比使用法则 1 和 2 进行预测更加接近效标变量（Y）的实际值。

498 **表 12—3** 比较 6 个学生的实际分数和使用 4 个线性预测法则（法则 1，2，3，4，见图 12—6）预测出的心情分数

	心情快乐程度				
		法则 1 预测的心情	法则 2 预测的心情	法则 3 预测的心情	法则 4 预测的心情
睡眠小时数	实际心情	$\hat{Y}=8-(0.18)(X)$	$\hat{Y}=4+(0)(X)$	$\hat{Y}=-2.5+(1)(X)$	$\hat{Y}=-3+(1)(X)$
X	Y	$\hat{Y}$	$\hat{Y}$	$\hat{Y}$	$\hat{Y}$
5	2	7.10	4.00	2.50	2.00
6	2	6.92	4.00	3.50	3.00
6	3	6.92	4.00	3.50	3.00
7	4	6.74	4.00	4.50	4.00
8	7	6.56	4.00	5.50	5.00
10	6	6.20	4.00	7.50	7.00

最小误差平方原则

观察、不断地尝试和犯错是提出一种预测法则的方法之一。使用这种方法我们或许可以得到图 12—6 中的法则 3 或 4 或类似的法则（每一种都比法则 1 或 2 要好）。然而，我们真正需要的是一些精确的方法，即最佳的线性预测法则（即最佳的回归线），并且这种方法不应该是主观的或是基于观察的（不同的研究者确定的线是不同的）。记住，我们正在试图寻找一个最佳的法则；我们以图 12—6 中的 4 个法则为例，来说明线性预测法则的逻辑。

提出最佳的预测法则意味着我们首先要确定“最佳”是什么意思。就回归线而言，我们是指最接近于效标变量上的真实分数，使预测尽可能离真实分数更近的那条线。效标变量上一个预测法则预测的分数和效标变量上一个人的实际分数之间的差异就被称为**误差**。

当然，我们在预测时，希望在整个分数范围内，误差尽可能是最小的，因此我们想的就是最小的误差之和。但在这里不止这一个问题。有时这一误差是正的（法则做了低预测），有时它们是负的（法则做了高预测）。这些负的和正的误差会相互抵消。因此，为了避免这个问题，我们使用误差平方。即，我们得到每一个误差的值，将它平方（自己与自己相乘），然后将这些误差平方相加。（当计算方差和标准差时，我们在第 2 章的类似情况下也使用过这个解决方案。）与其他替代方法相比，使用误差平方还有各种统计优势。例如，这种方法对大误差要比对小误差所施加的影响更大，这种方法使得高阶计算变得更容易。

因此，为了评价一个预测法则的好坏，我们会计算使用这个法则时的**误差平方和**。表 12—4 给出了显示在图 12—6 和表 12—3 中的 4 个预测法则的误差平方和。为了避免使表 12—4 太复杂，我们仅仅显示法则 1 和法则 4 的误差平方和。对于这个例子中的 6 个学生，图中显示的“误差”分数是效标变量（Y）上的实际分数减去效标变量（$\hat{Y}$）上的预测分数（误差 $= Y - \hat{Y}$）。我们随后将每个法则的误差分数平方。法则 1 下的误差平方和是 73.33，法则 4 下的是 6.00。针对法则 2 和 3，我们重复这些步骤。总而言之，法则 1，2，3，4 下的误差平方和分别是 73.33，22.00，7.50，6.00。因为目标是要提出一个具有最小误差平方和的线性预测法则——公式 $\hat{Y}=a+(b)(X)$ 中 a 和 b 的值，我们将在这个例子中选择法则 4。 499

误差 在预测中，用预测法则预测出的效标变量上的分数和一个人效标变量上的实际分数之间的差异。

误差平方和 每个预测分数和效标变量上实际分数的差值平方和。

成功小贴士

记住，回归线是线性预测法则的一种形象表示。

表 12—4　采用法则 1，2，3，4（来自图 12—6 和表 12—3）时的误差平方和（展现了采用法则 1 和 4 时的计算过程）

		法则 1			法则 4		
睡眠小时数	实际心情	法则 1 预测的心情 $\hat{Y}=8-(0.18)(X)$	法则 1 误差	法则 1 误差平方	法则 4 预测的心情 $\hat{Y}=-3+(1)(X)$	法则 4 误差	法则 4 误差平方
X	Y	$\hat{Y}$	$(Y-\hat{Y})$	$(Y-\hat{Y})^2$	$\hat{Y}$	$(Y-\hat{Y})$	$(Y-\hat{Y})^2$
5	2	7.10	−5.10	26.01	2.00	0.00	0.00
6	2	6.92	−4.92	24.21	3.00	−1.00	1.00
6	3	6.92	−3.92	15.37	3.00	0.00	0.00
7	4	6.74	−2.74	7.51	4.00	0.00	0.00
8	7	6.56	0.44	0.19	5.00	2.00	4.00
10	6	6.20	−0.20	0.04	7.00	−1.00	1.00
				$\sum=73.33$			$\sum=6.11$

法则 1 的误差平方和＝73.33
法则 2 的误差平方和＝22.00
法则 3 的误差平方和＝7.50
法则 4 的误差平方和＝6.00

在挑选这一线性预测法则时，我们使用了统计学家所称的“最小二乘准则”。也就是，我们要找到在效标变量的实际分数（Y）和效标变量的预测分数（$\hat{Y}$）之间误差平方和最小的回归线。在下一部分，你将会学习在线性预测法则中找出能给予最小误差平方和的 a 和 b 的值。

计算最小平方线性预测法则的 a 值和 b 值

有直接计算出能给予线性预测法则最小误差平方和的 a 值（回归常数）和 b 值（回归系数）的公式，这个公式所给予的线性预测法则与其他可能的预测法则相比，能保证其误差平方和更小。

公式如下：

$$b=\frac{\sum[(X-M_X)(Y-M_Y)]}{SS_X} \qquad (12\text{—}2)$$

回归系数是研究中每个人两个离均差分数的乘积之和除以预测变量上的离均差平方和。

在这个公式中，b 是回归系数。$X-M_X$ 是每个人在 X 变量上的离均差分数，$Y-M_Y$ 是每个人在 Y 变量上的离均差分数；$(X-M_X)(Y-M_Y)$ 是每个人离均差分数的乘积；$\sum[(X-M_X)(Y-M_Y)]$ 是研究中所有人的离均差
500 分数乘积之和。SS_X 是 X 变量的离均差平方和。

$$a=M_Y-(b)(M_X) \qquad (12\text{—}3)$$

回归常数是效标变量上分数的平均数减去回归系数和预测变量上分数的平均数的乘积。

请注意，为了计算 a 值，你需要知道 b 值。因此首先你要使用公式（12—2）来找出 b 值，然后使用公式（12—3）来计算出 a 值。

以下是计算回归系数 b 的步骤：

❶ 将每个变量的分数变为离均差分数。计算每个变量的平均值。然后用每个原始分数减去平均值。

成功小贴士

你可能注意到，计算 b 的公式与第 11 章中计算相关系数 r 的公式相似。针对每一个统计量，确保使用了合适的公式。这两个公式的分子实际上是一样的（都是离均差分数乘积之和），但是分母不同。

❷ 计算每对分数的离均差分数乘积。也就是，对于每一对分数，用一个变量上的离均差分数乘以另一个变量上的离均差分数。

❸ 将所有离均差分数乘积相加。

❹ 将预测变量（X）上的每个离均差分数平方。

❺ 将预测变量（X）上的每个离均差分数平方相加。

❻ 用通过步骤❸得到的离均差分数乘积之和除以通过步骤❺得到的预测变量（X）上的离均差平方和。这就得出了回归系数 b。

以下是计算回归常数 a 的步骤：

❶ 用 X 变量的平均数乘以回归系数 b。

❷ 用 Y 变量的平均数减去通过步骤❶得到的结果。这就得出了回归常数 a。

在本章的开始，我们就告诉你睡眠和心情这个

例子的回归系数 b 是 1，回归常数 a 是－3。现在让我们来看看我们是怎样计算出这些值的。回归系数 b 的计算显示在表 12—5 中。使用如下步骤。

❶ 将每个变量的分数变为离均差分数。计算每个变量的平均值。然后用每个原始分数减去每个变量的平均值。离均差分数显示在表 12—5 中的 $X-M_X$ 和 $Y-M_Y$ 这两列里。

❷ 计算每对分数的离均差分数乘积。也就是，对于每一对分数，用一个变量上的离均差分数乘以另一个变量上的离均差分数。

❸ 将所有离均差分数乘积相加。将所有离均差乘积相加，结果显示在表 12—5 的最后一列里，得到和为 16。

❹ 将预测变量（*X*）上的每个离均差分数平方。

❺ 将预测变量（*X*）上的每个离均差分数平方相加。结果显示在表 12—5 中 $(X-M_X)^2$ 这一列里，睡眠变量的离均差平方和为 16。

❻ 用通过步骤❸得到的离均差分数乘积之和除以通过步骤❺得到的预测变量（*X*）上的离均差平方和。用 16 除以 16 得出结果为 1。这就是回归系数。使用公式，如下：

$$b=\frac{\sum[(X-M_X)(Y-M_Y)]}{SS_X}=\frac{16}{16}=1$$

501 **表 12—5　回归系数（*b*）、回归常数（*a*）的计算和用睡眠预测心情（虚构的数据）的线性预测法则**

睡眠小时数（*X*）			心情快乐程度（*Y*）		离均差乘积❷
	离均差分数❶	离均差平方❹		离均差分数❶	
X	$X-M_X$	$(X-M_X)^2$	Y	$Y-M_Y$	$(X-M_X)(Y-M_Y)$
7	0	0	4	0	0
5	−2	4	2	−2	4
8	1	1	7	3	3
6	−1	1	2	−2	2
6	−1	1	3	−1	1
10	3	9	6	2	6
$\Sigma=42$		$\Sigma=SS_X=16$❺	$\Sigma=24$		$\Sigma=16$❸
$M=7$			$M=4$		

$$b=\frac{\sum[(X-M_X)(Y-M_Y)]}{SS_X}=\frac{16❻}{16}=1$$

$$a=M_Y-(b)(M_X)=4-(1)(7)=4-7=-3$$

注：圆圈内的数字参照计算回归系数 b 的步骤。

回归常数 a 的计算，也显示在表 12—5 中。使用如下步骤。

❶ 用 *X* 变量的平均数乘以回归系数 *b*。我们计算出的 b 值是 1，1 乘以 7（X 的平均值）得到 7。

❷ 用 *Y* 变量的平均数减去通过步骤❶得到的结果。这就得到回归常数 a。用 4（Y 的平均数）减去 7（步骤❶的结果）得到－3。这就是回归常数 a。使用公式，如下：

$$a=M_Y-(b)(M_X)=4-(1)(7)=-3$$

因此，对于睡眠和心情这个例子，用睡眠预测心情的（最小平方）线性预测法则——我们使用公式 $\hat{Y}=a+(b)(X)$——就是 $\hat{Y}=-3+(1)(X)$。正如在本章前面所示（见表 12—2），你可以将 X 值（睡眠小时数）代入公式，以得到预测的心情值。

你会做吗?

1. 什么是最小误差平方原则?

2. 给出使用误差平方计算最佳线性预测法则的三个优势，作为反对使用未平方的误差的理由。

3. (a) 写出计算回归系数 b 的公式，并且定义每个符号。(b) 写出计算回归常数 a 的公式，并且定义每个符号。

4.（a）根据以下数字，找出从 X 分数预测 Y 分数的线性预测法则。（b）当使用从（a）部分得到 502
的线性预测法则去预测这个研究中 4 个人的分数时，计算出误差平方和。（c）重复（b）部分，这次使用的预测法则为 $\hat{Y}=9-(0.7)(X)$。（d）为什么（b）的答案一定会比（c）的答案小？

X	Y
4	6
6	8
7	3
3	7

资料来源：Oettingen, G., Schnetter, K., & Park, H. (2001). Self-regulations of goal setting: Turning free fantasies about the future into binding goals. *Journal of Personality and Social Psychology*, *80*, 736-753. Published by the American Psychological Association. Reprinted with permission.

表 12—7 计算"你会做吗?"问题 4b 和 4c 中的误差平方和

		从（a）部分得到的预测法则			从（c）部分得到的预测法则		
		$\hat{Y}=9-(0.6)(X)$	误差	误差平方	$\hat{Y}=9-(0.7)(X)$	误差	误差平方
X	Y	$\hat{Y}$	$(Y-\hat{Y})$	$(Y-\hat{Y})^2$	$\hat{Y}$	$(Y-\hat{Y})$	$(Y-\hat{Y})^2$
4	6	6.6	−0.6	0.36	6.2	−0.2	0.04
6	8	5.4	2.6	6.76	4.8	3.2	10.24
7	3	4.8	−1.8	3.24	4.1	−1.1	1.21
3	7	7.2	−0.2	0.04	6.9	0.1	0.01
				$\sum=10.40$			$\sum=11.50$

注：圆圈内的数字参照计算回归系数 b 的步骤。

表 12—6 计算"你会做吗?"问题 4 中的线性预测法则

X			Y		
离均差分数❶		离均差平方❹	离均差分数❶		离均差乘积❷
X	$X-M_X$	$(X-M_X)^2$	Y	$Y-M_Y$	$(X-M_X)(Y-M_Y)$
4	−1	1	6	0	0
6	1	1	8	2	2
7	2	4	3	−3	−6
3	−2	4	7	1	−2
$\sum=20$		$\sum=SS_X=10$❺	$\sum=24$		$\sum=-6$❸
$M=5$			$M=6$		

$$b=\frac{\sum=[(X-M_X)(Y-M_Y)]}{SS_X}=\frac{-6❻}{10}=0.6$$

$$a=M_Y-(b)(M_X)=6-(-0.6)(5)=6+3=9$$

线性预测法则：采用公式 $\hat{Y}=a+(b)(X)$，$\hat{Y}=9-(0.6)(X)$

4.（a）计算显示在表 12—6 中。线性预测法则是 $\hat{Y}=9-(0.6)(X)$。（b）如表 12—7 所示，误差平方和是 10.40。（c）如表 12—7 所示，误差平方和是 11.50。（d）（a）部分中线性预测法则的计算给出了最小误差平方和，因此其他的误差平方和都会大于这个和。

503

答案

1. 最小误差平方原则是最佳的预测法则，它给出了效标变量的实际分数和预测分数之间最小的误差平方和。

2. 不像未平方的误差，误差平方可以防止相互抵消。使用误差平方这种方法对大误差要比对小误差所施加的影响更大；这种方法使得高阶计算变得更容易。

3. (a) 计算回归系数的公式：$b=\frac{\sum[(X-M_X)(Y-M_Y)]}{SS_X}$。$b$ 是回归系数，$\sum$ 是总和的符号——将所有分数相加（在这个公式中，你将所有离均差乘积相加），$X-M_X$ 是预测变量上每个人的离均差分数，$Y-M_Y$ 是预测变量上每个人的离均差分数，SS_X 是预测变量的离均差平方和。(b) $a=M_Y-(b)(M_X)$。a 是回归常数，M_Y 是效标变量的平均值，b 是回归系数，M_X 是预测变量的平均数。

预测中的议题

在本节中，你会学到预测中的两个议题：标准化回归系数与假设检验和预测。[①]

标准化回归系数

你已经学过线性预测法则，它为你从预测变量的分数预测效标变量的分数提供了一个有用且实际的方法。回忆睡眠和心情这个例子，从睡眠预测心情的预测法则为 $\hat{Y}=-3+(1)(X)$。现在想象另一组研究人员也在进行同样的研究，并且发现预测法则是 $\hat{Y}=-3+(2)(X)$。在这个新研究中，回归系数（为2）比原始研究中的回归系数（为1）要大。再回忆一下回归系数告诉了你回归线的斜率。也就是，当预测变量增加一个单位，回归系数就是效标变量预测分数的增加量。因此，初始研究显示了睡眠小时数增加一个单位，心情快乐程度也增加一个单位。然而，在新研究中，睡眠小时数增加一个单位，心情快乐程度增加两个单位。考虑到这一点，你可能会得出结论：在新研究中，更大的回归系数表明睡眠对心情的影响更大。

然而在这一点上，我们应该注意到有关睡眠和心情例子的这两个研究中一个重要的差异。在初始研究中，心情的级别是从0到8。然而，在新研究中，研究者使用了0到20的级别。因此，在第一个研究中，睡眠小时数增加一个单位，预测的心情快乐程度也增加一个单位，它的级别是从0到8；但是在第二个研究中，睡眠小时数增加一个单位，预测的心情快乐程度增加两个单位，它的级别是从0到20。因此，第二个研究中的睡眠的影响实际上比第一个研究中的睡眠要小！

心理学研究人员经常使用略微不同或相同的变量，但变量的刻度差别却很大（如1到5对10到100）。这就很难比较同一类型研究中的（如睡眠对心情的影响）不同线性预测法则。这是因为在线性预测法则中用于预测变量和效标变量的刻度会影响 b 的值（回归系数）。（a 的值，即回归常数也会受到所使用刻度的影响。但是研究人员通常对 b 的实际值比 a 的更有兴趣。） 504

对于你来说，这种问题是不是很熟悉？回忆第3章你学到的如何将原始分数转换为 Z 分数，后者是标准差单位刻度上的一个分数。例如，Z 分数为1.23意味着高于平均值1.23个标准差单位，Z 分数为−0.62意味着低于平均值−0.62个标准差单位。这就允许你可以比较两个变量上的分数，即使两个变量使用的是不同的刻度。在这一章回归系数的例子中，我们需要一种可以跨研

① 心理学家经常称本章中的预测为“回归”。从字面上来说，回归意味着回去或返回。在这里使用“回归”一词，是因为对于任何个体来说，效标变量上的预测分数（就标准差单位来说）和效标变量的平均数之间的距离要比预测变量的分数和预测变量平均数之间的距离近。这在所有例子中都是符合的，除了两个变量间的完美相关。因此就效标变量回归的预测值或返回而言，围绕着效标变量的平均数就可以了。

究比较的回归系数（这些研究可能对相同的变量使用不同的刻度）。

> **成功小贴士**
>
> β 是标准化回归系数，完全是从我们在第 6 章中学过的 β 中分离出来的。在那章中，β 被当作犯Ⅱ类错误的概率——当研究假设为真时没有得到显著性结果的概率。请注意表示标准化回归系数的 β 是希腊字母代表总体参数原则的一个例外。

事实证明，正如有一个公式可以将原始分数转化为 Z 分数，也有一个公式可以将回归系数转化为**标准化回归系数**。标准化回归系数使用希腊字母 β（beta）来表示，显示了如果预测变量增加一个单位标准差，效标变量标准差单位的变化量。例如，标准化回归系数是 0.63，意味着 X 变量上每增加一个单位标准差，那么我们预测的 Y 变量上的标准差就增加 0.63 个单位。计算标准化回归系数（β）的公式是：

$$\beta = (b)\frac{\sqrt{SS_X}}{\sqrt{SS_Y}} \tag{12—4}$$

> 标准化回归系数等于非标准化回归系数乘以预测变量上的离均差平方和的正平方根除以效标变量上的离均差平方和的正平方根。

这个公式可以将常规（非标准化）回归系数（b）转换为标准化回归系数（β）。常规回归系数是预测变量和效标变量的特殊量尺，而标准化回顾系数以标准差为单位来表明预测变量和效标变量之间的关系。

一个例子

对于表 12—5 中睡眠和心情这个例子，$SS_X = 16$。表 12—5 不显示 SS_Y 的值，但是我们可以通过将 $Y - M_Y$ 这一列里的每个分数平方并且求和来计算它。因此，$SS_Y = 0^2 + (-2)^2 + 3^2 + (-2)^2 + (-1)^2 + 2^2 = 0 + 4 + 9 + 4 + 1 + 4 = 22$。$b$ 的值是 1。所以睡眠和心情这个例子的标准化回归系数是：

$$\beta = (b)\frac{\sqrt{SS_X}}{\sqrt{SS_Y}} = (1)\frac{\sqrt{16}}{\sqrt{22}} = (1)\frac{4}{4.69} = 0.85$$

> **标准化回归系数（β）**　以标准差单位来表示的回归系数。它展现了当预测变量变化一个单位标准差时，效标变量标准差单位的变化量。

这就意味着睡眠变量每增加 1 个单位标准差，预测的心情会增加 0.85 个单位标准差。你可以将 $\beta = 0.85$ 这个标准化回归系数与其他研究中的标准化回归系数（β）相比，如我们先前描述的用 0 到 20 的心情刻度代替初始研究中 0 到 8 的心情刻度。

在本章的后面部分，我们将讨论当研究者以常规（非标准化）回归系数（b）和标准化回归系数（β）描述他们的结果时的情况。

标准化回归系数（β）和相关系数（r）

本章到目前为止我们所使用的例子中，效标变量上的预测分数依据的是预测变量上的分数，而标准化回归系数（β）与两个变量之间的相关系数（r）是相同的值。因此，在睡眠和心情例子中，0.85 的 β 与我们在第 11 章中计算出的相关系数 0.85 的 r（见表 11—2）是一样的。然而，在公式（12—4）中，我们给出了一个更加普遍的方法去计算标准化回归系数，因为当效标变量上的预测分数不仅仅依据一个预测变量时（我们将在接下来的章节中考察这种情况），标准化回归系数与相关系数则会不同。 505

假设检验和预测

在第 11 章中，你已经学过相关系数的假设检验，它检验的是系数是否显著不同于 0（零相关）。你已经学过如何使用 t 检验去确定相关系数是否显著。因为标准化回归系数与相关系数是一样的（当以一个预测变量去预测效标变量时），所以两个变量之间相关的 t 检验也可以作为以预测变量对效标变量进行预测的 t 检验。标准化回归系数是常规回归系数的另一种呈现方式，因此相关系数的 t 检验也可适用于这两种类型的回归系数。就预测而言，对回归系数（包括 b 和 β）的假设检验是检验回归系数是否显著不同于 0。回归系数是 0 意味着知道一个人在预测变量上的分数不能给你有关效标变量分数的任何有用消息。然而，如果假设检验的结果显示回归系数显著不同于 0，那就可以知道预测变量上的分数可以给你有关效标变量分数的有用消息。

你会做吗?

1. 标准化回归系数显示的是什么？

2. (a) 写出计算标准化回归系数 β 的公式，并且定义它的每个符号。(b) 当 $b=-1.21$，$SS_X=2.57$，$SS_Y=7.21$ 时，计算 β 的值。

3. 当用预测变量上的一个分数预测效标变量上的分数时，标准化回归系数与什么统计量的值相同？

4. 如何进行回归系数的假设检验？

答案

1. 标准化回归系数显示的是预测变量变化一个单位标准差时，效标变量上的预测值的变化量。

2. (a) 计算标准化回归系数的公式是 $\beta=(b)\frac{\sqrt{SS_X}}{\sqrt{SS_Y}}$。$\beta$ 是标准化回归系数，b 是常规的非标准化回归系数，SS_X 是预测变量（X）的离均差平方和，SS_Y 是效标变量（Y）的离均差平方和。(b) $\beta=(b)\frac{\sqrt{SS_X}}{\sqrt{SS_Y}}=(-1.21)\frac{\sqrt{2.57}}{\sqrt{7.21}}=-0.72$。

3. 标准化回归系数与两个变量之间的相关系数 r 拥有一样的值。

506

4. 当基于预测变量分数预测一个效标变量的分数时，对回归系数的假设检验与对这两个变量之间相关的假设检验是一样的。这个检验使用了 t 统计量，并且检验回归系数是否显著不同于0。回归系数具有统计显著性意味着预测变量的分数提供了有关效标变量分数的有用信息。

多元回归

二元预测 基于一个变量上的分数对另一个变量上的分数的预测，也被称为二元回归。

多元相关 一个效标变量与两个或更多的预测变量的相关。

多元回归 用两个或多个预测变量预测效标变量分数的程序。

到目前为止，我们预测一个人效标变量上的分数时使用的都是这个人在一个单独预测变量上的分数。也就是说，目前的每个例子都属于**二元预测**（或“二元回归”）——二元意味着两个变量，我们使用的预测法则都是二元预测法则。

假定你使用不止一个预测变量。例如，在预测心情时，你使用的是工作前一天晚上的睡眠小时数。假定你还知道一个人的睡眠有多好，并且也知道他做了多少次梦。通过这一额外的信息，你也许可以更准确地预测心情。

一个效标变量和两个或多个预测变量之间的联系被称为**多元相关**。[①] 在这种情况下做出的预测被称为**多元回归**。

我们只需简单地探讨这些主题，因为这些细节已经超出了该书的范围。然而，多元回归和多元相关经常被用于心理学研究文献中，尤其是在临床、发展、人格和社会心理学领域。因此对它们有个大致的了解对你是有意义的。（我们在第15章中建立了对多元回归的一般认识。）

多元回归预测法则

当有三个预测变量时多元回归线性预测法则是这样的：

$$\hat{Y}=a+(b_1)(X_1)+(b_2)(X_2)+(b_3)(X_3) \tag{12—5}$$

在这个公式中，$\hat{Y}$ 是效标变量上的预测分数；

① 也有一些程序可以让你使用不止一个效标变量。例如，你想知道睡眠对心情和心灵的平静有多好。这个程序就包括不止一个效标变量，它属于“多元统计”的内容。我们会在第15章向你介绍一些例子。

> 一个人效标变量上的预测分数，是回归常数加上第一个预测变量的回归系数乘以第一个预测变量的分数，加上第二个预测变量的回归系数乘以第二个预测变量的分数，加上第三个预测变量的回归系数乘以第三个预测变量的分数。

a 是回归常数；b_1，b_2，b_3 分别是第一、第二、第三个预测变量的回归系数；X_1，X_2，X_3 分别是第一、第二、第三个预测变量上的分数。注意这只有一个回归常数，而每个变量都有它自己的回归系数。

507 例如，在有关睡眠和心情关系的研究中，用三个预测变量预测心情的多元回归线性预测法则可能为：

$$\text{预测的心情} = -3.78 + (0.87)(\text{睡眠小时数}) + (0.33)(\text{睡眠质量}) + (0.20)(\text{做梦次数})$$

假定某个人在前一晚有 7 个小时的睡眠，睡眠质量为 3，做了 1 次梦。预测的心情快乐程度将是：

$$\begin{aligned}\text{预测的心情} &= -3.78 + (0.87)(7) + (0.33)(3) + (0.20)(1)\\ &= -3.78 + 6.09 + 0.99 + 0.20\\ &= 3.50\end{aligned}$$

多元回归和二元预测之间的一个重要区别

在多元回归和二元预测之间有一个特别重要的区别。在一般二元预测中，标准化回归系数与相关系数是相同的。但是，正如我们之前提到的，在多元回归中，每个预测变量的标准化回归系数（β）和预测变量与效标变量之间的一般相关系数（r）是不一样的。

通常，β 要比 r 更接近于 0。原因是任何一个预测变量成功预测效标的部分经常与其他预测变量成功预测效标变量的部分有所重叠。在多元回归中，除了与其他预测变量的任何重叠部分外，标准化和常规的回归系数对于变量都具有与众不同的作用。

考虑睡眠和心情这个例子。若我们预测心情时只使用了睡眠小时数这一变量，则 β 与 0.85 的相关系数是一样的。现在，通过多元回归，计算出睡眠小时数的 β 是 0.74。它变小了，是因为睡眠小时数预测心情的部分与睡眠质量和做梦次数预测心情的部分有所重叠。（在这个虚构的例子中，人们睡眠的时间越长，睡眠质量通常越好，做梦次数也越多。）

在多元回归中，效标变量和加在一起的多个预测变量之间的相关被称为**多元相关系数**，标记为 ***R***。然而，因为预测变量中常存在重叠，多元相关系数经常会小于一个预测变量的 r。平方后的多元相关系数 R^2，表示的是误差减少的比例或预测变量对效标变量的变异的解释量。例如，0.40 的 R 得出的 R^2 是 0.16。这意味着预测变量解释了效标变量分数变异的 16%（0.40×0.40＝0.16，与 16%一样）。

> **多元相关系数（*R*）** 多元回归中，在效标变量和加在一起的所有预测变量之间的相关。

在多元回归中，可以通过多种手段进行假设检验。第一，你可以通过使用总体中多元相关（和平方后的多元相关）为 0 这一零假设程序来检验多元相关的显著性。这可以检验是否所有变量都与效标变量存在联系。你也可以通过使用二元预测中假设检验的方法来检验每个预测变量的显著性。每个检验都显示了变量的回归系数是否显著不同于 0。与二 508
元预测中的一样，一个预测变量的回归系数显著意味着预测变量上的分数能给你预测效标变量分数提供有用的信息。然而，这里的重点是预测变量是否大于 0。最后，也可以检验回归常数是否显著不同于 0。不过，心理学研究者通常不注重这个检验，因为回归系数的实际值（及其是否不同于 0）在很多研究领域中并不重要。

预测的局限性

我们在第 11 章中所讨论的相关的局限性也适用于预测。如果是曲线相关，所研究的群体被限制在一定的范围内，测量是不可靠的或存在异常值，那么我们在这章考虑的程序就是不准确的。也就是说，在上面的每种情况中，回归系数（不论是二元还是多元）会变小，从而无法反映预测变量和效标变量之间的真正关系。这些预测程序本身并不能告诉你有关因果方向的信息。即使在已经发表的文献上，当在考虑到复杂的回归结果时，研究者有时也会忽略这些局限。我们不会进行细节上的讨论，但在做预测（相关）分析之前，研究者经常要检查在他们的研究中是否有先前提到的局限。例如，一个散点图可以帮助识别异常值。研究者可以用两种方式进行分析。在一种分析中，异常值被包含在计算中；在另一种分析中，异常值被排除在计算中。通过这样做，研究者可以知道异常值是怎样影响整个结果的。

你会做吗？

1. 什么是多元回归？

2. 写出有两个预测变量的多元回归线性预测法则，并且定义每个符号。

3. 在一个多元回归线性预测法则中，回归常数是2.19，第一个变量的回归系数是−3.16，第二个变量的回归系数是0.99。(a) 当第一个预测变量的分数是0.40，第二个预测变量的分数是10.50时，效标变量上的分数是多少？(b) 当第一个预测变量的分数是0.15，第二个预测变量的分数是5.50时，效标变量上的分数是多少？

4. 在多元回归中，每个预测变量的标准化回归系数为什么经常小于该预测变量与效标变量的一般相关系数？

5. 多元回归的假设检验有什么独特之处？

6. 列出在哪四种情况下你计算的回归系数比它们能够代表真实的线性预测法则时的回归系数更接近于0。

509

答案

1. 多元回归是用包含不止一个预测变量的预测法则来预测效标变量的程序。

2. 多元回归线性预测法则是 $\hat{Y}=a+(b_1)(X_1)+(b_2)(X_2)$。$\hat{Y}$ 是效标变量上的预测分数，a 是回归常数，b_1 是第一个预测变量的回归系数，X_1 是第一个预测变量的分数，b_2 是第二个预测变量的回归系数，X_2 是第二个预测变量的分数。

3. 效标变量上的预测分数：

(a) $\hat{Y}=2.19-(3.16)(0.40)+(0.99)(10.50)=2.19-1.26+10.40=11.33$。

(b) $\hat{Y}=2.19-(3.16)(0.15)+(0.99)(5.50)=2.19-0.47+5.45=7.17$。

4. 在多元回归中，一个预测变量与效标变量的联系经常与其他变量与效标变量的联系重叠。因此，预测变量和效标变量的独特联系（以标准化回归系数表示）经常小于预测变量和效标变量之间的一般相关。

5. 可以用一个假设检验来检验多元相关的显著性。并且，可以对每个预测变量的回归系数是否显著不同于0进行假设检验。最后，还可以用一个假设检验来检验回归常数是否显著不同于0。

6. 这四种情况是：(1) 范围限制；(2) 曲线相关；(3) 不可靠的测量；(4) 异常值。

争论：非标准化和标准化回归系数

在心理学研究文献中对于在报告结果时是应该呈现非标准化回归系数（b），还是呈现标准化回归系数（β），或是两者一起呈现存在一定的争论。美国心理学会（American Psychological Association，2001）发布的准则建议：当研究是纯粹应用性的时，只使用常规的非标准化回归系数；当研究是纯粹理论性的时，只使用标准化回归系数；当研究同时具备上述两种情况时，两种系数都可以用。虽然对于这个问题似乎出现了一个简单的解决方法，但是研究者并不总是同意研究是纯粹应用性的或是理论性的。这个问题在于标准化系数要比不同样本中的系数都要小并且复杂很多，因为它们受样本中分数的范围（变异）的影响，而非标准化系数并不受影响。总而言之，我们建议除非存在一个很好的原因，否则你呈现的研究结果应该包括标准化和非标准化回归系数两类。

510 关于这个问题，回想一下本章的前面部分，我们介绍了标准化回归系数作为一种有效的方法来比较两个研究中的回归系数的情况。同样，当比较多元回归中每个预测变量的回归系数大小时，你应该比较标准化回归系数（β），而不是比较常规非标准化回归系数（b）。这是因为一个预测变量上比较大的 b 值与另一个预测变量比较可能仅仅反映了每个变量的不同尺度（如 0 到 10，0 到 100）。

然而，即使假定基于某些意图我们期望关注标准值，在多元回归中也有一个一直在持续的争论：关于如何判断预测效标变量时哪个预测变量相对更重要。问题就是：（ⅰ）你是否应该使用来自整体回归方程预测变量的标准化回归系数（β）？（ⅱ）你是否应该在每个预测变量和效标变量之间使用二元相关系数（r）。这两种对于所使用的变量进行的变异矫正都是标准化的，并且在二元回归中，它们是同一回事。但是在多元回归中，我们注意到，它们并不是相同的。特别是，回归系数告诉你与其他预测变量相比，某一预测变量对预测的特殊贡献。当仅仅通过其自身进行预测，而不考虑其他的预测变量时（即使用它与效标变量的普通相关系数 r），一个预测变量与其他预测变量相比或许看起来会具有相当不同的重要性。

例如，如果存在三个预测变量，标准化回归系数（β）可能是 0.4，0.6，0.8。但是在那个特定的研究中，这三个预测变量的二元相关系数可能是 0.4，0.2，0.3。因此，如果你只看 β，你会觉得第三个预测变量最重要；但是如果你只看 r，你会觉得第一个预测变量是最重要的。

多年来，出现了很多针对该问题的解决方法，但全部都有争议。大多数专家建议使用你拥有的所有信息；r 和 β 都要考虑，牢记它们之间的区别。r 告诉你预测变量和效标变量的所有联系。β 告诉你与其他预测变量相比，某个预测变量与效标变量的独特联系。

除了这些和关于统计方面的争议，许多年来对于统计预测要比直觉、人性化或临床方法更具有优势一直也存在着争议。这个问题在信息箱 12—1 中有讨论。

信息箱 12—1 临床与统计预测

50 多年前，保罗·弥尔（Paul Meehl，1954）写了一本令人不安的小书，叫作《临床与统计预测》。他指出当很多专家如临床心理学家（或者是业务经理、经济预测者、工程师，或医生，还有其他很多人）使用被通常称为“直觉训练”的未指定的内部认知过程时，它们并不是非常准确。一般而言，他们的决策并不比那些仅仅使用非常简单、直接的预测公式的人准确。例如，在精神病学的诊断中，一个接受过良好训练的临床医生的面询和诊断并不比一个纯粹法则有用，例如“此人已被送往医院两次，超过 50 岁，并存在自杀倾向，然后……”——通过使用一种多元回归模型产生的一种法则。

在弥尔对专家的准确性提出质疑之后的第一个十年中，相当多的成果对他的观点进行了反驳。但 511
总体来说，弥尔的发现仍然站得住脚。他在一篇名为《我那令人不安的小书的源起和影响》的文章中指出了有关他自己 30 年后的情形（Meehl，1986）。尤其是临床心理学预测方面，近来一个针对约 100 个研究的元分析（Ægisdóttir et al.，2006）依然支持了他的基本结论。临床医生被允许遵循一个采访者模型建立过程是相当重要的，在这个过程中临床医生就像科学家一样，基于统计信息形成一个关于某个病人的假设，然后应用它，看它是否站得住脚（Strohmer & Arm，2006）。这一关于病人的假设可能需要修改，因为新出现的信息会使其他研究更加切合实际。然后医生得知某个其他新的方面，这个方面要求对假设再次进行修改，等等。用科学建模过程代替可能由于知觉或公式而导致得出错误结论是非常重要的。

进一步说，这个议题在“治疗作为一门艺术”和“公式击败医生”之间倾向于变得两极化。实际上，“尽管统计方法几乎总是与临床方法等同，并且常常更好，但它也不是万能的”（Ægisdóttir et al.，2006，p. 367）。这能使研究在准确度上提高 13%。因此，当犯一个错误特别危险时，公式似乎是最重要的。这就是迄今为止公式最常被使用的原因——去预测自杀、暴力和累犯。

记住，这是一个预测的问题，而且统计手段经常不能在预测暴力或自杀等所有方面都做得很好。它们主要的优点就是一贯性，就像一个系统化的赌徒。

自然，焦点已经转向认知如何运作，它有什么缺陷，如果有的话，怎样改进。缺陷主要是人们会得出虚假相关（见第11章的信息箱11—2）。又或是由于他们过于自信，他们不会保留他们成功或失败的记录来看它们在实际中是否准确，反而过于看重他们的成功而忽略他们的失败。并且，过于自信部分是因为缺乏反馈；医生可能做了数百个诊断却没有确认它们是否正确。最后，人类的记忆和认知可能没有能力去处理这一信息，并且这些运作要求做一些复杂的特定决策。而且，容量是各不相同的。一些人拥有高的“认知需要”，渴望去思考东西。那些低需要的人的一贯性和准确性则较低（Ruscio，2000）。

大量的研究都提到了如何规避人类决策中的偏差。当人们仅仅依赖于直觉的时候，这种偏差就会显现出来——例如，当没有足够的时间去应用公式或者简单的平均就已足够时。在其他时候，他们知道使用公式会更加准确——例如，当法则过于复杂时。

在决策辅助方面也有相当多的工作，如专家开发的带有决策法则的计算机程序。有时，通过了解具体情况，专家会把某些更具直觉性或主观性的信息在最后时刻附加上（Holzworth，1996；Whitecotton，1996）。当人们直觉到他们不用辅助就能做得更好时，决策辅助就会被放弃不用。

决策支持系统的使用呈上升趋势。例如，一些棋手很乐于在比赛中使用决策辅助工具来保持他们思维的连贯性。卫生保健人员也变得更加具有成本意识，他们可能使用公正的决策系统来记录谁接受了什么样的治疗。并且，公众也可以从中受益。比如决策辅助工具可以帮助皮肤科医生决定病人是否有皮肤癌，需不需要转到专科，从而能使错误率减少64%（Gerbert et al.，1999）。另一个决策辅助工具则能使用药错误率减少55%（Bates et al.，1998）。

研究文献中的预测

在心理学研究文献中，二元线性预测法则是很罕见的；通常，简单的相关报告比较多。然而，有时你将会看到来自二元预测的回归线。当不止一组被试，而且研究者想通过图说明两组之间线性预测法则不同时，它经常被使用。

512 例如，考虑奥廷根和她的同事（Oettingen et al.，2001）一起进行的关于德国大学生的一个实验。这个实验关注的是学生们对于出国留学可能性的想法。首先，学生们被提问他们有多期望成功（即出国留学有多大的可能）。在研究的下一个环节，参与者被分在了三组中。积极幻想组的参与者被要求花一些时间去考虑出国留学的积极方面，消极现实组的参与者被要求花一些时间去考虑出国留学的障碍，而对照组的参与者被要求花一些时间去考虑积极的可能性和消极的现实性。然后，参与者被要求回答如果他们不能出国，他们有多么失望。

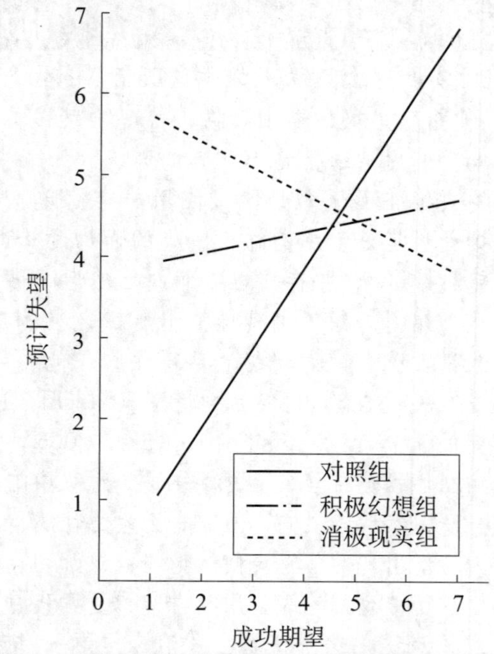

图12—7 描述成功期望和预计失望之间联系的回归线

资料来源：Oettingen，G.，Schnetter，K.，and Pak，H.（2001）. Self-regulation of goal setting：Turning free fantasies about the future into binding goals. *Journal of Personality and Social Psychology*，*80*，736－753. Published by the American Psychological Association. Reprinted with permission.

图12—7（引自Oettingen et al.，2001）显示了针对每一组的回归线。每一条回归线都显示了成功期望在多大程度上预测了预计失望。主要的结果以实线表示：对于对照组的学生而言（这些

人同时考虑到了积极方面和现实的障碍），他们最初的成功期望越高，那么当他们无法出国留学时就会越失望。

研究人员看到了对照组中关于期望的模式：当他们期望成功时，他们最失望；不期望时，失望最小。但是积极幻想组和消极现实组都干扰了正常的过程，因此失望的水平与成功的期望的相关小很多。

513 在研究文献中，多元回归结果是很常见的，而且经常在表中报告。通常，表中展示的每个预测变量的回归系数，可能是常规非标准化的（b）、标准化的（β），又或是两者皆有，并与总的 R 或 R^2 在表注中显示。[正如我们在本章前面所注意到的，美国心理学会（2001）公布的准则建议：当研究是纯粹应用性的时，只使用常规的非标准化回归系数；当研究是纯粹理论性的时，只用标准化回归系数；在其他的案例中，两者都要用上。] 这种表格给出了预测变量与效标变量的相关系数（r）。这可以让你比较每个预测变量与效标变量的独特联系（回归系数告诉你的）。正如我们在第 11 章中看到的相关表格，回归表格会告诉你不同统计报告的统计显著性。最后，很多表格将会提供超过我们所覆盖的多种其他统计数据。但是如果你了解了基础知识，你应该利用好这些表格中的关键信息。

考虑来自关于广场恐惧症的一个治疗方法研究（Hahlweg et al.，2001）的一个例子。广场恐惧症是影响了 4%人口的一种疾病，包括在公共场合不可预知的恐慌，如在宾馆、公共汽车、电影院的拥挤人潮中时。表 12—8（引自 Hahlweg et al.，2001）显示了预测治疗效果的 4 个变量的相关系数（r）和标准化回归系数（β）。（真正的效标变量是“后测的社交团体内部的平均效应大小”。这篇文章解释了每个病人在治疗前后的变化。）

看 β 那一列，你可以看到会谈次数和障碍持续时间的标准化回归系数非常小。同时，年龄和 BDI（治疗开始时抑郁的测量分数）是治疗效果非常重要的预测因素。注意星号和表的底部，会谈次数和障碍持续时间的回归系数是不显著的，BDI 和年龄的系数是显著的。也要注意（表的底部）治疗结果的 4 个预测变量的总相关 R 为 0.36，R^2 为 0.13。这是一个中等程度的相关，也就是说，在治疗结果中，整体变异中有 13%能通过这 4 个变量预测出来。也要注意 r 这一列。对于 BDI 和 514
年龄，β 和 r 几乎一样。然而请注意，会谈次数和障碍持续时间的 r 要比 β 大。这意味着在预测法则中，这两个变量与其他的变量有相当大的重叠，因此它们对于预测治疗结果的独立贡献是很小的。

表 12—8　预测后测的社交团体内部的平均效应大小的多重回归分析

独立变量	r	β
BDI	0.30***	0.30***
年龄	−0.21***	−0.20**
会谈次数	0.12*	0.08
障碍持续时间	−0.13*	−0.02

注：$R=0.36$，$R^2=0.13$。BDI=Beck Depression Inventory（贝克抑郁量表）。

*$p<0.05$，**$p<0.01$，***$p<0.000$。

资料来源：Hahlweg，K.，Fiegenbaum，W.，Frank，M.，Schroeder，B.，& von W tzleben，I.（2001）. Short-and long-term effectiveness of an empirically supported treatment of agoraphobia. *Journal of Consulting and Clinical Psychology*，*69*，375 - 382. Published by the American Psychological Association. Reprinted with permission.

前沿课题：误差和误差减少的比例

你使用回归的预测有多准确？通常，你预测未来，所以事先你没有办法知道它有多准确。然而，你可以估计可能的准确性。如果你曾使用它来对你用以计算线性回归法则的数据进行预测的话，你所做的就是计算你的预测法则究竟有多准确。我们在本章前面计算睡眠和心情这个例子的线性预测法则的误差平方和时就做过这个。这个例子的线性预测法则是 $\hat{Y}=-3+$

(1)(*X*)。这个法则就是图12—6显示的回归线“法则4”。对法则的误差平方的计算显示在表12—4中。

误差减少的比例

现在，怎样知道误差平方的用处？最常见的方式就是去比较一个有预测法则的误差平方和一个没有预测法则的误差平方，从而来考虑预测法则的准确性。

首先，你计算出使用了预测法则的误差平方。然后，计算出没有使用预测法则的误差平方。最后，你比较这两个误差平方。

使用了预测法则的误差平方是误差平方和。即你把研究中每个人的误差平方加起来。在睡眠和心情的例子中，这就是表12—4中最后一列的和，得出6.00。误差平方和缩写为 $\boldsymbol{SS_{\text{Error}}}$。在我们的例子中，$SS_{\text{Error}}=6.00$。

SS_{Error}（误差平方和） 每个效标变量和预测变量分数之间的差的平方和。

你怎样计算没有使用预测法则的误差平方？如果你不能使用预测法则，那么对任何事物最准确的预测就是效标变量的平均值。在我们的例子中，假定你不知道一个人前一天晚上的睡眠小时数。你对每个学生的预测的最好策略就是去了解他们心情的平均分数。也就是说，你最好的策略就是预测心情分数是4。（在本章前面，我们称这个预测每个人分数是4的特殊法则为“法则2”，而且在图12—6中显示了回归线。）考虑另一个例子。假定你想预测一个人的大学GPA，但是你没有关于他的任何预测变量。那么你最好的选择就是预测那个人在大学时的平均GPA。

因此，没有使用预测法则的预测涉及预测平均数。这就意味着预测使用没有预测法则的误差平方就相当于预测每个分数到平均数的误差平方。误差一般是效标变量上的实际分数减去效标变量上的预测分数。若预测的分数是平均数，误差就
515 是实际分数减去平均数。误差平方就是这个数字的平方。这些误差平方和就是**使用平均数预测时的误差平方和**；我们称这个数字为 $\boldsymbol{SS_{\text{Total}}}$。（当计算变异时，我们现在所称的 SS_{Total} 与我们在第2章所称的 *SS* 一样，而且与这章和第11章所称的 SS_Y 一样。在第2章中，我们定义 *SS* 为离均差平方和。离均差就是分数减去平均数。当我们的预测是平均数时，离均差与误差是完全相同的。）

一个预测法则的价值在于你使用预测法则与使用平均数相比误差能减少多少。对于一个好的预测法则，SS_{Error} 应该比 SS_{Total} 小得多。

比较的关键就是“误差减少的比例”：减少的误差平方（$SS_{\text{Total}}-SS_{\text{Error}}$）除以使用平均数预测时的误差平方和（$SS_{\text{Total}}$）。公式就是：

$$\text{误差减少的比例}=\frac{SS_{\text{Total}}-SS_{\text{Error}}}{SS_{\text{Total}}} \tag{12—6}$$

换句话说，使用平均数去预测不是一种非常精确的方式，因为它留下了太多的误差。因此，现在看看你还可以怎么改善——使用预测法则可以减少你使用平均数所产生的误差平方和的比例是多少。

误差减少的比例就是使用平均数预测时的误差平方和减去使用预测法则预测时的误差平方和，然后除以使用平均数预测时的误差平方和。

假定使用预测法则相对于使用平均数预测没有改进。在这种情况下，SS_{Error} 等于 SS_{Total}（SS_{Error} 绝不会比 SS_{Total} 更大）。预测法则没有使误差有任何减少（$SS_{\text{Total}}-SS_{\text{Error}}=0$）。

现在假定一个预测法则给出了一个完美的预测，没有误差。使用预测法则时减少的误差就是100%。（就等式而言，如果 $SS_{\text{Error}}=0$，分子就是 $SS_{\text{Total}}-0$，或是 SS_{Total}；除以 SS_{Total}，得出1，或100%。）

在大多数实际情况中，误差减少的比例将会在0到100%之间。

计算误差减少的比例的步骤

❶ **计算使用平均数预测时的误差平方和。**用每个分数减去平均数，然后平方，再将它们相加，得出 SS_{Total}。

❷ **计算使用预测法则预测时的误差平方和。**用每一个分数减去这个人预测的分数，然后平方，再将它们相加，得出 SS_{Error}。

❸ **计算减少的误差平方。**用使用平均数预测时得到的误差平方和（通过步骤❶）减

使用平均数预测时的误差平方和（SS_{Total}） 当使用平均数预测时，效标变量上的分数和预测分数之间的差的平方和。

去使用预测法则预测时得到的误差平方和（通过步骤❷）。

❹ 计算误差平方减少的比例。减少的误差平方（通过步骤❸）除以使用平均数预测时得到的误差平方和（通过步骤❶）。

一个例子

表 12—9 显示了睡眠和心情例子中实际的分数、预测的分数、误差、误差平方、误差平方和、误差减少的比例。采用以下步骤。

516 **表 12—9**　计算虚构的睡眠和心情例子的误差减少的比例

睡眠小时数	实际心情	使用平均数时的预测心情❶			使用预测法则时的预测心情❷		
		平均心情	误差	误差平方	预测心情	误差	误差平方
X	Y	M	$(Y-M)$	$(Y-M)^2$	$\hat{Y}$	$(Y-\hat{Y})$	$(Y-\hat{Y})^2$
5	2	4	−2	4	2.00	0.00	0.00
6	2	4	−2	4	3.00	−1.00	1.00
6	3	4	−1	1	3.00	0.00	0.00
7	4	4	0	0	4.00	0.00	0.00
8	7	4	3	9	5.00	2.00	4.00
10	6	4	2	4	7.00	−1.00	1.00
				$\Sigma=SS_{\text{Total}}=22$			$\Sigma=SS_{\text{Error}}=6.00$

误差减少的比例 $=$ ❸ $\dfrac{SS_{\text{Total}}-SS_{\text{Error}}}{SS_{\text{Total}}}=\dfrac{22-6}{22}=\dfrac{16}{22}=0.73$ ❹

❶ 计算使用平均数预测时的误差平方和。用每个分数减去平均数，然后平方，再将它们相加。见表 12—9，$SS_{\text{Total}}=22$。（注意这与我们在上一章计算心情快乐程度的 SS_Y 一样，而在这又作为计算标准化回归系数的一部分。）

❷ 计算使用预测法则预测时的误差平方和。用效标变量上的每个分数（Y）减去效标变量上的预测分数（$\hat{Y}$），然后平方，再将它们相加。见表 12—9，$SS_{\text{Error}}=6.00$。

❸ 计算减少的误差平方。用使用平均数预测时得到的误差平方和（通过步骤❶）减去使用预测法则预测时得到的误差平方和（通过步骤❷）。减少的误差平方 $=22-6=16$。

❹ 计算误差平方减少的比例。用减少的误差平方（通过步骤❸）除以使用平均数预测时的误差平方和（通过步骤❶）。误差平方减少的比例 $=16/22=0.73$。

因此，当用前一天晚上的睡眠预测心情时，基于 6 组学生分数的预测法则，要比使用平均数去预测多减少 73%的误差。

误差减少的比例就是 r^2

误差减少的比例等于相关系数的平方。即：

$$\text{误差减少的比例}=r^2 \qquad (12\text{—}7)$$

因为是等值的，r^2 可以作为二元预测误差减少比例的标志。（正如我们之前在本章注意到的，R^2 是多元回归误差减少比例的标志。）

> 误差减少的比例等于相关系数的平方。

例如，在睡眠和心情的研究中，相关系数是 0.85，0.85 的平方就是 0.72。也就是说 $r^2=0.72$。注意，在舍入误差范围内，这个数字（0.72）与我们通过寻找预测分数、误差、误差平方、误差平方和、误差平方减少的比例时计算的（0.73）是一样的。

我们在这个例子中如此辛苦地计算误差减少的比例，只是为了帮助你理解这个重要的概念。然而，在实际的研究中，你要使用将相关系数平方这种简单的程序。（也要注意反过来的情况。如果你知道误差减少的比例，你就可以通过求误差减少的比例的平方根来得出相关系数。平方根可以是正或负，通过观察数字的模式来决定相关是正或负。） 517

你会做吗?

1. 解释你怎样计算（a）使用平均数预测时的误差平方和与（b）使用预测法则预测时的误差平方和。

2. 写出计算误差减少的比例的公式并且用语言定义每个符号。

3. 解释为什么计算误差减少的比例的程序能告诉你预测法则的准确性。

4. 以下是在特定效标变量上4个人的分数和预测分数，使用基于这4个人分数的预测法则来计算误差减少的比例和相关系数。

分数	预测分数
Y	$\hat{Y}$
6	5.7
4	4.3
2	2.9
8	7.1

答案

1. (a) 当你使用平均数做预测时，你计算的误差平方和就是用每个效标变量上的分数（Y）减去效标变量上分数的平均数（M_Y），将这些差平方，然后将这些平方后的差相加。(b) 当你使用预测法则做预测时，你计算的误差平方和就是用每个效标变量上的分数（Y）减去你使用预测法则预测出的效标变量上的分数（$\hat{Y}$），将这些差平方，然后将它们相加。

518 2. 误差减少的比例 $=\frac{SS_{\text{Total}}-SS_{\text{Error}}}{SS_{\text{Total}}}$。$SS_{\text{Total}}$就是所有被试在每个效标变量上的分数和效标变量平均数之差的平方和，SS_{Error}就是所有被试在每个效标变量上的分数和预测的分数之差的平方和。

3. 计算误差减少的比例的程序能告诉你预测法则的准确性，因为它告诉了你使用预测法则进行预测时的总误差减少（你使用平均数进行预测时得到的误差）比例（你的误差是基于预测法则进行预测得出的）。也就是说，总的误差比例减少得越多，你的预测法则就越准确。完美的预测会是减少了100%的误差。

4.

得分	平均数	误差	误差平方	预测得分	误差	误差平方
Y	M	$(Y-M)$	$(Y-M)^2$	$\hat{Y}$	$(Y-\hat{Y})$	$(Y-\hat{Y})^2$
6	5	1	1	5.7	0.3	0.09
4	5	−1	1	4.3	−0.3	0.09
2	5	−3	9	2.9	−0.9	0.81
8	5	3	9	7.1	0.9	0.81
			$\sum=SS_{\text{Total}}=20$			$\sum=SS_{\text{Error}}=1.80$

误差减少的比例 $=\frac{SS_{\text{Total}}-SS_{\text{Error}}}{SS_{\text{Total}}}=(20-1.80)/20=18.20/20=0.91$。$r=\sqrt{r^2}=\sqrt{0.91}=0.95$。

（这是一个正相关，低分数伴随着低分数，高分数伴随着高分数。）

小结

1. 预测（或回归）是基于预测变量的分数来　　预测效标变量的分数。

2. 通过预测变量上的分数来预测效标变量上分数的线性预测法则就是 $\hat{Y}=a+(b)(X)$，$\hat{Y}$ 是效标变量上的预测分数，a 是回归常数，b 是回归系数，X 是预测变量上的分数。

3. 回归线，与绘制的散点图是同一种类型，显示了每个预测变量值（X）的效标变量值（$\hat{Y}$）。这条线的斜率等于 b；a 是这条线穿过纵轴的点（截距）。一条回归线就是一个线性预测法则的形象表示。

4. 最佳线性预测法则，给出了效标变量实际分数和效标变量预测分数之间最小误差平方和。有公式可以计算出回归常数（a）和回归系数（b），从而给出具有最小误差平方和的线性预测法则。

5. 一个标准化回归系数（β），显示了当预测变量变化了一个标准差，效标变量的预测值会变化多少个标准差。标准化回归系数可以从常规回归系数和预测变量以及效标变量的误差平方和中计算出来。当效标变量上的预测分数来自另一个变量的分数（二元预测），在两个变量之间的标准化回归系数（β）就和相关系数（r）一样。

6. 在二元预测中，对回归系数的假设检验与两个变量间相关的假设检验是一样的。

7. 在多元回归中，效标变量由两个或多个预测变量来预测。在多元回归的线性预测法则中存在一个回归常数，每个预测变量的回归常数需要乘以该变量的回归系数，最后对结果加总来进行预测。在其他预测变量的背景下，每个回归系数都会告诉你预测变量与效标变量的独特联系。多 519
元相关系数（R）是效标变量和预测变量之间总体的联系程度。对于多元回归来说，R^2 是总误差减少的比例。

8. 作为普通的相关，二元预测和多重回归具有相同的局限性。此外，多元回归中，在解释预测变量的相对重要性时，还存在争议。

9. 二元预测的结果在研究文献中很少直接描述，但是当对多个群体的预测法则进行比较的时候，回归线有时会展现。多元回归经常在文献的表中出现，并会显示回归系数以及总的误差减少的比例（R^2）。

10. 前沿课题：误差减少的比例，一个预测法则准确性的标志，可以通过将预测法则用于预测的方式计算出来。当使用预测法则时，误差平方和（SS_{Error}）是每个个体实际分数和预测分数之间的差的平方和；误差平方和（SS_{Total}）是实际分数和平均值之间的差的平方和；误差减少的比例就是减少的误差平方和（$SS_{\text{Total}}-SS_{\text{Error}}$），除以使用平均数预测时的误差平方和（$SS_{\text{Total}}$）。在二元预测中，误差减少的比例（或解释方差的比例）等于相关系数的平方（r^2）。

关键词

预测变量（X）（p. 488）
效标变量（Y）（p. 488）
线性预测法则（p. 489）
回归常数（a）（p. 489）
回归系数（b）（p. 489）
回归线（p. 492）
斜率（p. 492）
截距（p. 493）
误差（p. 498）
误差平方和（p. 498）
标准化回归系数（β）（p. 504）
二元预测（p. 506）
多元相关（p. 506）
多元回归（p. 506）
多元相关系数（R）（p. 507）
SS_{Error}（误差平方和）（p. 514）
使用平均数预测时的误差平方和（SS_{Total}）（p. 515）

案例解析

下面的双变量问题基于以下的数据集。（这与第 11 章中的例子的数据是一样的。）在这个研究中，研究者想用班级规模来预测成就测验分数。

小学	班级规模	测验分数
主街	25	80
卡萨特	14	98

续前表

小学	班级规模	测验分数
哈兰德	33	50
谢迪·戈罗夫	28	82
杰弗逊	20	90
M	24	80
$r=-0.90$		

520 **使用线性预测法则**

如果对班级规模是134且回归系数是－2.25的学校做成就测验分数预测（在下一个例子中你需要独自计算这些值），那么用班级规模是（a）23，（b）14的学校做预测的成就测验分数是多少？

答案

使用线性预测法则 $\hat{Y}=a+(b)(X)$，$\hat{Y}=134-(2.25)(X)$。

（a）如果班级规模是23，预测的成就测验分数＝134－（2.25）（23）＝82.25。

（b）预测的成就测验分数＝134－（2.25）（14）＝102.50。

绘制回归线

绘制一条用班级规模预测成就测验分数的回归线。

答案

每个步骤的结果显示在图12—8中。

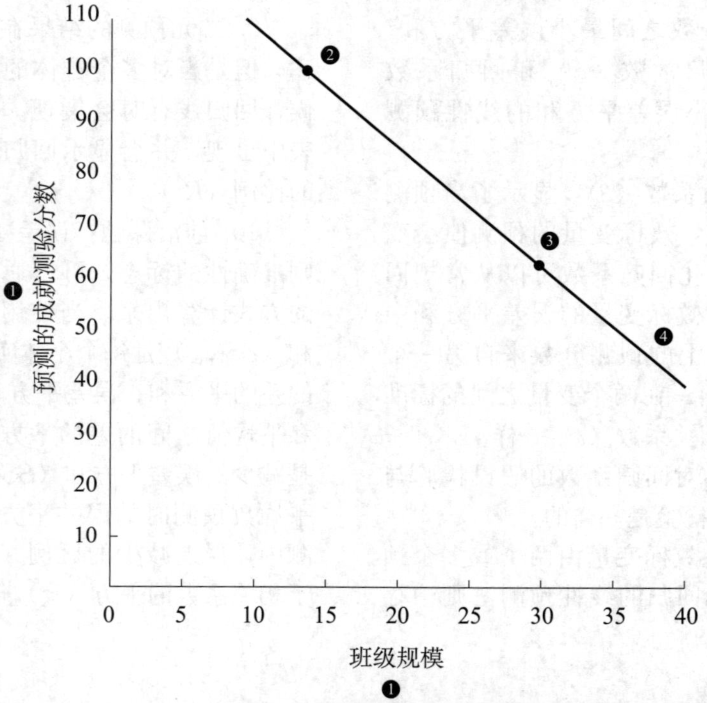

图12—8　绘制"案例解析"例子中成就测验得分和班级规模回归线的步骤

注：❶绘制散点图，并且标记轴线。❷计算一个在低预测变量值的情况下，效标变量上的预测值，并将这一点标记在图上。❸重复上一步骤，但这次针对的是高预测变量值。❹绘制一条经过这两个点的直线。

521 **❶ 绘制散点图，并且标记轴线。**

❷ 计算一个在低预测变量值的情况下，效标变量上的预测值，并将这一点标记在图上。从前面问题的回答得知，用班级规模为14预测的成就测验分数是102.50。因此，将点（$X=14$，$\hat{Y}=102.50$）标记在图上。

❸ 重复上一步骤，但这次针对的是高预测变量值。班级规模为30时预测的成就测验分数是134－（2.25）（30），得出66.50。因此，将点（$X=30$，$\hat{Y}=66.50$）标记在图上。

❹ 绘制一条经过这两个点的直线。

找出 *a* 和 *b* 的值

上文我们告诉你用班级规模预测成就测验得分的回归常数（a）是134，回归系数（b）是－2.25。计算 a 和 b 以确认它们是正确的值。

答案

a 和 b 的计算见表12—10。

以下是计算回归系数 b 的步骤：

❶ 将每个变量的分数变为离均差分数。计算每个变量的平均值，然后用每个变量的分数减去平均值。

❷ 计算每对分数的离均差分数乘积。即，对于每对分数，用一个变量的离均差分数乘以另一个变量的离均差分数。

❸ 将所有离均差分数乘积相加。得出总和是－482。

❹ **将预测变量（X）上的每个离均差分数平方。**

❺ **将预测变量（X）上的每个离均差分数平方相加。**得出总和是 214。

表 12—10 计算“案例解析”例子中 a 和 b 的值

班级规模（X）			测验分数（Y）		
离均差分数❶		离均差平方❹	离均差分数❶		离均差乘积❷
X	$X-M_X$	$(X-M_X)^2$	Y	$Y-M_Y$	$(X-M_X)(Y-M_Y)$
25	1	1	80	0	0
14	−10	100	98	18	−180
33	9	81	50	−30	−270
28	4	16	82	2	8
20	−4	16	90	10	−40
$\Sigma=120$		$\Sigma=SS_X=214$❺	$\Sigma=400$		$\Sigma=-482$❸
$M=24$			$M=80$		

❻

$$b=\frac{\sum[(X-M_X)(Y-M_Y)]}{SS_X}=\frac{-482}{214}=-2.25$$

$$a=M_Y-(b)(M_X)=80-(-2.25)(24)=134$$

注：圆圈内的数字参照计算回归系数 b 的步骤。

522 ❻ **用通过步骤❸得到的离均差分数乘积之和除以通过步骤❺得到的预测变量（X）上的离均差平方和。**−482除以 214，得出 b 为−2.25。

以下是计算回归常数 a 的步骤：

❶ **用 X 变量的平均数乘以回归系数 b。**−2.25 乘以 24 得出−54。

❷ **用 Y 变量的平均数减去通过步骤❶得到的结果。**80 减去−54，得出 a 为 134。

因此 b 的值是−2.25，a 的值是 134。

计算标准化回归系数

在用班级规模预测成就测验分数的例子中，计算标准化回归系数。

答案

标准化回归系数的公式是：

$$\beta=(b)\frac{\sqrt{SS_X}}{\sqrt{SS_Y}}$$

从表 12—10 得知，SS_X 是 214。表 12—10 没有显示 SS_Y 的值，但是我们可以通过将 $Y-M_Y$ 这一列中的分数平方，然后再相加来计算它。因此，$SS_Y=0^2+18^2+(-30)^2+2^2+10^2=1\ 328$。$b$ 的值是−2.25；因此在用班级规模预测成就测验分数的例子中，标准化回归系数是：

$$\beta=(b)\frac{\sqrt{SS_X}}{\sqrt{SS_Y}}=(-2.25)\frac{\sqrt{214}}{\sqrt{1\ 328}}$$
$$=(-2.25)\frac{14.63}{36.44}$$
$$=-0.90$$

多元回归预测

一个（虚构的）心理学家研究了儿童在家庭中与母亲、父亲和祖父或祖母的谈话。心理学家发现，儿童的谈话分数取决于儿童与这些人关系的质量。多元回归线性预测法则如下：

预测的儿童谈话分数＝2.13＋(1.32)(母亲)＋(1.21)(父亲)＋(1.41)(祖父或祖母)

与母亲关系的质量是 4，父亲是 5，祖父或祖母是 3，用这些来预测儿童的谈话分数。

答案

儿童的谈话分数＝2.13＋(1.32)(母亲)＋(1.21)(父亲)＋(1.41)(祖父或祖母)
＝2.13＋(1.32)(4)＋(1.21)(5)＋(1.41)(3)＝17.69

前沿课题：计算误差减少的比例 523

使用计算 SS_{Total} 和 SS_{Error} 的方法找出在用班级规模预测成就测验分数的例子中，误差减少的比例。

答案

首先，我们要找出每个学校使用线性预测法则时，它预测的成就测验分数。这个例子的法则是：$\hat{Y}=134-(2.25)(X)$。因此，对于第一个学校，主街小学，$\hat{Y}=134-(2.25)(25)=77.74$。重复这个程序，找出每个学校预测的成就测验分数：卡萨特小学，102.50；哈兰德小学，59.75；谢迪·戈罗夫小学，71.00；杰弗逊小学，89.00。

成功小贴士

误差减少的比例的平方根应该等于相关系数。在这个问题中，$-\sqrt{0.82}=-0.91$（在这个例子中，这是个负相关，因为低分数伴随着高分数，高分数伴随着低分数），这与我们一开始计算的相关系数-0.90（允许误差含入）是一样的。

误差减少的比例的计算显示在表12—11中，步骤如下：

❶ **计算使用平均数预测时的误差平方和。**用每个分数减去平均数，然后平方，再将它们相加。从表12—11得知，$SS_{\text{Total}}=1\ 328$。

❷ **计算使用预测法则预测时的误差平方和。**用每个分数减去预测的分数，然后平方，再将它们相加。从表12—11得知，$SS_{\text{Error}}=242.37$。

❸ **计算减少的误差平方。**用使用平均数预测时得到的误差平方和（通过步骤❶）减去使用预测法则预测时得到的误差平方和（通过步骤❷）。减少的误差平方$=1\ 328-242.37=1\ 085.63$。

❹**计算误差平方减少的比例。**用减少的误差平方（通过步骤❸）除以使用平均数预测时得到的误差平方和（通过步骤❶）。误差平方减少的比例$=1\ 085.63/128=0.82$。当使用班级规模预测成就测验分数时，你可以解释82%的变异。

表12—11　计算"案例解析"例子中误差减少的比例

		使用平均数预测的测验分数❶			使用预测法则预测的测验分数❷		
班级规模	实际测验分数	平均测验分数	误差	误差平方	预测的测验分数	误差	误差平方
X	Y	M	$(Y-M)$	$(Y-M)^2$	$\hat{Y}$	$(Y-\hat{Y})$	$(Y-\hat{Y})^2$
25	80	80	0	0	77.75	2.25	5.06
14	98	80	18	324	102.50	−4.50	20.25
33	50	80	−30	900	59.75	−9.75	95.06
28	82	80	2	4	71.00	11.00	121.00
20	90	80	10	100	89.00	1.00	1.00
				$\sum=SS_{\text{Total}}=1\ 328$			$\sum=SS_{\text{Error}}=242.37$

误差减少的比例$=$❸$\dfrac{SS_{\text{Total}}-SS_{\text{Error}}}{SS_{\text{Total}}}=\dfrac{1\ 328-242.37}{1\ 328}=\dfrac{1\ 085.63}{1\ 328}=0.82$❹

524 **关于二元预测的逻辑和计算的论文写作要点**

1. 解释在统计背景下，术语"预测"的意思。一定要提到和解释关键词如预测变量和效标变量。

2. 解释线性预测法则的概念，包括它的公式。作为解释的一部分，一定要强调回归系数和回归常数的意义。

3. 解释线性预测法则怎样作为一条直线（回归线）显示在图上，一定要描述怎样绘制回归线和它表示的是什么。

4. 解释回归系数和回归常数是怎样与回归线相联系。

5. 就最小误差平方的概念而言，解释最佳预测法则。

6. 解释标准化回归系数的意义，为什么它有用，它是怎样计算的。

7. 在这些解释中，描述你回答的特定问题的数字结果的意义。

练习题

这些题包含计算。大部分现实生活中的统计问题可以使用特殊的统计软件来完成。即使你有这种软件，也要动手解决这些问题以便牢记方法。学习怎样使用计算机解决像这章的统计问题，参考本章后面"SPSS应用"部分以及与本书相伴的学习指南和计算机工具书。

所有数据都是虚构的，除非已经给出实际的引用出处。

练习Ⅰ（练习Ⅰ的答案，见 pp. 692－695）

1. 运动心理学家研究曲棍球选手后发现，可以用运动员的生理知识预测下一年受伤的人数。在使用生理知识去预测受伤人数的线性预测法则中，回归常数是10.30，回归系数是−0.70。(a) 指出预测变量和 (b) 效标变量。(c) 写出这个例子的线性预测法则。说明当运动员的生理知识测试分数是 (d) 0，(e) 1，(f) 2，(g) 5，(h) 6时，预测的下一年运动员的受伤人数。

2. 一位教授发现，她班级的期中考试成绩可以预测期末考试成绩。在使用期中考试成绩预测期末考试成绩的线性预测法则中，回归常数是40，回归系数是0.5。(a) 指出预测变量和 (b) 效标变量。(c) 写出这个例子的线性预测法则。计算当抽取的8个学生的期中分数分别是 (d) 30，(e) 40，(f) 50，(g) 60，(h) 70，(i) 80，(j) 90，(k) 100时，对他们期末分数的预测是多少。

3. 对于以下每个问题，从 (a) 到 (d)，确定用预测变量 X 预测效标变量 Y 的线性预测法则。然后 (e) 绘制出一个单独的图（两条轴线的值都
525 在0到10之间）显示所有回归线，用字母标记。（确保你的图足够大，从而使线条清晰地区分开来。）

	回归常数 a	回归系数 b
(a)	1.5	0.8
(b)	10.0	−0.4
(c)	2.0	0.2
(d)	9.5	−0.8

4. 在第11章中，问题3是关于5位学生应对一门考试要花多少时间学习。学习的时间和他们的分数，以及平均数都显示在右上方的表中。(a) 确定用学习时间预测测验分数的线性预测法则，(b) 绘制回归线。使用线性预测法则去计算用以下学生学习的时间预测的测验分数：(c) 3，(d) 5，(e) 7。(f) 确定标准化回归系数，(g) 向某个懂得平均数和离均差分数但是其他任何统计知识都不懂的人，解释你在回答这个问题之前都做了什么。(h) 将你从 (b) 部分计算的分数的点加起来，而且对线性预测法则 $\hat{Y}=60+(5.00)(X)$，添加一条回归线。(i) 哪一条回归线接近于你在 (h) 部分中计算的点，为什么？(j) 用来自 (a) 部分的线性预测法则和预测法则 $\hat{Y}=60+(5.00)(X)$ 计算误差平方和。(k) 前沿课题：找出误差减少的比例（使用 SS_{Error} 和 SS_{Total}）。

	学习小时数	测验分数
	0	52
	10	95
	6	83
	8	71
	6	64
M	6	73

5. 重复问题4，做 (a) 到 (f) 的部分，但是使用测验分数预测学习时间，(c)，(d)，(e) 部分的值分别用70，75，80代替。

6. 在第11章的问题2中，描述的是治疗者的共情程度和病人对他们治疗的满意度之间关系的研究。研究对象为4对病人—治疗者。包括平均
数在内的结果显示在下面。(a) 确定用共情程度 526
预测满意度的线性预测法则，(b) 绘制回归线。使用线性预测法则去计算当治疗者共情程度如下时，病人的满意度是多少：(c) 50，(d) 64，(e) 80。(f) 确定标准化回归系数，(g) 向一个懂得平均数和离均差分数但是其他任何统计知识都不懂的人解释你在回答这个问题之前都做了些什么。(h) 前沿课题：找出误差减少的比例（使用 SS_{Error} 和 SS_{Error}）。

对数	治疗者的共情程度	病人的满意度
1	70	4
2	94	5
3	36	2
4	48	1
M	62	3

7. 重复问题6，只做 (a) 到 (f) 部分，但是使用满意度来预测共情程度，(c)，(d)，(e) 部分的值分别用3，2，1代替。

8. 重复问题6，做 (a) 到 (f) 部分，但是这一次增加一对额外的分数，即治疗者共情程度的值为95，病人满意度为1（这对分数可以被认为是一对异常值）。(g) 讨论怎样用问题6得到的结果与这个问题的结果进行比较。

9. 对于下表中的每一行，从 (a) 到 (d)，确定使用预测变量 X_1，X_2，X_3 预测效标变量 Y 的多元线性预测法则。(e) 针对预测变量上的分数分别为 $X_1=2$，$X_2=5$，$X_3=9$ 的一个人，计算 (a) 部分效标变量的预测分数。

	回归常数	回归系数	回归系数	回归系数
	a	b_1	b_2	b_3
(a)	1.5	0.8	−0.3	9.99
(b)	10.0	−0.4	11.0	−8.62
(c)	2.0	0.2	6.13	2.12
(d)	9.5	−0.8	21.23	1.02

10. 在之前描述的奥汀格及其同事（Oettingen et al.，2001）的研究（见“研究文献中的预测”这一节）中，除了研究预计失望，研究者还进行了一项关于计划数量和责任承担的实验。他们的结果显示在图 12—9 中。向一个从未上过统计课程的人解释每个图的意思。

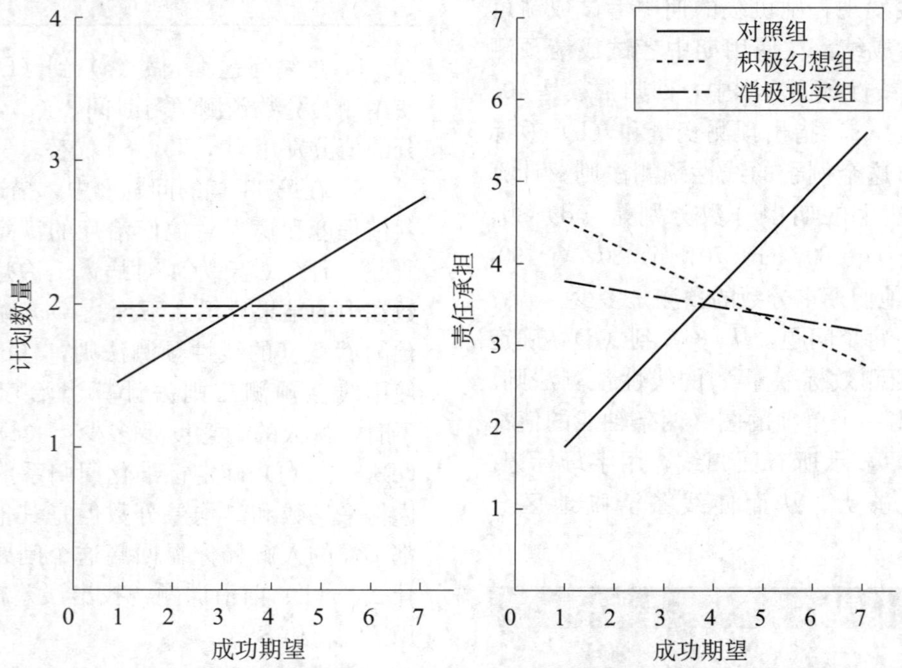

图 12—9　描述成功期望和计划数量（左）、责任承担（右）联系的回归线

资料来源：Oettingen，G.，Schnetter，K.，& Pak，H.（2001）. Self-regulations of goal setting：Turning free fantasies about the future into binding goals. *Journal of Personality and Social Psychology*，*80*，736 - 753. Published by the American Psychological Association. Reprinted with permission.

11. 迈兹和佩蒂特（Mize & Petit，1997）对母亲帮助孩子了解社会交往的风格对孩子社会生活的影响非常感兴趣。研究者为 43 个志愿者母亲及其 3～5 岁的孩子安排了三次会谈并进行了录像。在关键会谈中，向这些母亲和儿童展示其他儿童的敌意或相互拒绝的录像；然后这些母亲与她们自己的孩子对这些录像展开讨论。随后，心理学家对每位母亲进行“社会评级”——如母亲怎样更好地帮助孩子理解他们所看到的东西，建议使用更加积极的方式去应对这种情况。母亲和孩子一起玩的录像，则被用来评估每位母亲的“责任风格”——给孩子温暖和点化。在最后一次会谈中，儿童解决难题的录像被用来评估母亲的“非社会训导”——考察她们促进儿童发展问题解决技能的程度。在研究的另外一个部分，研究者
527 让每个儿童回答关于他们有多喜欢其他儿童的问题，即对他们的“同伴接纳”进行评估。

研究人员假设一个母亲善于社会训导的程度可以预测其孩子的同伴接纳程度。他们也假设母亲的社会训导与同伴接纳之间的关系即便是在包含非社会训导或者责任风格的多元回归方程中（预测法则）也会保持。（也就是说，即便模型中包含其他预测因子，社会训导与同伴接纳之间的实质性联系仍然存在。）

表 12—12 中的同伴接纳部分展示了他们的研究结果。方程 1 显示了非社会训导和社会训导作为同伴接纳的预测变量的多元回归分析结果。方程 2 显示了责任风格和社会训导作为同伴接纳的预测变量的多元回归分析结果。（在每个例子中，显示的是标准化回归系数，不是常规回归系数。）向一个懂得二元预测但不懂得多元回归的人解释同伴接纳结果的意义。（你可以忽略 sr_1，即偏相关这一列。你需要解释的所有信息都包括在表的 r，R^2 和 β 这几列中。）

表 12—12 预测教师评价的社交技巧、攻击行为和同伴接纳的同时回归分析 528

	标准											
	同伴接纳				社交技巧				攻击行为			
预测变量	r	R^2	sr_1	β	r	R^2	sr_1	β	r	R^2	sr_1	β
方程 1：												
非社会训导	0.21*		0.10	0.10	0.15		0.05	0.06	−0.35*		−0.23	−0.24
社会训导	0.36*	0.14*	0.30	0.32	0.31*	0.10	0.28	0.29	−0.41***	0.22**	−0.32	−0.33*
方程 2：												
责任风格	0.34*		0.26	0.27	0.25		0.18	0.18	−0.26		−0.16	−0.17
社会训导	0.36*	0.19*	0.28	0.29	0.31*	0.13	0.25	0.26	−0.41***	0.20*	−0.36	−0.37*

注：sr_1=偏相关，n=38。

*$p<0.10$，** $p<0.05$，*** $p<0.01$。

资料来源：Mize，J.，& Pettit，G. S.（1997）. Mothers' social coaching，mother-child relationship style，and children's peer competence：Is the medium the message? *Child Development*，*68*，312－332. Copyright © 1997 by the Society for Research in Child Development，Inc. Reprinted with permission.

练习Ⅱ

12. 人事心理学家研究新员工的工作适应后发现，员工的教育程度（年数）可以预测上级对新员工工作两个月后的评定。在线性预测法则中，教育程度预测工作评定的回归常数是 0.5，回归系数是 0.40。(a) 指出预测变量 (b) 和效标变量。(c) 写出这个例子的线性预测法则。在以下的员工教育程度上，指出预测的员工评定等级：(d) 8，(e) 10，(f) 17，(g) 19，(h) 21。

13. 临床心理学家发现，新抑郁量表的分数可以预测心理疗法的满意度。在线性预测法则中，用抑郁分数预测满意度的回归常数是 12，回归系数是−0.4。(a) 指出预测变量 (b) 和效标变量。(c) 写出这个例子的线性预测法则。指出在以下抑郁分数时，人们的满意度是多少：(d) 8，(e) 6，(f) 5，(g) 3，(h) 0。

14. 对于以下各部分，从 (a) 到 (d)，确定用预测变量 X 预测效标变量 Y 的线性预测法则。(e) 绘制一个单独的图（两条轴线的值在 0 到 100 之间）显示所有回归线，用字母标记。（确保你的图足够大，从而使线条能更清晰地区分开来。）

	回归常数 a	回归系数 b
(a)	89.0	−0.8
(b)	5.0	0.7
(c)	50.0	0.1
(d)	20.0	0.4

15. 在第 11 章的问题 12 中，4 个人分别做了手的灵巧测试（高分意味着很灵巧）和焦虑测试（高分意味着很焦虑）。包括平均数在内的结果显示在下面的表中。 529

人	灵巧	焦虑
1	1	10
2	1	8
3	2	4
4	4	−2
M	2	5

(a) 确定用灵巧预测焦虑的线性预测法则，(b) 绘制回归线。使用线性预测法则去计算当灵巧是以下分数时，人们的焦虑得分：(c) 1，(d) 2，(e) 3。(f) 确定标准化回归系数，(g) 向一个懂得平均数和离均差分数但所有其他统计知识都不懂的人解释你在解决这个问题前都做了些什么。(h) 前沿课题：找出误差减少的比例（使用 SS_{Error} 和 SS_{Total}）。

16. 重复问题 15，做 (a) 到 (f) 部分，但这一次用焦虑预测灵巧，而且在 (c)，(d)，(e) 部分分别用 0，4，7 代替。

17. 重复问题 15，做 (a) 到 (f) 部分，但这次预测增加一对分数，即灵巧值是 4，焦虑分数是 10（这对分数可以被当作异常值）。(g) 讨论如何用问题 15 的结果与这个问题的结果相比较。

18. 第 11 章的问题 13，是关于幼童观看暴力电视节目的数量和对周围伙伴暴力行为数量的研究。包括平均数在内的结果显示在下面的表中。

孩子的代号	每周观看暴力电视节目时间（小时）	对玩伴做出暴力或攻击行为的数量
G3368	14	9
R8904	8	6
C9890	6	1
L8722	12	8
M	10	6

（a）确定用观看暴力电视节目预测暴力行为的线性预测法则，（b）绘制回归线。使用线性预测法则来计算，当观看暴力电视节目的时间是以下数字时，预测的儿童暴力行为数量是多少：（c）7，（d）9，（e）11。（f）确定标准化回归系数，（g）向一个懂得平均数和离均差分数但所有其他统计知识都不懂的人解释你在解决这个问题之前都做了些什么。（h）基于你在（b）部分计算的四个孩子的数据添加点，并且添加线性预测法
530 则 $\hat{Y}=-2+(0.20)(X)$ 的回归线。（i）用从（a）部分得到的线性预测法则计算误差平方和，预测法则为 $\hat{Y}=-2+(0.20)(X)$。（j）解释为什么从（a）部分得到的线性预测法则的误差平方和一定小于使用其他线性预测法则时的误差平方和。（k）前沿课题：找出误差减少的比例（使用 SS_{Error} 和 SS_{Total}）。

19. 重复问题18，做（a）到（f）部分，但这次用暴力行为预测观看暴力电视节目的时间，（c），（d），（e）部分的值分别用2，5，7代替。

20. 对于以下各部分，从（a）到（d），确定用预测变量 X_1，X_2，X_3 预测效标变量 Y 的多元线性预测法则。（e）计算当预测变量为 $X_1=12$，$X_2=8$，$X_3=1$ 时，效标变量的预测分数为多少。

	回归常数	回归系数	回归系数	回归系数
	a	b_1	b_2	b_3
(a)	3.8	4.1	0.9	7.1
(b)	11.2	0.9	2.5	3.9
(c)	0.8	0.1	1.0	1.5
(d)	−3.1	0.8	12.4	4.3

21. 内扎莱克和他的同事（Nezlek et al.，1997）在研究中，让参与者先写下自我描述，然后再与其他四位学生交换。随后学生私下对他们在下个任务中与其他学生一起合作的喜欢程度进行排序。有一组参与者被告知他们在下一个任务中被选择与另一组一起合作——这是包括条件。剩下的参与者被告知他们在下一个任务中不跟别人一起合作——这是排除条件。对于这一安排，参与者被提问他们的感受如何。在研究的开始阶段，他们完成了一个自尊量表。图12—10显示了两个实验组的回归线。向一个懂得相关但不懂得预测的人解释这两条线的意义。

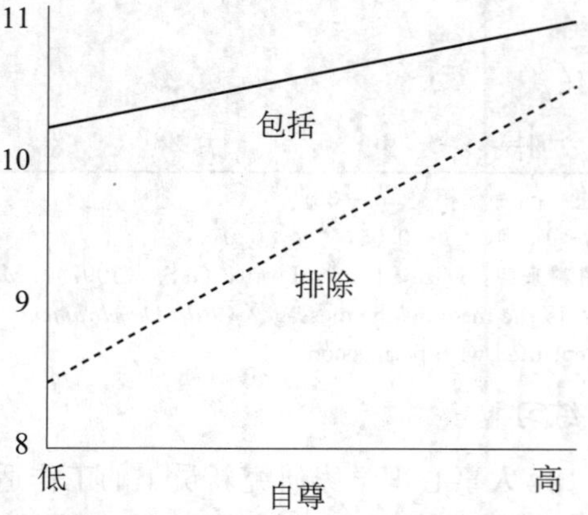

图12—10　包括/排除和自尊对感知到的接纳性的影响

资料来源：Nezlek，J. B.，Kowalski，R. M.，Leary，M. R.，Blevins，T.，& Holgate，S.（1997）. Personality moderators of reactions to interpersonal rejection：Depression and trait self-esteem. *Personality and Social Psychology Bulletin*，*23*，1235－1244. Copyright © 1997 by Sage Publications，Ltd. Reprinted by permission of Sage Publications，Thousands Oaks，London，and New Delhi.

22. 研究刑事司法问题的社会心理学家们长期以来一直关注是什么影响了人们对犯罪分子惩罚的态度。格拉汉姆和她的同事（Graham et al.，1997）利用公开审判橄榄球明星O. J. 辛普森来检验这个领域的一些基础问题。在开始的几天，辛普森被控告谋杀前妻，研究者对人们提出了关于这个事件的一系列问题。他们主要对177个人中谁相信辛普森有罪感兴趣，尤其是关于报复的信念——他们有多同意或不同意这个声明：“惩罚应该让O. J. 辛普森受到伤害，因为他伤害了别人。”研究人员感兴趣的是一些可能的因素会影响这个信念。这包括“控制”（他们相信辛普森在犯罪时对他的行为有多大的控制）、“责任”（他们相信他对这次犯罪要承担多大的责任）、他们对他的“愤怒”、他们对他的“同情”、“稳定”（他们相信他的举动是稳定的还是临时的）、“期望”（他们认为 531
他将会再次犯罪的可能性）。格拉汉姆和同事是这样报告的：

……表（12—13）揭示了对我们假设的部分支持。正如预期的，让辛普森承受伤害的最强报复性预测变量就是责任、愤怒和同情的道德情感。稳定和期望……是相对弱的（预测变量）。(p. 337)

向一个懂得二元预测但不懂得多元回归的人解释这些结果。（仅指表中的报复部分。你可以忽略 t 这一列，它是关于结果的统计显著性。）

表 12—13　　用归因变量预测惩罚目标的多元回归

	惩罚目标							
	报复		复健		保护		威慑	
预测变量	β	t	β	t	β	t	β	t
控制	−0.05	<1	−0.05	<1	−0.03	<1	0.15	1.90
责任	0.17	2.07*	−0.00	<1	−0.04	<1	0.19	2.15*
愤怒	0.30	4.04***	0.11	1.54	−0.03	<1	−0.04	<1
同情	−0.30	−3.68***	0.39	5.18***	−0.07	<1	−0.13	−1.54
稳定	−0.01	<1	−0.34	−4.85***	−0.19	2.33*	0.04	<1
期望	−0.10	−1.33	−0.06	<1	−0.27	3.36***	0.08	1.04
R^2		0.27		0.37		0.17		0.18

注：β=标准化回归系数。

* $p<0.05$，*** $p<0.001$。

资料来源：Graham, S., Weiner, B., & Zucker, G. S. (1997). An attributional analysis of punishment goals and public reactions to O. J. Simpson. *Personality and Social Psychology Bulletin*, *23*, 331－346. Copyright © 1997 by the Society for Personality and Social Psychology, Inc. Reprinted by permission of Sage Publications, Inc.

532 23. 考虑你想预测的事情及在预测中什么预测变量在预测时有用。（这应该与任何一个在课堂中，包括书本里得到的例子或过去的问题都不同。此外，这两个变量应该用数字来衡量。）(a) 写一个线性预测法则，注意预测变量的名字和效标变量的名字。(b) 估计回归常数和回归系数，这些数字要基于你对所预测的事的了解。最后，解释你选择 (c) 回归常数和 (d) 回归系数大小的原因。

24. 考虑你想预测的事情及在预测中哪两个或多个预测变量是有用的。（这应该与任何一个在课堂中，包括书本里得到的例子或过去的问题都不同。所有变量应该用数字来衡量。）(a) 写一个线性预测法则，注意预测变量的名字和效标变量的名字。(b) 估计每个预测变量的回归常数和回归系数，这些数字要基于你对所预测的事的了解。最后，解释你选择 (c) 回归常数和 (d) 回归系数大小的原因。

25. 要求 5 位与你性别一样的学生（每位都来自不同家庭）提供给你他们的身高和他们母亲的身高。确定用其母亲的身高预测这个人身高的线性预测法则，并绘制一个图来显示它的回归线。最后，根据你的线性预测法则，用以下母亲的身高预测一个人的身高：(a) 5 英尺，(b) 5 英尺 6 英寸，(c) 6 英尺。（注意：要么将英寸转换为英尺，要么在所有问题中使用英寸。）

SPSS 应用

（我们使用 SPSS 15.0 这个版本做分析。以下的步骤和输出窗口可能与其他版本有些稍微的不同。）

在下面计算二元线性预测法则的步骤中，我们使用睡眠和心情研究的例子。这个研究中计算的回归常数 (a) 和回归系数 (b)，以及分数都显示在表 12—5 中。

计算二元线性预测法则

1. 将分数输入 SPSS，如图 12—11 所示（与

第 11 章中的图 11—20 一样。）

2. 点击 Analyze。

3. 点击 Regression，点击 Linear。这是告知 SPSS 你正在计算线性预测法则，而不是其他任何一种类型的预测法则。

4. 点击标记为“mood”的变量，然后点击箭头将其放入“Dependent”框中。这是告知 SPSS “mood”变量是效标变量（在预测中也可以称作因变量，因为它“依赖”预测变量的分数）。点击标记为“sleep”的变量，然后点击箭头将其放入“Independent (s)”框中，这告知 SPSS “sleep”变量是预测变量（在预测中也可以称作自变量）。[如 533
果你正在计算一个多元回归，你要将所有预测变量都放入“Independent (s)”框中。]

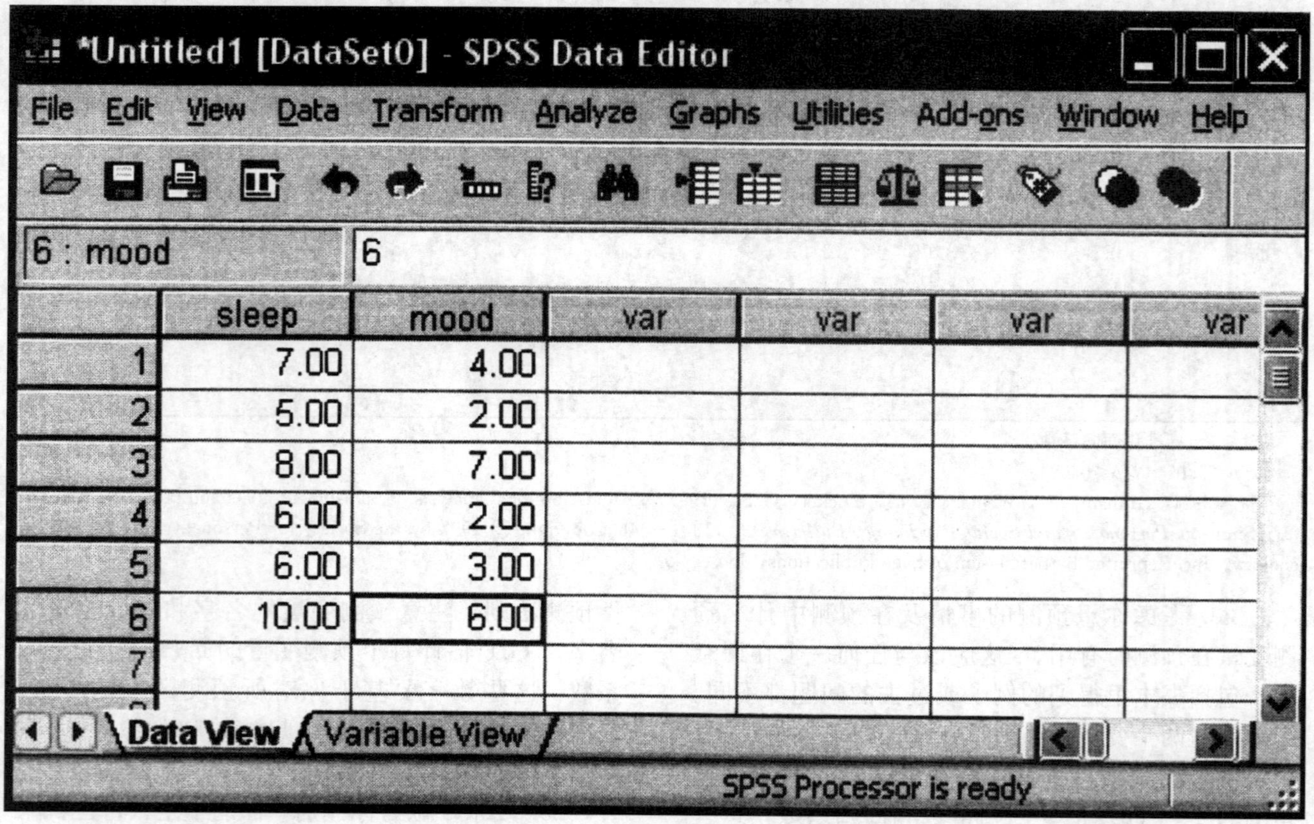

图 12—11 睡眠和心情关系的虚构研究的 SPSS 数据编辑窗口

5. 点击 Statistics，点击 Descriptives，点击 Continue。这是要求给出变量上有用的描述性信息（如平均数和总体标准差估计值），而且也给出变量间的相关。（步骤 5 是个自选项，但是我们强烈建议对于任何假设检验的情况，都进行描述性统计。）

6. 点击 OK。你的 SPSS 会输出一个类似于图 12—12 的窗口。

SPSS 的输出窗口中有六张表。（如果你没有选择“Descriptives”，它就只提供四张表，正如步骤 5 所显示的。）前面两张表显示了描述统计和相关矩阵。第三张表显示了哪个变量是预测变量（“variable entered”），哪个是效标变量（“dependent variable”）。始终要核查你使用的变量是否正确。前三张表没有显示在图 12—12 中。第四张表（标记为“Model Summary”）给出的是两个变量间的相关系数（“R”）和我们在这章的“前沿课题”中讨论过的误差减少的比例（“R square”或 R^2）。（二元预测中，SPSS 中使用 R 和 R^2 来代替这章中的 r 和 r^2。在心理学中这是常用的方式，我们在二元回归中使用 r 和 r^2，在多元回归及其误差减少的比例中，使用的是 R 和 R^2。但是 SPSS 中只使用后一种。）你可以忽略“Model Summary”表中的后两列。你也可以忽略标记为“ANOVA”的这张表。（然而，如果你阅读了本章“前沿课题”中关于误差和误差减少的比例这个部分，注意因为“Regression”是在第二列，SS_{Error} 就显示在“Sums of Squares”中，

SS_{Total} 显示在同一列的“Sums of Squares Total”中。SS_{Total} 与 SS_{Error} 之差显示在“Sums of Squares”这一列的“Residua”中。)

534

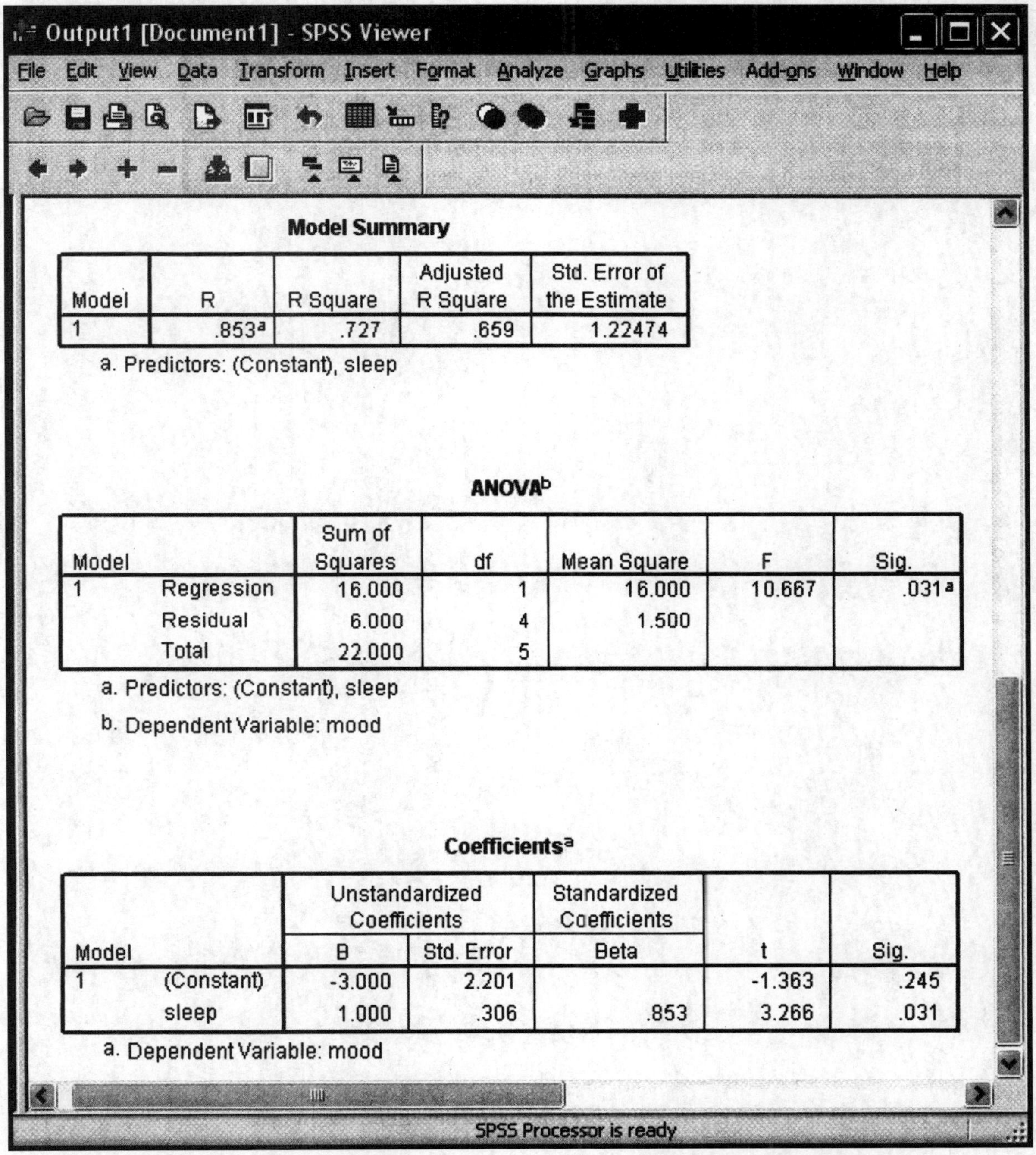

Model Summary

Model	R	R Square	Adjusted R Square	Std. Error of the Estimate
1	.853[a]	.727	.659	1.22474

a. Predictors: (Constant), sleep

ANOVA[b]

Model		Sum of Squares	df	Mean Square	F	Sig.
1	Regression	16.000	1	16.000	10.667	.031[a]
	Residual	6.000	4	1.500		
	Total	22.000	5			

a. Predictors: (Constant), sleep

b. Dependent Variable: mood

Coefficients[a]

Model		Unstandardized Coefficients		Standardized Coefficients	t	Sig.
		B	Std. Error	Beta		
1	(Constant)	-3.000	2.201		-1.363	.245
	sleep	1.000	.306	.853	3.266	.031

a. Dependent Variable: mood

图 12—12 用睡眠小时数预测心情（虚构的数据）的二元预测法则的 SPSS 输出窗口

最后一张表（标记为“Coefficients”）给出了关于线性预测法则的信息。这是你要关注的。这张表的第一行给出了回归常数，在这个例子中是 −3.000。（也给出了其他与该常数有关系的统计信息，如该常数是否显著不同于 0 的 t 检验情况。）因此，使用本章的术语，$a=-3.00$。回归系数显示在该表的第二行。（在多元回归中，有一行是每 535
个预测变量的回归系数。）1.000 这个值显示在“B”列（“B”与你在这章学习的 b 是一样的），它是常规的非标准化回归系数。因此，使用本章的术语，$b=1.000$。我们现在有了线性预测法则中的 a 和 b——必要的信息。因此，线性预测法则为：预测的心情＝－3＋（1）（睡眠小时数）。这张表还显示了标准化回归系数，即0.853。针对“sleep”的最后两列给出了回归系数是否显著不同于0的统计检验情况。0.031的显著性水平小于0.05，意味着睡眠小时数是预测第二天心情快乐程度的显著因子。注意睡眠预测变量的 t 值是3.226，与我们在上一章计算出的关于这个例子的 t 值（3.21）是一致的（允许误差舍入）。

第 13 章

卡方检验

章节概览

536 **成功小贴士**

这一章能够使你对假设检验有较为完整的掌握。但是，在阅读本章之前我们建议你回顾一下第1章中与变量类型有关的内容。

卡方检验 变量是名义变量时使用的假设检验程序。

在第7到12章中，你已经学到的假设检验程序是非常多样的（t检验、方差分析、相关和预测），但是在某些特定的研究情况下，这些方法是不能使用的。例如一个人的国籍、宗教偏好或头发的颜色等类别数据的假设检验就属于这种特殊情况。t检验、方差分析、相关和预测都要求可测量的变量或变量的分数是定量数据，如7点量表上的分数或市长在任的年数。本章着重于**卡方检验**，它适用于数据是名义变量时（即变量的值是类别）。（Chi是希腊字母中的χ；它的发音是ki，高平调。）因此，你在本章遇到的分数代表的是频数，即每类别中存在多少人或多少观察值。卡方检验最初是由卡尔·皮尔逊发展而来（见信息箱13—1），有时也称作皮尔逊卡方。

537 **信息箱13—1 皮尔逊——卡方的发明者和争论的中心**

卡尔·皮尔逊，有时被誉为统计学的奠基人，出生于1857年。在朱莉亚·贝尔的早期回忆中，皮尔逊与这位同事的交流同时暴露了他的优缺点：他正坐在长椅上，吮吸自己的大拇指，突然有人告诉他停止这种行为，否则他的大拇指就会越变越小。皮尔逊沉思道："我没有看见我吮吸的这个拇指小于另一个。我想知道她是否对我撒谎了。"这儿我们就能看出皮尔逊相信自己和观察到的事实，同时反对权威。我们也能看出他趋向于质疑那些他不认同的人性。

皮尔逊在剑桥大学学的数学。他入校后不久就要求不参加必须参加的仪式。他的要求马上被同意了，但是他又出现在了仪式上。院长召见他要求他给出解释，皮尔逊声称他不是要求不参加仪式，"而是不用必须参加仪式"。

毕业后，皮尔逊到德国学习，变成了一个社会主义者，且自诩为"自由思想家"。回到英国后，他将自己的名字从Carl改为Karl（为了向卡尔·马克思致敬），并且用笔名对基督教进行了攻击。在1885年，他创办了一个向男女都开放的俱乐部，以此来推动两性的平等。

1893年到1901年期间，皮尔逊的大量研究都着重于遗传规律，但是他需要更好的统计方法，这促成了他最著名的成果，即卡方检验。他也发明了直到今天都在使用的计算相关的方法，并且还有直方图、偏相关和虚假相关。他认为生物学杂志不欣赏他的作品，于是创立了著名的杂志《生物统计学》。

不幸的是，皮尔逊是优生学的狂热信徒，后来他的工作成果被纳粹当作他们对待犹太人的依据。在他生命的最后阶段，他写了一篇文章，使用了清晰的逻辑和全球范围内的数据来证明纳粹的观点是无稽之谈。

实际上，纵观他的一生，皮尔逊用观点树立了一大堆的敌人，尤其是那些年轻的统计学家，因为他拒绝将他们的文章发表在《生物统计学》上。威廉·戈赛（见信息箱7—1）是他的朋友。伦纳德·费希尔爵士（见信息箱9—1）是他最大的敌人。好心的戈赛总是希望他们能和谐相处。在1933年，皮尔逊终于退休了，费希尔在众人中脱颖而出，接替了他的位置，即伦敦大学学院优生学教授的职位。1936年，皮尔逊和费希尔之间的争论达到了顶峰，皮尔逊也恰巧于这一年去世。

更多关于皮尔逊的信息，见 http：//en. wikipedia. org/wiki/Karl _ Pearson 和 http：//www. humannature. com/nibbs/03/kpearson. html。

资料来源：Peters，1987；Salsburg，2000；Stigler，1986；Tankard，1984.

一个例子

哈特和他的同事（Harter et al.，1997）对浪漫伴侣的三种类别感兴趣，一种是以自我为中心类型，一种是以他人为中心类型，还有一种是互惠类型。研究者在一份报纸上做了调查，调查的项目有作答者的关系类型，以及他们对伴侣的类型的认知。其中一个研究者预测，自称以自我为中心类型的男人，更倾向于称他们的伴侣是以他人为中心型的。果然，在他们的研究中，与25.5%报告称伴侣为以自我为中心型的人以及24.5%报告称伴侣是互惠型的人相比，有49.5%的人对伴侣类型的“报告与预测是一致的……”(p.156)。就原始数值而言，这101个以自我为中心型的男人中，他们的伴侣有50个是以他人为中心型的，26个是以自我为中心型的，25个是互惠型的。

假定这101个以自我为中心的男人的伴侣在这三种类型中是一样的。如果是这种情况，那么在每种类型中应该都有33.67个这些男人的伴侣(101的三分之一)。这一信息显示在表13—1的“观察频数”和“期望频数”列中。“观察频数”这列显示了伴侣关系类型的实际观察数目。“期望频数”这列显示的是你期望不同类型的伴侣平均分配的结果。(注意它不会总是像你期望的那样，在每个类型中的数目都是一致的。在其他情况中，每个类别的期望频数可能是基于理论或另一项研究中的分布或某种情形。)

表 13—1　以自我为中心型的男人的伴侣类型的观察频数和期望频数 538

伴侣类型	观察频数[a] (O)	期望频数 (E)	差 ($O-E$)	差的平方 $(O-E)^2$	用期望频数加权后的差的平方 $(O-E)^2/E$
以他人为中心型	50	33.67	16.33	266.67	7.92
以自我为中心型	26	33.67	−7.67	58.83	1.75
互惠型	25	33.67	−8.67	75.17	2.23

[a] Data from Harter et al., 1997.

很明显，在实际观察频数和期望频数之间存在差异。问题是：你应该思考的是，在这样的样本容量条件下极易产生这种差异仅仅是出于偶然吗？假设，一般而言，以自我为中心型的男人(总体)，他们的伴侣在三种类型中是平均分布的。在这个总体的任一特定样本中，你还是无法得到完全平均分布的伴侣类型分配。但是如果样本的实际分布与平均分布差得太多，你就会质疑总体中的伴侣类型是否真的是平均分布的。换句话说，你面临的是一个假设检验情景，与我们之前一直探讨的十分相似。但是也有很大的差异。

此前章节的情景中，分数在某些方面是数值型的，如标准成就测验上的分数、关系中的时间长度、雇主对雇员工作效率的9级评分，等等；我们经常计算这些数字的平均数。与之相比，男人的伴侣类型是我们在第1章中提到的名义变量(或类型变量)的一个例子。在名义变量中，信息就是每个类别中的人数——或频数。因此，与名义变量相联系的分数就是频数(不是平均数)；这个频数告诉你落入每个变量类别的有多少人。我们之所以将其称为名义变量是因为不同的类别或者变量的不同水平都是名称而非数值。

卡方统计量和配合度的卡方检验

任何卡方检验的基本思路就是，检验实际观察频数和理论频数是否有差异。在这一章你将学到两种类型的卡方检验：首先你将学到**配合度的**
539 **卡方检验**，它是只有一个独立名义变量的卡方检验。在本章的后面，你将学到**独立性的卡方检验**；它存在两个名义变量，每个变量有着若干类别时使用。

配合度的卡方检验　用于验证某个名义变量类别的实际观察频数与期望频数之间配合度如何的假设检验程序。

独立性的卡方检验　用于验证某个名义变量类别的频数分布是否与另一个名义变量类别的频数分布之间存在关联性的假设检验程序。

在关系类型的例子中——只存在一个包括三个水平的名义变量——你要将**观察频数**50，26，25与每个类型的**期望频数**34(33.67)进行对比。正如你在第1章中学到的，每个类别中的预期人数实际上是一种频数分布。因此，卡方检验是对将观察频数分布与期望频数分布进行比较更加正式的表述。整体上，假设检验包含了计算观察频

观察频数　卡方检验中，在研究中发现的类别或组中实际的个体数目。

期望频数　卡方检验中，零假设成立情况下的类别或组中的个体数目。

数和期望频数之间的差异量，然后看这个数字代表的差异是不是偶然的。这就给出了配合度卡方检验的名字由来：这个检验就是为了展现观察频数分布与期望（或预测的）频数分布之间的配合度。

让我们首先从计算观察频数和期望频数之间的差异值入手。任一类别下，观察频数和期望频数之间的差异值都是前者减去后者。例如，再次考虑哈特和他同事的研究。对于伴侣为以他人为中心类型的以自我为中心类型的男人来说，观察频数 50 要比期望频数 33.67 多出 16.33（回想一下这个例子中的期望频数，101 的三分之一）。对于第二个类别，差是 −7.67。第三个，−8.67。这些差显示在表 13—1 的"差"这一列中。

你不能直接使用这些差。一个原因就是这些差中一些是正的，一些是负的。因此，它们会相互抵消。为了解决这个问题，你要将这些差平方。（这与我们在第 2 章计算方差时处理差异分数的策略相同。）以自我为中心类型的男人，当他们的伴侣是以他人为中心类型时，观察频数与期望频数之间的差的平方是 16.33 的平方，即 266.67；当伴侣为以自我为中心类型时，它是 58.83；当伴侣为互惠类型时，就是 75.17。这些差的平方显示在表 13—1 的"差的平方"这一列中。

卡方统计量（χ^2） 反映期望频数和观察频数的总体差异的统计量，即观察频数和期望频数的差的平方除以期望频数，再将每个类别相加的结果。

观察频数与期望频数之间的差的重要程度同期望频数的大小有关。例如，当期望频数为 10 时，观察频数与期望频数之间为 8 的一个差要比当期望频数为 1 000 时，它所反映的观察频数与期望频数之间的差大得多。如果期望频数为 10，而观察频数与期望频数之间的差为 8，这就意味着观察频数为 18 或 2，而无论是 18 还是 2 同 10 之间的差都特别大。然而，如果观察频数是1 000，这个 8 的差，其重要性程度就明显较低了。也就是说，这种情况下，观察频数是 1 008 或者 992，它们跟 1 000 之间的差是比较轻微的。

对于某个特定的类别而言，如何调整观察频数与期望频数之间的不一致（差的平方）？你所需要做的就是将该类别下的期望频数考虑进来去矫正或加权这种不一致。因此，如果一个特定类别的期望频数是 10，你就用差的平方除以 10。如果类别的期望频数是 1 000，就用差的平方除以 1 000。这样，你就可以通过期望频数来加权差的平方。这种加权使得在进行比较时，差的平方位于更加合适的尺度上。在我们的例子中，对于伴侣为以他人为中心类型的男人来说，你就可以用 266.67 这个差的平方除以 33.67，得出 7.92。对于伴侣为以自我为中心类型的男人来说，就是 58.83 除以 33.67，得出 1.75。 540
对于伴侣为互惠类型的男人来说，75.17 除以 33.67 就得出 2.23。矫正后的差（差的平方除以期望频数）显示在表 13—1 最右边一列。

剩下的就是获得观察频数和期望频数之间不匹配的总数。最后一步就是将所有类别的差相加。在哈特和他同事的例子中，这就是 7.92 加上 1.75 加上 2.23，得出 11.90。最后的数字（加权后的差的平方）是期望频数和观察频数之间的总体不匹配指标，称作**卡方统计量**。公式如下：

$$\chi^2=\sum\frac{(O-E)^2}{E} \qquad (13-1)$$

卡方统计量是所有类别中观察频数和期望频数之间的差的平方除以期望频数的结果的总和。

在这个公式中，χ^2 是卡方统计量，$\sum$ 是求和符号，告诉你要将所有不同类别相加起来。O 是一种类别中的观察频数（研究中某种类别里实际出现的人数）。E 是一种类别中的期望频数（在哈特和他同事的例子中，假定每个类别的数目一样。）

成功小贴士

注意在卡方公式中，对于每个类别，你首先要用观察频数和期望频数的差的平方除以期望频数，然后将这些结果相加。这个程序跟你在之前几章中采用的有些许不同（在之前几章中，你经常首先要将所有平方值相加，然后除以分母）；所以要严格遵循公式。

将公式应用到例子中，如下：

$$\chi^2=\sum\frac{(O-E)^2}{E}=\frac{(50-33.67)^2}{33.67}+\frac{(26-33.67)^2}{33.67}+\frac{(25-33.67)^2}{33.67}=11.90$$

计算卡方统计量的步骤

以下是我们对上面步骤的总结：

Ⓐ确定每个类别的实际观察频数。

Ⓑ确定每个类别的期望频数。

Ⓒ在每个类别中，用观察频数减去期望频数。

Ⓓ平方每个差值。

Ⓔ用差值平方除以它所在类别的期望频数。

Ⓕ将所有类别中通过步骤Ⓔ得到的结果相加。

卡方分布

卡方分布　数学上定义为在卡方检验中用作比较分布的曲线，即卡方统计量的分布。

现在我们考虑一下，在卡方统计中，你的计算结果与你预期之间的不一致是不是由偶然性导致的。为了回答这个问题，你需要知道得到不同大小的卡方统计量有多大可能是出于偶然。由于研究中被试的人数是合理的，所以卡方统计量的分布会近似遵循一种已知的数学分布——**卡方分布**。

卡方表　不同自由度和显著性水平的卡方值所构成的表。

卡方分布的精确形状取决于自由度。对于卡方检验来说，自由度就是所有类别中可以自由改变的类别数。在伴侣关系类型的例子中，存在着三种类别。如果你知道总共的人数和任何两个类别的人数，你就可以计算出第三个类别的人数；因此只有两个类别可以自由改变。也就是说，在这样的一个研究中（使用了配合度的卡方检验），如果有三个类别，其自由度就是 2。以下是公式：

$$df = N_{\text{Categories}} - 1 \qquad (13-2)$$

在配合度的卡方检验中，自由度就是类别数减去 1。

几个不同自由度的卡方分布显示在图 13—1 中。注意分布都偏向右侧。这是因为卡方统计量不可能小于 0，但是可以有很高的值。（卡方值必须是正的，因为计算时的分子和分母都是正的。分子是正的，因为它是平方值。分母是正的，因为给出的类别的期望频数不能是负值；你的期望频数不可能小于 0！）

541

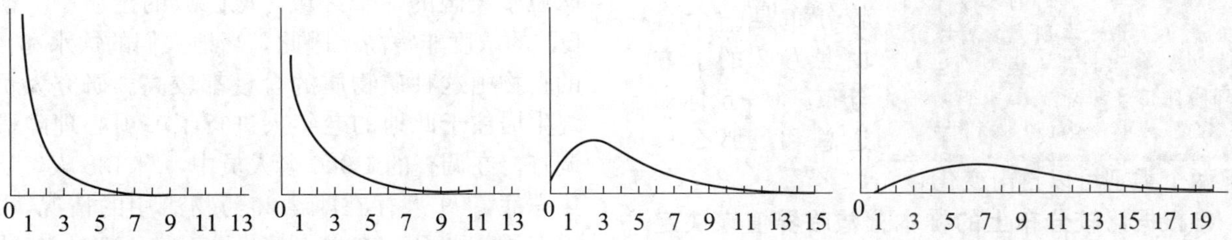

卡方分布 df=1　卡方分布 df=2　卡方分布 df=4　卡方分布 df=8

图 13—1　不同自由度情况下卡方分布的例子

卡方表

对于卡方分布的假设检验来说，最为重要的是卡方分布的临界值足够极端从而能够拒绝零假设。**卡方表**给出了在不同显著性水平和自由度上的卡方值。表 13—2 显示了附录（表 A—4）中卡方表的一部分。对于我们的例子，自由度为 2，这个表显示了在 0.05 显著性水平上，卡方值是 5.992。（当然，正如其他假设检验程序一样，当你使用 SPSS 进行卡方检验时，你将会得到一个确切的概率水平，然后你再检查，看它是否小于你在研究中设置的值，如 0.05 或 0.01。）

在哈特和他同事（1997）的例子中，我们计算出了卡方值为 11.90。这个值远远大于 5.992 的卡方值（使用 0.05 的显著性水平）（见图 13—2）。因此，研究者拒绝了零假设。即他们拒绝所观察到的频数与样本中期望的频数是匹配的。更合理的解释就是，这些男人的伴侣在各个关系类型中的比例是不同的。

表 13—2　　卡方表的一部分

（突出显示处为哈特等研究的例子中的临界值）

df	显著性水平		
	0.10	0.05	0.01
1	2.706	3.841	6.635
2	4.605	5.992	9.211
3	6.252	7.815	11.345
4	7.780	9.488	13.277
5	9.237	11.071	15.087

注：完整的表见附录表 A—4。

假设检验的步骤

让我们回顾使用同样例子进行的配合度卡方检验，但现在要系统地遵守假设检验的标准步骤。在这个过程中我们要考虑一些细微之处。

❶重申有关总体的研究假设和零假设问题。

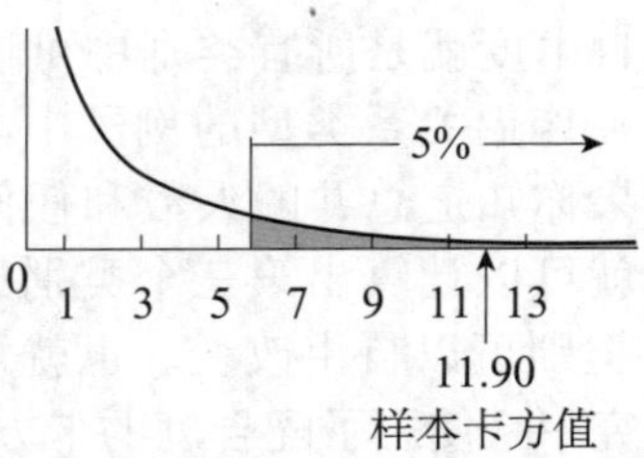

图13—2 针对哈特等（1997）研究中的案例，展现了在0.05显著性水平上拒绝零假设所需要的临界值以及样本的卡方值的卡方分布（$df=2$）

有两个总体，如下。

总体1：类似于这个研究中的被试的那些以自我为中心型的男人。

总体2：其伴侣在三种关系类型上平均分布的以自我为中心型的男人。

542 研究假设就是在这两个总体中，各类型人数分布是不同的；零假设为它们是相同的。

> **成功小贴士**
>
> 记住总体2是与为真时的零假设相一致的总体。由于本研究旨在探讨这些男人的伴侣的关系类型，总体2由那些伴侣平均分布在三个类别中的以自我为中心型的男人所构成。

❷决定比较分布的特征。比较分布是一个自由度为2的卡方分布。（一旦你知道总和，那么只剩下两个类别可以自由变化。）

❸根据比较分布上的样本分数临界值来决定是否应该拒绝零假设。你可以通过在你的显著性水平和研究的自由度上查找卡方表上的临界值来实现。在这个例子中，我们使用的是0.05的显著性水平，而且我们在步骤❷中确定的自由度为2。根据卡方表，卡方值为5.992（见图13—2）。

❹计算比较分布上你的样本分数。你的样本分数是从样本中计算出来的卡方。以下是你所有的计算。

> **成功小贴士**
>
> 重要的是不能在这里混淆术语。比较分布就是用来比较数字，然后总结结果的整体模式的分布。使用t检验时，这一数字就是t分数，并且我们使用一个t分布。使用方差分析时，它就是F值，并且我们使用一个F分布。因此，使用卡方检验时，我们的比较分布就是卡方统计量的分布。这可能引起混淆，因为当使用卡方分布时，你是将观察频数的分布与期望频数的分布进行比较。但是，这里的期望频数分布与我们在假设检验步骤❷当中所使用的比较分布并不是一个意义上的分布。

Ⓐ确定每个类别的实际观察频数。见表13—1的第一列。

Ⓑ确定每个类别的期望频数。基于平均分布的101个伴侣，我们算出的是33.67。

Ⓒ在每个类别中，用观察频数减去期望频数。见表13—1的第三列。

Ⓓ平方每个差值。见表13—1的第四列。

Ⓔ用差值平方除以它所在类别的期望频数。见表13—1的第五列。

Ⓕ将所有类别中通过步骤Ⓔ得到的结果相加。我们之前计算的（11.90）是样本的卡方统计量。见图13—2。

❺决定是否拒绝零假设。来自步骤❸的卡方临界值是5.992，来自步骤❹的样本卡方值是11.90，因此拒绝零假设。两个总体不同这一研究假设可以成立。也就是说，哈特和他的同事可以断定，以自我为中心型的男人的伴侣不是平均分布在这三个类别中的。

另一个例子

由临床心理学家组建的一个研究团队想要验证一个理论，该理论认为饮食中的某种矿物质，这里称作“矿物Q”，会影响心理健康。该研究团队位于美国的一个区域，该区域的土质中“矿物Q”的浓度非常高。因此，当地人们的饮水和自种的食物中这种矿物质的含量都较高。研究人员对终生居住于此地的老年人进行了一项心理障碍的调查。在调查的1 000名人员中，有138人经历过焦虑症，99人存在酗酒和药物滥用的情况，123人有情绪障碍（如慢性抑郁症），111人有冲动控制障碍（如注意缺陷多动障碍），529人从来没有经历过这些问题。（本例中，我们并没有注意到当某个人同时具有两种或更多的以上问题时会发生什么。）

这些心理学家将他们的结果与在对美国公众所做的大型调查的基础上进行的预测相比较。根据这些调查，有14.6%的成年人曾患过焦虑症，8.0%的人存在酗酒和药物滥用的情况，11.0%的人有情绪障碍，12.8%的人有冲动控制障碍，53.6%的人没有经历过以上问题。如果这个1 000人的样本与美国人这个总体之间不存在差异的话，那么他们之中有14.6%（146）的人应该患有焦虑症，8.0%（80）的人应该存在酗酒和药物滥用的情况，等等。临床心理学家关心的问题是：“基于我们所研究的样本，我们能够断定各种心理健康问题在该区域人群中的比率不同于美国人这个总体中的情况吗？”

表13—3显示了观察和期望频数，以及卡方检验的计算。

表 13—3　与一般美国人群相比，“矿物 Q”浓度较高地区的美国人的心理健康障碍类型的观察频数与期望频数以及配合度的卡方检验（虚构的数据） 543

条件	观察Ⓐ	期望Ⓑ
焦虑症	138	146（14.6%×1 000）
酗酒或药物滥用	99	80（8.0%×1 000）
情绪障碍	123	110（11.0%×1 000）
冲动控制障碍	111	128（12.8%×1 000）
没有这些情况	529	536（53.6%×1 000）

自由度$=N_{\text{Categories}}-1=5-1=4$❷

在 0.05 显著性水平上，$df=4$，需要的卡方值为 9.488❸

$$\chi^2=\sum\frac{(O-E)^2}{E}=\frac{(138-146)^2}{146}+\frac{(99-80)^2}{80}+\frac{(123-110)^2}{110}-\frac{(111-128)^2}{128}+\frac{(529-539)^2}{536}$$ Ⓒ

$$=\frac{(-8)^2}{146}+\frac{19^2}{80}+\frac{13^2}{110}+\frac{(-17)^2}{128}+\frac{(-7)^2}{536}$$ Ⓓ

$=0.44+4.51+1.54+2.26+0.09$ Ⓔ

$=8.84$ Ⓕ

结论：不能拒绝零假设。❺

❶重申有关总体的研究假设和零假设问题。有两个总体，如下。

总体 1：富含“矿物 Q”的美国某区域中的人。

总体 2：一般美国人。

研究假设就是，在两个总体中，五种心理健康类别的人数分布是不一样的；零假设就是它们是一样的。

❷决定比较分布的特征。比较分布是一个自由度为 4 的卡方分布（即 $df=N_{\text{Categories}}-1=5-1=4$）。见图 13—3。

❸根据比较分布上的样本分数临界值来决定是否应该拒绝零假设。我们将使用标准的 0.05 显著性水平且我们刚才提到自由度为 4。因此，表 13—2（或附录中的表 A—4）显示，临床心理学家最少需要 9.488 的卡方值才会拒绝零假设。见图 13—3。

❹确定比较分布上你的样本分数。卡方计算显示在表 13—3 中。

Ⓐ 确定每个类别的实际观察频数。卡方计算显示在表 13—3 的第一列。

544 **Ⓑ 确定每个类别的期望频数。**通过期望百分比乘以总数得出。例如，14.6%患有焦虑症的人，实际患有焦虑症的期望数是 146（即 1 000 的 14.6%）。所有期望频数显示在表 13—3 中。

Ⓒ 在每个类别中，用观察频数减去期望频数。这些相减的结果都显示在表 13—3 的卡方算式的第一行的分子中。

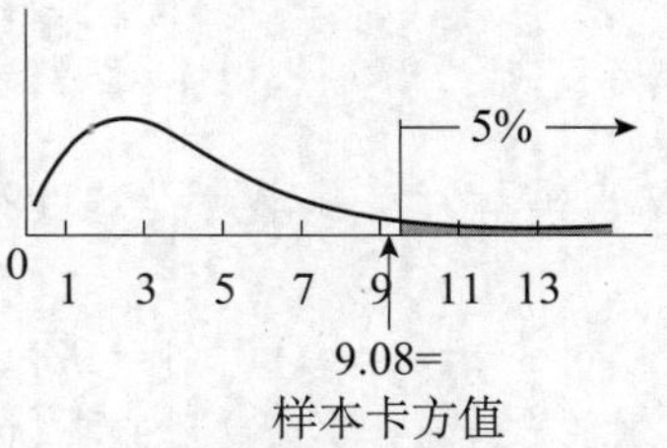

图 13—3　针对“矿物 Q”案例，展现了在 0.05 的显著性水平上拒绝零假设所需要的临界值以及该样本的卡方值的卡方分布（$df=4$）

Ⓓ 平方每个差值。平方的结果显示在表 13—3 卡方算式的第二行的分子中。

Ⓔ 用差值平方除以它所在的类别的期望频数。结果显示在表 13—3 卡方算式的第三行中。

> **成功小贴士**
>
> 在本例中值得注意的是，期望频数的计算是基于美国人这个总体来预估的。这不同于我们以前的期望频数是基于一个分配。因此，这个例子中的总体 2 是指一般美国人群，也就是用于确定期望频数的群体。

Ⓕ 将所有类别中通过步骤Ⓔ得到的结果相加。总和是 8.84。这一结果显示在表 13—3 中；在卡方分布上的位置显示在图 13—3 中。

❺决定是否拒绝零假设。这个例子的卡方值（来自步骤❹）8.84 小于临界值 9.488（来自步骤❸）。研究者不能拒绝零假设；研究尚无定论。（由于无法拒绝具有这样一个大样本的零假设，我们可以合理地推断，若两个样本之间有差异，那么它肯定很小。）

你会做吗?

1. 在什么情况下，你会使用配合度卡方检验?

2. 列出计算卡方统计量的步骤，并且解释每个步骤背后的逻辑。

3. 写出卡方统计量的计算公式，并且定义它的每个符号。

4. (a) 什么是卡方分布? (b) 它的形状是什么样的? (c) 为什么它会是那个形状?

5. 对一个样本进行配合度的卡方检验（在 0.05 的显著性水平上），其中一个类别有 15 人，另一个有 35 人，并且两个类别的期望频数是一样的。(a) 使用假设检验的步骤并 (b) 绘制分布图。

图 13—4　针对“你会做吗?”问题 5，展现了在 0.05 的显著性水平上拒绝零假设所需要的临界值以及该样本的卡方值的卡方分布（$df=1$）

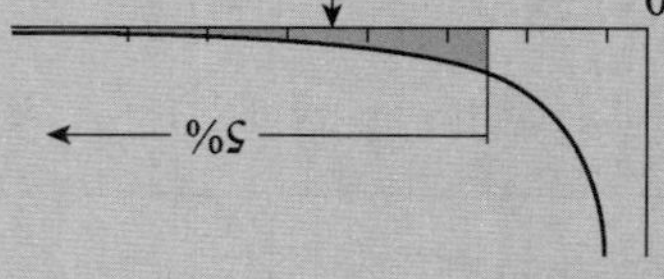

(b) 见图 13—4。

❺ **决定是否拒绝零假设。**样本的卡方值 8 显著大于临界值 3.841。拒绝零假设：样本中人数的分布与期望的分布明显不同。

Ⓕ **将所有类别中通过步骤Ⓔ得到的结果相加。**4+4=8。

Ⓔ **用差值平方除以它所在类别的期望频数。**都得出 4（即 100/25=4）。

Ⓓ **平方每个差值。**都得出 100［即 $(-10)^2=100$ 和 $10^2=100$］。

Ⓒ **在每个类别中，用观察频数减去期望频数。**得出 −10（即 15−25=−10）和 10（即 35−25=10）。

545

Ⓑ **确定每个类别的期望频数。**期望是平均分布的总数为 50 人的群体，其期望频数是 25 和 25。

Ⓐ **确定每个类别的实际观察频数。**正如题目中所给出的，它们分别是 15 和 35。

❹ **确定比较分布上你的样本分数。**

❸ **根据比较分布上的样本分数临界值来决定是否应该拒绝零假设。**在 0.05 的显著性水平上，$df=1$，临界值是 3.841。

❷ **决定比较分布的特征。**这个比较分布是一个自由度为 1 的卡方分布（即 $df=N_{\text{Categories}}-1=2-1=1$）。

研究假设是在这两个总体中，人们在不同类别上的人数分布是不一样的；零假设是它们是一样的。

总体 2：在这两个类别上平均分布的普通人。

总体 1：类似于这个样本中的被试的那些人。

5. (a) ❶ **重申有关总体的研究假设和零假设问题。**有两个总体，如下。

且它的分母是个体的期望数目，也是正的），对它的大小没有限制。

(c) 它拥有那样的形状是因为卡方统计量不可能小于 0（因为分子是一个平方后的分数，是正的，

(b) 它向右延伸。

4. (a) 卡方分布：无论类别的数目是多少，从总体中抽取的大量的样本所计算的卡方值的分布称为卡方分布，并以此来推测总体中各个类别的分布人数。

在这个公式中，χ^2 是卡方统计量；$\sum$是求和符号，告诉你要将所有不同类别相加起来；O 是一个类别的观察频数；E 是一个类别的期望频数。

答案

1. 当你想检验一个样本中各类别的人数分布是否与期望分布显著不同时，你可以使用配合度的卡方检验。
2. Ⓐ **确定每个类别的实际观察频数。**这是所研究的样本的关键信息。
   Ⓑ **确定每个类别的期望频数。**有这个数字可以直接让期望频数和观察频数做比较。
   Ⓒ **在每个类别中，用观察频数减去期望频数。**这是对样本分布和期望分布之间的直接比较。
   Ⓓ **平方每个差值。**这就解决了差异的方向问题（因为关注的焦点在于差异的大小）。
   Ⓔ **用差值平方除以它所在类别的期望频数。**这就调整了同一期望频数下的差异程度。
   Ⓕ **将所有类别中通过步骤Ⓔ得到的结果相加。**这就让你得到了一个总的差异程度的统计值。
3. 卡方统计量的计算公式：$\chi^2 = \sum \frac{(O-E)^2}{E}$。

独立性的卡方检验

到目前为止，我们看到的都是有着几个类别的单一名义变量的分布，如男人伴侣的关系类型。实际上，这种情况在研究中是很少的。我们主要是将这个例子作为过渡到常见研究情况的跳板，现在我们开始。

卡方检验多适用于存在两个名义变量，并且每个变量都包括若干类别的情况。例如，哈特及其同事（1997）可能对以自我为中心型的男人其伴侣的关系类型分布是否与以他人为中心型的男人其伴侣的关系类型分布相同进行了研究。如果这是他们的意图，我们就有了两个名义变量，伴侣的关系类型是第一个名义变量，男人自己的关系类型是第二个名义变量。在这种情况下的假设检验被称作独立性的卡方检验。你马上就会知道为什么它取这个名字。

假设在一个大学中，研究者调查 200 名员工上班所用的交通工具以及他们是“早起的人”（睡得早，起得早）还是“晚起的人”（睡得晚，起得晚）。表 13—4 显示了结果。注意两个名义变量：交通工具类型（三个水平）和睡眠倾向（两个水平）。

列联表

表 13—4 就是一个**列联表**，表中对于两个名义变量分布的设置，可以让你得到总的组合频数。因此，在表 13—4 中，在公交车—早起的组合中，60 就是坐公交车且早起的人数。（列联表类似于你在第 10 章学到的析因方差分析表，每个单元格都有这几个人的平均数；但是在列联表中，每个单元格的数字不是平均数，而是某个变量水平组合下的人数。） 547

> **列联表**　展现了两个名义变量的类别组合的频数二维表。

表 13—4　使用不同交通工具的早起和晚起的人的观察频数（虚构的数据）的列联表

		交通工具			
		公交车	出租车	自驾车	全部
睡眠倾向	早起	60	30	30	120（60%）
	晚起	20	20	40	80（40%）
	全部	80	50	70	200（100%）

表 13—4 是一个 3×2 的列联表，因为它的一个变量有三个水平，另一个有两个水平。（哪个维度被首先命名不重要。）列联表也可能更大，如 4×7或 6×18 的列联表。更小的表，如2×2的列联表，是尤其常见的。

独立性

这个例子中的问题就是，在人们使用的交通工具和早起或晚起之间是否有联系。如果没有联系，那早起的人和晚起的人使用各种交通工具的比例都是一样的。或者，换个角度，如果没有联系，使用不同交通工具的人早起或晚起的比例都是一样的。无论你怎么描述它，对列联表中的变量之间不存在联系的情况都称为**独立性**[①]。

> **独立性** 两个变量之间没有关系的情况；在进行独立性的卡方检验时，常常用的是两个名义变量。

样本和总体

本例中所观察到的调查结果显示，在样本中，早起的人和晚起的人的比例是随着使用不同的交通工具变化的。例如，坐公交车的人被分为60—20；四分之三的使用公交车的是早起的人。自驾车的人被分为30—40。因此，自驾的多为晚起的人。但是，样本量只有200。在某个较大的样本中，人们使用的交通工具的类型与其是早起的人还是晚起的人之间可能是独立的。最大的问题就是，样本中独立性的缺失是否足以拒绝总体中关于独立性的零假设。也就是说，你需要进行一个卡方检验。

确定期望频数

关于独立性的卡方检验，你可能感到陌生的是现在你需要计算每个组合类别下，即列联表的每个**单元格**中观察频数与期望频数之间的差。（当只存在一个名义变量，计算的就是这一个名义变量的每个类别的差。）表13—5是该调查案例的列联表。这一次，我们显示的期望频数（在括号中）在每个观察频数之后。

> **单元格** 在卡方检验中，列联表中的两个变量的类别组合。

对列联表中的期望频数进行计算时，需要牢记期望频数是基于两个变量之间是相互独立的情况得出的。如果它们相互独立，那么每列单元格中比例的上升和下降应该都是一样的。在这个例子中，早起的人有60%，晚起的人有40%；因此，如果交通工具独立于早起或晚起，那么这60%—40%的划分在每列（每种交通工具类型）应该都一样。第一，60%—40%的划分应该适用于公交车组。在公交车单元格中，早起的人的期望

表13—5　使用不同交通工具的早起和晚起的人的观察（和期望）频数（虚构的数据）的列联表

		交通工具			
		公交车	出租车	自驾车	全部
睡眠倾向	早起	60（48）[a]	30（30）	30（42）	120（60%）
	晚起	20（32）	20（20）	40（28）	80（40%）
	全部	80	50	70	200（100%）

[a] 括号中的数字表示期望频数。

548 频数是80的60%，结果为48，晚起的人的期望频数是32（即80的40%）。同样的原则也应该适用于其他列：坐出租车的50人应该也符合60%—40%的划分，即早起的人的期望频数是30（即50的60%），晚起的人的期望频数是20（即50的40%）；自驾车的70人应该也符合60%—40%的划分，即期望频数是42和28。

> **成功小贴士**
>
> 你要保证期望频数和观察频数的个数是一样的。例如，在2×3的列联表中，就有6个观察频数和6个相应的期望频数。

总结我们所说的步骤：

(i) 找出每一行占总数的百分比。

(ii) 对于每个单元格，用它这行的百分比乘以这列的总数。

将这些步骤应用到左上角的单元格中（坐公交车且早起的人）：

> **成功小贴士**
>
> 一定要检查每个单元格中的行百分比和列的总数。在计算卡方统计量时，选错了行或列是常见的错误。

(i) 找出每一行占总数的百分比。早起这行的人数是120，占总数的60%（即120/200）。

(ii) 对于每个单元格，用它这行的百分比乘以这列的总数。公交车这列的总人数是80；80的60%是48（即0.60×80）。

这些步骤也可以表达为一个公式：

---

① 独立性常常用于讨论两个名义变量之间关系的缺乏。然而，如果你学习了第11章，它可能有助于你对零相关（$r=0$）这种情况的思考。

$$E = (\frac{R}{N})(C) \quad (13-3)$$

一个单元格的期望频数等于该行的观察频数除以总的人数，然后再乘以该列的观察频数。

在这个公式中，E 是特定单元格中的期望频数，R 是单元格所在行的观察频数，N 是总的人数（因此，R 除以 N 是人们在这行的比例），C 是这个单元格所在列的观察频数。（因此，对于给定的任何一列，R 除以 N 的结果——这行的比例——乘以 C，这列的数目，得出的数字就是该行该列的期望频数。）

将这个公式用于同样的左上角单元格，得到：

$$E = (\frac{R}{N})(C) = (\frac{120}{200})(80) = (0.60)(80) = 48$$

着眼于整个表 13—5，我们注意到每列中（包括“全部”这一列）期望频数的总和与观察频数的总和都是相同的。（这是因为期望频数是将总列数以不同的方式进行了拆分。）例如，在第一列（公交车），期望频数 48 加上 32 就等于 80，这一列的观察频数是 60 和 20。

成功小贴士

对你的算式进行检查，是确保每一列中期望频数和观察频数加起来等于相同总数的一个好建议。

计算卡方

除了对每个单元格的差的平方加权并将其相加，卡方值计算的其他方面与配合度卡方检验中的计算是一样的。下面是对于该调查案例的计算：

$$\chi^2 = \sum \frac{(O-E)^2}{E} = \frac{(60-48)^2}{48} + \frac{(30-30)^2}{30} + \frac{(30-42)^2}{42} + \frac{(20-32)^2}{32} + \frac{(20-20)^2}{20} + \frac{(40-28)^2}{28}$$
$$=3+0+3.43+4.5+0+5.14$$
$$=16.07$$

自由度

549

一个有很多单元格的列联表可能只有很小的自由度。在我们的例子中，单元格有 6 个，但是自由度只是 2。我们知道自由度就是在总数已知的情况下可以自由变动的类别数目。对于独立性的卡方检验，类别数目就是单元格数目；总数是行和列的总数——如果你知道行和列的总数，你就会有很多这方面的信息。

考虑睡眠倾向和交通工具这个例子。假设你知道前两个单元格的频数，那么所有的行列的总数也就清楚了。你可以通过减法计算出其他单元格的频数。表 13—6 显示了这个例子中两个单元格和所有行列总计频数的列联表。让我们从“早起—自驾车”单元格开始，总计有 120 个早起的人，其他两个早起的单元格有 90 人（60＋30）。因此，只剩下 30 人在“早起—自驾车”这个单元格内。现在考虑三个晚起的单元格。你知道早起的人的总数和使用每种交通工具的人数。因此，每个晚起的单元格频数就是这列的总数减去这一列早起的人数。例如，坐公交车的人有 80 个，其中早起的人有 60 个。因此，坐公交的人中晚起的人有 20 个。

表 13—6 展现了用边际和两个单元格的观察频数来例证自由度的计算的列联表

		交通工具			
		公交车	出租车	自驾车	全部
睡眠倾向	早起	60	30	—	120（60%）
	晚起	—	—	—	80（40%）
	全部	80	50	70	200（100%）

你在这里看到的就是，只要有其中两个单元格的信息，你就可以计算出其他单元格的频数。因此，尽管单元格有 6 个，但自由度只是2——在所有的行列总数里，只有两个单元格可以自由变换。然而，不需要每刻都去思考这些，这有个捷径。在独立性的卡方检验中，自由度就是行的总数减去 1 再乘以列的总数减去 1。公式如下：

$$df = (N_{Columns}-1)(N_{Rows}-1) \quad (13-4)$$

$N_{Columns}$ 是这一行的总数，N_{Rows} 是这一列的总数。

在独立性的卡方检验中，自由度就是行的总数减去 1 再乘以列的总数减去 1。

对我们调查的例子使用公式，得到：

$$df = (N_{\text{Columns}} - 1)(N_{\text{Rows}} - 1)$$
$$= (3-1)(2-1) = 2$$

假设检验

表 13—2（或表 A—4）显示了当自由度为 2 时，在 0.01 的显著性水平上，结果为显著时所需要的卡方值至少为 9.211。我们这个例子中的卡方值 16.07 远远大于这个临界值。因此，你可以对总体中这两个变量是独立的零假设提出拒绝。

550 **假设检验的步骤**

现在让我们再次回顾一下这个调查案例，这一次遵循假设检验的步骤。

❶ **重申有关总体的研究假设和零假设问题。**有两个总体，如下。

总体 1：类似于这个调查中的参与者的人们。

总体 2：早起或晚起与使用何种交通工具去上班无关的那些人。

> **成功小贴士**
>
> 正如本章（以及全书）先前一些例子里的一样，总体 2 是零假设为真时的总体。所以如果总体 1 和总体 2 是同一个总体的话，那么就总体 1 而言，零假设也是真的。

零假设是，两个总体是一致的——一般情况下，早起的人和晚起的人使用不同交通工具的比例是一样的。研究假设是，两个总体是不同的，即在这些早起的人和晚起的人当中，使用不同交通工具的比例是不同的。

换句话说，零假设就是两个变量相互独立（它们相互之间没有联系）。研究假设就是它们之间不独立（它们彼此有联系）。

❷ **决定比较分布的特征。**这个比较分布是一个自由度为 2 的卡方分布（列的数目减去 1 乘以行的数目减去 1）。

❸ **根据比较分布上的样本分数临界值来决定是否应该拒绝零假设。**对于任何卡方检验，你应该使用同样的表格。在这个例子中，采用 0.01 的显著性水平，自由度为 2，需要的卡方值为 9.211。

❹ **确定比较分布上你的样本分数。**

Ⓐ **确定每个单元格的实际观察频数。**调查的结果如表 13—4 所示。

Ⓑ **确定每个单元格的期望频数。**这些显示在表 13—5 中。例如，对于右下角的单元格（“晚起—自驾车”单元格）：

(i) **找出每一行占总数的百分比。**晚起的人有 80 个，是总数 200 的 40%（即 80/200=40%）。

(ii) **对于每个单元格，用它这行的百分比乘以这列的总数。**“自驾车”列总数是 70；70 的 40% 为 28（即 0.40×7=28)。

Ⓒ **在每个单元格中，用观察频数减去期望频数。**例如，对于“晚起—自驾车”单元格，得出 12（即 40—28=12）。

Ⓓ **平方每个差值。**例如，对于“晚起—自驾车”单元格，得出 144（即12^2=144）。

Ⓔ **用差值平方除以它所在单元格的期望频数。**例如，对于“晚起—自驾车”单元格，得出 5.14（即 144/28=5.14）。

Ⓕ **将所有单元格中通过步骤Ⓔ得到的结果相加。**正如我们看到的，结果为 16.07。

❺ **决定是否拒绝零假设。**需要拒绝零假设的卡方值是 9.211，我们这个例子的卡方值是 16.07（见图 13—5）。因此你可以拒绝零假设。样本中两个变量并非独立的研究假设得到了支持。那就是，对于早起的人和晚起的人来说，使用不同交通工具去上班的比例是不同的。

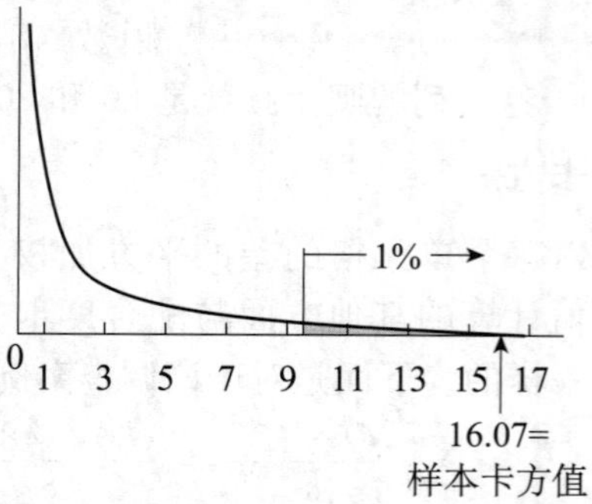

图 13—5　针对睡眠倾向和交通工具案例，展现了在 0.01 显著性水平上拒绝零假设所需要的临界值以及样本卡方值的卡方分布（df=2）

第二个例子

李尔（Riehl，1994）研究了那些作为家庭中 551
的第一代大学生的大学经历。他将这些学生与那些不是家庭中第一代上大学的学生进行了比较。（研究中的学生都来自印第安纳大学）。李尔测量的一个变量就是他们在第一学期是否辍学。

表 13—7 显示了期望频数的结果（显示在括号中）。列联表的下方是对独立性的卡方检验的计算。

❶ **重申有关总体的研究假设和零假设问题。**有两个总体，如下。

总体 1：类似于这个调查中的参与者的学生。

总体 2：第一学期是否辍学与他们是不是家庭中第一代上大学的人无关的学生。

零假设就是，两个总体是相同的——一般情况下，学生是不是家庭中第一代上大学的人，与学生第一学期辍学与否无关。研究假设就是总体不相同。换句话说，研究假设就是这一调查中的学生与那些被认为是否辍学与其是不是家庭中第一代大学生无关的假设总体是不相同的。

表 13—7　　针对是否为家庭中的第一代大学生与第一学期是否辍学的独立性卡方检验的计算过程与结果

	属于家庭中的第几代大学生		
	第一代 Ⓐ　Ⓑ	其他	总计
辍学	73　(57.7)	89 (103.9)	162 (7.9%)
没有辍学	657　(672.3)	1 226 (1 211.1)	1 883 (92.1%)
总计	730	1 315	2 045

$df=(N_{\text{Columns}}-1)(N_{\text{Rows}}-1)=(2-1)(2-1)=(1)(1)=1$。❷

采用 0.01 的显著性水平，$df=1$，需要的卡方值为 6.635。❸

$$\chi^2=\sum\frac{(O-E)^2}{E}=\frac{(73-57.7)^2}{57.7}+\frac{(89-103.9)^2}{103.9}+\frac{(657-672.3)^2}{672.3}+\frac{(1\,226-1\,211.1)^2}{1\,211.1}$$

Ⓒ $$=\frac{15.3^2}{57.7}+\frac{(-14.9)^2}{103.9}+\frac{(-15.3)^2}{672.3}+\frac{14.9^2}{1\,211.1}$$

Ⓓ $$=\frac{234.1}{57.7}+\frac{222}{103.9}+\frac{234.1}{672.3}+\frac{222}{1\,211.1}$$

Ⓔ $$=4.06+2.14+0.35+0.18$$

$=6.73$。Ⓕ

决定：拒绝零假设。❺

注：1. 基于 2×2 的分析，四个单元格中的差和差的平方（分子）都是相同的。在本例中，各单元格之间略微有些差异是由于舍入误差导致的。2. 数据来自李尔（Riehl，1994），由于舍入误差的存在，本例中的卡方值（6.73）与文献中报告的卡方值（7.2）略微不同。

❷ **决定比较分布的特征。**这是一个自由度为1的卡方分布。

❸ **根据比较分布上的样本分数临界值来决定是否应该拒绝零假设。**使用 0.01 的显著性水平和自由度 1。表 A—4 显示要想获得显著性，你需要的卡方值为 6.635。见图 13—6。

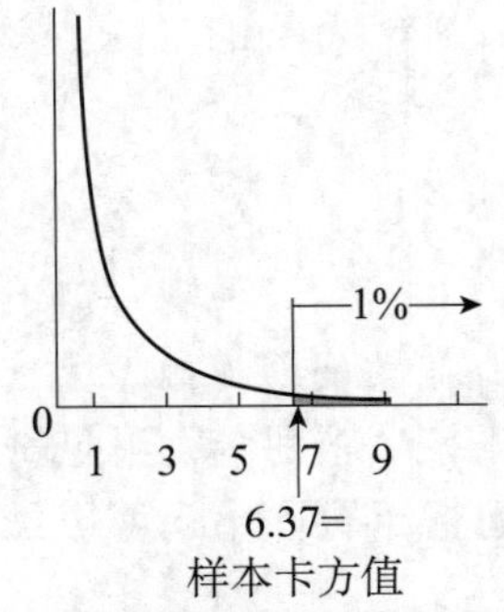

图 13—6　针对李尔（1994）研究中的案例，展现了在 0.01 显著性水平上拒绝零假设所需要的临界值以及样本卡方值的卡方分布（$df=1$）

552 ❹ **确定比较分布上你的样本分数。**

Ⓐ **确定每个单元格的实际观察频数。**表 13—7 显示了这个调查的结果。

Ⓑ **确定每个单元格的期望频数。**见表 13—7。

例如，对于左上角的单元格（“第一代—辍学”单元格）：

ⓘ **找出每一行占总数的百分比。**“辍学”这一行是 162，即总数 2 045 的 7.9%。(即 162/2 045=7.9%)。

ⓘⓘ **对于每个单元格，用它这行的百分比乘以这列的总数。**“第一代”这一列的总数是 730；730 的 7.9%得出 57.7（即 0.079×730=57.7）。

Ⓒ **在每个单元格中，用观察频数减去期望频数。**见表 13—7。例如，对于“第一代—辍学”这个单元格，得出 15.3（即 73−57.7=15.3）。

Ⓓ **平方每个差值。**见表 13—7。例如，对于“第一代—辍学”这个单元格，得出 234.1（即 $15.3^2=234.1$）。

Ⓔ **用差值平方除以它所在单元格的期望频数。**见表 13—7。例如，对于“第一代—辍学”这个单元格，得出 4.06（即 234.1/57.7=4.06）。

Ⓕ **将所有单元格中通过步骤Ⓔ得到的结果相加。**见表 13—7，得出 6.73。其在卡方分布中的位置显示在图 13—6 中。

❺ **决定是否拒绝零假设。**你的卡方值 6.73 大

于临界值 6.635。因此，你可以拒绝零假设。那就是，从印第安纳大学的 2 045 名学生中得知，第一代大学生与其他大学生相比，在第一学期更容易辍学。（当然，记住，导致这种结果的原因有很多。）

很多其他研究也得出了与李尔的研究（1994）相同的结果。例如，最近一个关于美国一所大学的研究结果显示，第一代大学生较其他大学生而言，更容易辍学（Chen，2005）。

你会做吗？

1.（a）在什么状况下使用独立性的卡方检验？（b）这与你使用配合度的卡方检验时的状况有什么不同？

2.（a）列出在列联表中计算期望频数的步骤。（b）写出计算期望频数的公式，并且定义它的每个符号。

3.（a）写出独立性的卡方检验中自由度的计算公式。（b）解释公式背后的逻辑。

4. 对以下的观察分数进行独立性的卡方检验（使用 0.10 的显著性水平）。（a）使用假设检验步骤，并且（b）绘制分布图。

		名义变量 *A*	
		类别 1	类别 2
名义变量 *B*	类别 1	10	10
	类别 2	50	10

553

❸ **在每个单元格中，用观察频数减去期望频数。**对这四个单元格，10－15＝－5，10－5＝5，50－45＝5，10－15＝－5。

❹ **平方每个差值。**每个单元格都是 25［即 $5^2=25$ 和 $(-5)^2$］。

❺ **用差值平方除以它所在单元格的期望频数。**得出 25/15＝1.67，25/5＝5，25/45＝0.56，25/15＝1.67。

❻ **将所有单元格中通过步骤❺得到的结果相加。**1.67＋5＋0.56＋1.67＝8.90。

❺ **决定是否拒绝零假设。**这个样本的卡方值 8.90 大于临界值 2.706。因此，你可以拒绝零假设：人们在名义变量 *A* 中所处的类别与他们在名义变量 *B* 中所处的类别是相互关联的。

（b）见图 13—7。

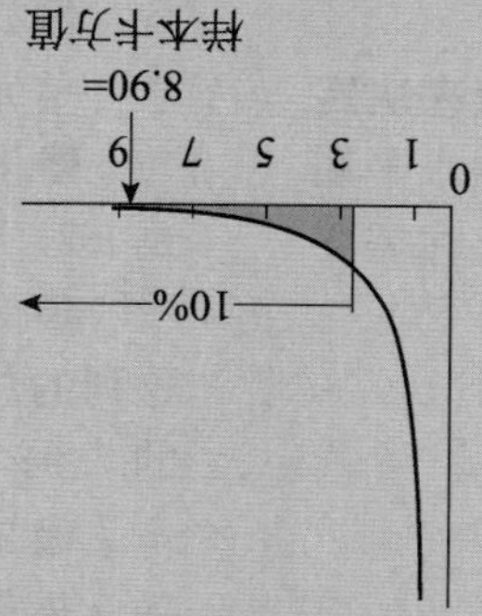

图 13—7　针对“你会做吗？”问题 4，展现了在 0.01 显著性水平上拒绝零假设所需要的临界值以及样本的卡方值的卡方分布（$df=1$）

答案

1. (a) 当你知道两个名义变量各种组合的人数时，你就可以使用独立性的卡方检验。(b) 这里重点是两个名义变量的独立性，然而在配合度的卡方检验中，重点是某个名义变量各类别的人数的分布。

2. (a) ❶ **找出每一行占总数的百分比。**

ⅱ **对于每一个单元格，用它这行的百分比乘以这列的总数。**

(b) $E = (\frac{R}{N})(C)$。

E 是特定单元格的期望频数，R 是这一行单元格的观察人数，N 是总人数，C 是这一列单元格的观察人数。

3. (a) $df = (N_{Columns} - 1)(N_{Rows} - 1)$。

df 是自由度，$N_{Columns}$ 是列的数目，N_{Rows} 是行的数目。

(b) df 就是在你所知道的行和列的总数中，可以自由变动的单元格数目。如果你只知道一列单元格中的数目，你就可以通过减法计算出剩下列的单元格数目。同样，如果你只知道一行单元格中的数目，你就可以通过减法计算出剩下行的单元格数目。 554

4. (a) 独立性的卡方检验：

❶ **重申有关总体的研究假设和零假设问题。**有两个总体，如下。

总体 1：类似于研究中的参与者的那些人。

总体 2：存在于名义变量 A 的某个特定类别中独立于存在于名义变量 B 的某个特定类别中的那些人。

零假设就是两个总体是一样的，研究假设就是两个总体是不一样的。

❷ **决定比较分布的特征。**这是一个自由度为 1 的卡方分布。即 $df = (N_{Columns} - 1)(N_{Rows} - 1) = (2-1)(2-1) = 1$。

❸ **根据比较分布的样本分数临界值来决定是否应该拒绝零假设。**查表 A—4（在附录中），采用 0.10 的显著性水平，自由度为 1，需要的卡方值是 2.706。

❹ **确定比较分布上你的样本分数。**

Ⓐ **确定每个单元格的实际观察频数。**这些显示在列联表中。

Ⓑ **确定每个单元格的期望频数。**

ⅰ **找出每一行占总数的百分比。**对于上面的一行，20/80＝25%；对于下面的一行，60/80＝75%。

ⅱ **对于每个单元格，用它这行的百分比乘以这列的总数。**对于左上角的单元格，25%×60＝15；对于右上角的单元格，25%×20＝5；对于左下角的单元格，75%×60＝45；对于右下角的单元格，75%×20＝15。

卡方检验的假定

在配合度和独立性的卡方检验中，不需要满足通常情况下的总体方差正态等假定。然而，这里存在一个关键的假定：每个分数与其他分数之间不存在特殊的联系。也就是说，当分数是通过对同一人群重复测量多次所得时，无法使用卡方检验。考虑一个样本为 20 人的研究，该研究考察了这些人对谷物早餐品牌的偏好分布是否会由于近期兴起的营养运动而产生变化。该研究的结果不能进行卡方检验，因为在运动前后对于谷物品牌的偏好分布都来自同一人群。你也听说过这样一个规则：卡方检验的结果只有在所有的期望频数都至少为 5 的情况下才是有效的。然而，现在大部分统计学家都不支持这个观点。我们将在本章的争论部分详细地讨论这个问题。

独立性卡方检验的效应大小和统计检验力

效应大小

在独立性的卡方检验当中，你可以使用样本的卡方来计算表明两个名义变量关联程度的数值。

555 对于一个2×2的列联表，关联程度的大小就是所谓的**phi系数（Φ）**。公式如下：

$$\Phi=\sqrt{\frac{\chi^2}{N}} \qquad (13-5)$$

phi系数（一个2×2列联表独立性卡方检验的效应大小）是卡方值的平方除以该样本的总人数的结果的正平方根。

phi系数的最小值是0，最大值是1，它也可以被看做像相关系数一样的数值（见第11章）。[①]寇恩（Cohen，1988）针对phi系数所确定的惯例是：0.10是一个小的效应，0.30是一个中等效应，0.50是一个大的效应（与常规的相关系数一样）。

例如，在李尔（Riehl，1994）对第一代大学生的研究当中，样本的卡方值是6.73，有2 045个人参加研究。因此：

$$\Phi=\sqrt{\frac{\chi^2}{N}}=\sqrt{\frac{6.73}{2\,045}}=\sqrt{0.003\,29}=0.06$$

这是一个非常小的效应。实际上在这个研究中，卡方值6.73是显著的，它意味着该样本中，作为家中第一代大学生的学生辍学很有可能并不是由于我们在这个样本中随机招募的特殊人群引起的结果。因而，你对于总体中也存在着此种趋势有着一定的信心。但是，phi系数较小告知你这种总体的趋势在现实生活中可能并不是导致该结果的一个非常重要的因素。

只有在2×2的列联表中，你才能使用phi。**克莱姆phi**是常规phi系数的延伸，适用于大于2×2的列联表（克莱姆phi也被称为克莱姆V，有时也写作Φ_C或V_C）。除了用N乘以表的自由度代替了N以外，克莱姆phi的计算方式与常规phi系数的一样。以下是公式：

$$\text{克莱姆}\ \Phi=\sqrt{\frac{\chi^2}{(N)(df_{\text{Smaller}})}} \qquad (13-6)$$

在这个公式中，df_{Smaller}是列联表行和列较小一边的自由度。

在睡眠倾向和交通工具的偏好这个例子中，样本的卡方值是16.07，总共调查的人数是200。列联表行和列较小一边（这个例子中的行数）的自由度为1。克莱姆phi就是16.07除以200乘以1的结果的正平方根。即：

$$\text{克莱姆}\ \Phi=\sqrt{\frac{\chi^2}{(N)(df_{\text{Smaller}})}}=\sqrt{\frac{16}{(200)(1)}}=\sqrt{0.08}=0.28$$

克莱姆phi（独立性卡方检验的效应大小）是卡方值的平方除以样本的总人数与该表的自由度的乘积的正平方根。

根据表得出，在交通工具这个例子中，存在接近中等的效应大小（0.28），无论是早起还是晚起，与所使用的交通工具之间都存在着中等的关联。

phi系数（Φ） 一个2×2的列联表中独立性卡方检验的效应大小等于卡方统计值除以N。

克莱姆phi（克莱姆Φ） 对一个大于2×2的列联表的独立性卡方检验效应大小的测量值，也被称为克莱姆V，有时被写作Φ_C或V_C。

寇恩针对克莱姆phi的效应大小所确定的惯例取决于表中较小一边的自由度。表13—8显示了表最小一边为2，3，4时，寇恩（Cohen，1988）所确定的克莱姆phi的效应大小惯例。注意当表的最小一边是2时，自由度为1。因此，在这种情况下，表中给出的效应大小与常规的phi系数一样。

表13—8 寇恩针对克莱姆phi所确定的惯例 556

效应大小	列联表最小的一边		
	小	中等	大
2（$df_{\text{Smaller}}=1$）	0.10	0.30	0.50
3（$df_{\text{Smaller}}=2$）	0.07	0.21	0.35
4（$df_{\text{Smaller}}=3$）	0.06	0.17	0.29

① phi实际上与相关系数一样。假设你将两个变量弄成2×2的列联表，然后将一个值定为1，另一个定为2（你可以使用任何两个不同的数字）。然后假设你计算两个变量之间的相关系数。这个结果可能确实与phi系数一样。（然而，它是正相关还是负相关，取决于每个变量中的哪个类别的数字更大。）

统计检验力

表 13—9 显示了采用 0.05 的显著性水平，对于样本量为 25，50，100，200 的样本，小、中等、大三种效应大小分别对应的近似统计检验力。表中的统计检验力在自由度为 1，2，3，4 时存在差异。[1]

考虑某个样本为 50 人、预期效应大小为中等的 2×4 列联表的统计检验力（克莱姆 $\Phi=0.30$）。研究者将使用 0.05 的显著性水平。从表 13—9 中，你可以发现研究的统计检验力是 0.40。也就是说，如果研究假设成立且存在一个中等的效应大小，就会有 40%的机会得出显著的结果。针对该表的独立性卡方检验有两件事情需要引起我们的注意。第一，像其他所有假设情况一样，研究的被试越多，统计检验力就越大。第二，自由度越大（不同的类别相互交错的越多），统计检验力越小。因此，统计检验力要达到最大，研究中的被试就要尽可能多，同时列联表要简单（也就是，每个方向的类别要少）。 557

表 13—9　在 0.05 的显著性水平上，独立性卡方检验的近似统计检验力

总 df	总 N	效应大小		
		小	中等	大
1	25	0.08	0.32	0.70
	50	0.11	0.56	0.94
	100	0.17	0.85	*
	200	0.29	0.99	*
2	25	0.07	0.25	0.60
	50	0.09	0.46	0.90
	100	0.13	0.77	*
	200	0.23	0.97	*
3	25	0.07	0.21	0.54
	50	0.08	0.40	0.86
	100	0.12	0.71	0.99
	200	0.19	0.96	*
4	25	0.06	0.19	0.50
	50	0.08	0.36	0.82
	100	0.11	0.66	0.99
	200	0.17	0.94	*

* 接近于 1。

需要的样本容量

表 13—10 给出了在自由度为 2，3，4，5 的独立性卡方检验中，对于小、中等、大三种效应大小，采用 0.05 的显著性水平，要达到 80%的统计检验力需要的近似的被试量。[2] 假如你正在计划一个列联表为 3×3（$df=4$）的研究。在 0.05 的显著性水平上，你期望得到一个较大的效应大小。根据表格，你只需要 48 个被试。同样，我们在计算统计检验力时，要强调自由度。这个例子表明，自由度越大（各变量交叉的类别更多），要想达到相同的统计检验力，你需要更多的被试。

表 13—10　在 0.05 的显著性水平上，统计检验力为 80%的独立性卡方检验需要的总被试量

总 df	效应大小		
	小	中等	大
1	785	87	26
2	964	107	39
3	1 090	121	44
4	1 194	133	48

你会做吗？

1. 卡方检验的假定是什么？

2. (a) 什么是对一个 2×2 列联表的独立性卡方检验的效应大小的测量？(b) 写出效应大小的测量公式，并且定义它的每个符号。(c) 对于小、中等、大三种效应大小，寇恩所确定的惯例是什么？(d) 计算当被试量为 100、卡方值是 12 时，2×2 独立性卡方检验的效应大小。

3. (a) 什么是对一个大于 2×2 列联表的独立性卡方检验的效应大小的测量？(b) 写出效应大小测量公式，并且定义它的每个符号。(c) 对于一个 4×6 列联表的小效应大小，寇恩所确定的惯例是什么？(d) 计算当被试量为 200、卡方值是 20 时，4×6 独立性卡方检验的效应大小。

---

[1] 寇恩（Cohen，1988，pp. 228 - 248）提供了更加详细的表格。然而，寇恩的表格是根据称为 ω 的效应大小制作的，它与 phi 是等价的，但不同于克莱姆 phi。他在 222 页提供了一个从克莱姆 phi 转换到 ω 的表格。除了在线统计检验力计算器，SPSS 也可以用来计算统计检验力。

[2] 寇恩（Cohen，1988，pp. 253 - 267）提供了更加详细的表格。这些表格的使用见本页脚注①。此外，邓拉普和迈尔斯（Dunlap & Myers，1997）展示了对于 2×2 的列联表，当检验力为 80%～90%时，需要的近似参与者人数是 $8/\Phi^2$。这也可以使用在线统计检验力计算器和 SPSS 进行计算。

4. 一个被试量为50人、预期效应大小为中等的3×3列联表的卡方检验，它的统计检验力是多少？

558 5. 在独立性卡方检验中，哪两个因素影响了研究的统计检验力？

6. 对于一个预期效应大小为中等、列联表为2×2的研究，在0.05的显著性水平上，达到80%的统计检验力大概需要多少被试？

答案

1. 卡方检验的唯一一个重要假定是，每个单元格或类别中的人需要来自不同的样本。

2. (a) 对2×2列联表的独立性卡方检验的效应大小的测量就是phi系数。(b) 效应大小的计算公式是$\Phi=\sqrt{\frac{\chi^2}{N}}$。$\Phi$是phi系数（2×2列联表的独立性卡方检验的效应大小），χ^2是样本的卡方值，N是研究中的被试量。(c) 寇恩所确定的惯例：0.10是小效应，0.30是中等效应，0.50是大效应。(d) 效应大小：$\Phi=\sqrt{\frac{12}{100}}=0.35$。

3. (a) 效应大小：克莱姆phi。(b) 公式：克莱姆$\Phi=\sqrt{\frac{\chi^2}{(N)(df_{\text{Smaller}})}}$。克莱姆$\Phi$是克莱姆phi系数（独立性卡方检验的效应大小），$\chi^2$是样本的卡方值，$N$是研究中的被试量，$df_{\text{smaller}}$是列联表较小一边的自由度。(c) 寇恩所确定的惯例：0.06。(d) 效应大小：$\sqrt{20/[(200)(3)]}=0.18$。

4. 统计检验力：0.36。

5. 使用独立性卡方检验时，影响统计检验力的两个因素：参与者人数和自由度。

6. 需要的被试量：87。

争论：最小期望频数

半个世纪之前，刘易斯和伯克（Lewis & Burke，1949）发表了关于卡方误用的一篇里程碑式的论文。他们在文章中列出了9种常见的错误，每一种都给出了许多例子。这些错误现在仍然会出现，他们也仍然视它们为错误。（如果你跟着本章的程序走，你就不会犯这些错误！）

刘易斯和伯克认为使用卡方时最常见的错误是：期望频数太低。现在，期望频数较低似乎不是个问题。刘易斯和伯克与许多和他们同时代的统计学教材的作者一样，都认为一个列联表的每个单元格（配合度检验的每个类别）都应该有一个合理大小的期望频数。他们建议最小值为10，5是最低限制。其他人则建议数值范围应该是1到20之间。甚至伦纳德·费希尔爵士（Ronald Fisher，1938）此前也建议，它的最小值最好是10。也有些人认为最低值应该与总体成比例，或取决于期望频数是否相同。（顺便说一句，注意讨论的是期望频数，不是观察频数。）

自1949年以来，在刘易斯和伯克发表了他们的文章后，出现了一些讨论期望频数较低会产生什么影响的系统研究。（这些研究使用蒙特卡罗方法，见第8章信息箱8—1。）结论是什么呢？在很多领域中，这个问题都没有得到完美的解决。然而，到20世纪80年代，在一个课题的研究上（Delucchi，1983），最终又得出了两个主要的 559
结论。

1. “作为一个默认的法则，当期望频数的数值与过去制定的标准相比较低时，卡方统计可以适当地使用。”（p. 168）在Ⅰ型错误中，只要总的被试量是合理的，即便每个单元格中的期望频数都低至1可能也是可以接受的。最重要的原则似乎是被试的数量至少是单元格数目的5倍。例如，如果某个研究总的被试量至少为20人，那么即便在2×2的列联表中某个单元格的期望频数非常低，也是可以接受的。[①]

2. 然而，德鲁奇引用了一位研究者的结论：尽管在低期望频数较低的时候使用卡方可能会被接受（长远来看，就不会犯太多Ⅰ型错误而言），它仍然不是一个明智的选择。这是因为即使你的研究假设是成立的，得到一个显著结果的机会也相当渺茫。也就是说，期望频数较低，统计检验力也较低。因此，你犯Ⅱ型错误的风险就会提高。

研究文献中的卡方检验

在研究文献中，卡方检验通常涉及每个类别或单元格中的频数、自由度、被试人数、样本的卡方值和显著性水平。例如，哈特和他的同事（Harter et al.，1997）将他们关于以自我为中心型的男人的伴侣关系类型的发现报告为"$\chi^2(2, n=101)=11.89$, $p<0.005$"(p. 156)。

下面是一个与配合度卡方检验有关的案例。桑德拉·莫里亚提和舒琳·埃弗雷特（Sandra Moriarty & Shu-Ling Everett，1994）让研究生们去 55 个不同的家庭并且观察人们在 45 分钟内观看电视节目的情况。在他们的一部分研究结果中，他们对所观察的可以区分为四个类别的人群进行了比较：

> 翻台型（非常快速地换台）是最为活跃的行为类型，有 33%的人频繁地出现这种行为（$n=18$）。放牧型（每个频道浏览相当长的时间）的人有 24%（$n=13$）。此外，连续型和弹性型中各占 22%（$n=12$）。各个类型下人数的分布不存在差异（$\chi^2=1.79$，$df=3$，$p>0.05$）。(p. 349)

关于独立性卡方检验的研究报告也需要提供相同的有关卡方统计的基本信息。例如，杜尔金和巴伯（Durkin & Barber，2002）研究了密歇根州 16 岁青少年玩游戏和积极发展之间的关系（如与家庭关系紧密、积极参与活动、心理积极健康、很少顶撞父母）。作为研究的一部分，研究者检验了男学生和女学生在玩游戏的频率上是否有所不同。学生通过 7 点量表来评估他们玩游戏的频率，从从不（1）到每天（7）。以下就是研究者报告的结果：

> 根据他们玩游戏的频率将参与者分为三个小组："无"包括从来不玩游戏的参与者，也就是他们使用电脑，但不打游戏；"低"包括使用电脑打游戏的频数为 2，3，4 或 5 的参与者；"高"包括使用电脑打游戏的频数为 560
> 6 或 7 的参与者。（独立性）卡方检验表明男性和女性并不是均匀分配在这些类别中的[$\chi^2(2, N=1\,043)=62.39$, $p<0.001$]。与从来不玩游戏的男孩（29.4%）相比，女孩更能代表非游戏玩家，她们中的很多人从来没有玩过游戏（50.6%）。在高使用组中，男孩（23.8%）是女孩（9.9%）的两倍多。相当多的女孩（39.4%）和男孩（46.8%）在低使用组中。(p. 381)

你可能对研究中研究者的结论感兴趣："没有证据表明在游戏玩家中出现了消极后果。在某些测量指标上——包括……（前面提到的所有的积极发展）——游戏玩家的分数要比从来不玩游戏的同龄人更高。结论是，玩游戏是一个健康青少年的积极特征。"（Durkin & Barker，2002，p. 373）

杜尔金和巴伯（Durkin & Barber，2002）没有给出他们显著结果的效应大小。然而，你可以通过卡方、参与者人数和研究的设计（2×3 的例子）计算出它。即：

$$\Phi = \sqrt{\chi^2/[(N)(df_{\text{Smaller}})]}$$
$$= \sqrt{62.39[(1\,043)(1)]}$$
$$= \sqrt{0.060} = 0.24$$

这个答案接近中等效应大小。

① 假如你有个大于 2×2 的列联表，并且其中某个类别或者单元格的期望频数非常小（或者甚至被试量以及期望频数都非常小），处理这种情况的方法之一是将那些相互关联的类别进行合并用以增加期望频数，减少单元格的总数。但是如果你是基于实验的结果来进行这种调整的话，那么这种方法只是你最后的选择。这里存在一个问题，就是我们以上所谈论的都是基于研究结果已知的情况。实际上，最好的解决方法就是增加实验的被试。如果这种方式不可取的话，那么还有另外一种方法，我们称之为"费希尔精确检验"。在某些中级统计学教材中对于该方法有所介绍。

小结

1. 卡方检验适用于名义变量的假设检验。一个样本的卡方统计量（χ^2）显示了在几个类别中，观察频数和期望频数的差异。对于类别或类别的组合，它可以通过求出观察频数和期望频数之间的差，将这个差值平方（消去正的或负的符号），再除以期望频数（使差值平方与人数更加成比例）计算出来。然后再将所有类别或类别组合的结果相加。这一卡方统计量的分布是已知的，且临界值可以在标准卡方表中查到。

2. 配合度的卡方检验常常用于检验某个名义变量的两个或更多类别的频数分布是否与期望分布有差异。（例如，这些期望频数是基于一个理论或另一个研究或情况的分布。）在这个检验中，期望频数是给定的或是基于一些期望百分比（如在所有组中有着相同的百分比）。自由度就是类别数减 1。

3. 独立性的卡方检验常常用于检验两个名义变量之间的联系——一个变量的类别是否与其他变量的类别有着相同的比例模式。频数在列联表中显示，两个变量交叉，并且每个组合中的数目都放置在结果的单元格中。如果两个变量是独立的，一个单元格的期望频数就是其所在行占总人数的百分比乘以其所在列的人数总和。独立性卡方检验的自由度就是列数减 1 再乘以行数减 1。 561

4. 卡方检验并没有要求变量呈正态分布，但是它要求个体只能存在于一个变量类别或者单元格中。

5. 一个 2×2 列联表的独立性卡方检验（联系的程度）的估计效应大小就是 phi 系数；对于更大一点的表，则是克莱姆 phi。phi 是样本卡方值除以人数的结果的正平方根。克莱姆 phi 是样本卡方值除以被试量与列联表较小一边自由度的乘积的结果的正平方根。这些系数的值在 0 到 1 之间。

6. 某个类别或单元格可以被接受的频数的最小值一直是争论的话题。目前，最佳的意见是当研究中的被试量至少为类别（或单元格）数的 5 倍时，即便期望频数非常小也不会连续增加Ⅰ型错误发生的概率。然而，低期望频数降低了统计检验力，因此如果可能的话，应该要避免。

关键词

卡方检验（p. 536）
配合度的卡方检验（p. 539）
独立性的卡方检验（p. 539）
观察频数（p. 539）
期望频数（p. 539）
卡方统计量（χ^2）（p. 540）
卡方分布（p. 540）
卡方表（p. 541）
列联表（p. 546）
独立性（p. 547）
单元格（p. 547）
phi 系数（Φ）（p. 555）
克莱姆 phi（克莱姆 Φ）（p. 555）

案例解析

配合度的卡方检验

一个测验的期望分布（来自前些年）大致接近一个正态曲线，其中得 A 的学生占 2.5%，得 B 的占 14%，得 C 的占 67%，得 D 的占 14%，得 F 的占 2.5%。一个班级使用一个新的成绩系统进行了一次测验，其中 10 人得 A，34 人得 B，140 人得 C，10 人得 D，6 人得 F。你能否下结论认为，这个新的系统产生了不同的成绩分布（采用 0.01 的显著性水平）？(a) 使用假设检验的步骤，(b) 绘制分布图。

答案

(a) 表 13—11 显示了卡方检验的期望频数和观察频数的计算。

表 13—11 “案例解析”中配合度卡方检验的计算

成绩	观察频数Ⓐ	期望频数Ⓑ
A	10	5 (2.5%×200)
B	34	28 (14.0%×200)
C	140	134 (67.0%×200)
D	10	28 (14.0%×200)
F	6	5 (2.5%×200)

自由度$=N_{\text{Categories}}-1=5-1=4$ ❷

采用 0.01 的显著性水平，$df=4$，需要的卡方值为 13.277 ❸

$$\chi^2=\sum\frac{(O-E)^2}{E}=\frac{(10-5)^2}{5}+\frac{(34-28)^2}{28}+\frac{(140-134)^2}{134}+\frac{(10-28)^2}{28}+\frac{(6-5)^2}{5}$$

$$=\frac{5^2}{5}+\frac{6^2}{28}+\frac{6^2}{134}+\frac{(-18)^2}{28}Ⓒ+\frac{1^2}{5}$$

$$=\frac{25}{5}+\frac{36}{28}+\frac{36}{134}Ⓓ+\frac{324}{28}+\frac{1}{5}$$

Ⓕ

$$=5+1.29+0.27+11.57+0.20=18.83$$

Ⓔ

结论：拒绝零假设。❺

❶ 重申有关总体的研究假设和零假设的问题。有两个总体，如下。

总体 1：采用新系统的学生。

总体 2：采用旧系统的学生。

研究假设是这两个总体是不同的，零假设是这两个总体是相同的。

❷ 决定比较分布的特征。比较分布是一个自由度为 4 的卡方分布（$df=N_{\text{Categories}}-1=5-1=4$）。

562 **❸ 根据比较分布上的样本分数临界值来决定是否应该拒绝零假设。**使用 0.01 的水平，$df=4$，表 A—4（在附录中）显示需要的卡方值为 13.277。

❹ 确定比较分布上你的样本分数。表 13—11 显示结果为 18.33。

❺ 决定是否拒绝零假设。样本的卡方值 18.33 远大于需要的卡方临界值 13.277。因此，你可以拒绝零假设，得出结论：这两个样本是不同的；与旧的系统相比，新的成绩系统产生了一个不同的成绩分布。

(b) 图 13—8 显示了这一分布。

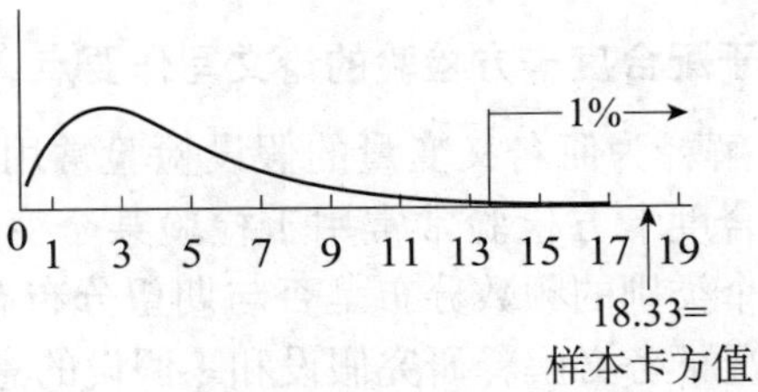

图 13—8 针对“案例解析”中的配合度卡方检验，展现了在 0.01 的显著性水平上拒绝零假设所需要的临界值以及样本的卡方值的卡方分布（$df=4$）

独立性的卡方检验

贾妮思·斯泰尔和詹妮弗·海耶（Janice Steil & Jennifer Hay，1997）进行了一项职业（律师、医生、银行工作者等等）调查，这项调查是关于当人们考虑工作状况（薪水、收益、责任、地位等等）时彼此之间所作的对比。一个有 563
趣的问题是有多少人在进行比较的时候是与同性、异性或者二者同时进行比较的。以下就是结果：

比较	参与者性别	
	男性	女性
同性	29	17
异性	4	14
二者同时	26	28

研究者可以得出人们所选择的比较对象的性别与他们自身的性别有关这一结论吗（采用 0.C5 的显著性水平）？(a) 使用假设检验的步骤，(b) 绘制分布图。

答案

(a) 表 13—12 显示了卡方检验的计算。

❶ 重申有关总体的研究假设和零假设的问题。有两个总体，如下。

总体 1：类似这一调查中的参与者的专业人士。

总体 2：那些自身性别与他们所选择的进行工作状况比较的对象的性别是无关的专业人士。

表 13—12　　“案例解析”中独立性卡方检验的计算

		参与者性别		
		男性Ⓐ	女性Ⓑ	总计
比较	同性	29（23）	17（23）	46（39.0%）
	异性	4（9）	14（9）	18（15.3%）
	二者同时	26（27）	28（27）	54（45.8%）
	总计	59	59	118

$df=(N_{\text{Columns}}-1)(N_{\text{Rows}}-1)=(2-1)(3-1)=(1)(2)=2$❷

采用 0.05 的显著性水平，$df=2$，需要的卡方值为 5.992❸

$$\chi^2=\sum\frac{(O-E)^2}{E}=\frac{(29-23)^2}{23\text{Ⓒ}}+\frac{(17-23)^2}{23}+\frac{(4-9)^2}{9}+\frac{(14-9)^2}{9}+\frac{(26-27)^2}{27}+\frac{(28-27)^2}{27}$$

$$=\frac{6^2}{23}+\frac{(6)^2}{23}+\frac{(-5)^2}{9\text{Ⓓ}}+\frac{5^2}{9}+\frac{(-1)^2}{27}+\frac{1^2}{27}$$

$$=\frac{36}{23}+\frac{36}{23}+\frac{25}{9}+\frac{25}{9}+\text{Ⓔ}\frac{1}{27}+\frac{1}{27}$$

$$=1.57+1.57+2.78+2.78+0.04+0.04=8.78\text{Ⓕ}$$

结论：拒绝零假设。❺

注：数据来自 Janice Steil & Jennifer Hay，1997。这里所计算出的卡方值（8.78）与他们在文章中报告的（8.76）略有不同，这是由于舍入误差造成的。

零假设是这两个总体是相同的，即专业人士的性别与他们所选择的进行工作状况比较的对象的性别并没有关联。研究假设是这两个总体是不同的，也就是说接受调查的样本与假设的自身性别同所选择的进行工作状况比较的对象性别之间是独立的样本是不一样的。

564 ❷ **决定比较分布的特征。**这是一个自由度为 2 的卡方分布。

❸ **根据比较分布上的样本分数临界值来决定是否应该拒绝零假设。**使用 0.05 的显著性水平和自由度为 2 时，所需的卡方值为 5.992。

❹ **确定比较分布上你的样本分数。**表 13—12 显示结果为 8.78。

❺ **决定是否拒绝零假设。**8.78 的卡方值大于 5.992 的临界值，因此你可以拒绝零假设：男性和女性在选择进行工作状况比较的对象的性别时是存在差异的。

(b) 图 13—9 显示了这一分布。

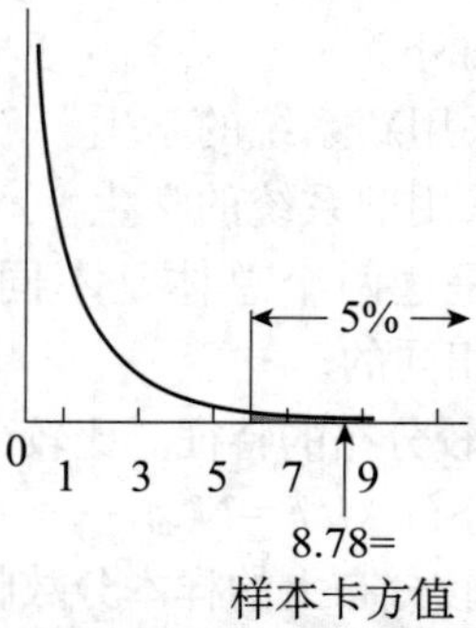

图 13—9　针对“案例解析”中的独立性卡方检验，展现了在 0.05 的显著性水平上拒绝零假设所需要的临界值以及样本的卡方值的卡方分布（$df=2$）

资料来源：Data from Steil & Hay，1997.

一个 2×2 列联表独立性卡方检验的效应大小

计算一个有着 85 个参与者、卡方值为 14.41 的研究的效应大小。

答案

$$\Phi=\sqrt{\chi^2/N}=\sqrt{14.41/85}=\sqrt{0.170}$$
$$=0.41$$

一个大于 2×2 列联表独立性卡方检验的效应大小

计算一个 3×7 列联表且其中有 135 参与者、卡方值为 18.32 的研究的效应大小。

答案

$$\text{克莱姆 }\Phi=\sqrt{\chi^2/[(N)(df_{\text{smaller}})]}$$
$$=\sqrt{18.32/[(135)(2)]}$$
$$=\sqrt{18.32/270}$$
$$=\sqrt{0.068}=0.26$$

关于配合度卡方检验的论文写作要点

1. 解释为何名义变量的假设检验常用卡方检验。配合度卡方检验常常用于检验某个变量的两个或多个类别的频数分布是否与期望分布有差异。这种情况下务必解释研究假设和零假设的意义。

2. 在这种情况下，描述假设检验的核心逻辑。一定要提到假设检验包括将观察频数（在实际研究中的频数）与期望频数做比较（这个频数是基于某个特定的理论或是过去研究的结论)。观察频数和期望频数之间差异的大小决定零假设是否该被拒绝。

3. 解释在这种状况下，比较分布就是一个卡方分布。一定要提到卡方分布的形状取决于自由度。描述怎样确定自由度和卡方临界值。

4. 描述如何计算样本的卡方值。关键的一点在于要获取一个能够表明研究中观察频数与基于零假设的期望频数（如各个组的人数都是一样的）之间总体差异的数值。为了获取这个数值，你需要进行如下的计算：首先算出每个组别中观察频数与期望频数之间的差值，然后将差值平方（否
565 则在将差值相加的时候，差异的方向就会使它们彼此之间相互抵消），接着用差值平方除以期望频数（基于所含的期望的样本量进行调整），最后将调整后的差值平方进行加总得到一个总数。（使用案例中的研究数据对此进行解释。）

5. 解释对假设检验中步骤❸和步骤❹的数据进行比较的过程和原因。基于某个特定的研究以及待检验的零假设来解释这个比较结果的含义。

关于独立性卡方检验的论文写作要点

遵循前面提到的关于配合度卡方检验的论文写作要点，注意独立性卡方检验是用于检验两个名义变量之间关系的假设。使用你研究中的实际数字作为例子，一定要解释独立性的概念，以及为什么和怎样计算每个单元格的期望频数（根据每列的单元格在列中所占的比例与它所在行在总体中所占的比例是相同的。）。

练习题

这些题包含计算。大部分现实生活中的统计问题可以使用特殊的统计软件来完成。即使你有这种软件，也要动手解决这些问题以便牢记方法。学习怎样使用计算机解决像这章的统计问题，参考本章后面“SPSS 应用”部分以及与本书相伴的学习指南和计算机工具书。

所有数据都是虚构的，除非已经给出实际的引用出处。

练习Ⅰ（练习Ⅰ的答案，见 pp. 695 – 697）

1. 对下面的每个研究进行配合度的卡方检验（每个都使用 0.05 的显著性水平）：

(a)	类别	期望	观察
	A	20%	19
	B	20%	11
	C	40%	10
	D	10%	5
	E	10%	5

(b)	类别	期望	观察
	ⅰ	30%	100
	ⅱ	50%	100
	ⅲ	20%	100

(c)	类别	过去的数目	观察
	1	100	38
	2	300	124
	3	50	22
	4	50	16

2. 对下面的每个研究进行配合度的卡方检验 566
（每个都使用 0.01 的显著性水平）。每种情况下的观察频数都已经给出，并且期望频数在每个类别中是相等的。

(a) 类别 A，10；类别 B，10；类别 C，10；类别 D，10；类别 E，60。

(b) 类别 A，5；类别 B，5；类别 C，5；类别 D，5；类别 E，30。

(c) 类别 A，10；类别 B，10；类别 C，10；类别 D，10；类别 E，160。

3. 一个小型心理治疗诊所的主任想知道，在一年的不同季节中，人们进行心理咨询的次数是否有所差异。去年，冬天有 28 名新的客户，春天有 33 名，夏天有 16 名，秋天有 51 名。基于去年的数据，这个主任可以断定不同季节的客户数量有差异吗（使用 0.05 的显著性水平）？（a）执行假设检验的五个步骤。（b）绘制分布图。（c）向没有学过统计课程的人解释你的答案。[这个问题涉及单个名义变量的卡方检验，就像本章前面哈特和他的同事（Harter et al.，1997）做的关系类型研究。这不是一个独立性的卡方检验，不涉及任何列联表。]

4. 福尔韦尔和其他一些人（Folwell et al.，1997）采访了一组年龄在 54 岁及以上的成年人，研究他们与其兄弟姐妹的关系。他们被要求回答的一个问题是这些年来是否有情感亲密度的变化。

他们发现，有 43 个参与者“感觉到了与他们的兄弟姐妹有情感亲密度的变化……有 14 个报告说没有变化”（p. 846）。他们也检验了这种差异是否大于你的随机期望（这个概率是 50%。）“卡方分析揭示了回答者感觉到与他们的兄弟姐妹有了情感亲密度的变化（$\chi^2 = 14.75$，$df = 1$，$\alpha = 0.05$）”（p. 846）。

（a）手动计算卡方值（在舍入误差范围内，你应该会获得相同的结果）。（b）向一个从未上过统计课程的人解释你的结果。

5. 对下面的每个列联表进行独立性的卡方检验（使用 0.01 的显著性水平）。计算每个列联表的效应大小。

（a）

10	16
16	10

（b）

100	106
106	100

（c）

100	160
160	100

（d）

10	16	10
16	10	10

（e）

10	16	16
16	10	16

（f）

10	16	10
16	10	16

6. 一个发展心理学家对不同年龄（5 岁、8 岁、11 岁）的儿童对某种特定音乐的喜好是否有所不同很感兴趣。心理学家研究了当地一个小学的 200 名儿童。结果显示在下表中。这两个变量之间有显著性关系吗（使用 0.05 的显著性水平）？（a）执行假设检验的步骤，（b）绘制分布图，（c）计算效应大小，（d）向一个从未上过统计课程的人解释你对（a）部分的回答。

567

		儿童年龄		
		5 岁	8 岁	11 岁
是否喜欢这种	是	42	62	26
类型的音乐	否	18	38	14

7. 一个政治心理学家对人们所生活的社区与人们对即将举行的节水提案投票的意见是否相关感兴趣。他通过电话调查了 90 个人，得出以下结果。在 0.05 的显著性水平上，意见与社区有关联吗？（a）执行假设检验的步骤，（b）绘制分布图，（c）计算效应大小，（d）向一个从未有上过统计课程的人解释你对（a）部分的回答。

	社区 A	社区 B	社区 C
赞同	12	6	3
反对	18	3	15
无意见	12	9	12

8. 计算以下研究的效应大小：

	N	卡方	设计
（a）	100	16	2×2
（b）	100	16	2×5
（c）	100	16	3×3
（d）	100	8	2×2
（e）	200	16	2×2

9. 对于下面的计划研究，在 0.05 的显著性水平上，对它们进行卡方检验的统计检验力是多少？

	预测的效应大小	设计	*N*
（a）	小	2×2	25
（b）	中等	2×2	25
（c）	小	2×2	50
（d）	小	2×3	25
（e）	小	3×3	25
（f）	小	2×5	25

10. 在 0.05 的显著性水平上，独立性卡方检验的统计检验力为 80%时，下面每个计划研究需要的被试量是多少？

	预测的效应大小	设计
（a）	中等	2×2
（b）	大	2×2
（c）	中等	2×5
（d）	中等	3×3
（e）	大	2×3

11. 莱登和他的同事（Lydon et al.，1997） 568
进行了一项比较异地恋关系与本地恋关系的研究。研究者首先给那些刚离开家一个月，在麦吉尔大学开始第一学期生活的学生发放了问卷（第一次）。在这些学生中，有些人的约会对象就住在麦吉尔区域；其他人的约会对象住在离麦吉尔很远的地方。研究者在秋季学期又一次接触了这些学生，询问了一些关于他们和约会对象现在的状况的问题（第二次）。以下就是他们报告的结果：

> 69 名参与者中……55 名是异地恋关系，14 名是本地恋关系（约会对象住在离他们 200 千米以内的地方）。与我们的预测一致，14 名本地恋的人中有 12 人仍然保持恋爱关系（86%），然而 55 名异地恋的人中，只有 28 人仍然保持着关系（51%），$\chi^2(1, N = 69) = 5.55$，$p < 0.02$。（p. 108）

（a）手动计算卡方值（在舍入误差范围内，

你会获得相同的结果)。(b) 计算效应大小。(c) 向一个从未上过统计课程的人解释你的结果。

12. 威尔弗利和他的同事(Wilfley et al., 2001)在一个饮食障碍研究中，对 37 名在诊所中得到治疗的女性与 108 名来自一般社区的女性进行了比较。然而，在开始他们的分析之前，需要确保这两组在其他重要方面没有什么不同。就像他们报告的:“诊所中的女性($N=32$，87%)和来自一般社区的女性($N=89$，82%)肥胖的比例是相同的。$\chi^2(1, N=145)=0.33$，$p=0.56$。”(p. 385)

(a) 手动计算卡方值(在舍入误差范围内，你会获得相同的结果)。(b) 计算效应大小。(c) 向一个从未上过统计课程的人解释你的结果。

练习Ⅱ

13. 对下面的每个研究进行配合度的卡方检验(每个都使用 0.01 的显著性水平):

(a)	类别	期望	观察
	1	2%	5
	2	14%	15
	3	34%	90
	4	34%	120
	5	14%	50
	6	2%	20

(b)	类别	期望比例	观察
	A	1/3	10
	B	1/6	10
	C	1/2	10

14. 对下面的每个研究进行配合度的卡方检验(每个都使用 0.05 的显著性水平)。每种情况下的观察频数都已经给出，并且各个类别的期望频数是相等的。

(a) 类别Ⅰ，20；类别Ⅱ，20；类别Ⅲ，60。

(b) 类别Ⅰ，20；类别Ⅱ，20；类别Ⅲ，20；类别Ⅳ，60。

569 (c) 类别Ⅰ，20；类别Ⅱ，20；类别Ⅲ，20；类别Ⅳ，20；类别Ⅴ，60。

15. 一位研究者想确认，在她的研究样本中，她社区中的族群的分布是有代表性的。她的样本包括 300 名白人、80 名非裔美国人、100 名拉美裔美国人、40 名亚裔美国人和 80 名其他族群的人。在她的社区中，根据人口普查记录，有 48%的白人、12%的非裔美国人、18%的拉美裔美国人、9%的亚裔美国人、13%的其他族群的人。在她的社区中，她的样本具有代表性吗(使用 0.05 的显著性水平)?(a) 执行假设检验的步骤。(b) 绘制分布图。(c) 向一个从未上过统计课程的人解释你的回答。(这个问题涉及单个名义变量的卡方检验，就像本章前面哈特和他同事做的关系类型研究。这不是一个独立性的卡方检验，不涉及任何列联表。)

16. 斯泰瑟和他的同事(Stasser et al., 1989)进行了一个讨论三个不同候选者的研究，研究者通过某种方式向被试描述这三个候选者，试图使这三个候选者具有相同的吸引力。在分析他们的主要结果之前，他们首先想要检验的就是三个候选者是否具有同样的吸引力。他们的研究有 531 个被试，其中 197 人首选候选者 A，120 人首选候选者 B，214 人首选候选者 C。以下就是研究者描述的分析:

> 讨论前偏好的相对频数……显示我们在构建相同吸引力的候选者时没有完全成功……可以有把握地拒绝受欢迎程度相同这一假设，$\chi^2(2, N=531)=28.35$，$p<0.001$。(p. 71)

(a) 手动计算卡方值(在舍入误差范围内，你会获得相同的结果)。(b) 向一个从未上过统计课程的人解释这个结果。

17. 对以下的每个列联表执行独立性卡方检验(使用 0.05 的显著性水平)。此外还要计算每个列联表的效应大小。

(a)

0	18
18	0

(b)

0	0	18
9	9	0

(c)

0	0	9	9
9	9	0	0

(d)

20	40
0	40

18. 对以下的每个列联表执行独立性卡方检验(使用 0.05 的显著性水平)。此外还要计算每个列联表的效应大小。

(a)

8	8
8	16

(b)

8	8
8	32

(c)

8	8
8	48

(d)

8	8	8
8	8	8
8	8	16

(e)

8	8	8
8	8	8
8	8	32

(f)

8	8	8
8	8	8
8	8	48

570 19. 以下是一个关于人们所购买的芭蕾舞表演门票的座位类型与他们的出席频率的关系的调查结果。存在显著相关吗（使用0.05的显著性水平）？(a) 执行假设检验的步骤。(b) 绘制分布图。(c) 计算效应大小。(d) 向一个从未上过统计课程的人解释你对(a)部分的回答。

		出席	
		固定	随意
座位类型	楼下前排	20	80
	楼上前排	20	20
	楼上中后排	40	80

20. 一个比较心理学家测试了大鼠、猴子和人在一个特定学习任务上的区别。下表显示了每个物种能否学习这个任务的情况。物种和学习这个任务的能力之间相关吗（使用0.01的显著性水平）？(a) 执行一个假设检验步骤。(b) 绘制分布图。(c) 向一个从未上过统计课程的人解释你的回答。

		物种		
		大鼠	猴子	人
是否学会任务	是	2	4	14
	否	28	16	6

21. 计算以下研究的效应大小：

	N	卡方	设计
(a)	40	10	2×2
(b)	400	10	2×2
(c)	40	10	4×4
(d)	400	10	4×4
(e)	40	20	2×2

22. 在0.05的显著性水平上使用独立性卡方检验，下面每个研究的统计检验力是多少？

	预测的效应大小	设计	N
(a)	中等	2×2	100
(b)	中等	2×3	100
(c)	大	2×2	100
(d)	中等	2×2	200
(e)	中等	2×3	50
(f)	小	3×3	25

571 23. 在0.05的显著性水平上，独立性卡方检验的统计检验力为80%时，下面每个研究需要的被试量是多少？

	预测的效应大小	设计
(a)	小	2×2
(b)	中等	2×2
(c)	大	2×2
(d)	小	2×3
(e)	中等	2×3
(f)	大	2×3

24. 埃弗雷特和他的同事（Everett et al., 1997）对随机抽取的医生样本进行了邮寄调查。如果他们寄回问卷，其中一半的人（这是一个实验组）会获得1美元，另外一半则被作为控制组。这项研究的重点是看一个小的诱因是否会增加对医生的调查问卷的回收率。研究者报告了他们的结果：

> 实验组的300人中，39人无法投递，2人寄回的问卷不完全，164人完整地寄回了问卷。因此，实验组的回收率是63%［164/(300−39)＝0.63］。控制组的300人中，40人没有寄回，118人完整寄回。因此，控制组的回收率是45%［118/(300−40)＝0.45］。卡方检验比较了实验组和控制组的回收率，得出了统计显著性，即1美元这个小的诱因会大大提高回收率［$\chi^2(1, N=521)=16.0$，$p<0.001$］。

(a) 手动计算卡方值（在舍入误差范围内，你会获得相同的结果）。(b) 计算效应大小。(c) 向一个从未上过统计课程的人解释你对(a)和(b)部分的回答。

25. 欧文和毕瑞尔（Irving & Berel, 2001）比较了四种方案的效果（三个实际的方案和一个控制组），设计这些方案旨在使女性对于媒体对女性肖像的描绘持更加怀疑的态度。在每个方案完成后，110名被试被给予盖了章的明信片，如果她们选择寄出的话，那么明信片会被寄送到某个媒体行动主义组织。以下就是他们的结果的一部分：

> ……“仅有视频”条件下（36%），寄出明信片的被试大概是“内部导向”条件下（19%）以及“外部导向”条件下（15%）

的两倍。在控制条件下，只有 5%的被试选择将明信片寄送给媒体行动主义组织。在寄送率上，各个组别之间的差异是显著的，$\chi^2(3, N=110)=8.79, p<0.05$，表明态度干预方案的影响是不同的。(p. 109)

(a) 手动计算卡方值（在舍入误差范围内，你会获得相同的结果）。(b) 计算效应大小。(c) 向一个从未上过统计课程的人解释你的结果。

SPSS 应用 572

（我们使用 SPSS 15.0 这个版本做分析。以下的步骤和输出窗口可能与其他版本有些稍微的不同。）

采用真实的数据来学习卡方检验的 SPSS 操作步骤是比较简单的。例如，想象你是一个由 20 个学生组成的班级中的学生之一，并且你想确认一下班级中的一年级学生和二年级学生的分配是不是相同的（该班级不向其他年级的学生开放）。我们就会使用配合度的卡方检验来回答这个问题。每个学生所在的年级都呈现在图 13—10 的第一列中。

配合度的卡方检验 573

1. 将分数输入 SPSS。如图 13—10 所示，每个人的分数单列一行。我们把变量标记为“year”。（你可以暂时忽略“gender”变量。）

2. 点击 Analyze。

3. 点击 Nonparametric Tests，点击 Chi-Square。

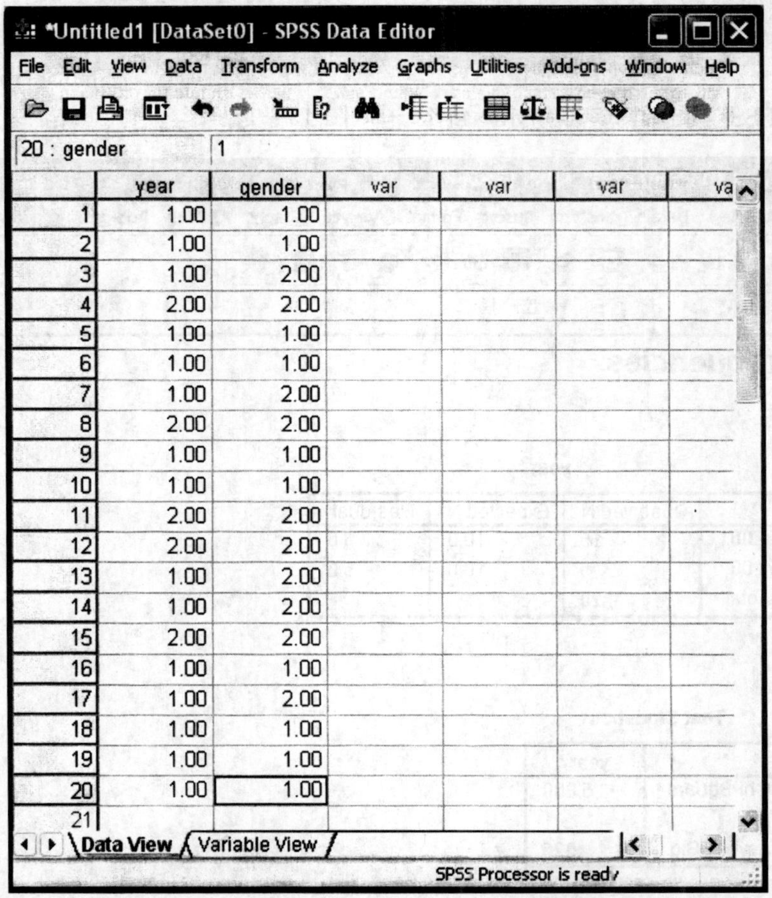

	year	gender	var	var	var	va
1	1.00	1.00				
2	1.00	1.00				
3	1.00	2.00				
4	2.00	2.00				
5	1.00	1.00				
6	1.00	1.00				
7	1.00	2.00				
8	2.00	2.00				
9	1.00	1.00				
10	1.00	1.00				
11	2.00	2.00				
12	2.00	2.00				
13	1.00	2.00				
14	1.00	2.00				
15	2.00	2.00				
16	1.00	1.00				
17	1.00	2.00				
18	1.00	1.00				
19	1.00	1.00				
20	1.00	1.00				
21						

图 13—10　考察某个特定班级中一年级和二年级的学生以及性别的分布的虚构研究的 SPSS 数据编辑窗口

4. 点击“year”变量，然后点击箭头将其放入“Test Variable List”框中。这是告知 SPSS 采用配合度卡方检验对“year”这个名义变量上的分数进行分析。注意将“Expected Values”框中的“All categories equal”勾选为缺失。这意味着 SPSS 会实施卡方检验来对样本的观察频数分布和基于数据在各个类别是均衡分布的期望频数分布进行比较。如果你想使用一个不同的期望频数分布，选择"Values"选项，然后输入近似的期望值。

5. 点击 OK。你的 SPSS 输出窗口应该类似于图 13—11。

574 SPSS 输出窗口中，第一张表给出了观察频数、期望频数及观察频数和期望频数之间的差值（在"Residual"这一列）。第二张表给出了卡方值、自由度和明确的显著性水平。0.025 的显著性水平（卡方值为 5.00）小于 0.05 的临界值，意味着你可以拒绝零假设。因此，你可以得出结论：班级中的一年级学生和二年级学生的分配并不是相同的。

独立性的卡方检验

使用相同的例子进行配合度卡方检验，假设你对班级中的学生在一年级和二年级上的分配是否会由于学生的性别而不同感兴趣。为了回答这个问题（包括两个名义变量），我们将使用独立性卡方检验。

1. 将分数输入 SPSS。如图 13—10 所示，每个人的分数单列一行。我们把变量标记为"year"和"gender"。（我们把性别变量中的女性标记为 1，男性为 2。）

2. 点击 Analyze。

3. 点击 Descriptive Statistics，点击 Crosstabs。

4. 点击名为"gender"的变量，然后点击箭头将其放入"Rows"框中。点击标记为"year"的变量，然后点击箭头将其放入"Column（s）"框中。（变量被分配到行还是列并不重要，因为结果是一样的。）

5. 点击 Statistics。点击标记为 Chi-square 的框。点击标记为 Phi 和 Cramer's V 的框。点击 Continue。

6. 点击 Cells。点击标记为 Expected 的框。点击 Continue。这个步骤需要期望频数包含在输出窗口中。（尽管这个步骤是可有可无的，但是我们建议你总是这么做，因为它强调的是卡方检验的逻辑。）

7. 点击 OK。你的 SPSS 输出窗口应该类似于图 13—12。

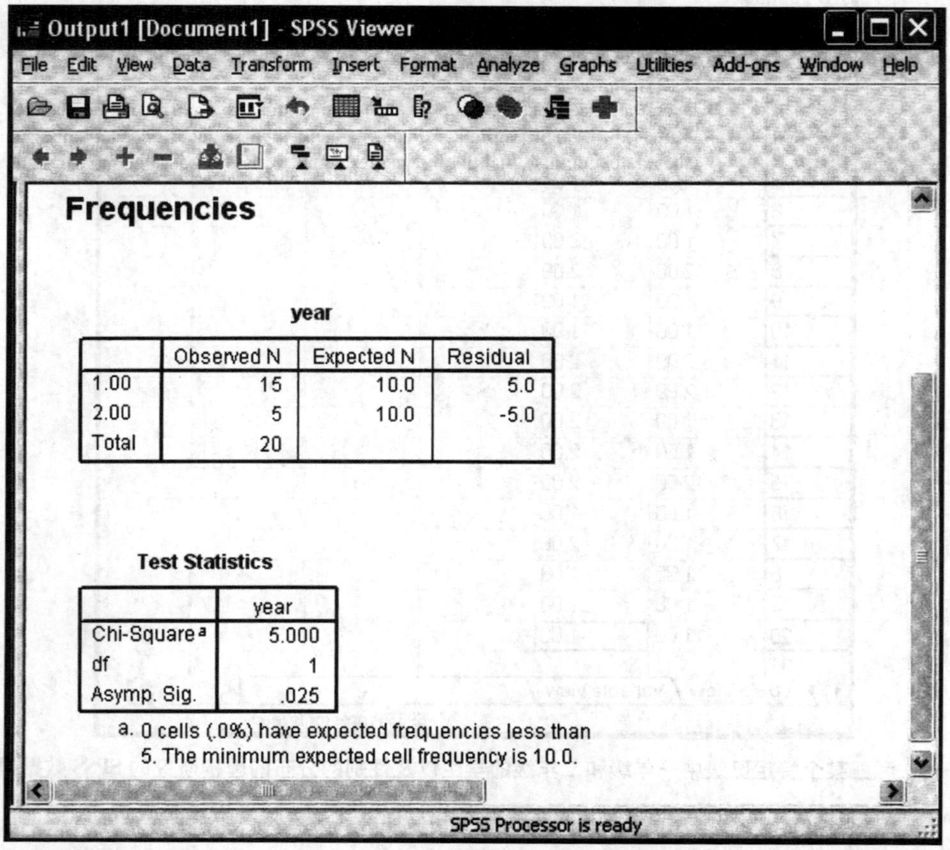

图 13—11 考察某个特定班级中一年级和二年级的学生的分布的虚构研究的配合度卡方检验的 SPSS 输出窗口

575

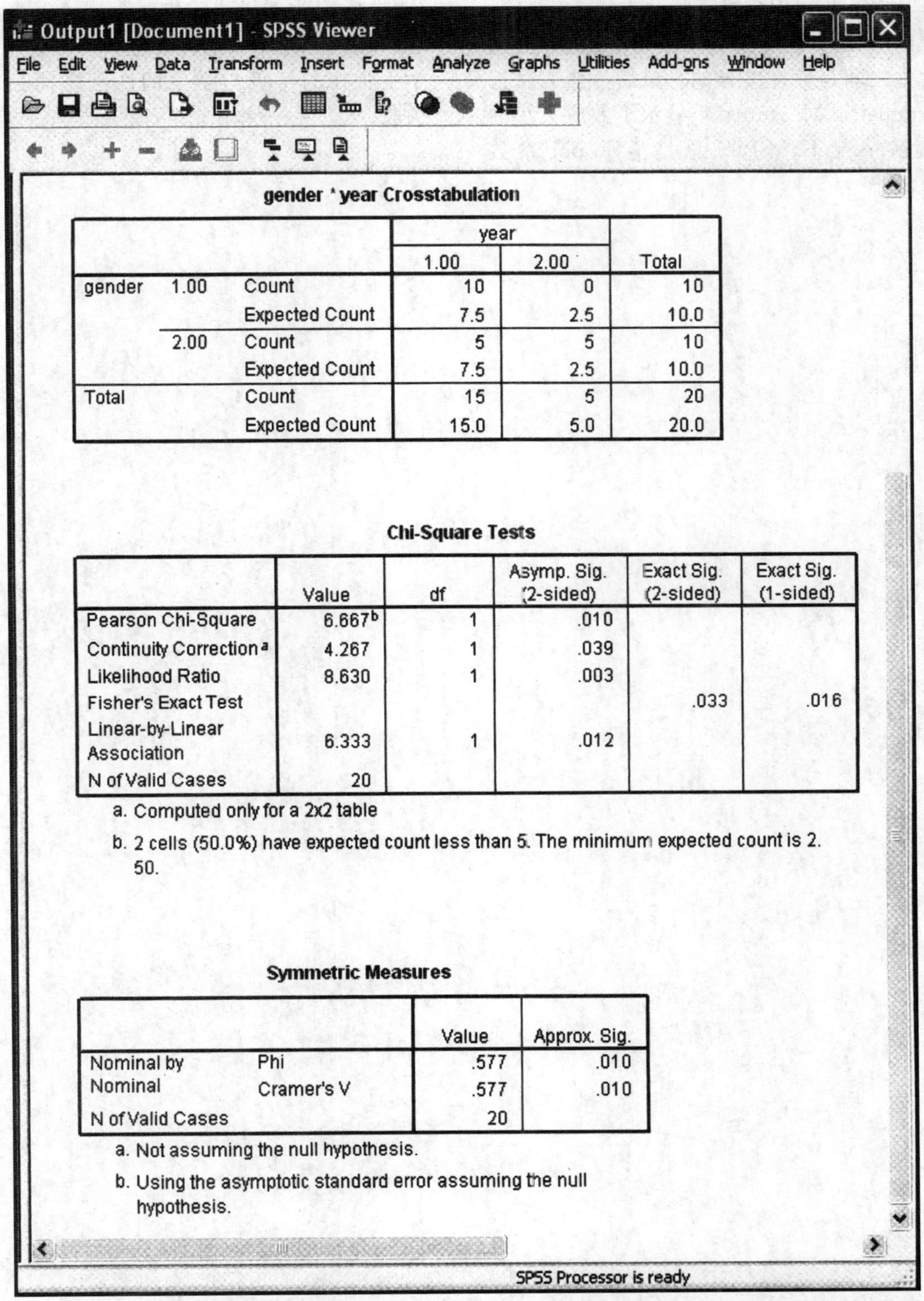

gender * year Crosstabulation

			year		Total
			1.00	2.00	
gender	1.00	Count	10	0	10
		Expected Count	7.5	2.5	10.0
	2.00	Count	5	5	10
		Expected Count	7.5	2.5	10.0
Total		Count	15	5	20
		Expected Count	15.0	5.0	20.0

Chi-Square Tests

	Value	df	Asymp. Sig. (2-sided)	Exact Sig. (2-sided)	Exact Sig. (1-sided)
Pearson Chi-Square	6.667[b]	1	.010		
Continuity Correction[a]	4.267	1	.039		
Likelihood Ratio	8.630	1	.003		
Fisher's Exact Test				.033	.016
Linear-by-Linear Association	6.333	1	.012		
N of Valid Cases	20				

a. Computed only for a 2x2 table

b. 2 cells (50.0%) have expected count less than 5. The minimum expected count is 2.50.

Symmetric Measures

		Value	Approx. Sig.
Nominal by Nominal	Phi	.577	.010
	Cramer's V	.577	.010
N of Valid Cases		20	

a. Not assuming the null hypothesis.

b. Using the asymptotic standard error assuming the null hypothesis.

图 13—12　考察某个特定班级中一年级和二年级的学生以及性别的虚构研究的独立性卡方检验的 SPSS 输出窗口

SPSS 输出窗口中，第一张表（并没有显示在图 13—12 中）给出了每个变量的个体数目，以及是否存在缺失数据。第二张表（标记为“gender * year Crosstabulation”）给出了两个名义变量（“gender”和“year”）的观察值和期望值的列联表。第三张表（标记为“Chi-Square Tests”）显示了独立性卡方检验的实际结果。独立性卡方检验的结果显示在第一行（标记为“Pearson Chi-Square”），包括卡方值、自由度、明确的显著性水平。显著性水平 0.010（卡方值为 6.667）小于我们的临界值0.05。因此，你可以拒绝零假设并且得出结论：在班级中的一年级学生和二年级学生的分配上，男生和女生之间是存在差异的。最后一张表（标记为“Symmetric Measures”）显示了效应大小的测量。默认情况下，SPSS 总是显示 phi 系数（表中标记为“Phi”）和克莱姆 Φ（表中标记为“Cramer's V”）。phi 系数为 0.577 意味着班级中学生所在的年级与学生的性别之间存在很大的关联。

第 14 章

当总体分布非正态时的策略：数据转换和等级次序检验

章节概览

577 在本章中，研究者列举了当总体正态分布和方差齐性假定不成立时所使用的一些策略。（这些假定都是最常见的假设检验程序，如 t 检验、方差分析，以及相关和预测的显著性检验。）首先，我们简单地回顾下假定在标准化假设检验程序中的作用。然后我们考察当假定不满足时，心理学研究者常使用的两个方法：数据转换和等级次序检验。

578

标准假设检验程序中的假定

如前面章节所示，在使用 t 检验、方差分析以及相关和预测的显著性检验时，必须满足某种条件（即假定）才能得到准确的结果。在这些假设检验过程中，应将研究中的数据看作来源于更大的尽管是未知的总体。所要做的假定之一是所涉及的总体遵循正态曲线定义，另一个假定即总体方差相等。

从前几章可知，只要总体大致符合猜想，遵循正态曲线且方差相等，我们就可以得到相当精确的结果。然而这里我们关注的情形是总体明显偏离正态或方差不等。遇到该类情况，如果继续使用 t 检验、方差分析以及相关和预测的显著性检验，则无法得到正确结果。例如，你可以正确运算所有数据并根据得到的结果拒绝零假设。然而如果总体不符合标准假定，那么得到的结果就可能是错误的——原因在于如果这一零假设是正确的，那么实际上得出这一结果的可能性就从原来的5%变为现在的15%或20%。（当然也有可能是1%或2%。问题在于这一平常的临界值可能远远偏离精确值，而我们却无法得知其走向。）

记住：假定围绕总体展开而不是样本。即使样本来自遵循正态曲线的总体，它本身也很可能不符合正态曲线。图14—1是几种样本的直方图，每个都是随机取自遵循正态曲线的某一总体。（要注意的是，样本越小，越难认识到它来源于一个正态总体。）当然，非正态总体也可能生成其中任一样本。不幸的是，样本往往是研究过程中所要操作的一切。研究者们所做的一件事就是为样本绘制直方图；如果样本分布形式与正态没有很大差距，那么研究者就可以假定样本所来自的总体几乎呈正态分布。（亦可见本章末“SPSS应用”部分。）考虑正态时，如果没有证据证明其有牵连，大多数心理学家则认为该分布与之无关。（这一原则同样适用于方差相等，例如，在 t 检验中，两个样本虽然来自方差相等的总体却有完全不同的方差。因此，我们这里研究方差完全不等的样本，确保它们不可能来自方差相同的总体。）

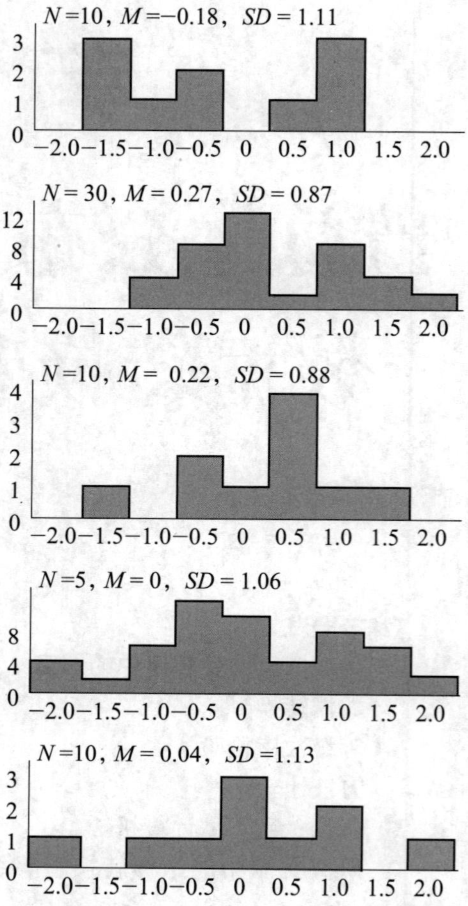

图14—1　从一个正态总体中随机抽取的几个样本的直方图

注：$\mu=0$，$\sigma=1$。

一种常见的情形是，当你怀疑总体满足正态分布这一猜想时，必然存在天花板或地板效应（详见第1章）。另一种引起这一怀疑的情况通常是当样本出现异常值，在样本分布的一端或两端出现极端值的时候。图14—2所示即为含异常值的样本示例。（异常值也严重影响方差，因此样本中的一个异常值也会导致关于总体方差是否相等的错误结论。）在我们常用的统计方法里异常值是一个重大问题，因为这些方法最终取决于离均差平方。因为异常值远离平均值，将偏离的部分平

方时，这一异常值将会产生很大影响。这就意味着如果单个异常值足够极端，就能够完全扭曲研
579 究结果（正如你在第 11 章中所看到的相关案例那样）。即便所有其他的数据都是正常的，某个异常值的存在仍然可能导致统计检验呈现显著的结果。此外，某个研究结果原本是显著的，但是异常值的存在可能导致该研究结果不显著。

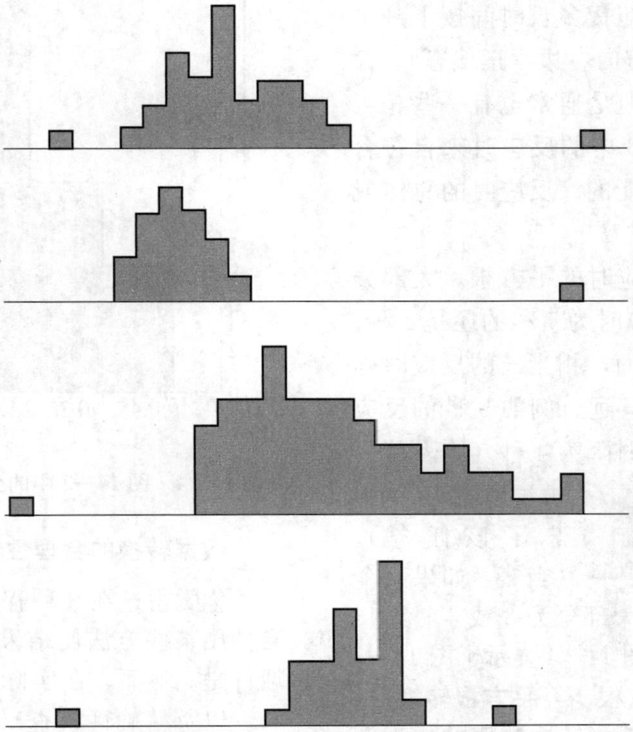

图 14—2　异常值在一端或两端的分布图

你会做吗?

1. t 检验、方差分析以及相关和预测的显著性检验的两个主要假定是什么?
2. (a) 你如何验证是否符合假定? (b) 为什么这是不确定的?
3. (a) 什么是异常值? (b) 为什么异常值在大多数统计过程中会严重影响数据准确性?

答案

1. 一是样本总体呈正态分布，二是方差齐性。
2. (a) 参看样本分布图；(b) 样本，尤其是小样本，在总体中可能会有完全不同的形状和方差。
3. (a) 异常值是极端值；(b) 异常值在大多数统计过程中会严重影响数据准确性的原因是：大多数统计过程基于离均差平方。因此，当它与平均数的差被平方后，异常值的极端性会被大大加强。 580

数据转换

当样本中的数据看起来不是来源于正态总体时，广泛使用的处理方法就是改变数据本身。尽管乍一听像是捏造，不过当我们解释以后就知道不是了。方法是研究者对每个数据进行适当的数学处理，比如取它们的平方根。这个主意是要让一个非正态分布更接近正态。（有时这也使得不同组的方差更为接近。）这就叫作**数据转换**。一旦完成数据转换，样本中数值就显得符合正态假定（如果别的假定符合），一般就能继续用 t 检验、方差分析以及相关和预测

数据转换　对样本中的每个分数进行处理（例如取平方根），从而使样本分布趋于正态的数学程序。

581 的显著性检验。和别的处理非正态总体的方法相比，数据转换有其显著的优势：一旦进行了数据转换，就可以运用熟悉的复杂的假设检验处理。

考虑一个案例。反应时的测量，例如当光闪烁时，一个研究被试需要花费多长时间按下某个特殊键，结果分布通常会偏向右边（正偏态）。存在很多短（快）的反应，但是通常也有一些相当长（慢）的反应。图 14—3 中的反应时来自符合正态曲线的总体是不太可能的。反应时的总体或许就是偏态的。

然而，假定取每次反应时的平方根。大部分反应时所受影响甚微。反应时为 1 秒的还是 1 秒；1.5 秒的减至 1.22 秒。然而，相当长的反应时则被消减很多，和原值相距甚远。例如 9 秒的反应时降至 3 秒，16 秒的反应时降为 4 秒（原因是该被试思想不集中忘了该任务）。（当然，如果某个反应时长达 16 秒，而其他大部分为 3 或 4 秒，16 秒就会被认为是异常值。）图 14—4 显示了图 14—3 中偏态分布图中数据的平方根。经**平方根转换**后，这一数值分布则更可能接近（转换数值的）正态分布。

平方根转换 使用每个分数的平方根的数据转换。

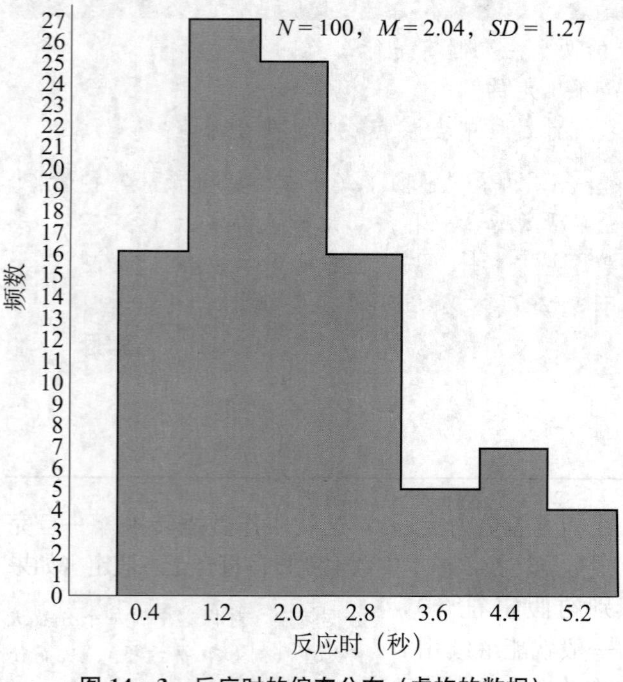

图 14—3 反应时的偏态分布（虚构的数据）

582

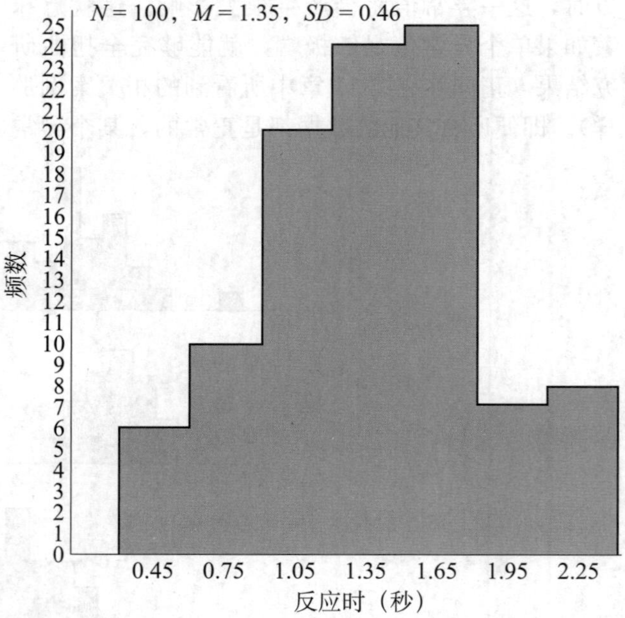

图 14—4 图 14—3 中的分数经平方根转换后的分布图

数据转换的合理性

你觉得这在某种程度上是欺骗吗？如果你故意使用某些方法使结果更合乎你的预测的话，那或许是。然而，在实际的研究操作中，收集和记录（以及精确性检查）数据后的第一步是看数据是否显示总体符合假定，然后做数据转换。假设检验只在这项检查和实施转换之后进行。

谨记你必须将变量中所有数据进行转换，而不是在一个特定的组里。无论你使用哪种转换方式，最重要的是数值的顺序保持一致。一位参与者的实际原始数值在另外两个之间，那么转换后的数值要仍处在另外两个之间。

这种做法可能显得有些通过扭曲事实来便于统计。在一些情况下，这是合情合理的担心。设想你在查看两组美国人收入的差距。你可能不关心这两组人收入的平方根的差异。你真正关心的是实际差多少美元。

另一方面，考虑一份自尊问卷。问卷上的得分没有任何绝对意义。得分越高自尊心越强，越低则越弱。然而，任何一个得分的急剧增长都不一定关乎个人自尊的等量增加。每个刻度的增长和人们的自尊直接相关的情况也是可能的。同样， 583
考虑到我们之前使用的反应时在几秒之间的例子。这看起来具有绝对意义：1 秒就是 1 秒。但是即使在这种情况下，潜在变量，即神经系统的运行效率，或许不会与秒的数值直接相关。它可能是一个遵循某个未知的数学规律的复杂操作（尽管我们仍然期望运行效率越高时间越短，运行效率越低时间越长）。

在这些样例中，变量的潜在尺度并不可知。因此，并没有任何原因表明改进的版本比原版更难准确反映真实情况。何况改进版还可能符合正态假定。确实，由于自然界大多数事物都遵循正态曲线，有些人可能会认为转化后很接近正态曲线的数值会更能反映真实的情况。

数据转换的种类

数据转换的类型有几种。我们已经进行了平方根转换图解：用每个数据开平方后的结果来代替它们。我们在图 14—3 和图 14－4 中给出了案例。基本的效应在图 14—5 中得以显示。由图可见，开平方之后，分布曲线向右斜的程度变小了。从数据角度分析就是，中等数值只是略微降低，而高数值大幅度降低。结果就是，右边的部分向中间靠近。

在心理学研究文献中，你还会见到许多其他种类的转换。事实上，平方根转换非常普遍。还有一种普遍的转换叫作对数转换，它对每个数值取对数而不是平方根。对数转换与平方根转换作用相同，但是效果更好。对数转换对于右倾程度很大的分布效果更好。（在一个倒数分布曲线中，研究者用 1 除以每个分数。例如，10 变成 1/10＝0.1。）

注意所有这些普通转换——平方根转换、对数转换或倒数转换都是为样本表明总体右偏的情况设计的。这是最常见的情况。然而，有时分布会向左偏。当分布向左偏时，你可以反置所有这些数值；也就是从高数值中将它们全部减去，这些数值就变成相反的了。这时，再对其开平方、取对数、倒数转换会得到正确的结果。不过，你得记住最终转换后数值的方向。

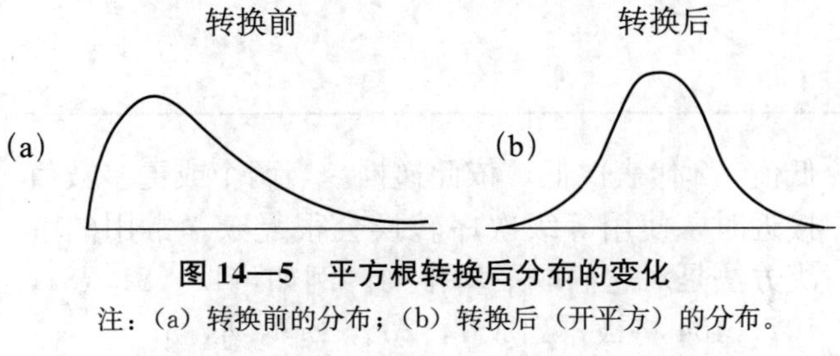

图 14—5　平方根转换后分布的变化

注：(a) 转换前的分布；(b) 转换后（开平方）的分布。

584 我们不会深入探讨各种转换的案例。只要学会平方根转换就会帮助你明白其思想。主要就是要记住，其他的转换多是对每个数值使用同样的原则，使用某种算法使这些数值更接近正常曲线。再说一遍，不管你使用什么转换方式，在两个数值间的数值在转换后还是要位于其他两个数值之间。

数据转化示例

考虑一个虚构的研究，在这个研究中，研究者对比了过去一年在高敏感度测试中得分高和得分低的两组各四位孩子的阅读书目的数量。[高度敏感者的一般概念在 E. N. 阿伦（Aron，1996，2002）的两本书中与 E. N. 阿伦和 A. 阿伦（Aron & Aron，1997）发表的一篇文章中有描述。第 10 章中的示例也是基于这个概念。] 根据理论，研究者推测高敏感度的孩子会读更多的书。结果见表 14—1。

表 14—1　过去一年高敏感度儿童与非高敏感度儿童阅读数量对比结果（虚构的数据）

	高敏感度	
	否	是
	0	17
	3	36
	10	45
Σ:	22 35	75 173
$M=$	8.75	43.25
$S^2=$	95.58	584.25

通常情况下，在一个比较两个独立组的研究中，会使用独立样本均值 t 检验。然而与所有你学过的假设检验程序一样（除了卡方检验），独立样本均值 t 检验要求每个小组分数来自的总体遵循正态分布。然而，在这个研究中，样本的分布严重向右倾斜；其分值趋于向左聚集，在右端留下一条长尾。因此，似乎阅读数量分值的总体分布（包括高敏感儿童和非高敏感儿童）也向右倾斜。根据所测量的数据，这种形状的总体分布也似乎很合理。一个孩子不可能一本书都不读，但是，一旦他开始阅读，很容易在一年内读很多书。

注意基于两个样本的总体方差估计值非常不同，95.58 对 584.25。这是你不会使用普通 t 检验方法的另一个原因。

假定你对数据做平方根转换（见表 14—2）。现在两个样本都更接近正态曲线；它们的中间值都聚集在中间（例如，“是”组中的 6.00 和

6.71)，极端值（极高和极低）都只从均值处展开了一点（4.12 和 8.66)。同样，根据数据的解释这个转换也是合理的。读书的数量可以被解释为对文学感兴趣的程度。因此，0 和 1 的区别要比 20 和 21 的区别大得多。

表 14—3 显示的是对转换数值使用 t 检验分析。

表 14—2 对表 14—1 中的分数进行平方根转换

高敏感度			
否		是	
X	$\sqrt{X}$	X	$\sqrt{X}$
0	0.00	17	4.12
3	1.73	36	6.00
10	3.16	45	6.71
22	4.69	75	8.66

表 14—3 对使用平方根转换的数值进行独立样本均值 t 检验，数值分别为高敏感度儿童和非高敏感度儿童的阅读数量（虚构的数据） 585

0.05 显著性水平		
$df=(4-1)+(4-1)=6$，单侧 $=-1.943$		
	高敏感度	
	否	是
	0.00	4.12
	1.73	6.00
	3.16	6.71
	4.69	8.66
Σ：	9.58	25.49
$M=$	$9.58/4=2.40$	$25.49/4=6.37$
$S^2=$	$12.03/3=4.01$	$10.56/3=3.52$
	$S^2_{\text{pooled}}=3.77$	
$S^2_M=$	$3.77/4=0.94$	$3.77/4=0.94$
$S^2_{\text{Difference}}=0.94+0.94=1.88$		
$S_{\text{Difference}}=\sqrt{1.88}=1.37$		
$t=(2.40-6.37)/1.37=-2.90$		
结论：拒绝零假设。		

你会做吗？

1. 什么是数据转换？
2. 为什么要这么做？
3. 什么时候它是合理的？
4. 考虑如下数值分布：4，16，25，25，25，36，64。(a) 这些数值近似正态分布吗？(b) 为什么？(c) 对这些数值取平方根（列出平方根转换数值表）。(d) 转换后的数值近似正态分布吗？(e) 为什么？

答案

1. 数据转换是指每个数据遵循一定的规律进行转换（例如开平方、取对数、取倒数）。
2. 它是将分布变得更接近一个正态曲线（或使各组方差接近相等）。
3. 当其针对所有数值时是合理的；当其是用来使结果符合研究者的预期，以及数值间距的潜在意义是任意的时是不合理的。
4. (a) 数值不是近似正态分布。(b) 它们向右倾斜。(c) 平方根转换：2，4，5，5，5，6，8。(d) 平方根转换的数值近似正态分布。(e) 中间值聚集在中部，且极端值分布在两端。

等级次序检验

等级次序转换 将一系列分数排序（例如，最小的分数排在第一，第二小的排在第二，依此递推）。

另一种处理非正态分布的方法是将这些数值转换成等级。假设样本中数据为：4，8，12，64。如果总体为正态分布的话，这将是一个非常惊人的样本。**等级次序转换**将把这些数据变成 1，2，3，4；1 代表最低值，2 代表次低，依此递推。当两个或更多数值接近时，使用等级次序转换会很复杂。常用的解决方法是对它们取平均排列。例如，12，81，81，107，154 将被排列成 1，2.5，2.5，4，5。 586

将常规数据变成等级是一种数据转换方式。与平方根转换不同的是，等级次序转换不能得到正态分布。得到的分布是一个矩形分布，每个等级的数值相同。等级使数值更加均匀。

等级次序检验　使用等级次序分数的假设检验程序。

自由分布检验　对总体形态不作限定的假设检验程序，也叫非参数检验。

非参数检验　对总体参数不作限定的假设检验程序，也叫自由分布检验。

等级次序检验是一种特殊的假设检验程序，使用等级数据。它也有两个常见的名字。你可以将任何一种形状的总体分布的分数转换成等级。因此，这种检验有时也被称为**自由分布检验**。同样，等级次序分数的分布是确切知晓的而不需要估计。因此，等级次序检验不需要估计任何参数（总体值）。例如，不需要估计总体方差，因为如果引入序列你可以明确地决定它。所以，基于序列的假设检验步骤也被称为**非参数检验**。

t 检验、方差分析和常见的相关与预测（回归）的显著性检验都是**参数检验**。①

参数检验　诸如 *t* 检验或方差分析等需要对总体形态或其他参数（如方差）做出限定的一般假设检验程序。

等级次序检验的另一个优点是，当研究数据本身就是等级时也可以使用它——例如，比较两种类型毕业生的等级地位。同样，使用这种方法得到的实际数值有时也被质疑。例如，研究者打算在通常情况下使用这种方法测量得到数据，7 超过 5 相当于 12 超过 10（他将这视为等间距测量；见第 1 章）。然而，事实上，研究者只能确保这些数值是正确排序的，7 大于 5，10 大于 7，以此类推。在这个案例里，研究者想用排列法测量以至于没有估计测量的质量。

事实上这个问题多少有点争议。例如有一个等级划分“1＝不赞同，2＝轻微不赞同，3＝轻微赞同，4＝赞同”，这些数字的潜在含义能否通过数字等级展开？很显然作为等级信息，结果是有意义的；当然 2 比 1，3 比 2，4 比 3 表现得更赞同。因此，一些心理学家认为，大多数情况下，不应假定等间距测量。相反，他们认为应该将数值转换成序列，使用等级次序检验。另外一些研究者认为，即使使用真正的排序测量法，参数统计检验也更为合理准确，将所有数值转换成序列会丢失有价值的信息。这个问题仍待解决。

等级次序检验概述

表 14—4 中列出了可以替代参数检验程序的等级次序检验的名称。（关于使用这些检验的所有程序涵盖于中级统计教科书中；我们在章末介绍了这些检验中大多数的 SPSS 程序。）例如，在一个三个群的情形中，你通常会做单因素方差分析。不过如果你想使用等级次序法，应该使用 Kruskal-Wallis *H* 检验。②

下一步，我们将描述这些检验是如何正常进行的，包括示例。不过，我们并没有提供练习中所需的全部信息（例如表格）。介绍这种方法是因 587
为你可能在你读过的文献中见过，并且其逻辑是我们教你使用的替代程序的基础。这个替代程序与这些等级次序检验解决的是同一件事情并且与你学过的很接近。

表 14—4　主要等级次序检验与对应的主要参数检验

一般参数检验	对应等级次序检验
相关样本均值 *t* 检验	Wilcoxon 符号秩检验
独立样本均值 *t* 检验	Wilcoxon 秩和检验或 Mann-Whitney *U* 检验
方差分析	Kruskal-Wallis *H* 检验
皮尔逊相关（*r*）	斯皮尔曼等级相关

等级次序检验基本逻辑

考虑有一个实验组和一个控制组的研究。（如果所有的假定都得以满足，那么这种情况应该使用独立样本均值 *t* 检验。）如果你想使用等级次序检验，首先要把所有数值转换成序列，从低到高排列，不管数值属于实验组还是控制组。如果两组数据都是从单个人群中随机抽取的，每个组中高低等级的数量应该大致相同。（就是说，如果零假设为真，那么两组的排列应该相差不大。）因为排列的分布可以被准确计算出来，如果两组数据是从完全相同的分布中随机抽取的，统计人员可以准确计算出分成两组的任何一个特殊排列部分

---

① 卡方检验与等级次序检验一样，是一个非参数检验，但是它相对来说分布较自由，并没有假定条件，以及在样本分布中的固定框架。然而，这个“分布自由”和非参数是互换的；在统计中，数据的分析有着细微的差异。

② 这有一个应用广泛的非参数检验，不是卡方检验，也不是等级次序检验。它是用以替代相关样本均值 *t* 检验的，称为符号检验。首先创设差异值的序列，然后把差值为正的数据的个数相加。如果两个样本没有差异，那就是说这些差异值中有一半是正的，一半是负的。假设差值为正的数据个数大于或小于一半的话，就意味着两个样本所代表的总体之间无显著差异的零假设是不成立的。在中级统计教材中经常会附上用来查找符号检验临界值的表格。符号检验在 SPSS 的非参数检验程序中也能够非常便捷地执行。

的概率。

事实上，其工作的方式是研究者将所有数值转换成序列，加上分组中连同低分值的所有排列的总和，再将这个总和与该情况下取自某个特殊表格中所有总和的显著性临界值相比较。（同样，和一般参数检验一样，主要的非参数检验可以通过 SPPS 或其他软件程序完成。）

等级次序检验示例

表 14—5 展现的是等级转换，以及对刚才描述的情形的 Wilcoxon 秩和检验，即高敏感度儿童和非高敏感度儿童的阅读数量。其逻辑和之前常用的有所不同，所以在我们解释前要有足够的耐心。

注意与你在任何一个假设检验程序中所做的一样，我们首先设置显著性临界值。（这个临界值是基于当前你没有的某个表，但是从大多数中级统计教科书中可以获取。）下一个步骤，将数值从低到高排列，再加上你期望得到更小总和的分组中的序列。然后将较小的总和与临界值比较。如果其小于或等于临界值，拒绝零假设。在这个样例中，较小的序列总和实际上与临界值相同；所有零假设被拒绝。

尽管我们可以使用 Mann-Whitney U 检验，但我们仍然使用 Wilconxon 秩和检验。它得到的最终结果在数学上是完全等同的，并且基于的逻辑也是一样的。唯一的不同在于手动计算中的细节。

588

表 14—5 对高敏感度儿童与非高敏感度儿童的阅读量进行 Wilcoxon 秩和检验（虚构的数据）

显著性临界值：0.05 显著性水平上的非高敏感度组的最大秩和（单侧，来自于标准表）＝11。

高敏感度			
否		是	
X	等级	**X**	等级
0	1	17	4
3	2	36	6
10	3	45	7
22	5	75	8
	Σ:11		

临界值比较：分组序列和预测得分较低，为 11，等于但不超出显著临界值。

结论：拒绝零假设。

等级次序检验中的零假设

等级次序检验中的零假设与一般参数检验中的假设并不完全相同。参数检验如 t 检验比较的是两组数据的均值，它的零假设指两组数据来源的总体均值相同。等级次序检验中与均值等价的是中间等级（未排列数值的中位数）。因此，我们可以把等级次序检验认为是两组数据中位数的比较，那么它的零假设就是这两个总体的中位数相等。

等级转化数据的参数检验

两名统计学家（Conover & Iman，1981）发现，相比于使用等级次序检验的特殊程序，如果先将数据转换成序列，然后使用通常的 t 检验或方差分析，会得到近似的结果。（这种方法对于相关和回归的显著性检验同样适用。）

通过这种捷径（对转化成序列的数值使用参数检验）得到的结果并不如一般参数检验或等级次序检验那么准确。因为它违反了总体正态分布的假定。正如我们先前提到的，使用序列时，总体分布实际上是矩形的（每个等级中都有相同的数值）。此捷径同样没有等级次序检验那么准确。因为参数检验使用 t 或 F 分布代替等级次序检验中使用的特殊数列，其基于序列中得到的特定部分的准确概率。然而，事实证明，在实践中，使用一般参数检验得到的结果与真实结果十分接近，

表 14—6 使用等级替代原始数据后对高敏感度儿童和非高敏感度儿童的阅读量进行独立样本均值 t 检验（虚构的数据） 589

0.05 显著性水平，$df=(4-1)+(4-1)=6$，单侧＝－1.943。

	高敏感度	
	否	是
	1	4
	2	6
	3	7
	5	8
Σ	11	25
$M=$	11/4＝2.75	25/4＝6.25
$S^2=$	8.75/3＝2.92	8.75/4＝2.92
	$S^2_{\text{Pooled}}=2.92$	
$S^2_M=$	2.92/4＝0.73	2.92/4＝0.73

$S^2_{\text{Difference}}=0.73+0.73=1.46$

$S_{\text{Difference}}=\sqrt{1.46}=1.21$

$t=(2.75-6.25)/1.21=-2.89$

结论：拒绝零假设。

你可以通过特定的技术步骤得到精确的结果。① 表 14—6 显示的是对虚构的敏感儿童的数据进行独立样本均值 t 检验的计算，用每个孩子的等级取代孩子的准确阅读数目。我们再一次得到一个显著的结果。（在实践中，采用一般步骤如对转换的等级的数值使用 t 检验，配合这样的小样本，其准确率最低。不过，我们使用小样本是为了简化样例。）

如表 14—4 所示，斯皮尔曼等级相关系数是一个等同于皮尔逊相关系数的非参数。斯皮尔曼等级相关可以用于皮尔逊相关的假定无法满足的情况，如某种曲线相关，或者当原始数据是基于等级次序的尺度。回顾第 11 章，斯皮尔曼等级相关系数是一种描述数值转换成序列时的相关性系数（每个数据被分开），然后以与皮尔逊相关系数（r）相同的程序处理。所以，这样，非参数检验实际上是将数值转换为序列再使用同等的参数检验。

方法比较

我们已经考虑了两种当样本来自非正态总体时进行假设检验的方法：数据转换和等级次序检验。你怎样决定使用哪一种呢？

优点和缺点

数据转换的优点是，允许在转换数值上使用熟悉的参数技术。但是这种转换并不始终适用。例如，在方差分析中，可能没有合理的转换使数值正态化或所有分组的方差相等。同样，如我们先前讨论的，在一些重要情形中，数据转换还可能因丢失原始意义而曲解数据。

无论原始数据分布的形状如何，我们都可以使用等级次序方法。当原始数据是等级时，等级次序检验法当然是首选的。当数值并不十分清晰地遵循简单的数学模式（如等间距），它也特别有用，一些心理学家认为这是一个普遍的情况。进
590 一步而言，等级次序法的原理既简单又直接，不需要假定分布的复杂结构，也不需要估计参数。

不过，等级次序法可能对于研究的读者并不熟悉，而且等级次序法还没有为很多复杂情况开发。另一个问题是，如果序列中有很多数值接近，等级次序检验的简单逻辑会被轻易打破。最终，和数据转换一样，等级次序法可能曲解原始数据，丢失信息。例如，同样的样本，6.1 和 6.2 的差距是一个等级，而 3.4 和 5.8 的差距也是一个等级。②

Ⅰ类和Ⅱ类错误的相关风险

各种方法的准确性有多少，依据 5% 的显著性水平真的有 5% 的概率可以拒绝零假设（Ⅰ类错误）？不同的方法对检验力有什么影响？

当参数检验的假定得以满足时，参数检验将与任何替代检验一样有效，甚至可能更好。对于防止Ⅰ类和Ⅱ类错误，这千真万确。这种方法是值得期待的，因为这是设计参数检验的条件。

然而，如果参数检验的假定无法得以满足，我们考虑的可能的替代程序（数据转换和等级次序检验）的相对优势就一点也不明显。实际上，各种程序的相对优点都是现实争论的话题，都会出现在每年的统计学方面期刊上的文章中。

你会做吗？

1.（a）什么是等级次序转换？（b）为什么要这么做？（c）什么是等级次序检验？

2. 将下列数值转化成序列：5，18，3，9，2。

3.（a）如果用一个标准等级次序检验代替独立样本均值 t 检验，应该通过什么程序？（b）这样的检验需要哪些步骤？（d）基本的逻辑是什么？

---

① 如果你想非常精确，对于 t 检验或者方差分析，你可以将结果转换为所谓的 L 统计量，然后查看它的卡方表（Puri & Sen，1985）。t 检验中的 L 统计量就是 $[(N-1)\ t^2]/[t^2+(N-2)]$，同时使用 $df=1$ 的卡方分布。在方差分析中，L 统计量就是 $[(N-1)(df_{\text{Between}})\ F]/[(df_{\text{Between}})\ F+df_{\text{Within}}]$，同时使用的 $df=df_{\text{Between}}$。相关显著检验中的 L 就是 $(N-1)\ r^2$，同时使用 $df=1$ 的卡方表。当在更高层次的参数程序中使用等级转换分数时，使用 L 统计量尤其重要，如方差的因素分析（第 10 章）、多元回归（第 12 章），以及在第 15 章将要讨论的程序。托马斯和他的同事（Thomas et al.，1999）提供了很多解决过的例子。

② 另外一些传统的等级次序检验方法，除了改变分数排名，大多数程序的实际计算都是简单地与参数检验中的进行比较。然而，现在，使用计算机可以很简单地执行每个程序。运用标准统计软件包，在参数检验的计算中实际很少会出现问题。

4.（a）如果将数据转换成序列，再使用序列进行一般参数检验，会出现什么情况？（b）即使假设对转化的序列是适当的，为什么使用这种方法还不是特别准确？（c）为什么这个结果没有使用标准等级次序检验得到的结果准确？（d）使用这个程序比标准等级次序检验有哪些优势？

5. 如果不满足参数检验的条件，（a）比起等级次序检验，数据转换有哪些优点和（b）缺点，比起数据转换，等级次序检验又有哪些（c）优点和（d）缺点？

答案

1.（a）等级次序转换是将所有数据中的每个数值变成数据等级（从最低到最高）。

（b）这么做是为了使分布变为一个标准的形状，或者是因为测量的本质就是等级。

（c）等级次序检验是为了使用等级数值而设计的一个特殊的显著检验程序。

2. 等级次序转换：5=3，18=5，3=2，9=4，2=1。

3.（a）可以使用 Wilcoxon 秩和检验或 Mann-Whitney U 检验。

（b）为预计具有较小数值的分组的最大秩和设置显著性临界值（基于标准表），将所有数值转换成序列（忽略所处的分组），加上预计获得较小分值的分组的序列，然后将总和与临界值比较。

（c）序列分布的形状和细节是已知的；所以统计者可以在零假设为真的前提下，基于对可能的特定时间百分比的最大秩和的精确概率的计算，准备列表。

4.（a）使用标准参数检验会得到一个相当简单的结果。

（b）总体将呈矩形分布，而不是正态分布（t 检验的假定）。

（c）等级次序检验基于已知确定的总体分布形状，并且在此基础上使用准确的概率；在一般 t 检验或方差分析中，通常总体分布近似正态分布并且拥有近似相等的方差。

（d）使用计算机会更加简单，并且可以用它处理任何统计检验（没有为所有适用参数检验的情况准备的特殊等级次序检验）。 591

5.（a）数据转换可以使用熟悉的参数方法，且转换结果更接近基本测量的真正意义。

（b）数据转换不是总是有效，还可能曲解测量的根本意义。

（c）等级次序检验不管分布如何都能使用，还能更好地反映测量的真实意义，且非常准确。

（d）等级次序检验并不为人熟知，且没有为很多复杂情况开发；同时当数列中有很多数值接近，就会影响检验的准确率。

争论：密集型计算机法

密集型计算机法 包括涉及大量重复计算的假设检验程序的统计方法。

随机检验 考虑样本中每一种可能的数据重组，以决定真实样本数据中的组合是否会出现的一种假设检验程序（通常是一种密集型计算机法）。

最近几年，得益于计算机的便利，一个全新的假设检验方法已经投入试验，一些研究者认为这个方法可以完全替代所有的标准假设检验方法。这个新程序一般被称为**密集型计算机法**。主要的特定技术是**随机检验**和“**自举检验**”。这些程序在重要细节上有所不同，不过它们的一般逻辑都足够简单，我们可以聚焦于其中一个以阐述其基本思想：随机检验。

假定有两组数据，一个为实验组，一个为控制组。假定两组数据的平均值不同。现在将这些数据混合在一起，不考虑它们来自什么分组，会出现什么情况。如果计算这些随机组合的分组的均值的区别，这一整个进程导致的平均差与建立在原始分组数据上的平均差相同的概率有多少？

如果原始分组的平均差很小，那么你可能通过随机分组得到一个较大的平均差。但是如果原始分组的平均差相当大，创建随机分组不会产生如此大的平均差。如果随机分组产生如原始分组一样大的结果的概率小于5%，我们对原来的分组与你所期望的分组之间的不同就会有信心。因此，将实际组与得分组之间进行比较， 592

会得出显著性差异的结果。

当你对这种情况做随机检验，计算机实际上是将这些分数分进这两个组别中。然后计算出在这两组中这些数据有着多大的差异。如果小于 5%，那就说明你的结果是显著的。你就可以拒绝这两组的差异是随机分组造成的这一零假设。（这个逻辑有些类似于进行等级次序检验时概率的计算，但得分并不转为等级。）

表 14—7 显示了计算机怎样对虚构的两组数据进行随机检验。基本上，表格所显示的是将八组分数分成两组每组四个的 70 种可能组合的均数差异。因此，对这种分法的两组来说，差异是 34.5；但是如果用其他的方式对八种分数进行分组，均数差异可能会在 −37 到 +37 之间。然而在底部所显示的是把我们的结果放置于最高 5%中的最高的 70，所以，用这个方法，研究者可以得出有显著意义的结论，这没有对任何总体分布作出假定！

表 14—7　对高敏感度儿童和非高敏感度儿童的阅读量进行随机检验（虚构的数据）

实际结果：

	高敏感度	
	否	**是**
	0	17
	3	36
	10	45
	22	75
Σ	35	173
$M=$	8.75	43.25

实际均差 $=M_{\text{Yes}}-M_{\text{No}}=34.5$。

拒绝零假设的要求：这个均差必须在所有均差最高的 5%以内。在 70 个均差中，它必须在 3 个最高的之中。

以下是每个小组含 4 个分数的 8 个分数的所有划分（70）：

	实际													
	否	是	否	是	否	是	否	是	否	是	否	是	否	是
	0	17	0	22	0	22	0	22	0	22	0	10	0	10
	3	36	3	36	3	17	3	17	3	17	3	36	3	17
	10	45	10	45	10	45	10	36	10	36	22	45	22	45
	22	75	17	75	36	75	45	75	75	45	17	75	36	75
$M_{\text{Yes}}-M_{\text{No}}$	34.5		37		27.5		23		8		31		21.5	
	否	是	否	是	否	是	否	是	否	是	否	是	否	是
	0	10	0	10	0	10	0	10	0	10	0	10	0	10
	3	17	3	17	3	22	3	22	3	22	3	22	3	22
	22	36	22	36	17	45	17	36	17	36	36	17	36	17
	45	75	75	45	36	75	45	75	75	45	45	75	75	45
$M_{\text{Yes}}-M_{\text{No}}$	17		2		24		19.5		4.5		10		−5	
	否	是	否	是	否	是	否	是	否	是	否	是	否	是
	0	10	0	3	0	3	0	3	0	3	0	3	0	3
	3	22	10	36	10	17	10	17	10	17	10	22	10	22
	45	17	22	45	22	45	22	36	22	36	17	45	17	36
	75	36	17	75	36	75	45	75	75	45	36	75	45	75
$M_{\text{Yes}}-M_{\text{No}}$	−9.5		27.5		18		13.5		−1.5		20.5		16	
	否	是	否	是	否	是	否	是	否	是	否	是	否	是
	0	3	0	3	0	3	0	3	0	3	0	3	0	3
	10	22	10	22	10	22	10	22	22	10	22	10	22	10
	17	36	36	17	36	17	45	17	17	45	17	36	17	36
	75	45	45	75	75	45	75	36	36	75	45	75	75	45
$M_{\text{Yes}}-M_{\text{No}}$	1		6.5		−8.5		−13		14.5		10		−5	

593

	否	是	否	是	否	是	否	是	否	是	否	是	否	是
	0	3	0	3	0	3	0	3	0	3	0	3	0	3
	22	10	22	10	22	10	17	10	17	10	17	10	36	10
	36	17	36	17	45	17	36	22	36	22	45	22	45	22
	45	75	75	45	75	36	45	75	75	45	75	36	75	17
$M_{Yes}-M_{No}$	0.5		−14.5		−19		3		−12		−16.5		−26	
	否	是	否	是	否	是	否	是	否	是	否	是	否	是
	17	0	22	0	22	0	22	0	22	0	10	0	10	0
	3	3	36	3	17	3	17	3	17	3	36	3	17	3
	10	10	45	10	45	10	36	10	36	10	45	22	45	22
	22	22	75	17	75	36	75	45	45	75	75	17	75	36
$M_{Yes}-M_{No}$	−34.5		−37		−27.5		−23		−8		−31		−21.5	
	否	是	否	是	否	是	否	是	否	是	否	是	否	是
	10	0	10	0	10	0	10	0	10	0	10	0	10	0
	17	3	17	3	22	3	22	3	22	3	22	3	22	3
	36	22	36	22	45	17	36	17	36	17	17	36	17	36
	75	45	45	75	75	36	75	45	45	75	75	45	45	75
$M_{Yes}-M_{No}$	−17		−2		−24		−19.5		−4.5		−10		5	
	否	是	否	是	否	是	否	是	否	是	否	是	否	是
	10	0	3	0	3	0	3	0	3	0	3	0	3	0
	22	3	36	10	17	10	17	10	17	10	22	10	22	10
	17	45	45	22	45	22	36	22	36	22	45	17	36	17
	36	75	75	17	75	36	75	45	45	75	75	36	75	45
$M_{Yes}-M_{No}$	9.5		−27.5		−18		−13.5		1.5		−20.5		−16	
	否	是	否	是	否	是	否	是	否	是	否	是	否	是
	3	0	3	0	3	0	3	0	3	0	3	0	3	0
	22	10	22	10	22	10	22	10	10	22	10	22	10	22
	36	17	17	36	17	36	17	45	45	17	36	17	36	17
	45	75	75	45	45	75	36	75	75	36	75	45	45	75
$M_{Yes}-M_{No}$	−1		−6.5		8.5		13		−14.5		−10		5	
	否	是	否	是	否	是	否	是	否	是	否	是	否	是
	3	0	3	0	3	0	3	0	3	0	3	0	3	0
	10	22	10	22	10	22	10	17	10	17	10	17	10	36
	17	36	17	36	17	45	22	36	22	36	22	45	22	45
	75	45	45	75	36	75	75	45	45	75	36	75	17	75
$M_{Yes}-M_{No}$	−0.5		14.5		19		−3		12		16.5		26	

从低（负值最大）到高排列的 70 个差异值：

−37，−34.5，−32，−27.5，−26，−24，−23，−21.5，−20.5，−19.5，−19，−18，−17，−16.5，−16，−14.5，−14.5，−13.5，−13，−12，−10，−10，−9.5，−8.5，−8，−6.5，−5，−4.5，−3，−2，−1.5，−1，−0.5，0.5，1，1.5，2，3，4.5，5，5，6.5，8，8.5，9.5，10，10，12，13，13.5，14.5，14.5，16，16.5，17，18，19，19.5，20.5，21.5，23，24，26，27.5，27.5，31，34.5，37

结论：实际均差在最高的三个当中。拒绝零假设。

594 我们的例子用的是个很简单的小样本。尽管如此，等分为两组仍然有 70 种可能的方式。当样本更大或者更贴近事实时，即使用计算机将其划分为两组，可用的方式也难以计数。比如说，分别有 7 个被试的两组进行比较有 3 432 种可划分方式，每组 10 个被试的有 184 756 种方式，每组 20 个的则有 155 120 000 种方式！在实际中，大部分计算机都无法处理真正的心理学研究中常见样本容量的随机检验，特别是在复杂的分析情境中。

为了解决这个问题，统计学家提出近似随机

检验。计算机会随机选取大量可划分样本的方式，也许是 1 000 种。使用这种随机划分得到的结果会被视为代表了实际使用每种可能的划分所能发现的结果。（这与我们在第 8 章的信息箱 8—1 里的蒙特卡罗研究相似。想知道计算机是如何有序地去处理这些随机数据的，请看信息箱 14—1）。

信息箱 14—1 随机数字从何而来?

由于要随机，数字必须有相等的机会被选择。也就是说，每个数字出现的概率和数字出现在它之前和之后的概率应该是完全独立的。在许多随机数字的使用方法中有一种是密集型计算机统计方法，正如我们这章中讨论过的。这对蒙特卡罗研究也十分必要（详见第 8 章信息箱 8—1），蒙特卡罗方法是用来检验违反正态和其他假定的参数统计效果的，这章描述了一个心理学家可以知晓他们是否应该使用该方法的手段。而随机数本身就是一个有趣的话题。

第一个随机数表产生于 1927 年，在这之前，使用的是像洗牌设备一样的机械法。还记得威廉·戈赛（“学生”）（第 7 章信息箱 7—1）吗？为了获得随机数据，他开始忙活 3 000 张卡片。接着，1927 年，卡尔·皮尔逊鼓励蒂皮特（L. H. C. Tippett）发表了一个表格。蒂皮特发现，从一个表格里提取卡片很“不如人意”，所以他选用了 1925 年人口普查的数据。直到 1938 年，伦纳德·费希尔和法兰克·耶茨（R. A. Fisher & Frank Yates）公开发表了一个基于对数的清单。几乎与此同时，一些随机性的核查方法也被引入。

后来，更先进的物理方法被普遍接受。向多块旋转的磁盘不规律地间歇性照射光线是其中一种。另一个使用了放射性的辐射，它记录了在某个时间段检测到的粒子数；假如粒子数是单数，就写为 1，如果是偶然就写为 0，然后显示出的列表就是二进制的数据。第三个系统则通过一个电子瓣膜将噪声放大，于是波动的输出值就是随机的了。

所有这些物理方法都太麻烦了。比如这些数字如果是要重制或者再用的话，都需要被存储起来，这些设备还很难维护。所以，计算机目前通常只用于创建“伪随机数据”，它会用一些特殊的等式，比如将大量的数字平方然后取中间的一组数字。但是这些数字仔细来看不是随机的，是可预测的，因为在等式的构思中有非常明确的意图：创造随机（十足的悖论）。等式是否会让情况“恶化”并重复得到一些序列，也是问题。最终，无论这个清单是如何产生的，重复使用这个表格的结果都会一直存在争论。

我们一直在讨论的话题就是创造一些有序的能解的随机是多么困难的一件事，至于到底是不是这样，留给您自己判断。

595 密集型计算机法，比如近似随机检验，不需要满足普通参数检验的两种主要假定。进一步来说，像等级次序检验，它就有自己的直接逻辑，绕过了整个过程中估计总体分布、均数分布等。密集型计算机法也是相当灵活的，你几乎可以在任何假定情境下使用。因此，当没有做过参数检验或其他任何检验时，你也可以用它来分析研究结果。

密集型计算机法最大的缺点是它相对来说较新，所以多种相对优势的途径和细节还没有很好地实现。而且，因为还很新，在大多数情况下标准计算机统计数据包只针对一些简单的特殊情境。然而，数字和这些情境的重要价值却在迅速地增长。比如，密集型计算机法为脑成像研究中“多次 t 检验”难题提供了越来越多的可选择方法，这个问题我们在第 8 章讨论过了。密集型计算机法开始只在公开发表的论文中出现，但是它的使用似乎发展迅速。确实，在认知、情感神经科学脑成像研究中，它正开始扮演着特殊的重要角色。

研究文献中的数据转换和等级次序检验

本章我们介绍的程序的使用看起来在不同的心理学领域起起落落。在有些领域，当下几年里，你可以看到很多研究在使用数据转换而不是等级次序检验。在其他领域，同样这几年里，情况却完全相反。

数据转换往往只在研究文献的结果部分有提及，一般是在对使用转换过的数据进行分析的描述之前。例如苏格曼和凯莉（Sugerman & Carey，2007）做的一项关于学生的酒精摄入量与其控制酗酒策略的关系的研究。（他们研究的控制策略如：在饮用时随时间将酒分隔开，并以酒精和无酒精饮料替代。）在列出主要研究结果之前，研究者这样写道：

> 我们使用概要统计对变量的分布进行评估并确认问题偏态可能需要转换，为了从非正态变为正态，我们将对如下变量进行平方根转换：每周的平均饮用量、平均 BAC（血液酒精含量）及最大 BAC。

还有一个史威兹贝尔和同事（Schwitzgebel et al.，2007）的一个研究中的等级次序检验的报告。他们研究的是与人们报告梦是彩色的频率相关的因素。研究的被试是来自中国东部中心区域的 300 名高中生和大学生。学生们需要回答这样一个问题："你做有颜色的梦多吗?"提供的回答选项有"从不""罕有""偶尔""时常""非常频繁"。研究者在论文的研究结果部分一开始就这样写道："数据进行了等级排序，且是非参数的。"（p.38）接下来他们继续写道：

> 主要在城市中度过童年的被试……比在农村长大的被试报告了更多有颜色的梦（前者中值"偶尔"，后者中值"罕有"）（单侧 Mann-Whithey 检验，$p<0.001$），并且首次接触彩色电视和电影的年龄……与报告彩色的梦呈负相关（斯皮尔曼等级相关系数＝0.26，$p<0.001$）。 596

你做彩色梦的频率如何？这里有来自加利福利亚南部的 124 名学生样本所得出的结果：从不，4.7%；罕有，14.3%；偶尔，24.4%；时常，27.8%；非常频繁，28.7%（Schwitzgebel，2003）。

小结

1. t 检验、方差分析、相关和预测（回归）的显著性检验都是参数检验，假定总体分布遵循正态曲线且方差相等。当总体分布并非正态（如高度偏离或异常）或者方差不等时，用常规的方法得出的结果是有误的。

2. 当被试数据违反假定的时候，转换分数是个方法，比如可以对每个分数开平方，使转换之后的分数代替转换之前的从而符合正态分布。其他转换偏态分布的方法还有求其对数或者倒数，这样一来，你就可以进行常用的假设检验了。

3. 另一个方法就是对研究中的分数结果进行等级排序。等级次序检验（又称非参数检验或自由分布检验）采用概率的基本原则来确定各个组中等级非均衡分布的可能性。然而，多数情况下，在一般的参数检验中使用等级序列转换也能取得较好的效果。

4. 数据转换可以让你使用熟悉的参数技术，但是不可经常使用，因为它可能会导致数据的均值失真。大部分情境下可以使用排序的方法，它特别适合于等级或类似的数据，基于的逻辑既简单又直接。但是等级次列法还不广为人知，它在很多复杂数据的分析中都还无法使用。与其他数据转换一起使用的话，信息将会丢失或者失真。

5. 随机检验是密集型计算机法的一个样例，它考虑到将研究中实际的分数重新分配的每种可能性（比如两组实际得分的均值差异）。密集型计算机法既可以看作参数法，也可以看作非参数法，它得到了广泛的使用，在没有其他办法可用的情况下可以使用这种方法。而且其逻辑直接明朗。但是对于研究者来说，这个方法是很生疏的，它可能存在的一些限制也还没有被发现，操作起来也较为困难，因为这不是普通计算机的操作软件就可以实现的。

6. 研究论文通常会在分析数据前就对数据转换进行说明。等级次序法被更多地描述为其他类的假设检验。

597

关键词

数据转换（p. 580）	等级次序检验（p. 586）	参数检验（p. 586）
平方根转换（p. 581）	自由分布检验（p. 586）	密集型计算机法（p. 591）
等级次序转换（p. 585）	非参数检验（p. 586）	随机检验（p. 591）

案例解析

以下问题基于一项分成三组的研究得分：

A 组	B 组	C 组
15	21	28
4	16	19
12	49	11
14	17	22

平方根转换

执行平方根转换。

答案

A 组	B 组	C 组
3.87	4.58	4.24
2.00	4.00	4.36
3.46	7.00	3.32
3.74	4.12	4.69

等级次序转换

完成等级次序转换。

答案

A 组	B 组	C 组
5	10	8
1	6	9
3	12	2
4	7	11

练习题

这些题包含计算。大部分现实生活中的统计问题可以使用特殊的统计软件来完成。即使你有这种软件，也要动手解决这些问题以便牢记方法。学习怎样使用计算机解决像这章的统计问题，参考本章后面“SPSS应用”部分以及与本书相伴的学习指南和计算机工具书。

598 所有数据都是虚构的，除非已经给出实际的引用出处。

练习Ⅰ（练习Ⅰ的答案，见 pp. 697 - 698）

1. 对于下面的每个样本分布，能否看出其总体分布可能不是正态的？说明原因。

(a) 41，52，74，107，617

(b) 221，228，241，503，511，521

(c) 0.2，0.3，0.5，0.6，0.7，0.9，0.11

(d) −6，−5，−3，10

(e) 11，20，32，41，49，62

2. 请对以下样本进行平方根转换：

(a) 16，4，9，25，36

(b) 35，14.3，13，12.9，18

3. 下面是 30 个数字的样本数据。(a) 请绘制一个分组频数直方图（间距 0～4.9，5～9.9，10～14.9 等）；(b) 进行平方根转换；(c) 再用转换过的数据绘制直方图（间距 0～0.9，1～1.9 等）：9，28，4，16，0，7，25，1，4，10，4，2，1，9，16，11，12，1，18，2，5，10，3，17，6，4，2，23，21，20。

4. 一项研究比较了 10 种文化下典型家庭的规模，其中语言 A 组有 5 种，语言组 B 有 5 种。A 组的数据是 1.2，2.5，4.3，3.8，7.2；B 组数据为 2.1，9.2，5.7，6.7，4.8。这 10 种不同文化下典型家庭的规模在其所在的语言组中是否有差异（使用0.05的显著性水平）？(a) 使用实际分数进行独立样本均值 t 检验。(b) 进行平方根转换（为了简便，请最终保留一位小数）。(c) 使用转换后的数据进行独立样本均值 t 检验。(d) 向一个熟悉独立样本均值 t 检验但不知道数据转换的人说明你是如何做的，并解释为什么。

5. 在一项关于睡眠剥夺对回忆的影响的研究中，6个被试每人都要完成两次回忆任务，一次是在得到良好休息的某天（前一晚有充足的睡眠），另一次是在前一夜睡眠被剥夺的某天（被要求48小时不准睡觉）。以下是回忆得分：

被试	良好休息	睡眠剥夺
A	16	5
B	18	2
C	10	10
D	7	3
E	20	16
F	10	9

睡眠剥夺是否影响回忆呢（使用0.05的显著性水平）？(a) 使用所给分数进行相关样本均值 t 检验。(b) 对不同数据进行平方根转换（为了简便，请最终保留一位小数）。(c) 使用转换后的数
599 据进行相关样本均值 t 检验；(d) 向一个熟悉相关相本均值 t 检验但不知道数据转换的人说明你是如何做的，并解释为什么。

6. 在一项研究中，随机让被试观看三种类型电影中的一种，其中有看完让人悲伤的、让人愤怒的，还有让人兴奋的。接着，给被试呈现一系列的人物照片，让他们对所呈现人物的老实程度进行评分。悲伤电影组的结果为201，523，641，愤怒电影组的是136，340，301，兴奋电影组的是838，911，1 007。(a) 使用所给数据进行方差分析（使用0.01的显著性水平）。(b) 进行平方根转换（为了简便，请最终保留一位小数）。(c) 使用转换后的数据进行方差分析。(d) 向一个熟悉方差分析但不知道数据转换的人说明你是如何做的，并解释为什么。

7. 米勒（Miller，1997）进行了一项研究，试图了解一段浪漫关系中的承诺，及一个人对充满诱惑的替代者会投入多少注意力。在研究中，他给被试呈现一系列有充满诱惑个体的幻灯片。在结果部分，米勒写道："在替代者注意力指标（Attentiveness to Alternative Index）上的自我报告以及观察充满诱惑的异性幻灯片所用的时间……是明显偏态的，因此我们对数据进行了对数转换。"（p. 760）向一个熟悉普通参数检验但不知道数据转换的人说明这里研究者在做什么以及为什么这样处理。

8. 在对反应时（单位毫秒）的结果进行描述之前，蒂奇曼和他的同事（Teachman et al.，2001）写道："……对数据进行了倒数转换。(1 000/反应时，单位毫秒)。"（p. 230）向一个熟悉普通参数检验但不知道数据转换的人说明这里研究者在做什么以及为什么这样处理问题。

9. 对问题 (a) 2a 和 (b) 2b 部分的数据进行等级次序转换。

10. 针对问题3的30个样本分布得分，(a) 进行等级次序转换，(b) 请绘制一个等级转换后的数据的分组频数直方图（间距0～4.9，5～9.9等）。

11. 对问题4，5和6中的数据用合适的方法进行检验（若你还未如此做过），再对这些数据进行等级次序转换，接着对转换后的数据用合适的方法进行检验（如 t 检验或者方差分析）。向一个熟悉普通参数检验但不知道数据转换和等级次序检验的人说明你是如何做的，并解释为什么。

12. 福特和他的同事（Ford et al.，1997）对某些人格因素与创伤后应激障碍（由一个灾难性事件，如经历过战争或者暴力袭击而导致的心理障碍）的治疗的关系十分感兴趣。研究者感兴趣的人格因素是基于弗洛伊德精神分析理论的现代版本，即"客体关系"。它涉及我们童年最早的关系［主要是与父母（"客体"）的关系］的心理影响。研究者基于临床访谈对客体关系进行了测量，这一访谈聚焦于如对最近关系的维护的能力、以多个视角看待他人的能力（比如不把一个人看成完美无缺的或是一无是处的）。在结论的阐述部分，研究者将客体关系临床访谈测量缩写为"OR-C"，OR-C的得分分布不是正态的（双峰的）。

他们有一项关于客体关系与一个人能否完成治疗的关系的分析，在结论中他们这样写道：

> 74个被试中有6个人提前结束……这6个被试与剩下的样本在人口学变量和预测变量上都没有差异……而在OR-C得分上有显著性差异，他们得分要更低一些（非参数 Mann-Whitney U 检验，$Z=-3.43$，$p<0.01$）。(p. 554) 600

向一个熟悉普通 t 检验但不知道等级次序检验

的人说明研究者是如何做的（以及为什么他们不用普通的 t 检验）。

练习Ⅱ

13. 对于下面的每个样本分布，(a) 能否看出其总体不是正态的？(b) 说明原因。

(a) 281，283，287，289，291，300，302

(b) 1，4，6，6，7，7，9，13

(c) 7，104，104，104，1 245，1 247，1 248，1 251

(d) 68，74，76，1 938

(e) 407.2，407.5，407.6，407.9

14. 请对以下样本进行平方根转换：

(a) 100，1，64，81，121

(b) 45，30，17.4，16.8，47

15. 下面是 20 个数字的样本数据。(a) 请绘制一个分组频数直方图；(b) 进行平方根转换；(c) 用转换过的数据绘制直方图：2，207，894，107，11，79，112，938，791，3，13，89，1 004，92，1 016，107，87，91，870，921。

16. 有一项比较在大学第一、第二年亲密朋友数量的研究。以下是五名学生的数据：

被试	第一年	第二年
1	2	2
2	4	6
3	14	15
4	3	15
5	5	6

是否能够认为从第一年到第二年中，亲密朋友的数量是在增加的（使用 0.05 的显著性水平）？(a) 使用所给分数进行相关样本均值 t 检验。(b) 对不同数据进行平方根转换（为了简便，请最终保留一位小数）。(c) 使用转换后的数据进行相关样本均值 t 检验。(d) 向一个熟悉相关均值 t 检验但不知道数据转换的人说明你是如何做的，并解释为什么。

17. 有一项研究试图了解人们在不同的情境下完成特殊任务的表现有何不同，情境有独自完成、有陌生人在场、有朋友在场。独自完成任务的被试得分是 1，1，0；有陌生人在场时分数为 2，6，1；有朋友在场时分数则是 3，9，10。(a) 使用原
601 始数据进行方差分析（$p<0.05$）。(b) 进行平方根转换（为了简便，请最终保留一位小数）。(c) 使用转换后的数据进行方差分析。(d) 向一个熟悉方差分析但不知道数据转换的人说明你是如何做的，并解释为什么。

18. 有一项围绕总统电视演说开展的实验。在演说一结束，随机分配三个被试去听电视网络媒体评论员的评述，而另外三个被试在此期间在安静的环境下对该次演说进行深思。然后同时让这两组被试完成一个问卷来了解他们对这次演说的内容能准确地记得多少。听过评论员评论的被试组得分是 4，0，1；安静深思的被试组得分为 9，3，8。那么是否听过评论对记忆有影响呢？使用 0.05 的显著性水平上的单侧检验，预计安静深思组会获得更高的分数。(a) 使用原始数据进行独立样本均值 t 检验。(b) 进行平方根转换（为了简便，请最终保留一位小数）。(c) 使用转换后的数据进行独立样本均值 t 检验。(d) 向一个熟悉独立样本均值 t 检验但不知道数据转换的人说明你是如何做的，并解释为什么。

19. 凯莉和同事（Carey et al.，1997）发起了一个试图增强抵御 HIV 病毒感染风险动机的项目。接着，为了探究这个项目的效力，他们选取了经济不发达地区女性作为被试，随机将她们分配到项目组和控制组。所有女性被试都在项目组实验前、实验 3 周后和实验 12 周后进行了测试。研究中有一个测量是性交流，比如女性与其伴侣谈论安全性交和 HIV 检测的程度。在对变量进行分析描述之前，凯莉和同事这么写道："三个情境下的交流得分都呈正偏态，所以采用 $\log_{10}(x+1)$ 进行对数转换使数据分布呈正态，以便在后面的分析中使用。"(p. 546) 向一个熟悉普通参数统计但不知道数据转换的人说明研究者是如何做的，并解释为什么。

20. 康纳斯和同事（Connors et al.，1997）进行了一项关于酗酒治疗中医患联合的研究。在结果陈述部分中他们这样写道：

> 有一些变量的分布通常会由于偏态、天花板效应而不是正态的，比如控制摄入天数的百分比和每天喝酒的量。对此，我们将控制摄入天数的百分比变量进行反正弦转换，每天喝酒的量进行平方根转换，以改善分布。(p. 592)

向一个熟悉普通参数统计但不知道数据转换的人说明研究者是如何做的，并解释为什么。

21. 马丁内斯（Martinez，2000）做了一项关于美国拉美裔移民情况与谋杀率关系的研究。在其结果阐述部分之前，他写道："……因变量呈偏态分布。所以，对谋杀率……进行对数转换。"向一个熟悉普通参数统计但不知道数据转换的人说明研究者是如何做的，并解释为什么。

22. 对问题（a）14a 和（b）14b 部分的数据进行等级次序转换。

23. 针对问题 15 的 20 个样本分布得分，（a）进行等级序列转换，（b）绘制一个等级转换后数据分组的直方图。

602 24. 用合适的方法对问题 17，18 中的数据进行检验（若你还未如此做过），再对这些数据进行等级次序转换，接着用合适的方法对转换后的数据进行检验（如 t 检验或者方差分析）。向一个熟悉普通参数检验步骤但不知道数据转换和等级次序检验的人说明你是如何做的，并解释为什么。

25. 琼和他的同事（June et al.，1990）做了一项调查研究，以了解中西部大学黑人学生使用高校服务中存在的问题。每次研究 250 名学生被试，时间都是在五个不同学年的春季学期快结束的时候。研究者列出了每年会遇到的 9 类主要问题。有一个分析如下："一个有意思的问题是，对最严重问题的排序以及服务的使用是否随学年而变化。因此，我们做了 Kruskal-Wallis 单因素方差分析来检验排序，结果是没有统计显著性……"（p. 180）请解释为什么研究者采用 Kruskal-Wallis 检验而不用普通的方差分析，以及这个结果可以得出什么结论。

26. 在某个研究中，贝特斯切和同事（Betsch et al.，2001）对人们对电视广告中呈现的信息的关注度进行了操纵，然后向被试询问与广告内容有关的某些问题以核查操纵的效果。他们报告说：

> 那些被要求去关注广告的被试回答的正确率是 51.5%。而另外一种情况下，只有 41.1%的问题回答对了。基于 Mann-Whitney U 检验，这种差异是非常显著的，$U(84)=2\ 317.0$，$p<0.01$。这就意味着对于关注度的操纵是有效的。(p. 248)

向一个熟悉 t 检验但不了解等级次序检验的人大致说明研究者在做什么，并解释为什么他们不使用普通的 t 检验。

SPSS 应用

（我们使用 SPSS 15.0 这个版本做分析。以下的步骤和输出窗口可能与其他版本有些稍微的不同。）

正态分布的检验

检验某个样本中每一个变量和每一组是否呈正态分布是一个不错的主意。这样一来，关键要考虑的就是分布的偏态情况。正如你在第 1 章中所学的，偏态的含义就是一个分布由于有一侧有个很长的尾巴而看上去畸形不正常。首先，要让 SPSS 计算出每个变量的数字偏态值。这里我们参照一个平方根转换的研究案例，即高敏感度儿童与非高敏感度儿童在过去几年阅读量上的比较（请参见表 14—1 和表 14—2）。由于有两组学生（高敏感度和非高敏感度）在阅读量上的数据，我们要对每组数据分别做偏态的检验。

1. 将数据输入 SPSS，如图 14—6 所示，每组儿童的得分状况在"books"一栏，"sensitive"一栏的数据展示的是儿童是非高敏感度（数据为 0）还是高敏感度（数据为 1）。尽管敏感度的数据在这里不一定需要，但在对转换数据进行独立样本均值 t 检验的时候它们还是十分重要的。

2. 点击 Data。点击 Split File。选择"Oranize output by group"。点击变量"sensitive"，再点击箭头将它放入"Groups Based on"框中。点击 OK。这一步就是告诉 SPSS 对两组儿童生成不同的偏态值。

3. 点击 Analyse。点击 Descriptive Statistics。点击 Descriptives。将会出现"Descriptives"窗口。

4. 点击标记为"books"的变量，然后点击箭头，将其放入"Variable (s)"框中。

5. 点击 Options。选择"Skewness"。点击 Continue。

6. 点击 OK。你的 SPSS 输出窗口应该类似于图

603

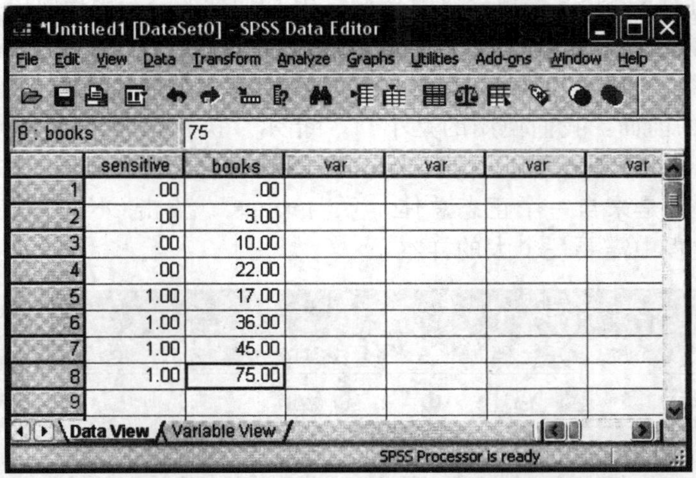

图 14—6　高敏感度儿童和非高敏感度儿童在过去一年的阅读量的比较（虚构的数据）这一研究的 SPSS 数据编辑窗口

14—7。SPSS 给出了一张结果表，这张表中包括敏感度为 0 和敏感度为 1 的儿童的描述性统计。在每张表中，偏态值都显示在表的最后一列。它的一个广泛应用是，如果偏态值高于＋1 或低于－1，那么说明这个分组变量是高度偏态的。在这个例子中，得出直观的偏态分布也是一个好想法。最好的方法是将这个变量的直方图与正态曲线相比较。

1. 点击 Graphs。点击 Legacy Dialogs。点击 Histogram。

2. 点击变量“books”，然后点击箭头将其放入“Variable”框中。

3. 勾选“Display normal curve”。

604

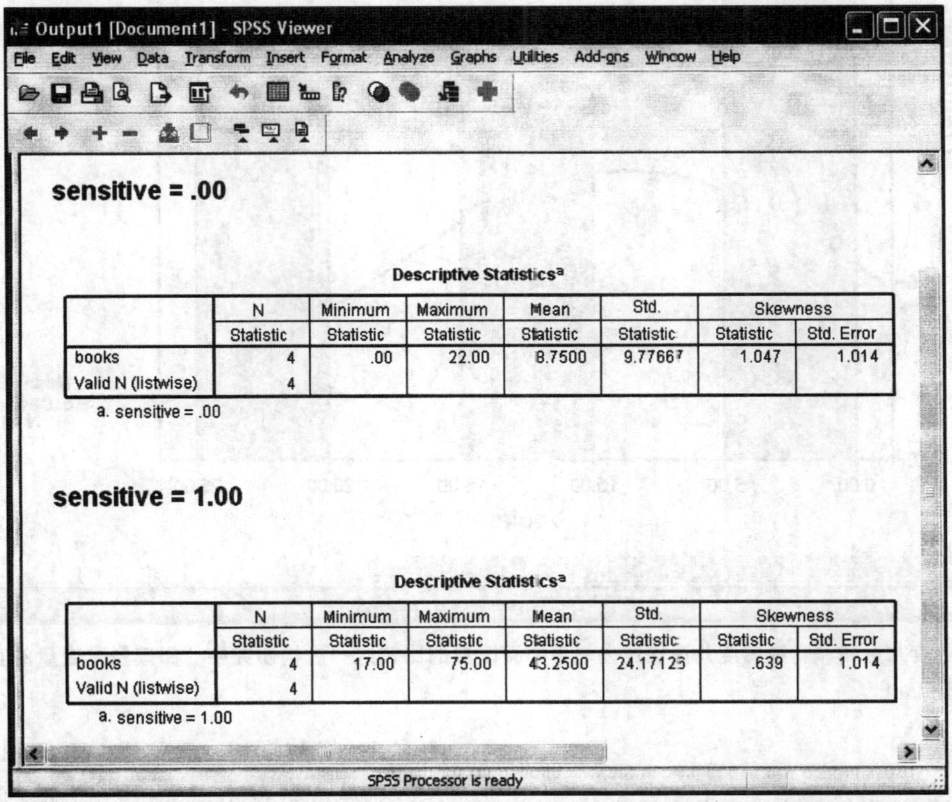

图 14—7　高敏感度儿童和非高敏感度儿童在过去一年的阅读量的比较这一虚构研究中的“阅读量”变量偏态情况的 SPSS 输出窗口

4. 点击 OK。这时在你的 SPSS 输出窗口中会出现两个直方图（顶部是正态曲线）。图 14—8 显示了这两个直方图中的第一个。只有四个数据显示在直方图中（在本章的前面，我们使用的是小样本）。然而，这个分布显示了偏态是向右的，标记为“books”的变量并不是来自一个正态总体。（在现实中，你在研究过程中需要一个大的样本，从而使你的分布更趋向于正态分布。）

如果你要进行下一个步骤，你需要首先关闭在步骤 2 中为生成偏态值而执行的“Split File”指示。执行以下的步骤：点击 Data。点击 Split File。点击“Analyze all cases, do not create groups”。点击 OK。

605

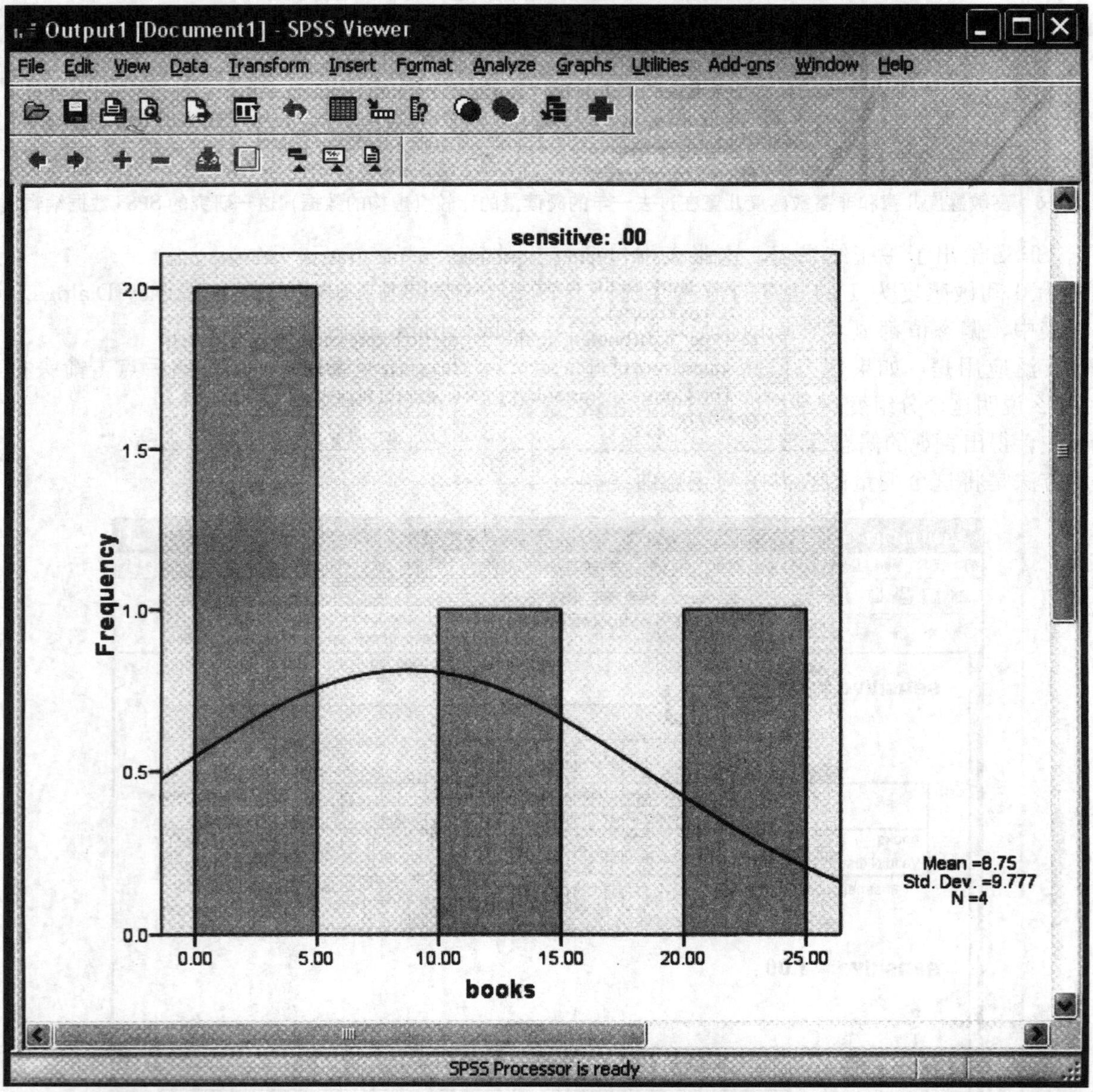

图 14—8　高敏感度儿童和非高敏感度儿童在过去一年的阅读量的比较这一虚构研究中“阅读量”变量的直方图和正态曲线的 SPSS 输出窗口

数据转换

我们将上述例子中高敏感度儿童和非高敏感度儿童的数据进行平方根转换（见表 14—1 和表 14—2）。

1. 将数据输入 SPSS，正如图 14—6 所示。 606
尽管敏感度数据不需要进行转换，但是转换过的分数对于进行独立样本均值 t 检验而言是重要的（见表 14—3）。（0 代表非高敏感度儿童，1 代表高敏感度儿童。）

2. 点击 Transform。

3. 点击 Compure Variable。将会出现“Compure Variable”窗口。

4. 给新变量命名（对“books”变量进行平方根转换），即在“Target Variable”中键入“sqrtbooks”。（你可以对新变量进行任意命名，但名字最好能说明它是怎样计算的。）

5. 将“sqrtbooks”变量放入“Numeric Expression”框中。这会告诉 SPSS 对每个数据进行平方根转换，并且得出新的变量。计算变量的窗口如图 14—9 所示。

6. 点击 OK。

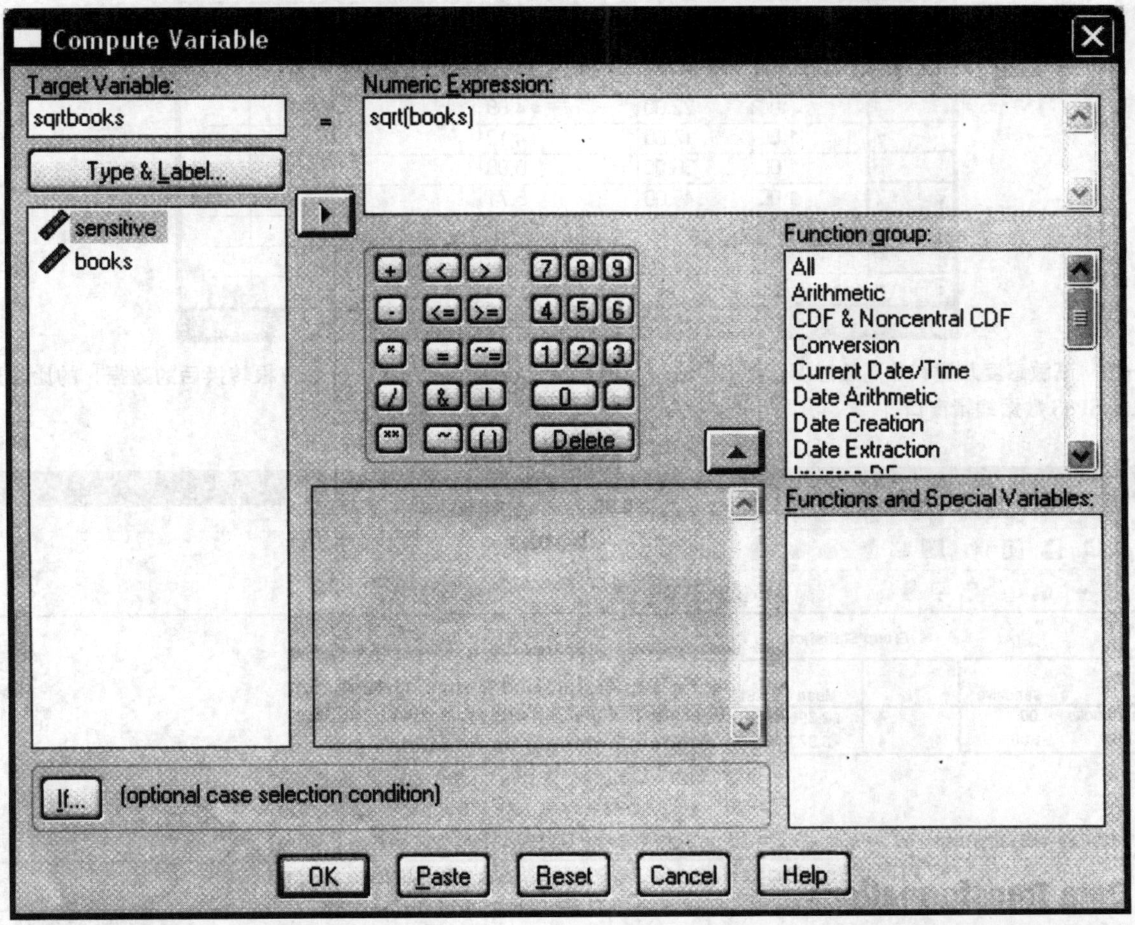

图 14—9　对高敏感度儿童和非高敏感度儿童在过去一年的阅读量的比较这一虚构研究中的阅读量进行平方根转换的 SPSS 计算变量窗口

607 你的 SPSS 数据编辑窗口应该类似于图 14—10。你可以使用“sqrtbooks”变量对高敏感度儿童以及非高敏感度儿童进行独立样本均值 t 检验。图 14—11 显示了这一独立样本均值 t 检验的 SPSS 输出。这一 t 检验的结果应该与表 14—3 一样。

等级次序检验

我们将上述例子中的数据进行 Wilcoxon 秩和检验（见表 14—5）。

1. 将数据输入 SPSS 中，如图 14—6 所示。（“sensitive”列中的分数 0 表示非高敏感度儿童，1 表示高敏感度儿童。）

2. 点击 Analyse。

3. 点击 Nonparametric。

4. 点击 2 Independent Samples。

5. 点击变量“books”，然后点击箭头将其放入“Test Variable List”框中。这是告诉 SPSS 对“books”变量上的分数进行等级次序检验。

6. 点击变量“sensitive”，然后点击箭头将其

成功小贴士

至于额外的 SPSS 练习，请遵循对转换后的阅读分数进行独立样本均值 t 检验的步骤（见第 8 章“SPSS 应用”部分）。确保 t 检验的输出窗口与图 14—11 中呈现的相一致。

放入“Grouping Variable”框中。这是告诉SPSS“sensitive”变量显示了哪个人在哪组。点击Define Groups。这是告诉SPSS你对每个组定义的值。0为组1，1为组2。点击Continue。

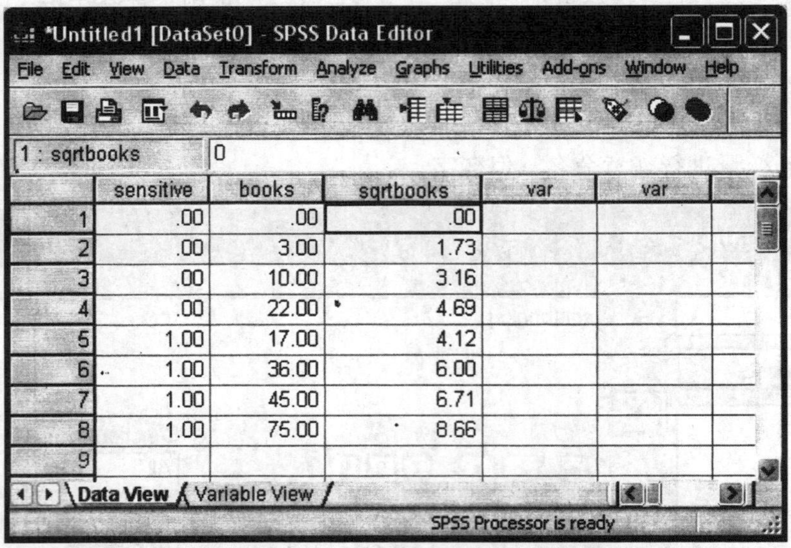

	sensitive	books	sqrtbooks	var	var
1	.00	.00	.00		
2	.00	3.00	1.73		
3	.00	10.00	3.16		
4	.00	22.00	4.69		
5	1.00	17.00	4.12		
6	1.00	36.00	6.00		
7	1.00	45.00	6.71		
8	1.00	75.00	8.66		
9					

图14—10　高敏感度儿童和非高敏感度儿童在过去一年阅读量（包括对阅读量进行平方根转换后的数据）的比较这一虚构研究的SPSS数据编辑窗口

608

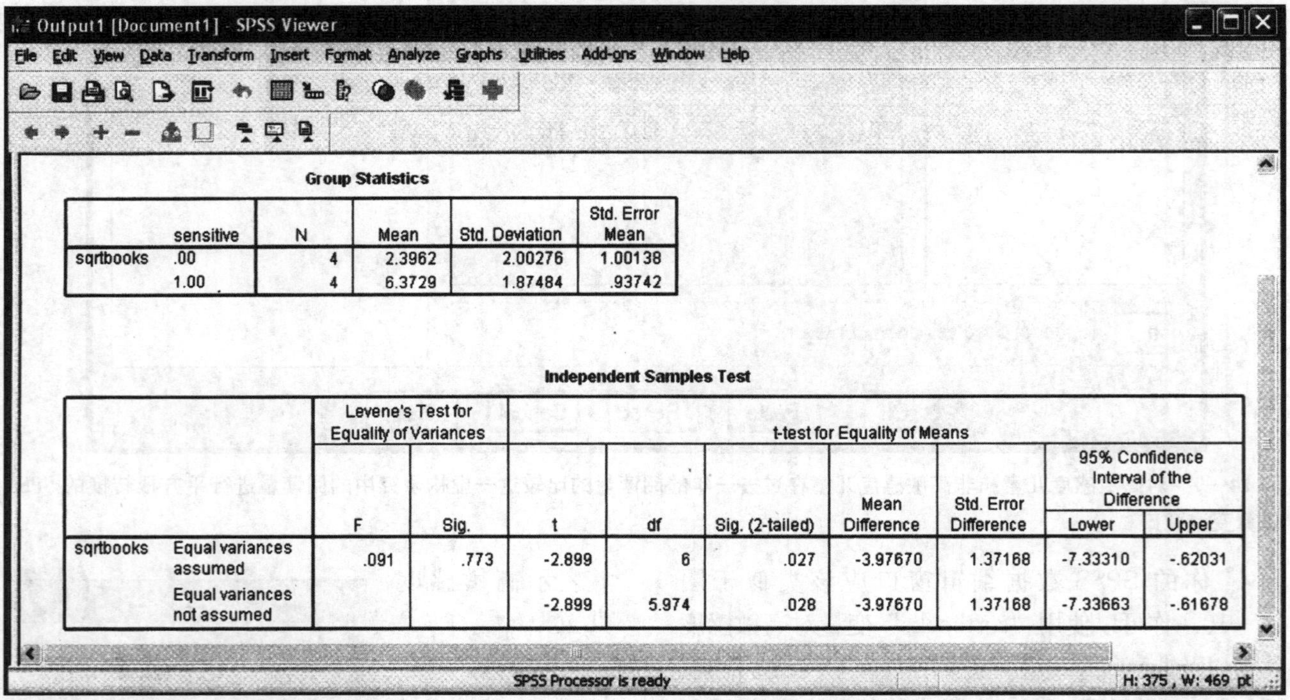

Group Statistics

	sensitive	N	Mean	Std. Deviation	Std. Error Mean
sqrtbooks	.00	4	2.3962	2.00276	1.00138
	1.00	4	6.3729	1.87484	.93742

Independent Samples Test

		Levene's Test for Equality of Variances		t-test for Equality of Means					95% Confidence Interval of the Difference	
		F	Sig.	t	df	Sig. (2-tailed)	Mean Difference	Std. Error Difference	Lower	Upper
sqrtbooks	Equal variances assumed	.091	.773	-2.899	6	.027	-3.97670	1.37168	-7.33310	-.62031
	Equal variances not assumed			-2.899	5.974	.028	-3.97670	1.37168	-7.33663	-.61678

图14—11　对高敏感度儿童和非高敏感度儿童在过去一年的阅读量的比较这一虚构研究中的阅读量进行平方根转换后的数据进行独立样本均值 t 检验的SPSS输出窗口

7. 点击OK。你的SPSS输出窗口应该类似于图14—12。

你将会注意到在“NPar Tests”下面的就是“Mann-Whitney Test”。正如我们在本章前面提到的，Mann-Whitney检验与Wilcoxon秩和检验虽然在计算方式上有所不同，但是得到的结果是相同的。（正如你在SPSS输出的第二张表中看到的，这两个检验的显著性水平是相同的。）SPSS输出的第一张表提供了两个变量的信息。第一列给出了“sensitive”组的水平（0和1，分别代表非高敏感度儿童和高敏感度儿童），第二、第三和第四列分别给出了样本平均数和每个组的秩和。

SPSS 输出窗口中的第二张表，显示的是非参数等级次序检验的实际结果。我们将聚焦于 Wilcoxon 秩和检验的结果（但是其总体显著性水平和结论都是一样的）。注意值 11.00 与表 14—5 所示的非高敏感度组的秩和是一致的。0.043 是一个双侧检验的显著性水平［见 Asymp. Sig.（2-tailed）行］。在这个例子中，我们使用的是单侧检验；因此双侧检验的结果换算成单侧就是 0.043/2，为 0.0215。这个结果小于 0.05，代表你可以拒绝零假设，这个研究的假设是被支持的。

609

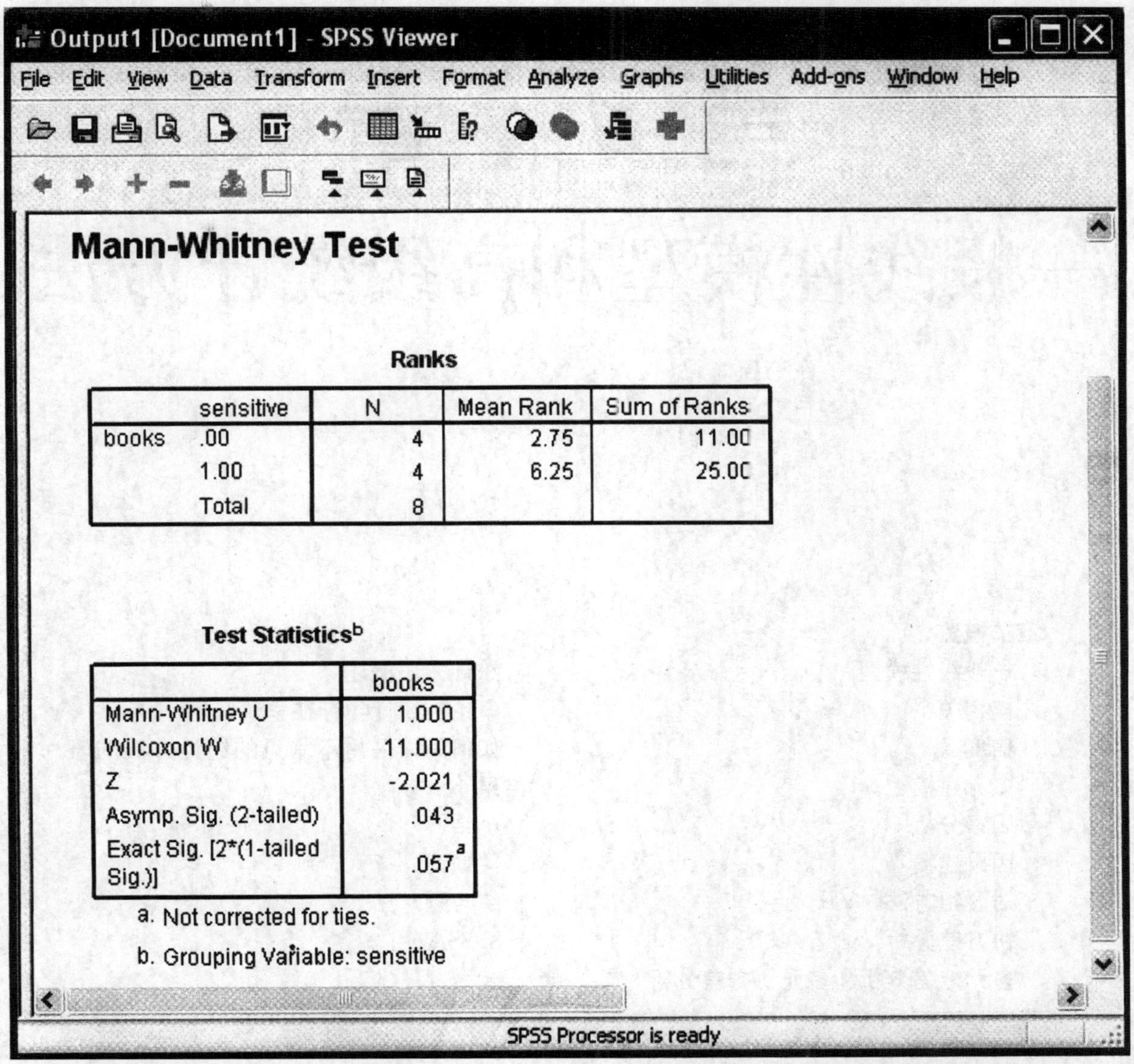

Mann-Whitney Test

Ranks

	sensitive	N	Mean Rank	Sum of Ranks
books	.00	4	2.75	11.00
	1.00	4	6.25	25.00
	Total	8		

Test Statistics[b]

	books
Mann-Whitney U	1.000
Wilcoxon W	11.000
Z	-2.021
Asymp. Sig. (2-tailed)	.043
Exact Sig. [2*(1-tailed Sig.)]	.057[a]

a. Not corrected for ties.

b. Grouping Variable: sensitive

图 14—12　对高敏感度儿童和非高敏感度儿童在过去一年的阅读量的比较这一虚构研究数据进行 Wilcoxon 秩和检验的 SPSS 输出窗口

第 15 章

一般线性模型和高级统计方法

章节概览

611 欢迎来到最后这一章。我们将会以一种理解由目前为止你在本书中所学到的内容构成的宏伟蓝图的方式开始，引入一种叫一般线性模型的方法，这是几乎所有的统计心理学家都会采用的一种心照不宣的统计基本思想。

612 在这个巨大蓝图和一般整合的基础上，这章的主要部分旨在把你之前的观点作为所有心理学的基础来学习更多的研究。这里我们将给你展示如何使用被相当广泛地应用于心理学中的高级统计方法中的常用技术。作为一个心理学专业的学生，你所阅读的大多数研究使用的都是你在本书当中学过的一个或多个统计程序。然而，经常地，你也会偶然碰到一些你没有学过的方法，直到你掌握更深一层的统计课程。幸运的是，这些高级方法中的大多数都是你在本书中所学内容的直接拓展。至少，读完这章后，你应该能够理解一篇研究论文中所采用的任何统计分析的基本思想。

你首先要学习的高级方法是偏相关、信度、多元建模、因素分析和因果建模。这些方法本质上都是你在第 11 章和第 12 章学习到的相关和回归方法的详尽阐述。在这一章的后面你还会学习到聚焦于不同组之间差异的高级统计方法。这些从根本上说是对你在第 9 章和第 10 章学习到的方差分析的详尽阐述。这些方法包括协方差分析、多元方差分析和多元协方差分析。最后，我们考虑的是当你阅读一份研究报告，这篇文章采用的是你从来没听说过的统计方法时你该怎么做。

> **成功小贴士**
>
> 为了理解这章中的高级方法，你应该已经全面地掌握了有关 t 检验、方差分析、相关和预测的这几章。

一般线性模型

在某些时期，发表在主流的社会心理学期刊上的研究超过 90% 采用的是 t 检验、方差分析、相关或者多元回归（Reis & Stiller, 1992）。这个数字或许也适用于心理学的所有领域。到如今你可能注意到了这四种方法和你在本书中学到的其他统计方法有很多相似性。实际上，这些方法的联系甚至比你可能认识到的更加紧密：它们中的许多仅仅是彼此的数学等价变化，且它们中的大部分能够从相同的一般公式中导出。这是因为所有以一般公式为基础的这些方法都存在一个中心逻辑，而数理统计学家称之为**一般线性模型**。

因此让我们聚焦于这四种方法（t 检验、方差分析、相关和多元回归），这些都是一般线性模型的特殊案例且因此具有系统的联系。也许在这个过程中，很多与你所学过的相关的部分感受直觉会得以显现。

简单来说，最基本的方法是多元回归（第 12 章），相比来说双变量相关和预测（第 11 章和第 12 章）是其中的特殊情况。同时，方差分析（第 9 章和第 10 章）也是多元回归中的一种特殊情况。最后，t 检验（第 7 章和第 8 章）也可以由另外的双变量相关/预测或方差分析直接导出。图 15—1 显示了这种关系。

当我们说到一种方法是另一种方法的特殊情况时，就意味着它可以从另一种方法的公式里导出。因此，当采用更特殊的方法时，你得到的结果与使用普通方法得到的相同。为了使这一问题具体化，如果你曾经想去一个荒岛做心理学研究并且只能使用一种计算机程序来帮你做统计检验，你就要想着选择多元回归。用它你可以完成像双变量相关、t 检验和方差分析这些特殊程序所做的 613
事。（例如，如果你只是给两个组做单因素方差分析，那和给两个组做独立样本均值 t 检验一样，你会得到相同的结果——就统计显著性而言。）

> **一般线性模型**　万能公式，是本教材所覆盖的大部分统计方法的基础。它将某个分数描述为一个常数、各个变量的加权影响和误差的和。

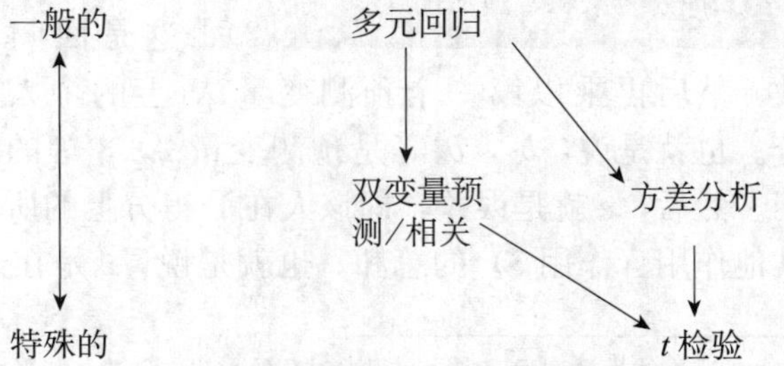

图 15—1　四种主要统计方法之间的关系

表达一般线性模型的一种方法是作为效标变量和预测变量之间的精确关系。一般线性模型与多元回归关系密切。作为一个提醒，以下是你在第12章中学到的多元回归线性预测法则（给出三个预测变量）：$\hat{Y}=a+(b_1)(X_1)+(b_2)(X_2)+(b_3)(X_3)$。在这个公式中，$\hat{Y}$是效标变量上的预测分数；$a$是回归常数；$b_1$，$b_2$和$b_3$是第一、第二和第三个预测变量各自的回归系数；$X_1$，$X_2$和$X_3$是第一、第二和第三个预测变量各自的个人得分。

一般线性模型的法则是任一个人在特殊效标变量上的得分即一些作用的总和：

1. 某些固定作用对所有的个体来说是一样的，例如检验程序的性质。

2. 你测量的变量作用也是可以变化的，例如前一晚的睡眠量、睡得怎么样和做梦的次数。

3. 但是个体中可变化的其他作用是不可以也不能够测量的——这就是导致误差的东西。

作用1对应于多元回归线性预测法则里的回归常数（a）。作用2对应于多元回归线性预测法则里的b和X的所有配对——$(b_1)(X_1)$，$(b_2)(X_2)$，以此类推。作用3与预测里的误差有关。（如果多元相关为1.0，则没有误差且因此没有作用3。）因此，一般线性模型可以用如下的符号来陈述：

$$Y=a+(b_1)(X_1)+(b_2)(X_2)+(b_3)(X_3)+\cdots+e \qquad (15—1)$$

一个人在效标变量上的实际得分是回归常数，加上第一个预测变量的回归系数与该人在第一个预测变量上的得分的乘积，加上第二个预测变量的回归系数与该人在第二个预测变量上的得分的乘积，加上第三个预测变量的回归系数与该人在第三个预测变量上的得分的乘积，加上任何附加的回归系数与任何预测变量上得分的乘积，加上误差。

在这个公式中，Y是一个人在某些效标变量上的实际得分；a是适用于所有个体的固定作用（作用1）；b_1是第一个预测变量的作用程度（作用2）；这是回归系数，然后再乘以第一个预测变量X_1上的个人得分。也就是说，b_2，b_3等是预测变量2，3等的作用。然后，e就是误差，即该人在Y得分上的所有其他作用（作用3）的总和。也就是说，e是在进行预测时未曾考虑到的东西。一般线性模型的公式也在表15—1里进行了总结。

表15—1　一般线性模型总结 614

文字描述	公式符号
个人在效标变量上的实际得分	Y
某些固定作用	a
可测变量上的作用	$(b_1)(X_1)$，$(b_2)(X_2)$，$(b_3)(X_3)$ …
不能被测量的其他作用（误差）	e
一般线性模型公式：$Y=a+(b_1)(X_1)+(b_2)(X_2)+(b_3)(X_3)+\cdots+e$	

注意这个公式与多元回归的公式差不多一样，除了两个地方。第一，相比于左边的Y预测值（$\hat{Y}$），你将得到真实的Y值。第二，它包括了一个术语误差（e）。这是因为公式是对应于实际的Y值的并且a值和b值通常都不会被完全预测到。添加术语误差（e）是用以解释与一个完美Y预测值的差异。

因此，一般线性模型是对于在某个特殊变量上构成个体分数的作用的一种陈述。它叫作线性模型是因为如果你要绘制效标变量和预测变量之间的关系图，那么这个图就将是一条直线（就像回归中的回归线是一条直线一样）。也就是说，这种关系从意义上说是恒定的而不是曲线。从数学的角度来说，这个等式之所以是线性的是因为没有二次方（或者更高的次方）。[①]

在第12章里你学到多元回归（和双变量预测）采用的是“最小二乘准则”。这就意味着基于某一特殊效标变量的多元回归线性预测法则的a值（回归常数）和b值（回归系数）是以这样的一种方式加以计算从而得以产生最小的平方误。由于多元回归与一般线性模型实质上是一样的，你可能就不会惊讶于以最小二乘准则为基础来学习一般线性模型了。

四种方法是如何成为一般线性模型里的特殊情况的

我们之前曾指出你在本书中学习到的主要方法中的每一个都是一般线性模型的“特殊情况”，也就是说它们每一个的公式都是源于一般线性模

① 在线性模型程序中，有很多讨巧的办法去创造一些平方数或者更高效的项。比如，你可以创造一个新的、转换过的每个数都是平方数的数据，然后这个转换过的变量可以在线性模型方程中当作普通的变量使用。这招被证明是非常有用的，比如你可以通过这种程序运用线性统计方法来处理曲线关系（Cohen et al.，2003；Darlington，1990）。

型的公式（见图 15—1）。我们也了解到多元回归从根本上说与一般线性模型是一回事。因此，在实践中，我们所说的双变量预测、相关、t 检验和方差分析，这些“特殊情况”都能够采用多元回归的方法。

双变量预测是如何成为多元回归的特殊情况的？双变量预测是只有一个预测变量的多元回归。我们在第 12 章里看到，回归和相关从根本上说都是一样的（确切地说 X 预测 Y 是多少与 X 同 Y 相关度为多少是一样的）。因此，因为双变量预测是多元回归的特殊情况，所以双变量相关也是。

615 基于一种相当相似的方式，此前我们简要指出，t 检验是方差分析的一种特殊情况。包含两组的方差分析会确切地给出用 t 检验比较两组得出的相同的显著性水平。这是因为基础的数理都是一样的。也就是说，如果你刚开始的时候对两组分数应用方差分析的公式，在得到某些代数时你可以转而应用 t 检验的公式。

通常特别模糊不清的是方差分析或 t 检验是如何成为回归的特殊情况的。毕竟，方差分析和 t 检验是关于组间的差异的；回归是以预测变量来预测效标变量的。为了了解这一基本思想，让我们思考一下 t 检验是如何相似于双变量预测（回归）的。t 检验比较测量变量上两组的得分。测量变量类似于双变量预测上的效标变量（你想要知道关于它的效用）。t 检验中两组之间的差异类似于双变量预测里的预测变量。因此你可以把 t 检验认为是关于区分组的变量（例如，实验组与控制组）与测量变量间是否存在联系。理解这个逻辑运作的窍门是这样的：对于 t 检验，你必须得思考某个人在哪一组，其本身就是变量。我们可能称这个变量为“组”，并且我们可以使组里的每个人在该变量上都有一个得分（如实验组里的每个人在“组”变量上的分数为 1），且给其他组里的每个人一个不同的得分（如控制组里的每个人在“组”变量上的分数为 2）。我们现在可以用双变量回归预测“组”变量上的测量变量。回归的显著性和 t 检验的显著性是一样的。该逻辑就是说两个群组在某些测量变量上是不同的，即可以通过确定某个人在哪一组来预测这个人在测量变量上的分数。这两种方法的作用是等价的，因为基础的数理是相同的。也就是说，如果你开始使用的是双变量预测的公式，在得到某些代数时你可以转而应用 t 检验的公式。我们在表 15—2 中总结了双变量预测（回归）和 t 检验的关系。

表 15—2　双变量预测（回归）和 t 检验的关系

双变量预测		t 检验
变量 1	预测变量	区分组的变量
变量 2	效标变量	可测变量
关系检验	预测高得分伴随着效标高得分	区分组的变量上的得分高于可测变量

你会做吗? 616

1. (a) 什么叫作一种方法是另一种方法的“特殊情况”? (b) 描述哪种方法是哪种方法的特殊情况。
2. 写下一般线性模型的公式并给每个符号定义。
3. (a) 一般线性模型如何区别于多元回归? (b) 为什么?
4. t 检验是如何成为方差分析的特殊情况的?
5. t 检验是如何成为双变量预测的特殊情况的?

4. 方差分析致力于可测变量上两个或两个以上组的差异。t 检验致力于可测变量上两组之间的差异。对于两个组的情形，t 检验的显著性水平与方差分析的相同。同样，你可以从方差分析的公式中导出 t 检验的公式。

5. 你可以将某个人所在的组别当作一个变量（对某个组别中的人给定一个数据，这些人在其他组别中的数据与前一个组别中的数据不同等）。然后你就可以通过组别变量使用预测（回归）来估计测量变量了。通过人们在哪个组别中来预测他们在某个变量上的数据说明这两个组别在该变量上的平均数是不同的。你从预测中得出的显著性与 t 检验的是一样的。这是因为你能够从预测公式中导出 t 检验的公式。

答案

1.（a）特殊情况可以通过其他的方法从数理上推演得到，它们在数理上是一致的，只不过特殊情况的应用要受到某些条件的限制。

（b）t 检验是方差分析和双变量相关的特殊情况；方差分析和双变量相关（和双变量预测）是多元回归的特殊情况。

2. 一般线性模型的公式是：$Y = a + (b_1)(X_1) + (b_2)(X_2) + (b_3)(X_3) + \cdots + e$。$Y$ 是一个人在某些效标变量上的实际得分；a 是适用于所有个人的固定作用；b_1，b_2 和 b_3 是第一、第二和第三个预测变量各自的作用强度；X_1，X_2 和 X_3 是第一、第二和第三个预测变量各自的个人得分；“…”是预测变量上附加的得分和作用（b_4，X_4，等等）；e 是误差，是个人在 Y 上的得分的其他所有作用的总和。

3.（a）一般线性模型是针对效标变量上的实际（不是预测）得分的，并且包括术语误差。（b）为了预测实际的得分，你必须算进误差。

信息箱 15—1　两位女性对性别和统计学的立论

到目前为止，最实用的高级统计书籍之一是芭芭拉·塔巴尼克和琳达·菲德尔（Barbara Tabachnick & Linda Fidell，2007）所著的《使用多元统计学》，她们是加州州立大学北岭分校的两个实验心理学家。她们二人相识于塔巴尼克被雇用后的教员午宴。菲德尔回忆说她刚完成了法语和矩阵代数的课程并乐在其中（“那时我是非常认真学的”）。当塔巴尼克建议她一起加入肚皮舞的课程后，她开始琢磨接下来该做些什么。菲德尔想：“某些事情改变是毫无意义的。”她了解得很少。

617 她们的合作由此开始了。课程之后，她们对统计做了长时间的讨论。两人发现她们对所有的新统计软件包都特别吃惊和着迷。问题是如何理解结果。

菲德尔这样描述这种方法：

> 我分析庞大的数据，在整齐的小格中列出漂亮的数字，但是我并不确定它意味着什么，甚至我的数据是否违背任何关键的假定。我知道一些，但是我并不了解关于它们的一切。那发生在1975年。我曾在密歇根大学得到过培训，知道统计学会通过方差分析得到提升。但是那时我们没有一个人学过多元方差分析。随后出现了这些统计软件包来处理它。但是怎么去理解它们呢？

菲德尔和塔巴尼克都曾外出培训且她们都自学相关内容，参加了必要的课程，阅读了各种资料并请教过其他更懂这个程序的人，试验了如果她们如此处理数据会发生什么。现在这两位女性互问对方：“为什么一定要这么难？同一时间还有其他人在做同样的事吗？”她们决定把她们的结论写入书中。

菲德尔说道：“接下来就是多年的无冲突合作。”（这可与本书中其他信息箱里叙述的争执相对照。）这两个作者在找出版商方面也没遇到麻烦，现在这本书已经发行了第五版（Tabachnick & Fidell，2007），并且销售得非常不错。（尽管她们喜欢的书名——《法蒂玛和谢赫拉沙德的多元统计：一千零一个变量》《模糊的粉色统计书》《通过多元统计减肥》——都被出版商否决了。然而，如果你仔细看第一版的封面，你就会看见一个肚皮舞者隐藏在设计中。）

菲德尔强调她和塔巴尼克都认为她们自己是数据分析者和教师，而不是统计技术开发者或理论家；她们没有发明任何方法，只是让它们更易理解来普及这些方法。但是她们可以称得上是位居前几十名的女性理论统计学家了。在菲德尔看来，统计是女性特别擅长和感觉舒服的领域。在教授新学生时，尤其是那些数学不好的人，她发现一旦她可以“让他们放松”，他们通常都能完全地爱上统计学。她告诉他们："我想要争取你们。只要你们给我一半的机会，我就能做到。"

无论原因是什么，统计学都是数学的分支，根据菲德尔所说，女性通常都会发现"逻辑完美，合情合理的——假以时日就可以真正喜欢的——东西"。这对你们中的很多人来说都是好消息。

资料来源：Personal interview with Linda Fidell.

偏相关

偏相关被广泛地应用于人格心理学、社会心理学、发展心理学、临床心理学和心理学的多个领域。偏相关是指排除一个或者多个变量的影响的条件下，分析所剩的两个变量之间的关系。假设一个研究者想知道婚姻生活中的经历给他们带来的压力是如何与婚龄有关的。然而，研究者也认识到带来婚姻压力的和影响婚龄长短的部分原因是这对夫妇有没有孩子。有没有孩子可以造成压力和影响在一起的时间长短，因为婚龄更长的人更可能有孩子且有了孩子可能就会造成婚姻压力。因此，简单地指出婚姻压力和婚龄长短的相关度其实是会让人误解的。研究者想知道如果子女数量相同，那么压力和婚龄之间的关系是什么。或者，换句话说，研究者想要排除婚姻压力和婚龄关系之中孩子的数量这个影响因素。

在这个例子中，研究者想计算婚姻压力和婚龄之间的偏相关关系，**排除**孩子的数量这个因素的影响。排除一个变量也称"保持恒定""控制"或"调节"变量来保持恒定（例如子女的数量）。
618 这些术语（排除、保持恒定等等）都是指同一样东西且可交换使用。偏相关的实际统计量叫作**偏相关系数**。类似于普通的相关系数，它在-1到$+1$之间。需要谨记的是，与普通的相关不同的是，这里控制了一个或多个变量。

以下是用另一种方式来理解偏相关。在婚姻的例子中，你可以用没有孩子的人们来计算压力和婚龄之间的普通相关，然后再计算仅有一个孩子的人们压力和婚龄之间的普通相关，以此类推。这些相关中的每一个，都不受子女数量差异的影响（因为这些相关中的所有人都有相同数量的子女）。然后你可以计算这些各种各样不受孩子数量影响的相关的平均数。这些相关的平均数就是偏相关。在保持孩子数量恒定的情况下，这其实就是相关。（偏相关的计算相当直接，实际上你不用计算所有的这些相关再平均它们。然而，结果就相当于这么做。）

> **偏相关** 排除一个或者多个其他变量的影响的条件下，所剩的两个变量之间的联系程度。
>
> **排除** 从其他变量间的联系中移除一个变量的影响。
>
> **偏相关系数** 在排除一个或者多个其他变量影响的条件下，两个变量的相关程度。

以下是一个实际研究的例子。乔伊纳和同事们（Joiner et al., 2005）对这个研究的介绍如下：

> 过去的自杀行为与未来的自杀行为有关。但是这种关系有意义吗（也就是，无虚假关系）？也许是因果，或者它完全可以被一系列的第三变量所解释，如持久的倾向或不同的临床条件（如情绪障碍）？对于自杀行为的充全理解取决于这个问题。(p. 291)

被试是297个年轻成年人，他们加入了检验自杀个体疗效的研究。这里是研究论文结果部分的片段：

> 控制年龄、性别、婚姻状态、种族，以及家族自杀史、抑郁史、躁郁症史、酗酒史与作为一个成年人和一个青少年的个人的法律问题史、当前的与过去的抑郁和躁郁症诊断、抑郁绝望指数上的得分、问题解决困难、边缘人格症候群、药物依赖症候群、酒精依赖症候群和消极的生活事件之后，生活经历中的自杀企图和……自杀得分（目前的自杀症状）之间的相关从0.24到0.20（$ps<0.05$）。(p. 294)

这是一个关于研究者如何经常使用偏相关来区分出对变量间关系的替代解释的案例。在这个例子中，即使在控制众多其他也可以解释这个相关的变量之后，过去的自杀企图和当前的自杀症状之间的相关也保持稳定。这个结果体现在研究的标题中："除了厨房水槽外当所有的一切保持不变时，关于过去和当前自杀之间的相关的四项研究”。至于另外一个例子，如果即使是在控制了孩子的数量之后，婚姻压力和婚龄之间的相关也保持稳定，那么关于孩子的替代解释就变得不可靠了。

信度

用于心理学研究的测量种类，如问卷、行为系统观察、生理变化等等，很少会随着时间的变化而保持一致和稳定。（我们已经在第11章里简要地讨论过了。）一种测量方法的一致性或稳定性程度叫作**信度**。大致说来，一种测量方法的信度
619 就是在同样的环境下，你给同一个人再次进行同样的测试，你能得到相同的结果的程度。你将会经常在心理学研究文献中看到信度系数。

信度 一个测量的一致性或稳定性程度。

重测信度 通过对一组人测试两次而获得的信度指标。

分半信度 以一项测试的两半项目上的得分相关为基础的信度指标。

克隆巴赫阿尔法系数（*α*） 一种被广泛应用的对一项测试的“内部一致性信度”的测量，它反映了测试中所有可能的条目分半的相关平均数。

内部一致性信度 用测量中的条目评估一个共同特征的程度，通常用克隆巴赫阿尔法系数来测量。

评分者信度 两个或两个以上的评估者对每个被试的行为或特征的评估的相似度。

评估一个测验信度的方法是对相同组里的被试测量两次。这两次测验之间的相关叫作**重测信度**。然而，这种方法通常不实用或不适当。比如，第一次测验会对第二次测验造成影响（例如智力测验），这个方法就不能用了。

对于许多测量方法，如大多数问卷，你也可以通过使一半问题答案的平均数和另一半问题答案的平均数相关联来评估信度。举个例子，你可以把所有奇数问题上的得分平均数和所有偶数问题上的得分平均数相关联。倘若一个人的答案始终如一，这就应该是高相关。这叫作**分半信度**。

采用分半方法的问题是决定用哪种方法来分半。大多数情况采用的是奇数-偶数条目，但是偶尔会有过低或过高的相关。幸运的是，有一种更一般的处理方法。你可以把该测量按所有可能的方法分成两半并用每个部分来计算相关，然后平均所有的这些分半相关。有一个统计量叫作**克隆巴赫阿尔法系数（*α*）**，这在信度测验中运用得最广泛，给出了平均值的总计。克隆巴赫阿尔法系数可以指出测量整体的内在一致性，测量中所有多或少的条目究竟有多少高回应率。因此，克隆巴赫阿尔法系数是一种对**内部一致性信度**的测量：用测量中的条目来评估一个普通的特征的程度。一般来说，在心理学中，一个良好测量的克隆巴赫阿尔法系数至少有0.60且最好接近于0.90。

最后，在一些研究中，主要的测量是被试的行为观察或对口头与书面报告进行编码。在这些情形中，每个被试的行为或材料通常都会有两个或两个以上的评估者，因此信度就是评估者之间评估的相似度。这叫作**评分者信度**。（也叫作“评分者间信度”“评分者一致性”或“评分者间一致性”。）

当一篇研究论文主要是关于一个新测量方法的创新之处时，信度几乎都要被讨论。举个例子，沃尔克和同事（Valk et al.，2001）开发了一个关于养老院居民障碍的测量工具。这项测试由居民的管理人员填写，起初包括测量7个机能领域的26个条目，如活动性（样本条目：“该居民能走路吗?”）和警觉度（样本条目：“如果有人跟他说话，该居民有反应吗?”）。他们以荷兰养老院的115个机能不良居民为被试测试了他们的测量工具，这些居民的平均年龄是81.5岁。居民中的111个被两个不同的评估者评估。一周之后，所有的居民进行第二次评估。以下是他们结论部分的信度讨论：

> 基于克隆巴赫阿尔法系数，获取了每个量表上一个领域两次测量之间的关系（最低：知觉，0.54；最高：活动性，0.93）。表（15—3）显示了平均得分、标准差、中位数和各领域的克隆巴赫阿尔法系数。重测信度是非常良好的，见表（15—4）。相关系数的范围从0.63到0.94。认知、失禁、活动性和日常行为活动量表上的评分者信度较高（0.79到0.93），对护理人员抵触的自我调节的为中等（0.51）。知觉显示了极低的评分者信度，为0.33［见表（15—5）］。(p.188)

620

表 15—3　领域：平均数、中位数、标准差、克隆巴赫阿尔法系数和全距

等级	n	项目	平均数	中位数	SD	克隆巴赫阿尔法系数	全距
失禁	112	4	70.1	81.2	32.5	0.88	0～8
活动性	112	3	48.6	40	35.8	0.93	0～10
抵触	111	1	53.1	66.6	41.0	—	0～3
警觉度	111	6	30.8	27.7	22.0	0.84	0～18
认知	112	7	69.3	72.7	28.9	0.78	0～11
日常行为活动	96	3	75.9	87.5	31.4	0.90	0～8
知觉	88	2	0.30	0	0.65	0.54	0～4

资料来源：Valk，M.，Post，M. W. M.，Cools，H. J. M.，& Shrijvers，G. A. J. P.（2001）. Measuring disability in nursing home residents：Validity and realiability of a newly developed instrument. *Journal of Gerontology：Psychological Sciences*，*56B*，187－191.

表 15—4　问卷重现：一周之后

量表	相关
认知	0.89
活动性	0.94
日常行为活动	0.90
警觉度	0.85
失禁	0.89
抵触	0.63
知觉	0.76

注：斯皮尔曼相关系数，$p<0.001$。

资料来源：Valk，M.，Post，M. W. M.，Cools，H. J. M.，& Shrijvers，G. A. J. P.（2001）. Measuring disability in nursing home residents：Validity and realiability of a newly developed instrument. *Journal of Gerontology：Psychological Sciences*，*56B*，187－191.

观察这些表格，你能够看到，比如，警觉度有 6 个项目，克隆巴赫阿尔法系数为 0.84，重测信度（标记为"问卷重现性：一周之后"）为 0.85，评分者信度为 0.71。这是一个相当值得信赖的衡量标准。再看一下知觉，它有两个项目。其信度是 0.54，0.76，0.33。因此，研究者从工具中删除了这个领域（和它的两个项目），最后评估 6 个领域共 24 个项目。（另外，你可能从表格底部的注释旦看到所描述的重测和评分者信度采用的是斯皮尔曼等级相关。这就是我们在第 11 章里讨论的等级次序相关的方法。沃尔克和同事们采用这种相关是因为这些项目使用的是等级次序测量。然而，通常情况下，这些信度是用普通的相关系数来描述的。）

表 15—5　问卷的评分者信度

量表	相关
认知	0.79
活动性	0.93
日常行为活动	0.80
警觉度	0.71
失禁	0.88
抵触	0.51
知觉	0.33

注：斯皮尔曼相关系数，$p<0.001$。

资料来源：Valk，M.，Post，M. W. M.，Cools，H. J. M.，& Shrijvers，G. A. J. P.（2001）. Measuring disability in nursing home residents：Validity and realiability of a newly developed instrument. *Journal of Gerontology：Psychological Sciences*，*56B*，187－191.

多元建模

回归（和相关），无论是双变量还是多元，都是关于没有对个体以任何特殊方法进行分组的情况。然而，当一个研究中的被试以某种方法进行分组时，情况就会更加复杂。比如，假设你想通过了解一个人花了多少时间在他的统计学期末考试上来预测他最后的考试成绩，同时假设你已经调查了 12 个上不同统计课程的学生在他们最后的考试上花费的时间且了解了他们每个人最终的考试分数。问题就是不同的课程是有差异的。举个例子，在一门课程中，检验这门课的可能只有最后的考试；因此，为了得到一个好分数，你需要花费很多很多时间来学习。但是在另一门课中，可能存在很多小测验并且期末考试甚至不是考查所有的内容而仅仅是这门课程的最后一部分。在那个班里，很多学习时间少的人可能也会得到一个好分数。同样，不同的讲师可能批改测验时有的严厉点有的宽松点，也有可能不同的测验有不同的难度。因此，如果你用所有的学生来做回归却忽视了他们所在的班级，那么你可能会得到一个错误的结果。这就相当于把苹果和橘子给弄混了。

替代的解决方法就是执行12门课程各自的回归（在每门课程里，找出可预测考试分数的小时数的回归系数），然后平均这些不同课程的回归系数。这种方法会更加精确。（你所做的类似于偏相关，即你算出两个低水平变量的相关，并排除它们所在的组别。）事实上，用这种方法，你甚至能够走得更远。你可以看看是否如讲师的经验也可以预测测验分数。因此，你可以对12个班级进行回归分析来看讲师的经验是否能够预测他们班级的平均测验分数。（也就是说，你可以对12个班级用讲师经验做一个回归，把其作为预测变量并把每门课程的平均测试得分作为效标变量。）

621

多元建模 处理研究情形时回归分析的高级形式，该研究中人们被影响分数模式的某种方法分成各组。

低水平变量 在多元建模中，关于分组内被试的变量。

高水平变量 在多元建模中，关于被视为一个整体的分组的变量。

分层线性模型（HLM） 处理一种研究情形的多元建模的复杂类型，该研究情形中人们被影响分数模式的某种方法分成各组。

我们刚刚形容的这种分析叫作**多元建模**。在这个例子中的多元水平就是“低水平”（或“微观水平”或“水平1”，即学生个体）和“高水平”（或“宏观水平”或“水平2，即课程）。因此，前面例子中的**低水平变量**是学习时间和最后的测验分数。这些低水平变量是人们的组内变量。这个例子中，也有一个**高水平变量**，即讲师经验。高水平变量与将组视为一个整体有关（在这个例子中，每门课程有很多学生，但是每门课程只有一个讲师）。

多元建模情形采用的标准程序（以某种方式对人进行分组可能会影响分数模式的研究情况）形容如下：第一，计算每组的回归，然后平均这些组的结果。第二，如果存在高水平变量（组水平变量，类似于讲师经验），在组这个水平上做一个进一步的回归，这个组的水平是从高水平变量预测而来，是平均了效标变量上每个组的分数。这是相当具体的直接分析手段（叫作“结果四溢”），曾经这是标准化的，但今天已经被更加复杂的方法所取代了。

更加复杂的方法同时考虑所有的信息以及所有的水平，并且计算的结果更加准确。在实际中，增加精确度更加重要，这些最新的复杂方法也能够处理更多复杂的研究情形。确实，因为这些新方法的存在，以及伴随着人性化程序操纵它们的便利性，在最近这些年，大批的研究都用多建模来分析。

这些新方法被广泛地使用并且有不同的名称。在广泛使用多元建模计算机程序之后，最普遍的名称很可能是**分层线性模型（HLM）**。另一个普遍的名称是“随机系数模型”（一个程序如何工作的技术方面的术语）。

这些更新的方法也采用许多特殊的术语和符号。然而，你可以通过思考使用过时的标准方法的研究的结果来理解这些大多数应用多元建模的研究的结果的基本思想。也就是说，为了理解这些应用复杂方法的低水平结果，就以对每个组做回归分析对这些结果进行平均来思考。为了理解包含高水平变量的结果，就以使用高水平变量预测效标变量上每一组的平均分数的回归加以思考。

这儿有一个例子：哈钦森和季伯乐（Hutchison & Gibler，2007）使用多元建模来考察政治宽容度问题，研究以全球范围内的33个国家共17 977个回应者的回应信息为基础。他们都对不同的因素能否预测政治宽容度特别感兴趣。为了测量政治宽容度，这个调查“首先要回应者从一列不受欢迎的组中挑选出他们最不喜欢的组，然后询问……回应者这些组是否应该被允许公共论证（或）政治问询”（p. 133）。研究者认为有两个因素可以预测宽容度。一个因素是回应者个人的价值观和态度。注意效标变量（政治宽容度）和这些预测变量（个人的价值观和态度）都是在个人水平上测量的低水平变量。研究者对不同国家国情的影响这一因素也很感兴趣，例如，一个国家是否在最近卷入了形形色色的国际纷争。这个国家水平变量就是高水平变量。也就是说，在这个研究里，个体通过国家来分组，且国家看上去确实与该研究有重要关联。 622

关于低水平预测变量，哈钦森和季伯乐（2007）写道：“我们的多元政治宽容度模型的结果……（展现了）个体水平预测变量。……民主理想、言论自由、民主激进主义和教育都与政治宽容度有很强的正相关，而顺从性和年龄则与政治宽容度呈负相关”（p. 136）。他们随后报告说他们接下来将“增加宏观（高水平）的成分……来评估政治宽容度上的外来威胁”（p. 136）。他们继续报告了“领土纷争和政治宽容度间有一个强的负相关关系……且非领土纷争与政治宽容度间没有显著关系”（p. 136）。换句话说，那些生活在面临边境威胁的人们比生活在其他国家的人们更不宽容。然而，那些生活在面临其他多种国际争端的国家的人们却并不显得政治偏狭。[①]

因素分析

假设你用很多变量来测量一组被试。（例如，你可能完成过一个包括很多不同态度问题的调查。）你使用**因素分析**来告诉你自己哪些变量应该聚在一起——哪个变量同其他变量彼此相关而与其他变量没有关系。这样的每一群（组变量）叫作**因素**。某个变量与某个因素的相关叫作这个变量在该因素上的**因子负荷**。变量在每个因素上都有负荷但是通常只在一个上有高负荷。因子负荷的范围从−1，与因素呈完美负相关，经过 0，与因素没有相关，到＋1，与因素呈完美正相关。通常，心理学研究者认为只有当它的负荷至少高于 0.30（或低于−0.30）时，一个变量对因素的贡献才有意义。

因素分析是基于一系列相当复杂的以所有变量之间相关为起点和一系列因子负荷为终点的公式通过计算机完成的。（它也提供了其他的信息，包括众多变量中每个因素对变异总和解释的程度。）实际上，因素分析存在一些不同的方法。因此，研究者会有一些余地并能够从一系列方法中挑选一种方法，其中每一个可能都会得出稍许不同的结果。

因素分析　运用于有很多要测量的变量并识别倾向于彼此相关和与其他变量不相关的成群变量的某些情形中的统计程序。

因素　在因素分析中，彼此相关且与其他变量不相关的一组变量。

因子负荷　在因素分析中，一个变量和一个因素的相关。

然而，这个程序里最主观的部分就是研究者对一个因素的命名。当在一篇研究论文里读到因素分析时，仔细地想一下研究者给每个因素定下的名称。给因素定下的名称真的可以很好地描述构成该因素的变量吗？

这里是来自于组织心理学的一个关于因素分析的例子。科斯卢斯基和同事们（Koslowsky et al.，2002）对以色列医院的 232 个护士进行了如下说明：

> 思考你在监督下进行某项工作的时刻。假设你的监督者要求你的工作稍有不同，尽管起先你很勉强，但是你确实要遵从要求去做。
>
> 在接下来的书页里有很多你可能这样做的原因……那么你基于这个原因遵从的可能性是多少？（p. 461）

护士们用 7 分制量表回答，该量表从 1“肯 623
定不是这个原因”到 7“肯定是这个原因”，这些项目与 11 个权力来源有关，如强制或提供信息。作为他们研究的一部分，研究者对 11 个权力来源进行了因素分析。他们报告结果如下：“这个分析产生了一个两因素的结果（见表 15—6）。第一个因素，可释方差为 41.9%，包括 7 个权力来源（见表 15—6）……第二个因素，可释方差为 15.5%，包括 4 个权力来源（见表 15—6）。”（pp. 465 - 466）

① 在重复测量或者被试内设计情况下，多因素模型的另一个方法应用的原则是相同的。在这些情境下，每个个体在同一个变量上被测试很多次。比如，人们要记录两周内每晚他们的压力水平和婚姻冲突情况，然后你想知道的是：哪一天压力水平最高，最高的那天是不是更容易产生婚姻冲突？分析这个问题，实际上是对每一个个体做回归分析，其中预测变量是某一天的压力水平，标准变量是那一天的婚姻冲突量。为了得到总体结果，你要对所有个体测得的数据做一个回归系数的平均。作为一个附加的分析，你也许想看看，是否那些受到更多教育的个体总体上会较少出现冲突（也就是，在这两周内是否具有较低的平均冲突水平）。在本例中，分组变量是个体！其次是天数，较低水平的变量是每天的压力水平和每天的婚姻冲突量，较高水平的变量就是个体的受教育程度。

表 15—6　11 个权力来源上的因素分析负荷

权力来源因素	负荷	
	因素 1	因素 2
硬权力基础		
客观强制	0.81	−0.17
客观奖励	0.80	0.05
主观奖励	0.78	0.31
合法互惠	0.71	0.26
主观强制	0.66	0.32
合理平等	0.61	0.17
合理职位	0.53	0.45
软权力策略		
专业知识	0.16	0.78
信息	−0.17	0.76
参照	0.34	0.70
合理信赖	0.36	0.56
可释方差（%）	41.9	15.5
内部一致性（α）	0.85	0.79

资料来源：Koslowsky，M.，Schwarzwald，J.，& Ashuri，S.（2001）. On the relationship between subordinates' compliance to power sources and organizational attitudes. *Applied Psychology：An international Review*，*50*，455－476. Copyright © 2001 by Blackwell Publishing. Reprinted by permission of Blackwell Publishers Journals.

举个例子，客观强制被包括在第一个因素中，因为在这个因素上它有一个高负荷（0.81），且在第二个因素上仅有一个低负荷（−0.17）。另一方面，专业知识被包括在第二个因素里，因为它在这个因素上有高负荷（0.78）且在第一个因素上仅有一个低负荷（0.16）。然而，注意，某些项目是属于一个因素的部分还是另一个因素的部分却不明确，如合理职位，在第一个因素上的负荷是0.53且在第二个因素上的负荷是0.45。这是有道理的，因为想要拥有行使权力的合法权必须具有类似强制的硬权力和提供信息这样的软权力。也要注意研究者们给因素命名是按照它们包括的变量来进行的，尽管其他研究者可能以不同的意义来看待每个因素里的变量。最后，注意一下表格的底部也给出了内部一致性（α），它们也就是每个因素（即在一个因素上具有高负荷的那些）项目上的克隆巴赫阿尔法系数，如果你将要把它们当作一个量表的话。（事实上，根据这个因素分析，研究者们继续采用两个因素中的项目作为两个量表，且它们与其他变量有关，如护士的工作满意度。）

624

你会做吗？

1.（a）什么是偏相关？（b）偏相关低于普通的相关是什么意思？（c）偏相关与普通相关一样是什么意思？（d）在一个相关研究中，偏相关如何帮助确定因果趋势？

2.（a）什么是测量的信度？[（b），（c）和（d）] 列出和定义三种信度。（e）克隆巴赫阿尔法系数是如何与分半信度有关的？

3. 在沃尔克和同事们（Valk et al.，2001）的信度（见表 15—3、表 15—4 和表 15—5）例子中，（a）指出哪个是最可信赖的量表，并 [（b），（c）和（d）] 给出它们的信度。

4. 在什么条件下你会使用多元建模？

5. 一个组织心理学家开展了一项研究，对象是 38 个商店（每个店有 150 个销售人员且这些店不同于"大盒子"折扣店和专门的高端店）的销售人员。研究者打算使用多元建模分析来发现店铺营业时间的长度能否预测工作满意度，和人们在店里的声望越高是否满意度更高。（a）低水平变量是什么？（b）高水平变量是什么？[（c）和（d）] 描述你采用过时的标准方法来进行分析的两个步骤。

6.（a）什么时候你使用因素分析？（b）哪些信息被给出了？（c）什么是因素？（d）什么是因子负荷？（e）因素分析里最主观的是什么？

7. 在科斯卢斯基和同事们（Koslowsky et al.，2001）的因素分析（见表 15—6）例子中，每个因素上的主观奖励的负荷是多少？

6.（a）当你对一组被试进行很多测量时你就要使用因素分析。（b）因素分析会告诉你变量中的组互相之间有高相关但是与其他组里的变量没有相关。（c）因素是这些组里的一个。（d）因子负荷是一个变量和一个因素的相关。（e）因素分析里最主观的部分是根据变量上的高负荷来决定因素名称。

7. 主观奖励负荷在第一个因素上是 0.78，在第二个因素上是 0.31。

答案

1.（a）偏相关是在对一个或者多个变量进行控制的前提下，对剩余的两个变量相关的探究。（b）当偏相关低于普通相关时，一个或多个变量控制了普通两个变量间关系的某些总量。（c）当偏相关与普通相关一样时，一个或多个变量就不能控制普通两个变量间关系的某些总量了。（d）偏相关帮助检验相关是否因为一个或多个其他变量引起了普通两个变量间的联系。

2.（a）它的一致性和稳定性。（b）重测信度，是给相同测试进行二次测量时，会得出多少个相同的结果。（c）内部一致性信度，是测量里有多少个不同的部分给出了相似的结果。（d）评分者信度，是有多少不同的评估者给出了相同的结果。（e）科隆巴赫阿尔法系数类似于测量里所有可能的分半配对间的相关平均数。 625

3.（a）活动性；（b）内部一致性信度（科隆巴赫阿尔法系数）＝0.93；（c）重测信度（斯皮尔曼相关系数）＝0.94；（d）评分者信度（斯皮尔曼相关系数）＝0.93。

4. 当人们的测验分数可以用影响结果的某些方法来分组时，你就可以使用多元建模。

5.（a）低水平变量是店铺里的工作时间长度和工作满意度。（b）高水平变量是店铺的声望。（c）计算每个店铺里雇佣者的回归，你要从店里的工作时间长短预测工作满意度，然后平均这些回归系数。（d）计算 38 个店的回归，从店铺的声望预测店里的平均工作满意度水平。

因果建模

与因素分析一样，当你测量多种变量上的被试时，你就可以采用因果建模。不同于因素分析，因果建模的目标是检验样本里变量的相关模式能否符合一些变量引起了另一些变量的特殊理论。

因果建模广泛地运用于心理学中。我们首先介绍“路径分析”这种古老（但是仍然普遍）的方法，通常叫作普通路径分析。然后我们把一种特别的路径分析形容为“中介分析”。最后，我们把因果建模的一种详尽精心的方法形容为“结构方程模型”（也是路径分析的一种形式）。

路径分析

在**路径分析**里，你用箭头做一个图解来连接变量。每个箭头，或是**路径**，显示了研究者预测的变量间的因果相关。然后，根据样本里的变量间的相关和研究者预测的路径图，你可以计算每个路径的路径系数。**路径系数**类似于多元回归里的标准回归系数（β）。事实上，如果路径图是变量里因果关系的准确描述，那么路径分析会告诉你箭头末端变量上的标准差会变化多少，这种变化来自于箭头开端预测变量上标准差的改变。（也要指出路径分析在计算上类似于偏相关，以至于它排除了其他变量上的影响，指向相同箭头末端的变量。）

路径分析　根据因果关系的一种预测模式分析一组变量中相关情况的方法；通常，该预测模式是用从因到果的箭头模式来绘制的。

路径　展现了研究所预测的变量间的因果联结的路径分析或结构方程模型中的箭头。

路径系数　与路径分析中（包括结构方程模型中）的一个箭头联系在一起的关系的程度；与来自多元回归预测法则的标准化回归系数一样，箭头尾部的变量是效标变量，箭头起始的变量是预测变量，并且所有其他变量都有箭头引向效标变量。

这儿有一个例子。威廉姆森和她的同事（Williamson et al.，2001）研究了 98 个妻子和 44 个丈夫，他们一直在照顾因为某些原因——如老年痴呆症——受损而住在家里的年老配偶。这项研究检验了关于是什么引起和防止了护理者对他们配偶实施潜在不利行为的一种理论。图 15—2 显示了他们在不同变量间预测的因果联系模式（以及根据他们的结果计算的路径系数）。举个例子，路径图里的箭头会告诉你护理者的年龄被预测会影响 ADL（日常行为活动），却不会影响这个模型中其他变量（也就是说，ADL 和其他变量间没有箭头）。然而，护理者的年龄也被预测会影响被护理者痴呆的程度，同时也是当前的关系奖励的预测原因之一，而当前的关系奖励以两种方式影响着潜在的 626

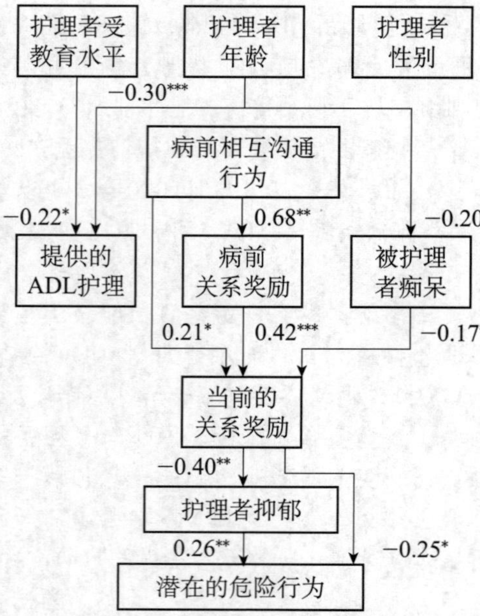

图15—2 用来预测潜在的看护者危险行为的路径分析中具有统计显著性的路径

注：ADL=日常行为活动。

$^{*}p<0.05$，$^{**}p<0.01$，$^{***}p<0.001$。

资料来源：Williamson，G. M.，Shaffer，D. R.，& The Family Relationships in Late Life Project（2001）. Relationships quality and potentially harmful behaviors by spousal caregivers: How we were then，how we are now. *Psychology and Aging*，*16*，217－226. Published by the American Psychological Association. Reprinted with permission.

伤害行为：（1）间接方式。护理者抑郁——高层次奖励导致低抑郁，然后减少潜在伤害行为的可能性；（2）直接方式。高层次奖励直接减少了潜在伤害行为的可能性。这个路径图展示了以一个繁复理论为基础的预测。

根据他们样本中护理者这些变量间的相关，路径系数显示了预测效果的方向和程度。星号表示一条路径的显著性水平。正如普通路径分析所做的，研究者们实际上检测了其他可能的路径，但是只有显著的路径才能显示在图中。（因此，模型里的所有路径至少都有一个星号。）

中介分析

> **中介分析** 检验两个变量间假定的因果关系是否可归因于某些特定的中介变量（称作调节变量）的路径分析的特殊形式。

很快，你就会看到，我们刚刚描述的路径分析（“普通路径分析”）很大程度上指出了通向一个更加精细版本的路径，叫作结构方程模型。然而，作为普通路径分析的一种当代应用，**中介分析**被广泛地运用于心理学中。中介分析是一种你用以检验两个变量（X和Y）间假定的因果关系是否可以归因于某个特定的中介变量（我们称为M）的程序。（M代表“调节变量”， 627
是中介变量的另一个名字，这个变量用来解释另外两个变量间的假定的因果关系。）

举个例子，想象一下，一个研究者指出，当一个女性参加数学测验时被人提醒她是女性，那么她的成绩会更差，是因为参加数学测验时被人提醒是女性会让她意识到女性在数学测验（并且因此她变得紧张和困窘）中会表现得更糟这个刻板印象。在这个例子中，我们可以想到的一点是女性作为X（因），数学测验上的表现为Y（果），刻板印象的突出性是女性在数学方面的困窘，即M（调节变量）。图15—3显示了作为路径分析的预测模式。即，逻辑是，M是X到Y因果路径上的一部分，它调节了X在Y上的作用。在科学研究中，这对鉴别实质的因果是极其重要的，因此中介分析运用得越来越广泛。

信息箱15—2　统计学的黄金年代：伦敦四杰

最普遍的四种统计方法是在68年里由4个英国人创造的，他们中的3个在伦敦近郊工作。（第4个，戈赛，坚持待在都柏林的他的酿酒厂里。然而，来到伦敦学习之后，他与发生在这个城市里所有的一切都保持着联系。）很明显，他们的接洽和联系对于创造“临界量”的思想是非常重要的，这些都与探索的黄金年代紧密相关。

因为这些重要的发现，每个人都面临着不同的特别问题或“异常”，从而把他们推向了他们能达到的领域——没有人可以简简单单地发明一种统计。高尔顿（第11章，信息箱11—1）对父母和子女的特质感兴趣。皮尔逊（第13章，信息箱13—1）测量一系列观察和一条理论曲线的契合度。戈赛（第7章，信息箱7—1）的问题是酿酒厂出于经济因素而使用小样本。而费希尔（第9章，信息箱9—1）研究肥料对马铃薯的影响。（年龄不是一个要素——这四个人做出他们主要贡献的时候，年龄是31到66岁。）

还有三个重要的社会因素对这个“统计学的黄金年代”很特别。第一，生物统计学。它尝试着检验数学上的进化理论。生物统计学的影响源自高尔顿阅读达尔文的读物，随后皮尔逊又受到了高尔顿的影响。第二，这一时期工农业开始大量招聘接受过高级数理训练的大学毕业生。第三，由于牛顿，剑桥大学成为英国杰出的数学家的特殊的集中地。他们能够通过英国工厂和共同的母校来进行传播，紧密联系学生和彼此，并熟悉最前沿的重大进展。

资料来源：Tankard，1984.

弗朗西斯·高尔顿爵士

伦纳德·费希尔爵士

卡尔·皮尔逊

威廉·希利·戈赛

628

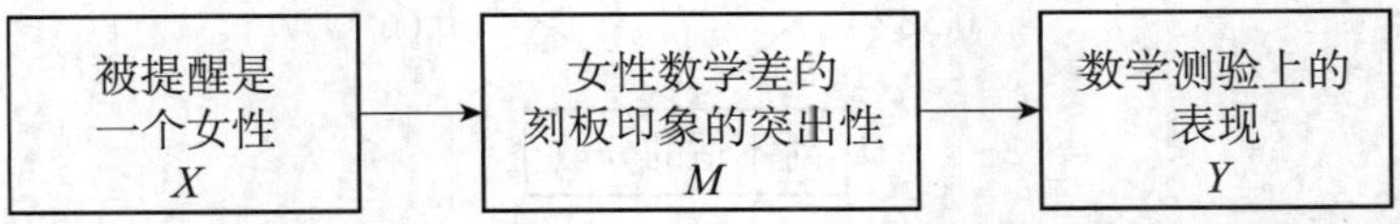

图 15—3　展现了一个假定的中介关系（调节 X 变量在 Y 变量上的作用的 M 变量）的路径分析图

罗伯特·巴伦和大卫·肯尼（Robert Baron & David Kenny，1986）在 20 多年前就在一篇著名的论文上向大多数心理学家介绍了中介分析。在那篇论文中他们清晰地阐述了建立中介的四个步骤。

步骤 1：X 显著地预测了 Y。如果 X 不能预测 Y，那么 X 就不可能引起 Y。因此，就没有因果关系来调节。

步骤 2：X 显著地预测了 M。如果 X 不能预测 M，那么 X 就不可能引起 M。因此，M 可能不是 X 到 Y 的因果路径的一部分。

步骤 3：在多元回归的背景下，M 预测了 Y，且 X 也包括在其中作为预测者。M 预测 Y，或 M 不是 X 到 Y 因果路径的一部分都是重要的。包括 X 作为预测者也是重要的，因此，我们可以确信 M 和 Y 产生联系并不是由于它们都是被 X 引起的（但是也不互相引起）。

步骤 4：M 作为 Y（连同 X 一起）的预测者被包括在内，X 不再预测 Y。也就是说，当 M 被算进内的时候，X 对 Y 并不是唯一的预测；当 M 被包括在内时，最初的显著预测下降到非显著。这样的结果就是说 M“完全调节”X 对 Y 的作用。是否存在显著中介通常用叫作“算子检验”的方法来检测。如果 X 造成的最初显著预测依然是显著的，但是当 M 作为 Y 的预测者包括在内时，它就变弱了（它的标准回归系数会有一点下降），则这个结果通常形容为 M“部分调节”X 对 Y 的作用。这就意味着 M 解释了一些但并不是全部的 X 对 Y 的作用。[一些研究者也开始用密集计算机法（见第 14 章）来检验调节的统计显著性（Shrout & Bolger，2002）。]

这儿有一个例子。法利和阿伦（Fraley & Aron，2004）进行了一项实验，以考察成对的陌生人在幽默或非幽默的条件下见面会做些什么，并发现在幽默的条件下，人们与他们的搭档觉得更加亲密。然而，法利和阿伦也想展示这个结果的部分中介作用，即幽默分散了人们与陌生人初次见面时感受到的不舒服。因此，这个研究里包括了一个对不舒服的分心测验并进行了一个中介分析。对于一篇详细描述分析逻辑的研究论文来说，这是一个典型的中介分析。以下是法利和阿伦所写的：

> 这个检验……中介假设……遵循巴伦和肯尼（Baron & Kenny，1986）总结的逻辑。也就是说，首先我们要检测中介的前提条件是否令人满意：(a) 因（效标）变量（亲近）上的全部远因（互相之间的幽默）作用是显

著的且（b）假设中介上的全部远因（幽默）作用是显著的。接下来我们通过考核回归方程预测因（效标）变量（亲近）来检验中介，该变量来自于远因（幽默）和调节。在这个分析中，倘若（c）中介者保持了和因变量（亲近）的显著独特联结，那么部分中介作用就是被支持的，但是（d）因变量（亲近）上的远因（幽默）独特作用就会减弱。最后（e），采用算子检验，中介作用应该是显著的。（2004，p. 70）

629

以下是他们如何形容这个结果的：

基本作用受到了初次相遇时感到的不适的中介影响。这个假设受到支持。正如图（15—4）（比较模型a和模型c）中显示的：包括在回归方程里的这个变量减少了亲密度上实验操作作用的 β 值，从0.34到0.09；$Z=2.52$，$p<0.01$。（2004，pp. 70-71）

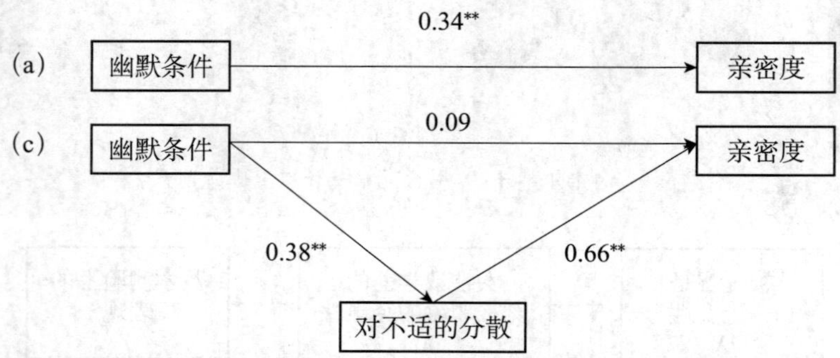

图15—4　支持共享幽默经验对亲密度的作用受到中介调节的假设的结果（附带标准路径系数的路径图）

注：（a）是幽默条件对亲密度的整体作用模型。接下来的（c）是在包含对不适的分散情况的……中介作用模型。……与（a）模型相比……（c）中从幽默条件到对不适的分散再到亲密度的路径系数都是显著的，而从幽默条件直接到亲密度的路径系数是不显著的。因此，中介作用的假设是成立的。（文本中给出了支持该解释的Sobel检验。）

** $p<0.01$.

资料来源：Fraley，B.，& Aron，A.（2004）. The effect of a shared humorous experience on closeness in initial encounters. *Personal Relationships*，*11*，61-78. Copyright © 2004 by Blackwell Publishing. Reprinted by permission of Blackwell Publishers Journals.

如图15—4，中介分析的图示中将变量按照三角来排列是为了清晰地表明在考虑 M（中介）变量之后，X 和 Y 变量之间的关系发生了变化。然而，在概念水平上，这些图示显示了与图15—3里的中介路径分析相同的关系模式。

结构方程模型　包括潜在的、不可测的路径及理论上的变量，也允许一种显著性检验并提供了数据与假定因果模式整体拟合情况的测量路径分析的版本。

拟合指数　在结构方程模型中，基于变量中的假定因果模式和作用，一个样本中的相关模式有多符合预期的相关的测量；通常的范围是0到1，1表示具有完美的拟合度。

结构方程模型

结构方程模型是普通路径分析的特别详述模式。它包含了一个路径图解，每个箭头都在变量和路径系数之间。然而，结构方程模型与传统的路径分析相比，具有某些重要的优点。结构方程模型的一个主要优点是给出了一个位于理论（由路径图解来形容）和所有样本得分相关度之间整个测量的拟合度，叫作**拟合指数**。尽管有一些不同的拟合指数，但是对大多数来说，拟合度在0.90或更高被认为是一个好的拟合指数。（最大值通常是1.00。）操作略微不同但被广泛使用的拟合指数，通常以它的缩写——**RMSEA**（近似误差均方根）来指代。RMSEA越小，拟合度越好。拟合度低于0.05被认为是非常好，低于0.10是比较好。（即便RMSEA指数与显著性检验的数据一样都是越小越好，且临界点都是0.05，这也仅仅是一个巧合。） 630

RMSEA　结构方程模型中被广泛运用的拟合指数；其中，低值表示拟合得很好。

潜在变量　在结构方程模型中，被假定为研究中实际测量的某些变量的潜在原因的不可测变量。

在结构方程模型里，你可以为拟合度做一种显著性检验。我们之所以说是“显著性检验的一种”，是因为这里的零假设是与该理论拟合的假设。因此，一个显著的结果会告诉你这个理论不会拟合。换句话说，一个研究者试图论证一种理论时，会期待着在显著性检验里有一个非显著的结果！

结构方程模型超越普通路径分析的第二个主要的优点是采用了我们称为**潜在变量**的东西。潜在变量事实上并未测量，但是代表着一个你想要测量但大概仅仅可以通过现实生活手段测量的真实的变量。举个例子，一个潜在的变量可能是社会等级，由于其难以直接测量，研究者可以通过收入水平、受教育时长、职业声望、家庭居住面积这些可测变量来近似测量。这些可测变量本身没有一个能够非常有效地代表社会阶层。

在结构方程模型中，从理论上来说潜在变量是众多可测变量的集合，之所以能够这样结合是因为它们之间存在共性。它们之间的共同之处就是真正需要的数据，也就是说它们都包含潜在变量的部分东西。(潜在变量就相当于因素分析中的一个因素，该因素并不是直接测量的，但是它代表了构成它的某些变量的集合。)

在结构方程模型的路径图里，被测量的变量通常都会显示在方框里，潜在变量都显示在圆框或椭圆框里，如图 15—5 所示。注意在这个图中，箭头是从潜在变量（圆框里的）指向可测变量（方框里的）的。这意味着潜在变量是引起可测变量的潜在原因，而获取潜在变量数据的最好方法就是从可测变量入手。

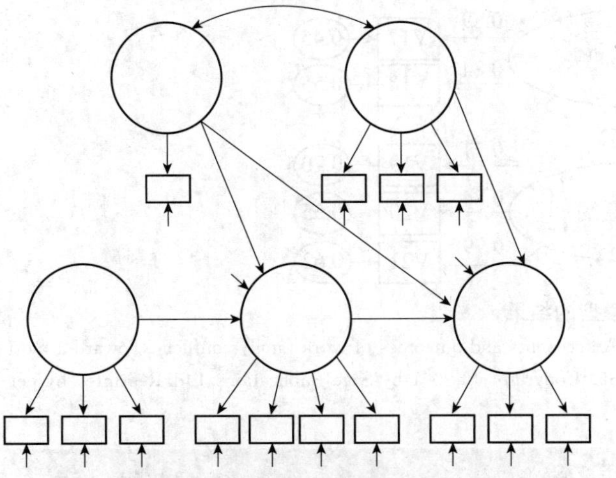

图 15—5　结构方程模型的路径图

631 同样注意变量间的所有其他箭头都是在潜在变量之间的。结构方程模型是这样工作的：可测变量构成了潜在变量，并且分析的中心点是潜在变量间的因果联系（路径）。(注意，最后，短箭头看上去来自于不存在的地方。这些表明还存在误差——其他的不可测的原因——影响了变量。这些“误差”或“干扰”箭头有时候在发表的论文中被剔除了以保持图像的简化。)

结构方程模型的一个例子

这个例子来自于森赛尔和她同事（Senecal et al.，2001）的研究。他们阐述道：

> 当前研究的目标是设计和检验一个工作—家庭冲突的模型……该模型假定工作（即某人的雇主）和家庭（如某人的伴侣）的积极人际关系因素影响着工作和家庭活动动力。另外，该模型假定低自我决定水平的家庭活动和工作动力都影响着家庭疏远水平，而家庭疏远水平又影响着工作—家庭冲突的体验。最后，工作—家庭冲突导致了情绪化衰竭的感受。(p. 176)

研究者测量了由 786 个被试组成的样本模型里的不同变量，这些被试全都是至少有兼职工作的法国裔加拿大人，他们都与伴侣同住，并且至少有一个孩子。

图 15—6 显示了他们的模型和路径系数的图解。注意每个潜在变量（显示在椭圆里的）都有与之联系的 2 到 4 个可测变量。举个例子，个体伴侣所评估的感受值有三个指向（标签 V1，V2，V3）。最重要的路径系数是潜在变量间的那些。举 632
个例子，个体伴侣所评估的感受值有一个实质的路径系数 0.47，导向家庭活动动力。这意味着，如果路径模型准确揭示了因果关系模式，那么伴侣的感受值提高 1 个标准差，就会导致家庭活动的动力提高 0.47 个标准差。

设置了模型，计算了路径系数，作者随后检验了他们样本中的相关与整个模型的拟合：“这个模型的适当性是用结构方程模型来评估的……”(p. 181) 除了观察特殊的路径系数，森赛尔和同事们（2001）还考虑了他们模型的整体拟合度，注意所有的假设路径在预测方向上都具有显著性系数，并且“CFI＝0.94，NNFI＝0.93（两个拟合指数）都是可以接受的”(p. 182)。

因果建模的一些局限性

认识到这些美妙的方法背后有什么样的魔力是非常重要的。它们完全来自研究者的深度思考。路径分析图里所有的预测路径都是显著的并且结构方程模型可以具有一个优秀的拟合度，而且其他因果关系的模式仍有很大的可能能够做得同样好或更好。

备选的箭头可向相反方向或不同的连接延伸，

或者这个模式可以包括不在原始图解里的附加变量。任何种类的因果建模都最好地显示了样本中的相关与理论是一致的。同样的相关性也与不同的理论具有一致性。理想情况下，研究者尝试着合理地选择理论并且找出不符合它们的样本里的相关性。然而，也存在着可供选择而研究者不想尝试的理论。

此外，到目前为止，我们认为的因果建模和所有的其他方法都是以相关为基础的。因此，它们全部遵循我们在第 11 章和第 12 章里强调的警示。最重要的警示是我们提出的一点：相关性不能证明因果关系的方向。而且，这些方法要把线性关系直接算在内。最后，如果存在范围限制，结果就会受到曲解（通常接近更小的路径系数）。

因此，不要被结构方程模型这样的方法里的数学复杂性所打倒。它是有用的——有时候用处极大——但是如果你没有随机分组，因果的方向和作用就不得不被合理地怀疑。如果潜在的关系是曲线的，或者如果存在其他的限制，如有范围的约束，则更复杂的方法通常比简单的双变量相关更可能给出错误的结果。

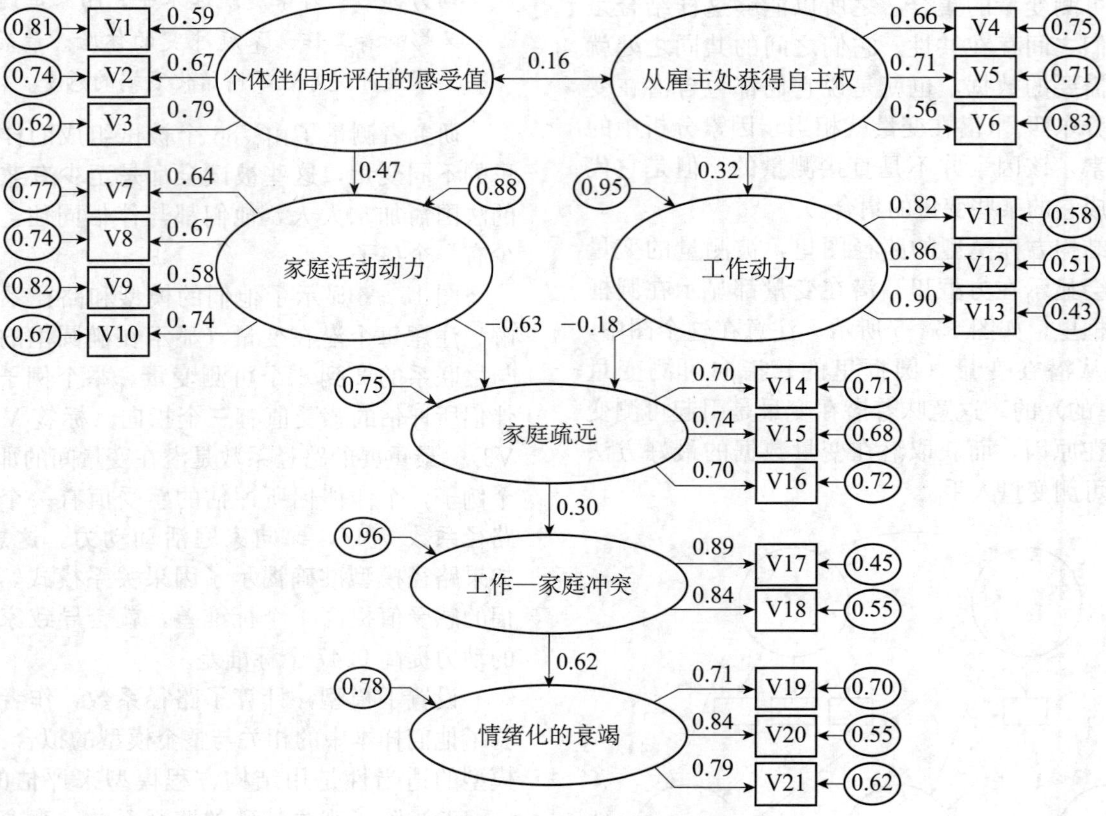

图 15—6 假设模型的结果

资料来源：Senecal，C.，Vallerand，R. J.，& Guay，F.（2001）. Antecedents and outcomes of work-family conflict：Toward a motivational model. *Personality and Social Psychology Bulletin*，*27*，176 - 186. Copyright © 2001 by Sage Publications. Ltd. Reprinted by permission of Sage Publications，Thousands Oaks，London，and New Delhi.

你会做吗？

1. 因果建模的目的是什么？

2. (a) 什么是路径图？(b) 什么是路径？(c) 什么是路径系数？(d) 在一般的路径分析中，你如何评估样本中相关模型的拟合度是否较好？

3. (a) 什么是中介分析？(b) 列出建立中介的四个步骤。(c) 解释完全中介和部分中介之间关系的差异。

4. (a) 什么是拟合指数？(b) 被认为是大多数拟合指数上的良好拟合度是多少？(c) 被认为是 RMSEA 上的非常良好的拟合度是多少？

5.（a）什么是潜在变量？（b）它与可测变量的关系是什么？（c）潜在变量和与它有关的可测变量 633
之间通常的因果方向是什么？（d）为什么？

6.（a）在结构方程模型中，整体拟合度的显著性检验的意义是什么？（b）这与普通的显著性检验有什么样的差异？

7. 结构方程模型的两个主要局限性是什么？

答案

1. 因果建模的目的是检验样本中的相关是否与这些变量间因果和作用的预测模式一致（此外，还包括在给定预测模式和相关的条件下计算变量间相关系数的大小）。

2.（a）路径图是估计变量间因果关系的图示，通过从原因到结果的箭头来展示因果关系。（b）路径是对两个变量间因果关系的估计，通过从原因到结果的箭头来展示。（c）路径系数是在假设路径图所揭示的关系是正确的前提下，基于样本中变量的相关所计算的因果联系的程度。假设路径图中的模式是正确的，那么原因变量上一个标准差的变化会相应地引起结果变量上几个标准差的变化。（d）通过核查路径系数是否都在预测的方向上并且是否显著来查看拟合度是否较好。

3.（a）中介分析是一种方法，用来检验两个变量之间存在的一种假定因果关系是否可以归于某些中介（或调节）变量。（b）步骤 1：展示变量 X 显著地预测变量 Y。步骤 2：展示 X 显著地预测变量 M。步骤 3：在多元回归背景下展示 M 预测 Y，且 X 也作为预测者包括在内。步骤 4：X 原本作为 Y 的预测者在将 M 纳入后，就无法对 Y 进行预测了。（c）如果中介变量 M 解释了所有 X 在 Y 上的作用，那么变量 X 和 Y 之间的关系就是完全中介。如果 M 解释了 X 对于 Y 的某些，而不是全部的作用，那么这种关系就是部分中介。

4.（a）拟合指数是一个数字，告诉你路径图里因果模式预测与样本里相关的一致性。（b）大部分拟合指数上的良好拟合度是 0.90 或更高。（c）RMSEA 上的非常良好的拟合度低于 0.05。

5.（a）潜在变量是不会被直接测量的变量，但是代表了相关变量的概念的真实值。（b）潜在变量表现了一组可测变量是具有共同之处的。（c）潜在变量和与它有关的可测变量间的通常的因果方向是从潜在变量到可测变量。（d）潜在变量是引起可测变量的潜在原因。

6.（a）结构方程模型里整体拟合度的显著性检验是关于零假设的检验，即样本里的相关和显示在路径图里的预测模型具有一致性。（b）一个显著的结果意味着存在一个差的拟合度。

7. 第一，无论拟合度有多好，你都不知道是否可能有一些其他的模型能够同样拟合得很好。第二，它是以相关为基础的，因此具有其所有的局限性（例如对特殊的因果方向不给出决定性的支持，完全以线性关系为根据并且被范围限制所扭曲）。

对照组方法 634

本章到目前为止，我们看到了关于变量间关系的统计方法，从本质上来看，是相关和回归的精心设计。现在我们致力于关注组平均数差异的方法，本质上说是方差分析（第 9 章和第 10 章）的一种精心设计。

在这样的方法中，存在着两种主要的变量。一种是把组从彼此间区分出来，如 t 检验里的实验组和控制组或者方差分析里的不同组（例如在第 9 章和第 10 章犯罪记录研究的例子中，供比较的被试分布在犯罪记录组、清白记录组和无信息组）。这样的一种变量，尤其是当组中成员是被研究者随机分配进各个组的，这叫作**自变量**。在一个双因素方差分析中，实际上存在两个自变量——例如，我们在第 10 章里提到的阿伦和同事们（2005）的研究里的敏感度（高与非高）和任务难度（容易与困难）。

自变量　被认为是一个原因的变量，例如 t 检验或方差分析中一个人所在的组。

因变量　被认为是一个结果的变量，通常是一个可测变量。

在对照组的研究中的另一种变量是测量变量。在犯罪记录的例子里（见第9章），它是无罪的评估；在阿伦和同事们（2005）的研究中，它是个人报告的消极情绪水平。这样的一个变量，可被测量，并且表现了实验程序的影响，它叫作**因变量**。就依赖的意义而言，这个变量上的任何被试的分数都依赖这个实验里发生的一切。

注意 t 检验或方差分析里的自变量类似于回归里的预测变量，并且 t 检验或方差分析里的因变量类似于回归里的效标变量。通常，实际上，当讨论回归结果时，甚至是在正规的研究论文里，研究者都会采用自变量—因变量这样的术语而不是预测—效标变量这样的术语。研究者采用预测—效标变量术语来做 t 检验或方差分析的情况是很罕见的。

我们不需要介绍这些术语（自变量和因变量），因为我们考虑的这些情况是相当直接的。然而，在不了解它们的差异的情况下理解本章剩余的方法是困难的。

协方差分析

协方差分析（ANCOVA） 控制一个或多个附加变量作用的方差分析。

协变量 协方差分析中的控制变量。

矫正后的平均数 协方差分析中矫正（排除）协变量作用之后的组平均数。

方差分析里运用最广泛的详细方法之一就是**协方差分析（ANCOVA）**。在这种方法里，你会做一个普通的方差分析，但是它会矫正其他不期待的附加变量对因变量的影响。协方差分析之于方差分析就像偏相关之于普通相关。被控制（或“排除”或“保持恒定”）的每个变量称作**协变量**。结果的剩余部分就像其他方差分析一样进行解释，除了一个例外：当报告结果的时候，研究者可能给出**矫正后的平均数**而不是每个组的平均数，即在矫正（排除）协变量作用后每个组的平均数。

这儿是一个例子。阿伦和同事们（Aron et al.，2000）请已婚的夫妇来到他们的实验室参与他们的评价会议。他们完成某些关于他们关系质量的问卷后，一起参与一项任务，并被要求在任务中思考处于被观察的情况下他们一起合作得怎么样，然后继续完成一些关于他们关系的问卷。事实上，问卷的第一个设置是一个前测，第二个设置是一个后测，而且该任务是受实验操纵的以便这些夫妇被随机分配在一起进行一项任务，因此一些夫妇被随机分配到一起的任务里，这是新
635 奇且振奋的：他们的手腕和脚踝被捆在一起，然后来回推动一个泡沫柱穿过一个30英尺的体操垫，以及中间一个3英尺的障碍物，在此期间不能使用手和牙齿，尽量在规定的时间内完成。其他的夫妇被随机安排到一个更加单调的任务中：他们仅仅是来回穿越体操垫。

根据一个理论上的模型，研究者预测“在新奇—振奋的活动中分享参与，与一般活动的分享参与相比较，可以促进体验到的关系质量”（p. 279）。然后他们继续描述他们的统计分析和结果：

> 为了检验这个假设，我们做了一个协方差分析（ANCOVA），即在夫妇平均后测的体验到的关系质量上比较两个实验组，并将夫妇平均前测关系质量（和关系长短）作为协变量……（这个假设）受到明确的支持，$F(1, 24)=6.07$，$p<0.05$，偏相关 r（效应大小的一种测量）$=0.45$。后测关系质量指数上的矫正后的平均数……在新奇—振奋活动组上的值是0.30，而在平凡活动组上的值是−0.35。（pp. 279 - 280）

注意存在着两个协变量。第一，研究者想要看到变化，因此他们通过将前测分数作为协变量矫正前测分数后与后测分数进行比较。另外，他们想确认他们的结果不受关系长短差异的影响；因此他们把关系长度作为第二个协变量。事实上，这些都是研究者采用协方差分析里的两种主要情形。一个是当他们想要研究变化并把前测测量作为协变量时，另一个是当存在他们想要让其影响保持恒定的多余变量时。

多元方差分析和多元协方差分析

目前为止，我们在这本书里讨论的所有方法只有一个因变量。虽然在析因方差分析中，可能存在着两个或两个以上的自变量，但是也只有一个因变量。

在这一节中，我们介绍**多元统计**，这是一种针对有超过一个因变量的情形的方法。我们将致力于两种应用得最广泛的多元方法，即方差分析和协方差分析的多元版本。[①]

多元统计　涉及多个因变量的统计方法。
多元方差分析（MANOVA）　具有多个因变量的方差分析。

多元方差分析（MANOVA）是存在多个因变量的方差分析。一般来说，因变量近乎对同一件事的不同测量，例如三个不同的政治卷入量表或两个不同的阅读能力测试。假设你研究三个组并在四个因变量上测量每个被试。根据四个因变量上的结合有多少不同，MANOVA 将给出三个组差异的整体 F 值和显著性水平。整体 F 值的计算与普通的方差分析不同。实际上，计算它时存在着某些略微不同的方法，但是最普遍的方法基于“Wik’s lambda”，尽管你可能在计算机的输出和研究论文里看到过提出的其他方法。然而，它仍然是一个 F 值并且以同样的基本方式加以解释。显著性意味着你可以拒绝在总体中组与组之间没有差异这一零假设。

当你用 MANOVA 发现组与组之间差异的整体显著性时，这就是在因变量的结合上有组间差异。然后你想了解组间差异是否存在于任一或所有的个别因变量中。因此，你会经常在 MANOVA 后对每个因变量进行普通方差分析。这些单独的方差分析叫“单变量方差分析”（与整体多元分析相比），因为每个都只有一个因变量。

一个例子

636

弗里德伯格和同事们（Frydenberg et al.，2003）研究了澳大利亚、哥伦比亚、德国和巴勒斯坦的青少年应对问题时具有什么样的差异。研究者考察了三种应对方式：“富有成效的应对”，涉及关注这个问题；“没有成效的应对”，涉及避免这个问题；“参照他人”，涉及一个人要求其他人给予帮助。他们这样形容这个结果：

> 为了考察应对风格上国籍的影响，采用作为因变量的 3 种应对风格和作为自变量的国籍进行 MANOVA……结果显示了国籍上的显著多元效应［$F(9, 1\,692)=47.99$；$p<0.001$］。(p. 63)

在鉴别出不同国家青少年应对风格的整体差异后，研究者随后想要分离出特定因变量的效应。随后的单变量方差分析的结果表明：“所有的单变量检验都是显著的。”（p. 63）举个例子，在一个分析中，研究者报告：“……巴勒斯坦学生比其他学生更多地使用［富有成效的应对］这种风格。澳大利亚和哥伦比亚的个体在使用这种风格的平均数上不存在差异，但使用它的情况多于德国被试。”（p. 63）

多元协方差分析

多元协方差分析（MANCOVA）
具有多个因变量的协方差分析。

在协方差分析里，具有多个因变量的分析叫作**多元协方差分析（MANCOVA）**。它和普通协方差分析的差异正如 MANOVA 和普通方差分析间的差异。并且，你可以把 MANCOVA 看作有协变量（需矫正的变量）的 MANOVA。

统计方法概述

表 15—7 展示了这章里所提到的各种方法，以及贯穿全书的其他参数方法。为了证明你学了多少，你也可以遮住右边这列并开始玩“命名那个统计”游戏。

① 还有一些多元相关和多元回归分析，它们通常含有不止一个的效标变量，比如典型相关分析，但是还没有得到广泛应用。除了方差和协方差的多元分析，多元建模、因素分析和广泛使用的结构方程模型在技术上也是多元的程序。

表 15—7　　主要的统计方法

关联或差异	自变量或预测变量的数量	因变量或效标变量的数量	有任何控制变量吗？	方法的名称
关联	1	1	没有	双变量相关/回归
关联	以某种方式分组，任何数量	1	可能有	多元建模
关联	1	1	有	偏相关
关联	许多，不可区分的		没有	信度系数、因素分析
关联	许多，特殊因果模式			路径分析、结构方程模型
差异	1	1	没有	单因素方差分析、t 检验
差异	任何数量	1	没有	析因方差分析
差异	任何数量	1	有	协方差分析
差异	任何数量	任何数量	没有	多元方差分析
差异	任何数量	任何数量	有	多元协方差分析

637

你会做吗？

1. 在一个 t 检验或方差分析中，(a) 什么是自变量？(b) 什么是因变量？(c) 自变量和因变量是怎么对应于效标变量和预测变量的？

2. (a) 什么是协方差分析？(b) 它是如何类似于偏相关的？(c) 什么是协变量？(d) 协变量最普遍的两个类型是什么？

3. 多元统计如何不像本书先前提到的所有方法的？

4. (a) 什么是多元方差分析，并且它是如何区别于普通的方差分析的？(b) 在 MANOVA 里发现了显著作用后，下一步通常是什么？(c) 什么是多元协方差分析，并且它是如何区别于普通的协方差分析的？

5. 如果你有多个自变量，仅有一个因变量，还有一个或多个协变量，你要采用什么方法？

答案

1. (a) 自变量是可以区分组的变量。(b) 因变量是被测量的变量。(c) 自变量类似预测变量，因变量类似效标变量。

2. (a) 协方差分析是控制（或调整或排除）了一个或多个变量的方差分析。(b) 协方差分析类似于偏相关，在其中体现了控制了另一个变量的结果。(c) 协变量是可以控制（或矫正或排除）的变量。(d) 协变量最普遍的两个类型是在前测中测量的变量和分析中增加的不期待的妨碍变量。

3. 它们可以有超过一个因变量。

4. (a) 多元方差分析是具有多个因变量的方差分析。(b) 执行一系列的单变量方差分析，即每个因变量上单独的方差分析。(c) 多元协方差分析是具有多个因变量的协方差分析。

5. 协方差分析。

争论：统计学存在争议吗？

大多数统计学书籍，包括本书，用一个相当固定的方式教你一些统计学方法，几乎像是告知了完全的真相。但是我们也试图用我们的争论部分搞乱这一整齐的画面。通常，这被认为是迷惑学生。（尽管当你学习了心理学的其他领域后，我们希望你可以基于争论的展现加以理解：某个人的研究论证了一件事，但是另一个人却揭示了这个研究存在缺陷，然而那个人的学生却证明了所谓的缺陷只是一个例外，等等。）因此，在最后的争论这一节，我们要尝试着把事情弄得更乱！

638

信息箱 15—3　费希尔和皮尔逊，迫不得已的同伴关系

最后，让我们看一下心理学中统计方法的历史，增添一些让人感兴趣的小花絮。我们在信息箱 9—1 中告诉过你伦纳德·费希尔爵士多多少少算是发明了今天被应用的实验方法，并且他是一个难相处的人；而另一个英国统计学家，卡尔·皮尔逊，是其特别的敌人。

皮尔逊有一个儿子，名叫埃贡（Egon），他在他父亲的伦敦大学学院高尔顿实验室工作。1925 年，年轻的埃贡与杰西·奈曼（Jerzy Neyman）建立了永恒的友谊，奈曼是华沙大学的年轻讲师，刚刚来到高尔顿实验室。在接下来的那些年里，他们亲密合作。

1933 年，卡尔·皮尔逊退休了。讽刺的是，皮尔逊给予了费希尔由高尔顿创立的优生学系主任这个旧职位。并且由于费希尔和老皮尔逊之间的不和，出现了一个新的统计学系，它由皮尔逊的儿子埃贡来领导。

正如小皮尔逊和他的朋友奈曼所陈述的困难，他们尽量避免将伦纳德爵士和老皮尔逊之间的不和继续下去，但不久这变得更加激烈了。实际上奈曼和年轻的皮尔逊的工作受到费希尔思想的支持多于老皮尔逊的思想，但是他们试图友好地对费希尔的方法进行扩展，这激怒了性格暴躁的伦纳德爵士。

还有关于奈曼的更多的趣事。当希特勒侵略波兰时，他就移民去了美国，在加州大学伯克利分校开启了统计学项目，他一直待在那里直到 1981 年去世。奈曼由于招募了大卫·布莱克威尔而被人熟知。布莱克威尔是一位非裔美籍统计学家，但由于种族问题难以获得一份较好的工作。此外，奈曼还由于他独特的下午茶而被人知晓，他在喝下午茶时总是对出席的“女性”大加赞赏，奈曼在事业上给予了她们很大的帮助，某种程度上培养了许多杰出的女性统计学家。

然而，直到 1962 年费希尔去世之前，奈曼都饱受来自费希尔的攻击。费希尔曾否定了贝叶斯定理，贝叶斯定理作为一种统计学的整体思路，阐述了进行科学研究是为了依据收集到的新证据来调整预先存在的观念。在费希尔看来，进行科学研究主要是为了客观公正地反驳零假设，而不是验证主观上预先存在的可能性。费希尔异常教条地坚持他的观点，在他看来他的方法是“绝对严密”并且经过了“明晰的推演”的。费希尔思想深邃，著作丰富，在世界上影响深远。

皮尔逊和奈曼也曾否定贝叶斯定理，但是他们提出了检验两个相对假设而不仅仅是检验零假设的方法。基于这一思想，统计学中的两类错误得以出现。Ⅰ型错误是指当零假设实际上为真时却被拒绝。（他们将发生这种错误的概率称为 α 或者显著性水平——听起来是不是特别熟悉?）Ⅱ型错误是指当零假设实际上为假时却被接受。（发生这种错误的概率称为 β——是不是仍然很熟悉?）你更加倾向于缩小哪种类型的错误发生的概率取决于你的研究目的，这是因为奈曼和皮尔逊常常是从应用研究的角度来思考的。除了零假设外，费希尔从未讨论过其他假设，也未曾考虑过Ⅱ型错误。

现在你可以看看发生了什么：当今的统计学是费希尔的思想与无法再被忽视的皮尔逊和奈曼思想的融合。它是一个结合体，其中就各自的阵营来看，他们的方法基本上是对立的，没有一个能够说服对方。费希尔将奈曼和皮尔逊在“国家五年计划所需要的综合组织与努力”中将科学转化为技术的决断称为苏联人的刻板印象，并且当奈曼在伦敦的皇家统计学会做报告之后给予了讽刺，他认为奈曼应该选择“你可以与权威交谈”这一话题。在奈曼看来，费希尔的检验方法可以称为数理上最无用的方法。呃……这是有多理性啊!

正如我们在这些信息箱中注释的一样，统计可能更好也可能更坏，它是被操控在一起的人类智力和人类激情的成果（理想地说，为了科学的缘故，尽管后者的程度较低）。这些结果并不总是完美，但是它们远远比表面上看到的更有趣。

资料来源：Peters，1987；Salsburg，2001；Stigler，1986；Tankard，1984.

在信息箱 15—3，我们通过费希尔和奈曼一皮尔逊两种方法思想的融合来介绍当今统计学的发展历史。这个结合被假定为终结争执的一种更好的方法，但是实际上，尽管大多数心理学家对这

种结合感到满意，其他人，例如吉仁泽和他的同
639 事（Gigerenzer & Murray，1987；Gigerenzer et al.，1989；Sedlmeier & Gigerenzer，1989）却一点也不满意。雅各布·寇恩（1990）和罗伯特·罗森塔尔（例如，Rosnow & Rosenthal，1989）也是如此，这两个心理学家都以他们在统计方法上的贡献而著名，并且他们的课题都是统计检验力、效应大小、零假设、元分析和其他的我们在本书中提到的课题。

吉仁泽和默里（Gigerenzer & Murray，1987）提出费希尔和皮尔逊与奈曼的观点——这些早期的统计学家在根本上就是对立的——作为混合的结果已经被误解和滥用了。这个结合完全是基于一种便利，很少思考其带来的长期影响。吉仁泽和默里把这种混合视为受固执和有说服力的伦纳德·费希尔爵士（回忆信息箱9—1）影响而写作的大量的最初的统计教材的结果。但是后来，第二次世界大战之后，皮尔逊—奈曼的观点变得出名并且在没有承认原始教材可能有错误的情况下被加以整合。（这一愿望是展示心理学是一门科学，它以统一的、机制性的、完美的决策方法为基础。）

吉仁泽和默里陈述的所有这些结果，是争议和替代方法的疏忽，并且关于统计学的书“充满了概念上的混淆、含糊和错误”（p.23）。此外，他们提出的这些主流的统计方法，起初仅仅是工具，现在却成了心理学家关于人类对他们自身的认知和知觉的方法（回忆信息箱10—1）。

更普遍的是，我们在第4，5，6章里思考的当前关于显著性检验的热烈争论是重新开始这个久被搁置的争议的更大趋势的一部分。

作为对所有这些的最后一句总结，我们必须要说心理学家和统计学家中的大部分对当今教科书里出现的方法感到相当满意。时间和审慎的思考会告知我们当前众多心理学家和统计学家的这种满意是不是合适的。然而，没有人准备给予我们答案，我们必须同心协力去做这件事。因此，我们真正地希望，一旦你在这本书中掌握了这些方法，你就会有信心看得更远并且不会甘愿继续用从20年前至今都在用的一种没头脑的、死记硬背的方式应用这些方法。如果你要成为一个阅读研究或做研究的心理学家，那么无论你对什么感兴趣，你都必须在更广泛的学科里成为一个良好“市民”。在数据分析的方法里至少保持一点发展，还要接受甚至要求某些改变。毕竟，如果我们的工具变得陈旧，我们的发现还有什么希望呢？

如何阅读采用不常见的统计方法的研究结果

以本章为基础加上你在本书中所学的，你就能至少用一种普通的方法很好地准备阅读和理解大多数研究论文中的结果。然而，现在以及以后你仍然会碰到新的方法（并且有时候是关于旧方法的不熟悉的名称）。这在老练的研究者身上也会发生。因此当你碰到某些你之前从未听说过的情况时你应该做些什么呢？

首先，不要慌张。通常，你要想出一种基本的思想。问问你自己这种方法是否与你已经了解的方法有关系。想象一下你阅读一篇研究论文的结果部分且研究者陈述他们进行了logistic回归（你在本书中并未学到的一种方法）。假如你觉得这种方法因为包含“回归”这个词很可能与你熟
640 悉的某种回归的方法相似，那么这是很好的一点。通过阅读结果的剩余部分和论文的其他部分，对你来说，你可能会很好地理解研究者采用的是什么样的分析。

几乎总是存在一个p水平，并且结果模式被认为是显著还是不显著十分清晰。另外，通常会有某些关联度或差异大小的迹象。如果统计量是关于某些变量的关联情况的，那么很可能结果接近于1时关联更强，接近于0时关联更弱。你不应该期待你能理解这种情形里的每个词语，但是尽可能理解结果的主要意义。

> **成功小贴士**
>
> 当面对一种不熟悉的统计手段时，聚焦于你对此能够理解之处。这可能会让你得到这个结果的一般思想。

假设你真的不能想出任何关于研究论文里采用的统计手段。在这种情形下，你可以尽量查阅一本统计学书里的方法。中级和高级统计教材有时候是一个好的赌注，但是我们不得不提醒你，单凭自己试图理解中级和高级统计教材是比较困难的。许多这样的书籍都是以大量的数学为导向的。甚至一个相当简单的教材也会使用自己的一

套符号。因此，不阅读整本书，对于理解一种特殊方法的描述是非常困难的。也许在这种情况下有一个更好的解决办法，就是向教授和研究生寻求帮助。如果你按照从这本书中所学的来了解这个基础思想，你就应该能够理解他们解释的本质。表 15—8 总结了当你碰到使用不熟悉统计手段的结果时，你可以使用的不同方法。

成功小贴士

你或许也可以尝试在网络上探索有关不熟悉的统计手段的信息。然而，如同使用教科书，你可能遇到使用符号和复杂描述的困难。同样，你不得不对一个特定网站上的内容是否精确进行判断。

如果你经常碰到你不了解的统计手段，最好的解决方法就是上更多的统计学课程。通常，在这样的一个课程后是中级课程，它主要致力于方差分析且在某种程度上深入考察多元回归。如果你想要上心理学的研究生，你会发现这可能非常有用，统计在所有你将进行的研究中充当着具有决定性意义的工具。它会对你的毕业有所帮助。同样，这门课程里的强大操作性能给高级研究项目申请的评估者留下极其深刻的印象。（这也是我们的经验，特别是在这门课程中你会很享受与其他同学的相处。那些上心理学中级统计课程的人不会是统计学上的专家，但是他们大多是积极的、聪明的且与你有相同目标的学生。）事实上，某些人发现统计学是如此迷人以至于以此为职业。你可能也会这样！

一般来说，新的统计方法不断地被发明出来。所有的心理学家在阅读研究论文时都会碰到不熟悉的数字和符号。他们苦苦思索而且你也会。我们可以很自信地这么说，是因为你已经完整、聪慧地学至本教材的末尾，并且对于心理统计学中的诸多争议话题你也已经统统熟知了。它一定能给你十足的自信，只需要一点儿时间和注意，你就可以了解统计学里更深远的东西。祝贺你的成就。

表 15—8　阅读使用不常见的统计手段的结果时的策略

- 不要恐慌
- 致力于你能够了解的关于这个手段的一切
- 看看这种手段是否可能涉及你已经了解的
- 寻找一个 p 水平来看是否这些结果具有统计显著性
- 寻找一个可能显示出关联度或差异大小的统计量
- 在互联网或高级教科书里查阅方法
- 向教授或研究生寻求帮助

小结 641

1. 一般线性模型是对于个体在某个变量上的数据所受到的影响因素的方程式。一般线性模型声明任一个体的变量值是一个常数的总和，加上某些其他变量的加权影响，加上误差。双变量和多元相关和回归（及其显著性检验）、t 检验和方差分析全都是一般线性模型的特殊例子。

2. 偏相关是在保持其他一个或多个变量恒定后的两个变量间的相关。

3. 信度系数揭示了某个测验中数据的内部一致性程度（一般以克隆巴赫阿尔法系数表示），随时间流逝依然保持一致性的程度（重测信度），以及从不同的评估者那儿取得的可用以比较的数据之间的一致性程度（评分者信度）。

4. 当得分以一些方式分组时，就要使用多元建模，因此每个组内得分是低水平变量，整个组的得分是高水平变量。研究低水平变量间相关的传统方法是对每组做一个回归并平均这些结果；下一步可能是看看高水平变量能否预测低水平变量上的平均的组得分。更多复杂的统计方法实际上在今天的实践里都采用了，例如分层线性模型（HLM）。

5. 因素分析确定了变量的组别，即因素，这些变量间彼此相关最大，而与其他变量间的相关最小。因子负荷是一个变量和一个因素的相关。

6. 因果建模考察了样本里的某些变量的相关是否与它们中的系统的、假设的因果关系模式相一致。路径分析用箭头描述这些关系，每个都从因指向果，每个箭头都有一个路径系数以表明理论上的原因变量对理论上的结果变量的影响。中介分析是路径分析一种形式，它检验两个变量间假定的因果关系是不是由中介（或调节）变量引起的。结构方程模型是路径分析的高级版本，包括潜在的、不可测的变量（每一个都表现了某些可测变量的共同元素）。它也提供了样本中的相关与假设因果模式的整体拟合度的测量。

7. 在需要对照组的 t 检验、方差分析和其他方法里，区分组且被认为是原因的变量称作是自变量，被测量的且认为是结果的变量称作因变量。

8. 协方差分析（ANCOVA）是控制一个或多个变量（叫协变量）的方差分析。多元方差分析（MANOVA）是具有多个因变量的方差分析。多元协方差分析（MANCOVA）是具有多个因变量的协方差分析。

9. 在最近这些年，心理学家已经开始重新验证他们所使用的统计方法的基础，使得某些在历史上毋庸置疑的东西出现了争议的可能性。

10. 通过记住一些事情来得到一种不熟悉统计方法的主要思想是有可能的。首先，这种方法很可能告诉你变量间的关联或组间的差异。其次，p 值告诉你关联或差异的显著性。最后，你很可能会从关联程度或差异量中得到某些数字。

642

关键词

一般线性模型（p. 612）
偏相关（p. 617）
排除（p. 617）
偏相关系数（p. 618）
信度（p. 618）
重测信度（p. 619）
分半信度（p. 619）
克隆巴赫阿尔法系数（α）（p. 619）
内部一致性信度（p. 619）
评分者信度（p. 619）
多元建模（p. 621）
低水平变量（p. 621）
高水平变量（p. 621）
分层线性模型（HLM）（p. 621）
因素分析（p. 622）
因素（p. 622）
因子负荷（p. 622）
路径分析（p. 625）
路径（p. 625）
路径系数（p. 625）
中介分析（p. 626）
结构方程模型（p. 629）
拟合指数（p. 629）
RMSEA（p. 630）
潜在变量（p. 630）
自变量（p. 634）
因变量（p. 634）
协方差分析（ANCOVA）（p. 634）
协变量（p. 634）
矫正后的平均数（p. 634）
多元统计（p. 635）
多元方差分析（MANOVA）（p. 635）
多元协方差分析（MANCOVA）（p. 636）

练习题

对于下面的问题，需要你解释结果，但仅仅需要你使用本章中描述的程序，来解释一般意义上的结果。你不需要使用你在过去章节中学到的程序来描述。

所有数据都是虚构的，除非已经给出实际的引用出处。

练习I（练习I的答案，见 pp. 698－700）

1. 齐默·吉姆贝克和他的同事（Zimmer-Gembeck et al.，2001）在明尼阿波利斯研究了一个16岁年龄段的约会样本数据。作为研究的一部分，他们检验了约会经验和自我概念的各方面品质，以及自我价值感（16岁年龄段的孩子对学习能力、社会接纳等方面的一个自我评价）。然而，研究人员担心这些变量会被生理成熟的外貌（这个人看起来的年龄）所影响。因此，他们在表15—9的结果中提供了“控制了生理成熟的外貌”后的相关系数。

向一个熟悉相关和多元回归但不熟悉偏相关的人解释这一方法和一些例子的结果的模式。

2. 博伊德和古洛内（Boyd & Gullone，1997）在澳大利亚的墨尔本研究了783名学生样本的焦虑和抑郁。为了测量焦虑，他们使用了修订过的儿童焦虑表现量表（RCMAS）。RCMAS能测量焦虑的不同领域（如生理焦虑和社会关注引起的焦虑）。在讨论测量的方法部分中，他们注释道：“RCMAS的阿尔法系数的信度范围为0.42～0.87。”（p. 192）向一个熟悉相关但不熟悉信度或与此有关的统计手段或方法的人解释这些结果。

3. 瑞安和他的同事（Ryan et al.，1998）进行了一项研究，以考察六年级学生在课堂中倾向于避免寻求帮助是否与学生和课堂水平的特点有

表 15—9　**16 岁时的约会与自我概念的偏相关（控制了生理成熟的外貌）**　643

自我概念/自我价值感	过度参与约会	约会经验水平	浪漫关系质量
学业能力	−0.10	0.08	−0.03
社交接纳	0.04	0.24**	0.29**
生理外貌	0.06	0.24**	0.11
工作能力	−0.12	0.12	0.07
浪漫吸引力	0.10	0.35**	0.36**
行为操守	−0.33***	−0.17*	−0.04
亲密的友谊	0.00	0.09	0.09
整体自我价值感	−0.11	0.05	0.18*

注：*N* 的范围从 125（浪漫关系的质量）到 166。

* $p<0.05$，** $p<0.01$，*** $p<0.001$。

资料来源：Zimmer-Gembeck，M. J.，Siebenbruner，J.，& Collins，A. W.（2001). Diverse aspects of dating：Associations with psychosocial functioning from early to middle adolescence. *Journal of Adolescence*，*24*，313－336. Copyright © 2001 with permission of Elsevier.

关。参与者有 516 名学生，从 63 个不同的数学课堂选出。在他们描述的结果中，研究者注释道："我们使用了分层线性模型（HLM）来检验我们的研究问题……我们的问题是分层的，我们对学生水平的特点和课堂水平的特点与学生避免寻求帮助之间的关系感兴趣。"（p. 530）研究者所检验的学生水平的特点之一就是学业自我效能感，它是学生对于他们成功完成学校工作的能力的自信程度。所检验的课堂水平的特点之一就是教师对于自己在学生的社交和情感中扮演的角色的评估。研究者们对他们的研究成果总结如下："这个研究通过增加对个体和课堂水平的预测，从而扩展了过去研究中对于寻求帮助的检验。通过使用多重分析技术，我们发现避免寻求帮助与个体和课堂特点相关。"（p. 532）

向一个熟悉回归（预测）但不熟悉多元建模的人解释这些结果。

4. 法齐和他的同事（Fawzi et al.，1997）研究了《精神障碍诊断和统计手册》（第 4 版）（DSM-Ⅳ）中的创伤后应激障碍（PTSD）的标准是否适用于在美国的越南难民。他们研究的一部分是对 74 名难民进行访谈（使用他们本国语言），内容是关于不同的 PTSD 症状和他们所经历的创伤事件，如酷刑。正如所期望的那样，PTSD 症状的数量与他们经历的创伤事件相关。在对症状模式的进一步分析中，他们对其中的四个因素进行了因素分析：

> 与 DSM-Ⅳ一致，前三个因素分别代表了唤醒、回避，以及重新体验的维度［见表（15—10）］。然而，与 DSM-Ⅳ中将回避定义为症状的次级维度相比，在这个样本上，回

表 15—10　**针对 74 名越南难民的 PTSD-Ⅳ症状的主成分分析（因素分析）的因子负荷**　644

症状维度	因子负荷
唤醒	
经常做噩梦	0.79
注意力不集中	0.78
心情烦躁/愤怒	0.77
无法记起最严重的创伤事件内容	0.74
睡眠问题	0.73
避免提示创伤事件的活动	0.70
易受到惊吓	0.67
解释方差的百分比	44%
回避/退缩	
无法感受到情感	0.79
对日常活动缺乏兴趣	0.70
感觉分离或离群	0.65
易受到惊吓	0.51
感觉好像没有未来	0.51
解释方差的百分比	24%
重新体验	
经常回忆起创伤性事件	0.83
感觉事件再次发生	0.83
创伤事件被唤起时有强烈的情绪和生理反应	0.57
解释方差的百分比	22%
回避与创伤事件有关的刺激	
回避思考或感觉与创伤事件有关的刺激	0.71
解释方差的百分比	11%

资料来源：Fawzi，M. C. S.，Pham，T.，Lin，L.，Nguyen，T. V.，Ngo，D.，Murphy，E.，& Mollica，R. F.（1997). The validity of posttraumatic stress disorder among Vietnameses refugees. *Journal of Traumatic Stress*，*10*，101－108. Copyright © 1997 by the international society for Traumatic Stress Studies. Reprinted with permission.

> 避本身就包括两个次级维度。第二个因素揭示了回避与停药以及麻木反应之间的关系，并且显示了“无法感受到情感”以及“对日常活动缺乏兴趣”这两个因素的负荷较高。第四个因素反映了对与创伤事件有关的刺激的回避。（p. 104）

向一个熟悉相关但不熟悉因素分析的人解释结果。

5. 麦金龙-刘易斯和他的同事（Mackinnon-Lewis et al.，1997）对于8～10岁男孩社会适应度的预测因素感兴趣。他们使用的主要预测因素有孩子对于自身被父母接纳和拒绝的评分、同伴对于自身被接纳和攻击的评分，以及在实验互动中与兄弟姐妹的冲突。他们尝试了几种可能的因果模型，然后将最佳的因果模型称为模型1。

> 模型1的标准化路径系数呈现在图（15—7）中，揭示了那些被父母拒绝较多的兄弟姐妹的攻击性要比那些被父母拒绝较少的兄弟姐妹的攻击性更强。此外，在与兄弟姐妹的互动中攻击性较强的男孩，在他们的同伴看来其攻击性也较强，并且同伴们对其的接纳度也较低。尽管父亲对于兄弟姐妹之间的攻击性并没有直接的影响，但是有间接的证据表明父亲的接纳度较低与母亲的拒绝度较高有关。（p. 1027）

645

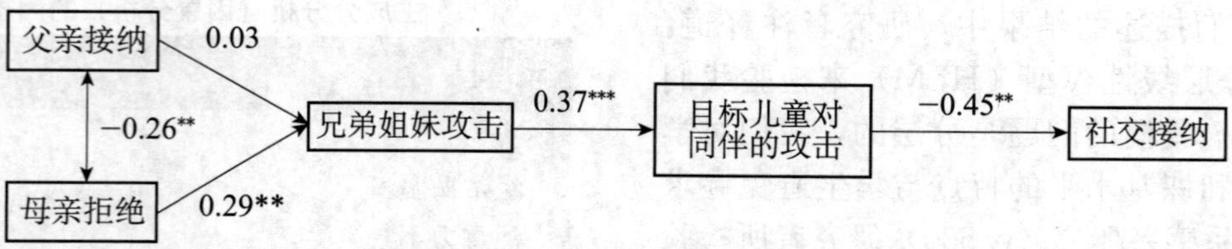

图 15—7　父母变量、兄弟姐妹攻击、同伴攻击、社交接纳四个变量之间联系的路径模型（标准化路径系数已给出）

** $p<0.01$，*** $p<0.001$.

资料来源：Mackinnon-Lewis，C.，Starnes，R.，Volling，B.，& Johnson，S.（2001）. Perception of parenting as predictors of boys' sibling and peer relations. *Developmental Psychology*，*22*，1024－1031. Published by the American Psychological Association. Reprinted with permission.

向一个熟悉多重回归和偏相关但不熟悉路径分析的人通过展示某些研究结果解释研究者所使用的方法。

6. 回顾一下第11章中阿伦和他的同事（2000）进行的一个113个已婚人士对于他们彼此之间关系的看法的问卷调查。该研究中，参与者完成了一系列的测量，包括对他们与伴侣一起共事的兴奋度的测量、对于他们关系质量的测量，以及对于这种关系厌倦度的测量。阿伦和他的同事通过两个研究检验了一个中介关系。“假设1：参与者高兴奋度会伴随高的关系质量。假设2：这种关系质量受到关系厌倦度的中介调节。”（p. 275）下面是他们的研究结果：

> 关于假设1，正如所预测的，在兴奋度和体验到的关系质量之间，存在一个相当强的正相关（$r=0.51$，$p<0.001$）……假设2是这种联系受到关系厌倦度的调节。这个结果清晰地支持了这个假设。正如图（15—8）所示，0.51是兴奋度和关系质量的系数，但是当关系厌倦度作为中介后，系数变为0.10。同时，关系厌倦度与兴奋度之间的相关为−0.56，与关系质量为−0.79，当兴奋度在模型中时，关系质量的系数仍然为−0.74。（p. 276）

向一个熟悉相关和预测但不熟悉中介分析的人解释他们使用的方法，并且说明实际的分析结果。

7. 阿伦和他的同事（1998）研究了单相思的体验，即喜欢某人，但是某人不喜欢你。他们的其中一个预测聚焦于体验的强度（有多想找到爱 646
人的程度）。研究者假设愿望（对于陷入爱河这种状态的渴望）、概率（对于对方会给予回报的信念）和愿望的状态（即使爱没有回报，情人仍然希望陷于爱河的程度）可以预测强度。阿伦和他的同事使用了结构方程模型来检验这一模型。结果显示在图15—9中（转自他们的图1）。

(a) 解释结果的模式。(b) 将这个模型作为例子，向一个熟悉多重回归但不熟悉路径分析或结构方程模型的人解释这些路径图（包括局限性）。

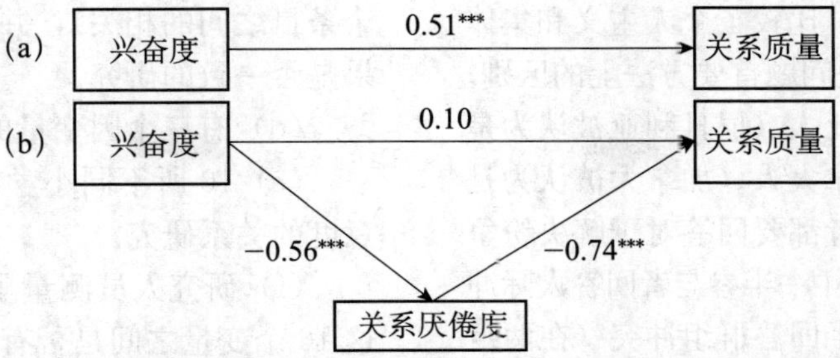

图 15—8　基于报纸调查数据（*N*＝112）的假设 2 的检验结果

注：路径图显示了关系厌倦度对兴奋度（在令人兴奋的活动中的参与性）和关系质量［在斯帕尼尔（Spanier，1976）的二元适应量表的二元满意度分量表上的得分］的联系的中介作用。路径系数是标准化回归系数。

*** $p<0.001$.

资料来源：Aron，A.，Norman，C. C.，Aron，E. N.，Mckenna，C.，& Heyman，R. E.（2000）. Couples's hared participation in novel and arousing activities and experienced relationship quality. *Journal of Personality and Social Psychology*，*78*，273－284.

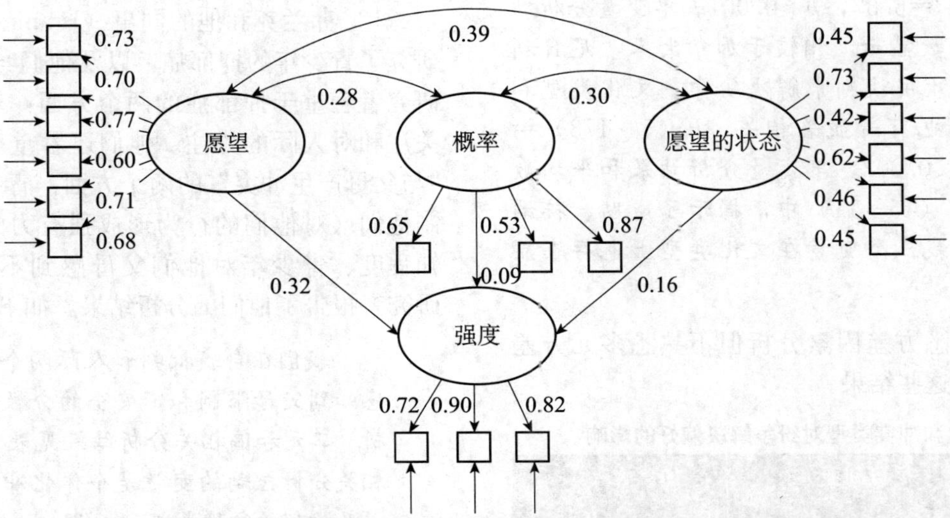

647

图 15—9　基于 743 个有单相思体验的被试的数据所构建的单相思动因的三因素框架的潜在变量模型

注：Bentler-Bonnet 范数固定指数（NFI）＝0.90；非范数固定指数（NNFI）＝0.92；平均标准化残差＝0.04；χ^2（129）＝430.88；$p<0.01$。这里展示的所有参数估计在 0.05 显著性水平上都显著不同于 0。关键的结果是愿望、概率以及愿望的状态到强度的每个因果路径系数都是正的且具有统计显著性，从而证实了这些变量中的每一个都能够独立地预测强度这一假设。

资料来源：Aron，A.，Aron，E. N.，& Allen，J.（1998）. Motivations for unreciprocated love. *Personality and Social Psychology Bulletin*，*24*，787－796. Copyright © 1998 by Sage Publications，Ltd. Reprinted by permission of Sage Publications，Thousands Oaks，London，and New Delhi.

8. 在以下的每个研究中，哪个变量是因变量，哪个变量又是自变量？

(a) 关于两种不同药物对焦虑水平影响的比较研究。

(b) 关于观看三种不同电影（恐怖、爱情或喜剧）时心率变化的研究。

(c) 比较母亲在或不在现场时，两个儿童在相同房间触碰次数的研究。

9. 勒泽和他的同事（Roeser et al.，2001）进行了一项关于美国和荷兰青少年自尊差异的跨文化研究。在他们的文章中，有个部分标记为“协变量”，并指出：“社会赞许性测量被列入每个分析中，是因为过去的研究证明，心理健康的自我报告测量经常会引起社会赞许的反应模式。”（p. 120）（那就是，社会赞许性是一个滋扰变量，他们担心会打乱他们的结果。）然后他们报告了一系列的协方差分析结果。以下就是他们的结果报告：“关于 CBCL（情感/行为问题的测量）的 ANCOVA 结果……表明只有一个显著性效应：排除社会赞许性变量的效应后……美国青少年要比荷兰同龄人有更多的外部问题，F（1，136）＝9.80，$p<0.01$，依塔的平方＝0.07。”（p. 123）将这个结果作为一个例子，向一个熟悉普通方差分析和偏相关但不熟悉协方差分析的人解释研究者做了什么。

10. 吉尔（Gire，1997）比较了个人主义和集体主义文化中的两种人在解决问题首要方法上的区别。参与者分别为 90 名尼日利亚人（尼日利亚被认为是集体主义社会）和 95 名加拿大人（加拿大被认为是个人主义社会）。所有参与者都要回答对于解决纷争的五种方法的喜爱程度。其中一半参与者回答人际冲突（在两个邻居之间），一半回答群组冲突（在两组
648 邻居之间）。这创建了一个双因素设计：两个自变量是文化（尼日利亚和加拿大）和冲突类型（人际和群组）。五个因变量是解决纷争的五种偏好。

> 使用多元方差分析程序（MANOVA）分析这些数据。结果显示，文化主效应显著，$F(5, 173)=6.37$，$p<0.001$。单变量分析结果和平均数显示，相较于加拿大人，尼日利亚人更喜欢用谈判来解决纷争。文化类型和冲突类型也有着显著相关，$F(5, 173)=3.84$，$p<0.002$。单变量分析结果和平均数呈现在表（15—11）中，揭示了威胁、接纳情境和仲裁三个变量在文化类型上也存在显著不同。

向一个熟悉方差因素分析但不熟悉多元方差分析的人解释这些结果。

表 15—11　文化和冲突类型对纷争解决偏好的影响

方法	尼日利亚人		加拿大人	
	IP	IG	IP	IG
威胁*	2.09	1.50	1.35	1.61
接纳情境*	2.72	3.16	3.43	2.71
谈判	6.07	6.11	5.56	5.64
调解	4.70	4.77	4.87	5.13
仲裁*	3.05	4.90	5.20	5.42

注：一个星号表示文化类型和冲突类型之间在 $p<0.05$ 水平上显著相关。越大的数字，表明越喜爱使用这种方法。IP＝人际冲突；IG＝群组冲突。

资料来源：Gire，J. T.（1997）. The varying effect of individualism-collectivism on reference for methods of conflict resolution. *Canadian Journal of Behavioral Science*，*29*，38－43. Copyright © 1997 by the Canadian Psychological Association. Reprinted with permission.

11. 对于以下的每个研究，最适合运用哪种统计方法？

（a）在几个变量之间有着复杂的因果模式的研究。

（b）考察两个变量之间联系的研究。

（c）关于问卷量表是否有内部一致性（即每个条目之间的相关），并且在一段时间内得出的结果是否一致的研究。

（d）有三个因变量的双因素设计研究。

（e）10 所不同小学的每个班级人数和学生满意度的关系研究。

（f）研究人员测量了 16 个变量，并试图发现这 16 个变量之间是否有简单的分组的研究。

（g）在单个因变量情况下，比较实验组和控制组的研究。

（h）在单个因变量情况下，比较五个个体组的研究。 649

练习Ⅱ

12. 弗兰克和他的同事（Frank et al.，1997）研究了青少年的抑郁症，以及他们与父母的关系。研究者着重于抑郁症的两个方面：对自我批判的关注和对人际的关注。他们还着重于他们所谓的“与父母产生冲突”的两个方面：青少年对父母限制他们（对他们的行为形成强有力的控制）的感知程度、青少年对他们父母感到不安全的程度。研究者报告了他们的分析结果，如下：

> 我们在自我批判和人际两个变量上，对于感知到父母限制和不安全的分数进行了相关分析。二元和偏相关分析结果见表（15—12）。偏相关分析控制的变量是个体化冲突的一个方面以及抑郁的每种类型。(p. 211)

表 15—12　限制和不安全量表与自我批判和人际之间的二元和偏相关分析

量表	二元 r		偏 r	
	人际	自我批判	人际	自我批判
限制				
父亲	0.12	0.23***	0.00	0.18**
母亲	0.08	0.23***	−0.12*	0.14**
不安全				
父亲	0.24***	0.13	0.20*	0.02
母亲	0.33***	0.12*	0.29***	−0.07

注：控制不安全（或限制）后，对限制（或不安全）和抑郁症进行偏相关分析。

* $p<0.05$，** $p<0.01$，*** $p<0.001$.

资料来源：Frank，S. J.，Poorman，M. O.，Van Egeren，L. A.，& Fields，D. T.（1997）. Perceived relationships with parents among adolescent impatients with depressive preoccupations and depressed mood. *Journal of Clinical Child Psychology*，*26*，205－215. Copyright © 1997 by Lawrence Erlbaum Associates，Inc. Reprinted with permission.

向一个熟悉相关和多重回归但不熟悉偏相关的人解释这种方法，并且说明例子中的这些结果。

13. 作为对学生对于大学中种族不公的信念的研究的一部分，施迈德尔和他的同事（Schmader et al.，2001）描述了一个关键部分的测量：“种族不公的信念通过四个项目来评估（$\alpha=0.69$）。”（p. 101）［下面是一个条目例子：“种族之间的地位差异是不公的结果。”（p. 101）］向那一个熟悉相关但不熟悉信度或是克隆巴赫系数的人解释“$\alpha=0.69$”的意思。

14. 麦克里兰和他的同事（McClelland et al.，2007）从 54 个不同的班级中选出 310 名学前儿童，研究了行为调节和学业成就之间的关系。行为调节是指规范行为的基本技能，如注意力集中和跟随指示。研究者注释道：“为了解释儿童在教
650 室中的表现，我们使用了分层线性模型……考察行为调节和学业成就之间的关系。”（p. 953）向一个熟悉回归但不熟悉多重建模的人解释，为什么研究者使用多重建模而不是回归来分析研究结果。

15. 克里克和他的同事（Crick et al.，1997）开发了一个教师对于学前儿童“关系攻击”的测量工具。通常，攻击是指直接的伤害，但是“关系攻击是指损害同伴关系（如使用社会排斥或谣言传播作为报复的形式）”（p. 579）。作为这个研究的一部分，他们首先整理了 23 条老师评价学前儿童社会行为的条目。他们描述了这种测量的关键分析，如下：

> 一个因素分析……首先评估是否……关系攻击将成为公然攻击的一个独立因素。这个分析产生了四个预测变量：关系攻击、公然攻击、亲社会行为和抑郁情感。（p. 582）

表 15—13 显示了因子负荷。向一个熟悉相关但不熟悉因素分析的人解释他们的结果。

表 15—13　教师社会行为量表（PSBS-T）的因子负荷

条目	关系攻击	公然攻击	亲社会行为	抑郁情感
告诉同伴，除非他按照要求做事，否则不会让他跟同伴或同伴的朋友玩	0.84			
告诉他人不要与他玩或成为他的朋友	0.83			
当一个同伴疯狂时，这个儿童要让他远离自己的团体	0.81			
告诉一个同伴，除非他按照儿童的要求做事，否则将不会受到邀请参加他们的生日聚会	0.88			
试图让他人不喜欢一个同伴	0.89			
如果同伴不按照要求做，就用口头威胁将这个同伴排除在团体之外	0.85			
踢或击打他人		0.81		
口头威胁要撞击或殴打他人		0.75		
当他感到苦恼时，毁坏其他同伴的东西		0.82		
推搡其他儿童		0.72		
通过捏儿童来伤害他们		0.83		
为了得到他们想要的东西，口头威胁要伤害某个同伴		0.81		
擅长分享和轮换			0.76	
会帮助同伴			0.83	
对同伴和善			0.62	
为其他儿童说或做美好的事			0.75	
没有什么太大的乐趣				0.90
看起来很难过				0.87
没有太多笑容				0.82

注：所有交叉负荷都小于 0.40。PSBS-T=学前儿童社会行为量表（教师版）。

资料来源：Crick，N. R.，Casas，J. F.，& Mosher，M.（1997）. Relational and overt aggression in preschool. *Developmental Psychology*，*33*，579－588. Published by the American Psychological Association. Reprinted with permission.

651 16. 佩内多和他的同事（Penedo et al.，2003）对 46 例接受过前列腺手术的男性的乐观态度、压力管理技能，以及积极情绪之间的关系进行了研究。他们进行了一个中介分析，即“压力管理技能是否可以作为乐观态度和积极情绪之间的中介变量”（p. 221）。他们做中介分析时使用的

四个步骤是你在本章中学过的。中介分析的结果支持了假设，并且中介关系显示为完全中介。基于完全中介已经得以证实的情况，向一个熟悉相关和预测的人解释佩内多及其同事在中介分析的四个步骤中每一个步骤所使用的变量是什么，并且描述每个步骤中所取得的结果。

17. 管和她的同事（Kwan et al.，1997）预测在不同的文化中，自尊、关系和谐以及生活满意度之间的关系会有所不同。在公共性更多的文化中，如许多亚洲文化，社会和谐会更重要。然而，在许多个体主义文化中，如大多数的北美和欧洲文化，自尊会更为重要。作为文化差异研究的一部分，研究者也测量了独立的自我构念（个体有多重视个人的发展和成就）和相互依存的自我构念（个体有多重视与他人的相处）。研究的参与者是388名来自美国和中国香港的大学生。图15—10显示了研究结果。注意研究者对每条路径都给出了两个路径系数：不在括号中的针对的是中国香港样本，在括号中的针对的是美国样本。

（a）解释这一结果模式。（b）将此图作为一个例子，向一个熟悉多元回归但不熟悉路径图或结构方程模型的人解释路径图的一般规则（包括任何局限性）。

18. 德加姆和福加什（DeGarmo & Forgatch，1997）对离婚母亲从她们的知己身上获得的社会支持进行了研究。研究者测量了一系列的变量，然后使用结构方程模型进行了检验。图15—11显示了结果。

（a）解释这一结果模式。（b）将此图作为一个例子，向一个熟悉多重回归但不熟悉路径图或结构方程模型的人解释路径图的一般规则（包括任何局限性）。

19. 在以下的每个研究中，哪个变量是因变量，哪个变量是自变量？

（a）对于一个复杂任务上的速度表现的研究，其中一组晚上进行，另外一组早上进行。

（b）比较大学女生和男生对于心理治疗态度的研究。

（c）对来自加拿大三个不同地区人们的投票偏好研究。

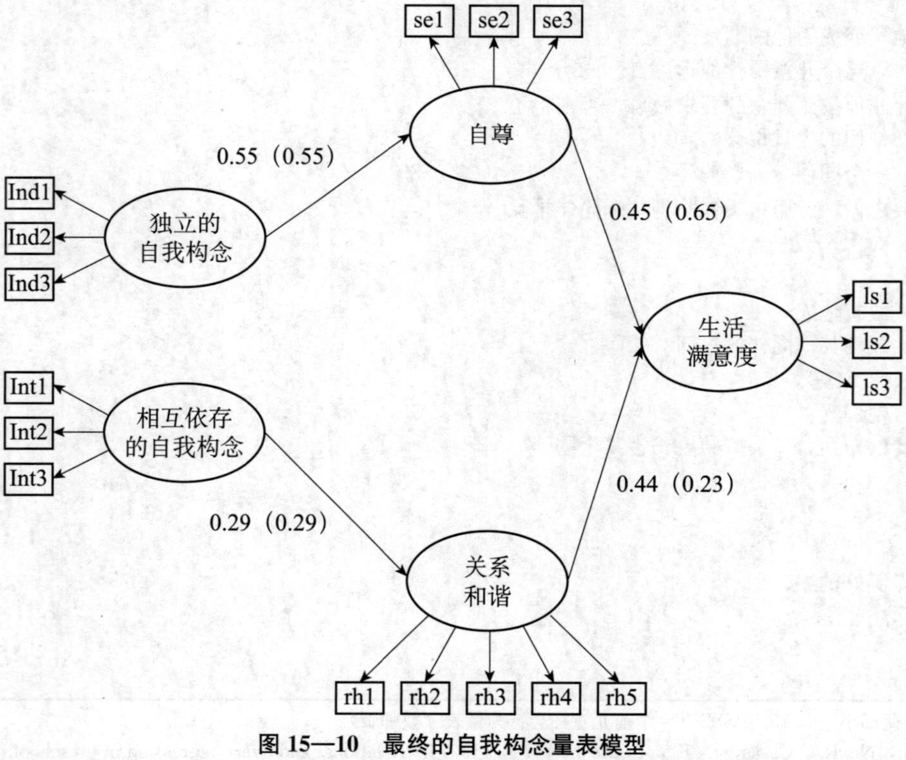

图15—10　最终的自我构念量表模型

注：中国香港样本 $N=194$，美国样本 $N=194$。图中椭圆部分为潜在的结构，方块代表指标，指向潜在结构的箭头代表的是因子负荷，潜在结构间的箭头表明的是路径系数。图中还列出了标准化路径系数，但为了清晰起见，省略了因子负荷和测量误差。括号内的数字是美国样本的系数，括号外的则是中国香港样本的系数。所有这些系数在0.05水平上具有显著性。

资料来源：Kwan，V. S.，Bond，M. A.，& Singelis，T. M.（1997）. Pancultural explanations for life satisfaction：Adding relationship harmony to self-esteem. *Journal of Personality and Social Psychology*，*73*，1038－1051. Published by the American Psychological Association. Reprinted with permission.

20. 汤普森和他的同事（Thompson et al.，2001）进行了一个“莫扎特效应”的研究——通过聆听莫扎特的音乐来提高执行空间任务时的表现。在他们初始的研究中，研究者发现聆听莫扎特音乐的参与者完成折纸任务时要比不听音乐或聆听其他作曲家音乐的表现要好。然而，当他们
652 重复他们的分析时，得出的结果是：

> ……一系列的协方差分析……检验了当对愉悦、唤醒、心境的个体差异进行统计学控制时，莫扎特效应是否还能成立。从每一步分析来看……协变量代表着（这些）测量之一的分数。尽管当心境分数被排除后……莫扎特效应仍然具有显著性，$F(1, 10) = 12.93$，$p < 0.05$，但当愉悦评级……唤醒分数，或者主观心境—唤醒评级保持恒定时，它将不再是可靠的。(p. 250)

针对一些对普通方差分析很熟悉但是对协方差分析不太了解的人，用这个结果作为例子，来阐述研究者做了什么。

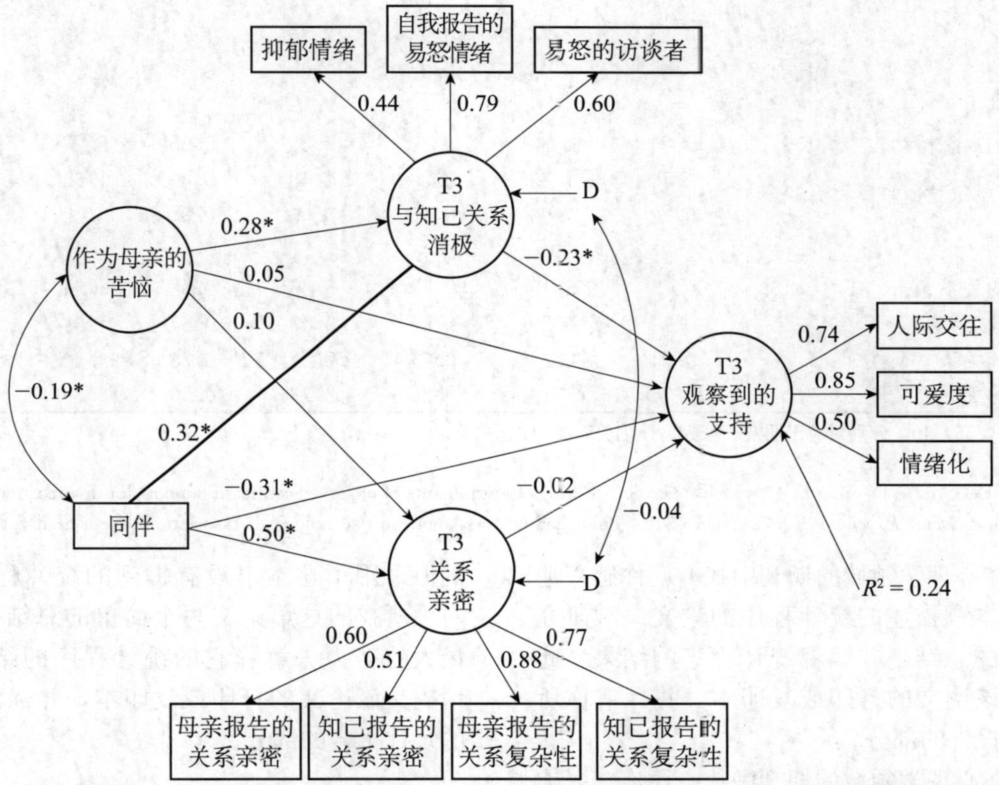

图 15—11　在对再婚以及作为母亲的苦恼进行控制的情况下，包含母亲、知己以及关系特征的支持过程模型

注：T3＝Time 3（时段 3）；$\chi^2(67, N=138) = 84.82$，$p = 0.07$；比较拟合指数＝0.962。

$^* p < 0.05$.

资料来源：DeGarmo，D. S.，& Forgatch，M. S.（1997）. Determinants of observed confidant support for divorced mothers. *Journal of Personality and Social Psychology*，*72*，336－345. Published by the American Psychological Association. Reprinted with permission.

21. 这一问题参照的是在问题 18 中描述过的德加姆和福加什（1997）研究的另一部分。研究者考察了一群离婚母亲从知己那儿所获得的支持，这些知己可能是亲近的朋友，也可能是家庭成员，或者是同居的伴侣。在研究中，这些离婚母亲和
653 她们的知己在各种变量上接受了访谈；她们在一些实验室任务中的互动还被录了下来，研究者将这一互动系统地进行了编码。这些不同的途径为测量母亲与其知己之间的关系提供了一系列的方法，主要包括三种关于知己对其支持的测量、四种关于与知己关系消极的测量以及四种关于他们之间关系亲密的测量。

研究的其中一个部分聚焦于朋友、家庭成员或同居伴侣这类知己之间的关系有什么不同。德加姆和福加什分析描述如下：

> 对来自朋友、家庭成员和同居伴侣的支

持、亲密和消极的三个指标进行多元和单变量的方差分析，平均数、差异的检验，以及显著性对比的结果见表（15—14）。

对指标的多元方差分析中，关系类型有显著差异，F（20，254）＝4.10，p<0.001。(p. 340)

接着德加姆和福加什讨论了单变量方差分析 654
的结果。例如，他们写道：“方差分析结果显示，伴侣的所提供的支持较少。”(p. 340)

向一个熟悉方差分析但不熟悉多元方差分析的人解释这些结果。

表 15—14　针对知己关系类型的结构指标的平均数与标准差

结构指标	朋友（1）		家人（2）		伴侣（3）		F（2，135）	显著性对比
	M	SD	M	SD	M	SD		
观察到的来自知己的支持								
人际交往	3.34	0.67	3.35	0.63	2.92	0.65	5.93**	1，2>3
可爱度	3.39	0.85	3.24	0.94	2.86	1.21	6.58**	1，2>3
情绪化	1.04	0.36	0.96	0.37	0.69	0.35	12.17***	1，2>3
与知己关系消极								
自我报告的易怒情绪	1.91	0.84	1.70	0.70	2.25	0.65	5.27**	3>2
知己报告的易怒情绪	1.36	0.50	1.33	0.35	1.48	0.40	1.65	
抑郁情绪	1.06	0.32	0.93	0.36	0.95	0.34	2.02	
关系亲密								
母亲报告的关系亲密	3.18	0.73	3.19	0.75	3.65	0.58	5.94**	3>1，2
知己报告的关系亲密	3.05	0.78	3.29	0.69	3.48	0.64	4.62**	3>1
母亲报告的关系复杂性	1.91	0.84	2.29	0.74	2.87	0.33	22.52***	3>1，2
知己报告的关系复杂性	2.01	0.74	2.19	0.75	2.73	0.55	13.36***	3>1，2

注：ns＝65，33，40，分别对应于朋友、家人、伴侣关系类型。

** p<0.01，*** p<0.001.

资料来源：DeGarmo，D. S.，& Forgatch，M. S.（1997）. Determinants of observed confidant support for divorced mothers. *Journal of Personality and Social Psychology*，*72*，336－345. Published by the American Psychological Association. Reprinted with Permission.

22. 请在心理学领域的期刊中找一篇你感兴趣的且采用了本章描述的统计程序的论文。对研究做一个简单的总结，并解释统计程序的结果。此外，请提交该论文的打印或复印本，并标清你所描述的统计报告的部分。

23. 请在心理学领域的期刊中找一篇你感兴趣的但采用了这本书没有提到的统计程序的论文。对你所找的这篇论文写个简单的总结，然后尽你最大的努力去解释它的统计程序的结果。此外，请提交该论文的打印或复印本，并标清你所描述的统计报告的部分。

SPSS 应用

（我们用 SPSS 15.0 这个版本。以下的步骤和输出窗口可能与其他版本有些稍微的不同。）你们将学习如何操作 SPSS 去执行本章学到的三种程序：偏相关、内部一致性信度、协方差分析。在本章提到这些程序中，这三个是能够不用特别的
655 理解便可以直接通过 SPSS操作的。不过，你们学的这三种程序只是最基础的，在从分析中得出结论的时候还是要谨慎，有可能会有一些你不知道的细节需要考虑到。

寻找偏相关系数

通常来说，用例子来展现以下的操作步骤是最简单的，所以我们使用第 11 章提到的睡眠和心情的例子。在那项研究中，一个研究者问六个学生前一晚睡了几个小时以及他们第二天的心情如何［从 0（一点都不快乐）到 8（非常快乐）］，结果得出睡眠与心情的相关具有统计显著性，r＝0.835，p＝0.031（见图 11—22）。这就告诉我们，人们前一晚的睡眠小时数和第二天所体验到

的心情快乐程度是有一定的联系的（睡眠越长心情越好，反之越差）。较少的睡眠可能会导致第二天的不良心情尽管是完全合理的，但是仍然可能存在一些同时影响个体睡眠和心情的其他变量，如个体的一般焦虑水平。因此，设想研究者还让学生被试评估了上一周的焦虑程度［从 0（一点都不焦虑）到 5（极度焦虑）］。你可以使用偏相关系数去考察在排除（或者控制）焦虑变量之后睡眠和心情的相关是否还成立。下面的图 15—12 中的 SPSS 数据编辑窗口显示的是睡眠、心情和焦虑这三个变量的（虚构）数据。

1. 将数据输入 SPSS 中，如图 15—12 所示。
2. 点击 Analyze。
656 3. 点击 Correlate。
4. 点击 Partial。
5. 点击变量“mood”，再点击箭头将其放入“Variables”框中。点击变量“sleep”，再点击箭头将其放入“Variables”框中。这个步骤是告诉 SPSS 软件要处理的是变量“mood”和“sleep”的相关。（如果你想比较每个变量之间的相关，你就把所有的变量都放到“Variables”框中。）
6. 点击变量“anxiety”，再点击箭头将其放入“Controlling for”框中，这是让 SPSS 处理“mood”和“sleep”关系的数据时控制或者部分排除变量“anxiety”。
7. 点击 Options。点击“Means and standard deviations”框。点击 Continue。（虽然这一步不是必需的，但是我们还是强烈建议大家在做偏相关分析的时候选择操作。）
8. 点击 OK，你的 SPSS 输出窗口应该类似于图 15—13。第一张表显示了每个变量的均值和

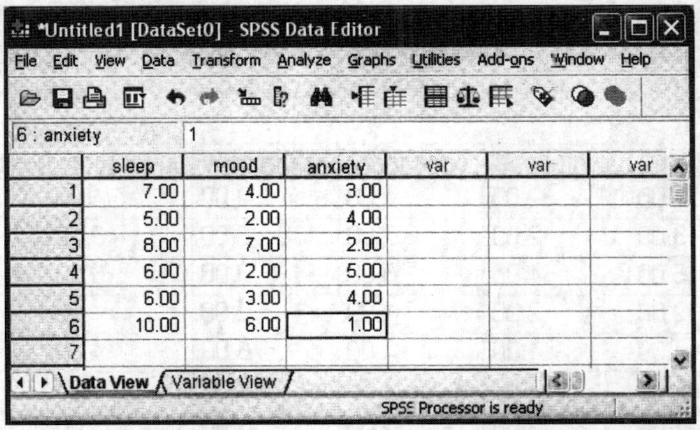

图 15—12　包含焦虑变量的睡眠与心情关系的虚构研究的 SPSS 数据编辑窗口

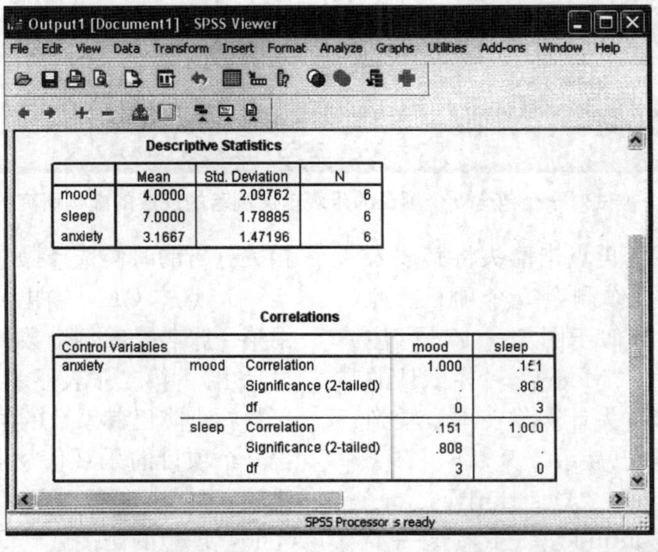

图 15—13　控制焦虑变量后，睡眠与心情关系的虚构研究的 SPSS 数据输出窗口

标准差。第二张表显示了偏相关分析的实际结果。我们可以看到，在控制了焦虑变量之后，心情和
657 睡眠的偏相关 $r=0.151$，$p=0.808$（比常用的0.05要大得多）。因此，偏相关系数没有统计显著性。这就意味着，控制了个体焦虑的状况，心情与睡眠是没有明显联系的，偏相关系数没有统计显著性。再看之前没有控制焦虑变量的心情和睡眠相关 $r=0.853$，$p=0.031$。在这个例子中，在控制了焦虑变量之后，之前的睡眠与心情的相关大大减少了，并且由显著变得不显著了。

计算内部一致性信度

内部一致性信度考察的是测验的各个项目是否测量了相同的内容或特质。设想一下，现在我们让10个人去完成一个乐观信念的测验，该测验有6个项目，每个项目用5点计分，从1分“非常反对”到5分“非常同意”，如“当遇到不确定的时候，我通常会往好的地方想”“我对我的未来通常都是乐观的”。（这些项目都是来自一个广泛使用的测量乐观态度的测验；Scheier et al.，1994。）

1. 将数据输入SPSS，如图15—14所示。我们将6个项目标记为“optimism1”“optimism2”等等。和之前一样，SPSS数据编辑窗口的每一行显示的是单个人的反应得分状况。

2. 点击Analyze。

3. 点击Scale。点击Reliability Analyze。接下来会打开一个信度分析窗口。

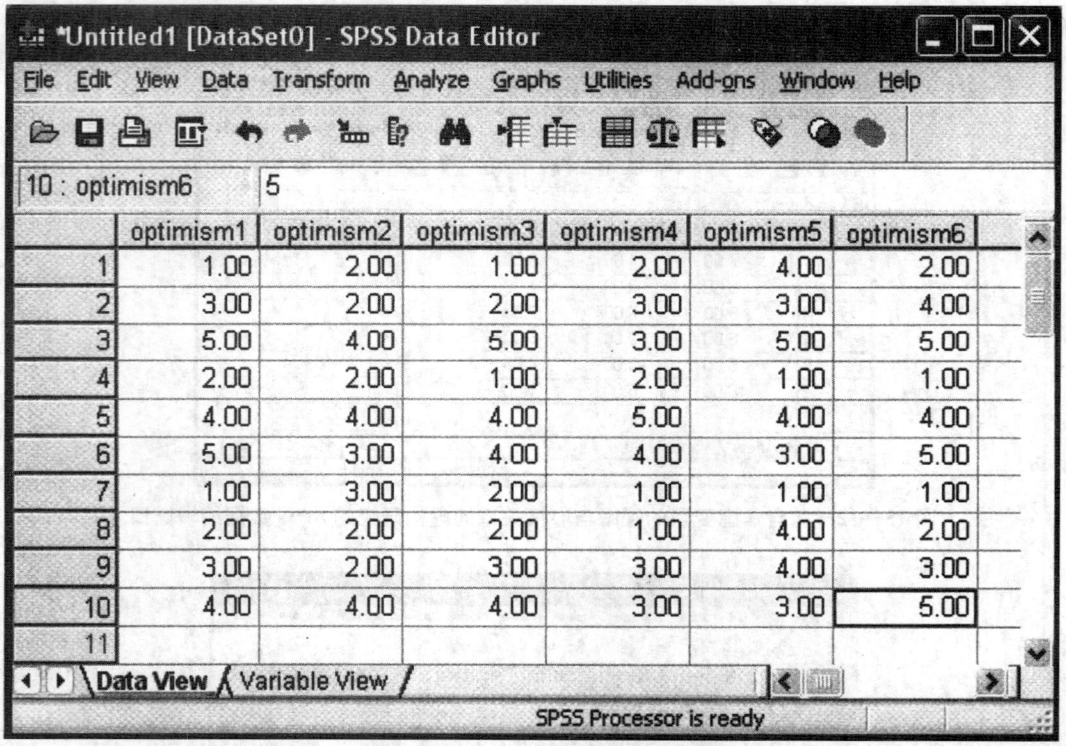

	optimism1	optimism2	optimism3	optimism4	optimism5	optimism6
1	1.00	2.00	1.00	2.00	4.00	2.00
2	3.00	2.00	2.00	3.00	3.00	4.00
3	5.00	4.00	5.00	3.00	5.00	5.00
4	2.00	2.00	1.00	2.00	1.00	1.00
5	4.00	4.00	4.00	5.00	4.00	4.00
6	5.00	3.00	4.00	4.00	3.00	5.00
7	1.00	3.00	2.00	1.00	1.00	1.00
8	2.00	2.00	2.00	1.00	4.00	2.00
9	3.00	2.00	3.00	3.00	4.00	3.00
10	4.00	4.00	4.00	3.00	3.00	5.00
11						

图15—14　一项10个被试对一个包含6个项目的乐观信念测验的反应的虚构研究的SPSS数据编辑窗口

658 4. 点击“optimism1”，再点击箭头将其放入“Items”框中，然后重复操作剩余5个项目。此时你的信度分析窗口应该类似于图15—15。（注意，信度分析窗口左下角的“Model”一栏默认的是“alpha”，意味着让SPSS去计算你在本章学到的内部一致性信度，即克隆巴赫系数。）

5. 点击Statistics。点击“Descriptives for”框下面的“Item”。点击Continue。（虽然这一步不是必需的，但是我们还是强烈建议大家在做偏相关分析的时候选择操作它。）

6. 点击OK，输出窗口如图15—16所示。其中第一张表是案例个数的汇总（在图15—16中未显示出）。第二张表显示了克隆巴赫系数的值和项目数。克隆巴赫系数的值为0.915，这意味着此包含6个项目的乐观信念测验的内部一致性信度是比较好的。（一般来说克隆巴赫系数至少得大于0.60，理想的是接近0.90。）第三张表显示了信度分析中各项目的统计量。

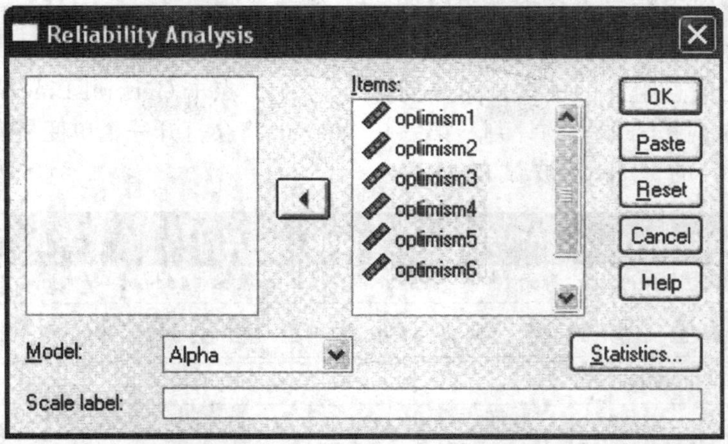

图 15—15　一项 10 个被试对一个包含 6 个项目的乐观信念测验的反应的虚构研究的 SPSS 信度分析窗口

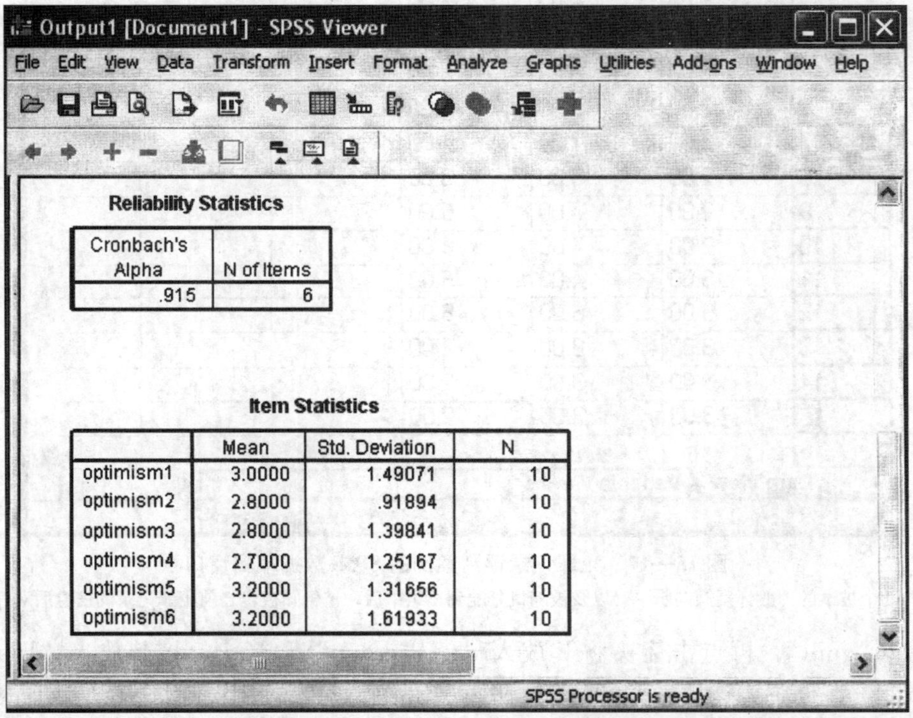

图 15—16　一项 10 个被试对一个包含 6 个项目的乐观信念测验的反应的虚构研究的 SPSS 数据输出窗口

执行协方差分析

让我们来考虑第 9 章的方差分析的案例。在那个案例中，15 个被试被随机分配到三组中后，被告知不同的被告之前犯罪记录的信息，然后对其作出罪责评判（其中 1＝完全清白，10＝完全无罪）。具体说来，一组被试被告知这个被告曾经有犯罪记录，一组则被告知这个被告没有任何前科，而最后一组不接受任何有关被告以前有无犯罪记录的信息。方差分析的结果可以在图 9—11 中看到。结果表明，这三组被试对被告罪责的评判是不相同的（$F=4.063$，$p=0.045$）。这些结果证明了对被告之前犯罪记录信息的了解会影响对其罪责的评判。然而，这也有可能受到未测量出的某种因素的影响。比如说，人们通常对他人持怀 659
疑态度的水平本身就不同，研究中不同组的参与者的不同信念对研究结果也有一定的影响。所以，设想一下 15 个被试也做一项对他人怀疑态度倾向的测量（在实验操作之前做最为理想），采用 7 点评分量表，从 1“从不怀疑的信念”到 7“强烈怀疑的信念”。我们可以使用协方差分析，检验在控制被试怀疑倾向后罪责评判的组间差异。

1. 将数据输入 SPSS，如图 15—17 所示。在第一列（“group”），我们用数字1代表“犯罪记录组”的被试，数字2代表“无犯罪记录组”的被试，数字3代表“无信息组”的被试。第二列（“guilt”）代表每个被试对被告罪责的评判。第三列（“suspicious”）显示的是每个被试的怀疑倾向。

2. 点击 Analyze。

3. 点击 General Linear Model。点击 Univariare。将会打开一个单变量窗口。

660

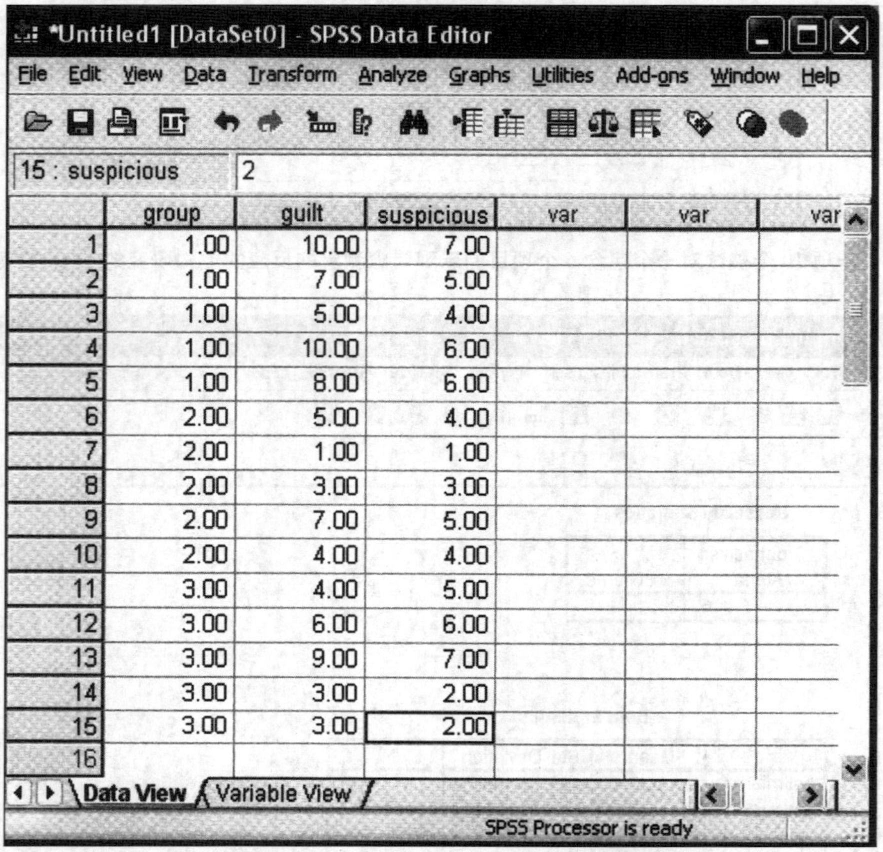

	group	guilt	suspicious	var	var	var
1	1.00	10.00	7.00			
2	1.00	7.00	5.00			
3	1.00	5.00	4.00			
4	1.00	10.00	6.00			
5	1.00	8.00	6.00			
6	2.00	5.00	4.00			
7	2.00	1.00	1.00			
8	2.00	3.00	3.00			
9	2.00	7.00	5.00			
10	2.00	4.00	4.00			
11	3.00	4.00	5.00			
12	3.00	6.00	6.00			
13	3.00	9.00	7.00			
14	3.00	3.00	2.00			
15	3.00	3.00	2.00			
16						

图 15—17　犯罪记录评判案例的 SPSS 数据编辑窗口

注：图中显示了15个被试的一般怀疑倾向水平，以及被随机分配到三组中后，被告知被告之前犯罪记录的信息后对其罪责的评判结果。

4. 点击变量“guilt”，再点击箭头将其放入“Dependent Variable”框中。这是告诉 SPSS 我们要处理的协方差分析变量是“guilt”。

5. 点击变量“group”，再点击箭头将其放入“Fixed Factor（s）”框中，这是告诉 SPSS“group”这个变量表示的是个体在哪个组中。

6. 点击变量“suspicious”，再点击箭头将其放入“Covariate（s）”框中，这是告诉 SPSS 要控制或排除变量“suspicious”来做协方差分析。既然你的分析中有一个协变量，那么这一步就是关键的一步。

7. 点击 Options，将会打开一个标记为“Descriptive statistics”的窗口。点击下面的“Descriptive statistics”（勾选），即让 SPSS 对每一组进行描述统计分析（比如均值）。再点击框中的“group”和箭头，将其放入“Display means for 662
group”框中，这是让 SPSS 处理每组的矫正后均值。点击“Continue”。（虽然这一步不是必需的，但是我们还是强烈建议大家在做协方差分析的时候选择操作它。）

8. 点击 OK。你的数据输出窗口应该类似于图 15—18。第一张表（图 15—18 没有显示出来）告诉我们每组有几个人（本案例中是5个）。第二张表告诉我们此研究中每组“guilt”的均值和标准差。第三张表显示了协方差分析的实际结果，表的第一列列出了总体方差估计的类型，其中最重要的就是“group”变量的检验。再看“group”这一行，其 F 值为 2.667，显著性水平 $p=0.114$，比 0.05 大，因此结果是没有统计学显著性的。也就是说，在控制了被试的怀疑倾向变量之后，其对被告罪责的评判和他们所在分组是没有密切关系的。最后一张表显示的是三个组在"guilt"变量上的矫正后均值，也就是在控制或者排除"suspicious"影响之后，每一组的罪责评判均值，SPSS 将这些矫正后的均值称为"marginal means"（边际均值），其显示在表中"mean"一列。三组的边际均值分别是 6.631，5.288，5.081。我们发现，这三个均值比之前没有矫正过的三个值 8.000，4.000，5.000 要更加相近（详见输出窗口的第二张表）。这表明，在协方差分析中，控制怀疑倾向变量之后，分组的均值比未控制的时候要更加相近。

661

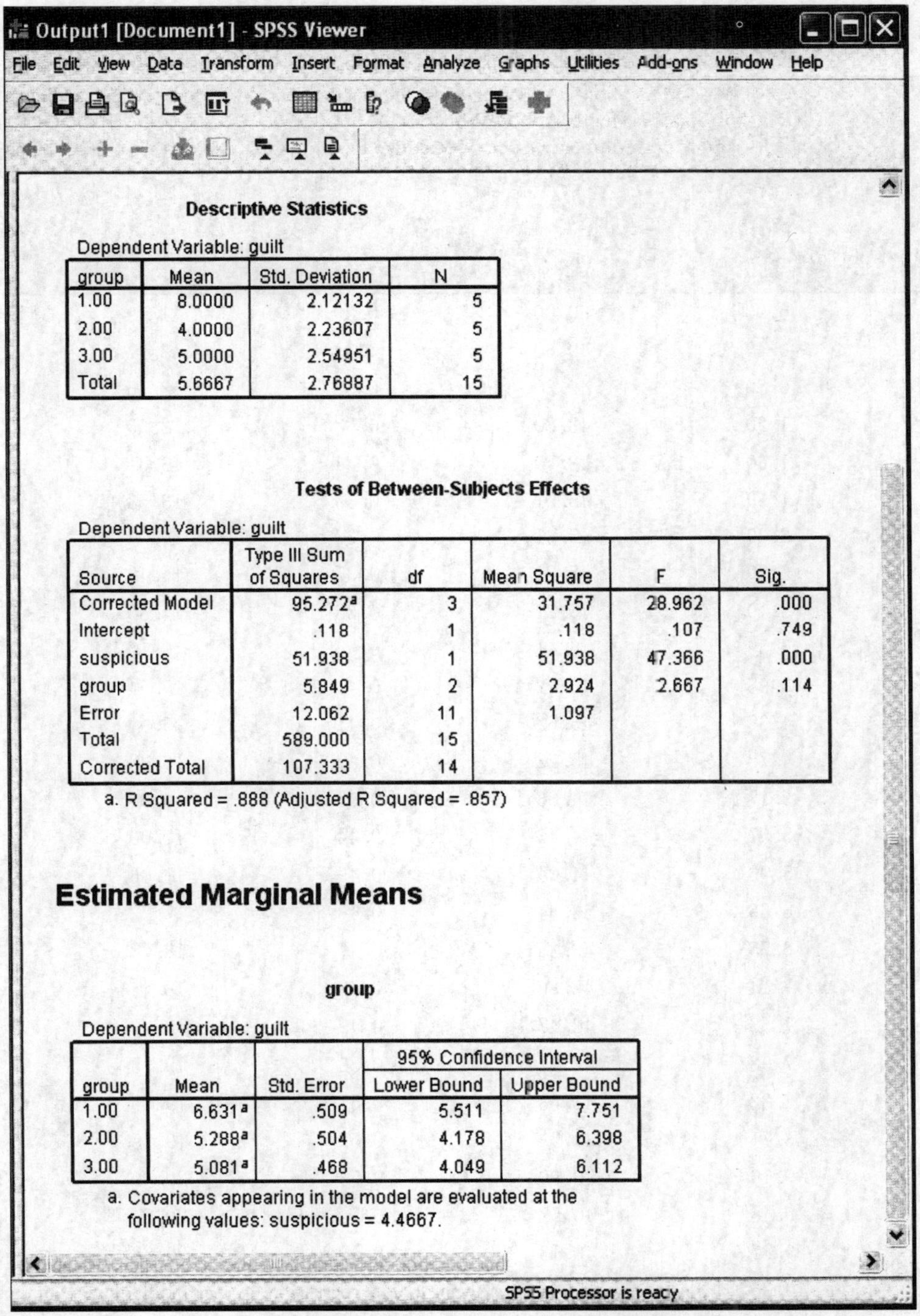

Descriptive Statistics

Dependent Variable: guilt

group	Mean	Std. Deviation	N
1.00	8.0000	2.12132	5
2.00	4.0000	2.23607	5
3.00	5.0000	2.54951	5
Total	5.6667	2.76887	15

Tests of Between-Subjects Effects

Dependent Variable: guilt

Source	Type III Sum of Squares	df	Mean Square	F	Sig.
Corrected Model	95.272[a]	3	31.757	28.962	.000
Intercept	.118	1	.118	.107	.749
suspicious	51.938	1	51.938	47.366	.000
group	5.849	2	2.924	2.667	.114
Error	12.062	11	1.097		
Total	589.000	15			
Corrected Total	107.333	14			

a. R Squared = .888 (Adjusted R Squared = .857)

Estimated Marginal Means

group

Dependent Variable: guilt

group	Mean	Std. Error	95% Confidence Interval	
			Lower Bound	Upper Bound
1.00	6.631[a]	.509	5.511	7.751
2.00	5.288[a]	.504	4.178	6.398
3.00	5.081[a]	.468	4.049	6.112

a. Covariates appearing in the model are evaluated at the following values: suspicious = 4.4667.

图 15—18　犯罪记录评判案例的 SPSS 数据输出窗口

注：图中显示了 15 个被试的一般怀疑倾向水平，以及被随机分配到三组中后，被告知被告之前犯罪记录的信息后对其罪责的评判结果。

附录

表 A—1 正态曲线区域：正态曲线上平均数到 Z 分数的百分比以及 Z 分数尾部的百分比

Z 分数	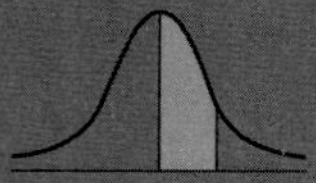 *M Z* 平均数到 Z 分数的百分比	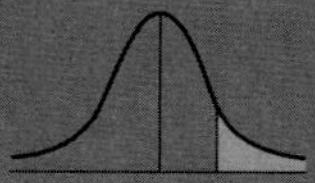 *M Z* 尾部的百分比	Z 分数	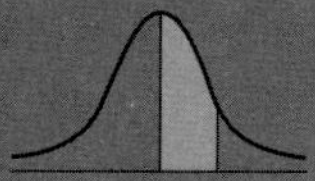 *M Z* 平均数到 Z 分数的百分比	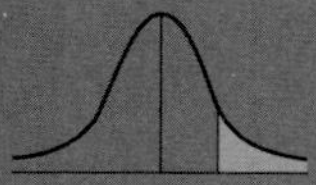 *M Z* 尾部的百分比
0.00	0.00	50.00	0.30	11.79	38.21
0.01	0.40	49.60	0.31	12.17	37.83
0.02	0.80	49.20	0.32	12.55	37.45
0.03	1.20	48.80	0.33	12.93	37.07
0.04	1.60	48.40	0.34	13.31	36.69
0.05	1.99	48.01	0.35	13.68	36.32
0.06	2.39	47.61	0.36	14.06	35.94
0.07	2.79	47.21	0.37	14.43	35.57
0.08	3.19	46.81	0.38	14.80	35.20
0.09	3.59	46.41	0.39	15.17	34.83
0.10	3.98	46.02	0.40	15.54	34.46
0.11	4.38	45.62	0.41	15.91	34.09
0.12	4.78	45.22	0.42	16.28	33.72
0.13	5.17	44.83	0.43	16.64	33.36
0.14	5.57	44.43	0.44	17.00	33.00
0.15	5.96	44.04	0.45	17.36	32.64
0.16	6.36	43.64	0.46	17.72	32.28
0.17	6.75	43.25	0.47	18.08	31.92
0.18	7.14	42.86	0.48	18.44	31.56
0.19	7.53	42.47	0.49	18.79	31.21
0.20	7.93	42.07	0.50	19.15	30.85
0.21	8.32	41.68	0.51	19.50	30.50
0.22	8.71	41.29	0.52	19.85	30.15
0.23	9.10	40.90	0.53	20.19	29.81
0.24	9.48	40.52	0.54	20.54	29.46
0.25	9.87	40.13	0.55	20.88	29.12
0.26	10.26	39.74	0.56	21.23	28.77
0.27	10.64	39.36	0.57	21.57	28.43
0.28	11.03	38.97	0.58	21.90	28.10
0.29	11.41	38.59	0.59	22.24	27.76

续前表

Z 分数	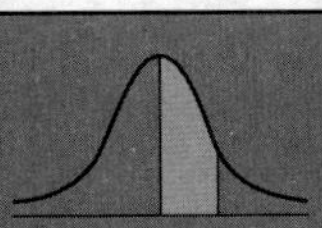 M Z 平均数到 Z 分数的百分比	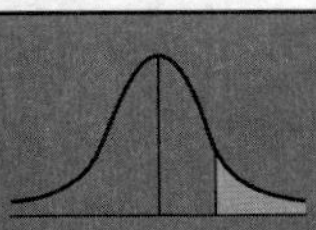 M Z 尾部的百分比	Z 分数	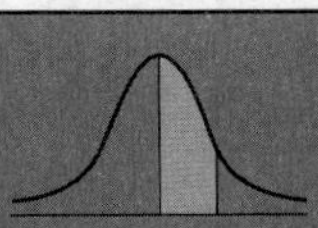 M Z 平均数到 Z 分数的百分比	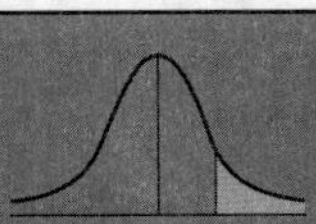 M Z 尾部的百分比
0.60	22.57	27.43	1.03	34.85	15.15
0.61	22.91	27.09	1.04	35.08	14.92
0.62	23.24	26.76	1.05	35.31	14.69
0.63	23.57	26.43	1.06	35.54	14.46
0.64	23.89	26.11	1.07	35.77	14.23
0.65	24.22	25.78	1.08	35.99	14.01
0.66	24.54	25.46	1.09	36.21	13.79
0.67	24.86	25.14	1.10	36.43	13.57
0.68	25.17	24.83	1.11	36.65	13.35
0.69	25.49	24.51	1.12	36.86	13.14
0.70	25.80	24.20	1.13	37.08	12.92
0.71	26.11	23.89	1.14	37.29	12.71
0.72	26.42	23.58	1.15	37.49	12.51
0.73	26.73	23.27	1.16	37.70	12.30
0.74	27.04	22.96	1.17	37.90	12.10
0.75	27.34	22.66	1.18	38.10	11.90
0.76	27.64	22.36	1.19	38.30	11.70
0.77	27.94	22.06	1.20	38.49	11.51
0.78	28.23	21.77	1.21	38.69	11.31
0.79	28.52	21.48	1.22	38.88	11.12
0.80	28.81	21.19	1.23	39.07	10.93
0.81	29.10	20.90	1.24	39.25	10.75
0.82	29.39	20.61	1.25	39.44	10.56
0.83	29.67	20.33	1.26	39.62	10.38
0.84	29.95	20.05	1.27	39.80	10.20
0.85	30.23	19.77	1.28	39.97	10.03
0.86	30.51	19.49	1.29	40.15	9.85
0.87	30.78	19.22	1.30	40.32	9.68
0.88	31.06	18.94	1.31	40.49	9.51
0.89	31.33	18.67	1.32	40.66	9.34
0.90	31.59	18.41	1.33	40.82	9.18
0.91	31.86	18.14	1.34	40.99	9.01
0.92	32.12	17.88	1.35	41.15	8.85
0.93	32.38	17.62	1.36	41.31	8.69
0.94	32.64	17.36	1.37	41.47	8.53
0.95	32.89	17.11	1.38	41.62	8.38
0.96	33.15	16.85	1.39	41.77	8.23
0.97	33.40	16.60	1.40	41.92	8.08
0.98	33.65	16.35	1.41	42.07	7.93
0.99	33.89	16.11	1.42	42.22	7.78
1.00	34.13	15.87	1.43	42.36	7.64
1.01	34.38	15.62	1.44	42.51	7.49
1.02	34.61	15.39	1.45	42.65	7.35

666 续前表

	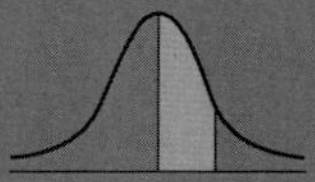 M Z	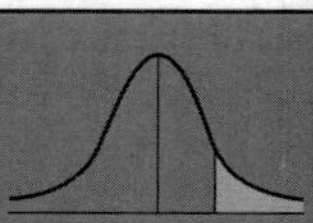 M Z		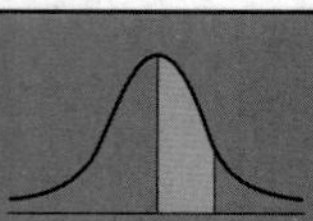 M Z	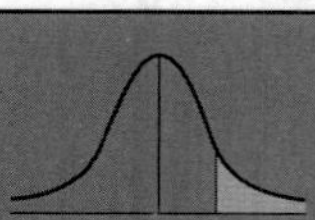 M Z
Z 分数	平均数到 Z 分数的百分比	尾部的百分比	Z 分数	平均数到 Z 分数的百分比	尾部的百分比
1.46	42.79	7.21	1.88	46.99	3.01
1.47	42.92	7.08	1.89	47.06	2.94
1.48	43.06	6.94	1.90	47.13	2.87
1.49	43.19	6.81	1.91	47.19	2.81
1.50	43.32	6.68	1.92	47.26	2.74
1.51	43.45	6.55	1.93	47.32	2.68
1.52	43.57	6.43	1.94	47.38	2.62
1.53	43.70	6.30	1.95	47.44	2.56
1.54	43.82	6.18	1.96	47.50	2.50
1.55	43.94	6.06	1.97	47.56	2.44
1.56	44.06	5.94	1.98	47.61	2.39
1.57	44.18	5.82	1.99	47.67	2.33
1.58	44.29	5.71	2.00	47.72	2.28
1.59	44.41	5.59	2.01	47.78	2.22
1.60	44.52	5.48	2.02	47.83	2.17
1.61	44.63	5.37	2.03	47.88	2.12
1.62	44.74	5.26	2.04	47.93	2.07
1.63	44.84	5.16	2.05	47.98	2.02
1.64	44.95	5.05	2.06	48.03	1.97
1.65	45.05	4.95	2.07	48.08	1.92
1.66	45.15	4.85	2.08	48.12	1.88
1.67	45.25	4.75	2.09	48.17	1.83
1.68	45.35	4.65	2.10	48.21	1.79
1.69	45.45	4.55	2.11	48.26	1.74
1.70	45.54	4.46	2.12	48.30	1.70
1.71	45.64	4.36	2.13	48.34	1.66
1.72	45.73	4.27	2.14	48.38	1.62
1.73	45.82	4.18	2.15	48.42	1.58
1.74	45.91	4.09	2.16	48.46	1.54
1.75	45.99	4.01	2.17	48.50	1.50
1.76	46.08	3.92	2.18	48.54	1.46
1.77	46.16	3.84	2.19	48.57	1.43
1.78	46.25	3.75	2.20	48.61	1.39
1.79	46.33	3.67	2.21	48.64	1.36
1.80	46.41	3.59	2.22	48.68	1.32
1.81	46.49	3.51	2.23	48.71	1.29
1.82	46.56	3.44	2.24	48.75	1.25
1.83	46.64	3.36	2.25	48.78	1.22
1.84	46.71	3.29	2.26	48.81	1.19
1.85	46.78	3.22	2.27	48.84	1.16
1.86	46.86	3.14	2.28	48.87	1.13
1.87	46.93	3.07	2.29	48.90	1.10

Z 分数	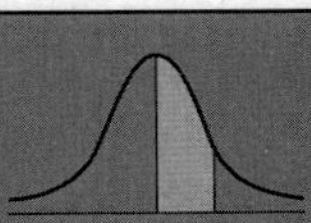 M Z 平均数到 Z 分数的百分比	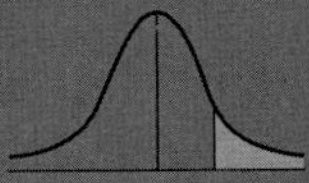 M Z 尾部的百分比	Z 分数	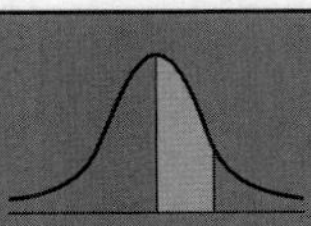 M Z 平均数到 Z 分数的百分比	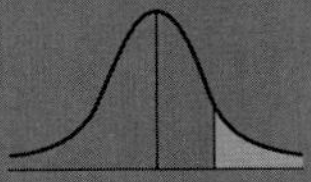 M Z 尾部的百分比
2.30	48.93	1.07	2.67	49.62	0.38
2.31	48.96	1.04	2.68	49.63	0.37
2.32	48.98	1.02	2.69	49.64	0.36
2.33	49.01	0.99	2.70	49.65	0.35
2.34	49.04	0.96	2.71	49.66	0.34
2.35	49.06	0.94	2.72	49.67	0.33
2.36	49.09	0.91	2.73	49.68	0.32
2.37	49.11	0.89	2.74	49.69	0.31
2.38	49.13	0.87	2.75	49.70	0.30
2.39	49.16	0.84	2.76	49.71	0.29
2.40	49.18	0.82	2.77	49.72	0.28
2.41	49.20	0.80	2.78	49.73	0.27
2.42	49.22	0.78	2.79	49.74	0.26
2.43	49.25	0.75	2.80	49.74	0.26
2.44	49.27	0.73	2.81	49.75	0.25
2.45	49.29	0.71	2.82	49.76	0.24
2.46	49.31	0.69	2.83	49.77	0.23
2.47	49.32	0.68	2.84	49.77	0.23
2.48	49.34	0.66	2.85	49.78	0.22
2.49	49.36	0.64	2.86	49.79	0.21
2.50	49.38	0.62	2.87	49.79	0.21
2.51	49.40	0.60	2.88	49.80	0.20
2.52	49.41	0.59	2.89	49.81	0.19
2.53	49.43	0.57	2.90	49.81	0.19
2.54	49.45	0.55	2.91	49.82	0.18
2.55	49.46	0.54	2.92	49.82	0.18
2.56	49.48	0.52	2.93	49.83	0.17
2.57	49.49	0.51	2.94	49.84	0.16
2.58	49.51	0.49	2.95	49.84	0.16
2.59	49.52	0.48	2.96	49.85	0.15
2.60	49.53	0.47	2.97	49.85	0.15
2.61	49.55	0.45	2.98	49.86	0.14
2.62	49.56	0.44	2.99	49.86	0.14
2.63	49.57	0.43	3.00	49.87	0.13
2.64	49.59	0.41	3.50	49.98	0.02
2.65	49.60	0.40	4.00	50.00	0.00
2.66	49.61	0.39	4.50	50.00	0.00

668 **表 A—2** *t* 分布的临界值

	单侧检验 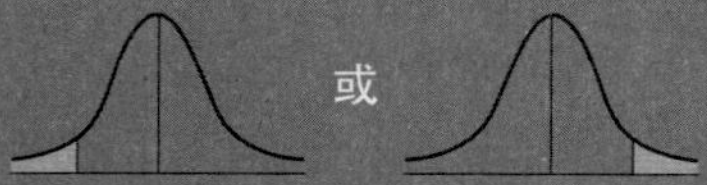			双侧检验 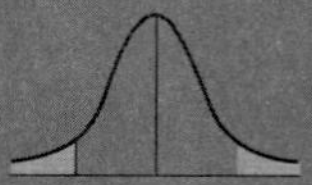		
df	0.10	0.05	0.01	0.10	0.05	0.01
1	3.078	6.314	31.821	6.314	12.706	63.657
2	1.886	2.920	6.965	2.920	4.303	9.925
3	1.638	2.353	4.541	2.353	3.182	5.841
4	1.533	2.132	3.747	2.132	2.776	4.604
5	1.476	2.015	3.365	2.015	2.571	4.032
6	1.440	1.943	3.143	1.943	2.447	3.708
7	1.415	1.895	2.998	1.895	2.365	3.500
8	1.397	1.860	2.897	1.860	2.306	3.356
9	1.383	1.833	2.822	1.833	2.262	3.250
10	1.372	1.813	2.764	1.813	2.228	3.170
11	1.364	1.796	2.718	1.796	2.201	3.106
12	1.356	1.783	2.681	1.783	2.179	3.055
13	1.350	1.771	2.651	1.771	2.161	3.013
14	1.345	1.762	2.625	1.762	2.145	2.977
15	1.341	1.753	2.603	1.753	2.132	2.947
16	1.337	1.746	2.584	1.746	2.120	2.921
17	1.334	1.740	2.567	1.740	2.110	2.898
18	1.331	1.734	2.553	1.734	2.101	2.879
19	1.328	1.729	2.540	1.729	2.093	2.861
20	1.326	1.725	2.528	1.725	2.086	2.846
21	1.323	1.721	2.518	1.721	2.080	2.832
22	1.321	1.717	2.509	1.717	2.074	2.819
23	1.320	1.714	2.500	1.714	2.069	2.808
24	1.318	1.711	2.492	1.711	2.064	2.797
25	1.317	1.708	2.485	1.708	2.060	2.788
26	1.315	1.706	2.479	1.706	2.056	2.779
27	1.314	1.704	2.473	1.704	2.052	2.771
28	1.313	1.701	2.467	1.701	2.049	2.764
29	1.312	1.699	2.462	1.699	2.045	2.757
30	1.311	1.698	2.458	1.698	2.043	2.750
35	1.306	1.690	2.438	1.690	2.030	2.724
40	1.303	1.684	2.424	1.684	2.021	2.705
45	1.301	1.680	2.412	1.680	2.014	2.690
50	1.299	1.676	2.404	1.676	2.009	2.678
55	1.297	1.673	2.396	1.673	2.004	2.668
60	1.296	1.671	2.390	1.671	2.001	2.661
65	1.295	1.669	2.385	1.669	1.997	2.654
70	1.294	1.667	2.381	1.667	1.995	2.648
75	1.293	1.666	2.377	1.666	1.992	2.643
80	1.292	1.664	2.374	1.664	1.990	2.639
85	1.292	1.663	2.371	1.663	1.989	2.635
90	1.291	1.662	2.369	1.662	1.987	2.632
95	1.291	1.661	2.366	1.661	1.986	2.629
100	1.290	1.660	2.364	1.660	1.984	2.626
∞	1.282	1.645	2.327	1.645	1.960	2.576

表 A—3 **F 分布的临界值**

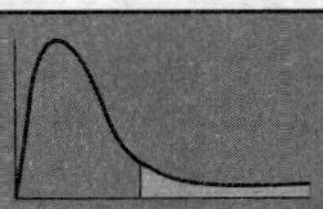

分母自由度	显著性水平	分子自由度 1	2	3	4	5	6
1	0.01	4 052	5 000	5 404	5 625	5 764	5 859
	0.05	162	200	216	225	230	234
	0.10	39.9	49.5	53.6	55.8	57.2	58.2
2	0.01	98.50	99.00	99.17	99.25	99.30	99.33
	0.05	18.51	19.00	19.17	19.25	19.30	19.33
	0.10	8.53	9.00	9.16	9.24	9.29	9.33
3	0.01	34.12	30.82	29.46	28.71	28.24	27.91
	0.05	10.13	9.55	9.28	9.12	9.01	8.94
	0.10	5.54	5.46	5.39	5.34	5.31	5.28
4	0.01	21.20	18.00	16.70	15.98	15.52	15.21
	0.05	7.71	6.95	6.59	6.39	6.26	6.16
	0.10	4.55	4.33	4.19	4.11	4.05	4.01
5	0.01	16.26	13.27	12.06	11.39	10.97	10.67
	0.05	6.61	5.79	5.41	5.19	5.05	4.95
	0.10	4.06	3.78	3.62	3.52	3.45	3.41
6	0.01	13.75	10.93	9.78	9.15	8.75	8.47
	0.05	5.99	5.14	4.76	4.53	4.39	4.28
	0.10	3.78	3.46	3.29	3.18	3.11	3.06
7	0.01	12.25	9.55	8.45	7.85	7.46	7.19
	0.05	5.59	4.74	4.35	4.12	3.97	3.87
	0.10	3.59	3.26	3.08	2.96	2.88	2.83
8	0.01	11.26	8.65	7.59	7.01	6.63	6.37
	0.05	5.32	4.46	4.07	3.84	3.69	3.58
	0.10	3.46	3.11	2.92	2.81	2.73	2.67
9	0.01	10.56	8.02	6.99	6.42	6.06	5.80
	0.05	5.12	4.26	3.86	3.63	3.48	3.37
	0.10	3.36	3.01	2.81	2.69	2.61	2.55
10	0.01	10.05	7.56	6.55	6.00	5.64	5.39
	0.05	4.97	4.10	3.71	3.48	3.33	3.22
	0.10	3.29	2.93	2.73	2.61	2.52	2.46
11	0.01	9.65	7.21	6.22	5.67	5.32	5.07
	0.05	4.85	3.98	3.59	3.36	3.20	3.10
	0.10	3.23	2.86	2.66	2.54	2.45	2.39
12	0.01	9.33	6.93	5.95	5.41	5.07	4.82
	0.05	4.75	3.89	3.49	3.26	3.11	3.00
	0.10	3.18	2.81	2.61	2.48	2.40	2.33
13	0.01	9.07	6.70	5.74	5.21	4.86	4.62
	0.05	4.67	3.81	3.41	3.18	3.03	2.92
	0.10	3.14	2.76	2.56	2.43	2.35	2.28
14	0.01	8.86	6.52	5.56	5.04	4.70	4.46
	0.05	4.60	3.74	3.34	3.11	2.96	2.85
	0.10	3.10	2.73	2.52	2.40	2.31	2.24

670 续前表

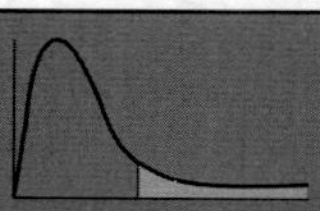

分母自由度	显著性水平	分子自由度					
		1	2	3	4	5	6
15	0.01	8.68	6.36	5.42	4.89	4.56	4.32
	0.05	4.54	3.68	3.29	3.06	2.90	2.79
	0.10	3.07	2.70	2.49	2.36	2.27	2.21
16	0.01	8.53	6.23	5.29	4.77	4.44	4.20
	0.05	4.49	3.63	3.24	3.01	2.85	2.74
	0.10	3.05	2.67	2.46	2.33	2.24	2.18
17	0.01	8.40	6.11	5.19	4.67	4.34	4.10
	0.05	4.45	3.59	3.20	2.97	2.81	2.70
	0.10	3.03	2.65	2.44	2.31	2.22	2.15
18	0.01	8.29	6.01	5.09	4.58	4.25	4.02
	0.05	4.41	3.56	3.16	2.93	2.77	2.66
	0.10	3.01	2.62	2.42	2.29	2.20	2.13
19	0.01	8.19	5.93	5.01	4.50	4.17	3.94
	0.05	4.38	3.52	3.13	2.90	2.74	2.63
	0.10	2.99	2.61	2.40	2.27	2.18	2.11
20	0.01	8.10	5.85	4.94	4.43	4.10	3.87
	0.05	4.35	3.49	3.10	2.87	2.71	2.60
	0.10	2.98	2.59	2.38	2.25	2.16	2.09
21	0.01	8.02	5.78	4.88	4.37	4.04	3.81
	0.05	4.33	3.47	3.07	2.84	2.69	2.57
	0.10	2.96	2.58	2.37	2.23	2.14	2.08
22	0.01	7.95	5.72	4.82	4.31	3.99	3.76
	0.05	4.30	3.44	3.05	2.82	2.66	2.55
	0.10	2.95	2.56	2.35	2.22	2.13	2.06
23	0.01	7.88	5.66	4.77	4.26	3.94	3.71
	0.05	4.28	3.42	3.03	2.80	2.64	2.53
	0.10	2.94	2.55	2.34	2.21	2.12	2.05
24	0.01	7.82	5.61	4.72	4.22	3.90	3.67
	0.05	4.26	3.40	3.01	2.78	2.62	2.51
	0.10	2.93	2.54	2.33	2.20	2.10	2.04
25	0.01	7.77	5.57	4.68	4.18	3.86	3.63
	0.05	4.24	3.39	2.99	2.76	2.60	2.49
	0.10	2.92	2.53	2.32	2.19	2.09	2.03
26	0.01	7.72	5.53	4.64	4.14	3.82	3.59
	0.05	4.23	3.37	2.98	2.74	2.59	2.48
	0.10	2.91	2.52	2.31	2.18	2.08	2.01
27	0.01	7.68	5.49	4.60	4.11	3.79	3.56
	0.05	4.21	3.36	2.96	2.73	2.57	2.46
	0.10	2.90	2.51	2.30	2.17	2.07	2.01
28	0.01	7.64	5.45	4.57	4.08	3.75	3.53
	0.05	4.20	3.34	2.95	2.72	2.56	2.45
	0.10	2.89	2.50	2.29	2.16	2.07	2.00

续前表

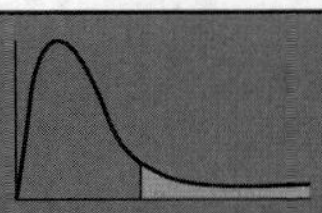

分母自由度	显著性水平	分子自由度					
		1	2	3	4	5	6
29	0.01	7.60	5.42	4.54	4.05	3.73	3.50
	0.05	4.18	3.33	2.94	2.70	2.55	2.43
	0.10	2.89	2.50	2.28	2.15	2.06	1.99
30	0.01	7.56	5.39	4.51	4.02	3.70	3.47
	0.05	4.17	3.32	2.92	2.69	2.53	2.42
	0.10	2.88	2.49	2.28	2.14	2.05	1.98
35	0.01	7.42	5.27	4.40	3.91	3.59	3.37
	0.05	4.12	3.27	2.88	2.64	2.49	2.37
	0.10	2.86	2.46	2.25	2.11	2.02	1.95
40	0.01	7.32	5.18	4.31	3.83	3.51	3.29
	0.05	4.09	3.23	2.84	2.61	2.45	2.34
	0.10	2.84	2.44	2.23	2.09	2.00	1.93
45	0.01	7.23	5.11	4.25	3.77	3.46	3.23
	0.05	4.06	3.21	2.81	2.58	2.42	2.31
	0.10	2.82	2.43	2.21	2.08	1.98	1.91
50	0.01	7.17	5.06	4.20	3.72	3.41	3.19
	0.05	4.04	3.18	2.79	2.56	2.40	2.29
	0.10	2.81	2.41	2.20	2.06	1.97	1.90
55	0.01	7.12	5.01	4.16	3.68	3.37	3.15
	0.05	4.02	3.17	2.77	2.54	2.38	2.27
	0.10	2.80	2.40	2.19	2.05	1.96	1.89
60	0.01	7.08	4.98	4.13	3.65	3.34	3.12
	0.05	4.00	3.15	2.76	2.53	2.37	2.26
	0.10	2.79	2.39	2.18	2.04	1.95	1.88
65	0.01	7.04	4.95	4.10	3.62	3.31	3.09
	0.05	3.99	3.14	2.75	2.51	2.36	2.24
	0.10	2.79	2.39	2.17	2.03	1.94	1.87
70	0.01	7.01	4.92	4.08	3.60	3.29	3.07
	0.05	3.98	3.13	2.74	2.50	2.35	2.23
	0.10	2.78	2.38	2.16	2.03	1.93	1.86
75	0.01	6.99	4.90	4.06	3.58	3.27	3.05
	0.05	3.97	3.12	2.73	2.49	2.34	2.22
	0.10	2.77	2.38	2.16	2.02	1.93	1.86
80	0.01	6.96	4.88	4.04	3.56	3.26	3.04
	0.05	3.96	3.11	2.72	2.49	2.33	2.22
	0.10	2.77	2.37	2.15	2.02	1.92	1.85
85	0.01	6.94	4.86	4.02	3.55	3.24	3.02
	0.05	3.95	3.10	2.71	2.48	2.32	2.21
	0.10	2.77	2.37	2.15	2.01	1.92	1.85
90	0.01	6.93	4.85	4.01	3.54	3.23	3.01
	0.05	3.95	3.10	2.71	2.47	2.32	2.20
	0.10	2.76	2.36	2.15	2.01	1.91	1.84

 续前表

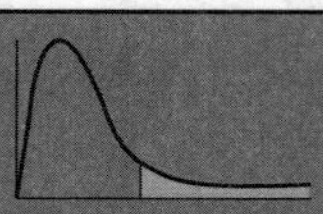

分母自由度	显著性水平	分子自由度					
		1	2	3	4	5	6
95	0.01	6.91	4.84	4.00	3.52	3.22	3.00
	0.05	3.94	3.09	2.70	2.47	2.31	2.20
	0.10	2.76	2.36	2.14	2.01	1.91	1.84
100	0.01	6.90	4.82	3.98	3.51	3.21	2.99
	0.05	3.94	3.09	2.70	2.46	2.31	2.19
	0.10	2.76	2.36	2.14	2.00	1.91	1.83
∞	0.01	6.64	4.61	3.78	3.32	3.02	2.80
	0.05	3.84	3.00	2.61	2.37	2.22	2.10
	0.10	2.71	2.30	2.08	1.95	1.85	1.78

表 A—4 **卡方分布的临界值**

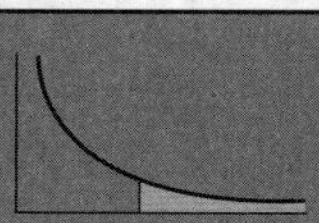

df	显著性水平		
	0.10	0.05	0.01
1	2.706	3.841	6.635
2	4.605	5.992	9.211
3	6.252	7.815	11.345
4	7.780	9.488	13.277
5	9.237	11.071	15.087
6	10.645	12.592	16.812
7	12.017	14.067	18.475
8	13.362	15.507	20.090
9	14.684	16.919	21.666
10	15.987	18.307	23.209

表 A—5 **统计检验力表的索引以及 80%统计检验力需要的被试数**

假设检验方法	章	统计检验力表	需要的被试数
单个样本均值 t 检验	7	p. 248	p. 249
独立样本均值 t 检验	8	p. 289	p. 290
单因素方差分析	9	p. 341	p. 341
双因素方差分析	10	p. 409	p. 410
相关系数（r）	11	p. 465	p. 465
独立性的卡方检验	13	p. 556	p. 557

练习 I 答案

第 1 章

1. (a) 对职业顾问的满意度；(b) 1，2，3，或 4；(c) 3。

2. (a) 名义变量（或类别变量）；(b) 数值变量（或定量变量）——具体来说就是有相等的间距；(c) 数值变量（或定量变量）——具体来说就是数据按照等级排列（或顺序排列）。

3. (a) 频数表：

儿童的数量	频数	百分比
6	1	5
5	0	0
4	1	5
3	2	10
2	7	35
1	5	25
0	4	20

(b) 直方图：

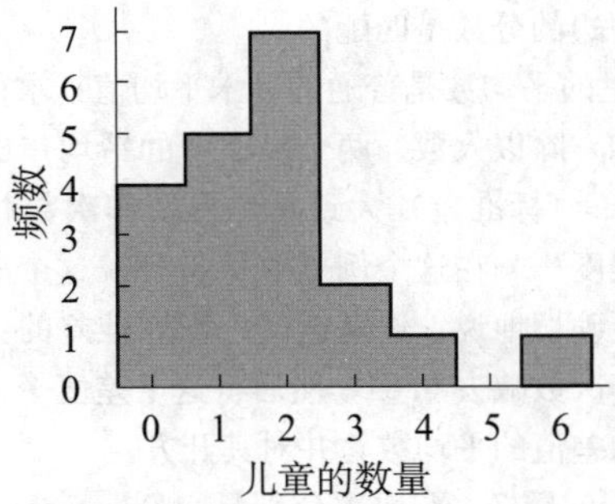

(c) 单峰，向右倾斜。

4. (a) 频数表：

小时数	频数	百分比	小时数	频数	百分比
18	1	2	8	5	10
17	0	0	7	11	22
16	0	0	6	4	8
15	1	2	5	2	4
14	0	0	4	3	6
13	2	4	3	4	8
12	1	2	2	2	4
11	3	6	1	1	2
10	5	10	0	1	2
9	4	8			

(b) 根据前面的频数表可以制作出直方图，答案可参见问题 3 中的例子。

(c) 接近单峰，轻微向右倾斜。

5. (a) 频数表：

分数	频数	百分比	分数	频数	百分比
96	1	4	72	0	0
95	0	0	71	1	4
94	0	0	70	1	4
93	0	0	69	1	4
92	1	4	68	2	8
91	1	4	67	1	4
90	0	0	66	0	0
89	0	0	65	0	0
88	0	0	64	2	8
87	1	4	63	0	0
86	0	0	62	0	0
85	1	4	61	0	0
84	0	0	60	0	0
83	2	8	59	1	4
82	0	0	58	0	0
81	1	4	57	0	0
80	1	4	56	0	0
79	0	0	55	0	0
78	0	0	54	0	0
77	0	0	53	0	0
76	2	8	52	0	0
75	2	8	51	0	0
74	1	4	50	1	4
73	1	4			

(b) 根据前面的频数表可以制作出直方图，答案可参见问题 3b 中的例子。

(c) 分组频数表：

间距	频数	百分比
90～99	3	12
80～89	6	24
70～79	8	32
60～69	6	24
50～59	2	8

(d) 根据上面 (c) 的频数表，答案可参见问题 3b 中的例子。

(e) 单峰，接近对称（轻微向左倾斜）。

6.（a）类似于问题5a的答案。

（b）分组频数表：

间距	频数	百分比
80～89	10	29.4
70～79	0	0
60～69	5	14.7
50～59	0	0
40～49	5	14.7
30～39	7	20.6
20～29	7	20.6

（c）直方图：

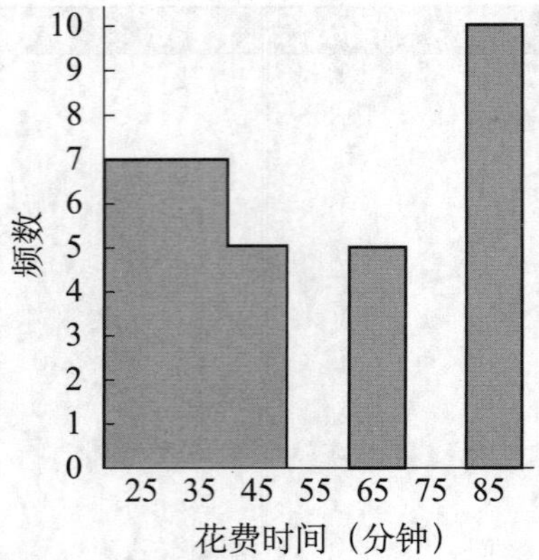

（d）大致矩形。

7.（a）双峰；（b）接近正态（或单峰或对称）；（c）多峰。

8.（a）每一个分布都是对称的（即左侧和右侧的频数模式是彼此的镜像）；（b）分布中的所有值都有大致相同的频数；（c）分布中的分数集中于分布的左侧并向分布的右侧延伸。

9.（a）分布是一组数字可能值散布的所有形式。你可以用直方图来描述这样一个分布——它由一组条形构成，每一个条形的高度就是每一个可能值出现的次数。在直方图中，对称分布具有对称的形状（右和左彼此互为镜像）。在单峰分布中，这个图有一个单一的高点，其他的值都围绕它逐渐减小。

（b）负偏态单峰分布具有一个唯一的高点，但不是对称的，它有一个很长的尾巴——在低侧——延伸到左边（图上负数的地方）。

10.（a）它被称为频数表，因为它描绘了九个不同的类别中每个类别发生的频数（多少次）。频数表使数字的模式容易观察。例如，在研究的90名大学生中，19名学生传递了关于家庭关系的坏消息（第一类），19名学生就是总数的19/90，或21.1%。

（b）在9种坏消息类型中有4种是主要的：与家庭的关系、与真实的或潜在的男女朋友间的关系、与朋友间的关系，以及家庭成员或朋友的健康。这4种类型都是与家庭成员或者朋友相关，并且都涉及关系，而其他类型中这种情况则较为少见（与家庭或者朋友之间并没有直接联系）。

第2章

1.（a）$M=(\Sigma X)/N=261/9=29$；（b）28；（c）$\sum(X-M)^2=(32-29)^2+(28-29)^2+(24-29)^2+(28-29)^2+(28+29)^2+(31-29)^2+(35-29)^2+(29-29)^2+(26-29)^2=86$；（d）$SD^2=\Sigma(X-M)^2/N=86/9=9.56$；（e）$SD=\sqrt{SD^2}=\sqrt{9.56}=3.09$。

2.（a）4；（b）4；（c）26；（d）3.25；（e）1.80。

3.（a）4.312 5；（b）4.555 0；（c）10.763 7；（d）2.690 9；（e）1.640 4。

4. 平均温度是这10个数相加再除以10，是−7摄氏度。这个数是平均值。然而，如果你将温度从最高到最低进行排序，中间的两个数都是5度。这个中间数是中位数。温度的众数是出现次数最多的数，有两个：−1和−5。

至于变异性（差异量），一种计算方法是方差——各个温度与平均温度的差的平方和的平均值，即46.8。如果你将方差开平方，你会对一组数据彼此之间差异的大小有更直观的了解，即给出了标准差；46.8的正平方根为6.84。这意味着平均每天的气温是以6.84摄氏度在平均温度−7摄氏度基础上变化的。

5.（a）0.400 0；（b）0.144 6；（c）类似于问题4。

6. 平均数、众数和中位数在正态曲线上都位于曲线的中点（也就是在分布的最高点）。众数是分布中的最高点，这对于一个正态曲线而言正好落在分布的中间点。这个中间点是中位数，即有一半的分数在这个点下面，一半在它上面。平均数也落在这个点上，因为正态曲线以中点对称，左右两边的分数是匹配的。

7. 这里的平均数是普通的算术平均值：求得焦虑发作的次数总和，除以人数。两个星期中的平均焦虑发作次数为6.84。SD（标准差）大致是焦虑发作次数相对于平均值的离散程度——在这个例子中是3.18。这个离散程度相当大了。更确切地说，你是这样计算标准差的：用每个人的焦虑发作次数减去6.84，然后将这个差值平方；求得这些平方后的差值的平均数，并对其开方。 675

8. 如同问题7，平均数分别是5.02，5.11，32.27和31.36，标准差是2.16，2.08，20.36和21.08。

第3章

1.（a）$Z=(X-M)/SD=(91-79)/12=1$；（b）−0.92；（c）2。

2.（a）如果IQ=107，那么$Z=(X-M)/SD=(107-100)/16=0.44$；$X=(Z)(SD)+M=(0.44)(41)+231=249$。（我们取一个整数，因为实际得分是测验项目正确的数量，不能是小数。）（b）$Z=-1.06$；$X=188$。（c）$Z=0$；$X=231$。

3. 妻子：$Z=(X-M)/SD=(63-60)/6=0.5$。丈夫：$Z=(59-55)/4=1$。丈夫相对于其他离婚男性比妻子

相对于其他离婚女性状态适应得更好。

对于妻子，63 的得分总体上比离婚女性的一般平均数 60 多 3 分。(该问题的平均数就是分数的总和除以分数的数量。) 当然，离婚女性的分数是存在差异的。这些女性的得分与平均数之间差异的总量的近似平均是 6 分；这是在问题中所提到的 *SD*（标准差）。(*SD* 大致是所有分数与平均数的差的总和的平均数。准确地说，*SD* 是每个分数与平均数的离差平方和的平均值的正平方根。) 因此，妻子的得分只有一半在女性的平均分之上。也就是说，她的 *Z* 分数为 0.5，这就使得她在将自己的分数与离异妇女的分数相比时，能够了解到自己所处的位置。基于同样的逻辑，丈夫的离异适应分数比平均分要高，也要高于一般离异男性的分数，他的 *Z* 分数为 1，这意味着夫妻双方与他们的同性相比在离婚后都适应得较好，但是丈夫与其他离异男性相比的适应同妻子与其他离异女性相比的适应要更好。

4. (a) 50%；(b) 16%；(c) 98%；(d) 84%；(e) 50%；(f) 84%；(g) 2%；(h) 16%。

5. (a) 50；(b) 45；(c) 40；(d) 35；(e) 30。

6. (a) 查正态曲线表，有 43.32%（0.433 2）的 *Z* 分数在平均值和 1.5 之间。根据定义，有 50%的 *Z* 分数低于平均数。因此，低于 1.5 的总百分比是 50% + 43.32% = 93.32%。(b) 6.68%。(c) 6.68%。(d) 93.32%。(e) 1.79%。(f) 98.21%。(g) 32.64%。(h) 3.75%。(i) 4.65%。

7. (a) *Z* = (16 − 15)/5 = 0.2；查正态曲线表，*Z* 分数为 0.2 的百分比为 42.07%。(b) 34.46%。(c) 27.43%。(d) 72.57%。(e) 42.07%。

8. (a) 顶端 40%意味着在底端也是 40%；查正态曲线表在顶端 40%最接近的 *Z* 分数是 0.25；*Z* 分数为 0.25 相当于原始分数是 (0.25)(5) + 15 = 16.25。(b) 17.6。(c) 19.2。

9. (a) 21.90%；(b) 22.24%；(c) 42.79%；(d) 44.06%；(e) 21.90%。

10. 需要的 *Z* 分数为 1.64；这对应于原始分数 (1.64)(10) + 50 = 66.4。(b) 在自然界和心理学中，很多你测量的分数往往会近似遵循下图所示的特定模式，称为“正态曲线”。在一个正态曲线里，分数无疑是向中间靠拢，两端分布较少。根据正态曲线的数学定义，在任何特定的分数段的精确比例都可以计算出来，并且这些已经在特定的表中列出。(接着像第 2 章中问题的答案一样解释平均数和标准差以及问题 3 中的 *Z* 分数。) 正态曲线表可以告知分数在正态曲线的平均值和任何特定的 *Z* 分数之间的百分比，以及任何特定 *Z* 分数尾部的百分比。

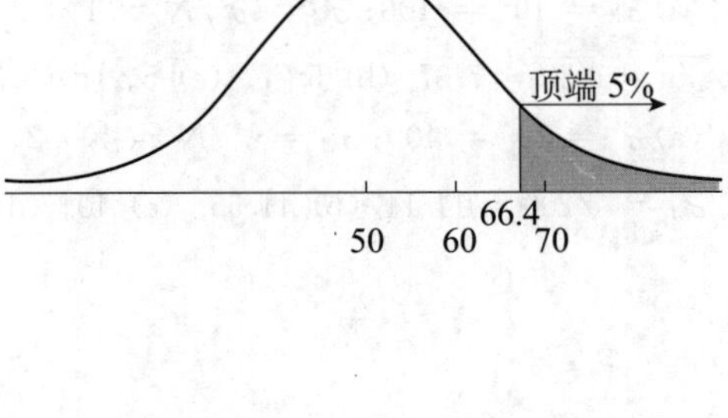

已知协调测试分数服从正态分布。因此，你可以在表中查到位于正态分布曲线顶端 5%分数的点的 *Z* 分数。这个 *Z* 分数为 1.64（实际上对于顶端 5%，没有一个精确的点；所以我可以采用 1.64 或 1.65）。当标准差为 10 时的 *Z* 分数 1.64 比平均数高 16.4，加上平均数 50，要在顶端 5%最少需要得分 66.4。

11. 样本是被研究的一群人，它代表了该研究的结果想要应用的称为总体的群体。(在这个例子中，总体是美国成年人。) 你研究样本是因为对整个人群施测是不切实际的，也是不可能的。确保样本能够有效代表总体的方法是进行随机抽样。这并不意味着是随意的，例如，仅仅选择那些容易获取的成年人就是一种随意抽样。这并不是一个好方法，因为无论是什么因素使得他们容易获取——例如生活在附近的城镇——都或许会让他们无法完全代表总体。通过采用随机选择电话号码来抽取样本，研究者试图获取一个能够完全代表总体的样本。

12. (a) 10/50：p=10/50=0.2。(b) 0.4。(c) (10+20) /50=0.6。(d) 0.6。(e) 1。(f) 某一特定事件发生的概率通常定义为可以导致该事件发生的方式的数量（可以促使成功的方式的数量）除以可以导致相似事件发生的方式的数量（所有可能的方式的数量）。对于 (a)，从 50 个人中选出 10 个使用了不同药物或酒精的人，因此，概率是 10/50=0.2。同样的原则适用于部分 (b) 至 (e)。

第 4 章

1. (a) 假设检验程序：为了确定当零假设为真时出现特定结果模式的可能性的逻辑性的统计程序。(b) 0.05 676
显著性水平：基于获取当零假设为真的概率低于 5%时的特定结果，在假设检验中你决定拒绝零假设的情况。(c) 双侧检验：假设检验中，当研究假设没有指明特定的差异方向时应用的程序；它是用来检验出现比预期高或低的极端结果。

2. 因为研究假设是正确的，但在特定的样本中结果不够极端到足以拒绝零假设是可能的。

3. ⅰ. (a) 总体 1：父母是加拿大图书管理员的儿童；总体 2：加拿大所有的儿童。(b) 总体 1 的平均阅读能力要比总体 2 高。(c) 总体 1 的平均阅读能力不高于总体 2。(d) 单侧检验，因为问题是他们是否有“更高的分数”；只对一个方向的差异感兴趣。

ⅱ. (a) 总体 1：居住在一个特定城市的人；总体 2：所有居住在该区域的人。(b) 总体 1 和总体 2 的平均收入有差异。(c) 总体 1 和总体 2 的平均收入没有差异。(d) 双侧检验，因为要解决的问题是总体 1 和总体 2 的平均收入是否不同；对任何一个方向的差异都感兴趣。

ⅲ. (a) 总体 1：经历过地震的人；总体 2：所有的人。(b) 总体 1 和总体 2 的平均自信水平有差异。(c) 总体 1 和总体 2 的平均自信水平没有差异。(d) 双侧检验，因为问题是涉及“多或少”；对任何一个方向的差异都感兴趣。

4.

研究	临界值	比较分布上的 Z 分数	决定
A	$+1.64$	2	拒绝零假设
B	±1.96	2	拒绝零假设
C	±2.33	2	无效
D	±2.57	2	无效
E	$+1.64$	1	无效

5.

研究	临界值	比较分布上的 Z 分数	决定
A	$+1.64$	1	无效
B	±2.57	4	拒绝零假设
C	±2.57	3	拒绝零假设
D	±2.57	2.5	无效
E	-1.64	-2	拒绝零假设

6.（a）❶**重申有关总体的研究假设和零假设问题。**有两个总体，如下。

总体1：禁止使用嗅觉的学生。

总体2：一般的学生。

研究假设是禁止使用嗅觉的学生（总体1）比一般的学生（总体2）做味觉任务的成绩更差。零假设是禁止使用嗅觉的学生（总体1）不会在味觉任务上比一般的学生（总体2）做得更差。

❷**决定比较分布的特征。**比较分布与总体2相同。在所述的问题中，$\mu=14$，$\sigma=4$。我们假定它服从正态分布。

❸**根据比较分布上的样本分数临界值来决定是否应该拒绝零假设。**在0.05水平上进行单侧检验，临界值是-1.64。（临界值为负值，因为研究假设是总体1会在任务上不如总体2，也就是说，总体1的成绩会比总体2低。）

❹**决定比较分布上你的样本分数。**样本分数是5。$Z=(5-14)/4=-2.25$。

❺**决定是否拒绝零假设。**Z分数-2.25比临界值-1.64更极端。因此，你可以拒绝零假设。研究假设得到支持——禁止使用嗅觉导致了较少的正确判断。

（b）简单地说，你基于考虑禁止使用嗅觉没有影响的可能性解决这个问题。如果嗅觉没有影响，被研究的学生判断正确的概率就和一般的学生判断正确的概率一样了。已知一般学生判断正确的分布情况，因此，你可以计算出概率。结果显示只有5次正确判断是不太可能的；因此研究者得出结论，禁止使用嗅觉会有所不同。

更详细地说，问题的关键是确定这些概率。我们认为，一般情况下学生的正确次数服从正态曲线——一个特定的钟形数学模式，其中大部分的得分都在中间，有很少的分数在两端。通过查表可以得知正态曲线上任意特定的Z分数和中心点之间的精确百分比。

当考虑从研究中能得到什么结论时，经常使用的惯例是：如果在某一特定情况下一个结果发生的概率低于5%，那么这一情况会被视为不可能发生。正态曲线表显示，正态曲线的顶端5%是从Z分数1.64开始的。正态曲线是完全对称的；因此底端的5%包含了所有低于-1.64的Z分数。因此，研究者可能会设置以下规则：假如得到的正确次数（将一般学生中得到的平均数和标准差转换成Z分 677
数）小于-1.64，那么禁止使用嗅觉不会产生影响这一情况被拒绝是不可能的。

不使用嗅觉的学生实际的正确判断次数是5。一般学生的正态曲线的平均数是14，标准差是4。5比平均数14小9；由于标准差为4，它低于平均数9/4。Z分数-2.25比临界值1.64更极端。因此研究者得出结论：禁止使用嗅觉没有影响是不可能的。图示如下：

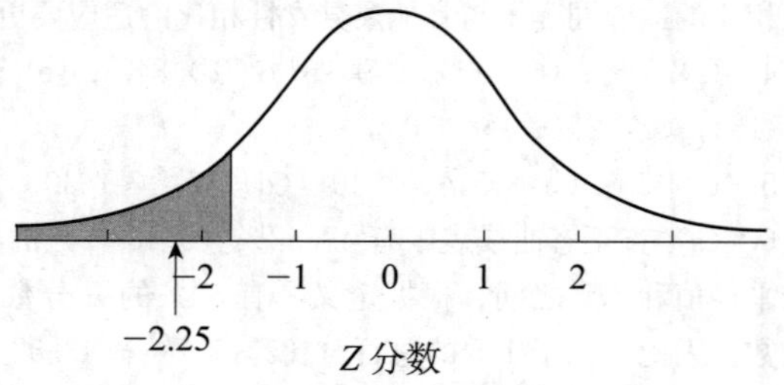

7. 临界值（0.01水平，单侧检验）为-2.33；被研究的病人在比较分布上的Z分数是1.20；实验结果是无效的。假设检验的步骤、解释和分布图的绘制类似于问题6。

8. 临界值（0.05水平，双侧检验）为±1.96；被研究的警察局长在比较分布上的Z分数为0.81；实验是无效的。假设检验的步骤、解释和分布图的绘制类似于问题6。

9. 两个M（5.7与4.8）和$p<0.05$是至关重要的。M代表的是平均数，即一个特定群体中分数的均值。高自恋者每天照镜子的平均次数为5.7，而低自恋者平均仅为4.8。$p<0.05$告诉我们，这种差异在0.05水平上是统计显著的。这意味着，如果一个人自恋的水平跟经常照镜子没有关系，那么出于偶然得到两组被试在照镜子的次数上存在差异的概率将是5%。因此，你可以拒绝这种基于偶然的可能性并得出结论：自恋水平与照镜子的次数是有关系的。

10. 类似于问题9。

第5章

1. 均值分布的标准差通常比总体分布的标准差小，因为样本平均数的变异相比于个体分数的变异更小。这是因为在均值分布中同一个方向随机得到两个极端值的可能性小于总体分布中得到这些极端值的可能性。

2. (a) $\sigma^2=10^2=100$；$\sigma_M^2=\sigma^2/N=100/2=50$；$\sigma_M=\sqrt{\sigma_M^2}=\sqrt{50}=7.07$。(b) 5.77。(c) 5。(d) 3.33。

3. (a) $\sigma^2=20^2=400$；$\sigma_M^2=\sigma^2/N=400/2=200$；$\sigma_M=\sqrt{\sigma_M^2}=\sqrt{200}=14.14$。(b) 11.55。(c) 10。(d) 6.67。

4.（a）总体平均值的无偏估计是样本的平均值 100。根据问题 2（a），均值分布的标准差（σ_M）是 7.07。对于 95%的置信区间，你想得到的 Z 分数－1.96 和 1.96。下限：（－1.96)(7.07)＋100＝86.14。上限：(1.96)（7.07）＋100＝113.86。（b）88.69，111.31。（c）90.2，109.8。（d）93.47，106.53。

5. 总体平均值的无偏估计是样本的平均值 10。根据问题 3（a），均值分布的标准差（σ_M）是 14.14。对于 99%的置信区间，你想得到的 Z 分数是－2.57 和 2.57。下限：（－2.57）（14.14）＋10＝－26.34。上限：（2.57）（14.14）＋10＝46.34。（b）－19.68，39.68。(c) －15.70，35.70。（d）－7.14，27.14。

6.（a）❶**重申有关总体的研究假设和零假设问题。**有两个总体，如下。

总体 1：给予实验处理的人员。

总体 2：一般人员（没有给予实验处理）。

研究假设是给予实验处理的人员（总体 1）与一般人员（总体 2）的平均分数有差异。零假设是总体 1 与总体 2 的平均分数没有差异。

❷**确定比较分布的特征。**比较分布是来自于总体 2 的均值为 10 的分布。$\mu_M=\mu=40$；$\sigma_M^2=\sigma^2/N=6^2/10=3.6$；$\sigma_M=\sqrt{\sigma_M^2}=\sqrt{3.6}=1.90$。因为总体分布是正态的，所以均值分布也是正态的。

❸**根据比较分布上的样本分数临界值来决定是否应该拒绝零假设。**在 0.05 水平上进行双侧检验，临界值是－1.96和 1.96。

❹**决定比较分布上你的样本分数。**$Z=(44-40)/1.90=2.11$。

❺**决定是否拒绝零假设。**2.11 比临界值 1.96 大。因此，可以拒绝零假设。研究假设得到支持；那就是被给予实验处理的人员与一般人员的分数有所不同。分布图如右侧显示。

(b) 假设检验步骤类似于（a)。$\sigma_M=6$；$Z=(48-40)/6=1.33$；不能拒绝零假设；给予实验处理的人员的分数与一般人员是否有所不同的研究是无效的。(c) 对于(a) 部分，95%的置信区间下限：（－1.96）(1.9)＋44＝40.28。上限：(1.96)（1.9）＋44＝47.72。对于（b）部分，95%的置信区间：36.24 到 59.76。

7. 假设检验的步骤和描述类似于问题 6。（a）$\sigma_M=0.8$；$Z=(82-81)/0.8=1.25$；不能拒绝零假设。(b)$\sigma_M=2.53$；$Z=(84-81)/2.53=1.19$；不能拒绝零假设。(c) 对于（a）部分，99% 的置信区间：79.94 到 84.06。对于（b）部分，99% 的置信区间：77.50 到 90.50。

8.［（a）和（b)］假设检验的步骤与分布图的绘制类似于问题 6。$\sigma_M=0.1$；$Z=(1.5-1.8)/0.1=-3$；可以拒绝零假设。

678 (c) 这是一个标准的假设检验问题，但是有一个例外。你不能直接将这一组接受训练的 25 个女性的反应时与一般女性的反应时的分布相互比较。这一组分数偶然出现极端平均值的可能性比任意单一的个体出现极端值的可能性小。（当随机选取一组数据时，个体的极端分数可能会被不太极端的分数或者相反方向的极端分数平衡。）因此，假如你已经随机选取了若干拥有 25 个反应时的分数的组，并且得到了每组 25 个分数的均值，你需要将本实验得到的 25 个反应时的均值与上述均值构成的分布进行比较。

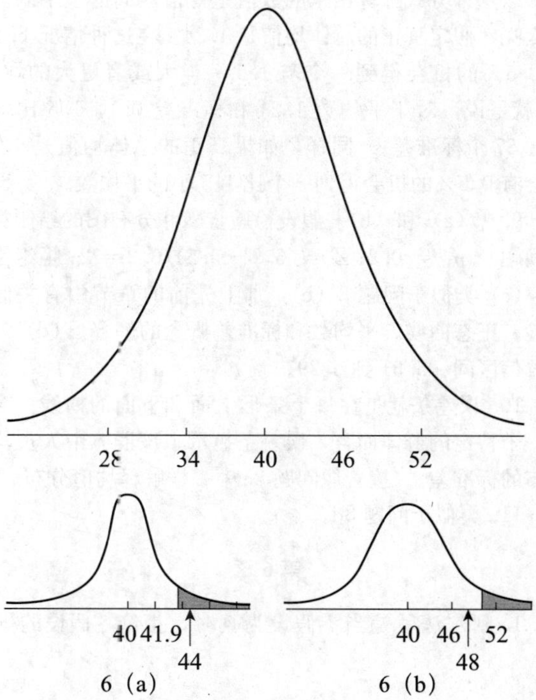

6（a）　6（b）

这样的一个许多样本均值的分布与原来总体分布的均值相同（这是没有任何原因的）。然而，它是一个狭窄的曲线。这是因为极端值出现的机会更小了。事实上，它的方差的无偏估计是原来总体的方差除以每个样本的分数个数。在这个例子中，均值分布的平均数是 1.8，标准差是 0.1（也就是说，将 0.5^2 除以 25 的结果开平方）。这是一个正态分布，因为这些均值都来自于正态分布的总体。

在 0.01 水平和单侧检验下，临界值是－2.33。经过特殊训练的 25 个女性反应时的均值是 1.5，比均值分布的平均数小 3 个标准差，很清楚地说明它比临界值更极端。因此，可以拒绝零假设，研究假设得到支持，即经过特殊训练的女性有更快的反应时。

(d) 99%的置信区间：1.24 到 1.76。置信区间是对研究的群体（总体 1：在这个例子里，是经过特殊训练的女性）中有可能包括真正的总体均值的数值范围的估计（根据样本均值和均值分布的标准差得到）。99%的置信区间就是有 99%的信心相信这个区间已包含了总体均值。区间的下限意味着有 99%的概率包含这个样本均值时均值分布的最小值，区间的上限意味着有 99%的概率包含这个样本均值时均值分布的最大值。

为了计算置信区间，首先需要考虑总体1均值的最佳无偏估计是样本的均值（在这里是1.5）。然后假定这个总体均值分布的标准差和我们已知的总体（我们事先已计算出，是0.1）是一样的。根据这些信息，假如真正的总体均值是1.5，样本均值将有99%的机会落在Z分数为-2.57（在正态曲线中这个点包含了低于均值的49.5%的分数）到$+2.57$的范围。在我们的例子中，这些Z分数对应的原始分数是1.24和1.76。

以这种方式计算出来的数值是置信区间的上下限。为什么呢？假定真正的总体均值是1.24。在这种情况下，你有0.5%的机会得到一个与1.5一样大或者更大的均值。（也就是说，对于平均数1.24和标准差0.1，1.5比均值大2.57个标准差。）同样，如果真正的总体均值是1.76，将会有0.5%的机会得到一个比1.5小的平均数。

9. ［(a) 和 (b)］假设检验步骤和分布图的绘制类似于问题6。$\sigma_M = 0.2$；$Z = (5.9 - 5.5)/0.2 = 2$；拒绝零假设。(c) 类似于问题8 (c)，加上先前的章节中有关假设检验、正态曲线、平均数和标准差概念的解释。(d) 95%的置信区间：5.51到6.29。

10. 误差条就是在每个条形上面和下面的横线。对于每一个特定的群体而言，误差条显示了该群体中人员均值分布的标准差。(接着像问题8c中一样解释均值分布。)

11. 类似于问题8d。

第6章

1. 阿尔法就是当零假设为真时，拒绝零假设的概率（也就是犯Ⅰ型错误的概率）。贝塔就是当零假设为假时没有拒绝零假设的概率（也就是犯Ⅱ型错误的概率）。

2. (a)

679

		真实情况	
		零假设为真	研究假设为真
假设检验的结论	支持研究假设（拒绝零假设）	Ⅰ型错误 零假设为真，拒绝零假设	正确决策 研究假设为真，接受研究假设
	研究无效（无法拒绝零假设）	正确决策 零假设为真，接受零假设	Ⅱ型错误 研究假设为真，拒绝研究假设

［(b) 和 (c)］答案类似于问题2a。

3. (a) $d = (\mu_1 - \mu_2)/\sigma = (19-25)/12 = -0.50$，中等；(b) -0.25，小；(c) 0，没有影响；(d) 0.42，中等；(e) 0.83，大。

4. (a) $d = (\mu_1 - \mu_2)/\sigma = (50-50)/5 = 0$，没有影响；(b) 0.40，中等；(c) 0.80，大；(d) 1.20，大；(e) -0.60，中等。

5. (a) 小的正效应大小为0.20；预测 $\mu_1 = \mu_2 + (d)(\sigma) = 15 + (0.20)(2) = 15.4$。(b) 14。(c) 16.6。(d) 15.7。(e) 12。

6. 对于 (a) 部分，分布图如下。

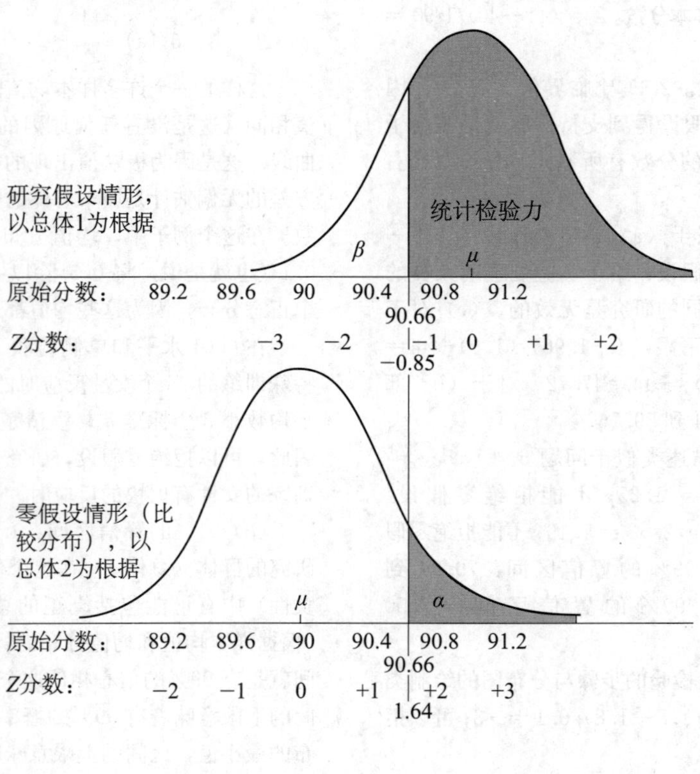

	达到显著需要的 Z 值	σ_M	达到显著需要的分数
(a)	1.64	0.4	90.66
(b)	1.64	0.4	90.66
(c)	1.64	0.2	90.33
(d)	1.64	1.0	91.64
(e)	2.33	0.4	90.93
(f)	1.96	0.4	90.78

	预测总体的 Z 值	β	检验力	效应大小
(a)	−0.85	0.20	0.80	0.25
(b)	−3.35	<0.01	>0.99	0.50
(c)	−3.35	<0.01	>0.99	0.50
(d)	0.64	0.74	0.26	0.25
(e)	−0.18	0.43	0.57	0.25
(f)	−0.55	0.29	0.71	0.25

680 7.（a）没有影响。（b）有很小的重要性。（c）对于（a）的情况，在（a）中，显著性水平表明了当零假设为真时获取你的结果的可能性；此外，在对显著性水平进行计算的过程中还考虑了样本的容量。对于（b）的情况，当样本很大，获取一个显著性的结果是可能的，即使实际的效应很小，比如你选取的样本的均值（对于接受实验处理的总体均值的无偏估计）仅仅比总体均值大一点点。这是有可能的，因为显著性是根据你选择样本的均值和已知总体均值之间的差除以均值分布的标准差得出的。假如样本容量很大，均值分布的标准差就会很小（因为它是通过总体方差除以样本容量再开方计算得到的）。因此，即使均值之间差很小，但当它们除以一个很小的数时也会得到一个很大的结果，从而使研究的结果显著。

8. 统计检验力就是当研究假设为真时，拒绝零假设的概率。换句话说，研究的统计检验力代表在研究中得到在统计上显著的结果的可能性，如果实际上研究假设是真的。理论上，一项研究必须有 80%或者更大的检验力。如果一项研究的检验力过小并且其结果在统计上不显著，那么研究的结果将会完全无效。这是因为我们搞不清楚结果不显著是由于检验力太低，还是研究假设本来就是假的。

效应大小可以被认为是总体不重叠的程度。大的效应会有高的统计检验力。根据阿伦及其同事的记载，他们的研究有高水平的统计检验力（大约 90%），同时具有大的或中等的效应。有了高的检验力，研究者可以得出结果不显著很可能是由于研究假设为假。正如研究者所指出的，拥有一个高的统计检验力，假如效应大小也是大的或者中等的，几乎不会出现不显著的研究结果。因为小的效应是与低统计检验力相互联系的，因此研究者对于不排除实际上在总体中存在小效应的可能保持谨慎（研究中由于低的检验力，小的效应可能不会被检测到）。

9.（a）提高检验力；（b）降低检验力；（c）提高检验力；（d）降低检验力；（e）降低检验力。

10.（ⅰ）当设计实验时，统计检验力太低（或者可以使实验的成本降低，比如统计检验力高出所需的很多，可以通过减少被试的数量来降低），将会允许各种变化出现（甚至抛弃数据）。（ⅱ）当实验结束后得到一个不显著的结果，分析出现这个结果是由于零假设本身就是错误的（在统计检验力高的情况下）还是统计检验力不足，从而使研究者可以进行合理的思考以便将来得到一个显著的结果。（当然，在大样本中得到一个显著结果的案例中，如果统计检验力很高，就意味着一个小的效应是可能的，所以即使结果显著，它或许也不是非常重要的。）

11.（a）❶ $\sigma_M=2$。❷临界值：$Z=1.64$；原始分数＝50＋(1.64)(2)＝53.28。❸预测分布上的相应 Z 分数＝(53.28－55)/2＝－0.86。❹查 Z 分布表得到统计检验力＝0.81，贝塔＝0.19。

(b)

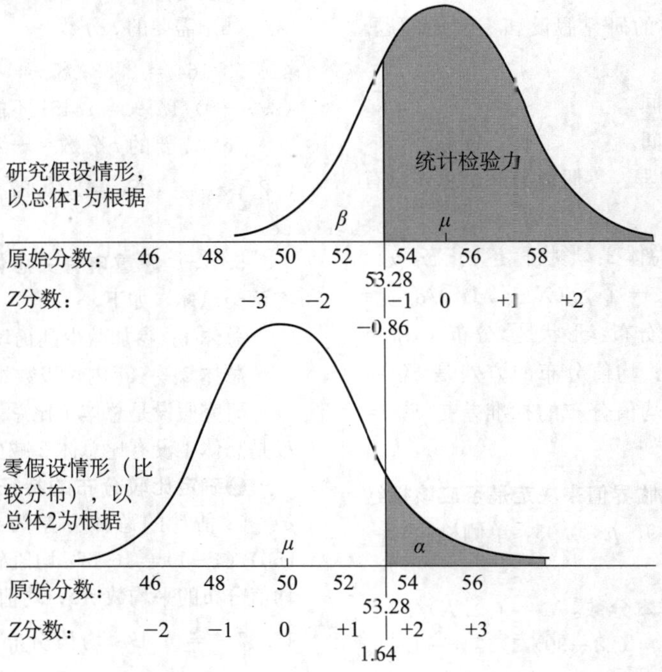

681 (c) 统计检验力是当研究假设为真时拒绝零假设的可能性。为了找到统计检验力，首先需要比较分布的标准差（这里是 2）和拒绝零假设的原始分数临界值（这里是在 0.05 水平上的单侧检验；所以所取的 Z 分数是 1.64，基于此分布的均值和标准差，得到的原始分数临界值是 53.28）。你同时必须假定已知总体（总体 2）和根据研究假设得到的总体（总体 1）的分布都遵循正态分布，并且有相同的方差。然后就可以计算统计检验力了。研究者假定艺术家总体的均值（总体 1）是 55。这个总体的均值分布是正态的，并且均值是 55，$\sigma_M=2$。根据比较分布我们已经计算出任何在 53.28 以上的均值都是显著的。但是 53.28 在基于研究假设的比较分布上的 Z 分数仅仅为 -0.86。假定研究者的预测是正确的，含有 36 位艺术家的样本会有 81%的概率得到更好的成绩来拒绝零假设。这就是说统计检验力是 81%。

12. (a) ❶ $\sigma_M=0.89$；总体 1 的预测均值 $=11+(0.89)(0.89)=11.71$。❷显著性临界值：$Z=2.57$；原始分数 $=11+(2.57)(0.89)=13.29$。❸预测分布上的 Z 分数 $=(11.71-13.29)/0.89=-1.78$。❹查 Z 分布表得到统计检验力 $=0.96$，贝塔 $=0.04$。[(b) 和 (c)] 答案和 11b 和 c 类似，但需要补充一个效应大小的解释。

第7章

1. (a) 需要的 t 分数（$df=63$，$p<0.05$，单侧检验）$=-1.671$；$S_M^2=S^2/N=9/64=0.141$。$S_M=\sqrt{S_M^2}=\sqrt{0.141}=0.38$；$t=(M-\mu)/S_M=(11-12.40)/0.38=-3.68$；拒绝零假设。(b) 需要的 t 分数 $=-2.690$，2.690；$S_M=2.55$；$t=1.32$；不能拒绝零假设。(c) 需要的 t 分数 $=2.364$；$S_M=0.13$；$t=3.15$；拒绝零假设。

2. (a) ❶**重申有关总体的研究假设和零假设问题。**有两个总体，如下。

总体 1：新警长的应案时间。

总体 2：旧警长的应案时间。

研究假设是两个总体有差异。零假设是两个总体没有差异。

❷**确定比较分布的特征。**总体 2：形状假定为正态；$\mu=30$；估计的总体方差为 $S^2=[\sum(X-M)^2]/df=(124)/(10-1)=13.78$。均值分布：形状是 t 分布（$df=9$）；均值分布的平均数 $=30$；均值分布的方差是 $S_M^2=S^2/N=13.78/10=1.378$；均值分布的标准差是 $S_M=\sqrt{S_M^2}=\sqrt{1.378}=1.17$。

❸**根据比较分布上的样本临界值来决定是否应该拒绝零假设。**需要的 t 分数（$df=9$，$p<0.05$，单侧检验）$=-1.833$。

❹**决定比较分布上你的样本分数。**$M=(\sum X)/N=280/10=28$；$t=(M-\mu)/S_M=(28-30)/1.17=-1.71$。

❺**决定是否拒绝零假设。**-1.71 不比 -1.833 极端；不能拒绝零假设。

(b)

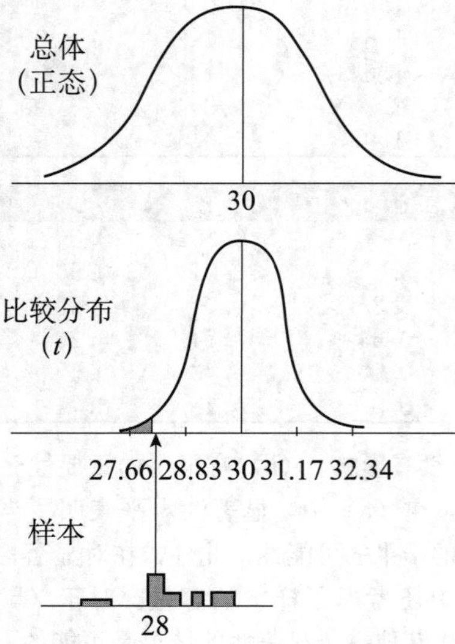

(c) 类似于问题 5c，只不过与差异值相比，这里用的是实际分数，并且代表新警长比旧警长做得好的总体预测均值是 30 分钟。

3. [(a) 和 (b)] 假设检验步骤和分布图的绘制类似于问题 2a 和 b；需要的 t 分数 $=-2.776$，2.776；$t=(M-\mu)/S_M=(46-40)/2.3=2.61$；不能拒绝零假设。(c) 类似于问题 5c，只不过与差异值相比，这里用的是实际分数，并且通常人们回答正确的总体预测均值是 40 个题目。

4. (a) 需要的 t 分数（$df=19$，$p<0.05$，单侧检验）$=1.729$；$S_M^2=S^2/N=8.29/20=0.415$；$S_M=\sqrt{S_M^2}=\sqrt{0.415}=0.64$；$t=(M-\mu)/S_M=(1.7-0)/0.64=2.66$；拒绝零假设。

(b) 需要的 t 分数 $=-1.984$，1.984；$S_M^2=S^2/N=414.53/164=2.53$；$S_M=\sqrt{S_M^2}=\sqrt{2.53}=1.59$；$t=(2.3-0)/1.59=1.45$；不能拒绝零假设。

(c) 需要的 t 分数 $=-2.625$；$S_M^2=S^2/N=4/15=0.27$；$S_M=\sqrt{S_M^2}=\sqrt{0.27}=0.52$；$t=-4.23$；拒绝零假设。

5. (a) ❶**重申有关总体的研究假设和零假设问题。**有两个总体，如下。

总体 1：参加减少乱扔垃圾活动的城市。

总体 2：一年内垃圾数量没有什么变化的城市。

研究假设是总体 1 比总体 2 会减少乱扔垃圾量。零假设是总体 1 没有比总体 2 减少乱扔垃圾量。

❷**确定比较分布的特征。**总体 2：形状假定为正态；$\mu=0$；估计的总体方差为 $S^2=[\sum(X-M)^2]/df=(50)/(4-1)=16.67$。均值分布：形状是 t 分布（$df=3$）；均值分布的平均数 $=0$；均值分布的方差是 $S_M^2=S^2/N=16.67/4=4.17$；均值分布的标准差是 $S_M=\sqrt{S_M^2}=$

$\sqrt{4.17}=2.04$。

❸根据比较分布上的样本分数临界值来决定是否应该拒绝零假设。需要的 t 分数（$df=3, p<0.01$，单侧检

682 验）$=-4.541$。

❹决定比较分布上你的样本分数。差异值 $=-7$，-6，1，-8；$M=-20/4=-5$；$t=(M-\mu)/S_M=(-5-0)/2.04=-2.45$。

❺决定是否拒绝零假设。-2.45（来自步骤❹）不比临界值 -4.541（来自步骤❸）更极端；不能拒绝零假设。

(b)

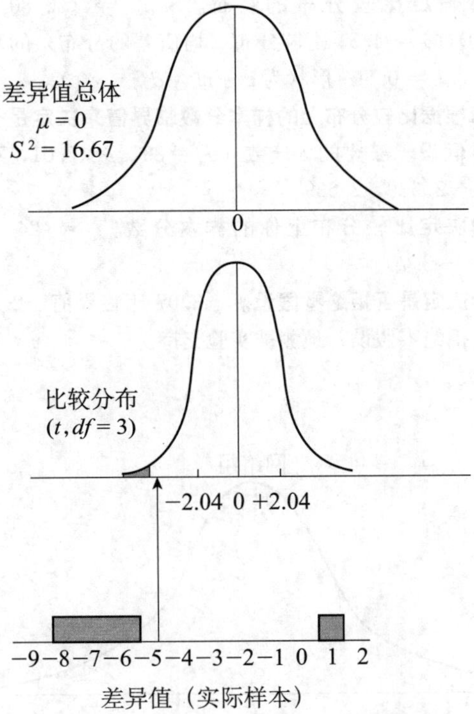

(c) 我首先所做的就是通过将数值转变为差异值来简化事情，即对于每个城市将用计划后扔垃圾的量（2008）减去计划前扔垃圾的量（2007）。然后我就能得到差异值的均数了，为 -5。也就是说平均每天扔垃圾量减少了 5 磅（1 磅约合 0.45 千克）。

接下来就是观察在这四座城市中发现的结果是不是由于参加该活动导致的改变。还有一种情况就是即使这个活动没有作用，在随机选择的四座城市发生这样明显的变化是出于偶然的可能性也是存在的。也就是说，我们假定一般情况下城市的变化均值为 0，并且有可能这个研究恰恰选择了通过其他方式使扔垃圾量不断减少的城市。

然后我要考虑的是这四座城市达到怎样的变化才可以将变化被认定为不是出于偶然的。这就要求计算出这个由一般而言不存在变化的各个城市构成的假定样本的特征。一般情况下没有变化就意味着变化均值为 0。由于我不知道没有变化城市的假设分布的方差，我们需要用所选取的这四座城市作为样本来估算。如果样本城市是从没有变化的假设分布中随机选择的，那么这些城市的方差应该能反映这个分布（即它们来源的分布）的方差。但是，根据来自于更大总体的群体（样本）所计算的方差要轻微小于真实的总体方差。因此，我必须要考虑矫正方差计算公式：将离均差平方和除以分数个数用除以自由度代替，自由度就是分数个数减 1，在这里是 3。（这样计算可以矫正样本方差对总体方差的低估。）正如假设检验步骤中的计算一样，这里给出方差估计值（S^2）为 16.67。

我所感兴趣的不是个别的城市，而是这四座城市。因此，我真正需要知道的是取自于由个别城市变化值构成的假定总体的样本均值分布特征。这样的一个均值分布将会有同样的均值 0（没有理由预测由随机选取的四个城市构成的群体的均值比 0 高或低）。但是，这个分布会有一个更小的方差（因为由这四组分数构成的群体的平均值比个别分数极端的可能性小）。幸运的是，我们已经知道（可以从数学上证明）均值分布的方差就是总体分布的方差除以每个样本的分数个数。在我们的例子中，16.67 除以 4，得到 4.17。分布的标准差就是 4.17 的正平方根，即 2.04。

同样，假如我们假定由所有城市变化值构成的假设总体呈正态分布（并且我们没有理由不这样认为），那么来自于该分布的样本的均值分布可以被认为是 t 分布（比正态曲线稍狭窄一点）。因此，我通过查 t 分布表来估算在自由度为 3 的情况下的总体方差。表格显示该分布中获取比平均数低 4.541 个标准差的分数的概率低于 1%。

这四座城市构成的样本变化值的均数是 -5，在变化值均值分布上比均值 0 变化小 2.45（也就是 $5/-2.04$）个标准差。这个分数不比 -4.541 更极端。因此，这些结果来自 0 变化假设分布的概率要高于 1%。所以，研究者不能排除这个可能性，实验被视为无效。

6. ［(a)，(b) 和 (c)］假设检验的步骤、解释和分布图的绘制类似于问题 5。需要的 t 分数 $=-2.776$，2.776；$t=(M-\mu)/S_M=(-0.014-0)/0.005=-2.8$；拒绝零假设。（注：这个结果非常接近临界值水平；如果进行一点点的舍入，你的结果将会不可靠。这就是很现实的情况，不同的舍入会得到不同的结果。）

7. (a) $d=(\mu_1-\mu_2)/\sigma=(20-0)/32=0.63$，中等效应；(b) 0.50，中等；(c) 0.25，小；(d) 0.20，小。

8. 根据表 7－11：(a) 0.22；(b) 0.71；(c) 0.86；(d) 0.77；(e) 0.99。

9. 根据表 7－12：(a) 33；(b) 12；(c) 156。 683

10. 类似于问题 5c，但需要针对本研究的情况，并且这个研究设计的样本和情况相对简单；你同样不需要解释假设检验的逻辑（仅仅当你不知道总体方差时需要加入）。

11. 类似于问题 5b 和 5c，但需要针对本研究的情况；对于此研究，均值、标准差，方差应该被加入解释，就像第 2 章中问题的答案一样。

12. (a) 焦虑：$S_M^2=S^2/N=1.85^2/100=0.0342$；

$S_M=\sqrt{S_M^2}=\sqrt{0.0342}=0.185$；$t=1.50/1.85=8.11$。抑郁：$S_M=0.423$；$t=7.28$。内向性：$S_M=0.222$；$t=-1.04$。神经质：$S_M=0.421$；$t=2.11$。

(b) 类似于问题 5c，但需要针对本研究的情况；对于此研究，均值、标准差、方差应该被加入解释，就像第 2 章中问题的答案一样。

第 8 章

1. (a) 独立；(b) 相关；(c) 相关。

2. (a) $S^2_{\text{Pooled}}=(df_1/df_{\text{Total}})(S_1^2)+(df_2/df_{\text{Total}})(S_2^2)=(19/38)(1)+(19/38)(2)=1.5$；$S^2_{M_1}=S^2_{Pooled}/N_1=1.5/20=0.075$；$S^2_{M_2}=0.075$；$S^2_{\text{Difference}}=S^2_{M_1}+S^2_{M_2}=0.075+0.075=0.15$；$S_{\text{Difference}}=0.39$。(b) 0.35。(c) 0.32。(d) 0.27。(e) 0.35。

3. (a) 需要的 t 分数（$df=58$，$p<0.05$，双侧检验）$=-2.004$，2.004；$S^2_{\text{Pooled}}=(df_1/df_{\text{Total}})(S_1^2)+(df_2/df_{\text{Total}})(S_2^2)=(29/58)(2.4)+(29/58)(2.8)=2.6$；$S^2_{M_1}=S^2_{\text{Pooled}}/N_1=2.6/30=0.087$；$S^2_{M_2}=0.087$；$S^2_{\text{Difference}}=S^2_{M_1}+S^2_{M_2}=0.087+0.087=0.174$；$S_{\text{Difference}}=0.417$；$t=(M_1-M_2)/S_{\text{Difference}}=(12-11.1)/0.417=2.16$。结论：拒绝零假设。差异显著。

(b) $S^2_{\text{Pooled}}=2.67$；$S_{\text{Difference}}=0.45$；$t=2.00$；不能拒绝零假设。

(c) $S^2_{\text{Pooled}}=2.60$；$S_{\text{Difference}}=0.417$；$t=2.16$；拒绝零假设。

4. (a) **❶重申有关总体的研究假设和零假设问题。**有两个总体，如下。

总体 1：从电视上得到新闻的人们。

总体 2：从网络上得到新闻的人们。

研究假设是总体 1 与总体 2 会有均值差异，零假设是总体 1 与总体 2 没有均值差异。

❷确定比较分布的特征。$S^2_{\text{Pooled}}=(60/80)(4)+(20/80)(6)=4.5$；比较分布（均值差的分布）的均值$=0$；$S_{\text{Difference}}=0.54$；形状为 t 分布（$df=80$）。

❸根据比较分布上的样本分数临界值来决定是否应该拒绝零假设。需要的 t 分数（$df=80$，$p<0.01$，双侧检验）$=-2.639$，2.639。

❹决定比较分布上你的样本分数。$t=(24-26)/0.54=-3.70$。

❺决定是否拒绝零假设。-3.07 比临界值 -2.639 更极端；拒绝零假设；预测被实验支持。

(b)

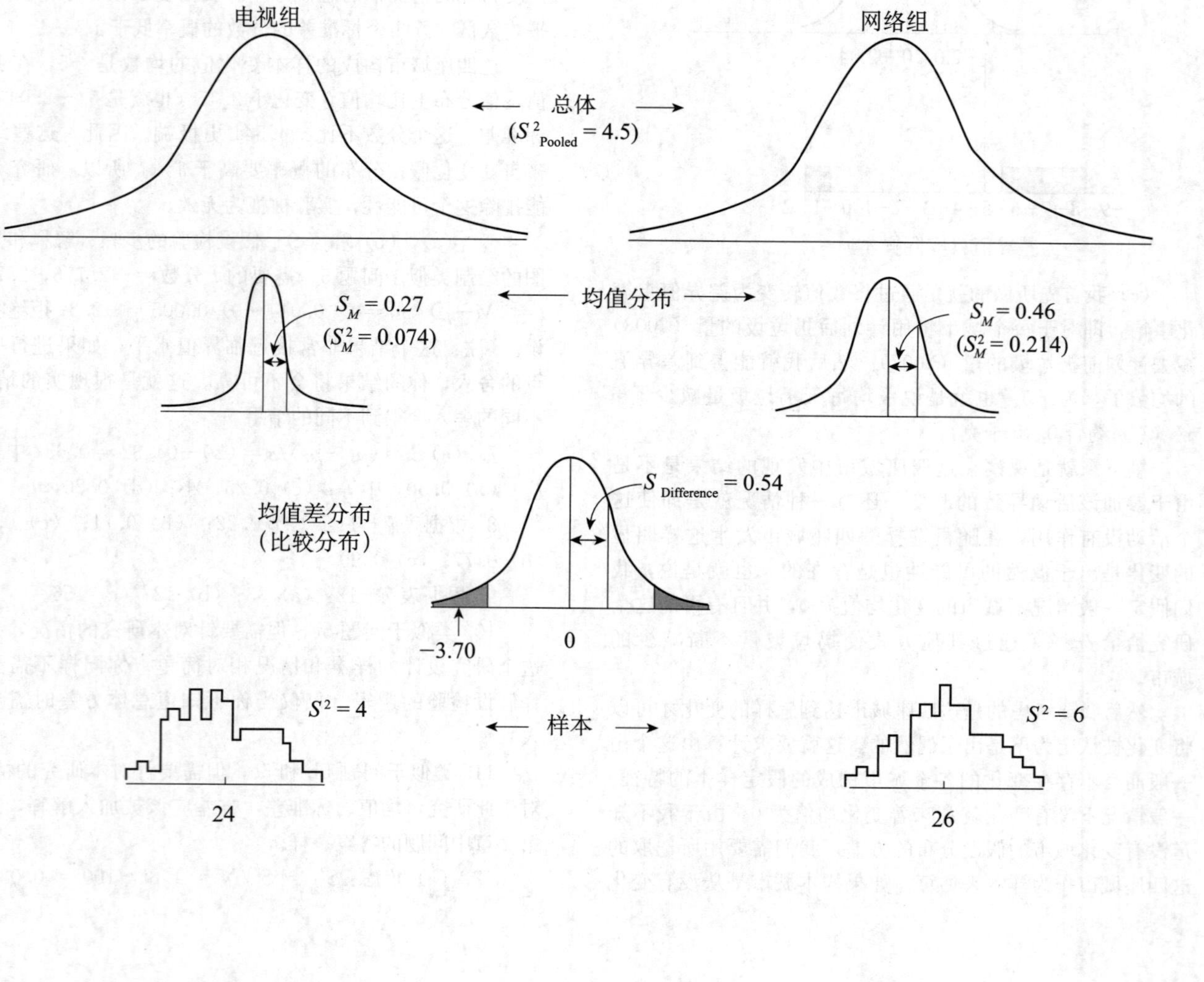

684 （c）在这种情况下，我要检测这两个样本是否来自同一个总体。这样对于总体的估计值就有两个，一个样本一个。因此，为了使估计值更精确，可以取两个估计值的均数。为了让自由度大的得到更多的估算权重，我用了加权平均数，即将每个估计值乘以各自的自由度占总自由度的比值，然后把结果加起来。对总体方差的合成估计得出是 4.5。

因为我感兴趣的不是每一个分数，而是 61 人组与 21 人组均值的差异，我需要知道从两个相同的我刚刚估计方差的总体中随机选择的两个样本的均值差异分布的特征。这需要两个步骤。第一步，我根据老方法计算与每一个样本相联系的总体均值分布的特征，但是总体方差使用的是合成估计值。这里得出电视组为 0.074，网络组为 0.214。第二步是直接关于均值差异分布的。假如你从电视组的均值分布得到一个均数，从网络组的均值分布得到一个均数，然后计算它们的差，这样你就得到了这个分布。在做了这些工作很多次后，这些差异值的分布将构成一个新的分布，叫作均值差异值分布。因为我们假定（假设电视组和网络组没有差异）原来的两个总体有相同的均值，一般情况下，来自电视组的均值和来自网络组的均值的差异应该为 0（因为有时候这一组大一点，有时候另一组大，但是经过很长时间的随机选择就会得到平衡）。均值差异分布的方差同时受两个均值分布的影响；事实上，这一方差是两个的和。因此，它的方差是 0.074 加上 0.214，即 0.288。对它开方，就得到了均值差异分布的标准差，即 0.54。

因为这整个的过程都建立在估计方差的基础上，均值分布是 t 分布，自由度是所有自由度的和；因此 $df=80$。在 0.01 水平，进行双侧检验，查看 t 分布表得到需要的临界值 -2.639 和 2.639。样本的 t 分数是两个组的差除以均值差异分布的标准差：$(24-26)/0.54=-3.70$。这比临界值更极端；所以可以拒绝零假设。

5. [（a），（b）和（c）] 假设检验步骤、解释和分布图的绘制类似于问题 4 [除了（c）部分仍然需要加入基本的元素，就像先前章节的问题的答案一样]。需要的 t 分数 $=-2.262$，2.262；$S^2_{\text{Pooled}}=(5/9)(5.6)+(4/9)(19.3)=11.69$；$S^2_{\text{Difference}}=1.95+2.34=4.29$；$S_{\text{Difference}}=2.07$；$t=(6-9.6)/2.07=-1.74$。不能拒绝零假设；对于孩子的名字是否能导致差异这个实验是无效的。（注：在这个问题里面的数据看起来好像违反了总体方差相等的假设。但是，由于使用一般算法结果是不显著的，所以使用矫正的算法可能也是不显著的。）

6. [（a），（b）和（c）] 假设检验步骤、解释和分布图的绘制类似于问题 4。需要的 t 分数 $=1.943$；$S^2_{\text{Pooled}}=(4/6)(6.7)+(2/6)(12.33)=8.58$；$S^2_{\text{Difference}}=2.86+1.72=4.58$；$S_{\text{Difference}}=2.14$；$t=(5.33-5.2)/2.14=0.06$。不能拒绝零假设；是否老生做得更好这个实验是无效的。

7. （a）估计的 $d=(M_1-M_2)/S_{\text{Pooled}}=(24-26)/\sqrt{4.5}=-0.94$。（b）$-1.05$。（c）0.04。（d）效应大小表示两个总体不重叠的程度。两个总体重叠得越少，效应就越大。在心理学中，我们通常不仅仅想知道结果是否显著，还有效应的大小；效应大小为衡量效应究竟有多大提供了一个尺度。独立样本均值 t 检验的效应大小是总体均值差除以总体的标准差。但是，你不知道总体均值；所以你用样本均值来估算它们。你也不知道总体的标准差，所以对总体的标准差进行合成估计。所以，在（a）部分，效应大小是样本均值差（24 减去 26，得到 -2）除以总体标准差的合成估计值（4.5 的正平方根，即 2.12）。这就得到了一个效应大小估计值 -0.94，在独立样本均值 t 检验中，根据寇恩所确定的效应大小惯例，这是一个大的效应。

8. 根据表 8－4：（a）0.19；（b）接近 1；（c）0.72；（d）0.97。

9. （a）调和平均数 $=2(N_1)(N_2)/(N_1+N_2)=(2)(3)(57)/(3+57)=5.7$，根据表 8－4 找到近似的统计检验力 $=0.11$；（b）调和平均数 $=16.6$，统计检验力 $=0.15$；（c）调和平均数 $=26.7$，统计检验力 $=0.19$；（d）调和平均数 $=30$，统计检验力 $=0.19$。

10. （a）估计的 $d=(M_1-M_2)/S_{\text{Pooled}}=(107-149)/84=-0.5$，中等效应；需要的 N（查表 8－5）$=50$ 人每组，总共需要 100 人。（b）估计的 $d=0.20$；需要的 $N=20$ 人每组，总共需要 40 人。（d）需要的 $d=-0.80$；需要的 $N=26$ 人每组，总共需要 52 人。

11. 接下来包括解释所有的公式和概念，就像问题 4c 和先前章节中解释的问题的答案。[（a）和（b）] 该研究表明使用 0.05 的显著性水平，得到较低水平支持的孩子——无论是来自于孩子的父母还是同学——显示了较低的自我价值感。进一步分析，来自于父亲和母亲支持的效应是相当大的（0.78 和 0.69）；但是，来自于同学支持的效应（0.35）处于小效应和中等效应之间。这可以看出就自我价值感而言，来自于父母的支持比起同学要重要得多。在大的效应下这个研究的统计检验力是 0.98。（假定高支持组和低支持组的孩子数量近似相等，检验是双侧的，在每组中有 50 人用于计算。）中等效应的统计检验力 685
是 0.70。因为我们已经知道结果是显著的以及效应的大小，统计检验力的计算就不是太重要了。

12. 类似于问题 4c，关注这个研究的结果。

第 9 章

1. （a）需要的 $F=3.36$（$df=2$，27；$p<0.05$）；$S^2_M=[\sum(M-GM)^2]/df_{\text{Between}}=[(7.4-7)^2+(6.8-7)^2+$

$(6.8-7)^2]/2=0.12$；$S^2_{\text{Between}}=(S^2_M)(n)=(0.12)(10)=1.2$；$S^2_{\text{Within}}=(S^2_1+S^2_2+\cdots+S^2_{\text{Last}})/N_{\text{Groups}}=(0.82+0.90+0.80)/3=0.84$；$F=1.2/0.84=1.43$；不能拒绝零假设。

(b) 需要的 $F=2.70$（$df=3$，96；$p<0.05$）（实际上用的是 $df=3$，95）；$S^2_M=164.67$；$S^2_{\text{Between}}=(164.67)(25)=4\,116.75$；$S^2_{\text{Within}}=736.5$；$F=5.59$；拒绝零假设。

2. (a) 需要的 $F=8.02$（$df=2$，9；$p<0.01$）；第一组：$M=8$，$S^2=0.67$；第二组：$M=6$，$S^2=0.67$；第三组：$M=4$，$S^2=0.67$；$S^2_{\text{Between}}=(4)(4)=16$；$S^2_{\text{Within}}=0.67$；$F=16/0.67=23.88$；拒绝零假设。

(b) 需要的 $F=8.02$（$df=2$，9；$p<0.01$）；第一组：$M=8$，$S^2=21.33$；第二组：$M=6$，$S^2=21.33$；第三组：$M=4$，$S^2=21.33$；$S^2_{\text{Between}}=(4)(4)=16$；$S^2_{\text{Within}}=21.33$；$F=16/21.33=0.75$；不能拒绝零假设。

(c) 对于 (a) 部分，$R^2=(S^2_{\text{Between}})(df_{\text{Between}})/[(S^2_{\text{Between}})(df_{\text{Between}})+(S^2_{\text{Within}})(df_{\text{Within}})]=(16)(2)/[(16)(2)+(0.67)(9)]=0.84$，对于 (b) 部分，$R^2=(S^2_{\text{Between}})(df_{\text{Between}})/[(S^2_{\text{Between}})(df_{\text{Between}})+(S^2_{\text{Within}})(df_{\text{Within}})]=(16)(2)/[(16)(2)+(21.33)(9)]=0.14$。

(d)

第一组

X	X−GM		X−M		M−GM	
	Dev	Dev²	Dev	Dev²	Dev	Dev²
8	2	4	0	0	2	4
8	2	4	0	0	2	4
7	1	1	−1	1	2	4
9	3	9	1	1	2	4
Σ 32		18		2		16

$M=32/4=8$.

第二组

X	X−GM		X−M		M−GM	
	Dev	Dev²	Dev	Dev²	Dev	Dev²
6	0	0	0	0	0	0
6	0	0	0	0	0	0
5	−1	1	−1	1	0	0
7	1	1	1	1	0	0
Σ 24		2		2		0

$M=24/4=6$.

第三组

X	X−GM		X−M		M−GM	
	Dev	Dev²	Dev	Dev²	Dev	Dev²
4	−2	4	0	0	−2	4
4	−2	4	0	0	−2	4
3	−3	9	−1	1	−2	4
5	−1	1	1	1	−2	4
Σ 16		18		2		16

$M=16/4=4$.

$GM=(32+24+16)/12=72/12=6$.

$SS_{\text{Total}}=18+2+18=38$.

$SS_{\text{Within}}=2+2+2=6$.

$SS_{\text{Between}}=16+0+16=32$.

方差分析表：

来源	SS	df	MS	F
组间	32	2	16	23.88
组内	6	9	0.67	
总变异	38	11		

结论：拒绝零假设

3. (a) ❶**重申有关总体的研究假设和零假设问题。**有三个总体，如下。

总体 1：有情感障碍的病人。

总体 2：有认知障碍的病人。

总体 3：药物相关条件下的病人。

研究假设是三个总体的均值有差异。零假设是三个总体的均值没有差异。

❷**确定比较分布的特征。**自由度为 2 和 9 的 F 分布。

❸**根据比较分布上的样本分数临界值来决定是否应该拒绝零假设。**5%的水平，需要的 F（$df=2$，9）$=4.26$。

❹**决定比较分布上你的样本分数。**$S^2_{\text{Between}}=(5.33)(4)=21.32$；$S^2_{\text{Within}}=(0.67+3.33+2.67)/3=2.22$；$F=21.32/2.22=9.60$。

❺**决定是否拒绝零假设。**根据步骤❹得到的 F 值 (9.60) 比步骤❸得到的临界值更极端；拒绝零假设。

(b) 686

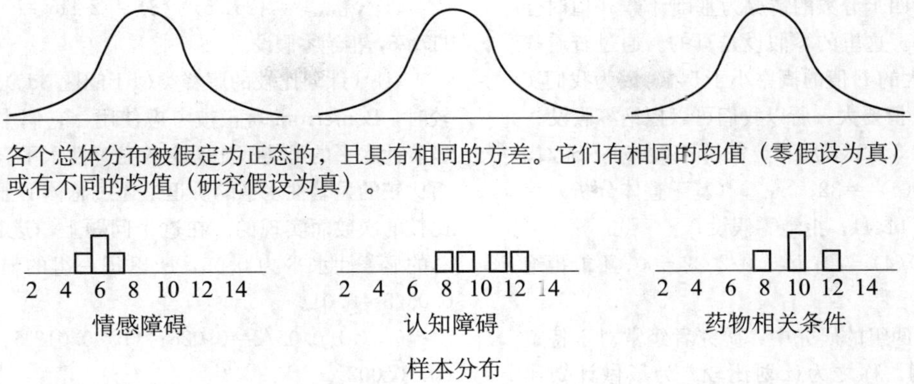

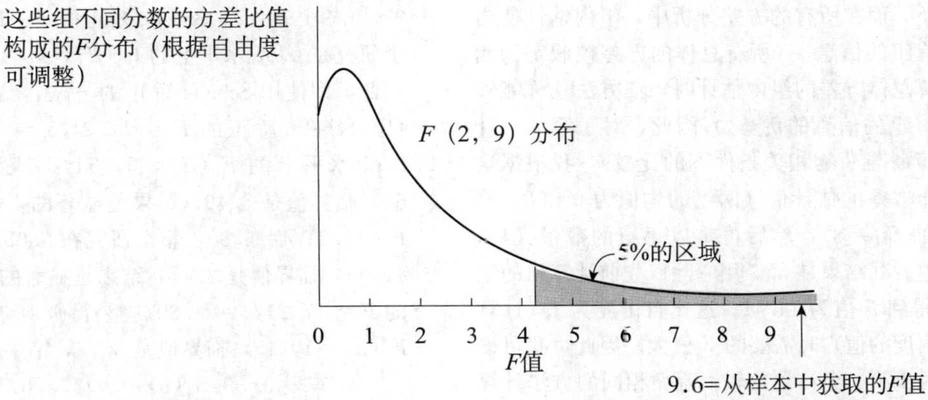

(c) $R^2 = (S^2_{\text{Between}})(df_{\text{Between}}) / [(S^2_{\text{Between}})(df_{\text{Between}}) + (S^2_{\text{Within}}(df_{\text{Within}})] = (21.32)(2) / [(21.32)(2) + (2.22)(9)] = 0.68$。

(d) 零假设是三组住院的总体均值相等（就像 t 检验，我们必须假定它们有相同的方差）。假如这个零假设为真，你可以用以下两种方法估计这些相等总体的方差：

（ⅰ）你可以先估算这三组每一组的方差然后将它们平均。（这与你在独立样本均值 t 检验中所做的一样，只不过现在你得平均三个方差而不是两个。同样在 t 检验中你会根据对总的估计值的贡献的自由度为这些方差赋重。然而，因为三组有相同的容量，你可以对它们进行简单的平均值——在效应上对它们的赋重是相等的。）在这个例子中，三个估计的方差分别是 0.67，3.33 和 2.67，得到合成估计值 2.22。这叫作总体方差的组内估计。

（ⅱ）你可以用这三个均值估算方差。假如我们假设零假设为真，三个组的均值就是根据来自等价总体的样本得到的。这些总体的每一个具有等价的取自该总体的样本的均值分布。我们三个样本的均值都来自于等价的总体，就如它们来自于同一个总体。因此，我们三个均值间的差异总量应该能够反映出它们所来自的均值分布的差异。所以，我们可以利用这三个均值（6，10，10）来估算均值分布的方差。使用估计总体方差的一般公式，得到 5.33。

但是，我们想要的是总体分布的方差。所以问题来了，产生一个方差为 5.33 的均值分布（每组四个分数）的总体分布是什么呢？为了找到来自于总体分布的均值分布，你需要将总体分布的方差除以样本容量。在这个例子中，你要做的恰恰相反。因此，你将均值分布的方差乘以样本容量来获取总体分布的方差。也就是用 5.33 乘以 4，得到 21.32。这叫作总体方差的组间估计。

假如零假设为真，总体的组内和组间估计的方差应该是一样的，因为本质上都是对同一个总体的估计。因 687
此，组间估计的方差与组内估计的方差的比值应该为 1。

但是，假设零假设为假，来自三个总体的这些组的均值就有差异。在这种情形下，根据组间得到的方差要比组内得到的方差大。前者更大的原因如下。假如零假设为真，各组均值有差异的唯一原因就是三个等价的均值分布中每一个的内部差异。但是，假如零假设为假，这些均值分布中的每一个就会有不同的均值。因此，我们的均值之间的差异既是现在不同的均值分布中每一个的内部差异，也是这些均值分布的均值之间的差异。因此，我们小组的均值中有一个额外的差异。如果你用这三个均值估计总体方差，它会比零假设为真时稍大。另一方面，组内方差不会受到这三组均值是否不同的影响，因为它考虑的仅仅是每个小组内部的差异。因此，当零假设为假时，组间方差和组内方差的比值会大于 1。

组间与组内的方差比值叫作 F 值。在这个例子中，我们的 F 值是 21.32 比上 2.22；21.32/2/22=9.60。

统计学家已经为当你以从三个等价的总体中随机选择一组数据，每组包括四个分数的情况为基础计算 F 值时会发生什么制作了表格。这里的零假设是真的。通过查看表格发现取到比 4.26 大的 F 值的概率小于 5%。因为我们实际得到的 F 值比这个值要大，所以我们可以拒绝零假设。

（e）需要的 $F=5.12$（$df=1$，9；$p<0.05$）；$S^2_{Between}$（两个均值）＝（8）（4）＝32；S^2_{Within}（基于整体分析）＝2.22；$F=32/2.22=14.41$；拒绝零假设。

（f）$S^2_{Between}=(0)(4)=0$；$F=0/2.22=0$；不能拒绝零假设。

（g）在一个不止两组的研究中，研究者经常对于特定组之间的差异做预测，称之为计划比较。为了做计划比较，你需要对仅仅根据两组相互比较得到的组间估计进行特殊的方差分析，而在所有的方差分析中，组内估计使用的是来自于所有组的信息。（所有总体的方差被假定为相等，所以当计算总体方差的组内估计时，该方法让你能够有利用来自所有组的信息的优势。）因此，对于第一个计划比较（情感障碍与药物相关条件下的比较），我根据这两个组均值分布方差的估计值（两组的均值为 6 和 8，算出均值分布图的 $S^2_M=8$），然后再乘以每组的数量（4），估算出组间方差。其结果是 32。用它除以先前计算出的组内方差 2.22，得到 F 值为 14.41。这比自由度为 1（计算组间估计时自由度的值）时需要的 F 值大。因此，我可以拒绝零假设。对于第二个计划比较，遵循相同的方法计算的 F 值为 0，这当然是不显著的。

4. ［（a），（b），（c）和（d）］假设检验步骤、分布图的绘制、效应大小和解释类似于问题 3［除了（d）中需要包括类似于前面章节对实际问题进行解释的材料］。需要的 $F=3.09$（$df=2$，147；$p<0.05$）（实际上使用的 $df=$ 2 100）；$S^2_{Between}=(0.09)\ (50)=4.5$；$S^2_{Within}=(5.2+5.8+4.8)/3=5.27$；$F=0.85$；不能拒绝零假设。$R^2=(4.5)(2)/[(4.5)(2)+(5.27)(147)]=0.01$。

5. ［（a），（b），（c）和（d）］假设检验步骤、分布图的绘制、效应大小和解释类似于问题 3［除了（d）中需要包括类似于前面章节对实际问题进行解释的材料］。需要的 $F=4.57$（$df=3$，28；$p<0.01$）；$S^2_{Between}=(155)\ (8)=$ 1 240；$S^2_{Within}=(3.5^2+4.6^2+3.8^2+4.9^2)/4=17.97$；$F=69.0$；拒绝零假设。$R^2=(1\,240)\ (3)/[(1\,240)\ (3)+(17.97)\ (28)]=0.88$。

（e）Bonferroni 矫正的显著性水平＝0.05/5＝0.01；需要的 $F=7.64$（$df=1$，28；$p<0.01$）；$S^2_{Between}=(4.5)\ (8)=36$；$S^2_{Within}=17.97$；$F=36/17.97=2.00$；不能拒绝零假设。

（f）$S^2_{Between}=(364.5)(8)=2\,916$，$F=2\,916/17.97=162.27$，拒绝零假设。

（g）$S^2_{Between}=(8)\ (8)=64$，$F=64/17.97=3.56$，不能拒绝零假设。

（h）$S^2_{Between}=(288)\ (8)=2\,304$，$F=2\,304/17.97=128.21$，拒绝零假设。

（i）$S^2_{Between}=(264.5)\ (8)=2\,116$，$F=2\,116/17.97=117.75$，拒绝零假设。

（j）（计划比较的解释类似于问题 3d。）当进行多次比较时，Bonferroni 矫正被考虑使用，它们中任何一个得到显著性水平的可能都比假定的显著性水平高。这种对每一组比较的显著性水平的矫正是通过总体的显著性水平除以比较的次数而实现的。在这个问题上，进行了 5 次比较，总的显著性水平为 0.05，所以每一组的显著性水平就是 0.05/5＝0.01。

6. （a）0.05/2＝0.025；（b）0.012 5；（c）0.003 3；（d）0.002。

7. （a）整个研究的 $df_{Between}=5-1=4$；$df_{Within}=9+9+9+9+9=45$。Scheffé 矫正的 $F=17.21/4=4.30$。整个研究在 0.05 水平上的 F（$df=4$，45）临界值是 2.58。因此，即使用 Scheffé 矫正的方法，结果也还是显著的。（b）Scheffé 矫正的 $F=17.21/5=3.44$。整个研究在 0.05 水平上的 F（$df=5$，54，实际上使用的 $df=5$，50）临界值是 2.40，结果是显著的。（c）Scheffé 矫正的 $F=17.21/4=4.30$。整个研究在 0.05 水平上的 F（$df=4$，95）临界值是 2.47，结果是显著的。（d）Scheffé 矫正的 $F=17.21/4=4.30$。整个研究在 0.01 水平上的 F（$df=4$，45）临界值是 3.77，结果是显著的。

8. 查表 9－9：（a）0.09；（b）0.12；（c）0.10；（d）0.38。

9. 查表 9－10：（a）322；（b）21；（c）274；（d）52。

10. 类似于问题 3d（另要加入第 8 章的元素），但是要考虑此研究的结果。

11. 类似于问题 3d 和 3g（另要加入先前章节的元素），但是要考虑此研究的结果。

12. （a）接纳，情绪极端，嫉妒；（b）情绪极端，嫉妒，强迫性执着，性吸引，渴望联合，渴望报答，一见钟情；（c）快乐，友谊，信任，亲密关系的担忧，情绪极端，嫉妒。（e）在对两组以上数据进行方差分析后，研究者经常继续进行一个探索性的分析，即比较每一对分组；这些叫作事后检验。问题在于，由于太多的比较，某些结果可能仅仅出于偶然而比假定的 5% 显著性水平时出现显著的可能性更高。当进行事后检验的时候，特殊的程序会被应用以防止此类问题的发生，以便于研究者可以更有自信地认为任何发现的差异会在 5% 的显著性水平（如果选择的是该水平）上发生，如果零假设为真的话。Scheffé 检验就是这类程序的一个例子。 688

第 10 章

1. ⅰ.（a）和（b）见下页左上图示。

（c）阶层与年龄的主效应和交互作用。（d）一般情况下高阶层和年老的人收入更高，但是同时高阶层和年老的人比起单独有一样条件的人收入更高。

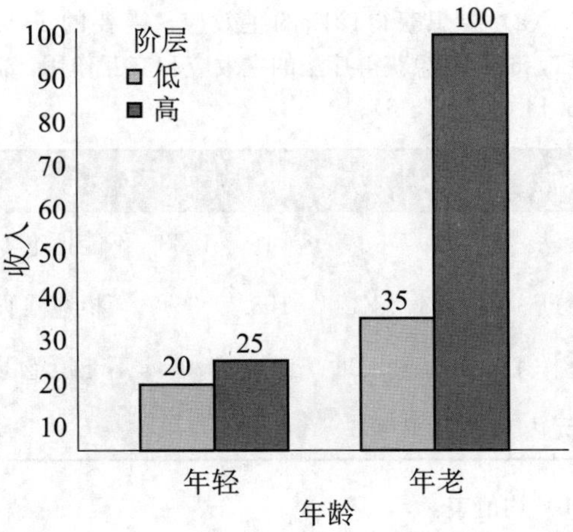

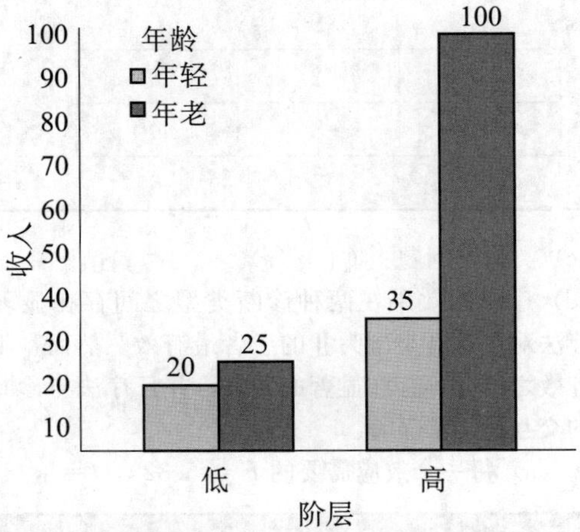

ⅱ.［(a) 和 (b)］图示类似于（ⅰ）部分 (a) 和 (b)。(c) 无主效应，有交互作用。(d) 无论是大学类型还是专业类型，就其本身而言，都无法预测成绩。但是假如把它们联合起来考虑，就会有一个清晰的模式：对于社区学校主修艺术的和文科学校主修科学的成绩最高。

ⅲ.［(a) 和 (b)］图示类似于（ⅰ）部分 (a) 和 (b)。(c) 两个主效应都显著，没有交互作用。(d) 女性每月缺席天数都比男性少；练习组比控制组的每月缺席天数要少。你可以通过每一个变量单独的水平预估每一个组合缺席的天数。

2. ⅰ.［(a) 和 (b)］图示类似于问题 1（ⅰ）部分 (a) 和 (b)；(c) 关系主效应和交互作用；(d) 朋友之间对话更长，但是私人对话比非私人对话又更长。

ⅱ.［(a) 和 (b)］图示类似于问题 1 (ⅰ) 部分 (a) 和 (b)。(c) 价格和城市都存在主效应，并且具有交互作用。(d) 餐馆质量在不同的城市是不同的，在纽约最高，在芝加哥最低。餐馆的质量在不同的价格范围内也不同，贵的最好，便宜的最差。但是，这两个因素不能简单地组合在一起，因为与其他城市相比，价格在纽约的影响更大。

ⅲ.［(a) 和 (b)］图示类似于问题 1 (ⅰ) 部分 (a) 和 (b)。(c) 类型和咖啡品牌都具有主效应，并且存在交互作用。(d) 正常类型比低咖啡因类型的风味级别高，品牌 X 和 Z 比 Y 的风味级别更高。但是在交互作用中，对于品牌 Z 而言，正常类型和低咖啡因类型没有差异，然而，对于品牌 X 和 Y，正常的比低咖啡因的风味高两个级别。

3. 答案举例。

	(a)	运动			
		棒球	足球	篮球	
条件	有激励项目	10	5	6	7
	无激励项目	10	5	6	7
		10	5	6	

	(b)	运动			
		棒球	足球	篮球	
条件	有激励项目	6	6	6	6
	无激励项目	10	10	10	10
		8	8	8	

	(c)	运动			
		棒球	足球	篮球	
条件	有激励项目	6	7	8	7
	无激励项目	8	9	10	9
		7	8	9	

689

	(d)	运动			
		棒球	足球	篮球	
条件	有激励项目	6	7	8	7
	无激励项目	10	9	8	9
		8	8	8	

	(e)	运动			
		棒球	足球	篮球	
条件	有激励项目	6	7	8	7
	无激励项目	6	8	10	8
		6	7.5	9	

4. 就像期望的一样，具有极端刻板印象的被试评价 PR 代理人是外向的，而具有中等刻板印象的被试评价 PR 代理人更加外向。这个结果是统计显著的，意味着你可以合理地相信这个结果不仅可以应用于被研究的特殊的人群，对于一般人群也适用。(更准确地说，研究者可以得出结论，假如极端刻板印象和中等刻板印象之间的总体没有均值差异，这个实验产生一个显著结果的概率低于 0.000 1。) 除此之外，最重要的是，对于所给予的某个 PR 代理人是非常内向的被试而言，这种趋势强烈得更令人感到惊讶。结果也是统计显著的。(在这个案例中，假如总体没有这种平均的趋势，得到显著结果的概率将会小于 5%。)

一般而言，那些极端刻板印象的会给出高的外向性。这个结果是在统计上具有“边缘”显著性，也就是说假如在总体上没有平均差异，结果是在边缘上，不太可能得出来。更重要的是，这个结果不是非常有意思，因为你可以从图中看出，结果完全在于具有极端刻板印象的被试；而具有中等刻板印象的被试则显示出相反的效应。

5. 类似于问题 4。

6. 在（a），（b）和（c）中每个效应需要的 $F=5.32$（$df=1, 8, p<0.05$）。图示类似于问题 1（i）中的（a）和（b）。

（a）

		实验条件		
		A	B	总
组	1	0.67	2.67	1.67
	2	2.67	0.67	1.67
总		1.67	1.67	

来源	*SS*	*df*	*MS*	*F*	
组	0	1	0	0	不能拒绝零假设
条件	0	1	0	0	不能拒绝零假设
交互作用	12	1	12	35.29	拒绝零假设
单元内	2.68	8	0.34		

（b）

		实验条件		
		A	B	总
组	1	0.67	2.67	1.67
	2	2.67	2.67	1.67
总		1.67	1.67	

来源	*SS*	*df*	*MS*	*F*	
组	12	1	12	35.29	拒绝零假设
条件	0	1	0	0	不能拒绝零假设
交互作用	0	1	0	0	不能拒绝零假设
单元内	2.68	8	0.34		

（c）

		实验条件		
		A	B	总
组	1	0.67	2.67	0.67
	2	2.67	2.67	2.67
总		0.67	2.67	

来源	*SS*	*df*	*MS*	*F*	
组	0	1	0	0	不能拒绝零假设
条件	12	1	12	35.29	拒绝零假设
交互作用	0	1	0	0	不能拒绝零假设
单元内	2.68	8	0.34		

7.（a）要想获得诊断的主效应，需要的 $F=5.99$（$df=1, 6$）；要想获得疗法的主效应和交互作用，需要的 $F=5.14$（$df=2, 6$）。

来源	*SS*	*df*	*MS*	*F*	
疗法	8	2	4	1.33	不能拒绝零假设
诊断	108	1	108	36	拒绝零假设
交互作用	0	2	0	0	不能拒绝零假设
单元内	18	6	3		

（b）均值表：

	A	B	C	
Ⅰ	4	2	3	3
Ⅱ	10	8	9	9
	7	5	6	

（c）类似于问题 1（i）（a）。

（d）疗法的效果在两种诊断类型之间存在显著的差异：疗法对于诊断类型为Ⅱ的患者最有效。然而，不同疗法的疗效之间并不存在显著的差异，并且疗法与诊断类型之间的交互作用不显著。 690

8.（a）每一个效应需要的 $F=5.32$（$df=1, 8$）。

来源	*SS*	*df*	*MS*	*F*	
讨人喜欢程度	0	1	0	0	不能拒绝零假设
紧张程度	0	1	0	0	不能拒绝零假设
交互作用	48	1	48	32	拒绝零假设
单元内	12	8	1.5		

（b）均值表：

	讨人喜欢	不讨人喜欢	
紧张	7	3	5
不紧张	3	7	5
	5	5	

（c）类似于问题 1（i）（a）。

（d）这些结果表明在讨人喜欢程度与紧张程度之间有一个显著的交互作用：被告如果是紧张的且是讨人喜欢的，那么将会更可能被认为是无罪的；但是被告如果是不紧张的且不讨人喜欢的，那么也非常可能被认为是无罪的。讨人喜欢程度和紧张程度都不具有显著的主效应，不过因为样本容量非常小，无法拒绝零假设不能作为这样的效应不存在的证据。

运用结构模型的方法计算显著性类似于单因素方差分析。对于每一个单元，组内的平方和和自由度的计算采用通常的方法。然而，组间离均差包括三个部分：一是讨人喜欢和不讨人喜欢的差异（每一个被试讨人喜欢和不讨人喜欢的均值减去总的均值）；另一个是紧张与不紧张的差异。每一项的自由度是各个水平的数量（每种情况下为2）减1。

但是，基于这个方法，一些组间的效应被遗漏了——讨人喜欢程度组的差异在不同的紧张程度下是不同的。这就是交互作用的一个例子。你可以根据该数据与总的均值的差值减去其他三个差值来计算它的离均差平方（用组均值减去总的均值所得的值）。它的自由度是组的数目减去行主效应的自由度，减去列主效应的自由度，再减1。（在这里，有4个组，减去行主效应1，列主效应1，再减1）。

9. (a) $R^2_{\text{Columns}}=(S^2_{\text{Columns}})(df_{\text{Columns}})/[(S^2_{\text{Columns}})(df_{\text{Columns}})+(S^2_{\text{Columns}})(df_{\text{Within}})]$；$R^2_{\text{Condition}}=(0)(1)/[(0)(1)+(0.34)(8)]=0$，$R^2_{\text{Group}}=0$，$R^2_{\text{Interaction}}=0.82$。

(b) $R^2_{\text{Condition}}=0$，$R^2_{\text{Group}}=0.82$，$R^2_{\text{Interaction}}=0$。

(c) $R^2_{\text{Condition}}=0.82$，$R^2_{\text{Group}}=0$，$R^2_{\text{Interaction}}=0$。

(d) $R^2_{\text{Therapy}}=0.31$，$R^2_{\text{Diagnosis}}=0.86$，$R^2_{\text{Interaction}}=0$。

(e) $R^2_{\text{Likability}}=0$，$R^2_{\text{Nervousness}}=0$，$R^2_{\text{Interaction}}=0.80$。

10. 查表10－15：(a) 0.19；(b) 0.29；(c) 0.26；(d) 0.21；(e) 0.78。

11. 查表10－16：(a) 197；(b) 197；(c) 33；(d) 132；(e) 162；(f) 162。

第11章

1. (a) 曲线；(b) 线性，正相关，大；(c) 线性，负相关，大；(d) 线性，正相关，大；(e) 线性，正相关，小与中等之间；(f) 不相关。

2. (a)

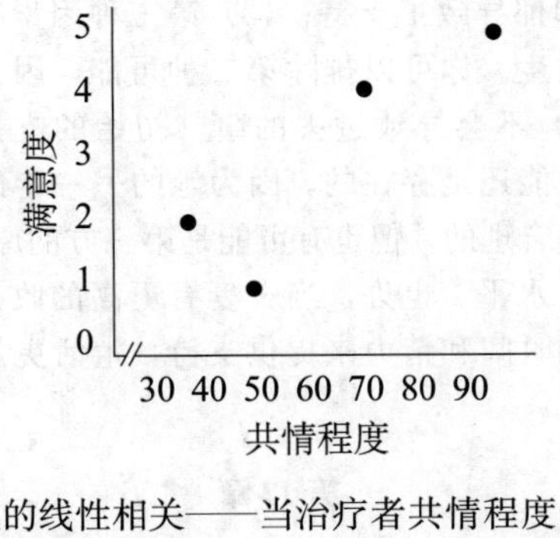

(b) 正的线性相关——当治疗者共情程度升高时，病人满意度也随之升高。

(c) 治疗者共情程度的$M=62$；病人满意度$M=3$。

(d) 比较分布是$df=N-2=4-2=2$的t分布。查t分布表（附录中的A－2）显示，在0.05水平上，双侧检验，自由度为2时，t分数临界值为4.303和－4.303。使用公式$t=r/\sqrt{(1-r^2)/(N-2)}=0.90/\sqrt{(0.19)/(2)}=2.92$。$t$值没有临界值极端，所以不能拒绝零假设。

治疗者共情程度（X）		病人满意度（Y）		离均差分数乘积
离均差	离均差平方	离均差平方	离均差平方	
$X-M_X$	$(X-M_X)^2$	$Y-M_Y$	$(Y-M_Y)^2$	$(X-M_X)(Y-M_Y)$
8	64	1	1	8
32	1 024	2	4	64
－26	676	－1	1	26
－14	196	－2	4	28
	$SS_X=1\ 960$		$SS_Y=10$	$\Sigma=126$

$r=126/\sqrt{(1\ 960)\ (10)}=0.90$

(e) 我做的第一件事就是制作一张散点图，即将变量放在对应的轴上；然后我将每个人的分数点在图上。这就给出了一张关于两个变量关系模式的图。在这个例子中，高分一般伴随着高分，低分伴随着低分。这些分数一同构建的系统模式形成了一个相关：高分伴随着高分，低分伴随着低分表明这是一个正相关；这些点基本沿着一条直线表明这是一个线性正相关。 691

接着，我计算了相关系数，一个描述线性相关程度的数值（即在正相关中，高分随高分和低分随低分的一致性程度）。为了做这个，我将每个变量上的分数变为离均差分数，计算每对分数的离均差乘积，将所有离均差分数乘积相加。然后我将每个变量的离均差平方，对于每个变量求出这些离均差平方的和，得到了治疗者共情程度变量的离均差平方和以及病人满意度变量的离均差平方和。我将离均差分数乘积的总和除以一个矫正值来计算相关系数，这个矫正值是X变量的离均差平方和与Y变量的离均差平方和的乘积的正平方根。这个矫正值考虑了研究的被试量以及变量分数的差异。如果这是一个正相关，那么相关系数也会是正的。这是因为，如果这是正相关，离均差乘积的和就是一个正数，因为正的离均差会与正的离均差相乘，负的会与负的相乘，这就得到了一个正的乘积。相关系数在－1（一个完美的负相关）到1（一个完美的正相关）之间变化。在这个例子中，0.90的相关系数（r）表明治疗共同情程度与病人满意度之间存在一个相当大的线性正相关。

为了检验相关系数的统计显著性，你需要为相关系数计算一个t分数，然后将其与来自于t分布表中的t分数临界值进行比较。相关系数的t分数计算公式是用相关系数除以1减去相关系数的平方与样本容量减去2之间相除的结果的正平方根。t检验的自由度是样本容量减去2。在这个例子中，自由度为2，所得的t临界值分数为4.303和－4.303。相关系数的t值是2.92，不比临界值极端；所以不能拒绝零假设（在治疗共同情程度和病人满意度之间没有相关）。

(f)（ⅰ）假如治疗者给予更多的共情，病人将会感到更多的满意（共情引起满意）；（ⅱ）假如病人感到更多的满意，这会使治疗者给予病人更多的共情（满意引起共情）；（ⅲ）第三种情况，比如病人问题的好转或者治疗者的能力，引起了病人满意度提高和治疗者有更多的共情（这第三种因素同时引起了满意和共情）。

3. (a) 见问题 2a 所例举的散点图。(b) 线性正相关：学习时间提高，成绩也提高。(c) $r=0.84$。(d) $df=N-2=5-2=3$；t 分数临界值为 3.182 和 -3.182；$t=2.69$；不能拒绝零假设。(e) 类似于问题 2e。(f)（ⅰ）学习更长时间可以提高成绩；（ⅱ）得到更好的成绩导致学习时间增加；注意，虽然这在理论上是可能的，但实际上未来事件（测验成绩）导致过去事件（学习时间）是不可能的。（ⅲ）第三个因素，比如对学习感兴趣，导致学习时间增加，也就取得了好成绩。

4. (a) 见问题 2a 所例举的散点图。(b) 线性正相关：自我暴露程度越高，喜欢程度越高。(c) $r=0.47$。(d) $df=N-2=5-2=3$；t 分数临界值为 3.182 和 -3.182；$t=0.92$；不能拒绝零假设。

5. 数据集 A：

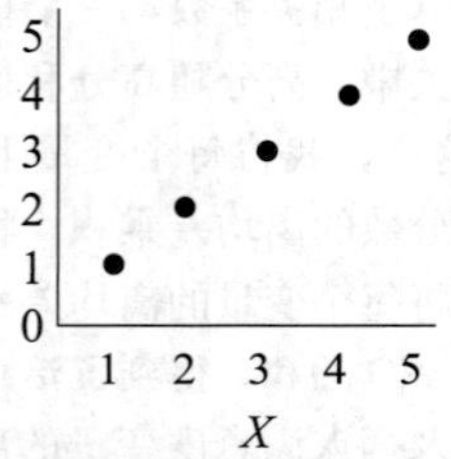

X		Y		
离均差	离均差平方	离均差	离均差平方	离均差乘积
$X-M_X$	$(X-M_X)^2$	$Y-M_Y$	$(Y-M_Y)^2$	$(X-M_X)(Y-M_Y)$
−2	4	−2	4	4
−1	1	−1	1	1
0	0	0	0	0
1	1	1	1	1
2	4	2	4	4
	$SS_X=10$		$SS_Y=10$	$\sum=10$
				$r=10/\sqrt{(10)\ (10)}=1.00$

$df=N-2=5-2=3$；t 分数临界值为 3.182 和 -3.182；使用公式得到的 $t=1/0$，这是没有结果的（因为不能除以 0）。但是，任何完美的相关都是统计显著的；所以我们拒绝零假设，研究假设得到了支持。

数据集 B：$r=0.90$；$t=3.58$；拒绝零假设；研究假设得到支持。

数据集 C：$r=-0.60$；$t=-1.30$；不能拒绝零假设。

数据集 D：$r=0.60$；$t=1.30$；不能拒绝零假设。

6. (a) 测量工具的信度或许较低，因而降低（衰减）了它们之间可能的相关。(b) 这里范围是有限的：在百万富翁中，生活环境的舒适范围或许不是非常大（或许他们都具有相当舒适的环境）。所以与任何变量（包括快乐）之间的相关都被限制了。

7. 查表 11−7：(a) 0.11；(b) 0.92；(c) 0.83；(d) 0.60；(e) 0.17。

8. 查表 11−8：(a) 28；(b) 68；(c) 783。 692

9. (a) 表中显示了对于孕妇和丈夫的测量分数相关的程度。（这里要像问题 2e 中一样继续解释相关系数，并且在这个问题中你还要解释均值和离均差，就像在第 2 章中回答的一样。）比如，女性报告的压力和男性报告另一半的压力之间的相关系数是 0.17，表明了这两个测量之间的联系相当低。也就是说，女性的压力程度与男性认为女性有的压力程度没有强的联系。另一方面，0.50 的相关（在第一列的中间）表示在女性报告压力和第二次采访的抑郁心情之间有很强的联系。也就是，报告有压力的女性也可能报告是抑郁的；那些报告没有太多压力的也可能报告没有太多的抑郁心情。

(b) 一般而言，在这个表中相关系数表明压力、支持和心情之间的相关很高；对于人口统计学变量（年龄、族群等）之间的相关相当低。另一半的支持与压力和心情有着很大的相关，在第二次采访中抑郁的心情与其他几个变量有特殊的联系。

(c) 仅仅因为两个变量相关，甚至很大的相关，不意味着你能知道因果关系的方向。例如，在第一次的伴侣支持和第二次的抑郁心情之间有很大的负相关。理论上有三个可能的因果方向：(1) 支持导致了低的抑郁，(2) 低的抑郁导致了支持；(3) 第三种因素导致了这两种情况的发生。你可以排除第二种可能，因为未来的事（低的抑郁）不会导致过去的事（初始的支持）。但是，另外两种可能还是存在的。因为她的另一半的支持可以降低抑郁是合理的，但也有可能是第三方的原因导致的。比如，收入水平。也许，当夫妻有更高的收入，另一半就有更多的时间和精力来提供支持，生活更加舒适使抑郁下降。

第 12 章

1. (a) 生理知识的分数；(b) 受伤人数；(c) 线性预测法则公式是 $\hat{Y}=a+(b)(X)$，所以预测的受伤人数 $=10.30-(0.70)$（生理知识分数）；(d) $10.30-(0.70)(0)=10.30$；(e) 9.60；(f) 8.90；(g) 6.80；(h) 6.10。

2. (a) 期中考试成绩；(b) 期末考试成绩；(c) 预测的期末考试成绩 $=40+(0.5)$（期中考试成绩）；(d) $40+(0.5)(30)=55$；(e) 60；(f) 65；(g) 70；(h) 75；(i) 80；(j) 85；(k) 90。

3. (a) $\hat{Y} = 1.5 + (0.8)(X)$；(b) $\hat{Y} = 10.0 - (0.40)(X)$；(c) $\hat{Y} = 2.0 + (0.2)(X)$；(d) $\hat{Y} = 9.5 - (0.8)(X)$。

(e)

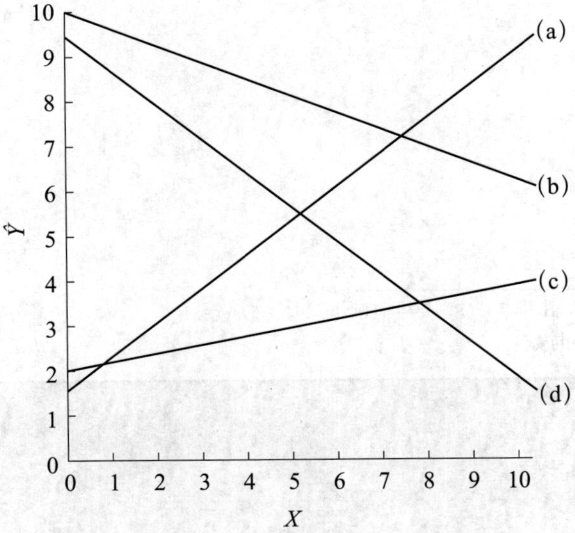

4. (a) 使用公式 $b = \sum[(X-M_X)(Y-M_Y)]/SS_X$。使用第 11 章问题 2c 中的程序（或者使用第 11 章问题 3 中的结果）计算 $\sum[(X-M_X)(Y-M_Y)]$ 和 SS_X。在这个研究中，$\sum[(X-M_X)(Y-M_Y)] = 210$，$SS_X = 56$。因此，$b = 210/56 = 3.75$。$a = M_Y - (b)(M_X) = 73 - (3.75)(6) = 50.50$。因此，预测的测验成绩 = 50.50 + (3.75)(学习小时数)。

(b)

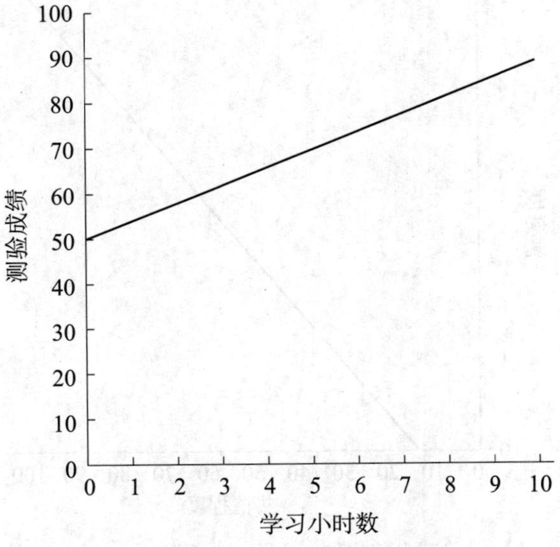

(c) 50.50 + (3.75)(3) = 61.75。(d) 69.25。(e) 76.75。(f) $\beta = (b)(\sqrt{SS_X}/\sqrt{SS_Y})$。使用第 11 章的问题 2c 中的程序（或使用第 11 章问题 3 中的结果）计算 SS_Y。$SS_Y = 1\,110$。因此，$\beta = (3.75)(\sqrt{56}/\sqrt{1\,110}) = 0.84$。

(g) 预测是一种根据一个变量的分数（预测变量）预测另一个变量分数（效标变量）的统计程序。你可以使用线性预测法则进行预测。线性预测法则是这样的：一个特别的数（叫作回归常数），再加上另一个特别的数（叫作回归系数）乘以在预测变量（X）上个人的分数。回归常数（用 a 表示）是经常加到预测里的一个固定值。回归系 693
数（用 b 表示）被称为系数，因为它是需要乘以另外一个数值的数。

对于 a 值（回归常数）和 b 值（回归系数）有计算公式，它给出了最佳的线性预测法则。最佳的线性预测法则可以使在效标变量上的实际分数和预测分数之间的误差平方最小。线性预测法则可以写成如下公式：$\hat{Y} = a + (b)(X)$。$\hat{Y}$ 的意思是 Y 的预测值，也就是，效标变量（试图预测的变量）上的预测值。在这个例子中，线性预测法则是预测的测验成绩 = 50.50 + (3.75)(学习小时数)。线性预测法可以在图上以一条直线来显示。这条直线叫作回归线。回归线显示了 X 变量的值和预测变量 Y 的预测值之间的关系。画回归线时可以运用线性预测法则先根据低的 X 值得到 Y 的预测值，在图上描点，然后再根据高的 X 值来得到 Y 的预测值，进行描点，最后将两个点连起来。回归线的斜率就是 b 值（回归系数）。回归系数是当预测变量增长一个单位时，效标变量上增长的单位量。所以在这个例子中 3.75 的回归系数意味着学习时间每增长一个小时，预测到的成绩将会增长 3.75 个点。回归线穿过纵轴的点（称为截距）是 a 值（回归常数）。在这个例子中，回归线穿过纵轴的点是 50.50（a 值）。我使用线性预测法则计算了学生们在不同的学习小时数下的成绩。

预测变量和效标变量的尺度会影响到线性预测法则中的 b 值（回归系数）。这会使各个研究的线性预测法则之间的比较变得困难。你可以通过计算标准回归系数来避免这个问题，标准回归系数用希腊字母 β（贝塔）表示。标准回归系数表明当预测变量增加一个标准差时，效标变量上增加的标准差单位量。标准回归系数是回归系数乘以预测变量的离均差平方和的正平方根除以效标变量的离均差平方和的正平方根的结果。在这个例子中，标准回归系数是 0.84，意味着每增加一个标准差的学习小时数，预测成绩将增加 0.84 个标准差。

(h) 见下页上图。

(i) 在 (b) 部分计算的回归线更接近于这些点。(b) 部分的回归线和 (a) 部分的回归线在视觉上没有什么区别。但是这条预测线是最佳的线性预测法则（效标变量上的实际分数和预测分数之间的误差平方和最小）的原因是，它最接近实际值（用点表示）。

(j) $\hat{Y} = 50.50 + (3.75)(X)$；使用 (a) 部分的预测法则计算的误差平方和为 322.5。使用预测法则 $\hat{Y} = 60 + (5.00)(X)$ 计算的误差平方和为 1 855.0。

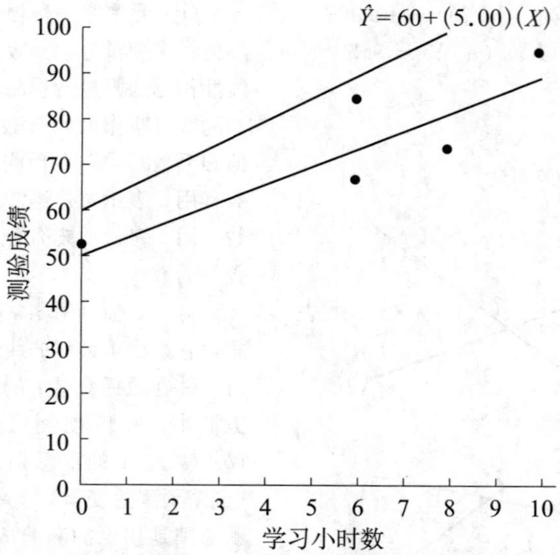

学习小时数	测验成绩	法则：$\hat{Y}=50.50+(3.75)(X)$ 预测的测验成绩	误差	误差平方	法则：$\hat{Y}=60+(5.00)(X)$ 预测的测验成绩	误差	误差平方
X	Y	$\hat{Y}$	$(Y-\hat{Y})$	$(Y-\hat{Y})^2$	$Y-\hat{Y}$	$(Y-\hat{Y})$	$(Y-\hat{Y})^2$
0	52	50.5	1.5	2.25	60.0	−8.0	64.0
10	95	88.0	7.0	49.00	110.0	−15.0	225.0
6	83	73.0	10.0	100.00	90.0	−7.0	49.0
8	71	80.5	−9.5	90.25	100.0	−29.0	841.0
6	64	73.0	−9.0	81.00	90.0	−26.0	676.0
				$\Sigma=322.5$			$\Sigma=1\ 855.0$

694 (k) 误差减少的比例＝$(SS_{Total}-SS_{Error})/SS_{Total}$。根据（j），$SS_{Error}=322.5$。$SS_{Total}$ 和 SS_Y 一样，根据（c）得到1 110。所以，误差减少的比例＝(1 110 − 322.5)/1 110＝0.71。

5. (a) 预测的学习小时数＝−7.87＋（0.19）（测验成绩）；(b) 类似于问题4b；(c) 5.43；(d) 6.38；(e) 7.33；(f) $\beta=(b)(\sqrt{SS_X}/\sqrt{SS_Y})=(0.19)(\sqrt{1\ 110}/\sqrt{56})=0.85$。

6. (a) 使用公式 $b=\sum[(X-M_X)(Y-M_Y)]/SS_X$。使用第11章问题2c中的程序计算 $\sum[(X-M_X)(Y-M_Y)]$ 和 SS_X。在这个研究里，$\sum[(X-M_X)(Y-M_Y)]=126$，$SS_X=1\ 960$。因此，$b=126/1\ 960=0.06$。$a=M_Y-(b)(M_X)=3-(0.06)(62)=-0.72$。所以，预测的满意度＝−0.72＋（0.06）（共情程度）。

(b) 见右图。

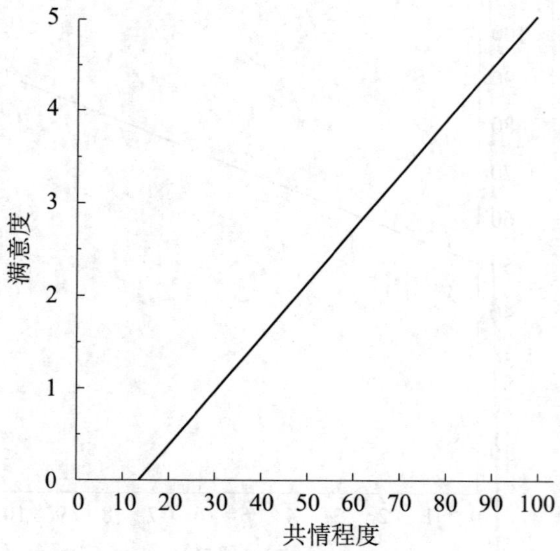

(c) $-0.72+(0.06)(50)=2.28$。(d) 3.12。(e) 4.08。(f) $\beta=(b)(\sqrt{SS_X}/\sqrt{SS_Y})$。使用第11章问题2c中的程序计算 SS_Y。$SS_Y=10$。因此，$\beta=(0.6)(\sqrt{1\ 960}/\sqrt{10})=0.84$。(g) 类似于问题4g。

(h) 误差减少的比例＝$(SS_{Total}-SS_{Error})/SS_{Total}$。使用问题4j中同样的程序，$SS_{Error}=1.94$。$SS_{Total}$ 和 SS_Y 一样，根据（f）部分得到10。所以，误差减少的比例＝(10－1.94)/10＝0.81。

7. (a) 预测的共情程度＝24.2＋(12.6)(满意度)；(b) 类似于问题 6b；(c) 62.0；(d) 49.4；(e) 36.8；(f) $\beta=(b)(\sqrt{SS_X}/\sqrt{SS_Y})=(12.6)(\sqrt{10}/\sqrt{1\,960})=0.9$。

8. (a) 使用公式 $b=\sum[(X-M_X)(Y-M_Y)]/SS_X=73.20/2\,831.20=0.03$。$a=M_Y-(b)(M_X)=2.6-(0.03)(68.6)=0.54$。因此，预测的满意度＝0.54＋(0.03)(共情程度)。

(b) 计算类似于 6b。(c) 2.04。(d) 2.46。(e) 2.94。(f) $\beta=(0.03)(\sqrt{2\,831.20}/\sqrt{13.20})=0.44$。(g) 在这个问题中，我们在研究中增加了额外的个体。治疗者对这个个体的共情程度值是一个非常高的分数 (95)，但是病人的满意度却非常低 (1)。在先前的情况 (问题 6) 以及在添加了新个体后，比较治疗者共情程度与病人满意度之间的关系的最佳方法就是查看标准回归系数 (β)。在问题 6 中，β 为 0.84。增加了新个体后，$\beta=0.44$。这就告诉你治疗者共情程度每增加一个标准差，病人满意度将会增加 0.44 个标准差。因此，在研究中增加了这个新个体，治疗者共情程度与病人满意度之间的整个联系将会降低。造成这种现象的原因是研究中增加的这个病人与其他的病人有非常大的差异。在问题 6 中，有一个很强的趋势，就是治疗者共情程度高，病人的满意度也高 (低分数也会得出低分数)。我们增加这个新病人之后，虽然治疗者共情程度很高，但是病人满意度却很低。所以这个新病人的分数可以被认为是异常值，在这个案例中，它使治疗者共情程度和病人满意度的关系程度比没有它时要低。

9. (a) $\hat{Y}=a+(b_1)(X_1)+(b_2)(X_2)+(b_3)(X_3)=1.5+(0.8)(X_1)-(0.3)(X_2)+(9.99)(X_3)$。

(b) $\hat{Y}=10.0-(0.4)(X_1)+(11.0)(X_2)-(8.62)(X_3)$。

(c) $\hat{Y}=2.0+(0.2)(X_1)+(6.13)(X_2)+(2.12)(X_3)$。

(d) $\hat{Y}=9.5-(0.8)(X_1)+(21.23)(X_2)+(1.02)(X_3)$。

(e) $\hat{Y}=1.5+(0.8)(2)-(0.3)(5)+(9.99)(9)=91.51$。

10. 首先，就像问题 4g 中一样解释预测，像在第 11 章中一样，解释相关。两张图分别显示了每个实验组的回归线。左边的图显示，无论对于积极幻想组或者消极现实组，成功期望都为预测计划的数量提供了较少的信息。但是对于对照组，成功的期望和计划的数量之间有很强的正相关。右边的图中的回归线显示的是从成功期望预测承担责任量，表明积极幻想组有一个中等的负相关，消极现实组有一个小的负相关，而对照组有一个强的正相关。

11. 在二元预测中，你以一个单独的预测变量上的分数预测一个单独的效标变量上的分数。在多元回归中，你是根据两个或更多的预测变量上的分数来预测一个效标变量的分数的。表中的同伴接纳度部分显示了两个多元回归分析的结果。在第一个多元回归分析中 (方程 1)，研究者根据非社会训导的分数 (第一个预测变量) 和社会训导的分数 (第二个预测变量) 预测同伴接纳度 (效标变量)。在第二个多元回归分析中 (方程 2)，研究者根据责任风格的分数 (第一个预测变量) 和社会训导的分数 (第二个预测变量) 预测同伴接纳度 (效标变量)。在第一个多元回归分析中，标准回归系数是 0.10 和 0.32。这些标准回归系数可以像二元预测中一样解释。但是，重点需要注意的 695
是在多元回归里的回归系数反映的是每一个预测变量对于预测所做的贡献。因此，每一个预测变量和效标变量之间的相关可以有不同的形式。在第一个回归中 0.14 的 R^2 是误差减少的比例或者解释方差的比例。这就意味着两个预测变量共同解释了同伴接纳度方差的 14% (即 0.14×100%＝14%)。(误差减少的比例的正平方根 0.37 是多重回归系数。)

第 13 章

1. (a) 需要的 $\chi^2=9.488$ ($df=5-1=4$，0.05 水平)。

类别	O	期望	$O-E$	$(O-E)^2$	$(O-E)^2/E$
A	19	(0.2) (50) ＝10	9	81	8.10
B	11	(0.2) (50) ＝10	1	1	0.10
C	10	(0.4) (50) ＝20	−10	100	5.00
D	5	(0.1) (50) ＝5	0	0	0.00
E	5	(0.1) (50) ＝5	0	0	0.00
总计	50	50	0		$\chi^2=13.20$
结论：拒绝零假设					

(b) 需要的 $\chi^2=5.992$；$\chi^2=44.45$，拒绝零假设。(c) 需要的 $\chi^2=7.815$；$\chi^2=1.23$，不能拒绝零假设。

2. 对于 (a)，(b) 和 (c)，需要的 $\chi^2=13.277$ ($df=5-1=4$，1%)。

(a)

类别	O	期望	$O-E$	$(O-E)^2$	$(O-E)^2/E$
A	10	20	−10	100	5
B	10	20	−10	100	5
C	10	20	−10	100	5
D	10	20	−10	100	5
E	60	20	40	1 600	80
总计	100	100	0		$\chi^2=100$
结论：拒绝零假设					

(b) $\chi^2=50$，拒绝零假设。(c) $\chi^2=450$，拒绝零假设。

3. (a) **❶重申有关总体的研究假设和零假设问题。** 有两个总体，如下。

总体1：类似于这个心理门诊的客户的所有客户。

总体2：当寻求心理治疗时季节不会对其造成影响的客户。

研究假设是这两个总体的分布有差异，零假设是这两个总体无差异。

❷**确定比较分布的特征**。是自由度为3（$df=4-1=3$）的卡方分布。

❸**根据比较分布上的样本分数临界值来决定是否应该拒绝零假设**。在0.05显著性水平，$df=3$时，需要的$\chi^2=7.815$。

❹**确定比较分布上你的样本分数**。

季节	O	期望	$O-E$	$(O-E)^2$	$(O-E)^2/E$
冬天	28	(1/4)(128)=32	−4	16	0.50
春天	33	(1/4)(128)=32	1	1	0.03
夏天	16	(1/4)(128)=32	−16	256	8.00
秋天	51	(1/4)(128)=32	19	361	11.28
总计	128	128	0		$\chi^2=19.81$

❺**决定是否拒绝零假设**。19.81比7.815更极端；拒绝零假设；研究假设得到支持。

(b)

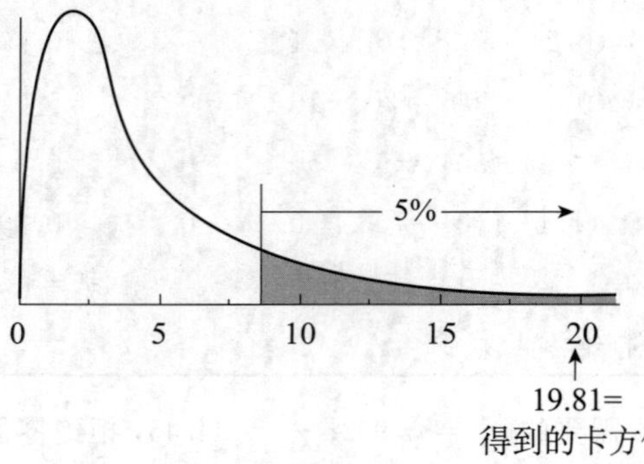

(c) 如果季节没有影响，你可以预计每个季节大概会有25%的客户接受心理治疗（对于上一年，128的25%是32）。是否去年每个季节实际去门诊的客户数量与期望值有很大差异，你就可以称一般而言新的客户数量不是随四季均等分布的？卡方统计量反映了观察值与期望值之间的差异。对于每一类别（如四季），你计算出差值，然后平方，再除以期望值；最后把结果加起来。在冬天，28−32
696 是−4，平方后是16，除以32是0.50。其余三个组也这样计算，最后将四个结果加起来就得到卡方值19.81。（卡方值使用的是差的平方，避免差异的方向影响结果。除以期望值是为了减少原始数据对结果的影响。）

当你以每个类别在固定比例情况下从一个总体中取无限数量的样本，然后计算每个样本的卡方值，统计学家已经确定了这在数学上会发生什么。这个分布仅仅取决于有多少个类别可以随意取得不同的期望值。（期望数目的总和就是案例数目的总和；因此，假如你知道了三个组的期望值，你就可以通过查相减得到第四组的期望值。）当三个类别可以自由变化时，查卡方表可得到卡方值为7.815或者更大的值的概率只有5%。因为我们得到的卡方值比这个更大，观察结果与期望值的差异要比你基于概率的合理推测要大。新客户的数量，从长远来看，很可能在四个季节是不同的。

4. (a) 在舍入误差范围内，你会获得相同的结果；(b) 类似于问题3c。

5. 对于(a)，(b)和(c)，$df=(N_{\text{Columns}}-1)(N_{\text{Rows}}-1)=(2-1)(2-1)=1$，需要的$\chi^2=6.635$。

(a)

10 (13)	16 (13)	26	(50%)
16 (13)	10 (13)	26	(50%)
26	26	52	

$\chi^2=(10-13)^2/13+(16-10)^2/13+(16-13)^2/13+(10-13)^2/13=2.76$。不能拒绝零假设：效应大小，$\Phi=\sqrt{\chi^2/N}=\sqrt{2.76/52}=\sqrt{0.52}=0.23$。

(b) $\chi^2=0.36$，不能拒绝零假设；效应大小，$\Phi=0.03$。

(c) $\chi^2=27.68$，拒绝零假设；效应大小，$\Phi=0.23$。

对于(d)，(e)和(f)，$df=(N_{\text{Columns}}-1)(N_{\text{Rows}}-1)=(3-1)(2-1)=2$，需要的$\chi^2=9.211$。

(d) $\chi^2=2.76$，不能拒绝零假设；效应大小，克莱姆$\Phi=\sqrt{\chi^2/[(N)(df_{\text{Smaller}})]}=\sqrt{2.76/[(72)(1)]}=\sqrt{0.0383}=0.20$。

(e) $\chi^2=2.76$，不能拒绝零假设；效应大小，克莱姆$\Phi=0.18$。

(f) $\chi^2=3.71$，不能拒绝零假设；效应大小，克莱姆$\Phi=0.22$。

6. (a) ❶**重申有关总体的零假设和研究假设问题**。有两个总体，如下。

总体1：类似于这个调查中的孩子的所有孩子。

总体2：年龄和喜不喜欢这类音乐无关的那些孩子。

研究假设是这两个总体有差异，零假设是这两个总体无差异。

❷**确定比较分布的特征**。自由度为2的卡方分布。

❸**根据比较分布上的样本分数临界值来决定是否应该拒绝零假设**。在0.05水平，$df=2$时，需要的$\chi^2=5.992$。

❹**确定比较分布上你的样本分数**。

		儿童年龄			
		5	8	11	
喜欢这种类型音乐	是	42 (39)	62 (65)	26 (26)	130 (65%)
	否	18 (21)	38 (35)	14 (14)	70 (35%)
		60	100	40	200

$\chi^2=(42-39)^2/39+(62-65)^2/65+(26-26)^2/26+(18-21)^2/21+(38-35)^2/35+(14-14)^2/14=1.06$。

❺**决定是否拒绝零假设**。1.06 没有 5.992 极端；不能拒绝零假设；研究无效。

(b)

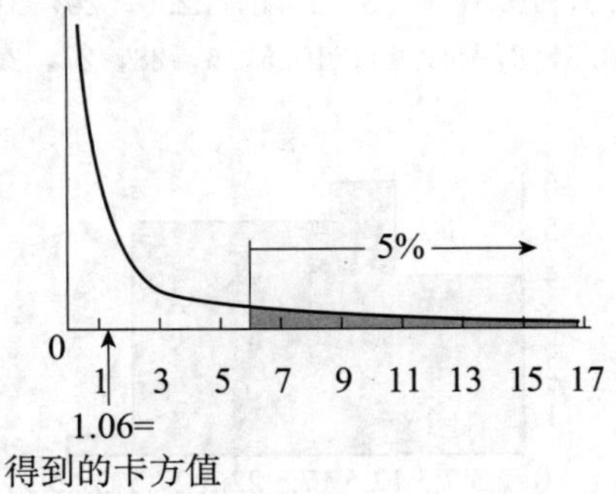

(c) 克莱姆 $\Phi=\sqrt{\chi^2/[(N)(df_{\text{Smaller}})]}=\sqrt{1.06/[(200)(1)]}=\sqrt{0.0053}=0.07$。

(d) 在这个例子中，在所有的孩子中有 65%的孩子喜欢这种特定的音乐。因此，如果年龄与是否喜欢这种音乐无关，那么在每个年龄组都会有 65%的孩子喜欢这种音乐。比如，你会期望在 60 个 8 岁大的孩子中有 39 个喜欢这类音乐。是否调查结果与这些期望值差异很大，你就可以称年龄与孩子是否喜欢这类音乐有关?

卡方统计量反映了观察值与期望结果之间的差异。对于 2×3 排列中的每一个组合，你计算出观察值与期望值的差，平方它，然后除以期望值；最后把结果相加。在 8 岁大孩子的组合中，42－39 得出 3，平方后为 9，再除以 39 是 0.23。对于其余五组做法是一样的，最后将结果相加得到 1.06。(卡方值使用的是差的平方，避免差异的方向影响结果。除以期望值是为了减少原始数据对结果的影响。)

697 接下来就类似于问题 3c，除了关于自由度的说明。对于每一个年龄组，假如你知道总数，以及有多少个孩子喜欢这类音乐，你就可以通过相减计算出有多少个孩子不喜欢这类音乐。就是说对于三个年龄组，假如你知道了总数和其中两个组的数量，你就可以通过相减计算出第三组的数量了。所以只有两个组合是“自由变化”的。

7. (a) ❶**重申有关总体的研究假设和零假设问题**。有两个总体，如下。

总体 1：类似于这个调查中的参与者的所有人。

总体 2：生活的社区与对节水提案投票的意见无关的人。

研究假设是这两个总体有差异(生活的社区与对节水提案投票的意见有关)，零假设是这两个总体无差异(生活的社区与对节水提案投票的意见无关)。

❷**确定比较分布的特征**。自由度为 2 的卡方分布。$df=(N_{\text{Columns}}-1)(N_{\text{Rows}}-1)=(3-1)(3-1)=4$。

❸**根据比较分布上的样本分数临界值来决定是否应该拒绝零假设**。在 0.05 水平，$df=4$ 时，需要的 $\chi^2=9.488$。

❹**确定比较分布上你的样本分数**。$\chi^2=(12-9.8)^2/9.8+(6-4.2)^2/4.2+(3-7)^2/7+(18-16.8)^2/16.8+(3-7.2)^2/7.2+(15-12)^2/12+(12-15.4)^2/15.4+(9-6.6)^2/6.6+(12-11)^2/11=0.49+0.77+2.29+0.09+2.45+0.75+0.75+0.87+0.09=8.55$。

❺**决定是否拒绝零假设**。步骤❹得出的卡方值(8.55)不比步骤❸得出的临界值(9.488)更极端。因此，不能拒绝零假设；研究无效。

(b) 类似于问题 6b。

(c) 克莱姆 $\Phi=\sqrt{8.55/[(90)(2)]}=\sqrt{8.55/180}=\sqrt{0.05}=0.22$。

(d) 类似于问题 6d，但是需要关注该研究的结果。

8. (a) $\Phi=\sqrt{\chi^2/N}=\sqrt{16/100}=0.40$；(b)克莱姆 $\Phi=\sqrt{\chi^2/[(N)(df_{\text{Smaller}})]}=\sqrt{16/[(100)(1)]}=0.40$；(c) 克莱姆 $\Phi=0.28$；(d) $\Phi=0.28$；(e) $\Phi=0.28$。

9. 根据表 13—9：(a) 0.08；(b) 0.32；(c) 0.11；(d) 0.07；(e) 0.06；(f) 0.06。

10. 根据表 13—10：(a) 87；(b) 26；(c) 133；(d) 133；(e) 39。

11. (a) 在舍入误差范围内，你会得到相同的结果。

(b) $\Phi=\sqrt{\chi^2/N}=\sqrt{5.55/69}=0.28$。

(c) 类似于问题 6d，但是需要关注该研究的结果。

12. (a) 在舍入误差范围内，你会得到相同的结果。

(b) $\Phi=\sqrt{\chi^2/N}=\sqrt{0.33/145}=0.05$。

(c) 类似于问题 6d，但是需要关注该研究的结果。

第 14 章

1. 以下可能都不是正态的：(a) 右偏；(b) 双峰；(d) 右偏；(e) 接近矩形。

2. (a) 4，2，3，5，6；(b) 5.92，3.78，3.61，3.59，4.24。

3. (a)

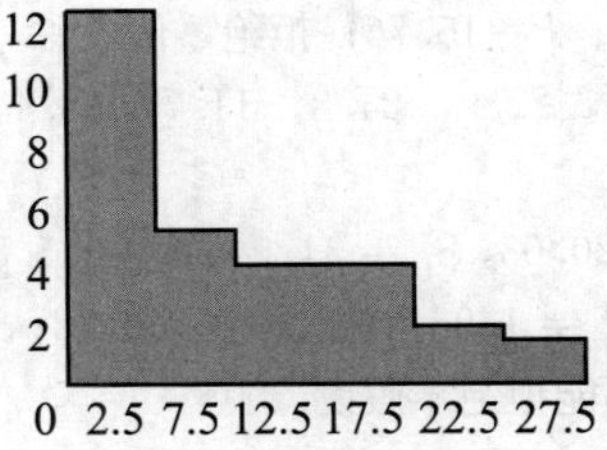

(b) 3，5.3，2，4，0，2.6，5，1，2，3.2，2，1.4，1，3，4，3.3，3.5，1，4.2，1.4，2.2，3.2，1.7，4.1，2.4，2，1.4，4.8，4.6，4.5。

(c)

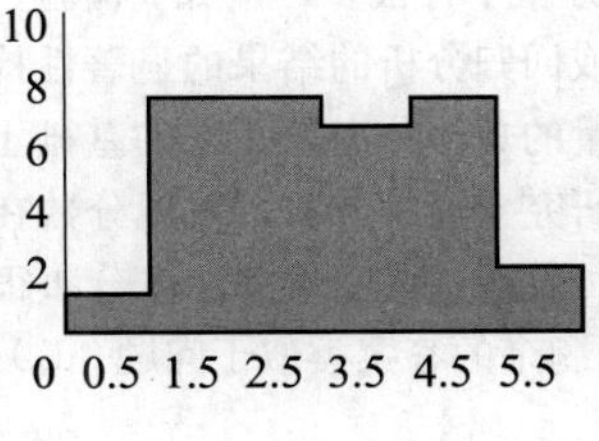

4. (a) 需要的 $t=-2.306$，2.306（$df=8$，$p<0.05$，双侧检验）；A 组：$M=3.8$，$S^2=5.06$；B 组：$M=5.7$，$S^2=6.76$；$S^2_{\text{Pooled}}=5.91$；$S_{\text{Difference}}=1.54$；$t=-1.23$；不能拒绝零假设。

(b) A 组：1.1，1.6，2.1，1.9，2.7；B 组：1.4，3.0，2.4，2.6，2.2。

(c) 需要的 $t=-2.306$，2.306；A 组：$M=1.88$，$S^2=0.35$；B 组：$M=2.32$，$S^2=0.35$；$S^2_{\text{Pooled}}=0.35$；$S_{\text{Difference}}=0.37$；$t=-1.19$；不能拒绝零假设。

(d) 对这些原始数据进行 t 检验是不正确的（不对它们进行转换）。这是因为各个语言组样本的分布都是偏态的。因此，可以看出总体的分布也是偏态的。这明显违反了 t 检验总体分布正态的假定。因此，我对每一个数据开平方。这有益于使样本分布更接近于正态。这就意味着家庭规模总体平方根的分布也可能接近于正态分布。我意识到将家庭规模开平方会扭曲其直接的意义，但是对于家庭成员的影响很可能由于孩子的数量而不同。也就是说，从没有孩子到一个孩子的影响很大，从 1 个孩子到 2 个孩子影响降低，从 7 个到 8 个可能会更小。

不管怎么说，我将每个分数开平方，然后用这些转换的数据进行独立样本均值 t 检验。与先前的 t 检验一样，
698 结果是无效的（不能拒绝零假设），但是至少我可以保证我做了正确的分析。

5. (a) 需要的 $t=-2.571$，2.571（$df=5$，$p<0.05$，双侧检验）；$t=(M-\mu)/S_M=(6-0)/2.54=2.36$；不能拒绝零假设。

(b) 3.32，4，0，2，2，1。

(c) $t=(2.05-0)/0.6=3.42$；拒绝零假设。

(d) 类似于问题 4d。

6. (a) 需要的 $F=10.93$（$df=2$，6；$p<0.01$）；悲伤：$M=446$，$S^2=47\,089$；愤怒：$M=259$，$S^2=11\,727$；兴奋：$M=918.67$，$S^2=7\,184$；$S^2_{\text{Between}}=346\,775.22$；$S^2_{\text{Wihtin}}=22\,000$；$F=15.76$；拒绝零假设。

(b) 14.2，22.9，24.8，11.7，18.4，17.3，28.9，30.2，31.7。

(c) $M=20.63$，$S^2=31.94$；$M=15.8$，$S^2=12.91$；$M=30.27$，$S^2=1.96$；$S^2_{\text{Between}}=162.82$；$S^2_{\text{Within}}=15.60$；$F=10.44$；不能拒绝零假设。

(d) 类似于问题 4d，除了需要注意平方根转换不仅不能解决偏态的问题，还会构建一个很可能违反总体方差相等假定的分布。

7. 米勒想考察他正在研究的变量之间的关系，可能用到的假设检验的程序有很多，例如 t 检验、方差分析、二元或多元相关或回归分析的结果的显著性检验。这些程序必须建立在变量的总体分布是正态的基础上。但是，米勒首先检查了他研究变量的分布，发现分数在两个关键的测量上是偏态的，表明这些变量的总体分布很可能违反正态分布的假定。（剩余的答案类似于问题 4d。）

8. 类似于问题 7。

9. (a) 3，1，2，4，5；(b) 5，3，2，1，4。

10. (a) 16.5，30，10.5，22.5，1，15，29，3，10.5，18.5，10.5，6，3，16.5，22.5，20，21，3，25，6，13，18.5，8，24，14，10.5，6，28，27，26。

(b)

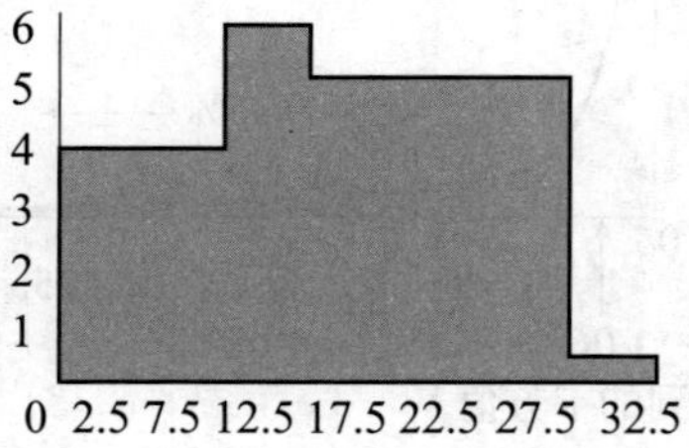

11. (a) 使用上面 4a 的原始数据进行检验。排序：A 组，1，3，5，4，9；B 组，2，10，7，8，6。A 组：$M=4.4$，$S^2=8.8$；B 组：$M=6.6$，$S^2=8.8$；$S^2_{\text{Pooled}}=8.8$；$S_{\text{Difference}}=1.88$；$t=-1.17$；不能拒绝零假设。解释：类似于问题 4d，除了将平方根转换成等级次序转换。我将这些分数变成它们在所有分数中的等级次序。这让分布近似矩形。一些学者建议，如果对于普通参数检验而言，假定存在问题，你可以先将数据转换为等级，再进行检验，这将会得到更准确的结果。这里有一个关于等级的特殊方法可以用于独立样本均值 t 检验。但是它的计算和普通的等级的 t 检验在数学上是相同的。不同的是，等级次序法对应的特殊表格在该情况下要比普通的 t 分布表更加准确。然而，统计学家发现在该情况下应用普通的 t 分布表，其结果也是非常相近的。

(b) 排序：5，6，1，3.5，3.5，2。$t=(M-\mu)/S_M=(3.5-0)/0.75=4.67$；拒绝零假设。

(c) 排序：2，5，6；1，4，3；7，8，9。$S^2_{\text{Between}}=22.32$；$S^2_{\text{Within}}=2.56$；$F=8.72$；拒绝零假设。

12. 类似于问题 4d 和 11a，但是注意研究者用的是特殊的等级次序检验。

第 15 章

1. 在偏相关部分提到的“控制”是在多元回归中当你计算两个变量的相关时，排除一个或多个变量（这些变量被控制）的影响的一种方法。它等同于在控制变量的每个水平上计算你的变量之间的相关，然后平均这些相关。

例如，在这个研究里，浪漫吸引力和约会经验水平之间中等强度的相关不能都被解释为生理成熟的外貌的影响，因为生理成熟的外貌是被控制的。

2. 博伊德和古洛内描述了研究工具的信度。信度是一项测验测量某个事物的一致性。一种评估信度的方法是看测验的一半与另一半的相关，这必须让相同的人在相同的环境和时间下进行两次测验（测验的两个一半）。更普通的评估信度的方法是用所有可能的方法将测量分成两半，再计算每种方法中两半之间的相关；平均所有的相关后给

出统计量，即克隆巴赫阿尔法系数（这就是博伊德和古洛内提到的阿尔法系数）。克隆巴赫阿尔法系数是对某个量表内部一致性信度的测量，所谓的内部一致性是指某个量表的题项评估的都是同一特征的程度。阿尔法值 0.60 或 0.70，通常被认为是要达到的最小的信度水平；博伊德和古洛内的某些测量的阿尔法值更低，意味着某些研究的变量不能给出精确的信息，对于评价共同的特点不能做得很好。

3. 在这个研究里，被试是被分到不同班级的学生。以不同的班级为组意味着不能用一般的回归方法来评估避免寻求帮助与学生和班级特点之间的相关。所以研究者使用的是回归里的分层线性模型的技术。这种类型的分析考虑到了研究中学生的分组。在这个例子里，单个学生的特点
699 （如自我效能感的水平）称为低水平变量。这些低水平变量是每个班级中学生的变量。班级特点（如教师对于自己在学生的社交和情感中扮演的角色的评估）称为高水平变量。这些高水平变量是将班级作为整体看待的（因为在班级里的学生拥有相同的老师）。一种考虑这种分析的方法就是想象研究者对 63 个不同数学班级都进行了一个独立的回归。在每个回归中的预测变量是学生的特点，效标变量是学生避免寻求帮助的倾向。研究可以通过平均这 63 个回归的回归系数来了解学生特点和避免寻求帮助的倾向之间的整体关系。然后研究者就可以对 63 个不同班级进行另外一系列的回归。在这些回归中，预测变量是班级的水平，效标变量是每个组在避免寻求帮助倾向上的分数的平均数。研究者平均这些回归系数，就得出了班级水平变量和学生避免寻求帮助倾向之间的整体关系。幸运的是，近来研究者可以使用一次考虑所有水平上的信息的一种复杂方法，并且计算出一个更准确的结果。在这个研究中，研究者使用了这样的方法，即分层线性模型（HLM）。

4. 你可以使用因素分析来揭示多变量之间的潜在模式——找出哪些变量属于同一组，也就是说这些变量彼此相关但与其他组的变量并不相关。法齐和他的同事的研究结果表明，在 16 个 PTSD 症状评分中最好的潜在模式有四个组别或因子（在表中称作“维度”）。表中显示的组中每一个变量的相关，称为“因子负荷”。（在这个表中，研究者仅仅列出了每种症状中具有最高负荷的因素的因子负荷，每一个变量在每一个因素上都有一个负荷，但一般情况下只在一个因素上有高负荷，这样它就被认为是那个因素的一部分了。）研究者称前三个因素与 PTSD 的三个关键方面保持一致，就像它通常被理解的那样。然而，第四个因素（仅仅只有一项）表明避免在某种程度上是一个单独的或额外的方面，而在之前的工作中它并没有被认为是一个单独的方面。

5. 程序所描述的是一个路径分析，一个一般多元回归的细化过程，你可以对你的变量之中关于因果关系的模式进行一个特定的预测（你的因果模型），一般情况下包括制作在两个方框之间用箭头表示因果关系的图形，比如麦金农·刘易斯和同事所制作的图形。然后你再仔细计算出回归系数（称为“路径系数”）。这些研究者尝试了几种可能的模型，图形显示的是他们认为是最好的（就是说所有的系数都是最强的）。例如，在这个模型中，父亲接纳（排除母亲拒绝之后）虽然对于兄弟姐妹间的攻击性有较低的直接影响，但是它存在一个中介效应，母亲的拒绝（排除父亲接纳之后）在此作为中介变量。根据这个模型的剩余部分，兄弟姐妹之间的攻击性存在中介效应，它对于目标儿童对同龄人的攻击性有相当大的影响，而目标儿童对同龄人的攻击性对社会接纳有一个相当大的消极影响。

6. （路径分析的解释见问题 6。）阿伦和他的同事进行了一个中介分析，这是路径分析的一个特殊类型。中介分析允许你检验两个变量之间假定的因果关系是否可以归因于某些特殊的中间变量（被称为中介变量）。在这个研究里，研究者检测关系厌倦度是否可以解释共事兴奋度和关系质量之间的关系。为了检测中介，研究者首先检测兴奋度（预测变量）是否可以预测关系质量（效标变量）。这个预测是显著的（标准回归系数＝-0.51，$p<0.001$）。他们也检测了兴奋度（预测变量）是否可以预测关系厌倦度（中介变量）。这个预测也是显著的（标准回归系数＝-0.56，$p<0.001$）。最后，阿伦和他的同事检测了兴奋度和关系厌倦度在多元线性回归分析中是否可以预测关系质量。结果发现，关系厌倦度可以预测关系质量（标准回归系数＝0.74，$p<0.001$），而兴奋度不能再预测关系质量（标准回归系数＝0.10，ns）。所以中介分析的结果符合研究者的中介假设，即解释了兴奋度对关系质量的影响。

7. (a) 在该模型中，关键的结果是所有通向强度的三个假定路径都是显著的。然而，你也可以看出从愿望到强度的路径是最强的，并且从概率到强度的路径，尽管显著却不是很强。这就意味着一个人有多想找到爱人能够非常强烈地预测到这个人单相思的强度，而一个人对于陷入爱河这种状态的渴望对于预测单相思的强度是适度的。但是一个人对于对方最终会给予回报的信念只能轻微地预测到单相思的强度。

(b) 结构方程模型是一种统计技术，描述了变量之间的因果模式，通过箭头连接每一个原因到结果。你也可以描述在研究中一些变量的测量实际上可能是一个不可测量的潜在变量的指标。在这个例子里，研究者描述了三个动机因素到强度的路径。进一步说，每一个动机因素和强度（见椭圆形）实际上是潜在的变量，被视为几个测量变量的潜在原因（用方框表示：假如这里不是因为空间不足，在每一个方框里都会有一个问卷调查的项目名称来代替它）。

结构方程模型的关键统计部分涉及使用这些变量之间的相关计算出每一条路径的“路径系数”。这就告诉了箭头的末尾的变量和箭头始端的变量相关的程度（在所有其 700
他影响变量的原因都保持不变的情况下）。也就是说，路

径系数对于预测模型的原因变量是一个标准回归系数（贝塔），在这里影响变量是效标变量，所有的原因变量是预测变量。例如，从愿望到强度的 0.32 的路径系数表示在保持概率和愿望的状态恒定的情况下，愿望每变化 1 个标准差，强度会变化 0.32 个标准差。

8.（a）因变量：药物类型；自变量：焦虑水平。

（b）因变量：电影类型；自变量：心率变化。

（c）因变量：母亲在或不在；自变量：两个儿童在相同房间里的触碰次数。

9. ANCOVA 或者协方差分析，是有一个或多个变量被控制情况下的方差分析；协方差分析和方差分析之间的关系就像偏相关和普通相关之间的关系。在这个例子中，勒泽和他的同事发现在他们的方差分析中，在排除了社会赞许性后国家的主效应仍保持稳定。

10. MANOVA，或者多元方差分析，是普通的方差分析，它着眼于多个因变量的整体影响。在这个例子里，有解决冲突偏好的五种方法。“文化的主效应”显著意思是当同时考虑所有的因变量时两种文化是显著不同的。同样，“文化与冲突类型的交互作用”显著意思是文化对于因变量的影响根据冲突的类型而变化。为了了解这些冲突变量中哪些可以解释整体的效应，研究者进行了单变量分析，就是一次关于一个因变量的普通方差分析。依据考虑的特定因变量，结果的模式相当不同。

11.（a）因果模型（路径分析或者结构方程模型）；

（b）二元相关和回归；

（c）信度统计量，如克隆巴赫阿尔法系数和重测信度；

（d）多元方差分析，很可能跟着一个单变量分析；

（e）多元建模；

（f）因素分析；

（g）独立样本均值 t 检验；

（h）单因素方差分析。

符号汇编

（括号内的数字代表该符号所在的章）

α 显著性水平，例如 0.05 或 0.01；假设检验中犯Ⅰ型错误的概率。(6) 同时也是测量内在一致性信度的克隆巴赫阿尔法系数。(15)

β 假设检验中犯Ⅱ型错误的概率。(6) 同时也是标准回归系数。(12)

μ 总体均值。(3)

μ_M 均值分布的均值。(5)

σ 总体标准差。(3)

σ_M 均值分布的标准差。(5)

σ^2 总体方差。(3)

σ^2_M 均值分布的方差。(5)

$\sum$ 将所有分数相加得到的和。(2)

Φ phi 系数；2×2 列联表卡方分析的效应大小。(14)

χ^2 卡方统计量。(13)

a 回归常数。(12)

b 回归系数。(12)

d 涵盖一个或两个平均数的研究的效应大小。(6-8)

df 自由度。(7-13)

df_1，df_2 and so on 第一组的自由度、第二组的自由度，等等。(8-10)

$df_{Between}$ 方差分析中的组间（分子）自由度。(9)

$df_{Columns}$，df_{Rows}，$df_{Interaction}$ 行、列以及交互作用的自由度（析因方差分析中）。(10)

df_{Total} 涵盖所有组的总自由度。(8-10)

df_{Within} 方差分析中的组内（分母）自由度。(9)

F ratio 方差分析中，组间总体方差估计值与组内总体方差估计值的比值。(9，10)

GM 总平均数；方差分析中所有分数的平均数。(9，10)

M 平均数。(2)

M_1，M_2 and so on 第一组的平均数、第二组的平均数，等等。(8-10)

M_{Column}，M_{Row} 某一特定行、列的平均数（方差分析中）。(10)

$MS_{Between}$ 组间均方（离均差平方和的平均数）。(9)

$MS_{Columns}$，MS_{Rows}，$MS_{Interaction}$ 析因方差分析中，行之间、列之间和交互作用的均方（离均差平方和的平均数）。(10)

MS_{Error} 误差均方（离均差平方和的平均数）。(9)

MS_{Within} 组内均方（离均差平方和的平均数）。(9)

n 方差分析中每组分数的数量。(9)

N 所有分数的数量。(2)

N_1，N_2，and so on 第一组中分数的数量、第二组中分数的数量，等等。(8-10)

$N_{Categories}$ 配合度的卡方检验中类别的数量。(13)

$N_{Columns}$，N_{Rows} 行、列的数量（析因方差分析和独立性卡方检验的列联表中）。(10，13)

N_{Cells} 析因设计中单元的数量。(10)

N_{Groups} 方差分析中组的数量。(9，10)

p 概率。(3)

r 相关系数。(11)

r^2 二元回归中误差减少的比例（解释方差的比例）。(11)

R 多元回归系数。(12)

R^2 在多元回归和方差分析中误差减少的比例（解释方差的比例）。(9，10，12，15)

$R^2_{Columns}$，R^2_{Rows}，$R^2_{Interaction}$ 行、列和交互作用解释方差的比例（析因方差分析中效应大小的测量）。(10)

S 总体标准差的无偏估计。(7)

S^2 总体方差的无偏估计。(7)

S^2_1，S^2_2，and so on 第一个样本、第二个样本等总体方差的无偏估计。(8-10)

$S^2_{Between}$ 总体方差的组间估计值。(9)

$S^2_{Columns}$，S^2_{Rows}，$S^2_{Interaction}$ （析因方差分析中）行、列和交互作用的组间方差估计值。(10)

$S_{Difference}$ 均值差分布的标准差。(8)

$S^2_{Difference}$ 均值差分布的方差。(8)

SE 标准误（均值分布的标准差）。(5)

S_M 基于总体方差估计的均值分布的标准差，与标准误相同。(7)

S^2_M t 检验中基于总体方差估计的均值分布的方差或方差分析中基于各组均差的总体方差估计值。(7，9)

S^2_{M1}，S^2_{M2}，and so on 与第一个样本、第二个样本等相一致的基于合成总体方差估计的均值分布的方差。(8，9)

S_{Pooled} 总体标准差的合成估计值。(8)

S^2_{Pooled} 总体方差的合成估计值。(8)

S^2_{Within} 总体方差的组内估计值。(9)

SD 标准差。(2)

SD^2 方差。(2)

SS 离均差平方和。(9)

$SS_{Between}$ 每个组的均值与总均值的离差平方和。(9)

$SS_{Columns}$，SS_{Rows}，$SS_{Interaction}$ （析因方差分析中）行、列和

交互作用的离均差平方和。(10)

SS_{Error} 预测中，当使用线性预测法则预测时得到的误差平方和。(12)

SS_{Total} （方差分析中）与所有分数均值的离差平方和。(2，9，10)

SS_{Within} 组内离均差平方和。(9，10)

t score *t* 分布中与平均数之间相距的标准差数量。(7，8，11)

X 特定变量上的分数；在预测（回归）中，*X* 是预测变量。(1，2，11，12)

X_1，X_2，**and so on** 第一个预测变量、第二个预测变量，等等。(12)

Y 特定变量上的分数；在预测（回归）中，*Y* 是效标变量。(11，12)

$\hat{Y}$ 效标变量 *Y* 上的预测值。(12)

Z 一个分数与平均数相距的标准差数量。(3)

主要公式

主要公式		公式序号
平均数就是所有分数的总和除以分数的个数。	$M=\frac{\sum X}{N}$	(2—1)
方差就是分数与平均数的离均差平方和，除以分数的个数。	$SD^2=\frac{\sum(X-M)^2}{N}$	(2—2)
Z 分数就是原始分数减去平均数，然后除以标准差。	$Z=\frac{X-M}{SD}$	(3—1)
均值分布的方差就是总体的方差除以每个样本的个数。	$c_M^2=\frac{\sigma^2}{N}$	(5—2)
均值差的效应大小是总体平均数之间的差除以总体标准差。	$d=\frac{\mu_1-\mu_2}{\sigma}$	(6—1)
总体方差估计值是离均差平方和的值除以样本分数数量减 1 的值。	$S^2=\frac{\sum(X-M)^2}{N-1}=\frac{SS}{N-1}$	(7—1)
均值分布的方差是总体方差估计值除以样本分数的数量。	$S_M^2=\frac{S^2}{N}$	(7—5)
t 分数是样本均值减去总体均值，除以均值分布的标准差。	$t=\frac{M-\mu}{S_M}$	(7—7)
合成总体方差估计值（S_{Pooled}^2）是第一个样本的自由度除以总的自由度（来自所有样本）乘以基于第一个样本的总体方差估计值，加上第二个样本的自由度除以总的自由度（来自所有样本）乘以基于第二个样本的总体方差估计值。	$S_{\text{Pooled}}^2=\frac{df_1}{df_{\text{Total}}}(S_1^2)+\frac{df_2}{df_{\text{Total}}}(S_2^2)$	(8—1)
总体 1 均值分布的方差（基于总体方差估计值）是合成总体方差估计值除以来自总体 1 的样本的容量。	$S_{M_1}^2=\frac{S_{\text{Pooled}}^2}{N_1}$	(8—2)
均值差异分布的方差是总体 1 均值分布的方差（基于总体方差估计值）加上总体 2 均值分布的方差（基于总体方差估计值）。	$S_{\text{Difference}}^2=S_{M_1}^2+S_{M_2}^2$	(8—4)
独立样本均值 t 检验的 t 分数是两个样本间均数的差值除以均值差异分布的标准差。	$t=\frac{M_1-M_2}{S_{\text{Difference}}}$	(8—7)

定义	公式	编号
组内方差估计值（或组内均方）是每个组总体方差估计值的和除以组数。	S^2_{Within} 或 $MS_{\text{Within}}=\frac{S^2_1+S^2_2+\cdots+S^2_{\text{Last}}}{N_{\text{Groups}}}$	(9—1)
均值分布的方差估计值是每个样本均值与总体均值的离均差平方和除以组间方差估计的自由度。	$S^2_M=\frac{\sum(M-GM)^2}{df_{\text{Between}}}$	(9—2)
组间方差估计值（组间均方）是均值分布的方差估计值乘以每个组的样本量。	S^2_{Between} 或 $MS_{\text{Between}}=(S^2_M)(n)$	(9—4)
F 值就是组间方差估计值（组间均方）除以组内方差估计值（组内均方）。	$F=\frac{S^2_{\text{Between}}}{S^2_{\text{Within}}}$ 或 $\frac{MS_{\text{Between}}}{MS_{\text{Within}}}$	(9—5)
组间方差估计值就是各组均值与总体均值的离均差平方和除以组间方差估计的自由度。	$S^2_{\text{Between}}=\frac{\sum(M-GM)^2}{df_{\text{Between}}}$ 或 $MS_{\text{Between}}=\frac{SS_{\text{Between}}}{df_{\text{Between}}}$	(9—10)
组内方差估计值是每个分数与其所在组的均值的离差平方和除以组内方差估计的自由度。	$S^2_{\text{Within}}=\frac{\sum(X-M)^2}{df_{\text{Within}}}$ 或 $MS_{\text{Within}}=\frac{SS_{\text{Within}}}{df_{\text{Within}}}$	(9—11)
行的离均差平方和是每个分数所在行的平均数与总体平均数的离差平方和。	$SS_{\text{Rows}}=\sum(M_{\text{Row}}-GM)^2$	(10—1)
交互作用的离均差平方和是每个分数与总体平均数的差，减去该分数与其所在组的平均数的差，减去该分数所在行的平均数与总体平均数的差，减去该分数所在列的平均数与总体平均数的差的平方和。	$SS_{\text{Interaction}}=\sum[(X-GM)-(X-M)-(M_{\text{Row}}-GM)-(M_{\text{Column}}-GM)]^2$	(10—3)
组内离均差平方和是每个分数与其所在组的平均数的差的平方和。	$SS_{\text{Within}}=\sum(X-M)^2$	(10—4)
相关系数就是研究中所有人在两个变量上的离均差乘积的总和，除以每个人在 X 和 Y 两个变量上的离均差平方和相乘以后的正平方根。	$r=\frac{\sum[(X-M_X)(Y-M_Y)]}{\sqrt{(SS_X)(SS_Y)}}$	(11—1)
一个人在效标变量上的预测分数等于回归常数加上回归系数乘以那个人在预测变量上的分数。	$\hat{Y}=a+(b)(X)$	(12—1)
卡方统计量是所有类别中观察频数和期望频数之间的差的平方除以期望频数的结果的总和。	$\chi^2=\sum\frac{(O-E)^2}{E}$	(13—1)
某一组的期望频数是它所在行的数值除以总数乘以它所在列的数值。	$E=\left(\frac{R}{N}\right)(C)$	(13—3)

主要假设检验程序的步骤

Z 检验（第 5 章）

❶ 重申有关总体的研究假设和零假设问题。

❷ 决定比较分布的特征。

$u_M = u$

$\sigma_M^2 = \sigma^2 / N$

$\sigma_M = \sqrt{\sigma_M^2}$

近似正态，假如总体正态或 $N > 30$。

❸ 根据比较分布上的样本分数临界值来决定是否应该拒绝零假设。使用正态曲线表。

❹ 计算比较分布上你的样本分数。

$$Z = \frac{M - \mu_M}{\sigma_M}$$

❺ 决定是否拒绝零假设。比较步骤❸和步骤❹的分数。

单个样本 t 检验（第 7 章）

❶ 重申有关总体的研究假设和零假设问题。

❷ 决定比较分布的特征。

（a）均值分布的均值与总体均值相同。（b）计算它的标准差：

Ⓐ $S^2 = SS/df$

Ⓑ $S_M^2 = S^2/N$

Ⓒ $S_M = \sqrt{S_M^2}$

（c）t 分布，$df = N-1$。

❸ 根据比较分布上的样本分数临界值来决定是否应该拒绝零假设。使用 t 分布表。

❹ 计算比较分布上你的样本分数。

$t = (M-u)/S_M$

❺ 决定是否拒绝零假设。比较步骤❸和步骤❹的分数。

相关样本均值 t 检验（第 7 章）

❶ 重申有关总体的研究假设和零假设问题。

❷ 决定比较分布的特征。

（a）所有的都基于分数差值。（b）计算分数差值的均值。（c）它的均值为 0。（d）计算标准差：

Ⓐ $S^2 = SS/df$

Ⓑ $S_M^2 = S^2/N$

Ⓒ $S_M = \sqrt{S_M^2}$

（e）t 分布，$df = N-1$。

❸ 根据比较分布上的样本分数临界值来决定是否应该拒绝零假设。使用 t 分布表。

❹ 计算比较分布上你的样本分数。

$t = (M-u)/S_M$

❺ 决定是否拒绝零假设。比较步骤❸和步骤❹的分数。

独立样本均值 t 检验（第 8 章）

❶ 重申有关总体的研究假设和零假设问题。

❷ 决定比较分布的特征。

（a）它的均值为 0。（b）计算它的标准差。

Ⓐ 对于每个总体：

$S^2 = SS/(N-1)$

Ⓑ $S_{Pooled}^2 = (df_1/df_{Total})(S_1^2) + (df_2/df_{Total})(S_2^2)$；$df_1 = N_1 - 1$，$df_2 = N_2 - 1$，$df_{Total} = df_1 + df_2$

Ⓒ $S_{M_1}^2 = S_{Pooled}^2/N_1$；$S_{M_2}^2 = S_{Pooled}^2/N_2$

Ⓓ $S_{Difference}^2 = S_{M_1}^2 + S_{M_2}^2$

Ⓔ $S_{Difference} = \sqrt{S_{Difference}^2}$

（c）t 分布，自由度 $= df_{Total}$。

❸ 根据比较分布上的样本分数临界值来决定是否应该拒绝零假设。使用 t 分布表。

❹ 计算比较分布上你的样本分数。

$t = (M_1 - M_2)/S_{Difference}$

❺ 决定是否拒绝零假设。比较步骤❸和步骤❹的分数。

单因素方差分析（第 9 章）

❶ 重申有关总体的研究假设和零假设问题。

❷ 决定比较分布的特征。

（a）F 分布。

（b）$df_{Between} = N_{Group} - 1$。

（c）$df_{Within} = df_1 + df_2 + \cdots + df_{Last}$。

❸ 根据比较分布上的样本分数临界值来决定是否应该拒绝零假设。使用 F 分布表。

❹ 计算比较分布上你的样本分数。

（a）计算 $S_{Between}^2$：

Ⓐ $S_M^2 = \sum (M - GM)^2 / df_{Between}$

Ⓑ $S_{Between}^2 = (S_M^2)(n)$

（b）计算 S_{Within}^2：

（ⅰ）对于每一组，$S^2 = \sum (X-M)^2/(n-1) = SS/df$。

（ⅱ）$S_{Within}^2 = (S_1^2 + S_2^2 + \cdots + S_{Last}^2)/N_{Groups}$。

（c）$F = S_{Between}^2 / S_{Within}^2$。

❺ 决定是否拒绝零假设。比较步骤❸和步骤❹的分数。

前沿课题：单因素方差分析—结构模型方法（第9章）

❶ 重申有关总体的研究假设和零假设问题。

❷ 决定比较分布的特征。

(a) F分布。

(b) $df_{\text{Between}}=N_{\text{Groups}}-1$。

(c) $df_{\text{Within}}=df_1+df_2+\cdots+df_{\text{Last}}$。

❸ 根据比较分布上的样本分数临界值来决定是否应该拒绝零假设。使用F分布表。

❹ 计算比较分布上你的样本分数。

$$SS_{\text{Between}}=\sum(M-GM)^2$$

$$SS_{\text{Within}}=\sum(X-M)^2$$

$$MS_{\text{Between}}=SS_{\text{Between}}/df_{\text{Between}}$$

$$MS_{\text{Within}}=SS_{\text{Within}}/df_{\text{Within}}$$

$$F=MS_{\text{Between}}/MS_{\text{Within}}$$

❺ 决定是否拒绝零假设。比较步骤❸和步骤❹的分数。

前沿课题：相关系数显著性检验（第11章）

❶ 重申有关总体的研究假设和零假设问题。

❷ 决定比较分布的特征。

t分布，$df=N-2$。

❸ 根据比较分布上的样本分数临界值来决定是否应该拒绝零假设。使用t分布表。

❹ 计算比较分布上你的样本分数。

$$t=r/\sqrt{(1-r^2)\ /\ (N-2)}$$

❺ 决定是否拒绝零假设。比较步骤❸和步骤❹的分数。

配合度的卡方检验（第13章）

❶ 重申有关总体的研究假设和零假设问题。

❷ 决定比较分布的特征。

卡方分布，$df=N_{\text{Categories}}-1$。

❸ 根据比较分布上的样本临界值来决定是否应该拒绝零假设。使用卡方表。

❹ 计算比较分布上你的样本分数。

$$\chi^2=\sum\left[(O-E)^2/E\right]$$

Ⓐ 确定每个类别的实际观察频数。

Ⓑ 确定每个类别的期望频数。

Ⓒ 在每个类别中，用观察频数减去期望频数。

Ⓓ 平方每个差值。

Ⓔ 用差值平方除以每个类别的期望频数。

Ⓕ 将所有类别中从步骤Ⓔ得到的结果相加。

❺ 决定是否拒绝零假设。比较步骤❸和步骤❹的分数。

独立性的卡方检验（第13章）

❶ 重申有关总体的研究假设和零假设问题。

❷ 决定比较分布的特征。

卡方分布，$df=(N_{\text{Columns}}-1)(N_{\text{Rows}}-1)$。

❸ 根据比较分布上的样本分数临界值来决定是否应该拒绝零假设。使用卡方表。

❹ 计算比较分布上你的样本分数。

$$E=(R/N)(C)$$

$$\chi^2=\sum\left[(O-E)^2/E\right]$$

Ⓐ 确定每个类别的实际观察频数。

Ⓑ 确定每个类别的期望频数。

ⓘ 找出每一行的总百分比。

ⓘⓘ 对于每个单元格，用行的百分比乘以这列的总数。

Ⓒ 在每个类别中，用观察频数减去期望频数。

Ⓓ 平方每个差值。

Ⓔ 用差值平方除以每个类别的期望频数。

Ⓕ 将所有类别中从步骤Ⓔ得到的结果相加。

❺ 决定是否拒绝零假设。比较步骤❸和步骤❹的分数。

参考文献

Abelson, R. P. (1997). On the surprising longevity of flogged horses: Why there is a case for the significance test. *Psychological Science, 8,* 12–15.

Altman, D. G., Levine, D. W., Howard, G., & Hamilton, H. (1997). Tobacco farming and public health: Attitudes of the general public and farmers. *Journal of Social Issues, 53,* 113–128.

American Psychological Association (2001). *Publication manual of the American Psychological Association* (5th ed.). Washington, DC: American Psychological Association.

Anderson, J. E., Carey, J. W., & Taveras, S. (2000). HIV testing among the general US population and persons at increased risk: information from national surveys, 1987–1996. *American Journal of Public Health, 90,* 1089–1095.

Aron, A., & Aron, E. N. (1989). *The heart of social psychology.* Lexington, MA: Heath.

Aron, A., Aron, E. N., & Allen, J. (1998). Motivations for unreciprocated love. *Personality and Social Psychology Bulletin, 24,* 787–796.

Aron, A., Aron, E. N., & Smollan, D. (1992). Inclusion of Other in the Self Scale and the structure of interpersonal closeness. *Journal of Personality and Social Psychology, 63,* 596–612.

Aron, A., Fisher, H. E., Mashek, D. J., Strong, S., Li, H.-F., & Brown, L. L. (2005). Reward, motivation and emotion systems associated with early-stage intense romantic love. *Journal of Neurophysiology, 94,* 327–337.

Aron, A., Melinat, E., Aron, E. N., Vallone, R., & Bator, R. (1997). The experimental generation of interpersonal closeness: A procedure and some preliminary findings. *Personality and Social Psychology Bulletin, 23,* 363–377.

Aron, A., Norman, C. C., Aron, E. N., McKenna, C., & Heyman, R. E. (2000). Couples' shared participation in novel and arousing activities and experienced relationship quality. *Journal of Personality and Social Psychology, 78,* 273–284.

Aron, A., Paris, M., & Aron, E. N. (1995). Falling in love: Prospective studies of self-concept change. *Journal of Personality and Social Psychology, 69,* 1102–1112.

Aron, E. N. (1996). *The highly sensitive person.* New York: Birch/Lane.

Aron, E. N. (2002). *The highly sensitive child.* New York: Broadway Books.

Aron, E. N., & Aron, A. (1997). Sensory processing sensitivity and its relation to introversion and emotionality. *Journal of Personality and Social Psychology, 73,* 345–368.

Aron, E., Aron, A., & Davies, K. M. (2005). Adult shyness: The interaction of temporal sensitivity and an adverse childhood environment. *Personality and Social Psychology Bulletin, 31,* 1–17.

Bakeman, R. (2006). The practical importance of findings. *Monographs of the Society for Research in Child Development, 71,* 127–145.

Baldwin, K. M., Baldwin, J. R., & Ewald, T. (2006). The relationship among shame, guilt, and self-efficacy. *American Journal of Psychotherapy, 60,* 1–21.

Balluerka, N., Gómez, J., & Hidalgo, D. (2005). The controversy over null hypothesis significance testing revisited. *Methodology, 1,* 55–70.

Baron, R. M., & Kenny, D. A. (1986). The moderator-mediator variable distinction in social psychological research: Conceptual, strategic, and statistical considerations. *Journal of Personality and Social Psychology, 51,* 1173–1182.

Bates, D. W., Leape, L. L., Cullen, D. J., Laird, N., Petersen, L. A., Teich J. M., et al. (1998). Effect of computerized physician order entry and a team intervention on prevention of serious medication errors. *Journal of the American Medical Association. 280,* 1311–1316.

Beilock, S. L., Rydell, R. J., & McConnell, A. R. (2007). Stereotype threat and working memory: Mechanisms, alleviation, and spillover. *Journal of Experimental Psychology: General,* 136, 256–276.

Berndsen, M., McGarty, C., van der Pligt, J., & Spears, R. (2001). Meaning-seeking in the illusory correlation paradigm: The active role of participants in the categorization process. *British Journal of Social Psychology, 40,* 209–233.

Betsch, T., Plessner, H., Schwieren, C., & Gutig, R. (2001). I like it but I don't know why: A value-account approach to implicit attitude formation. *Personality and Social Psychology Bulletin, 27,* 242–253.

Bezeau, S., & Graves, R. (2001). Statistical power and effect sizes of clinical neuropsychology research. *Journal of Clinical and Experimental Neuropsychology, 23,* 399–406.

Bleeker, M. M., & Jacobs, J. E. (2004). Achievement in math and science: Do mothers' beliefs matter twelve years later? *Journal of Educational Psychology, 96,* 97–109.

Block, N. (1995). How heritability misleads about race. *Cognition, 56,* 99–128.

Bohnert, A. M., Aikins, J. W., & Edidin, J. (2007). The role of organized activities in facilitating social adaptation across the transition to college. *Journal of Adolescent Research, 22,* 189–208.

Bourgeois, M. M. (1997). A powerful, effective statistics text [Review of A. Aron & E. Aron, *Statistics for Psychology,* 1st edition]. *Contemporary Psychology, 42,* 993–994.

Boyd, C. P., & Gullone, E. (1997). An investigation of negative affectivity in Australian adolescents. *Journal of Clinical Child Psychology, 26,* 190–197.

Brickman, P., Coates, D., & Janoff-Bulman, R. (1978). Lottery winners and accident victims: Is happiness relative? *Journal of Personality and Social Psychology, 36,* 917–927.

Brockner, J., Ackerman, G., Greenberg, J., Gelfand, M. J., Francesco, A. M., Chen, Z. X., Leung, K., Bierbrauer, G., Gomez, C., Kirkman, B. L., & Shapiro, D. (2001). Culture and procedural justice: The influence of power distance on reactions to voice. *Journal of Experimental Social Psychology, 37,* 300–315.

Buss, D. M., & Schmitt, D. P. (1993). Sexual strategies theory: An evolutionary perspective on human mating. *Psychological Review, 100,* 204–232.

Carey, M. P., Maisto, S. A., Kalichman, S. C., Forsyth, A. D., Wright, E. M., & Johnson, B. T. (1997). Enhancing motivation to reduce the risk of HIV infection for economically disadvantaged urban women. *Journal of Consulting and Clinical Psychology, 65,* 531–541.

Carver, C. S. (2004). Negative affects deriving from the behavioral approach system. *Emotion, 4,* 3–22.

Caspi, A., Begg, D., Dickson, N., Harrington, H., Langley, J., Moffitt, T. E., & Silva, P. A. (1997). Personality differences predict health-risk behaviors in young adulthood: Evidence from a longitudinal study. *Journal of Personality and Social Psychology, 73,* 1052–1063.

Catanzaro, D., & Taylor, J. C. (1996). The scaling of dispersion and correlation: A comparison of least-squares and absolute deviation statistics. *British Journal of Mathematical and Statistical Psychology, 49,* 171–188.

Cavallera, G. M., & Giudici, S. (2008). Morningness and eveningness personality: A survey in literature from 1995 up till 2006. *Personality and Individual Differences, 44,* 3–21.

Chambless, D. L., & Hollon, S. D. (1998). Defining empirically supported therapies. *Journal of Consulting and Clinical Psychology, 66,* 7–19.

Chapman, H. A., Hobfoll, S. E., & Ritter, C. (1997). Partners' stress underestimations lead to women's distress: A study of pregnant inner-city women. *Journal of Personality and Social Psychology, 73,* 418–425.

Chen, X. (2005). First generation students in postsecondary education: A look at their college transcripts (NCES 2005-171). U.S. Department of Education, National Center for Education Statistics. Washington, DC: U.S. Government Printing Office.

Chow, S. L. (1988). Significance test or effect size. *Psychological Bulletin, 103,* 105–110.

Chow, S. L. (1996). *Statistical significance: Rationale, validity, and utility.* London: Sage.

Christakis, N. A., & Fowler, J. H. (2007). The spread of obesity in a large social network over 32 years. *New England Journal of Medicine, 353,* 370–379.

Clark-Carter, D. (1997). The account taken of statistical power in research published in the *British Journal of Psychology. British Journal of Psychology, 88,* 71–83.

Cohen, J. (1962). The statistical power of abnormal-social psychological research: A review. *Journal of Abnormal and Social Psychology, 65,* 145–153.

Cohen, J. (1969). *Statistical power analysis for the behavioral sciences* (1st ed.). New York: Academic Press. (2nd ed., 1988, Hillsdale, NJ: Erlbaum.)

Cohen, J. (1983). The cost of dichotomization. *Applied Psychological Measurement, 7,* 249–253.

Cohen, J. (1990). Things I have learned (so far). *American Psychologist, 45,* 1304–1312.

Cohen, J. (1992). A power primer. *Psychological Bulletin, 112,* 155–159.

Cohen, J. (1994). The Earth is round ($p < .05$). *American Psychologist, 49,* 997–1003.

Cohen, J., & Cohen, P. (1983). *Applied multiple regression/correlation analysis for the behavioral sciences* (2nd ed.). Hillsdale, NJ: Erlbaum.

Cohen, J., Cohen, P., Aiken, S. G., & West, L. S. (2003). *Applied multiple regression/correlation analysis for the behavioral sciences* (3rd ed.). Mahwah, NJ: Erlbaum.

Connors, G. J., Carroll, K. M., DiClemente, C. C., Longabaugh, R., & Donovan, D. M. (1997). The therapeutic alliance and its relationship to alcoholism treatment participation and outcome. *Journal of Consulting and Clinical Psychology, 65,* 588–598.

Conover, W., & Iman, R. L. (1981). Rank transformations as a bridge between parametric and nonparametric statistics. *American Statistician, 35,* 124–129.

Cook, T. D., & Campbell, D. T. (1979). *Quasi-experimentation: Design and analysis issues for field settings.* Skokie, IL: Rand McNally.

Cooper, S. E., & Robinson, D. A. G. (1989). The influence of gender and anxiety on mathematics performance. *Journal of College Student Development, 30,* 459–461.

Cortina, J. M., & Dunlop, W. P. (1997). On the logic and purpose of significance testing. *Psychological Methods, 2,* 161–172.

Crick, N. R., Casas, J. F., & Mosher, M. (1997). Relational and overt aggression in preschool. *Developmental Psychology, 33,* 579–588.

Croizet, J-C., & Claire, T. (1998). Extending the concept of stereotype threat to social class: The intellectual underperformance of students from low socioeconomic backgrounds. *Personality and Social Psychology Bulletin, 24,* 588–594.

Dahlstrom, W. G., Larbar, D., & Dahlstrom, L. E. (1986). *MMPI patterns of American minorities.* Minneapolis: University of Minnesota Press.

Dane, F. C., & Wrightsman, L. S. (1982). Effects of defendants' and victims' characteristics on jurors' verdicts. In N. L. Kerr & R. M. Bray (Eds.), *The psychology of the courtroom* (pp. 83–115). Orlando, FL: Academic Press.

Dawes, R. M., Faust, D., & Meehl, P. E. (1993). Statistical prediction versus clinical prediction: Improving what works. In G. Keren & C. Lewis (Eds.), *A handbook for data analysis in the behavioral sciences: Methodological issues* (pp. 351–367). Hillsdale, NJ: Erlbaum.

Day, J. C., & Newburger, E. C. (2002). The big payoff: Educational attainment and synthetic estimates of work-life earnings. Current Population Reports, Special Studies, P23–210. Washington, DC: U.S. Department of Commerce, Economics and Statistics Administration, U.S. Census Bureau. Available at *http://www.census.gov/prod/2002pubs/p23-210.pdf*.

DeCarlo, L. T. (1997). On the meaning and use of kurtosis. *Psychological Methods, 2,* 292–307.

DeGarmo, D. S., & Forgatch, M. S. (1997). Determinants of observed confidant support for divorced mothers. *Journal of Personality and Social Psychology, 72,* 336–345.

Delucchi, K. L. (1983). The use and misuse of chi-square: Lewis and Burke revisited. *Psychological Bulletin, 94,* 166–176.

Denenberg, V. H. (1999). A critique of Mody, Studdert-Kennedy, and Brady's "Speech perception deficits in poor readers: Auditory processing or phonological coding?" *Journal of Learning Disabilities, 32,* 379–383.

Diener, E., Lucas, R. E., & Scollon, C. N. (2006). Beyond the hedonic treadmill: Revising the adaptation theory of well-being. *American Psychologist, 61,* 305–314.

Dodge, T., & Kaufman, A. (2007). What makes consumers think dietary supplements are safe and effective? The role of disclaimers and FDA approval. *Health Psychology, 26,* 513–517.

Dunlap, W. P., & Myers, L. (1997). Approximating power for significance tests with one degree of freedom. *Psychological Methods, 2,* 186–191.

Durkin, K., & Barber, B. (2003). Not so doomed: Computer game play and positive adolescent development. *Applied Developmental Psychology, 23,* 373–392.

Dwinell, P. E., & Higbee, J. L. (1991). Affective variables related to mathematics achievement among high-risk college freshmen. *Psychological Reports, 69,* 399–403.

Endler, N. S., & Magnusson, D. (1976). Toward an interactional psychology of personality. *Psychological Bulletin, 83,* 956–974.

Eppley, K. R., Abrams, A. I., & Shear, J. (1989). Differential effects of relaxation techniques on trait anxiety: A meta-analysis. *Journal of Clinical Psychology, 45,* 957–974.

Escudero, V., Rogers, L. E., & Gutierrez, E. (1997). Patterns of relational control and nonverbal affect in clinic and nonclinic couples. *Journal of Social and Personal Relationships, 14,* 5–29.

Evans, R. (1976). *The making of psychology.* New York: Knopf.

Everett, S. A., Price, J. H., Bedell, A. W., & Telljohann, S. K. (1997). The effect of a monetary incentive in increasing the return rate of a survey to family physicians. *Evaluation and the Health Professions, 20,* 207–214.

Eysenck, H. J. (1981). *A model for personality.* Berlin: Springer-Verlag.

Fawzi, M. C. S., Pham, T., Lin, L., Nguyen, T. V., Ngo, D., Murphy, E., & Mollica, R. F. (1997). The validity of posttraumatic stress disorder among Vietnamese refugees. *Journal of Traumatic Stress, 10,* 101–108.

Fraley, B., & Aron, A. (2004). The effect of a shared humorous experience on closeness in initial encounters. *Personal Relationships, 11,* 61–78.

Fidler, F., Cumming, G., Thomason, N., Pannuzzo, D., Smith, J., Fyffe, P., Edmonds, H., Harrington, C., & Schmitt, R. (2005). Toward improved statistical reporting in the Journal of Consulting and Clinical Psychology. *Journal of Consulting and Clinical Psychology, 73,* 136–143.

Fisher, R. A., & Yates, F. (1938). *Statistical tables for biological, agricultural and medical research.* London: Oliver and Boyd.

Fiske, S. T. (1998). Stereotyping, prejudice, and discrimination. In D. T. Gilbert, S. T. Fiske, & G. Lindzey (Eds.) *The handbook of social psychology* (4th ed., pp. 357–411). New York: McGraw-Hill.

Folwell, A. L., Chung, L. C., Nussbaum, J. F., Bethea, L. S., & Grant, J. A. (1997). Differential accounts of closeness in older adult sibling relationships. *Journal of Social and Personal Relationships, 14,* 843–849.

Ford, J. D., Fisher, P., & Larson, L. (1997). Object relations as a predictor of treatment outcome with chronic posttraumatic stress disorder. *Journal of Consulting and Clinical Psychology, 65,* 547–559.

Frank, S. J., Poorman, M. O., Van Egeren, L. A., & Field, D. T. (1997). Perceived relationships with parents among adolescent inpatients with depressive preoccupations and depressed mood. *Journal of Clinical Child Psychology, 26,* 205–215.

Franz, M. L. von. (1979). *The problem of puer aeternus.* New York: Springer-Verlag.

Frattaroli, J. (2006). Experimental disclosure and its moderators: A meta-analysis. *Psychological Bulletin, 132,* 823–865.

Frick, R. W. (1995). Accepting the null hypothesis. *Memory and Cognition, 23,* 132–138.

Frick, R. W. (1996). The appropriate use of null hypothesis testing. *Psychological Methods, 1,* 379–390.

Frick, R. W. (1998). Interpreting statistical testing: Process and propensity, not population and random sampling. *Behavior Research Methods, Instruments, and Computers, 30,* 527–535.

Friend, R. (2001). Effects of strategy instruction on summary writing of college students. *Contemporary Educational Psychology, 26,* 3–24.

Frydenberg, E., Lewis, R., Kennedy, G., Ardila, R., Frindte, W., & Hannoun, R (2003). Coping with concerns: An exploratory comparison of Australian, Colombian, German, and Palestinian adolescents. *Journal of Youth and Adolescence, 32,* 59–66.

Furr, M. R., & Rosenthal, R. (2003). Evaluating theories efficiently: The nuts and bolts of contrast analysis. *Understanding Statistics, 2,* 45–67.

Gable, S., & Lutz, S. (2000). Household, parent, and child contributions to childhood obesity. *Family Relations, 49,* 293–300.

Gallagher-Thompson, D., Dal Canto, P. G., Jacob, T., & Thompson, L. W. (2001). A comparison of marital interaction patterns between couples in which the husband does or does not have Alzheimer's disease. *The Journals of Gerontology Series B: Psychological Sciences and Social Sciences, 56,* S140–S150.

Gallup, D. G. H. (1972). *The Gallup poll: Public opinion, 1935–1971.* New York: Random House.

Galton, F. (1889). *Natural inheritance.* London: Macmillan.

Gerbert, B., Bronstone, A., Maurer, T., Hofmann, R., & Berger, T. (1999). Decision support software to help primary care physicians triage skin cancer: A pilot study. *Archives of Dermatology, 135,* 187–192.

Gibbons, J. L., Wilson, S. L., & Rufener, C. A. (2006). Gender attitudes mediate gender differences in attitudes towards adoption in Guatemala. *Sex Roles, 54,* 139–145.

Gigerenzer, G., & Murray, D. J. (1987). *Cognition as intuitive statistics*. Hillsdale, NJ: Erlbaum.

Gigerenzer, G., Swijtink, Z., Porter, Y., Daston, L., Beatty, J., & Kruger, L. (1989). *The empire of chance*. Cambridge, England: Cambridge University Press.

Gire, J. T. (1997). The varying effect of individualism-collectivism on preference for methods of conflict resolution. *Canadian Journal of Behavioural Science, 29*, 38–43.

Gilbert, D. (2006). *Stumbling on happiness*. New York: Knopf.

Gonzaga, G. C., Keltner, D., Londahl, E. A., & Smith, M. D. (2001). Love and the commitment problem in romantic relations and friendship. *Journal of Personality and Social Psychology, 81*, 247–262.

Gonzales, P. M., Blanton, H., & Williams, K. J. (2002). The effect of stereotype threat and double minority status on the test performance of Latino women. *Personality and Social Psychology Bulletin, 28*, 659–670.

Graham, S., Weiner, B., & Zucker, G. S. (1997). An attributional analysis of punishment goals and public reactions to O. J. Simpson. *Personality and Social Psychology Bulletin, 23*, 331–346.

Greene, E., & Dodge, M. (1995). The influence of prior record evidence on juror decision making. *Law and Human Behavior, 19*, 67–78.

Grilo, C. M., Walker, M. L., Becker, D. F., Edell, W. S., & McGlashan, T. H. (1997). Personality disorders in adolescents with major depression, substance use disorders, and coexisting major depression and substance use disorders. *Journal of Consulting and Clinical Psychology, 65*, 328–332.

Gump, B. B., & Kulik, J. A. (1997). Stress, affiliation, and emotional contagion. *Journal of Personality and Social Psychology, 72*, 305–319.

Gump, B. B., Reihman, J., Stewart, P., Lonky, E., Darvill, T., & Matthews, K. A. (2007). Blood lead (Pb) levels: A potential environmental mechanism explaining the relation between socioeconomic status and cardiovascular reactivity in children. *Health Psychology, 26*, 296–304.

Hahlweg, K., Fiegenbaum, W., Frank, M., Schroeder, B., & von Witzleben, I. (2001). Short- and long-term effectiveness of an empirically supported treatment for agoraphobia. *Journal of Consulting and Clinical Psychology, 69*, 375–382.

Halpern, D. F., & Wai, J. (2007). The world of competitive Scrabble: Novice and expert differences in visuospatial and verbal abilities. *Journal of Experimental Psychology: Applied, 13*, 79–94.

Hamilton, D. (1981). *Cognitive processes in stereotyping and intergroup behavior*. Hillsdale, NJ: Erlbaum.

Hamilton, D., & Gifford, R. (1976). Illusory correlation in interpersonal perception: A cognitive basis of stereotypic judgments. *Journal of Experimental Social Psychology, 12*, 392–407.

Harris, R. J. (1997). Significance tests have their place. *Psychological Science, 8*, 8–11.

Harter, S., Waters, P. L., Pettitt, L. M., Whitesell, N., Kofkin, J., & Jordan, J. (1997). Autonomy and connectedness as dimensions of relationship styles in men and women. *Journal of Social and Personal Relationships, 14*, 147–164.

Hazan, C., & Shaver, P. (1987). Romantic love conceptualized as an attachment process. *Journal of Personality and Social Psychology, 52*, 511–524.

Heller, K. A., & Ziegler, A. (1996). Gender differences in mathematics and the natural sciences: Can attributional retraining improve the performance of gifted females? *Gifted Child Quarterly, 40*, 200–210.

Hermann, C., Blanchard, E. B., & Flor, H. (1997). Biofeedback treatment for pediatric migraine: Prediction of treatment outcome. *Journal of Consulting and Clinical Psychology, 65*, 611–616.

Heyman, R. E., Feldbau-Kohn, S. R, Ehrensaft, M. K., Langhinrichsen-Rohling, J., & O'Leary, K. D. (2001). Can questionnaire reports correctly classify relationship distress and partner physical abuse? *Journal of Family Psychology, 15*, 334–346.

Hindley, C., Filliozat, A., Klackenberg, G., Nicolet-Meister, D., & Sand, E. (1966). Differences in age of walking in five European longitudinal samples. *Human Biology, 38*, 364–379.

Holden, G. W., Thompson, E. E., Zambarano, R. J., & Marshall, L. A. (1997). Child effects as a source of change in maternal attitudes. *Journal of Social and Personal Relationships, 14*, 481–490.

Holzworth, R. J. (1996). Policy capturing with ridge regression. *Organizational Behavior and Human Decision Processes, 68*, 171–179.

Hopkins, K. D., & Glass, G. V. (1978). *Basic statistics for the behavioral sciences*. Englewood Cliffs, NJ: Prentice Hall.

Hunter, J. E. (1997). Needed: A ban on the significance test. *Psychological Science, 8*, 3–7.

Husserl, E. (1970). *The crisis of European sciences and transcendental phenomenology: An introduction to phenomenological philosophy* (D. C. Carr, Trans.). Evanston, IL: Northwestern University Press.

Hutchison, M. L., & Gibler, D. M. (2007). Political tolerance and territorial threat: A cross-national study. *Journal of Politics, 69*, 128–142.

Iacobucci, D. (2005). From the editor: On *p*-values. *Journal of Consumer Research, 32*.

Insko, C. A. (2003). Editorial. *Journal of Personality and Social Psychology, 83*, 1330–1332.

Irving, L. M., & Berel, S. R. (2001). Comparison of media-literacy programs to strengthen college women's resistance to media images. *Psychology of Women Quarterly, 25*, 103–111.

Jackson, L. A., Ervin, K. S., Gardner, P. D., & Schmitt, N. (2001). Gender and the Internet: Women communicating and men searching. *Sex Roles, 44*, 363–379.

Johnson, C., & Mullen, B. (1994). Evidence for the accessibility of paired distinctiveness in distinctiveness-based illusory correlation in stereotyping. *Personality and Social Psychology Bulletin, 20*, 65–70.

Joiner, T. E., Jr., Yeates, C., Fitzpatrick, K. K., Witte, T. K., Schmidt, N. B., Berlim, M. T., Fleck, M. P. A., & Rudd, M. D. (2005). Four studies on how past and current suicidality relate even when "everything but the kitchen sink" is covaried. *Journal of Abnormal Psychology, 114*, 291–303.

Jones, L. V., & Tukey, J. W. (2000). A sensible formulation of the significance test. *Psychological Methods, 5*, 411–414.

June, L. N., Curry, B. P., & Gear, C. L. (1990). An 11-year analysis of black students' experience of problems and use of services: Implications for counseling professionals. *Journal of*

Counseling Psychology, 37, 178–184.

Kagan, J. (1994). *Galen's prophecy: Temperament in human nature.* New York: Basic Books.

Kammrath, L. K., Mendoza-Denton, R., & Mischel, W. (2005). Incorporating if . . . then . . . personality signatures in person perception: Beyond the person-situation dichotomy. *Journal of Personality and Social Psychology, 88,* 605–618.

Kenny, D. A. (1995). Relationship science in the 21st century. *Journal of Social and Personal Relationships, 12,* 597–600.

Kessler, R. C., Berglund, P., Demler, O., Jin, R., Merikangas, K. R., & Walters, E. E. (2005). Lifetime prevalence and age-of-onset distributions of DSM-IV disorders in the National Comorbidity Survey Replication. *Archives of General Psychiatry, 62,* 593–602.

Kleinmuntz, B. (1990). Why we still use our heads instead of formulas: Toward an integrative approach. *Psychological Bulletin, 107,* 296–310.

Koslowsky, M., Schwarzwald, J., & Ashuri, S. (2001). On the relationship between subordinates' compliance to power sources and organisational attitudes. *Applied Psychology: An International Review, 50,* 455–476.

Kraemer, H. C., & Thiemann, S. (1987). *How many subjects? Statistical power analysis in research.* Newbury Park, CA: Sage.

Kunda, Z., & Oleson, K. C. (1997). When exceptions prove the rule: How extremity of deviance determines the impact of deviant examples on stereotypes. *Journal of Personality and Social Psychology, 72,* 965–979.

Kwan, V. S. Y., Bond, M. H., & Singelis, T. M. (1997). Pancultural explanations for life satisfaction: Adding relationship harmony to self-esteem. *Journal of Personality and Social Psychology, 73,* 1038–1051.

Larson, R., Dworkin, J., & Verma, S. (2001). Men's work and family lives in India: The daily organization of time and emotions. *Journal of Family Psychology, 15,* 206–224.

Lee, K., Byatt, G., & Rhodes, G. (2000). Caricature effects, distinctiveness, and identification: Testing the face-space framework. *Psychological Science, 11,* 379–385.

Leventhal, L., & Huyn, C-L. (1996). Directional decisions for two-tailed tests: Power, error rates, and sample size. *Psychological Methods, 1,* 278–292.

Lewandowski, G. W., Aron, A., & Gee, J. (2007). Personality goes a long way: The malleability of opposite-sex physical attractiveness perceptions. *Personal Relationships, 14,* 571–585.

Lewis, D., & Burke, C. J. (1949). The use and misuse of the chi-square test. *Psychological Bulletin, 46,* 433–489.

Li, K. Z. H., Linderberger, U., Freund, A. M., & Baltes, P. B. (2001). Walking while memorizing: Age-related differences in compensatory behavior. *Psychological Science, 12,* 230–237.

Li, N. P., Bailey, J. M., Kenrick, D. T., & Linsenmeier, J. A. (2002). The necessities and luxuries of mate preferences: Testing the tradeoffs. *Journal of Personality and Social Psychology, 82,* 947–955.

Lydon, J., Pierce, T., & O'Regan, S. (1997). Coping with moral commitment to long-distance dating relationships. *Journal of Personality and Social Psychology, 73,* 104–113.

MacCallum, R. C., Zhang, S., Preacher, K. J., & Rucker, D. D. (2002). On the practice of dichotomization of quantitative variables. *Psychological Methods, 7,* 19–40.

MacKinnon-Lewis, C., Starnes, R., Volling, B., & Johnson, S. (1997). Perceptions of parenting as predictors of boys' sibling and peer relations. *Developmental Psychology, 33,* 1024–1031.

Maddock, J. E., & Rossi, J. S. (2001). Statistical power of articles published in three health-psychology related journals. *Health Psychology, 20,* 76–78.

Maggi, S., Hertzman, C., & Vaillancourt, T. (2007). Changes in smoking behaviors from late childhood to adolescence: Insights from the Canadian National Longitudinal Survey of Children and Youth. *Health Psychology, 26,* 232–240.

Martinez, R. (2000). Immigration and urban violence: The link between immigrant Latinos and types of homicide. *Social Science Quarterly, 81,* 363–374.

Maxwell, S. E., & Delaney, H. D. (1993). Bivariate median splits and spurious statistical significance. *Psychological Bulletin, 113,* 181–190.

Maxwell. (2004). The persistence of underpowered studies in psychological research: Causes, consequences, and remedies. *Psychological Methods, 9,* 147–163.

McClelland, M. M., Cameron, C. E., Connor, C. M., Farris, C. L., Jewkes, A. M., & Morrison, F. J. (2007). Links between behavioral regulation and preschoolers' literacy, vocabulary, and math skills. *Developmental Psychology, 43,* 947–959.

McConnell, A. R. (2001). Implicit theories: Consequences for social judgment of individuals. *Journal of Experimental Social Psychology, 37,* 215–227.

McConnell, A. R., Sherman, S. J., & Hamilton, D. L. (1994). Illusory correlation in the perception of groups: An extension of the distinctiveness-based account. *Journal of Personality and Social Psychology, 67,* 414–429.

McCracken, G. (1988). *The long interview.* London: Sage.

McKee, T. L. E., & Ptacek, J. T. (2001). I'm afraid I have something bad to tell you: Breaking bad news from the perspective of the giver. *Journal of Applied Social Psychology, 31,* 246–273.

McLaughlin-Volpe, T., Aron, A., & Reis, H. T. (2001, February). *Closeness during interethnic social interactions and prejudice: A diary study.* Paper presented at the Annual Meeting of the Society for Personality and Social Psychology, San Antonio, TX.

Meehl, P. E. (1954). *Clinical versus statistical prediction: A theoretical analysis and a review of the evidence.* Minneapolis: University of Minnesota Press.

Micceri, T. (1989). The unicorn, the normal curve, and other improbable creatures. *Psychological Bulletin, 105,* 156–166.

Mikulincer, M. (1998). Attachment working models and the sense of trust: An exploration of interaction goals and affect regulation. *Journal of Personality and Social Psychology, 74,* 1209–1224.

Mikulincer, M., & Shaver, P. R. (2007). *Attachment in adulthood: Structure, dynamics, and change.* New York: Guilford.

Miller, L. C., & Fishkin, S. A. (1997). On the dynamics of human bonding and reproductive success: Seeking windows on the adapted-for human-environmental interface. In J. Simpson & D. T. Kenrick (Eds.), *Evolutionary social psychology* (pp. 197–235). Hillscale, NJ: Erlbaum.

Miller, R. S. (1997). Inattentive and contented: Relationship commitment and attention to alternatives. *Journal of Personality and Social Psychology, 73,* 758–766.

Mirvis, P., & Lawler, E. (1977). Measuring the financial impact of employee attitudes. *Journal of Applied Psychology, 62,* 1–8.

Mischel, W. (1968). *Personality and assessment.* New York: Wiley.

Mischel, W. (2004). Toward an integrative science of the person. *Annual Review of Psychology, 55,* 1–22.

Mischel, W. (2007). Walter Mischel. In L. Gardner & W. M. Runyan (Eds.), *A history of psychology in autobiography, Vol. IX* (pp. 229–267). Washington, DC: American Psychological Association.

Mize, J., & Pettit, G. S. (1997). Mothers' social coaching, mother-child relationship style, and children's peer competence: Is the medium the message? *Child Development, 68,* 312–332.

Mody, M., Studdert-Kennedy, M., & Brady, S. (1997). Speech perception deficits in poor readers: Auditory processing or phonological coding? *Journal of Experimental Child Psychology, 64,* 1–33.

Morehouse, E., & Tobler, N. S. (2000). Preventing and reducing substance use among institutionalized adolescents. *Adolescence, 35,* 1–28.

Moriarty, S. E., & Everett, S-L. (1994). Commercial breaks: A viewing behavior study. *Journalism Quarterly, 71,* 346–355.

Mouradian, V. E. (2001). Applying schema theory to intimate aggression: Individual and gender differences in representation of contexts and goals. *Journal of Applied Social Psychology, 31,* 376–408.

Murphy, K. R. (1998). Obituary. The passing of giants: Raymond B. Cattell and Jacob Cohen. *The Industrial-Organizational Psychologist, 35* (4). Available online: *http://www.siop.org/tip/backissues/TIPApril98/obituary.aspx.*

Nancy, R., & Cordes, D. (2007). A semi-parametric approach to estimate the family-wise error rate in fMRI using resting-state data. *Neuroimage, 34,* 1562–1576.

National Center for Education Statistics, U.S. Department of Education. (2001). *Digest for educational statistics, 2001.* Washington, DC: Government Printing Office.

Nezlek, J. B., Kowalski, R. M., Leary, M. R., Blevins, T., & Holgate, S. (1997). Personality moderators of reactions to interpersonal rejection: Depression and trait self-esteem. *Personality and Social Psychology Bulletin, 23,* 1235–1244.

Nichols, T., & Hayasaka, S. (2003). Controlling the familywise error rate in functional neuroimaging: A comparative review. *Statistical Methods in Medical Research, 12,* 419–446.

Nickerson, R. S. (2000). Null hypothesis significance testing: A review of an old and continuing controversy. *Psychological Methods, 5,* 241–301.

Norcross, J. C., Kohout, J. L., & Wicherski, M. (2005). Graduate study in psychology: 1971 to 2004. *American Psychologist, 60,* 959–975.

Nownes, A. J. (2000). Policy conflict and the structure of interest communities: A comparative state analysis. *American Politics Quarterly, 28,* 309–327.

Oakes, M. (1982). Intuiting strength of association from a correlation coefficient. *British Journal of Psychology, 73,* 51–56.

Oettingen, G., Schnetter, K., & Pak, H. (2001). Self-regulation of goal setting: Turning free fantasies about the future into binding goals. *Journal of Personality and Social Psychology, 80,* 736–753.

Olthoff, R. K. (1989). *The effectiveness of premarital communication training.* Unpublished doctoral dissertation, California Graduate School of Family Psychology, San Francisco.

Orbach, I., Mikulincer, M., King, R., Cohen, D., & Stein, D. (1997). Thresholds and tolerance of physical pain in suicidal and nonsuicidal adolescents. *Journal of Consulting and Clinical Psychology, 65,* 646–652.

Owen, S. V., & Froman, R. D. (2005). Why carve up your continuous data? *Research in Nursing and Health, 28,* 496–503.

Payne, B. K. (2001). Prejudice and perception: The role of automatic and controlled processes in misperceiving a weapon. *Journal of Personality and Social Psychology, 81,* 181–192.

Pearson, K. (1978). *The history of statistics in the 17th and 18th centuries.* London: Griffin.

Pecukonis, E. V. (1990). A cognitive/affective empathy training program as a function of ego development in aggressive adolescent females. *Adolescence, 25,* 59–76.

Pedersen, W. C., Miller, L. C., Putcha-Bhagavatula, A. D., & Yang, Y. (2002). Evolved sex differences in the number of partners desired? The long and the short of it. *Psychological Science, 13,* 157–161.

Peeters, M. A. G., & Rutte, C. G. (2005). Time management behavior as a moderator for the job demand–control interaction. *Journal of Occupational Health Psychology, 10,* 64–75.

Penedo, F. J., Dahn, J. R., Gonzalez, J. S., Molton, I., Carver, C. S., Antoni, M. H., Roos, B. A., & Schneiderman, N. (2003). Perceived stress management skill mediates the relationship between optimism and positive mood following radical prostatectomy. *Health Psychology, 22,* 220–222.

Pennebaker, J. W., & Beall, S. K. (1986). Confronting a traumatic event: Towards an understanding of inhibition and disease. *Journal of Abnormal Psychology, 95,* 274–281.

Perna, F. M., Antoni, M. H., Baum, A., Gordon, P., & Schneiderman, N. (2003). Cognitive behavioral stress management effects on injury and illness among competitive athletes: A randomized clinical trial. *Annals of Behavioral Medicine, 25,* 66–73.

Peters, W. S. (1987). *Counting for something: Statistical principles and personalities.* New York: Springer-Verlag.

Pettigrew, T. F., & Tropp, L. R. (2006). A meta-analytic test of intergroup contact theory. *Journal of Personality and Social Psychology, 90,* 751–783.

Prenda, K. M., & Lachman, M. E. (2001). Planning for the future: A life management strategy for increasing control and life satisfaction in adulthood. *Psychology and Aging, 16,* 206–216.

Prentice, D. A., & Miller, D. T. (1992). When small effects are impressive. *Psychological Bulletin, 112,* 160–164.

Punnett, B. J., Greenidge, D., & Ramsey, J. (2007). Job attitudes and absenteeism: A study in the English speaking Caribbean. *Journal of World Business, 42,* 214–227.

Puri, M. L., & Sen, P. K. (1985). *Nonparametric methods in general linear models.* New York: Wiley.

Rashotte, L. S., & Webster, M., Jr. (2005). Gender status beliefs. *Social Science Research, 34,* 618–633.

Raskauskas, J., & Stoltz, A. D. (2007). Involvement in traditional and electronic bullying among adolescents. *Developmental Psychology, 43,* 564–575.

Raymore, L. A., Barber, B. L., & Eccles, J. S. (2001). Leaving home, attending college, partnership and parenthood: The role of life transition events in leisure pattern stability from adolescence to young adulthood. *Journal of Youth and Adolescence, 30,* 197–223.

Reber, P. J., & Kotovsky, K. (1997). Implicit learning in problem solving: The role of working memory capacity. *Journal of Experimental Psychology: General, 126,* 178–203.

Riehl, R. J. (1994). Academic preparation, aspirations, and first-year performance of first-generation students. *College and University, 70,* 14–19.

Risen, J. L., Gilovich, T., & Dunning, D. (2007). One-shot illusory correlations and stereotype formation. *Personality and Social Psychology Bulletin, 33,* 1492–1502.

Roberts, B. W., Walton, K. E., & Viechtbauer, W. (2006). Patterns of mean-level change in personality traits across the life course: A meta-analysis of longitudinal studies. *Psychological Bulletin, 132,* 1–25.

Robins, R. W., & John, O. P. (1997). Effects of visual perspective and narcissism on self-perception: Is seeing believing? *Psychological Science, 8,* 37–42.

Roeser, R. W., van der Wolf, K., & Strobel, K. R. (2001). On the relation between social-emotional and school functioning during early adolescence: Preliminary findings from Dutch and American samples. *Journal of School Psychology, 39,* 111–139.

Rosnow, R. L., & Rosenthal, R. (1989) Statistical procedures and the justification of knowledge in psychological science. *American Psychologist, 44,* 1276–1284.

Ruscio, J. (2000). The role of complex thought in clinical prediction: Social accountability and the need for cognition. *Journal of Consulting and Clinical Psychology, 68,* 145–154.

Rushton, J. P., & Jensen, A. R. (2005). Thirty years of research on race differences in cognitive ability. *Psychology, Public Policy, and Law, 11,* 235–294.

Russell, D., Peplau, L. A., & Cutrona, C. E. (1980). The revised UCLA Loneliness Scale: Concurrent and discriminant validity evidence. *Journal of Personality and Social Psychology, 39,* 472–480.

Ryan, A. M., Gheen, M. H., & Midgley, C. (1998). Why do some students avoid asking for help? An examination of the interplay among students' academic efficacy, teachers' social-emotional role, and the classroom goal structure. *Journal of Educational Psychology, 90,* 528–535.

Salsburg, D. (2001). *The lady tasting tea: How statistics revolutionized science in the twentieth century.* New York: Freeman.

Sawilowsky, S. S., & Blair, R. C. (1992). A more realistic look at the robustness and Type II error properties of the *t* test to departures from population normality. *Psychological Bulletin, 111,* 352–360.

Scheier, M. F., Carver, C. S., & Bridges, M. W. (1994). Distinguishing optimism from neuroticism (and trait anxiety, self-mastery, and self-esteem): A re-evaluation of the Life Orientation Test. *Journal of Personality and Social Psychology, 67,* 1063–1078.

Schmader, T., Major, B., & Gramzow, R. H. (2001). Coping with ethnic stereotypes in the academic domain: Perceived injustice and psychological disengagement. *Journal of Social Issues, 57,* 93–111.

Schmidt, F. L. (1996). Statistical significance testing and cumulative knowledge in psychology: Implications for training of researchers. *Psychological Methods, 1,* 115–129.

Schmidt, F. L., & Hunter, J. E. (1997). Eight common but false objections to the discontinuation of significance testing in the analysis of research data. In L. L. Harlow, S. A. Mulaik, & J. H. Steiger (Eds.), *What if there were no significance tests?* (pp. 37–64). Mahwah, NJ: Erlbaum.

Schmitt, N., Oswald, F. L., Kim, B. H., Imus, A., Merritt, S., Friede, A., & Shivpuri, S. (2007). The use of background and ability profiles to predict college student outcomes. *Journal of Applied Psychology, 92,* 165–179.

Schram, C. M. (1996). A meta-analysis of gender differences in applied statistics achievement. *Journal of Educational and Behavioral Statistics, 21,* 55–70.

Schreider, Yu. A. (1966). Preface to the English edition. In N. P. Bushlenko, D. I. Golenko, Yu. A. Schreider, L. M. Sobol, & V. G. Sragovich (Yu. A. Schreider, Ed.), *The Monte Carlo method: The method of statistical trials* (G. J. Tee, Trans.) (p. vii). Elmsford, NY: Pergamon Press.

Schuster, M. A., Stein, B. D., Jaycox, L. H., Collins, R. L., Marshall, G. N., Elliott, M. N., Zhou, A. J., Kanouse, D. E., Morrison, J. L., & Berry, S. H. (2001). A national survey of stress reactions after the September 11, 2001, terrorist attacks. *New England Journal of Medicine, 345,* 1507–1512.

Schwitzgebel, E. (2003). Why did we think we dreamed in black and white? *Studies in History and Philosophy of Science, 33,* 649–660.

Schwitzgebel, E., Huang, C., & Zhou, Y. (2006). Do we dream in color? Cultural variations and scepticism. *Dreaming, 16,* 36–42.

Sedlmeier, P., & Gigerenzer, G. (1989). Do studies of statistical power have an effect on the power of studies? *Psychological Bulletin, 105,* 309–316.

Selwyn, N. (2007). Hi-tech = guy-tech? An exploration of undergraduate students' gendered perceptions of information and communication technologies. *Sex Roles, 56,* 525–536.

Senecal, C., Vallerand, R. J., & Guay, F. (2001). Antecedents and outcomes of work-family conflict: Toward a motivational model. *Personality and Social Psychology Bulletin, 27,* 176–186.

Shevlin, M. (2005). Review of A. Aron & E. Aron, *Statistics for Psychology,* 3rd edition. *Psychology Learning and Teaching, 4,* issue 2.

Siegel, M., & Biener, L. (1997). Evaluating the impact of statewide anti-tobacco campaigns: The Massachusetts and California Tobacco Control Programs. *Journal of Social Issues, 53,* 147–168.

Sigall, H., & Ostrove, N. (1975). Beautiful but dangerous: Effects of offender attractiveness and nature of the crime on juridic judgments. *Journal of Personality and Social Psychology, 31,* 410–414.

Sinclair, L., & Kunda, Z. (2000). Motivated stereotyping of women: She's fine if she praised me but incompetent if she criticized me. *Personality and Social Psychology Bulletin, 26,* 1329–1342.

Skinner, B. F. (1956). A case history in scientific method.

American Psychologist, 11, 221–233.

Smith, M. L., & Glass, G. V. (1977). Meta-analysis of psychotherapy outcome studies. *American Psychologist, 32,* 752–760.

Soproni, K., Miklosi, A., Csanyi, V., & Topal, J. (2001). Comprehension of human communicative signs in pet dogs (*Canis familiaris*). *Journal of Comparative Psychology, 115,* 122–126.

Speed, A., & Gangstead, S. W. (1997). Romantic popularity and mate preferences: A peer-nomination study. *Personality and Social Psychology Bulletin, 23,* 928–935.

Spencer, S. J., Steele, C. M., & Quinn, D. M. (1999). Stereotype threat and women's math performance. *Journal of Experimental Social Psychology, 35,* 4–28.

Stankiewicz, B. J., Legge, G. E., Mansfield, J. S., & Schlicht, E. J. (2006). Lost in Virtual Space: Studies in Human and Ideal Spatial Navigation. *Journal of Experimental Psychology: Human Perception and Performance, 32,* 688–704.

Stanley, S. M., Amato, P. R., Johnson, C. A., & Markman, H. J. (2006). Premarital education, marital quality, and marital stability: Findings from a large, random household survey. *Journal of Family Psychology, 20,* 117–126.

Stasser, G., Taylor, L. A., & Hanna, C. (1989). Information sampling in structured and unstructured discussions of three- and six-person groups. *Journal of Personality and Social Psychology, 57,* 67–78.

Steele, C. M. (1997). A threat in the air: How stereotypes shape intellectual identity and performance. *American Psychologist, 52,* 613–629.

Steen, L. A. (1987). Forward. In S. Tobias, *Succeed with math: Every student's guide to conquering math anxiety* (pp. xvii–xviii). New York: College Entrance Examination Board.

Steering Committee of the Physicians Health Study Research Group. (1988). Preliminary report: Findings from the aspirin component of the ongoing Physicians Health Study. *New England Journal of Medicine, 318,* 262–264.

Steil, J. M., & Hay, J. L. (1997). Social comparison in the work place: A study of 60 dual-career couples. *Personality and Social Psychology Bulletin, 23,* 427–438.

Stigler, S. M. (1986). *The history of statistics.* Cambridge, MA: Belknap Press.

Sugerman, D. E., & Carey, K. B. (2007). The relationship between drinking control strategies and college student alcohol use. *Psychology of Addictive Behaviors, 21,* 338–345.

Suh, E., Diener, E., & Fijita, F. (1996). Events and subjective well-being: Only recent events matter. *Journal of Personality and Social Psychology, 70,* 1091–1102.

Suzuki, L., Aronson, J. (2005). The cultural malleability of intelligence and its impact on the racial/ethnic hierarchy. *Psychology, Public Policy, and Law, 1,* 320–327.

Tankard, J., Jr. (1984). *The statistical pioneers.* Cambridge, MA: Schenkman.

Taylor, A. B., West, S. G., & Aiken, L. S. (2006). Loss of power in logistic, ordinal logistic, and probit regression when an outcome variable is coarsely categorized. *Educational and Psychological Measurement, 66,* 228–239.

Teachman, B. A., Gregg, A. P., & Woody, S. R. (2001). Implicit associations for fear-relevant stimuli among individuals with snake and spider fears. *Journal of Abnormal Psychology, 110,* 226–235.

Thomas, J. R., Nelson, J. K., & Thomas, K. T. (1999). A generalized rank-order method for nonparametric analysis of data from exercise science: A tutorial. *Research Quarterly for Exercise and Sport, 70,* 11–27.

Thompson, B. (2007). Effect sizes, confidence intervals, and confidence intervals for effect sizes. *Psychology in the Schools, 44,* 423–432.

Thompson, W. F., Schellenberg, E. G., & Husain, G. (2001). Arousal, mood, and the Mozart effect. *Psychological Science, 12,* 248–251.

Tobias, S. (1982, January). Sexist equations. *Psychology Today,* pp. 14–17.

Tobias, S. (1987). *Succeed with math: Every student's guide to conquering math anxiety.* New York: College Entrance Examination Board.

Tobias, S. (1995). *Overcoming math anxiety.* New York: W. W. Norton.

Tufte, E. R. (1983). *The visual display of quantitative information.* Cheshire, CT: Graphic Press.

Valenzuela, M. (1997). Maternal sensitivity in a developing society: The context of urban poverty and infant chronic undernutrition. *Developmental Psychology, 33,* 845–855.

Valk, M., Post, M. W. M., Cools, H. J. M., & Shrijvers, G. A. J. P. (2001). Measuring disability in nursing home residents: Validity and reliability of a newly developed instrument. *Journal of Gerontology: Psychological Sciences, 56,* 187–191.

Van Aken, M. A. G., & Asendorpf, J. B. (1997). Support by parents, classmates, friends, and siblings in preadolescence: Covariation and compensation across relationships. *Journal of Social and Personal Relationships, 14,* 79–93.

Van Prooijen, J.-W., Van den Bos, K., & Wilke, H. A. M. (2004). Group belongingness and procedural justice: Social inclusion and exclusion by peers affects the psychology of voice. *Journal of Personality and Social Psychology, 87,* 66–79.

VanLaningham, J., Johnson, D. R., & Amato, P. (2001). Marital happiness, marital duration, and the U-shaped curve: Evidence from a five-wave panel study. *Social Forces, 79,* 1313–1341.

Viswanath, K., Breen, N., Meissner, H., Moser, R. P., Hesse, B., Randolph Steele, W., & Rakowski, W. (2006). Cancer knowledge and disparities in the information age. *Journal of Health Communication, 11,* 1–17.

Walberg, H. J., & Lai, J.-S. (1999). Meta-analytic effects for policy. In G. J. Cizek (Ed.), *Handbook of educational policy* (pp. 419–453). San Diego, CA: Academic Press.

Walberg, H. J., Strykowski, B. F., Rovai, E., & Hung, S. S. (1984). Exceptional performance. *Review of Educational Research, 54,* 87–112.

Warner, L. J., Lumley, M. A., Casey, R. J., Pierantoni, W., Salazar, R., Zoratti, E. M., Enberg. R., & Simon, M. R. (2006). Health effects of written emotional disclosure in adolescents with asthma: A randomized, controlled trial. *Journal of Pediatric Psychology, 31,* 557–568.

Weller, A., & Weller, L. (1997). Menstrual synchrony under optimal conditions: Bedouin families. *Journal of Comparative Psychology, 111,* 143–151.

Whitecotton, S. M. (1996). The effects of experience and a decision aid on the slope, scatter, and bias of earnings forecasts. *Organizational Behavior and Human Decision Processes, 66,*

111–121.

Wilfley, D. E., Pike, K. M., Dohm, F., Striegel-Moore, R. H., & Fairburn, C. G. (2001). Bias in binge eating disorder: How representative are recruited clinic samples? *Journal of Consulting and Clinical Psychology, 69,* 383–388.

Wilkinson, L., & Task Force on Statistical Inference. (1999). Statistical methods in psychology journals: Guidelines and explanations. *American Psychologist, 54,* 594–604.

Williamson, G. M., Shaffer, D. R., & The Family Relationships in Late Life Project. (2001). Relationship quality and potentially harmful behaviors by spousal caregivers: How we were then, how we are now. *Psychology and Aging, 16,* 217–226.

Wiseman, H. (1997). Interpersonal relatedness and self-definition in the experience of loneliness during the transition to university. *Personal Relationships, 4,* 285–299.

Woods, S. P., Rippeth, J. D., Conover, E., Carey C. L., Parsons, T. D., & Tröster A. I. (2006). Statistical power of studies examining the cognitive effects of subthalamic nucleus deep brain stimulation in Parkinson's disease. *Clinical Neuropsychology, 20,* 27–38.

Xu, X., Aron, A., Fisher, H., Brown, L. L., Cao, G., Feng, T., & Weng, X. (May 2007). *Reward/motivation systems associated with early stage romantic love in Chinese students: An fMRI study.* Presented at the Neural Systems of Social Behavior Conference, Austin, TX.

Yamagishi, N., & Melara, R. D. (2001). Informational primacy of visual dimensions: Specialized roles for luminance and chromaticity in figure-ground perception. *Perception and Psychophysics, 63,* 824–846.

Yorges, S. L., Bloom, A. J., & Difonzo, K. M. (2007). Great expectations? Student reactions when courses don't measure up. *Psychology and Education: An Interdisciplinary Journal, 44,* 18–29.

Zeidner, M. (1991). Statistics and mathematics anxiety in social science students: Some interesting parallels. *British Journal of Education, 61* 319–329.

Zimmer-Gembeck, M. J., Siebenbruner, J., & Collins, A. W. (2001). Diverse aspects of dating: Associations with psychosocial functioning from early to middle adolescence. *Journal of Adolescence, 24,* 313–336.

主题索引

（索引页码为英文原书页码，即本书边码）

M

N

Q

R

T

译后记

《心理统计学》是一部针对心理学领域的数据处理与分析，教导你如何理解数据处理与分析背后的逻辑，掌握心理学领域常用的统计分析方法的优秀著作。在翻译和审校的过程中，基于反复研读和学习，我们认为它具有以下特点。

第一，内容丰富，体系完整。这本书主要由描述统计和推断统计两大部分组成，其中推断统计部分还介绍了高级心理统计方面的相关内容。在具体内容的写作中，作者既注重对心理统计学基本逻辑的阐述，又格外强调数据处理和分析方法的训练，在训练中加深对心理统计学基本逻辑的理解和掌握，真正做到了学与用的结合。全书在结构设计和内容编排上由浅入深、循序渐进，体现了心理统计学知识的系统性和逻辑性。

第二，结合案例，实用易懂。这本书最显著的特色就是在阐述心理统计学的基本逻辑和方法时都结合了具体的案例，并且列举了大量的图表，生动形象、深入浅出地阐述了心理统计学的基本理论和方法技术。这在书中具体表现在三个方面：其一，正文中对于基本理论和方法的表述都与具体的案例相结合。其二，书中每章都独立开辟了“案例解析”这个部分来具体展示在实际的问题情境中如何应用该章所介绍的统计方法。其三，书中的大多数章都通过实际的案例详细阐述了该章所介绍的统计方法在 SPSS 统计分析软件中是如何具体实现的。

第三，立足前沿，锐意创新。本书是《心理统计学》的第 5 版，充分反映并汲取了最新的研究成果，这在本书的参考文献中可见一斑。作者还不断从过往版次的反馈以及实际的教学经验中汲取营养，从而使该书对于学生而言更容易接受。此外，作者还在书中开辟了独特的“争论”部分，从而帮助读者对心理统计学中的一些关键问题进行批判性思考。

《心理统计学》是一部理论与实践有机融合的优秀著作。学习心理统计学不仅仅是因为它是每一个心理学学习者的必修课，更重要的是心理统计学是我们阅读心理学相关文献、从事心理学研究的重要工具，也是培养我们逻辑分析和批判性思维的重要途径。随着 SPSS 等统计分析软件的普及，大多时候都不需要通过手算来处理数据，但是为了分析数据、理解数据背后的意义，你仍然需要掌握心理统计学的基本逻辑。无论你是学生、教师，还是普通的心理学爱好者，本书中的知识对你都大有裨益。如果你也曾和我一样在学习心理统计学时总是抓耳挠腮，那么本书就是你我一直孜孜以求的，它会告诉你其实心理统计学并非如你我想象的那么难，这也是作者一直努力的方向和目标。正如作者在“致教师”中所说的：“我们的目标是尽一切努力帮助你成功学习这门课程。”

《心理统计学》一书的翻译工作由笔者主持和完成。胡海燕参与了初校和复校工作，安鑫、谢芳琪、杜琳参与了初译工作，开进、张小莉参与了初校工作。李小平、夏春翻译了主题索引。特别感谢责任编辑郦益老师在本书出版过程中所做出的细致工作！感谢中国人民大学出版社张宏学编辑给予的帮助！

方双虎

2017 年 7 月于文津花园

推荐阅读书目

ISBN	书名	作者	单价（元）
心理学译丛			
978-7-300-26722-7	心理学（第3版）	斯宾塞·A. 拉瑟斯	79.00
978-7-300-28545-0	心理学的世界	阿比盖尔·A. 贝尔德	79.80
978-7-300-29372-1	心理学改变思维（第4版）	斯科特·O. 利林菲尔德 等	168.00
978-7-300-12644-9	行动中的心理学（第8版）	卡伦·霍夫曼	89.00
978-7-300-09563-9	现代心理学史（第2版）	C. 詹姆斯·古德温	88.00
978-7-300-13001-9	心理学研究方法（第9版）	尼尔·J. 萨尔金德	68.00
978-7-300-16579-0	质性研究方法导论（第4版）	科瑞恩·格莱斯	48.00
978-7-300-22490-9	行为科学统计精要（第8版）	弗雷德里克·J. 格雷维特 等	68.00
978-7-300-28834-5	行为与社会科学统计（第5版）	亚瑟·阿伦 等	98.00
978-7-300-22245-5	**心理统计学（第5版）**	**亚瑟·阿伦 等**	**129.00**
978-7-300-13306-5	现代心理测量学（第3版）	约翰·罗斯特 等	39.90
978-7-300-17056-5	艾肯心理测量与评估（第12版·英文版）	刘易斯·艾肯 等	69.80
978-7-300-12745-3	人类发展（第8版）	詹姆斯·W. 范德赞登 等	88.00
978-7-300-29844-3	伯克毕生发展心理学（第7版）	劳拉·E. 伯克	258.00
978-7-300-18422-7	社会性发展	罗斯·D. 帕克 等	59.90
978-7-300-21583-9	伍尔福克教育心理学（第12版）	安妮塔·伍尔福克	109.00
978-7-300-16761-9	伍德沃克教育心理学（第11版·英文版）	安妮塔·伍德沃克	75.00
978-7-300-29643-2	教育心理学：指导有效教学的主要理念（第5版）	简妮·爱丽丝·奥姆罗德 等	109.00
978-7-300-18664-1	学习心理学（第6版）	简妮·爱丽丝·奥姆罗德	78.00
978-7-300-23658-2	异常心理学（第6版）	马克·杜兰德 等	139.00
978-7-300-17653-6	临床心理学	沃尔夫冈·林登 等	65.00
978-7-300-18593-4	婴幼儿心理健康手册（第3版）	小查尔斯·H. 泽纳	89.90
978-7-300-19858-3	心理咨询导论（第6版）	塞缪尔·格莱丁	89.90
978-7-300-29729-3	当代心理治疗（第10版）	丹尼·韦丁 等	139.00
978-7-300-30253-9	团体心理治疗（第10版）	玛丽安娜·施奈德·科里 等	89.00
978-7-300-25883-6	人格心理学入门（第8版）	马修·H. 奥尔森 等	98.00
978-7-300-12478-0	女性心理学（第6版）	马格丽特·W. 马特林	79.00
978-7-300-18010-6	消费心理学：无所不在的时尚（第2版）	迈克尔·R. 所罗门 等	79.80
978-7-300-12617-3	社区心理学：联结个体和社区（第2版）	詹姆士·H. 道尔顿 等	79.80
978-7-300-16328-4	跨文化心理学（第4版）	埃里克·B. 希雷	55.00
978-7-300-14110-7	职场人际关系心理学（第12版）	莎伦·伦德·奥尼尔 等	49.00
978-7-300-13303-4	生涯发展与规划：人生的问题与选择	理查德·S. 沙夫	45.00
978-7-300-18904-8	大学生领导力（第3版）	苏珊·R. 考米维斯 等	39.80

西方心理学大师经典译丛

978-7-300-17807-3	自卑与超越	阿尔弗雷德·阿德勒	48.00
978-7-300-17774-8	我们时代的神经症人格	卡伦·霍妮	45.00
978-7-300-17806-6	动机与人格（第三版）	亚伯拉罕·马斯洛	58.00
978-7-300-17739-7	人的自我寻求	罗洛·梅	48.00
978-7-300-20299-0	教育心理学简编	爱德华·桑代克	45.00
978-7-300-20342-3	心理物理学纲要	古斯塔夫·费希纳	49.00
978-7-300-18539-2	精神病学的人际关系理论	哈里·沙利文	45.00
978-7-300-20275-4	社会学习理论	阿尔伯特·班杜拉	48.00
978-7-300-20339-3	追求意义的意志	维克多·弗兰克尔	48.00
978-7-300-17738-0	当事人中心治疗：实践、运用和理论	卡尔·罗杰斯 等	89.00
978-7-300-24518-8	理解人性	阿尔弗雷德·阿德勒	49.00
978-7-300-24517-1	寻找灵魂的现代人	卡尔·荣格	48.00
978-7-300-23941-5	动力心理学	罗伯特·伍德沃斯	45.00
978-7-300-23940-8	挫折与攻击	约翰·多拉德 等	45.00
978-7-300-26138-6	性学三论与爱情心理学	西格蒙德·弗洛伊德	38.00
978-7-300-26033-4	人类的遗产：“文明社会”的演化与未来	利昂·费斯汀格	55.00
978-7-300-26034-1	实现自我：神经症与人的成长	卡伦·霍妮	65.00
978-7-300-27774-5	压力：评价与应对	理查德·拉扎勒斯 等	85.00
978-7-300-27972-5	心理学与灵魂	奥托·兰克	48.00
978-7-300-28167-4	习得性无助	马丁·塞利格曼	58.00
978-7-300-27210-8	思维风格	罗伯特·斯滕伯格	49.00
978-7-300-29171-0	偏见的本质	戈登·奥尔波特	118.00
978-7-300-29478-0	理智、疯狂与家庭	R. D. 莱因 等	69.00
978-7-300-29757-6	整合与完满：埃里克森论老年	埃里克·埃里克森 等	69.00

当代西方社会心理学名著译丛

978-7-300-30024-5	情境中的知识：表征、社群与文化	桑德拉·约夫切洛维奇	68.00
978-7-300-30022-1	偏见与沟通	托马斯·佩蒂格鲁 等	79.80
978-7-300-28793-5	偏见（第2版）	鲁珀特·布朗	98.00
978-7-300-28542-9	归因动机论	伯纳德·韦纳	59.80
978-7-300-28329-6	欲望的演化（最新修订版）	戴维·巴斯	79.80
978-7-300-28458-3	努力的意义：积极的自我理论	卡罗尔·德韦克	59.90
978-7-300-13011-8	语境中的社会建构	肯尼斯·格根	69.00
978-7-300-13004-0	自我归类论	约翰·特纳 等	45.00
978-7-300-13009-5	社会认同过程	迈克尔·豪格 等	59.00

* * * *

图书在版编目（CIP）数据

心理统计学：第 5 版/（美）阿伦（Aron，A.），（美）阿伦（Aron，E. N.），（美）库珀斯（Coups，E. J.）著；方双虎等译．—北京：中国人民大学出版社，2017.10
（心理学译丛．教材系列）
书名原文：Statistics for Psychology，5e
ISBN 978-7-300-22245-5

Ⅰ.①心… Ⅱ.①阿…②阿…③库…④方… Ⅲ.①心理统计-高等学校-教材 Ⅳ.①B841.2

中国版本图书馆 CIP 数据核字（2015）第 296689 号

心理学译丛·教材系列
心理统计学（第 5 版）
亚瑟·阿伦
［美］伊莱恩·阿伦 著
埃利奥特·库珀斯
方双虎 等 译
Xinli Tongjixue

出版发行	中国人民大学出版社		
社　　址	北京中关村大街 31 号	**邮政编码**	100080
电　　话	010－62511242（总编室）		010－62511770（质管部）
	010－82501766（邮购部）		010－62514148（门市部）
	010－62515195（发行公司）		010－62515275（盗版举报）
网　　址	http://www.crup.com.cn		
经　　销	新华书店		
印　　刷	涿州市星河印刷有限公司		
规　　格	215 mm×275 mm　16 开本	**版　　次**	2017 年 10 月第 1 版
印　　张	34.75 插页 2	**印　　次**	2022 年 4 月第 3 次印刷
字　　数	1 012 000	**定　　价**	129.00 元

Pearson

尊敬的老师：

您好！

为了确保您及时有效地申请培生整体教学资源，请您务必完整填写如下表格，加盖学院的公章后传真给我们，我们将会在 2～3 个工作日内为您处理。

请填写所需教辅的开课信息：

采用教材			□中文版 □英文版 □双语版
作　者		出版社	
版　次		ISBN	
课程时间	始于　　年　月　日	学生人数	
	止于　　年　月　日	学生年级	□专　科 □本科 1/2 年级 □研究生 □本科 3/4 年级

请填写您的个人信息：

学　校			
院系/专业			
姓　名		职　称	□助教 □讲师 □副教授 □教授
通信地址/邮编			
手　机		电　话	
传　真			
official email（必填） （eg：×××@ruc. edu. cn）		E-mail （eg：×××@163. com）	
是否愿意接受我们定期的新书讯息通知：　□是　□否			

系/院主任：＿＿＿＿＿＿＿（签字）

（系 / 院办公室章）

＿＿年＿＿月＿＿日

资源介绍：

——教材、常规教辅（PPT、教师手册、题库等）资源：请访问 www. pearsonhighered. com/educator。（免费）

——MyLabs/Mastering 系列在线平台：适合老师和学生共同使用；访问需要 Access Code。（付费）

100013　北京市东城区北三环东路 36 号环球贸易中心 D 座 1208 室

电话：（8610）57355003　　传真：（8610）58257961

Please send this form to：copub. hed@pearson. com